SCHÄFFER
POESCHEL

Jürgen Weber/Utz Schäffer

Einführung in das Controlling

12., überarbeitete und aktualisierte Auflage

2008
Schäffer-Poeschel Verlag Stuttgart

Bibliografische Information Der Deutschen Nationalbibliothek
Die Deutsche Nationalbibliothek verzeichnet diese Publikation in der Deutschen Nationalbibliografie; detaillierte bibliografische Daten sind im Internet über <http://dnb.d-nb.de> abrufbar.

Gedruckt auf chlorfrei gebleichtem, säurefreiem und alterungsbeständigem Papier

ISBN 978-3-7910-2830-9

www.schaeffer-poeschel.de
info@schaeffer-poeschel.de

Einbandgestaltung: Willy Löffelhardt
Druck und Bindung: Firmengruppe APPL, aprinta druck, Wemding
Layout: Ingrid Gnoth | GD 90
Herstellung: Antje Wachsmann
Satz: Dörr + Schiller GmbH, Stuttgart

Printed in Germany
September 2008

Schäffer-Poeschel Verlag Stuttgart
Ein Tochterunternehmen der Verlagsgruppe Handelsblatt

Vorwort zur 12. Auflage

Mit der 11. Auflage dieses Lehrbuchs hatten wir einiges riskiert: Eine neue Form, ein neues Layout und zusätzliche Elemente wie Marginalien und »Im Original«-Texte hatten dazu geführt, dass sich die damalige Neuauflage deutlich von ihren Vorgängerinnen unterschied. Zwei Jahre später können wir sagen: Das Risiko hat sich gelohnt! Die Absatzzahlen haben einen deutlichen Sprung nach oben gemacht und zahlreiche Leser haben uns mit positiven Rückmeldungen und Kommentaren im neuen Format bestärkt.

Auf dieser neuen Basis aufsetzend sind wir in den vergangenen zwei Jahren nicht untätig geblieben. Für die Dozenten in betriebswirtschaftlichen Studiengängen haben wir eine Foliensammlung erstellt, die unter www.controlling-lehrbuch.de heruntergeladen werden kann. Parallel dazu können Sie die Foliensätze auch im Dozentenservice des Schäffer-Poeschel Verlages erhalten. Als Antwort auf den zunehmenden Wechsel der Unterrichtssprache von Deutsch nach Englisch wurden zudem die Kapitel 1–3 und 14–15 dieses Lehrbuchs als »Introduction to Controlling« in englischer Sprache publiziert. Und das ist nicht das Ende der Fahnenstange: Für die nächsten Jahre haben wir uns noch mehr vorgenommen, um Ihnen ein optimales Dienstleistungspaket rund um die »Einführung in das Controlling« zur Verfügung zur stellen. Wir werden darüber berichten. Schließlich haben wir für die nun vorliegende 12. Auflage neue Praxisbeiträge eingefügt und die Kapitel, die auch in die englische Fassung des Lehrbuchs eingeflossen sind, grundlegend überarbeitet. Die verbleibenden Teile des Buchs wurden aktualisiert und um kleinere Fehler bereinigt.

In eigener Sache gilt es noch festzuhalten, dass Utz Schäffer im Herbst 2007 einen Ruf an die WHU – Otto Beisheim School of Management angenommen hat. Im Ergebnis forschen und lehren wir nun beide in Vallendar. Um die Zusammenarbeit an der WHU auch über die »Einführung in das Controlling« hinaus möglichst produktiv zu gestalten, haben wir dort das Institut für Management und Controlling (IMC) gegründet. Es fasst die Aktivitäten der beiden Lehrstühle in unseren Leistungsfeldern Forschung, Lehre und Praxis/Transfer unter einem Dach zusammen. Nähere Informationen zum IMC finden Sie unter www.whu.edu/controlling.

Zu guter Letzt wollen wir mehreren Personen danken, die uns bei der Entstehung und Fertigstellung der 12. Auflage unterstützt haben. An erster Stelle sind Sebastian Becker und Christina Zecher zu nennen, die die Überarbeitung mit großem Engagement begleitet haben. Daneben haben uns Franz Fischer, Rainer Lueg, Matthias Mahlendorf, Christian Schürmann und Barbara E. Weißenberger wertvolle Hinweise für die neue Auflage gegeben.

Jürgen Weber & Utz Schäffer

Vallendar, im Juni 2008

Vorwort zur 11. Auflage

Unverhofft kommt oft: Nun unterscheidet sich die 11. Auflage doch signifikant von ihrer Vorgängerin, und dies ganz offensichtlich zunächst in ihrem Layout. Zehn Auflagen erschien die Einführung in der Sammlung Poeschel als kleines Taschenbuch, ein Format, das in der 10. Auflage das Buch schon etwas »ziegelsteinförmig« hat aussehen lassen. Nun kommt das Buch in einer Form, die – gewollt – etwas an amerikanische Lehrbücher erinnert. Die neue Form bietet auf jeder Seite deutlich mehr Platz, der genutzt wurde, um die Leserfreundlichkeit des Buches deutlich zu erhöhen. Marginalien erleichtern das Verständnis, der Zweispaltensatz macht den Text besser lesbar, unterstützt durch die verwendete Schrift. Der Leserfreundlichkeit kommen aber auch andere neue Elemente zu Gute. So fallen auf den ersten Blick Abschnitte auf, die mit »Unter der Lupe« gekennzeichnet sind. Hier geht es uns um wichtige und/oder interessante Vertiefungen und Ergänzungen, die zum Verständnis des Textes beitragen. Außerdem haben wir an vielen Stellen kurze Beiträge aus der Praxis aufgenommen. Hiermit wird über die Wiedergabe der Ergebnisse empirischer Studien hinaus der Praxisbezug des Buches gestärkt. Schließlich lassen wir auch für die Entwicklung des Controllings besonders wichtige Forscher kurz mit wichtigen Aussagen zu Worte kommen. Es ist schöner, etwa den Namen Eugen Schmalenbach nicht irgendwo nur zitiert zu finden, sondern in seinen eigenen Worten zu erkennen, welch wichtige Beiträge er (insbesondere) für die Kostenrechnung geleistet hat. Der grundsätzliche Aufbau des Buches ist dagegen weitgehend beibehalten worden; wir haben nur ein Kapitel zu Verrechnungspreisen ergänzt, ein Themengebiet, das in den vorherigen Auflagen eindeutig zu kurz kam. Auch ist es – natürlich! – bei der im Vorwort zur 10. Auflage vorgestellten Sichtweise eines »Behavioral Controllings« geblieben.

Die zweite wesentliche – und ebenfalls ganz offensichtliche – Veränderung gegenüber der 10. Auflage betrifft die Autorenschaft. Aus einem Autor sind zwei geworden. Dies ist bei Standardlehrbüchern nichts Außergewöhnliches; häufig gibt ein Hochschullehrer sein Werk sukzessive in die Hände eines Schülers. Allerdings ist er dann zumeist schon in Ehren ergraut, was in unserem Fall nun tatsächlich nicht der Fall ist. Utz Schäffer schon jetzt als Co-Autor aufzunehmen, hat insbesondere zwei Gründe: Zum einen war er wesentlich an der Entwicklung der rationalitätssicherungsbezogenen Sicht des Controllings beteiligt. Die neue Sicht entstand in Co-Produktion. Zum anderen gibt es in Zukunft sehr viel zu tun. Die Umstellung der Diplom-Programme auf Bachelor- und Master-Abschlüsse wird auch den Markt der Lehrbücher verändern, bis hin zur vorherrschenden Sprache. Deshalb kommt auf alle Autoren von Standardlehrbüchern viel Arbeit zu, und hier ist es gut, diese auf zwei Schultern zu verteilen.

Die dritte Änderung gegenüber der Vorauflage ist nicht direkt im Buch ersichtlich: Wir haben – auch als eine Konsequenz der veränderten Bedingungen auf dem Markt für Lehrbücher – das Buch um Informationen im Internet ergänzt. Unter www.controllinglehrbuch.de finden Sie nähere Angaben zu Autoren und Lehrbuch sowie eine Reihe interessanter Links. Schrittweise werden wir zudem unterstützende Materialien für Studierende und Dozenten einstellen.

Am Ende verbleibt uns nur, mehreren Personen zu danken, die an der Entstehung und Fertigstellung der 11. Auflage beteiligt waren. Hier sei zunächst und an erster Stelle dem Schäffer-Poeschel Verlag, speziell Herrn Dabelstein, gedankt. Er hat unserer Idee eines geänderten Layouts und den damit verbundenen inhaltlichen Veränderungen von Anfang an aufgeschlossen gegenübergestanden und sie dann aktiv vorangetrieben. Auch die – wie immer terminlich knappe – Fertigstellung hat hervorragend geklappt: Frau Dreiseitel sei Dank! Schließlich seien noch drei Mitarbeiter am Oestricher Lehrstuhl besonders hervorgehoben: Philip Matlachowsky für seinen engagierten und stets gut gelaunten Einsatz bei der Koordination der zahlreichen Aktivitäten sowie das umsichtige Korrekturlesen der Druckfahnen, Dr. Christoph Binder für seinen Input bei der Auswahl der »Im Original«-Texte und Yvonne Mohrin für die Unterstützung beim Korrekturlesen in der heißen Phase vor der Manuskriptabgabe. Natürlich gehen alle verbliebenen Fehler zu unseren Lasten, aber wir sind guter Dinge, dass die Rationalität des Projekts hinreichend gesichert ist!

Jürgen Weber & Utz Schäffer

Vallendar & Oestrich-Winkel im August 2006

Vorwort zur 10. Auflage

Die 10. Auflage eines Lehrbuchs fordert geradezu dazu heraus, einen Rückblick vorzunehmen. ...

Die erste Auflage erschien 1988 zu einem Zeitpunkt, in dem sich die akademische Auseinandersetzung mit Controlling noch in einer frühen Entwicklungsphase befand. Unterschiedlichste Sichten konkurrierten um die Gunst der Controller-Community. Rechnungswesenorientierte Ansätze zählten hierzu ebenso wie solche, die die Nähe des Controllings zur Führung betonten. Somit hatte auch die 1. Auflage dieser Einführung keinen festen theoretischen Bezugspunkt. Ihre Qualität lag eher in der studentengerechten Aufarbeitung und Aufbereitung des heterogenen Stoffes. Dies änderte sich auch über die nächsten Auflagen nicht grundlegend.

Aufbauend auf den Überlegungen von Horváth bildete sich dann in der Theorie immer mehr eine eigenständige Sicht des Controllings heraus, die mit dem Attribut »koordinationsorientiert« bezeichnet wird. Hierfür steht insbesondere der Name Küpper. An der Ausarbeitung dieser Koordinationsidee hat auch dieses Lehrbuch einen Anteil gehabt. Insbesondere die 6. Auflage war konsequent in dieser Sichtweise verfasst. Neben der wenig studentenfreundlichen Abstraktheit der Konzeption führte das konsequente Zu-Ende-Denken aber zu einem Begriffsumfang des Controllings (»Metaführung«), der deutlich über das allgemeine Begriffsverständnis hinausging. Aus meiner Sicht stellt der koordinationsbezogene Ansatz – trotz all seiner Verdienste – deshalb eine Fehlentwicklung dar.

Aus diesem Grund brach die 7. Auflage konzeptionell mit der 6. Auflage und führte mit der Rationalitätssicherung eine neue Sichtweise des Controllings ins Spiel, die sich in der Science Community durchzusetzen scheint. Mit ihr verbunden war auch ein Wechsel des Schwerpunkts von einer funktionalen hin zu einer institutionalen Sicht des Controllings. Mehr und mehr standen Controller und das, was sie tun, im Fokus der Betrachtung. Der Grund für diesen Richtungswechsel ist nicht nur in den erkannten Grenzen des koordinationsbezogenen Ansatzes zu sehen. Vielmehr war auch eine neue theoretische Grundlage bestimmend: Die dem Grundansatz des methodologischen Individualismus folgende Betonung von Akteuren und deren Interaktion als Begründung für das Entstehen und Betreiben von ökonomischen Institutionen. Diese Perspektive ist deutlich besser als der systemtheoretisch motivierte Ansatz des koordinationsorientierten Controllings geeignet, Fragestellungen der in der Betriebswirtschaftslehre immer wichtiger gewordenen Neuen Institutionenökonomik in die Controllingtheorie zu integrieren. Ebenso ermöglicht sie deutlich »eleganter« die Einbeziehung verhaltenswissenschaftlicher Erkenntnisse, die ebenfalls in der betriebswirtschaftlichen Theorie erheblich an Bedeutung gewonnen haben. Schließlich weist sie den Vorteil einer besseren empirischen Überprüfbarkeit auf, deren Bedeutung für dieses Lehrbuch im vorab aufgeführten Vorwort zur 9. Auflage hervorgehoben wurde.

Die nun vorliegende 10. Auflage geht diesen Weg konsequent weiter. Sie unterscheidet sich von ihrer Vorgängerin insbesondere in vier Aspekten:

- Controlling wird in den meisten Theorieansätzen und Lehrbüchern mehr oder weniger normativ gesetzt (»Controlling ist ...«). Dies ist zwar wissenschaftlich zulässig, am Ende des Tages aber doch eher unbefriedigend. Wir werden in dieser Auflage auf eine solche normative Setzung verzichten und Controlling vielmehr – im Sinne eines induktiven Vorgehens – aus empirischen Befunden zur Controllership ableiten. Rationalitätssicherung ist eine originäre Aufgabe von Controllern, die diese neben anderen Aufgaben der Führungsunterstützung leisten. Anders als für letztere (insbesondere Planung, Informationsversorgung und Kontrolle) steht aber für Rationalitätssicherung keine spezialisierte Funktion innerhalb des Gebäudes der Betriebswirtschaftslehre bereit – somit lässt sich Rationalitätssicherung schlüssig als neue, zusätzliche funktionale Spezialisierung sehen. Mit dieser Ableitung werden die Bezüge zwischen Controllern und Controlling sehr präzise hergestellt. Beide stehen auf der einen Seite nicht losgelöst voneinander, sind aber auf der anderen Seite auch keinesfalls in die Nähe von Synonymen zu rücken.

- Controller sind empirisch gesehen nicht in jeder Institution zu finden. Gleiches gilt für die Verwendung des Controllingbegriffs. »Lücken« bestehen insbesondere in öffentlichen Institutionen und in kleinen Unternehmen. Der Grund hierfür lässt sich in unterschiedlichen Koordinationsmechanismen finden: Größere und große Unternehmen bauen wesentlich auf Pläne, öffentliche Institutionen auf Programme, kleine Unternehmen auf persönliche Weisungen. Zwar wird überall geplant und kontrolliert, und auch Informationsversorgung ist nicht an die Art der Institution geknüpft. Controller kommen aber erst dann ins Spiel, wenn eine Institution sein Geschäftsgebaren an einer systematischen Planung ausrichtet. Mit anderen Worten ist die Tätigkeit der Controller ebenso wie die Rationalitätssicherungsaufgabe des Controllings an ein Führungsprinzip gekoppelt, das als »Führen durch Ziele« zu kennzeichnen ist. Diese begriffliche Eingrenzung wird in einem eigenen Kapitel näher begründet und beschrieben.

- Hauptzielgruppe des Buches sind »Controllingunkundige«, insbesondere Studierende, daneben Praktiker, die sich in das Thema einarbeiten wollen. Um dem Einführungscharakter noch besser gerecht zu werden, ist der gesamte Stoff nun in 13 Kapitel unterteilt, die ein schrittweises Nachvollziehen deutlich erleichtern sollten. Im ersten Teil werden die konzeptionellen Grundlagen gelegt und der Bezug zur Führung durch Ziele hergestellt. Die Teile 2 (Informationsversorgung) und 3 (Planung & Kontrolle) besitzen dann einen grundsätzlich übereinstimmenden Aufbau. Zunächst geht es jeweils um Grundfragen. Dabei wird – deutlich stärker als in der 9. Auflage – Wert auf verhaltenswissenschaftliche Erkenntnisse gelegt. Anschließend werden die Aufgabenbereiche in mehreren Schritten behandelt, im 2. Teil nach Informationsinstrumenten, im 3. Teil nach Planungsebenen differenziert. Der 4. Teil des Buches behandelt schließlich Fragen der Gestaltung der Controllership. Auch er beginnt mit einem Grundlagenkapitel, an das sich die Behandlung von Einzelfragen anschließt. Leitfragen und deren sukzessive Beantwortung dienen ebenfalls einer leichteren Nachvollziehbarkeit des Stoffes.

- Schließlich wurde noch mehr Wert auf die Erfüllung des im Titel des Buches formulierten Versprechens gelegt, eine Einführung in das Controlling zu sein. Im Verhältnis zur 9. Auflage wurde so die Breite des behandelten Stoffes deutlich reduziert (wenn das an der Seitenzahl nicht sichtbar wird, liegt das an einem deutlich besser lesbaren Layout). Auf viele eher am Rande liegende Inhalte wurde verzichtet (z. B. auf Aussagen zum Projektcontrolling oder zur Rolle der Controller in Veränderungsprozessen). Weiterhin ist das Buch erneut durchgängig überarbeitet worden. Neue Erkenntnisse und Instrumente (wie z. B. im Bereich der Budgetierung) sind ebenso berücksichtigt wie überflüssige Details und Redundanzen beseitigt.

Insgesamt ist damit die 10. Auflage in meinen Augen ein deutlicher Fortschritt gegenüber ihrer Vorgängerin. Ihre Grundausrichtung hat sich allerdings nicht verändert: Sie ist auf Controller und ihre Aufgaben konzentriert, wahrt einen engen Bezug zur Empirie und öffnet sich konsequent verhaltenswissenschaftlichen Erkenntnissen (»Behavioral Controlling«). Damit ist in der Rückschau auf die Entwicklung des Lehrbuchs eher »Ruhe eingekehrt«. Dieses wird sich wohl auch in kommenden Auflagen nicht ändern, zumindest so lange, wie in der Empirie keine wesentlichen Umwälzungen stattfinden werden. In der Zukunft wird Veränderungsbedarf für das Lehrbuch nicht mehr aus der Suche nach (und dem Finden von) einer klaren theoretischen Basis, sondern durch den gewollt starken empirischen Bezug resultieren – aber wer wünschte sich schon auch einen einführenden Text in ein Gebiet, das in der Praxis ganz anders aussieht als im Buch beschrieben?

...

Vallendar, im August 2004

Vorwort zur 1. Auflage

Controlling lässt sich mit Fug und Recht zu den schillerndsten und umstrittensten, zugleich aber auch in der Praxis bedeutsamsten betriebswirtschaftlichen Teildisziplinen zählen. Die Vorwürfe (insbesondere) der Theorie reichen von »alter Wein in neuen Schläuchen« bis zum »Omnipotenzwahn« des Controlling, zur Deckungsgleichheit von Controlling und Führung. In den Unternehmen hat das Controlling dagegen einen wahren Siegeszug angetreten. Man findet bis herab zu mittelständischen Betrieben kaum ein deutsches Unternehmen ohne das Wort »Controlling« bzw. »Controller« im Organisationsplan. Dies kann zwar nicht als ein untrüglicher Beweis für die Daseinsberechtigung des Controlling dienen, belegt aber eindrucksvoll die Notwendigkeit, sich mit aller gebotenen Distanz und Neutralität intensiv mit dem Controlling auseinander zu setzen.

Entsprechende Literatur findet sich – zumal in komprimierter Form – in Deutschland derzeit allerdings kaum. Aus diesem Grund versucht dieses Lehrbuch, einen knappen, jedoch ausreichenden Überblick über die unterschiedlichen Facetten des Controlling zu geben. Das Konzept, dessen unterschiedliche »Spielarten« und instrumentelle Grundlagen werden (nur) soweit dargestellt, dass ihr Wesen verständlich und nachvollziehbar ist. Auf ins Detail gehende Vertiefungen wird zugunsten von spezifischen Literaturhinweisen verzichtet.

Das Buch basiert auf dem Manuskript für eine Vorlesung an der Wissenschaftlichen Hochschule für Unternehmensführung in Koblenz, deren Studenten für die vielfältigen Diskussionen und Verbesserungsvorschläge gedankt sei. Es wendet sich – auch deshalb – in erster Linie an Studenten der Wirtschaftswissenschaften im Hauptstudium. Sollten auch Controller in der Praxis das Buch in die Hand nehmen, so werden sie es – so meine Überzeugung – nicht nach kurzer Zeit wegen Sprachbarrieren wieder aus der Hand legen müssen, da die Ausführungen nicht nur auf betriebswirtschaftlich-theoretischer Literatur, sondern maßgeblich auch auf Erfahrungen in der Praxis aufbauen.

...

Koblenz, im September 1988

Inhaltsverzeichnis

Teil III Planung und Kontrolle

1 Controller, Controllership und Controlling: Grundlagen und Abgrenzung

Leitfragen

1. **Wie hat sich Controlling in der Praxis entwickelt? Was machen Controller genau?**
2. **Wie unterscheidet sich das Controlling in verschiedenen Ländern?**
3. **Wie hat sich Controlling als akademische Disziplin entwickelt?**
4. **Welche Controllingkonzeptionen lassen sich unterscheiden?**
5. **Was kann man aus den verschiedenen Accounting-Theorien lernen?**

1.1 Einführung

1.1.1 Begriffe

Ein gutes Lehrbuch beginnt mit einer präzisen Beschreibung dessen, was es denn lehren will. Dies soll bei dieser Einführung in das Controlling nicht anders sein. Allerdings fällt eine solche Beschreibung alles andere als leicht. Dem aufmerksamen Leser wird vielleicht aufgefallen sein, dass die Überschrift dieses Kapitels bereits drei ähnlich klingende Begriffe nebeneinander stellt: Controller, Controllership und Controlling. Geht es nicht einfacher? Leider nicht, angesichts der erheblichen Abgrenzungsprobleme, mit denen der Terminus Controlling verbunden ist: »Jeder hat seine eigene Vorstellung darüber, was Controlling bedeutet oder bedeuten soll, nur jeder meint etwas anderes« (Preißler 2000, S. 14). Insbesondere die Begriffe Controlling und Controller werden durchweg durcheinander geworfen: Wenn es in einem Unternehmen heißt »Das macht unser Controlling«, sind damit in aller Regel Controller gemeint! Als erste Arbeitsdefinitionen wollen wir deshalb zunächst Folgendes festhalten:

- Unter einem *Controller* versteht man einen Stelleninhaber, der für Manager ein bestimmtes Set an Aufgaben wahrnimmt (z. B. Bereitstellung von Kosteninformationen, Übernahme der Ergebniskontrolle und vieles andere mehr).
- *Controllership* bezeichnet das gesamte Aufgabenbündel, das Controllern übertragen und/oder von diesen wahrgenommen wird.
- *Controlling* schließlich ist eine spezielle Führungs- oder Managementfunktion, die von unterschiedlichen Aufgabenträgern – darunter auch, aber nicht nur Controller – vollzogen wird.

Controllership als Summe der Aufgaben eines Controllers

Controller und Controllership lassen sich einer primär institutionellen, »akteursbezogenen« Sichtweise zuordnen, Controlling dagegen einer funktionalen. Ein solches Nebeneinander beider Perspektiven ist in der Betriebswirtschaftslehre keine Seltenheit (z. B. produktionstheoretische versus institutionenökonomische Sicht des Unternehmens). Das macht den Zugang zum Thema zwar nicht unbedingt leichter, beide Perspektiven werden aber jeweils für unterschiedliche Fragestellungen benötigt.

Controlling als Funktion, die hinter den Controller-Aufgaben liegt

1.1.2 Grundsätzliches Vorgehen

Controlling wie Controllership gehören – wie bereits angedeutet – nicht gerade zu den am klarsten definierten betriebswirtschaftlichen Begriffen. Begriffs- und Konzeptvielfalt kennzeichnet die Theorie und die Praxis gleichermaßen. Bei empirischen Studien zeigt sich eine große Vielfältigkeit der Aufgaben der Controller ebenso wie der Meinungen über Inhalte von Controlling.

Die Begriffe »Controlling« und »Controllership« sind durchaus schillernd.

In der Controllingforschung wird diese Unterschiedlichkeit zum einen als Tatsache erkannt und hervorgehoben. Hierfür steht ein weiteres, sehr häufig angeführtes Zitat: »In practice, people with the title of controller have functions that are, at one extreme, little more than bookkeeping and, at the other extreme, de facto general management« (Anthony 1965, S. 28). Zum anderen hat die Controllingforschung aber nicht wirklich zu einer Klärung dieses Befundes beigetragen; vielmehr finden sich dort ebenfalls höchst unterschiedliche Meinungen und Konzeptionen, insbesondere das Controlling als Funktion betreffend. Eine schlüssige Einordnung in das Gebäude betriebswirtschaftlicher Theorie ist auf den ersten (und zweiten) Blick noch nicht erfolgt. Insgesamt präsentiert sich damit für die drei potentiellen Lesergruppen dieses Buches eine wenig befriedigende Situation:

Aus mehreren Gründen besteht ein Klärungsbedarf unscharfer Begriffe.

- *Wissenschaftler* stört zweierlei: Zum einen vermögen die vorliegenden Ansätze bislang nicht hinreichend den großen praktischen Erfolg und die Vielfältigkeit des Controllings und/oder der Aufgaben der Controller zu erklären. Zum anderen sind sie nicht in der Lage, Prognosen über deren weitere Entwicklung abzugeben. Reale Beobachtungen zu erklären und Prognosen für die Zukunft abzugeben, sind jedoch Kernfunktionen von Wissenschaft.
- *Studenten* haben das Interesse, möglichst präzise die Kernaussagen, das Spezifische eines Lehrgebiets zu kennen. Dann ist es am leichtesten möglich, wichtige von unwichtigen Inhalten zu trennen – was das Leben insbesondere in Prüfungszeiten erheblich erleichtert. Das Spezifische kann aber nicht durch ein reines Faktensammeln in der Praxis, sondern nur durch eine Einordnung in das bestehende betriebswirtschaftliche Theoriegebäude deutlich hervortreten.
- *Controller in der Praxis* interessiert unter anderem, wie sie die Controllingfunktion im Unternehmen gestalten sollen und ob die von ihnen aktuell wahrgenommenen Aufgaben auch in Zukunft noch in gleicher Form Bestand haben, ob einige davon wegfallen und/oder ob neue hinzukommen werden. Zwar mag bei vielen von ihnen das Wort »Theorie« eine gewisse Abneigung hervorrufen (»Elfenbeinturm«); dennoch können Theorien wertvolle Anregungen und – in Verbindung mit gestaltungsorientierten Controllingkonzeptionen – Orientierung im täglichen Handeln geben.

Dazu werden drei Ebenen getrennt: (1) die empirische Anschauung (2) eine konzeptionelle Ebene und (3) zu Grunde liegende Theorien

Um die Begriffs- und Konzeptvielfalt zu ordnen und die Ausführungen des ersten Kapitels sinnvoll zu strukturieren, möchten wir im Folgenden drei Dinge voneinander trennen (vgl. auch Scherm/Pietsch 2004, S. 6 f.): (1) die »reine« Beschreibung der Controllingpraxis und des Controllings als akademische Disziplin (Abschnitte 1.2 und 1.3), (2) Controllingkonzeptionen (Abschnitt 1.4) und (3) für das Controlling relevante Theorien (Abschnitt 1.5).

Unter Theorien seien Aussagensysteme zur Beschreibung und Erklärung von Praxisphänomenen sowie zur Prognose künftiger Entwicklungen verstanden. Das in der Betriebswirtschaftslehre so wichtige Ziel der Gestaltung und damit der Veränderung einer Handlungswirklichkeit wird von einer solchen Theoriesicht allenfalls mittelbar erfasst. Zudem sind wissenschaftliche Prognosen streng genommen nur unter Rückgriff auf raum-zeitlich uneingeschränkt geltende Gesetzesaussagen (so genannte nomologische Aussagen) abzuleiten. Solche liegen allerdings für betriebswirtschaftliche Fragestellungen in der Regel nicht vor; stochastische Aussagen dominieren. Deshalb klafft häufig ein tiefer Graben zwischen der Theorie einerseits und Gestaltungsempfehlungen für die Praxis andererseits.

Aus diesem Grund benötigt die Controllingforschung zusätzlich Aussagensysteme, die sich nicht nur an den Zielen der Beschreibung und Erklärung ausrichten, sondern in erster Linie auch dem handlungspraktischen Ziel der Gestaltung verpflichtet sind. »Diese praktisch-normativen Aussagensysteme kann man als ›Konzeptionen‹ bezeichnen. Konzeptionen übernehmen eine Mittlerfunktion zwischen Theorie und Praxis, indem sie in gestaltender Absicht und in meist eklektischer Vorgehensweise theoretische

Aussagen aufgreifen, mit normativen Postulaten verknüpfen und auf die Praxis beziehen ... Sie schaffen ... einen Orientierungsrahmen, den es in der Unternehmenspraxis in Hinblick auf die Bedingungen des jeweiligen Einzelfalles zu konkretisieren gilt« (Scherm/Pietsch 2004, S. 8).

Controlling lässt sich primär als ein Praxisphänomen einordnen und die Fachvertreter im deutschsprachigen Controlling haben den Fokus traditionell stärker auf die Gestaltungs- als auf die Erklärungsaufgabe der Wissenschaft gelegt. Deshalb überrascht es nicht, dass die akademische Auseinandersetzung mit dem Controlling in Deutschland zwar einige Controllingkonzeptionen hervorgebracht hat (vgl. Abschnitt 1.4.2), den wissenschaftlichen Zielen der Beschreibung und Erklärung aber erst in den letzten Jahren eine höhere Bedeutung zukommt. Dennoch möchten wir in Abschnitt 1.5 die wesentlichen Accounting-Theorien mit Bezug zum Controlling kurz vorstellen, da sie interessante Perspektiven auf das Fach eröffnen und den Leser dieses einführenden Lehrbuchs vielleicht an der einen oder anderen Stelle auch zum unkonventionellen Reflektieren des Stoffs anregen. Zuvor seien aber Controllingpraxis und -wissenschaft im Spiegel empirischer Erhebungen skizziert und wesentliche Controllingkonzeptionen kurz vorgestellt.

Abb. 1-1

Controllingpraxis, -konzeption und -theorie (modifiziert entnommen aus Scherm/Pietsch 2004, S. 9)

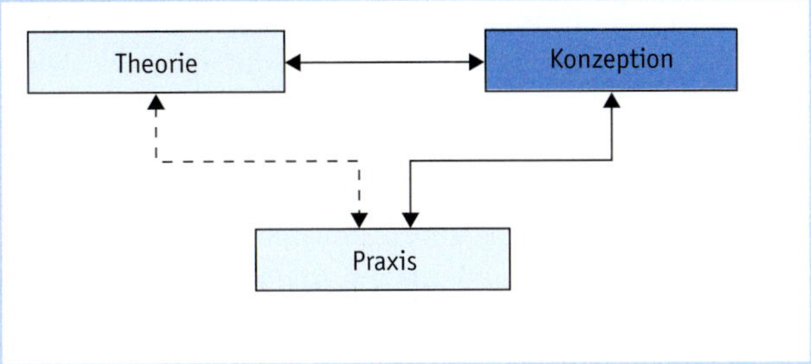

1.2 Controllingpraxis: Ein erster Blick in die Empirie

1.2.1 Abriss der Entstehung von Controllerstellen in den USA

Die ersten Controller finden sich in England und den USA im staatlichen Bereich. Unter der Stellenbezeichnung »Countroller« waren am englischen Königshof schon im 15. Jahrhundert Aufzeichnungen über ein- und ausgehende Gelder und Güter zu machen. In ähnlicher Funktion hatte in den USA seit 1778 ein »Comptroller« das Gleichgewicht zwischen dem Staatsbudget und der Verwendung der Staatsausgaben zu überwachen.

Weitere historische Wurzeln des Controllings im staatlichen Bereich finden sich in den Stellen des »Controller of the Currency« (als Leiter der staatlichen Bankenaufsicht, ab 1863) und dem »Comptroller General« an der Spitze der obersten Rechnungsprüfungsbehörde (ab 1921) in den USA. In diesen Ursprüngen stehen mit dem Rechnungswesen und der Kontrollfunktion zwei Aufgabenbereiche von Controllern im Mittelpunkt, die diese zentrale Bedeutung – wie wir noch im Detail sehen werden – bis heute bewahrt haben.

Die ersten Controller finden sich in den USA, und zwar im staatlichen Bereich.

In privatwirtschaftlichen Institutionen finden sich Controller (als »Comptroller« bezeichnet) erstmals in dem Transportunternehmen Atchison, Topeka & Santa Fe Railway System (1880). Dem Comptroller waren überwiegend finanzwirtschaftliche Aufgaben zugewiesen: »The duties of the Comptroller are largely financial and relate to the bonds, stocks, and securities owned by the company« (aus der Satzung der Santa Fe, zitiert nach Jackson 1949, S. 8). Auf breiter Front entstanden Controller-Stellen jedoch erst deutlich später, ab den zwanziger Jahren des letzten Jahrhunderts. In einer von Jackson 1948 bei 143 amerikanischen Großunternehmen durchgeführten empirischen Erhebung ergab sich ein »Durchschnittsalter« der Controllerstellen von ca. 20 Jahren (vgl. Jackson 1949, S. 7).

Die erste Controllerstelle in einem Unternehmen datiert auf das Jahr 1880.

Controllerstellen sind die Antwort auf einen höheren Wettbewerbsdruck und Größenwachstum der Unternehmen.

Gründe dafür sind in einem veränderten wirtschaftlichen Kontext in den USA in den zwanziger Jahren des letzten Jahrhunderts zu finden:

- Es bildeten sich immer mehr Großunternehmen, die sich zunehmend mit internen Kommunikations- und Koordinationsproblemen konfrontiert sahen.
- Eine mit der technischen Steigerung der Leistungsfähigkeit von Produktionsanlagen einhergehende zunehmende Fixkostenintensität schränkte die unternehmerische Flexibilität ein.
- Es standen neue, in der Praxis wenig bekannte bzw. angewandte Führungsinstrumente zur Verfügung, für die auf Grund zunehmender volkswirtschaftlicher Turbulenzen ein erheblicher Anwendungsbedarf bestand.

In diesem Kontext vollzog sich auch eine Veränderung des Aufgabenbündels des Controllers: Hatte dieser bis dato als Chief Accountant, Revisor oder Vermögensverwalter vornehmlich bereits getätigte Transaktionen nachzuvollziehen, so musste er jetzt auch – auf der Sprache des Rechnungswesens basierende – planungsrechnerische Verfahren einführen sowie die budgetbezogenen Daten abstimmen und auswerten. Mit der benutzergerechten Sammlung und Verarbeitung von Informationen durch den Controller entwickelte sich das Rechnungswesen vom reinen Registrier- und Kontrollinstrument zum Hilfsmittel der Zukunftsbewältigung, was seinen Bedeutungszuwachs erklärt und die institutionelle Aufwertung des Controllers förderte.

Diese Entwicklung fand ihren vorläufigen Abschluss mit der Gründung des »Controller's Institute of America« im Jahre 1931. Der – später in »Financial Executive Institute« umbenannten – Institution gelang es in der Folgezeit, einen weitgehenden Konsens über das Aufgabenfeld von Controllern herbeizuführen. In einem oftmals zitierten Aufgabenkatalog wird Controllership als ein Aufgabenbereich im Financial Management dargestellt, dem die Aufgaben von Treasurern gegenüberstehen. Diesen Aufgabenkatalog zeigt die *Abbildung 1-2*. Die aufgeführten Aufgaben sind dabei weder erratisch zusammengestellt, noch zeichnen sie ein von der

Im Original

Auszüge aus dem Beitrag »The Comptroller: His Functions and Organization« von J. Hugh Jackson zur Entstehung der Comptroller aus dem Jahr 1949:

»This expansion of American industry, and the unprecedented growth in the size and complexity of individual business units, increased correspondingly the demand for better management practices, which in turn required more adequate and scientific accounting and more exact financial control. The result has been the development during the last half-century of the functional field commonly known as ›comptrollership‹, and the addition of business concerns of an executive designated as the ›comptroller‹.

The modern offices of president, secretary, and treasurer have long been recognized as indispensable to proper corporate organization, and, as a result, custom and business practice, as well as statutory provision, have caused these officers to be included in the managements of American corporations .... The history of the comptroller in business corporations, however, is quite different. This office is a development in corporate practice of more recent years, and, while the importance of the comptroller's position in industry is unquestioned, it has not reached the universal usage and more uniform treatment accorded to the offices of secretary and treasurer. So far as the writer has been able to determine, based upon studies of corporate reports and of inquiries made of several hundred corporations, the earliest American comptrollership in a business corporation dates back only to 1880, and the average ›age‹ of the 143 comptrollerships already referred to in this study is a matter of only some twenty-two years. ...

The comptrollership may be considered, therefore, as a logical outgrowth of the offices of secretary and treasurer when it became necessary, because of the large volume of accounting work involved, or advantageous for other reasons, to separate the accounting functions from the secretarial and financial functions of the corporate business. ...

In summary, the underlying causes for the changes in organization leading to the present stage of comptrollership development are to be found chiefly in two basic requirements of business: (a) the increasing necessity for a greater degree of concentration and specialization in the conduct of the accounting, auditing, and tax functions; and (b) the need not only for preserving one of the important ›checks and balances‹ of the corporate mechanism – whereunder the process of accounting and internal auditing may better serve as an independent check upon the receipt, disbursement, and custody of corporate funds – but also in further strengthening the controls over expenditures, costs, and profits so essential to the successful conduct of business today. Both requirements have increased immeasurably in importance during the past half century through the increase in the size and complexities of our modern industrial units« (Jackson 1949, S. 5 ff.).

Abb. 1-2

Abgrenzung von Controller- und Treasurership gemäß Financial Executive Institute (1962)

Financial Management

Controllership

Planung
Aufstellung, Koordinierung und Durchführung von Unternehmensplänen als integrierter Teil des Managements zur Kontrolle des Geschäftsablaufs. Die Planung umfasst Gewinnpläne, Programme für Kapitalinvestitionen und Finanzierungen, Absatzpläne, Gemeinkostenbudgets und Kostenstandards.

Berichterstattung und Interpretation
Vergleich der Ausführung mit den Plänen und Standards und Berichterstattung sowie Interpretation der Resultate des Geschäftsablaufs an alle Bereiche des Managements und die Kapitaleigner.
Diese Funktion schließt die Formulierung von Buchhaltungs- und Bilanzrichtlinien ein, die Koordinierung der Systeme und Vorgabe sowie die Vorbereitung von zu bearbeitenden Daten und Sonderberichten.

Bewertung und Beratung
Beratung mit allen Teilen des Managements, die für die Richtlinien und Ausführungen in den verschiedenen Unternehmensbereichen verantwortlich sind, wenn es sich um die Erreichung der gesetzten Ziele und die Wirksamkeit der Richtlinien sowie der Organisationsstruktur und -abläufe handelt.

Steuerangelegenheiten
Aufstellung und Anwendung von Richtlinien und Verfahren für die Bearbeitung von Steuerangelegenheiten.

Berichterstattung an staatliche Stellen
Kontrolle und Koordinierung der Abfassung von Berichten an staatliche Stellen.

Sicherung des Vermögens
Durch innerbetriebliche Kontrollen und Revision sowie durch Überwachung des Versicherungsschutzes ist die Sicherheit des Vermögens zu gewährleisten.

Volkswirtschaftliche Untersuchungen
Ständige Untersuchungen der wirtschaftlichen und sozialen Kräfte und Einflüsse von staatlichen Stellen sowie Beurteilung möglicher Auswirkungen auf das Unternehmen.

Treasurership

Kapitalbeschaffung
Aufstellung und Ausführung von Programmen für die Kapitalbeschaffung einschließlich der Verhandlungen zur Kapitalbeschaffung und der Erhaltung der notwendigen finanziellen Verbindungen.

Verbindungen zu Investoren
Schaffung und Pflege eines Marktes für die Wertpapiere des Unternehmens und in Verbindung damit Unterhaltung von entsprechenden Kontakten zu Investitionsbanken, Finanzexperten und Aktionären.

Kurzfristige Finanzierung
Beschaffung und Erhaltung von Quellen für den laufenden kurzfristigen Kreditbedarf des Unternehmens, wie Wirtschaftsbanken und andere Kreditinstitute.

Bankverbindungen und Aufsicht
Die Bankverbindungen aufrechterhalten, die Aufsicht über die Firmengelder und Wertpapiere ausüben und diese auch günstig anlegen sowie die Verantwortung für die finanziellen Aspekte im Immobiliengeschäft übernehmen.

Kredite und Forderungseinzug
Überwachung der Gewährung von Kundenkrediten und des Einzugs der fälligen Forderungen einschließlich der Kontrolle von Sondervereinbarungen für Verkaufsfinanzierungen, wie Ratenzahlungen und Mietpläne.

Kapitalanlage
Zweckmäßige Anlage von Kapitalfonds des Unternehmens sowie Ausarbeitung und Koordinierung von Richtlinien für die Anlage von Kapital in Pensionsrückstellungen oder ähnlichen Verwendungsarten.

Versicherungen
Sorge für einen notwendigen und ausreichenden Versicherungsschutz.

Praxis abweichendes Wunschbild der in der Vereinigung zusammengefassten Controller. Vielmehr bedingen sie sich – wie im Folgenden gezeigt – gegenseitig bzw. lassen sich schlüssig auseinander herleiten.

Die ergebnisorientierte Planung steht im Mittelpunkt.

Im Kern steht die *Planungsaufgabe* der Controller. Wie bereits kurz skizziert, war die Notwendigkeit, Pläne für das zukünftige Unternehmensgeschehen aufzustellen, ein wesentlicher Ausgangspunkt der Schaffung von Controllerstellen. Unternehmen wurden zu groß, um sie allein durch eine Person, den Unternehmer, zu führen. Eine sinnvolle Aufteilung der Führungsaufgabe auf mehrere Führungskräfte setzte eine präzise Beschreibung der jeweiligen Handlungskompetenzen und Zielsetzungen voraus. Eine solche Beschreibung ist aber ohne vorherige Planung nicht sinnvoll möglich. Auch die zunehmende Unsicherheit der Unternehmensumwelt erforderte eine explizite Planung; ein reines Fortschreiben der Vergangenheit ist in Zeiten starker Veränderung nicht hilfreich. Planung und die daraus resultierenden Pläne wurden als das adäquate Mittel erkannt, um das Unternehmen führbar zu erhalten. Somit kam den neu geschaffenen Controllerstellen die Aufgabe zu, eine ergebnisbezogene Planung konzeptionell zu gestalten, die notwendigen Teilplanungen einzurichten und die Planung zu unterstützen.

Was geplant wird, muss auch kontrolliert werden.

Zielvorgaben in Plänen sind unwirksam, wenn sie nicht auf ihre Einhaltung hin überwacht werden. Dann kann man weder aus Abweichungen lernen, noch besteht – zumindest bei den meisten Menschen – genügend Antrieb, Zielwerte unbedingt erreichen zu wollen. Der Aufbau von Planung und die damit verbundene Gestaltung konsistenter, abgestimmter Pläne haben somit den Aufbau einer entsprechenden *Kontrolle* zur Folge. Diese beinhaltet neben der Gegenüberstellung von Plan und Ist (»Reporting«) auch die Analyse der Gründe eingetretener Abweichungen (»Interpreting«). Kontrolle ist schließlich nur dann verlässlich möglich, wenn die zur Gegenüberstellung notwendigen Ist-Daten in präziser, objektiver Form vorhanden sind. Insofern liegt es nahe, dass Controller auch für die Informationsbereitstellung Sorge tragen, die zugleich als Basis für die Planung fungieren kann.

Informationen werden für Planung und Kontrolle benötigt.

Der dritte Aufgabenbereich der Controller knüpft nahtlos an den der Planung sowie den der Berichterstattung und Interpretation an. Wer intensiv an der Entstehung von Plänen beteiligt und mit der Analyse von Abweichungen betraut ist (Kontrolle), besitzt genügend Betriebskenntnis und Sachverstand, um *betriebswirtschaftliche Bewertungs- und Beratungsfragen* für das Management zu beantworten.

Die weiteren vier im FEI-Katalog aufgeführten Controller-Aufgaben reihen sich nicht in diese Argumentationslinie ein, sondern sind auf zwei Spezifika des amerikanischen Kontextes zurückzuführen:

- Amerikanische Unternehmen kennen keine Trennung in Finanz- und Betriebsbuchhaltung. Eine eigenständige Kostenrechnung, die in Deutschland seit den zwanziger Jahren des letzten Jahrhunderts in größeren Unternehmen einen angestammten Platz einnimmt, fehlt zumeist. Controller nehmen deshalb in den USA zum einen Aufgaben wahr, die bei uns dem externen Rechnungswesen zugewiesen sind (»Tax Administration«, »Government Reporting«). Zum anderen erfassen sie – als zentrale Informationsstellen – auch die Schnittstelle zwischen Unternehmen und Volkswirtschaft.
- Der Kapitalmarkt funktionierte in den USA »direkter« als in Deutschland; eine hier lange Zeit typische Mittlerposition von Banken zwischen Kapitalgebern und Management des Unternehmens ist dort nicht so stark ausgeprägt. Folglich wurde den Controllern noch die Funktion zugewiesen, quasi als verlängerter Arm der Anteilseigner für die Sicherung des Vermögens zu sorgen. Derartige Überlegungen waren in Deutschland fremd. Allerdings kann man aktuell deutlich fortgeschrittene Ansätze in diese Richtung im Zuge der Verbreitung der wertorientierten Unternehmenssteuerung beobachten – wir werden auf diesen Ansatz insbesondere im 7. Kapitel des Buches (Abschnitt 7.3.2) noch intensiver eingehen.

In den Wurzeln und der frühen Entwicklung ergibt sich damit ein zwar vielfältiges, aber in sich geschlossenes, präzise erscheinendes Bild der Controllership.

1.2.2 Entwicklung der Controllership in Deutschland

In Deutschland blieb der Begriff des Controllers lange Zeit unbekannt. Daran änderten auch durch Reiseerfahrungen in den USA angeregte erste Diskussionsbeiträge in den fünfziger Jahren nichts (vgl. die Auszüge aus Auffermann 1952). Ablehnung und Unverständnis herrschten vor (vgl. das Zitat von Goossens 1959). Noch Ende der sechziger Jahre findet man Controller oftmals nur bei deutschen Tochterunternehmen amerikanischer Konzernmütter. Dann jedoch scheint sich das Bild schlagartig zu ändern: Einer häufig zitierten Umfrage von McKinsey zufolge (Basis: 30 deutsche Großunternehmen mit einem Umsatz größer als 1 Mrd. DM) verfügten 1974 bereits 90 % (!) der Unternehmen über Controllerstellen (vgl. Henzler 1974, S. 63), auch wenn diese nicht immer so genannt wurden. Dieses zunächst überhöht erscheinende Ergebnis wurde in den folgenden Jahren durch andere empirische Erhebungen zumindest in seiner Grundaussage bestätigt (im Überblick Richter 1987, S. 23–29).

Deutlicher sichtbar wird die Entwicklung in einer stichprobenweisen Analyse von Stellenanzeigen der Frankfurter Allgemeinen Zeitung für den Zeitraum 1949 bis 1994 (im Detail Weber/Kosmider 1991, S. 17–35, und Weber/Schäffer 1998, S. 227–233). Um einen möglichen Begriffswandel abbilden zu können, wurden auch Controller-ähnliche Stellenanzeigen in die Analyse einbezogen. Entsprechend den vorab aufge-

Controller setzten sich auch in deutschen Unternehmen durch – allerdings dauerte der Prozess über 20 Jahre.

Im Original

Vorwort aus dem Bericht einer Studienkommission, die die Rolle des Controllers in den USA beschreibt:

»Der vorliegende Bericht der englischen Studienkommission, die 1950 USA bereiste, um die Ursachen der größeren Produktivität und die Methoden des amerikanischen industriellen Rechnungswesens zu studieren, hat nicht nur in England, sondern auch bereits in Deutschland durch auszugsweise Veröffentlichung und Besprechung Aufsehen erregt. ...

Man könnte viele interessante und bedeutsame Fragen, die in dem Bericht angeschnitten werden, herausgreifen, wie etwa die Darlegung über das Kosten-Verantwortungsgefühl, die Leistungsentlohnung, das Berichtswesen oder die Kostenkontrolle und Kostenanalyse. Hier ist jedoch nicht der Ort, um auf diese Einzelheiten einzugehen. Der Bericht soll für sich selbst sprechen. Es sei lediglich besonders darauf hingewiesen, wie wichtig der englischen Studienkommission wohl mit Recht die Institution des ›Controllers‹ in USA erschien. Seine Aufgaben sind schwer zu umreißen: Auf Grund seiner besondern [!] Kenntnis des Rechnungswesens erfolgt durch den ›Controller‹ oder durch die ›Controller‹-Abteilung die Auswertung des betrieblichen Zahlenmaterials zur Leistungskontrolle der einzelnen Abteilungen, die Zusammenstellung von Betriebskennziffern, deren Weitergabe an die oberste Betriebsleitung und an die Abteilungsleiter und Meister, so daß erst dadurch letzten Endes die kaufmännische Führung des Betriebes ermöglicht wird. Auf die maßgebliche Stellung des ›Controllers‹ innerhalb der Geschäftsleitung wird vielfach die größere Produktivität der amerikanischen Unternehmungen zurückgeführt. Ihm unterstehen vielfach sowohl der Leiter der Buchhaltung als auch der Leiter des gesamten Kostenwesens und der Betriebsabrechnung.

In Deutschland sind bisher nur einige wenige Großbetriebe von dem gleichen Gedanken ausgegangen und haben eine zentrale betriebswirtschaftliche Abteilung eingerichtet, die dem Vorstand oder der Geschäftsführung das Zahlenmaterial heranschafft, auf Grund dessen die Entschlüsse der obersten Leitung erfolgen können. Ich bin überzeugt, daß in vielen Fällen eine erhebliche Leistungssteigerung erreicht werden könnte, wenn auch wir in unsern Betrieben eine Institution wie die des ›Controllers‹ einführen würden« (Auffermann 1952, S. 6).

Auszüge aus einem Beitrag von Goossens aus dem Jahr 1959: »Der ›Controller‹ – Chef des Unternehmens ohne Gesamtverantwortung«:

»Der Controller ist also ein Mann, der seine eigenen Pläne aufstellt, koordiniert und auch noch überwacht! Damit nicht genug, hat er ... außerdem noch die gesamte Organisation und Revision, die Fertigungskontrolle, Betriebsabrechnung, Buchhaltung, Bilanz und Steuer in seiner Hand. Damit wird der Controller praktisch zum Chef des Unternehmens, ohne allerdings nach außen hin als Chef in Erscheinung zu treten und auch die damit verbundene Gesamtverantwortung zu übernehmen. Schon die Kombination von Planung, Fertigungskontrolle und Berichtswesen in einer Hand ist in einem Großunternehmen reichlich viel an Machtkonzentration. Wenn man aber außerdem noch *Organisation* und *Revision* dazu in einer Hand vereint, so werden alle übrigen Aufgabenträger einschließlich Vorstandsvorsitzender und Aufsichtsrat zu unbedeutenden Randfiguren. ...

Man kann und soll immer und überall von anderen lernen – übrigens nicht nur in den USA. Der ›Controller‹ hingegen passt nicht in die rechtliche Organisation der deutschen Unternehmensleitungen. Seine Übernahme würde für deutsche Verhältnisse wohl kaum einen Fortschritt bedeuten, eher einen Rückschritt in Verhältnisse, die die deutsche Betriebsorganisationslehre seit langem überwunden glaubte – zumindest in der theoretischen Erkenntnis und auf Grund praktischer Erfahrungen« (Goossens 1959, S. 75 f.).

Gerade die Kombination unterschiedlicher Aufgaben macht das Spezifische einer Controllerstelle aus.

zeigten, typischerweise von Controllern wahrgenommenen Funktionsinhalten zählten hierzu alle Anzeigen, die die Bereiche Betriebswirtschaft, Rechnungswesen und Planung aufführten. Zur zahlenmäßigen Entwicklung der Stellenanzeigen lieferte die Erhebung drei Kernaussagen:

- Die erste Controller-Anzeige fand sich im Jahr 1954.
- Wie in der einschlägigen Literatur angenommen, wurden die Controller-Stellen anfangs überwiegend von Konzernunternehmen amerikanischer Muttergesellschaften offeriert.
- Die Zahl der Controller-Stellen entwickelte sich stark progressiv; sie überstieg aber erst in den 80er Jahren die Zahl der Controller-ähnlichen Stellen.

Aufgabenbezogen sind Controller-Stellenanzeigen wesentlich durch das gleichzeitige Aufführen von Budgetierung und Budgetkontrolle sowie Soll-Ist-Vergleichen, Abweichungsanalysen und Kostenüberwachung gekennzeichnet. Insbesondere durch diesen Verbund sind sie statistisch signifikant von Anzeigen für Controller-ähnliche Stellen zu unterscheiden (vgl. Weber/Bültel 1992, S. 535–546). Die Analyse zeigt weiterhin einen deutlichen Aufgabenwandel im Zeitablauf (z. B. in Richtung einer stärkeren Einbindung der Controller in Fragen des strategischen Managements, vgl. im Detail die *Abbildung 1-3*), ohne allerdings etwas an dem grundsätzlich bestehenden Aufgabenverbund zu ändern.

Abb. 1-3

Wandel der Aufgaben der Controller im Erhebungszeitraum der Längsschnittanalyse (entnommen aus Weber/Schäffer 1998, S. 229)

Betrachtungszeitraum / Aufgabengebiet	1949–1959	1960–1964	1965–1969	1970–1974	1975–1979	1980–1984	1985–1989	1990–1994
Berichtswesen	–	14,3	6,5	4,7	8,4	8,5	11,4	13,2
Kurz-/jahresbezogene/operative Planung	–	–	6,5	6,2	9,6	12,0	9,2	11,6
Strategische Planung	–	–	–	1,6	4,0	7,1	3,6	3,6
Betriebswirtschaftliche Beratung und Betreuung	25,0	4,8	4,8	2,3	3,2	3,7	4,8	4,7
Investitions-/Wirtschaftlichkeitsrechnungen	–	4,8	3,2	2,3	4,0	2,9	4,4	6,5
Budgetierung und Budgetkontrolle	–	4,8	12,9	9,3	11,9	8,8	10,1	7,9
Soll-Ist-Vergleiche/Abweichungsanalysen/Kostenüberwachung	–	9,5	8,1	7,0	11,1	6,8	12,4	10,7
Finanzplanung, Beobachtung der Liquidität, Finanzierungsfragen	–	4,8	8,1	9,3	6,8	6,3	4,2	3,4
Mitgestaltung der Unternehmenspolitik und -ziele	–	–	–	–	2,0	1,5	1,7	0,8
Steuerung/Führungsaufgaben	–	–	1,6	0,8	2,8	2,2	1,6	3,1
EDV-Organisation	–	4,8	8,1	3,8	7,2	8,0	5,5	3,3
Projektkoordination/Sonderuntersuchungen	–	–	–	4,7	3,2	3,4	3,4	5,1
Bilanzierung/Konzernbilanzierung	–	14,3	3,2	6,9	2,4	2,7	2,7	4,2
Buchhaltung	–	9,5	4,8	7,8	3,2	3,4	2,1	2,5
Kostenrechnung/Kalkulation	50,0	18,9	14,5	11,6	5,5	9,5	7,7	6,4
Steuerwesen	25,0	9,5	4,8	5,4	3,6	2,0	1,2	0,8
Sonstiges	–	–	12,9	16,3	11,1	11,2	14,0	12,1

Angaben jeweils in Prozent der Gesamtaufgaben eines Betrachtungszeitraums

Im Original

Die Entstehung und die weitere Entwicklung des Controllings in der Praxis lassen sich auch durch die Befragung von Zeitzeugen nachvollziehen. Im Folgenden haben wir einige Zitate von Persönlichkeiten zusammengestellt, die die Entwicklung des Controllings in Deutschland über viele Jahre begleitet haben (zitiert nach Binder 2006):

Rudolf Mann: »Es war einfach der Bedarf da. Und mehr Menschen haben gespürt, dass das Controlling jetzt gebraucht wird. Es lag in der Luft. ... Im Grunde hatte man ein schlüssiges Regelkreissystem gesucht als einfach nur Zahlen, die man hinstellt«.

Rainer Bramsemann: »Der integrative Ansatz, und damit der Zwang, einen Sachverhalt konsequent zu Ende zu denken, von der Umsatz- über die Erfolgsbetrachtung bis hin in die Mittelherkunfts- und -verwendungsbetrachtung. Das wurde in den bisher betriebenen Teilplanungs- und Budgetierungssystemen nicht geleistet. Auch der Beitrag des Marketing reduzierte sich auf die markt- und kundenbezogene Integration«.

Hans-Ulrich Küpper: »Aus meiner Sicht ist an der Entwicklung richtig, dass das Rechnungswesen aus einer reinen Rolle des Zahlenermittelns herausgenommen wird. Ich sehe eine eigenständige Funktion und Aufgabe darin, Instrumente und Systeme zu haben, mit denen man so komplexe Gebilde führen kann«.

Albrecht Deyhle: »Also das Wort bzw. den Ausdruck Controller haben wir uns von den USA geholt. Das Wort Controlling ist meines Wissens nicht so geläufig in den USA. Wenn man das Ensemble meint, dann reden sie meistens von Controllership. Wir haben das selber in Gang gesetzt. Wahrscheinlich ich selber. Das habe ich gemacht als Zwillingsschwester zu Marketing. Marketing vom Kunden her und Controlling auf die Ergebnisse hin«.

Andreas Schmidt: »Die amerikanischen Unternehmen waren damit erfolgreich, hatten ein besseres Informationssystem, Finanz- und Rechnungswesen gehabt und stellten damit den Benchmark dar. Die deutschen Konzerne waren sehr stark von der Kostenrechnung geprägt gewesen. Controlling war ein Ansatz, zu einem leistungsfähigeren Berichtssystem zu kommen«.

Péter Horváth: »Meine Erklärung für die Diffusion ist, dass in bestimmten Branchen in Deutschland in den 60er, 70er und 80er Jahren das Thema Transparenz und Wirtschaftlichkeit gar nicht so sehr im Vordergrund stand. Man hatte so viel Geld verdient, dass diese Fragestellung einfach uninteressant war – wenn man Banken, Versicherungen oder auch den Handel betrachtet. Und erst als diese Themen durch den Druck einer effizienteren und effektiveren Ressourcenverwertung eine größere Bedeutung erlangt hatten, kam man natürlich verstärkt auch auf das Controlling«.

Ekkehard Kappler: »Die praktische Entwicklung wurde hauptsächlich durch Albrecht Deyhle bestimmt. Durch seinen unermüdlichen Einsatz hat er dieses Gebiet in der Praxis nach vorne gebracht. ... Er hat mit der Controller-Akademie in Gauting die Praxis nahezu flächendeckend überzogen und auch geschickt den Controllerverein in gewisser Weise als Analogie zu der Organisationsform des Marketingclubs aufgezogen. Die Verbreitung hat aber lange gedauert«.

Dietger Hahn: »Ich glaube, wir finden noch Controllingabteilungen in 10 bis 20 Jahren. Der Begriff hat sich im deutschsprachigen Raum etabliert. ... Das Arbeitsgebiet wird sich, wie wir es in Deutschland heute sehen, noch eine gute Weile halten. ... Wir sind aber nur ein ganz kleines Land auf dem Globus. ... Ob die Chinesen und Japaner bereit sind, einmal von Controlling zu sprechen, das möchte ich einmal der Zukunft überlassen. ... Irgendwann müssen wir nachdenklich werden, warum die Amerikaner heute auch fast ohne den Begriff auskommen«.

1.2.3 Empirische Ergebnisse zum Stand der Controllership

In Stellenanzeigen werden die Anforderungen formuliert, die Unternehmen an ihre Controller stellen. Um zu erfahren, was Controller dann tatsächlich tun, helfen Fallstudien oder fragebogengestützte, großzahlige empirische Erhebungen weiter. Sie sind in den vergangenen Jahren in größerer Zahl durchgeführt worden. Wenige ausgewählte Ergebnisse seien im Folgenden illustriert, um einen weiteren Einblick in die »reale Welt der Controller« zu geben.

Eine der ersten Studien zum Stand der Controllership in Deutschland stammt von von Landsberg und Mayer und wurde 1986 abgeschlossen. Befragt wurden Controller u.a. danach, welche Aufgaben sie wie stark bzw. mit welcher Wichtigkeit wahrnehmen. Aus den insgesamt 260 Antworten konnte die in *Abbildung 1-4* dargestellte »Aufgabenhitliste« gewonnen werden. Sie bestätigt die Ergebnisse der Stellenanzeigenanalyse: Controller sind untrennbar mit der laufenden operativen Planung des Unternehmens verbunden (Budgetierung, Investitionsplanung). Sie sind für die Gestaltung und das Management dieser Planung verantwortlich und an der Formulierung von Zielen beteiligt. Sie berichten über die Zielerreichung, übernehmen die laufende Kontrolle der geplanten Zielwerte und koppeln deren Ergebnisse ins Management zurück. Daneben unterstützen sie

Empirische Studien bestätigen sowohl die Aufgabenvielfalt als auch die Kernaufgaben von Controllern.

Abb. 1-4

Controlleraufgaben nach von Landsberg/Mayer 1988, S. 71

die Manager durch umfassende Informationsdienstleistungen und sind für den Aufbau und die Pflege der dafür erforderlichen Systeme verantwortlich. Sie fungieren als Coach, Berater und Counterpart der Manager bei allen betriebswirtschaftlich relevanten Fragen. »Typisch deutsch« besteht eine Arbeitsteilung zu anderen Finanzfunktionen: Für Bilanzierung, Steuern, Finanzen und Versicherungen sehen sich die Controller – zumindest im Jahr 1988 – nicht als zuständig an. Dennoch besteht in der Gesamtschau das Bild eines breiten Aufgabenspektrums mit einem festen Kern, aber eher diffusen Rändern.

Dass dieses Bild nicht auf Deutschland begrenzt ist, zeigt die in Österreich erstellte Studie von Niedermayr (1994). Aus den knapp über 300 Antworten ließ sich die in der *Abbildung 1-5* dargestellte Auflistung von Controller-Tätigkeiten gewinnen, auch hier geordnet nach der zugewiesenen Bedeutung. Im Ergebnis zeigt sich wiederum eine Dominanz von Planung/Budgetierung, Kontrolle und Informationsversorgung, die sich als »klassische« Controlleraufgaben im täglichen Geschäft bestätigen.

Die Breite der von Controllern wahrzunehmenden Aufgaben wird auch in einer aktuellen empirischen Studie zum Controlling in deutschsprachigen Unternehmen deutlich (vgl. Weber 2007a). Von diesen wollen wir nur ein Ergebnis hervorheben, das das Verhältnis der Aufgaben zueinander näher beleuchtet. Die *Abbildung 1–6* zeigt, dass die meisten Controller-Ressourcen für das laufende Berichtswesen benötigt werden, gefolgt von der operativen Planung und Kontrolle sowie der Kostenrechnung. Aber auch spezielle Aufträge an den Controller nehmen viel Zeit in Anspruch: Fasst man spezifische Projektarbeit und sonstige Beratung des Managements zusammen, sind Controller damit im Durchschnitt mehr als einen Tag in der Woche beschäftigt!

Verlässt man den deutschen Sprachraum, zeigen sich jedoch größere Divergenzen. Einer Studie von Stoffel (1995) zufolge lassen sich für

Abb. 1-5

Rangreihe der Bedeutung der Controllingaufgaben in österreichischen Unternehmen gemäß der Studie von Niedermayr 1994, S. 215

Rang	Controllingaufgaben	Werte
1.	Budgetkontrolle + Soll-Ist-Vergleiche	5,3
2.	Durchführung der Kostenrechnung	5,0
3.	Durchführung des Berichtswesens	5,0
4.	Federführung bei der Budgetierung	5,0
5.	Abweichungsanalyse	4,9
6.	Budget-Koordination	4,9
7.	Budget-Konsolidierung	4,7
8.	Systementwicklung	4,6
9.	Systemkontrolle	4,5
10.	Berichtsinterpretation	4,5
11.	Interne betriebswirtschaftliche Beratung	4,3
12.	Beurteilung von Investitionen	4,1
13.	Mitarbeit bei der Strategie-Planung	4,1
14.	Zentraler betriebswirtschaftlicher Informationsservice	3,9
15.	Einleiten von Korrekturmaßnahmen	3,7
16.	Bilanzierung	3,7
17.	Finanzierung und Finanzwesen	3,7
18.	Strategische Soll-Ist-Vergleiche	3,5
19.	Koordination der Früherkennung	3,3
20.	Einleiten von Präventivmaßnahmen	3,3
21.	Strategische Abweichungsanalyse	3,1
22.	Elektronische Datenverarbeitung	3,1
23.	Informationsservice für Strategie-Planung	3,1
24.	Organisation + Verwaltung	3,1
25.	Steuern	3,0
26.	Interne Revision	2,5

Abb. 1-6

Von den Controllern wahrgenommene Aufgabenfelder und die damit verbundene zeitliche Inanspruchnahme (Mittelwert und Standardabweichung)

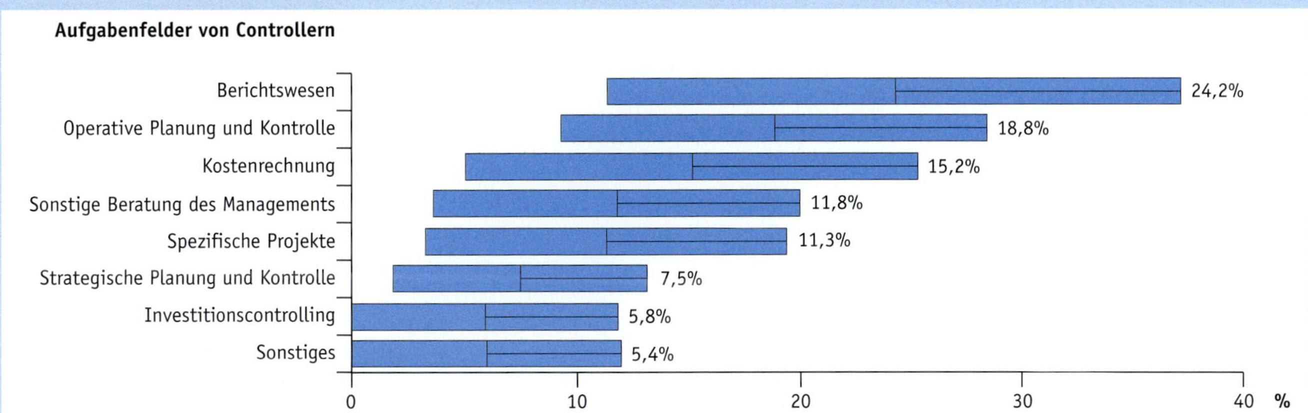

Controllership ist ein stark kontext- und kulturspezifisches Phänomen.

amerikanische Controller Ende des 20. Jahrhunderts insbesondere folgende Unterschiede feststellen (vgl. auch die *Abbildung 1-7*):

- Sie übernehmen zwar einen wesentlichen Teil der Budgetierungsaufgaben, teilen sich das Gesamtfeld der Budgetierung aber mit anderen Stabs- bzw. Servicestellen.
- Auch ihre Position in der der Budgetierung vorgelagerten zeit-, mengen- und qualitätsbezogenen operativen Planung fällt deutlich schwächer aus.
- Im Bereich der Informationsbereitstellung und des Berichtswesens sind US-Controller stark auf die Informationsbedarfe Unternehmensexterner ausgerichtet. Dies führt zu weiteren Aufgabenfeldern, die in Deutschland bislang nur im Ausnahmefall von Controllern erfüllt werden, wie Liquiditätssteuerung, betriebliches Steuerwesen, Debitorenbuchhaltung sowie das betriebliche Versicherungswesen.

Insgesamt lässt sich für amerikanische Controller eine starke *Finanzorientierung* feststellen, die sich auch in der organisatorischen Zuordnung zum Finanzbereich ausdrückt. Dabei sind auch hier Veränderungen zu konstatieren: Während in der frühen Untersuchung von Simon et al. (1954) der Controller noch ein reiner Mann des Rechnungswesens war, der sein Zahlenwerk zu einem Informationsinstrument ausbaut, deuten spätere Studien (Skousen/Zimmer 1970,

Die Aufgabenunterschiede in den USA, Deutschland und Frankreich im Detail.

Abb. 1-7

Controlleraufgaben im internationalen Vergleich (entnommen aus Stoffel 1995, S. 157)

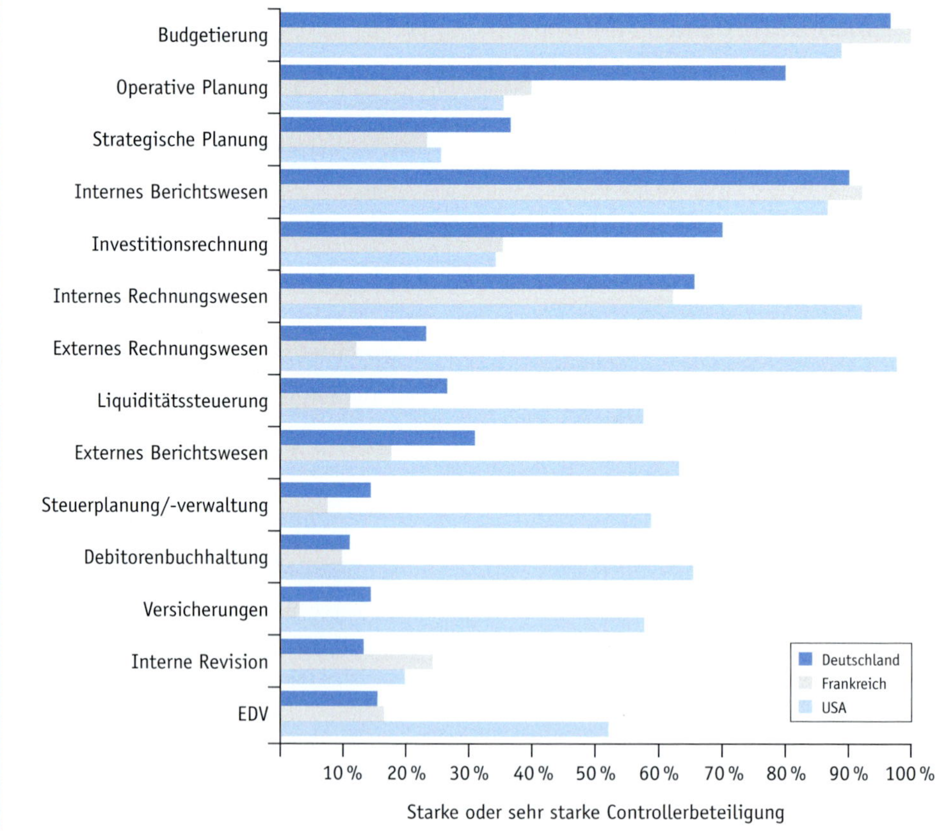

Henning/Moseley 1970, Siegel/Kulesza 1996) auf eine Ausweitung der Aufgaben hin, die Siegel/Kulesza pointiert wie folgt charakterisieren: vom »numbers-crunching preparer of financial statements to high-level decision support specialist« (Siegel/Kulesza 1996, S. 26).

In französischen Unternehmen finden sich Controller – ähnlich wie in Deutschland – in größerer Zahl erst seit den siebziger Jahren. Sie sind – wie ihre deutschen Kollegen – durchweg nicht mit den rechnungswesen- und finanzbezogenen Zusatzaufgaben betraut, die in den USA Controller maßgeblich beschäftigen. In ihrer grundsätzlichen Ausrichtung lassen sich die folgenden zwei Ausprägungen feststellen, wobei die erstgenannte in der Unternehmenspraxis eindeutig dominiert:

- Sind Controller in Frankreich dem Finanzbereich untergeordnet, beziehen sich ihre planungs- und kontrollbezogenen Aufgaben den Ergebnissen der Studie entsprechend lediglich auf die Budgetierung. Hinzu kommen die interne Berichterstattung und – als Basis – das interne Rechnungswesen als weitere Aufgabenbereiche.
- Untersteht der Controllerbereich dagegen direkt der Unternehmensleitung, so wirken Controller an der materiellen Planung mit. Allerdings fällt diese Mitwirkung geringer aus als in Deutschland.

Die Bündelung von Planungs-, Kontroll- und Informationsversorgungsaufgaben in Controllerstellen kann somit – wie der kurze Vergleich zeigt – auch von Land zu Land sehr unterschiedlich ausgeprägt sein. Der starke Rechnungswesenanteil in den USA führt zu einer finanzzahlendominierten Schwerpunktlegung. Auch in Frankreich sind die Controller zumeist dem Finanzbereich zugeordnet, lediglich auf (höchstens) der dritten Ebene der Führungshierarchie eingeordnet und folglich auch nur mit geringen Einflussmöglichkeiten ausgestattet. Sieht man – wie in Deutschland – Planungs-, Kontroll- und Informationsversorgungsaufgaben eher gleichbedeutend, liegt ein wesentlicher Teil der Controlleraufgabe in der Gestaltung und Begleitung des materiellen Planungsprozesses. Entsprechend hochrangig ist die Einordnung in die Unternehmensorganisation. Damit wird die Controllership zu einem stark kontext- und kulturspezifischen Phänomen.

Eine international viel beachtete Studie von Ahrens vergleicht nicht die Aufgabenbereiche, sondern das Selbstverständnis und die Praktiken von Mangement Accountants bzw. Controllern in britischen und deutschen Brauereien.
Auf der Basis von teilnehmender Beobachtung, Interviews und Dokumentenanalysen identifiziert er dabei deutliche Unterschiede: Während die Controller in den deutschen Brauereien das Unternehmen durch ein System von Plänen wahrnehmen und entsprechend Controlling als von den operationalen Prozessen getrennt verstehen, betonen die britischen Accountants ihre Involviertheit auch in die operationalen Abläufe und beanspruchen ein substanzielles, nicht nur formales, Mitspracherecht in der Planung. Entsprechend erscheint das Unternehmen im Fall der deutschen Brauereien eher als eine primär technische Einheit, innerhalb derer dem Controlling die Funktion zukommt, eine Ausrichtung der technischen Prozesse auf Profitabilität zu gewährleisten. In den britischen Brauereien kommt hingegen den Accountants eine dominierende Position zu. Als »guter Manager« gilt hier derjenige, der in der Lage ist, im Rahmen der vom Accounting bzw. den Rentabilitätserwartungen maßgeblich bestimmten Budgets erfolgreich seinen Aufgabenbereich zu managen. Das Unternehmen erscheint hier stärker ökonomisch geprägt (vgl. Ahrens 1999).

Im internationalen Vergleich finden sich deutliche Unterschiede zwischen den Aufgaben von Controllern.

Unterschiede scheint es auch zwischen Deutschland und Großbritannien zu geben.

Auch wenn die Befunde in den von Ahrens analysierten Brauereien sicherlich nicht ohne Weiteres auf alle deutschen bzw. britischen Unternehmen übertragen und damit verallgemeinert werden dürfen, zeigt sich doch, dass die Tätigkeit von Controllern in einen kulturellen Kontext eingebettet ist, der sich zwar nicht unbedingt über Fragebögen und die Lektüre von Handbüchern erschließt, aber in einer vergleichenden Betrachtung keinesfalls ignoriert werden sollte.

Zusammenfassende Aussagen (vgl. auch Leitfragen 1 und 2)

- Die ersten Controllerstellen in Unternehmen finden sich Ende des 19. Jahrhunderts in den USA. Nach Europa kommen sie ein knappes Dreivierteljahrhundert später.
- Kernaufgaben der Controller waren und sind die Gestaltung des Planungsprozesses, die Kontrolle der gesetzten Ziele, die Versorgung des Managements mit führungsrelevanten Informationen und die betriebswirtschaftliche Unterstützung der Manager.
- Trotz aller Übereinstimmung unterscheiden sich die Aufgaben der Controller sowohl zwischen verschiedenen Ländern als auch zwischen Unternehmen in einem Wirtschaftsraum. Dies macht das »Schillernde« der Controllership aus.

1.2.4 Der Controller im Spiegel von Rollenbildern

Der von uns nun ausführlich umrissene Stand des Aufgabenspektrums von Controllern ist auch Nährboden für die traditionell Controllern zugeordneten Bilder des Erbsenzählers, Zahlenknechts, Bremsers, Kontrolleurs, Spürhunds, Lotsen bzw. auch Steuermanns und Navigators sowie die Bilder des internen Beraters, des ökonomischen Gewissens oder des Kommunikators.

Der Erbsenzähler als klassisches Controllerbild

Das Bild des *Erbsenzählers* und *Zahlenknechts* findet man über den ganzen Erdball verbreitet (amerikanisch: »beancounter«). Der Controller erscheint hier als zahlenversessener, penibler und auf Genauigkeit fokussierter Buchhalter. Dass sich ein solches Bild entwickeln und derart verfestigen konnte, lässt sich auf die hohe Bedeutung und den erheblichen Umfang folgender Teilaufgaben der Controller zurückführen:

- Die monetäre Bewertungsaufgabe im Planentstehungsprozess,
- das »Handling« der Zahlen in der Budgetierung und
- die Berichterstattung der Abweichungsanalyse im Kontrollprozess.

Diese Zahlenlastigkeit wird leicht zu einer übertriebenen Zahlenorientierung, ja zu Zahlengläubigkeit der Controller selbst. Einige von ihnen sind nicht mehr in der Lage, den Unterschied zwischen Genauigkeit und Relevanz von Zahlen nachzuvollziehen. Nicht anders ist es zu erklären, dass man manchmal auch in Langfristplänen Ergebniswerte findet, die bis auf den Cent genau gerechnet sind. Zahlenlastigkeit macht viele Controller zudem blind dafür, einen wie großen Anteil zur Beschreibung eines ökonomischen Problems Zahlen wirklich einnehmen. Beschränkt man Entscheiden auf Rechnen, so hat man dem Management (und den Anteilseignern) einen Bärendienst erwiesen. Es muss – wie in Kapitel 10 noch ausführlich zu diskutieren – die hohe Kunst eines Controllers sein, die fragile Beziehung zwischen Intuition und Reflexion zu kultivieren, das eine zu fördern, ohne das andere zu behindern. Manager, die nur auf unternehmerisches Gespür bauen, sind für das Unternehmen genauso gefährlich, wie Controller, die nichts gelten lassen, was sich nicht in Euro und Cent rechnen lässt. Zahlenorientierung der Controller ist unverzichtbar. Die Bezeichnung als Erbsenzähler und Zahlenknecht zeugt davon, dass man des Guten aber auch zu viel tun kann!

Was mit dem Bild des *Bremsers* gemeint ist, lässt sich anschaulich dem folgenden (authentischen) Zitat entnehmen: »Als wir wieder einmal ein Investitionsprojekt durch das Controlling gebracht hatten, knallten bei uns die Sektkorken.« Diese Einschätzung mancher Linienmanager stützt sich auf zwei Erfahrungsbereiche: Zum einen kommt es im Rahmen der Budgetierung häufig zur Situation, dass die dezentral geplanten Mittel von der Unternehmensspitze nicht akzeptiert werden, dass Kürzungen erforderlich sind – und hier sind häufig Controller die Überbringer der schlechten Nachricht. Zum anderen übernehmen die Controller – wie in Kapitel 10 noch ausführlich gezeigt wird – im Planungs- und Planentstehungsprozess eine Korrektur- bzw. Filterrolle gegenüber dem Management. Wer immer den Advocatus Diaboli spielt, wird von anderen leicht in die Rolle des Bremsers eingeordnet. Dass diese Planentstehungskontrolle als Qualitätssicherung zu begreifen ist, die spätere Probleme im Prozess der Planentstehung verhindert oder reduziert, wird leicht übersehen.

Die Reihe der wenig vorteilhaft klingenden Rollenbilder sei mit dem des *Kontrolleurs* fortgesetzt. Die Kontrolle zählt zu den Kernaufgaben von Controllern. Sie ist jedoch sehr verhaltenssensibel. Die Suche nach Schuldigen, das Bohren in offenen Wunden, das Transparentmachen und Zurschaustellen von Fehlern, sind allesamt Quellen für dysfunktionale Wirkungen von Kontrollen. Bei der Durchführung von Kontrolle ist daher Sensibilität gefragt, die offensichtlich nicht jeder Controller aufbringt. Analoges gilt für das Bild des *Wadenbeißers*.

Als letztes problembeladenes Bild sei das des *Spürhunds* genannt. Kolportiert wird mit ihm die Suche der Controller nach Abweichungsgründen oder Rationalisierungspotentialen. Der stark negative Beigeschmack des Bildes resultiert daraus, dass Controller offensichtlich hier und da ein wenig einfühlsames, detektivisches Verhalten an den Tag legen und als notorisch misstrauisch und skeptisch gelten. Allerdings stehen hinter dem Bild auch positive Assoziationen: Jäger bringen ihrem Spürhund durchaus Respekt entgegen. Gleichwohl werden sie ihn nicht als ihresgleichen akzeptieren. Unabhängig davon verbirgt sich auch im Bild des Spürhunds eine wesentliche, für das Unternehmen wichtige Aufgabe der Controller: Wer als Manager weiß, dass er zu irgendeiner unpassenden Gelegenheit aufgespürt werden könnte, gibt keinen Anlass, dass es dazu kommt. Ein sonst mögliches opportunistisches Verhalten wird wirksam begrenzt.

Betrachten wir nun die Bilder, die eher positiv besetzte Facetten der Controllership herausstellen. Als erstes sind die Bilder des *Lotsen*, des *Steuermanns* und des *Navigators* zu nennen. Sie betonen den Anspruch der Controller, dafür zu sorgen, dass ein ständiger Bezug des unternehmerischen Handelns auf gesetzte Ziele bzw. verabschiedete Pläne erfolgt, dass bei Abweichungen vom Zielkorridor Anpassungsmaßnahmen beschlossen und durchgesetzt werden und so das Unternehmen »auf Kurs« bleibt. Ziele setzt der Kapitän; sein Steuermann führt den Kompass und steuert erforderlichenfalls gegen. Die Veranschaulichung des Controllings als ein aus Planung, Realisation, Kontrolle und Rückkopplung bestehender Regelkreis – wir werden im 2. und 3. Kapitel darauf zurückkommen – passt zu diesem Bild.

Daneben werden Controller häufig als *betriebswirtschaftliche Begleiter, interne Berater* oder *ökonomisches Gewissen* bezeichnet. Controller haben demnach die Aufgabe, die Effektivität und Effizienz des Managerhandelns zu hinterfragen, vom laufenden Managementprozess bis hin zu wesentlichen Projektentscheidungen, und bei erkannten Problemen Änderungen anzustoßen. Dieses Rollenbild ist somit eng mit der Interaktion zwischen Controller und Manager verbunden.

Kontrolle ist eine sehr verhaltenssensible Führungsfunktion.

Schließlich stößt man noch auf drei weitere Rollen, die in den letzten Jahren für Controller diskutiert werden: Die Rolle des *Change Agents*

Abb. 1-8

Der Bürokrat – ein Bild von Dittrich, das ursprünglich für Controller in öffentlichen Institutionen gezeichnet wurde

ist eine Reflektion der zunehmenden Veränderungsintensität in den Unternehmen. Controller besitzen durch ihre Unabhängigkeit gute Voraussetzungen, um als Unterstützer und Treiber dieser Prozesse zu dienen und damit das Management zu unterstützen. Der *Innovator* wirkt eher als eine Absichtserklärung der Controller denn als Realität. Controller wirken derzeit mehr bewahrend als verändernd (vgl. Weber/Vinkemeier 2007, S. 7). Controller sind zumeist die, die Innovationen auf Grund der Schwierigkeiten, sie adäquat zu bewerten, eher bremsen, als sie weiter voranzutreiben. Für sie ist das Abweichen von einer Regel (z. B. eine deutlich schnellere Marktdurchdringung eines neuen Produkts im Verhältnis zu den Erfahrungen mit Vorprodukten) primär ein Alarmsignal versuchter Manipulation als der Ausdruck eines innovativen Sprungs nach vorn. Die letzte hier anzusprechende Rolle ist die des *Architekten*, die den Controller allerdings sehr nah an den Manager und den Vorwurf einer »grauen Eminenz« heranführt.

Wir haben gesehen: Das, was ein Controller tun soll, und weshalb dies so ist, erschließt sich auch durch die Betrachtung von Rollenbildern nicht auf den ersten Blick. Alle Bilder betonen bestimmte Facetten des Aufgabenspektrums der Controller. Ihre Vielzahl entspricht der Heterogenität der Controllership.

1.3 Entwicklung des Controllings als akademische Disziplin

Links zu den Lehrstühlen finden Sie unter: www.whu.edu/controllinglinks

Parallel zur beeindruckenden Entwicklung in der Praxis hat sich das Controlling auch in der Wissenschaft trotz mancher Vorbehalte zu einer anerkannten Disziplin entwickelt (vgl. Küpper/Wagenhofer 2002, S. X, Ahn 1999, S. 110). Nach einer Studie von Binder/Schäffer existieren an den 92 betriebswirtschaftlichen Fakultäten deutschsprachiger Universitäten und wissenschaftlicher Hochschulen im Jahre 2004 immerhin 72 Lehrstühle, die explizit die Bezeichnung »Controlling« im Lehrstuhlnamen führen (vgl. Binder/Schäffer 2005a, S. 101).

Eine nähere Analyse der Lehrstuhlbezeichnungen zeigt, dass nur 15 % dieser 72 Lehrstühle »reine« Controllinglehrstühle sind. Die restlichen 85 % der Lehrstühle sind in Verbin-

Abb. 1-9

Entwicklung der Anzahl deutschsprachiger Controllinglehrstühle (entnommen aus Binder/Schäffer 2005a, S. 102)

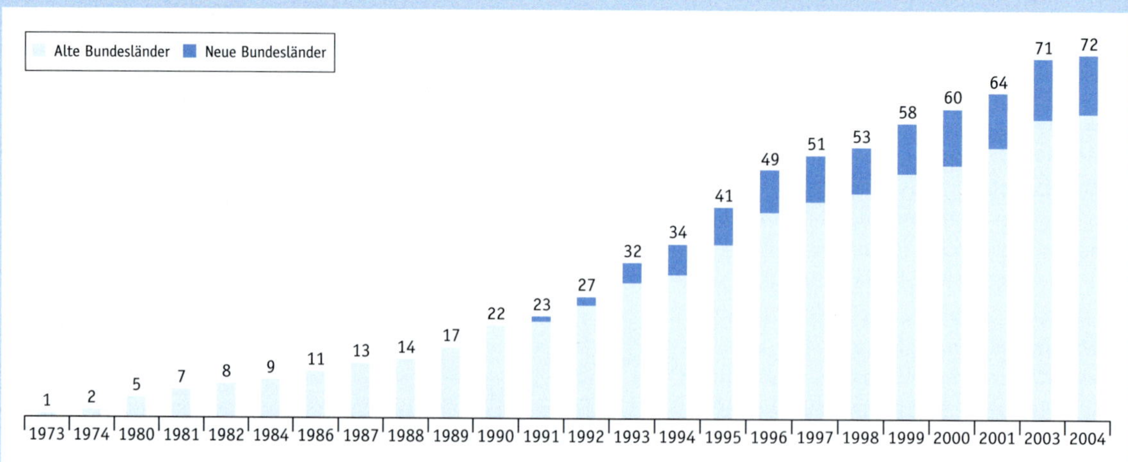

Im Original

Die Entstehung und die weitere Entwicklung des Controllings als akademische Disziplin lassen sich auch durch die Befragung von Zeitzeugen nachvollziehen. Im Folgenden haben wir einige Zitate von Persönlichkeiten zusammengestellt, die die Entwicklung des Controllings als akademische Disziplin über viele Jahre begleitet haben (zitiert nach Binder 2006):

Jürgen Weber: »Wir haben nicht erst etwas gefunden und dann nach einem Namen gesucht, sondern wir haben etwas, für das es in der Praxis bereits einen Namen gab, aufgegriffen und wussten zuerst nicht so richtig, was das war. ... Grundsätzlich vertrete ich bei Controlling die These, dass das Ganze von der Praxis angestoßen und weiter getrieben wurde. Dies war der wesentliche Treiber. Im wissenschaftlichen Bereich haben wir eigentlich nur hinterher geschaut und versucht, das Phänomen zu begreifen und zu erklären«.

Hans-Ulrich Küpper: »Ich sehe hier schon einen deutlichen Unterschied zum Marketing. Beim Marketing war es so, dass es da schon die Crew dahinter gab. Das waren die Absatzleute. Bei dem Standardwerk von Nieschlag/Dichtl/Hörschgen – ich habe als Student noch den ersten Band mit dem Titel ›Lehre von der Absatzwirtschaft‹ gekauft – wurde bei der 3. Auflage 1970 das Wort ›Marketing‹ darüber geschrieben. Also die wissenschaftliche Gruppe war bereits da, und die Lehrstühle gab es auch schon. Das ist meines Erachtens eine andere Ausgangslage«.

Klaus Brockhoff: »Meine generelle Vorstellung darüber, wie Schwerpunkte in der wissenschaftlichen Entwicklung, auch in der Betriebswirtschaftslehre, entstehen, ist im Grunde die ›Need-driven-Perspective‹. Da gibt es irgendwo eine Notwendigkeit und man richtet sich dahin, wo man dieses Bedürfnis irgendwie befriedigen kann. ... Die notwendige Bedingung ist, dass es Leute gibt, die Drive haben und so was entwickeln. Die wichtige hinreichende Bedingung für eine so phänomenale Entwicklung, wie es das Controlling gemacht hat, ist, dass erkennbar ist, dass für so etwas auch ein Bedürfnis da ist, sonst bricht das sehr viel früher ab«.

André Zünd: »Die akademische Community befasste sich nicht oder nur sehr wenig mit dem Controlling. Es passte einfach nicht in das wissenschaftliche Konzept, in den Hochschulbereich, der Disziplinen. Das mag eine Rolle gespielt haben. Controlling ist ja eigentlich etwas Multidisziplinäres. Es ist nicht einseitig nur Rechnungswesen, es passt nur schwer auf die deutsche Auffassung der Fakultäten, Disziplinen und der klassischen Unterteilung der Betriebswirtschaftslehre (Kosiol, u. a.). Da passt Controlling nicht hinein. Es ist nicht nur Rechnungswesen, es ist auch Rechnungswesen. Es ist nicht nur Personalführung, es ist auch Personalführung. Dieser interdisziplinäre Gedanke des Controllings widersprach der akademischen Auffassung der BWL«.

Péter Horváth: »Man kann hier eine klassische Entwicklung bei der Adaption feststellen. Am Anfang gab es zunächst – wie immer – einen gewissen Widerstand. Dieser war dadurch charakterisiert, dass man den Innovationsgrad von neuen Ideen bestritt bzw. auch die Zweckmäßigkeit dieser Ideen in Frage stellt. Und das war sowohl in Praxis als auch Wissenschaft der Fall. Typische Frage in der Tat: Was ist daran eigentlich neu, was ist eigentlich als zusätzliche Idee zum Controlling erkennbar? ... Da kamen also die Fragestellungen hinsichtlich der Abgrenzung zu anderen Disziplinen, der Existenz einer eigenständigen Forschungsfrage und spezifischer Instrumente, die hier eingesetzt werden können. ... Es gibt zahlreiche Kollegen, die auch heute noch sagen: Controlling ist nichts Neues. Entweder ist es so eine Art verkappte ABWL oder auf der anderen Seite ist es eben aufgeblähtes Rechnungswesen«.

Jürgen Weber: »Es gab keine Controlling-Community. ... Es gab keinen Grund dafür, denn es behinderte eigentlich nur. Die Szene lebt von dem anscheinend hohen, diffusen Charakter des Faches. Sodass sich jeder da irgendwie verstecken kann. Jeder kann sagen, ich habe meine eigene Controllingdefinition und ich weiß, wo es langgeht. Keiner ist auch nur ansatzweise hinterfragbar. Es gibt keinen geordneten Diskussionsprozess in der Community, weil es keine Community gibt«.

Péter Horváth: »Die Wissenschaft hat sich aus meiner Sicht immer stärker in Richtung einer gewissen Eigenständigkeit und Verselbständigung der Controllingthematik entwickelt. In den 70er und 80er Jahren stand die Praxis im Mittelpunkt. Heute haben wir eine neue Generation an Wissenschaftlern, die sich nicht mehr so sehr um Praxisfragestellungen kümmert, sondern sich hier – v. a. institutionsökonomisch beeinflusst – mit formal-analytischen Modellen auseinander setzt. Es lässt sich eine relativ starke Auseinanderentwicklung von Praxis und Theorie erkennen«.

Abb. 1-10

Relative Entwicklung controllingspezifischer Beiträge in deutschsprachigen wissenschaftlichen Zeitschriften (entnommen aus Binder/Schäffer 2005b, S. 608)

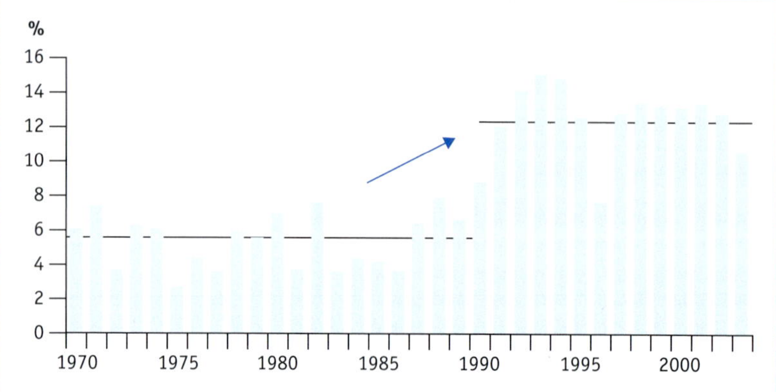

Controlling hat sich zu einer anerkannten Disziplin entwickelt.

dung mit anderen Fächern ausgerichtet. Die Vielfalt der Kombinationen macht deutlich, dass das Controlling mit sehr unterschiedlichen Aspekten in Verbindung gebracht werden kann – und somit eine klassische Querschnittsfunktion darstellt. Im Vordergrund stehen Kombinationen mit Unternehmensrechnung/Rechnungswesen (36 %) und Wirtschaftsprüfung (13 %). Laut Hirsch deutet »die Kombination der Teildisziplinen ›Controlling‹ und ›Unternehmensrechnung‹ in einer gemeinsamen Lehrstuhlbezeichnung auf die große Nähe dieser beiden Disziplinen und auf ihren gemeinsamen Ursprung, das Rechnungswesen, hin« (Hirsch 2003b, S. 255). Gleichwohl sind 36 % der Lehrstühle durch andere Kombinationen charakterisiert.

Der erste Controllinglehrstuhl wurde 1973 eingerichtet.

Die institutionelle Entwicklung des deutschsprachigen Controllings an Universitäten und wissenschaftlichen Hochschulen begann 1973 mit der Berufung von Péter Horváth auf den neu eingerichteten Controllinglehrstuhl der TH Darmstadt. Die weitere Entwicklung verlief bis Ende der 80er Jahre eher verhalten: 1989 existierten erst 17 der heute 72 Controllinglehrstühle. Danach ist eine Beschleunigung zu konstatieren (vgl. *Abbildung 1-9*). In wenigen Jahren kommen noch 14 Controllinglehrstühle in den neuen und 41 Controllinglehrstühle in den alten Bundesländern dazu.

Diese verstärkte Einrichtung von Controllinglehrstühlen lässt sich weitgehend auf die Entwicklung in der Praxis zurückführen. So zeigt die bereits erwähnte Analyse von Stellenanzeigen durch Weber/Kosmider und Weber/Schäffer für die Jahre 1949–1994 eine signifikante Zunahme sowohl von Controller- als auch Controlling-ähnlichen Stellen. Der Ausbau der universitären Kapazitäten im Controlling führte auch zu einem deutlichen Anstieg controllingrelevanter Publikationen in den wissenschaftlichen Zeitschriften des deutschsprachigen Raums: Lag der Anteil von Controllingbeiträgen in den 70er Jahren und 80er Jahren noch zwischen circa 4 % und 6 % (vgl. *Abbildung 1-10*), ist etwa Anfang der 90er Jahre eine Verdoppelung des Anteils auf durchschnittlich ca. 12 % erkennbar.

Neben Universitäten und wissenschaftlichen Hochschulen kommt den Fachhochschulen eine große Bedeutung für die Entwicklung des Fachs zu. So hat Elmar Mayer bereits im Jahre 1971 die AWW Köln (Arbeitsgemeinschaft Wirtschaftswissenschaft und Wirtschaftspraxis im Controlling und Rechnungswesen) im Fachbereich Wirtschaft der Fachhochschule Köln ins Leben gerufen und dort 1974 einen Lehrstuhl für Betriebswirtschaftslehre, Controlling und Rechnungswesen besetzt. Ende des Jahres 1989 trugen bereits 34 von 40 Rechnungswesen-Lehrstühlen an Fachhochschulen die erweiterte Bezeichnung »Rechnungswesen und Controlling« (vgl. Mayer 1990).

Zusammenfassende Aussagen (vgl. auch Leitfrage 3)

- Nicht nur in der Praxis, auch in der Wissenschaft hat sich Controlling zu einer anerkannten Disziplin entwickelt.
- Die Entwicklung des Controllings als wissenschaftliche Disziplin war in hohem Maße praxisgetrieben. Durch die zunehmende Integration der deutschen Controllingforschung in den internationalen Wissenschaftsmarkt könnte sich diese enge Bindung zunehmend lösen.

1.4 Controllingkonzeptionen

In der Literatur findet sich eine kaum noch überschaubare Vielzahl von Quellen, die sich mit Controlling beschäftigen, darunter allerdings nur wenige Arbeiten, die versuchen, eine Brücke zu schlagen zwischen dem, was Controller tun, und dem, was Controlling bedeutet. Im Folgenden beginnen wir mit der Vorstellung einer in der Praxis entwickelten Controllingkonzeption, die diesen Brückenschlag vornimmt. Sie stammt vom Internationalen Controller Verein (ICV). Darauf folgend seien die gängigen Controllingkonzeptionen in der akademischen Diskussion und relevante Theoriebausteine der Accounting-Forschung vorgestellt.

1.4.1 Die praxisnahe Controllingkonzeption des ICV

Der Internationale Controller Verein eV ist die dominierende Vereinigung von Controllern im deutschen Sprachraum. Er wurde von Albrecht Deyhle – »dem« deutschsprachigen Controller-Trainer – gegründet und wesentlich von ihm geprägt. Nicht zuletzt auf Grund der sehr hohen Zahl von ihm ausgebildeter Controller hat sein Controllingverständnis einen erheblichen Einfluss auf die Controlling-Entwicklung in der Praxis deutschsprachiger Unternehmen genommen. Die mit dem Verein eng verbundene International Group of Controlling (IGC) hat ein Grundsatzpapier (»Leitbild Controller«) formuliert, das mit einem kurzen, zusammenfassenden Grundstatement beginnt (Internationaler Controller Verein eV, www.controllerverein.de, Stand 2002):

»Controller gestalten und begleiten den Management-Prozess der Zielfindung, Planung und Steuerung und tragen damit Mitverantwortung für die Zielerreichung. Das heißt:

- Controller sorgen für Strategie-, Ergebnis-, Finanz-, Prozesstransparenz und tragen somit zu höherer Wirtschaftlichkeit bei.
- Controller koordinieren Teilziele und Teilpläne ganzheitlich und organisieren unternehmensübergreifend das zukunftsorientierte Berichtswesen.
- Controller moderieren und gestalten den Management-Prozess der Zielfindung, der Planung und der Steuerung so, dass jeder Entscheidungsträger zielorientiert handeln kann.
- Controller leisten den dazu erforderlichen Service der betriebswirtschaftlichen Daten- und Informationsversorgung.
- Controller gestalten und pflegen die Controllingsysteme«.

Die Beziehungen zwischen Controllern und Controlling werden anschließend in einer Schnittmengendarstellung zueinander in Beziehung gebracht, die die *Abbildung 1–11* zeigt. Erläuternd finden sich folgende zusätzliche Ausführungen (Stand 11/2006): »Controlling bedeutet Steuern oder Regeln. Das heißt Führen zum praktischen Erreichen der vereinbarten Ziele. Der Controller sorgt dafür, dass jeder sich selbst kontrollieren kann im Rahmen der erarbeiteten Ziele und Pläne. Die Aufgaben- und Rollenverteilung zwischen Manager und Controller im Team wird durch das Bild der Schnittmenge deutlich. Die Manager betreiben etwas, die Controller sorgen für die Einsehbarkeit in das wirtschaftliche Ergebnis. Hier zeigt sich, dass nicht die Controller allein das Controlling betreiben. Das Controlling

Internationaler Controller Verein eV
http://www.controllerverein.com

International Group of Controlling (IGC)
http://www.igc-controlling.org

Der Überblick über die Controllingkonzeptionen beginnt mit dem Werk von Albrecht Deyhle, der sich um das Controlling sehr verdient gemacht hat.

Abb. 1-11

Manager und Controller im Team (ICV, Stand 2004)

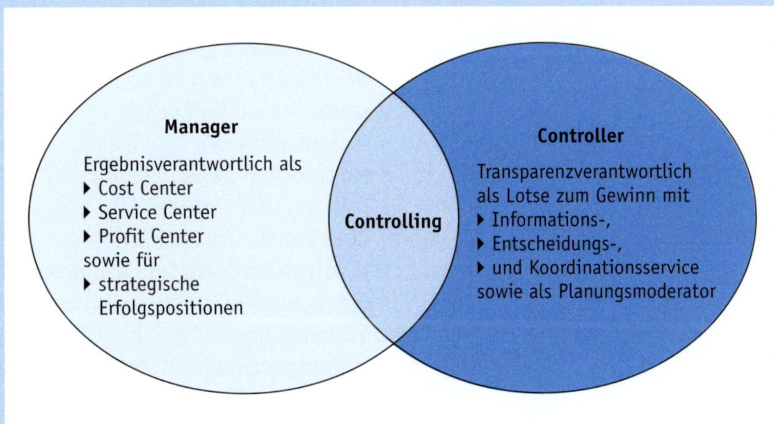

als Prozess und Denkweise liegt in der Schnittmenge. Es entsteht durch Manager und Controller im Team (Controlling als angewandte Betriebswirtschaft)«.

Die wesentlichen Ideen der ICV-Konzeption im Überblick

Fasst man die wesentlichen Ideen des Statements des Controller Vereins zusammen, so wird dort

- Controlling als ureigene Managementfunktion angesehen, die in enger Zusammenarbeit von Manager und Controller erbracht wird,
- Controlling als Steuern bzw. Regeln definiert und
- ein Führungsumfeld vorausgesetzt, das durch systematische Planung gekennzeichnet ist.

Diese Grundelemente finden sich – mehr oder weniger ausgeprägt – auch bei den von Hochschullehrern entwickelten Controllingkonzeptionen in der Literatur wieder.

1.4.2 Controllingkonzeptionen in der deutschsprachigen Literatur

»Generally Accepted Controlling Principles« gibt es leider nicht.

Die einschlägige deutschsprachige Literatur ist durch eine Vielzahl unterschiedlicher Controllingkonzeptionen gekennzeichnet. Von einem einheitlichen Controllingverständnis, gar von »Generally Accepted Controlling Principles« (Küpper/Weber/Zünd 1990, S. 282) kann dabei keine Rede sein. Nicht selten beschränkt sich die »originäre« Leistung einer Konzeption auf eine mehr oder weniger gelungene Umformulierung bestehender Begriffsauffassungen und Konzepte. Für die überwiegende Zahl der Konzeptionen gilt auch der Vorwurf, nicht unerheblich normativ zu sein; es wird nicht nachvollziehbar, warum Controlling genau so und nicht anders definiert wurde.

Unterschiedlich sind nicht nur die Interpretationen von Controlling, sondern auch die Versuche, diese zu ordnen.

In dieser Situation ist es verständlich, dass auch die Zahl der Ordnungsversuche des »Konzeptions- und Definitionswirrwars« über die Zeit eine beträchtliche Größenordnung angenommen hat. So fand man lange kaum eine Dissertation im Themenbereich Controlling, die nicht einen erheblichen Seitenumfang für dieses Unterfangen verwendet hat (vgl. als ein Beispiel für einen gut gelungenen Ordnungsansatz Zenz 1999). Auch diese Ordnungsversuche sind noch ein erhebliches Stück davon entfernt, homogen oder zumindest ähnlich zu sein. Die im Folgenden wiedergegebene Struktur kann deshalb nicht den Anspruch auf Repräsentativität erheben. Auch ist zu beachten, dass einzelne Ansätze den dort unterschiedenen vier Definitionstypen in den meisten Fällen nicht ausschließlich, d. h. nicht überschneidungsfrei, zugeordnet werden können. Die Zuweisung erfolgt vielmehr bezogen auf den grundsätzlichen Fokus der jeweils zitierten Konzeption.

Frühe Controllingkonzeptionen stellen zumeist auf Informationsversorgung als Kern des Controllings ab.

1.4.2.1 Controlling als Informationsversorgungsfunktion

Frühe Controllingkonzeptionen stellen zumeist auf Informationsversorgung als Kern des Controllings ab. Eine derartige Auffassung kommt z. B. in den folgenden beiden Stellungnahmen zum Ausdruck:

- Controlling als »Unterstützung der Steuerung der Unternehmung durch Information« (Hoffmann 1972, S. 85) oder
- Controlling als »Beschaffung, Aufbereitung und Koordination von Informationen für deren Anwendung zur Steuerung der Betriebswirtschaft durch die Unternehmensleitung auf deren Ziel hin« (Heigl 1989, S. 3).

Den Bezugspunkt bildet dabei zumeist das Rechnungswesen, allerdings in sehr unterschiedlicher Ausprägung. Ein Teil der Autoren setzt Controlling mit einer amerikanischen Ausprägung des Rechnungswesens gleich, bezieht damit Bereiche wie Statistik, Budgetierung, Steuern und Interne Revision mit in das Aufgabenfeld des Controllings ein (z. B. Harbert 1982, S. 68 f.). Andere Autoren sehen den Controllinggedanken nicht in einer funktionalen Ausweitung, sondern in einer materiellen Veränderung des Rechnungswesens verwirklicht. Bezugsbasis bildet für sie ein sehr technokratisch verstandenes Rechnungswesen. Besonders deutlich kommt diese Auffassung in der Meinung von Bannow zum Ausdruck, der »die Aufgabe eines Leiters des Rechnungswesens im Wesentlichen darin [sieht], den wirtschaftlichen Vorgängen eines Unternehmens zu Grunde liegende Informationen (Zahlen) entsprechend der GoB [Grundsätze ordnungsmäßiger Buchführung, Anm. d. Verf.] zu erfassen und aufzuzeichnen, so dass eine spätere Rechnungslegung vor-

Im Original

Auszüge aus Müller (1974): »Die Koordination von Informationsbedarf und Informationsbeschaffung als zentrale Aufgabe des Controlling«:

»Der betriebliche Funktionsbereich Controlling – für relativ lange Zeit etwas in Vergessenheit geraten – findet gegenwärtig wachsendes Interesse in der betriebswirtschaftlichen Diskussion und Lehre. Diese Renaissance der Controlling-Konzeption kommt nicht von ungefähr. Sie ist in engem Zusammenhang mit den zunehmenden Bemühungen zu sehen, das betriebliche Rechnungswesen aus seinen derzeitigen Grenzen herauszulösen und zu einem leistungsfähigen Instrument für die Bewältigung der Planungs- und Entscheidungsaufgaben in der Unternehmung umzugestalten. ...

Frühere Versuche, die in den USA entwickelte Controlling-Konzeption auch in Deutschland bekanntzumachen, waren durch höchst divergierende Auffassungen über die Funktionsmerkmale dieses Bereiches sowie die Aufgaben des Controllers gekennzeichnet. Darin spiegelte sich die Vielfalt der Erscheinungsformen der Controlling-Praxis in den USA wider, die für die Position des Controllers zahlreiche Varianten zwischen Hauptbuchhalter und Mitglied der obersten Geschäftsleitung kennt. Die jüngste Diskussion zum Controlling läßt dagegen eine gewisse Übereinstimmung in dem Bemühen erkennen, mit Hilfe des Controlling eine sich immer stärker bemerkbar machende Lücke im Funktionsgefüge der Unternehmung zu schließen, die durch die stetig wachsenden und häufig ausufernden Maßnahmen zur Informationsverarbeitung hervorgerufen wird. Dementsprechend besteht die generelle Tendenz, das Controlling als eine zentrale Einrichtung der betrieblichen Informationswirtschaft zu verstehen und zu konzipieren. ...

Die nähere Analyse der Aufgabenstellung des Controllers läßt ... eine potentielle Funktion sichtbar werden, die bislang in Theorie und Praxis unbeachtet geblieben ist, obwohl sie als Angelpunkt einer systematischen informationswirtschaftlichen Tätigkeit zu betrachten ist. Dies wird deutlich, wenn man die verschiedenen Aufgabenbereiche ... nach den beiden Aufgabenkategorien Informationsbeschaffung und Informationsverwendung für Planungs-, Entscheidungs- und Kontrollzwecke ordnet. Obwohl die Abgrenzung der einzelnen Aufgabenbereiche ... nicht immer ihre eindeutige Zuordnung in eine der beiden Kategorien zuläßt, ist doch zweifelsfrei zu erkennen, daß sich die Aufgaben des Controlling nicht auf die Informationsbeschaffung beschränken, sondern auch einen wichtigen Anteil an der Informationsverwendung, insbesondere bei der betrieblichen Planung und Kontrolle, haben.

Diese besondere, übergreifende Konstruktion des Controlling-Bereiches eröffnet die Möglichkeit, dem Controlling die dringend erforderliche Aufgabe der Koordination der innerbetrieblichen Informationsbeschaffung mit dem Informationsbedarf für die Lösung nachgelagerter Aufgabenstellungen zu übertragen. Nicht bei den Routineaufgaben des Rechnungswesens und der Budgeterstellung sollte die zentrale Funktion des Controlling liegen. Viel wichtiger ist die Koordinationsaufgabe, die darin zu bestehen hat, in innovativer Weise ständig den Informationsbedarf der Planungs- und Entscheidungsträger der Unternehmung mit den Aktivitäten der innerbetrieblichen Informationserfassung und -verarbeitung möglichst effizient aufeinander abzustimmen« (Müller 1974, S. 683, 686 f.).

genommen und der Unternehmensleitung somit nach Ablauf definierter Perioden (Geschäftsjahr) Entlastung erteilt werden kann« (Bannow 1983, S. 22). Abgesehen von der Vermischung der institutionellen und der funktionalen Perspektive wird in solchen Meinungsäußerungen die dem Rechnungswesen schon von seinen Ursprüngen her innewohnende Steuerungsfunktion (vgl. z. B. Schneider 1992b, S. 19 f.) und die Entwicklung der Kostenrechnung zu einem Führungsinstrument negiert. Aus theoretischer Perspektive ist es wenig sinnvoll, das bekannte Konzept des entscheidungsorientierten Rechnungswesens mit dem neuen Namen »Controlling« zu versehen.

In ähnlicher Weise gilt diese Kritik für Ansätze, die versuchen, das Spezifische des Rechnungswesens als Controlling aus einer intensiven Betrachtung der Informationsverwendung, d. h. der Empfänger der Finanz- und Erfolgsdaten herzuleiten. Das sich hinter einer solchen Abgrenzung verbergende Bild des nur wenig »kundenfreundlichen« Rechnungswesens hat in der Praxis – wie wir später noch zeigen werden – tatsächlich Relevanz. In der Theorie ist dagegen die Frage, wie die »richtige« finanz- und erfolgswirtschaftliche Information für unterschiedliche Informationsempfänger im Unternehmen aussehen sollte, bereits einem Forschungsgebiet zugeordnet: Mit ihr beschäftigen sich die unterschiedlichen Spielarten verhaltenswissenschaftlicher Forschung (vgl. im Überblick Schweitzer/Küpper 2003, S. 584–710).

Problematisch erscheint weiterhin auch der Versuch, Controlling als »zentrale Einrichtung der betrieblichen Informationswirtschaft« (Müller 1974, S. 683) zu definieren. Dem Controlling kommt nach derartigen Auffassungen ein Aufgabenspektrum zu, das von der Feststellung von Informationsbedarfen im Zusammenwirken mit den Bedarfsträgern über die Beschaffung sowie problem- und empfängerorientierte Aufbereitung von Informationen bis zur Erläuterung der-

Controlling als Informationsversorgung zu sehen, deckt nur einen (kleinen) Teil der Controllership ab.

selben reicht. Zuweilen wird eine Eingrenzung des Controllings auf eine »im Kern informationswirtschaftliche Dimension« in der Hoffnung vorgenommen, auf diesem Wege dem »Omnipotenz-Anschein« (Link 1982, S. 261) wirksam entgegentreten zu können. Allerdings sind erhebliche Zweifel angebracht, ob es sich dabei um einen sinnvollen Weg der Abgrenzung handelt. Der Ansatz erschöpft sich letztlich darin, ein seit langem bearbeitetes Problemfeld (Informationssystem bzw. -wirtschaft) umzubenennen. Ein solches Vorgehen vermag nicht wirklich zu überzeugen, zumal die Tätigkeiten von Controllern in der Praxis deutlich über reine Informationsaufgaben hinausgehen.

1.4.2.2 Controlling als erfolgszielbezogene Steuerung

Der zweite Typus von frühen Controllingkonzeptionen stellt das Controlling als einen Teilbereich der Unternehmensführung heraus, der für die erfolgszielbezogene Steuerung bzw. die konsequente Zielausrichtung des Unternehmens Sorge zu tragen hat. Sehr prägnant spricht etwa Mann (1973, S. 11) von Controlling als »Gewinnsteuerung«.

In dieser pauschalen Form hilft der Ansatz allerdings nicht weiter. Denn nicht nur das Controlling, sondern auch die Führung eines erwerbswirtschaftlichen Unternehmens insgesamt, ist primär auf das Gewinnziel ausgerichtet. Unklar muss bleiben, ob der alleinige Verweis auf das Gewinnziel bewusst andere unternehmerische Zielsetzungen ausgrenzen will oder eine verkürzende Notation darstellt. Wie wenig sinnvoll eine am Gewinnziel orientierte Einschränkung ist, wird anhand der Konsequenz deutlich, dass dadurch nicht-erwerbswirtschaftliche Betriebe (z. B. kommunale Krankenhäuser) ex definitionem kein Controlling einsetzen könnten. Eine hinreichende Begründung hierfür lässt sich nur schwerlich erkennen. Weitet man dagegen »gewinnorientiert« zu »zielorientiert« aus, ist der zusätzliche Erklärungswert praktisch gleich null: Zielausrichtung als ein Grundelement von Unternehmensführung lernt der Student schon im ersten Semester hinreichend kennen!

Eine mögliche sinnvolle Interpretation der Controllingkonzeption setzt nicht an der Gewinnorientierung selbst, sondern an der Art ihrer Realisierung an. Deutlich wird dies an der

Im Original

Auzüge aus dem Buch »Praxis des Controlling« von Rudolf Mann:

»Die Aufgabe des Controlling besteht in der Übernahme der Gewinnverantwortung, die von der obersten Geschäftsführung als Ziel der Unternehmung fixiert wird. So gesehen geht es über die rein informatorische Aufgabe des Rechnungswesens weit hinaus. Seine Schwerpunkte liegen in einer sich ständig neuen Situationen anpassenden Kontroll- und Steuerungsfunktion.

Steuerung bedeutet dabei den Einsatz von regulierenden Instrumenten zur Stabilisierung beschlossener Ziele bei Kursabweichungen. Dieser Einsatz von korrigierenden Maßnahmen erfolgt entweder kollegial auf gleicher hierarchischer Ebene zwischen dem Controller und dem betroffenen Bereichsleiter (dezentrale Konfliktlösung) oder als zentrale Konfliktlösung durch Einschaltung der Geschäftsführung.

Der Unterschied zum konventionellen Finanz- und Rechnungswesen liegt in folgenden Punkten:

- Das Finanz- und Rechnungswesen produziert (Standard-) Berichte, die entweder intern oder durch externe Stellen gefordert werden. …
- Demgegenüber erstellt Controlling unter Ausnutzung der Ergebnisse des Finanz- und Rechnungswesens Abweichungskontrollen und -analysen. Die Auswertungen sind situationsbezogen und richten sich auf die jeweiligen Schwerpunkte. Die Verantwortung des Controlling liegt in der
  - rechtzeitigen Erkennung von Entwicklungen, die die Zielverwirklichung gefährden und dem
  - Einsatz von Instrumenten zur Korrektur derartiger Entwicklungen, notfalls mit Hilfe der Geschäftsführung.

Mit dieser Aufgabenfixierung distanziert sich der Verfasser bewußt von anderen Auffassungen, die den Treasurer von sämtlichen Routinearbeiten des Finanz- und Rechnungswesens befreien und diese dem Controller zuschieben. …

Wirksames Controlling hat drei Aufgabenbereiche: Planung, Information und Kontrolle, Steuerung.

Der Schwerpunkt liegt auf der Durchführung der Kontroll- und Steuerungstätigkeit. (Das englische Wort ›to control‹ wird dabei in seinem gesamten semantischen Gehalt verstanden, nämlich nicht nur als ›Kontrollieren‹ sondern auch als ›Regeln, Beherrschen, Steuern‹.) Basis für diese Aufgaben ist ein funktionierendes Planungs- und Informationssystem. Dieses muß aufgebaut und ständig verbessert werden« (Mann 1973, S. 20 ff.).

Definition von Hahn (1987, S. 6): »Die Vorgehensweise des Controlling als Führungsphilosophie beinhaltet ... ergebnisorientierte Planung und Überwachung durch Zielvereinbarungen ... und Zielerreichungsanalysen ... mit dem Zahlenwerk des Rechnungs- und Finanzwesens«. Dieser Auffassung liegt eine regelkreisorientierte Sicht der Führung zu Grunde, die im Folgenden näher beschrieben werden soll.

Ausgangspunkt ist die Festlegung der Ziele, die das Unternehmen und seine Einheiten erfüllen wollen (und sollen). Diese werden durch einen Planungsprozess generiert und in Form von Plänen den verantwortlichen Managern auf den unterschiedlichen Ebenen des Unternehmens vorgegeben. Diese versuchen, die Ziele im täglichen Managementhandeln zu erfüllen. Wie gut ihnen dieses gelingt, wird – z. B. in der Kostenrechnung – festgehalten. Die ermittelten Ist-Werte bilden dann die Basis eines Plan- bzw. Soll-Ist-Vergleichs. Werden Abweichungen festgestellt, so erfolgt eine Rückkopplung, die zwei Ausrichtungen besitzen kann: Als *Feedback-Schleife* wird das gewonnene Wissen dazu herangezogen, die Realisation zu verändern, um den Zielen doch noch zu entsprechen. Eine Kostenüberschreitung im Februar soll so spätestens bis zum Ende des Jahres wieder ausgeglichen sein. Als *Feed-forward-Schleife* führen die Abweichungsinformationen dazu, die Erreichbarkeit bzw. Gültigkeit der Pläne zu hinterfragen. In der Airline-Branche war es z. B. sinnlos, nach dem Ereignis des 11. September 2001 weiter an den Jahreszielen festzuhalten.

Controlling derart als einen Regelkreis zu sehen, macht es zum Synonym einer »planmäßigen Unternehmensführung«, was zugleich enge Bezüge zu den Wurzeln der Controllership herstellt: Controllerstellen wurden eingerichtet, als Unternehmer größen- und dynamikbedingt ihr Führungsverhalten ändern mussten und Pläne an die Stelle (oder zumindest an die Seite) von persönlichen Weisungen traten. Eine stark personenbezogene Führung, wie sie im Mittelstand vorherrscht, oder bürokratische, regelbestimmte Führungsstrukturen, wie im öffentlichen Bereich, markierten dann andere »Führungsphilosophien«. Controlling wäre damit als eine bestimmte Form bzw. Philosophie von Führung definiert. Ein Großteil der Führungsliteratur befasst sich jedoch bereits mit »planmäßiger« Unternehmensführung. Zudem ginge die Planung in dieser Sichtweise gänzlich im Controlling auf.

Dem Regelkreis kommt eine hohe Bedeutung zu.

Eine andere potentiell tragfähige Begriffsabgrenzung wird am Beispiel der Definition von Krüger (1979, S. 161) deutlich: »Controlling ist ein System aufeinander abgestimmter Maßnahmen, Prinzipien, Ziele, Methoden und Techniken, das der erfolgszielbezogenen systeminternen Steuerung und Kontrolle dient«. Ähnlich setzt Siegwart (1986, S. 109) Controlling mit »einer gewinnorientierten Lenkung und Überwachung« gleich. Als zielführend erweisen sich derartige Definitionen dann, wenn man zusätzlich zur Steuerung/Lenkung und Kontrolle/Überwachung eine Führungsfunktion der Zielsetzung bzw. Willensbildung unterscheidet. Eine solche Unterscheidung ist in der Literatur keinesfalls unüblich, sondern sogar weit verbreitet. Allerdings läge der originäre Beitrag einer solchen Controlling-Definition nur in der gemeinsamen Betrachtung schon vorhandener Führungsbausteine, insbesondere der (Ergebnis-)Kontrolle und Teilen der Planung (z. B. Zusammenhang zwischen Planungsebenen).

1.4.2.3 Controlling als Koordinationsfunktion

Die dieser dritten Gruppe zuzuordnenden Controllingkonzeptionen sehen die zentrale Aufgabe des Controllings in der Koordination unterschiedlicher Teilsysteme der Unternehmensführung.

Die Perspektive, Controlling ausschließlich auf eine Koordinationsfunktion zu beziehen, stellt eine maßgeblich von Horváth und Küpper geprägte Sichtweise dar. Der Basisbeitrag stammt aus dem Jahr 1978 (Horváth 1978, S. 194–208). Horváth wählt einen *systemorientierten Ansatz* und geht von einer Differenzierung des Führungssystems eines Unternehmens in ein Planungs- und Kontrollsystem einerseits und ein Informations(versorgungs)system andererseits aus. Aus dieser Differenzierung entsteht ein Koordinationsbedarf. Diesen deckt das Controlling. Es wird damit zum dritten Führungsteilsystem. Horváth sieht die Koordinationsaufgabe nicht nur auf die zwischensystemischen Beziehungen beschränkt (z. B. Abgleich von Planungs- und Kontrollinformationen), sondern be-

Controlling als systematische Verbindung erfolgszielbezogener Planung und Kontrolle

Horváth unterscheidet drei Führungsteilsysteme, die durch das Controlling koordiniert werden.

Im Original

Auszüge aus dem Beitrag »Controlling – Entwicklung und Stand einer Konzeption zur Lösung der Adaptions- und Koordinationsprobleme der Führung« von Péter Horváth:

»Controlling ist heute ein unterstützendes Subsystem der Führung, das Planung, Kontrolle sowie Informationsversorgung koordiniert …

Daß wir für unsere Definition die Sprache des Systemansatzes verwenden, hat einen wichtigen Grund; wir sind der Auffassung, daß der Systemansatz unter Zugrundelegung der Informationsdimension am ehesten in der Lage ist, die Controllingfunktion zu beschreiben und Problemlösungen auf diesem Gebiet zu erarbeiten:

- Der Systemansatz macht die Verknüpfung und Abstimmung von verschiedenen Aufgabenbereichen einer Organisation zu einem zentralen Problem.
- Mit Hilfe des Systemansatzes lassen sich Informationen und Informationsverarbeitungsprozesse als eine grundlegende Organisationsdimension beschreiben.

Die *Koordination* als Hauptfunktion des Controlling hat zwei Aspekte:

- Einerseits bedeutet sie die Abgrenzung, Bildung und Abstimmung von Planungs- und Kontrollsystemen sowie von Informationsversorgungssystemen (*Systemdifferenzierung*).
- Andererseits sind innerhalb des bestehenden Systemzusammenhangs von Planung und Kontrolle laufend Abstimmung vorzunehmen und die Informationsversorgung sicherzustellen (*Systemkopplung*).

Zu betonen ist hier, daß der inhaltliche Teil des laufenden Planungs- und Kontrollprozesses nicht Bestandteil der Controllingfunktion ist, sondern bei denjenigen liegt, die auch Handlungsverantwortung tragen. Zur Informationsversorgung des Planungs- und Kontrollsystems ist die Bildung von Informationssubsystemen im Controllingsystem notwendig, die den Informationsbedarf mit dem adäquaten Genauigkeits- und Verdichtungsgrad termingerecht decken. Die wichtigsten Informationssysteme sind:

- Das System der Umweltanalyse zur Erlangung von Umweltinformationen.
- Das System des innerbetrieblichen Rechnungswesens, das in der Mengen- und Wertdimension über zukünftige und vergangene Bestände und Bewegungen von Gütern und Schulden informiert.
- Das System steuerlicher Informationen, das steuerliche Konsequenzen von betrieblichen Sachverhalten erfaßt.

Das System der Informationsversorgung ist ohne eine instrumentelle Grundlage nicht denkbar. Diese ist heute vorwiegend das System der automatisierten Datenverarbeitung, das wir auch als Teil des Controllingsystems ansehen. …

Da in der Realität das Zielsystem der Unternehmung Konflikte und Unschärfen aufweist sowie Systemdifferenzierung und -kopplung nicht immer ausreichend funktionieren, besteht die Notwendigkeit, laufend Soll-Ist-Vergleiche hinsichtlich dieser Sachverhalte vorzunehmen. Dies ist die Funktion der internen Revision, die wir als Teil des Controllingsystems, als eine Art Kontrolle der Koordination auffassen« (Horváth 1978, S. 203 f.).

zieht die Koordination innerhalb des Planungs- und Kontrollsystems sowie innerhalb des Informationsversorgungssystems mit in den Aufgabenbereich des Controllings ein (z. B. Koordination der strategischen mit der operativen Planung).

Eine Fortführung und Erweiterung erfuhr der Koordinationsansatz von Horváth durch Schmidt. Dieser zielte dabei nicht auf die Koordination selbst, sondern auf die Koordinationsobjekte: »Die Koordinationsfunktion des Controlling bezieht sich auf das Führungssystem und auf die Führungsprozessphasen. Seine Aktivitäten bezwecken primär die gesamtunternehmensbezogene interne Abstimmung und integrierende Verknüpfung des Informations-, Ziel-, Planungs- und Kontroll- und Organisationssystems« (Schmidt 1986, S. 56 f.). Diese Strukturierung übernahm – leicht modifiziert – Küpper (1987), von dem auch die veranschaulichende *Abbildung 1-12* stammt. Der Vorteil der stärkeren Differenzierung wird in der Aufdeckung zusätzlicher, der Lösung harrender Koordinationsprobleme sichtbar: »Planungs- und Kontrollsysteme, die ein hohes Maß an Koordination gewährleisten sollen, lassen sich vor allem durch entsprechende Organisationsstrukturen erreichen. Damit wird aber eine Abstimmung der Planung und Kontrolle mit der Organisation erforderlich. Ferner ist für das Erreichen von koordiniertem Handeln im Unternehmen die Art der Verhaltensbeeinflussung wichtig. Wenn das Controlling ein koordiniertes Handeln bewirken soll, muss es auch auf die Schaffung entsprechender Anreizsysteme hinwirken. Damit wird aber seine Verbindung zu einem weiteren Führungssystem, der Personalführung, deutlich« (Küpper 1987, S. 96).

Küpper führt noch zwei weitere Führungsteilsysteme ein, die zu koordinieren sind.

Mit der Übernahme einer solchermaßen ausgestalteten Koordinationsaufgabe will Controlling bezogen auf Führung genau das erreichen, was Führung bezogen auf Ausführung zum Ziel hat: Es geht dem Controlling um die Effizienz (Erreichung eines Ziels mit möglichst geringen Mitteln) und Effektivität (Einsatz der Mittel für Ziele mit möglichst hohem Nutzen). Koordinationsdefizite innerhalb des Führungssystems verringern diese. Wird etwa ein neues Vergütungssystem eingeführt, ohne sicherzustellen, dass die hierfür nötigen Informationen in der erforderlichen Qualität bereitgestellt werden, kommt es zu Demotivation, Leistungsverlusten und Opportunismus des Managements. Eine Grenze findet die Koordinationsaufgabe dort, wo sie selbst zu teuer wird, oder aber das Wissen fehlt, sie adäquat durchzuführen.

Controlling derart definiert, bedeutet seinen Einzug in jegliche Form der Führung einer (produktiven) Institution. Die Existenz der Funktion (Koordination) wird in ihrem Kern weder von der konkreten Zielsetzung noch von speziellen Führungsstilen bzw. -modellen beeinflusst. Controlling muss es folglich in einer »klassischen«, bürokratisch organisierten öffentlichen Verwaltung ebenso geben wie in einem stark durch die Person des Unternehmensleiters geführten mittelständischen Unternehmen. Behält man eine derart weite Sichtweise bei, ist zum einen das Aufgabenspektrum der Koordination im Führungssystem sehr breit. Die Koordination in der Führung in einem »normalen« Großunternehmen – mit der hohen Bedeutung systematischer ergebnisorientierter Planung und Kontrolle – unterliegt aber völlig anderen Anforderungen als die in einer Bürokratie oder im typischen Mittelstandsunternehmen. Zum anderen deckt sich der Controllingbegriff dann nur noch sehr beschränkt mit dem Praxisverständnis: In der klassischen Bürokratie findet man weder den Begriff des Controllings noch Menschen, deren Berufsbezeichnung Controller lautet! Deshalb wurde vorgeschlagen (vgl. Weber 1992a, S. 176), die Koordinationsaufgabe des Controllings auf Führungssysteme einzugrenzen, in denen das Planungssystem eine herausgehobene Bedeutung besitzt, in denen der wesentliche Teil der Koordination des Ausführungssystems also mittels Plänen erfolgt. Dann sind die Koordinationsaufgaben des Controllings auf das Planungssystem konzentriert. Das Kontrollsystem, Personalführungssystem, Organisations- und Informationssystem werden jeweils primär in Richtung auf das Planungssystem abgestimmt; der Koordinationsbedarf von unmittelbar zwischen den anderen Führungsteilsystemen bestehenden Interdependenzen tritt in seiner Bedeutung zurück.

Die koordinationsbezogene Sichtweise des Controllings ist – unabhängig von der konkreten Definitionsvariante – in der aktuellen Diskussion nicht unumstritten. Kritik kann bereits an der systembezogenen Sichtweise ansetzen, die eher einen beschreibenden denn einen erklärenden Wert besitzt. Weiterhin ist zu bemängeln, dass zumeist keine klaren Aussagen darüber gemacht werden, wo die genauen Grenzen der Subsysteme liegen und wie diese gebildet werden (sollen) (vgl. Weber/Schäffer 2000a).

Auch gegen den koordinationsorientierten Controllingansatz lassen sich einige Einwände machen.

So wird sowohl von Küpper als auch von Horváth die Subsystembildung in unterschiedlichen Quellen unterschiedlich vorgenommen (z. B. Küpper 2005, S. 30 im Vergleich zur vorab zitierten *Abbildung 1-13*). In der betrieblichen Realität ergeben sich weiterhin schon bei der Tren-

Abb. 1-12

Controlling im Führungssystem eines Unternehmens (entnommen aus Küpper 1987, S. 99)

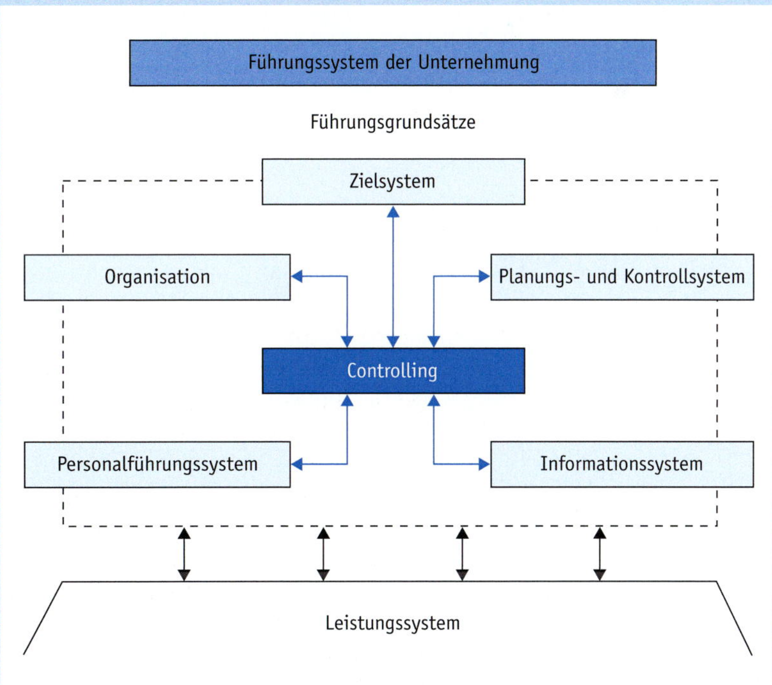

Abb. 1-13

Controllingverständnis in der deutschsprachigen Literatur (entnommen aus Weber et al. 2006, S. 30)

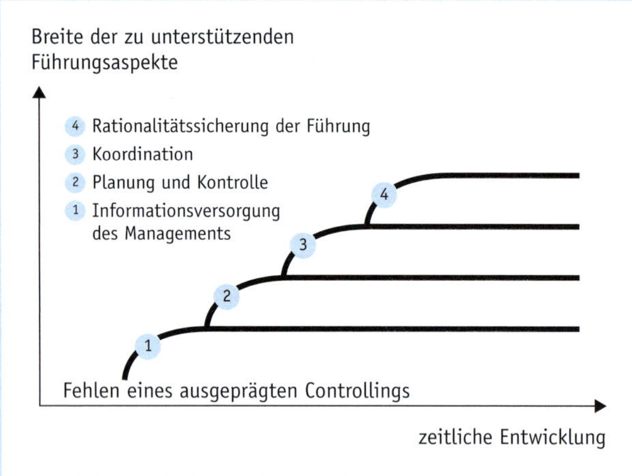

Controlling als Rationalitätssicherung der Führung – diese Sicht werden wir im nächsten Kapitel ausführlich vorstellen.

nung von Führungs- und Ausführungssystem Probleme (z. B. in modernen Gruppenkonzepten in der Produktion). Die mangelnde theoretische Auseinandersetzung mit der Systemabgrenzung lässt weder die Beantwortung der Frage nach der Vollständigkeit noch der nach der Sinnhaftigkeit der Differenzierung zu. Weiterhin ist auch der koordinationsorientierte Controllingansatz vor Überschneidungen mit traditionellen betriebswirtschaftlichen Teildisziplinen nicht gefeit. Vielmehr führt er – konsequent zu Ende gedacht – zu einer kontraintuitiven Abgrenzung zur Führung, indem er die Gestaltung der Führung (»Metaführung«) sämtlich dem Controlling zuordnet (vgl. Weber 1997a; Zenz 1999, S. 93 f.). Schließlich löst sich der koordinationsbezogene Ansatz – insbesondere in der Interpretation von Küpper – sehr weit von den Schwerpunkten der Tätigkeit von Controllern (vgl. Weber et al. 2006, S. 32–38) und damit von den empirischen Wurzeln des Controllings (vgl. zur Kritik auch: Schneider 1992a; Schäffer 1996; Kappler/Scheytt 1999; Wall 2000; Becker 2003).

1.4.2.4 Controlling als Rationalitätssicherung der Führung

Auf der Basis einer kritischen Auseinandersetzung mit dem Koordinationsansatz (vgl. nochmals Weber/Schäffer 2000a) wurde der Ansatz des Controllings als Rationalitätssicherung der Führung entwickelt (vgl. Weber/Schäffer 1999a; Schäffer/Weber 2004).

Basis dieser Sicht ist eine spezifische Führungsperspektive. Führung wird durch eigenständige Ziele verfolgende ökonomische Akteure (insbesondere Manager) vollzogen, die hierfür kognitive Fähigkeiten besitzen. Diese sind individuell begrenzt. Rationalitätsdefizite können somit durch Wollens- und Könnensbeschränkungen der Manager entstehen. Ausgehend von diesen Defiziten der Akteure bedeutet Rationalitätssicherung so zu handeln, dass die Wahrscheinlichkeit erhöht wird, dass die Realisierung der Führungshandlungen den antizipierten Zweck-Mittel-Beziehungen trotz der genannten Defizite entspricht. Zu diesem Zweck befasst sich die Funktion damit, wie man Rationalitätsdefizite erkennt und wie man sie vermindern oder beseitigen kann. Dieses Verständnis von Controlling korrespondiert auch weitgehend mit der »klassischen« Definition von Anthony. Danach ist »management control … the process by which managers assure that resources are obtained and used effectively and efficiently in the accomplishment of the organization's objectives« (Anthony 1965, S. 17).

Im zweiten Kapitel werden wir den diesem Lehrbuch zu Grunde gelegten Rationalitätssicherungsansatz aus den Aufgaben von Controllern ableiten und näher vorstellen.

Zusammenfassende Aussagen (vgl. auch Leitfrage 4):

- Für das Controlling liegt in der betriebswirtschaftlichen Theorie – trotz vielfältiger Definitionsversuche – noch kein festes terminologisches Fundament vor (allerdings gilt dies für viele andere betriebswirtschaftliche Begriffe – wie etwa Planung, Information oder Organisation – in gleicher Weise).
- Als wesentliche Controllingkonzeptionen lassen sich zunächst ein informationsbezogener, ein erfolgszielbezogener und ein koordinationsbezogener Ansatz unterscheiden. Alle drei Ansätze stehen weitgehend losgelöst voneinander und weisen bei näherem Hinsehen Probleme auf. Diese betreffen entweder ihre mangelnde Originalität oder die Stringenz ihrer theoretischen Herleitung.
- Auf der Basis einer kritischen Auseinandersetzung mit der geraume Zeit dominierenden Koordinationssicht wurde in den letzten Jahren der Rationalitätssicherungsansatz des Controllings entwickelt.

1.5 Ausgewählte Accounting-Theorien mit Bezug zum Controlling

In der englischsprachigen Literatur (vgl. im Überblick Meyer/Schäffer/Gmür 2008) findet sich eine analoge Debatte um den Kern des Controllings bzw. um *das* richtige Verständnis des Fachs nicht. Allerdings gibt es eine ganze Reihe ausgeprägter Accounting-Theorien, aus deren unterschiedlichen Sichten sich auch das Controlling betrachten lässt. Im Folgenden wollen wir diese kurz vorstellen und einige Implikationen für das Controlling aufzeigen, da wir auch und gerade in einem einführenden Lehrbuch dem Leser ein Bewusstsein für die Vielfalt möglicher Perspektiven auf das Fach mit auf den Weg geben möchten.

Zunächst sei aber noch kurz die Beziehung von Accounting und Controlling betrachtet. Dabei ist festzuhalten, dass sich die englischsprachige Accounting-Forschung sowohl mit dem internen (Management Accounting und Costing) als auch dem externen Rechnungswesen (Financial Accounting) befasst. Management Accounting und das im deutschsprachigen Raum verbreitete Controlling werden in der Regel als weitgehend deckungsgleich betrachtet (vgl. Wagenhofer 2006). Entsprechend behandeln auch die Standardlehrbücher des Management Accounting ähnliche Sachverhalte und im Wesentlichen die gleichen Instrumente wie Controllinglehrbücher. Der wichtigste Unterschied liegt darin, dass dem Controlling (bzw. dem Controller) stärker systemgestaltende und aktiv-beratende Aufgaben zugewiesen werden (vgl. Becker 2003).

1.5.1 Institutionenökonomische Accounting-Theorie

Der »Mainstream« der Accounting-Theorie basiert im Wesentlichen auf institutionenökonomischen Ansätzen und insbesondere auf der Prinzipal-Agenten-Theorie. Diese interpretiert Controlling als ein Instrument zur Lösung von Agenturproblemen, d. h. zur Gestaltung und Überwachung von Verträgen zwischen Auftraggeber (Prinzipal) und Auftragnehmer (Agent) (vgl. Lambert 2007, S. 247–250). Grundlegende Prämissen dabei sind,

Annahmen der Prinzipal-Agenten-Theorie

- dass Zielkonflikte zwischen dem Prinzipal und dem Agenten bestehen,
- dass der Agent opportunistisch handelt (»self-interest seeking with guile«, vgl. Williamson 1985, S. 47) und
- dass er einen Wissensvorsprung zu Lasten des Prinzipals besitzt (Informationsasymmetrie).

Informationsasymmetrie als Grund für Delegationsprobleme

Dieser Wissensvorsprung ist zunächst Konsequenz einer gewollten Spezialisierung, die dem Agenten Freiheitsgrade einräumt, so beispielsweise innerhalb einer Profit-Center-Organisation. Gleichzeitig hat der Agent jedoch die Möglichkeit, im Schutz der asymmetrischen Informationsverteilung eigene Zielvorstellungen zu Lasten des Prinzipals durchzusetzen. Die dadurch induzierte Minderung des Erwartungsnutzens seitens des Prinzipals wird als Agency-Kosten bezeichnet. Zielsetzung ist es, diese Kosten durch möglichst geschickte »Kooperationsdesigns« zu minimieren. Die Höhe der Agency-Kosten als zentraler Untersuchungsgegenstand lässt sich jedoch nicht empirisch messen, sondern lediglich als modelltheoretischer »Trick« ableiten, nämlich als Differenz einer idealisierten Situation ohne Informationsasymmetrie (»first best«-Situation) mit dem Zustand bei bestehender asymmetrischer Informationsverteilung (»second best«-Situation).

Unterscheidung einer positiven und einer normativen PA-Theorie

Heute gliedert sich die Prinzipal-Agenten-Theorie in zwei wesentliche Theoriezweige auf. Der *positive Zweig* arbeitet hauptsächlich empirisch-verbal und konzentriert sich auf die Untersuchung komplexer Institutionen der betrieblichen Praxis, wie beispielsweise der Zusammenarbeit zwischen Vorstand und Aufsichtsrat. Als grundlegende Arbeiten gelten hier die Analyse von Jensen/Meckling (1976) und das Buch von Watts/Zimmermann (1986). Aufgrund des empirischen Bezugs ist der Analysefokus dabei auf solche Institutionen beschränkt, über die Daten gewonnen werden können, z. B. über Geschäftsberichte oder Marktstatistiken. Der *normative Zweig* untersucht dagegen vor allem die formal-

Abb. 1-14

Informationsasymmetrie innerhalb der Prinzipal-Agenten-Theorie (entnommen aus Weißenberger 1997, S. 148)

Art	hidden action		hidden information	
	hidden effort	hidden knowledge	hidden characteristics	hidden information i. e. S.
Grund	mangelnde Beobachtbarkeit manueller Aktivitäten des Agenten	mangelnde Beobachtbarkeit geistiger Aktivitäten des Agenten	mangelnde Fähigkeit zur Diskriminanz relevanter Eigenschaften	mangelndes Wissen über exogene Störgrößen
Zeitpunkt	nach Vertragsabschluss		bei Vertragsabschluss	
Folge	moral hazard		adverse Selektion	
Analysefokus	Trade-off zwischen optimaler Risikoteilung und Motivation		Mechanismen zur Preisgabe des Informationsvorsprungs des Agenten	

analytische Ableitung optimaler Anreizsysteme unter Einbeziehung von Risikoaspekten. Als eine grundlegende Arbeit gilt hier u. a. die Untersuchung von Holmström (1979). Wegen der formalen Vorgehensweise muss im Gegensatz zum positiven Zweig in der Regel mit restriktiven Annahmen gearbeitet werden, so dass die Ergebnisse meist nicht direkt praktisch verwertbar sind. Dennoch sehen einige Vertreter einer koordinationsorientierten Controllingsicht in der normativen Prinzipal-Agenten-Theorie ein zentrales Instrument für die Herleitung theoretischer Aussagen zum Controlling (vgl. insbesondere Küpper 2005, S. 76 ff.).

Unterschiedliche Formen von Informationsasymmetrien führen zu unterschiedlichen PA-Modellen: Hidden Information und Hidden Action.

Nach der Art der asymmetrischen Informationsverteilung können zwei Modelltypen unterschieden werden: *Hidden-Action-Modelle* beziehen sich auf das Verhalten des Agenten, das anschaulich als der von ihm geleistete Arbeitseinsatz interpretiert wird, jedoch nicht darauf beschränkt ist. Hidden Action entsteht nach Vertragsabschluss, weil der Prinzipal das Verhalten des Agenten nicht beobachten kann. Diese Situation wird auch als Moral Hazard bezeichnet. Lösungsansatz ist die Vereinbarung einer ergebnisabhängigen Vergütung. Agency-Kosten aufgrund nicht optimaler Risikoteilung zwischen Prinzipal und Agent können am besten in langfristigen Beziehungen abgebaut werden. In diesem Zusammenhang spricht man auch von der vertrauensbildenden Wirkung langfristiger Verträge: Ohne dass der Prinzipal das Verhalten des Agenten explizit beobachtet, kann er sich darauf verlassen, dass dieser die asymmetrische Information nicht zur Erreichung abweichender eigener Zielvorstellung ausnutzt.

Bei *Hidden-Information-Modellen* besitzt der Agent einen Informationsvorsprung bereits bei Vertragsabschluss, z. B. über seine Fähigkeit, eine bestimmte Aufgabe durchzuführen oder über exogene Störgrößen. Diesen Informationsvorsprung vermag er bei der Vertragsformulierung zu Ungunsten des Prinzipals auszunutzen. Die Folge, adverse Selektion, kann vom Prinzipal allerdings durch die Gestaltung vertraglicher Mechanismen zumindest teilweise verhindert werden, etwa dann, wenn er im Rahmen von so genannten Selbstwahlschemata dem Agenten mehrere Vertragstypen anbietet, die so geschickt formuliert sind, dass der Agent durch die Wahl des für ihn günstigsten Vertrags gleichzeitig seinen Informationsvorsprung preisgibt.

1.5.2 Verhaltenswissenschaftliche Ansätze: Behavioral Accounting und Controlling

In der englischsprachigen Literatur existiert seit den 50er und 60er Jahren eine umfangreiche verhaltenswissenschaftliche Accounting-Forschung, die statt restriktiver Modellannahmen wie in der Prinzipal-Agenten-Theorie ein möglichst realistisches Verständnis der beteiligten Akteure erlangen möchte.

Der Begriff »Behavioral Accounting« wird dabei von Bruns/DeCoster 1969 eingeführt. Sie verstehen darunter: »thinking concerned with behavioral elements and the integration of knowledge from the behavioral sciences into accounting« (Bruns/DeCoster 1969, S. V). Die Sinnhaftigkeit einer solchen Perspektive lässt sich auch für das Controlling begründen:

- Controllingsysteme sind integrale Bestandteile der Unternehmensführung und sollen das Verhalten von Akteuren im Unternehmen beeinflussen. Dazu ist fundiertes Wissen über Verhaltenswirkungen notwendig.
- Controllingtheorien beruhen auf expliziten und/oder impliziten Verhaltensannahmen. Diese gilt es zu überprüfen und ggf. durch empirische Befunde zu fundieren.

Eine erste Hauptrichtung der Behavioral Accounting-Forschung untersucht *menschliche Informationsverarbeitungsprozesse* in Zusammenhang mit Daten aus dem externen Rechnungs- und Prüfungswesen. Dabei werden Prozesse der Informationsselektion vor und während der Entscheidungsprozesse im Auditing-Prozess, Techniken des Schlussfolgerns und der kognitive Stil der Akteure untersucht (vgl. Libby/Lewis 1977, 1982). Es zeigt sich, dass »accountants and other experts may not be as proficient at certain aspects of decision making as was thought. Inaccuracies appear to result from both inconsistency in application of decision rules and misweighting of evidence. The probabilistic judgment literature has suggested that misweighting of evidence results from use of simplified decision rules often called heuristics … Problem representations based on intuitive causal models or frames seem to drive many decision making strategies« (Libby/Lewis 1982, S. 273).

Die zweite Hauptrichtung analysiert die *Wirkung von Controllingsystemen* – insbesondere der Budgetierung – auf die Akteure im Unternehmen. Beispielhaft sei die »klassische« Studie über Verhaltenswirkungen von Budgets von Argyris (1952) kurz vorgestellt. Im Auftrag der American Accounting Association untersuchte er die Verhaltenseffekte von Budgets auf mittlere und untere Führungskräfte in vier Industrieunternehmen. Dabei zeigte sich:

- Budgets bauen erheblichen Druck für Vorgesetzte und Arbeiter auf. Dieser führt teilweise zu Widerstand der Arbeiter, setzt aber insbesondere die Vorgesetzten erheblichen persönlichen und emotionalen Belastungen aus.
- Es existiert ein Konflikt zwischen den »budget people« und den »factory people«. Der Erfolg der Ersteren besteht insofern im Misserfolg der Letzteren, als eine wichtige Aufgabe von ihnen im Aufdecken von Budgetüberschreitungen durch die fachlichen Führungskräfte besteht.
- Die Art der Verwendung von Budgets durch die Führungskräfte ist Ausdruck ihres individuellen Führungsstils.
- Budgets fördern Ressortegoismus. Wenn Druck über Budgets ausgeübt wird, werden die Budgets zum Maßstab von Belohnung und Bestrafung. Daher orientieren sich die fachlichen Führungskräfte ausschließlich am Erfolg ihres unmittelbaren Einflussbereichs und nicht am Gesamterfolg. Dies kann zu erheblichen Konflikten zwischen einzelnen Unternehmensbereichen führen.

Das Behavioral Accounting beschäftigt sich insbesondere mit der menschlichen Verarbeitung von Rechnungswesensinformationen und der Wirkung von Accounting-Instrumenten auf Menschen.

In der deutschsprachigen Controllingliteratur werden verhaltenswissenschaftliche Erkenntnisse erst vergleichsweise spät und nur von wenigen Autoren in größerem Umfang aufgegriffen (vgl. Küpper 2005, Weber 2005 und Hirsch 2006).

1.5.3 Alternative Accounting-Theorien

Ein großer Teil der im Folgenden vorgestellten Theorien entsteht bzw. positioniert sich in expliziter Abgrenzung und Kritik zu den institutionenökonomischen und teilweise auch zu den verhaltenswissenschaftlich geprägten Ansätzen. Die verschiedenen Strömungen haben gemeinsam, dass sie objektive oder neutrale Abbildungen für unmöglich halten, normativen Ansätzen kritisch gegenüberstehen und sich daher auf die Suche danach machen, was Accountants wirklich tun und welche Rolle(n) Accounting wirklich spielt. Im Einzelnen unterscheiden wir dabei:

- die Interpretative Accounting-Theorie: Controlling als Ergebnis und Mittel der sozialen Konstruktion von Realität,

Die verschiedenen Spielarten alternativer Accounting-Theorien haben einige Gemeinsamkeiten.

- die Institutionalistische Accounting-Theorie: Controlling als Mittel zur Legitimation von Unternehmen und Organisationseinheiten gegenüber ihrer Umwelt,
- die Radikale Accounting-Theorie: Controlling als Mittel zur Herrschaftssicherung und
- die Postmoderne Accounting-Theorie: Controlling als Bestandteil eines disziplinierenden Diskurses.

Die Interpretative wie die Institutionalistische Accounting-Theorie betrachten übereinstimmend Realität als eine soziale Konstruktion.

Basis der *Interpretativen Accounting-Theorie* sind interpretative Ansätze der Soziologie, insbesondere der Symbolische Interaktionismus und die Ethnomethodologie. Zentral ist dabei die Betrachtung der *Realität als soziale Konstruktion*. Menschen handeln nicht auf der Basis objektiver Fakten bzw. objektiv gegebener Dinge, sondern auf der Basis von subjektiven Bedeutungen und Interpretationen. Diese entstehen in der sozialen Interaktion mit anderen Akteuren und werden laufend reproduziert und verändert. Controllingsysteme sind in diesem Sinne sowohl Ergebnis sozialer Konstruktionen als auch ihr Mittel.

Veranschaulichen lässt sich dies anhand einer Studie von Dent (1991) über den Wandel einer Eisenbahngesellschaft von einer ingenieurmäßig-technisch zu einer ökonomisch orientierten Organisation: Die vorhandene Kostenrechnung der Gesellschaft erfasste Kosten zu analytischen Zwecken, war aber nicht mit Budgetverantwortung verknüpft. Ökonomische Aspekte galten als den ingenieurmäßig-fachlichen Aspekten nachgeordnet. Dies änderte sich im Lauf der Zeit, nachdem in der Gesellschaft die Positionen diverser »Business Manager« geschaffen wurden: »planning and budgeting activities began to assume a new significance. Formerly, they were introverted acts of cost containment. Now they came to symbolize the search for profit-maximizing opportunities« (Dent 1991, S. 720). Gleichzeitig war die Verwendung und Interpretation der Kostenrechnung ein Vehikel zur Veränderung des Selbstverständnisses in der Eisenbahngesellschaft: »The continuing attacks on the competence of public sector managers had worn morale down. To be business like was ›good‹, it gave them pride, and made the railways modern. Increasingly people came to share the normative symbolism of the ›bottom line‹« (Dent 1991, S. 720). Im Rahmen dieses Prozesses veränderte sich damit zum einen die Bedeutung der Kostenrechnung. Zum anderen trug diese dazu bei, die Interpretation des Unternehmens durch ihre Akteure zu verändern. Ähnliche Prozesse ließen sich in Deutschland z. B. im Rahmen der Privatisierung von Unternehmen wie Telekom und Postdienst beobachten.

Die Nutzung von Controlling-Instrumenten dient auch zur Legitimation des Unternehmens gegenüber seiner Umwelt.

Die *Institutionalistische Accounting-Theorie* schließt an den soziologischen Institutionalismus in der Organisationstheorie an. Controlling wird hier primär als Instrument zur *Legitimation* eines Unternehmens oder einer Organisationseinheit gegenüber ihrer Umwelt verstanden. Auch die Institutionalistische Theorie geht von einer sozial konstruierten Realität aus und schreibt kognitiven und symbolischen Aspekten von Controllingsystemen große Bedeutung zu. Daneben betont der Institutionalismus aber die externen Determinanten von Unternehmen. Diese sind nicht nur auf Informationen und Material als Input aus ihrer Umwelt angewiesen, sondern auch auf eine hinreichende Legitimität als Voraussetzung für die Mobilisierung von Ressourcen. Um von der Umwelt als legitim akzeptiert zu werden, muss das Unternehmen den in einer Gesellschaft oder Kultur geteilten Deutungssystemen und »taken for granted«-Regeln darüber entsprechen, was Unternehmen sind bzw. sein sollen und wie sie funktionieren bzw. funktionieren sollen. Sie erreicht dies unter anderem über die Ausbildung formaler Strukturmerkmale und Praktiken, die diesen institutionalisierten Erwartungen entsprechen (vgl. Meyer/Rowan 1977). So müssen Unternehmen einer bestimmten Größenordnung Wirtschaftlichkeitsrechnungen betreiben, über Controllingsysteme verfügen, wertorientierte Steuerungskonzepte verfolgen und ähnliche Dinge mehr – unabhängig davon, ob diese in einer Welt ohne externe Legitimationsbedürfnisse sinnvoll wären oder nicht.

Ein interessantes Beispiel findet sich bei Ansari/Euske (1987). Gegenstand ihrer Fallstudie ist das »uniform cost accounting«, welches das amerikanische Verteidigungsministerium 1975 zur Kostenkontrolle in Depots und Reparaturwerkstätten des Militärs eingeführt hat. Allerdings hatten die meisten untersuchten Depots weiterhin andere Kostenrechnungssysteme in Gebrauch, die meisten Manager kannten das System kaum und das Verteidigungsministerium analysierte die aus dem System übermittelten Daten in den ersten drei Jahren überhaupt nicht. Ansari/Euske interpretieren das System daher als ein »important means to demonstrate rationality ... Both accounting systems and accountants are symbols of rationality for external groups. They therefore play an important role in reifying the abstract qualities of efficiency, productivity and accountability that are valued by an organization's external constituencies« (Ansari/Euske 1987, S. 563).

Die Radikale Accounting-Theorie basiert auf neomarxistischen Konzeptionen und auf Arbeiten aus der Tradition der labour process theory (vgl. Baxter/Chua 2003 und Roslender/Dillard 2003). Sie analysiert Accounting und Controlling mit Fokus auf ihre Rolle als Instrument der (Klassen-)Herrschaft und kommt zum Schluss, dass es sich dabei um keine neutralen Dokumentationsinstrumente, sondern den Interessen der Kapitaleigner dienende *Herrschaftsinstrumente* handelt. »Management accounting is ... seen ... as a way of controlling workers and legitimating systems of control« (Loft 1991, S. 18). Zum einen limitiert in dieser Sicht der Dinge das Controlling Widerstandmöglichkeiten, weil es mit Begriffen wie Wertsteigerung, Effizienz und Kostendenken die legitime Sprache im Unternehmen zur Verfügung stellt und damit die Einstellungen und das Verhalten von Management und Belegschaft im Sinne der Aktionäre beeinflusst. Zum anderen wirkt das zweckrationale Kalkül des Controllings handlungsleitend und wirkt durch Anreizsysteme und »Sachzwänge« disziplinierend: Arbeitsplätze in weniger profitablen oder im internationalen Vergleich zu teuren Unternehmensbereichen müssen eben leider abgebaut werden – auch wenn der Konzern als Ganzes Rekordgewinne einfährt (vgl. Armstrong 1985).

Die Postmoderne Accounting-Theorie schließlich orientiert sich zum überwiegenden Teil an den Arbeiten Foucaults (vgl. insbesondere Foucault 2004 und Miller/O'Leary 1987). Accounting und Controlling werden dort als Bestandteile eines historischen Diskurses der *Disziplinierung* betrachtet. Die Funktionsweise dieser Disziplinierung lässt sich mit Hilfe von drei Prinzipien beschreiben (vgl. Hopper/Macintosh 1998):

- Nach dem *Prinzip der Einschließung* (»the enclosure principle«) werden Menschen funktions- bzw. zweckorientiert in abgeschlossenen Räumen, Kasernen, Fabriken etc. zusammengefasst und durch den Aufbau von Hierarchien in eine Ordnung gebracht. In einer Fallstudie bei ITT sehen Hopper/Macintosh das Prinzip in der Schaffung von Profitcentern und einer Kostenstellenrechnung unter dem neuen CEO Geneen in den 60er und 70er Jahren verwirklicht.
- Eine so geschaffene Ordnung ist die Voraussetzung für die Disziplinierung der Akteure, die mit dem *Prinzip des gelehrigen Körpers* (»the efficient body principle«) beschrieben wird. Bei ITT wird dieses Prinzip nach Hopper/Macintosh durch ein rigides Berichtswesen verwirklicht: »The financial control system and the monthly meetings provided the means for training ITT managers in the correct manoeuvres. The signals from Geneen and the financial control systems automatically triggered the required proper behaviour. ITT managers performed as docile, efficient bodies« (Hopper/Macintosh 1998, S. 135).
- Die *Mittel der guten Abrichtung* (»the principle of disciplined bodies«) werden in drei Techniken der Disziplinierung konkretisiert: hierarchische Überwachung durch Sichtbarmachung, normierende Sanktion und Prüfung. Bei ITT wird das Prinzip nach Hopper/Macintosh durch das Zusammenspiel von zentral ausgerichteter Controllingabteilung und einer rigiden Examinierung der Führungskräfte auf der Basis von Controllinginforma-

Die Postmoderne Accounting-Theorie unterscheidet sich in der Radikalität ihrer Aussagen wohl am stärksten von der herrschenden Sichtweise von Accounting und Controlling.

Zusammenfassende Aussagen (vgl. auch Leitfrage 5)

- Der »Mainstream« der Accounting-Theorie basiert im Wesentlichen auf institutionenökonomischen Ansätzen. In der Controllingforschung werden vor allem die Prinzipal-Agenten-Theorie und das Bild des homo oeconomicus bemüht.
- Verhaltenswissenschaftliche Ansätze lösen sich von den restriktiven Annahmen des homo oeconomicus und versuchen, Erkenntnisse der Verhaltenswissenschaften in größerem Umfang in die Betrachtung und Analyse des Controllings einfließen zu lassen.
- Auch die kritische Accounting-Theorie positioniert sich in expliziter Abgrenzung zu den institutionenökonomischen Ansätzen. Ihre verschiedenen Strömungen bieten interessante Perspektiven auf den Gegenstand dieses Lehrbuchs: Controlling als Ergebnis und Mittel sozialer Konstruktionen, Controlling als Mittel zur Legitimation oder Herrschaftssicherung sowie Controlling als Diskurs der Disziplinierung.

tionen verwirklicht. Hopper/Macintosh interpretieren dies als »examinatory pratice, featuring an alphanumeric-inquisitional process of reading, examining and re-writing each manager as text« (Hopper/Macintosh 1998, S. 143).

1.6 Fazit

Das Ausgangsmotto zu Beginn dieses einführenden Kapitels hätte lauten können: »Alles ist schillernd«. Ganz bewusst haben wir hier die dem Controlling zu Grunde liegende Komplexität nicht künstlich reduziert, sondern einmal den Bogen von kontext- und kulturabhängiger Controllerpraxis zu verschiedenen Controllingkonzeptionen und controllingrelevanten Theorien der Accounting-Forschung gespannt. Auf diese Weise kann der Leser zunächst einen (weitgehend) neutralen Überblick über die verschiedenen Facetten und Sichten des Fachs erhalten.

Gerade in einem einführenden Lehrbuch wollen wir ihn aber nicht in dieser Heterogenität und Komplexität alleine lassen. Vielmehr werden wir im Folgenden unsere eigene Sichtweise näher erläutern, die wir bereits im Abschnitt 1.4.2.4 kurz gestreift haben. Sie ist als ein verhaltensorientierter Ansatz zu kennzeichnen, der mit der praktischen Entwicklung der Controllership in weit gehende Übereinstimmung gebracht werden kann.

Klar Position zu beziehen, erleichtert es dem Leser, die Ausführungen einzuordnen und zu beurteilen. Es gibt in der Betriebswirtschaftslehre nicht die eine Theorie oder die eine Konzeption, die alles erklärt. Dafür ist die wirtschaftliche Realität bei Weitem zu vielschichtig. Theorien und Konzeptionen sind wie Brillen, die man für einen bestimmten Zweck aufsetzt und die für andere Zwecke weniger geeignet sind. Es geht nicht um richtig oder falsch, sondern um zweckmäßig oder unzweckmäßig. Wir glauben, dass unsere Brille insbesondere für die Gestaltung der Controllership in den Unternehmen sehr gut geeignet ist – und deshalb macht es Sinn, sie diesem einführenden Lehrbuch zu Grunde zu legen.

Weiterführende Literatur zu …

… Controllingpraxis: Ein erster Blick in die Empirie
Amshoff 1993, S. 243–368
Horváth 2006, S. 18–75
Stoffel 1995, S. 123–246
Weber 2007a
Weber et al. 2006
Weber/Schäffer 1998, S. 227–233

… Entwicklung des Controllings als akademische Disziplin
Binder/Schäffer 2005b
Messner/Becker/Schäffer/Binder 2008
Schäffer/Binder/Gmür 2006
Wagenhofer 2006

… Controllingkonzeptionen
Becker 2003, S. 7–47
Eschenbach/Niedermayr 1996, S. 65–94
Friedl 2003, S. 148–178
Horváth 2006, S. 77–146
Küpper 2005, S. 28–44
Weber/Schäffer 1999a
Weber/Schäffer 2000a
Zenz 1999, S. 7–119

… Ausgewählte Accounting-Theorien mit Bezug zum Controlling
Ahrens et al. 2007
Baxter/Chua 2003
Becker 2003, S. 82–192
Chua 1986
Hirsch 2006
Lambert 2001, 2007
Napier 2006
Scherm/Pietsch 2004

2 Controlling als Rationalitätssicherung der Führung

Leitfragen

1. **Welche Aufgaben übernehmen Controller im Rahmen der Rationalitätssicherung?**
2. **Ist Controlling das, was Controller tun?**
3. **Gibt es etwas Eigenständiges, das Controlling von anderen betriebswirtschaftlichen Funktionen unterscheidet? Worin liegt dieses?**
4. **Welches Rationalitätsverständnis liegt der in diesem Buch verfolgten Konzeption des Controllings zu Grunde?**
5. **Wie ist das Verhältnis von Controlling und Ethik zu charakterisieren?**

Controllingkonzeptionen können (1) ohne nähere Begründung normativ gesetzt, (2) aus vorhandenen Accounting-Theorien abgeleitet werden (*Deduktion*) oder (3) auf der Basis von empirischer Evidenz (*Induktion*) entstehen. Während der erstgenannte Weg unbefriedigend erscheint, erweist sich der zweite Weg in der Betriebswirtschaftslehre generell als schwierig. Anders als in der Schwesterwissenschaft, der Volkswirtschaftslehre, besitzen betriebswirtschaftliche Fragestellungen zumeist einen derart hohen »Auflösungsgrad« der Analyse, dass in der Regel keine Theorie für sich alleine in der Lage ist, ein Phänomen zu erklären. Mehrere oder viele Theorien parallel zu verwenden, wirkt aber leicht eklektisch, ja beliebig. Daher wollen wir im Folgenden den *induktiven Ansatz* wählen. Dies hat zum einen den Vorteil, dass damit eine für ein Einführungsbuch sehr hilfreiche Nähe zu tatsächlich Beobachtbarem gehalten werden kann: Es ist leichter, sich ein Abweichungsgespräch eines Kostenstellenverantwortlichen mit einem Controller als die Sekundärkoordination zwischen einem Planungs- und einem Kontrollsystem vorzustellen – was beides bedeutet, werden wir gleich noch sehen. Das induktive Vorgehen wird zum anderen auch deshalb gewählt, um empirisch überprüfbare Aussagen zu erhalten. Dies vermeidet, Konzeptansätze schon dadurch der Kritik zu entziehen, dass sie nicht empirisch falsifiziert bzw. bestätigt werden können.

Wir werden uns dem Begriff des Controllings auf einem induktiven Weg nähern.

2.1 Ableitung der Funktion des Controllings aus den Aufgaben der Controller

2.1.1 Ausgangspunkt der Analyse

An dieser Stelle der Diskussion haben wir einen doch schon umfangreichen (hoffentlich aber nicht verwirrenden!) Überblick über die Tätigkeit von Controllern und verschiedene Sichten auf das, was Controlling ist und sein soll, erhalten. Die Vielfalt der Aspekte lässt sich in folgenden drei Punkten zusammenfassen, wobei jeweils nach einer institutionellen (Controller bzw. Controllership) und einer funktionalen Perspektive (Controlling) differenziert wird:

Empirische Kernmerkmale als Bezugspunkt

(1) Planungs- und Kontrollbezug

Institutionelle Sicht: Die Aufgaben der Controller stehen in engem Zusammenhang zu Planung und Kontrolle, insbesondere zur Ableitung von Plänen und zur Überprüfung ihrer Einhaltung. Hier ist letztlich der Kristallisationskern der Controllertätigkeit zu sehen: Historisch betrachtet führte die Notwendigkeit von systematischer Planung und Kontrolle zur Entstehung der ersten Controllerstellen. Derselbe Zusammenhang zeigt sich auch heute noch in wachsenden mittelständischen Unternehmen oder in öffentlichen Verwaltungen, die künftig über Ziele geführt werden sollen (»New Public Management«).

Planungs- und Kontrollbezug

Funktionale Sicht: In der Theorie ist – wie wir im 1. Kapitel gesehen haben – eine Controlling-Konzeption exakt auf diesen Bezug zu Planung und Kontrolle ausgerichtet (Controlling als erfolgszielbezogene Steuerung). Aber auch in der Koordinationssicht des Controllings kommt dem Planungs- und dem Kontrollsystem eine wesentliche Bedeutung zu und die Sicht des Controllings als Rationalitätssicherung der Führung ist – wie noch zu zeigen sein wird – explizit an einen Kontext dominierender Plankoordination geknüpft. Der enge Bezug zu Planung und Kontrolle zeigt sich zudem ganz offensichtlich an der großen Zahl der in den entsprechenden Controlling-Lehrbüchern hierfür verwendeten Seiten.

(2) Informationsbezug

Informationsbezug

Institutionelle Sicht: Controller reklamieren für sich die Aufgabe der betriebswirtschaftlichen Transparenzverantwortung gegenüber den Managern. Die von ihnen generierten Informationen bilden die »Sprache« der Planung und Kontrolle. Beide sind ohne aussagekräftige Informationen nicht möglich. Die Informationsversorgung stellt damit eine grundlegende Controlleraufgabe dar, auf der andere Aufgaben aufbauen. Dieser grundsätzlichen Bedeutung entspricht auch der erhebliche Zeitumfang, den Controller in der Praxis auf die Sammlung und Bereitstellung führungsrelevanter Informationen verwenden.

Managementnähe

Funktionale Sicht: In der Theorie bezieht sich wiederum eine Controlling-Konzeption bei ihrer Definition des Controllings exakt auf diesen Aspekt, wobei es sich hier allerdings um frühe Ansätze handelt. Die Informationsversorgung spielt auch im steuerungs- sowie im koordinationsbezogenen Ansatz eine wesentliche Rolle und wird dort entsprechend breit behandelt.

(3) Nähe zum Management

Institutionelle Sicht: Zwischen der Tätigkeit von Managern und der von Controllern bestehen sehr enge Bezüge. Zwar sollten Controller nach allgemeiner Auffassung nicht selbst Führungsaufgaben wahrnehmen. Sie unterstützen Manager dabei aber in sehr vielfältiger Form. Das Spektrum reicht von einfachen Informationsdienstleistungen (»Stellen Sie mir bitte die Deckungsbeiträge der beiden wichtigsten Produktgruppen in den letzten vier Monaten zusammen.«) bis zu einer komplexen Counterpartfunktion. Gerade bei letzterer Aufgabe kommt auch der Interaktion zwischen Manager und Controller eine besondere Bedeutung zu.

Funktionale Sicht: Die Diskussion zur Funktion des Controllings ist durch das Bemühen gekennzeichnet, eine »saubere« Abgrenzung zur Führung zu gewährleisten. Allerdings ergeben sich hierbei in funktionaler Hinsicht deutlich größere Probleme als in institutioneller. Bei der Sicht des Controllings als Informationsversorgungsfunktion fällt die Abgrenzung noch leicht, da Information eher als Mittel zum Zweck Führung, nicht als Führung selbst verstanden wird. Bei der Koordinationssicht bestehen dagegen deutlich größere Abgrenzungsprobleme. Zum einen bildet Koordination ein originäres Teilgebiet der Führung, speziell der Organisation. Zum anderen fällt es auch schwer, die Koordination von Führungsteilsystemen nicht selbst als Führung identifizieren zu können. Controlling als erfolgsorientierte Steuerung zu verstehen, fällt schließlich ganz mit einer bestimmten Ausprägung von Führung zusammen.

An dieser Stelle der Argumentation hat sich das zu Anfang des 1. Kapitels angesprochene Problem mangelnder begrifflicher und konzeptioneller Klarheit bewahrheitet. Was Controlling ist, hängt offensichtlich ganz von dem Autor ab, der darüber seine Sicht der Dinge wiedergibt – zumindest so lange, wie sie Aspekte der Planung, Kontrolle und Informationsversorgung mit einschließt. Ebenfalls bleibt es ihm überlassen, wie eng er die Bezüge zwischen Controlling als Funktion und Controllern als Institution gestalten will.

Was ist zu tun? Entweder besteht die Möglichkeit, sich mit dieser Vielfalt abzufinden, das »Schillernde« des Controllings bzw. die »reale Variabilität« der Controllership als nicht begründbar zu akzeptieren, oder man muss nach einer Erklärung suchen, die eine hinreichende begriffliche und konzeptionelle Ordnung schafft.

Geht man letzteren, für die drei Zielgruppen dieses Buches (Studenten, Wissenschaftler, Praktiker) sicher vorteilhafteren Weg, so sind zusätzliche Analysen erforderlich. Bei der Durchsicht der soeben aufgeführten drei Erkenntnisbereiche Planungsbezug, Informationsbezug und Managementnähe zeigen sich die größten Wissensdefizite schnell hinsichtlich des dritten Aspekts, der Managementnähe von Controllern und der Führungsnähe des Controllings. Hier sind die Konturen – wie gezeigt – noch am wenigsten trennscharf, insbesondere, was die Interaktion zwischen Controllern und Managern angeht. Um dieses Zusammenspiel besser zu verstehen, ist es erforderlich, genauer auf die Manager einerseits und die Controller andererseits einzugehen. Insbesondere gilt es, mehr darüber zu erfahren, welche für unsere Fragestellung relevanten Eigenschaften Managern und Controllern typischerweise unterstellt werden können. Dies ist Gegenstand des nächsten Abschnitts.

2.1.2 Typische Eigenschaften von Managern und Controllern

2.1.2.1 Überblick: Elemente einer ökonomischen Modellierung von Menschen

Rationalitätssicherung als Kern des Controllings zu sehen, setzt die Möglichkeit des Vorliegens von Rationalitätsdefiziten voraus. Solche sind in der klassischen ökonomischen Modellierung aber nicht vorgesehen: Das Unternehmen funktioniert dort im Sinne einer Produktionsfunktion. Menschliche Arbeitsleistung ist ein Produktionsfaktor wie Anlagen oder Material. Die Aufgaben der Akteure (»Platz in der Produktionsfunktion«) können ebenso mit hinreichender Sicherheit festgelegt werden, wie es gelingt, entsprechend geeignete Menschen dafür zu finden. Die Eignung bezieht sich dabei sowohl auf das *Können* (Fähigkeiten; Kapazität) als auch auf das *Wollen* (Handeln gemäß den Anforderungen der Aufgabe = den Zielen des Unternehmens). Weitere, individuelle Eigenschaften der Akteure interessieren in einer Umwelt hinreichend sicherer Bestimmbarkeit von Aufgabe, Anforderungen und deren Erfüllung nicht.

Diese klassische Sichtweise geht somit von einer vollständigen Bestimmbarkeit der Aufgaben und der zu ihrer Erfüllung gegebenen Anforderungen an die Aufgabenträger aus. Diese Annahme erweist sich in der Praxis heutzutage jedoch selten als tragfähig. Häufig ist das erforderliche Wissen in hohem Maße beschränkt. Diese Beschränkungen können sich entweder aus der fehlenden Möglichkeit ergeben, alle Bestimmungsfaktoren der Aufgabe im konkreten Einzelfall zu beobachten, oder es kann eine grundsätzlich nur begrenzte ex-ante-Bestimmbarkeit vorliegen. Begrenzungen in der Aufgaben- und Anforderungsfestlegung schaffen Freiheitsgrade für den Aufgabenträger. Diese kann er in einer Weise nutzen, die von der abweicht, die bei einer ex-ante-Aufgabenformulierung bestimmt wurde.

In der klassischen ökonomischen Modellierung gibt es keine Rationalitätsdefizite …

Freiheitsgrade für Aufgabenträger machen es deshalb erforderlich, ihre Individualität in die Analyse mit einzubeziehen. Entsprechend werden schon seit langer Zeit Überlegungen angestellt, Menschen differenzierter zu modellieren. Besondere Bekanntheit haben in diesem Zusammenhang etwa die Arbeiten von Simon und von Kahneman/Tversky erlangt (Simon 1957; Kahneman/Tversky 1973). Diese und ähnliche Ansätze haben in breitem Umfang kognitive Begrenzungen von Menschen herausgearbeitet. Sie beziehen sich

… in der Realität sind Menschen aber kognitiv begrenzt und potentiell opportunistisch …

- auf die *Wahrnehmung* eines Problems (z. B. Unfähigkeit eines Entwicklers zu erkennen, dass eine schnelle Markteinführung eines neuen Produkts wichtiger sein kann als eine noch höhere technische Perfektion),
- auf die *Prognose* künftiger Entwicklungen (z. B. Fortschreibung einer hohen Absatzsteigerung in den Folgejahren, obwohl der eigene Erfolg Konkurrenten anlocken wird) oder
- auf die *Bewertung* von Entscheidungsalternativen (so sind etwa Menschen dann nicht in

… und die Welt so beschaffen, dass diese Eigenschaften berücksichtigt werden müssen.

der Lage, unterschiedliche Bewertungskriterien »stimmig« zu einem Gesamturteil zusammenzufügen, wenn diese Kriterien in großer Zahl vorliegen). Solche kognitiven Begrenzungen der Manager spielen im Aufgabenspektrum der Controller eine wesentliche Rolle; wir werden gleich noch näher darauf eingehen. Wer sich genauer für dieses Phänomen interessiert, sei auf die Teile II und III dieses Buches verwiesen; dort finden sich detailliertere Ausführungen dazu.

Interne Modelle als Teil der handlungsleitenden Ordnung

Neben den Fähigkeiten der Manager und der Controller gilt es noch zu betrachten, wie beide ihre Fähigkeiten im konkreten Handeln anwenden. Dieser Aspekt wird in der »klassischen Betriebswirtschaftslehre« nur wenig diskutiert. Mit der Zuordnung von Aufgaben zu Aufgabenträgern ist etwa für die traditionelle Auffassung der Organisationslehre das Führungsproblem im Wesentlichen gelöst. Es wird unterstellt, dass Menschen so handeln, wie es ihren Fähigkeiten entspricht, zumindest dann, wenn man sie qua organisatorischer Anweisung dazu anhält.

Individuelle Eigenschaften beziehen sich auf das Können und das Wollen von Menschen.

Dass diese Auffassung etwas zu kurz greift, wurde zunächst von Seiten der Personalwirtschaft angemerkt. Diese beschäftigte sich – unter Bezug auf psychologische Erkenntnisse – u. a. mit der Motivation von Mitarbeitern und wollte so z. B. die Frage beantworten, ob eine Beteiligung der Mitarbeiter an der Zielfestlegung zu einer höheren Akzeptanz der Ziele und in Folge zu einer besseren Zielerreichung führt oder nicht. Themenstellungen dieser Art werden wir uns im 3. Kapitel noch näher zuwenden. Die Beobachtung, dass Menschen nicht automatisch den Zielen ihres Arbeitgebers entsprechend handeln, dass sie vielmehr ihre eigenen Ziele verfolgen, und dies zuweilen auch unter Einsatz unlauterer Mittel wie Täuschung und Betrug (»opportunistisches Verhalten«), führte schließlich zur Ausgestaltung der in Kapitel 1 skizzierten Prinzipal-Agenten-Theorie, die sich zu einer der betriebswirtschaftlichen Standard-Theorien entwickelt hat.

Unterschiede in den Eigenschaften von Managern und Controllern

Menschen haben somit individuelle Eigenschaften (»Können« und »Wollen«), deren Beachtung ökonomisch geboten erscheint. Das Wollen erschließt die individuelle Zwecksetzung, während die Fähigkeiten die individuellen Mittel zur Zweckerreichung bereiten. Mit diesen beiden Momenten wird zugleich die Basis für die Dynamik unserer Modellierung gelegt: Das tendenziell expansiv angelegte Wollen und die begrenzend wirkenden Fähigkeiten des Akteurs fördern – sofern kein Moment das andere nachhaltig dominiert – die dynamische Fortentwicklung menschlichen Handelns. Beide in erster Annäherung als voneinander unabhängig vorgestellten mentalen Eigenschaften sind schließlich durch handlungsleitende Schemata, so genannte »interne Modelle« miteinander verbunden. Diese umfassen als »Selbstbild« Annahmen über die eigenen Eigenschaftsausprägungen und deren Nebenbedingungen, zum anderen als »Weltbild« Hypothesen über Bezugsgrößen und Folgen unterschiedlicher Handlungssequenzen. Sie bilden gewissermaßen die Brille, durch die wir schauen und durch die wir uns selbst und die Welt wahrnehmen. In Form von Annahmen, Erwartungen und Einstellungen sowie damit verknüpften generellen Regeln sind solche internen Modelle handlungsleitend. Auf ihre praktische Bedeutung im Controlling werden wir in diesem Lehrbuch noch mehrfach zurückkommen. Betrachten wir aber zunächst, wie sich Manager und Controller in ihrem Können und Wollen typischerweise unterscheiden.

2.1.2.2 Modellierung von Managern und Controllern

Auf der Suche nach typischen Eigenschaftsunterschieden zwischen Controllern und Managern sei zunächst auf Deyhle Bezug genommen, den wir schon im Zusammenhang mit der Controlling-Auffassung des ICV in Kapitel 1 kennen gelernt haben. Die folgenden Aussagen von Deyhle finden sich in der Controlling-Literatur häufiger zitiert: »Zahlen, die betriebswirtschaftlichen Zusammenhänge und die ökonomische Logik bilden ... ein Metier für sich. ... Wie soll jetzt der ›Non-Accountant‹ als Manager damit umgehen können? Antwort: ›Zusammen mit seinem Controller‹. Jemand, den man Controller nennt ..., hat die Aufgabe des betriebswirtschaftlichen Begleiters, Ratgebers, Lotsen und eines ökonomischen Gewissens. Auch deswegen, weil ein Manager eine ziemliche Portion Euphorie braucht und deshalb, um den Schwung nicht zu verlieren, manches vielleicht gar nicht so exakt ana-

Im Original

Die Idee des produktiven Zusammenwirkens von Treibern und Bremsern im Unternehmen ist im Kern nicht neu, wie die folgenden Auszüge aus einem Beitrag von Sandig aus dem Jahr 1933 zeigen:

»Es ist notwendig, daß zumindest einer im Betrieb das Treiben bewirkt und damit zum Treiber wird. Es wird in der Mehrzahl der Fälle der Leiter des Ganzen sein. Er ist derjenige, der für ›Leben in der Bude‹, d. h. für Betrieb sorgt. Er sorgt dafür, daß das Geschäft vorankommt, daß es nicht einschläft ... Der Treiber im Betriebe ist der Träger und Verwirklicher der Gewinnidee. ...

Einer an leitender Stelle, und zwar einer, der ein entscheidendes Wort in der Betriebspolitik zu sprechen hat, muß zum Bewirker des Bremsens werden. Zum Träger dieser Aufgabe muß der werden, der die größten Fähigkeiten zur richtigen Einschätzung der Gefahren hat. ...

Es ist wohl die verantwortungsvollste Aufgabe in einer Unternehmung, dieser Bremser zu sein. Voraussetzung für den Mann, der den Platz besetzt, ist, daß er den Willen zum Fortbestand, zum Fortschritt, zum erfolgreichen Leben des Betriebs in sich trägt. Seine Aufgabe ist es, immer das Ganze, das Schicksal des Ganzen im Auge zu haben. Der Bremser muß versuchen, gedanklich dem Geschehen vorauszueilen und die möglichen Einflüsse des Einzelgeschehens auf das Ganze abzuschätzen ...

Die Beobachtung des Wirtschaftslebens zeigt, daß die Aufteilung der treibenden und der bremsenden Wirkung im Betriebe auf zwei einander ergänzende Träger die Betriebsarbeit außerordentlich intensiviert. Sie liegt damit in Richtung auf Wirtschaftlichkeit der Betriebspolitik. Übt der Treiber seine Funktion aus, während er sich darauf verlassen kann, daß im entscheidenden Augenblick die Bremse angezogen wird, so wird er das Tempo der Betriebsführung aus reiner Freude am Vorwärtstürmen erhöhen können. Die Freude am Betrieb wird gefördert. Der Bremser wiederum hat erst dann die rechte Freude am Schaffen, wenn es für ihn hin und wieder einmal etwas abzubremsen gibt. So wird durch das Zusammenwirken der beiden Aufgabenträger die Wirkungskraft beider gesteigert, und es wird ein gegenseitiges Anspornen zum vollen Krafteinsatz für die Ziele des Betriebs erreicht.

Das Ergebnis des so betätigten Treibens und Bremsens ist ein gezügelter Unternehmerwille. Die Betriebspolitik steht bei solchem Zusammenspiel von Treiber und Bremser wahrhaft unter der Devise: Durch Unternehmen erhalten!« (Sandig 1933, S. 352 ff.)

lysieren soll. Solches wäre dem Controller anzuvertrauen« (Deyhle 1984, S. 37 f.).

Bezogen auf *fachliche Fähigkeiten* zeichnet dieses Zitat das Bild, dass die Controller eine ausgeprägte betriebswirtschaftliche Spezialisierung aufweisen, die »ihren« Managern dagegen fehlt. Dieses Bild ist in vielen deutschen Unternehmen stimmig, da hier die Manager überwiegend aus dem technisch-naturwissenschaftlichen Bereich stammen und nicht über eine zusätzliche betriebswirtschaftliche Qualifizierung verfügen, wie sie viele ihrer Kollegen im angloamerikanischen Bereich in Form eines MBA-Abschlusses aufweisen. Das Bild stimmt allerdings nicht, wenn der Manager zu einem früheren Zeitpunkt seiner Karriere selber einmal Controller gewesen ist und/oder seine Führungsposition durch seine betriebswirtschaftliche Qualifizierung erlangt hat. Bezogen auf ihre *persönlichen Einstellungen* wird Controllern und Managern in der Literatur jeweils ein eigenständiges, stark voneinander abweichendes Profil unterstellt. Dies sei mit Hilfe folgender Begriffspaare deutlich gemacht:

- Controller gelten als analytisch, nüchtern, klar begründend, Manager dagegen als intuitiv, emotional, eher oberflächlich.
- Controller sind eher zurückhaltend, kleinlich und selbstbezogen, Manager dagegen stärker offensiv, großzügig und kundenorientiert.
- Controllern ordnet man die Eigenschaften zu, starr, schematisch und verwaltend zu sein, Manager dagegen flexibel, vielfältig und gestaltend.
- Schließlich steht eine risikoscheue und bremsende Eigenschaft der Controller der risikofreudigen und treibenden Ausrichtung der Manager gegenüber.

In einer empirischen Erhebung der WHU wurden diese Annahmen im Wesentlichen bestätigt (vgl. Weber/Schäffer/Bauer 2000, S. 20 f.). Allerdings zeigten sich die Controller nur unwesentlich risikoscheuer und starrer als ihre Manager.

Die unterschiedlichen Eigenschaften von Managern und Controllern lassen sich empirisch bestätigen.

Erhebliche Unterschiede werden Controllern und Managern schließlich auch in Hinblick auf ihre *Motivation und Präferenzen* unterstellt. Dabei liegt die Betonung bei den Managern auf Fragen dahingehend, ob sie sich voll und ganz für die Unternehmensziele einsetzen. Entsprechende Kritik reicht von aktuell häufig zu hörenden Vorwürfen der Selbstbereicherung (Aktienoptionsprogramme, Mannesmann-Prozess) über die »Vermeidung von Arbeitsleid« als Standardannahme in der Prinzipal-Agenten-Theorie bis hin zu Geltungsstreben, Macht und Größenwahn (»Je mehr Ressourcen, desto besser«). Entsprechende Kritik für Controller fehlt. Hier dominieren eher positive Aussagen, in denen auf intrinsische Motivation und typisches »Schiedsrichterethos« (Neutralität und Unabhängigkeit sowie Unbestechlichkeit) verwiesen wird. Zweifel an dem guten Willen der Controller wird ebenso selten geäußert, wie den Controllern ein mangelnder Arbeitseinsatz (etwa in Form eines zu geringen Eingehens auf Wünsche der Manager bzw. fehlende Dienstleistungsorientierung) vorgeworfen wird. Allenfalls hinter der häufiger gestellten Frage »Wer kontrolliert den Kontrolleur?« könnte sich die Andeutung potentieller Opportunismusprobleme der Controller verbergen (wir werden dieses Thema im IV. Teil des Buches wieder aufnehmen).

Delegationsentscheidungen werden auf unterschiedlichen Hierarchieebenen getroffen.

Im Ergebnis können wir also festhalten, dass für Controller und Manager typischerweise stark voneinander abweichende Eigenschaften angenommen (und empirisch beobachtet) werden. Im nächsten Schritt der Argumentation wollen wir nun betrachten, welcher Einfluss von diesem Unterschied auf die Ausprägung der Controlleraufgaben ausgeht.

2.1.3 Aus den Eigenschaften von Managern und Controllern abgeleitete Controlleraufgaben

2.1.3.1 Controlleraufgaben als Ergebnis der Delegation durch Manager

Manager tragen Verantwortung für die Führung des Unternehmens. Zu den ihnen hierfür zugewiesenen Kompetenzen zählt die Frage, an wen sie Teile ihrer Aufgabe delegieren. Ein Manager wird dann eine Aufgabendelegation anstreben, wenn mindestens eine der drei folgenden Bedingungen erfüllt ist:

Bestimmungsgrößen der Delegationsentscheidung

- Seine Kapazität reicht nicht aus bzw. kann nicht so erweitert werden, dass er die Aufgabe selbst durchführen kann.
- Andere Aufgabenträger können die Aufgabe qualitativ besser und/oder schneller durchführen.
- Es stehen andere Aufgabenträger zur Verfügung, die bei sonst gleichem Ergebnis der Aufgabendurchführung »billiger« sind.

Wann und ob diese Bedingungen vorliegen, hängt zum einen von der spezifischen Kontextsituation ab: Während ein Manager im (kaum noch vorhandenen) »Sommerloch« selbst Zeit für Entscheidungsvorbereitung findet, mag dies im Weihnachtsgeschäft ganz unmöglich sein. Zum anderen lassen sich aber auch Standardannahmen über die Eigenschaftsunterschiede zwischen dem Manager und den potentiellen anderen Aufgabenträgern treffen. So wird ein Controller den meisten Managern etwa im Kostenrechnungs-Know-how bei Weitem überlegen und in der Höhe des Salärs deutlich unterlegen sein – wir werden auf diese Aspekte gleich noch näher eingehen. Der Manager hat bei seiner Delegationsentscheidung im lezten Fall eine hinreichende Basis für eine generelle Aufgabenzuweisung. Im ersten Fall ist die Delegation situationsbezogen festzulegen bzw. muss die generelle Zuordnung im Einzelfall geändert werden. Abseits von Mess- und Bewertungsproblemen wird die Entscheidung dabei stets auf Basis einer Gegenüberstellung von Kosten und Nutzen bzw. Opportunitätskosten getroffen.

Die Anwendung eines solchen Kalküls fällt dem Manager dann schwer, wenn er die zu delegierende Aufgabe nicht gänzlich überschauen kann: Ist ihm etwa nicht hinreichend bekannt, wie die Kostenrechnung genau funktioniert und was man von ihr als Leistung erwarten kann, vermag er auch nicht richtig darüber zu entscheiden, an wen er die Aufgabe des Kostenrechnungsbetriebs vergeben sollte bzw. ob er eine Kostenrechnung überhaupt benötigt. *»Könnensprobleme«* von Managern können somit zu Delegationsfehlern führen. Sind diese in substanzieller Höhe zu erwarten, macht es Sinn, den einzelnen Manager von dieser Verantwortung zu entbinden und die Delegation an anderer (hierarchisch höherer) Stelle zu entscheiden. Der einzelne Manager ist dann entsprechend in seiner Entscheidungsfreiheit eingeschränkt und hat sich mit einer »gesetzten« Ressourcenausstattung anzufreunden.

Derartige Situationen finden sich in der Unternehmenspraxis in kaum überschaubarer Vielzahl. So kann etwa ein dezentraler Manager nicht »eigenmächtig« Personal einstellen oder Investitionen in beliebiger Höhe starten. Ihm fehlt für derartige Entscheidungen der nötige

Gesamtüberblick. »Klassisches« controllerbezogenes Beispiel ist die Vorstandsentscheidung, dass alle Geschäftsbereiche ein eigenes dezentrales Controlling aufzubauen haben, das mit dem Zentralcontrolling in bestimmten Feldern zusammenarbeiten muss.

Derartige Einschränkungen der Delegationskompetenz eines Managers sind noch deutlich stärker von Nöten, wenn bei ihm mit Opportunismus zu rechnen ist oder ein solcher tatsächlich bereits festgestellt wurde, sei es, dass er tatsächlich seine Kompetenzen überschritten, sei es, dass er unzutreffende Pläne vorgelegt und/oder falsch berichtet hat. *»Wollensprobleme«* dieser Art sind explizit nicht auf der Ebene des Managers zu lösen, sondern bedürfen entsprechender Vorkehrungen von übergeordneten Stellen der Hierarchie. Entsprechend »von oben« gesetzte Aufgabenträger dienen dann auch nicht nur dem dezentralen Manager, sondern auch dem zentralen Management bzw. der übergeordneten Instanz.

Dies trifft in signifikantem Maße auch für die Controllerorganisation zu. So hat ein dezentraler Controller die Pflicht, seinen Zentralcontroller von einem offensichtlichen Fehlverhalten seines dezentralen Managers zu unterrichten, so dass auf dem Instanzenweg Gegenmaßnahmen eingeleitet werden können. Die Problematik liegt auf der Hand: Vertrauensvolle und loyale Zusammenarbeit findet dort ihre Grenze, wo der Manager die für ihn geltenden Spielregeln verletzt; nur ist nicht immer ganz deutlich, wann dies geschieht, und die Manager sind zumeist anderer Meinung, wo die Grenze zu ziehen ist! Die Problematik ist den Controllern hinlänglich bekannt (»Verrat an meinem Manager«, »Spion der Zentrale«) – sie wird uns in diesem Buch noch mehrfach beschäftigen.

2.1.3.2 Differenzierung von delegationsbezogenen Typen von Controlleraufgaben

Die vorab angestellten Überlegungen lassen es zusammen mit den Ausführungen zu Eigenschaftsunterschieden von Managern und Controllern zu, Vielfalt und Heterogenität der Controlleraufgaben neu zu ordnen. Hierbei können drei unterschiedliche Typen unterschieden werden (vgl. *Abbildung 2-1* und ausführlich Weber/Schäffer/Prenzler 2001):

Abb. 2-1

Controller-Aufgaben in Abhängigkeit von Eigenschaften der Manager

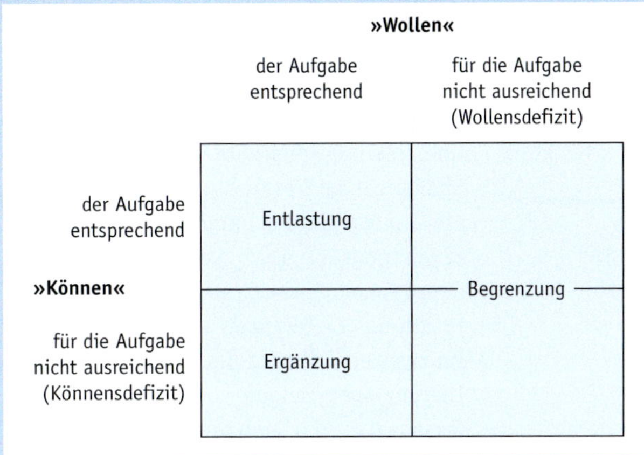

Entlastungsaufgaben

Hierunter fallen all jene Aufgaben von Controllern, die von Managern an sie delegiert werden, um sie besser, schneller oder weniger aufwändig zu erfüllen. Der Manager kann diese Aufgaben vollständig beurteilen und vollzieht die Delegation aufgrund eines ökonomischen Kalküls (bzw. könnte dieses tun). In dieser Gruppe findet sich typischerweise ein Großteil der Controlleraufgaben wieder, etwa die Übernahme des Berichtswesens und der laufenden Abweichungsanalyse oder die Methodenhoheit über Planungsverfahren. Mit den Entlastungsaufgaben erfüllen Controller eine reine »Zulieferfunktion«. Sie sind in diesem Sinne für die Manager »unmittelbar nützlich« und erhöhen damit die Wirtschaftlichkeit des Führungsbereichs.

Den Nutzen von Entlastungstätigkeiten der Controller kann der Manager unmittelbar erkennen.

Ergänzungsaufgaben

Eine solche unmittelbare Nützlichkeit besteht bei Ergänzungsaufgaben nicht mehr. Im Unterschied zu den Entlastungsaufgaben vermag der Manager nun die potentiell zu delegierende Aufgabe nicht in toto hinsichtlich Umfang, Inhalt und Ergebnis einzuschätzen. Zwei mögliche Verhaltensweisen sind denkbar:

- Im ersten Fall kann der Manager zumindest die Art und die Wichtigkeit der Aufgabe übersehen und vollzieht auf Basis dieser Kenntnis eine Delegationsentscheidung. Beispiel einer

Bei Ergänzungstätigkeiten ist der Nutzen nicht immer auf den ersten Blick ersichtlich.

solchen Aufgabe ist die Überprüfung vorliegender Pläne (»Planentstehungskontrolle«). Es ist für den Manager sinnvoll, eine unabhängige Person mit einem zweiten Blick auf die eigenen Vorstellungen zu betrauen, um falsche Annahmen und Einschätzungen ebenso herauszufiltern, wie simple Rechenfehler zu vermeiden. Ob und wie genau sich die Aufgabenübertragung »rechnet«, ist für den Manager aber nicht im Detail bestimmbar. In der Sprache des Marketings handelt es sich bei solchen Ergänzungsaufgaben um Vertrauensgüter, für deren Konsum der Kunde u. a. eine hohe Reputation des Lieferanten erwartet.

Was Entlastung, Ergänzung und Begrenzung ist, hängt vom Einzelfall ab.

- Im zweiten Fall wird der Manager von höherer Instanz »gezwungen«, eine Ergänzung zuzulassen, d. h. das Management auf höherer Ebene baut nicht auf die Einsicht des dezentralen Managers; seine potentiell mangelnde Beurteilungsfähigkeit wird durch den »klaren Blick der Zentrale« geheilt. Als Beispiel sei eine konzernweit geltende, vom Vorstand erlassene Regel genannt, dass für alle Investitionen größer einer bestimmten Summe ein Controller den Investitionsplan gegenzuzeichnen hat. »Erzwungene« Ergänzungsleistungen müssen durch die Controller zwar ihren Managern nicht »verkauft« werden; sie sind aber stets potentielle Quelle von atmosphärischen Störungen zwischen Controller und Manager (»Welchem Herrn dienen Sie eigentlich?«) und können damit auch die Wahrnehmung der Entlastungsaufgaben beeinflussen.

Begrenzungsaufgaben

Begrenzungsaufgaben lassen sich als Sonderfall der Ergänzung des Managers kennzeichnen. Sie entstehen dann, wenn beim Manager Wollensprobleme auftreten, er also den ihm von der übergeordneten Instanz gesteckten Rahmen verlassen will. Controller werden in diesem Fall zum »Hüter der ökonomischen Moral«. Auf den ersten Blick muss bezogen auf die Art der Aufgabenwahrnehmung kein großer Unterschied zur Bewältigung einer Ergänzungsaufgabe vorliegen; jeweils sind etwa die Prämissen und Einschätzungen des Planes kritisch zu hinterfragen. Im Falle eines opportunistischen Managers hat der Controller allerdings mit einer geschickt versteckten Verzerrung ebenso zu rechnen wie mit einer gänzlich anderen Konfliktausübung im Falle des Erkennens des Wollensproblems. Auch hiervon wird noch ausführlich zu sprechen sein.

Begrenzungsaufgaben sind die problematischsten im Aufgabenportfolio eines Controllers.

Die Übergänge zwischen den drei Aufgabengruppen sind fließend, da ihre Differenzierung vom Können und Wollen des Managers abhängt. Die Ergänzung im Rahmen der Planentstehungskontrolle ist z. B. dann Entlastungsaufgabe, wenn der Manager sie auch selbst ausführen könnte. Bisherige Ergänzungstätigkeit schlägt in Begrenzung um, wenn der Manager unerwartet opportunistisch agiert. Und auch typische Entlastungsaufgaben können einen Begrenzungsfokus haben, dann nämlich, wenn der Manager bewusst falsche Zahlen präsentiert haben möchte oder wenn der Controller durch die Lieferung bewusst tendenziöser Entscheidungsvorbereitung Opportunismus des Managers verhindert.

Für die Einordnung bestimmter Controlleraufgaben in die drei Aufgabengruppen lässt sich auf der einen Seite – wie angesprochen – eine gewisse Zuordnungstendenz feststellen. Diese begründet auch typische Aufgabenkombinationen: Wenn Controller als Entlastungsaufgabe die Bereitstellung expliziter ergebnisbezogener Informationen übernehmen, so besteht eine hohe inhaltliche Nähe zur Verwendung dieser Informationen in ebenfalls expliziten Entscheidungsrechnungen sowie in »zahlengetriebenen« Abweichungsanalysen. Die Vorbereitung von Plänen und ihre Kontrolle legt weiterhin eine Entlastung des Managements auch hinsichtlich des Ablaufs des Planungsprozesses nahe. Wenn sich Controller in diesen Entlastungsaufgaben bewähren, so besteht eine unmittelbare Plausibilität dafür, ihnen auch angrenzende Ergänzungsaufgaben zu übertragen, so etwa die Planentstehungskontrolle. Dies wiederum macht sie zu einem potentiell geeigneten Kandidaten, im »Fall der Fälle« auch die Begrenzungsfunktion zu übernehmen.

Auf der anderen Seite ist jede Zuordnung auch vom konkreten Einzelfall abhängig. Dies macht es verständlich, warum der Wechsel einer wichtigen Führungsperson zumeist auch erheblichen Einfluss auf den Controllerbereich nimmt (etwa in Form veränderter organisatorischer Zuordnung), und erklärt z. B. auch, warum die Einführung einer Kostenrechnung in einem weiter stark personenorientiert geführten mittelständischen Unternehmen ein gänzlich anderes Problem darstellt als in einer mittelständischen Akquisition durch ein Großunternehmen, das mit der Übernahme der Führungsverantwortung auch wesentliche Teile des Managements ausgetauscht hat.

Halten wir fest: Generell handelt es sich bei den Aufgaben der Controller um Tätigkeiten, die die Manager in ihrer Führungsfunktion unterstützen. Diese Unterstützung fällt aber sehr unterschiedlich aus: Bei Ergänzungs- und Begrenzungsaufgaben geht es darum, Managementfehler zu verhindern oder deren Auswirkungen zu minimieren. Controller handeln hier im Bereich der Unternehmensführung analog so, wie Qualitätsverantwortliche in der Produktion agieren: Sie sichern die Führungsqualität, indem sie unbewusste oder gewollte Abweichungen von einer angestrebten Managerperformance vermindern oder ganz vermeiden helfen. Der unscharfe Begriff der »angestrebten Managerperformance« lässt sich konkretisieren als das Erreichen einer hinreichend effektiven und effizienten Leistungserstellung und -verwertung des Unternehmens. Mit gegebenen Mitteln soll ein anzustrebender Zweck möglichst weitgehend erreicht werden (Effektivität); umgekehrt gilt es, einen gegebenen Zweck mit möglichst geringen Mitteln zu realisieren (Effizienz). Diese Beziehung zwischen Zweck und Mittel wird in der ökonomischen Literatur auch als Rationalität bezeichnet. Für die genannten Aufgabentypen wollen wir deshalb im Folgenden den Begriff der »Rationalitätssicherung« verwenden:

- Im Rahmen der Ergänzung können Controller auf der Basis von unterschiedlichem Fach- und Methodenwissen oder einer anderen Perspektive (reaktiv) überprüfen, ob Manager die richtigen Mittel einsetzen, um den gemeinsamen Zweck zu erreichen, oder (proaktiv) den Einsatz geeigneter Mittel anregen und durchsetzen.
- Im Rahmen der Begrenzung können sie dazu beitragen, dass potentiell opportunistische Manager den gemeinsamen Zweck verfolgen, indem sie (reaktiv) Handlungsergebnisse in Frage stellen oder (proaktiv) eine Anpassung der gewünschten Zustände bzw. die Wahrnehmung einer ausreichend hohen Sanktionswahrscheinlichkeit beim Management erreichen.

Bei Entlastungsaufgaben handelt es sich um Tätigkeiten, die der Manager im Grundsatz zwar selbst übernehmen könnte, die er aber an den Controller übergibt, um einen effizienten Umgang mit internen Ressourcen sicherzustellen. Die Entlastung der Manager setzt damit nicht an den Fehlern des Managements an, sondern an deren begrenzter Kapazität: Als Führungsunterstützung im engeren Sinne trägt sie indirekt zur Rationalitätssicherung bei: Indem Controller eine effiziente Versorgung mit Inputdaten und einen effizienten Führungsprozess sicherstellen, schaffen sie notwendige Voraussetzungen für das rationale Handeln des Managements.

2.1.3.3 Rationalitätssicherung als Controlleraufgabe

Drei wesentliche Ergebnisse unserer Diskussion lassen sich an dieser Stelle festhalten: (1) Es ist noch deutlicher sichtbar geworden, warum Controller die im ersten Kapitel beschriebenen Aufgaben parallel wahrnehmen. Hierfür ist der zwischen diesen bestehende enge Aufgabenzusammenhang begründend. Er folgt aufgabenträgerbezogen aus übereinstimmenden oder ähnlichen Anforderungen an Fähigkeiten wie Verhalten der Controller. Adressatenbezogen verdienen sich Controller durch ihre entlastenden Tätigkeiten das Recht auf Widerspruch gegenüber den Managern. (2) Auf die Wahrnehmung der Aufgaben nimmt die konkrete »Managersituation«, d. h. Fähigkeiten, Einstellungen und Ziele der Manager, Einfluss. Eine Informationsversorgung kann je nach Situation sowohl eine Entlastungs- als auch eine Ergänzungs- oder Begrenzungsaufgabe sein. Entsprechend unterschiedlich ist die Interaktion mit dem Manager auszugestalten. (3) Mit der Rationalitätssicherung haben wir ein Ziel der Unterstützungsleistung von Controllern herausgearbeitet, das quasi »quer« zu den traditionell unterschiedenen Informations-, Planungs- und Kontrollaufgaben liegt.

Controllern geht es (auch) um die Führungsrationalität.

Planungs-, Kontroll- und Informationsaufgaben sind ihrer Art nach hinlänglich bekannt. Auch ein »moderner« Kostenrechner hat derartige Aufgaben stets in Kombination miteinander wahrgenommen. Mit der Rationalitätssicherung

Wer könnte noch zur Rationalitätssicherung beitragen?

Controller tragen nicht die gesamte Rationalitätssicherungsaufgabe, aber einen wichtigen Teil davon.

Drei Bedingungen müssen für eine effiziente und wirksame Übernahme der Rationalitätssicherungsaufgabe erfüllt sein.

treffen wir allerdings offensichtlich auf eine neue, spezifische Funktion von Controllern. Ob dieser erste Eindruck zutrifft, lässt sich beurteilen, wenn man nach anderen potentiellen Trägern der Rationalitätssicherung fragt. Auf diese Frage lassen sich drei mögliche Antworten finden:

- Die Aufgabe wird situativ verteilt. Z. B. übernimmt in jeder Entscheidungsrunde ein anderer Manager die Rolle des Rationalitätssicherers. Eine solche Lösung kann bei entsprechender Unternehmenskultur durchaus funktionieren; diese Funktionsfähigkeit ist allerdings keinesfalls als Regel zu erwarten.
- Denkbar ist es weiterhin, in Analogie zum Qualitäts- oder zum Umweltschutzbeauftragten einen »Beauftragten für Rationalitätssicherung« zu ernennen, der sich ausschließlich dieser spezifischen Ergänzung und Begrenzung des Managements widmet. Eine solche Position kann aber schnell ein Dorn im Auge des Managers werden (»gewerbsmäßiger Nörgler«). Zudem besteht ein erhebliches Problem des Nutzennachweises (»überflüssiger Overhead«), das durch den Nutzenanfall auf unterschiedlichen Ebenen der Hierarchie noch verstärkt wird. Schließlich werden Quanteneffekte wirksam: Es ist nur schwer vorstellbar, dass bei genügender Nähe zum einzelnen Manager das Tagewerk eines »professionellen Rationalitätssicherers« wirklich hinlänglich mit dieser Aufgabe ausgefüllt werden kann.
- Bei der Zuordnung zu einem bereits vorhandenen Aufgabenträger muss (1) eine hohe Kenntnis der Führung, (2) eine hinreichende mentale Distanz zu dieser und (3) eine genügende Unabhängigkeit gewährleistet sein. Diese Merkmalskombination erweist sich als schwierig zu erfüllen. So kann z. B. ein »frisch von der Hochschule weg« eingestellter Assistent eines Bereichsleiters durchaus den ersten beiden Kriterien gerecht werden. Allerdings wird er kaum in der Lage sein, bei auftretenden Wollensproblemen seines Chefs bei ihm die Kraft des besseren Arguments durchzusetzen. Hier haben Controller deutlich bessere Voraussetzungen. Die von ihnen wahrgenommenen Entlastungsaufgaben sichern einen tiefen und unverzerrten Einblick in die Qualität der Führungshandlungen. Die Betonung des Rechenbaren, des Reflexiven und Analytischen bildet einen guten Kontrast zum auch intuitive Aspekte integrierenden Vorgehen der Manager (»unternehmerisches Gespür«). Die Einbindung in eine die Hierarchieebenen übergreifende Controllerorganisation sichert – so gut wie möglich – die notwendige Unabhängigkeit. Schließlich schaffen die Entlastungsaufgaben eine weitgehende »Grundlast«, die mit den Ergänzungs- und Begrenzungsaufgaben zusammen die Controllerkapazität ausschöpfen können.

Damit wird deutlich, dass Controller zwar nicht jede Form der Rationalitätssicherung der Führung wahrnehmen, Rationalitätssicherung für sie aber gegenüber anderen Aufgabenträgern einen deutlich umfangreicheren und wichtigeren Teil ihres Aufgabenumfangs bildet. Deshalb kann man mit Fug und Recht von einer originären Controlleraufgabe sprechen. Dies zeigt sich auch daran, dass sich viele der Controllern in der Praxis zugewiesenen plakativen Bilder mit Rationalitätssicherung beschäftigen (vgl. nochmals die Ausführungen in Kapitel 1.2.4): Neben dem wohl bekanntesten Bild des »Erbsenzählers« und »Zahlenknechts« finden sich für Controller so die Bezeichnungen »Bremser«, »Spürhund« und – freundlicher formuliert – »ökonomisches Gewissen«. Manager und Controller sind sich offensichtlich der Tatsache bewusst, dass Controller in besonders hohem Maße zur Sicherstellung einer rationalen Unternehmensführung beitragen. Allerdings – und dies sei bereits an dieser Stelle betont – können sie die Sicherstellung von Rationalität in der Führung in aller Regel nicht allein gewährleisten. Managern, Controllern und anderen Führungs-Dienstleistern obliegt die Sicherungsaufgabe gemeinsam.

2.1.4 Controlling als Rationalitätssicherung der Führung

In der wissenschaftlichen Community wurde die Frage der »Verortung« des Controllings im Gesamtgebäude der Betriebswirtschaftslehre lange Zeit intensiv und kontrovers diskutiert. Die vier wichtigsten Schulen des Controllings haben wir im 1. Kapitel vorgestellt. Die kurzen Ausführungen haben ein Schlaglicht auf die Probleme geworfen, Controlling weitgehend überschneidungsfrei einzuordnen. Informationsversorgung ist – als Rechnungswesen und/oder Informationswirtschaft – ebenso bereits vorhanden wie Planung und Kontrolle. Auch Koordination zwischen der Informationsversorgung sowie Planung und Kontrolle wird innerhalb der genannten Teildisziplinen umfangreich behandelt. Verbindungen zu anderen Teilsystemen der Führung werden zwar deutlich weniger diskutiert; dennoch findet sich z. B. eine Vielzahl von Ausführungen über die Motivationswirkungen unterschiedlicher Planungsvorgehen oder die Kontrollintensität und -gestaltung. Unbesetzt ist das Feld nicht. Der Vorwurf, dem Controlling würde ein spezifischer Kern fehlen, findet in diesen Feststellungen seinen Ausgangspunkt.

Wie zu Beginn des Kapitels angekündigt, versuchen wir in diesem Buch, Controlling induktiv abzuleiten. Blickt man deshalb nochmals auf die Aufgaben von Controllern in der Praxis, so wird – wie gezeigt – eine Zweiteilung sichtbar: Auf der einen Seite treten Controller als Informationsversorger, Planer und Kontrollinstanz auf. Diese Aufgaben könnten jeweils auch von anderen Aufgabenträgern wahrgenommen werden: Die Informationsversorgung von Mitarbeitern des Rechnungswesens, die Planung von Planungsstellen und die Kontrolle z. B. durch den vorgesetzten Manager. Dass die Aufgabenkombination – wie ebenfalls gezeigt – ein Spezifikum der Controllership ausmacht, hilft uns bei der Suche nach dem Kern des Controllings auch nicht weiter, weil damit letztlich eine Themenstellung angesprochen ist, die in den Bereich der Organisation fällt (Koordination durch Pläne) und dort bereits breit diskutiert wird. Es verbleibt – quasi als letzter Hoffnungsträger – die durch die Aufgabenkombination ermöglichte originäre Controlleraufgabe, die Rationalitätssicherung. Exakt hier werden wir aber fündig:

Der Blick in die Theorie geleitet von der Frage, wo dort Rationalitätssicherung verortet ist, liefert nämlich kein überzeugendes Ergebnis: Damit, wie die Rationalität einzelner Manager oder der Führungsfunktion insgesamt gesichert werden soll, beschäftigt sich keine spezialisierte Funktion. Man trifft nur auf verstreute, insgesamt aber nicht sehr zahlreiche Hinweise (etwa unter dem Stichwort Corporate Governance). Diese Aussage gilt umso mehr, je stärker man von einer eher abstrakten funktionalen Sicht (z. B. Planung) zu einer solchen auf einzelne Managergruppen (planende Bereichsmanager) oder einzelne Manager kommt (»Planungsbeitrag der Führungskraft Meyer«), man also konkrete kognitive Begrenzungen, Eigenschaften und Präferenzen betrachtet.

Aus diesem induktiven Ansatz heraus bietet sich somit Rationalitätssicherung der Führung als originärer Inhalt und Kern des Controllings an. Deshalb sei vorgeschlagen, *Controlling funktional als Rationalitätssicherung der Führung* zu sehen (vgl. auch Weber/Schäffer 1999a und Schäffer/Weber 2004). Sie ist eine bislang noch nicht ganzheitlich im Gebäude der Betriebswirtschaftslehre betrachtete Aufgabe. Einen »zweiten Blick« auf gefundene Lösungen zu werfen, Fehler und andere Rationalitätsdefizite schon vor ihrem Wirksamwerden zu vermeiden, macht eine eigenständige, abgrenzbare Fragestellung aus. Ihr Spezifikum liegt in der Beantwortung der Frage, wie man Rationalitätsdefizite erkennt und wie man sie vermindern oder beseitigen kann. Eine gemeinsame Betrachtung verspricht ebensolche Spezialisierungsvorteile, wie wir sie aus der getrennten Betrachtung anderer Führungsfunktionen her kennen.

Controlling ist für uns Rationalitätssicherung der Führung.

Der enge Bezug zur Empirie hat allerdings auch eine Einschränkung der Rationalitätssiche-

Zusammenfassende Aussagen (vgl. auch Leitfragen 1, 2 und 3)

- Innerhalb der Controlleraufgaben lässt sich mit Rationalitätssicherung ein Aufgabentyp herausarbeiten, der zwar nicht ausschließlich, aber doch schwerpunktmäßig von Controllern wahrgenommen wird.
- Rationalitätssicherung ist in der betriebswirtschaftlichen Theorie bislang nur verstreut und zudem nur wenig ausgiebig diskutiert. Controlling sei deshalb funktional als Rationalitätssicherung im Kontext dominierender Koordination durch Pläne definiert und als eine weitere Spezialdisziplin in das Gebäude der Betriebswirtschaftslehre eingeordnet.
- Durch die induktive Ableitung des Controllings ist eine enge Verbindung zwischen Controlling und Controllership gewährleistet. Controlling muss so nicht normativ gesetzt werden, sondern lässt sich empirisch ableiten.
- Mit Entlastung, Ergänzung und Begrenzung lassen sich drei grundlegende Aufgabentypen von Controllern unterscheiden.

rungsaufgabe zur Folge. Controller sind nicht in jeglicher Organisation zu finden, sondern nur in solchen, die ihre Führung an einer Koordination durch Pläne ausrichten. Im Kontext anderer Führungsstrukturen – z. B. im stark personenzentriert geführten Mittelstand oder in der durch Gesetze und Verordnungen koordinierten öffentlichen Verwaltung – trifft man nicht auf Controller, und dort sind auch ganz andere Probleme der Rationalitätssicherung festzustellen. Wir wollen deshalb im Folgenden den Begriff des Controllings auf *Rationalitätssicherung im Kontext einer (dominierenden) Koordination durch Pläne* beschränken. Dies sichert – dem induktiven Ansatz entsprechend – den Bezug zur Praxis.

Will man einen engen Bezug zur Praxis wahren, ist Controlling auf Institutionen beschränkt, die primär durch Pläne koordiniert sind.

An dieser Stelle ist der wesentliche Teil der in diesem Kapitel zu leistenden Begriffsklärung vollzogen: Wir wissen, welches Aufgabenspektrum Controller wahrnehmen, was das Originäre an diesen Aufgaben ausmacht, wie Controlling mit der Controllership zusammenhängt und dass schließlich Controlling Rationalitätssicherung in einem bestimmten Führungskontext bedeutet. Ganz fertig sind wir damit aber noch nicht. Wir müssen noch klären, was unter Rationalität und Rationalitätssicherung im Detail verstanden werden kann.

2.2 Rationalität und Rationalitätssicherung

2.2.1 Rationalitätsbegriff

Rationalität ist nicht nur ein zentraler Begriff in der Betriebswirtschaftslehre. Vielmehr setzen sich auch viel ältere Disziplinen mit diesem Terminus auseinander (so die Philosophie und die Wissenschaftstheorie). Wie an dieser Stelle der Argumentation nicht mehr verwunderlich, ist auch Rationalität in der Literatur höchst unterschiedlich definiert. Allerdings können wir diese Vielfalt leicht durch Rückgriff auf die eben bereits angesprochene Zweck-Rationalität umgehen, die in der Ökonomie eine vorherrschende Stellung einnimmt. Danach bemisst sich Rationalität an einer effizienten Mittelverwendung bei gegebenen Zwecken. Diese Zwecke sind in aller Regel wiederum nur Mittel zur Erreichung eines übergeordneten Zwecks, so dass Zweckrationalität auf die Effizienz und die Effektivität des Handelns der Akteure zielt (vgl. Schäffer/Weber 2004, S. 462).

Wir beziehen uns auf die Zweck-Rationalität.

Dies hilft aber auch nur über die ersten Klippen hinweg. Wer sagt, welcher Zweck zu verfolgen ist, wer, was für einen gegebenen Zweck die richtigen Mittel sind?

Auf der Suche nach einer hinreichenden Referenz mag man – nahe liegend – an ein gutes betriebswirtschaftliches Lehrbuch denken, ganz dem Leitmotto folgend: »Das Beste für die Praxis ist eine gute Theorie«. Im einfachsten Fall bedeutet dies, sich an das folgende Muster zu halten: »Unternehmen folgen dem Zweck der Gewinnmaximierung, und unter zur Wahl stehenden Alternativen wird diejenige ausgewählt, die den höchsten Gewinn erzielt«. Manager in der Praxis sind hier allerdings skeptisch, und dies zumeist nicht ohne Grund: Betriebswirtschaftliche Theorie kann – wie nun schon mehrfach betont – nur selten so detailliert ausformuliert sein, dass sie im konkreten Einzelfall tatsächlich verlässliche, »richtige« Lösungen liefert: Vernachlässigt nicht ein ausschließliches Abstellen auf Gewinnmaximierung berechtigte Ansprüche der Gesellschaft an das Unternehmen? Haben die zu Grunde gelegten Modelle wirklich alles Wichtige berücksichtigt, z. B. auch die Reaktionen von Konkurrenten auf eigene Aktionen? Alternativ bietet es sich an, einen Experten zu fragen, etwa einen Manager, einen Wirtschaftsprüfer oder einen Berater. Nur: Wer ist im Einzelfall der richtige Experte und was passiert, wenn dieser irrt? Wäre es besser, weitere Experten zu Rate zu ziehen? Gilt dann nur eine einhellige Meinung? Wie steht es um Sonder- oder Mindermeinungen?

All diese Fragen sind in einem einführenden Lehrbuch zum Controlling sicher nicht tief schürfend zu hinterfragen, obwohl sie für die tägliche Arbeit von Controllern ohne Zweifel

Im Original

Auszug aus dem Werk »Wirtschaft und Gesellschaft« des Soziologen Max Weber 1922:

»Wie jedes Handeln kann auch das soziale Handeln bestimmt sein 1. *zweckrational:* durch Erwartungen des Verhaltens von Gegenständen der Außenwelt und von anderen Menschen und unter Benutzung dieser Erwartungen als ›Bedingungen‹ oder als ›Mittel‹ für rational, als Erfolg, erstrebte und abgewogene eigene *Zwecke*, – 2. *wertrational:* durch bewußten Glauben an den – ethischen, ästhetischen, religiösen oder wie immer sonst zu deutenden – unbedingten *Eigen*wert eines bestimmten Sichverhaltens rein als solchen und unabhängig vom Erfolg, – 3. *affektuell*, insbesondere *emotional:* durch aktuelle Affekte und Gefühlslagen, – 4. *traditional:* durch eingelebte Gewohnheit. …

Zweckrational handelt, wer sein Handeln nach Zweck, Mittel und Nebenfolgen orientiert und dabei sowohl die Mittel gegen die Zwecke, wie die Zwecke gegen die Nebenfolgen, wie endlich auch die verschiedenen möglichen *Zwecke* gegeneinander rational *abwägt:* also jedenfalls *weder* affektuell (und insbesondere nicht emotional), *noch* traditional handelt.

Die Entscheidung zwischen konkurrierenden und kollidierenden Zwecken und Folgen kann dabei ihrerseits *wert*rational orientiert sein: dann ist das Handeln nur in seinen Mitteln zweckrational. Oder es kann der Handelnde die konkurrierenden und kollidierenden Zwecke ohne wertrationale Orientierung an ›Geboten‹ und ›Forderungen‹ einfach als gegebene subjektive Bedürfnisregungen in eine Skala ihrer von ihm bewußt *abgewogenen* Dringlichkeit bringen und darnach sein Handeln so orientieren, daß sie in dieser Reihenfolge nach Möglichkeit befriedigt werden (Prinzip des ›Grenznutzens‹). Die wertrationale Orientierung des Handelns kann also zur zweckrationalen in verschiedenartigen Beziehungen stehen. Vom Standpunkt der Zweckrationalität aus aber ist Wertrationalität immer, und zwar je mehr sie den Wert, an dem das Handeln orientiert wird, zum absoluten Wert steigert, desto mehr: *irrational*, weil sie ja um so weniger auf die Folgen des Handelns reflektiert, je unbedingter allein dessen *Eigen*wert (reine Gesinnung, Schönheit, absolute Güte, absolute Pflichtmäßigkeit) für sie in Betracht kommt. *Absolute* Zweckrationalität des Handelns ist aber auch nur ein im wesentlichen konstruktiver Grenzfall« (zitiert nach Weber 1980, S. 12 f.).

Auszug aus der Habilitationsschrift des Betriebswirts Erich Gutenberg 1929:

»An sich liegt nun das Denken in der Zweck-Mittel-Relation allem zu Grunde, und zwar nicht nur im wirtschaftlichen Leben, sondern im menschlichen Leben überhaupt. ›Unvernünftig handeln‹ heißt überhaupt unzweckmäßig handeln, heißt die Mittel nicht richtig auf den Zweck, dessen Erreichung sie dienen soll, abgestimmt haben. Welcher Art dieser Zweck ist, bleibt dabei ohne Belang« (Gutenberg 1929, S. 30).

sehr relevant sind (vgl. z. B. den Überblick bei Weber/Schäffer/Langenbach 2001, S. 46–76). Uns reichen vielmehr zwei Erkenntnisse aus: Zum einen gibt es zu diesen Fragen eine sehr extensive und z. T. sehr kontrovers geführte Diskussion. Zum anderen findet man Lösungsversuche, die für unsere Fragestellungen herangezogen werden können. Wir wollen im Folgenden *Rationalität als herrschende Meinung von Fachleuten hinsichtlich einer bestimmten Zweck-Mittel-Relation* verstehen. Damit eine solche vorliegt, müssen insbesondere zwei Bedingungen gelten:

- Die Fachleute werden von anderen Fachleuten als solche anerkannt. So wird ein erfahrener Manager einem anderen erfahrenen Manager eine hinreichende Einschätzungsfähigkeit einer Führungssituation zutrauen, ein Wirtschaftsprüfer die Kompetenz des langjährigen Bilanzbuchhalters akzeptieren oder der Manager einem Controller zugestehen, eine Kapitalwertrechnung richtig durchführen zu können. Umgekehrt ist – wie jüngere Erfahrungen bestätigen – z. B. (erhebliche) Skepsis angebracht, wenn ein Berufsanfänger hochfliegende Businesspläne für einen Start-up formuliert.
- Im Fall unterschiedlicher Einschätzungen der Fachleute muss die Möglichkeit eines offenen Diskurses bestehen, um die Meinungsdifferenzen in ein gemeinsames Urteil einbringen zu können. Die Beteiligten müssen also gewillt sein, vernünftig zu argumentieren, alle Gegenargumente unvoreingenommen zu prüfen und einen jedermann zumutbaren Konsens zu erzielen – sowie genügend Zeit dafür haben. Blinde Flecke, Halsstarrigkeit oder falsche Emotionalität sind rationalen Lösungen ebenso abträglich wie Suggestion oder reine Machtausübung und übermäßiger Zeitdruck.

Wir verstehen Rationalität als herrschende Meinung von Fachleuten hinsichtlich einer bestimmten Zweck-Mittel-Relation.

Rationalität als herrschende Meinung von Fachleuten zu verstehen, ist auch in der Wissenschaft verbreitet. Einen Nobelpreis bekommt derjenige, der viel veröffentlicht hat (Akzeptanz der Referees), viele Zitationen aufweist (Akzeptanz anderer Wissenschaftler) und viele andere Wissenschaftspreise vorher gewonnen hat (ebenfalls ein Zeichen der Akzeptanz in der Community). Obwohl weit verbreitet, schützt dieses Vorgehen aber vor Irrtum nicht: Die Meinung eines Einzelnen kann im Einzelfall durchaus besser sein als die Gruppenmeinung der Fachleute. In der Wissenschaft ist dies für grundlegende Brüche der Lehrmeinung (»Paradigmenwechsel«) typisch. In diesem Fall schlägt Genialität akademisches »Mittelmaß«. Allerdings wäre es geradezu gefährlich, sich auf Genies zu verlassen; sie sind ex ante nämlich zumeist nicht von Scharlatanen zu unterscheiden – und von Letzteren gibt es deutlich mehr!

Unterscheidung von Input-, Prozess- und Ergebnisrationalität

Gerade der Verweis auf Wissenschaft macht eine weitere Eigenschaft des Rationalitätsbegriffs deutlich: Rationalität ist immer nur relativ, auf ein aktuell vorhandenes Wissensniveau bezogen zu definieren. Herrschende Theorien werden laufend durch neue, besser geeignete ersetzt. Was gestern rational war, muss es morgen nicht mehr sein! Lernen schiebt die Grenzen des Wissens – und damit auch die Rationalität – immer weiter hinaus. Die Einführung eines neuen Planungsinstruments – etwa des im 12. Kapitel des Buches noch zu diskutierenden Realoptions-Ansatzes – in die Planungspraxis eines Unternehmens kann eine solche Verlagerung der »state of the art« darstellen.

Was rational ist, hängt vom Stand des Wissens ab – damit kann auch die herrschende Meinung irren.

In der Praxis (aber auch in der Theorie!) ist nicht immer ganz klar, wer wirklich den Status eines Fachmanns für ein bestimmtes Problem besitzt und mit wem dieser im Zweifel über die richtige Lösung diskutieren soll. Zum Glück geht es bei der Lösung praktischer Probleme aber nicht um die Erfüllung theoretischer Optimalbedingungen. Mit anderen Worten: Es reicht zumeist aus, deutliche Verstöße gegen die Bedingungen im Auge zu behalten, um signifikante Rationalitätsverletzungen zu vermeiden, und auch das »Fachleute-Problem« ist in den meisten Fällen hinreichend lösbar. Bevor wir uns mit der damit angesprochenen Rationalitätssicherung näher befassen, seien aber noch unterschiedliche Rationalitätsebenen betrachtet, deren Kenntnis für die Ausgestaltung der Sicherungsmaßnahmen erhebliche Bedeutung besitzt.

In der Praxis reicht es zumeist aus, grobe Verstöße gegen die Rationalität zu verhindern.

2.2.2 Rationalitätsebenen

Wie ausgeführt, liegt unserer Argumentation die Sicht von Rationalität als Zweck-Mittel-Zusammenhang zu Grunde. Ein gegebener Zweck ist mit den richtigen Mitteln zu erreichen, bzw. gegebene Mittel sind dem richtigen Zweck zuzuführen. Diese Sichtweise lässt sich unmittelbar in eine Darstellung übertragen, die ein Grundmuster der Betriebswirtschaftslehre darstellt: Faktoren werden in einem Prozess kombiniert, um ein Ergebnis zu erhalten. Die Frage der richtigen Mittel lässt sich folglich weiter unterteilen in die Frage nach den richtigen Inputfaktoren und dem richtigen Kombinationsprozess. Nimmt man das richtige Ergebnis hinzu, lassen sich insgesamt drei Rationalitätsebenen unterscheiden (vgl. Weber/Schäffer/Langenbach 2001, S. 50–53):

- eine *Ergebnisrationalität*, die auch »substanzielle Rationalität« genannt wird,
- eine *Prozess- oder prozedurale Rationalität* und eine
- *Inputrationalität*.

Die drei Ebenen stehen in einer Dependenzbeziehung zueinander: Die Inputrationalität ist eine notwendige Bedingung für die Prozessrationalität (mit falschen Faktoren sind keine »richtigen« Prozesse möglich); dieselbe Beziehung gilt zwischen der Prozess- und der Ergebnisrationalität. Die drei Ebenen zu unterscheiden, macht aus zwei Gründen Sinn:

- Rationalität ist – wie gezeigt – an vorhandenes Wissen geknüpft. Wissensdefizite einzelner Entscheidungsträger können durch Bezug auf einen »state of the art« des Wissens korrigiert bzw. geheilt werden. Dies ist etwa dann der Fall, wenn ein Manager ein Investitionsproblem lösen soll, aber nicht weiß, was eine Kapitalwertrechnung bedeutet. Hier kann der Controller leicht helfen. Für eine Reihe von Problemstellungen liegt ein solcher »state of the art« allerdings nicht vor. So sind für Innovationsprozesse Wissensdefizite hinsichtlich des zu erzielenden Ergebnisses geradezu definitionsbestimmend. Solche Situationen sind auch für die Unternehmensführung nicht unbekannt: Insbesondere die grundsätzliche strategische Ausrichtung

eines Unternehmens ist oft mit derartigen Unsicherheiten behaftet, dass sich nur die grobe Richtung, nicht aber das genaue strategische Ziel bestimmen lässt.
Als verbleibende, weniger weitreichende Rationalitätsbetrachtung kann dann die Art des Prozesses analysiert und gestaltet werden, der zu dem ungewissen Ergebnis führt. Bezogen auf die strategische Planung heißt dies z. B., genügend Zeit zum Abgleich der unterschiedlichen Zukunftserwartungen der Manager zu lassen oder eine zu starke Formalisierung und Quantifizierung zu vermeiden.
Bestehen schließlich auch für den Prozess zu starke Wissensdefizite, bleibt nur die Möglichkeit, geeignete Mittel zu gewährleisten, also die richtigen Experten für die strategische Positionierung zusammenzubringen und dann zu warten, bis eine von allen akzeptierte Lösung gefunden ist. Unterschiedliche Wissensniveaus lassen also unterschiedlich weitgehende Rationalitätsbestimmungen zu, oder anders formuliert: Auch dann, wenn der Zweck nicht ganz klar ist, kann man über eine rationale Verwendung der Mittel durchaus Aussagen treffen.

- Die unterschiedlichen Rationalitätsebenen lassen sich zu unterschiedlichen Zeitpunkten überprüfen. Man muss mit anderen Worten nicht immer auf das Ergebnis warten, um Rationalitätsprobleme festzustellen; diese Probleme sollten möglichst früh erkannt werden, um die negativen Folgen möglichst klein zu halten. Gerade für die Tätigkeit der Controller kommt diesem Aspekt eine zentrale Bedeutung zu: Erkennen sie etwa Inkonsistenzen in der Phase der Planaufstellung, haben sie genügend Möglichkeiten, in der nachfolgenden Planumsetzung zu erwartende Schwierigkeiten erst gar nicht entstehen zu lassen.

Halten wir fest: Für Rationalität findet sich in der Literatur eine Vielzahl von Definitionsansätzen. Von diesen sei für unsere Zwecke die in der Ökonomie dominierende Zweck-Mittel-Rationalität ausgewählt. In Abhängigkeit von der Höhe der Wissensdefizite kann sich das Vorliegen von Rationalität auf die drei Rationalitätsebenen Ergebnis-, Prozess- und Inputrationalität beziehen, d. h. sowohl die Zwecke als auch die Mittel sind kritisch zu hinterfragen.

2.2.3 Rationalitätssicherung

Controlling als Rationalitätssicherung der Führung zu definieren, setzt neben einer Operationalisierbarkeit von Rationalität auch die Separierbarkeit spezifischer Rationalitätssicherungsmaßnahmen voraus. Ansonsten läge keine eigenständige Fragestellung vor. Wir wollen zur Prüfung der Erfüllung dieser Bedingung zunächst beispielhaft den Einsatz eines bestimmten (beliebigen) Modells in der Planung betrachten. Die Argumentation folgt dabei dem Vorgehen, das in der *Abbildung 2-2* veranschaulicht ist. Als Träger der Rationalitätssicherung unterstellen wir einen Controller, der die im Folgenden skizzierten Aufgaben in der Praxis in der Regel tatsächlich auch wahrnimmt.

Wie lässt sich die Rationalität konkret sichern? – Ein Beispiel

Gegeben sei die Situation, dass eine Gruppe von Managern die Vorteilhaftigkeit einer angedachten Investition bestimmen will. Hierzu verwenden sie das Modell der Kapitalwertrechnung. Schon in dieser ersten Phase sind diverse Rationalitätssicherungsmöglichkeiten denkbar (und potentiell sinnvoll). Sie betreffen zum einen das Modell selbst, zum anderen die Eignung der Manager für die Anwendung des Modells.

Eine Kapitalwertrechnung setzt ein Entscheidungsproblem voraus, das u. a. durch eine Quantifizierbarkeit der Investitionswirkungen in Zahlungsreihen und einen festen Investitionszeitpunkt gekennzeichnet ist – wir werden darauf im 12. Kapitel (S. 324–327) noch näher eingehen. Diese Bedingungen sind häufig nur näherungsweise erfüllt. In den Aufbau eines Markenimages zu investieren, zieht etwa konkrete Auszahlungen nach sich. Die Veränderungen der Einzahlungsströme kann man aber in der Regel nur sehr unscharf abschätzen. Auch lassen sich viele Investitionen entweder zeitlich verschieben oder in mehreren Phasen »strecken«. In beiden Fällen kann eine Kapitalwertrechnung das falsche Modell sein: Bei hohen Wissensdefiziten suggeriert sie eine zu hohe Genauigkeit (»wir können alles rechnen«). Hier wären ein bewusstes Bekenntnis der Entscheider zur Unsicherheit der Entscheidung und ein Vertrauen auf intui-

Abb. 2-2

Idealtypische Phasen eines Rationalitätssicherungsprozesses am Beispiel eines Willensbildungsmodells

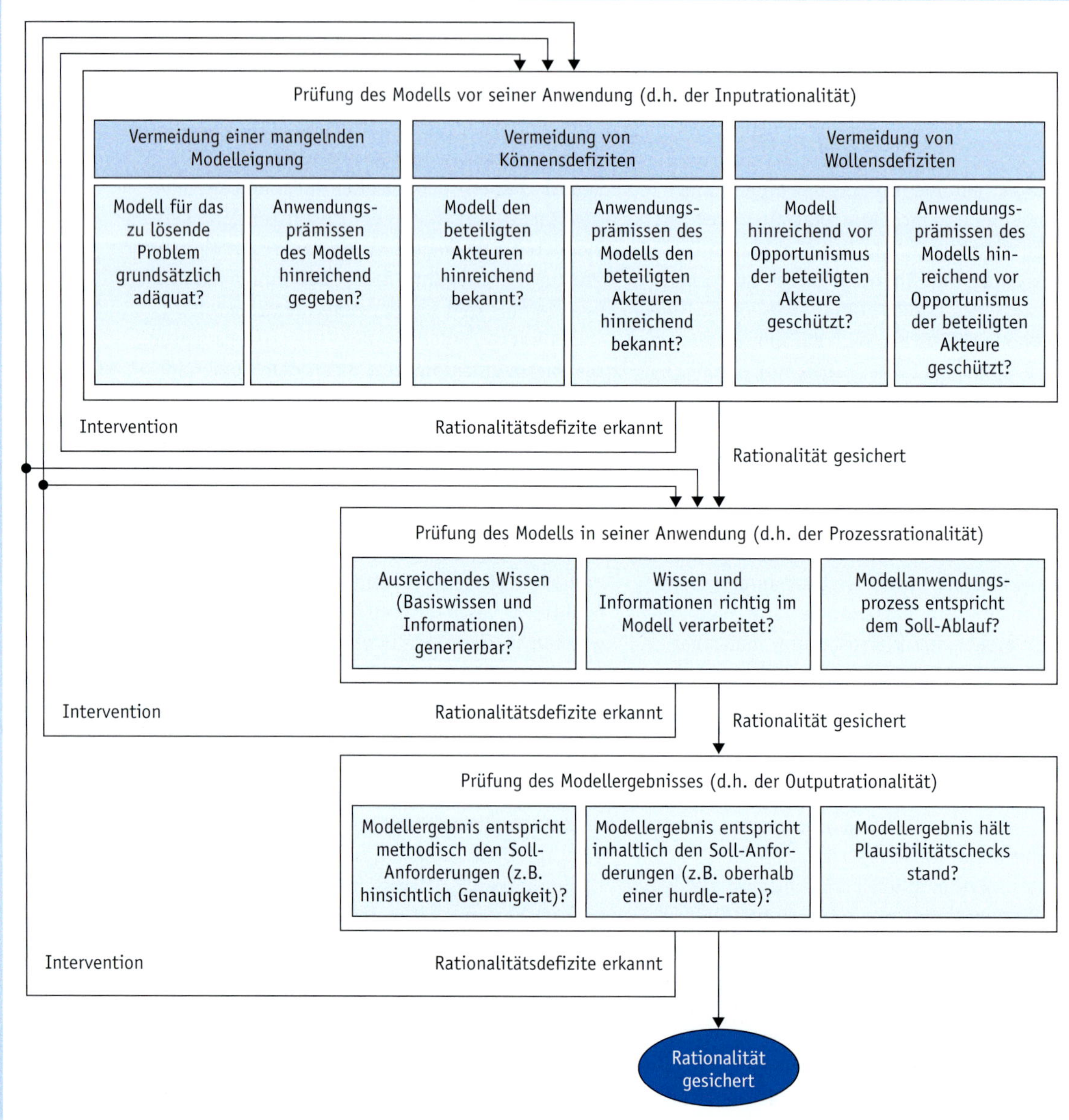

tive Lösungstechniken unter Umständen besser. Im Falle einer phasenweisen Gestaltbarkeit der Investition müsste dagegen die Kapitalwertrechnung zugunsten einer Realoptions-Betrachtung (vgl. dazu ausführlich S. 330–335) aufgegeben werden. Rationalitätssicherung heißt folglich, die grundsätzliche Modelleignung und das Vorliegen der Anwendungsprämissen zu hinterfragen. Controller nehmen sich in den Unternehmen dieses Problems z. B. dadurch an, dass sie Typen von Entscheidungsproblemen bilden und diesen bestimmte Methoden fest zuordnen. Manager haben dann methodenbezogen keine Freiheitsgrade bzw. müssen mit den Controllern die

Verwendung anderer Methoden konkret abstimmen (Methodenkompetenz der Controller).

Das Verwenden eines passenden Modells ist aber nur eine notwendige, keine hinreichende Bedingung für Rationalität. Rationalitätssicherung muss sich auch auf die Eignung der Träger des Modells richten. Entsprechend unserer grundsätzlichen Unterteilung in Können und Wollen beinhaltet dies zum einen, das Wissen der Manager bezogen auf die Funktionsweise und die Anwendungsprämissen des Modells zu hinterfragen. Diesem Aspekt kommt in der Praxis eine zentrale Bedeutung zu, weil – wie ausgeführt – viele Manager Kenntnisdefizite bezüglich betriebswirtschaftlicher Modelle aufweisen (»dafür habe ich meinen Controller«). Zum anderen ist es oftmals auch hilfreich vorzudenken, an welcher Stelle der Modellanwendung Möglichkeiten für eine bewusste Beeinflussung des Modellergebnisses bestehen. In diesem Sinne wurde z. B. in einigen Unternehmen die Anwendung der (im 11. Kapitel (Abschnitt 11.4.3) noch näher vorzustellenden) Nutzwertanalyse für Investitionsentscheidungen untersagt, da die dort einfließenden subjektiven Urteile der Beteiligten nicht ausreichend überprüfbar sind, um Opportunismus zu verhindern. Für Controller heißt dies, die Manipulationsmöglichkeiten der Modelle ebenso kennen zu müssen wie die Opportunismusneigung einzelner Manager und entweder auf beide hinreichend einzuwirken oder ein anderes Modell vorzuschlagen.

Als weiteres Prüfkriterium für das Vorliegen von Inputrationalität muss schließlich die hinreichende inhaltliche Eignung der Modellträger hinterfragt werden. Dies betrifft zum einen die Sachkenntnis des Problems, zum anderen eine hinreichende Breite unterschiedlicher Einschätzungen (Diversität interner Modelle). Dieser Aspekt ist allerdings vom konkreten Entscheidungsmodell unabhängig und damit für unsere jetzige Fragestellung nicht von Belang. Sie wird jedoch für die Beschreibung des Zusammenspiels von Managern und Controllern in den folgenden Kapiteln des Buches eine zentrale Rolle spielen.

Sind die Bedingungen für Inputrationalität gegeben, bezieht sich die nächste Phase der Rationalitätssicherung auf den Einsatz des ausgewählten Modells. Wie die *Abbildung 2-2* zeigt, sind hier idealtypisch drei potentielle Problembereiche zu prüfen:

- Modelle – wie die Kapitalwertrechnung – setzen zu ihrer Funktionsfähigkeit spezielles Wissen voraus (z. B. die Ein- und Auszahlungsströme und die Höhe des Kalkulationszinsfußes). Dieses Wissen kann zu Beginn der Modellverwendung, im Beispiel der Investitionsbeurteilung, noch lückenhaft sein; dann sind entsprechende ergänzende Informationen erforderlich. Weist das Wissen signifikante Mängel auf und können diese Wissensdefizite nicht hinreichend beseitigt werden, erzeugt das Modell scheinrationale Ergebnisse (auf den unter Controllern häufig zu hörenden Ausspruch: »Wir können alles rechnen« wurde schon weiter oben hingewiesen). Der Sicherstellung ausreichenden Wissens kommt damit eine zentrale Bedeutung für die Prozessrationalität zu – und gerade auf diesem Feld hatten und haben die Controller in der Praxis einen Kern-Aufgabenbereich.
- Hinreichendes Wissen bedeutet aber nicht zwangsläufig, es auch richtig in das Modell einzubringen. Auf Grenzen in der Prognose- und Bewertungsfähigkeit haben wir bereits hingewiesen. Außerdem kann Opportunismus einzelner Beteiligter an dieser Stelle zu Rationalitätsdefekten führen: So können Controller ausführlich von Managern berichten, die aus einer Vielzahl vorliegender Informationen immer genau die auswählen, die zu einem ihren Intentionen passenden Ergebnis der Rechnung führen! Auf solche Verhaltensmuster vorbereitet zu sein (z. B. durch genaue Kenntnis der handelnden Personen), heißt zumeist, sie stark begrenzen oder ganz verhindern zu können.
- Schließlich können Rationalitätsdefizite auch aus dem Ablauf der Modellanwendung resultieren. Ein typisches Phänomen in diesem Zusammenhang ist zu großer Zeitdruck, das »Stricken mit heißer Nadel«. Rechnungen müssen unbedingt zu einem bestimmten Zeitpunkt fertig sein und präsentiert werden; notwendige Schleifen kritischer Überprüfung fehlen ebenso wie ein hinreichender Diskurs über einzelne Ansätze und Bewertungen. Controller können hier durch die Vorgabe gewisser Spielregeln (z. B. genügender zeit-

Können die Manager mit dem Modell richtig umgehen?

Controller haben viele Möglichkeiten, auf den Prozess der Modellanwendung einzuwirken.

Bei der Anwendung neuer Modelle kann man viele Fehler machen.

licher Puffer) rationalitätssichernd wirken. Einschränkungen des Diskurses können weiterhin auch auf Grund von Dominanzen Einzelner oder impliziten Drucks »von oben« entstehen, wie etwa dann, wenn ein Vorstand ein Lieblingsprojekt entsprechend positiv dargestellt haben möchte. Auch hier kann die Beteiligung eines Controllers helfen, da er eine höhere Unabhängigkeit von den Linieninstanzen aufweist und damit – zumindest in Grenzen – Objektivität einfordern und gewährleisten kann.

Die Rationalität lässt sich auf vielen Wegen sichern. Sich hierauf zu spezialisieren, verspricht Vorteile.

Die bei der Inputrationalität angesprochene hinreichende Diversität der internen Modelle ist schließlich auch für die Prozessrationalität von Bedeutung. Im Zusammenspiel unterschiedlicher Beteiligter können sich diverse kognitive Defekte ergeben, die in der einschlägigen Literatur unter den Begriff des »Groupthink« gefasst werden (vgl. Janis 1982). Hierzu zählen etwa ein übersteigertes Risikoverhalten und die Tendenz zu einer Illusion der Einmütigkeit. Auch auf Groupthink werden wir im 10. Kapitel des Buches noch zurückkommen.

Auch die Modellergebnisse müssen kritisch reflektiert werden.

Als letzte Rationalitätsebene fehlt noch die Ergebnisrationalität. Rationalitätssicherung bezieht sich hier zunächst auf die »technische« Beurteilung des Modellergebnisses. So sollte etwa jeder Controller misstrauisch werden, wenn bei einer sich auf einen Zeitraum von acht Jahren erstreckenden Investitionsrechnung die Alternativen mit einer Genauigkeit von zwei Stellen hinter dem Komma gerechnet werden. Daneben muss das Ergebnis auch inhaltlichen Anforderungen genügen. So hört man von Unternehmen, in denen Manager über Jahre hinweg mit einer Planung zufrieden waren, die um die Nulllinie des GuV-Ergebnisses streute. Das Eigenkapital nicht mit Überschüssen zu bedienen, ist aber ohne jeden Zweifel – eine »typische« Zwecksetzung des Unternehmens unterstellt – nicht rational. Controller müssen das Setzen hinreichend ambitionierter Ziele gewährleisten, etwa durch den Verweis auf Anforderungen des Kapitalmarkts oder – in anderen Zusammenhängen – durch das Generieren von Benchmarks (diese Frage wird uns im 12. Kapitel (Abschnitt 12.4.4) noch näher beschäftigen). Ein anderes typisches Rationalitätsdefizit ist der so genannte »Hockey-Stick-Effekt«: Die betrachteten Maßnahmen erreichen nur deshalb den geforderten Renditewert, weil sie in den letzten Jahren des Investitionszeitraums exzellente Ergebnisse zeigen. Nur täuscht diese Hoffnung in der wirtschaftlichen Realität häufig. Die Wettbewerbssituation wird zumeist nicht einfacher, sondern schwieriger. Den Hockey-Stick-Effekt zu erkennen und die ihm typischerweise innewohnende Irrationalität als Standardantwort auf entsprechende Pläne zu wählen, ist ein gangbarer Weg der Rationalitätssicherung. Rationalitätssichernd wirken schließlich auch Plausibilitätschecks und Sensitivitätsrechnungen.

An dieser Stelle der Argumentation ist die Antwort auf die anfangs gestellte Frage klar: Rationalitätssicherungsmaßnahmen lassen sich ohne Probleme und in großer Zahl separieren. Zum Teil sind die Prüfkriterien leicht zu messen (»ja oder nein«), zum Teil erfordert die Beurteilung vorliegender Rationalität aufwändige Checks (etwa zum Erkennen, ob eine hinreichende Instrumentenkenntnis bei den Managern vorliegt). Zum Teil sind die Überprüfungen weitgehend objektivierbar (»Sind die neuesten Marktforschungsdaten in die Entscheidungsvorbereitung eingeflossen?«), zum Teil ist ein erhebliches Maß von Subjektivität nicht zu vermeiden (etwa dann, wenn es um die Einschätzung der Tragfähigkeit von Planansätzen geht).

Rationalitätssicherung beschränkt sich nicht auf die Willensbildung, sondern betrifft in gleicher Weise die Willensdurchsetzung (z. B. Hinterfragen der Konsistenz von Einzelplänen in der jährlichen Budgetierung) und die Kontrolle (z. B. »Reichen Stichprobenkontrollen für ein bestimmtes Kontrollproblem aus?«). Rationalitätssicherung ist nicht nur auf nachträgliche Überprüfungen begrenzt, sondern bezieht auch die Verhinderung von Rationalitätsdefekten vor ihrer Entstehung mit ein (etwa durch ein instrumentenbezogenes Coaching der Manager oder durch die Vorgabe von Spielregeln). Das Feld der Rationalitätssicherung ist weit, das Spektrum möglicher Maßnahmen bunt.

2.3 Rationalitätssicherung und Ethik

Betriebswirtschaftliches Handeln im Allgemeinen und Rationalitätssicherung im Speziellen sind häufig mit der Klärung des Verhältnisses von Moral und ökonomischem Gewinnstreben konfrontiert (vgl. Küpper/Picot 1999, S. 136; Homann/Meyer/Waldkirch 2002, S. 495). Daher wollen wir am Ende unserer einführenden Überlegungen zur Rationalitätssicherung noch kurz auf dieses Spannungsfeld eingehen.

Unterstellt man Gewinn- oder Unternehmenswertmaximierung als übergeordneten Zweck des Unternehmens, lassen sich grob zwei Fälle unterscheiden. Im ersten Fall »rechnet sich« ethisch orientiertes Verhalten: unternehmensethische Postulate und die Anforderungen des Controllings fallen zusammen. Unter Umständen wird ethisch orientiertes Verhalten sogar zum operativen und/oder strategischen Erfolgsfaktor für die ergebnisorientierte Unternehmensführung: »Firmen müssen [dann] in Moral investieren, wenn sie ihr Verbleiben in der Gesellschaft und damit im Markt sicher stellen wollen« (Wieland 1994, S. 228; zur Kritik Ulrich 2002, Lisowsky 1927). In diesem ersten Fall ist damit auch ethisch orientiertes Verhalten über Ursache-Wirkungs-Ketten mit dem Ergebniszweck verknüpfbar und unter Zuhilfenahme des Controllinginstrumentariums steuerbar (vgl. z. B. Hirsch 2003a). Im zweiten Fall rechnet sich ethisch orientiertes Verhalten dagegen ökonomisch nicht: Unternehmensethische Postulate und die Anforderungen des Controllings fallen auseinander: In dominant gewinn- oder unternehmenswertorientiert gesteuerten Unternehmen müsste dann ethisch orientiertes Handeln durch die Mechanismen des Controllings konsequent be- und/oder verhindert werden.

Allerdings ist in betriebswirtschaftlichen Modellen die Zielvorschrift Gewinnmaximierung regelmäßig mit Bedingungen und Restriktionen verknüpft. Als Beispiel seien Absatz- und Produktionsfunktionen, rechtliche Mindeststandards oder Liquiditätsnebenbedingungen genannt. Darüber hinaus steht es dem Management frei, generelle Regeln bezüglich ethisch orientierten Verhaltens zu definieren, die für die Akteure im Unternehmen als zusätzliche Restriktion zu beachten sind (z. B. im Rahmen von Verhaltensrichtlinien für das Management, vgl. dazu auch das in Kapitel 4 vorgestellte Konzept von Simons). Alternativ kann der Konflikt zwischen Gewinnprinzip und Moral auch fallweise geregelt werden (vgl. Steinmann/Oppenrieder 1985). Auf diesen beiden Wegen fließen wertrationale Überlegungen auch in die Festlegung der Mittel mit ein.

Hebt man die Prämisse der Gewinn- oder Unternehmenswertmaximierung als übergeordneten Zweck des Unternehmens auf und setzt (als Ergebnis wertrationaler Überlegungen) ethische Prinzipien wie z. B. Umweltschutz oder Nachhaltigkeit an die Seite oder an die Stelle der Gewinnmaximierung, wird es zur Aufgabe des Controllings, ethisch orientiertes Verhalten zu fördern, aber auch, ethische Intentionen auf ihre ethische Wirkung(en) hin zu überprüfen: In dem Maße, wie unmoralisches Verhalten von Individuen das Gemeinwohl fördert (vgl. Smith 1776/1978), kann eine Unternehmensethik, die dies nicht berücksichtigt, sogar gesellschaftlich schädlich wirken. »Die Abkopplung der Moral von unmittelbar moralischen Handlungsmotiven ist [deshalb] nicht als Verfall der Moral zu verstehen, sie bildet vielmehr die Voraussetzung dafür, die Solidaritätsmoral weit über Solidaritätsgefühle hinaus auf anonyme Kontexte mo-

Ethisch orientiertes Verhalten rechnet sich nicht immer.

Zusammenfassende Aussagen (vgl. auch Leitfragen 3, 4 und 5)

- Rationalität wird in diesem Buch als Zweck-Mittel-Rationalität verstanden. Bezugspunkt für das Vorliegen von Rationalität ist die »herrschende Meinung« von Fachleuten.
- Umfang und Ausprägung der Rationalitätssicherungsaufgabe werden von Umfang und Ausprägung der Rationalitätsdefizite der Führung bestimmt.
- Das Spektrum von Rationalitätssicherungsmaßnahmen ist überaus breit. Dies ist ein Grund für das »Schillernde« des Controllings.
- Träger der Rationalitätssicherung sind Controller, Manager und eine Vielzahl weiterer interner und externer Instanzen, Stellen und Institutionen.
- Rationalitätsdefizite sollten nur soweit verringert werden, wie der damit erzielte zusätzliche Nutzen die Kosten der Rationalitätssicherung übertrifft.
- Controlling hat immer auch eine ethische Dimension: Situationsabhängig müssen Controller ethisches Handeln begrenzen oder unterstützen.

derner Großgesellschaften auszudehnen. Sie ist ein evolutionärer Fortschritt [....] Kommunikatives Handeln muss modern in strategisches Handeln transformiert werden, sonst bleibt es entweder auf den überschaubaren Kreis unmittelbarer Solidaritätsgefühle, also die kleine, unmittelbar kontrollierbare Gruppe beschränkt, oder es ruiniert die Wirtschaft, wenn es per Gesetz und Plan – statt durch Anreize – durchgesetzt werden soll« (Homann 1994, S. 15, vgl. daneben auch Schneider 1990, S. 878 ff.).

Die Beziehung von Unternehmensethik und Controlling ist vielschichtig.

Die Beziehung von Unternehmensethik und Controlling ist also vielschichtig. Einerseits können zweckrationales Denken und Controlling durch Unternehmensethik begrenzt werden: sowohl die Festlegung des übergeordneten Zwecks als auch die Auswahl der geeigneten Mittel muss wertrational begründeten Anforderungen genügen. Andererseits kann (und muss) Controlling im so gesetzten Rahmen ethisch orientiertes Handeln begrenzen, wenn sich dieses nicht rechnet, und proaktiv unterstützen bzw. anregen, wenn es einen positiven Beitrag zum Unternehmensgewinn erwarten lässt oder wenn korrespondierende ethische Prinzipien zu den obersten Zielen des Unternehmens zählen, so dass ethisch orientiertes Verhalten unabhängig von seinem Beitrag zum Unternehmensgewinn die Erreichung übergeordneter Ziele des Unternehmens unterstützt.

2.4 Weiteres Vorgehen

Wir konzentrieren uns im Folgenden auf Controller.

Nachdem wir die zu Grunde gelegte Konzeption des Controllings näher vorgestellt haben, wollen wir uns in den folgenden Kapiteln des Buches auf das konzentrieren, was Controller tun. Eine Betrachtung der Rationalitätssicherung – und damit der Controllingfunktion – erfolgt nur noch in Verbindung mit der Tätigkeit von Controllern; ansonsten würde der Rahmen eines Einführungsbuchs vom Umfang her deutlich gesprengt. Gründe für diese Schwerpunktlegung bieten uns die Interessen der bereits bekannten drei potentiellen Lesergruppen dieses Buches:

- Für Wissenschaftler bedeutet die Fokussierung auf Controller die Möglichkeit, konkrete Aufgabenstellungen zu modellieren und empirisch zu überprüfen. Abstrakte Funktionen entziehen sich zumeist der konkreten Beobachtung.
- Studenten werden nach Abschluss ihres Studiums entweder selbst Controller oder haben es mit solchen in ihrem beruflichen Umfeld zu tun. Eine Modellierung der Controller und ihrer Aufgaben macht für sie deshalb nicht nur akademisch Sinn.
- Für Manager und Controller in der Unternehmenspraxis bietet die Schwerpunktlegung die Möglichkeit, direkt an ihrer praktischen Erfahrung anzuknüpfen und praktisch verwertbare Hilfestellungen zu erhalten.

Was erwartet Sie in den folgenden Kapiteln des Buches?

Der Inhalt der Teile II bis IV richtet sich an den Hauptaufgaben der Controller aus. Im Teil II werden wir uns ausführlich mit den Informationsversorgungsaufgaben der Controller auseinandersetzen und die dazu entwickelten Instrumente kennen lernen. Dann folgt der umfangreiche Teil III zu den Planungs- und Kontrollaufgaben der Controller. Wiederum liegt in der Betrachtung geeigneter Instrumente ein deutlicher Schwerpunkt. Am Ende des Buches steht dann mit Teil IV ein umfangreicher Abschnitt zur Gestaltung, Führung und Weiterentwicklung des Controllerbereiches. Fragen der Organisation (zentrales versus dezentrales, funktionales versus divisionales Controlling), der Anreizgestaltung (»Wie motiviert man einen Controller?«) und der Personalentwicklung (»Wie machen Controller Karriere?«) werden ebenso behandelt wie Perspektiven der Controllership (Controller sind mittlerweile durchaus erheblicher Konkurrenz in den Unternehmen ausgesetzt, auf die es entsprechend zu reagieren gilt).

Insgesamt dürften somit für jede der drei angesprochenen Lesergruppen des Buches relevante Themenstellungen behandelt werden. Hinweise auf weitere Literatur werden schließlich auch in den folgenden Kapiteln helfen, über die Eindringtiefe eines Einführungsbuchs hinauszugehen.

Allerdings sind wir mit dem einführenden Teil des Buches noch nicht zu ganz Ende. Es folgt noch ein gesondertes weiteres Kapitel. Ein zentraler Aspekt des ausgebreiteten Argumentationsgangs ist nämlich noch nicht hinreichend geklärt: Wir haben an mehreren Stellen davon gesprochen, dass Controller zumeist nur in einem Kontext von Plänen in der Praxis zu beobachten sind, sie in anderem Führungsumfeld fehlen. Die Controlling-Auffassung des Internationalen Controller Vereins fußt auf dieser Sicht ebenso, wie sie sich in vielen Definitionen zum Controlling – explizit oder implizit – wiederfindet. Was nun aber genau unter einer »Koordination durch Pläne« zu verstehen ist, bleibt bis zu dieser Stelle der Argumentation unklar. Mehr als eine grobe Intuition kann nach dem Studium der ersten beiden Kapitel nicht vorliegen. Wenn der Führungskontext allerdings so wesentlich für die Arbeit der Controller und die Rationalitätssicherungsaufgabe des Controllings ist, können wir es bei einem solch vagen Verständnis nicht belassen. Klärung zu schaffen, ist Aufgabe des folgenden Kapitels 3.

Noch fehlt eine Präzisierung des Führungskontextes »Koordination durch Pläne«.

Weiterführende Literatur zu …

… Ableitung der Funktion des Controllings aus den Aufgaben der Controller
David 2005
Schäffer/Weber 2004
Weber 2003a, S. 183–192

… Rationalität und Rationalitätssicherung
Ahn/Dyckhoff 2004
Kirsch 1997, S. 389–531
Langenbach 2001, S. 23–125
Pietsch/Scherm 2000, S. 395–412
Schäffer 2001, S. 112–121
Schäffer 2004
Schäffer/Weber 2004
Weber 2004a

3 Plankoordination als Kontext des Controllings

Leitfragen

1 **Wie lässt sich idealtypisch ein einzelner Führungsprozess beschreiben?**

2 **Wie ist die Sichtweise des einzelnen Führungsprozesses zu erweitern, wenn es um das Zusammenwirken einer Vielzahl von Führungsprozessen geht?**

3 **Wo trifft man in der Praxis Controller? Wo nicht?**

4 **Von welchen anderen Koordinationsmechanismen lässt sich die Koordination durch Pläne wie abgrenzen?**

5 **Was bedeuten Plankoordination und »Führen über Ziele« genau?**

6 **Welche Facetten hat das Problem, richtige Ziele richtig festzulegen?**

Controlling ist – wie in den ersten beiden Kapiteln ausgeführt – eng mit dem Kontext einer systematischen Planung und Kontrolle verbunden. Was genau darunter zu verstehen ist, soll in diesem Kapitel geklärt werden. Hierzu müssen wir mit der Frage beginnen, wie Führung generell funktioniert.

Darüber, was unter Führung genau zu verstehen ist, gibt es ähnlich unterschiedliche Auffassungen, wie wir sie für den Begriff des Controllings kennen gelernt haben. Da es sich bei diesem Buch um eine Einführung in das Controlling und nicht um eine solche in die Führung handelt, werden wir den Führungsbegriff allerdings nicht ausführlich herleiten, sondern ihn so festlegen, dass er mit unserer Sicht des Controllings kompatibel ist.

Begonnen sei die Argumentation mit der Betrachtung eines durch einen Akteur ausgeführten Führungsprozesses. Danach wird der Blick auf das Zusammenwirken mehrerer Führungskräfte ausgeweitet und hierzu auf Aussagen der Organisationstheorie zurückgegriffen, die sich originär mit derartigen Fragestellungen beschäftigt. Damit ist die Basis dafür geschaffen, Art und Wirkungsweise von Zielen näher zu betrachten und auf die Rolle von Controllern im Zielbildungs-, -durchsetzungs- und -kontrollprozess einzugehen.

Auch Führung ist ein mehrdeutiger, genau festzulegender Begriff.

Wir müssen also fachlich durchaus »etwas weiter ausholen«. Dies wird aber nur so weit erfolgen, wie es für das Verständnis der Führung durch Ziele und für die Erklärung bzw. das nähere Verständnis der Aufgaben von Controllern in den folgenden Kapiteln des Buches unbedingt erforderlich ist.

3.1 Idealtypischer Führungsprozess

3.1.1 Führung durch eine einzelne Führungsperson

Ausgangspunkt der Diskussion ist die Frage, was im Kern unter einer Führungshandlung (als hier synonym zu Führungsprozess verwendeter Begriff) zu verstehen ist. Um sie zu beantworten, wollen wir im ersten Schritt die *Beziehung einer Führungs- zu einer Ausführungshandlung* betrachten. Unter Letzterer kann man sich idealtypisch eine Handlung vorstellen, die in vorbestimmten Bahnen, »quasi maschinell« abläuft. Mit anderen Worten ist eine Ausführungshandlung als eine Handlung zu definieren, für die keine Freiheitsgrade (mehr) bestehen (»robotermäßiges Handeln«). Hiervon ausgehend liegt die

Merkmale einer Führungshandlung

Definition einer *Führungshandlung* unmittelbar auf der Hand: Sie ist als Handlung zu beschreiben, die Freiheitsgrade einer oder mehrerer anderer Handlungen festlegt. Dies können zum einen andere Führungshandlungen sein. Ein solcher Fall liegt vor, wenn im Unternehmen die Freiheitsgrade der Führungskräfte schrittweise festgelegt werden, vom allgemeinen Ziel des Vorstands, den Wert eines Unternehmens zu steigern, bis zur Verteilung von Fertigungsumfängen auf mehrere Produktionsstätten. Zum anderen kann sich die Festlegung von Freiheitsgraden unmittelbar auf Ausführungshandlungen beziehen, etwa wenn die Handlungsanweisung an den Fertigungsarbeiter Meyer ergeht, am Montag Nachmittag von 14 bis 16 Uhr 25 Stück eines bestimmten Materials auf die vorgegebene Art und Weise zu bearbeiten.

Führung beinhaltet eine bewusste Willensbildung und eine anschließende Kontrolle.

Eine einzelne Führungshandlung sei weitergehend – wiederum idealtypisch – als von Menschen gedanklich vorbereitet vollzogen unterstellt. Mit anderen Worten: Die Freiheitsgrade werden basierend auf einem bewussten Willensbildungsprozess festgelegt. Das Bild des impulsiven, wesentlich oder gar ausschließlich triebgesteuerten Handelns ist in der ökonomischen Theorie generell nicht modelliert – und wohl auch kaum der gängigen Praxis in den Unternehmen entsprechend. Emotionale Impulse und unbewusstes Vorgehen kommen maßgeblich nur dann ins Spiel, wenn »nichts anderes übrig bleibt«, wenn kein relevantes Wissen vorliegt, um bewusst zu handeln, wenn man also improvisieren muss (»trial and error«). Latent sind sie allerdings stets vorhanden – wir werden hierauf an vielen Stellen in diesem Buch noch Bezug nehmen.

Die kognitiven Fähigkeiten lassen sich unterteilen in Wahrnehmungs-, Prognose- und Bewertungsfähigkeiten.

Ist die Führungshandlung vollzogen, werden nach einer mehr oder weniger langen Frist ihre Auswirkungen sichtbar. Dies kann sehr unmittelbar – etwa wenn der Arbeiter Meyer im obigen Beispiel statt der gewollten 25 nur 20 Stück Material bearbeitet hat – oder erst mit erheblichem zeitlichem Abstand der Fall sein, denken wir etwa an die Umsetzung eines mehrjährigen strategischen Projekts. Jeweils ist es sinnvoll, das erreichte Ergebnis mit dem in der Willensbildung antizipierten zu vergleichen. Vielleicht hat Meyer deshalb nur 20 Stück geschafft, weil er an diesem Tag zu sehr an seine privaten Probleme denken musste, vielleicht waren die 25 Stück aber auch von vornherein ein zu hoch gestecktes Ziel. Der Vergleich des Gewollten mit dem Erreichten – den wir als Kontrolle bezeichnen wollen – führt zu wichtiger zusätzlicher Erkenntnis; wir werden hierauf gleich noch zurückkommen.

Damit es zu einer »überlegten« Willensbildung kommen kann, muss die Führungsperson bestimmte Voraussetzungen erfüllen: Sie muss zum einen von ihren kognitiven Fähigkeiten her in der Lage sein, sich einen Willen zu bilden (»Können«). Zum anderen muss sie wissen, was ihr wichtig ist und was nicht (»Wollen«). Betrachten wir diese Voraussetzungen im nächsten Schritt etwas genauer; wir werden uns auf sie im Buch noch an vielen Stellen beziehen!

Die notwendigen kognitiven Fähigkeiten der Führungsperson zur Willensbildung lassen sich idealtypisch in drei Elemente unterteilen:

- *Perzeptions- bzw. Wahrnehmungsfähigkeit*
  Sie drückt das Vermögen aus, relevante Aspekte der Umwelt der Führungsperson und ihrer selbst wahrzunehmen und damit einer weiteren Verarbeitung zur Verfügung zu stellen. Wir sehen – mit anderen Worten – nur das, was wir sehen können (und wollen). Die Wahrnehmungsfähigkeit wirkt wie ein Raster, durch das Informationen fallen können. Unbekanntes wird in der Regel nicht wahrgenommen. Interpersonell kann die Perzeptionsfähigkeit sehr unterschiedlich ausgeprägt sein. Ein Manager mit ingenieurswissenschaftlicher Prägung hat etwa zuweilen »keinen Sinn« für ökonomische Wirkungen, viele Controller sind dagegen »blind« für unscharfe strategische Veränderungen (»weak signals«). Außerdem kennt die Psychologie eine Vielzahl von Wahrnehmungsverzerrungen, die uns in den folgenden Teilen des Buches noch mehrfach beschäftigen werden.

- *Prognosefähigkeit*
  Sie ermöglicht es, Erwartungen mit guter Aussicht auf Erfolg (hoher Eintrittswahrscheinlichkeit) zu bilden. Zur Prognosefähigkeit zählt ein »unternehmerisches Gespür« für Marktentwicklungen ebenso wie die große Zahl von Prognosetechniken, auf die wir im Teil III dieses Buches näher eingehen

werden. Auch für die Prognosefähigkeit von Menschen kann eine Reihe von typischen Begrenzungen aufgeführt werden. Hierunter fällt der mangelhafte Umgang mit nicht-linearen Entwicklungen ebenso wie das Phänomen von »Overconfidence«, d. h. einer Überschätzung der Fähigkeit, das Problem in der Umsetzung tatsächlich »im Griff zu behalten«. Von einer solchen »Kontrollillusion« ihrer Manager können viele Controller berichten!

- *Bewertungsfähigkeit*
  Sie kennzeichnet das Vermögen, Alternativen miteinander wertend zu vergleichen. Das Spektrum reicht von einem intuitiven Abwägen bis hin zu aufwändigen Entscheidungsmodellen, die uns – ebenfalls im III. Teil des Buches – noch näher beschäftigen werden. Im Zusammenspiel Manager – Controller wird Letzteren in der Praxis gerade auf dem Feld der Bewertung eine hohe Kompetenz bescheinigt. Fehler der Bewertung entstehen neben mangelnder Methodenkenntnis insbesondere durch die häufig zu beobachtende Eigenschaft von Menschen, nicht nach einem Optimum zu streben, sondern sich mit einer zufrieden stellenden Lösung zu begnügen.

Das Wollen einer Führungsperson lässt sich abstrakt als Nutzenfunktion beschreiben. Diese belegt Ausprägungen denkbarer Umstände (darunter insbesondere absehbare Handlungsfolgen) mit Nutzenwerten; höhere Nutzenwerte werden niedrigeren vorgezogen. Ökonomisch unterstellen wir an dieser Stelle typischerweise monetäre Zielgrößen (z. B. Einkommensmaximierung, Gewinnmaximierung). Manager haben qua Vertrag all ihre Kraft einzusetzen, um die Ergebnisziele »ihres« Unternehmens zu erreichen. Die Psychologie präsentiert unter dem Stichwort »Motivationstheorien« dagegen ein ganzes Bündel weiterer individueller Nutzenkomponenten, wie etwa Macht oder Selbstverwirklichung. Controller können ein Lied davon singen, wie häufig Manager nur vordergründig wirtschaftliche Ziele im Blick haben, aber in Wahrheit primär von der eigenen Karriere getrieben werden.

Halten wir an dieser Stelle fest (vgl. auch die *Abbildung 3-1*): Im Normalfall handeln Führungskräfte bewusst, nicht auf Basis eines reinen »trial and error«-Vorgehens. Ihre Willensbildung erfolgt auf Basis von kognitiven Fähigkeiten (Perzeption, Prognose und Bewertung) und dem individuellen Wollen (Nutzenfunktion). Nach vollzogener Handlung erfolgt eine Überprüfung, ob das erreichte Ergebnis dem intendierten entspricht. Diese Kontrolle ermöglicht ein systematisches Lernen.

Abb. 3-1

Grundform des Führungszyklus

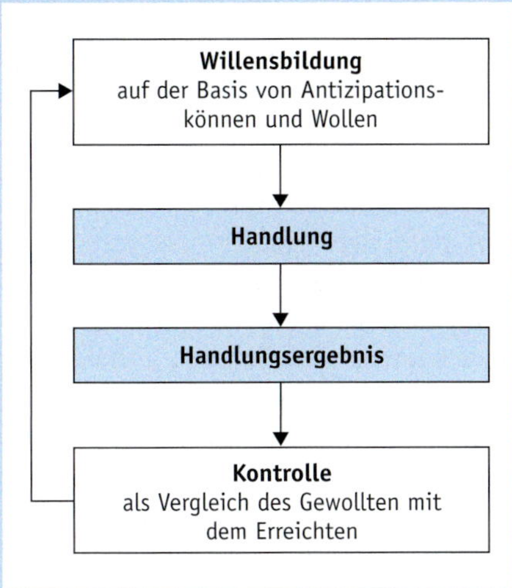

Willensbildung erfolgt auf Basis von Können und Wollen der Manager.

3.1.2 Zusammenwirken mehrerer Führungspersonen

3.1.2.1 Grundformen der Interaktion

Wirtschaftende Menschen arbeiten fast immer mit anderen zusammen, um ihre Ziele zu erreichen. Sie können dabei idealtypisch entweder gleichberechtigt (»horizontal«) oder in einem Über-Unterordnungsverhältnis (»vertikal«) zusammenwirken. »Klassisches Modell« einer horizontalen Beziehung ist der Markt. Auf ihm treffen Angebot und Nachfrage gleichberechtigt zusammen: Der Käufer muss nicht nachfragen, der Verkäufer wird nicht gezwungen anzubieten. Kommt es zu einer Transaktion, so ist diese freiwillig und muss für beide Seiten Nutzen stiften.

In der Regel arbeiten viele Menschen zur Erreichung eines Ziels zusammen.

In Unternehmen ist eine solche Form der Zusammenarbeit dagegen die Ausnahme, nicht die

Hierarchisch kann sowohl der Prozess als auch das Ergebnis einer Handlung vorgegeben werden.

Regel. Hier herrschen Über-/Unterordnungsverhältnisse vor (»Hierarchie«). Um diese auszugestalten, stehen zwei ganz unterschiedliche Wege zur Verfügung, die – in der Sprache des vorherigen Abschnitts – unterschiedliche Formen der Festlegung von Freiheitsgraden bedeuten: Zum einen kann die hierarchische Einwirkung darin bestehen, die Handlungen der Untergeordneten in ihrem *Ablauf* festzulegen. Dies ist etwa dann der Fall, wenn der Vertriebsleiter seinen Mitarbeitern Anweisungen darüber gibt, wie Kunden im Detail anzusprechen sind. Die Festlegung der Freiheitsgrade bezieht sich hier auf die Handlungen selbst. Zum anderen besteht aber auch die Möglichkeit, nur die *Ergebnisse* von Handlungen vorzugeben. Im Beispiel bedeutete das die Vorgabe, einen bestimmten Vertriebserfolg zu erzielen, sich aber nicht darum zu kümmern, wie der einzelne Vertriebsmitarbeiter die geforderte Umsatz- oder Deckungsbeitragssumme bei seinen Kunden realisiert.

Welche der beiden Formen bzw. welche Kombination von diesen gewählt wird, hängt von mehreren Faktoren ab. Hierzu zählen etwa Anforderungen an die Gleichmäßig- und Gleichartigkeit der Leistungserstellung (z. B. von Tätigkeiten im Produktionsprozess, um Qualitätsanforderungen einzuhalten), der Wiederholungsgrad von Handlungen (bei sich häufig wiederholenden Handlungen ist eine Standardisierung sinnvoll), insbesondere aber auch das vorhandene Wissen über die Handlungen: Oftmals ist eine Führungskraft nicht in der Lage, ihren Untergebenen im Detail jede einzelne Handlung vorzugeben; Überblickswissen muss mit Detailwissen »vor Ort« zusammenwirken. Hier ist dann nur noch eine Ergebnisvorgabe möglich.

Von den Formen vertikaler Zusammenarbeit wird in Unternehmen – wie angesprochen – nur in Ausnahmefällen abgewichen, etwa dann, wenn Marktsituationen im Unternehmen simuliert werden sollen (»interne Märkte«). Ein anderer wichtiger Grund resultiert aus hohen Wissensdefiziten: Manchmal liegt noch nicht einmal genug Wissen vor, um die Ergebnisse von Handlungen festzulegen. Dieses ist etwa in Teilen der betrieblichen Forschung und Entwicklung der Fall. Dann müssen Führungs- und Ausführungsprozesse eng miteinander verwoben werden, z. B. indem sich Forscher gegenseitig abstimmen.

Abb. 3-2

Erweiterte Form des Führungszyklus

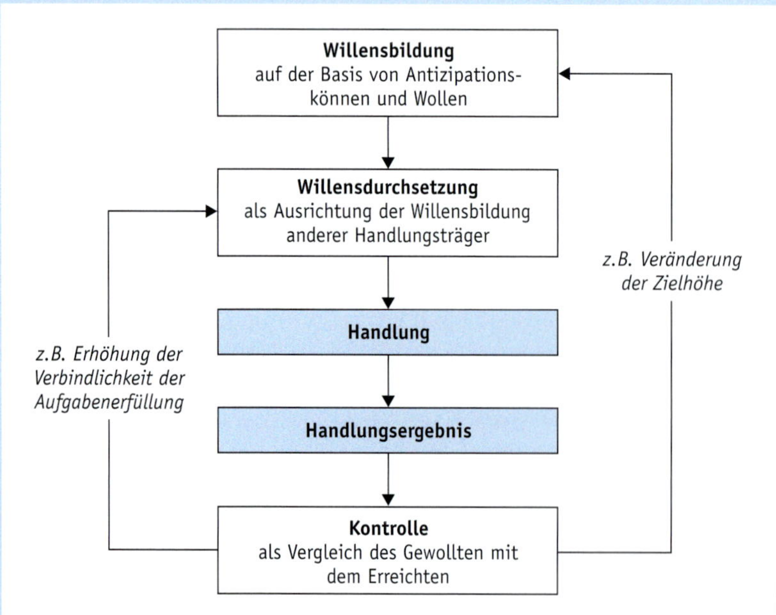

3.1.2.2 Willensdurchsetzung als zusätzliche Führungsaufgabe

Gehen wir im Folgenden von der »normalen« hierarchischen Struktur der Führung aus. Führungskräfte können die Freiheitsgrade anderer Führungs- oder Ausführungskräfte einschränken. Sie bilden sich hierüber ihren Willen und kontrollieren später, ob die angewiesenen Aufgaben auch weisungsgemäß erfüllt wurden. Letzteres wird allerdings nicht immer der Fall sein.

Abweichungen vom Gewollten können dabei aus unterschiedlichen Gründen heraus entstehen. Beginnen wir bei solchen, die in der Person des Geführten liegen. Idealtypisch betrachtet kann sie zum einen nicht das erforderliche Können besitzen oder zum anderen Abweichendes gewollt haben. Könnensprobleme resultieren aus einer generellen Überforderung (»Das konnte Meyer doch beim besten Willen nicht schaffen«) ebenso wie aus einem situativen Verständnisproblem (»Dass es Ihnen wirklich auf alle 25 Stück Material angekommen ist, hat Meyer nicht erwartet«). Wollensprobleme können ebenfalls unterschiedlichste Ausprägungen haben. Die Vermeidung von Arbeitsleid (als Standardannahme innerhalb der Prinzipal-Agenten-Theorie) zählt hierzu ebenso wie eigene Karriereziele oder ein abweichendes Geschäftsverständnis.

Nicht immer muss allerdings der Geführte an der Abweichung zwischen Gewolltem und Erreichtem »schuld sein«. Gründe können auch bei dem Führenden selbst liegen. So mag es sein, dass er Anweisungen missverständlich oder nicht explizit genug gegeben hat oder die Anweisungen objektiv unrealistisch waren (»überzogene« Ziele). Schließlich nimmt auch die wirtschaftliche Umwelt potentiell Einfluss: Ihre Unsicherheit bedeutet, dass nicht alles so kommen muss, wie es nach den Regeln der Führungskunst vorgedacht wurde.

Für das bessere Verstehen von Führung bedeutet dies zum einen, dass für eine Führungsperson zur Willensbildung und zur Kontrolle eine dritte Aktivität hinzukommt, die man als *»Willensdurchsetzung«* bezeichnen kann (vgl. auch die *Abbildung 3-2*). Führung heißt dann auch, aktiv dafür Sorge zu tragen, dass das als Willen Weitergegebene vom Aufgabenträger auch tatsächlich umgesetzt wird. Dies bedeutet z. B., gesonderte Anreize zu setzen, um die Zielvorstellungen zu synchronisieren, oder auch die Durchführung der angewiesenen Aufgaben zu überwachen. Zum anderen gewinnt die Kontrolle eine neue Qualität, weil Abweichungsgründe nun auch in den Menschen zu suchen sind, die die Weisungen konkret umsetzen sollen. Damit wird die Kontrolle inhaltlich anspruchsvoller, weil viele Gründe gleichzeitig wirksam sein und sich zudem gegenseitig beeinflussen können: Sehr ambitionierte Zielvorstellungen etwa können, wenn sie die subjektiv wahrgenommenen Fähigkeiten des angewiesenen Akteurs übersteigen, zunächst zu Frustration, später zu Stress und bei anhaltender Überbeanspruchung zu Resignation führen.

Willensdurchsetzung als eigene Führungshandlung

Zusammenfassende Aussagen (vgl. auch Leitfragen 1 und 2)

- Unter Führung verstehen wir die Einschränkung von Freiheitsgraden für andere Führungs- oder für Ausführungshandlungen.
- Führung erfolgt durch Menschen bewusst, basierend auf kognitiven Fähigkeiten (Perzeption, Prognose und Bewertung) und eigenem Wollen (Nutzenfunktion).
- Im Grundmodell wirken Willensbildung und Kontrolle zusammen. Zwischen diesen beiden steht die Ausführung des Antizipierten.
- Sind mehrere Personen an der Führung und Ausführung beteiligt, kommt als weitere Führungsaufgabe die Willensdurchsetzung hinzu.

3.2 Koordinationsmechanismen als Führungsmuster

Innerhalb der Betriebswirtschaftslehre hat sich insbesondere die Organisationstheorie mit dem Zusammenwirken vieler Aufgabenträger befasst. Dabei spielt *Koordination* als die *Abstimmung zwischen interdependenten, aber durch die Aufgabenteilung organisatorisch getrennten Tatbeständen* eine wichtige Rolle. Hierzu findet sich unter dem Stichwort »Koordinationsmechanismen« eine Ordnungsstruktur, die sehr gut geeignet ist, die Frage, was genau unter Plankoordination zu verstehen ist, zu präzisieren. Die Struktur sei deshalb im ersten Schritt einführend vorgestellt.

3.2.1 Koordinationsmechanismen im Überblick

Die sechs vorzustellenden Koordinationsmechanismen basieren auf einer Strukturierung von Kieser/Walgenbach (2003, S. 108 ff.) und unterscheiden sich dabei in erster Linie in der *Institutionalisierung von Koordinationsmedien* voneinander. Zwei Formen unmittelbarer, persönlicher Koordination stehen drei Mechanismen gegenüber, die unpersönliche Medien nutzen und deshalb als *»technokratisch«* bezeichnet werden. Das jeweils zweite Gliederungselement ist nicht

Welche Koordinationsmechanismen lassen sich unterscheiden?

Abb. 3-3

Koordinationsmechanismen (nach Kieser/Walgenbach 2003, S. 107 ff.)

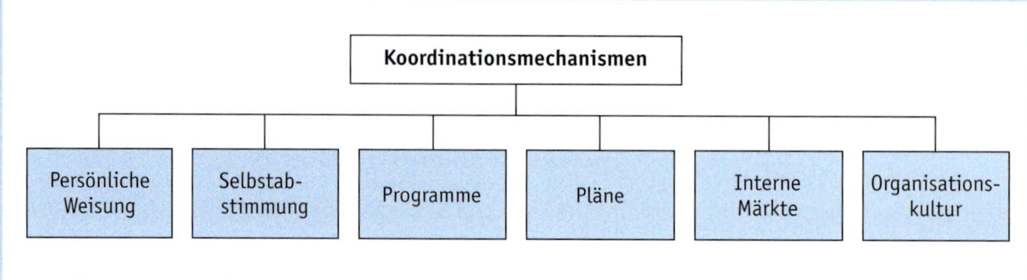

einheitlich gewählt: Im Falle der persönlichen Koordinationsformen prägt es sich als die Richtung des Kommunikationsflusses (vertikal versus horizontal) aus, im Fall der technokratischen Koordinationsformen bezieht es sich auf eine unterschiedlich weitgehende Einschränkung von Freiheitsgraden der Koordinierten. Der verbleibende Koordinationsmechanismus der Organisationskultur beruht schließlich darauf, dass zentrale Normen und Werte verinnerlicht und damit handlungsleitend werden.

Koordination durch persönliche Weisungen

Der erste Typus personenorientierter *Koordination* ist der durch *persönliche Weisungen*. Die Koordinationsaufgabe obliegt hier jeweils der einzelnen Führungskraft; sie hat sie in eigener Verantwortung, ohne Zuhilfenahme fester Vorgaben, zu erfüllen. Die getroffenen Anweisungen können sich dabei sowohl auf den Ausführungsprozess selbst beziehen (z. B. Vorgabe einer bestimmten Maschinenbelegung zu einem bestimmten Zeitpunkt), als auch das mit der Ausführung zu erzielende Handlungsergebnis bestimmen (z. B. Fertigstellung des Werkstattloses bis zum Zeitpunkt t) – diese Differenzierung haben wir bereits zu Beginn des Kapitels kennen gelernt. Die Kontrolle bezieht sich entsprechend auf den Handlungsprozess und/oder das Handlungsergebnis. Koordination durch persönliche Weisungen ist ein sehr flexibler, leicht zu gestaltender Koordinationsmechanismus (vgl. Kieser/Walgenbach 2003, S. 109). Allerdings sind die kognitiven Fähigkeiten jeder Führungskraft nicht unbegrenzt, weshalb es bei zunehmender Komplexität der Führungsaufgabe leicht zu einer Überlastung der Führungsperson (und damit zu einem Effektivitätsverlust der Koordination durch persönliche Weisung) kommen kann (vgl. Kieser/Walgenbach 2003, S. 110). Auch stößt eine Koordination durch persönliche Weisungen eventuell auf Akzeptanzprobleme durch die Geführten (Ablehnung einer »ungeregelten« Führungstätigkeit).

Koordination durch Selbstabstimmung

Die zweite Grundform personenorientierter Koordination betrachtet nicht Einzelne, sondern Gruppen als Träger der Koordination. Bei einer *Koordination durch Selbstabstimmung* wird die Abstimmungsaufgabe durch Gruppenentscheidungen bewältigt, die für die Gruppe verbindlich sind (vgl. Kieser/Walgenbach 2003, S. 111). Objekte der Koordination können sowohl Ausführungsprozesse wie auch Ergebnisse dieser Prozesse sein. Die allgemeinen Vorteile einer Koordination durch Selbstabstimmung liegen in der motivationsfördernden hohen Akzeptanz der getroffenen Entscheidungen und der Möglichkeit, durch das Zusammenwirken Mehrerer die individuellen kognitiven Engpässe abzumildern. Entsprechend findet sich eine Koordination durch Selbstabstimmung insbesondere in Bereichen hoher Wissensdefizite (etwa in der Forschung) – wir sind darauf bereits an früherer Stelle kurz eingegangen. Diesen Vorteilen steht das Problem eines mit steigender Komplexität der Koordinationsaufgabe und Gruppengröße erheblich anwachsenden Aufwands zur Lösungsfindung gegenüber (vgl. Schäffer 1996).

Die erste der drei Formen technokratischer Koordinationsinstrumente, die *Koordination durch Programme*, lässt sich mit dem Begriff »Bürokratie« veranschaulichen. Die Koordinationshandlungen werden vorab in Inhalt und Ablauf festgelegt und im Falle ihrer Notwendigkeit

»programmgemäß« ausgeführt (vgl. Mintzberg 1996, S. 333). Die Kontrolle richtet sich entsprechend auf die Einhaltung der Regeln und ist damit auf den Handlungsprozess bezogen. Voraussetzung für die Anwendbarkeit einer solchen Abstimmungsform sind stabile Umweltzustände; nur dann ist es möglich – und effizient –, die potentiell auftretenden Koordinationsprobleme vorab zu analysieren und Standards für ihre Lösung zu formulieren. Folglich findet eine Koordination durch Programme ihre Grenze in einer zu hohen Dynamik der Führungsaufgabe. Zudem »passt« sie nur noch sehr beschränkt auf das heutige Selbstverständnis vieler Führungskräfte (»Unternehmer im Unternehmen«).

Koordination durch Programme

Als zweiter technokratischer Koordinationsmechanismus ist die uns in diesem Kapitel speziell interessierende *Koordination durch Pläne* zu nennen. Pläne binden die Ausführenden durch die verbindliche Vorgabe von Zielen für die Aufgabenerfüllung; hierauf sind auch die Kontrollen bezogen. Der Erfüllungsprozess selbst wird dagegen – anders als bei einer Koordination durch Programme – nicht reglementiert und kontrolliert (vgl. Kieser/Walgenbach 2003, S. 119). Die Pläne erstrecken sich – als weiterer Unterschied zu einer Programmkoordination – stets auf einen festgelegten Zeitabschnitt; die Programmregeln gelten dagegen permanent bzw. bis zum Zeitpunkt ihrer Revision. Auf Grund der verbliebenen Freiheitsgrade ist eine Koordination durch Pläne stets durch andere Koordinationsformen auszufüllen. So trifft man in Großunternehmen häufig auf Bereichs- oder Werkleiter, die ganz ähnlich führen wie mittelständische Unternehmer. Pläne geben dann nur den Rahmen vor. Pläne fordern schließlich wie Programme eine analytische Durchdringung der Koordinationsaufgabe, sind aber durch ihre zeitlich jeweils begrenzte Gültigkeitsdauer weit flexibler an Änderungen der Unternehmensumwelt anzupassen.

Koordination durch Pläne

Als dritte Form ist schließlich die *Koordination durch organisationsinterne Märkte* zu nennen. Hier wird die Abstimmungsaufgabe durch unabhängige Entscheidungen einzelner Führungskräfte und die »unsichtbare Hand« des (internen) Marktes bewältigt. Auch wenn Angebot und Nachfrage durch organisationsinterne Märkte effizient zum Ausgleich gebracht werden, müssen – anders als bei den bislang genannten Mechanismen – Marktteilnehmer nicht die gleichen Ziele bezüglich der gehandelten Produkte oder Dienstleistungen verfolgen. Daher kommt der Koordination durch organisationsinterne Märkte in Form von Verrechnungspreisen eine große Bedeutung in vielen dezentral aufgestellten Großunternehmen zu (vgl. ausführlich Kapitel 8).

Koordination durch interne Märkte

Der verbleibende *Koordinationsmechanismus der Organisationskultur* geht von einer Grundannahme aus: »In dem Maße, in dem die Mitglieder einer Organisation übereinstimmende Werte und Normen ›verinnerlicht‹ haben – sich mit ihnen identifizieren –, können sie ihre Aktivitäten auch ohne Vorgaben aufeinander abstimmen« (Kieser/Walgenbach 2003, S. 129). Die gemeinsamen Überzeugungen wirken dann koordinierend. Allerdings ist zu beachten, dass eine Organisationskultur nicht »bis Montag befohlen werden kann«, sondern über die Zeit kultiviert und entwickelt werden muss. Zudem kann eine starke Kultur die Flexibilität und die Anpassungsfähigkeit von Unternehmen beinträchtigen. Auch diesem Koordinationsmechanismus sind also Grenzen gesetzt.

Koordination durch Organisationskultur

3.2.2 Identifikation der Koordination durch Pläne als Führen durch Ziele

Betrachtet man die beschriebenen Koordinationsmechanismen im Überblick, dann ist unschwer zu erkennen, dass die Koordination durch Pläne mit der in der Praxis vielfach thematisierten Führung durch Ziele (»Management by Objectives«) gleichzusetzen ist: Pläne sind ein formelles Instrument zur Formulierung und Kommunikation von Zielen. Führen über Ziele bedeutet ebenso wie Koordination durch Pläne, die einem Unternehmen von ihrem(n) Eigner(n) und anderen Anspruchsgruppen gesetzten Ziele so über die verschiedenen Hierarchieebenen auf alle Organisationsbereiche herunter zu brechen, dass jede dezentrale Einheit zu ihrer Erreichung beiträgt. Ziele engen die Freiheitsgrade der Führungskräfte sukzessiv ein, vom Vorstand beginnend bis zum Meister »vor Ort« in der Produktion. Ziele lassen gleichzeitig Handlungsspielraum, den die einzelnen Führungskräfte mit eigenem Wissen und in eigener Verantwortung ausfüllen müssen. Ziele leisten damit nur »einen

Grundstock« der Koordination, der umso geringer ausfällt, je weiter die Ziele gesteckt werden. Die Vorgabe allein finanzieller Ziele schafft so weit mehr Handlungsspielräume als das gleichzeitige Setzen von finanziellen und nicht finanziellen Zielen, wenn etwa einem Geschäftsbereichsleiter neben einer zu erzielenden Rendite auch Vorgaben über die zu erreichenden Marktanteile seiner Produkte gemacht werden. »Führen durch Ziele« ist damit ein Konzept, das sehr unterschiedlich ausgestaltet werden kann. Es ermöglicht ein weitgehendes Einbringen dezentralen Führungswissens und dezentralen Unternehmertums, kann aber auch sehr hierarchisch, top-down-geprägt ausgestaltet werden.

Führung durch Ziele kann sehr unterschiedlich ausgestaltet werden.

Wie im letzten Abschnitt bereits angesprochen, wird eine Koordination durch Pläne nie der einzige Koordinationsmechanismus im Unternehmen sein. Die Führungsrealität ist vielmehr durch ein *Nebeneinander aller unterschiedenen Koordinationsmechanismen* gekennzeichnet:

Stets werden mehrere Koordinationsmechanismen miteinander verbunden eingesetzt.

- *Programmkoordination*
  Hier sind zum einen die Regelungen anzusprechen, die aus rechtlichen Bestimmungen resultieren. Unternehmen sind von einem – engen – Netz von Prozessanforderungen überzogen, von Umweltschutzauflagen bis hin zu Rechnungslegungsvorschriften. Daneben geben sich Unternehmen aber auch intern diverse Regeln vor. So darf etwa ein Kostenstellenleiter nicht eigenständig Investitionen beauftragen oder ein Bereichsleiter nach eigenem Gutdünken Personal einstellen oder freisetzen.
- *Koordination durch Selbstabstimmung*
  Wie bereits angesprochen, verhindern hohe Wissensdefizite eine konkrete, klare Ziel- oder Prozessvorgabe. Ein strategisches Ziel kann damit häufig nur eine grobe Richtung vorgeben, deren Präzisierung intensiver Diskussion vieler Führungskräfte bedarf.
- *Persönliche Weisungen*
  Hier sehen wir den Koordinationsmechanismus vor uns, der Pläne im Regelfall stark ergänzt. Durch Ziele gelassene Freiheitsgrade werden durch Entscheidungen einzelner Führungskräfte und deren Durchsetzung ausge-

Im Original

Auszüge aus dem Buch »The Practice of Management« von Peter F. Drucker, in dem er die Idee des »Management by Objectives« erstmals umreißt:

»Any business enterprise must build a true team and weld individual efforts into a common effort. Each member of the enterprise contributes something different, but they must all contribute toward a common goal. Their efforts must all pull in the same direction, and their contributions must fit together to produce a whole – without gaps, without friction, without unnecessary duplication effort. …

Each manager, from the ›big boss‹ down to the production foreman or the chief clerk, needs clearly spelled-out objectives. These objectives should lay out what performance the man's own managerial unit is supposed to produce. They should lay out what contribution he and his unit are expected to make to help other units obtain their objectives. Finally, they should spell out what contribution the manager can expect from other units toward the attainment of his own objectives. Right from the start, in other words, emphasis should be on teamwork and team results.

These objectives should always derive from the goals of the business enterprise. In one company, I have found it practicable and effective to provide even a foreman with a detailed statement of not only his own objectives but those of the company and of the manufacturing department. Even though the company is so large as to make the distance between the individual foreman's production and the company's total output all but astronomical, the result has been a significant increase in production. Indeed, this must follow if we mean it when we say that the foreman is ›part of management‹. For it is the definition of a manager that in what he does he takes responsibility for the whole – that, in cutting stone – he ›builds the cathedral‹« (Drucker 1954, S. 121; 126 f.).

füllt. Die Enge der Ziele bestimmt das Verhältnis beider Koordinationsmechanismen.

- *Organisationsinterne Märkte*
  Dieser Koordinationsmechanismus kann eine planbasierte Koordination immer dann sinnvoll ergänzen, wenn Wissensdefizite eine konkrete, klare Ziel- oder Prozessvorgabe verhindern und die motivierende Kraft dezentralen Unternehmertums genutzt werden soll.

- *Organisationskultur*
  Auch dieser Koordinationsmechanismus ergänzt Pläne. Zum einen bilden Bestandteile der Kultur – wie etwa Unternehmensleitbilder – einen wichtigen Ausgangspunkt der strategischen Planung, zum anderen setzt die handlungsleitende Wirkung der Organisationskultur idealerweise immer da ein, wo die Planung dezentrale Freiheitsräume lässt und schafft. Das heißt aber auch: setzt ein Unternehmen in einem hohem Maße auf den Koordinationsmechanismus Organisationskultur, muss sie die Detaillierung und Intensität der Plankoordination begrenzen und ausreichende Freiräume schaffen. Darauf werden wir bei der Diskussion des Beyond Budgeting-Konzepts noch zurückkommen.

Damit ist der Führungskontext, der – wie wir in den ersten beiden Kapiteln gesehen haben – für die Arbeit der Controller und die Funktion des Controllings bestimmend ist, hinreichend eingeordnet. Bereits an dieser Stelle unserer Argumentation ist deutlich geworden, dass sich die Koordination durch Pläne bzw. das Führen durch Ziele nicht isoliert festlegen lässt. Vielmehr muss das Zusammenwirken der einzelnen Koordinationsmechanismen für den jeweiligen Kontext und die jeweilige Situation von Unternehmen oder Geschäftsbereich »stimmig« gestaltet werden.

Zusammenfassende Aussagen (vgl. auch Leitfragen 3, 4 und 5)

- Die Organisationstheorie typisiert unterschiedliche Koordinationsformen. Eine gängige Differenzierung nennt persönliche Weisungen, Selbstabstimmung, Programme, Pläne, organisationsinterne Märkte und Organisationskultur als sechs Grundtypen.
- Koordination durch Pläne und Führung durch Ziele charakterisieren den Kontext, an den Controlling in der Praxis gebunden ist.
- Koordination durch Pläne bedeutet nicht, dass keine anderen Koordinationsmechanismen angewendet werden. Die durch die Ziele gelassenen Freiheitsgrade werden in den Unternehmen typischerweise überwiegend durch persönliche Weisungen festgelegt. Dieses Verhältnis bestimmt die Arbeit der Controller.

3.3 Ziele und Zielbildung

Ziele spielen bei der Koordination durch Pläne eine zentrale Rolle. Sie sind (1) Ausdruck des Willens der Eigner (bzw. der Erwartungen des Kapitalmarkts), (2) Mittel zur Durchsetzung dieses Willens auf den unterschiedlichen Ebenen der Unternehmenshierarchie, (3) Instrument zur Koordination der großen Zahl dezentral agierender Führungskräfte sowie (4) Basis für organisationale Lernprozesse via Zielerreichungsmessung und -kontrolle. Wenn Ziele falsch gesetzt werden, dann wird mit hoher Wahrscheinlichkeit die Wettbewerbsfähigkeit des Unternehmens leiden. Ziele sind damit der zentrale Stellhebel für die Effizienz und Effektivität der Führung und müssen im Zentrum der Aufmerksamkeit der Controller stehen. Wir werden im Folgenden einige Gestaltungsfragen näher betrachten, die von grundsätzlicher Natur sind und damit in einem einführenden Kapitel ihren rechten Platz finden.

3.3.1 Auswahl der Zielgrößen

Wie können die richtigen Ziele, wie diese richtig festgelegt werden?

Eine der ersten Lektionen, die ein(e) Student(in) der Betriebswirtschaftslehre lernt, ist das Konzept der Gewinnmaximierung als oberstes Ziel unternehmerischer Tätigkeit. Allerdings erweist sich die Praxis als etwas bunter. Unternehmen verfolgen eine große Zahl von Zielen gleichzeitig. Dies resultiert zum einen aus der Tatsache, dass – dem Stakeholder-Ansatz folgend – ein Unternehmen unterschiedlichen Anspruchsgruppen (u. a. Arbeitnehmern, Anlegern etc.) gleichzeitig dienen muss. Zum anderen ist ein rein finanzielles Ziel häufig deshalb nicht ausreichend, weil es sich für spezielle Führungsfragestellungen zu wenig konkretisieren und operationalisieren lässt. Ob bei knappen Produktionskapazitäten erst der Auftrag des Kunden A oder der des Kunden B gefertigt werden sollte, lässt sich meist nicht durch eine monetäre Rechnung bestimmen. Die finanziellen Wirkungen sind zu unbestimmt. Eine Differenzierung von Wettbewerbern – um ein weiteres Beispiel zu nennen – mag zwar für die Sicherung der Marktposition unabdingbar sein, lässt sich aber nur sehr schwierig »in Euro und Cent« ausdrücken.

Finanzielle Ziele reichen zur Führung regelmäßig nicht aus …

Gewinn als periodenbezogene Erfolgsgröße ist zudem in der praktischen Anwendung stark vergangenheitsorientiert; insbesondere zur strategischen Positionierung eines Unternehmens erweist es sich deshalb als notwendig, die Aufmerksamkeit auf so genannte »Vorsteuerungsgrößen« des Gewinns zu lenken. Die Ergebnisse einer empirischen Studie mögen dies verdeutlichen (vgl. Dehler 2001). Analysiert wurde die Erfolgswirkung der Logistik. Professionelle Logistik hilft zum einen, ein niedriges Logistikkostenniveau zu erreichen. Zum anderen schafft sie die Möglichkeit, schneller, präziser und flexibler Kundenwünsche hinsichtlich der Versorgungssicherheit bezogener Leistungen zu befriedigen (z. B. 24-Stunden-Lieferung, Vermeidung von Fehlmengen). Bei der Analyse der Erfolgswirkung ergab sich der wenig überraschende Effekt, dass niedrige Kosten eine Steigerung der Unternehmensrendite bewirken. Allerdings entfiel der weitaus größere Teil der Erfolgswirkung auf die Seite höherer Leistungsfähigkeit. Diese beeinflusste die Anpassungsfähigkeit des Unternehmens auf Veränderungen in den Märkten, diese wiederum den Markterfolg (z. B. den relativen Marktanteil) und der Markterfolg schließlich die Rendite. Niedrigere Kosten hatten sowohl auf die Anpassungsfähigkeit als auch auf den Markterfolg keinen Einfluss.

Richten Manager und/oder Controller die Pläne somit allein an monetären Größen aus, besteht die große Gefahr, die »wirklich wichtigen« Hebel zu vernachlässigen: »What gets measured, gets done«. Wir stoßen an dieser Stelle auf einen Aspekt, der uns noch mehrfach in diesem Buch begegnen wird, etwa bei der Kommentierung der Plankostenrechnung oder der Diskussion von Leistungsmessung (beides im 6. Kapitel). Eine Beschränkung der Planung auf monetäre Größen wird zunehmend als nicht mehr auf die heutige, durch sehr hohe Dynamik gekennzeichnete Zeit passend erkannt. Andere Zielgrößen müssen an die Seite monetärer Ziele treten – mit der Balanced Scorecard werden wir im 7. Kapitel ein entsprechendes Instrument kennen lernen.

… zu viele parallele Ziele dürfen es aber auch nicht sein.

Allerdings zeigen psychologische Studien, dass die Zahl nebeneinander verfolgbarer Ziele sehr eng nach oben begrenzt ist: So findet sich in der Literatur häufig der Hinweis, dass ein »normaler Mensch« nicht mehr als fünf bis sieben Ziele gleichzeitig gegeneinander abzuwägen vermag (vgl. schon früh Miller 1956). Insofern stellt sich Controllern nicht nur die Frage, welche Ziele für eine Steuerung des Unternehmens sinnvoll sind, sondern auch wie viele. Begrenzung tut ebenso Not wie eine kritische Überprüfung dahingehend, ob Zielgrößen im Zeitablauf nicht ausgetauscht werden müssen, um eine Vernachlässigung anderer, bisher nicht abgebildeter Aspekte zu verhindern.

3.3.2 Bestimmung der Zielausprägung

Losgelöst von der Frage, auf welche Ziele die Planung ausgerichtet ist, gilt es zu entscheiden, auf welcher Basis die Höhe der Ziele formuliert werden sollte. Hier lassen sich idealtypisch (zumindest) folgende vier Alternativen unterscheiden:

Vergangenheitswerte

Vergangenheitswerte werden gerne und häufig zur Zielbildung herangezogen (»Aufbauen auf Erfahrung«).

Der nahe liegendste – und am wenigsten aufwändige – Ansatz, Ziele abzuleiten, besteht darin, auf das Vergangene zu schauen. Hat man im abgelaufenen Jahr ein bestimmtes Kostenniveau nicht überschritten, spricht einiges dafür, dies auch im laufenden Jahr wieder zu schaffen. Denkt man an die Kosten einer Buchhaltungsstelle oder das Reisekostenbudget einer Werkleitung, so wird die Plausibilität eines solchen Vorgehens deutlich. Werden Ziele generell aus Vergangenheitswerten abgeleitet, ist zudem ein funktionsfähiges Zusammenwirken aller Stellen im Unternehmen zu erwarten (Koordinationsaspekt). Allerdings lassen sich auch zumindest zwei signifikante Einwände erheben:

- In turbulenten Zeiten hat die Vergangenheit kaum prognostische Güte für die Zukunft. Der Gewinn der Vorperiode kann sich bei Wettbewerbs- oder Konjunkturveränderungen schnell in einen Verlust wandeln.
- Die Tatsache, dass ein Zielwert in der Vergangenheit realisiert wurde, macht noch keine Aussage darüber, ob die Zielhöhe angemessen war und/oder ist. Unter Umständen wird Schlendrian fortgeschrieben. Die angesprochenen Kosten der Buchhaltungsstelle könnten z. B. gänzlich überhöht sein. Die zielsetzende Instanz besitzt in der Regel nicht das Wissen, eine solche Einschätzung vornehmen zu können. Wenn überhaupt, liegt dieses Wissen bei dem, der die Ziele erreichen muss: Aus der Sicht der Verhaltenssteuerung befindet er sich in einer komfortablen Situation!

Mangelnde Aktualität und Anreizprobleme führen dazu, dass im heutigen Wettbewerbsumfeld Vergangenheitswerte als Zielvorgaben nur in Ausnahmefällen geeignet sind. Greift man – etwa zur Vermeidung von Kosten des Zielsetzungsprozesses – dennoch auf sie zurück, ist es Aufgabe des Controllers, sehr kritisch das Effizienz- bzw. Effektivitätsniveau zu hinterfragen und damit zumindest einen Teil des Verhaltenssteuerungsproblems zu lösen.

Prognosewerte

Das erste der beiden Probleme einer vergangenheitsbezogenen Zielvorgabe lässt sich dann deutlich reduzieren, wenn die Ziele auf expliziten Prognosen basieren. Eine typische Form dieser Herleitung werden wir im 6. Kapitel des Buches bei der Diskussion der Plankostenrechnung kennen lernen (Abschnitt 6.2.2.2.2). Grundlage sind dort Produktions- und Kostenfunktionen, die eine Planung in Abhängigkeit der Variablen »Beschäftigung« zulassen, die wiederum aus anderen Planungen (insbesondere der Absatzplanung) gespeist wird. Liegt eine sorgfältig ermittelte Prognosebasis vor – baut die Kostenfunktion etwa auf detaillierten, ingenieurmäßigen Analysen der erreichbaren Faktorverbrauchsmengen auf –, so versprechen die Prognosewerte eine hohe Güte. Wird auf funktionale Zusammenhänge zurückgegriffen, die auch der Planung des Vorjahres zu Grunde lagen, so bietet ein solches Vorgehen zugleich eine relativ hohe Gewähr dafür, dass die unterschiedlichen Teilplanungen erneut »zusammenpassen«.

Vergangenheitswerte sind in den heutigen turbulenten Zeiten häufig problematisch.

Beiden Vorteilen stehen zunächst die Kosten für die Prognose entgegen. Die Einführung einer Plankostenrechnung – um bei diesem Beispiel zu bleiben – ist teuer. Hohe Kosten fallen auch dafür an, die zu Grunde liegenden Prognosefunktionen ständig zu aktualisieren. Unterbleibt diese Anpassung, reduziert sich die Prognosegüte. Zugleich täuschen die Prognosewerte dann Effizienz und Effektivität nur vor und be- bzw. verhindern damit notwendige Verbesserungen. In vielen Unternehmen sollten derzeit die Controller so die Güte »ihrer« Plankostenrechnungssysteme einmal kritisch hinterfragen – es wird sich zumeist lohnen!

Aus der Sicht der Anreizgestaltung schließlich sind Prognosewerte dann geeignet, wenn die Ziele setzende Instanz genügend Wissen über die Prognosefunktionen besitzt. Für die Plankostenrechnung etwa war dies häufig dadurch gegeben, dass Berater die Sollkostenfunktionen im Auftrag der und für die Instanz ermittelten. Besitzt nur der Zielempfänger das notwendige Prognosewissen, sind Rationalitätsdefekte sehr wahrscheinlich. Die Instanz hat dann kaum Möglichkeiten, gegen die »professionelle« Prognosebasis zu argumentieren. Auch Controller sind hier weitgehend »machtlos«.

Valide Prognosewerte setzen ein hohes Wissen der Instanz voraus.

Die Zielhöhe auf Prognosen aufzubauen, ist ein in der Unternehmenspraxis sehr häufig gewähltes Vorgehen. Die Planung fällt entsprechend komplex und detailliert aus. Controller finden hier – wie im 1. Kapitel einführend beschrieben – ein umfangreiches Aufgabenfeld vor. Aktuell werden jedoch Grenzen dieses Vorgehens sichtbar: Der Grad interner (z. B. Technologiewechsel) und externer Veränderung (z. B. Turbulenzen im Wettbewerb) hat in vielen Fällen ein derartiges Ausmaß erreicht, dass sich komplexe Prognosesysteme als zu schwerfällig und in ihrer Anpassung als zu aufwändig erweisen. Dies leitet zu den beiden folgenden Möglichkeiten der Zielhöhenfestlegung über.

Auch Prognosewerte besitzen Schwächen und haben Nebenwirkungen.

Externe Vergleichswerte bedeuten ein Lernen von Anderen.

Benchmarks sind in der Praxis weit verbreitet.

Benchmarks machen deutlich, wie hoch im Wettbewerb »die Latte hängt«.

Vergleichswerte (Benchmarks)

Die beiden bisher diskutierten Möglichkeiten zur Zielableitung nahmen eine Binnenperspektive ein: Sowohl die Fortschreibung von Vergangenheitswerten als auch die Ableitung von Zielen aus Prognosefunktionen beziehen sich auf den internen Status quo. Außeninformationen werden nur zur Festlegung von Parametern (z. B. Faktorpreisen) oder Variablen (z. B. geplante Absatzmengen) einbezogen. Ein solches Vorgehen kann dazu führen, gegenüber Entwicklungen im Umfeld »blind« zu werden. So waren Unternehmen in der Vergangenheit häufig stolz darauf, von Jahr zu Jahr Produktivitätsverbesserungen im Bereich niedriger Prozentsätze zu erreichen, während im Zuge der Globalisierung Wettbewerber mit um Größenordnungen höherer Effizienz auftraten. Den Blick nach innen zu richten, setzt streng genommen voraus, dass ein Lernen von außen nicht notwendig ist. Die mangelnde Bereitschaft, aus den Erfahrungen anderer systematisch zu lernen, zeigt sich am altbekannten Instrument der Betriebsvergleiche (vgl. beispielsweise schon Schnettler 1951). Obwohl grundsätzlich gut geeignet, Erfahrungen anderer zu erkennen, arteten sie jedoch in ihrer Anwendung zumeist darin aus, die erkannten Unterschiede zu begründen, anstatt aus den Unterschieden zu lernen.

In den letzten Jahren ist hier ein deutlicher Bewusstseinswandel eingetreten, der sich um das Instrument des so genannten Benchmarking rankt. Wie wir an späterer Stelle dieses Buches (Abschnitt 12.4.4) noch näher sehen werden, versuchen Unternehmen zunehmend, Erfahrungen anderer zur eigenen Zielfestlegung heranzuziehen. Diese können u. a. aus derselben Branche (»best in class«) oder aus Unternehmen stammen, die bestimmte Teilfunktionen besonders gut durchführen (z. B. Rechnungsschreibung in einem Telekommunikationsunternehmen als Vorbild für die Fakturierung eines Industriebetriebs). Alle Märkte sind als Informationslieferant potentiell sinnvoll; auch der Kapitalmarkt zählt dazu.

Benchmarks machen deutlich, wie hoch im Wettbewerb »die Latte hängt«. Dieses Niveau ebenfalls zu erreichen, sichert (oder schafft erst) Wettbewerbsfähigkeit. Insofern kommt Benchmarks als Zielhöhe eine hohe Plausibilität zu. Darüber hinaus steigert der Verweis darauf, dass andere die Zielhöhe erreicht haben, die Durchsetzbarkeit der Ziele. Schließlich verspricht die Überwindung der ausschließlichen Binnenperspektive per se einen wesentlichen Nutzen. Sie erlaubt eine neue, zusätzliche Perspektive auch für Bereiche, die ansonsten keinen Marktkontakt besitzen.

Probleme entstehen dadurch, dass eine unmittelbare inhaltliche und zeitliche Vergleichbarkeit mit anderen Unternehmen zumeist nur eingeschränkt möglich ist, bzw. Benchmarks somit erst inhaltlich wie zeitlich vergleichbar gemacht werden müssen. Die inhaltliche Vergleichbarkeit ist dann gegeben, wenn die zum Vergleich herangezogenen Benchmarks (vgl. Weber/Linder/Hirsch 2004, S. 69)

- sich auf den gleichen Betrachtungsgegenstand beziehen,
- in der gleichen Verdichtung (etwa auf den relevanten Markt oder das Kundensegment bezogen) vorliegen,
- die gleiche Genauigkeit aufweisen und
- der Kontext keine einseitigen (für den Benchmark bzw. Konkurrenten spezifische) Sondereinflüsse (etwa Wettbewerbsvorteile aufgrund von Marktmacht, Lobbyarbeit der Konkurrenz, spezifische Risiken durch bestimmte Investorenwünsche, spezifisches Sozialsystem etc.) auf die Referenzwerte ausübt.

Unter der zeitlichen Vergleichbarkeit wiederum ist die Entsprechung sowohl der Erhebungszeiträume als auch der Erhebungszeitpunkte zu verstehen. Diese Vergleichbarkeit inhaltlicher wie zeitlicher Natur herzustellen, ist nicht selten mit erheblichen Kosten verbunden. Sowohl die systematische Generierung der Benchmarks als auch die Sicherstellung der Vergleichbarkeit der Werte stellen wesentliche Betätigungsfelder von Controllern dar.

Normativ festgelegte Zielhöhe

Die letzte angesprochene Alternative der Zielfestlegung besteht darin, Zielhöhen normativ zu setzen. Dieses Vorgehen ist zum einen dann sinnvoll, wenn die anderen drei Alternativen versagen: So bestand für Unternehmen der »New Economy« weder ein Vorbild in der Vergangenheit oder in anderen Märkten, noch lag eine hinreichende Prognosemöglichkeit vor. Wer Geld von Investoren wollte, musste deshalb weitgehend normativ festlegen, wo das Unternehmen in der Zukunft stehen sollte. Wie problematisch ein solches »Aus-der-Luft-Greifen« ist, hat die erste Entwicklungswelle von Internet-Firmen eindrucksvoll gezeigt.

Wann sind normative Ziele sinnvoll?

Normativ gesetzte Ziele haben zum anderen dann Berechtigung, wenn sie im Sinne von Visionen Mitarbeiter zu besonderen Anstrengungen motivieren sollen. Ein bekanntes Beispiel ist das Ziel Kennedys, Amerikaner vor den Russen den Mond betreten zu lassen. Der Erfolg eines solchen Vorgehens ist einerseits an die Überzeugungskraft der Instanz, andererseits an die grundsätzliche Erreichbarkeit des Ziels geknüpft. Visionen können allerdings leicht scheitern, Visionäre sich als Scharlatane herausstellen. Controller sollten deshalb normativ gesetzten Zielen stets kritisch gegenüberstehen; Rationalitätsdefizite sind hier (sehr) wahrscheinlich.

Unternehmen beschränken sich zumeist nicht auf einen einzigen Weg, Ziele festzulegen.

Betrachtet man die Führungspraxis in den Unternehmen, so trifft man zumeist auf eine Kombination dieser unterschiedlichen Ansätze – wir werden darauf im 11. Kapitel noch zurückkommen, wenn es um die Gestaltung der operativen Planung geht. Bei aller Vorsicht pauschalen Aussagen gegenüber ist aktuell ein Trend weg von Prognosegrößen hin zu Benchmarks zu erkennen. Hiermit reagieren die Unternehmen auf die stark gestiegene Wirtschaftsdynamik.

3.3.3 Zielbeziehungen

Ziele können nicht nur komplementär wirken, sondern konkurrieren häufig miteinander.

Ziele lassen sich in aller Regel nicht unabhängig voneinander setzen. Zwischen Zielen auf derselben Ebene und solchen anderer Ebenen bestehen – vom Grenzfall der Neutralität abgesehen – wechselseitige Beziehungen. Ziele können sich gegenseitig behindern (konkurrierende Situation) oder gegenseitig fördern, also komplementär sein. Auf der Ebene des Gesamtunternehmens ist als Beispiel für einen geradezu »klassischen« Konflikt das schon angesprochene Verhältnis zwischen Gewinn- bzw. Wertmaximierung auf der einen Seite und der möglichst geringen Belastung der Umwelt auf der anderen Seite zu nennen. Nur zum Teil wird die Erfüllung umweltpolitischer Ziele auch direkt vom Markt honoriert (etwa durch eine Kaufpräferenz für die umweltfreundlich hergestellten Produkte). Beispiel für komplementäre Ziele ist die Erhöhung der Produktqualität, die sowohl die Kundenzufriedenheit steigert, als auch die Kosten für Gewährleistungen reduziert.

Die Verbundenheit von Zielen kann unterschiedliche Ursachen haben.

Die Verbundenheiten von Zielen wird unter diversen Schlagworten (z. B. Verbundeffekte, Synergien, Kuppelproduktion oder Verbundwirtschaft) in der Literatur diskutiert. In einem ersten Schritt lässt sich diese Verbundenheit betrieblicher Ziele (und damit Prozesse) auf drei zentrale Ursachengruppen zurückführen: Beschaffungsverbunde, Produktionsverbunde und Absatzverbunde (vgl. Weber 1996a, Sp. 2144 f.).

Beschaffungsverbunde können sich beispielsweise darin äußern, dass die Einkaufspreise für zwei Produkte P_A und P_B miteinander zusammenhängen. So kann oft beim Einkauf zweier Produkte von einem Zulieferer oder Produzenten ein größerer Gesamtrabatt eingefordert werden (Stichwort: Einkaufsmacht), als wenn die Produkte von verschiedenen Lieferanten erworben werden (und damit bei jedem Lieferanten mit einem kleineren und damit für ihn wirtschaftlich weniger bedeutenden Volumen).

Produktionsverbunde wiederum resultieren aus Prozessinterdependenzen bzw. -restriktionen. Betrachten wir hierzu die beiden Erzeugnisse »Butterkeks« und »Kokosmakronen«. Für die Butterkeksherstellung wird viel Eigelb benötigt, jedoch kein Eiweiß, während für die Kokosmakronen genau dieses Eiweiß gebraucht wird. Damit sind beide wirtschaftlich verbunden: Eine einseitige Erhöhung der Butterkeks-Produktion ist (sofern das überschüssige Eiweiß nicht vernichtet werden soll) nur in Verbindung mit einer Steigerung der Kokosmakronen-Herstellungsmenge möglich. Ferner bestehen – um im Beispiel zu bleiben – Produktionsverbunde zwischen den Produkten hinsichtlich der Nutzung der Backstraße. Diese besitzt eine bestimmte maximale Leistung (Restriktion), so dass die Mehrproduktion einer Sorte Plätzchen ohne Neuinvestition nur bei gleichzeitiger Reduktion der Produktionsvolumina der anderen Kekssorten möglich ist.

Absatzverbunde können auf Seite der Konsumenten wie der Verkäufer existieren (wir werden darauf im 6. Kapitel – Abschnitt 6.3 – noch näher eingehen). Ein sehr bekannter Absatzverbund ist das so genannte »Lockvogel-Angebot« (z. B. ein Tintenstrahldrucker), das für sich allein einen Verlust (oder bestenfalls keinen Gewinn) einbringt, aber Voraussetzung dafür ist, dass ein anderes, (hoch) profitables Produkt des Unternehmens (die Druckerpatronen) am Markt abgesetzt werden kann. Werden solche absatzwirtschaftlichen Verbundbeziehungen bei der Festlegung von Ergebniszielen nicht berücksichtigt, ist eine solche Absatzstrategie nicht möglich.

Je stärker ausgeprägt derartige Verbundbeziehungen vorliegen, desto weniger können Ziele unabhängig voneinander festgelegt werden, da es sonst zu (aus Gesamtunternehmenssicht) suboptimalen Lösungen kommt. In der Organisationstheorie wird dieser Zusammenhang intensiv im Rahmen der Diskussion der Vor- und Nachteile der Dezentralisierung von Entscheidungen erörtert. Controller beschäftigt er in vielfältigem Zusammenhang. Dies beginnt in Konzernen mit der Festlegung der grundsätzlichen Steuerungslogik (Stammhauskonzern, Managementholding, Finanzholding) und reicht über die Ausgestaltung der Budgetierung bis zur Festlegung von Verrechnungspreisen für zwischen einzelnen Unternehmensbereichen ausgetauschten Produkten und Dienstleistungen.

3.3.4 Motivationswirkungen von Zielen

Goal Setting Theory nach Locke/Latham

Für die Ausgestaltung der Führung durch Ziele ist es schließlich auch noch bedeutsam, welche Verhaltenswirkungen Menschen Zielen gegenüber an den Tag legen. Dieser Aspekt ist insbesondere für die Willensdurchsetzung essentiell. Mit ihm beschäftigen sich verhaltensorientierte Forscher schon sehr lange und zudem sehr facettenreich. Einer Einführung entsprechend wollen wir uns auf nur einen – allerdings sehr häufig herangezogenen – Ansatz beziehen, die Theorie der Zielsetzung (Goal Setting Theory) von Locke/Latham 1990. Diese geht auf Untersu-

Im Original

Auszüge aus dem frühen Beitrag »Goal Setting – A Motivational Technique That Works« von Edwin Locke und Gary Latham:

»The problem of how to motivate employees has puzzled and frustrated managers for generations. One reason the problem has seemed difficult, if not mysterious, is that motivation ultimately comes from within the individual and therefore cannot be observed directly. Moreover, most managers are not in a position to change an employee's basic personality structure. The best they can do is try to use incentives to direct the energies of their employees toward organizational objectives.

Money is obviously the primary incentive, since without it few if any employees would come to work. But money alone is not always enough to motivate high performance. Other incentives, such as participation in decision making, job enrichment, behaviour modification, and organization development, have been tried with varying degrees of success. A large number of research studies have shown, however, that one very straight forward technique – goal setting – is probably not only more effective than alternative methods, but may be the major mechanism by which these other incentives affect motivation. For example, a recent experiment on job enrichment demonstrated that unless employees in enriched jobs set higher, more specific goals than do those with unenriched jobs, job enrichment has absolutely no effect on productivity. Even money has been found most effective as a motivator when the bonuses offered are made contingent on attaining specific objectives.

...

We believe that goal setting is a simple, straightforward, and highly effective technique for motivating employee performance. ... However, goal setting is no panacea. It will not compensate for underpayment of employees or for poor management. Used incorrectly, goal setting may cause rather than solve problems. If, for example, the goals are set unfair, arbitrary, or unreachable, dissatisfaction and poor performance may result. If difficult goals are set without proper quality controls, quantity may be achieved at the expense of quality. If pressure for immediate results is exerted without regard to how they are attained, short-term improvement may occur at the expense of long-run profits. That is, such pressure often triggers the use of expedient and ultimately costly methods – such as dishonesty, high-pressure tactics, postponing of maintenance expenses, and so on – to attain immediate results. Furthermore, performance goals are more easily set in some areas than in others. It's all too easy, for example, to concentrate on setting readily measured production goals and ignore employee development goals. Like any other management tool, goal setting works only when combined with good managerial judgement.« (Latham/Locke 1979, S. 68 und 80)

chungen von Locke 1968 zurück und beschreibt, wie Ziele gestaltet sein müssen, um die maximale Motivationsstärke bzw. den maximalen Willen zur Zielerreichung herzustellen (vgl. auch Locke/Latham 1984, S. X). Wie die inzwischen »klassischen« Untersuchungen von Locke 1968 zeigen, hängt dieser Wille zur Zielerreichung grundsätzlich von vier Einflussfaktoren ab: (1) dem Schwierigkeitsgrad des Ziels (Zielhöhe), (2) der Akzeptanz des Ziels durch den Akteur, (3) der Exaktheit des Ziels und (4) der Verpflichtung zum Ziel (vgl. Locke 1968; Latham/Locke 1991). Diese vier Einflussfaktoren sollen auch die Struktur der folgenden Ausführungen prägen.

3.3.4.1 Motivationswirkung der Zielhöhe

Es entspricht dem gesunden Menschenverstand, sich nur solche Ziele zu setzen, die man bei adäquater Anstrengung auch tatsächlich erreichen kann. Die Latte höher zu legen, demotiviert genauso, wie zu niedrige Ziele keinerlei Ansporn bieten. Just dieser Zusammenhang ist in diversen Studien zur optimalen Vorgabenhöhe im Rahmen von Plänen experimentell und auf andere Weise empirisch untersucht worden. Unterscheidet man zwischen dem Anspruchsniveau des Aufgabenträgers (als selbst gestecktes Leistungsziel), dem tatsächlich erzielten Leistungsniveau sowie der Vorgabenhöhe, so kann man folgende schematischen Aussagen treffen (vgl. z. B. Höller 1978, S. 121–123, und die veranschaulichende *Abbildung 3-4*):

- In einer Phase niedriger Vorgaben liegen diese unterhalb des Anspruchsniveaus des Aufgabenträgers. Bedingt durch dessen geringe Motivation entspricht die tatsächliche Leistung noch nicht einmal dem Anspruchsniveau. Das Ende dieser Phase ist gekommen, wenn die Vorgabenhöhe das Anspruchsniveau erreicht hat. Hier fallen Anspruch, Vorgabe und Leistung zusammen.
- In einer Phase hoher Vorgaben steigt zwar das Anspruchsniveau an, kann aber der Steigerung der Vorgaben im Tempo nicht folgen. Gleiches gilt für das Leistungsniveau, das wieder hinter dem Anspruchsniveau zurückbleibt. Die gesamte Phase ist durch zunehmende Überforderung des Aufgabenträgers gekennzeichnet, die diesen aber noch positiv anreizt. Die Phase endet mit dem so genannten »Entmutigungspunkt«, in dem der Anreiz in seiner Wirkung diametral umschlägt.
- Die dann mit weiter steigender Anforderung folgende Phase sehr (bzw. deutlich zu) hoher Vorgaben ist durch einen rapiden Abfall des Anspruchsniveaus und des erreichten Leistungsniveaus gekennzeichnet.

Abb. 3-4

Motivationswirkung der Zielhöhe (in Anlehnung an Höller 1978, S. 118–123)

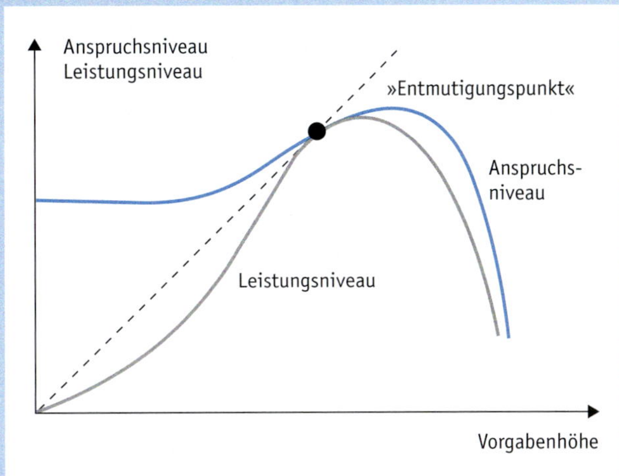

Die Motivationswirkung von Zielen kann leicht in Demotivation umschlagen.

Unterscheidung von Anspruchsniveau, Leistungsniveau und Vorgabehöhen

Auf diesen Zusammenhang wirken mehrere Variablen ein. Von diesen kommt der Unterscheidung zwischen eher Erfolg suchenden und eher Misserfolg vermeidenden Personen eine besondere Bedeutung zu (vgl. z. B. Wiswede 2007, S. 65 f.). Dabei bevorzugen Erstere Tätigkeiten mittleren Schwierigkeitsgrades, während Letztere sehr einfachen oder extrem schweren Aufgaben zuneigen. Dieses Phänomen wird mit der Tatsache erklärt, dass erfolgsorientierte Personen ihre eigene Leistungsfähigkeit realistisch einschätzen, während Misserfolg meidende Personen aus Unsicherheit sehr einfache, also auf jeden Fall erfüllbare, oder sehr schwere und damit mit hoher Sicherheit nicht erfüllbare Aufgaben anstreben, wobei sie im Fall der zu schweren Aufgaben ein Nichterreichen der Ziele leicht mit externen Faktoren erklären können. Es ist auf Basis dieser Gegebenheit davon auszugehen, dass in erster Linie erfolgsorientierte

Unterscheidung von erfolgssuchenden und misserfolgsvermeidenden Managern

Personen durch höhere Zielvorgaben zu besseren Leistungen angeregt werden können, vorausgesetzt, die Zielvorgaben sind nicht zu schwer zu erreichen.

3.3.4.2 Motivationswirkung der Zielakzeptanz

Relativen Zielen spricht man eine höhere Motivationswirkung zu als absoluten.

Die Zielakzeptanz beschreibt, inwieweit die betroffenen Mitarbeiter die ihnen von den Vorgesetzten vorgegebenen oder partizipativ mit ihnen festgelegten Ziele als die »ihrigen« betrachten. Es ist unmittelbar einleuchtend, dass ein Mitarbeiter ein Ziel, das er nicht akzeptiert (mithin nicht als »sein« Ziel betrachtet), auch nur mit wenig »Herzblut« verfolgen wird. Erklären lässt sich dieses – wohl von fast jedem selbst schon einmal erlebte – Gefühl durch das Konzept der *Kontrollüberzeugung* (engl. »locus of control«). Dieses beschreibt die Wahrnehmung von Menschen darüber, ob sie in ihrem Handeln selbst »Herr der Lage« sind, das Ziel also »mit eigenen Mitteln« wirklich erfüllen können (interne Kontrollüberzeugung) oder aber keinen hinreichenden Einfluss auf das Ergebnis ihres Handelns besitzen, dieses vielmehr »von außen« wesentlich beeinflusst wird (externe Kontrollüberzeugung) (vgl. Wiswede 2007, S. 87 f. und S. 116).

Klar formulierte Ziele vermeiden Demotivation durch Missverständnisse und begrenzen opportunistisches Handeln.

Selbst gesetzte Ziele motivieren i. d. R. eher als von anderen gesetzte.

Werden Ziele ohne Kommentierung und/oder ohne Rückgriff auf das spezifische Kontextwissen der betroffenen Mitarbeiter gesetzt, kann bei diesen der subjektive Eindruck entstehen, dass die Zielerreichung stark durch in der Zielsetzung nicht berücksichtigte externe Einflüsse beeinflusst wird (externe Kontrollüberzeugung). Folgt man der Erwartungs-Valenz-Theorie nach Vroom 1964 bzw. ihren aktuellen Fassungen, so ist die Motivationsstärke eines Ziels, dessen Erreichen nicht der eigenen Kontrolle zu unterliegen scheint, geringer als die eines (gleichwertigen) Ziels mit hoher Beeinflussbarkeit der Zielerreichung. Erlaubt der Zielbildungsprozess dem Mitarbeiter also, eigenes Wissen einzubringen und somit das »Erfolgsrisiko« durch externe Faktoren aus seiner Sicht zu reduzieren, begünstigt dies eine interne Kontrollüberzeugung und damit eine größere Zielakzeptanz mit der Folge höherer Leistungsanstrengung. Dies ist dann auch die Begründung dafür, dass in der Unternehmenspraxis meist auf gemeinsam vereinbarte bzw. partizipative Ziele zurückgegriffen wird (vgl. für eine kritische Diskussion des Für und Wider der Partizipation beispielsweise Macintosh 2003).

Ebenso, wie partizipativ festgelegte Ziele tendenziell leichter akzeptiert (und damit mit mehr »Herzblut« verfolgt) werden, besitzen auch relative, an Benchmarks orientierte Ziele einen Akzeptanzvorteil gegenüber absoluten, normativ gesetzten bzw. intern orientierten Zielen (vgl. Weber/Linder/Hirsch 2004, S. 65–67). Relative Ziele zeichnen sich im Gegensatz zu absoluten dadurch aus, dass sie gemeinsam getragene Unsicherheiten der Umwelt von den betroffenen Individuen weg und auf die Organisation als Ganzes verlagern. Unbeeinflussbare externe Effekte (wie etwa Markt- und Wechselkursentwicklungen) werden durch den relativen Charakter der Ziele »abgefedert«. Somit lässt sich für relative Ziele folgern, dass sie einer internen Kontrollüberzeugung eher förderlich sind und somit ceteris paribus leichter von den Betroffenen akzeptiert werden. Sie besitzen dann folglich eine höhere Motivationswirkung als absolute (vgl. Weber/Linder/Hirsch 2004, S. 67). Diesem Gedanken folgend werden relative, an Benchmarks orientierte Ziele gegenwärtig dann auch in der Diskussion um die Neugestaltung der operativen Planung – auf die wir im 11. Kapitel (Abschnitt 11.2.2) noch näher eingehen werden – als ein Lösungsvorschlag zur Verbesserung der operativen Planung aus Motivationssicht propagiert (vgl. Weber/Linder/Hirsch 2004).

3.3.4.3 Motivationswirkung der Exaktheit des Ziels

Je klarer Ziele formuliert werden, desto weniger Risiken des Missverstehens bestehen (vgl. Locke/Latham 1984, S. 20) und desto weniger haben die Geführten das Gefühl, die in sie gehegten Erwartungen zu enttäuschen. Mangelnde Zielpräzisierung birgt damit die Gefahr von mangelnder Motivation ebenso, wie sie opportunistisch ausbeutbaren Spielraum für Minder- oder Fehlleistung bietet.

An dieser Stelle stoßen wir auf eine Kernaufgabe von Controllern. Sie tragen die Verantwortung dafür, dass Ziele hinreichend operationalisiert sind; allgemeine Postulate (»Wir werden das innovativste Unternehmen im Markt«) helfen nicht weiter, weil sie sich auf unterschiedlichste Weise interpretieren lassen. Controller haben sicherzustellen, dass gleiche Ziele an unterschiedlichen Stellen im Unternehmen gleich operationalisiert werden. Der Umsatz in einer Geschäftseinheit ist in der Praxis nicht automatisch genauso definiert wie der in einer anderen. Betrachtet man nicht-monetäre Ziele (wie etwa den Servicegrad oder die Kundenzufriedenheit), so sind in der Praxis heterogene Definitionen die Regel, nicht die Ausnahme. Schließlich haben Controller auch zu verhindern, dass Zielwerte manipuliert werden, sei es durch bewusste Verfälschung der Messung oder durch Abänderung der Messgröße, sei es durch Maßnahmen, die kurzfristig zu anderen Messergebnissen führen, aber materiell keinen Bestand haben. Rechnungen am Ende des Jahres auszustellen, die im Januar wieder storniert werden, erhöhen den Umsatz in den Büchern, aber auch nur dort und dies nur kurzfristig.

3.3.4.4 Motivationswirkung der Verpflichtung zum Ziel

Folgt man wiederum der Erwartungs-Valenz-Theorie nach Vroom 1964 bzw. ihren aktuellen Fassungen, so ist die Motivationsstärke eines Ziels, dessen Erreichen nicht mit entsprechenden Anreizen bzw. mit entsprechendem Nutzen für den Mitarbeiter verbunden ist, geringer als die eines (gleich schwierigen) Ziels mit hohem Nutzen. Entsprechend erscheint es wenig sinnvoll, Ziele zu setzen, ohne eine Verpflichtung zur Zielerreichung zu fordern bzw. durch Anreize zu fördern: Sind keine Konsequenzen an den Tatbestand des Erreichens oder des Nicht-Erreichens von gesetzten Zielen geknüpft, besteht eine hohe Wahrscheinlichkeit, aus dieser Unverbindlichkeit eine Unwichtigkeit zu folgern und damit die Realisierung dieser Ziele zu vernachlässigen.

Umgekehrt besteht das Problem, dass Ziele selten so gesetzt werden können, dass sie sich durch entsprechende Anstrengungen des Zielverantwortlichen in jedem Fall auch erreichen lassen. Häufig besteht eine Umweltunsicherheit; häufig hängt die Erreichung der eigenen Ziele (wie etwa des Ergebnisziels eines Produktbereichsmanagers) auch vom Erfolg der Anstrengungen anderer Aufgabenträger im Unternehmen ab (z. B. von für das Unternehmen erfolgreich geführten Tarifverhandlungen oder eingehaltenen Terminen für die Marktreife eines neuen Produkts). Eine hohe Verpflichtung zum Ziel (etwa durch eine direkte Anreiz-/Sanktionskoppelung der Handlungsergebnisse) kann die Mitarbeiter deshalb zu aus Unternehmenssicht dysfunktionalem Verhalten verleiten, etwa zu einer Manipulation der Kennzahlen, Belege und Abrechnungszeitpunkte, um dennoch ihre Ziele noch zu erreichen und den negativen Konsequenzen der Zielverfehlung zu entgehen. Dieses Problem der Anreizkoppelung, die einerseits die Verpflichtung zum Ziel aus Unternehmenssicht positiv beeinflusst, die aber andererseits auch zu dysfunktionalem Verhalten führen kann, begegnet Controllern in den meisten Unternehmen.

In der Praxis wird daher oft ein »Mischweg« gewählt, bei dem Führungskräfte zweifach belohnt werden: Zum einen für die Erfüllung der von ihnen selbst zu verantwortenden Ziele (z. B. der Einhaltung eines Kostenbudgets), zum anderen für die Erfüllung übergeordneter Ziele (etwa des Erfolgs des Geschäftsbereichs). Durch diese Mischung von Zielen sinkt das Risiko der Zielverfehlung für den Zielverantwortlichen im Vergleich zu einer Fokussierung allein auf übergeordnete, d. h. nur in Teilen zu verantwortende Ziele. Im Falle eines Geschäftsbereichsleiters kann das z. B. bedeuten, dass sich seine variable Vergütung aus drei Komponenten zusammensetzt: der Erreichung seiner persönlichen Ziele (z. B. der erfolgreiche Abschluss einer Weiterbildungsmaßnahme etc.), der Erreichung der Geschäftsbereichsziele (z. B. ein bestimmter Wertbeitrag) und der Unternehmensziele (z. B. Wertsteigerung des Gesamtunternehmens). Während die Erreichung des Ersten voraussichtlich relativ stark von seinem eigenen Handeln abhängt, wird der Erfolg/Misserfolg beim Zweiten und insbesondere beim Dritten auch von »außen« mitbestimmt.

Managern wird häufig ein Mix an Zielen vorgegeben, die sie nur zum Teil beeinflussen können.

Ziele, an die keine Konsequenzen geknüpft sind, sind in der Regel wenig hilfreich.

Für Controller resultieren aus der geschilderten Problematik Aufgaben sowohl bei der Zielformulierung als auch bei der Zielkontrolle. Bei Ersterer besteht die Anforderung, der Zielbeeinflussbarkeit bei der Zielgestaltung möglichst umfassend gerecht zu werden. Im Rahmen der Zielkontrolle stellt sich bei der Abweichungsanalyse die Aufgabe, die genauen Anteile der Einflüsse »von außen« auf die Zielerreichung aus der Abweichung herauszufiltern (wir werden auf das Vorgehen dazu noch im 10. und 11. Kapitel näher eingehen – vgl. die Abschnitte 10.3.3 sowie 11.4.8). Nur so wird sichtbar, welcher Anteil an der Zielerreichung dem Handeln des Zielverantwortlichen zuzuschreiben ist und welcher Teil anderen (positiven oder negativen) Einflüssen. Allerdings lassen sich die entsprechenden Ursachen nicht in jedem Fall identifizieren. Insbesondere bei Gruppenarbeit (wie etwa in einer Projektgruppe für die Produktneuentwicklung oder -einführung am Markt) kann man den Anteil des Einzelnen am Erfolg oder Misserfolg meist nur schwer ermitteln. In diesem Fall besteht die Gefahr, dass der Kontrollierte den Verlockungen des »Trittbrettfahrens« oder des »sozialen Faulenzens« erliegt (vgl. zum Folgenden detailliert auch Weber/Linder/Spillecke 2003, S. 111 f.):

»Trittbrettfahren« und »soziales Faulenzen« ist möglichst zu vermeiden.

- Das Konzept des *»Trittbrettfahrens«* betrachtet die Gruppenleistung als ein so genanntes öffentliches Gut. Seine Erstellung ist für die individuellen Gruppenmitglieder mit Kosten (dem uns in diesem Buches schon mehrfach begegneten »Arbeitsleid«) verbunden. Da sie aber (annahmegemäß) nicht (oder nur sehr schwer) vom Gebrauch bzw. von der Teilhabe (z. B. an der Reputation eines erfolgreichen Unternehmens) ausgeschlossen werden können, besteht für den einzelnen Mitarbeiter der Anreiz, den eigenen Beitrag zu reduzieren und dennoch in den Genuss des »öffentlichen Guts« zu kommen.
- Unter dem *»sozialen Faulenzen«* ist die Reduktion der Anstrengungsbereitschaft eines Mitarbeiters für die Gruppe (bzw. deren Ziele) mit steigender Gruppengröße zu verstehen (vgl. Schäffer 2001, S. 99). So kann der Wechsel von einer individuellen Anreizgestaltung auf eine Orientierung am Gesamtergebnis des Unternehmens dazu führen, dass sich der Beitrag eines einzelnen Mitarbeiters kaum mehr identifizieren lässt oder ein Beitrag auch einfach verloren geht. Beides ist dem erbrachten Anstrengungsniveau des individuellen Mitarbeiters auf mittlere Frist abträglich.

Für die Beurteilung der Wahrscheinlichkeit eines solchen – aus Unternehmenssicht dysfunktionalen – Verhaltens eines Mitarbeiters ist für die Controller neben ihrem Zahlenwerk auch eine genaue Kenntnis der einzelnen Personen, ihrer Einstellungen, Fähigkeiten und ihrer Handlungshistorie erforderlich. Auch hiervon wird in diesem Buch noch an vielen Stellen die Rede sein.

Zusammenfassende Aussagen (vgl. auch Leitfrage 6)

- Die Effektivität und Effizienz einer Koordination durch Pläne hängt wesentlich davon ab, inwieweit es gelingt, für alle Instanzen die richtigen Ziele in der richtigen Höhe festzulegen.
- Bezogen auf die Zielart richten sich Unternehmen hauptsächlich an monetären Zielen aus. Allerdings werden diese zunehmend um nicht-monetäre Ziele (z. B. Innovationsrate, Servicegrad oder Kundenzufriedenheit) ergänzt.
- Zur Bestimmung der richtigen Zielhöhe stehen unterschiedliche grundsätzliche Möglichkeiten zur Auswahl. Unter diesen gewinnen aktuell Vergleichswerte (Benchmarks) an Bedeutung.
- Bei der Festlegung von Zielen sind nicht nur sachliche Aspekte zu berücksichtigen. Da Ziele Menschen zu einem bestimmten Verhalten anhalten sollen, sind auch Motivationswirkungen zu beachten.

3.4 Fazit

Führung durch Ziele ist ein komplexes Aufgabenfeld des Managements, auf dem die Controller vielfältig helfen können.

Controller sind – so zeigten die ersten beiden Kapitel – empirisch nur in einem speziellen Führungskontext anzutreffen, der mit Plankoordination oder »Führung durch Ziele« (engl.: Management by Objectives) bezeichnet werden kann. Diese Art der Führung ist durch eine vielstufige Vorgabe von Zielen gekennzeichnet, die den Handlungsträgern auf den unterschiedlichen Hierarchieebenen des Unternehmens gewünschte monetäre und nichtmonetäre Ergebnisse ihres Handelns vorgibt, ihnen den Weg zur Zielerreichung aber offen lässt. Diese Freiheitsgrade werden dann – neben einigen generellen Regeln – insbesondere durch persönliche Weisungen und durch Selbstabstimmung festgelegt.

Anforderungen des Koordinationsmechanismus »Pläne« bestimmen die Aufgaben der Controller. Sie sind maßgeblich daran beteiligt, welche Art und welche Zahl von Zielen gebildet werden. Sie managen den Ablauf des Zielfestlegungsprozesses. Sie sind in die Bestimmung der Zielhöhe involviert, sei es als Vorbereiter, indem sie Ziele der Geschäftsführung auf untergeordnete Hierarchieebenen »herunterbrechen«, sei es als kritischer Counterpart, wenn sie Angemessenheit von Zielvorschlägen kritisch hinterfragen. Sie messen die Zielerreichung und schaffen damit für die Zielerreichungsverantwortlichen Transparenz über eventuell notwendigen Handlungsbedarf. Sie führen eine Kontrolle der Zielerreichung durch, analysieren aufgetretene Abweichungen und stoßen Anpassungsmaßnahmen an. Sie sammeln Erfahrungen aus dem Zielerreichungsprozess und koppeln diese in die nächste Runde der Zielfestlegung ein. Kurz: Controller unterstützen das Management in der Rationalitätssicherung der Führung und spielen so eine zentrale Rolle für die Effektivität und Effizienz der Koordination durch Pläne. Dominieren andere Koordinationsmechanismen, stellen sich ganz andere Schwerpunkte der Führungsaufgabe. Controller mit ihrem spezifischen Aufgabenbündel sind dann nicht gefragt.

Hiermit sind wir am Ende des einführenden Teils des Lehrbuchs angelangt. Ziel war es, ein Grundverständnis für das Phänomen Controller und deren Aufgaben zu erzielen. Auf diesem Grundverständnis bauen die folgenden Kapitel auf. Beginnen wollen wir das Eintauchen in die konkrete Ausgestaltung der Aufgaben mit dem Aufgabenbereich der Informationsversorgung des Managements. Hiermit beschäftigt sich der zweite Teil des Buches.

Im nächsten Teil des Buches geht es um die Informationsversorgung des Managements.

Weiterführende Literatur zu …

… Idealtypischer Führungsprozess
Hahn/Hungenberg 2001, S. 32–38
Weber/Brettel/Schäffer 1996

… Koordinationsmechanismen als Führungsmuster
Kieser/Walgenbach 2003, S. 108–135
Schäffer 1996, S. 62–80
Weber 2003a

… Ziele und Zielbildung
Heinen 1966
Locke/Latham 1990
Locke/Latham 2002
Weber/Linder/Hirsch 2004
Welge/Al-Laham 2008, S. 111–121

4 Grundfragen der Informationsversorgung

Leitfragen

1. **Was ist unter führungsrelevanten Informationen zu verstehen?**
2. **Wie ist die Informationsversorgungsaufgabe der Controller grundsätzlich strukturiert, auf was müssen Controller besonders achten?**
3. **Welche verhaltenswissenschaftlichen Erkenntnisse sollten von den Controllern bei der Wahrnehmung ihrer Informationsversorgungsaufgabe berücksichtigt werden?**
4. **Welche Bedeutung hat die Interaktion zwischen Manager und Controller bei der Informationsversorgung?**
5. **Welche informationstechnischen Hilfsmittel stehen Controllern bei der Bewältigung der Informationsversorgungsaufgabe zur Verfügung?**

4.1 Begriffliche Grundlagen

Aufgabe der Führung ist es, die Ausführung möglichst effizient und effektiv vorzubestimmen. Die Erfüllung dieser Aufgabe erfordert *Wissen* über die Ausführungshandlungen und deren Bedingungen. Dieses Wissen kann – wie die *Abbildung 4-1* zeigt – in sehr unterschiedlicher Form vorliegen.

Menschen als Träger von Führungsaufgaben verfügen über *unbewusstes* und *bewusstes* Wissen. Soll Wissen zwischen unterschiedlichen Personen weitergegeben werden, sind entsprechend unterschiedliche Kommunikationsformen möglich bzw. notwendig. Wie die Pfeile in der *Abbildung 4-1* andeuten, stehen die Formen des Wissens zueinander in Beziehung. Die Aussage »Die Anlage arbeitet zufrieden stellend« enthält für sich allein genommen nur geringes Wissen. Ihr Gehalt erschließt sich erst unter Kenntnis der gesamten Kontextsituation. Diese ist aber nur sehr beschränkt formulierbar: »Interessanterweise können viele Experten zeigen, was sie tun, sie können aber nicht sagen, wie sie das machen. Ihre Leistungen sind so automatisch geworden, dass es ihnen schwer fällt, sich die einzelnen Schritte eines Prozesses wieder bewusst zu machen. (Versuchen Sie einem Kind mit Worten zu erklären, wie man sich die Schuhe zubindet, Fahrrad fährt oder einen Witz versteht.) Sogar Experten hoch technisierter Berufe wie Kardiologen, die auf der Grundlage weniger Bestandteile von Fallbeschreibungen akkurate Diagnosen stellen können, können wahrscheinlich nicht erklären, wieso sie wissen, was sie wissen« (Zimbardo 1992, S. 330).

Abb. 4-1

Formen und Repräsentationen von Wissen

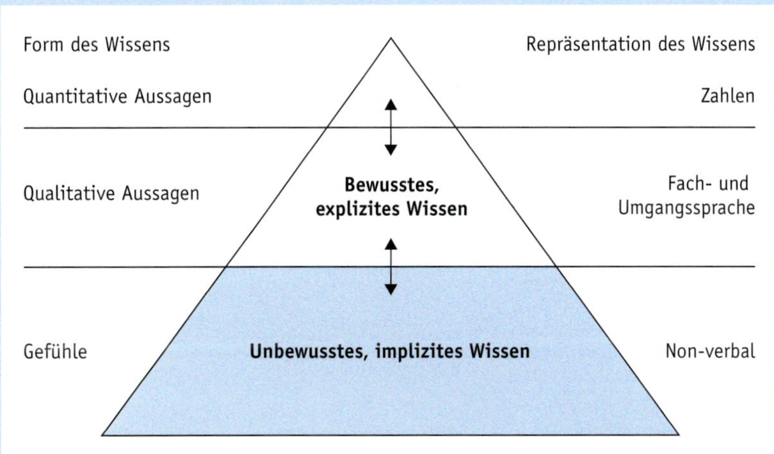

Unterscheidung von explizitem und implizitem Wissen

Diese Unterscheidung von *explizitem* und *implizitem* Wissen bezieht sich nicht nur auf einzelne Menschen; sie kann auch für (beliebige) Gruppen von ihnen getroffen werden. Alle im Unternehmen geltenden niedergeschriebenen Regeln zählen ebenso zu explizitem Wissen »des Unternehmens« wie durch ein Informationsnetzwerk an jedem Managementarbeitsplatz verfügbar gemachte Informationen über die augenblickliche Markt- und Ergebnissituation. Implizites überindividuelles Wissen ist dagegen viel schwerer greifbar. Zu diesem zählen etwa implizite Routinen (etwa bezüglich der Frage, wann man einen Controller zu einer Problemlösung hinzuholen sollte) und die Unternehmenskultur.

Was sind Informationen, was bedeutet Informationsversorgung?

Der Begriff der *Information* ist in der einschlägigen Literatur eng mit dem des Wissens verbunden worden (Informationen als »zweckorientiertes Wissen«). Unklarheit besteht im Detail, ob der Wissensbestand (»Information ist Wissen«) oder der Wissensaufbau (»Information schafft Wissen«) gemeint ist. Betrachtet man zusätzlich den oftmals gebrauchten Begriff des Informationssystems in seiner typischen Interpretation, so wird deutlich, dass unter Information nur bewusstes Wissen erfasst wird. Speziell im Kontext der Controllertätigkeit erfolgt – wie wir bereits im 1. Kapitel des Buches gesehen haben – zumeist eine noch weiter gehende Einschränkung auf quantitatives Wissen. Damit wird derjenige Teil des Wissens besonders herausgehoben, der am leichtesten von Menschen trennbar und zugleich maschinell am besten verarbeitbar ist. Die enge Interdependenz zu den anderen Repräsentationsformen wird allerdings vernachlässigt. Dies präjudiziert immer dann Gefahren der Informationsverwendung, wenn die entsprechende Führungsaufgabe nicht ausschließlich oder nicht überwiegend in Form von Zahlen repräsentiert werden kann.

Wenn wir im Folgenden von (führungsrelevanten) Informationen sprechen, so sind damit Daten oder Nachrichten gemeint, die bewusstes Führungswissen repräsentieren und beim Informationsempfänger potentiell zu einer Erhöhung seines Wissensstandes führen. Darauf aufbauend wird die Aufgabe der systematischen Informationsversorgung in der Beschaffung, Speicherung, Verarbeitung und Übermittlung der so verstandenen Informationen gesehen.

Zusammenfassende Aussagen (vgl. auch Leitfrage 1)

- Informationen sind Daten oder Nachrichten, die Führungswissen repräsentieren und beim Informationsempfänger potentiell zu einer Erhöhung seines Wissensstandes führen.
- Das Wissen eines Managers lässt sich in einen expliziten und einen impliziten Teil differenzieren. Die Informationsversorgungsaufgabe der Controller bezieht sich auf einen Teil des expliziten Wissens, indem sie quantitative führungsrelevante Informationen bereitstellen.

4.2 Struktur der Informationsversorgungsaufgabe

4.2.1 Überblick

Controller wollen »die« Ansprechpartner für führungsrelevante Informationen sein.

Die Informationsbereitstellung spielt für Controller in der Unternehmenspraxis – wie im 1. Kapitel gezeigt – eine herausgehobene Rolle. »Der« Ansprechpartner des Managements hinsichtlich führungsrelevanter Zahlen zu sein, begründet für Controller eine akzeptierte Position im Konzert der Führungsdienstleister und erweist sich für das Unternehmen als effizient: Die Führungstätigkeit wird in ihrem Kern behindert, wenn sie nicht auf von allen Managern und Mitarbeitern akzeptierten Zahlen aufbaut. Schnell geht es sonst mehr um die Größen selbst (»der Wert stimmt nicht«) als um die durch die Zahlen repräsentierten wirtschaftlichen Fakten. Hier liegt eine potentielle Quelle von Rationalitätsdefiziten, die es zu schließen gilt.

Wie die Informationsaufgabe genau aussieht, ist für die Controller auf der einen Seite in Teilen vorbestimmt: Sie haben sich um die Ergebnisgrößen zu kümmern, die das Management für seine Führungsaufgabe benötigt. In der Vergangenheit waren dies insbesondere Zahlen der Kostenrechnung; aktuell kommen solche der so genannten »externen« Rechnungslegung hinzu bzw. ersetzen diese – wir werden hierauf im 5. Kapitel noch näher eingehen. Auf der anderen Seite besteht für die Controller sowohl grundsätzlich als auch im Detail ein erheblicher Gestaltungsspielraum, für den im Wesentlichen das Bild von Angebot und Nachfrage passt: Was will ein Manager an Informationen, welche braucht er, wie ist die Informationsleistung für ihn zu gestalten und wie zu »verkaufen«?

Für eine solche »Marktsicht« müssen die Controller ihre Manager genau kennen. Dies gilt zum einen hinsichtlich ihrer aktuellen Probleme, für die Informationen bereitzustellen sind, zum anderen hinsichtlich ihrer generellen Fähigkeiten und Einstellungen: Einer Führungskraft, die in einem früheren Stadium der Karriere selbst Controller war, muss man nicht die Bedeutung eines Kapitalwerts erklären, manchem Chemiker oder Ingenieur dagegen sehr wohl; Manager, die ihre Entscheidungen gerne auf Zahlen basieren, müssen anders »bedient« werden als solche, deren unternehmerisches Gespür die Richtung des Handelns bestimmt. Damit sind auch die wesentlichen Inhalte der folgenden Abschnitte im Überblick benannt.

4.2.2 Art der Information

Die Informationsdomäne von Controllern war und ist der Bereich *monetärer Informationen*, speziell Erfolgsgrößen, und unter diesen wiederum schwerpunktmäßig Kosten. Die Kostenrechnung – die Sie noch aus dem Grundstudium kennen und die uns im 6. Kapitel noch näher beschäftigen wird – ist in vielen Unternehmen dem Controllerbereich organisatorisch zugeordnet; gilt dies nicht, haben Controller zumindest erheblichen Einfluss auf deren inhaltliche Gestaltung. Damit ist aber nur ein Teil der führungsrelevanten expliziten, zahlenmäßigen Informationen erfasst. Aktuell kommt Kosten für unmittelbare Führungsaufgaben zudem eine eher geringere Bedeutung zu. Stark gestiegene Komplexität und Dynamik lassen Kosten als Steuerungsgröße für das Management als zu wenig aktuell und zu entfernt von den konkret zu beurteilenden und/oder anzustoßenden Aktivitäten erscheinen. Mengendaten, speziell aber Qualitätswerte und Zeiten gewinnen für die kurzfristige Führung »vor Ort« stark an Wichtigkeit. Sie treffen die Denk- und Sprachwelt der Führenden und Mitarbeiter ebenso unmittelbar wie die aktuellen Erfolgsfaktoren in vielen Unternehmen. Unter dem Stichwort »Performance Measurement« wird derzeit auch im akademischen Bereich eine umfangreiche Diskussion *nicht-monetärer Steuerungsgrößen* geführt (vgl. im Überblick z. B. Gleich 2001).

Controller fühlen sich insbesondere für monetäre Informationen verantwortlich.

Mengen-, Zeit- und Qualitätsdaten waren in der Vergangenheit von Ermittlung und Auswertung her eine Domäne des Linienmanagements. Mit Betriebsdatenerfassungssystemen oder Qualitätsmessung haben sich Controller nur in Ausnahmefällen beschäftigt. Spezialisierungsvorteile waren kaum gegeben: Wer Kostenrechnung gestaltet, nimmt nur in sehr geringem Maße Einfluss auf die zu Grunde liegenden »technischen« Basisdaten. Diese sind über alle Unternehmensbereiche hinweg heterogen, so dass Skaleneffekte von der Datenerfassung her nicht zu vermuten sind.

Wie sehr die Beschränkung auf monetäre Daten aktuell noch zutrifft, zeigt exemplarisch eine empirische Erhebung, die den Stand des Logistik-Controlling untersuchte (Weber/Blum 2001, S. 21). Die Aufgaben der Controller konzentrieren sich auf die Erfassung, Kontrolle und Kalkulation von Logistikkosten; die Erfassung der Logistikleistungen, die Generierung und Pflege logistischer Kennzahlen und das Berichtswesen für die Logistik sind dagegen Sache der Logistik-Linie.

Monetäre Informationen reichen zur Steuerung allerdings nicht aus.

Beschränken sich Controller auch weiterhin darauf, allein Kosten- und Erlösdaten bereitzustellen, so wird ihre Funktion der Informationsversorgung des Managements in der Bedeutung komparativ abnehmen. Nicht erst seit dem »Siegeszug« der noch im Detail vorzustellenden Balanced Scorecard (vgl. Abschnitt 7.4.2.3) kommt nicht-monetären Steuerungsgrößen für das Management eine zentrale Bedeutung zu. Sie haben auch – wie im 3. Kapitel bereits angesprochen – ihren Weg in die Zielvereinbarung mit den Führungskräften gefunden. Hiermit sind sie für diese unmittelbar wichtig und handlungsleitend geworden. Die klassische Controllerrolle weiterzuspielen, brächte den Controllern als

Controller sollten sich auch um Mengen- und Zeitdaten kümmern.

neue Aufgabe im veränderten Steuerungskontext lediglich, die Beziehungen zwischen den Mengen-, Zeit- und Qualitätsdaten auf der einen Seite und Kosten sowie Erlösen auf der anderen Seite zu analysieren. Ohne Zweifel ist dieses Zusammenspiel von monetären und nicht-monetären Steuerungsgrößen von großer Bedeutung. Empirisch lässt sich etwa für Kennzahlen zeigen, dass die Ausgewogenheit der Steuerungsgrößen die Zufriedenheit des Managements in hohem Maße beeinflusst (Weber/Sandt 2001). Wer allerdings nicht an der Auswahl und Definition der Leistungsgrößen beteiligt ist, hat nur einen begrenzten Einfluss auf die Gestaltung des Steuerungssystems, und wer nur für einen Teil der für die Ziele der Manager wichtigen Informationen zuständig ist, muss sich den Zugang zum Manager mit anderen »Informanten« teilen und verliert damit einen Teil der Betreuungs- und Counterpartfunktion für das Management.

Manager wollen ausgewogene Informationen.

Nicht nur aus den im Abschnitt 4.1 genannten Aspekten heraus sollten sich also Controller intensiv um nicht-monetäre Größen kümmern, die Führungsrelevanz für das Management besitzen. Welche Besonderheiten dabei zu berücksichtigen sind, wird uns später (im Abschnitt zur Leistungsrechnung im 6. Kapitel) noch näher beschäftigen.

4.2.3 Art der Informationserfassung und -bereitstellung

Damit Manager Informationen verwenden können (wie das Management dies tut, werden wir im Abschnitt 4.2.4 betrachten), müssen sie ihnen – dies ist eine wenig überraschende Erkenntnis – konkret vorliegen. Wie wir gesehen haben, spielen Controller eine herausgehobene Rolle, wenn es um diese Bereitstellungsaufgabe geht. Sie setzt ihrerseits die vorher erfolgte Erfassung der Informationen voraus. Wie beides erfolgt, dafür gibt es jeweils zwei grundsätzliche Möglichkeiten, die sich mit »regelmäßig« und »fallweise« kennzeichnen lassen.

Unterscheidung von laufender versus fallweiser Informationserfassung und -bereitstellung

Beginnen wir mit der *Informationsbereitstellung*. Informationen können hier zum einen auf Anforderung des Managers geliefert werden, etwa dann, wenn dieser seinen Controller anruft und eine bestimmte Fragestellung mit Zahlen hinterlegt haben möchte. Zum anderen kann der Controller mit dem Manager eine standardmäßig erfolgende Information vereinbaren. Typisches Beispiel hierfür ist der Monatsbericht, der pünktlich etwa am 10. Werktag nach Monatsultimo auf den Tisch des ergebnisverantwortlichen Managers kommt. Das Nebeneinander von regelmäßig und fallweise gilt auch für die *Informationserhebung*. Ein großer Teil der Informationen wird stets und permanent nach denselben Prozeduren erfasst. Das beste Beispiel hierfür ist die Buchhaltung, die alle Geschäftsvorfälle zum Zeitpunkt ihres Anfalls aufzuzeichnen hat. Daneben gibt es auch vielerlei Informationen, die nur auf konkrete Anforderung und/oder ein konkretes Problem hin erfasst werden. Beispiel hierfür ist eine Marktstudie für ein neues potentielles Produkt oder die Vorbereitung einer M&A-Aktivität.

Schaut man in die Praxis der Unternehmen, hat sich in den vergangenen Jahren der Umfang standardmäßig erfasster und standardmäßig bereitgestellter Informationen stark erhöht. Der Grund für diese Entwicklung ist insbesondere in der hohen Leistungsfähigkeit der DV zu sehen, sowohl der Rechnertechnologie wie der zur Verfügung stehenden kaufmännischen und technischen Softwaresysteme. Diese führte zur Entwicklung und Durchsetzung von zwei Grundperspektiven, die – implizit oder explizit – den state of the art der DV-Unterstützung bestimmen.

Bild der relationalen Datenbank als Synonym vielfältiger Auswertbarkeit erfasster Informationen

Die erste Grundperspektive bezieht sich auf die Datenerfassung und beinhaltet das Bild einer *relationalen Datenbank*. Daten in einer relationalen Form zu speichern, bietet die Möglichkeit, einen Tatbestand (z. B. einen Geschäftsvorfall) mit vielen potentiell interessierenden Merkmalen abzuspeichern, mit Hilfe derer dann bei Abfragen die entsprechenden Datensätze wieder gefunden werden können. Für das Beispiel Kostenrechnung bedeutet dies, einen Kostenbetrag unter anderem mit (1) der betreffenden Kostenart, (2) der Kostenstelle, in der die Kosten angefallen sind, (3) mit dem Prozess und/oder dem Produkt, für den der Kostenanfall erfolgte, (4) mit dem Kostenverhalten (fix oder variabel), (5) mit dem für den Anfall des Betrags Verantwortlichen und vielen anderen Kriterien

Abb. 4-2

Grundform einer Informationspyramide (entnommen aus Scheer 1990, S. 27)

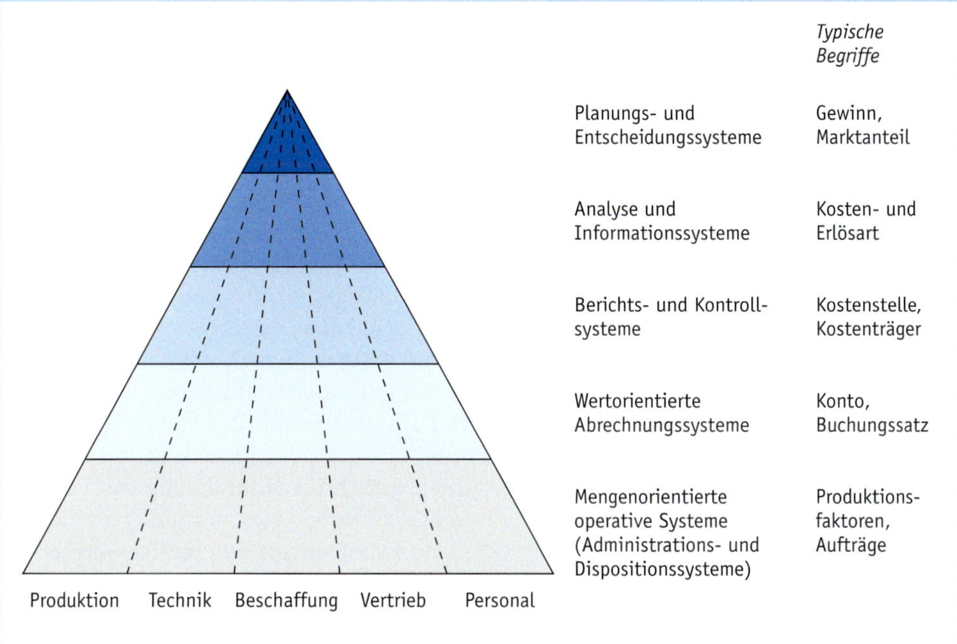

mehr zu erfassen. Damit ist es möglich, den Anteil der fixen und variablen Kosten zu bestimmen, die einem Produkt zurechenbaren Kosten zu extrahieren oder die Summe der für eine Kostenart angefallenen Beträge herauszusuchen. Je mehr so genannte »Deskriptoren« gebildet und bei der Erfassung mit Leben erfüllt werden, desto universeller lässt sich der Datenbestand auswerten.

Die zweite Grundperspektive betrifft die Auswertung der erfassten Daten und konkretisiert sich im Bild einer *Informationspyramide*, wie sie die *Abbildung 4-2* zeigt. Die dahinter liegende Idee besteht darin, die interessierende Realität im ersten Schritt möglichst weitgehend zu erfassen (etwa wie eben im Kontext relationaler Datenbanken angesprochen), die detaillierten Informationen dann aber in einem mehrstufigen Prozess zu konzentrieren, so dass sie für unterschiedliche Entscheidungsebenen in unterschiedlicher Verdichtung vorliegen. Der Vorstand sollte nur die wirklich wichtigen Informationen sehen, dann aber, wenn es ihn interessiert, auch die Möglichkeit zum »Drill-down«, zur Auflösung der aggregierten Zahlen bis hin zum einzelnen Geschäftsvorfall (»Urbeleg«) besitzen.

Die Idee der Informationsperspektive erscheint nicht nur auf den ersten Blick sehr attraktiv. DV-technisch lässt sie sich mittlerweile auch hinreichend umsetzen – wir werden hierauf im Abschnitt 4.5 dieses Kapitels noch genauer zurückkommen. Potentielle Probleme liegen aber auf den inhaltlichen Voraussetzungen, konkret in der Prämisse einer grundsätzlichen Trennbarkeit von Erfassung und Auswertung. Diese klingt eher »unspektakulär«, erscheint leicht erfüllbar, ist es bei näherem Hinsehen aber nicht. Drei Gründe sind hierfür relevant:

Bild der Informationspyramide als Synonym einer ebenengerechten Informationsbereitstellung

(1) Eine Trennbarkeit setzt die Möglichkeit voraus, die unterschiedlichen Auswertungsoptionen und -bedarfe bereits bei der Erfassung der Informationen vollständig vorauszusehen. Prägnant formuliert: Was nicht vorgedacht und daher erfasst ist, kann nicht ausgewertet werden. Wenn neue Fragestellungen aufkommen, an die man bei der Konzeption der Erfassung nicht gedacht hat, resultiert daraus ein Anpassungsbedarf. Stellt das Management etwa verstärkt

Fragen nach der Profitabilität einzelner Kunden, so muss die traditionelle Kostenrechnung »passen«. Sie zielt ergebnisbezogen auf Produkte, nicht auf Kunden. Eine Kundenerfolgsrechnung erfordert eine Untersuchung aller Kostenbeträge hinsichtlich der Frage, ob sie von einzelnen Kunden bestimmt bzw. zumindest beeinflusst werden. Geschieht dies nicht, kann man mit entsprechend weitreichenden Annahmen (etwa der Art: »Alle Kunden nehmen den Vertriebsapparat in gleicher Weise in Anspruch«) durchaus Werte ermitteln; sie fallen aber in ihrer Qualität deutlich ab. Umgekehrt ist es einfacher, nicht mehr für Auswertungszwecke benötigte Erfassungsmerkmale zu streichen; allerdings ist auch dies ein aktiver Akt, der Ressourcen bindet. Ein stimmiges »Weltbild« für die Erfassung zu entwerfen, gelingt umso leichter, je klarer die Auswertungsoptionen bekannt sind und je weniger sie sich ändern. Dynamik und Lernen stören hierbei.

Komplexe Informationssysteme sind schwierig aktuell zu halten.

(2) Der Auswertende muss eine vollständige Kenntnis darüber haben, was sich hinter den einzelnen erfassten Informationen verbirgt. Dies klingt wiederum trivial, ist aber insbesondere bei hoher Komplexität der erfassten Informationen ein nicht unerhebliches Problem. So kann es in einem großen Unternehmen vorkommen, dass selbst so einfach erscheinende Größen wie der Umsatz in unterschiedlichen Teil-Rechenkreisen unterschiedlich definiert sind. Leicht kann es dann passieren, dass nicht jeder die Informationsbasis auswertende Controller dies weiß und somit falsche Schlüsse aus den ausgewerteten Informationen zieht. Die Probleme sind noch deutlich größer, wenn hohe Veränderungen durch ständige Anpassungen der Informationsdefinitionen bewältigt werden müssen. Die Gefahr von Inkonsistenzen und mangelnden Auswertungswissens steigt dann erheblich.

Komplexe Informationssysteme sind schwierig zu verstehen.

(3) Der Auswertende muss über das Know-how verfügen, für anstehende Fragestellungen die richtigen Informationen aus der Vielfalt und Vielzahl der erfassten Werte herauszufiltern. Dieses Problem geht deutlich über das im vorherigen Punkt Formulierte hinaus. Betrachten wir wiederum das Beispiel einer Erfolgsrechnung. Angenommen, die Erfolgsrechnung könnte die Erlöse und Kosten sowohl von Produkten als auch von Kunden in hinreichender Qualität präsentieren. Nehmen wir weiterhin an, die Erfolgsanalyse der Produkte ergäbe, dass alle Produkte einen positiven Deckungsbeitrag erwirtschaften, also mehr Erlöse erzielen, als sie an variablen und Einzelkosten verursachen (wer Deckungsbeitragsrechnungen nicht kennt, blättere kurz zum 6. Kapitel dieses Buches vor). Schließlich sei es auch noch so, dass die Analyse der Erfolge der Kunden des Unternehmens ebenfalls nur positive Deckungsbeiträge liefere. Glückliches Unternehmen; alles scheint in Ordnung. Dennoch kann man mit Fällen konfrontiert werden, in denen man bei gleichzeitigem Verzicht auf lukrative Kunden und lukrative Produkte das Unternehmensergebnis noch steigern kann (wen näher interessiert, warum dies möglich ist, sei auf die ausführliche Darstellung des Beispiels bei Mertens/Hansen/Rackelmann 1977 verwiesen). Entscheidend für die Argumentation an dieser Stelle ist, dass man auf diese Idee nur dann kommt, wenn man *mehrere Auswertungen geeignet miteinander kombiniert*. Hierfür wird in erheblichem Maße Know-how verlangt, das das Informationssystem dem Anwender allerdings nicht bereitstellen kann, das er selbst bereits haben muss. Die Kunst liegt also in der richtigen Auswertung der erfassten Informationen. Je komplexer sie sind, desto höher sind die Anforderungen an den Auswertenden. Immer dann, wenn der Anwender die Logik des in der Erfassung enthaltenen »Weltbilds« nicht hinreichend (er)kennt, wird das Potential der erfassten Informationen nicht genutzt. Im schlimmsten Fall geht er mit den Informationen falsch um und kommt zu falschen Schlüssen.

Zu viele Informationen können den Blick auf die wirklich wichtigen verstellen.

Bei fallweiser Informationserfassung und -bereitstellung treten derartige Probleme nicht oder nur sehr abgeschwächt auf. Muss ein Controller für einen Manager einen speziellen Informationsbedarf decken, wird er bei der Präsentation der gefundenen Informationen stets auch deren Auswahl und Bedeutung kommentieren müssen, es sei denn, der Manager signalisiert seinerseits, nicht entsprechend in Kenntnis gesetzt werden zu müssen. Ist der Manager selbst an der Informationserfassung beteiligt, fällt das Distanzproblem gänzlich weg. Die bei einer fallweisen Informationsbereitstellung fehlende Trennung zwischen Erfassung und Auswertung bietet deshalb deutlich bessere Möglichkeit, Interpretationsfehler wegen mangelnden Know-hows zu vermeiden. Allerdings erfordert eine fallweise Bereitstellung in der Regel auch einen deutlich höheren Aufwand.

Deshalb finden sich in der Praxis stets beide Arten der Informationsbereitstellung parallel realisiert. Wie breit – bildlich gesprochen – dabei die Basis der Informationspyramide in Zukunft sein wird, muss in diesem Einführungsbuch nicht näher reflektiert werden. Es sei lediglich vermutet, dass Controller der Tendenz nach stärker darauf zu achten haben werden, Standardinformationen nur für standardmäßige Bedarfe des Managements bereitzustellen, Sonderbedarfe primär mit fallweisen Erhebungen abzudecken (vgl. für die Kostenrechnung bereits Weber 1993b, S. 71). Die hierfür bestimmenden Gründe wurden mit zunehmenden Veränderungen und Know-how-Problemen bei der Auswertung und Interpretation der Informationen bereits genannt.

4.2.4 Art der Informationsverwendung

Informationen können beim Empfänger in ganz unterschiedlicher Weise zu einer Erhöhung der Wissensbasis führen. Eng verknüpft damit ist die Frage, wozu die Informationen vom Empfänger verwendet werden. Beide Aspekte sind in einer Differenzierung von Nutzungsarten von Informationen kombiniert, die – aufbauend auf den Arbeiten von Rich und Knorr – von Pelz in einem Beitrag zur Nutzung von sozialwissenschaftlichen Forschungsergebnissen durch politische Entscheidungsträger vorgelegt wurde (vgl. Pelz 1978):

- Informationen können direkt zur Willensbildung genutzt werden. In diesem Fall lösen sie unmittelbar Handlungen der Manager aus. Diese entscheidungsorientierte Nutzung wird *instrumentell* genannt.
- Darüber hinaus können Informationen das allgemeine Verständnis des Geschäfts und der Situation fördern, in der sich der Manager befindet. Die Informationen führen hier allerdings nicht zu konkreten Entscheidungen. Wenn die Informationen in dieser Weise die Denkprozesse und Handlungen der Manager beeinflussen, wird dies *konzeptionelle* Nutzung genannt.
- Eine dritte Art der Nutzung löst sich explizit von der Annahme, dass die Informationen zuerst vom Manager verarbeitet werden, um unmittelbar oder zu einem späteren Zeitpunkt in Kenntnis der Informationen Entscheidungen zu treffen. Von *symbolischer* Nutzung wird gesprochen, wenn die Informationen erst dann benutzt werden, wenn die Entscheidung an sich schon getroffen ist, und die Informationen dann zur Durchsetzung eigener Entscheidungen und Beeinflussung anderer Akteure eingesetzt werden.

Betrachten wir hierzu wiederum das Beispiel der Kostenrechnung:

- Die *instrumentelle* Nutzung bezieht sich auf die Nutzung von Kostenrechnungsinformationen für konkrete Prognose- und Bewertungsprobleme. Dabei greift der Manager auf sein vorhandenes Wissen (»internes Modell«) zurück, das stark von dem Vorgehen der Kostenrechnung bestimmt wird (Bewertung der Leistungserstellung, Art der Kostenzurechnung und anderes mehr).

Instrumentelle Nutzung

- Die *konzeptionelle* Nutzung ist nicht als Input auf ein vorhandenes internes Modell gerichtet, sondern dient dazu, ein solches anzustoßen und aufzubauen. Je mehr es einem Unternehmen gelingt, alle Führungskräfte und Mitarbeiter mit der Funktionsweise der Kostenrechnung vertraut zu machen, desto eher sind sie in der Lage, »dieselbe Sprache zu sprechen« (vgl. Pfaff/Weber 1998, S. 160). Hiermit werden Kommunikationsprobleme beseitigt.

Konzeptionelle Nutzung

- Die *symbolische* Nutzung dagegen setzt bewusst eine Unterschiedlichkeit der internen Modelle der betrachteten, auf verschiedenen Ebenen angeordneten Mitarbeiter voraus. Diese Unterschiedlichkeit kann gewollt sein, um dem unterschiedlichen Wissensstand von Sender und Empfänger der Information gerecht zu werden. Die hierfür passende Veranschaulichung ist die Frage »Wie sage ich es meinem Kinde?« Wenn ein Vorstand aus seiner strategischen Gesamtschau zu einer Entscheidung kommt, die einem drei Hierarchieebenen tiefer angesiedelten Abteilungsleiter vermittelt werden soll, so kann es der richtige Weg sein, anstelle der – vom Abteilungsleiter kaum nachvollziehbaren – strategi-

Symbolische Nutzung

schen Zielvorgaben Kostengrößen zu verwenden, wenn diese beim Abteilungsleiter zu den für die Strategieumsetzung notwendigen Handlungen führen. Allerdings kann symbolische Nutzung auch eine bewusste Manipulation darstellen, mit deren Hilfe ein Manager versucht, seine persönlichen Ziele (z. B. Macht und Karriere) zu erreichen.

Unterschiedliche Nutzungsarten stellen unterschiedliche Anforderungen an die Informationen.

Alle drei Nutzungsarten stellen unterschiedliche Anforderungen an die Gestaltung der Informationsversorgung, hier am Beispiel der Kostenrechnung dargestellt: Für die instrumentelle Nutzung werden exakte, differenzierte und problemspezifische Informationen benötigt. Dies erfordert einen komplexen Aufbau der Kostenrechnung, um den unterschiedlichen Fragestellungen der Manager genügen zu können. Dagegen verlangt die konzeptionelle Nutzung eine vergleichsweise einfache Gestaltung: Je komplexer das System, desto schwerer fällt es, die »Kostenrechnungssprache« zu lernen. Kostenrechnung muss in Sinne der konzeptionellen Nutzung eine Umgangssprache sein, keine Fachsprache, die nur von wenigen Spezialisten gesprochen wird. Für die symbolische Nutzung schließlich sind unterschiedliche Argumentationen möglich. Ist die Kostenrechnung hochkomplex, so lässt sich nur sehr schwer nachverfolgen, ob ein Kostenwert bewusst verändert (manipuliert) wurde. So bleibt eine im Verhältnis zu anderen Abteilungen höhere Belastung mit Overhead für einen dezentralen Abteilungsleiter unter Umständen unerkannt, wenn die Kostenrechnung eine vielschichtige, eine Vielzahl von Umlagenarten umfassende Gemeinkostenverteilung vornimmt. Dies zu erkennen kann aber auch heißen, die Kostenrechnung nicht mehr als bindendes Informationsinstrument anzuerkennen, und zu versuchen, auf andere Steuerungsgrößen überzugehen.

Controller müssen sich stärker mit der Nutzung ihrer Informationen durch die Manager auseinandersetzen.

Für Controller bedeutet dies zum einen, Informationsinstrumente deutlich stärker als in der Vergangenheit auf ihre tatsächliche Verwendung »im täglichen Betrieb« hin zu analysieren und zu hinterfragen. Betriebswirtschaftliche Instrumente entwickeln sonst schnell ein nicht gewünschtes Eigenleben. Zum anderen sind Controller gehalten, eine symbolische Nutzung von Informationen sehr kritisch zu begleiten; zu groß ist die Gefahr von Rationalitätsdefekten.

In der Literatur finden sich noch weitere Differenzierungen von Nutzungsarten.

Neben der Typologie von Pelz gibt es in der Literatur noch eine ganze Reihe von Typologien zur Nutzung von Informationen, von denen wir im Folgenden die Wichtigsten kurz vorstellen möchten (vgl. im Überblick die *Abbildung 4-3* und Schäffer/Steiners 2004, S. 379 ff.):

Eine der ersten betriebswirtschaftlichen Untersuchungen zur Informationsnutzung stammt von Simon et al. aus dem Jahr 1954. Im Auftrag der amerikanischen Controllership Foundation führten sie eine Studie zur Organisation von Controllerabteilungen durch und stellten fest, dass Manager Informationen des Controllingsystems in dreifacher Hinsicht nutzen: Zum »Problem-Solving«, »Score-Carding« und »Attention-Directing«. Diese Typologie findet sich heute als Standard in fast allen englischsprachigen, aber nur in wenigen deutschsprachigen Lehrbüchern:

- *Problem-Solving* beschreibt die Nutzung von Information durch Manager, um wahrscheinliche Ergebnisse von möglichen Handlungsalternativen zu quantifizieren und eine Empfehlung des einzuschlagenden Wegs zu geben.
- Die Nutzung von Informationen durch Manager zur Beurteilung des Erfolgs von Unternehmen bzw. Unternehmenseinheiten bezeichnen Simon et al. als *Score-Carding*.
- Im Rahmen des *Attention-Directing* wird die Aufmerksamkeit des Managements auf wichtige und kritische Fragestellungen gelenkt.

Score-Carding und Attention-Directing sind dabei untrennbar miteinander verbunden, da sich die Allokation der Aufmerksamkeit von Managern ändert, wenn z. B. bei Kennzahlen unerwünschte Abweichungen auftreten.

In einem häufig zitierten Beitrag zur Rolle des Controlling in Organisationen und Gesellschaft unterscheiden Burchell et al. in Abhängigkeit von der Unsicherheit über die zu verfolgenden Ziele und der Unsicherheit über Ursache-Wirkungs-Beziehungen vier Rollen des Controlling im Entscheidungsprozess:

- Bei geringer Unsicherheit über Ursache-Wirkungs-Zusammenhänge und geringer Unsicherheit über die verfolgten Ziele kann das Controlling als Auskunftsapparat (*»answer machine«*) genutzt werden. Mit Hilfe von Algorithmen, Formeln und Regeln werden

Probleme durch Berechnung gelöst. Die Controllinginformationen tragen in diesem Fall unmittelbar zur Entscheidungsfindung bei.

- Bei hoher Unsicherheit über Ursache-Wirkungs-Zusammenhänge und geringer Unsicherheit über die verfolgten Ziele liefert das Controlling häufig keine Antworten, sondern hilft bei der Entscheidungsabwägung, z. B. durch Sensitivitätsanalysen oder »what-if«-Modelle. Burchell et al. (1980) charakterisieren das Controlling in diesem Fall als Lernapparat (*»learning machine«*).
- Unsicherheit oder Uneinigkeit über die verfolgten Ziele und relative Sicherheit über Ursache-Wirkungs-Beziehungen führen zu Konflikten zwischen Werten, Prinzipien und Interessen der beteiligten Akteure. Der Entscheidungsprozess wird geprägt durch politisches Verhalten. Das Controlling wird in diesem Fall zu einem Munitionsapparat (*»ammunition machine«*), mit dem verschiedene Parteien ihre Positionen untermauern.
- Bei hoher Unsicherheit über die zu verfolgenden Ziele und die Ursache-Wirkungs-Beziehungen kann das Controlling als Begründungsapparat (*»rationalization machine«*) genutzt werden. So können historische Controllinginformationen zur Legitimation und Verteidigung von Handlungen verwendet werden, die zuvor auf einer anderen Grundlage entschieden worden sind.

Die Differenzierung von Menon/Varadarajan

Menon/Varadarajan (1992) greifen in einem gerade in der deutschsprachigen Controllingliteratur oft zitierten Artikel zur Nutzung von Marketinginformationen den von Pelz vorgestellten Ansatz auf und entwickeln ihn weiter. Sie unterscheiden zwischen der aktionsorientierten (»action oriented«), der wissenssteigernden (»knowledge enhancing«) und der gefühlsorientierten (»affective«) Informationsnutzung:

- Die *aktionsorientierte* Nutzung zeigt sich in Veränderungen der Handlungen des Nutzers, die sich direkt auf die Ergebnisse und Implikationen der Forschungsergebnisse zurückführen lassen. Sie wird weiter unterteilt in die instrumentelle und symbolische Nutzung. Instrumentelle Nutzung entspricht – wie weiter oben bereits ausgeführt – der unmittelbaren Nutzung von Forschungsergebnissen für die Problemlösung. Symbolische Nutzung von Informationen liegt vor, wenn Akteure Informationen einsetzen, obwohl sie für ihre Entscheidungsfindung irrelevant sind.
- *Wissenssteigernde* Nutzung zeigt sich in Veränderungen des Wissens und Verständnisses des nutzenden Akteurs zu den Fragen und Themen der Studie. Der Lerneffekt des Nutzers kann dabei bewusst oder unbewusst erfolgen.
- Neben der aktionsorientierten und der wissenssteigernden Nutzung verwenden Akteure Informationen, um sich besser zu fühlen und die allgemeine Zufriedenheit mit ihren Entscheidungen zu erhöhen. Diese Art der Nutzung bezeichnen Menon/Varadarajan als *gefühlsorientiert* (»affective«).

Die Differenzierung von Simons

Unterschiedliche Verwendungsarten von Informationen lassen sich darüber hinaus auch aus einem Ansatz von Simons ableiten. Dieser unterscheidet Werte- und Abgrenzungssysteme als kontextgestaltende Systeme auf der einen sowie diagnostische und interaktive Steuerungssysteme als kybernetische Systeme zur Formulierung und Durchsetzung der Strategie auf der anderen Seite.

Werte- und Abgrenzungssysteme definieren den Kontext der Aktivitäten des Managements (vgl. Simons 1995, S. 33 ff.):

Abb. 4-3

Ausgewählte Typologien zur Informationsnutzung in der Literatur (modifiziert entnommen aus Schäffer/Steiners 2004, S. 378 f.)

Autor(en) (Jahr)	Untersuchungsschwerpunkt	Nutzungsarten
Simon et al. (1954)	Nutzung von Controlling-informationen durch Manager	Score-Carding Attention-Directing Problem-Solving
Pelz (1978)	Nutzung sozialwissenschaftlicher Forschungsergebnisse durch politische Entscheidungsträger	Instrumentell Konzeptionell Symbolisch
Burchell et al. (1980)	Nutzung von Controlling-informationen im Willensbildungs-prozess	Auskunftsapparat Lernapparat Munitionsapparat Begründungsapparat
Menon/Varadarajan (1992)	Nutzung von Marketing-informationen in Organisationen	Aktionsorientiert Wissenssteigernd Bestätigungsorientiert

Abb. 4-4

»Levers of Control« nach Robert Simons (übersetzt entnommen aus Simons 1995, S. 7)

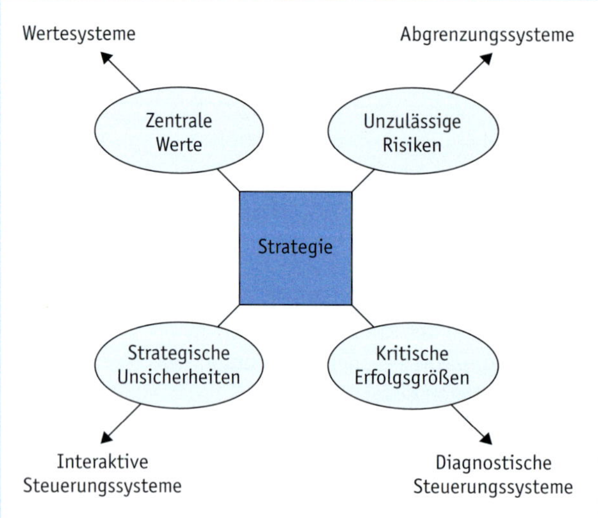

- Abgrenzungssysteme (*»Boundary Systems«*) orientieren negativ im Sinne von Verboten: Sie grenzen die unzulässigen Risiken aus, sei es im strategischen Bereich (»Strategic Boundaries«) oder sei es im Bereich konkreter Verhaltensweisen der Akteure (»Business Conduct Boundaries«). Abgrenzungssysteme geben so den Rahmen bzw. die Grenze für die Handlungen des Managements vor.
- Wertesysteme (*»Beliefs Systems«*) orientieren dagegen positiv im Sinne von Geboten: Sie kennzeichnen diejenigen Werte und Normen, die für die Aktivitäten der Akteure richtungsweisend und verbindlich sein sollen. Das Wertesystem gibt so das abstrakte Muster der Handlungen des Managements vor.

Auch die Unterscheidung von Simons legt es den Controllern nahe, intensiv über die Verwendung ihrer Informationen nachzudenken.

Das Zusammenspiel von Abgrenzungs- und Wertesystemen wird von Simons als kreatives Spannungsverhältnis von stabilisierenden und expansiven Kräften beschrieben, das die Grundlage für eine erfolgreiche Steuerung schaffen soll. Dabei legt das Abgrenzungssystem zwar fest, was unzulässig ist, gleichzeitig schafft es aber auch die Freiheit für die Suche nach neuen Orientierungen: »Rules of unacceptable behavior allow freedom of action within specific bounds« (Simons 1995, S. 53). Die beiden Systeme setzen so den gedanklichen Rahmen für die verbleibenden Freiheitsgrade des Managements.

Im so definierten Kontext dienen diagnostische und interaktive Steuerungssysteme nun der inhaltlichen Konkretisierung der strategischen Ziele. Sie zielen nicht auf abstrakte Muster und Kontextgestaltung, sondern auf die konkreten Einzelheiten der Strategie und ihrer Umsetzung:

- *Diagnostische* Steuerungssysteme (»Diagnostic Control Systems«) sind als Steuerungssysteme im klassischen Sinne gedacht, bei denen (planerische) Zielvorgabe und (kontrollierte) Zielerreichung miteinander verglichen werden. Sie geben dem Unternehmen Sicherheit, ohne dass die ständige Aufmerksamkeit des Managements erforderlich ist. Wie ein Thermostat reguliert sich das System im Idealfall über negative Rückkopplungsschleifen selbst und erfordert im laufenden Betrieb keine weitere Aufmerksamkeit. Die Mechanismen periodischer, stochastischer und ausnahmengetriebener Fremdkontrollen stellen sicher, dass die Kapazität des Managements nur in vertretbarem Umfang in Anspruch genommen wird (vgl. Simons 1995, S. 59 ff.).
- *Interaktive* Steuerungssysteme (»Interactive Control Systems«) stehen im Zentrum der organisationalen Aufmerksamkeit und sollten ständig im Bewusstsein des Managements sein. Sie treiben das Unternehmen und generieren Spannung. So wird die Energie und Aufmerksamkeit des Managements auf den Teil des diagnostischen Systems fokussiert, der in besonderem Maße mit strategischer Unsicherheit behaftet ist (vgl. Simons 1995, S. 91 ff.). Unter Umständen handelt es sich dabei nur um eine einzige Steuerungsgröße.

Auch das Zusammenspiel von diagnostischen und interaktiven Steuerungssystemen wird von Simons als kreatives Spannungsverhältnis von stabilisierenden und expansiven Kräften beschrieben. Unternehmen sollten beide Fähigkeiten kultivieren: Stabilität mit möglichst geringer Beanspruchung der Zeit des Managements und auf strategische Unsicherheiten fokussiertes Lernen als expansives Element.

Bezogen auf die Gestaltung von Informationssystemen legt die Differenzierung von interaktiven und diagnostischen Steuerungssystemen die Frage nahe, ob sie primär auf eine der beiden Steuerungsarten fokussiert werden oder aber beide mit Informationen versorgen können sollten. Für laufend ermittelte und berichtete Kosten etwa ist dies dahingehend zu spezifizieren, ob sie eher dem Management das ordnungsgemäße Funktionieren des komplexen Systems der Leistungserstellung vermitteln sollten – etwa verkörpert im System der im 6. Kapitel noch vorzustellenden Plankostenrechnung –, oder ob Kosten tatsächlich im Fokus des Managementhandelns stehen und somit neue Entscheidungen anstoßen, die das Unternehmen vorantreiben. Die Konsequenzen für die Gestaltung einer Kostenrechnung liegen auf der Hand.

Auch die Differenzierung von Simons hat für Controller eine wichtige Bedeutung: Eine Fülle von Informationen zu präsentieren, macht nur dann Sinn, wenn diese beim Management diagnostisch wirken sollen. Soll Handlungsdruck signalisiert werden, müssen die Informationen entsprechend zugespitzt werden; ansonsten gehen sie im »Rauschen der Informationsflut« unter.

Die genannten Klassifikationen von Arten der Informationsnutzung sind – so sollten schon die wenigen Beispiele deutlich gemacht haben – für die Gestaltung der Informationsversorgung von erheblicher Bedeutung. Die Ausführungen haben ein Weiteres implizit ausgeführt: Wer Informationssysteme für das Management gestaltet, sollte sich von der häufig – ebenfalls implizit – unterstellten Prämisse trennen, es ginge dabei um eine möglichst unverzerrte, »realitätsgerechte« Abbildung des Geschehens im Unternehmen und in seiner Umwelt. Diese bei Ingenieuren wie Betriebswirten übereinstimmend zu findende Auffassung rekurriert auf einen quasi naturwissenschaftlichen Hintergrund: Controller sollen danach Informationsinstrumente so gestalten, dass sie eine »objektive« Abbildung der Realität und eine »unbestechliche« Messung ermöglichen; ihre Genauigkeit sollte nur durch die Kosten der Messung begrenzt werden. Eine solche »technokratische« Sichtweise verkennt allerdings, dass Naturwissenschaft mit Wirtschafts- und Sozialwissenschaft nur begrenzt etwas gemein hat. Zwei wesentliche Unterschiede gilt es zu beachten:

(1) Zum einen ist jede Abbildung des Geschehens im Unternehmen zwangsläufig selektiv: Ein Informationssystem ist nicht das Unternehmen, sondern nur ein »unendlich« selektives Bild davon: »Die ›wirklich‹ ›wichtigen‹ Informationen sind durch das Controlling schon angeboten, wenn es zur Entscheidung kommt, und die Form der Beobachtung ist (durch das Controlling) situationsgemäß zugeschnitten, denn die Unterscheidung zwischen relevanten und nichtrelevanten Informationen ist bereits vorab getroffen ... Die Forderung des Managements an das Controlling nach der ›executive summary‹, dem Kurzreport mit den ›wichtigsten‹ Informationen, die als Grundlage für eine Entscheidung herangezogen werden verdeutlicht, dass [dies] alltägliche Praxis ist« (Scheytt 2003, S. 198).

Eine Fülle von Informationen zu präsentieren, macht nur Sinn, wenn diese diagnostisch verwendet werden sollen.

Die bereitgestellten Informationen lenken so die Allokation der knappen Ressource Aufmerksamkeit im Management auf ausgewählte Aspekte und blenden andere aus: »What gets measured, gets done«. Es kommt aber noch schlimmer: Das, was dem Physiker nur in Grenzbereichen begegnet (Heisenberg'sche Unschärferelation), ist für einen Soziologen oder einen Betriebswirt der Normalfall: der Abbildungsvorgang verändert das Abzubildende. In dem Moment, in dem versucht wird, ein Unternehmen durch ein Informationssystem zu repräsentieren, verändert es sich, da die wahrgenommene Bedeutung von Bereichen beeinflusst wird und sich zudem häufig das Abzubildende an die standardisierten Anforderungen der Abbildungssoftware anpasst. Wie auch aus Befragungen und den Hawthorne-Experimenten bekannt ist: Jeder Repräsentationsversuch ist bereits eine Intervention.

Controller müssen wissen, dass der Abbildungsvorgang das Abzubildende beeinflusst.

(2) Zum anderen wird die Abbildung des Geschehens vom Empfänger der Information über dessen interne Modelle – und damit in der Regel anders – wahrgenommen: »Controllinginformationen sind nicht in einem Container zu versenden und ›unbefleckt‹ zu empfangen. Controllinginformationen eines Senders erreichen den Empfänger in der Art und Weise, wie Letzterer sie wahrnimmt und interpretiert, bedeutet (vgl. Jönsson 1996). Technisch und durch Ausbildung und Schulung werden Vorkehrungen getroffen, die sicherstellen sollen, dass der Empfänger keinen Interpretations- und Bewertungsspielraum

Individuell werden Informationen sehr unterschiedlich wahrgenommen.

hat. Aber weder diese technischen Vorrichtungen noch adäquate Ausbildungen und Schulungen bieten letzte Sicherheit« (Kappler 2004, S. 590 f.).

Informationssysteme sind damit primär vor dem Hintergrund zu beurteilen, ob und wie sie das Verhalten von Menschen beeinflussen. Wir werden hierauf noch mehrfach zurückkommen.

4.2.5 Informationsbedarf, Informationsangebot und Informationsnachfrage

Nicht immer wissen Manager, was sie wirklich an Informationen brauchen.

Controller sollten nur solche Informationen bereitstellen, die vom Management tatsächlich gebraucht werden, für die somit ein Informationsbedarf vorliegt. Um diesen zu bestimmen, kann man zwei Wege gehen: Zum einen besteht die Möglichkeit, die Informationsnachfrage des Managements zu beobachten. Kommen z. B. Nachfragen nach Details eines Monatsberichts stets kurz nach dessen Versendung, so ist von einer intensiven Nutzung dieser Ergebnisinformationen auszugehen. Der umgekehrte Fall liegt vor, wenn Berichte ungelesen in den Ablagen der Sekretariate verschwinden. Eine solche Nicht-Nutzung bleibt für die Controller allerdings häufig unerkannt. Deshalb ist es zum anderen angebracht, die Manager direkt nach ihren Informationsbedarfen zu fragen. Manager wissen jedoch – wie ebenfalls schon angesprochen – nicht immer, was sie wirklich brauchen. Insgesamt kommt es deshalb in der Praxis häufig zu einem Auseinanderfallen des Informationsangebots der Controller, der Informationsnachfrage durch die Manager und deren »eigentlichem« Informationsbedarf. Wir wollen diesen Tatbestand mit Hilfe einer sehr häufig benutzten Darstellung (vgl. z. B. Berthel 1992, Sp. 875; Brockhoff 1983, S. 56) näher betrachten (vgl. die *Abbildung 4-5*).

Abb. 4-5

Gestaltung des Informationsangebots im Spannungsfeld zwischen Nachfrage und Bedarf

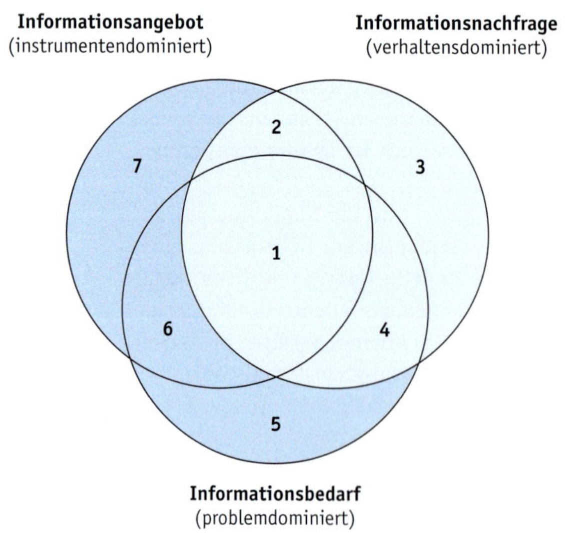

Die »ideale« Situation ist durch das Feld 1 gekennzeichnet, in dem Bedarf, Nachfrage und Angebot übereinstimmen. Dieser Schnittbereich wird aber in der Realität eher selten erreicht:

- Das Management kennt ohne entsprechende Kommunikation der Controller nicht alle Informationsmöglichkeiten, für die es grundsätzlich Bedarf hätte (Feld 6). »Informationsprodukte«, die vom Manager als Kunden nicht nachgefragt werden, müssen in diesem Feld gesondert »verkauft« werden. Beispiel ist etwa eine Prozesskostenstudie in Gemeinkostenbereichen, für die bislang im Unternehmen keine Erfahrung vorliegt.
- Schlägt ein solches Verkaufen auch nach mehreren Versuchen noch fehl, könnte es daran liegen, dass die Controller einen Bedarf lediglich vermutet haben, der de facto aber gar nicht vorhanden ist (Feld 7). Ein Beispiel hierfür könnten detaillierte Kostenzusammenstellungen sein, die dem Kostenstellenleiter Führungshilfen geben wollen, die dieser gar nicht umsetzen kann. Aufgabe des Controllers muss es dann sein, das Angebot so schnell wie möglich einzustellen, um keine unnötigen Kosten zu verursachen und den Manager mit solchen Informationen zu überlasten.
- Schwieriger zu erkennen ist die Situation, dass Informationsprodukte abgenommen werden, für die bei näherem Hinsehen gar kein Bedarf besteht (Feld 2). Selten ist der Fall aber wohl nicht. Dies liegt (auch) an der Un-

entgeltlichkeit der von Controllern erbrachten Informationsleistungen. Müssten Manager für jeden Bericht oder jede gelieferte Zahl Verrechnungspreise zahlen, wäre das Feld 2 vermutlich schnell unbesetzt.

- In dem Feld 5 finden sich »Hidden Information Products«, innovative Informationen, die vom Management noch nicht nachgefragt, aber prinzipiell gebraucht werden. Stets auf der Suche nach solchen Informationsprodukten zu sein, erhält den Nutzen der Controller für das Management. Beispiel könnte eine nach Prinzipien des Shareholder-Value-Konzepts erstellte interne Erfolgsrechnung sein. Was unter wertorientierten Steuerungsgrößen zu verstehen ist, werden wir noch näher kennen lernen (vgl. Abschnitt 7.3.2).
- Im Feld 3 haben wir es mit Nachfrage des Managements zu tun, die fehlgeleitet ist. Als Beispiel kann man an die Nachfrage nach Vollkostenwerten für die Fundierung »klassischer« kurzfristiger Entscheidungen denken. Aufgabe des Controllers ist es in einem solchen Fall, das Management »aufzuklären«, entsprechendes Know-how zu vermitteln und die jeweils richtigen Informationen anzubieten.
- Das Feld 4 kennzeichnet schließlich potentielle Informationsprodukte hoher Priorität: Das Management hat nicht nur einen tatsächlichen Bedarf, sondern fragt die entsprechenden Informationen bereits nach, ohne dass der Controller sie anbietet. Von derartigen Situationen wird häufig im Zusammenhang mit Informationsreisen des Managements oder mit Benchmarking-Projekten berichtet. Hier herrscht Handlungsbedarf, der nur von zu hohen Kosten der neuen Informationsprodukte gebremst werden dürfte.

Welche Informationen in welche der sieben Kategorien fallen, hängt von einer Vielzahl von Aspekten ab. Diese lassen sich grob differenzieren in solche,

- die aus den zu lösenden Führungsaufgaben resultieren (ein stark unter Marktdruck stehender Manager wird etwa deutlich mehr marktbezogene Informationen nachfragen als ein Produktionsleiter, der es nie mit einem »echten« Kunden zu tun bekommt),
- die aus dem Unternehmenskontext folgen (legt das Unternehmen auf eine hohe interne Transparenz wert, so werden einem dezentralen Manager sehr viel mehr Informationen zur Verfügung gestellt als in einer Unternehmenskultur, die mit ergebnisbezogenen Informationen intern eher eine Geheimniskrämerei betreibt, wie man dies insbesondere aus mittelständischen Unternehmen her kennt), und solche
- die von den Eigenschaften der jeweiligen Manager bestimmt werden.

Die Gegenüberstellung von Informationsangebot, -nachfrage und -bedarf zeigt sehr unterschiedliche Informationssituationen auf.

Wie im 2. Kapitel angemerkt, sind bei den Eigenschaften der Manager zumindest Fähigkeiten und Einstellungen zu unterscheiden. Zu den Fähigkeiten zählen unter anderem die fachliche Ausbildung und die Erfahrung mit bestimmten Informationen: Auch ein nicht betriebswirtschaftlich ausgebildeter Manager wird wohl nach einigen Berufsjahren die Bedeutung der einzelnen GuV-Zeilen kennen und Abschreibungen in ihrer Aussagefähigkeit einschätzen können. Bei der Einstellung sehen sich Controller vereinfacht betrachtet mehr zahlenorientierten und eher zahlenaversen Managern gegenüber. Beide stellen ganz unterschiedliche Anforderungen an die Informationsversorgungsleistung:

- Erstere können sehr präzise Informationsanforderungen formulieren und die Güte der gelieferten Informationen hinreichend beurteilen. Controller haben hier rationalitätssichernd potentiell zwei Aufgaben: Zum einen besteht zuweilen der Bedarf, Manager von der Notwendigkeit anderer Zahlen zu überzeugen. Ein Beispiel hierfür ist die starke Fixierung von Produktionsmanagern auf Auslastungsgrade der Maschinen anstelle einer Berücksichtigung von Durchlaufzeiten oder Deckungsbeiträgen. Zum anderen müssen Controller zuweilen auch eine zu starke Ausblendung qualitativer Aspekte beim Manager verhindern.
- Letztere entsprechen dem »Normaltypus« des Managers, den Deyhle unterstellt (vgl. nochmals Abschnitt 2.1.2.2). Hier kommt auf Controller die Aufgabe zu, zum einen für die Notwendigkeit betriebswirtschaftlicher Zahlen zu werben und zum anderen Inhalt und Bedeutung dieser Informationen zu erläutern.

Weiterhin ist die Informationsbereitstellung auch von den konkreten Eigenschaften der einzelnen Manager abhängig – oder sollte zumindest darauf ausgerichtet sein.

Zusammenfassende Aussagen (vgl. auch Leitfrage 2)

- Ein wichtiger Teil der Aufgaben von Controllern betrifft die Informationsversorgung des Managements.
- Ziel der Controller muss es sein, die Informationsbedarfe des Managements hinreichend abzudecken. In dem Maße wie diese über Ergebnisinformationen hinausgehen, sind auch nicht-monetäre Steuerungsgrößen für Controller relevant.
- Informationen können ganz unterschiedlich genutzt werden. So lassen sich etwa die instrumentelle, konzeptionelle und symbolische sowie die diagnostische und interaktive Nutzung von Informationen unterscheiden.
- Unterschiedliche Nutzungsarten bringen unterschiedliche Anforderungen an die Gestaltung der Informationsversorgung mit sich. Die Gestaltung der Informationsversorgung steht im Spannungsfeld von Informationsangebot, -nachfrage und -bedarf.

Standardzuordnungen von Informationen zu einzelnen Feldern der *Abbildung 4-5* gibt es also nicht. Zu groß sind die situationsspezifischen Einflüsse. Für Controller ist es deshalb erforderlich, »ihre« Manager hinsichtlich deren Fähigkeiten und Einstellungen zu hinterfragen und sich in ihrem Informationsbereitstellungsverhalten darauf einzustellen. Eine Grenze findet das Eingehen auf den einzelnen »Kunden« dort, wo die Eigenschaften des Managers zu stark von den unternehmensintern üblichen bzw. für die Managerposition geforderten Soll-Eigenschaften abweichen.

4.3 Menschliches Informationsverhalten

Die explizite Berücksichtigung menschlicher Eigenschaften sollte nur dort erfolgen, wo damit bessere Erklärungen geliefert werden.

Ein wesentliches Merkmal dieses Einführungsbuchs ist – wie Sie schon aus dem einführenden I. Teil wissen – die Betonung einer verhaltensorientierten Perspektive. Die Arbeit der Controller wird nur unzureichend erklärt, wenn man von den Eigenschaften von Menschen abstrahiert. Diese Eigenschaften können dazu führen, dass rein analytisch, sachlich gefundene Lösungen nicht optimal sind. Wer käme beispielsweise – um an der Argumentation des 3. Kapitels anzuknüpfen – auf die Idee, »stretched targets« zu setzen, also Ziele in einer Höhe vorzugeben, die wohl auch bei bestem Willen nicht zu erfüllen sind, wenn nicht bekannt wäre, dass Menschen in bestimmten Kontexten mit derartigen Ansprüchen deutlich weiter springen, als sie es bei einer »realistischen« Zielsetzung tun würden?

Auch Psychologen haben nicht immer eine übereinstimmende Meinung.

Sich auf Eigenschaften von Menschen einzulassen, ist aber für einen Ökonomen eine alles andere als einfache Aufgabe. Das dann zu bearbeitende Feld ist ausgesprochen breit, kaum überschaubar weit. Viele Meinungen (insbesondere) von Psychologen konkurrieren miteinander, und auch die große Zahl von empirischen Studien führt nicht immer – manchmal hat man den Eindruck: nur selten – zu übereinstimmenden Ergebnissen. Für ein Einführungsbuch in das Controlling bedeutet dies, nur wenige, besonders ausgewählte verhaltenswissenschaftliche Erkenntnisse einzubeziehen. Basis für diese Auswahlentscheidung sind einerseits die Wesentlichkeit der Probleme, die unter Berücksichtigung dieser Erkenntnisse von den Controllern besser gelöst werden können als ohne sie, und andererseits der Verbesserungsgrad der Lösung. Hierfür gibt es aber leider keine Arithmetik; unserer Auswahl sollte dennoch zumindest eine gewisse Plausibilität nicht abgesprochen werden können.

In diesem Abschnitt geht es um potentielle Fehler, die Menschen im Umgang mit Informationen begehen. Zum einen handelt es sich dabei um Fehler bei der Wahrnehmung und der Interpretation einzelner Informationen. Zum anderen wollen wir kurz auf Fehler eingehen, die auftreten, wenn Menschen sich zu vielen Informationen gegenübersehen (»Information Overload«).

4.3.1 Fehler bei der Wahrnehmung und Interpretation von Informationen

Ausgangspunkt für den ersten Fehlertyp sind zwei Effekte, die sich sehr gut auch in ökonomischer Terminologie erklären lassen:

- Menschen besitzen nur begrenzte kognitive Fähigkeiten, ihre geistige Kapazität ist qualitativ wie quantitativ beschränkt. Dies führt zur Verwendung einer Reihe von unterschiedlichen Heuristiken, die die kognitive Kapazität »schonen«, aber durch ihre Vereinfachung auch zu Fehlern führen können.
- Menschen prägen mit der Zeit ein fest gefügtes *Selbstbild* einerseits und *Weltbild* andererseits aus. Ersteres umfasst die Annahmen über seine eigenen Eigenschaftsausprägungen und deren Nebenbedingungen, letzteres Erwartungen über die Konsequenzen seiner Handlungen im Kontext seiner Umwelt. Wesentliche Triebfeder sind die gemachten Erfahrungen. Da im Selbst- und im Weltbild eine Vielzahl von Erfahrungen zusammengeflossen ist, sind Menschen wenig geneigt, diese grundsätzlichen Einschätzungen bei abweichenden Erkenntnissen schnell zu verändern.

Dieser Befund überrascht einen Ökonomen nicht: Wenn in einer Kostenstelle in der Vergangenheit die Sollkosten immer erreichbar waren, spricht bei einer Abweichung viel dafür, dass es nicht an der Zielsetzung, sondern an Problemen in der Ausführung lag. Änderungen der Zielsetzung sind nur dann vorzunehmen, wenn es zu gravierenden Veränderungen der Produktionsfunktion gekommen ist. Während sich Controller in der Abweichungsanalyse mit dieser Fragestellung analytisch auseinander setzen können, läuft dieser Prozess beim einzelnen Menschen aber zumeist unbewusst ab. Wir sind uns der normalen Bestätigungspräferenz in der Regel nicht bewusst. Schlimmer noch: Menschen neigen – folgt man Psychologen – darüber hinaus dazu, den Antrieb zur Anpassung ihres Selbst- und Weltbilds systematisch zu reduzieren: »Menschen streben nach Stabilität und Konsistenz ihrer Wahrnehmungen (Fixierung). Aus dissonanztheoretischen Arbeiten wissen wir, dass dissonante Informationen geringere Chancen haben, wahrgenommen zu werden, als konsonante. Der Mensch entwickelt Abwehrmechanismen gegenüber Reizen, die bestehende Wert- und Einstellungssysteme bedrohen und zu einer Revision derselben führen könnten. Reize, die nicht in das bestehende Bild seiner selbst (Selbstwertkonzept) und das Bild seiner Umwelt (Weltbild, Vorurteile) passen, werden gefiltert, umgedeutet oder völlig abgelehnt« (Staehle 1999, S. 202).

Menschen können also manche Informationen nicht nur nicht richtig aufnehmen und interpretieren, sie wollen es unbewusst auch gar nicht! Ihre selektive Wahrnehmung speist sich also aus zwei verschiedenen Quellen. Controller können die erste durch ein Coaching weitgehend austrocknen, indem sie etwa einem Produktionsleiter die Wichtigkeit von Durchlaufzeiten und Servicegraden klar machen. Wenn dieser aber schon in seinem Maschinenbaustudium gelernt hat, dass es vor allem auf die Auslastung der Maschinen ankommt, wird er sich die Ausführungen seines Controllers zwar geduldig anhören, aber dennoch »unbeeindruckt« weiter nach seiner Überzeugung handeln. Wie die Dissonanztheorie nach Festinger (1957) ausführt, wird er nach konsonanten Informationen suchen (»Mein Vorstand hat mich gestern sehr gelobt, als ich ihm von der Steigerung des Auslastungsgrads berichtet habe«) oder die dissonanten verringern (»Wir haben uns so sehr beeilt, den Auftrag noch rechtzeitig fertig zu stellen, und jetzt steht er schon den zweiten Tag nicht abgeholt bei uns herum. So wichtig scheint die Lieferzeit dann ja wohl doch nicht zu sein«). Dies macht zum einen klar, warum Menschen sich mit Veränderungen so schwer tun. Zum anderen wird damit deutlich, warum die im Abschnitt 4.2.4 vorgestellte konzeptionelle Nutzung von Informationen einen so hohen Wert für ein Unternehmen besitzt: Haben alle im Unternehmen verstanden, dass jede – auch jede anteilige – Nutzung von Ressourcen Geld kostet, führt dies nicht nur zu ähnlichen Bewertungen von Tatbeständen, der Effekt beginnt vielmehr schon bei deren Wahrnehmung!

Als Fehler, die sich auf die Verwendung von Heuristiken zurückführen lassen, seien beispielhaft die Stereotypenbildung, der Halo- und der Ankereffekt angesprochen:

- Die *Stereotypenbildung* bezeichnet einen Wahrnehmungsirrtum dahingehend, dass man einen Menschen auf Basis einzelner Merkmale einer danach gebildeten Kategorie zuordnet, über die man sich ein generelles (Vor-)Urteil gebildet hat, und ihn dann dieser Kategorie

Menschen verwenden häufig Heuristiken, die mit Fehlern behaftet sein können.

Dissonanztheorie nach Festinger

Menschen streben nach Stabilität und Konsistenz ihrer Wahrnehmungen.

zugehörig wahrnimmt. Der Begriff stammt aus dem Druckereiwesen und bezeichnet dort beliebig wiederholbare Druckvorgänge mit einer feststehenden Druckplatte. Manager sind von einer Stereotypenbildung ebenso betroffen wie auch die Controller selbst. Wenn der altgediente Controller Müller dem neuen Kollegen Schulze mitteilt: »Denen aus der Geschäftseinheit Speichersysteme kann man nicht trauen«, wird der nächste auf dem Tisch des neuen Controllers landende Investitionsantrag aus dieser Geschäftseinheit entsprechend »mit spitzen Fingern« behandelt. Stereotypenbildung reduziert Komplexität; allerdings ist es stets erforderlich, den Unterschied zwischen Vorurteil und Urteil im Kopf zu behalten bzw. die Einschätzungen dahingehend zu hinterfragen.

Stereotypenbildung

Halo-Effekt

- Als *Halo-Effekt* bezeichnet man einen Wahrnehmungsvorgang, bei dem ein Mensch auf der Grundlage einer einzigen hervorstechenden Eigenschaft (Persönlichkeitsmerkmal) beurteilt wird, die alle anderen Merkmale überstrahlt. Sieht ein Controller in einem Manager primär seine charismatischen Fähigkeiten, kann er auch dann eine tief greifende Skepsis besitzen, wenn der Manager zusätzlich zu seinem Charisma durch fachliche Kompetenz und Analytik überzeugt. Controller müssen stets versuchen, sich eine hinreichende Urteilsdifferenzierung zu erhalten: Auch ein Chemiker kann durchaus ein brillantes ökonomisches Verständnis haben! Umgedreht sollte der Controller beim Manager dafür werben, nicht auf seine analytischen, monetär geprägten Fähigkeiten reduziert zu werden. Gerade die Rationalitätssicherungsfunktion ist nur dann wahrzunehmen, wenn den Controllern ein umfassenderes Führungsverständnis zuerkannt wird.

Ankereffekt

- Als *Ankereffekt* bezeichnet man schließlich einen Wahrnehmungsdefekt, bei dem der erste Eindruck die folgende Wahrnehmung wesentlich beeinflusst. Für Controller ist der Effekt von erheblicher Bedeutung. Häufig sind sie es, die für einen zu beurteilenden Sachverhalt einen »First Guess« abgeben müssen. Liegt dieser deutlich »daneben«, so kann die erste Einschätzung einen erheblichen Einfluss auf die weitere Beschäftigung mit dem Sachverhalt im Management nehmen. Gleiches gilt für die Vorstellung neuer Instrumente: Schnell wird vom Eindruck bei Pilotinstallationen auf den generellen Einsatz geschlossen. Auch der »First Guess« muss damit sehr sorgfältig vorgenommen werden.

Von allen anderen möglichen Verzerrungen und Fehlern sei abschließend nur noch auf die häufig zu beobachtende Situation verwiesen, dass Menschen die Sicherheit, mit der sie einen bestimmten Sachverhalt einschätzen, überschätzen (so genannter *»Confirmation Bias«*). Mit diesem Effekt geraten Controller sehr häufig in Kontakt, wenn sie mit »gestandenen« Managern über deren Pläne diskutieren. Die Probleme, dem Confirmation Bias zu begegnen, scheinen dabei eng mit dem Altersunterschied zwischen Manager und Controller zusammen zu hängen. An dieser Stelle helfen nur eine gute Gesprächsvorbereitung und der Aufbau von fachlicher Reputation.

4.3.2 Information Overload

»Je mehr Informationen, desto besser« ist eine gefährliche Heuristik.

Je mehr sich Controller auf die Informationsnachfrage »ihrer« Manager ausrichten, desto mehr werden sie mit dem Phänomen konfrontiert, ein immer breiteres Spektrum an Informationen abdecken zu müssen. Standardberichte etwa werden schnell unübersichtlich lang, da den Manager heute dieser Spezialaspekt, morgen jener interessiert, er aber nicht auf bereits im Bericht enthaltene Zahlen verzichten möchte.

Dieses Verhalten der Manager kommt mit der Eigenschaft vieler Controller zusammen, zahlenverliebt zu sein. Häufig sind »Zahlenfriedhöfe« die Folge. Diese kosten nicht nur Geld – und dies trotz der hohen DV-Durchdringung der Informationsbereitstellung. Vielmehr ist auch die Grundgleichung: »Je mehr Informationen, desto besser« unzutreffend. Menschen haben – wie mehrfach angesprochen – nur begrenzte kognitive Fähigkeiten; hiervon ist auch der Umgang mit Informationen betroffen. Dieses wäre nur dann unschädlich, wenn überschüssige Information lediglich ungenutzt bliebe. Allerdings zei-

Abb. 4-6

Defekte im Entscheidungsverhalten infolge von Grenzen der Informationsverarbeitungsfähigkeit von Menschen (in Anlehnung an Dörner 1989, S. 151–155)

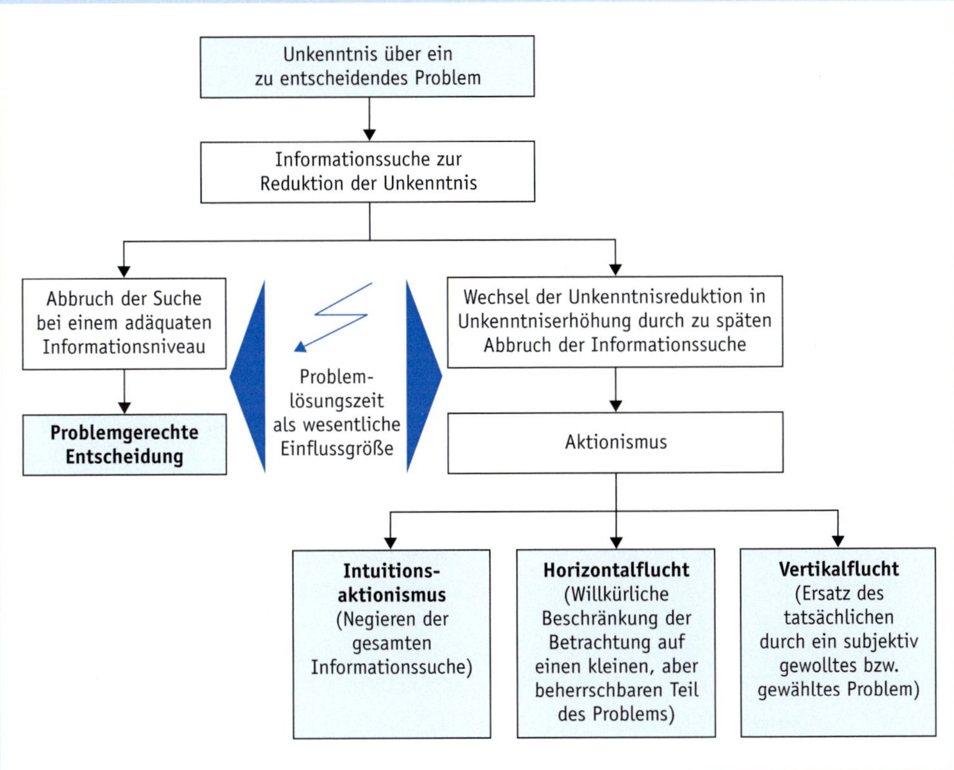

gen die Ausführungen im Abschnitt 4.2.4 und die sprichwörtliche Formulierung des »den Wald vor lauter Bäumen nicht mehr Sehens«, dass die Antizipationsfähigkeit von Menschen von einem Überschuss an Information nicht unbeeinträchtigt bleibt:

- Aus einer Vielzahl von Daten nicht mehr die wirklich wichtigen Informationen herausfiltern zu können, adressiert eine gestörte Perzeptionsfähigkeit.
- Erkenntnisse aus der Psychologie zeigen, dass darüber hinaus auch die Prognose- und Bewertungsfähigkeit, die uns um 9. Kapitel näher beschäftigen wird, durch einen »Information Overload« betroffen sind. Die auf Dörner (1989, S. 151–155) zurückgehende *Abbildung 4-6* zeigt, dass ein »zu viel« an Informationen Aktionismus auslösen kann, der zu irrationalem Verhalten führt.

Aufgabe von Controllern muss es also sein, die insbesondere durch moderne betriebswirtschaftliche Software gelieferte Informationsvielfalt für den Manager zu begrenzen. Der Auswahl der richtigen Zahl für das richtige Problem kommt eine zentrale Bedeutung zu. Controller sollten die Rolle von Informationsintermediären übernehmen und jeweils abschätzen, welcher Manager wie viel an Informationen »verträgt«. Dies bedeutet auch, konkrete Informationsnachfrage zuweilen bewusst nicht zu decken. Plakativ heißt dies etwa für Standardberichte, dass der Manager dem Controller für jede von ihm neu gewünschte Information angeben muss, auf welche bisherige er dafür verzichtet.

Controller dürfen nicht jedem Informationswunsch des Managements folgen – sonst kommt es leicht zur Informationsüberflutung.

Wie viele Informationen ein Manager »verträgt«, hängt zentral davon ab, wofür er die Informationen benötigt. Zum Beleg dieser intuitiv plausiblen Feststellung sei auf die im Abschnitt 4.2.4 vorgestellte Differenzierung von Simons zurückgekommen: Diagnostische Informationen sind in größerer Zahl vom Manager verarbeitbar als interaktive. Für erstere gilt das Bild des Leitstandes, auf dem die meisten Lämpchen grün leuchten, nur wenige dagegen orange oder gar rot. Die potentielle Vielfalt wird durch die Konzentration auf wenige sich außerhalb des Sollwertes befindliche Informationen reduziert. Ein Problem ergibt sich erst dann, wenn eine größere Zahl von Lampen orange oder rot aufleuchtet. Der Manager weiß dann nicht mehr, wohin er zuerst schauen und welche konkrete Maßnahme er vordringlich veranlassen soll. Eine interaktive, Handlungen auslösende Nutzung von Informationen ist nur für wenige Größen gleichzeitig möglich.

Die Rolle als Informationsintermediär zu übernehmen, heißt für die Controller schließlich auch, dass sie auf jeden Fall versuchen sollten, die Informationsbereitstellung für die Manager zu bündeln. Dass dieser Versuch nicht nur die Position der Controller im internen Wettbewerb stärkt, sondern auch zu einer höheren Zufriedenheit der Manager führt, zeigen die Ergebnisse einer empirischen Studie zur Nutzung von Kennzahlen durch das Top-Management (Weber/Sandt 2001, S. 26): Manager, die die Kennzahlenberichte »aus einer Hand« erhielten, waren deutlich zufriedener als Kollegen, auf deren Schreibtischen sich Kennzahlenblätter unterschiedlicher »Lieferanten« sammelten.

Zusammenfassende Aussagen (vgl. auch Leitfrage 3)

- Menschen funktionieren nicht (immer) so, wie es die traditionelle ökonomische Theorie unterstellt. Vielmehr sind sie durch eine Reihe von kognitiven Begrenzungen und Fehlern gekennzeichnet.
- Für Controller bedeutet dies zum einen die Notwendigkeit, die Einschränkungen bei dem Design der Informationsinstrumente mit zu berücksichtigen. Zu hohe Komplexität schadet ebenso wie eine hohe Zahl von Informationen, für die die Manager keine standardmäßige Verwendung haben. Interpretationsfehler sind dann vorprogrammiert.
- Zum anderen müssen Controller die Begrenzungen und Fehler bei ihrem täglichen Umgang mit den Managern beachten. Sie sind von Manager zu Manager unterschiedlich ausgeprägt und müssen nicht unbedingt permanent auftreten. Allerdings müssen Controller stets damit rechnen.
- Schließlich sind auch Controller nicht vor Begrenzungen und Fehlern gefeit. Selbstkritik ist durchaus angebracht.

4.4 Bei der Informationsbereitstellung von den Controllern zu erfüllende Anforderungen

Die Anforderungen an die von einem Controller gelieferten Informationen lassen sich grob in drei Gruppen unterteilen.

4.4.1 Anforderungen hinsichtlich der Informationsquellen

Bei der Gestaltung der Informationsquellen kommt auf die Controller sehr viel Arbeit zu.

Controller haben die Aufgabe zu gewährleisten, dass die Systeme, aus denen die bereitzustellenden Informationen gewonnen werden, bedarfsgerecht funktionieren. Dies umfasst Kriterien wie

- *Einheitlichkeit und Konsistenz*
  Jeder Controller kann ein Lied davon singen, wie häufig gleich benannte Rechengrößen (z. B. Lieferterminüberschreitungen, Frachtkosten, Nettoumsätze) ganz unterschiedliche Inhalte besitzen – wir haben diesen Aspekt bereits mehrfach angesprochen. In praxi sind die Möglichkeiten der genauen Abgrenzung schier unerschöpflich groß. Controller müssen hier standardisierend wirken, das heißt, Gleiches in unterschiedlichen Datenquellen gleich benennen und erfassen sowie Unterschiedliches als solches kennzeichnen. Nur so wird das Rechenwerk insgesamt konsistent.
- *Richtigkeit und Verlässlichkeit*
  Auch in Zeiten DV-geführten Rechnungswesens sind die Zahlen nicht automatisch fehlerfrei. Durch automatische Beleglesung lassen sich zwar Eingabefehler vermeiden, falsche Zuordnungen zu Kostenstellen (Fehlkontie-

rungen) z. B. aber nicht. Insbesondere dann, wenn die Informationen von den Managern nicht im Detail nachvollzogen werden können (wie etwa eine Gemeinkostenumlage), wirken sich derartige Unrichtigkeiten und die damit vermittelte mangelnde Verlässlichkeit auf die Akzeptanz höchst negativ aus (»so kompliziert und doch falsch«).

- *Zeitnähe*
  Führungsrelevanz besitzt nicht nur eine sachliche, sondern auch eine zeitliche Komponente. Die richtigen Daten zu spät geliefert, machen sie ähnlich wertlos wie falsche Daten.

- *Funktionsfähigkeit und Robustheit*
  Diese Kriterien mögen selbstverständlich erscheinen, sind es aber bei näherem Hinsehen nicht. Komplexe Systeme basieren auf einer Vielzahl von Vorsystemen (so etwa auf der Versanddatenerfassung, auf Materialwirtschaftssystemen, BDE-Systemen und Zeiterfassungssystemen). Alle müssen termingerecht und im geforderten Umfang liefern. Unterschiedliche Standorte verschärfen das Problem.

Aus der Verantwortung für die bereitgestellten Informationen resultiert nicht zwangsläufig auch die organisatorische Zuordnung der entsprechenden Informationssysteme zum Controllerbereich. Eine separate Kostenrechnungsabteilung findet sich beispielsweise in vielen deutschen Unternehmen. Besteht eine solche organisatorische Trennung, muss jedoch ein inhaltliches Weisungsrecht der Controller sichergestellt sein. Je häufiger Änderungen der benötigten Zahlenbasis auftreten, desto mehr spricht für eine Integration beider Abteilungen. Dieses ist auch international die übliche Lösung.

4.4.2 Anforderungen hinsichtlich der Weitergabe der Informationen an die Manager

Adäquate Zahlen sind eine notwendige, aber keine hinreichende Bedingung für die Erfüllung der Informationsversorgungsaufgabe der Controller. Für die Deckung des Informationsbedarfs des Managements ist es zusätzlich erforderlich, die erfassten Zahlen entsprechend aufbereitet weiterzugeben. Hiermit sind unter anderem folgende Aspekte angesprochen:

- *Objektivität*
  Präsentierte Informationen dürfen zum einen keine verdeckten persönlichen Wertungen des Controllers enthalten. Notwendige Wertungen des Controllers müssen zum anderen interessenneutral sein, weder dem Informationsadressaten »nach dem Munde reden«, noch diesen den Zielen des Controllers entsprechend zu steuern versuchen. Beide Objektivitätskriterien sind in der Unternehmenspraxis nicht selbstverständlich. Man kann einer Zahlenaufstellung nicht ansehen, aus welcher Intention heraus sie erstellt wurde. Manche Vorstandsvorlage ist mehr ein Produkt von persönlichen Wünschen und Präferenzen als das Ergebnis objektiver Recherche. Controller, die sich »vom Pfad der Objektivitäts-Tugend« abbringen lassen, arbeiten gegen ihre Rolle im Unternehmen. Dies schadet der Reputation des gesamten Controllerbereichs und reduziert seinen Nutzen.

- *Nachvollziehbarkeit*
  Gelieferte Informationen sollten vom Manager unmittelbar verstanden werden können. Glaubt man an die Selbstverständlichkeit einer solchen Aussage, bedarf es nur eines Blickes in viele Monatsberichte, die mit ihren vielfältigen Sekundärkostenzeilen (als Ergebnis verschlungener Gemeinkostenverrechnungen) alles andere als leicht nachvollziehbar sind (wir werden auf den Abrechnungsgang der Kostenrechnung im 6. Kapitel noch näher eingehen).

- *Benutzeradäquanz*
  Ähnliches gilt für die Forderung, dass gelieferte Informationen möglichst genau dem (objektiven) Informationsbedarf des Adressaten entsprechen. Um diesen zu kennen, bedarf es (vgl. auch die Ausführungen in Abschnitt 4.2.4) entsprechender Interaktion mit dem Management, die nicht in jedem Unternehmen gegeben scheint. Typisch ist der Fall, dass Standardberichte über einen langen Zeit-

Objektivität

Zeitnähe

Funktionsfähigkeit und Robustheit

Nachvollziehbarkeit

Benutzeradäquanz

raum hinweg unverändert gelassen werden (»unser bewährtes Berichtswesen«) und sich damit der tatsächliche Kundenbedarf vom vermuteten immer weiter entfernt.

Problemadäquanz

- *Problemadäquanz*
  Diese Anforderung mag noch am leichtesten zu erfüllen sein. Sie setzt entsprechendes Fachwissen der Controller voraus (»Für welches Problem sind welche Erfolgsgrößen in welcher Höhe relevant?«). Betrachtet man wiederum einen typischen Monatsbericht, der zur Kostenüberwachung einer Kostenstelle dienen soll, aber keine Trennung der vom Kostenstellenleiter tatsächlich beeinflussbaren Kosten von den ihm nur zugerechneten enthält, so wird auch hier ein Problembereich sichtbar.

4.4.3 Anforderungen hinsichtlich der Kommunikation der Informationen

Die letzte anzusprechende Anforderungsfacette betrifft die Schnittstelle zwischen Produkt (Information) und Kunden (Manager). Selbst dann, wenn die Informationsprodukte den soeben skizzierten Anforderungen entsprechen, können sich Controller nicht blind darauf verlassen, dass sie auch tatsächlich den erwarteten Nutzen stiften. Dieser liegt erst beim Auslösen richtiger Handlungen durch das Management vor. Folglich umschließt die Informationsbereitstellung auch die ständige Interaktion mit den Führungskräften. Über die rein fachlichen Aspekte hinaus geht es hier auch um persönliche Vertrautheit, um das Einschätzbarmachen der Person, um damit dem Management einen Rückschluss auf die Produkte des Controllers zu ermöglichen. Ständige Interaktion baut das Image einer »grauen Eminenz« genauso ab wie das eines »Erbsenzählers« und schafft die Basis für eine nutzenstiftende interne Geschäftsbeziehung.

Im Marketing kennt man die Unterscheidung in Such-, Erfahrungs- und Vertrauenseigenschaften.

Diese Unterscheidung ist auch für Controller hoch relevant.

Kann der Controller »seine« Manager entsprechend einschätzen, so ist ihm folglich klar, ob und welche Informationsbereitstellung den Charakter einer Entlastungs-, Ergänzungs- oder Begrenzungsaufgabe besitzt. Wie im 2. Kapitel des Buches ausgeführt, erfordern diese drei Aufgabentypen deutlich unterschiedliche Formen der Aufgabenwahrnehmung durch den Controller. Zu ihrer näheren Beschreibung kann man auf Erkenntnisse zurückgreifen, die in der Marketingtheorie entwickelt wurden (vgl. z. B. Kaas 1990). Dort trifft man auf die Differenzierung zwischen Vertrauens-, Erfahrungs- und Sucheigenschaften von Produkten:

- Hat ein Gut überwiegend *Sucheigenschaften*, so kann es der (potentielle) Kunde vor dem Kauf gänzlich auf seine Zwecke hin beurteilen. Beispiel aus dem täglichen Leben ist eine Banane (zumindest für einen Mitteleuropäer als Kunden). Für Informationsprodukte des Controllers kann das ein normaler kostenstellenbezogener Monatsbericht sein.
- Bei *Erfahrungsgütern* ist dem Kunden eine vollständige Beurteilung eines Gutes erst nach dessen Nutzung möglich. Um das Obstbeispiel fortzusetzen: Wiederum für einen »normalen« Mitteleuropäer bedeutet eine Wassermelone ein derartiges Erfahrungsgut (für einen Südeuropäer ist sie dagegen ein Suchgut). Bezogen auf die Informationsversorgungsaufgabe der Controller lässt sich als Beispiel eine Kostenvergleichsrechnung anführen, deren Entstehung der Manager bei entsprechendem Nachfragen beim Controller genau nachvollziehen kann.
- Güter mit überwiegend *Vertrauenseigenschaften* schließlich sind vom Kunden nie in Gänze, sondern stets nur in Ausschnitten beurteilbar. Im Obstbeispiel wäre hier eine tropische Frucht undefinierbaren Geschmacks zu nennen, die den Laien nach Verzehr kaum in die Lage versetzt, zwischen »deliziös« und »leider verdorben« zu unterscheiden. Als Vertrauensgut der Controller mag man sich eine komplexe Analyse derjenigen Kosten eines Geschäftsfelds vorstellen, die nach dessen Aufgabe wegfallen würden.

Die Marketingtheorie zeigt, dass Güter dieser unterschiedlichen Kategorien ganz unterschiedlich verkauft werden müssen. Bei Suchgütern geht es um die möglichst genaue Erfüllung der Kundenwünsche. Wenn der Controller etwa bei einer Produkterfolgsrechnung die produktspezifischen Vertriebskosten nur pauschal verrechnet, der Manager aber das Gedankengut einer Prozesskostenrechnung kennt (vgl. zu den Begriffen das 6. Kapitel), so ist Unzufriedenheit vorprogrammiert. Zudem spielt der Preis eine zentrale Rolle. Wenn ein technischer Stab wegen größerer Nähe zum Geschäft eine Investitionsrechnung schneller und mit weniger Rückfragen erstellen kann als der Controller, so ist die Leistung des Controllers schnell auf eine reine Überprüfung der Investitionsanträge beschränkt. Bei Erfahrungsgütern kommt es darauf an, den potentiellen Kunden möglichst einfach und kostenlos die notwendige Erfahrung sammeln zu lassen. Was beim Verkauf eines Autos die Probefahrt ist, kann bei der Einführung eines neuen Informationsinstruments eine kleine Pilotinstallation sein. Die Unsicherheit des Managers kann darüber hinaus auch durch Coaching und intensive Erklärung des neuen Instruments abgebaut bzw. beseitigt werden.

Bei Vertrauensgütern schließlich spielt die Reputation des Anbieters die ausschlaggebende Rolle. Dies gilt analog auch für entsprechende Informationsleistungen aus dem Rechnungswesen (vgl. umfassend Weißenberger 1997). Controller müssen deshalb dann, wenn die bereitzustellenden Informationen vom Manager nicht hinterfragt werden können, die Position des absolut kompetenten und nicht interessengeleiteten Spezialisten besitzen. Außerdem müssen sie sich bewusst sein, dass der Manager zwar nicht die Informationsleistung insgesamt, wohl aber einzelne Facetten davon beurteilen kann. Wenn sich dort Qualitätsprobleme zeigen, strahlt das auf das ganze Vertrauensgut ab. Die beste Analyse der Kostensituation eines Geschäftsbereichs nützt wenig, wenn an irgendeiner Stelle Kosten falsch zusammengerechnet wurden. Die praktische Controller-Regel »Präsentiere nie eine Zahl, die falsch ist«, findet hier ihren Ursprung.

Für Vertrauensgüter spielt Reputation eine zentrale Rolle.

Zusammenfassende Aussagen (vgl. auch Leitfrage 4)

- Die Erfüllung der Informationsaufgabe der Controller erfordert eine genaue Kenntnis der Standard-Informationssysteme hinsichtlich Inhalt und Aufbau.
- Die Informationsbedarfe der Manager sind je nach Fähigkeiten und Einstellungen der Manager unterschiedlich. Für die Controller ist deshalb eine genaue Kenntnis ihrer »Kunden« erforderlich.
- Auf Grund der Unterschiedlichkeit der Manager kann die Informationsversorgungsaufgabe Entlastungs-, Ergänzungs- und Begrenzungscharakter besitzen. Hieraus resultieren jeweils unterschiedliche »Verkaufsstrategien« für die bereitzustellenden Informationen.

4.5 Informationstechnische Grundlagen

4.5.1 Fortschritte der Informationstechnologie

Sowohl zur unmittelbaren Informationsversorgung des Managements, als auch als Analysegrundlage der Controller werden Informationssysteme eingesetzt, die häufig mit den Schlagworten »Data Warehouse«, »OLAP«, »Data Mining« oder »Business Intelligence« verbunden werden.

Die Idee, die Unternehmensführung durch *»Management-Informationssysteme«* (MIS) zu unterstützen, ist dabei nicht neu und wurde bereits in den 60er Jahren des vergangenen Jahrhunderts mit großem Aufwand verfolgt. Die damaligen Versuche scheiterten jedoch meist an noch unzureichender Technologie in Verbindung mit der hohen Komplexität einer häufig angestrebten Abbildung des gesamten Unternehmens (»totale Informationssysteme«). Spätere Ansätze der Managementunterstützung fokussierten daher zunächst Teilbereiche (»partielle Informationssysteme«) oder Teilprobleme wie etwa der *»Decision Support System«*-Ansatz (DSS). Viele der Grenzen, an denen die MIS-Konzepte der 60er Jahre scheiterten, sind jedoch inzwischen überwunden, so dass unter dem Schlagwort *»Executive Information Systems«* (EIS) seit den 90er Jahren zunehmend Systeme entstehen, die im Sinne der Informationspyramide Daten für unterschiedliche Management-Ebenen bereitstellen (vgl. Stahlknecht/Hasenkamp 2005, S. 397 ff.).

Heute können Controller auf eine breite informationstechnische Basis zurückgreifen.

Die Entwicklung der aktuellen Konzepte wurde durch den Fortschritt in verschiedenen Bereichen ermöglicht:

- Das exponentielle *Wachstum der Rechnerleistung* ermöglicht eine weitaus flexiblere Nutzung der Ressource Computer. Waren aufgrund der Knappheit des Speicherplatzes

Datenstrukturen zur Zeit der MIS-Idee so effizient wie möglich zu gestalten, ist es heute problemlos möglich, mehr Informationen als zunächst benötigt zu erfassen. Die gestiegene Rechenleistung erleichtert gleichzeitig die Nutzung der Daten: Anwender können über grafische Benutzeroberflächen intuitiv auf die Daten zugreifen und erhalten die Ergebnisse fast in Echtzeit: Auswertungen und Verdichtungen, die früher in Stapelverarbeitungsprozessen zum Teil »über Nacht« laufen mussten, können heute nach Bedarf erstellt werden.

Unterschiedliche Netzwerke

- Rechner in Unternehmen sind in lokalen *Netzwerken* (LAN) miteinander verbunden, Standorte sind über Weitverkehrsnetze (WAN) verknüpft bzw. verfügen über Zugang zum Internet. Dies ermöglicht nicht nur den datenträgerfreien Datenaustausch zwischen verschiedenen Systemen, sondern bietet auch die Möglichkeit, zentrale Datenbestände dezentral verfügbar zu machen und Verarbeitungsprozesse, die früher zentral auf Großrechnern durchgeführt werden mussten, zu dezentralisieren. Zudem wird durch das Internet eine große Menge unternehmensexterner Daten elektronisch verfügbar.

»Ubiquitous Computing« als Vision

- Die Versorgung mit Mobilfunk (GSM, UMTS) und die einfache Einrichtung lokaler *Funknetze* (W-LAN) ermöglichen – in Verbindung mit der Miniaturisierung der Geräte – auch eine mobile Datenerfassung und einen mobilen Datenzugriff. Technologien zur Ortsbestimmung (GPS, Galileo) lassen sogar einen geographischen Bezug der erfassten Daten zu.

Automatisierung der Datenerfassung

- War die Datenerfassung vor einigen Jahren noch Engpass, da die meisten Daten durch manuelles »Eintippen« erfasst wurden, haben maschinelle Verfahren, z. B. zur Texterkennung, Klarschriftleser, insbesondere aber Barcode-Systeme und Kartenlesegeräte, die Erfassungskapazitäten deutlich erhöht. Die *Automatisierung der Datenerfassung* führt zu einem Anstieg des erfassten Datenvolumens, zum einen aufgrund einer erhöhten Erfassungsfrequenz, zum anderen durch Ausdifferenzierung der erfassten Merkmale. Der aufkommende Einsatz der RFID-Technologie wird diese Entwicklung weiter beschleunigen.
- Der Aufbau vieler Systeme ist häufig technisch bedingt heterogen oder historisch gewachsen. Inzwischen etablierte *Datenaustauschstandards* wie XML oder EDIFACT reduzieren die Schnittstellenkomplexität zwischen Systemen und erleichtern den unternehmensinternen sowie unternehmensübergreifenden Datenaustausch. Dies führt letztendlich auch zu mehr Transaktionen.

In Summe kommt es zu einer weiter fortschreitenden Durchdringung aller Unternehmens- und Lebensbereiche mit EDV (»Ubiquitous Computing«, »Pervasive Computing«) und zu einer größer werdenden Flut immer detaillierterer Daten aus unternehmensinternen und -externen Quellen. Diese Daten bilden als Sockel der Informationspyramide die notwendige Grundlage zur Informationsversorgung des Managements; sie stellen in ihrer Fülle aber auch wachsende Herausforderungen an die Leistungsfähigkeit der verarbeitenden Systeme.

4.5.2 Logische Trennung von Transaktionsverarbeitung und Analyse

Zur Bereitstellung der im Abschnitt 4.2.2 beschriebenen Information wird eine Vielzahl verschiedenartiger Daten benötigt. Diese beziehen sich nicht nur auf das laufende Geschäft: Auch Vergangenheitsdaten, Plandaten etc. werden in unterschiedlicher Form und Verdichtung benötigt. Dieser Aufgabenstellung werden die meist spezialisierten Basissysteme nicht gerecht: Die Daten der Anwendungssysteme auf operativer Ebene sind auf ihren Zweck zugeschnitten, werden bei Bedarf verändert, aktualisiert und, wenn sie nicht mehr benötigt werden, archiviert, verdichtet, gelöscht – man spricht von *On-Line Transaction Processing* (OLTP). Die dadurch gegebene Volatilität dieser Daten erschwert ihre Auswertung für analytische Zwecke; zudem würden die Systeme durch aggregierte Abfragen im laufenden Betrieb stark belastet. Die Entkoppelung der für die Informationsversorgung des Managements benötigten Daten von den Systemen der operativen Ebene und die Integration der Daten in einem einheitlichen Datenbestand sind daher zentrale

Bestandteile sowohl der Data Warehouse-Idee (vgl. Devlin/Murphy 1988) als auch des On-Line Analytical Processing (OLAP), in dessen Bezeichnung die Analyseorientierung als bewusster Gegensatz zum OLTP bereits deutlich wird (vgl. Codd/Codd/Salley 1993).

Dieser Grundidee folgend, lässt sich ein mehrschichtiger logischer Aufbau eines Informationssystems vorstellen, dessen Grundlage die Daten der operativen Geschäftsprozesse bilden. Diese werden extrahiert, aufbereitet und schließlich in passenden Modellen zu Kommunikations- und Analysezwecken bereitgestellt: Die *Abbildung 4-7* zeigt einen solchen Aufbau in Verbindung mit den korrespondierenden informationstechnischen Werkzeugen.

Die einzelnen Komponenten eines solchen Informationssystems können dabei unterschiedlich stark integriert sein: Es finden sich sowohl spezialisierte Programme für jede der Ebenen als auch integrierte Systeme, die alle Funktionen abdecken oder entsprechende Module bieten (so bei SAP).

Abb. 4-7

Typischer Aufbau von Informationssystemen zur Führungsunterstützung (in Anlehnung an Bange et al. 2003, S. 17)

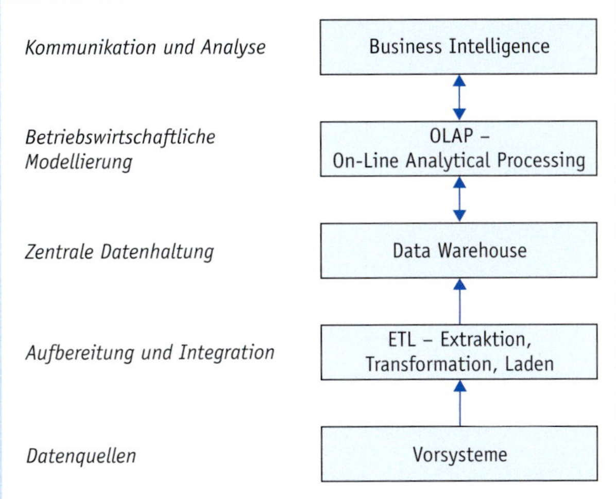

4.5.3 Werkzeuge

Datenbasis eines EIS oder Controlling-Anwendungssystems sind meist – wie ausgeführt – Module (wie z. B. aus dem SAP R/3) oder eigenständige Systeme der operativen Verarbeitung, sowie weitere, auch externe Quellen, deren Daten extrahiert und für die Analyse bereitgestellt werden sollen. Dies geschieht im vorgestellten Schichtenmodell durch die Werkzeuge einer so genannten Extraktions-, Transformations- und Ladeschicht (ETL-Schicht), die die dazu benötigten Schnittstellen sowie das Management von Abruf und Aufnahme der benötigten Daten, das Filtern, Verdichten und Harmonisieren derselben und ggf. die Anreicherung mit weiterer Information umfasst. Konzeption und Einrichtung der ETL-Schicht stellen häufig einen beträchtlichen Teil (nicht selten bis zu 80 %) des Aufwandes von Informationssystemprojekten dar, da Daten hier zum Teil auf tiefstem Detailniveau zusammengeführt und harmonisiert werden müssen (vgl. Schinzer/Bange/Mertens 1999, S. 28 ff.). Aus der ETL-Schicht werden die aufbereiteten Daten in ein so genanntes Data Warehouse geschrieben. Daher sind die für ETL benötigten Funktionen häufig bereits in der Software des Data Warehouse enthalten.

Data Warehouse-Konzept

Ein Data Warehouse ist nach gängiger Definition (vgl. Inmon 1993, S. 29 ff.) eine *themenorientiert* aufgebaute Datensammlung mit einem *integrierten*, d. h. logisch einheitlichen und homogenen *Datenbestand*. Die Daten werden mit einem längeren Zeithorizont (häufig fünf bis zehn Jahre) vorgehalten, sind somit dauerhaft. Der Zeitbezug der Daten ist dabei variabel: Es kann auch bewusst die »Brille« eines älteren Datenstandes »aufgesetzt« werden. Im Kern des Data Warehouse-Begriffs steht die integrierte Speicherung der Daten (vgl. Zeh 2003). Diese kann unter Verwendung spezieller Modellierungstechniken auf der Basis relationaler Datenbanken geschehen (vgl. Hahne 1999). Data Warehouse-Systeme sind daher oft auf Basis von Standard-Datenbankservern (z. B. ORACLE-Datenbank, MS-SQL-Server) realisiert. In der Praxis erreichen Data-Warehouse-Systeme Größenordnungen bis zu mehreren Terabyte.

Der Zugriff auf die Daten des Data Warehouse erfolgt häufig nicht unmittelbar, sondern über eine so genannte OLAP-Engine oder ein eigenständiges OLAP-System, das die Daten als Ganzes oder in (z. B. abteilungsspezifi-

Abb. 4-8

Schema einer multidimensionalen Datenstruktur als »OLAP-Würfel«

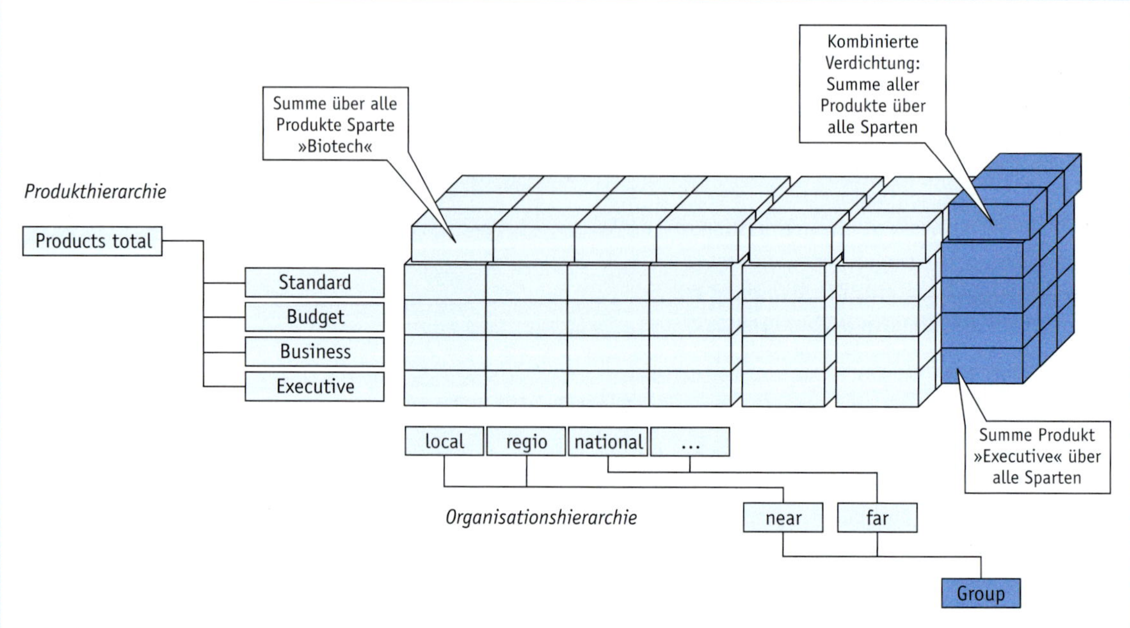

OLAP-Konzept

schen) Partitionen (so genannte Data-Marts) zur Verfügung stellt. Die Konzepte OLAP und Data Warehouse sind nicht überschneidungsfrei: So führen beide Konzepte zu einer Abstraktion von den Strukturen der Quellsysteme durch logische Integration in einem von den Anwendern geteilten zentralen Datenbestand. Im Vordergrund des OLAP-Konzeptes steht jedoch nicht die Datenspeicherung, sondern der intuitive, schnelle Zugriff auf die Daten und die Modellierung der Daten in multidimensionalen Strukturen (vgl. Pendse 2004). Zum intuitiven Zugriff sollen Abfrageergebnisse in der Regel in weniger als fünf Sekunden vorliegen, zudem sollen grundlegende Analysetechniken, wie Zeitreihenvergleiche, Währungstransformationen oder Zielwertsuchen, für den Benutzer einfach, d. h. ohne tiefere Programmierkenntnisse, anzuwenden sein.

Bereits in Abschnitt 4.2.3 wurde erläutert, wie ein Tatbestand mit unterschiedlichen Merkmalen versehen werden kann. Versteht man die Menge der möglichen Ausprägungen eines jeden Merkmals als Dimensionen einer Matrix oder eines n-dimensionalen »Würfels«, so gelangt man zu einer *multidimensionalen Datensicht*, dem zentralen Charakeristikum des OLAP-Konzeptes. In *Abbildung 4-8* ist ein solcher Datenwürfel exemplarisch dargestellt. Sie veranschaulicht, wie sich durch Gruppierung bzw. Ordnung von Merkmalen Datenverdichtungen bilden lassen.

»Slicing and Dicing«

Der Anwenderzugriff auf die jeweilige OLAP-Komponente kann in der Regel über eigenständige oder in Tabellenkalkulationsprogramme eingebundene »Frontends« oder über Web-Browser erfolgen. Anwender können sich die multidimensional strukturierten Daten in verschiedenen Scheiben als Schnitte durch den Datenbestand anzeigen lassen, man spricht von *»Slicing«*; ein bewusstes Betrachten von Teilwürfeln nennt man *»Dicing«*. Zudem können die Daten auf unterschiedlichen Aggregationsstufen der einzelnen Dimensionen per »Drill down« und »Roll up« analysiert und somit individuelle Sichten erzeugt werden.

Der Datenzugriff über das Frontend einer OLAP-Komponente hilft Controllern, Informationen zu gewinnen, die sie zur Versorgung der Manager einsetzen können. Bereits die beschriebenen Funktionen lassen sich zur automatisierten Erstellung des Berichtswesens einsetzen. Im einfachsten Fall verfügt ein Controller über eine Datei seiner Tabellenkalkulation, die vorbereitete Sichten enthält, deren Daten automatisch über die OLAP-Komponente befüllt werden. Die mögliche technische Unterstützung des Informationsverortungsprozesses geht jedoch darüber hinaus. Neben der Erstellung von Berichten lässt sich etwa auch ihre Verteilung automatisieren – jeder Empfänger erhält eine auf ihn zurechtgeschnittene Berichtsmappe, nach Wunsch auf Papier oder elektronisch, ggf. auch auf Mobiltelefon oder PDA. Werden bestimmte Kriterien erfüllt, werden automatische Sonderberichte erstellt oder Manager per SMS über aktuelle Daten informiert. Spezielle Programme zur Gestaltung von Führungsinformationssystemen verknüpfen die Daten mit grafischen Aufbereitungen, Kommentaren und weiteren Nachrichten. In einem »Corporate-Warroom« werden auf den Wänden systemgestützt relevante Kennzahlen angezeigt, um so Konferenzen des Managements zu unterstützen (vgl. Daum 1998). Neben derartigen Möglichkeiten zur zielgerichteten Analyse und Kommunikation gibt es zudem Verfahren, die eine hypothesenfreie Suche ermöglichen: So werden beim *Data Mining* Verfahren aus Statistik und Künstlicher Intelligenz eingesetzt, um den zur Verfügung stehenden Datenpool nach versteckten Mustern zu durchsuchen. (vgl. Düsing 1999).

Allgemein fasst man alle Hilfsmittel, die den Prozess aus Datenbereitstellung, Informationsentdeckung und Kommunikation unterstützen, unter den Begriff *Business Intelligence* (vgl. Weber/Grothe/Schäffer 1999). Im engeren Sinne werden jedoch häufig nur die auf Data Warehouse und OLAP aufsetzenden Werkzeuge als Business-Intelligence-Ebene bezeichnet.

Business Intelligence als Überbegriff

Zusammenfassende Aussagen (vgl. auch Leitfrage 5)

- Die technische Entwicklung führt zu einer zunehmenden Datenflut, die die Grundlage der Informationsversorgung verbessert, in ihrer Bewältigung jedoch auch neue Herausforderungen stellt.
- Die Data-Warehouse-Technologie ermöglicht eine Entkoppelung der zur Analyse benötigten Daten von den Systemen der operativen Ebene durch Schaffung einer unabhängigen, integrierten Datenbasis.
- Durch multidimensionale Modellierung ermöglicht OLAP einen intuitiven Datenzugriff aus betriebswirtschaftlicher Perspektive.
- Business Intelligence erleichtert die Informationsaufbereitung und Kommunikation und ermöglicht durch Data Mining die Entdeckung neuen Wissens.

Aus der Praxis

Business Intelligence bei der TUI Deutschland GmbH

Thomas P. Kühn; Matthias Wunderlich*

Die TUI AG (vormals Preussag AG) hat sich in den vergangenen Jahren einer umfangreichen strategischen Neuausrichtung unterzogen. Der Konzern konzentriert sich heute vollständig auf die Kerngeschäftsfelder Touristik und Schifffahrt. In der Touristik ist er dabei hochgradig integriert und in allen Teilen der Wertschöpfungskette (Reisevertrieb, Reiseveranstaltung, Airline, Hotel, Zielgebietsagenturen) engagiert. Der Touristikteil des Konzerns (mit Ausnahme der TUI Hotels & Resorts) wurde 2007 mit der englischen First Choice zur TUI Travel plc. verschmolzen. Die Division Mainstream als größter Sektor der Touristik bündelt das klassische Urlaubsreisegeschäft und gliedert sich in drei so genannte Quellmarktverantwortungen (Northern Europe, Central Europe und Western Europe). Die TUI Deutschland GmbH agiert im Quellmarkt Central Europe nicht nur als reiner Reiseveranstalter, sondern ebenso als Führungsgesellschaft des Geschäftsbereichs. Somit werden von der Quellmarktgeschäftsführung rund 70 weitere Gesellschaften in Deutschland, Österreich, Schweiz, Polen und Südosteuropa verantwortet. Diese Unternehmen haben vor allem die Reiseveranstaltung und den Reisevertrieb zum Geschäftszweck (Ausnahme bildet die Fluggesellschaft TUIfly). Im Geschäftsjahr 2007 erwirtschaftete der Geschäftsbereich mit ca. 8.200 Mitarbeitern einen Umsatz von 5,9 Mrd. €. In ihrer Funktion als Reiseveranstalter ist die TUI Deutschland der größte Einzelveranstalter in Europa.

Ausgangssituation
Die wichtigsten Leistungen des Reiseveranstalter-Geschäfts sind der Einkauf, die Bündelung und die Vermarktung der verschiedensten touristischen Leistungen. Die Begleitung der Reisedurchführung und die Kundennachbetreuung gehören ebenfalls zu den zentralen Aufgaben. Eine besondere Bedeutung kommt in integrierten Touristikunternehmen der Kapazitäts- und Verkaufssteuerung der relevanten Konzernassets (Flug und Hotel) zu. Neben klassischen Controllingfunktionen ergeben sich für die TUI hier besondere Anforderungen an eine umfassende Bereitstellung von relevanten Steuerungsinformationen.

Aufbau einer komplexen, hoch integrierten Gesamtlösung

Dazu wurde 1997 das TUI Führungs- und Informationssystem TUFIS entwickelt. Durch die umfangreiche und sehr komplexe Integration von inzwischen rund 50 operativen Systemen und die detaillierte Datenhaltung mit vollständiger Historisierung wurde eine zentrale Informationsbasis geschaffen. Der Fokus lag dabei von Anfang an auf der Entwicklung eines ertragsorientierten Management-Support-Konzepts, das über eine rein technische Datenkonsolidierung weit hinausgeht.

Erfolgsfaktoren für das Business-Intelligence-Projekt

Durch die umfangreichen Erfahrungen der vergangenen Jahre konnten folgende Erfolgsfaktoren für die Entwicklung, Implementierung und den Betrieb einer Business Intelligence (BI) Lösung identifiziert werden:

- ein universelles, abstraktes und wertschöpfungsstufen-übergreifendes Datenmodell (für Touristikunternehmen)
- der Start als umfassendes Projekt mit den wichtigsten Unternehmenssystemen, mit entsprechendem Sponsorship und Ausdauer bei der Um- und Durchsetzung in der Organisation
- die Unterstützung sämtlicher entscheidungsrelevanter Unternehmensprozesse über alle Hierachieebenen und über Unternehmensgrenzen hinaus
- eine von Beginn an ertragsorientierte Informationsbereitstellung durch die detaillierte Abbildung des Ergebnisschemas auf steuerungsrelevanten Deckungsbeitragsstufen
- eine offene Informationskultur und die breit angelegte Entwicklung einer Userorganisation
- die kooperative Zusammenarbeit der Bereiche BI Systems der TUI Infotec (IT) und MI & S Business Intelligence der TUI Deutschland (Fachexperten) im Competence Center BI
- die laufende Beobachtung von technologischen Trends und die permanente Weiterentwicklung der Business Intelligence Lösung

Diese Erfolgsfaktoren haben sich in weiteren nationalen und internationalen Data Warehouse (DWH) Projekten, die MI & S durchgeführt hat, bestätigt. Aufbauend auf diesen Erfahrungen war eine schnelle Integration weiterer Gesellschaften bzw. ein rasches Vorantreiben autonomer DWH-Projekte möglich.

Konzeption TUFIS
Zur Analyse der Daten kommen für den Endanwender bei der TUI vor allem OLAP Tools zum Einsatz. Dabei stehen den Benutzern derzeit rund 190 produktive Datenwürfel (Cubes) als entscheidungsorientierte Extrakte aus dem DWH zur Verfügung, auf die sich ca. 2.500 Standardreports beziehen. Des Weiteren werden die Anwender durch ein Web-Portal »Touristisches Wissens- und Informationsnetzwerk (ToWIN)« mit einem entsprechenden Standardreporting von rund 5.000 fixen Berichten in unterschiedlichen Dateiformaten versorgt. Die Produktion der Standardberichte ist vollständig automatisiert und wird durch ein entsprechendes Scheduling gesteuert. Neben etablierten Standardwerkzeugen wird zur ad-hoc Analyse und zur Abbildung konzeptorientierter Systeme zunehmend Web-basiertes Query-Reporting eingesetzt.
Zu den informationstechnischen Besonderheiten des TUFIS DWH zählen die Tagesaktualität des gesamten Datenbestandes, die vollständige Automatisierung der Befüllungsprozesse

sowie der Prozesse zur Würfel- und Standardreportproduktion, der Einsatz an diversen Standorten bzw. die Standortunabhängigkeit durch Web-basierte Tools und nicht zuletzt die umfassende Business Intelligence-Integration von Standardreporting, ad-hoc Reporting und einem entsprechenden Dokumentenmanagementsystem.

TUFIS unterstützt sämtliche Unternehmensbereiche und Organisationseinheiten in verschiedensten Entscheidungsprozessen, was bedeutet, dass unterschiedlich komplexe Fragestellungen zu beantworten sind. Dies geschieht zum Teil durch die Nutzung bereits vorhandener Standardreports oder durch eigene ad-hoc Analysen. Die Bandbreite reicht dabei von einer einfachen Umsatzinformation eines Reisebüros für einen Außendienstmitarbeiter bis zu einer komplexen Analyse zur Risikosteuerung eines Zielgebietes oder einer umfassenden ertragsorientierten Analyse des Produktportfolios. Die Nutzungshäufigkeit und -intensität der User ist dabei auch von dem Umstand abhängig, ob eine operative Tagesentscheidung zu fällen oder eine langfristig strategische Fragestellung zu beantworten ist.

Neben Mengen und Erlösgrößen ist durch die Einbindung sämtlicher direkter Kosten eine detaillierte Abbildung des Ergebnisschemas in Reports und Analysen aus dem TUI DWH möglich. Eine Ergebnisrechnung (zu Ist-nahen Standardkosten) ist somit pro Einzelreise darstellbar und flexibel nach unterschiedlichsten Dimensionen auswertbar. Dies gilt nicht nur für abgeschlossene Reisen, sondern auch für die Bewertung des gesamten Auftragsbestands.

Betriebswirtschaftliche Anwendungsfelder
Die durch die TUI BI-Lösung geschaffene Transparenz unterstützt unterschiedliche betriebswirtschaftliche Anwendungsfelder:

- Schaffung einer integrierten Informationslage über den gesamten Managementprozess
- Unterstützung von Planungs- und Prognoseprozessen
- Bereitstellung detaillierter Analysemöglichkeiten des gesamten Produktportfolios
- Unterstützung des Pricingprozesses durch standardisierte Analysepfade
- Bereitstellung detaillierter Analysemöglichkeiten des gesamten Vertriebskanalportfolios
- zeitnahe Erfolgskontrollen für (kurzfristige) Marketingaktionen
- tagesaktuelle Informationen zur Auslastungs- und Risikosteuerung
- Unterstützung von Markt-, Kunden- und Standortanalysen
- Umsetzung von einheitlichen Begrifflichkeiten und Reportingstandards

Als positiver Nebeneffekt werden betriebswirtschaftliche Standards so automatisch über die tägliche Arbeit in die Organisation getragen. Die Existenz von (einheitlichen) integrierten Ertragskennzahlen fördert dabei das ergebnisorientierte Denken auf allen Managementebenen.

Die bei entsprechend aufwändigen Projekten zu Recht gestellte Frage nach dem Mehrwert einer solchen Anwendung lässt sich zumindest in harten Ertragszahlen kaum beziffern. Dazu müssten entsprechende Annahmen über ein »was-wäre-wenn« getroffen und der Geschäftsverlauf ex-ante ohne weitere Einflüsse beurteilt werden können. Allerdings kann man mit Blick auf die vergangenen Jahre, insbesondere in Kenntnis der Zeit vor der DWH-Lösung bei der TUI, Folgendes festhalten:

Realisierter Nutzen der BI-Lösung

Analysen sind wesentlich schneller und umfangreicher möglich. Eine Auswertung kann in der Regel flexibel mit vielen zusätzlichen Informationen ergänzt werden. Dabei wird bewusster und effektiver über die für die Entscheidungsprozesse relevanten Informationen nachgedacht (Verlagerung von Entscheidungen vom »Bauch in den Kopf«). Gleichzeitig entfällt durch die integrierte Informationsbasis die Diskussion über Zahlendifferenzen. Weiterhin werden durch die Analysemöglichkeiten neue Fragestellungen z. B. hinsichtlich der betriebswirtschaftlichen Sinnhaftigkeit bestimmter Aktivitäten aufgeworfen und dadurch das Selbstcontrolling gestärkt. Durch den sehr breit angelegten Nutzerkreis und die damit verbundenen Schulungen wird automatisch auch das betriebswirtschaftliche Grundverständnis in der Organisation entwickelt.

Weiterentwicklungsoptionen des Konzepts

Laufende Weiterentwicklung
Regelmäßig ist bei Änderung der Geschäftsprozesse eine Erweiterung des Datenmodells sowie bei Ablösung oder Erweiterung der operativen Systeme die Anpassung der Schnittstellen zum Data Warehouse unumgänglich. Ein permanentes Monitoring der Entwicklungen auf dem Business Intelligence Markt, sowohl hinsichtlich der Technologien (Datenbank, Front Ends) als auch der Architekturen ist hilfreich, um auch in technischer Hinsicht weiterhin kosten- und nutzenoptimiert Steuerungsinformationen bereit zu stellen.

Seit 2007 stehen verschiedene Weiterentwicklungen der TUI Business Intelligence Lösung im Mittelpunkt der BI-Aktivitäten des Bereiches MI & S. Die organisatorische und prozessuale Verschmelzung verschiedener Gesellschaften (Reiseveranstaltung, Reisevertrieb) auf die TUI Deutschland GmbH sowie die schrittweise Einführung eines neuen Produktionssystems (Leistungsbündelung, Kontigentierung, Preisbildung, Buchung) ab 2008 stellen dabei die zentralen Herausforderungen dar. Das DWH als zentrale Informationsbasis nimmt dabei im Rahmen dieser Entwicklung zunehmend eine integrative Rolle ein: Nach der erwähnten Verschmelzung der Gesellschaften ist TUFIS die zentrale Quelle für die Bereitstellung von veranstaltermarken- und wertschöpfungsstufen-übergreifenden Informationen zur Steuerung des operativen Geschäftes und zur Beantwortung von strategischen Fragestellungen.

Weitere Entwicklungsschritte werden im Laufe des Jahres 2008 in Richtung Verzahnung von BI und DWH-Daten mit Business Process Management gemacht. Die umfassende Informationsbasis TUFIS wird Informationen zur Bewertung von operativen Prozessen liefern, die zur Prozesstransparenz und -optimierung dienen und letztlich zur Hebung eines umfangreichen Potentials hinsichtlich der klassischen Dimensionen Zeit, Qualität und Kosten führen soll.

* Thomas P. Kühn ist Head of Business Transformation; Matthias Wunderlich ist Head of Business Intelligence der TUI Deutschland GmbH.

4.6 Fazit

Informationen sind die Basis des Geschäfts der Controller.

Informationsaufgaben, die Versorgung des Managements mit führungsrelevanten Informationen, nehmen auf der Aufgabenliste der Controller eine wesentliche Position ein. »Controller haben für betriebswirtschaftliche Transparenz zu sorgen«, ist eine häufig zu hörende Meinung von Managern. Dieses »Produkt« der Controllertätigkeit sichert den Controllern einen regelmäßigen Kontakt zu ihren internen Kunden, der auch für die anderen Controllerleistungen (im Wesentlichen Planung und Kontrolle) genutzt werden kann: Wer Manager regelmäßig pünktlich und präzise über die Entwicklungen des Geschäfts informiert, verdient sich mit dieser Dienstleistung auch die Möglichkeit zur Einflussnahme und das Recht zum Widerspruch.

Dabei sollten sie sich stärker um Verhaltensaspekte kümmern.

Die Ausfüllung der Informationsaufgabe wird wesentlich durch moderne Informationstechnologie unterstützt. Die Daten können schneller aggregiert und ausgewertet werden; mehr Daten stehen regelmäßig zur Verfügung. Allerdings führt diese instrumentelle Entwicklung auch leicht zu einem Ausufern der Datenvielfalt, aus dem wiederum die Gefahr eines »Information Overload« erwächst.

Die Berücksichtigung des Informationsverhaltens von Menschen hatte bei den Controllern in der Vergangenheit keine hohe Priorität. Ein Beleg hierfür findet sich zum einen in den Standard-Lehrbüchern zum Controlling, in denen entsprechende Passagen zumeist fehlen. Zum anderen unterhalten sich Controller in den Unternehmen weit häufiger über SAP-Installationen und Datenerfassungsprobleme als über die Wirkungen von Informationen auf Menschen und deren Fähigkeit, mit Informationen umzugehen.

Eine nähere Auseinandersetzung mit dieser Thematik wird dazu führen, eine sorgfältigere Analyse der Informationsbedarfe der Manager vorzunehmen, den Umfang der Informationen zu reduzieren, Informationen auf die unterschiedlichen Nutzungsarten der Manager auszurichten sowie den Inhalt der Informationen besser »zu verkaufen«, insbesondere zu erklären, welche grundsätzlichen Denkweisen hinter den Informationen stehen. Damit kann der Wert der Informationen für den einzelnen Manager und das Management insgesamt (»gemeinsame Sprache«) deutlich gesteigert werden. Schließlich wird die größere Kundennähe auch dazu führen, die bisherige Dominanz finanzieller Informationen zu reduzieren. Führungsrelevant sind nicht nur finanzielle, sondern auch nicht-monetäre Informationen. Auf letzterem Feld haben die Controller bislang nicht viel Erfahrung gesammelt. Hier besteht ein erheblicher Veränderungsbedarf (»Performance Measurement«) – wir werden hierauf im 6. und 7. Kapitel noch näher eingehen. Bevor wird dies tun, seien aber zunächst die beiden klassischen Teile des Rechnungswesens, die so genannte externe und die interne Rechnungslegung, näher betrachtet.

Weiterführende Literatur zu …

… Begriffliche Grundlagen
Polanyi 1985
Weber 1993a, S. 633–638

… Struktur der Informationsversorgungsaufgabe
Bruns/McKinnon 1993, S. 84–89
Menon/Varadarajan 1992
Mintzberg 1977
Schäffer/Steiners 2004
Simon et al. 1954

… Menschliches Informationsverhalten
Kahneman/Tversky 1973
Schäffer 2001, S. 84–125
Weber/Hirsch/Linder/Zayer 2003, S. 20–40
Weber/Riesenhuber 2002

… Bei der Informationsbereitstellung von den Controllern zu erfüllende Anforderungen
Herzog 1999, S. 124–129
Weißenberger 1997, S. 153–160

… Informationstechnische Grundlagen
Chamoni/Gluchowski 1999
Grothe/Gentsch 2000
Hess 2006
Stahlknecht/Hasenkamp 2005

5 Externe Rechnungslegung

Leitfragen

1 Welche Rechnungslegungsvorschriften sind im Controlling-Kontext relevant?

2 Was sind die Ziele der externen Rechnungslegung?

3 Welche Prinzipien bilden die Basis der externen Rechnungslegung?

4 Was sind die wichtigsten Bestandteile und Inhalte der externen Rechnungslegung?

5 Welche wesentlichen Unterschiede existieren zwischen deutscher und internationaler Rechnungslegung?

6 Was sind die Stärken und Schwächen der externen Rechnungslegung und inwieweit kann sie für unternehmensinterne Steuerungszwecke eingesetzt werden?

7 Welche zukünftigen Entwicklungen sind auf dem Gebiet der externen Rechnungslegung absehbar?

5.1 Begriffliche Grundlagen

Die externe Rechnungslegung ist Bestandteil des betrieblichen Rechnungswesens, das sich mit der *systematischen Erfassung und Auswertung quantifizierbarer Beziehungen und Vorgänge des Unternehmens* befasst. Unter der externen Rechnungslegung werden diejenigen Bestandteile des betrieblichen Rechnungswesens zusammengefasst, die primär der Informationsversorgung *unternehmensexterner Adressaten* – wie Eigenkapitalgeber, Gläubiger und Fiskus – dienen. Weitere Bestandteile des betrieblichen Rechnungswesens, die primär unternehmensinterne Informationsaufgaben erfüllen (hier ist insbesondere die Kosten- und Erlösrechnung zu nennen), werden ausführlich im nachfolgenden 6. Kapitel erläutert. Zusammen können die externe Rechnungslegung und die Kosten- und Erlösrechnung als »kaufmännische Basissysteme« angesehen werden, die den Kern des betrieblichen Rechnungswesens bilden.

Der Ursprung systematischer kaufmännischer Rechnungslegung wird zumeist mit dem Namen Luca Pacioli, dem »Erfinder« der doppelten Buchführung verknüpft (Ende des 15. Jahrhunderts). Durch Kaufmannsbrauch und gesetzliche Kodifizierung entwickelte sich Ende des 19. Jahrhunderts in Deutschland das »externe« Rechnungswesen, bestehend aus Buchführung, Gewinn- und Verlustrechnung (GuV) sowie Bilanz, das Unternehmen gemäß Handelsgesetzbuch (HGB) als Pflicht vorgegeben ist. Rechnungslegung ist jedoch keine reine »Pflichtveranstaltung«, denn neben den gesetzlich vorgeschriebenen Mindestanforderungen wird sie durch eine erweiterte freiwillige Berichterstattung zunehmend von Unternehmensseite aktiv mitgestaltet.

Was ist das »externe« Rechnungswesen?

Seit Ende der 90er Jahre des letzten Jahrhunderts spielen in der externen Rechnungslegung nicht mehr nur deutsche, sondern auch internationale Rechnungslegungsvorschriften eine immer wichtigere Rolle. Da dies insbesondere kapitalmarktorientierte Unternehmen und zunehmend auch den Mittelstand betrifft, können internationale Rechnungslegungsvorschriften für den Controlling-Kontext mittlerweile schon als die Regel identifiziert werden, zu der eine Rechnungslegung »nur« nach HGB die Ausnahme darstellt. Entsprechend bilden internationale Rechnungslegungsvorschriften den Hintergrund für die folgenden Ausführungen. Dabei werden zunächst kurz die für den Controlling-Kontext relevanten »Rechnungslegungswelten« vorgestellt, und es wird skizziert, wie die internationalen Rechnungslegungsvorschriften mit denen des HGB zusammenspielen.

Die externe Rechnungslegung ist auch für Controller wichtig und relevant.

5.2 Grundlagen der externen Rechnungslegung

5.2.1 Relevante Rechnungslegungsvorschriften

Die grundsätzliche Pflicht zur Buchführung für Kaufleute ist in Deutschland im HGB (§ 238) verankert. Die Rechnungslegung nach HGB dient zum einen als Informationsinstrument für eine Vielzahl von Adressaten, insbesondere für Eigenkapitalgeber und Gläubiger. Zum anderen ist die Bilanzierung nach Handelsrecht maßgeblich für die Besteuerung und für die Bemessung des an die Eigenkapitalgeber ausschüttungsfähigen Gewinns.

Abschlüsse nach HGB sind in Deutschland weiterhin relevant.

Ausgangspunkt für die Besteuerung und für die Bemessung der Ausschüttungsansprüche der Eigenkapitalgeber ist jeweils die rechtliche Einheit des Unternehmens, so etwa in Form einer einzelnen Aktiengesellschaft. Daher ist es erforderlich, einen auf die rechtlich selbständige Einheit bezogenen *Einzelabschluss* zu erstellen. Zusätzlich hierzu besteht (wenn bestimmte Kriterien erfüllt werden) die Verpflichtung, für wirtschaftlich zusammengehörige Unternehmen – z. B. für eine Aktiengesellschaft, der weitere Gesellschaften gehören – einen *Konzernabschluss* bezogen auf die wirtschaftlich selbständige Einheit zu erstellen. Dabei werden sämtliche zu dieser wirtschaftlichen Einheit gehörenden rechtlichen Einheiten – im Beispiel die AG und ihre Tochtergesellschaften – fiktiv wie ein einheitliches Unternehmen abgebildet. Für Informationszwecke von Investoren und anderen Adressaten, die primär an der Performance der wirtschaftlichen Einheit interessiert sind, ist somit der Konzernabschluss die geeignetere Informationsquelle.

Rechnungslegung nach IFRS ist für europäische kapitalmarktorientierte Mutterunternehmen Pflicht.

Mit Inkrafttreten des Kapitalaufnahmeerleichterungsgesetzes (KapAEG) wurde es kapitalmarktorientierten Mutterunternehmen – also solchen Unternehmen, die selbst oder über ein Tochterunternehmen eine Börse zur Beschaffung von Eigen- oder Fremdkapital in Anspruch nehmen – im Jahr 1998 erlaubt, ihren Konzernabschluss nach international anerkannten Rechnungslegungsgrundsätzen aufzustellen. In der Praxis spielen hier fast ausschließlich die *International Financial Reporting Standards* (IFRS, vormals IAS [International Accounting Standards]) und die US-amerikanischen *Generally Accepted Accounting Principles* (US-GAAP) eine Rolle. Seit dem Jahr 2005 sind kapitalmarktorientierte Unternehmen in der EU verpflichtet, einen Konzernabschluss nach den Vorschriften der IFRS aufzustellen (Verordnung (EG) 1606/2002). Für Unternehmen, die bereits die US-GAAP anwenden oder von denen ausschließlich Schuldtitel börsennotiert sind, wurde zur Umsetzung dieser Vorschrift eine Übergangsfrist bis zum Jahr 2007 eingeräumt.

Die IFRS haben somit für den europäischen Raum dramatisch an Bedeutung gewonnen und bilden folgerichtig die Grundlage der nachfolgenden Ausführungen (soweit nicht anders angegeben). Trotzdem bleibt Unternehmen, die Zugang zum amerikanischen Kapitalmarkt erlangen wollen, nichts anderes übrig, als zusätzlich einen Abschluss nach US-GAAP zu erstellen. Denn darüber, welche Rechnungslegung für die Notierung an einer amerikanischen Börse anzuwenden ist, entscheidet die amerikanische Börsenaufsicht (Securities and Exchange Commission, SEC), die nach wie vor eine Bilanzierung nach US-GAAP fordert.

Nicht zu vergessen ist schließlich, dass für deutsche Unternehmen weiterhin die Erstellung eines Einzelabschlusses nach HGB obligatorisch ist. Insbesondere in internationalen Konzernen bietet es sich jedoch an, das konzernweite Rech-

Zusammenfassende Aussagen (vgl. auch Leitfrage 1)

- Im Controlling-Kontext nehmen inzwischen die international verwendeten Rechnungslegungsvorschriften IFRS und US-GAAP gegenüber den Vorschriften des HGB eine deutlich bedeutendere Rolle ein.
- In der EU ist für kapitalmarktorientierte Unternehmen seit 2005 (mit Ausnahmen ab 2007) ein Konzernabschluss nach IFRS Pflicht. Für den Zugang zum amerikanischen Kapitalmarkt ist eine Anwendung der US-GAAP obligatorisch.
- In Deutschland bleibt für die Besteuerung und für die Bemessung des an die Investoren ausschüttungsfähigen Gewinns der Einzelabschluss nach HGB entscheidend.

nungswesen grundsätzlich auf internationale Vorschriften umzustellen und nur die jeweiligen Einzelabschlüsse der Gesellschaften nach HGB oder – bei Auslandsgesellschaften – nach den jeweils vor Ort geltenden Vorschriften aufzustellen.

5.2.2 Ziele und Adressaten

Sowohl bei einer Rechnungslegung nach IFRS als auch der nach US-GAAP steht das Ziel der *Vermittlung entscheidungsnützlicher Informationen* über die Vermögens-, Finanz- und Ertragslage des berichtenden Unternehmens (*»Decision Usefulness«*) an die Adressaten der Rechnungslegung an erster Stelle. Dabei wird insbesondere auf die Informationsbedürfnisse von Eigenkapitalgebern abgestellt. Für diese stellt die Rechnungslegung aufgrund der bei Kapitalgesellschaften strengen Trennung zwischen delegierter Leitungsmacht und dem Eigentumsanspruch der Eigenkapitalgeber eine zentrale Informationsquelle dar. Dies betrifft sowohl die Leistungserstellung der Vergangenheit als auch die Informationen über zukünftig zu erwartende Renditen (*Rentabilität*) bzw. das Risikoprofil (*Solvenz*) des Unternehmens.

Darüber hinaus erstreckt sich das Ziel der Entscheidungsnützlichkeit auch auf die Befriedigung der Informationsbedürfnisse einer Vielzahl weiterer Nutzer. Zu diesen gehören neben den Eigen- auch Fremdkapitalgeber, Marktpartner (wie Kunden, Lieferanten) oder Mitarbeiter. Sie greifen auf die Informationen der externen Rechnungslegung zurück, um bestimmte Entscheidungen über den Leistungsaustausch mit dem Unternehmen – wie beispielsweise den Abschluss von Kauf-, Miet- oder Arbeitsverträgen – zu fundieren. Dabei können die Informationen aus der externen Rechnungslegung auch direkt in vertragliche Vereinbarungen – z. B. für die variable Entlohnung von Mitarbeitern oder zur Aufteilung des Gewinns bei einer Kooperationsvereinbarung – einbezogen werden. Zudem werden Rechnungslegungsinformationen von einer »interessierten Öffentlichkeit« genutzt, um zu beurteilen, inwieweit sich das Unternehmen an gesellschaftlichen Aufgaben – wie der Sicherung von Arbeitsplätzen oder der Erhaltung einer lebenswerten Umwelt – beteiligt bzw. beteiligen kann.

Angesichts dieses breit gefächerten Adressatenkreises ist aber zu beachten, dass die einzelnen Akteure unterschiedliche Informationsbedürfnisse haben. So werden von den beiden besonders hervorzuhebenden Adressatengruppen der Eigen- und Fremdkapitalgeber unterschiedliche Schwerpunkte auf die Rentabilitäts- und Solvenzziele des Unternehmens gelegt: Die Eigenkapitalgeber können von einer Erhöhung der Rentabilität des Unternehmens durch einen höheren Aktienkurs oder höhere Gewinnausschüttungen unmittelbar profitieren. Für Fremdkapitalgeber steht dagegen die Solvenz – d. h. die jederzeitige Zahlungsfähigkeit – im Vordergrund, da die Zins- und Tilgungszahlungen vertraglich festgelegt sind.

Decision Usefulness

Selbst eine Ausrichtung der Rechnungslegung auf die Informationsbedürfnisse der Eigenkapitalgeber alleine böte jedoch keine Grundlage für eine Ableitung konkreter Rechnungslegungsinhalte: Allgemeingültige Aussagen darüber, welche Informationen für Investitionsentscheidungen tatsächlich nützlich sind, lassen sich nicht treffen. So hängt der Informationsbedarf verschiedener Investoren z. B. stark von der von ihnen verwendeten Anlagestrategie (etwa Value- oder Growth-Strategie) ab. Die konkreten Rechnungslegungsinhalte sowie die Systematik der Rechnungslegung sind daher nur mittelbar mit

Die externe Rechnungslegung wendet sich an eine Vielzahl von Adressaten.

Zusammenfassende Aussagen (vgl. auch Leitfrage 2)

- Oberstes Ziel der externen Rechnungslegung ist die Versorgung der Adressaten mit für sie entscheidungsnützlichen Informationen (Decision Usefulness).
- Die externe Rechnungslegung wendet sich an eine Vielzahl unterschiedlicher Adressaten, wobei den Gruppen der Eigen- und Fremdkapitalgeber eine besondere Bedeutung zukommt.
- Die Informationsbedürfnisse sind sowohl zwischen als auch innerhalb der verschiedenen Adressatengruppen heterogen, so dass aus dem Ziel der Entscheidungsnützlichkeit nur schwer konkrete Rechnungslegungsinhalte ableitbar sind.

den Zielen der Rechnungslegung verbunden; de facto sind die Rechnungslegungsvorschriften zu einem großen Teil historisch gewachsen.

5.2.3 Systematik und Prinzipien

Matching Principle

Die Systematik der Rechnungslegung wird wesentlich durch den *Grundsatz der Periodenabgrenzung* (»accrual basis«) bestimmt: Ein- und Auszahlungen werden nicht zu dem Zeitpunkt ihres Zu- oder Abflusses erfolgswirksam erfasst, sondern den einzelnen Perioden nach ihrer wirtschaftlichen Verursachung zugeordnet. Der dahinter stehende Grundgedanke ist einleuchtend: Zahlungen können zwar weitgehend frei von subjektiven Einflüssen gemessen werden, sie lassen jedoch kaum Rückschlüsse über die ihnen zu Grunde liegenden wirtschaftlichen Sachverhalte und damit über die wirtschaftliche Leistung eines Unternehmens zu. So kann etwa – je nach Vereinbarung – für den Bau eines Bürogebäudes eine Anzahlung erfolgen, Zahlungen bei Fertigstellung einzelner Bauabschnitte geleistet werden, oder eine Zahlung kann auch nach Fertigstellung des Gebäudes zunächst unterbleiben, weil statt dessen ein Wechsel gezogen wird.

Das Rechnungswesen leistet eine Periodenabgrenzung erfolgter Zahlungen.

Durch die der Rechnungslegung zu Grunde liegende Periodenabgrenzung werden über die Informationen bezüglich Ein- und Auszahlungen hinaus zusätzliche, auf zukünftige Zahlungsströme bezogene, Informationen generiert. Dies betrifft zum einen Informationen über bestehende Verpflichtungen des Unternehmens (für die Anzahlung muss noch eine Leistung erbracht werden), die zu zukünftigen Auszahlungen führen. Zum anderen sind Informationen über die wirtschaftlichen Ressourcen des Unternehmens angesprochen, durch die zukünftige Einzahlungen generiert werden (das Bürogebäude kann vermietet werden). Hierfür werden die Ein- und Auszahlungen nach dem Realization Principle und dem Matching Principle den Perioden in Form von Erträgen und Aufwendungen wirtschaftlich zugeordnet:

Realization Principle

- Erträge sind nach dem *Realization Principle* zu dem Zeitpunkt zu erfassen, in dem sie realisiert wurden oder am Markt realisierbar sind. Für den Verkauf von Gütern und das Erbringen von Dienstleistungen bedeutet dies, dass Erträge aus ihnen in dem Zeitpunkt erfasst werden, in dem die Lieferung erfolgt bzw. die Dienstleistung erbracht wurde und somit entweder eine Forderung entstanden oder eine Zahlung erfolgt ist. Wenn sich die Leistungserbringung über mehrere Perioden erstreckt, werden die Erträge anteilig entsprechend der Leistungserbringung erfasst.
- Das *Matching Principle* bezieht sich auf die Erfassung von Aufwendungen. Diese sind jeweils der Periode zuzurechnen, in welcher der korrespondierende Ertrag realisiert wurde. Ist eine solche Zuordnung von Aufwendungen zu Erträgen nicht anhand sachlicher Kriterien (z. B. Kosten für verwendetes Baumaterial) oder durch eine zeitliche Zuordnung (Miete für den Baukran) möglich (wie etwa bei Aufwendungen für die Bereitstellung ungenutzter Kapazitäten), so ist der Aufwand in der Periode zu erfassen, in der er anfällt.

Neben der (mehr oder weniger normativen) Setzung des Accrual Accounting als den die Systematik der Rechnungslegung bestimmenden Grundsatz wird in den Rechnungslegungsvorschriften zudem eine Hierarchie qualitativer Anforderungen an die in der Rechnungslegung enthaltenen Informationen entwickelt. Entsprechend dem Charakter eines Einführungsbuches sollen hier nur zwei besonders hervorzuhebende qualitative Anforderungen skizziert werden:

- Relevanz (*Relevance*):
  Die Informationen müssen geeignet sein, den Adressaten bei den von ihnen zu treffenden Entscheidungen zu helfen, d. h., ihre Entscheidungen zu beeinflussen. Hier spielen der Aussagegehalt der Rechnungslegungsinformationen in Bezug auf die Vergangenheit und ihre Vorhersagekraft für die Zukunft eine besondere Rolle.
- Verlässlichkeit (*Reliability*):
  Die Informationen müssen verlässlich, d. h. insbesondere frei von Fehlern und Verzerrungen, sowie neutral und vollständig sein.

Neben den weiteren qualitativen Anforderungen der *Verständlichkeit* und *Vergleichbarkeit* gelten u. a. die Annahme der *Unternehmensfortführung* sowie die Nebenbedingungen der zeitnahen Berichterstattung und eines ausgewogenen Verhältnisses zwischen Kosten und Nutzen der Rechnungslegung.

Da die qualitativen Anforderungen häufig im Konflikt zueinander stehen, müssen bei der Erstellung konkreter Rechnungslegungsvorschriften vielfach Abwägungsentscheidungen getroffen werden. Ein Beispiel hierfür ist die Abbildung der Forschungsaktivitäten von Unternehmen, die durchaus eine hohe Relevanz für Investoren besitzen, deren Erfolg aber nicht zuverlässig gemessen werden kann.

Insgesamt soll durch die Anwendung der Rechnungslegungsgrundsätze und der konkreten Rechnungslegungsvorschriften sichergestellt werden, dass die Vermögens-, Finanz- und Ertragslage des berichtenden Unternehmens den tatsächlichen Verhältnissen entsprechend (*»true and fair view«*) abgebildet wird.

Zusammenfassende Aussagen (vgl. auch Leitfrage 3)

- Die Systematik der Rechnungslegung wird durch das Prinzip der periodengerechten Erfolgsermittlung (»accrual principle«) beherrscht.
- Durch die Erfassung von Aufwendungen und Erträgen nach ihrer wirtschaftlichen Verursachung werden Informationen über zukünftige Zahlungsströme generiert.
- Durch die Befolgung der Grundsätze und Prinzipien der Rechnungslegung soll ein den tatsächlichen Verhältnissen entsprechendes Bild der Vermögens-, Finanz- und Ertragslage des Unternehmens erzeugt werden.

5.2.4 Inhalte und Bestandteile

Ein vollständiger IFRS-Jahresabschluss umfasst die Bestandteile Bilanz, GuV, Kapitalflussrechnung, Eigenkapitalveränderungsrechnung, einen Anhang mit erläuternden Angaben und – für kapitalmarktorientierte Unternehmen – eine Segmentberichterstattung. Zudem ist die Veröffentlichung eines Lageberichts üblich; für deutsche Konzerne ist ein solcher vorgeschrieben. Das Herz des Jahresabschlusses bilden die Bilanz als Gegenüberstellung von Vermögen (Mittelverwendung) und Kapital (Mittelherkunft) des Unternehmens zum Bilanzstichtag sowie die GuV zur Berechnung des Periodenergebnisses als Gegenüberstellung der innerhalb des Geschäftsjahres angefallenen Erträge und Aufwendungen.

5.2.4.1 Bilanz

Betrachten wir zunächst die Bilanz, die Mittelverwendung und Mittelherkunft einander gegenüberstellt. Die Vermögensseite der Bilanz (Aktivseite) ist nach Art der Vermögenswerte untergliedert. Die Passivseite ist in Eigenkapital und Fremdkapital (Schulden) unterteilt. In den IFRS ist lediglich eine Mindestgliederung der Bilanz vorgeschrieben (IAS 1.68). In der Bilanzierungspraxis wird jedoch häufig eine weitere Untergliederung der Bilanz durch den Ausweis von zusätzlichen Posten und die Bildung von Zwischensummen vorgenommen. Wie eine typische Gliederung der Bilanz aussehen kann, zeigt die *Abbildung 5-1* auf der Folgeseite, in der die Konzernbilanzen der RWE AG und der Metro AG gegenübergestellt werden. Bei diesem Beispiel ist allerdings zu beachten, dass die Gliederungsvorschriften für die Bilanz vor kurzem verschärft wurden und die entsprechenden Änderungen spätestens für ab dem 01.01.2005 beginnende Geschäftsjahre anzuwenden sind.

Die qualitativen Anforderungen an die Rechnungslegung stehen häufig in Konflikt zueinander.

Neben der Gliederung nach der Art der Vermögenswerte und Schulden sind diese zudem nach ihrer Fristigkeit zu unterteilen. Als kurzfristig werden Vermögenswerte und Schulden in der Regel dann qualifiziert, wenn sie innerhalb der nächsten zwölf Monate realisiert werden bzw. fällig sind. Operative Vermögenswerte und Schulden, die im üblichen Geschäftszyklus des Unternehmens umgesetzt werden, können auch bei längerfristigem Verbleib im Unternehmen als kurzfristig eingestuft werden.

Auf der Vermögensseite werden die Vermögenswerte entsprechend ihrer Fristigkeit in *Anlage- und Umlaufvermögen* unterschieden. Das Anlagevermögen ist das dem Unternehmen langfristig dienende Vermögen. Es umfasst neben den Sachanlagen wie Grundstücken, Gebäuden oder technischen Anlagen auch die immateriellen Vermögenswerte wie Patente oder Lizenzen sowie langfristige Kapitalanlagen. Das Umlaufvermögen wird im Vergleich zum Anlagevermögen häufiger umgeschlagen, d. h. es dient dem Unternehmenszweck nur kurzfristig. Wichtige

Bilanz, GuV, Kapitalflussrechnung, Anhang und Segmentberichterstattung als Grundelemente eines IFRS-Jahresabschlusses

Abb. 5-1

Typischer Aufbau einer Konzernbilanz nach IFRS – die Beispiele Metro und RWE

Metro AG		RWE AG	
Aktiva			**Aktiva**
Anlagevermögen			**Anlagevermögen**
Geschäfts- oder Firmenwerte	3 987	19 418	Immaterielle Vermögenswerte
Sonstige immaterielle Vermögenswerte	326		
Sachanlagen	10 490	36 210	Sachanlagen
Finanzanlagen	238	6 778	Finanzanlagen
	15 041	**62 406**	
Umlaufvermögen			**Umlaufvermögen**
Vorräte	5 941	3 285	Vorräte
Forderungen aus Lieferungen und Leistungen	339	16 947	Forderungen aus Lieferungen und Leistungen
Übrige Forderungen und sonstige Vermögenswerte	2 061	9 615	Wertpapiere
Flüssige Mittel	1 593	2 181	Flüssige Mittel
	9 934	**32 028**	
Latente Steuern	**1 456**	**4 325**	**Latente Steuern**
Rechnungsabgrenzungsposten	**149**	**383**	**Rechnungsabgrenzungsposten**
	26 580	**99 142**	
Passiva			**Passiva**
Eigenkapital			**Eigenkapital/Anteile anderer Gesellschafter**
Gezeichnetes Kapital	835		
Kapitalrücklage	2 551	7 013	Anteile des Konzerns
Gewinnrücklagen	279	2 052	Anteile anderer Gesellschafter
Konzerngewinn	496		
	4 161	**9 065**	
Anteile anderer Gesellschafter			
Rückstellungen	**188**	**37 671**	**Rückstellungen**
Rückstellungen für Pensionen und ähnliche Verpflichtungen	1 012		
Übrige Rückstellungen	758		
	1 770		
Verbindlichkeiten			
Finanzschulden	7 802	**44 061**	**Verbindlichkeiten**
Verbindlichkeiten aus Lieferungen und Leistungen	9 907		
Übrige Verbindlichkeiten	2 097		
	19 806		
Latente Steuern	**526**	**4 526**	**Latente Steuern**
Rechnungsabgrenzungsposten	**129**	**3 819**	**Rechnungsabgrenzungsposten**
	26 580	**99 142**	
Eigenkapitalquote (bereinigt): 15,65 %		Eigenkapitalquote (bereinigt): 7,07 %	

Konzernbilanzen zum 31.12.2003 (in Mio. EURO)

Positionen sind hier die Forderungen, wie etwa aus dem Verkauf von Waren an Kunden auf Ziel, oder die Vorräte an Rohstoffen, Halb- oder Fertigwaren sowie der Kassenbestand.

Es ist offensichtlich, dass sich die Unterschiede in der Leistungserstellung der beispielhaft angeführten Unternehmen direkt in ihren Konzernbilanzen niederschlagen. So ist beispielsweise das Vermögen des Versorgungsunternehmens RWE vor allem durch Sachanlagen geprägt. Auch Forderungen aus den zahlreichen Absatzbeziehungen spielen eine wichtige Rolle. Beim Handelskonzern Metro kommt dem Umlaufvermögen in Form von Vorräten eine größere Bedeutung zu. Das Sachanlagevermögen spielt dagegen eine weniger wichtige Rolle, die Leistungserstellung ist eher personalintensiv.

Auf der Passivseite der Bilanz ist das *Eigen- und Fremdkapital* zu finden. Letzteres teilt sich in Verbindlichkeiten und Rückstellungen auf. Im Falle einer Rückstellung stehen die Höhe und/oder die Fälligkeit der Schuld nicht fest. Ein prominentes Beispiel hierfür sind Rückstellungen für Pensionsverpflichtungen. Zum Zeitpunkt der Zusage einer Betriebsrente an einen Mitarbeiter ist noch unklar, in welchem Umfang sie von ihm später tatsächlich in Anspruch genommen wird. Im Beispiel der RWE AG tragen zudem Rückstellungen für die Entsorgung im Kernenergiebereich wesentlich zur extremen Höhe dieser Bilanzposition bei. An den Verbindlichkeiten ist zudem ersichtlich, dass die von RWE in der Vergangenheit verfolgte Akquisitionsstrategie im Wesentlichen durch die Emission von Anleihen finanziert wurde. Mit einer bereinigten Eigenkapitalquote von ca. 7 % ist die RWE AG deutlich stärker fremdfinanziert als die Metro AG mit einer Eigenkapitalquote von über 15 %.

Auch die *Verbindlichkeiten und Rückstellungen* sind nach den geänderten Gliederungsvorschriften für die Bilanz in Zukunft nach ihrer Fälligkeit zu unterteilen. Die in den Bilanzen der Metro AG und der RWE AG vorgenommene Gliederung der Schulden in Verbindlichkeiten und Rückstellungen ohne eine explizite Berücksichtigung der Fälligkeit wird daher bald überarbeitet werden müssen.

Bei der Betrachtung von Konzernbilanzen (um solche handelt es sich auch in den angeführten Beispielen) sind einige Spezifika zu beachten. So werden in Konzernbilanzen unter den Kapitalanlagen nur die Beteiligungen an Unternehmen ausgewiesen, auf die kein beherrschender Einfluss ausgeübt werden kann. Eine Beherrschungsmöglichkeit wird in der Regel für Tochterunternehmen angenommen, an denen eine Mehrheitsbeteiligung besteht. Weil diese Tochterunternehmen zur wirtschaftlichen Einheit des Konzerns gehören, werden an Stelle ihres Beteiligungswertes direkt ihre Vermögenswerte und Schulden in die Konzernbilanz aufgenommen (Vollkonsolidierung). Darüber hinaus sind die zwischen den Konzerunternehmen bestehenden Forderungen und Verbindlichkeiten zu eliminieren.

Tochtergesellschaften werden zumeist vollkonsolidiert.

Ausgangspunkt für eine *Vollkonsolidierung* ist zumeist eine Unternehmensakquisition. Der dabei gezahlte Kaufpreis übersteigt häufig den Wert der (mit hinreichender Verlässlichkeit identifizierbaren und bewertbaren) Vermögenswerte abzüglich der Schulden des gekauften Unternehmens. Diese Differenz zwischen dem Kaufpreis und dem Reinvermögen des gekauften Unternehmens ist in der Konzernbilanz als *Geschäfts- oder Firmenwert* (Goodwill) innerhalb der immateriellen Vermögenswerte auszuweisen. Er repräsentiert den Teil des Kaufpreises, der entweder keinen identifizierbaren Vermögenswerten zugeordnet werden konnte (z. B. Synergiepotentiale) bzw. der für nicht zuverlässig bewertbare Vermögenswerte (wie etwa laufende Forschungsprojekte) geleistet wurde. Die Höhe dieser Position kann das Bilanzbild wesentlich beeinflussen: Bei der RWE AG, die unter anderem die Unternehmen Thames Water und American Water gekauft hat, übersteigt die Höhe des in den immateriellen Vermögenswerten enthaltenen Goodwills die Summe von 14 Milliarden Euro und liegt damit sogar deutlich über der Höhe des Eigenkapitals!

Goodwill-Bilanzierung

Während der Goodwill bis vor kurzem noch planmäßig abzuschreiben war, ist er nunmehr regelmäßig auf seine Werthaltigkeit zu prüfen. Auf die hierfür durchzuführenden Niederstwerttests wird später noch näher eingegangen, da sie ein mögliches Spielfeld für Controller bzw. einen Überschneidungsbereich zwischen Controlling und dem externen Rechnungswesen (Accounting) darstellen.

Fair Value Accounting

Minderheitsanteile, die außerhalb des Konzerns stehende Gesellschafter an vollkonsolidierten Tochtergesellschaften des Konzerns besitzen, sind als Anteile anderer Gesellschafter separat auszuweisen. Für eine korrekte Betrachtung der Anteile der Aktionäre der Muttergesellschaft (RWE AG oder Metro AG) ist deshalb das Eigenkapital um diese Anteile zu bereinigen. *Unwesentliche Beteiligungen*, die (im Normalfall) unterhalb einer 20%igen Beteiligungsgrenze liegen, werden (so nicht ihre baldige Veräußerung vorgesehen ist) zu Anschaffungskosten bilanziert.

Quotenkonsolidierung versus Anwendung der Equity-Methode

Die Beteiligungen, an denen ein Konzern zwar keinen Mehrheitsanteil besitzt, auf die er aber maßgeblichen Einfluss ausüben kann (Besitzanteil zwischen 20% und 50%), werden nach der *Equity-Methode* bilanziert und sind gesondert auszuweisen. Nach der Equity-Methode wird die Beteiligung netto ausgewiesen, d. h. an Stelle der Vermögenswerte und Schulden der Beteiligung wird der Wert des anteilig erworbenen Reinvermögens sowie ein ggf. darüber hinaus bezahlter Goodwill als separater Vermögenswert in die Konzernbilanz aufgenommen. Der Beteiligungswert wird in den Folgejahren entsprechend der Entwicklung des Eigenkapitals der nach der Equity-Methode bilanzierten Tochtergesellschaft fortgeschrieben.

Gemeinschaftsunternehmen (Joint Ventures), die vom Konzern und außen stehenden Gesellschaftern gemeinschaftlich geführt werden und als eigenständige Unternehmen organisiert sind, können zudem mittels der *Quotenkonsolidierung* (alternativ nach der Equity-Methode) in den Konzernabschluss einbezogen werden. Bei Anwendung der Quotenkonsolidierung werden sämtliche Vermögenswerte und Schulden entsprechend der Beteiligungsquote der Konzernmutter anteilig in die Konzernbilanz aufgenommen. Das Gleiche gilt für die anteilige Aufnahme von Erträgen und Aufwendungen in die Konzern-GuV.

Abb. 5-2

Die Konzern-GuV nach dem Gesamtkostenverfahren – das Beispiel RWE

Umsatzerlöse	**43 875**
Mineralölsteuer/Ertragsteuer/Stromsteuer	–1 104
Umsatzerlöse (ohne Mineralöl-/Erdgas-/Stromsteuer)	**42 771**
Bestandsveränderungen der Erzeugnisse	–1
Andere aktivierte Eigenleistungen	320
Sonstige betriebliche Erträge	4 380
Materialaufwand	22 923
Personalaufwand	7 530
Abschreibungen	4 511
davon: Firmenwert-Abschreibungen	(985)
Sonstige betriebliche Aufwendungen	7 805
Ergebnis der betrieblichen Tätigkeit	**4 701**
Beteiligungsergebnis	300
Finanzergebnis	–2 878
Ergebnis vor Steuern	**2 123**
Ertragsteuern	1 187
Ergebnis nach Steuern	**936**
Anteile anderer Gesellschafter	–17
Nettoergebnis	**953**
Unverwässertes und verwässertes Ergebnis je Stamm- bzw. Vorzugsaktie (EURO)	**1,69**

Konzern-Gewinn- und Verlustrechnung der RWE AG zum 31.12.2003 (in Mio. EURO)

5.2.4.2 Gewinn- und Verlustrechnung

Im Gegensatz zur Bilanz ist die Gewinn- und Verlustrechnung (GuV) eine *zeitraumbezogene Bewegungsrechnung*, die der Darstellung der Ertragslage des Unternehmens dient. Durch die Gegenüberstellung von *Erträgen* (Income) und *Aufwendungen* (Expenses) wird das *Periodenergebnis* (Profit) ermittelt.

Neben einer in IAS 1.81 vorgegebenen Mindestgliederung ist zudem eine weitere Aufteilung der GuV entweder nach dem Gesamt- oder nach dem Umsatzkostenverfahren verbindlich vorgeschrieben. Diese wird üblicherweise direkt in der GuV vorgenommen, sie kann aber auch im Anhang erfolgen.

Nach dem *Gesamtkostenverfahren* werden die Aufwendungen des Geschäftsjahres nach Aufwandsarten gegliedert (Personalaufwand, Materialaufwand, Abschreibungen) erfasst. Dabei werden auch solche Erträge und Aufwendungen ausgewiesen, die nicht unmittelbar mit Umsatzvorgängen verbunden sind, sondern aus Veränderungen des Vorratsvermögens (Bestandsveränderungen) sowie der eigenen Herstellung von Gegenständen des Anlagevermögens (andere aktivierte Eigenleistungen) resultieren. Die in *Abbildung 5-2* angeführte GuV der RWE AG ist nach dem Gesamtkostenverfahren gegliedert.

Das *Umsatzkostenverfahren* unterscheidet sich vom Gesamtkostenverfahren in zwei wesentlichen Punkten. Zum einen sind die Aufwendungen nicht nach Aufwandsarten, sondern nach verschiedenen Funktionskategorien innerhalb des Unternehmens gegliedert. Zum anderen werden in das Ergebnis der betrieblichen Tätigkeit nur diejenigen Erfolge einbezogen, die für die Umsatzerlöse des Geschäftsjahres angefallen sind. Die Auswirkungen der Aktivierung von selbst hergestellten Vermögenswerten und noch nicht abgesetzten Erzeugnissen werden im Gegensatz zum Gesamtkostenverfahren nicht ausgewiesen; die entsprechende Position fehlt. Dies ändert aber die Höhe des betrieblichen Ergebnis nicht, da die der Aktivierung zu Grunde liegenden Aufwendungen ebenfalls nicht berücksichtigt werden. Bei Anwendung des Umsatzkostenverfahrens hat im Anhang zusätzlich eine Gliederung der Aufwendungen nach dem Gesamtkostenverfahren zu erfolgen. *Abbildung 5-3* zeigt die nach dem Umsatzkostenverfahren gegliederte GuV der Metro AG.

Das Beispiel der Metro AG zeigt auch die weit verbreitete Bildung von Zwischensummen in Form so genannter »Pro-forma-Ergebnisse« innerhalb der GuV. So wird hier ein »Betriebliches Ergebnis vor Firmenwertabschreibungen EBITA« ausgewiesen. Solche »Pro-forma-Kennzahlen« sind nicht Regelungsbestandteil der Rechnungslegungsstandards. Sie adjustieren vielmehr bestimmte in den Rechnungslegungsvorschriften festgelegte Größen, weil diese als nicht repräsentativ für die operative Performance oder die wirtschaftliche Situation des Unternehmens erachtet werden. Besonders verbreitet ist dieses Vorgehen in Bezug auf GuV-Größen, bei denen zumeist bestimmte Aufwandsbestandteile herausgerechnet werden. Den Adressaten soll so ein besserer Einblick in die operative Performance des Unternehmens gegeben werden. Da die Größen jedoch nicht eindeutig definiert sind, erwächst zum einen das Problem, dass ihre grundsätzliche Aussagekraft z. T. unklar ist; im Extremfall droht hier der Ausweis eines »Gewinns vor Aufwendungen«. Zum anderen sind durch fehlende verbindliche Regelungen gleich oder ähnlich bezeichnete Kennzahlen vielfach nicht miteinander vergleichbar. Während nach den US-GAAP bereits Überleitungsrechnungen von in den US-GAAP definierten Größen auf die Pro-forma-Kennzahlen vorgeschrieben sind, existieren unter den IFRS solche Vorschriften noch nicht. Das Thema steht jedoch auf der Agenda des zuständigen Standardsetters IASB – zu diesem später mehr.

Abb. 5-3

Die Konzern-GuV nach dem Umsatzkostenverfahren – das Beispiel Metro

Umsatzerlöse	**53 595**
Einstandskosten der verkauften Waren	–41 687
Bruttoergebnis vom Umsatz	**11 908**
Sonstige betriebliche Erträge	1 461
Vertriebskosten	–10 636
Allgemeine Verwaltungskosten	–1 031
Sonstige betriebliche Aufwendungen	–112
Betriebliches Ergebnis vor Firmenwertabschreibungen EBITA	1 590
Abschreibungen auf Geschäfts- oder Firmenwerte	–272
Betriebliches Ergebnis EBIT	**1 318**
Beteiligungsergebnis	–60
Zinsergebnis	–425
Übriges Finanzergebnis	–16
Finanzergebnis	**–501**
Ergebnis vor Steuern	**817**
Steuern vom Einkommen und vom Ertrag	–246
Konzernjahresüberschuss	**571**
Anteile anderer Gesellschafter	–75
Konzerngewinn	**496**
Ergebnis je Aktie (EURO)	1,52

Konzern-Gewinn- und Verlustrechnung der Metro AG zum 31.12.2003 (in Mio. EURO)

Für die Aufstellung einer Konzern-GuV ist, ebenso wie bei der Konzernbilanz, die Durchführung einer *Konsolidierung* erforderlich, um aus den Einzelabschlüssen der Konzernunternehmen das Bild eines fiktiven einheitlichen Unternehmens zu erzeugen. Im Bereich der GuV sind hierfür die Auswirkungen konzerninterner Transaktionen, insbesondere die Umsätze zwischen Konzernunternehmen, die konzerninternen Aufwendungen und Erträge sowie die Zahlung von Dividenden innerhalb des Konzerns zu eliminieren.

Wie pro-forma-Kennzahlen gebildet werden, ist derweil noch nicht geregelt.

5.2.4.3 Kapitalflussrechnung

In der Kapitalflussrechnung werden die Herkunft und die Verwendung aller liquiditätswirksamen Mittel in einer Periode abgebildet. Rechengrößen sind Einzahlungen und Auszahlungen und deren Salden. Die Kapitalflussrechnung ist *Pflichtbestandteil* des Jahresabschlusses nach IFRS und US-GAAP sowie des HGB-Konzernabschlusses.

Die Kapitalflussrechnung dient unterschiedlichen Zwecken.

Eine grundlegende Erfassung sämtlicher Zahlungsströme erfolgt bereits im Rahmen der Finanzbuchhaltung. Gleichzeitig wird aber zumeist für unternehmensinterne Zwecke eine weitaus detailliertere Finanzrechnung durchgeführt. Diese dient der Sicherstellung einer zu jeder Zeit ausreichenden Liquidität des Unternehmens. Hierfür ist der Kapitalbedarf unter Berücksichtigung der Unsicherheit zukünftiger Zahlungen zu planen. Durch eine Optimierung der Zahlungsströme kann dabei zudem ein – häufig nicht unwesentlicher – eigenständiger Beitrag zum Unternehmenserfolg geleistet werden. Aber auch für Zwecke der Planung und Kontrolle jenseits der Finanzwirtschaft werden Informationen über Zahlungen als Grundlage benötigt. Beispielsweise verlangt die Kontrolle von Investitionen die Bereitstellung aller von einer Investition ausgelösten oder beeinflussten Zahlungen.

Für die Adressaten der externen Rechnungslegung gibt die Kapitalflussrechnung insbesondere Aufschluss über die *Finanzlage* eines Unternehmens. Neben der Fähigkeit des Unternehmens, seinen Zahlungsverpflichtungen jederzeit nachkommen zu können (Liquidität), gehört hierzu auch die Fähigkeit, zukünftig Zahlungsströme erwirtschaften zu können. Der Kapitalflussrechnung kommt für externe Adressaten eine zunehmend wichtige Rolle zu. Die Abbildung der Cashflow-Entwicklung hat insbesondere im Zuge der Shareholder-Value-Ausrichtung stark an Bedeutung gewonnen. Um Einblick in die Struktur der Zahlungsströme zu gewähren, werden diese in drei Teile gegliedert:

Inhaltlich können drei Arten von Zahlungen unterschieden werden.

- *Cashflow aus laufender Tätigkeit*
  Hierunter fallen alle Zahlungen aus der Vermarktung der Unternehmensleistung und der Beschaffung von Verbrauchsgütern. In dieser Kategorie werden Informationen über die zahlungswirksamen Vorgänge des betrieblichen Produktions- und Absatzprozesses gebündelt.

- *Cashflow aus Investitionstätigkeit*
  Dieser ergibt sich vor allem aus dem Kauf- und Verkauf von Potentialfaktoren, z. B. Maschinen oder Gebäude.

- *Cashflow aus Finanzierungstätigkeit*
  Dieser beinhaltet alle Zahlungen, die aus Transaktionen mit Anteilseignern resultieren, wie etwa Dividenden, sowie die Zahlungen aus der Veränderung langfristiger Fremdmittel, wie z. B. Darlehen.

Wie bereits zuvor in diesem Kapitel angesprochen, haben Zahlungsströme den Vorteil, dass sie quasi »naturwissenschaftlich genau« gemessen werden können. Sie können jedoch in weiten Teilen unabhängig von den ihnen zu Grunde liegenden wirtschaftlichen Sachverhalten beeinflusst werden. Auf die im Zusammenhang mit der externen Rechnungslegung zu beachtenden potentiellen Rationalitätsdefizite wird in Abschnitt 5.4.1 noch detailliert eingegangen.

5.2.4.4 Sonstige Bestandteile

Neben Bilanz, GuV und Kapitalflussrechnung sind eine Eigenkapitalveränderungsrechnung, für kapitalmarktorientierte Unternehmen eine Segmentberichterstattung und ein Anhang mit erläuternden Angaben Pflichtbestandteile eines IFRS-Abschlusses. Üblich ist zudem die Veröffentlichung eines Lageberichtes; für deutsche Konzerne ist dies durch den § 315 HGB sogar vorgeschrieben.

Eigenkapitalveränderungsrechnung

Die *Eigenkapitalveränderungsrechnung* zeigt die Veränderungen des Eigenkapitals zwischen zwei Bilanzstichtagen wahlweise mit oder ohne die Aus- und Einzahlungen von und an Anteilseigner. Auf die Eigenkapitalveränderungsrechnung ist bei einer Bilanzierung nach IFRS (gleiches gilt für US-GAAP) ein besonderes Augenmerk zu richten. Der Grund hierfür besteht darin, dass bestimmte Bilanzierungssachverhalte nicht in die GuV mit einbezogen werden, sondern erfolgsneutral direkt mit dem Eigenkapital verrechnet werden können bzw. müssen. Hierzu gehören insbesondere die Auswirkungen der Neubewertung bestimmter Vermögenswerte und von Änderungen der Bilanzierungs- und Bewertungsmethoden sowie von Bilanzierungsfehlern. Weil letztlich die Veränderungen des Eigenkapitals, ohne Berücksichtigung der Transaktionen mit Anteilseignern, das Gesamtperiodenergebnis des Unternehmens darstellen, kann die Eigenkapitalveränderungsrechnung als eine Ergänzung der GuV angesehen werden.

Die *Segmentberichterstattung* stellt insbesondere für große und diversifizierte Unternehmen eine weitere wichtige Ergänzung zu Bilanz und GuV dar. Nach IFRS ist sie nur von den Unternehmen verpflichtend aufzustellen, deren Eigen- oder Fremdkapitalinstrumente öffentlich gehandelt werden, d. h. die kapitalmarktorientiert im Sinne des HGB sind. In der Segmentberichterstattung werden die (hoch) aggregierten Daten der Bilanz und GuV wieder disaggregiert und nach Geschäftssegmenten und geographischen Segmenten aufgeteilt. Dies erfolgt nach der Art und dem Ursprung der mit den Unternehmensbereichen verbundenen Risiken und Chancen. Dabei wird das Unternehmen in ein primäres und sekundäres Segmentberichtsformat unterteilt. Sind die vom Unternehmen angebotenen Produkte und Dienstleistungen die wesentlichen Determinanten der Risiken und Chancen seiner Unternehmensbereiche, so bilden diese Geschäftssegmente das primäre Gliederungsmerkmal der Segmentberichterstattung. Wird das Risiko- und Chancenprofil dagegen primär von Ländern und/oder geographischen Regionen bestimmt, so stellen diese das primäre Berichtsformat dar. Das jeweils andere Gliederungsmerkmal dient dann als sekundäres Berichtsformat, über das weniger detaillierte Angaben erforderlich sind. Die Segmentberichterstattung ermöglicht den Adressaten der Rechnungslegung insbesondere bei Unternehmen mit heterogenen Geschäftsbereichen so eine bessere Beurteilung der Finanz- und Ertragskraft des Unternehmens sowie seiner Chancen und Risiken. Momentan werden für die Bestimmung der berichtspflichtigen Segmente in der Regel die interne Organisationsstruktur und das interne Rechnungswesen genutzt, da davon ausgegangen wird, dass diese sich an den Risiken und Chancen der Unternehmensbereiche orientieren. Während zurzeit aber letztendlich noch die Risiken und Chancen der Geschäftsbereiche für die Festlegung der Segmente ausschlaggebend sind, ist es bereits absehbar, dass hierfür in Zukunft ausschließlich auf die interne Organisationsstruktur und das interne Rechnungswesen zurückgegriffen wird. Damit würden die Bestimmungen der IFRS weiter an die der US-GAAP angeglichen.

Segmentberichterstattung

Im *Anhang* ist zum einen über die Grundlagen für die Aufstellung des Jahresabschlusses und die verwendeten Bilanzierungs- und Bewertungsmethoden zu berichten. Zum anderen sind hier vielfach umfangreiche Angaben zu in anderen Bestandteilen des Jahresabschlusses enthaltenen Positionen offen zu legen, etwa Angaben darüber zu machen, wie einzelne bedeutsame Geschäftsvorfälle in der Rechnungslegung erfasst wurden. Schließlich sind – falls erforderlich – weitere für die Vermittlung eines den tatsächlichen Verhältnissen entsprechenden Bildes des Unternehmens erforderliche Erläuterungen und Angaben in den Anhang aufzunehmen.

Anhang und Lagebericht

Der nach HGB für Kapitalgesellschaften obligatorische *Lagebericht* stellt keinen Pflichtbestandteil eines Abschlusses nach IFRS dar. Der Lagebericht enthält Informationen zum Geschäftsverlauf und zur wirtschaftlichen Lage der Gesellschaft, wobei auch auf die voraussichtliche Entwicklung und auf die Risiken derselben einzugehen ist. Manche der in einen Lagebericht nach HGB aufzunehmenden Angaben sind nach IFRS bereits Bestandteil der Anhangangaben. Dennoch ist es üblich, einen Lagebericht bzw. einen vergleichbaren Bericht des Managements über die Unternehmenslage mit dem Jahresabschluss zu veröffentlichen. Eine entsprechende Empfehlung wird in IAS 1.9 ausgesprochen.

Zusammenfassende Aussagen (vgl. auch Leitfrage 4)

- Das »Herz« der Rechnungslegung bilden die Bilanz als Gegenüberstellung von Mittelverwendung und Mittelherkunft zum Bilanzstichtag und die Gewinn- und Verlustrechnung als zeitraumbezogene Bewegungsrechnung zur Ermittlung des Periodengewinnes.
- Bei Konzernabschlüssen ist zu beachten, dass für die Darstellung des Konzerns als ein fiktives einheitliches Unternehmen eine Reihe von Konsolidierungsmaßnahmen durchgeführt werden muss, die das in Bilanz und GuV vermittelte Bild wesentlich mitbestimmen können.
- In der Kapitalflussrechnung wird mittels einer Aufteilung der Zahlungsströme in einen Cashflow aus laufender Tätigkeit, Investitionstätigkeit und Finanzierungstätigkeit Einblick in die Finanzlage des Unternehmens gewährt.
- Weitere wichtige Bestandteile eines Jahresabschlusses sind die Eigenkapitalveränderungsrechnung, die Segmentberichterstattung, der Anhang mit erläuternden Angaben und der Lagebericht über den Geschäftsverlauf und die wirtschaftliche Lage des Unternehmens.

5.3 Unterschiede zwischen deutscher und internationaler Rechnungslegung

Zu Beginn dieses Kapitels wurde bereits konstatiert, dass internationale Rechnungslegungsvorschriften gegenüber nationalen Vorschriften im Controlling-Kontext mittlerweile eine dominante Rolle einnehmen. Dennoch sind die Bilanzierungsvorschriften des HGB in Deutschland weiterhin von Bedeutung: Zum einen verwenden viele kleine und mittelständische Unternehmen nach wie vor das HGB als Basis ihres Rechnungswesens, zum anderen bleibt das HGB hierzulande Grundlage für die Besteuerung und die Ausschüttungen an Anteilseigner. Zudem sollte nicht unterschätzt werden, dass viele Praktiker in Deutschland noch in der Welt des HGB denken. Dementsprechend ist es erforderlich, die Unterschiede konzeptioneller und inhaltlicher Natur zwischen einer Rechnungslegung nach internationalen Vorschriften und nach HGB zu kennen und bewerten zu können.

Die HGB-Rechnungslegung wird auch weiter relevant sein.

5.3.1 Konzeptionelle Unterschiede

Die konzeptionellen Unterschiede, die zwischen internationalen Rechnungslegungsvorschriften und dem deutschen HGB klaffen, werden an zwei Punkten besonders deutlich: Erstens bei der Art und Weise, wie die Rechnungslegungsvorschriften aufgebaut und institutionell verankert sind, und zweitens bei der mit der Rechnungslegung verfolgten Zielsetzung.

Aufbau und institutionelle Verankerung der Rechnungslegungsvorschriften

Einer der wohl wichtigsten Gründe für die Unterschiede in den Rechnungslegungssystemen sind verschiedenartige Rechtssysteme. Sowohl die Rechnungslegung nach IFRS als auch nach US-GAAP können hierbei der angloamerikanischen Rechtstradition zugeordnet werden. In dieser stellen richterliche Einzelfallentscheidungen eine wesentliche Rechtsquelle dar; daher auch die Bezeichnung als *»Case Law«*. Dieser Systematik folgt auch der Aufbau der IFRS und der US-GAAP, die thematisch nach Problemen und Sachverhalten geordnet sind und sich aus einer Vielzahl einzelfallbezogener Regelungen zusammensetzen. Beide verfügen jedoch zudem über eine konzeptionelle Klammer in Form ihrer so genannten Rahmenkonzepte (*Frameworks*).

IFRS wie US-GAAP folgen der angloamerikanischen Rechtstradition.

Das Rahmenkonzept der IFRS-Rechnungslegung bildet das »Framework for the Preparation and Presentation of Financial Statements«, das der US-GAAP wird von den derzeit sieben vom FASB erlassenen Statements of Financial Accounting Concepts gebildet. Die in den Rahmenkonzepten enthaltenen Bestimmungen sind allerdings in ihrer Wirkung auf konkrete Bilanzierungssachverhalte begrenzt, da sie den Regelungen der einzelnen Rechnungslegungsstandards untergeordnet sind. So konnten bislang auch mit Hilfe der Rahmenkonzepte die in den Gesamtsystemen der IFRS und der US-GAAP bestehenden Inkonsistenzen und Lücken nicht behoben werden.

Die Rechnungslegung nach HGB dagegen steht in der kontinentaleuropäischen Tradition des römischen Rechts (*Code Law*). Dementsprechend basiert die Rechnungslegung nach HGB auf wenigen generellen Regelungen, die für die kaufmännische Praxis durch die Grundsätze ordnungsgemäßer Buchführung (GoB) konkretisiert werden.

Das HGB folgt dem kontinentaleuropäischen Code Law.

Diese unterschiedlichen Rechtstraditionen wirken sich auch auf die institutionelle Verankerung der Rechnungslegung und auf den Normsetzungsprozess aus. Da die Grundlage der Rechnungslegung nach HGB gesetzlicher Natur ist, bedarf es für ihre Weiterentwicklung und Änderung politischer Prozesse und einer Umsetzung durch den Gesetzgeber. Die Vorschriften der IFRS und der US-GAAP dagegen werden von privatrechtlich organisierten Rechnungslegungsgremien erlassen und entwickelt.

Das für die IFRS zuständige Rechnungslegungsgremium ist der 1973 in London als multinationaler Standardsetter gegründete *International Accounting Standards Board* (IASB, siehe auch www.iasb.co.uk). Zielsetzung des IASB ist es, weltweit einheitliche supranationale Rechnungslegungsstandards für alle börsennotierten Unternehmen zu etablieren. Die Normen der US-GAAP werden vom *Financial Accounting Stan-*

dards Board (FASB siehe auch www.fasb.org) erlassen und sind nach Vorschrift der amerikanischen Börsenaufsicht SEC von allen in den USA börsennotierten Unternehmen anzuwenden.

Die privatrechtliche Organisation dieser Rechnungslegungsgremien hat zur Folge, dass interessierte Kreise wie Unternehmen, Wirtschaftsprüfer, Rechnungslegungsadressaten und Wissenschaftler, eng in die Entwicklung der Standards eingebunden sind. Sowohl das IASB als auch das FASB setzen sich aus Vertretern dieser unterschiedlichen Interessengruppen zusammen. Insgesamt führt die privatrechtliche Organisation zu einer dynamischeren Rechnungslegung, die stärker an den Bedürfnissen der Praxis ausgerichtet und vor allem in der Lage ist, schneller auf aktuelle Probleme und Entwicklungen zu reagieren.

Im Jahr 1998 wurde auch in Deutschland ein privates Rechnungslegungsgremium in Form des DRSC (*Deutsches Rechnungslegungs Standards Committee*) installiert. Es ist nach § 342 HGB vom Bundesministerium der Justiz anerkannt und hat zur Aufgabe, Empfehlungen zur Anwendung der Grundsätze der Konzernrechnungslegung zu entwickeln, bei den Bereich der Rechnungslegung betreffenden Gesetzgebungsvorhaben beratend tätig zu werden und die BRD in internationalen Standardisierungsgremien zu vertreten. Zudem setzt sich das DRSC für eine Verbesserung der Qualität der Finanzberichterstattung und für die Angleichung deutscher und internationaler Rechnungslegungsvorschriften ein. Mit dem DRSC setzt auch Deutschland im Bereich der Rechnungslegung verstärkt auf ein nicht-staatliches Gremium.

Mit der Rechnungslegung verfolgte Zielsetzung
Bei einem Blick auf die mit der Rechnungslegung verfolgten Ziele lassen sich weitere wesentliche Unterschiede der deutschen im Vergleich zur internationalen Rechnungslegung ausmachen. Als oberstes Ziel der IFRS und der US-GAAP wurde bereits die Vermittlung entscheidungsnützlicher Informationen an die Eigenkapitalgeber im Sinne des *»true and fair view«* identifiziert. Zwar kennt auch das HGB die Generalnorm des § 264 Abs. 2 Satz 2 HGB (für den Konzernabschluss § 297 Abs. 2 Satz 1), nach der »ein den tatsächlichen Verhältnissen entsprechendes Bild der Vermögens-, Finanz- und Ertragslage [...] zu vermitteln« ist. Dennoch dominiert letztlich noch das Ziel des *Gläubigerschutzes* und das hieraus erwachsene *Vorsichtsprinzip* (§ 252 Abs. 1 Nr. 4 HGB) die Rechnungslegung nach HGB. Dieses existiert in der Rechnungslegung nach IFRS (unter dem Stichwort *Prudence*) und US-GAAP (als *Conservatism*) lediglich in stark abgeschwächter Form.

Das Vorsichtsprinzip spielt eine wichtige Rolle im HGB.

Zu dieser Bedeutung des Vorsichtsprinzips im HGB trägt auch bei, dass der HGB-Einzelabschluss die rechtliche Grundlage für die Ausschüttungsbemessung ist. So besteht nach § 58 Abs. 4 AktG ein expliziter Anspruch der Aktionäre auf den Bilanzgewinn, welcher folglich nicht zu hoch ausgewiesen werden darf, um die Möglichkeiten der Eigenkapitalgeber einzuschränken, dem Unternehmen über Gewinnausschüttungen Mittel zu entziehen. Eine Aushöhlung des Gesellschaftskapitals soll so vermieden werden. Aufgrund der engen inhaltlichen Anbindung des Konzernabschlusses an die Regelungen zur Aufstellung des Einzelabschlusses wirkt sich die hohe Bedeutung des Gläubigerschutzes auch hier aus, obwohl der HGB-Konzernabschluss als solcher lediglich Informationszwecken dient.

Kopplung handelsrechtlicher und steuerrechtlicher Aspekte

Eine weitere deutliche Einschränkung des Informationszweckes der Rechnungslegung nach HGB resultiert aus der engen Kopplung der handelsrechtlichen Rechnungslegung mit steuerrechtlichen Vorschriften. Das in § 5 Abs. 1 EStG kodifizierte *Maßgeblichkeitsprinzip* überträgt dabei die Anwendung handelsrechtlicher GoB auf die steuerrechtliche Gewinnermittlung. Darüber hinaus hat die Rechnungslegung jedoch auch im konkreten Einzelfall in der Steuerbilanz analog zur Abbildung in der Handelsbilanz zu erfolgen (formelle Maßgeblichkeit). Durch diese Kopplung der handels- und steuerrechtlichen Rechnungslegungsinhalte halten steuerpolitische Überlegungen indirekt Einzug in die handelsrechtliche Bilanzierung. Schließlich kennt das deutsche Recht auch die so genannte *umgekehrte Maßgeblichkeit*, die, den handelsrechtlichen GoB fremde, rein steuerrechtlich begründete Posten in die Handelsbilanz trägt.

Umgekehrte Maßgeblichkeit

Insgesamt kann festgestellt werden, dass die starke Betonung des Gläubigerschutzes und die Kopplung der HGB-Rechnungslegung an steuerrechtliche Vorschriften im Konflikt zum Informationszweck der handelsrechtlichen Rechnungslegung stehen und zu einer geringeren Aussagekraft von HGB-Bilanz und -GuV führen. Der Informationsgehalt internationaler Rechnungslegung wird durch solche Einflüsse dagegen nicht beeinträchtigt.

5.3.2 Inhaltliche Unterschiede

Aus den aufgezeigten konzeptionellen Unterschieden zwischen HGB und einer Rechnungslegung nach internationalen Vorschriften resultieren diverse inhaltliche Unterschiede bei der bilanziellen Behandlung einzelner Sachverhalte. Für die Nutzung der Rechnungslegung zu unternehmensinternen oder -externen Informationszwecken ist die Kenntnis dieser Unterschiede sowie das Wissen um ihre Herkunft eine wichtige Grundlage, um Fehleinschätzungen der wirtschaftlichen Lage des Unternehmens zu vermeiden.

Da hier nicht sämtliche Abweichungen zwischen den Rechnungslegungsvorschriften nach IFRS bzw. US-GAAP und denen des HGB aufgezeigt werden können, werden im Folgenden die wesentlichen Auswirkungen auf Bilanz und GuV identifiziert und anhand von Beispielen illustriert:

Unterschiede im Gesamtvermögen

- Das in der Bilanz ausgewiesene *Gesamtvermögen* ist nach internationalen Standards *häufig höher* als bei einer Bilanzierung nach HGB. Dies liegt zum einen an einem weiteren Vermögensbegriff sowohl nach IFRS als auch nach US-GAAP, so dass mehr Positionen auf der Aktivseite ansatzpflichtig sind. Zum anderen sind die nach internationalen Rechnungslegungsstandards anzusetzenden Wertmaßstäbe für Aktivposten häufig höher als nach deutschem Recht. So müssen Wertpapiere, die zur baldigen Veräußerung bestimmt sind, grundsätzlich zum Marktwert (*Fair Value*) bewertet werden, auch wenn dieser über den Anschaffungskosten liegt. Nach HGB sind die Anschaffungskosten stets die Obergrenze der Bewertung. Im umgekehrten Fall jedoch, wenn der Wert unter den Anschaffungskosten liegt, ist der drohende Verlust nach HGB (ebenso wie nach IFRS und US-GAAP) ergebniswirksam in der GuV zu erfassen. Diese Ungleichbehandlung drohender Verluste und potentieller Gewinne (nach dem *Imparitätsprinzip* gem. § 252 Abs. 1 Nr. 4 HGB) ist Folge des bereits erwähnten Vorsichtsprinzips. Weiterhin ist beim Ansatz der Herstellungskosten selbst erstellter Vermögenswerte international lediglich ein Vollkostenansatz und nicht wie nach deutschem Recht auch ein Teilkostenansatz zulässig. Bei langfristigen Fertigungsaufträgen sind zudem zusätzlich zu den Herstellungskosten auch anteilige Gewinne in Abhängigkeit vom Fertigstellungsgrad auszuweisen (*Percentage of Completion Method*).

Unterschiede in den Gesamtschulden

- Die ausgewiesenen *Gesamtschulden* sind nach IFRS und US-GAAP in vielen Fällen *niedriger* als bei einer Bilanzierung nach HGB. Dies liegt u. a. daran, dass eine Passivierung von Rückstellungen nur dann erlaubt ist, wenn eine Verpflichtung gegenüber Dritten besteht; Aufwandsrückstellungen existieren in der internationalen Rechnungslegung – abgesehen von Rückstellungen für Restrukturierungsmaßnahmen – nicht.
- Der *Ergebnisausweis* ist bei einer Bilanzierung nach internationalen Standards *stärkeren Schwankungen unterworfen* als bei einer Bilanzierung nach deutschem Recht. Hier haben kurzfristige Einflussfaktoren aus der bilanziellen Bewertung ein größeres Gewicht auf das in der GuV ausgewiesene Ergebnis. Hintergrund ist zudem die international

Zusammenfassende Aussagen (vgl. auch Leitfrage 5)

- Die Regelungen des HGB sind gesetzlich festgelegt und beinhalten generelle Regelungen, während die internationalen Rechnungslegungsvorschriften IFRS und US-GAAP eher einzelfall- bzw. problembezogene Regelungen enthalten und von privaten Rechnungslegungsgremien entwickelt und festgelegt werden.
- Bei der Rechnungslegung nach HGB tritt der Informationszweck hinter den Gedanken des Gläubigerschutzes zurück und wird zudem durch eine Kopplung der Rechnungsinhalte an steuerrechtliche Bestimmungen beeinträchtigt.
- Das Anlagevermögen wird in einer IFRS- oder US-GAAP-Bilanz tendenziell höher und die Schulden werden tendenziell niedriger als in der HGB-Bilanz ausgewiesen.
- Der handelsrechtliche Gewinn ist geringeren Schwankungen unterworfen, da sich kurzfristige Bewertungsänderungen in der Bilanz hier weniger stark auswirken als bei Anwendung internationaler Rechnungslegungsvorschriften.

zurücktretende Bedeutung des Vorsichtsprinzips, das in Deutschland einen gleichmäßigen Ergebnisausweis durch das Bilden bzw. Auflösen stiller Reserven im Zeitablauf ermöglicht.

Abweichende Behandlung des Goodwills

Auf Konzernbilanzen wirkt sich zudem die abweichende Behandlung des *Goodwills* zwischen den Normenwelten aus. Nach internationalen Vorschriften besteht für den Goodwill eine Aktivierungspflicht; in Folgejahren ist dieser dann regelmäßig auf seine Werthaltigkeit zu prüfen und ggf. außerplanmäßig abzuschreiben. Nach Handelsrecht ist ein Goodwill im Falle seiner Aktivierung (alternativ besteht auch die Möglichkeit einer erfolgsneutralen Verrechnung mit den Rücklagen) in den Folgejahren planmäßig abzuschreiben. Hierdurch wird das Ergebnis in den Jahren nach einem Unternehmenskauf gleichmäßiger (bzw. gar nicht) belastet und der Goodwill wird zudem in Folgejahren tendenziell niedriger ausgewiesen.

Weitere inhaltliche Unterschiede sind insbesondere bei den *Offenlegungspflichten* vorhanden. Die im Anhang zu leistenden Angaben sind nach internationalen Vorschriften deutlich umfangreicher als die nach HGB vorgeschriebenen, was zum Informationsgehalt der internationalen Rechnungslegung wesentlich beiträgt.

5.4 Externe Rechnungslegung als Controlling-Grundlage

Die externe Rechnungslegung ist primär auf den Informationsbedarf unternehmensexterner Adressaten ausgerichtet. Dies bestimmt ihre Struktur und ihre Inhalte. Zunehmend wird die externe Rechnungslegung jedoch auch für unternehmensinterne Zwecke, insbesondere als Informationsinstrument der Unternehmensführung, genutzt.

Um die Eignung der externen Rechnungslegung hierfür beurteilen zu können, sei im Folgenden in zwei Schritten vorgegangen: Im ersten Schritt werden die generellen Stärken und Schwächen der externen Rechnungslegung aufgezeigt und herausgestellt, worin ihre eigentliche »Leistung« besteht. Im zweiten Schritt soll dann anhand dieses Profils eine Abschätzung der Chancen und Grenzen einer Verwendung der externen Rechnungslegung für Zwecke des Controllings erfolgen.

5.4.1 Leistungen und Beschränkungen externer Rechnungslegung

Das aktuell verwendete System der Rechnungslegung verfügt über eine Reihe von Stärken, die zu seiner Bedeutung und Verbreitung beigetragen haben. Diesen Stärken stehen jedoch spezifische Defizite gegenüber, die sowohl den Informationsgehalt der Rechnungslegung für unternehmensexterne Adressaten als auch die Eignung der Rechnungslegung für unternehmensinterne Zwecke, insbesondere als Informationsinstrument der Unternehmensführung, betreffen. Vor allem der letzteren Gruppe von Defiziten gilt es, von Seiten des Controllings rationalitätssichernd entgegenzuwirken.

Stärken der externen Rechnungslegung

Im Folgenden sollen die Stärken und Schwächen der Rechnungslegung aufgezeigt und einander gegenübergestellt werden, um so ein Leistungsprofil der externen Rechnungslegung zu entwickeln. Auf der Seite der *Stärken* sind folgende Aspekte zu vermerken:

- Die Informationen der externen Rechnungslegung basieren auf einem weitgehend standardisierten, akzeptierten und transparenten Regelwerk.
- In der externen Rechnungslegung werden weitgehend objektivierte Unternehmensinformationen generiert.
- Die externe Rechnungslegung unterliegt der Kontrolle durch einen unabhängigen Wirtschaftsprüfer.
- Die Daten der Rechnungslegung können zwischen Unternehmen verglichen werden.

Dem stehen folgende *Schwächen* gegenüber:
- Der in der externen Rechnungslegung abgebildete Unternehmenswert und der ermittelte Gewinn entsprechen nicht dem Unternehmenswert und dem Gewinn im ökonomischen Sinne.
- Die Daten der Rechnungslegung hängen von einer Vielzahl von Annahmen ab, wodurch erhebliche Spielräume für Bilanzpolitik und Manipulationen eröffnet werden.
- Die externe Rechnungslegung ist stark vergangenheitsorientiert und besitzt damit nur einen geringen Informationsgehalt in Bezug auf die zukünftige Unternehmensentwicklung.
- Wichtige »weiche« Erfolgsfaktoren finden in der externen Rechnungslegung keine Berücksichtigung.

Die externe Rechnungslegung zielt auf objektivierbare und überprüfbare Sachverhalte ab.

Die externe Rechnungslegung zielt nicht darauf ab, den »richtigen« Unternehmenswert zu bestimmen.

Insbesondere die Liste der Schwächen bedarf einiger Erläuterungen. Ein wichtiger Aspekt, den man sich beim Umgang mit Daten der Rechnungslegung bewusst machen muss, besteht darin, dass die externe Rechnungslegung nicht originär darauf abzielt, ein Unternehmen zu bewerten oder einen Gewinn (bzw. eine Unternehmenswertsteigerung) im ökonomischen Sinne zu ermitteln. Vielmehr geht es der Rechnungslegung nach internationalen Vorschriften darum, Informationen zu generieren, die für die *Erstellung eigener Bewertungen* durch die Adressaten der Rechnungslegung von Nutzen sind. Die häufig vorgebrachte Kritik an der oftmals erheblichen Differenz zwischen dem bilanziellen Wert des Eigenkapitals eines Unternehmens und seinem Marktwert ist daher im Wesentlichen verfehlt, denn die Abbildung des »richtigen« Unternehmenswertes ist nicht Ziel der Rechnungslegung.

Für die Erstellung von Unternehmensbewertungen bzw. für die Beurteilung der Steigerung des Unternehmenswertes als Performance-Größe im ökonomischen Sinne ist es daher notwendig, die Daten der Rechnungslegung weiterzuverarbeiten. Dies wird auch im Rahmen verschiedener Ansätze zur wertorientierten Unternehmensführung gefordert, so z. B. im Rahmen des später in diesem Buch (im 7. Kapitel) angesprochenen EVA-Ansatzes, der bei der Modifikation der entsprechenden Größen der externen Rechnungslegung von einer Umwandlung des »Accounting Model« zum »Economic Model« spricht.

Ein Faktor, der die Schwächen der externen Rechnungslegung wesentlich mitbegründet, liegt in der Fokussierung der Rechnungslegung auf die Darstellung weitgehend objektivierbarer und überprüfbarer Sachverhalte. Hierfür ist es insbesondere notwendig, zukünftige und damit ungewisse Ereignisse nicht oder nur sehr eingeschränkt zur Grundlage der Rechnungslegung zu machen. Bei der Ermittlung eines ökonomischen Gewinns oder einer Bewertung im ökonomischen Sinne, wie sie etwa mittels der im 12. Kapitel dargestellten Kapitalwertmethode errechnet werden kann, spielt dagegen die Zukunftsprognose eine entscheidende Rolle. Die Periodisierung von Aufwendungen und Erträgen als Grundprinzip der Rechnungslegung findet dagegen vor allem auf der Grundlage von objektivierbaren und überprüfbaren Sachverhalten, wie z. B. Transaktionen mit Dritten oder gerichtlich durchsetzbaren Ansprüchen und Rechten, statt. Deshalb werden Vermögenswerte in der Bilanz auch in weiten Teilen zu fortgeführten historischen Anschaffungskosten bewertet, anstatt sie zu ihrem Zeit- oder zu ihrem Nutzwert zu erfassen.

Trotz der in der Rechnungslegung angestrebten Objektivität beruht eine Vielzahl der in ihr enthaltenen Informationen dennoch zwangsweise auf diversen Annahmen, z. B. bezüglich der wirtschaftlichen Nutzungsdauer von Vermögenswerten. Aber auch eine scheinbar simple Größe wie der Kassenbestand lässt sich in einem komplexen Konzernunternehmen nur mit Hilfe von Annahmen und Konventionen, wie etwa für Zwecke der Währungsumrechnung, ermitteln. Hierdurch entstehen nicht unwesentliche Spielräume für bilanzpolitische Maßnahmen. Solche Ermessensspielräume können ebenso wie die Möglichkeit einer bewussten Manipulation durch die Prüfung der Rechnungslegung nur begrenzt vermieden werden.

Um die Objektivität und Überprüfbarkeit der Rechnungslegung so weit wie möglich zu erhalten, werden auch die »weichen« Faktoren für den Unternehmenserfolg weitgehend aus der externen Rechnungslegung ausgeblendet. Hierzu gehören insbesondere *immaterielle Vermögenswerte* wie das Humankapital in Form des Wissens, der Qualifikation und der Motivation der Mitarbeiter eines Unternehmens sowie wesentliche Bestandteile des Wertes der Beziehungen zu

Kunden und Lieferanten. Auch Aktivitäten im Bereich der Forschung, die durch ihren Zukunftsbezug zumeist risikobehaftet sind, werden nicht in nennenswertem Ausmaß in der Bilanzierung abgebildet. Eine zuverlässige Abgrenzung und Bewertung dieser Ressourcen ist oftmals kaum möglich, so dass ihr Ansatz in der Bilanz vor allem am Kriterium der Verlässlichkeit scheitert.

Die aufgezeigten Defizite der externen Rechnungslegung werden zum einen im Bereich der Unternehmensberichterstattung selber adressiert. Hier werden insbesondere unter dem Stichpunkt des »Value Reporting« Ergänzungen und Alternativen zur klassischen Rechnungslegung nicht nur diskutiert, sondern auch bereits in der Praxis erprobt und eingesetzt. Wir werden auf Value Reporting im Abschnitt 5.5.2 noch genauer eingehen. Zunächst geht es uns aber um die Konsequenzen für die unternehmensinterne Verwendung von Informationen aus der externen Rechnungslegung.

5.4.2 Biltrolling und Konvergenz des Rechnungswesens

Wie bereits ausgeführt stellt die externe Rechnungslegung nur in zweiter Linie ein Instrument für unternehmensinterne Zwecke dar. Spätestens seit Siemens im Jahr 1993 (noch auf Basis des HGB) explizit das Wirtschaftsergebnis als intern definierte kalkulatorische Ergebnisgröße für die Konzernsteuerung aufgegeben hat und sich seitdem an einer aus der externen Rechnungslegung hergeleiteten Größe orientiert, hat die Rechnungslegung als Informations- und Steuerungsinstrument der Unternehmensführung unter der plakativen Bezeichnung »Biltrolling« an Bedeutung gewonnen. Teilweise wird in diesem Zusammenhang auch von einer »Integration« oder »Konvergenz« des Rechnungswesens gesprochen. Gemeint ist damit ein Konzept für eine Integration der externen Rechnungslegung und der internen Informations- und Steuerungssysteme der Unternehmensführung, insbesondere der im nachfolgenden Kapitel ausführlich dargestellten Kostenrechnung.

Zwischen der externen Rechnungslegung und der Kostenrechnung besteht eine *enge inhaltliche Verknüpfung*, weil die Kostenrechnung die Grundlage für die bilanzielle Bewertung selbst erstellter Erzeugnisse und Vermögenswerte zu ihren Herstellungskosten bildet. Da zudem die Basisdaten zwischen den Rechnungen übereinstimmen (z. B. in Bezug auf Mengen sowie auf Ein- und Auszahlungen), werden die Finanzbuchhaltung und die Kostenrechnung über Rechenkreise in verschiedener Form aneinander gekoppelt. In der Regel wickeln die Unternehmen zudem beide Rechnungen auf der Basis eines einheitlichen EDV-Systems ab.

Bei einem *konvergenten Rechnungswesen* geht es inhaltlich vor allem um die Herstellung eines einheitlichen Wertniveaus zwischen internem und externem Rechnungswesen, so dass beide Rechnungen (zumindest weitestgehend) den gleichen Periodenerfolg ausweisen. Zudem werden die Definitionen der im externen und internen Rechnungswesen verwendeten Größen angeglichen. Durch diese Maßnahmen wird vor allem Konfusion durch unübersichtliche Überleitungsrechnungen (»Welche Größe ist die richtige?«) und widersprüchliche Definitionen (ein Unternehmen kann durchaus über mehr als fünf(!) verschiedene Definitionen für die Größe »Umsatz« verfügen) beseitigt. Zudem können durch einen Verzicht auf zusätzliche interne Rechnungen und die Pflege des hierfür erforderlichen Datenbestandes die Kosten des Rechnungswesens reduziert werden.

Was ist ein »konvergentes« Rechnungswesen?

Für eine gleichzeitige interne Verwendung wird der Umfang des externen Rechnungswesens aber in anderer Weise zumeist erhöht. So werden in zeitlicher Hinsicht die auf das Geschäftsjahr bezogenen Informationen des externen Rechnungswesens auf den intern verwendeten Berichtszyklus ausgerichtet, in der Regel also eine Bilanz und GuV auf Monatsbasis aufgestellt. Darüber hinaus wird die Detaillierung des externen Rechnungswesens hinsichtlich der Zuordnung auf einzelne organisatorische Einheiten im Normalfall deutlich verstärkt.

Siemens kommt in Deutschland für die Konvergenzdiskussion eine Vorreiterrolle zu.

Zwei Gründe sind für die wachsende Bedeutung der externen Rechnungslegung als internes Informations- und Steuerungsinstrument maßgeblich:

- Mit zunehmender Bedeutung der Kapitalbeschaffung über den Kapitalmarkt ist die externe Rechnungslegung als Kommunikationsinstrument mit aktuellen und potentiellen Kapitalanlegern in den Vordergrund gerückt. Dadurch gewinnt die aktive Steuerung des Unternehmens hinsichtlich der in der externen Rechnungslegung abgebildeten Größen für die Unternehmensführung an Relevanz.

Goodwill-Bilanzierung als Schnittstelle

- Durch die Angleichung von internem und externem Rechnungswesen kann die Transparenz und Verständlichkeit des Rechnungswesens erhöht werden.

Die stärkere Verbreitung der internationalen Rechnungslegung hat der Diskussion um eine Konvergenz des Rechnungswesens in letzter Zeit erneut Vorschub geleistet. Dabei werden besonders die im Vergleich zu einer Rechnungslegung nach HGB stärker an betriebswirtschaftlichen Gesichtspunkten orientierte Abbildung des Unternehmens sowie die geringeren Manipulationsspielräume einer Rechnungslegung nach internationalen Vorschriften hervorgehoben.

Controlling und Accounting sind durch die Internationale Rechnungslegung näher aneinander gerückt.

Der Wechsel zu internationalen Rechnungslegungsvorschriften führt zudem zu einer Vergrößerung des Überschneidungsbereiches zwischen externem Rechnungswesen (Accounting) und Controlling. Hier sind die stärkere Zukunfts- und Zahlungsstromorientierung der internationalen Rechnungslegung und die hierfür erforderlichen Planungs- und Prognoserechnungen – eigentlich ein originäres Aufgabengebiet des internen Rechnungswesens – hervorzuheben. Auch die partielle Orientierung der externen Rechnungslegung an der internen Organisationsstruktur des Unternehmens (wie etwa im Rahmen der Segmentberichterstattung) trägt zu einer stärkeren Überlappung der Rechenwerke bei.

Dieser Überschneidungsbereich kann am Beispiel der Niederstwerttests für Goodwill illustriert werden: Anstatt den Goodwill – wie nach HGB üblich – planmäßig abzuschreiben, sind nach IFRS und US-GAAP jährliche *Niederstwerttests* vorgeschrieben, mit deren Hilfe der Goodwill auf seine Werthaltigkeit überprüft wird, um ihn dann ggf. auf einen niedrigeren Wert abzuschreiben. Hierfür ist der Goodwill zunächst einzelnen Geschäftseinheiten, die selbständig Einzahlungen generieren, zuzuordnen. Anschließend ist der Wert der jeweiligen Geschäftseinheiten als Barwert der künftigen durch sie erzeugten Zahlungsströme (dieses Verfahren der Barwertberechnung wird in Abschnitt 12.4.1.2.1 des 12. Kapitels erklärt) zu bestimmen. Der so errechnete Wert wird daraufhin mit der Summe des Buchwertes der Vermögenswerte (inkl. Goodwill) und Schulden dieser Geschäftseinheit verglichen, um zu prüfen, ob die Geschäftseinheit bzw. der ihr zugeordnete Goodwill bilanziell zu hoch bewertet ist. Die Frage, ob eine solche Prognoserechnung sinnvoller Weise vom Controlling oder vom Accounting erstellt werden sollte, kann nicht pauschal beantwortet werden. Grundsätzlich sind Prognose- und Barwertberechnungen jedoch eine Domäne des Controllings. An dieser Stelle besteht durchaus die Chance für Controller, »den Spieß umzudrehen« und Teilbereiche im Accounting als Betätigungsfeld für sich zu entdecken. Fragen zur Organisation und zu den Aufgabenfeldern des Controllerbereiches werden im letzten Teil des Buches wieder aufgegriffen.

Auch wenn Controlling und Accounting im Bereich der Rechnungslegung näher zusammengerückt sind und sich die Möglichkeiten für eine Konvergenz zwischen internem und externem Rechnungswesen damit verbessert haben, können bei einer entsprechenden Verwendung der externen Rechnungslegung verschiedene Rationalitätsdefizite auftreten, die durch das Controlling aufgefangen werden müssen. Diese resultieren vor allem aus den bereits aufgezeigten Schwächen der externen Rechnungslegung. In der Praxis wird hier insbesondere versucht, die Abbildungsdefizite der Rechnungslegung so weit wie möglich zu korrigieren. Hier ist erneut auf die im 7. Kapitel anzusprechenden Ansätze der wertorientierten Unternehmensführung und die dabei gebildeten Kennzahlen zu verweisen. Inhaltlich zielen alle Modifikationen darauf ab, bestimmte Aufwendungen, die nicht gleichzeitig auch zahlungswirksam sind, aus dem Periodenergebnis zu eliminieren. Die Erfolgsgröße nähert sich damit dem operativen Cashflow innerhalb der Finanzrechnung an; der bilanzpolitische Spielraum zur Beeinflussung des Ergebnisses nimmt folglich ab. Zudem wird häufig versucht, Einflüsse auf die Bilanz- und GuV-Größen, die nicht oder nur eingeschränkt unternehmensintern beeinflusst werden können – wie z. B. Währungsschwankungen und Preisschwankungen von Rohstoffen oder Einflüsse außergewöhnlicher Natur –, aus den intern verwendeten Größen herauszurechnen.

Zu beachten ist allerdings, dass eine Eliminierung bestimmter Aufwendungen aus dem Periodenergebnis möglicherweise unerwünschte Steuerungsimpulse gibt. So kann zwar durch die Eliminierung von Währungsschwankungen erreicht werden, dass diese etwa den einem Bereichsmanager zugerechneten Erfolgsanteil nicht berühren, da sie nicht von ihm beeinflusst werden können. Allerdings besteht gleichzeitig die Gefahr, dass er bei zukünftigen Entscheidungen Währungsrisiken nicht ausreichend in seine Überlegungen mit einbezieht, da diese ihm bei der Beurteilung seines Erfolges nicht zugerechnet werden.

Insgesamt ist der Einsatz der externen Rechnungslegung für unternehmensinterne Steuerungszwecke somit stets kritisch auf seine Eignung hin zu hinterfragen. Ein vollkommener Verzicht auf zusätzliche interne Rechnungen ist insbesondere hinsichtlich der oftmals erforderlichen höheren Detaillierung und bestimmter fast unvermeidbarer Korrekturen der Daten des externen Rechnungswesens unrealistisch.

Insbesondere für die Steuerung diversifizierter und weitgehend eigenständiger Unternehmenseinheiten bietet sich eine Verwendung der externen Rechnungslegung jedoch an, da ihre Steuerung mit Hilfe einer eigenständig definierten internen Rechnungslegung (»Konzernkostenrechnung«) vergleichsweise komplex und schwerfällig erscheint. Hier können die Informationsinstrumente der externen Rechnungslegung einen Ansatzpunkt für ein effektives Beteiligungscontrolling darstellen.

Zusammenfassende Aussagen (vgl. auch Leitfrage 6)

- Die externe Rechnungslegung stellt Informationen über die Vermögens-, Finanz- und Ertragslage eines Unternehmens primär für externe Adressaten zur Verfügung. Dies prägt ihren Grundaufbau.
- Die Daten der externen Rechnungslegung basieren auf einem standardisierten Regelwerk und vermitteln weitgehend objektivierte Unternehmensinformationen. Hierdurch werden Art und Umfang der präsentierten Informationen jedoch in anderer Hinsicht eingeschränkt.
- Trotz der externen Ausrichtung gewinnt die Rechnungslegung aktuell erheblich an Führungsrelevanz. Mit stärkerer Bedeutung des Kapitalmarktes bekommen die im externen Rechnungswesen ausgewiesenen Größen einen direkteren Führungsbezug.
- Für Controller ist es wichtig zu hinterfragen, inwieweit Informationen der externen Rechnungslegung unmittelbar oder korrigiert für unternehmensinterne Steuerungszwecke eingesetzt werden können. Trotz eines allgemeinen Trends zur Vereinheitlichung des Rechnungswesens ist hier Vorsicht angebracht.

5.5 Entwicklungen auf dem Gebiet der Rechnungslegung

5.5.1 Internationalisierung und Harmonisierung

Die Globalisierung der Kapitalmärkte führt ebenso wie die zunehmende Internationalisierung der Unternehmenstätigkeit zu einem erhöhten Bedarf an international vergleichbaren hochwertigen Rechnungslegungsstandards. Im internationalen Wettbewerb um Kapital hat zudem eine transparente Berichterstattung für Unternehmen an Bedeutung gewonnen. In dieser Entwicklung ist der Grund für die voranschreitende Internationalisierung der Rechnungslegung zu sehen. Neben besserer Vergleichbarkeit und höherer Transparenz bieten sich durch einheitliche Rechnungslegungsstandards Kostenvorteile bei der Informationsverarbeitung durch eine Abschaffung der andernfalls erforderlichen »doppelten« doppelten Buchführung nach nationalen Rechnungslegungsvorschriften. Diese betreffen die Rechnungslegungsadressaten, die international tätigen Wirtschaftsprüfungsunternehmen, vor allem aber die Rechnung legenden Unternehmen. Die europaweite Anwendung der IFRS für kapitalmarktorientierte Unternehmen ist in diesem Kontext als ein erster Durchbruch zu werten.

International wird eine Harmonisierung der Rechnungslegungsvorschriften angestrebt.

Ein Hindernis für weiter reichende Akzeptanz und die weitere Verbreitung der IFRS liegt in der fehlenden Anerkennung der IFRS-Vorschriften

Viele Großunternehmen müssen nach HGB und US-GAAP auch noch IFRS-konform bilanzieren.

durch die amerikanische Börsenaufsicht SEC, auf die das IASB bereits seit vielen Jahren hinarbeitet. Bereits im Jahr 1989 wurde hierfür eine enge Zusammenarbeit mit der internationalen Börsenaufsicht IOSCO begonnen. Der dabei eingeleitete Entwicklungsprozess zielt vor allem auf eine Harmonisierung der Rechnungslegungssysteme durch eine inhaltliche Angleichung der IFRS und der US-GAAP ab. Erste wichtige Schritte in diese Richtung wurden vom IASB bereits abgeschlossen. Neben der Entwicklung des Framework ist hier die deutliche Reduzierung der nach IFRS zulässigen Bilanzierungswahlrechte hervorzuheben. Insgesamt wurde die Harmonisierung jedoch vor allem durch eine Angleichung der Rechnungslegung nach IFRS an die entsprechenden US-GAAP-Vorschriften erreicht – eine Vorgehensweise, die zu viel Kritik an der Arbeit des IASB geführt hat. Im Mai 2000 resultierten die Bemühungen des IASB in einer Empfehlung der IOSCO an seine Mitglieder (zu denen insbesondere die SEC gehört), die IFRS als Rechnungslegungsstandards für eine Börsenzulassung zu akzeptieren. Eine entsprechende Anerkennung der SEC steht jedoch noch aus.

Bis heute bestehen wichtige Unterschiede zwischen den IFRS und US-GAAP. So sind z. B. Entwicklungsaufwendungen nach IFRS als Vermögenswert zu aktivieren und über ihre Nutzungsdauer planmäßig abzuschreiben. Nach US-GAAP hingegen sind Entwicklungsaufwendungen grundsätzlich nicht aktivierungsfähig. Auch im Rahmen der gerade überarbeiteten Goodwill-Bilanzierung wurde zwar im Wesentlichen die Entwicklung der US-GAAP-Vorschriften in den IFRS nachvollzogen; allerdings bestehen auch in diesem Bereich nach wie vor inhaltliche Unterschiede.

Inzwischen wird eine Reihe von Projekten zur Weiterentwicklung der Rechnungslegung vom IASB und vom FASB gemeinsam unternommen. Wann eine Zulassung der IFRS für den amerikanischen Kapitalmarkt erfolgt, bleibt jedoch abzuwarten.

Die Entscheidung für ein harmonisiertes Rechnungswesen ist bei Beiersdorf schon 1998 gefallen.

Aus der Praxis

Harmonisierung des internen und externen Rechnungswesens bei Beiersdorf

Dr. Karsten Boyens; Dr. Ralf Eberenz; Georg Köller*

Die zentrale Frage nach dem richtigen Weg
Die Frage, wie weit Inhalt und Darstellung der internen Rechnungslegung und damit der für ein Unternehmen steuerungsrelevanten Informationen mit der externen Rechnungslegung übereinstimmen sollen bzw. können, wird in der Praxis unterschiedlich beantwortet.

Einigen scheint die gleichzeitige interne Anwendung der IFRS als so genanntes Management Accounting gut machbar. Die IFRS mit dem Grundsatz des *»true and fair view«* erweisen sich – anders als die jeweils lokalen landesspezifischen Rechnungslegungsvorschriften – für die Geschäftssteuerung als geeignet.
Ein zweiter Rechnungskreis allein für interne Steuerungszwecke ist demnach nicht notwendig.

Andere Unternehmen hingegen sehen nach wie vor unterschiedliche Informationserfordernisse im internen Rechnungswesen, die nicht nur eine gesonderte Darstellung, sondern auch andere Inhalte erfordern. Sie verweisen dabei auch auf eine jahrzehntelange betriebswirtschaftliche Diskussion, die die von der externen Darstellung abweichende, für die Unternehmenssteuerung »richtige« finanzielle Abbildung hervorgebracht habe. Abweichende Umsatz- und Gewinnkonzepte, kalkulatorische Kostenarten, gesonderte Abschreibungsmethoden bzw. -dauern, u.s.w. behielten demnach auch für die laufende Geschäftssteuerung ihre Berechtigung.

Im Hause Beiersdorf fand diese Auseinandersetzung im Jahre 1998 statt. Nach eingehender Diskussion haben wir uns für das *Einkreissystem* entschieden. Wir haben seit dem die für unser Geschäft passende Form der Harmonisierung entwickelt und insgesamt über Jahre hinweg sehr gute Erfahrungen damit gemacht. Das bedeutet nicht, dass wir aus betriebswirtschaftlicher Sicht die IFRS in jeder Hinsicht für angemessen halten. Gerade die jüngeren Entwicklungen des Standards lassen Zweifel aufkommen. In Summe aber ist der Standard für unsere interne Steuerung mindestens genauso gut geeignet wie jedes andere Konzept, zumal letztlich keine standardisierte finanzielle Darstellung des laufenden Geschäfts die spezifischen Aspekte im Einzelfall umfänglich abdecken kann.

Ausgangspunkt ist das grundsätzliche Verständnis von Controlling und Accounting
Um zu verstehen, welche Motive und Zielsetzungen die Beiersdorf Gruppe bei der Harmonisierung der Rechnungslegung hatte, ist es notwendig, einen Blick auf unser Controlling- und Accountingverständnis zu werfen. Unser Anspruch an das Controlling und das Accounting sagt eindeutig, dass auch diese Bereiche einen positiven Beitrag zum Geschäftserfolg erbringen müssen. Eine rein passive Beschreibung des Geschäftsverlaufes ist damit nicht genug. Es muss vielmehr eine aktive Beeinflussung des Geschäftes durch ein schnelles Aufzeigen von Chancen und Risiken und durch umsetzbare geschäftsrelevante Empfehlungen erfolgen. Unsere Strategie sagt hierzu Folgendes:

»Die Prognose der Geschäftsentwicklung durch qualifizierte Forecasts ist uns wichtiger als die Ist-Berichterstattung.«

»Wir fokussieren uns auf die Konzernziele für Umsatzwachstum, EBIT, Nachsteuerergebnis und Working Capital. Wir arbeiten mit wenigen aber zuverlässigen Steuerungsgrößen und Instrumenten. Für den regelmäßigen und häufigen Einsatz sind diese einfach, zur Unterstützung von Einzelfallentscheidungen maßgeschneidert.«

Der Fokus auf die Prognose eröffnet die Möglichkeit, heute noch über Maßnahmen zu entscheiden, die sich morgen auf den Geschäftserfolg positiv auswirken. Deshalb sind uns, ohne die Bedeutung von Rechenschafts- und Kontrollaspekten der Rechnungslegung in Frage zu stellen, die Planung und das Forecasting und damit die Entscheidungsunterstützung wichtiger als die »historische« Berichterstattung. Wir arbeiten hierbei ganz bewusst mit nur wenigen, einfachen und verständlichen Standardinstrumenten und Steuerungsgrößen. Im Einzelfall werden diese für die jeweilige Entscheidungssituation durch maßgeschneiderte Instrumente und Verfahren ergänzt.

Beiersdorf geht es um einfache und verständliche Steuerungsgrößen.

Ferner sagt die Strategie:
»Die Transparenz und Ordnungsmäßigkeit der internen Abläufe hat für uns oberste Priorität. Die Rechnungslegung im Konzern erfolgt extern und intern einheitlich und folgt den International Financial Reporting Standards. Lokale Regelwerke werden von den Gesellschaften verantwortet. ...«

Wir nutzen in der gesamten Organisation eine gemeinsame *finanzielle Sprache* – unabhängig davon, ob wir Ziele festlegen, ein Geschäftsjahr planen oder einen Forecast erstellen, intern oder extern über unseren Geschäftserfolg berichten. Alles basiert auf einem Zahlenwerk, auf einem Rechnungskreis. Selbstverständlich sind lokale Rechnungslegungsvorschriften zu beachten, wenn zum Beispiel eine Tochtergesellschaft bei der Jahresabschlusserstellung den lokalen rechtlichen Anforderungen nachzukommen hat. Diese haben aber weder lokal noch für den Konzern eine Steuerungsfunktion und werden ausschließlich lokal verantwortet.

Beiersdorf realisiert eine einheitliche, gemeinsame finanzielle Sprache.

Einfacher, schneller, besser
Vor dem Hintergrund dieses Controlling- und Accounting-Verständnisses werden die Ziele unserer Harmonisierung der Rechnungslegung verständlich: Drastische Vereinfachung in der Rechnungslegung selbst, Realisierung einer einfachen und einheitlichen finanziellen Sprache zur Steuerung des Unternehmens und Erfüllung des jeweils geltenden Rechnungslegungsstandards. Im Jahre 1999 wurde erstmalig das neue Einkreissystem durchgängig genutzt und der Jahresabschluss nach IAS veröffentlicht. Die Abschaffung der internen Betriebsergebnisrechnung (BER) und der nach HGB aufgestellten Konzern GuV durch die Einführung des Statement of Income (SOI) hat die aufwändige Vielfalt der Ausgangslage drastisch vereinfacht.

Harmonisierung der Rechnungslegung bedeutet auch Harmonisierung der Rechnungslegungs-IT-Systeme.

Die Unterschiede im Erfolgsausweis der externen und internen Rechnungslegung hatte in der Vergangenheit niemand so recht verstanden.

Die Harmonisierung hat sich längst bewährt.

Es wird seitdem zwangsweise nur noch ein weltweit gültiger Kontenrahmen genutzt, ausschließlich das Umsatzkostenverfahren angewendet, ein einziger Umsatzbegriff benutzt, auf kalkulatorische Größen verzichtet sowie mit einheitlichen Abschreibungsmethoden und -dauern gearbeitet. Selbstredend entfallen auch jegliche Überleitungsrechnungen zwischen Management Accounting und externem Accounting – die hatte im Übrigen in unserem Hause ohnehin nie jemand verstanden.

Wo immer möglich und vertretbar wurden die Definitionen und Wertansätze in der Rechnungslegung rigoros vereinheitlicht. So haben wir beispielsweise bei unseren deutschen Gesellschaften in der Vorratsbewertung der Steuerbilanz, der Handelsbilanz (Einzelabschluss nach HGB) und der Konzernbilanz (nach IFRS) keinerlei Unterschiede mehr. Auf Basis einer standardisierten Vollkostenrechnung haben wir alle Kalkulationsbestandteile en detail gleichgeschaltet – von den zugrunde liegenden Abschreibungsmethoden bis zur Berücksichtigung von freiwillig sozialen Leistungen als Anteil der Fertigungslöhne. Das hat nicht nur zur Folge, dass die Inventurbewertung einfacher und schneller ist. Es erlaubt auch, die Frage, wie hoch der Bestand sei, mit nur einer statt drei Aussagen zu beantworten!

Ohne Anpassung von Organisation und IT-Systemen geht es nicht

Durch eine gemeinsame Aufbauorganisation von externem Konzernrechnungswesen und Konzerncontrolling haben wir sichergestellt, dass Effizienzverluste durch ein unproduktives Festhalten an überkommenen Überzeugungen »der Buchhaltung« und »des Controllings« vermieden werden. Um eine wirklich übergreifende Sichtweise durchzusetzen, mussten die Mitarbeiter entsprechend weiterentwickelt, teilweise auch ausgetauscht werden. Mitarbeiter in der gemeinsamen Organisation haben in der Folge zwar weiterhin unterschiedliche Schwerpunkte, die durchaus bei dem einen eher im Bereich der Rechnungslegung, bei dem anderen eher im Bereich des Controllings liegen, aber alle sind gleichzeitig Controller *und* Rechnungsleger. Damit wurde von vorne herein auch die Gefahr gebannt, dass sich zukünftig schleichend die Bereiche wieder voneinander weg entwickeln.

Ein ganz wesentliches Element der Harmonisierung ist auch die Zusammenführung der entsprechenden IT-Systeme auf Konzernebene. In der Vergangenheit wurden für externe und interne Zwecke unterschiedliche IT-Systeme mit unterschiedlichen Datenbasen genutzt. Mit der Umstellung wurde für das komplette finanzielle Konzernreporting ein einheitliches System eingeführt. Ohne diese Komponente wären wir Gefahr gelaufen, viele Harmonisierungsschritte zwar theoretisch vollziehen, aber praktisch nicht umsetzen zu können. Jeder, der in der Praxis mit komplexen IT-Systemen für das Rechnungswesen arbeitet, wird bestätigen, dass trotz einheitlicher Definition »laut Handbuch« unterschiedliche Systeme nur zu häufig auch unterschiedliche Werte liefern.

In der Praxis bewährt

Die Ziele der Harmonisierung wurden rasch erreicht und sehr schnell konnte eine breite Akzeptanz in der Organisation erwirkt werden. Die praktische Anwendung des Einkreissystems für die Rechnungslegung und die Unternehmenssteuerung hat die Steuerung der finanziellen Geschäftssituation vereinfacht und das Verständnis für finanzielle Konsequenzen von Entscheidungen vertieft. Sicher eignet sich die Geschäftsstruktur unseres Hauses und damit die Charakteristik unserer Umsatz-, Kosten- und Vermögensstruktur besonders gut für eine Harmonisierung. Ob dieses für jedes Unternehmen gilt, kann an dieser Stelle nicht abschließend beurteilt werden. Unsere Erfahrung zeigt aber, dass im Zweifel deutlich mehr Vereinheitlichung möglich ist, als die Buchhaltung und das Controlling bereit sind zuzugestehen.

* Dr. Karsten Boyens ist Leiter Regional Controlling; Dr. Ralf Eberenz ist Leiter Corporate Accounting and Controlling der Beiersdorf AG; Georg Köller ist Unternehmensberater, ehem. Leiter Corporate Risk Management der Beiersdorf AG.

5.5.2 Value Reporting

Während eine transparente Unternehmensberichterstattung immer mehr an Bedeutung gewinnt, ist die externe Rechnungslegung als das zentrale Instrument hierfür verstärkt in die Kritik geraten: Zum einen haben die Bilanzskandale, wie etwa bei Enron und Worldcom, ihre Spuren hinterlassen. Das dabei verlorene Vertrauen kann nur durch eine zuverlässige und offene Kommunikation von Seiten der Unternehmen wieder hergestellt werden. Zum anderen werden die bereits angesprochenen Defizite der externen Rechnungslegung in der jüngeren Vergangenheit vermehrt angeprangert, und die Systematik der Rechnungslegung wird als veraltet kritisiert. In der Tat gibt es gute Gründe, warum die klassische Rechnungslegung alleine den aktuellen Anforderungen an die Unternehmensberichterstattung nicht mehr gewachsen ist.

In einem zunehmend dynamischeren Unternehmensumfeld nimmt die Aussagekraft der hauptsächlich an der Vergangenheit orientierten Informationen der externen Rechnungslegung tendenziell ab. Hinzu kommt, dass die in der Rechnungslegung nicht beachteten Unternehmensressourcen – wie das Human- und das Kundenkapital sowie die Innovationsfähigkeit des Unternehmens – im Wettbewerb immer weiter an Bedeutung gewinnen. Darüber hinaus fordern die Kapitalmärkte weitergehende Informationen, die ihnen spezifischere Einblicke in die Unternehmensabläufe geben. Dabei stehen u. a. die Fragen im Vordergrund »Wie funktioniert das Geschäftsmodell des Unternehmens?« und »Wie wird das Unternehmen intern gesteuert?«.

Die Idee des Value Reporting knüpft an den beschriebenen Defiziten der externen Rechnungslegung und an den zurzeit unbefriedigten Informationsbedürfnissen des Kapitalmarktes an. Diese versucht es, durch eine zusätzliche, über die obligatorische Berichterstattung hinausgehende, Veröffentlichung von Unternehmensinformationen und mit Hilfe alternativer Informationsinstrumente auszugleichen. Dabei ist jedoch zu beachten, dass der Informationsbedarf der Kapitalmärkte im wahrsten Sinne des Wortes unstillbar ist. Deshalb muss die *Grenze des Value Reporting* dort gezogen werden, wo die Kosten der zusätzlichen Berichterstattung ihren Nutzen übersteigen und wo nicht nur Investoren sondern auch Wettbewerber von der geschaffenen Transparenz zu sehr profitieren.

Welche Mittel für das Value Reporting in der Praxis eingesetzt werden, ist höchst unterschiedlich. Das Spektrum reicht von ausführlichen verbalen Beschreibungen der Unternehmensstrategie und des Wettbewerbsumfeldes über die Offenlegung intern verwendeter Spitzen-Kennzahlen (etwa im Rahmen der wertorientierten Unternehmensführung) bis zur Offenlegung ganzer Kennzahlensysteme, die häufig an die im 7. Kapitel erläuterte Balanced Scorecard angelehnt sind. Die Offenlegung intern verwendeter Schlüsselkennzahlen dient dabei zwei Zwecken zugleich: Erstens werden den Adressaten zusätzliche Informationen über die Performance des Unternehmens vermittelt. Zweitens erhalten die Adressaten einen Einblick, wie das Unternehmen intern gesteuert wird. Eine Offenlegung intern verwendeter Kennzahlen zur wertorientierten Unternehmensführung dokumentiert nach außen, dass dieses Konzept eine wichtige Steuerungsgrundlage der Unternehmensführung bildet, also im Unternehmen tatsächlich »gelebt« wird.

Das Spektrum möglicher Ausprägungen eines Value Reporting ist sehr breit. Erste Standardisierungsversuche sind zu beobachten.

Eine andere Ansatzmöglichkeit für das Value Reporting basiert darauf, ein System von standardisierten Kennzahlen vorzugeben (dieses könnte etwa die Kennzahl »Kundenzufriedenheit« beinhalten), die jeweils möglichst viele Unternehmen möglichst einheitlich berichten sollen. Dafür müssen Standards etabliert werden, die festlegen, welche Kennzahlen wie zu ermitteln und zu berichten sind. Der Vorteil einer solchen Lösung liegt vor allem darin, dass die Informationen idealer Weise zwischen Unternehmen verglichen werden können. Eine Vorreiterrolle auf diesem Gebiet hat die schwedische Firma Skandia übernommen, die ein solches Berichterstattungstool in Form des »Skandia Navigator« entwickelt hat und bereits seit 1995 in seiner Berichterstattung einsetzt. Inzwischen ist der Kreis von Unternehmen, die ein Value Reporting in dieser oder in anderer Form betreiben, deutlich gewachsen. So hat das dänische Ministerium für Handel und Industrie einen Leitfaden zur Erstellung von »Intellectual Capital Statements« entwickelt, der im Jahr 2002 bereits (allerdings mehr oder weniger umfassend) von ca. 100 dänischen Unternehmen um-

Anlass zur Entwicklung eines Value Reporting

gesetzt wurde (vgl. Danish Ministry of Science, Technology and Innovation 2002, S. 26 f.).

Die Frage, wie ein Value Reporting aussehen sollte, kann momentan bei weitem noch nicht als geklärt angesehen werden. Beim Value Reporting handelt es sich aber eindeutig nicht nur um einen kurzfristigen Trend, sondern um eine bereits seit geraumer Zeit bestehende Bewegung, die zunehmend an Dynamik gewinnt.

5.5.3 Weitere Entwicklungen

Neben den bereits identifizierten Entwicklungstrends hin zu einer stärkeren Internationalisierung und Harmonisierung der Rechnungslegung sowie zu einer stärkeren Verbreitung des Value Reporting sollen schließlich noch einige weitere wichtige Entwicklungen im Bereich der externen Rechnungslegung kurz angesprochen werden.

Ein seit vielen Jahren anhaltender und weitgehend etablierter Trend ist die Veröffentlichung so genannter *Umwelt- oder Nachhaltigkeitsberichte*. Während im Umweltbericht ökologische Aspekte im Vordergrund stehen, wird die Umweltperspektive im Nachhaltigkeitsbericht zumeist durch eine ökonomische und eine soziale Berichtsdimension ergänzt. Insbesondere bei großen Unternehmen, die stark im öffentlichen Rampenlicht stehen, gehören solche Berichte bereits zum guten Ton. Doch auch hier ist die Entwicklung – ähnlich wie beim Value Reporting – noch nicht abgeschlossen. Eine Reihe von Initiativen (u. a. die »Global Reporting Initiative«, siehe auch www.globalreporting.org) arbeitet momentan an Standards und Leitbildern für eine einheitlichere und aussagekräftigere Nachhaltigkeitsberichterstattung.

Sarbanes-Oxley Act

Im Nachgang der bereits erwähnten Bilanzierungsskandale werden aktuell zudem neue Regularien für die klassische Rechnungslegung in Kraft gesetzt. Im US-amerikanischen Bereich hat hier der *Sarbanes-Oxley Act* den größten Einfluss. Neben Haftungs-Verschärfungen für Manager bei falscher Berichterstattung wird durch die Vorschriften des Sarbanes-Oxley Act auch der Umfang der Berichterstattung und der Kontrolle durch den Wirtschaftsprüfer ausgeweitet.

Enforcement

Auch in Deutschland wurden in letzter Zeit wichtige Änderungen auf den Weg gebracht. Durch das *Bilanzkontrollgesetzes* (BilKoG) vom 14.12.2004 soll unter dem Stichwort *»Enforcement«* die Einhaltung der IFRS durch deutsche Unternehmen sichergestellt und Bilanzmanipulationen entgegengewirkt werden. Hierfür hat im Juni 2005 die privatrechtlich organisierte »Deutsche Prüfungsstelle für Rechnungslegung« (DPR) ihre Tätigkeit aufgenommen. Unabhängig von der Kontrolle der Rechnungslegung durch die Wirtschaftsprüfer führt die DPR sowohl stichprobenartige Kontrollen der Rechnungslegung als auch Prüfungen bei Verdachtsmomenten durch. Da die Kooperation der Unternehmen mit der DPR freiwillig ist, greift bei fehlender Kooperation oder bei der Feststellung von Verstößen zusätzlich die Bundesanstalt für Finanzen (BaFin) ein. Diese kann Bußgelder verhängen und festgestellte Fehler der Rechnungslegung publik machen.

Shared Service Center

Der letzte anzusprechende Trend betrifft die Organisation des Accountingbereiches und könnte in der Zukunft in ähnlicher Form auch das Controlling erreichen. Unter dem Stichwort *»Shared Service Center«* werden aktuell standardisierbare Prozesse des Rechnungswesens – wie etwa die Debitoren- oder Kreditorenbuchhaltung – gebündelt, automatisiert und ggf. in Länder mit niedrigem Lohnniveau verlagert. Diese fabrikartigen Service Center bieten neben Lohnkostenvorteilen durch die stärkere Strukturierung und Automatisierung der Prozesse enorme Effizienzvorteile. Eine Bündelung und Standardisierung von Controlling-Prozessen ist für die Zukunft ebenfalls nicht undenkbar.

Zusammenfassende Aussagen (vgl. auch Leitfrage 7)

- Vor dem Hintergrund globaler Kapitalmärkte und international tätiger Unternehmen etablieren sich vermehrt international einheitliche Rechnungslegungsstandards. Der Wettbewerb zwischen IFRS und US-GAAP ist hier noch nicht entschieden.
- Der zunehmende Einfluss der Kapitalmärkte und die stärker hervortretenden Schwächen der klassischen externen Rechnungslegung führen zu einer größeren Bedeutung eines Value Reporting. Das Value Reporting versucht, die bestehenden Lücken der Rechnungslegung zu schließen und unbefriedigten Informationsbedarf der Kapitalmärkte zu stillen.
- Beim Value Reporting kommt eine Vielzahl von alternativen Informationsinstrumenten zum Einsatz. Kernpunkt des Value Reporting ist eine zukunftsorientierte Berichterstattung, in der neben Daten aus internen Steuerungssystemen Informationen über »weiche« Erfolgsfaktoren, wie etwa das Humankapital, zur Verfügung gestellt werden.

5.6 Fazit

Zusammenfassend kann festgehalten werden, dass die externe Rechnungslegung wohl das wichtigste Instrument in der Kommunikation zwischen dem Unternehmen und seiner Umwelt darstellt. Die Grundlage bilden dabei mittlerweile vor allem internationale Rechnungslegungsvorschriften.

Auch wenn die Systematik von Bilanz und GuV recht einfach anmutet, so kann das dahinter liegende Rechnungswesen in großen internationalen Unternehmen schnell eine schwer überschaubare Komplexität erreichen. Erschwerend wirken sich hier die zunehmende Regelungsdichte der Rechnungslegungsstandards, die Verschärfung der Bestimmungen zur Prüfung der Rechnungslegung sowie die aktuell sehr hohe Veränderungsgeschwindigkeit in diesen Bereichen aus.

Controller müssen in Bezug auf die externe Rechnungslegung beachten, dass die dort gewonnen Daten vielfach eine wichtige Datengrundlage für das Controlling bilden. Darüber hinaus gewinnen die Daten der externen Rechnungslegung durch die zunehmende Kapitalmarktorientierung der Unternehmen verstärkt an Führungsrelevanz und damit auch an Bedeutung für die Controller. Aus diesen Gründen ist Sicherheit im Umgang mit Bilanz und GuV sowie eine gewisse Sensibilität für die Stärken und Schwächen der externen Rechnungslegung für Controller Pflicht. Das heißt nicht, dass unbedingt tiefes Spezialwissen im Bereich der Bilanzierung erforderlich ist. Ein Controller sollte jedoch in der Lage sein, die Auswirkungen wirtschaftlicher Sachverhalte auf die Größen der externen Rechnungslegung abschätzen zu können und über das entsprechende Vokabular verfügen, um auf Augenhöhe mit dem Accounting mitdiskutieren zu können.

Controller müssen sich intensiv um die externe Rechnungslegung kümmern.

Das Augenmerk der Controller sollte zudem verstärkt auf den Trend zur Konvergenz des Rechnungswesens gerichtet sein. Hier können sie nicht nur im Bereich der Planungs- und Prognoserechungen Know-how einbringen, sondern auch wesentliche Impulse für die Entwicklung eines Value Reporting beitragen.

Weiterführende Literatur zu ...

... Grundlagen der externen Rechnungslegung
Baetge/Kirsch/Thiele 2007
Pellens/Fülbier/Gassen 2008
KPMG 2004

... Unterschiede zwischen deutscher und internationaler Rechnungslegung
Hayn/Graf Waldersee 2004
Pellens/Fülbier/Gassen 2008

... Externe Rechnungslegung als Controlling-Grundlage
Horváth/Arnaout 1997, S. 255–269
Weißenberger/Weber/Löbig/Haas 2003, S. 38–54

... Entwicklungen auf dem Gebiet der Rechnungslegung
Eccles/Herz/Keegan/Phillips 2001
Edvinsson/Malone 1997
Lev 2001

6 Kosten-, Erlös-, Ergebnis- und Leistungsrechnung

Leitfragen

1. **Was ist unter den Begriffen Kostenrechnung, Erlösrechnung, Ergebnisrechnung und Leistungsrechnung genau zu verstehen?**
2. **Welche Zwecke werden mit einer Kostenrechnung (im weiten Sinn verstanden) verfolgt?**
3. **Wie ist die Vollkostenrechnung aufgebaut und warum wird sie von den Unternehmen immer noch verwendet, obwohl ihr in der Theorie typischerweise sehr große Mängel angelastet werden?**
4. **Wie sind »entscheidungsorientierte« Kostenrechnungssysteme aufgebaut und warum werden sie im Schrifttum der Vollkostenrechnung durchweg vorgezogen? Welche Risiken und Nebenwirkungen sind bei ihnen zu beachten?**
5. **Worin liegt das Neue der Prozesskostenrechnung, wie ist sie in die bisherigen Systeme einzuordnen?**
6. **Welche Aufgaben hat eine Erlösrechnung zu erfüllen und welchen spezifischen Problemen ist sie ausgesetzt?**
7. **Was kennzeichnet eine Leistungsrechnung und wie ist zu ihrem Aufbau vorzugehen?**

6.1 Begriffliche Grundlagen

Eine Lehrveranstaltung mit dem Titel »Kostenrechnung« ist fester Bestandteil der meisten betriebswirtschaftlichen Ausbildungsgänge geworden. Die genaue Bezeichnung variiert dabei allerdings nicht unerheblich. Manchmal ist von »Kosten- und Leistungsrechnung« die Rede; der Begriff »innerbetriebliches Rechnungswesen« fällt ebenso, wie sich die Bezeichnung »Kosten-, Erlös- und Ergebnisrechnung« findet. Diese Vielfalt wird Sie vermutlich an dieser Stelle des Buches nicht mehr verwundern; auch in diesem Kapitel müssen wir im ersten Schritt eine kurze Begriffsdefinition vornehmen.

»Innerbetriebliches Rechnungswesen« ist der Oberbegriff über alle vier in der Kapitelüberschrift aufgeführten Begriffe. Er meint die Ausrichtung der aus diesen Systemen gelieferten Informationen auf unternehmensinterne Adressaten, insbesondere Führungskräfte auf allen Unternehmensebenen. So wie sich – wie im 5. Kapitel gezeigt – die externe Rechnungslegung nicht nur an Unternehmensexterne, sondern zunehmend auch an eigene Manager richtet, werden Informationen des innerbetrieblichen Rechnungswesens allerdings auch für Unternehmensexterne benötigt. Der Fiskus ist hierfür ein prominentes Beispiel. »Intern« und »extern« deuten damit nur die Hauptrichtung der Informationsbereitstellung an.

Wiederum ist es zu Anfang erforderlich, die Begriffe zu definieren.

Die *»Kostenrechnung«* befasst sich im engen Sinn verstanden mit der Erfassung und Verrechnung von Kosten auf Kostenstellen und Kostenträger (insbesondere Produkte). *Kosten* lassen sich dabei als bewerteter betrieblich bedingter Werteverzehr definieren. Sie sind damit Aufwendungen vergleichbar, unterscheiden sich von diesen aber zum Teil im Bewertungsansatz, zum Teil in der Abgrenzung.

Leistungen sind unbewertete Ergebnisse betrieblicher Tätigkeit, also Mengen-, Zeit- und Qualitätsgrößen. Die Zusammenfassung der entsprechenden Informationssysteme kann als *Leistungsrechnung* bezeichnet werden. Die Leistungsrechnung bildet die betriebliche Leistungserstellung ab und schafft damit eine zentrale Informationsbasis für die Kostenrechnung. Die Kosten einer Produktionskostenstelle als Beispiel können nur dann richtig auf die dort gefertigten Produkte verteilt werden, wenn die jeweiligen Produktionsmengen, -zeiten und -qualitäten festgehalten wurden. Allerdings dient die Leistungsrechnung nicht allein der Unterstützung der Kostenrechnung.

»Erlös« ist der Gegenbegriff von Kosten. Erlöse bezeichnen die bewertete Leistungsentstehung im Unternehmen. Erlösdaten stammen im Wesentlichen aus der Fakturierung. Die *Erlösrechnung* beschäftigt sich mit der Erfassung, Strukturierung und Zuordnung der Erlöse auf Kostenträger. Damit ermöglicht sie die Ermittlung von Ergebnissen bzw. Erfolgen.

Unter einem *Ergebnis* bzw. einem *Erfolg* ist hier schließlich die Gegenüberstellung von Erlösen und Kosten zu verstehen, die im Detail sehr unterschiedlich ausgeprägt sein kann. Die *Ergebnisrechnung* ermittelt standardmäßig das Betriebsergebnis, dies differenziert für die Produkte bzw. Produktbereiche des Unternehmens.

Damit sind alle oben angesprochenen Begriffe definiert. Leider werden sie sowohl in der Literatur als auch in der Praxis nicht immer gleich lautend verwendet. Wenn von einer »Kosten- und Leistungsrechnung« gesprochen wird, ist so in der Regel die Kosten-, Erlös- und Ergebnisrechnung gemeint. Leistungen sind nur implizit, als Bestimmungsgrößen der Kosten, mit enthalten. Die wesentlichen Vorgehensweisen, Ergebnisse zu ermitteln, werden zumeist nicht unter dem Begriff der Ergebnisrechnung, sondern dem der Kostenrechnung beschrieben. Sie stehen außerdem in »Kostenrechnungsbüchern«. Also wollen auch wir im Folgenden den Begriff der Kostenrechnung etwas strapazieren und hierunter die Ergebnisrechnung mit behandeln. Der Diskussion der Erlösrechnung und der Leistungsrechnung bleiben eigene Abschnitte vorbehalten.

Zusammenfassende Aussagen (vgl. auch Leitfrage 1)

- Die häufig in der Betriebswirtschaftslehre vorzufindende Begriffsvielfalt trifft auch für das innerbetriebliche Rechnungswesen zu.
- Typischerweise steht Kostenrechnung als pars pro toto für eine Kosten- und Ergebnisrechnung, die auf die Erlösrechnung ebenso zurückgreift (sie liefert die den Kosten gegenüberzustellenden Erlöse) wie auf eine Leistungsrechnung (aus dieser stammen viele der zur Kostenallokation erforderlichen Informationen).
- Die Erlös- und die Leistungsrechnung sind in den Unternehmen deutlich weniger entwickelt als die Kostenrechnung im engen Sinn.

6.2 Kostenrechnung i. w. S.

6.2.1 Zwecke der Kostenrechnung

Die Kostenrechnung verfolgt viele Zwecke.

Informationen bereitzustellen, ist im Normalfall nicht kostenlos. Dies gilt auch für die Kostenrechnung. Den Kosten müssen mindestens gleich hohe Nutzen gegenüberstehen, damit die Informationsbereitstellung wirtschaftlich ist. Die Nutzen werden zumeist unter dem Begriff »Kostenrechnungszwecke« gebündelt. Jedes einschlägige Kostenrechnungslehrbuch enthält einen entsprechenden Abschnitt und in der Literatur findet sich eine Vielzahl von Ansätzen zu dieser Thematik (vgl. umfassend z. B. Aust 1999, S. 44–76).

Eine häufig anzutreffende, vergleichsweise einfache Strukturierung differenziert drei Hauptrechnungszwecke (vgl. z. B. Freidank 2008, S. 93):

- *Externe Dokumentationsaufgaben*
  Hierunter fällt die Aufgabe der Preiskalkulation gemäß festgelegten Vorschriften (etwa für spezifische Güter betreffende öffentliche Aufträge oder im Rahmen der handelsbilanziellen Bestandsbewertung).
- (Kurzfristige) *Planungsaufgaben*
  Hierzu zählt die Vorbereitung einzelner Entscheidungen ebenso wie der formalzielbezogene Teil der operativen Planung (etwa die jahresbezogene Planung produktbezogener Er-

folgsbudgets – wir werden hierauf im 11. Kapitel (Abschnitt 11.2) noch intensiv eingehen.

- (Kurzfristige) *Kontrollaufgaben*
  Die Kostenrechnung liefert hier diejenigen Ist-Daten, die den Plan-Daten zwecks Vergleich und daraus möglichem Lernen gegenübergestellt werden können.

Diese Basisstrukturierung ist in vielen Quellen in vielerlei Richtung weiter aufgespannt worden, und zwar sowohl in die Breite als auch in die Tiefe. Letzteres betrifft insbesondere die Differenzierung von Entscheidungsfeldern (Programm-, Prozess- und Bereitstellungsplanung und weitergehende Spezifizierungen). Die inhaltliche Ausweitung der Rechnungszwecke bezieht zumeist die Nutzung der Kostenrechnung für die Beeinflussung von Menschen mit ein. Ein Beispiel eines solchen, differenzierteren Zweckkanons zeigt die *Abbildung 6-1*. Die dort aufgeführte Argumentations- und Konfliktregelungsfunktion adressiert zwei Beeinflussungsrichtungen:

- Die Kostenrechnung soll einerseits als *Verhandlungshilfe* dienen, beispielsweise für einen Kostenstellenleiter stichhaltige Daten zur Rechtfertigung möglicher Kostenüberschreitungen gegenüber vorgesetzten Instanzen liefern.
- Andererseits kann die Kostenrechnung eine *Konfliktregelungsfunktion* wahrnehmen. Fordert etwa der Produktionsleiter eine Fertigung in möglichst großen Losen, der Leiter der Logistik dagegen eine möglichst geringe Lagerhaltung (also möglichst kleine Losgrößen), so kann die Bestimmung der kostengünstigsten Losgröße unter Einbezug von Produktions- und Lagerkosten für alle Beteiligten die akzeptable Grundlage zur Lösung des Konflikts sein.

Diese Erweiterung aufnehmend ist die Zweckdiskussion seit geraumer Zeit durch einen grundsätzlichen Strukturierungsansatz neu belebt worden, der jeweils die Nutzer bzw. »Betroffenen« der Kostenrechnung gesondert betont: Diesem Ansatz folgend stehen sich eine Entscheidungs- und eine Verhaltensorientierung der Kostenrechnung gegenüber.

Kostenrechnung kann grundsätzlich in einer entscheidungsorientierten und einer verhaltensorientierten Perspektive gesehen werden.

Die traditionell dominierende Auflistung von Rechnungszwecken entspricht einer Sicht der Kostenrechnung, die dieser den Charakter eines »objektiven« *Messinstruments* zuweist. Die Rechnungszwecke Planung und Kontrolle (bzw. Entscheidungsfundierung und -kontrolle) wurden deshalb stets vom einzelnen Manager oder Mitarbeiter losgelöst betrachtet; es ging – neoklassisch – um die Antizipation »des« Unternehmens und seiner Kontrolle. Die Trennung von Entscheidungs- und Verhaltensorientierung löst diese (implizite) Prämisse auf, indem sie unterschiedliche Entscheidungsebenen differenziert:

Abb. 6-1

Katalog der wichtigsten Zwecke der Kostenrechnung

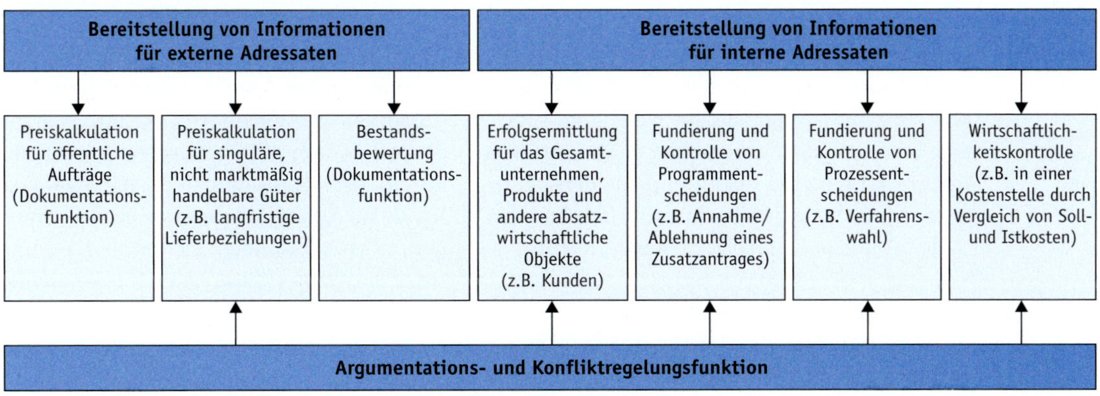

Zusammenfassende Aussagen (vgl. auch Leitfrage 2)

- Die Kostenrechnung dient sehr unterschiedlichen Zwecken. Die traditionelle Sicht unterscheidet eine Dokumentations-, eine Planungs- und eine Kontrollfunktion.
- In der Vergangenheit spielten Menschen für die Kostenrechnung lediglich als Kosten verursachende Produktionsfaktoren eine Rolle. Zunehmend erkennt man, dass Informationen der Kostenrechnung das Verhalten einzelner Menschen und deren Zusammenwirken beeinflussen können.
- Zunehmend werden deshalb die Zwecke der Kostenrechnung in einem Zusammenspiel einer Entscheidungs- und einer Verhaltensorientierung gesehen.

Unterscheidung von Entscheidungs- und Verhaltensorientierung

- Wird die Lieferung von Informationen für einen speziellen Entscheider (an welcher Stelle im Unternehmen auch immer) betrachtet, spricht man von *Entscheidungsorientierung*. Die Kostenrechnung soll ihm helfen, zu besseren Entscheidungen zu kommen.
- Bei der *Verhaltensorientierung* geht es um die Steuerung der Entscheidungen anderer Entscheidungsträger. Von höheren Entscheidungsebenen vorgegebene Kostenrechnungsinformationen stecken den Rahmen für Entscheidungen untergeordneter Manager ab.

Um Entscheidungsorientierung handelt es sich z. B., wenn der Leiter eines Unternehmensbereichs einen kurzfristigen Make-or-buy-Kostenvergleich für eine Produktionsleistung vornimmt. Werden demselben Manager von der Zentrale kalkulatorische Kapitalbindungskosten von 30 % vorgegeben, um ihn zu möglichst geringer Lagerhaltung anzuhalten, so wirkt die Kostenrechnung verhaltensorientiert.

Für die Gestaltung der Kostenrechnung hat die Unterscheidung zwischen Entscheidungs- und Verhaltensorientierung erhebliche Auswirkungen: Während für Erstere möglichst problemadäquate (damit sowohl spezifische wie detaillierte) Daten bereitgestellt werden müssen, gilt es für die Verhaltensorientierung, eine verständliche, manipulationsgeschützte Rechnung zu gestalten (vgl. ausführlich Weber 1994a). Beide Anforderungen führen zu einer im Vergleich zur Entscheidungsorientierung einfacheren Ausgestaltung der Kostenrechnung. Will man beide Orientierungen in einer gemeinsamen Rechnung realisieren, entstehen folglich Zielkonflikte.

Aus der Praxis

Reorganisation der Kostenrechnung bei Henkel

Dr. Christian Hebeler*

Die Kostenrechnung bei Henkel war traditionell entscheidungsorientiert.

In den letzten Jahren hat Henkel zwei umfassende Reorganisationsprojekte im Bereich der Kostenrechnung durchgeführt, um einerseits den geänderten Anforderungen an die Informationsversorgung der Leitungsorgane gerecht zu werden und um andererseits eine Vereinfachung in den Abrechnungsstrukturen zu erreichen.

1. Anpassung der Kostenrechnung im Zuge der Harmonisierung des internen und externen Rechnungswesens

Bis in die 1990er Jahre war der dominante Zweck der Kostenrechnung die Bereitstellung entscheidungsrelevanter Informationen für die Unternehmenssteuerung. Diesem Zweck traditionell untergeordnet war die Verwendung für Zwecke der externen Rechnungslegung, d. h. im Wesentlichen für die Ermittlung von Herstellungskosten. Im Ergebnis entwickelten sich die interne und externe Ergebnisrechnung aufgrund der divergierenden Erkenntnisziele über die Jahrzehnte auseinander, so dass nicht nur die Überleitungsrechnung für die Finanzspezialisten auf Konzernebene eine große Herausforderung wurde, sondern sich auch die grundsätzliche Frage stellte, ob es für die zielkonforme Unternehmenssteuerung angesichts der zunehmenden Bedeutung externer Rechnungslegungsinformationen für die Kapitalmarktkommunikation zweckmäßig ist, konzernweit eine zusätzliche, abweichende interne Steuerungsrechnung aufrecht zu erhalten. Für Henkel als global tätiges Unternehmen mit einer Vielzahl verbundener Unternehmen im Ausland war die Vereinheitlichung der unterschiedlichen Rechnungssysteme notwendig, um eine konsistente Konzernsteuerung dauerhaft sicherzustellen. Im Jahr 1997 hat die Henkel KGaA im Zuge der Einführung internationaler Rechnungslegungsstandards (IAS) die Gelegenheit genutzt, das interne und externe Rechnungswesen zu harmonisieren. Bilanzierungs- und Bewertungsansätze wurden auf der Basis von IAS vereinheitlicht. Mit Bezug auf die Kostenarten- und Kostenträgerrechnung wurden nun Herstell(ungs)kosten einheitlich definiert, kalkulatorische Abschreibungen und Zinsen nicht mehr angesetzt sowie gleiche Verbrauchsfolgebewertungen angewendet. Diese Angleichung der Rechnungssysteme war ein wichtiger Meilenstein für Henkel, gerade mit dem Blick auf eine klare und einheitliche Kommunikation von Rechnungswesendaten im internationalen Konzern. Die Verbesserung der Kommunikation ist insbesondere vor dem Hintergrund zu sehen, dass die in Deutschland entstandene Kostenrechnung und ihre Terminologie international wenig verbreitet sind.

2. Vereinfachung von Abrechnungsstrukturen in der Kostenrechnung

Die Reorganisation der Kostenrechnung im Jahr 2005 zielte auf die Steigerung ihrer Effizienz, denn interne und externe Benchmarking-Analysen zeigten, dass sich gerade die gewachsenen detaillierten Abrechnungsstrukturen als Komplexitätstreiber im Planungs- und Budgetierungsprozess erwiesen. In der Planung und auch im Rahmen der laufenden Abweichungsanalyse waren deshalb zeitraubende Diskussionen über gerechte Kostenallokationen nicht selten die Folge. Es stellte sich die Frage, ob der Nutzen zusätzlicher Abrechnungskomplexität tatsächlich eine bessere Entscheidungsfindung bewirken kann, zumal auch noch so ausgeklügelte, verursachungs- und leistungsgerechte Verrechnungsverfahren grundsätzlich nicht ohne eine heuristische Kostenverteilung auskommen, z. B. auf der Basis von umsatzbestimmten Schlüsselziffern, und die notwendige Transparenz in komplexen Abrechnungsprozessen meist nur bedingt darstellbar ist.

a) Vereinfachung der Fertigungskostenermittlung

Aus Anlass der Integration der US-amerikanischen Akquisition DIAL in die Henkel-Systematik im Jahr 2004 sollte die bei Henkel über Jahrzehnte praktizierte Optimalkostenrechnung zur Fertigungskostenermittlung kritisch hinterfragt und – wo möglich – vereinfacht werden. Konzeptionell ist die Optimalkostenrechnung eine Plankostenrechnung, deren Standardkosten auf der Basis einer unter Optimalitätsgesichtpunkten ermittelten Kapazität (Optimalbeschäftigung) bestimmt werden. Das theoretische Grundgerüst der Optimalkostenrechnung findet sich beispielsweise in Arbeiten von *Erich Kosiol* oder *Klaus Chmielewicz* und fand bei Henkel in den 1970er Jahren Eingang in die Kostenrechnung. Die Bestimmung der Optimalbeschäftigung verfolgt das Ziel, eine ökonomisch sinnvolle Kapazität für die Fixkostenverrechnung im Produktionsbereich festzulegen, z. B. für die Kalkulation eines Maschinenstundensatzes. Optimalbeschäftigung bedeutet, von der Maximalkapazität technisch und wirtschaftlich sinnvolle Kapazitätsabzüge vorzunehmen, z. B. für Reserveanlagen, technisch bedingte Engpässe unterschiedlicher Fertigungsstufen oder für ungenutzte Fertigungsschichten. Den zeitlichen Kapazitätsabzügen werden entsprechend anteilige Fixkosten zugeordnet, die dadurch nicht in die Standardherstellkosten einfließen und somit auch nicht in die Bewertung unfertiger und fertiger Erzeugnisse. Die vorgenommenen Fixkostenabzüge (z. B. ein Drittel bestimmter Abschreibungen bei Zwei- statt Dreischichtbetrieb) gehen dagegen unmittelbar als von der Ist-Auslastung unabhängige Beschäftigungsabweichung in die Ergebnisrechnung ein. Die wertmäßige Festlegung einer – im Vergleich zu Standardkosten mit vollständiger Fixkostenverrechnung – tendenziell höheren Beschäftigungsabweichung, die bei Henkel zudem in drei Kategorien unterteilt war, hatte ursprünglich auch den Zweck, zur Steuerung freier Kapazitäten beizutragen. Henkel hatte somit ein sehr ausgefeiltes Kos-

Die Harmonisierung des Rechnungswesens liegt bei Henkel schon knapp zehn Jahre zurück.

Die »deutsche« Kostenrechnung ist international wenig verbreitet.

Kostenzurechnungen sind nie perfekt, auch wenn man sie noch so komplex ausgestaltet.

Die alte Vorgehensweise der Kostenzurechnung war sehr komplex und fand nicht immer die nötige Aufmerksamkeit des Managements.

Vereinfachungen der komplexen Verrechnung wurden in mehrerlei Hinsicht vorgenommen.

tenrechnungssystem implementiert, das sich über viele Jahre bewährte, gerade auch durch den separaten Ausweis der Beschäftigungsabweichung in der internen Ergebnisrechnung, die als mehrstufige Deckungsbeitragsrechnung ausgestaltet war und ist. So wurden relative Produktdeckungsbeiträge nicht durch unterschiedliche Kapazitätsauslastungsgrade verzerrt, ein wichtiger Aspekt der Ergebnisrechnung gerade aus der Sicht des Vertriebscontrollings. Allerdings führte die Komplexität der Optimalkostenrechnung zu Anwendungs- und Implementierungsproblemen, nicht zuletzt im Hinblick auf die im internationalen Umfeld überwiegend verbreiteten einfacheren Vollkostenrechnungssysteme. Im Übrigen zeigte sich, dass rückblickend die ausgewiesene Beschäftigungsabweichung – auch nach Einschätzung des Managements – nicht immer die notwendige Aufmerksamkeit der operativ Verantwortlichen erlangte, da im System der Optimalkostenrechnung bei abnehmender Nachfrage Fixkostenblöcke freier Kapazitäten zunächst die relativen Produkt-/Artikeldeckungsbeiträge nicht negativ beeinflussten. Denn die Kosten der Beschäftigungsabweichung wurden erst auf einer tieferen Ebene der mehrstufigen Deckungsbeitragsrechnung zugeordnet (Profitcenter-Ebene). Eine konzeptionelle Neugestaltung der Fertigungskostenermittlung als auch der Deckungsbeitragsrechnung war deshalb sinnvoll. Nunmehr fließen im neuen Konzept alle Fixkosten in die Standardkosten ein. Damit entfällt ein nicht unerheblicher Ermittlungsaufwand für die Abgrenzung der Fixkosten im Rahmen der Kostenstellenbudgetierung. Zudem wurde die Kapazitätsermittlung, die von den Anwendern früher als sehr zeitaufwändig und komplex beschrieben wurde, so festgelegt, dass die operativen Einheiten – entsprechend ihren geschäftsspezifischen Anforderungen – auf vereinfachte Methoden zurückgreifen können, z. B. Plankapazität als durchschnittliche Ist-Beschäftigung vergangener Perioden. Schließlich wurde auch die Struktur der Deckungsbeitragsrechnung so umgestaltet, dass die verbleibende Beschäftigungsabweichung – d. h. der Unterschied zwischen Plan- und Ist-Beschäftigung – nunmehr vollständig in den Produktdeckungsbeitrag einbezogen wird. Auf diese Weise wird auch für Marketing und Vertrieb, die durch ihre Produktentscheidungen großen Einfluss auf Investitionen und damit Kapazitäten haben, eine höhere Transparenz der Beschäftigungsabweichung erreicht und das Kostenbewusstsein für nicht genutzte Kapazitäten insgesamt weiter verstärkt. Ein Vorteil dieser Änderung ist zudem die weitere Angleichung der Ergebnismargenkonzepte, d. h. der Deckungsbeitrag in der internen Ergebnisrechnung und die Bruttomarge in der externen Gewinn- und Verlustrechnung. Konzeptionell ist jetzt der Gleichlauf beider Margen sichergestellt, wobei früher notwendige aufwändige Abweichungsanalysen bei divergierenden Entwicklungen aufgrund der Komponente der Beschäftigungsabweichung entfallen.

b) Vereinfachung der Sekundärkostenverrechnung

Im Zuge der Weiterentwicklung der weltweiten Berichterstattung funktionaler Kosten im Konzernberichtswesen wurde auch deren innerbetriebliche Leistungsverrechnung (Sekundärkostenverrechnung) neugestaltet. Funktionale Kosten sind Kosten, die beispielsweise in den Bereichen Einkauf, Informationstechnologie, Personalwesen oder Rechnungswesen anfallen. Das Ziel der Weiterentwicklung der Berichterstattung war insbesondere, das Controlling der Funktionsbereiche, die jeweils eine globale Budgetverantwortung haben, zu verbessern. Im Ergebnis wurde die interne Ergebnisrechnung so geändert, dass funktionale Kosten nunmehr in separaten Kostenzeilen dargestellt sind. Zuvor wurden diese funktionalen Kosten entsprechend der traditionellen Sekundärkostenverrechnung in die verschiedenen Kostenzeilen der Ergebnisrechnung, etwa ›Vertrieb‹, ›Technischer Service‹ oder ›Verwaltungskosten‹ verrechnet. Ein Controlling der funktionalen Kosten war deshalb bis dato nur über eine aufwändige Zusatzberichterstattung der Tochtergesellschaften möglich. Das neue Konzept verzichtet auf eine vollständige Sekundärkostenverrechnung funktionaler Kosten auf alle Kostenstellen. Damit wird eine Komplexitätsreduktion in zwei Dimensionen erreicht: Einerseits kann auf die mehrstufige Allokation der Funktionskosten (»Kaskadenverrechnung«) verzichtet werden, andererseits müssen sich die einzelnen Kostenstellenverantwortlichen nicht mehr mit zahlreichen zum überwiegenden Teil nicht beeinflussbaren Kostenumlagen auseinander setzen. Diese Umlagen werden jetzt nur noch auf Profitcenter-Ebene verrechnet bzw. gesammelt und können damit auf dieser höheren Aggregationsstufe effektiver gesteuert werden. In der Konzernmuttergesellschaft Henkel KGaA werden beispielsweise die IT-Kosten-Umlagen nun nicht mehr auf über 800 Kostenstellen verrechnet – dies bedeutete einen erheblichen Pflegeaufwand –, sondern nur noch auf etwa 20 Kostenstellen.

Zusammenfassend bleibt festzuhalten, dass eine konsequente Entfeinerung der Kostenrechnung erheblich zur Komplexitätsreduktion im Controlling beitragen kann. Konzeptionelle Veränderungen in den Kostenrechnungssystemen erfordern jedoch mit Blick auf die IT-technische Umsetzung und die Interpretation der Ergebnisse neuer Abrechnungsstrukturen eine sorgfältige Analyse vorab.

* Dr. Christian Hebeler ist Leiter Financial Controlling bei der Henkel AG & Co. KGaA.

Die Entfeinerung der Kostenrechnung hat zur Komplexitätsreduktion im Controlling beigetragen.

6.2.2 Systeme der Kostenrechnung

Für die Erfüllung der genannten Zwecke der Kostenrechnung sind unterschiedliche Systemkonzepte entwickelt worden. Die wichtigsten seien im Folgenden kurz dargestellt.

6.2.2.1 Vollkostenrechnung

6.2.2.1.1 Historie

Die Wurzeln der Kostenrechnung als in der Praxis implementiertes Informationssystem gehen in das 19. Jahrhundert zurück. In der »Gründerzeit« wird ihr dominant der Zweck der *Preiskalkulation* zugewiesen (vgl. z. B. Bungenstock 1995, S. 114–128). Die Kostenrechnung sollte dazu dienen, die »Selbstkosten« von Produkten als Basis für die Preisfindung zu kalkulieren.

Getrieben wurde die Entwicklung zunächst anbieterseitig als Preisrechtfertigung: Ein mögliches Unbehagen des Kunden hinsichtlich der geforderten Preishöhe ließ sich durch die Ableitung des Preises aus den Kosten des Anbieters reduzieren. Später griff die Anbieterseite diese Entwicklung auf und führte sie weiter: Ein wesentlicher Teil der Standardprozeduren der – heute so bezeichneten – Vollkostenrechnung wurde im Zuge des »Dritten Reiches« präzisiert und formalisiert. Ziel der Bemühungen war es,

- eine möglichst plausible, allgemein akzeptierbare Basis für die Preisfindung zu erarbeiten,
- den Weg der Kostenermittlung prozessual und instrumentell zu vereinheitlichen sowie
- die Kostenermittlung damit zu objektivieren und überprüfbar zu gestalten.

Diese Bemühungen führten zu einer Zuordnungsregel, die man heute zumeist als *»Verursachungsprinzip«* bezeichnet. Kosten werden gemäß der anteiligen Inanspruchnahme von Leistungserstellungskapazitäten zugerechnet. Wer mehr in Anspruch nimmt, muss auch höhere Kosten tragen. Dies bedeutet auch, Aufträge bei gleichen prozessbestimmenden Merkmalen (z. B. notwendige Maschinenzeiten) gleich zu behandeln. Andere Auftragsmerkmale (etwa Beschaffungsalternativen des Kunden oder Spezifitätsgrad des Auftrags beim Produzenten) werden nicht berücksichtigt – ein Aspekt, dem wir später bei der Diskussion der Prozesskostenrechnung nochmals begegnen werden.

Das Verursachungsprinzip ist der konzeptionelle Kern der Vollkostenrechnung.

Zur Präzisierung dieses intuitiv plausiblen und »gerechten« Grundprinzips findet sich ein breites Schrifttum. Heute besteht Konsens über Umfang und Ausgestaltung von Verrechnungsverfahren ebenso wie über die Bedingungen ihres Einsatzes. Damit können z. B. Preisprüfer bei dem öffentlichen Preisrecht unterliegenden Aufträgen ohne zusätzliche, auftragsspezifische Kalkulationsbedingungen die Rechtmäßigkeit der Preishöhe kontrollieren. Kalkulationsspielräume sind auf ein Mindestmaß begrenzt.

Die Vollkostenrechnung diente anfangs primär der Preiskalkulation.

6.2.2.1.2 Aufbau und Vorgehen

Auf die oben angesprochenen Anforderungen hin wurde auch der Grundaufbau der Vollkostenrech-

Abb. 6-2

Grundaufbau der Vollkostenrechnung

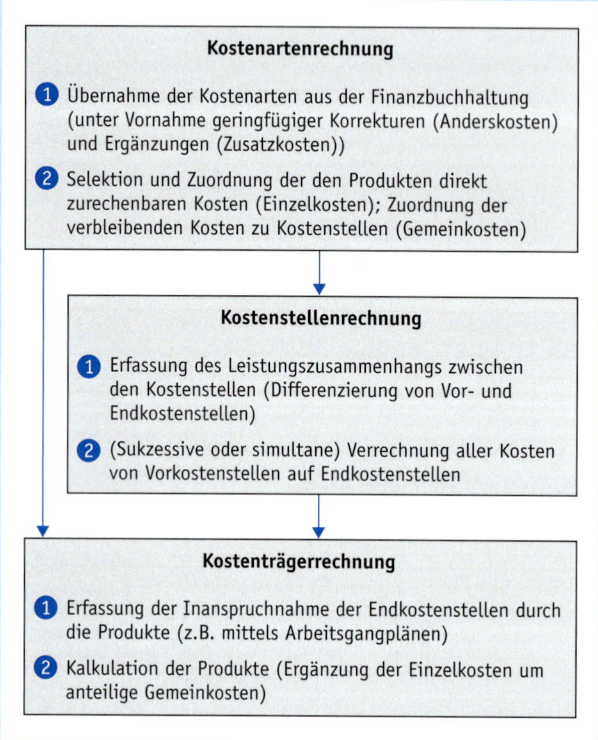

nung gestaltet. Er ist – wie auch die *Abbildung 6-2* zeigt – durch eine Abfolge der Kostenarten-, Kostenstellen- und Kostenträgerrechnung gekennzeichnet. Nach einer Skizzierung dieses Grundaufbaus wird das Vorgehen der Vollkostenrechnung dann anhand eines Beispiels illustriert.

Kostenarten-, Kostenstellen- und Kostenträgerrechnung bilden die Grundstruktur der Kostenrechnung.

In der *Kostenartenrechnung* werden sämtliche anfallenden Kosten – getrennt nach Kostenarten – gesammelt. Die wesentliche Datenquelle der Kostenartenrechnung ist die Finanzbuchhaltung; die meisten Beträge werden als *Grundkosten* unmittelbar aus dieser übernommen. Nur wenige *Zusatzkosten* kommen hinzu (generell kalkulatorische Eigenkapitalzinsen, im Falle von Personengesellschaften zusätzlich u. a. auch kalkulatorischer Unternehmerlohn). Einige Aufwandspositionen werden schließlich umbewertet (*Anderskosten*, wie etwa kalkulatorische Abschreibungen). Ebenfalls noch in der Kostenartenrechnung erfolgt eine Unterscheidung aller angefallenen Kosten dahingehend, ob sie sich unmittelbar den erstellten Produkten zuordnen lassen (*Einzelkosten*, wie z. B. Kosten für direkt in die Produkte eingehendes Material) oder ob keine unmittelbare Abhängigkeitsbeziehung besteht (*Gemeinkosten*, wie etwa die Kosten der Geschäftsleitung). Einzelkosten gehen direkt in die Kostenträgerrechnung ein, Gemeinkosten werden zunächst den Leistungserstellungsprozessen zugeordnet, in denen bzw. für die sie angefallen sind. Diese Zuordnung ist der Ausgangspunkt der Kostenstellenrechnung.

Die *Kostenstellenrechnung* richtet für jeden wichtigen Leistungserstellungsprozess im ersten Schritt eigene Abrechnungsbezirke (*Kostenstellen*) ein, die die Gemeinkosten aus der Kostenartenrechnung aufnehmen. Die auf den Vorkostenstellen gesammelten Kosten werden anschließend in einem viele Stufen umfassenden Verrechnungsprozess auf die Endkostenstellen so weitergewälzt, dass nach Durchführung der Verrechnung die Vorkostenstellen völlig entlastet sind. Diese *innerbetriebliche Leistungsverrechnung* bildet den Schwerpunkt des Aufgabenfeldes der Kostenstellenrechnung (»Verschiebebahnhof der Gemeinkosten«).

Sind alle Kosten auf den Endkostenstellen gesammelt, erfolgt im letzten Schritt des Vorgehens der Vollkostenrechnung die eigentliche *Kalkulation* der Produkte, die Zusammenfassung der aus der Kostenartenrechnung übernommenen Einzelkosten mit den aus der Kostenstellenrechnung stammenden anteiligen Gemeinkosten. Diesen letzten Schritt bezeichnet man als *Kostenträgerrechnung*. Zur Lösung der Kalkulationsaufgabe stehen sich mit der *Lohnzuschlagskalkulation* (für personalintensive Produktion) und der *Bezugsgrößenkalkulation* (insbesondere in Form der Maschinenstundensatzrechnung für anlagenintensive Fertigung) zwei konkurrierende Verfahren gegenüber. Unabhängig von dieser Verfahrensalternative folgt das Kalkulationsvorgehen der Kostenrechnung übereinstimmend einer Abfolge aus Einzel- und Gemeinkostenpositionen, die derart »common sense« darstellen, dass sie sich in gesetzlichen Bestimmungen zur Bewertung von Beständen in der handelsrechtlichen Rechnungslegung niedergeschlagen haben.

Der »common sense« bezieht sich nicht nur auf die einzelnen Kalkulationszeilen, sondern auch auf deren Beziehungen untereinander: Die Materialgemeinkosten werden den Produkten als Prozentsatz der Materialeinzelkosten belastet, die Fertigungsgemeinkosten als Prozentsatz der Fertigungseinzelkosten (Fertigungslöhne). Für die Verwaltungs- und Vertriebsgemeinkosten zieht man schließlich – in Ermangelung anderer, plausiblerer Bezugsbasen – die Herstellkosten (Summe aus Material- und Fertigungskosten) als Schlüssel heran. Die Kostenträgerrechnung schließt mit einer *Ergebnisrechnung* ab, die den Vollkosten der Produkte deren erzielte Erlöse gegenüber stellt und Nettoerfolge ermittelt. Der Vorgehensphilosophie der Vollkostenrechnung entsprechend ist die Summe dieser Nettoerfolge identisch mit dem Gesamterfolg des Unternehmens im betrachteten Zeitabschnitt.

6.2.2.1.3 Beispiel

Um den kurzen und etwas abstrakten Ausführungen mehr Anschaulichkeit zu verleihen, wollen wir ein – sehr vereinfachtes – Beispiel näher betrachten, das uns auch noch im folgenden Abschnitt begleiten wird (modifiziert entnommen aus Weber/Weißenberger 2006, S. 488 ff.).

Ausgangspunkt ist ein – überaus überschaubares – Unternehmen, das – wie die *Abbildung 6-3* zeigt – in einem zweistufigen Fertigungsprozess insgesamt sechs Produkte fertigt, die zwei Produktgruppen entstammen. Sie werden jeweils in einem getrennten Vertrieb im Markt abgesetzt. Die benötigten Ausgangsstoffe werden von einer Materialstelle beschafft. Eine gesonderte Verwaltung schließt den Reigen der Kostenstellen ab. Trotz dieser im Vergleich zur Unternehmenspraxis geradezu »spielzeughaften« Dimension (die Zahl der Kostenstellen übersteigt in größeren Unternehmen leicht die Schwelle zu einer fünfstelligen Anzahl, ebenso wie die Zahl der zu kalkulierenden Produkte, die zuweilen sechsstellig ist!) lässt sich das Vorgehen der einzelnen Kostenrechnungssysteme hiermit hinreichend einfangen.

Für die einzelnen Produkte und Kostenstellen wurden in der betrachteten Kalkulationsperiode (z. B. einem Monat) Kosten erfasst, wie sie die *Abbildung 6-4* zeigt:

- Die *Produktionsmengen* entstammen Erfassungssystemen in der Fertigung, die Absatzmengen entsprechenden Systemen des Vertriebs. Der Einfachheit halber wird von einem Lagerauf- oder -abbau im betrachteten Zeitraum abgesehen (Produktionsmenge = Absatzmenge).
- *Bruttoerlöse, Kundenskonti und Preisnachlässe* – wir werden auf den genauen Inhalt dieser Größen noch im anschließenden Abschnitt zur Erlösrechnung zurückkommen – entstammen den Fakturierungssätzen der Rechnungsschreibung, die zumeist ebenfalls im Vertrieb angesiedelt ist.
- Unter den *Gemeinkosten* sind kostenstellenbezogen diejenigen in den Kostenstellen anfallenden Kosten erfasst, die sich nicht direkt Produkten zuordnen lassen.
- Die letzten Zeilen der *Abbildung 6-4* nehmen die *Einzelkosten* auf. Bei den Materialeinzelkosten erscheinen die Kosten für die Materialien, die unmittelbar in die Produkte eingehen. Die Fertigungseinzelkosten kennzeichnen die Lohnkosten für unmittelbar an den Produkten erbrachte Arbeitsleistung.

Wir wollen das Vorgehen der Vollkostenrechnung an einem Beispiel klar machen.

Abb. 6-3

Struktur der Leistungserstellung im Beispielunternehmen

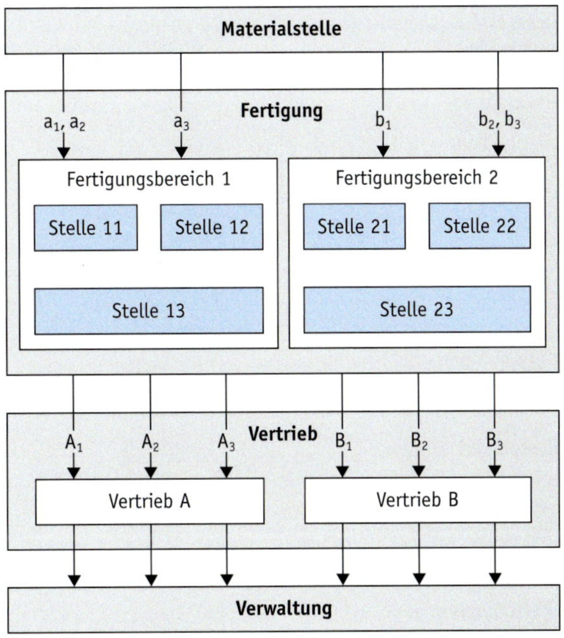

Wie kommen die Zahlen der Ergebnisrechnung zusammen?

Aus diesen Ausgangsdaten ergibt sich der typische Kalkulationsgang einer Vollkostenrechnung, wie ihn die *Abbildung 6-5* zeigt. Wir wollen zum besseren Verständnis den Rechengang näher kommentieren:

- Die Materialeinzelkosten werden direkt der *Abbildung 6-4* entnommen.
- Die Materialgemeinkosten (6210) werden auf die Produkte gemäß deren Materialeinzelkosten (in Summe 173 500) verteilt.
- Als Summe ergeben sich die Materialkosten.
- Die Kosten des ersten Fertigungsvorgangs betreffen bei den Produkten A_1 und A_2 die Stelle 11, bei A_3 die Stelle 12. Für die B-Produkte gilt Entsprechendes.
- Die Fertigungseinzelkosten sind wiederum direkt der *Abbildung 6-4* zu entnehmen. Die Fertigungsgemeinkosten werden – analog der Materialgemeinkosten – im Verhältnis der Fertigungseinzelkosten verteilt.
- Für den zweiten Fertigungsvorgang ist entsprechend zu verfahren.
- Aus der Addition der Kosten beider Fertigungsvorgänge ergeben sich die gesamten Fertigungskosten, die mit den Materialkosten zu Herstellkosten zusammengefasst werden.
- Diese Herstellkosten bilden die Basis zur Verteilung der Verwaltungs- und Vertriebskosten, die in der Vollkostenrechnung häufig zu einer Summe zusammengezogen werden. Nur dann, wenn in der Praxis die Vertriebskosten der einzelnen Produkte sehr stark voneinander differieren, wird man die Vertriebskosten getrennt zurechnen. Eine solche Situation liegt in diesem Beispiel nicht vor.
- Herstellkosten auf der einen und Verwaltungs- und Vertriebskosten auf der anderen Seite bilden zusammen die Selbstkosten. Diese werden den Nettoerlösen (ermittelt als Differenz der Nettoerlöse und der Skonti und

Abb. 6-4

Ausgangsdaten des Vollkostenrechnungsbeispiels

	A_1	A_2	A_3	B_1	B_2	B_3	Summe Produkte	Kostenstellen
Produktions- und Absatzmengen	1 000	1 200	200	600	500	300		
Erlöse/Erlösschmälerungen								
Bruttoerlöse	95 000	120 000	34 000	108 000	90 000	60 000	507 000	
Kundenskonto	1 900	2 400	680	3 240	2 700	1 800	12 720	
Preisnachlässe	250	900	100	1 500	200	300	3 250	
Gemeinkosten								
Materialstelle								6 210
Fertigungsstelle 11								46 200
Fertigungsstelle 12								15 500
Fertigungsstelle 13								8 500
Fertigungsstelle 21								14 600
Fertigungsstelle 22								21 700
Fertigungsstelle 23								55 100
Vertrieb A								9 770
Vertrieb B								12 150
Verwaltung								27 000
Einzelkosten								
Materialstelle	37 000	47 000	6 500	26 000	31 000	26 000	173 500	
Fertigungsstelle 11	18 000	25 000					43 000	
Fertigungsstelle 12			6 000				6 000	
Fertigungsstelle 13	2 000	2 200	750				4 950	
Fertigungsstelle 21				9 500			9 500	
Fertigungsstelle 22					6 900	5 100	12 000	
Fertigungsstelle 23				4 900	3 700	2 000	10 600	

Abb. 6-5

Abrechnungsgang der Vollkostenrechnung für das begonnene Beispiel

	A_1	A_2	A_3	B_1	B_2	B_3	Gesamt
Materialeinzelkosten	37000	47000	6500	26000	31000	26000	173500
+ Materialgemeinkosten	1324	1682	233	931	1110	931	6210
= Materialkosten	38324	48682	6733	26931	32110	26931	179710
Kosten 1. Fertigungsvorgang							
Fertigungseinzelkosten	18000	25000	6000	9500	6900	5100	70500
+ Fertigungsgemeinkosten	19340	26860	15500	14600	12478	9223	98000
= Fertigungskosten (1)	37340	51860	21500	24100	19378	14323	168500
Kosten 2. Fertigungsvorgang							
Fertigungseinzelkosten	2000	2200	750	4900	3700	2000	15550
+ Fertigungsgemeinkosten	3434	3778	1288	25471	19233	10396	63600
= Fertigungskosten (2)	5434	5978	2038	30371	22933	12396	79150
= Fertigungskosten	42774	57838	23538	54471	42311	26719	247650
Herstellkosten	81098	106520	30271	81402	74421	53650	427360
+ Verwaltungs-/Vertriebsgemeinkosten	9283	12193	3465	9318	8519	6141	48920
Selbstkosten	90381	118713	33736	90720	82940	59791	476280
Nettoerlöse	92850	116700	33220	103260	87100	57900	491030
Nettoergebnis	2469	−2013	−516	12540	4160	−1891	14750
Nettoergebnis pro Stück	2,47	−1,68	−2,58	20,90	8,32	−6,30	

Preisnachlässe) gegenübergestellt. Hieraus resultiert die Erfolgsgröße »Nettoergebnis«, letztlich das Ziel des gesamten Abrechnungsgangs.

6.2.2.1.4 Anwendungsvoraussetzungen und -grenzen

Wie jedes Instrument besitzt die Vollkostenrechnung *Aussagegrenzen*, die den Controllern bekannt sein müssen und denen sie entgegenzuwirken haben. Diese Grenzen sind in der Literatur in breiter Front diskutiert; sie werden als derart signifikant angesehen, dass kaum sinnvolle Einsatzfelder der Vollkostenrechnung verbleiben (z. B. Hoitsch 1995, S. 174 f.). Basis hierfür ist die – explizit oder implizit – angenommene Grundperspektive, eine Kostenrechnung habe dominant der Fundierung und Kontrolle von (kurzfristigen) Entscheidungen zu dienen. Vor diesem Hintergrund wohnt der Verteilung aller angefallenen Kosten auf die hergestellten und abgesetzten Produkte eine erhebliche Problematik inne: Der Ausweis isolierter Nettoerfolge für die einzelnen Produkte verleitet sehr leicht zu der Annahme, dass genau diese Beträge wegfielen, wenn man das betreffende Erzeugnis nicht mehr anbieten würde. In einer derartigen marginalanalytischen Sichtweise darf man jedoch die Ergebnisse der Vollkostenrechnung nicht interpretieren. Ein solches Differenzdenken ist ihr grundsätzlich fremd. »Vollkosten« dürfen nicht mit »für Produktentscheidungen unmittelbar relevanten Kosten« gleichgesetzt werden.

Der Vollkostenrechnung ist eine Grenzkostenbetrachtung fremd. Entsprechende Fragen können von ihr also nicht beantwortet werden.

Einer solchen Gleichsetzung stehen die diversen, viele Stufen umfassenden Kostenschlüsselungen gegenüber, die die gesamte Vollkostenrechnung durchziehen. (Leidvolle) Erfahrungen vieler Unternehmen zeigen, dass das Verbot einer marginalanalytischen Interpretation von Vollkostenwerten den Kostenrechnungsadressaten in der Praxis nicht immer bewusst ist. Hieraus resultieren Anwendungsgefahren der Vollkostenrechnung, von denen hier nur die drei wichtigsten genannt werden sollen:

- Streichungen von (scheinbaren) Verlustprodukten aus dem Produktions- und Absatzprogramm (im Zahlenbeispiel: der Produkte A_2

und B_3) führen zumeist nicht zu einer Verbesserung, sondern zu einer Verschlechterung des Unternehmensergebnisses, weil die vom entsprechenden Produkt bislang getragenen – aber in der Vollkostenrechnung nicht sichtbaren – Fixkostenanteile jetzt von den verbleibenden Produkten übernommen werden müssen.

Gefahren der Vollkostenrechnung

- Vollkostenwerte als Preise innerbetrieblicher Leistungen führen bei Make-or-buy-Überlegungen zumeist zu einer fortschreitenden Unterbeschäftigung der leistenden Servicebereiche (als eine Art internes »Aus-dem-Markt-heraus-Kalkulieren«).
- Vollkostenwerte verleiten zu falschen Verfahrenswahlentscheidungen.

Trotz dieser Gefahren ist die Vollkostenrechnung in der Praxis weit verbreitet.

Die Vollkostenrechnung ist also *für* alle *Anpassungsentscheidungen* im Rahmen eines gegebenen Aktionsfeldes als Informationsquelle *wenig geeignet* – hierfür wurde sie Anfang des letzten Jahrhunderts auch nicht gestaltet. Das ihr zu Grunde liegende Kostenzurechnungsprinzip (Kostenverursachung im Sinne der anteiligen Inanspruchnahme von Kapazitäten) erweist sich – stellt man auf die Fundierung von Entscheidungen des Managements ab – allenfalls für längerfristig wirksame Dispositionen als tragfähig, da nur bzw. am ehesten dann eine entsprechende Veränderung bzw. Veränderbarkeit der Kapazitäten möglich erscheint. Immer dann, wenn Anpassungsentscheidungen im laufenden Geschäftsbetrieb häufig getroffen werden müssen, wird das Informationsdefizit der Vollkostenrechnung besonders deutlich.

Die Unternehmenspraxis hat sich von dem (sehr) negativen Urteil der Kostenrechnungstheorie allerdings nicht sehr beeindrucken lassen: Trotz aller Warnungen ist die Vollkostenrechnung immer noch das am stärksten verbreitete Kostenrechnungssystem (vgl. z. B. Homburg et al. 1998, S. 16). Gründe hierfür werden sichtbar, wenn die Beurteilung nicht aus der Perspektive der Entscheidungsorientierung, sondern der der *Verhaltensorientierung* der Kostenrechnung erfolgt. Gerade das Verursachungsprinzip vermag einen akzeptierten Ausgleich unterschiedlicher Interessen zu leisten. Die enger werdende Zusammenarbeit von Unternehmen (»Netzwerke«, »Wertschöpfungspartnerschaften«) schafft neue Bedarfe für eine kostenorientierte Preisermittlung in Absatzmärkten. Unternehmensintern bereitet das Vordringen von Verrechnungspreisen ein breites Einsatzfeld, um die unterschiedlichen Zielsetzungen der Zentrale und dezentraler Einheiten miteinander in Einklang zu bringen.

Die Beurteilung der Vollkostenrechnung fällt auch dann anders aus, wenn die im 4. Kapitel dieses Buches angesprochene *konzeptionelle Nutzung* von Kostenrechnungsinformationen als wichtig erkannt wird: Die im Folgenden noch vorzustellenden, so genannten »modernen« Kostenrechnungssysteme (Teilkostenrechnungen) besitzen einen komplexeren Aufbau und verlangen mehr Informationen zur angemessenen Beurteilung der ausgewiesenen Kosten- und Ergebnisgrößen. Höhere Komplexität behindert aber konzeptionelle Nutzung ebenso, wie sie opportunistischem Verhalten Raum schafft. Die Vollkostenrechnung kann deshalb durchaus ein für das Unternehmen sehr hilfreiches Informationssystem sein, das Teilkostenrechnungen keinesfalls pauschal unterlegen ist. Controller müssen »nur« Sorge dafür tragen, dass die von der Vollkostenrechnung gelieferten Informationen nicht falsch verwendet werden.

Zusammenfassende Aussagen (vgl. auch Leitfrage 3)

- Die Vollkostenrechnung ist das historisch gesehen »erste« Kostenrechnungssystem.
- Sie ist durch das Verursachungsprinzip geprägt: Alle Kosten werden – unabhängig davon, ob sie fix oder variabel sind – anteilig auf diejenigen Leistungen umgelegt, die ihren Anfall »verursacht« haben.
- Hierdurch verteilt die Vollkostenrechnung in einem viele Stufen umfassenden Verfahren alle anfallenden Kosten auf die Produkte.
- Die damit ermittelten »Selbstkosten« sind für Anpassungsentscheidungen unbrauchbar: Bei einer Produkteinheit mehr fallen weniger Kosten zusätzlich an als die kalkulierten Selbstkosten, bei einer Produkteinheit weniger fallen entsprechend weniger Kosten weg. Hieraus resultieren Anwendungsgefahren der Vollkostenrechnung, die die Controller rationalitätssichernd begrenzen oder vermeiden müssen.
- Insbesondere ihre Eignung für die Koordination dezentraler Entscheidungsträger – also eine verhaltensorientierte Perspektive – erklärt die hohe Beliebtheit der Vollkostenrechnung in der Praxis. Sie ist »im täglichen Einsatz« einer Teilkostenrechnung keinesfalls generell unterlegen.

6.2.2.2 »Entscheidungsorientierte« Kostenrechnungssysteme

6.2.2.2.1 Grundmerkmale

Die Vollkostenrechnung weist – wie gezeigt – für wichtige Rechnungszwecke Mängel auf. Deshalb sind weiterführende Kostenrechnungssysteme entwickelt worden, die man zumeist mit dem Zusatz »entscheidungsorientiert« versieht. Ihnen ist dreierlei gemein:

- Sie nutzen den skizzierten Grundaufbau der Vollkostenrechnung.
- Sie trennen zusätzlich zur Unterscheidung von Einzel- und Gemeinkosten die in den Kostenstellen anfallenden Gemeinkosten in zwei Gruppen (Kostenkategorien) auf: in *variable und fixe Kosten* (in anderer, anschaulicher Terminologie von Deyhle: Produkt- und Strukturkosten). Basis dieser Kostenspaltung sind genaue Kostenanalysen, die die Ermittlung von Produktions- und Kostenfunktionen zum Inhalt haben. Betrachtungshorizont dieser Funktionen ist die typische Zeitstruktur der operativen Planung: Variabel sind solche Kosten, die sich im Rahmen der periodischen (jährlichen) Leistungsplanung einer Kostenstelle mit dem Volumen der zu erbringenden Leistungen verändern (lassen). Aus Vereinfachungsgründen werden die Verläufe der variablen Kosten durch lineare Funktionen angenähert (proportionale Kosten).
- Alle entscheidungsorientierten Kostenrechnungssysteme wählen ein abweichendes Abrechnungskonzept der Kostenträgerrechnung (was ihnen auch die Bezeichnung »Teilkostenrechnung« einbringt): Während die Vollkostenrechnung die Erfolge der Kostenträger progressiv kalkuliert, gehen die entscheidungsorientierten Rechnungssysteme – zumindest in der Theorie – *retrograd* vor: Von den Nettoerlösen der erbrachten Leistungen werden sukzessiv Kosten abgezogen. Dies bedeutet ein Rechnen mit *Deckungsbeiträgen*. Ein Deckungsbeitrag gibt jeweils den Betrag an, den ein Kalkulationsobjekt über die ihm direkt zurechenbaren Kosten hinaus zur Deckung der anderen Kosten beitragen kann. Der retrograde Aufbau der Kalkulation will die vielfältigen Schlüsselungen von Gemeinkosten, wie sie für die Vollkostenrechnung typisch sind, vermeiden. Preis dieses Vorgehens ist eine größere Komplexität der Erfolgsrechnung: Kommt die Vollkostenrechnung mit »den« Selbstkosten eines Produkts aus, müssen Deckungsbeitragsrechnungen viele Stufen umfassende Deckungsbeitragshierarchien aufbauen. Wir werden hierauf später noch zurückkommen.

Teilkostenrechnungen versuchen, die Schwächen der Vollkostenrechnung zu vermeiden.

In der Entwicklung der Kostenrechnungssysteme wurden beide zuletzt genannten Erweiterungen von zwei unterschiedlichen Systemansätzen forciert, der Plankostenrechnung auf der einen Seite und den Deckungsbeitragsrechnungen (Direct Costing und Fixkostendeckungsrechnung) auf der anderen Seite.

Im Original

Der Grundgedanke des Deckungsbeitragsprinzips ist alt, wie das folgende Zitat aus der ersten Veröffentlichung von Eugen Schmalenbach im Jahre 1899 zeigt:

»Da das erste x diejenigen Kunden bekommen, die am meisten bezahlen, so könnte man die Verrechnungspreise so formulieren, dass die sekundären Unkosten durch die Gewinne gedeckt werden müssen. Theoretisch richtig wäre es daher, allen Kunden nur die primären Unkosten anzurechnen, die sekundären Unkosten aber durch die Rohgewinne zu decken. Das ist in der Praxis nicht angängig. Da wir bei den meisten Konten primäre und sekundäre Kosten haben, wäre eine solche Rückverrechnung sehr schwierig, zudem lässt sich bei einigen Betriebsressorts ein Gewinn überhaupt nicht ermitteln, da wir zu ihnen nicht im Verhältnis wie zu Fremden stehen« (Schmalenbach 1899, S. 116).

6.2.2.2.2 Plankostenrechnung

Motivation der von Plaut und Kilger entwickelten Plankostenrechnung ist ein *Kontrollbedürfnis*: In der Kostenrechnung wird ein Instrument gesehen, eine wirtschaftliche Leistungserstellung zu ermöglichen. Der Kontrollmaßstab wird durch detaillierte Sollkostenfunktionen geliefert, die auf Produktionsfunktionen aufbauen. Er wird in der Abweichungsanalyse nicht in Frage gestellt: Die Ist-Kosten sollen die geplanten bzw. vorgegebenen Kosten nicht überschreiten. Die Plankostenrechnung geht mit anderen Worten davon aus, dass Kosten mit hinreichender Sicherheit geplant werden können. Dies ist nur dann möglich, wenn Kostenfunktionen zu ermitteln sind. Dieses wiederum setzt hohe

Die Plankostenrechnung hat eine produktionswirtschaftliche Basis.

Die Grenzplankostenrechnung unterscheidet sich von der flexiblen Plankostenrechnung in der Verrechnung der Fixkosten.

Standardisierung und Gleichförmigkeit der Produktionshandlungen voraus. Diese Bedingungen sind am ehesten bei hoher Maschinenbedingtheit der Produktion (Automatisierung) und hoher Umweltstabilität zu erwarten.

Fallen (doch) Abweichungen an, sind sie entsprechend zu begründen. Bei dieser Abweichungsanalyse müssen zwei Fälle unterschieden werden, die mit der konkreten Ausgestaltung der Plankostenrechnung zusammenhängen:

- Zum einen kann sich die Weiterverrechnung der geplanten Kosten auf andere Kostenstellen (innerbetriebliche Leistungsverrechnung) oder Produkte (Kostenträgerrechnung) nur auf die variablen Kosten beziehen (*»Grenzplankostenrechnung«*).
- Zum anderen können neben den variablen auch die fixen Kosten (im Sinne einer Vollkostenkalkulation) weiterverrechnet werden (*»Flexible Plankostenrechnung«*).

Letzteren Fall zeigt die veranschaulichende *Abbildung 6-6*: Basierend auf der Sollkostenfunktion wurde für die antizipierte Plan-Beschäftigung die Höhe der Plan-Kosten bestimmt. Diese Schätzung erweist sich im Nachhinein als unzutreffend: Die Ist-Beschäftigung weicht (deutlich) nach unten ab. Somit ist für die Abweichungsanalyse im ersten Schritt der Wert der Sollkostenfunktion für den niedrigeren Beschäftigungswert zu bestimmen. Dieser bildet den Referenzwert für die Ist-Kosten. Abweichungen zwischen beiden können zum einen aufgrund von veränderten Preisen entstanden sein (so etwa wegen unerwarteter Preisschwankungen, Wechselkursänderungen oder plötzlicher konjunktureller Einflüsse). Hierfür ist der Kostenstellenleiter in der Regel nicht verantwortlich. Vor dem Hintergrund des oben genannten Zwecks der Rechnung sind Preisabweichungen somit im ersten Schritt zu ermitteln und zu korrigieren. Es verbleiben zum anderen Verbrauchs-

Im Original

Auszug aus einem Beitrag von Plaut aus dem Jahr 1952:

»Nur zwei Aufgaben können der Plankostenrechnung billigerweise gestellt werden und nur diese beiden Aufgaben vermag sie vorbildlich zu lösen, nämlich:

1. die Wirtschaftlichkeit der einzelnen Kostenstellen aufzuzeigen und
2. den Erlösen der einzelnen Kostenträger die möglichst richtigen Selbstkosten gegenüberzustellen.

Die Plankostenrechnung ist nicht anderes als eine neuzeitliche Methode des innerbetrieblichen Rechnungswesens, welche sich nicht damit begnügt, nur Istkosten abzurechnen und auch im Rahmen der Betriebsabrechnung nur Durchschnittskosten vergangener Zeiträume zu verwenden, wie die Normalkostenrechnung, sondern die technisch exakt vorgeplante Sollkosten den Istkosten gegenüberstellt. Die Istkosten werden also in der Plankostenrechnung in Sollkosten und Abweichungen zergliedert. Hierdurch wird deutlich, daß retrograd die Ermittlung der Selbstkosten für die einzelnen Erzeugnisse bzw. Erzeugnisgruppen aus Sollkosten ± Abweichungen jederzeit möglich ist.

Zwei Schwierigkeiten bereitet die Plankostenrechnung in der Praxis: Man muß zunächst überhaupt einmal zu richtigen Sollkosten und aussagefähigen Abweichungen kommen, und zweitens diese Abweichungen so exakt weiterverrechnen, daß die Genauigkeit und Zuverlässigkeit des Rechnungswesens nicht getrübt, sondern erhöht wird« (Plaut 1952, S. 406 f.).

Im gleichen Beitrag von 1952 schlägt Plaut erstmals den Begriff Grenzplankostenrechnung vor:

»Im übrigen bietet die Plankostenrechnung die Möglichkeit, jederzeit die Grenzkosten darzustellen. Der Verfasser entwickelt die Plankostenrechnung schon seit etwa zwei Jahren ... zu einer Grenz-Plankostenrechnung. In dieser werden nur die proportionalen Kosten, also außer den Einzelkosten noch die proportionalen Gemeinkosten, in der Kostenträgerrechnung nach Kostenträgern oder Kostenträgergruppen aufgeteilt, während die fixen Kosten global in einer Summe erscheinen können. Rummel schreibt: ›Wer braucht eigentlich zu wissen, welcher Anteil der fixen Kosten auf die einzelnen Erzeugnisse entfällt?‹ Da bisher erst zwei Betriebe nach dem System der Grenz-Plankostenrechnung arbeiten, ist der Zeitpunkt für eine Darlegung der praktischen Ergebnisse noch verfrüht.

Befremdlich wirkt jedoch der Hinweis ..., daß die proportionalen Kosten kein Maßstab für die Preisuntergrenze seien, denn sie führten unnötigerweise zu einem ruinösen Konkurrenzkampf [!], der die Substanz der Unternehmung zwangsläufig verzehrt. Selbstverständlich kann mit jedem System Unfug angerichtet werden. Kein Mensch denkt daran, grundsätzlich etwa zu Grenzkosten zu verkaufen. Es ist aber – dies hat die Praxis unzählige Male gelehrt – ein großer Vorteil für den Unternehmer, wenn er seine Grenzkosten kennt. Deshalb ist es so wenig sinnvoll, wenn man immer wieder versucht, auch die fixen und damit den Erzeugnissen nicht direkt zurechenbaren Kostenbestandteile zu verschlüsseln, anstatt ... auf eine Aufteilung zu verzichten« (Plaut 1952, S. 400).

abweichungen. Typische Gründe für hiermit erfasste Kostenüberschreitungen sind schlechte Einsatzplanung des Personals, unnötige Überstunden und Nichteinhaltung von Qualitätsstandards (Ausschuss und Nacharbeit). Zwar ist auch hier nicht automatisch von einer vollständigen Verantwortung des Kostenstellenleiters auszugehen; erhöhte Ausschusszahlen sind so beispielsweise häufig auch auf schlechte Materialqualität, Mehrverbräuche auf ein in anderen Unternehmensbereichen verursachtes Abgehen von der optimalen Produktionsintensität zurückzuführen (z. B. durch das trotz verplanter Kapazitäten notwendige Einschieben eines »unbedingt noch zu bearbeitenden« Auftrags). Dennoch bleibt für den Kostenstellenleiter zumindest eine Erklärungsverantwortung.

Die *Abbildung 6-6* zeigt noch eine weitere Abweichungsart auf: Beschäftigungsabweichungen entstehen durch die Notwendigkeit, die Fixkosten zur Verrechnung auf die variablen Kosten aufzuschlagen. Weicht nun die Ist- von der Plan-Beschäftigung ab, ergibt sich die Situation, dass entweder zu viel (Plan-Beschäftigung < Ist-Beschäftigung) oder zu wenig Fixkosten verrechnet wurden (Plan-Beschäftigung > Ist-Beschäftigung). Diese Abweichungsart betrifft nur die flexible Plankostenrechnung, da in der Grenzplankostenrechnung lediglich variable Kosten verrechnet werden.

Anders als die Vollkostenrechnung ist die Plankostenrechnung von ihrer Intention her ausschließlich auf unternehmensinterne Adressaten ausgerichtet. Ihr geht es um die Regelung einer Beziehung zwischen Unternehmensleitung und Kostenstellenleitern, speziell darum, dass letztere möglichst wirtschaftlich arbeiten. Die Erfüllung der Intention erfordert neben der Kostenplanung eine entsprechende Kostenkontrolle, die wiederum eine laufende Erfassung von Ist-Kosten voraussetzt. Hierfür kann die in den Unternehmen vorhandene Vollkostenrechnung dienen. Aus diesem Grund ist die Plankostenrechnung in der Unternehmenspraxis durchweg im Bereich der Kostenstellenrechnung in die Vollkostenrechnung integriert.

Abb. 6-6

Abweichungsanalyse im System der Flexiblen Plankostenrechnung

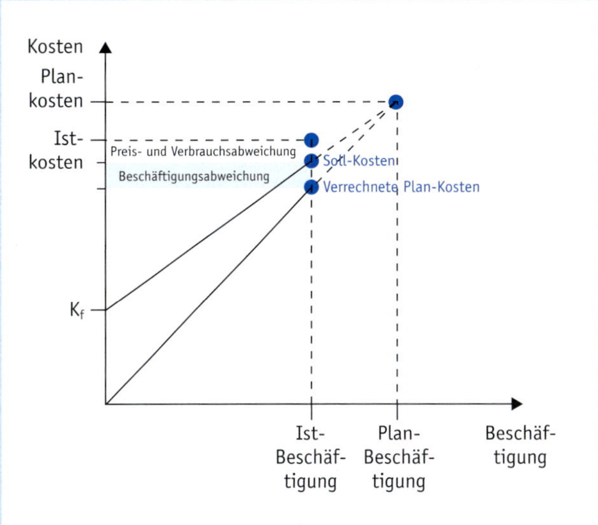

6.2.2.2.3 Deckungsbeitragsrechnungen

Die zweite Entwicklungsrichtung »entscheidungsorientierter« Kostenrechnungssysteme setzt nicht an einem internen Steuerungsproblem, sondern an der Frage an, wie die (produktbezogene) Ergebnissituation des Unternehmens besser abgebildet werden kann.

Das in die 30er Jahre zurückreichende *Direct Costing* hat seinen Ursprung in den USA. Anlass zu seiner Entwicklung war die Erkenntnis, dass der Periodenerfolg in einer Nettoergebnisrechnung nicht nur von den Verkaufsanstrengungen in den Märkten, sondern auch von der Produktionsmenge abhängt. Grund hierfür sind Fixkostenanteile in Lagerbeständen: Eine Erhöhung des Lagerbestandes lässt ceteris paribus den Periodenerfolg steigen, eine Verringerung ihn sinken. Um diesen Einfluss auszuschalten, wurden den Beständen nur noch die variablen Kosten zugeordnet, die – auf Basis zumeist sehr »hemdsärmeliger« Kostenanalysen – aus den Gesamtkosten herausgefiltert wurden. Aufgrund des im Vergleich zu Deutschland deutlich geringeren Ausbaustandes der Kostenerfassung und -verrechnung wurden die verbleibenden Kosten nicht weiter differenziert (»Fixkostenblock«). Für die periodische Ergebnisrechnung bedeutete dies konsequent, keine Nettoergebnisse mehr auszuweisen, sondern nur noch »Contribution Margins« bzw. *Deckungsbeiträge*. Alle Deckungsbeiträge zusammen wurden den Fixkosten mit

Deckungsbeitragsrechnungen haben ihren Ursprung in den USA.

Abb. 6-7

Zusätzliche Informationen zur Kostenstruktur in den Kostenstellen

	A_1	A_2	A_3	B_1	B_2	B_3	Summe Produkte	Kosten-stellen
Variable Kosten								
Materialstelle	500	550	120	400	390	250	2 210	
Fertigungsstelle 11	3 900	4 800					8 700	
Fertigungsstelle 12			1 000				1 000	
Fertigungsstelle 13	1 500	1 200	900				3 600	
Fertigungsstelle 21				1 100			1 100	
Fertigungsstelle 22					4 500	3 200	7 700	
Fertigungsstelle 23				1 700	1 500	1 400	4 600	
Vertrieb A	100	100	70				270	
Vertrieb B				80	50	20	150	
Fixe Kosten								
Materialstelle								4 000
Fertigungsstelle 11								37 500
Fertigungsstelle 12								14 500
Fertigungsstelle 13								4 900
Fertigungsstelle 21								13 500
Fertigungsstelle 22								14 000
Fertigungsstelle 23								50 500
Vertrieb A								9 500
Vertrieb B								12 000
Verwaltung								27 000

Das Direct Costing ist zur stufenweisen Fixkostendeckungsrechnung weiterentwickelt worden.

dem Resultat des Unternehmensergebnisses gegenübergestellt.

In Deutschland traf dieser Ansatz auf differenzierte Vollkostenrechnungen einerseits und Plankostenrechnungen andererseits. Letztere konnten aufgrund ihrer Kostenspaltung die variablen Produktkosten ohne Zusatzaufwand liefern, Erstere waren die Basis für eine deutlich differenzierte Zuordnung der Fixkosten. Das neu entwickelte System der *Stufenweisen Fixkostendeckungsrechnung* nahm so eine durch Zurechenbarkeit resultierende Bildung von Fixkostenschichten vor:

- *Fixkosten einzelner Produkte*
  Hierzu zählen etwa Kosten für spezifische Lizenzgebühren für spezielle Pressformen oder separater Entwicklungsaufwand. In der Vollkostenrechnung wird ein Teil derartiger Kosten als »Sondereinzelkosten« bezeichnet.

- *Fixkosten einzelner Erzeugnisgruppen*
  Hierunter fallen etwa die Kosten einer Spezialmaschine, auf der die Produktgruppe gefertigt wird.

- *Fixkosten einzelner Erzeugnissparten*
  Hier passendes Beispiel ist das Gehalt des Spartenleiters.

Es verbleiben dann Fixkosten, die sich einzelnen Kostenstellen, Betriebsbereichen oder nur dem Gesamtunternehmen zurechnen lassen.

Um das Vorgehen transparenter zu machen, sei das in der *Abbildung 6-4* begonnene Beispiel fortgesetzt. Hierzu sind im ersten Schritt Informationen darüber erforderlich, wie sich die Gemeinkosten in den Kostenstellen in variable und fixe Bestandteile unterteilen. Die entsprechenden Informationen zeigt die *Abbildung 6-7*, die auf der *Abbildung 6-4* aufbaut. Die variablen Kosten sind in ihr bereits den Produkten zugeordnet.

Auf dieser Basis ist es dann möglich, eine entsprechende Erfolgsrechnung zu gestalten. Diese zeigt die *Abbildung 6-8*. Der erste augenfällige Unterschied zur *Abbildung 6-5* betrifft den Grundaufbau des Abrechnungsgangs: Statt einer progressiven Kalkulationsrichtung ist er nun retrograd. Ausgangspunkt sind die Nettoerlöse, von denen zunächst die Materialeinzelkosten und die

Abb. 6-8

Abrechnungsgang der Stufenweisen Fixkostendeckungsrechnung

	A_1	A_2	A_3	$\sum A$	B_1	B_2	B_3	$\sum B$	Gesamt
Nettoerlöse	92,85	97,25	166,10		172,10	174,20	193,00		
- Materialeinzelkosten	37,00	39,17	32,50		43,33	62,00	86,67		
- variable Materialgemeinkosten	0,50	0,46	0,60		0,67	0,78	0,83		
- variable Fertigungskosten (1)									
Fertigungseinzelkosten	18,00	20,83	30,00		15,83	13,80	17,00		
variable Fertigungsgemeinkosten	3,90	4,00	5,00		1,83	9,00	10,67		
- variable Fertigungskosten (2)									
Fertigungseinzelkosten	2,00	1,83	3,75		8,17	7,40	6,67		
variable Fertigungsgemeinkosten	1,50	1,00	4,50		2,83	3,00	4,67		
- variable Vertriebskosten	0,10	0,08	0,35		0,13	0,10	0,07		
Stückdeckungsbeitrag									
absolut	29,85	29,88	89,40		99,30	78,12	66,43		
in % vom Nettoerlös	32,1 %	30,7 %	53,8 %		57,7 %	44,9 %	34,4 %		
∑ Stückdeckungsbeiträge	29 850	35 850	17 880		59 580	39 060	19 930		
- Produktfixkosten	0	0	14 500		13 500	0	0		
Produktdeckungsbeitrag	29 850	35 850	3 380	69 080	46 080	39 060	19 930	105 070	
- Produktgruppenfixkosten				51 900				76 500	
Produktgruppendeckungsbeitrag				17 180				28 570	45 750
- Unternehmensfixkosten									31 000
Nettoergebnis									14 750

variablen Materialkosten abgezogen werden (vgl. zu den Werten nochmals die *Abbildung 6-7*). Es folgen die Fertigungseinzelkosten und die variablen Fertigungskosten, jeweils für die beiden von den Produkten durchlaufenen Fertigungskostenstellen. Die variablen Vertriebskosten runden den ersten Abrechnungsbereich mit dem Ergebnis von absoluten und relativen Stückdeckungsbeiträgen ab. Diese zeigen für alle Produkte einen positiven Wert. Dies bedeutet, dass ein Streichen eines Produkts aus dem Produktprogramm zu einer (deutlichen) Erfolgsreduzierung führen würde. Zugleich zeigen die Werte auf, in welchem Maße sich der Erfolg des Unternehmens bei Änderungen der Produktions- und Absatzmenge der einzelnen Erzeugnisse ändern würde. Die relative Höhe der Deckungsbeiträge liefert weiterhin Ansatzpunkte für programmpolitische Überlegungen: Ceteris paribus macht es Sinn, zuerst das Produkt mit dem höchsten Stückdeckungsbeitrag im Vertrieb zu fördern.

In den sich anschließenden Schritten der Rechnung werden dann weitere, den Fixkostenschichten entsprechende Saldierungen vorgenommen. Die Ausgangsdaten des Zahlenbeispiels ermöglichen es, drei Fixkostenschichten zu unterscheiden (Produkte, Produktgruppen und Gesamtunternehmen – vgl. die Ausgangsdaten der *Abbildung 6-7* in Verbindung mit der *Abbildung 6-3*). Die dadurch ermittelten Deckungsbeiträge geben Auskunft darüber,

- ob die von einzelnen Produkteinheiten erzielten Bruttoerfolge ausreichen, um die dem Erzeugnis zurechenbaren Fixkosten abzudecken,
- ob die danach verbleibenden Deckungsbeiträge zusammengefasst noch genügend hoch sind, um die Produktgruppenfixkosten zu tragen und
- ob schließlich noch genügend Deckungsbeiträge verbleiben, um die nur allen Produkten gemeinsam zurechenbaren Unternehmensfixkosten auszugleichen.

Die stufenweise Ermittlung von Deckungsbeiträgen gibt einen tiefen Einblick in die Ergebnisstruktur.

Im Beispiel können alle drei Fragen bejaht werden. Im Vergleich mit der Ergebnisrechnung der Vollkostenrechnung wird deutlich, in welch hohem Maße zusätzliche Einblicke in die Ergebnissituation gegeben werden. Sie liefern in der Unternehmenspraxis auch wesentliche Informationen für den Prozess der Budgetierung, auf den wir im 11. Kapitel (Abschnitt 11.2) noch im Detail eingehen werden.

6.2.2.2.4 Anwendungsvoraussetzungen und -grenzen

Die beiden dargestellten so genannten »modernen« Kostenrechnungssysteme werden in der einschlägigen Literatur weit weniger kritisiert als die Vollkostenrechnung. Dennoch liegen auch bei ihnen (wesentliche) Aussagegrenzen vor, so dass für die Controller ein potentieller Rationalitätssicherungsbedarf besteht.

Die Plankostenrechnung baut auf vielen Prämissen auf, deren Gültigkeit von Zeit zu Zeit kritisch zu prüfen ist.

Für die Konzepte der *Plankostenrechnung* haben die Controller zu überprüfen, ob die vielfältigen Prämissen dieses Systemansatzes im konkreten Anwendungsfall tatsächlich gegeben sind:

- Die Existenz einer periodenbezogenen laufenden Planung, die zur Ermittlung der Planbeschäftigung erforderlich ist, wird in den meisten (größeren) Unternehmen vorliegen.
- Eine getrennte Verantwortung für Kapazitätsbereitstellung und Kapazitätsnutzung, die der Trennung von variablen und fixen Kosten zu Grunde liegt, wird dagegen zunehmend in Frage gestellt.
- Eine kostenstellenbezogene Beeinflussbarkeit der proportionalen Kosten ist quasi der Auslöser zur »Erfindung« der Plankostenrechnung. Je stärker die Produktion automatisiert wird, desto mehr ist die Höhe der Kosten aber bereits zum Zeitpunkt der Anlageninstallation vorbestimmt. Abweichungen (nach unten) sind nur bei groben Störungen zu erwarten.
- In einem derartigen Umfeld ist eine Planbarkeit der Kosten unmittelbar gegeben. Betrachtet man kreative und/oder innovative Leistungserstellung (etwa Forschungsarbeit), scheidet eine systematische Kostenplanung allerdings aus.
- Angesichts knapper Zeit des Managements und den nicht niedrigen Kosten von Informationssystemen setzt das Betreiben einer Plankostenrechnung voraus, dass Kosten den wesentlichen Treiber der Wirtschaftlichkeit einer Kostenstelle darstellen, dass der Kostenstellenleiter mit anderen Worten mittels Kenntnis seiner Kosten einen maßgeblichen Einfluss auf die Wirtschaftlichkeit nehmen kann. Aktuell scheint der größere Hebel zum Erzielen der Wirtschaftlichkeit allerdings eher in der Steuerung von Zeit- und Qualitätsgrößen zu liegen.
- In einer verhaltensorientierten Sicht ist – inhaltlich mit dem letzten Punkt eng verknüpft – schließlich zu hinterfragen, ob die Kostenverantwortung für die Kostenstellenleitung einen Hauptmotivationsfaktor darstellt und darstellen sollte. Nur dann werden die einzuhaltenden Kosten einen entsprechenden Stellenwert im Führungshandeln der Kostenstellenleiter besitzen.

Insbesondere dann, wenn die Plankostenrechnung im Unternehmen seit geraumer Zeit verankert ist, sollte sie von den Controllern kritisch überprüft werden. Zum einen lässt sich empirisch beobachten, dass die Kostenfunktionen nicht immer mit der nötigen Sorgfalt gepflegt werden. Zum anderen wird mit langer Nutzung des Instruments die Grundsicht der Rechnung tief im Kostenstellenmanagement verankert: Es geht um die Optimierung innerhalb eines gegebenen Rahmens. Die Nutzung, nicht die Veränderung des Rahmens ist anzustreben. Die Perspektive notwendiger permanenter Verbesserung ist damit nur schwer vereinbar. Sie zeigt sich angesichts des Wettbewerbsdrucks aber zunehmend als unverzichtbar.

Deckungsbeiträge werden in ihrer Aussagefähigkeit problematisch, wenn Erlösverbundenheiten vorliegen.

Aussagegrenzen von *Deckungsbeitragsrechnungen* setzen bereits ganz am Beginn des Rechengangs an. Der retrograden Abrechnungsrichtung liegt die Annahme zu Grunde, dass zwar diverse Kostenbestandteile Verbundbeziehungen aufweisen, sich die Nettoerlöse dagegen unproblematisch den einzelnen Produkten zuordnen lassen. Dieses gilt allerdings nur eingeschränkt. So werden die Daten im Rahmen der Fakturierung zwar in aller Regel für die Produkte getrennt ermittelt; allerdings bestehen zwischen den Produkten häufig *Erlösverbundenheiten*. Beispiele sind Verwendungsverbunde, wie sie etwa im Zubehörgeschäft auftreten, oder Sortimentsverbunde, bei denen der Kunde nur dann bei einem Lieferanten kauft, wenn er eine genügend große Auswahl ähnlicher Produkte präsentiert bekommt – wir sind auf derartige Verbundbeziehungen schon in Kapitel 3 (Abschnitt 3.3.3) kurz eingegangen. Da derartige Verbunde nicht in der Rechnung berücksichtigt werden, mag es im Einzelfall durchaus sinnvoll sein, ein Produkt auch mit einem negativen Deckungsbeitrag zu verkaufen – die Zahlenbasis erlaubt allerdings hierfür keine Einschätzung. Controller sollten sich deshalb bemühen, auf der Erlösseite eine ähnliche Datengüte zu realisieren wie auf Seiten der Kostenrechnung – hierauf werden wir im Abschnitt 6.3 noch näher eingehen.

Weiterhin gilt es bei Deckungsbeitragsrechnungen zu bedenken, dass ein positiver Deckungsbeitrag auf einer beliebigen Deckungsbeitragsstufe nicht automatisch bedeutet, dass kein Handlungsbedarf besteht. Vielmehr gilt es ständig zu hinterfragen, ob die Kapazitäten nicht durch andere Aktivitäten besser genutzt werden können. Deckungsbeiträge sollten somit nicht nur als »Warnlampen« angesehen werden (Aktivität im Falle negativer Werte): Angesichts des hohen Fixkostenanteils und hoher Kostenverbunde leuchten sie nämlich nur selten auf. Auch an positiven Deckungsbeiträgen sollte das Management stets arbeiten!

Ein weiteres anwendungsbezogenes Problem von Deckungsbeitragsrechnungen besteht in der *Gefahr einer zu nachgiebigen Preisstellung*. Hohe Deckungsbeiträge der Produkte führen leicht dazu, in harten Preisverhandlungen Zugeständnisse zu machen, und dies mit »gutem Gewissen«: Auch bei derartigen Zugeständnissen bleibt zumeist im Ergebnis ein hohes Deckungsbeitragsniveau übrig; entginge bei harten Verhandlungen der Auftrag des Kunden, verringerte sich das Unternehmensergebnis ceteris paribus aber um exakt diesen Betrag. Dass die Deckungsbeiträge aller Produkte in Summe dazu ausreichen müssen, alle nicht-produktbezogenen Kosten des Unternehmens zu decken, verliert ein dezentral agierender Verkaufsmitarbeiter dann leicht aus den Augen. Diese Gefahr gilt bereits für einen einzelnen Verkäufer intertemporal: Wer über das Jahr hinweg eine bestimmte Deckungsbeitragssumme erwirtschaften muss, neigt leicht dazu, am Jahresbeginn auf leichtere Zeiten am Jahresende zu spekulieren. Weit größere Probleme treten zwischen unterschiedlichen Verkäufern auf: Der eine verlässt sich dann leicht auf den anderen oder macht es sich zu dessen Lasten leichter. Die Zahlen tief gestaffelter Deckungsbeitragsrechnungen sind mit anderen Worten schwieriger zu interpretieren und leichter opportunistisch auszunutzen als die Zahlen einer Vollkostenrechnung. Damit wird sowohl eine adäquate instrumentelle als auch eine konzeptionelle Nutzung erschwert.

Letzteres Argument gilt schließlich auch für den häufig geäußerten Vorschlag, Voll- und Teilkostenrechnung im Sinne einer Parallelkalkulation miteinander zu verbinden, ein Ansinnen, dessen Erfüllung aktueller Standardsoftware der Kostenrechnung keine Schwierigkeiten bereitet. Wenngleich systemtechnisch gelöst, stellt sich die Frage, ob damit alle Manager vernünftig arbeiten können. An dieser Stelle besteht zumindest ein hoher Coaching-Bedarf, den Controller decken sollten.

Parallelkalkulationen überfordern leicht die kognitive Kapazität von Managern.

Die Gefahr, zu nachgiebig in Preisverhandlungen zu sein, wird den Teilkostenrechnungen schon seit langem zugewiesen.

Zusammenfassende Aussagen (vgl. auch Leitfrage 4)

- Mängel der Vollkostenrechnung waren Ausgangspunkt zur Entwicklung einiger Kostenrechnungssysteme, die allesamt als »entscheidungsorientiert« bezeichnet werden.
- Eine Spaltung der Kosten in variable und fixe Elemente und ein retrograder Aufbau der Kalkulation sind allen Teilkostenrechnungskonzepten gemeinsam.
- Die Plankostenrechnung zielt primär auf eine bessere Wirtschaftlichkeitserzielung und -kontrolle ab, das Direct Costing und die Fixkostendeckungsrechnung auf eine bessere Ergebnistransparenz.
- Die »entscheidungsorientierten« Systeme lassen sich vergleichsweise unproblematisch in den Grundaufbau der Vollkostenrechnung integrieren. Nicht zuletzt dadurch haben sie in der Unternehmenspraxis eine weite Verbreitung erfahren.
- Auch die »entscheidungsorientierten« Kostenrechnungssysteme weisen Aussagegrenzen auf, die die Controller rationalitätssichernd zu beachten haben. Auf Grund der höheren Komplexität dieser Systeme und der weit verbreiteten, aber unzutreffenden Ansicht, sie seien der Vollkostenrechnung per se überlegen, ist die Notwendigkeit einer entsprechenden Begleitung des Managements sogar (deutlich) größer.

6.2.2.3 Prozesskostenrechnung

6.2.2.3.1 Grundsätzliche Charakterisierung

Das internationale Pendant zur Prozesskostenrechnung ist das Activity Based Costing.

Prozesskostenrechnung ist ein Begriff, der in der jüngeren Vergangenheit die Kostenrechnungsdiskussion und -gestaltung maßgeblich beeinflusst hat. Für den Begriff Prozesskostenrechnung findet sich in Deutschland zum Teil der Terminus »Vorgangskalkulation«. In den USA werden – bei ähnlichem Inhalt – die Begriffe *Activity Based Costing* oder *Cost Driver Accounting* verwendet.

Obwohl oftmals anders dargestellt, lässt sich die Prozesskostenrechnung zumindest in Deutschland nicht als ein neues Kostenrechnungssystem bezeichnen. Die Kernideen der Prozesskostenrechnung sind grundsätzlich in allen zuvor dargestellten Kostenrechnungssystemen realisierbar. Allerdings ist der Gestaltungsfokus der Rechnung in einem wesentlichen Merkmal – dem Abstellen auf Kosten- und Leistungsstrukturbetrachtungen, die über Kurzfristzeiträume hinausgehen – mit dem der Vollkostenrechnung deckungsgleich. Deshalb wird die Prozesskostenrechnung hier als Modifikation bzw. Verfeinerung der Vollkostenrechnung dargestellt.

Die Prozesskostenrechnung setzt an einer besseren Verrechnung von Gemeinkosten an.

Die Prozesskostenrechnung setzt an Praxismängeln der traditionellen Kostenrechnungssysteme, speziell an *Mängeln in der Behandlung von Gemeinkosten*, an. Die Kritik betrifft zum einen die Lohnzuschlagskalkulation der Vollkostenrechnung. Es wird argumentiert, dass Fertigungslöhne angesichts der stark vorangeschrittenen Produktionsautomatisierung nur noch ein schlechter Indikator für die produktbezogene Kostenverursachung in den Fertigungskostenstellen seien. Diese Kritik findet sich insbesondere in den USA, wo die überwiegende Zahl der Unternehmen auch heute noch auf der Basis von Fertigungslöhnen kalkuliert und keine Kostenstellenrechnung im Sinne der im deutschsprachigen Raum üblichen Kostenrechnungssysteme besitzt. Die Kritik betrifft zum anderen die Behandlung der der Fertigung vor- und nachgelagerten Dienstleistungsbereiche, wie etwa der Bestelldisposition, Fertigungsvorbereitung und -steuerung, sowie von Lagerungen und Transporten. Für sie dominieren in der Vollkostenrechnung sehr grobe, pauschale Verrechnungsmodi (z. B. in Form von Umlagenanlastung), die auch in der Plankostenrechnung nur unzureichend durchdrungen werden: Die analytische Kostenplanung wird in den Unternehmen in aller Regel nur auf »produktive« Bereiche, konkret auf Fertigungsendkostenstellen angewendet. Vorleistungen erbringende Kostenstellen, letztlich der gesamte Gemeinkostenbereich, bleibt von einem solchen Verfahren unberührt. Durch die verbesserte Durchdringung dieser Bereiche verspricht die Prozesskostenrechnung sowohl eine bessere interne Steuerung als auch eine genauere Produktkalkulation.

6.2.2.3.2 Vorgehen

Das Vorgehen der Prozesskostenrechnung lässt sich in sechs Schritte gliedern.

Die Prozesskostenrechnung geht in mehreren Schritten vor. Die Schritte sind jedem Kostenrechner aus den traditionellen Kostenrechnungssystemen weitgehend oder gänzlich geläufig. Konzeptioneller Neuigkeitswert kommt ihnen nur sehr eingeschränkt zu.

1. Schritt: Leistungs- und Prozessanalyse

Grundidee der Prozesskostenrechnung ist es, auch im Gemeinkostenbereich erbrachte Leistungen als Basis für die Zuordnung von Kosten zu Produkten zu verwenden. Verwaltungsleistungen werden in den traditionellen Kostenrechnungssystemen nicht erfasst und kalkuliert. Definitions- und Erfassungsprobleme sind hierfür ebenso begründend wie eine hohe Vielgestaltigkeit der Verwaltungstätigkeit. Die Prozesskostenrechnung nähert sich dem Problem in zwei Schritten:

- Zum einen versucht sie, die Vielfalt der erbrachten Leistungen durch die Bündelung wichtiger Aktivitäten zu Hauptprozessen zu reduzieren, für die sich eine Zuordnung zu den Produkten herstellen lässt. Hauptprozesse fassen Teilprozesse zusammen, die sich über mehrere Kostenstellen hinweg erstrecken. Ein Beispiel hierfür ist etwa der Hauptprozess »Aufnahme eines zusätzlichen Produkts in das Produktionsprogramm« mit den Aktivitäten Konstruktion, Produkttest, Kalkulation, Einplanung in die Produktion, Erstellung von Stücklisten, Vergabe einer Artikelnummer, Einrichtung eines Lagerplatzes und Änderung der Transportplanung.
- Zum anderen analysiert die Prozesskostenrechnung die einzelnen Aktivitäten in den

betroffenen Kostenstellen genauer. Dabei geht es zum einen um die Definition und Abgrenzung der einzelnen Aktivitäten, zum anderen um Fragen ihrer Erfassbarkeit. So hat man sich etwa in einer Transportkostenstelle dafür zu entscheiden, ob man als Leistungsmaß die abgefertigte Tonnage (»Tonnen-Kilometer«), das bewegte Transportvolumen, die Zahl bewegter Paletten und/oder Behälter, zusätzlich die Transportdauer (z. B. Eiltransporte), vielleicht sogar die Transportzeit (u. U. relevant für die Höhe der Personalkosten: Nachtzuschläge) verwenden will. Alle Merkmale können unterschiedliche Leistungen definieren und mit unterschiedlichem Kostenanfall verbunden sein. Je differenzierter man Aktivitäten definiert, desto schwieriger und aufwändiger wird aber auch die laufende Erfassung der erbrachten Leistungen.

2. Schritt: Zuordnung von Kosten zu Prozessen
Jedem Teilprozess bzw. jeder Aktivität sind die von ihm verursachten Kosten zuzuordnen. Das hierfür notwendige Vorgehen ist dem Kostenrechner geläufig: Beanspruchen die unterschiedlichen Aktivitäten dieselben Produktionsfaktoren, so sind Verrechnungsverfahren wie etwa eine Verrechnungssatzkalkulation anzuwenden. Unterscheiden sich die Aktivitäten im Erstellungsprozess stark voneinander – werden sie etwa von unterschiedlich spezialisierten Mitarbeitern erbracht –, so muss man versuchen, die Kostenstelle weiter in kleinere Abrechnungsbezirke aufzuspalten (»Kostenplätze«). In beiden Fällen wird man mit den bekannten Problemen der Kostenverbundenheit und der Notwendigkeit ihrer Aufteilung konfrontiert. In vielen Beispielen zur Prozesskostenrechnung finden sich deshalb (erhebliche) Kostenschlüsselungen. Dieses ist ihr allerdings nicht als Spezifikum anlastbar, sondern betrifft jeden Ansatz, der einem Prozess alle mit der Leistungserstellung verbundenen Kosten, nicht nur den kleinen, unmittelbar beeinflussten Kostenanteil, zuordnen will.

3. Schritt: Bestimmung der Kostentreiber
Für die unterschiedenen Prozessarten sind im nächsten Schritt die jeweiligen *»Kostentreiber«* (Cost Driver) zu ermitteln, also die Faktoren, die die Prozessinanspruchnahme der entsprechenden Leistungen bestimmen. Für die Aktivität Fertigungsplanung wäre dies etwa die Zahl der zu bearbeitenden Fertigungsaufträge, gegebenenfalls unterteilt in Standard- und Sonderaufträge, für die angesprochene Transportleistung eine der genannten Leistungsgrößen (etwa die Zahl der transportierten Behälter). Besitzt eine Aktivität einen starken Anteil dispositiver Tätigkeit, findet sich ein solcher Kostentreiber nur schwerlich. Derartige Prozesse werden in der Prozesskostenrechnung auch als »leistungsmengenneutral« bezeichnet. Ähnlichkeiten dieses 3. Schritts der Prozesskostenrechnung zum Vorgehen einer Verrechnungssatz- bzw. Bezugsgrößenkalkulation sind trotz der unterschiedlichen Notation nicht zu übersehen. Wir werden darauf im Schritt 5 nochmals zurückkommen.

Unterscheidung zwischen leistungsmengeninduzierten und leistungsmengenneutralen Kosten

4. Schritt: Prozessmengenermittlung
Für die Kostentreiber sind die jeweiligen Mengenausprägungen (z. B. die Zahl abzuwickelnder Fertigungsaufträge) zu bestimmen. Dies bedeutet im Vergleich zum traditionellen Vorgehen in der Kostenrechnung – wie bereits angemerkt – einen nicht unerheblichen zusätzlichen Aufwand, da derartige Informationen häufig nicht ausreichend erfasst und/oder geplant worden sind. Nur für einen Teil der Daten stehen vorhandene DV-Systeme zur Verfügung (etwa in Betriebsdatenerfassungssystemen, aus denen man viele materialflussbezogene Daten gewinnen kann). Hiermit sind typische Probleme einer Leistungsrechnung angesprochen, die wir später noch näher kennen lernen werden.

Kostentreiber sind eine besondere Art von Bezugsgröße.

5. Schritt: Prozesskostenermittlung
Im fünften Schritt werden Kosten pro Prozessmengeneinheit (z. B. pro Fertigungsauftrag) ermittelt. Dieses Vorgehen gleicht dem von Bezugsgrößen- bzw. Verrechnungssatzkalkulation. Es gibt innerhalb der Befürworter der Prozesskostenrechnung unterschiedliche Auffassungen, ob man in diese Prozesskosten pro Prozesseinheit auch die Kosten der leistungsmengenneutralen Prozesse einbeziehen sollte oder nicht. Dieser Frage liegt die Überlegung zu Grunde, ob man die Prozesskostenrechnung nicht nur als Vollkostenrechnung sehen, sondern auch als

Die Kalkulation ähnelt der einer Verrechnungssatzkalkulation.

Im Original

Der Grundgedanke ist alles andere als neu, wie das folgende Zitat aus der ersten Veröffentlichung von Eugen Schmalenbach im Jahre 1899 (!) zeigt:

»Unkurante Sorten, welche in kleinen Quantitäten gemacht werden, erfordern höhere Preise; besonders das Verwaltungspersonal hat oft grosse Scherereien dadurch. ... So wirken die Gestehungskosten dieser [nicht gängigen] Artikel schädlich auf die kuranten Sorten ein. Einer weitgehenden Arbeitsteilung stehen gerade diese Unkuranten oft entgegen. So weit eine exakte Feststellung dieser Einflüsse möglich ist, darf sie nicht unterbleiben. Eine richtige Kalkulation würde auch auf dem Markte ihren Einfluss zeigen in der Weise, dass manche kurante Ware die unkurante verdrängen würde, und das wirkte günstig auf die Produktion zurück« (Schmalenbach 1899, S. 107).

Auszug aus dem Beitrag von Robin Cooper und Robert S. Kaplan aus dem Jahr 1988, der wesentlich zur Popularität von Activity-Based Costing und Prozesskostenrechnung beigetragen hat:

»Managers in companies selling multiple products are making important decisions about pricing, product mix, and process technology based on distorted cost information. What's worse, alternative information rarely exists to alert these managers that product costs are badly flawed. Most companies detect the problem only after their competitiveness and profitability have deteriorated.

Distorted cost information is the result of sensible accounting choices made decades ago, when most companies manufactured a narrow range of products. Back then, the costs of direct labor and materials, the most important production factors, could be traced easily to individual products. Distortions from allocating factory and corporate overhead by burden rates on direct labor were minor. And the expense of collecting and processing data made it hard to justify more sophisticated allocation of these and other indirect costs.

Today, product lines and marketing channels have proliferated. Direct labor now represents a small fraction of corporate costs, while expenses covering factory support operations, marketing, distribution, engineering, and other overhead functions have exploded. But most companies still allocate these rising overhead and support costs by their diminishing direct labor base or, as with marketing and distribution costs, not at all.

These simplistic approaches are no longer justifiable – especially given the plummeting costs of information technology. They can also be dangerous. Intensified global competition and radically new production technologies have made accurate product cost information crucial to competitive success. ...

The theory behind [activity-based costing] is simple. Virtually all of a company's activities exist to support the production and delivery of today's goods and services. They should therefore all be considered product costs. And since nearly all factory and corporate support costs are divisible or separable, they can be split apart and traced to individual products or product families« (Cooper/Kaplan 1988, S. 96 f.).

Prozesskostenkalkulationen führen zu ganz anderen Ergebnissen, als sie die klassische Vollkostenrechnung für die einzelnen Produkte ausweist.

Teilkostenrechnung gestalten sollte. Unabhängig davon gilt es, in der praktischen Anwendung der Prozesskostenrechnung einen wichtigen Unterschied zu üblichen Bezugsgrößen- bzw. Verrechnungssatzkalkulationen zu berücksichtigen: In einer Fertigungskostenstelle wird die Produktionsfunktion wesentlich durch den Produktionsfaktor Anlagen festgelegt; Menschen arbeiten an Maschinen bzw. diesen zu; ihre Arbeitszeit wird durch die Maschinentakte bestimmt. Verwaltungsprozesse sind dagegen im Wesentlichen *menschendeterminiert*. Die Leistung von Menschen ist aber viel stärker beeinflussbar und schwankt potentiell deutlich stärker. Damit unterliegt die Aussage »Kosten pro ausgeführter Beschaffungsauftrag« in der Bestellabwicklung einer deutlich höheren Schwankungsbreite als die »Kosten pro gepresstes Blechteil« in der Kostenstelle Presswerk.

6. Schritt: Prozesskostenkalkulation

Im letzten Schritt werden die Prozesskosten den Produkten im Rahmen der Kostenträgerrechnung belastet. In kostenrechnerischen Termini ausgedrückt wandelt die Prozesskostenrechnung dazu den Charakter bisheriger Vorkostenstellen in Endkostenstellen um: Während bislang z. B. die Fertigungssteuerung mittels Schlüsseln auf die Fertigungsendkostenstellen umgelegt wurde, verrechnet sie ihre Kosten in der Prozesskostenrechnung direkt auf die Produkte. Hierzu muss man zusätzlich festhalten, wie viele Prozessmengeneinheiten jedes Produkt jeweils in Anspruch genommen hat. Auch hiermit sind erhebliche Erfassungs- und/oder Planungskosten verbunden. Zudem ergeben sich vielfältige Verdichtungsprobleme, auf die an dieser Stelle aber nicht eingegangen werden soll.

6.2.2.3.3 Beurteilung

Die Prozesskostenrechnung wurde in den 90er Jahren des letzten Jahrhunderts stark propagiert und als »revolutionär«, als »strategische Kostenrechnung«, gekennzeichnet. Auffassungen dieser und ähnlicher Art sind jedoch überzeichnet. Die Grundgedanken des Konzepts finden sich schon bei Eugen Schmalenbach, neue kostenrechnerische Konzepte enthält die Prozesskostenrechnung nicht. Die Prozesskostenrechnung postuliert zudem nachdrücklich den Weg zu höherer Detaillierung der Kostenrechnung, ohne den Beleg der Wirtschaftlichkeit dieses Vorgehens anzutreten. Es ist zu vermuten, dass die Prozesskostenrechnung als Element der laufenden Kostenrechnung zu aufwändig ist und sie deshalb nur als fallweise Rechnung breitflächige Realisierungschancen haben wird.

Auf der anderen Seite hat die Diskussion um die Prozesskostenrechnung dazu geführt, den Gemeinkostenbereichen eine stärkere (und dringend erforderliche) kostenrechnerische Aufmerksamkeit zukommen zu lassen. Die Prozesskostenrechnung hat eine »Aufbruchstimmung« innerhalb der Kostenrechnung ausgelöst, dies primär in der Praxis, in der die eingeführten Konzepte lange Jahre nicht mehr verändert wurden. Sie führte nicht nur zu einer neuen Sicht auf die Vorteilhaftigkeit des Produktprogramms – und dabei zuweilen auch zum grundsätzlichen Überdenken der Werthaltigkeit verfolgter Differenzierungsstrategien –, sondern machte auch Betrachtungen anderer Kalkulationsobjekte möglich. So wurden zuvor Versuche, eine aussagefähige Kundenerfolgsrechnung neben der traditionellen Produktkalkulation aufzubauen, durch das weitgehende Fehlen kundenspezifischer Kosten begrenzt. Die Prozesskostenrechnung kann hier Abhilfe schaffen. Als Kristallisationskern für Überlegungen zu einer Neukonzipierung der Kostenrechnung in den Unternehmen ist die Bedeutung der Prozesskostenrechnung somit ebenso geeignet wie als Anlass bzw. Ansatzpunkt für strukturverändernde Überlegungen.

Zusammenfassende Aussagen (vgl. auch Leitfrage 5)

- Die Prozesskostenrechnung hat in den 90er Jahren des letzten Jahrhunderts »frischen Wind« in die Kostenrechnungsdiskussion und -umsetzung in der Unternehmenspraxis gebracht.
- Der Ansatz zielt auf Gemeinkostenbereiche ab, die in den traditionellen Kostenrechnungssystemen von der Genauigkeit der Erfassung und Verrechnung her vernachlässigt wurden.
- Durch die verbesserte Abbildung repetitiver Dienstleistungen (z. B. Lager-, Transport- und Umschlagsleistungen, Auftragssteuerung oder Bestelldisposition) erreicht die Prozesskostenrechnung insbesondere eine genauere Produktkalkulation, die ihrerseits (erheblichen) Einfluss auf die Programmgestaltung nimmt bzw. nehmen sollte (etwa im Sinne einer Reduktion der Zahl der Varianten).
- Konzeptionell bietet die Prozesskostenrechnung wenig Neues. Neu ist im Wesentlichen die von ihr benutzte Terminologie (Kostentreiber,...).

Die Prozesskostenrechnung ist zwar nicht revolutionär, liefert aber wertvolle neue Einsichten.

Aus der Praxis

Fallweise Prozesskostenrechnung bei der TUI Deutschland GmbH

Thomas P. Kühn; Henrik Homann*

Als klassische Elemente der Kostenrechnung sind bei der TUI Deutschland eine Kostenstellenrechnung und eine Management-Erfolgsrechnung im Einsatz. Bei der Management-Erfolgsrechnung unterscheidet die TUI drei Centertypen: Profit-Center, Leistungs-Center und Struktur-Center. Eine Verrechnung der Leistungen der Leistungs-Center erfolgt über interne Leistungspreise. Letztlich verrechnen sich so sämtliche Leistungs-Center an die Profit-Center. Struktur-Center werden nicht verrechnet. Zur Steuerung des operativen Geschäfts steht eine detaillierte mehrstufige Deckungsbeitragsrechnung zur Verfügung.

Eine Beurteilung der Prozesskosten auf Basis der bestehenden Kostenrechnung fällt aufgrund der hohen Schnittstellenintensität zwischen den verschiedenen Abteilungen regelmäßig schwer. Um diese Informationen zu ermitteln und gleichzeitig umfassende prozessuale Verbesserungen abzuleiten, hat sich die TUI zur Einführung einer fallweisen Prozesskostenrechnung entschlossen. Fallweise deswegen, da zum einen – wie die Ausführungen im Folgenden zeigen – ein nicht unerheblicher Aufwand mit der Erfassung der Prozesskosten verbunden ist. Zudem enthalten die umfassenden fallweisen Prozesskostenrechnungen Erkenntnisse zur Ableitung von Veränderungsnotwendigkeiten, deren Verarbeitung und Umsetzung regelmäßig mehr als ein Jahr Zeit in Anspruch nehmen.

Fallweise Prozesskostenrechnungen reichen aus, um wesentliche Anstöße für Veränderungen zu geben.

In den vergangenen Jahren hat die TUI auf die hier beschriebene Art und Weise vier Unter-

In der aufwändigsten Phase werden Leistungslisten erstellt und Leistungen erfasst.

Ähnliche Geschäfte können durchaus unterschiedliche Prozessmodelle haben.

nehmen des Geschäftsbereichs Europa Mitte einer vollständigen Unternehmensanalyse unterzogen. Ziel war es dabei zunächst, eine übergreifende Prozesssicht auf das untersuchte Unternehmen zu erzeugen sowie eine umfassende Transparenz über die in den einzelnen Prozessen und Prozessschritten erbrachten Leistungen, die beteiligten Organisationseinheiten und die Prozesskosten zu erlangen. Gleichzeitig wurden qualitative Anmerkungen zu den Arbeitsabläufen und -ergebnissen gesammelt und prozessbezogen abgebildet. So wird eine ganzheitliche Betrachtung der unterschiedlichen Dimensionen (Zeit, Kosten, Qualität) über die bestehenden Organisationseinheiten hinweg ermöglicht, und entsprechende Stärken und Schwächen lassen sich identifizieren. Die bestehenden Prozesse können für bereits bekannte Anforderungen auch gleichzeitig auf ihre Zukunftsfähigkeit hin überprüft werden.

Die fallweise Prozesskostenrechnung lässt sich in vier zentrale Phasen unterteilen. In Phase 1 (Prozessdefinition) sind zunächst die Haupt- und Teilprozesse des Unternehmens festzulegen und möglichst detailliert mit operativen Beispielen und Endprodukten zu beschreiben. In der Regel werden dazu bestehende Dokumentationen und Prozessbeschreibungen genutzt und in Workshops und Interviews um Expertenwissen ergänzt. Wichtig ist hierbei, die Besonderheiten in den Geschäftsmodellen der einzelnen Unternehmen zu berücksichtigen und hinreichend in den Prozessen abzubilden. Insofern können bei entsprechender Unterschiedlichkeit z. B. bei der Untersuchung von drei Reiseveranstaltern auch drei verschiedene Prozessmodelle entstehen.

In Phase 2 (Vorbereitung Datenerhebung) findet die Vorbereitung der Datenerhebung in den einzelnen Organisationseinheiten des Unternehmens statt. Hierzu sind die zu untersuchenden Abteilungen festzulegen und die entsprechende Gemeinkostenbasis und die in den betroffenen Bereichen aktiven Mitarbeiter im Jahresmittel (z. B. unter Berücksichtigung von Teilzeitbeschäftigungen und Ein- und Austritten) zu bestimmen. Bei der Ermittlung der Gemeinkostenbasis sollte auch auf die sinnvolle Zuordnung von Kostenpositionen zu Kostenstellen und eine eventuell notwendige verursachungsgerechte Verrechnung von Gemeinkosten, die häufig auf zentralen Kostenstellen verbucht werden (z. B. Mieten etc.), geachtet werden. Die gesamte Projektplanung, insbesondere die Einplanung der beteiligten Organisationseinheiten des untersuchten Unternehmens für die Datenerhebung in Phase 3 sollte hier ebenfalls abgeschlossen sein.

Die Phase 3 (Erhebung, Zuordnung und Bewertung von Leistungen), in der sämtliche Daten zu den Tätigkeiten und Leistungen in den unterschiedlichen Abteilungen erfasst werden, stellt die für die gesamte Organisation aufwändigste Phase der fallweisen Prozesskostenrechnung dar. Hier werden in Interviews zunächst umfangreiche Leistungslisten erstellt und die Tätigkeiten logisch in drei verschiedene Detaillierungsstufen unterschieden. Daraufhin erfolgt eine zeitliche Bewertung jeder einzelnen Leistung und eine Zuordnung zu den in Phase 1 beschriebenen Prozessen und Prozessschritten. Qualitative Hinweise und Verbesserungsvorschläge werden ebenfalls aufgenommen. Durch diesen Schritt sind die betroffenen Bereiche in der Regel jeweils zwei bis vier Tage belastet. Am Ende dieser Phase werden sämtliche Daten aus den elektronischen Formularen in eine Datenbank übernommen und mit OLAP Werkzeugen einfach und variabel auswertbar gemacht (siehe Fallstudie BI bei TUI). Die Erfassungsergebnisse werden so zusammengeführt und konsolidiert, dass eine vollständige Zuordnung der Leistungen und Abteilungen (Kosten und Zeiteinsatz) auf die Haupt- und Teilprozesse möglich ist.

Liegen die Daten vollständig vor, kann in Phase 4 (Analyse und Ableitung von Handlungsempfehlungen) mit der Analyse der Informationen begonnen werden. Verbunden mit den qualitativen Hinweisen werden sämtliche Prozesse charakterisiert und diagnostiziert. Die Bildung von Kennzahlen und die Beschreibung der Ergebnisse führen in Verbindung mit Benchmarks aus bereits abgeschlossenen Untersuchungen häufig zu umfangreichen Erkenntnissen und Handlungsempfehlungen. Neben vielen kleineren Themen und »Quick Wins« werden in der Regel aus jeder Untersuchung umfangreiche übergreifende und zu Teilen strategische Handlungsfelder identifiziert. Die dann vorliegenden Prozesskosteninformationen unterstützen eine Priorisierung der Veränderungsthemen ebenso wie eine Ableitung von Potenzialen für bestimmte Vorhaben.

Bisher stand am Ende jeder dieser Analysen ein umfangreiches Projektprogramm, das die betroffenen Unternehmen über Monate in der Umsetzung in Anspruch genommen hat. Hier wird bereits deutlich, dass eine ständige Prozesskostenrechnung zumindest in diesem Umfang und diesem Detaillierungsgrad äußerst aufwändig erscheint. Die Veränderungen benötigen eine angemessene Zeit in ihrer Umsetzung, und gerade neu gestaltete Prozesse sollten erst einen eingespielten Zustand erreichen, bevor man ihre Performance erneut misst. Dies mag insbesondere für Dienstleistungsprozesse gelten, für die bestimmte Kennzahlen nicht wie beispielsweise in Produktionsindustrien (Durchlaufzeiten etc.) standardmäßig vorliegen. Des Weiteren können die so gewonnenen Informationen wiederum Eingang in die Leistungspreisgestaltung der internen Kostenrechnungssysteme finden. Eine erneute fallweise Prozesskostenrechnung ist erfahrungsgemäß erst nach drei bis fünf Jahren wieder zweckmäßig.

Abschließend lassen sich einige Hinweise zu Erfolgskriterien der bisherigen Projekte dieser Art zusammenfassen: Die Analyse wird regelmäßig durch ein gemischtes Team zum einen aus ausgewählten Vertretern des untersuchten Unternehmens und zum anderen durch Mitarbeiter eines Inhouse-Consulting der TUI Deutschland durchgeführt. Dies sichert die Akzeptanz in den Organisationen und sorgt für eine entsprechende Standardisierung und Weiterentwicklung der Methoden. Dabei ist wichtig, dass nicht die Optimierung von funktionalen Einheiten im Mittelpunkt steht, sondern eindeutig der Fokus auf der Prozessbetrachtung liegt. Ebenso wird lediglich bei ausgewählten Mitarbeitern eine quantitative Bewertung der Tätigkeiten über eine fokussierte Leistungserfassung vorgenommen, so dass ein Rückschluss auf den einzelnen Mitarbeiter nicht möglich ist. Dies dient im Vorfeld der Untersuchungen häufig als entscheidendes Argument bei der Einbindung der Mitbestimmungsgremien, die ebenfalls gundsätzlich anzuraten ist.

Ausblick: Das Erreichen von Prozessexzellenz ist mittlerweile als eine der strategischen Säulen der TUI Deutschland definiert worden. Deshalb ergänzt das Unternehmen derzeit sein Managementinstrumentarium gestützt durch die Ergebnisse der fallweisen Prozesskostenrechnungen um ein spezifisches, kontinuierliches Prozessmanagement. Dabei werden operative Prozesse zunächst (detaillierter als bei der fallweisen Prozesskostenrechnung) in Interviews mit den operativen Einheiten als ereignisgesteuerte Prozessketten (EPK) beschrieben und prozessrelevante Kennzahlen ermittelt. Auf Basis der dann vorliegenden Prozesstransparenz erfolgt eine Erstoptimierung, bei der mit Hilfe verschiedener Workshopdesigns Schwachstellen herausgearbeitet und alternative Vorgehensweisen beschrieben sowie bewertet werden. Wichtig erscheint in dieser Phase, die operativ verantwortlichen Führungskräfte in ihrer Rolle zu unterstützen und zu stärken. Hier sollten auch mit entsprechenden Trainings Werkzeuge und Methoden vermittelt werden, die die Führungskräfte in ihrer jeweiligen Prozessverantwortung unterstützen. Externe oder interne Berater bzw. vergleichbare konzeptionelle Einheiten sollten jeweils nur für die Methodenunterstützung zum Einsatz kommen. Mittel- bis langfristig muss das Ziel eine Verankerung des Prozessmanagements im normalen Tagesgeschäft der Führungskräfte sein. Die gesamte Organisation gilt es in die Lage zu versetzen, kontinuierlich die Prozess-Performance zu beobachten sowie die Schwachpunkte und Wirkung von Verbesserungsmaßnahmen laufend über alle Ebenen zu verfolgen. Dies schließt auch die dauerhafte Aufmerksamkeit sämtlicher Managementebenen für dieses Thema ein. Grundsätzlich ist für die Zukunft eine Verzahnung der Themen »fallweise Prozesskostenrechnung« und »kontinuierliches Prozessmanagement« zu entwickeln.

* Thomas P. Kühn ist Head of Business Transformation im Bereich Management Information & Support; Henrik Homann ist Geschäftsführer (Controlling/kaufmännische Funktionen und Spezialtouristik) der TUI Deutschland GmbH.

Fallweise Prozesskostenrechnungen sollten nach drei bis fünf Jahren wiederholt werden.

6.2.3 Nutzung und Perspektiven der Kostenrechnung

Die Kostenrechnung ist in der Vergangenheit das mit Abstand am meisten genutzte Informationsinstrument der Controllerbereiche gewesen.

Welche Kostenrechnungssysteme wie genutzt werden, hängt von Kontextfaktoren ab.

Deshalb macht es auch für ein Einführungsbuch in das Controlling Sinn, am Abschluss des Abschnitts zur Kostenrechnung kurze Aussagen zu ihrer aktuellen Nutzung und ihren weiteren Perspektiven zu geben.

Wie eine Erhebung von Schäffer/Steiners (2005) zeigt, wird die Kostenrechnung von den Geschäftsführern und Vorständen deutscher Industrieunternehmen durchaus noch genutzt. Dabei variiert die Intensität der Nutzung von Kostenrechnungssystemen stark. Während die Deckungsbeitragrechnung nach eigenen Angaben immerhin von 81 % intensiv oder sehr intensiv genutzt wird, wird dies bei der Prozesskostenrechnung nur von 23 % behauptet. Bei der Produkt- bzw. Kundenlebenszyklusrechnung sind es gar nur 10 bzw. 8 %. Am intensivsten werden von den Vorständen und Geschäftsführern also immer noch die »Klassiker« der Kostenrechnung herangezogen: Deckungsbeitrags-, Vollkosten- und Plankostenrechnung. Auf die in den letzten Jahren in der Literatur intensiv diskutierten Instrumente wie Zielkostenrechnung, Prozesskostenrechnung und Lebenszyklusrechnungen greifen die Geschäftsführer und Vorstände deutscher Industrieunternehmen hingegen deutlich weniger zurück.

Die »Klassiker« der Kostenrechnung werden heute immer noch am meisten genutzt.

Dies mag auch darauf zurückzuführen sein, dass viele der heute als Geschäftsführer und Vorstände aktiven Manager diese Instrumente in ihrer Primärausbildung noch nicht kennen gelernt haben. So erklärt Pritsch die Diffusion der Kapitalwert-Methode in der Unternehmenspraxis damit, dass die lange Dauer bis zur Durchsetzung des Instruments (und der damit verbundenen Denkweise!) der Zeit entspricht, bis eine neue Manager-Generation die Entscheidungen fällte (vgl. Pritsch 2000).

Die Angaben zur Intensität der Nutzung erklären sich weiter, wenn man zusätzlich erhebt, ob die Instrumente laufend oder fallweise genutzt werden. Wer als Geschäftsführer oder Vorstand monatlich Plan-Ist-Abweichungen kontrollieren will oder sich routinemäßig mit Umsatz- und Ergebnisprognosen beschäftigt, ist auf ein laufendes und regelmäßiges Reporting dieser Größen angewiesen. Andere Daten werden hingegen nur im Bedarfsfall für spezifische Analysen oder Projekte genutzt. In derselben Studie zeigt sich auch, dass die Klassiker der Kostenrechnung von Geschäftsführern und Vorständen eher laufend genutzt werden, »moderne« Kostenrechnungsinstrumente wie Ziel- und Prozesskosten- sowie Lebenszykluskostenrechnung hingegen eher fallweise. So wird z. B. die Prozesskostenrechnung von 74 %, die Zielkostenrechnung von 77 % und die Lebenszyklusrechnung von 90 % bzw. 93 % aller Nutzer nur fallweise verwendet. Angesichts des Aufwands, der mit einem laufenden Reporting auf der Basis solcher Systeme verbunden ist, macht dieses Nutzungsverhalten wohl in den meisten Fällen Sinn.

In einer kontextabhängigen Betrachtung sind die Aussagen aus *Abbildung 6-9* und *6-10* zu relativieren: So werden »moderne Kostenrechnungssysteme« von Geschäftsführern und Vorständen bei hoher Marktdynamik signifikant intensiver genutzt als bei vergleichsweise geringer Marktdynamik. Dieses Nutzungsverhalten erscheint rational. In einem Umfeld mit hoher Marktdynamik besteht vermutlich eher die Notwendigkeit, zusätzliche kunden- und marktbezogene Informationen zu generieren und daher auch entsprechende Kostenrechnungssysteme (Zielkostenrechnung, Produkt- und Kundenlebenszyklusrechnung, Kundenerfolgsrechnung) heranzuziehen. Es ist zudem kompatibel mit den Erkenntnissen der Literatur. So zeigen Chenhall/Morris (1986) und Gordon/Narayanan (1984) einen positiven Zusammenhang zwischen der Unsicherheit der Umwelt und der wahrgenommenen Nützlichkeit von zusätzlichen Informationen, die über das Angebot traditioneller Rechnungswesensysteme hinausgehen. Und Baines/Langfield-Smith (2003) kommen zum Ergebnis, dass Manager in australischen Industrieunternehmen mit einer zunehmend unsicheren und von hoher Wettbewerbsintensität geprägten Umwelt in stärkerem Maße Kostenrechnungssysteme wie Target Costing und Activity-Based Costing und daraus generierte nichtfinanzielle Informationen nutzen.

Die Vollkostenrechnung wird nach Schäffer/Steiners von Geschäftsführern und Vorständen kleinerer Unternehmen signifikant intensiver

Abb. 6-9

Intensität der Nutzung von Kostenrechnungssystemen (entnommen aus Schäffer/Steiners 2005, S. 322)

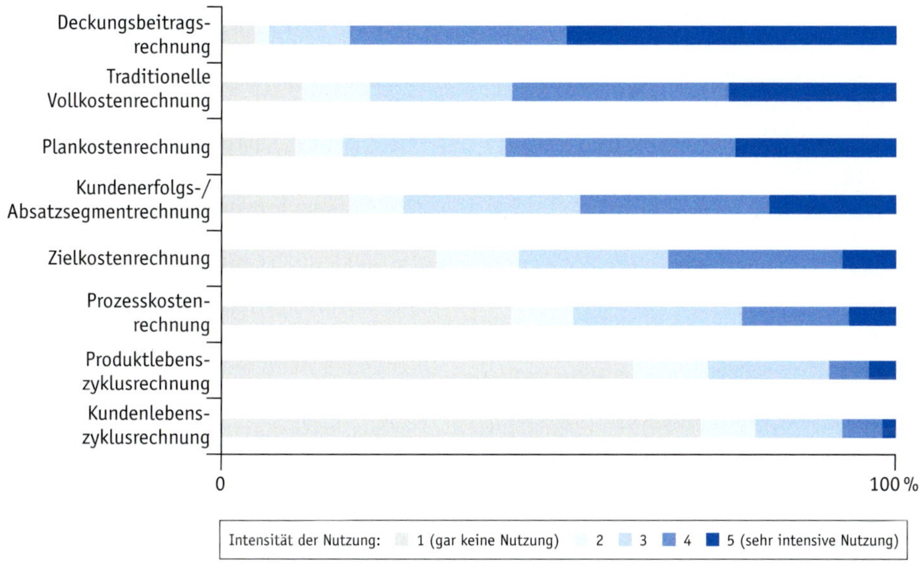

Abb. 6-10

Laufender vs. fallweiser Einsatz der Kostenrechnung (entnommen aus Schäffer/Steiners 2005, S. 323)

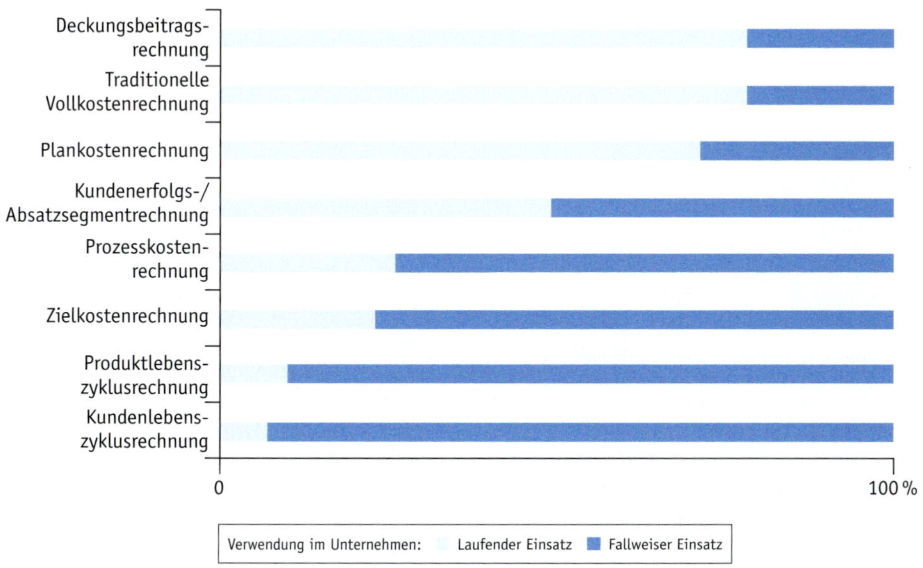

Die Bedeutung einer stark ausgebauten Kostenrechnung ist in den letzten Jahren eher gesunken.

Die Kostenrechnung muss in vielen Unternehmen vereinfacht und besser »verkauft« werden.

verwendet als von ihren Counterparts in größeren Häusern. Daneben kommen Frank/Reitmeyer in ihrer Studie zum Schluss, dass Branchenunterschiede in stärkerem Maße als die Unternehmensgröße Unterschiede im Einsatz von Voll- und Deckungsbeitragsrechnung erklären. Hingegen erweisen sich der Einsatz von Plankostenrechnung, kurzfristiger Erfolgsrechnung und Produkterfolgsrechnung als in höherem Maße größenabhängig (vgl. Frank/Reitmeyer 1999).

Damit wird deutlich: die Praxis nutzt die Kostenrechnung vergleichsweise intensiv und differenziert. Dennoch ist in den letzten Jahren vielfach ein Bedeutungsrückgang der Kostenrechnung konstatiert worden (vgl. auch Johnson/Kaplan 1987). Dieser speist sich aus drei Quellen:

- Ständige Änderungen der Unternehmensumwelt erfordern ständige Änderungen der Bezugsgrößen der Kosten, ständig notwendig werdende Änderungen der Bezugsgrößen führen entweder zu einer immer aufwändigeren laufenden Erfassung und zugleich zu immer geringerem Nutzen erfasster Kostendaten oder dazu, dass die Kostenrechnung in ihrem Informationsstand veraltet. Im ersten Fall wird das stets mit der Kostenrechnung verfolgte Ziel, Erfahrung aufzubauen, immer mehr obsolet: Was hilft es, für eine Plankostenrechnung kostenstellenbezogene Kostenfunktionen zu erarbeiten und akribisch Kosten zu erfassen, wenn diese Kostenstelle nach kurzer Zeit einer Reorganisationsmaßnahme zum Opfer fällt? Im anderen Fall werden die Zahlen der Kostenrechnung immer schlechter. Empirische Daten zeigen, dass dieser zweite Fall in der Unternehmenspraxis eher die Regel denn die Ausnahme darstellt (vgl. Aust 1999, S. 178).
- Deutsche Unternehmen haben lange Zeit keine Chance im Kostenwettbewerb mit internationaler Konkurrenz gesehen. Differenzierung war der wettbewerbliche Ausweg. Differenzierung als Wettbewerbsstrategie führt zu einer Vielzahl von unterschiedlichen angebotenen Leistungen. In vielen Unternehmen ist z. B. die Zahl der Varianten geradezu explodiert. Leistungskomplexität bedeutet für die Kostenrechnung bei gleichbleibender Genauigkeit eine Vervielfachung der Kalkulationsobjekte. Die Überschaubarkeit leidet hierunter ebenso, wie die Kosten der Kostenrechnung steigen.
- Als gegen die Kostenrechnung gerichtete Entwicklung kommt zum anderen noch die bereits im 5. Kapitel angesprochene Kapitalmarktorientierung der Unternehmen hinzu: Anteilseigner und Analysten stehen verstärkt im Fokus der Berichterstattung; ihre Sichtweise bestimmt zunehmend auch die interne Steuerung. Dies führt zu einem Bedeutungsverlust der internen Rechnungslegung. Viele deutsche Unternehmen nehmen derzeit eine Harmonisierung der internen und externen Rechnungslegung vor bzw. haben dies schon vollzogen; traditionelle Ergebniswerte der Kostenrechnung verlieren ihre herausgehobene Position.

Abb. 6-11

»Instrumenten-Steckbrief« der Kostenrechnung

Kurzcharakterisierung

- kalkulatorische, periodische Rechnung
- wesentliches Informationsinstrument für die operative Führung
- in fast jedem Unternehmen vorhanden

Prämissen

- kurzfristiger, periodischer Entscheidungshorizont, d.h. gegebene Kapazitäten
- Effektivität einer parallelen Wertrechnung zur externen Rechnungslegung
- Zurechenbarkeit von Kostenwerten zu Faktorverbräuchen

Merkmale

- weitgehende Verwendung der Finanzbuchhaltung als Datenbasis
- Unterteilung in Kostenarten-, Kostenstellen- und Kostenträgerrechnung
- Produkte als hauptsächliches Kalkulationsobjekt
- in neueren Systemen Trennung der Kosten in fixe und variable Anteile
- Ist- und/oder Plankosten als Rechnungsstoff
- entscheidungs- und verhaltensbezogene Rechnungszwecke

Kurzbeurteilung

+	–
▸ Vermittlung eines für Führung sehr wichtigen Grundmusters (»jeder Faktorverzehr kostet etwas«) ▸ wichtige Datenbasis für die operative Planung und Kontrolle ▸ Schaffung von Kostenbewusstsein ▸ Charakter eines Standardinstruments	▸ erreichte Komplexität der Rechnung (Informationsdefekte, Kosten der Kostenrechnung, Veränderungsträgheit) ▸ Bedeutungsverlust kostenbasierter operativer Entscheidungen ▸ Gefahr einer zu starken Betonung der Innenperspektive und gegebener Strukturen

Aus der Praxis

Produktergebnisrechnung im Konzernverbund am Beispiel des Volkswagen-Konzerns

Dr. Wolfrath Bär*

In einem weltweit operierenden Konzern wie der Volkswagen AG wirft die Produktergebnisrechnung zwar keine grundsätzlich neuen methodischen Probleme auf, sie hat aber durch die besondere Notwendigkeit der Konsolidierung von Kostenrechnungen auf Konzernebene einige Besonderheiten. Die Steuerung des Volkswagen-Konzerns muss zwei Sichtweisen Rechnung tragen: zum einen der periodischen Ergebnissteuerung über die Geschäftseinheiten, zum anderen der Steuerung der Produktprojekte über die Geschäftsprozesse (Produktentstehung, Beschaffung und Produktion, Vermarktung). Grundlage beider Steuerungsansätze ist die Identität des ROI als Zielgröße. Das nach Marken differenzierte Produktprogramm bei weitgehender Verwendung gleicher Baugruppen im Rahmen der Plattform- und Modulstrategie sowie die gesellschaftsrechtliche Zusammenfassung der Importeursfunktion für alle Marken in einer Importeursgesellschaft auf wichtigen Exportmärkten führen sowohl im Rahmen des Fertigungsverbunds als auch in der Belieferung der einzelnen Absatzmärkte zu starken Konzernverflechtungen. Dieser Fertigungs- und Absatzverbund wird in der handelsrechtlichen Umsatzkonsolidierung deutlich: Vom unkonsolidierten Umsatz über alle Segmente sind rund 30 % beim Konzernumsatz zu konsolidieren.

Die Produktergebnisrechnung auf Konzernebene hat bei Volkswagen im Wesentlichen Aussagen über Ergebnisse nach Sparten (Fahrzeuge, Ersatzteile, Finanzdienstleistungen, Sonstige) sowie innerhalb der Sparte Fahrzeuge nach Produkten (Fahrzeugtypen) und Märkten zu treffen. Dies gilt sowohl für die projektbegleitende Plan-Kalkulation als auch für die serienbegleitende Ist-Kalkulation. Die Beurteilung des Erfolgs eines Produkts hat immer aus Konzernsicht zu erfolgen, da das Produktergebnis, das die im Verbundprozess beteiligten Marken, Regionen oder Gesellschaften am jeweiligen Produkt erwirtschaften, aufgrund der Problematik der Zwischengewinne in den Konzernverrechnungspreisen zur operativen Steuerung nicht geeignet ist. Entscheidend ist daher eine Konzernkostenrechnung, in der die internen Lieferbeziehungen konsolidiert sowie die für die Beurteilung eines Produkts notwendigen Primärkosten aus Konzernsicht angesetzt werden. Unterste Ebene einer derartigen Produktergebnisrechnung ist der Fahrzeugtyp (z. B. Golf, Passat, Audi A6, Seat Toledo).

Die Konzernkostenrechnung hat die hohe Komplexität der internen Lieferbeziehungen zu berücksichtigen.

Die Produktergebnisrechnung des Konzerns muss – wie die Produktkalkulation auf Einzelgesellschaftsebene – für die Plan- und die Ist-Kalkulation durchgeführt werden: für die im Planungsstadium zu treffenden Produktentscheidungen (Projektplanung) und für die auf Basis der Ist-Ergebnisse durchzuführenden Ergebnisanalysen. Aufbau und Struktur der Produktergebnisrechnungen im Plan und im Ist sind grundsätzlich identisch.

Projektbegleitende Plan-Kalkulation
Ausgangspunkt für jede Entscheidung, neue oder Nachfolgefahrzeuge in den Markt zu bringen, ist eine für alle Marken des Konzerns verbindliche einheitliche Produktentscheidungsrechnung auf der Grundlage konsolidierter Konzernwerte der beteiligten Konzerngesellschaften (vgl. Bär 2003, S. 95ff). Sie berücksichtigt alle relevanten Entscheidungsparameter: Produktlaufzeit, Volumen, Nettoerlöse, Einzelkosten, Einmalaufwendungen (Entwicklungskosten, produktspezifische Investitionen, An- und Auslaufkosten) sowie Gemeinkostenveränderungen. Dabei beschränkt man sich aufgrund der Produktprogrammbreite und der Variantenvielfalt hinsichtlich der Ausstattungen auf ein einzelnes definiertes Kalkulationsmodell.

Hohe Konzernverflechtungen

Serienbegleitende Ist-Kalkulation
Zur operativen Steuerung des Produktions- und Vertriebsprogramms wird die Analyse der Produktergebnisse auf Basis der *Ist-Ergebnisse* nach Produkttypen und Absatzmärkten benötigt.

Dies erfolgt auf Markenebene (d. h. auf konsolidierter Teilkonzernbasis) monatlich bis zur Ebene des *Ergebnisbeitrags*. Auf der Ebene des Konzerns kann eine derartige Ist-Kalkulation aufgrund des arbeits- und datenintensiven Aufwands nicht monatlich erstellt werden, sondern erfolgt bis zum Operativen Ergebnis dreimal pro Jahr, und zwar auf der Grundlage des Gesamtjahresbudgets zu Beginn des Jahres, einer innerjährlich aktualisierten Gesamtjahresvorausschätzung etwa zur Jahresmitte sowie des Ist-Ergebnisses nach Abschluss des Jahres. Voraussetzungen für diese Ist-Rechnung sind klare methodische, konzerneinheitliche Kalkulationsvorgaben. Dies ist für den Volkswagen-Konzern entsprechend der folgenden Übersicht geregelt.

Folge von drei Konsolidierungsschritten

	Arbeitsschritte	Ebene	Konzernvorgaben
1.	Kalkulation	Gesellschaft	Kontenrahmen Kostenarten Kalkulationsschema
2.	Konsolidierung	Teilkonzerne Konzern	Konsolidierungsgrundsätze Konsolidierungskreise

Beschränkung auf die Berücksichtigung wesentlicher Eckdaten

Da eine Konsolidierung aller einzelnen Kostenarten auf Konzernebene zu einer unüberschaubar großen Datenmenge führen würde, wird die Ermittlung der Produktergebnisse im Volkswagen-Konzern auf wesentliche Eckdaten der controllingorientierten Gewinn- und Verlustrechnung beschränkt.

Bei dem beschriebenen starken Lieferverbund im Volkswagen-Konzern besteht die Problematik, zu jeder konzerninternen Lieferbeziehung auch den entsprechenden Ergebnisanteil der liefernden Gesellschaft dem Endprodukt, d. h. dem Fahrzeug, zuzuordnen. Bei einem sehr inhomogenen Lieferumfang (viele unterschiedliche Aggregate/Komponenten) werden daher aus der jeweiligen Spartenrechnung der Komponentenlieferanten nur die Gesamtwerte der gelieferten Teile in Form einer Gewinn- und Verlustrechnung zur Verfügung stehen, so dass auf Basis dieser Angaben eine Zuordnung zu Fahrzeugen nicht möglich ist. Die Qualität der Konsolidierung hängt damit wesentlich davon ab, wie exakt der Hersteller eines Fahrzeugs in seinen Systemen erfassen kann, in welchem Umfang er von den einzelnen Konzerngesellschaften Fertigungsmaterial für seine einzelnen Produktlinien bezieht. Dies wird durch eine besondere Erfassung der Materialbezüge nach liefernden Konzerngesellschaften sichergestellt. Dieser Materialwert wird dann als Basis für die näherungsweise Ermittlung der Primärkosten und damit auch des Ergebnisanteils der entsprechenden Verbundlieferungen auf der Basis der Kostenstrukturen der Komponentenhersteller verwendet.

Das nachfolgende fiktive Beispiel verdeutlicht die Vorgehensweise bei der Konsolidierung der Produktergebnisse für den Typ Golf im Markt Italien:

Konsolidierungsschritt 1:
Hersteller VW AG liefert einen Golf an die italienische Vertriebsgesellschaft Autogerma, den diese an einen italienischen Händler veräußert. Der Umsatz der VW AG findet sich bei Autogerma als Einstandskosten wieder. Im Rahmen der Konsolidierung beider Gesellschaften werden der Umsatz des Herstellers sowie die Einstandskosten der Vertriebsgesellschaft eliminiert. Es entsteht ein virtueller Teilkonzern mit dem Umsatz der Vertriebsgesellschaft aus dem Absatz des Fahrzeugs an den italienischen Händler als externem Umsatz, den Primärkosten des Herstellers sowie der Summe der sonstigen Einzel- und Fixkosten beider Gesellschaften.

Konsolidierungsschritt 2:
Der im ersten Konsolidierungsschritt entstandene Teilkonzern beinhaltet noch Verflechtungen mit anderen Gesellschaften des Konzerns durch Lieferung von Teilen/Aggregaten zur Herstellung des Fahrzeugs. Auch diese müssen im Rahmen der Konzernergebnisermittlung in ihre Primärkosten aufgelöst werden, d. h. der Materialbezug von 450 € bei der VW AG und der korrespondierende Umsatz bei Audi sind unter Beibehaltung der primären Kostenstruktur von Audi zu konsolidieren.

Ermittlung des Produktergebnisses auf Konzernebene

Beispiel				
	Sparte:	**PKW**	**Hersteller:**	**Marke VW PKW**
	Produkt:	**Golf**	**Zulieferer:**	**Audi: Motor**
	Markt:	**Italien**		**Seat: Getriebe**

Verbund Audi an VW PKW

	Mio. €	**% v. Umsatz**
Umsatz	750	100,0
Fertigungsmaterial	545	72,7
FPK	40	5,3
Sonst. EK	15	2,0
Ergebnisbeitrag	150	20,0
Fixkosten	100	13,3
Op. Ergebnis	50	6,7

Verbund Seat an VW PKW

	Mio. €	**% v. Umsatz**
Umsatz	250	100,0
Fertigungsmaterial	145	58,0
FPK	25	10,0
Sonst. EK	5	2,0
Ergebnisbeitrag	75	30,0
Fixkosten	45	18,0
Op. Ergebnis	30	12,0

		Verbundlieferungen		**Hersteller**	**Importeur**	
Konsolidierung Produktergebnisrechnung		**AUDI an VW PKW**	**SEAT an VW PKW**	**VW PKW an Autogerma**	**Autogerma an Händler**	**KONZERN**
		€/Fzg.	€/Fzg.	€/Fzg.	€/Fzg.	€/Fzg.
Umsatzerlöse	**extern**				**10.500**	**10.500**
	konzernintern	450	150	10.000		
Einzelkosten		360	105	6.500	10.025	**6.390**
Fertigungsmaterial/Einstandskosten von Konzerngesellschaften:						
	von Audi			450		
	von Seat			150		
	von VW PKW				10.000	
Fertigungsmaterial von Dritten		327	87	4.950		**5.364**
Fertigungspersonalkosten		24	15	500		**539**
Sonst. Einzelkosten		9	3	450	25	**487**
Ergebnisbeitrag		**90**	**45**	**3.500**	**475**	**4.110**
Fixkosten		60	27	2.500	200	**2.787**
Op. Ergebnis		**30**	**18**	**1.000**	**275**	**1.323**

Beispiel zur Veranschaulichung

Konsolidierungsschritt 3:
Wie im zweiten Konsolidierungsschritt wird mit allen weiteren Verbundmateriallieferungen im Konzern verfahren, bis alle Konzernverflechtungen in ihre Primärkostenarten aufgelöst sind und eine produkt-/marktbezogene Konzern-Produktergebnisrechnung entstanden ist.

Die Produktergebnisrechnung auf Konzernebene ist in einem Konzern mit starken internen Lieferbeziehungen ein unverzichtbares Controlling-Instrument, das eine wichtige Ergänzung zur gesellschaftsrechtlichen Periodenergebnisrechnung darstellt.

Die *Projektrechnung* (Plankalkulation) dient der strategischen Steuerung des Produktportfolios sowie zur kontinuierlichen Kosten- und Erlösoptimierung der Fahrzeugprojekte. Maßstab zur Beurteilung sind die Renditezielsetzung des Unternehmens sowie detaillierte Erlös- und Kostentargets.

Die *Ist-Kalkulation* nach Typen und Märkten ist eine Grundlage für die operative Absatz- und Produktionssteuerung als Ergebnis der dargestellten Konsolidierung und wird für folgende Analyseschwerpunkte genutzt (Beispiele):

Im Ergebnis steht eine Vielzahl führungsrelevanter Informationen zur Verfügung.

▸ Operatives Ergebnis nach Sparten (Mio. €)	Dieser Vergleich zeigt die Entwicklung der Spartenergebnisse sowohl auf höchster Aggregationsebene als auch auf detaillierter Basis.
▸ Operatives Ergebnis der Produkte (€/Fzg. und Mio. €)	Ranking sämtlicher Produkte
▸ Ergebnisse der Produkte in einzelnen Absatzgebieten (€/Fzg. und Mio. €)	Analyse nach spezifischen Märkten; alle im jeweiligen Absatzgebiet vertriebenen Produkte werden ihrem Segment entsprechend beurteilt.
▸ Analyse von Ergebnis- und Marktanteilsentwicklung (€/Fzg. und MA)	Analyse i.W. für Volumenmärkte; neben einem Ranking der Ergebnisse aller auf dem Markt vertretenen Produkte im Zeitablauf wird auch deren Marktanteilsentwicklung deutlich.
▸ Ergebnisse der Produkte im gleichen Marktsegment (€/Fzg.)	Weltweiter marktsegmentbezogener Vergleich der Produkte
▸ Ergebnisaggregation nach Absatzgebieten (Mio. €)	Zusammenfassung sämtlicher in einem Markt/Land erzielten Ergebnisse und Vergleich mit allen anderen Absatzgebieten.

* Dr. Wolfrath Bär, ehemaliger Leiter Konzerncontrolling bei der Volkswagen AG

Soll ein weiterer Bedeutungsverlust der Kostenrechnung vermieden werden, bieten sich zwei Wege an: Zum einen müssen die Controller weit mehr als in der Vergangenheit eine *interne Kundenorientierung* sicherstellen. Sie reicht von einem regelmäßigen Update der Informationsbedarfe des Managements an die Kostenrechnung bis zur Erklärung und Vermittlung des in der Kostenrechnung »steckenden« betriebswirtschaftlichen Know-hows (zur Unterstützung konzeptioneller Nutzung der Kosteninformationen). Zum anderen muss das Kostenrechnungssystem stärker als bisher in Hinblick auf seine *Wirkung auf das Management* hinterfragt werden. Verhaltensbezogene Zwecke zeigen sich in der Unternehmenspraxis als zumindest ebenso wichtig wie die in der Kostenrechnungsliteratur lange Zeit stark dominierende Aufgabe der Entscheidungsfundierung. In einer empirischen Erhebung hat sich so ein negativer Zusammenhang zwischen der instrumentellen Nutzung der Kostenrechnung und dem Unternehmenserfolg ergeben, dagegen ein deutlich positiver für die konzeptionelle Nutzung (Karlshaus 2000, S. 178). Die entscheidungsbezogene Informationsversorgung ist verstärkt anderen Informationsinstrumenten und/oder fallweiser Informationsbereitstellung zu übertragen. Es kann nicht mehr das Ziel der Kostenrechnungsgestaltung sein, einen möglichst vollständigen und detaillierten Informationsspeicher aufzubauen, der für die unterschiedlichsten Zwecke auswertbar ist. Nicht Lückenlosigkeit ist die Entwicklungsperspektive, sondern Selektivität.

Statt mit Hauptaussagen wollen wir die Diskussion der Kostenrechnung mit einer Form der Zusammenfassung abschließen, die Sie im Verlaufe des Buches auch bei anderen wichtigen Instrumenten finden werden: eine Art von Steckbrief, der die wichtigsten Merkmale des Instruments enthält und dieses in Stärken und Schwächen beurteilt (vgl. die *Abbildung 6-11*, S. 158).

6.3 Erlösrechnung

Die Erlösrechnung stellt das Pendant zur Kostenrechnung dar. Richtet sich Letztere auf den leistungserstellungsbedingten Werteverzehr, so bildet die Erlösrechnung die Werteentstehung ab. Beide Rechnungen sind kalkulatorische Rechnungen, also auf periodisierte erfolgszielbezogene (monetäre) Informationen gerichtet. Die Erlösrechnung spielt jedoch im Vergleich zur Kostenrechnung derzeit nur eine untergeordnete Rolle. Dies gilt sowohl in der Theorie als auch in der Unternehmenspraxis. Verbesserungsbedürftig sind insbesondere die Differenzierung der Erlöserfassung, die Abbildung der Erlösschmälerungen und die Genauigkeit der Berücksichtigung von Erlösverbunden.

Für die differenzierte *Erfassung der Erlöse* kann man weitgehend auf dieselben Bezugsobjekte zurückgreifen, wie sie für die Kostenstrukturierung relevant sind (Produkte, Vertriebswege, Kunden). Allein der Kostenstellenbezug liefert in der Regel keine sinnvolle Untergliederung; ein Großteil der Kostenstellen hat keine Verantwortung dafür, Erlöse zu erzielen. Differenziertere Erlöszuordnungen zu realisieren, bedeutet vom Grundsatz her lediglich eine verbesserte Auswertung der vorhandenen Fakturierungsdaten. Moderne Standardsoftware liefert hierzu die notwendige instrumentelle Hilfestellung.

Eine andere Ausgangssituation liegt bei den *Erlösschmälerungen* vor, die die *Abbildung 6-12* in ihrer Komplexität zeigt. Bei diesen stellt sich das Problem, dass man auf mehrere unterschiedliche Erfassungsbelege zurückgreifen muss, da bei der Fakturierung z. B. noch nicht bekannt ist, ob der Kunde skontiert und ggf. am Jahresende Boni wahrnehmen kann. Dies führt zu Abwägungen zwischen Genauigkeit und Wirtschaftlichkeit. »In diesem Sinne muss beispielsweise sorgfältig darüber nachgedacht werden, ob man sämtliche Kundenskonti zunächst global auf einem Abrechnungskonto sammelt und von diesem Konto aus dann pauschal einen gleich hohen Prozentsatz für Kundenskonti für sämtliche Produktarten in Abzug bringt, oder ob man eine Differenzierung nach Kundengruppen oder sogar nach einzelnen Kunden für notwendig hält« (Männel 1985, S. 16).

Grundlegende Probleme bestehen auch dabei, *Verbundphänomene* auf der Erlösseite adäquat zu berücksichtigen. Auf der Kostenseite hat sich die einschlägige Literatur sehr intensiv mit Verbundenheiten auseinander gesetzt; vielen Kostenstellenleitern wird das Phänomen der Gemeinkostenumlagen und -verrechnungen zumindest in seinen Grundzügen hinreichend bekannt sein. Auf der Erlösseite dagegen werden Verbundeffekte zumeist gänzlich vernachlässigt: Wie bereits kurz angesprochen, beginnt der retrograde Abrechnungsgang von Deckungsbeitragsrechnungen stets mit Nettoerlösen; alle anfallenden Erlöse eines Unternehmens müssen

Abb. 6-12

Bei der Erfassung von Nettoerlösen zu berücksichtigende Erlösschmälerungen (nach Männel 1985, S. 15)

Basiserlöse der Hauptleistungen	
Sonderausführungszuschläge	Erfassung bei der Rechnungstellung
Mindermengenzuschläge	
Zuschläge	
Bruttoerlöse der Hauptleistungen	
Zusatzerlöse für Sonderleistungen	
Zusatzerlöse für Versandverpackung	
sonstige Zusatzerlöse	
Zusatzerlöse für Nebenleistungen	
Bruttoerlöse der Haupt- und Zusatzleistungen	
Funktionsrabatte	
auftragsgrößenabhängige Mengenrabatte	
Selbstabholerrabatte	
sonstige Sofortrabatte	
direkte Erlösminderungen	
indirekte Erlösminderungen (z.B. Naturalrabatte)	
Erlösminderungen	
Vorläufiger Nettoerlös nach Abzug der Erlösminderung	
Gutschriften für Rücksendungen	Erfassung zwischen der Rechnungstellung und Zahlungseingang der Rücksendung
Kundenskonti	
Debitorenausfälle	
Gewährleistungs-Preisnachlässe	
Schadenersatzzahlungen	
Konventionalstrafen	
Wechselkursänderungen	
sonstige direkt für einzelne Absatzleistungen erfassbare Erlösberichtigungen	
direkt für einzelne Absatzleistungen erfassbare Erlösberichtigungen	
Vorläufiger Nettoerlös nach Abzug direkt für einzelne Absatzleistungen erfassbarer Erlösberichtigungen	
Boni	Erfassung am Periodenende
sonstige nur periodenbezogen erfassbare Erlösberichtigungen	
nur periodenbezogen erfassbare Erlösberichtigungen	
Vorläufiger Nettoerlös nach Abzug nur periodenbezogen erfassbarer Erlösberichtigungen	
Korrektur von Berechnungsfehlern	Endgültige Erfassung
Korrektur von Buchungsfehlern	
Erlöskorrekturen	
Endgültiger Nettoerlös	

sich somit unproblematisch den einzelnen Produkten zuordnen lassen.

Bei näherer Betrachtung ist aber die Erlösseite von (zumindest) ähnlich starken Verbundphänomenen betroffen wie die Kostenseite. Sie lassen sich grob in zwei Gruppen unterteilen. Auf der einen Seite entstehen Erlösverbunde durch Entscheidungen des Unternehmens selbst (*Angebotsverbunde*). Bezogen auf einzelne Einheiten von Erzeugnissen äußern sie sich z. B. in Form von Mengenrabatten oder Mindestabnahmemengen. Sie führen dazu, dass die einfache Gleichung: »Erlös = Preis × Menge des gelieferten Produkts« nicht mehr gilt. Daneben können Angebotsverbunde auch mehrere Produkte betreffen, wenn etwa Kunden ein am Markt sehr begehrtes Erzeugnis nur dann beziehen können, wenn sie auch andere Produkte des Unternehmens kaufen (Mengenkopplung).

Angebotsverbunde

Verbundeffekte bedeuten auf der Kostenseite eine Aufteilung, auf der Erlösseite eine Aggregation.

Nachfrageverbunde

Auf der anderen Seite sind Unternehmen *Nachfrageverbunden* ausgesetzt, die aus entsprechenden Entscheidungen der Kunden resultieren:

- Im Falle eines *Auswahlverbunds* setzt der Kunde einen gewissen Grad von Auswahlmöglichkeit voraus. Dieses Verhalten hat z. B. für die Sortimentsbreite im Handel eine wesentliche Bedeutung.
- Ein *Verwendungsverbund* liegt dann vor, wenn unterschiedliche Produkte gemeinsam für einen Kunden Nutzen stiften. Typisches Beispiel ist das Angebot von Tintenstrahldruckern und der dafür benötigten Tinte – wir haben dieses Beispiel im 3. Kapitel bereits kennen gelernt.
- Von *Kaufverbundenheit* spricht man, wenn mehrere Güter in einem gemeinsamen Kaufakt bezogen werden, um Transaktionskosten zu sparen.
- Bei *Marken- oder Ladentreue* handelt es sich schließlich um ein mehrere Kaufakte über die Zeit betreffendes Phänomen, das eine erhebliche wirtschaftliche Relevanz besitzt. Ein gutes Beispiel hierfür ist das Kaufverhalten der Kunden in der Automobilindustrie.

Anders als Angebotsverbunde lassen sich derartige Nachfrageverbunde in der Regel nur qualitativ erfassen. Selbst umfangreiche Befragungen der Kunden liefern nur näherungsweise Aussagen. Es lässt sich »keine scharfe Grenze zwischen solchen Graden der Erlösverbundenheit, die im Rechnungswesen zu berücksichtigen sind, und solchen, die vernachlässigbar erscheinen, ziehen« (Riebel 1994, S. 148).

Erlösverbunde haben nicht nur andere Ursachen als Kostenverbunde; sie äußern sich auch anders: Auf einer Ausgangsrechnung findet der Controller die Erlöse den einzelnen Produkten zugeordnet vor. Auf der Kostenseite muss er diverse Kostenverrechnungen und -verteilungen vollziehen, um eine ebensolche Zuordnung zu erreichen. Kostenverbunde werden in der Notwendigkeit zur Aufteilung von Kosten unmittelbar sichtbar. Auf der Erlösseite besteht eine solche Notwendigkeit und damit Sichtbarkeit nicht. Wollte man den Verbundbeziehungen ebenso gerecht werden, wie es die Deckungsbeitragsrechnungen für die Kosten tun, müsste man die zunächst getrennt erfassten Erlöse nachträglich *aggregieren*: Obwohl auf einer Rechnung für ein Automobil das Fahrzeug in seiner Grundausstattung und die vielen georderten Sonderausstattungen gesondert fakturiert werden, liegen wirtschaftlich keine separaten Geschäfte vor: Der Kauf von Sonderausstattung wäre nicht möglich, wenn der Kunde nicht auch das Basisfahrzeug erwerben würde. Beide Vorgänge sind unlösbar miteinander verbunden, damit aber auch ihre Erlöse. In die Erfolgsrechnung könnte deshalb nur der Gesamtwert der Rechnung eingehen; beide Teilbeträge müssten zusammengefasst werden. Demjenigen, der sonst mühsam Kosten aufteilt, um eine Produktergebnisrechnung aufzustellen, wird ein solches Vorgehen nicht leicht von der Hand gehen.

Erlösverbunde sind Controllern schließlich nicht nur in der Entstehung fremd und in der rechentechnischen Behandlung »kontraintuitiv«. Ihre Berücksichtigung führte bei konsequentem Vorgehen schnell auch zur *Unmöglichkeit von Deckungsbeitragsrechnungen*: Die Erlöse von Produkten sind zumeist ganz anderen Verbunden ausgesetzt als ihre Kosten. So sind etwa die Erlöse des schon angesprochenen Sonderausstattungsgeschäfts in der Automobilindustrie fahrzeugbezogen mit den Erlösen der Basismodelle verbunden; kostenbezogen bestehen dagegen Verbunde über die Fahrzeuge und Baureihen hinweg, da die Sonderausstattungen identisch oder modifiziert in unterschiedliche Baureihen eingebaut werden. Divergente Verbundstrukturen auf der Erlös- und auf der Kostenseite machen produktbezogene Aussagen, wie sie das retrograde Vorgehen einer Deckungsbeitragsrechnung liefert, unmöglich. Vor diesem Hintergrund ist der Aufbau von Deckungsbeitragsrechnungen – wie bereits weiter oben angemerkt – durchaus problematisch: Er suggeriert Verbundprobleme nur auf der Kostenseite. Nettoergebnisrechnungen sind dagegen verbundbezogen symmetrisch: Erlösverbunde werden ebenso vernachlässigt wie Kostenverbunde.

Angesichts des noch stark verbesserungswürdigen Ausbaustandes der Erlösrechnung steht am Schluss des kurzen Abschnitts das Postulat für die Controller, sich weit stärker als in der Vergangenheit mit Erlösen auseinander zu setzen. Dies erfordert ein hohes Verständnis der Absatzsphäre. Dort haben viele Controller derzeit noch einen »blinden Fleck« (so z. B. auch Homburg 2001, S. 429). Ihre Fähigkeiten reichen häufig weder für Entlastungs- noch für Ergänzungs- und Begrenzungsaufgaben aus. Rationalitätssicherung zu betreiben, heißt in diesem Feld somit, Rationalität zunächst selbst erst zu lernen!

Auf dem Feld der Erlösrechnung haben viele Controller noch Lernbedarf.

Zusammenfassende Aussagen (vgl. auch Leitfrage 6)

- Mit Erlösen haben sich Controller bislang zu wenig auseinandergesetzt. Zumeist verbleibt es bei einer reinen Übernahme von Erlösdaten aus der Fakturierung.
- Verbunde liegen nicht nur auf der Kostenseite, sondern auch auf der Erlösseite vor. Im Gegensatz zu ersteren sind letztere allerdings den Controllern zumeist nicht bekannt.
- Erlösverbunde in der Ergebnisrechnung zu berücksichtigen, kann dazu führen, keine Deckungsbeiträge mehr bilden zu können, da von Erlösen her andere Verbunde vorliegen als von den Kosten. Eine einseitige Auflösung der Verbunde kann leicht ein falsches Bild vermitteln.

6.4 Leistungsrechnung

Die systematische Definition, Erfassung, Speicherung und Verwendung von Leistungsinformationen (Leistungsrechnung) hat in der Vergangenheit ein eher stiefmütterliches Dasein gefristet. Aktuell kommt nicht monetären Steuerungsgrößen jedoch unter dem Stichwort *»Performance Measurement«* eine hohe Aufmerksamkeit zu. Was sich unter dem Terminus »Leistungen« verbirgt, welche man wie messen und ausweisen sollte, ist Gegenstand des folgenden Abschnitts.

6.4.1 Zwecke der Leistungsrechnung

Wie schon im 4. Kapitel dieses Buchs angesprochen, zählen führungsrelevante Mengen-, Zeit- und Qualitätsinformationen nicht zum traditionellen kaufmännischen bzw. betriebswirtschaftlichen Rechnungswesen. Arbeiten, die die Leistungsrechnung als eigenständigen, ausgebauten Teil der Informationsversorgung behandeln, fehlen weitgehend. Leistungen sind zwar kein weißer Fleck auf der Landkarte des Rechnungswesens, aber ein in der Vergangenheit in den Unternehmen nur rudimentärer Bestandteil der laufenden führungsbezogenen Informationsbereitstellung.

Die Leistungsrechnung wurde von den Controllern in der Vergangenheit vernachlässigt.

Die Problematik dieses Fehlens wird deutlich, wenn man die vielfältigen Zwecke betrachtet, für die Leistungsinformationen benötigt werden (vgl. im Überblick die *Abbildung 6-13*). Die Abbildung macht schon in ihrer Grundstruktur deutlich, dass man die Leistungsrechnung einerseits keinesfalls als reinen Datenlieferanten der Kostenrechnung betrachten darf, andererseits der Nutzen für diese zudem nicht auf einen einzigen Aspekt beschränkt ist. Der Schwerpunkt des Nutzens der Leistungsrechnung liegt in der Erfüllung eigenständiger, originärer Aufgaben:

- Leistungen können helfen, Bereiche sinnvoll zu steuern, deren Output sich einer unmittelbaren monetären Quantifizierung entzieht. Hierzu zählt unter anderem der Bereich der zentralen Verwaltung eines Unternehmens. Die Beschäftigung mit der Formulierung von Leistungsgrößen hilft, diese

Abb. 6-13

Aufgaben einer Leistungsrechnung

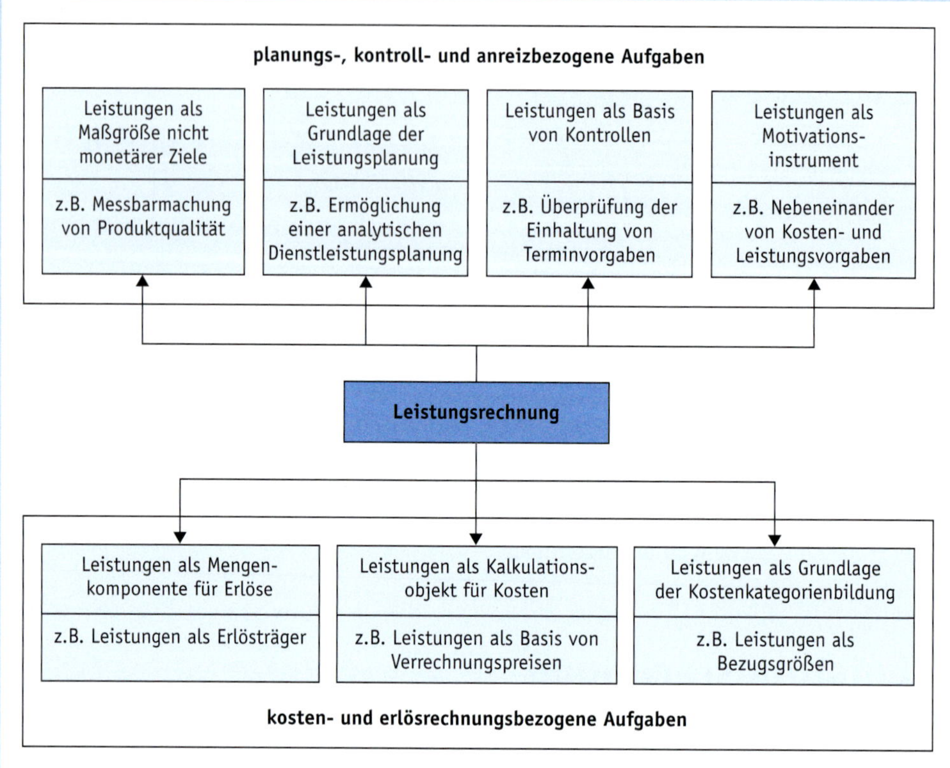

Leistungstransparenz

Leistungsvorgaben

oftmals weitgehend unstrukturiert, in »Eigendynamik« gewachsenen Aufgabenbereiche einer analytischen Beurteilung zugänglich zu machen. Nicht selten wird dieser Prozess zur Aufdeckung tradierter aber nicht mehr bzw. nicht mehr in gleichem Maße benötigter Aufgaben führen, somit Ineffizienzen herausarbeiten. Dies zeigen die Erfahrungen mit Gemeinkostenwertanalysen und anderen Gemeinkosten-Managementtechniken. Im Gegensatz zu diesen Techniken vermeidet eine laufende Leistungserfassung, -planung und -kontrolle Verzerrungen des punktuellen Einsatzes (Abwehrhaltung der Führungskräfte, zeitknappheitsbedingte Analysefehler, Kurzatmigkeit der Erfolge).

- Leistungen treffen oftmals das operative Steuerungsproblem besser und sind unmittelbarer auf die zu erfüllende Aufgabe ausgerichtet als Kosten. Gibt man beispielsweise dem Leiter eines Logistikbereichs Kostenvorgaben, so lassen sich diese in sehr unterschiedlicher Art und Weise erreichen. Der Bezug zur einzelnen Führungsentscheidung ist weit. Kosten sind Folge von Prozessen; Letztere müssen gesteuert werden, nicht die Kosten selbst. Die Vorgabe und Messung eines Servicegrades, einer zu erreichenden Durchlaufzeit oder eines nicht zu überschreitenden Lagerfüllungsgrades ist direkt auf das tägliche Geschäft zu beziehen; Abweichungen sind aktuell sichtbar, Reaktionen in ihrer Wirkung ebenso.
- Leistungen sind weiterhin Voraussetzung für die Einbindung jedes Unternehmensbereichs in die koordinierte Unternehmensgesamtplanung. Zudem sollte jeder Budgetierung eine exakte Leistungsplanung zu Grunde liegen

(Sachzielplanung als Basis der Formalzielplanung – wir werden hierauf im 11. Kapitel des Buches noch näher eingehen). Fehlt diese, bleibt wenig mehr als eine ex-post-plus-(oder minus-)Festlegung der Budgetwerte.

- Viele »Gemeinkostenbereiche« (als solche werden Kostenstellen bzw. Kostenstellengruppen bezeichnet, die nicht unmittelbar Produkte bearbeiten) werden in den Unternehmen als reine Kostenverursacher gesehen (»Cost Center«). Besonders motivierend ist dies für die jeweils Verantwortlichen nicht. Die standardmäßige Formulierung von Leistungsberichten parallel zu den Kostenberichten hilft, das Selbstverständnis zu stärken und den Servicecharakter den Dienstleistungsempfängern gegenüber besser kommunizieren zu können (»Service Center«).

Alle genannten Gründe lassen es sinnvoll erscheinen, die Leistungsrechnung systematisch auszubauen.

6.4.2 Festlegung der zu erfassenden Leistungen

Blicken wir in die externe Rechnungslegung oder auch in die Kostenrechnung, so stoßen wir dort auf Begriffe (»Aufwand«) und Abgrenzungen (»betriebsfremder Werteverzehr«), für die es geradezu Berge von Literatur gibt. Mit anderen Worten ist in die Klärung der Rechnungsgrundlagen Erfahrung unzähliger Fachleute über fast ein Jahrhundert eingeflossen. Blickt man auf den potentiellen Rechnungsstoff einer Leistungsrechnung, findet man im Vergleich dazu eine geradezu fast vernachlässigbare Vorarbeit vor. Systematisch mit Leistungsdefinition und Leistungsmessung hat sich nur ein Sektor auseinander gesetzt, der aus der Betriebswirtschaftslehre lange Zeit weitgehend ausgeklammert wurde: Non-Profit-Organisationen, speziell öffentliche Verwaltungen. Für diese bestand seit jeher das Problem, dass sich ihre Leistung nicht gleichsam natürlich über ihre Tätigkeit in Märkten und die dort stattfindenden Austauschprozesse ergab, sondern sie gerade wegen eines Versagens von Märkten für die von ihnen erbrachten Leistungen existieren. Den Beitrag eines Sozialamts zur öffentlichen Wohlfahrt, der Universitäten zur Kultur und Bildung einer Gesellschaft oder einer Armee zur äußeren und inneren Sicherheit eines Landes abzubilden, erfordert zum einen ein breites Spektrum an Messgrößen, zum anderen Messgrößen unterschiedlicher Messebenen.

Das breite Spektrum an Messgrößen dient dazu, unterschiedliche Facetten der zu erbringenden Leistungen zu erfassen. Eine Universität dient so nicht nur Forschung und Lehre, sondern unter anderem auch der Heranbildung wissenschaftlichen Nachwuchses; sie erfüllt beschäftigungspolitische Aufgaben (Ansiedelung von Universitäten in strukturschwachen Gebieten) ebenso wie solche der Wirtschaftspolitik (Kristallisationskern von Start-ups). Die unterschiedlichen Messebenen erfassen unterschiedliche Stadien der Leistungserstellung und lassen sich in vier Ebenen differenzieren:

Die Leistungsmessung kann – und sollte – sich auf vier Ebenen von Leistungsgrößen beziehen.

Wirkung

- *Wirkung (Outcome)*
  Hier wird die von der Institution »eigentlich« gewünschte Leistung erfasst. Bei einer Universität wäre dies bezogen auf Forschung etwa die Beeinflussung künftiger Forschung oder das erzielte Ansehen in der Science Community. Für den Outcome lassen sich häufig nur sehr ausschnitthaft messende Größen finden, wie im Beispiel etwa die Zitationshäufigkeit oder die Zahl erhaltener Auszeichnungen.

Ergebnis

- *Ergebnis (Output)*
  Das Ergebnis der Leistungserstellung ist die Basis zur Erzielung von Wirkung, lässt sich jedoch häufig deutlich besser messen. Für unser Beispiel zählten hierzu etwa die Zahl der Publikationen in Zeitschriften, die Zahl abgeschlossener Promotionen oder die Zahl angemeldeter Patente. Allerdings ist die Messung weniger valide: Wenige richtungsweisende Veröffentlichungen etwa können die Forschung stärker beeinflussen als viele Publikationen im »Mainstream«.

Prozess

- *Prozess*
  Auf dieser Messebene werden solche Leistungsgrößen erfasst, die den Prozess der Leistungserstellung abbilden. Im Beispiel

zählen hierzu etwa die absolvierten Mannjahre an Forschung oder der Anteil der Forschungszeit an der gesamten Arbeitszeit eines Hochschullehrers. Der Bezug zum »eigentlichen« Forschungsziel ist hier noch weiter, die Messung aber umfassender.

Input

- *Input*
  Der weiteste Zusammenhang zur Leistung besteht dann, wenn die für die Leistungserstellung benötigten Einsatzgüter abgebildet werden. Typische Messgrößen für Forschung wären hier die Größe einer Fakultät oder die für Forschung aufgewendeten Finanzmittel.

Abb. 6-14

Beispiel eines Definitionsblattes einer logistischen Leistungskennzahl (entnommen aus Weber/Wertz 1999, S. 27)

(B1.11) Mittlere Durchlaufzeit Wareneingang

$$= \frac{\sum_{n=1}^{\text{Anzahl Wareneingangspositionen}} (\text{Durchlaufzeit pro Wareneingangsposition})}{\text{Anzahl Wareneingangspositionen}} \quad [\text{BKT}]$$

Ziel
Die Leistungsfähigkeit des Wareneinganges kann u. a. daran gemessen werden, wie lange es dauert, die angelieferten Artikel der Fertigung bereitzustellen. Insbesondere durch Liegezeiten und aufwändige Qualitätskontrollen kann die Freigabe des Materials an die Produktion verzögert werden.

Beschreibung
Durchlaufzeit pro Wareneingangsposition ist die Zeitdifferenz zwischen der Wareneingangsbuchung und der letzten Lagereinbuchung (d. h. der kompletten Wareneingangsposition) ins Materiallager bzw. in das Work-in-Progress-Lager (falls die Produkte direkt in die Produktion geliefert werden)

Anzahl Wareneingangspositionen ist die Gesamtzahl der gelieferten Wareneingangspositionen im Erfassungszeitraum

Messpunkte und zu erfassende Daten
Wareneingangsbuchung
(Bestellnummer, Bestellposition, Artikelnummer, Wareneingangsnummer, Buchungsdatum BKT)
Lagereinbuchung Materiallager
(Bestellnummer, Bestellposition, Artikelnummer, Wareneingangsnummer, Buchungsdatum BKT)
Materialübergabe an Fertigung
(Bestellnummer, Bestellposition, Artikelnummer, Wareneingangsnummer, Buchungsdatum BKT)

Berechnungsvorschrift
Die Durchlaufzeit Wareneingang ist die Differenz in BKT zwischen der letzten
- Lagereinbuchung Materiallager (Buchungsdatum BKT), falls Lieferung an Materiallager, oder Materialübergabe an Fertigung (Buchungsdatum BKT), falls Lieferung an Produktion

und
- Wareneingangsbuchung (Buchungsdatum BKT)

Welche Messgrößen in welcher Zahl für welchen Zweck verwendet werden sollen, ist – anders als im Fall der externen Rechnungslegung – nicht a priori festgelegt und muss deshalb im Einzelfall bestimmt werden. Nur ein Aspekt sei besonders betont: Angesichts der Vielfalt potentiell sinnvoller Leistungsmessgrößen besteht eine zentrale Herausforderung darin, den »richtigen« Differenzierungsgrad zu bestimmen (wir werden auf dieses Thema auch im 7. Kapitel beim Thema Kennzahlen und Kennzahlensysteme nochmals zurückkommen):

- Verwendet man *nur wenige* Messgrößen, besteht die Gefahr, ein wenig repräsentatives Bild zu liefern, das zum einen bei den Informationsadressaten eine falsche Einschätzung erzeugt, zum anderen ein selektives Leistungsverhalten anstößt: Die Leistung eines Theaters allein an der Zahl der Besucher zu messen, bringt dieses niveaumäßig schnell auf eine Ebene mit Kinos oder Fernsehprogrammen.
- Wird die Leistung mit *zu vielen* Messgrößen gemessen, geht leicht der Blick für das Wesentliche verloren. Damit besteht auf Seiten der Informationsadressaten die Gefahr, zur Beurteilung der Leistung genau die »falschen« Messgrößen auszuwählen (die Leistungsfähigkeit einer Hochschule etwa an der Zahl der Absolventen zu messen). Die Informationsproduzenten haben umgekehrt die Möglichkeit, immer genau diejenigen Messgrößen nach außen besonders zu betonen, die ein positives Bild vermitteln. Um im Beispiel zu bleiben: Wenn einer Fakultät im Berichtsjahr die Hälfte der Hochschullehrer abhanden gekommen ist, kann der Dekan immer noch glänzen, nämlich mit der hohen erreichten Effizienz (Kosten pro Absolvent)!

Die Festlegung des Differenzierungsgrades der Leistungen hat somit einen wesentlichen Einfluss auf die Wirkungen einer Leistungsrechnung; dem anfangs angesprochenen Nutzen stehen nicht unbeträchtliche Gefahren gegenüber.

Wenn klar ist, welche Größen in einer Leistungsrechnung abgebildet werden sollen, besteht im nächsten Schritt die Aufgabe festzulegen, wie dies zu geschehen hat. Auch diese

Fragestellung ist im Kontext der »kaufmännischen« Rechnungssysteme hinlänglich gelöst: Für die Größe »Herstellungskosten« finden sich etwa im HGB präzise Vorschriften. Für Leistungen gilt dies nicht. Eine Festlegung muss bis ins Detail gehend erfolgen, sonst sind die Messgrößen Gegenstand von Diskussionen des Managements, nicht der durch die Größen abgebildete Sachverhalt.

Ziehen wir wiederum das Beispiel der Universitäten heran: Im Zuge der Veränderung des Hochschulsystems gehen immer mehr Fakultäten dazu über, ihre Veröffentlichungsintensität zu messen und darüber zu berichten. Diese Anstrengung gelingt allerdings alles andere als leicht. Die Probleme beginnen schon bei der grundsätzlichen Frage, was unter einer Veröffentlichung zu verstehen ist. Zählen auch interne Forschungspapiere dazu? Ist es eine Veröffentlichung, wenn ein Forscher in einer Tageszeitung zu einem wissenschaftsnahen Thema befragt wird?

Anknüpfend an die Frage »Veröffentlichung: ja oder nein« stellt sich als nächstes Problem festzulegen, ob es unterschiedliche Gruppen von Veröffentlichungen geben sollte und wenn ja, welche. Bücher versus Beiträge? Beiträge in Büchern, Zeitschriften, Zeitungen? Zeitschriften welcher Kategorie (A, B, C, national, international)? Zu klären ist weiterhin, ob eine Einzelpublikation genauso zu behandeln ist wie eine Gemeinschaftsveröffentlichung. Schließlich geht es auch um den Träger der Erfassung: Reichen Angaben der Lehrstühle aus? Bedarf es einer Überprüfung durch den Dekan oder Rektor? Derartige Probleme bestehen nicht nur für das unternehmensferne Segment der Hochschulen, sondern für Leistung generell, dies umso mehr, je höher der Dienstleistungscharakter der Leistung ausfällt.

Derzeit haben solche Überlegungen noch nicht zu einer durchgängigen Verbreitung von Leistungsmesssystemen an Hochschulen geführt. Zunehmender internationaler Druck und steigende Mittelknappheit öffentlicher Haushalte werden allerdings hier Veränderungen unumgänglich machen, so wie dies schon in anderen Ländern seit langem der Fall ist. Wir wollen die Ausführungen zur Leistungsrechnung deshalb mit einem anderen Beispiel abschließen. Es stammt aus der Logistik bzw. dem Supply-Chain-Management. Dort besteht die Notwendigkeit, die Material- und Warenflüsse innerhalb des einzelnen Unternehmens und zwischen diesen flussorientiert zu gestalten. Hierfür sind vielfältige Informationen erforderlich, etwa Durchlaufzeiten, Servicegrade, Lagermengen und viele andere mehr. Stets sind mehrere unternehmensinterne wie -externe Stellen am Material- und Warenfluss beteiligt. Dies macht es erforderlich, die Leistungsgrößen für alle in derselben Weise festzulegen; sonst ist keine präzise Steuerung möglich. Die Bewältigung dieser Aufgabe hat zu mehreren Standardisierungsversuchen geführt, so auch zu einer VDI-Richtlinie (VDI 4400). In dieser sind für die wichtigsten Leistungsgrößen entsprechende Definitionen aufgeführt, die bis ins Detail regeln, was unter einer bestimmten Leistung zu verstehen ist. Die *Abbildung 6-14* macht dies am Beispiel der Größe »Mittlere Durchlaufzeit im Wareneingang« deutlich (BKT bedeutet dabei »Betriebskalendertage«). Sie sollte auch einen Eindruck davon vermitteln, wie aufwändig ein solcher Prozess der Festlegung ist.

Auch Leistungsgrößen müssen im Detail definiert werden!

Zusammenfassende Aussagen (vgl. auch Leitfrage 7)

- Die Leistungsrechnung ist von den Controllern in der Vergangenheit zu Unrecht vernachlässigt worden. Sie besitzt nicht nur eine Zulieferfunktion für die Kosten- und die Erlösrechnung, sondern erfüllt auch eine Reihe eigener Rechnungszwecke.
- Eine Leistungsrechnung aufzubauen, bedeutet einen erheblichen Basisaufwand, der für die »klassischen« kaufmännischen Rechnungssysteme längst geleistet ist. Art und Umfang der Leistungsgrößen müssen bestimmt und die einzelnen Leistungsgrößen ins Detail gehend definiert werden.
- Die Leistungsrechnung wird stets mit unterschiedlichen Leistungsgrößen unterschiedlicher Messebenen versuchen, wichtige Aspekte der Leistungserstellung abzubilden. Eine notwendige Vielfalt von Leistungsgrößen auf der einen Seite und die Notwendigkeit einer Selektion auf wichtige Messgrößen auf der anderen Seite bildet ein zentrales Spannungsfeld bei der Gestaltung einer Leistungsrechnung, das von den Controllern federführend begleitet werden sollte.

6.5 Fazit

Das »interne Rechnungswesen« bildet seit jeher den Kern der Informationsversorgung, den Controller leisten. Viele Controller wären in der Vergangenheit auch als Kostenrechner richtig bezeichnet gewesen. Die Kostenrechnung liefert den wesentlichen Teil der Ausgangsdaten für die operative Planung; sie ist das Rückgrat der kostenstellenbezogenen Wirtschaftlichkeitskontrolle und informiert über die Erfolgssituation des Produktprogramms des Unternehmens. Sie lässt sich mit Fug und Recht als eine grundlegende betriebswirtschaftliche Sprache verstehen, die jeder Betriebswirt gelernt hat, die aber auch zum Kanon der Veranstaltungen von ingenieurs- oder naturwissenschaftlichen Nebenfachstudenten zählt.

Im deutschsprachigen Raum ist Kostenrechnung stark ausdifferenziert worden, sowohl in Hinblick auf hohe Genauigkeit als auch bezogen auf unterschiedliche Fragestellungen und Sichtweisen. In den Unternehmen zeigt sich Kostenrechnung in Folge als sehr komplexes Informationssystem, das nur schwer an die stärker werdenden Veränderungen der Unternehmen angepasst werden kann. Dies spricht für eine Vereinfachung der Kostenrechnung ebenso wie für eine genauere Auseinandersetzung mit ihren Rechnungszwecken. Eine verhaltensorientierte Perspektive wird dabei an Bedeutung gewinnen. Im anglo-amerikanischen Wirtschaftsraum ist dagegen eine umgekehrte Entwicklung zu erwarten. Unternehmen haben dort traditionell eine nur sehr rudimentär ausgebaute Kostenrechnung. Nicht zuletzt durch den Erfolg der deutschen Standardsoftware von SAP wird in den USA derzeit intensiv über das Konzept der Plankostenrechnung nachgedacht. Zumindest ist ein Ausbau der Kostenstellenrechnung zu erwarten.

Die Kostenrechnung wird sich international unterschiedlich entwickeln.

Wenn die Kostenrechnung in vielen deutschen Unternehmen derzeit als zu komplex erscheint, gilt für ihr Pendant, die Erlösrechnung, die Aussage eines zu geringen Ausbaustandes. Erlöse wurden in der Vergangenheit von den Kostenrechnern (und dann von den Controllern) zu wenig beachtet. Informationsbasis für sie sind keine Produktions-, sondern Preis-Absatz-Funktionen. Erlöse in ihrer Veränderbarkeit und in ihren Verbundbeziehungen abzubilden, setzt eine intensive Beschäftigung mit Märkten und den dortigen Gesetzmäßigkeiten voraus, die bislang von den Controllern nicht geleistet wurde. Im Ergebnis kann eine stärkere Beschäftigung mit Erlösen dazu führen, das Konzept von Deckungsbeitragsrechnungen zu überdenken, da dieses im Kern das Fehlen von Erlösverbundenheiten voraussetzt.

Ein weiteres Feld, in das Controller Zeit und Aufmerksamkeit investieren sollten, ist die Leistungsrechnung. Mengen-, Zeit- und Qualitätsdaten gewinnen zunehmend an Führungsrelevanz (»Balanced Scorecard«). Controller haben sich in der Vergangenheit auf monetäre Informationen konzentriert. Das Zusammenspiel zwischen monetären und nicht monetären Informationen zu analysieren und dabei auch den eigenständigen Wert nicht monetärer Informationen für die Führungsprobleme auf den unterschiedlichen Hierarchieebenen herauszuarbeiten, ist ein Aufgabenfeld, das auf absehbare Zeit hohe Relevanz besitzt und für die Manager hohen Nutzen stiften kann.

Weiterführende Literatur zu …

… Begriffliche Grundlagen
Hummel/Männel 1986, S. 3–20
Schweitzer/Küpper 2003, S. 1–26

… Zwecke der Kostenrechnung
Ewert/Wagenhofer 2008, S. 4–11
Weber 2005, S. 75–107
Weber/Weißenberger 2006, S. 355–362

… Vollkostenrechnung
Hummel/Männel 1986, S. 22–41, S. 45–48
Weber/Weißenberger 2006, S. 490–494 und S. 504–509

… »Entscheidungsorientierte« Kostenrechnungssysteme
Bungenstock 1995, S. 146–284
Ewert/Wagenhofer 2008, S. 645–680; 690–706
Hummel/Männel 1983, S. 39–128
Kilger/Pampel/Vikas 2007, S. 51–94
Weber 2005, S. 92–100

… Prozesskostenrechnung
Coenenberg/Fischer 1991
Cooper/Kaplan 1988
Horváth et al. 1993, S. 609–628
Landry/Wood/Lindquist 1997, S. 28–33
Schweitzer/Küpper 2003, S. 345–381
Weber 1994b, S. 6–8

… Nutzung und Perspektiven der Kostenrechnung
Homburg et al. 1998
Johnson/Kaplan 1987
Pfaff/Weber 1998
Schäffer/Steiners 2005
Weber 1992b, S. 173–199
Weber 1996b, S. 925–946

… Erlösrechnung
Männel 1983, S. 55–70
Plinke 2002, S. 462–474
Rese 2002, Sp. 453–462
Riebel 1994, S. 98–148
Schweitzer 2002, Sp. 475–484
Weißenberger 2002, Sp. 444–453

… Leistungsrechnung
Strigl et al. 2004, S. 143–186
Weber 1995, S. 35–76 und S. 119–152

7 Kennzahlen und Kennzahlensysteme

Leitfragen

1. **Was ist genau unter Kennzahlen zu verstehen?**
2. **Welche Arten von Kennzahlen gibt es, welche Funktionen sollen sie erfüllen?**
3. **Wie sehen die wichtigsten monetären Kennzahlen aus, was ist neu an so genannten »wertorientierten« Kennzahlen?**
4. **Kennzahlensysteme können als Rechen- oder als Ordnungssysteme ausgeprägt sein. Was unterscheidet beide voneinander?**
5. **Worin unterscheidet sich ein »klassisches« ROI-System von einer Werttreiberhierarchie?**
6. **Was sind die wichtigsten Merkmale einer Balanced Scorecard und wie ist dieses Kennzahlensystem einzuschätzen?**
7. **Wie sind Kennzahlensysteme im konkreten Anwendungsfall auszugestalten?**

Was erwartet uns in diesem Kapitel?

Auch zu Beginn dieses Kapitels seien zunächst kurz die begrifflichen Grundlagen gelegt. Es schließt sich eine kurze Auflistung der wichtigsten finanziellen Kennzahlen an. Sie werden vorgestellt, weil sie jeder Controller in der Praxis kennen muss. Eine auch nur hinreichend repräsentative Nennung nicht-monetärer Kennzahlen verbietet sich dagegen; sie sind schlichtweg zu heterogen und zu vielfältig.

Die auf Kennzahlensysteme bezogenen Ausführungen beginnen mit Aussagen zu wichtigen Gestaltungsmerkmalen dieser Systeme (insbesondere zu deren Ausgewogenheit und Verbundenheit). Anschließend stellen wir bedeutsame Kennzahlenkonzepte vor, beginnend mit dem »Urvater«, dem DuPont-System. Ein größerer Abschnitt widmet sich der Balanced Scorecard, die in den letzten Jahren weltweit geradezu einen Siegeszug in der Praxis angetreten hat. Der Blick auf andere Kennzahlensysteme leitet dann über zu der Frage, wie man Kennzahlensysteme optimal gestalten sollte. Diese wird auch mittels empirischer Erkenntnisse beantwortet. Integriert in diese Argumentation sind schließlich Aussagen dazu, welche Rolle Controller bei der Erfassung und Auswertung von Kennzahlen spielen.

7.1 Begriffliche Grundlagen

Was sind Kennzahlen?

Kennzahlen wird allgemein eine zentrale Bedeutung für das Controlling zuerkannt. Einige Autoren richten so ihr gesamtes Controlling-Konzept an Kennzahlen aus (etwa Reichmann 2006). Sie können dabei auf einer Fülle von Vorarbeiten aufbauen, da sich die Betriebswirtschaftslehre schon lange intensiv mit Kennzahlen auseinander gesetzt hat.

Kennzahlen sind quantitative Daten, die als bewusste Verdichtung der komplexen Realität über zahlenmäßig erfassbare betriebswirtschaftliche Sachverhalte informieren sollen (ähnlich Lachnit 1979, S. 15 ff.). Kennzahlen dienen mit anderen Worten dazu, schnell und prägnant über ein ökonomisches Aufgabenfeld zu berichten, für das prinzipiell eine Vielzahl relevanter Einzelinformationen vorliegt, deren Auswertung jedoch für bestimmte Informationsbedarfe zu zeitintensiv und aufwändig ist.

Kennzahlensysteme bringen Kennzahlen in eine Ordnung zueinander.

Kennzahlen bauen auf den kaufmännischen Basissystemen ebenso auf wie auf der Leistungsrechnung und prozessnahen Systemen (wie etwa Betriebsdatenerfassungssystemen). Daneben speisen sie sich – eher als Ausnahme – aus fallweise erfassten Daten. In Kennzahlensystemen werden dann Kennzahlen zueinander in Beziehung gesetzt.

Die Thematik »Kennzahlen und Kennzahlensysteme« ist in der Praxis seit langem fest verankert und umfassend in der einschlägigen Literatur beschrieben. Sie erfährt allerdings aktuell unter dem Titel »Performance Measurement« hohe Aufmerksamkeit: Im angelsächsischen Raum wird darunter die Auseinandersetzung mit Elementen und Struktur von Kennzahlensystemen auf der einen Seite und deren Einbindung in Führungsprozesse auf der anderen Seite gefasst.

Zusammenfassende Aussagen (vgl. auch Leitfrage 1)

- Kennzahlen sind quantitative Daten, die als bewusste Verdichtung der komplexen Realität über zahlenmäßig erfassbare betriebswirtschaftliche Sachverhalte informieren sollen.
- In der Praxis sind sie weit verbreitet und auch in der Literatur häufig bearbeitet. Sie zählen zum Standard-Instrumentenset von Controllern.

7.2 Arten und Funktionen von Kennzahlen

Relative und absolute Kennzahlen

Die am häufigsten vorfindbare Differenzierung unterschiedlicher Kennzahlenarten ist die nach ihrer statistischen Form. Hierbei werden *relative und absolute Kennzahlen* unterschieden. Wie noch im Zusammenhang mit Kennzahlensystemen deutlich wird, weist man relativen Kennzahlen (z. B. Vertriebskostenanteil, Umschlagsgeschwindigkeit, Eigenkapitalquote) meist eine höhere Aussagefähigkeit zu. Jedoch helfen auch absolute Kennzahlen (wie etwa der durchschnittliche Deckungsbeitrag der Erzeugnisse einer Sparte, die Zahl von Fehlmengensituationen oder die Kontrollspanne eines Vorgesetzten), die Informationsverdichtungsfunktion zu erfüllen.

Abb. 7-1

Top-Managern in der Praxis regelmäßig zur Verfügung gestellte Kennzahlen (entnommen aus Weber/Sandt 2001, S. 13)

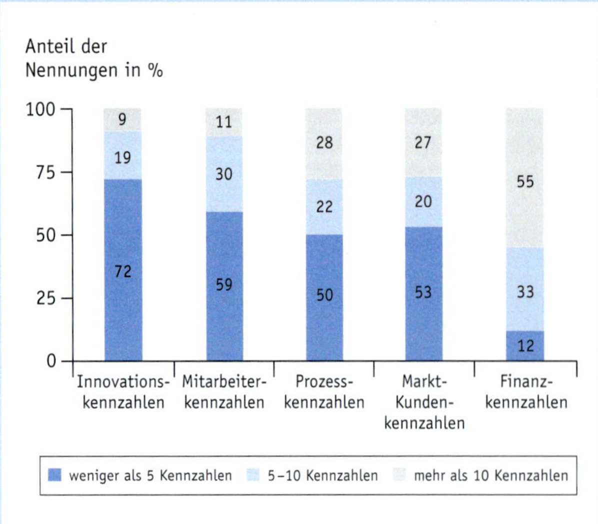

Beziehen sich Kennzahlen auf spezielle Ziele, so lassen sich als *monetäre Kennzahlen* zumindest Rentabilitäts- bzw. Erfolgskennzahlen (z. B. Return on Investment) und Liquiditätskennzahlen (z. B. Liquidität 1. Grades) unterscheiden. Diesen stehen vielfältige *nicht-monetäre Kennzahlen* gegenüber (etwa der Servicegrad als Maßgröße eines prozessbezogenen Qualitätsziels oder der Auslastungsgrad von Kapazitäten als Ausdruck eines ressourcenbezogenen Ziels). In der Unternehmenspraxis trifft man auf ein Nebeneinander beider Kennzahlenarten. Die *Abbildung 7-1* zeigt die Ergebnisse einer Befragung von ergebnisverantwortlichen Managern. Ihr ist zum einen zu entnehmen, dass Manager standardmäßig mit einer großen Zahl von Kennzahlen konfrontiert sind. Zum anderen wird deutlich, dass finanzielle Kennzahlen von der Zahl her relativ dominieren.

Weiterhin kann man Kennzahlen danach differenzieren, ob sie nur für einen bestimmten, abgegrenzten betrieblichen Sektor gelten, oder aber für jeden betrieblichen Bereich gebildet werden und damit unternehmensbezogen verdichtbar sind (*lokale versus globale Kennzahlen*). Darüber hinaus bietet sich auch – eng mit letzterer Unterscheidung verbunden – der *Objektbezug* der Kennzahlen als Differenzierungskriterium an. Wird das Gesamtunternehmen betrachtet, sind Kennzahlen gefordert, die sich auf gesamtbetriebliche Zusammenhänge beziehen, während teilbetriebliche Analysen, Vorgaben und Kontrollen Kennzahlen erfordern, die funktionale, divisionale bzw. organisatorische Gegenstandsbereiche abbilden.

Noch eine weitere Differenzierung bezieht sich auf die Frage, in wieweit und in welcher Weise Kennzahlen das Ergebnisziel des Unternehmens bestimmen oder wiedergeben. Dabei differenziert man so genannte »leading« bzw. *vorlaufende Kennzahlen*, die das (künftige) Finanzergebnis beeinflussen und damit potentielle Stellhebel für dessen Veränderung sind, und »lagging« bzw. *nachlaufende Kennzahlen*, die lediglich über das Ergebnis berichten, damit eine Chronistenpflicht erfüllen, aber keine Steuerungsfunktion wahrnehmen (vgl. Eccles/Noriah/Berkley 1992, S. 158).

Schließlich können noch unterschiedliche *Funktionen von Kennzahlen* unterschieden werden, die teils separat, teils miteinander verbunden Nutzen stiften:

- *Anregungsfunktion:* Kennzahlen dienen hier zur Erkennung von Auffälligkeiten und Veränderungen – auf diese Funktion legen Controller zumeist großen Wert.
- *Operationalisierungsfunktion:* Kennzahlen werden gebildet, um Ziele konkret fass- und messbar zu machen. Dieser Funktion kommt in der Praxis eine wesentliche Bedeutung zu.
- *Vorgabefunktion:* Daran anknüpfend können Kennzahlen verwendet werden, um kritische Zielwerte als Vorgabe für unternehmerische Teilbereiche zu liefern.
- *Steuerungsfunktion:* Von dieser kann man dann sprechen, wenn komplexe Steuerungsprozesse durch Verwendung einer oder weniger Kennzahlen vereinfacht werden.
- *Kontrollfunktion:* In dieser Funktion ermöglichen Kennzahlen Soll-Ist-Vergleiche und daran anknüpfende Abweichungsanalysen.

Unterschiedliche Funktionen von Kennzahlen

Insgesamt erleichtern bzw. ermöglichen Kennzahlen ein an Zahlen ausgerichtetes Management. Die Konsequenzen für den Erfolg des Unternehmens sind fühlbar: Den Ergebnissen einer

Unter der Lupe

Beispiele für Kennzahlen

Finanzkennzahlen
- Return on Investment [%]: Erfolg/Investiertes Kapital × 100
- Deckungsbeitrag [€]: Umsatzerlöse – Einzelkosten – variable Kosten
- Kapitalumschlag: Umsatz/Investiertes Kapital

Markt- und Kundenkennzahlen
- Marktanteil [%]: Umsatz/Umsatzvolumen Gesamtmarkt × 100
- Kostenüberwälzungsgrad [%]: Preiserhöhung/Kostensteigerung × 100
- Kundenakquisitionsrate [%]: Anzahl neuer Kunden/Anzahl alter Kunden × 100

Prozesskennzahlen
- Fehlerquote [%]: Ausschuss der Periode/Produktionsmenge der Periode × 100
- Kapazitätsauslastung [%]: tatsächliche Maschinenlaufzeit/mögliche Maschinenlaufzeit × 100
- Manufacturing Cycle Effectiveness: Be- oder Verarbeitungszeit/Durchlaufzeit *(mit Durchlaufzeit = Be- oder Verarbeitungszeit + Prüfzeit + Transportzeit + Warte- oder Lagerungszeit)*

Mitarbeiterkennzahlen
- Krankenstand [%]: Zahl krankheitsbedingter Ausfalltage/Jahresmenge × 100
- Fluktuationsquote [%]: Ausgeschiedene Mitarbeiter je Periode/Durchschnittliche Mitarbeiterzahl × 100
- Mitarbeiterproduktivität [€]: Erfolg/durchschnittliche Mitarbeiterzahl

Innovationskennzahlen
- Innovationsrate [%]: Umsatz mit neu eingeführten Produkten/Gesamtumsatz × 100
- Forschungsintensität [%]: F & E Aufwand/Umsatz × 100
- Vorschlagsquote: Anzahl der Verbesserungsvorschläge/Mitarbeiterzahl

Zusammenfassende Aussagen (vgl. auch Leitfrage 2)

- Kennzahlen gestatten einen schnellen, pointierten Blick auf wichtige betriebliche Fakten und Aspekte. Dies macht sie als Informationsquelle potentiell fruchtbar.
- Kennzahlen erfüllen sehr unterschiedliche Funktionen. Sie reichen von der Schaffung von Awareness bis hin zur Kontrolle in Kennzahlen ausgedrückter Ziele.
- In der Praxis dominieren finanzielle Kennzahlen. Sie werden zunehmend durch nicht-finanzielle (z. B. kunden- oder prozessbezogene) Kennzahlen ergänzt.

empirischen Untersuchung von Lingle/Schieman in den USA und Kanada (1996, S. 56–61) entsprechend sind »measurement-managed organizations« deutlich erfolgreicher als Unternehmen, die diese Eigenschaft nicht aufweisen, und zwar sowohl hinsichtlich der finanziellen Performance als auch bezogen auf Marktposition und Veränderungsfähigkeit. Wenngleich man sich empirischen Ergebnissen gegenüber stets eine Grundskepsis bewahren sollte, spricht für Controller viel dafür, sich intensiv mit Kennzahlen auseinander zu setzen.

7.3 Wichtige finanzielle Kennzahlen

Finanzielle Kennzahlen spielen für das Management eine wesentliche Rolle.

Von besonderer Wichtigkeit für die schnelle und überblicksartige Information des Managements sind Kennzahlen, die eine Aussage über den *finanziellen Erfolg* des Betrachtungsobjektes (Gesamtunternehmen, Strategische Geschäftseinheit, Produktbereich, Produkt etc.) im Betrachtungszeitraum erlauben. Sie reichen auf Grund ihres hohen Aggregationsniveaus zwar nicht zu einer ins Detail gehenden, umfassenderen Beurteilung aus, können jedoch im dargestellten Sinne einer bewusst vorgenommenen Informationsverkürzung erste wertvolle Hinweise liefern.

Wir wollen die wichtigsten dieser Kennzahlen in zwei Stufen vorstellen: Am Anfang stehen Kenngrößen, die mit dem Merkmal »traditionell« gekennzeichnet sind. Sie bauen wesentlich unmittelbar auf Daten der externen Rechnungslegung auf. Im zweiten Schritt stellen wir etwas ausführlicher »wertorientierte« Kennzahlen vor, die im Kontext des »Value-based-Managements« bzw. der »wertorientierten Unternehmensführung« entstanden sind.

7.3.1 »Traditionelle« Kennzahlen

Bei der Darstellung ausgewählter traditioneller erfolgszielbezogener Kennzahlen sei zunächst auf einige relative Kennzahlen eingegangen:

- Die Kennzahl *Umsatzrentabilität* (»Return on Sales«, ROS) kann als der Quotient aus dem Erfolg (nach Zinsaufwand und Steuern) plus Zinsaufwand und dem Umsatz definiert werden. Sie stellt die auf den Umsatz bezogene Gewinnspanne des Unternehmens dar – nach Steuerzahlung und definiert aus Sicht der Eigen- und Fremdkapitalgeber. Auf ihrer Basis werden Aussagen über den Erfolg je Euro Umsatz ermöglicht.
- Die Kennzahl *Eigenkapitalrentabilität* (»Return on Equity«, ROE) ist als Quotient aus dem Erfolg (nach Zinsaufwand und Steuern) und dem Eigenkapital definiert. Sie informiert über den relativ zum eingesetzten Kapital der Eigentümer erzielten Erfolg.
- Ein umfassenderes Bild liefert die Kennzahl *Gesamtkapitalrentabilität* (»Return on Assets«, ROA, bzw. »Return on Capital«, ROC), die als Quotient aus dem Erfolg (nach Zinsaufwand und Steuern) plus Zinsaufwand und dem Gesamtkapital definiert ist. Diese Kennzahl macht eine Aussage über den relativen Erfolg bezogen auf das Gesamtkapital.
- Als eine Weiterentwicklung des ROC mit ähnlicher Aussagekraft hat die Kennzahl *»Return on Capital Employed«* (ROCE) in der Praxis höhere Bedeutung erlangt. Hier wird als Zählergröße das operative Ergebnis vor Zinsaufwendungen verwendet und das eingesetzte Kapital als Nennergröße um so genannte nichtzinstragende Schulden bereinigt (vgl. im Detail Kauffmann 1997, S. 38–41). Dazu gehören insbesondere die Verbindlichkeiten aus Lieferungen und Leistungen sowie die sonstigen Verbindlichkeiten.
- Der *»Return on Investment«* (ROI) ist eine weitere und in der Praxis sehr häufig verwendete Kennzahl, die zumeist als Quotient aus dem Erfolg (nach Zinsaufwand und nach Steuern) und dem Gesamtkapital ermittelt wird. Der Unterschied zur Gesamtkapitalrentabilität besteht darin, dass bei dem ROI die Erfolgsgröße nicht um den Zinsaufwand bereinigt wird und somit Eigen- und Gesamtkapitalgeber-Perspektive vermischt werden.
- Die Kennzahl *»Cash Recovery Rate«* (CRR) schließlich setzt den erwirtschafteten Cashflow aus laufender Geschäftstätigkeit in

Die Kennzahl ROCE hat in der Praxis eine hohe Bedeutung erlangt.

Der ROI ist eine klassische finanzielle Kennzahl.

Beziehung zum durchschnittlichen Gesamtvermögen des Unternehmens. Sie wird der in den letzten Jahren deutlich gestiegenen Bedeutung von Zahlungsgrößen für die Beurteilung eines Unternehmens gerecht.

Als Erfolgsgröße wird bei den dargestellten Kennzahlen zumeist der Jahresüberschuss angesetzt. Auch ist der Ansatz des Betriebsergebnisses als eine aus der Kostenrechnung stammende Größe an Stelle des Jahresüberschusses (beispielsweise bei der Kennzahl Umsatzrentabilität) sowie die Durchführung einer Vor-Steuer-Betrachtung möglich. Als bereits im Kontext der Ausführungen zur externen Rechnungslegung angesprochene absolute Kennzahlen haben sich zur Erfolgsbeurteilung der Unternehmen aktuell Konzepte stark verbreitet, die der anglo-amerikanischen Rechnungslegungspraxis entstammen und deren Zusammenhang sich aus unterschiedlichen Perspektiven auf die erbrachte Managementleistung ableitet:

- Die *Earnings Before Interest and Taxes* (EBIT) spiegeln als umfassendste Größe das Ergebnis der operativen Geschäftstätigkeit vor Finanzergebnis und Steuern wider.
- Soll der Einfluss von abzuschreibenden Geschäfts- oder Firmenwerten – die als Sondertatbestände interpretiert werden können – herausgefiltert werden, steht die Größe EBITA (*Earnings Before Interest, Taxes, and Amortization*) zur Verfügung.
- Die Kennzahl EBITDA (*Earnings Before Interest, Taxes, Amortization and Depreciation*) eliminiert schließlich noch die planmäßigen Abschreibungen auf Sachanlagen. Hiermit wird unter anderem das Ziel verfolgt, Einflüsse unterschiedlicher Abschreibungsmethoden auf das Ergebnis zu vermeiden.

Im Zuge der zunehmenden wertorientierten Unternehmenssteuerung haben sich in den letzten Jahren schließlich neue Erfolgsgrößen in den Unternehmen etabliert, die allesamt auf der Grundidee des ökonomischen Gewinns basieren. Ihrer Bedeutung gemäß wollen wir sie in einem gesonderten Abschnitt darstellen.

Unter der Lupe

Eine Studie über wertorientierte Spitzenkennzahlen der DAX 100-Unternehmen in 1999/2000 (56 antwortende Unternehmen) und in 2002/2003 (38 antwortende Unternehmen) ergab folgendes Bild (KPMG 2000, Aders/Hebertinger 2003; was sich hinter den Abkürzungen genau verbirgt, werden die dann folgenden Ausführungen zeigen):

Spitzenkennzahl	1999/2000	2002/2003
Economic Value Added (und Varianten)	39 %	54 %
Discounted Cash Flow	4 %	9 %
Cash Value Added (und Varianten)	3 %	7 %
ROE	9 %	6 %
ROI	4 %	6 %
CFROI (und Varianten)	3 %	5 %
ROS und andere Renditegrößen	2 %	3 %
RORAC, RAROC	4 %	1 %
RONA, ROCE, ROIC	18 %	0 %

Angesichts der Teilnehmerzahlen sollten die Ergebnisse dieser Studie nicht überbewertet werden. Zudem steht zu vermuten, dass Unternehmen mit einer wertorientierten Spitzenkennzahl eher geantwortet haben als solche mit traditionellen Steuerungsgrößen. Dennoch lässt sich festhalten, dass bei den DAX 100-Unternehmen ein großes Spektrum an unterschiedlichen Erfolgskennzahlen genutzt wird.

7.3.2 Wertorientierte Kennzahlen

7.3.2.1 Zum Konzept der Wertorientierung

Die aus den USA stammende Shareholder-Value-Analyse betrachtet die Unternehmensaktivitäten aus der Sicht der Anteilseigner (aktuelle oder potentielle Investoren). Der Wert eines Unternehmens bestimmt sich für sie aus den ihnen zukünftig zufließenden Zahlungen. Dieser Wert ist aus Sicht der Shareholder-Value-Konzepte zu maximieren.

EBIT, EBITA und EBITDA unterscheiden sich im Umfang der einbezogenen Größen.

Die verschiedenen Varianten des Konzeptes entstanden in Kritik an der Aussagekraft traditioneller Steuerungskennzahlen, die aus Buchwerten gewonnen werden. Neben nominalen Periodenerfolgsgrößen – wie dem Jahresüberschuss oder dem Betriebsergebnis – trifft man in der Praxis auf Kennzahlen, die die Entscheidungen zur alternativen Verwendung knapper Finanzmittel erleichtern sollen. Dazu zählen insbesondere die Eigen- und Gesamtkapitalrendite oder die Umsatzrendite – wir haben sie gerade kennen gelernt. Der Vergleich der Entwicklung dieser Renditen mit dem Marktwert von börsennotierten Unternehmen lässt allerdings eine mangelnde Aussagefähigkeit dieser auf Buchwerten basierenden Kennzahlen deutlich werden: Drohende Gefahren für den Wert eines Unternehmens werden zu spät signalisiert; zudem besteht keine direkte Verbindung zur Bewertung des Unternehmens durch den Kapitalmarkt, der sich im Börsenkurs ausdrückt (Rappaport 1999, S. 15 ff.; Siegert 1995, S. 588 ff.).

Auf die Höhe der Eigenkapitalkosten nimmt das Risiko des Unternehmens wesentlichen Einfluss.

Um die Schwächen der traditionellen Beurteilungsgrößen zu beheben, bedienen sich alle wertorientierten Steuerungskennzahlen kapitalmarkttheoretischer Erkenntnisse. Sie wollen die Lenkung von Ressourcen in die für die Anteilseigner vorteilhaften Aktivitäten unterstützen. Die gewonnenen Wertmaßstäbe können gleichzeitig zu einer unternehmensinternen Leistungsbeurteilung bzw. zur Abschätzung des Beitrags einzelner Geschäftsbereiche zum Gesamtwert des Unternehmens genutzt werden.

In der Praxis haben sich insbesondere zwei wertorientierte Steuerungsgrößen durchgesetzt: der EVA und der CVA.

In der Praxis haben sich insbesondere zwei wertorientierte Steuerungsgrößen herausgebildet: Der *Economic Value Added* (EVA) und der auf dem Cash Flow Return on Investment (CFROI) basierende *Cash Value Added* (CVA), die in unterschiedlichen Spielarten in den Unternehmen realisiert werden. Sowohl bei der Berechnung des EVA als auch des CVA werden einer Kapitalrendite ihre Kapitalkosten gegenübergestellt. Diese Kapitalkosten stellen die marktübliche Rendite dar, die für das dem Management überlassene Kapital gefordert wird. Bei beiden wertorientierten Steuerungsgrößen erfolgt die Bestimmung der Kapitalkosten nach der Gesamtkapitalmethode, die wir deshalb vor der genaueren Darstellung der beiden wertorientierten Kennzahlen kurz diskutieren wollen.

WACC – Weighted Average Cost of Capital – ist ein gewichteter Durchschnittszins aus Eigen- und Fremdkapitalkosten.

Im Rahmen der Gesamtkapitalmethode wird ein entsprechend der unternehmensspezifischen Kapitalstruktur gewichteter Gesamtkapitalkostensatz (*Weighted Average Cost of Capital*, WACC) verwendet. Dieser bildet sich als Summe aus dem über das *Capital Asset Pricing Model* (CAPM) ermittelten und mit der Eigenkapitalquote gewichteten Eigenkapitalkostensatz und dem mit der Fremdkapitalquote gewichteten Fremdkapitalkostensatz.

$$WACC = \frac{EK}{EK + FK} \times r_{EK} + \frac{FK}{EK + FK} \times r_{FK}$$

Das CAPM greift für die Bestimmung der Eigenkapitalkosten auf den Kapitalmarkt zurück und drückt die Renditeerwartung für eine Vermögensanlage als Summe des Zinssatzes einer risikolosen Kapitalmarktanlage und einer Risikoprämie aus (vgl. Brealey/Myers/Allen 2008, S. 213 ff.). Als de facto risikolose Anlage werden beispielsweise langfristige staatliche Schuldverschreibungen angesehen. Die Risikoprämie setzt sich aus zwei Komponenten zusammen. Die erste der beiden spiegelt die Prämie für das allgemeine Risiko wider, das eine Vermögensanlage in den Aktienmarkt selbst mit sich bringt (»Marktrisikoprämie«). Sie wird als Differenz der Rendite eines Marktportfolios, meist eines repräsentativen Aktienindexes, und der Rendite der risikolosen Vermögensanlage berechnet. Die zweite Komponente drückt das systematische Risiko aus, welches mit einer Vermögensanlage in das Wertpapier des betrachteten Unternehmens eingegangen wird. Der so genannte Betafaktor zeigt die Volatilität (Kursschwankungsbreite) der spezifischen Vermögensanlage im Verhältnis zur Volatilität des Marktportfolios. Dabei ist der Betafaktor definiert als das Verhältnis der Kovarianz der Rendite der spezifischen Vermögensanlage mit der Rendite des Marktportfolios zu der Varianz der Rendite des Letzteren. Die folgende Formel veranschaulicht die Bestimmung der Renditeerwartung der Eigenkapitalgeber nach dem CAPM:

$$r^{e}_{Anlage} = r_{risikolos} + \beta \times \left(r^{e}_{Marktportfolio} - r_{risikolos}\right)$$

In der wertorientierten Unternehmensführung geht die so kalkulierte Renditeerwartung der Aktionäre in die Rendite ein, die für das dem Management überlassene Kapital gefordert wird.

7.3.2.2 Economic Value Added

Der Kerngedanke des Economic Value Added (EVA) besteht darin, eine periodenbezogene Differenz zwischen dem durch das eingesetzte Kapital erwirtschafteten betriebswirtschaftlichen Gewinn (vor Kapitalkosten) und dem mit dem Kapitaleinsatz verbundenen Kosten eines Unternehmens zu ermitteln. Eine in dieser Form ermittelte Gewinngröße wird auch als *Residualgewinn* bezeichnet.

Zur Berechnung des EVA wird zunächst der so genannte *»Spread«* ermittelt, der die Differenz zwischen der Gesamtkapitalrendite und dem Gesamtkapitalkostensatz angibt. Die Gesamtkapitalrendite errechnet sich dabei – wie auch die untenstehende Formel zeigt – aus dem Verhältnis des operativen Ergebnisses vor Zinssaldo und nach Steuern (*Net Operating Profit After Tax*, NOPAT) zu dem mit einem »Economic Book Value« bewerteten Kapital. Dieser »Economic Book Value« ergibt sich vereinfacht aus der Summe der Buchwerte des Sachanlagevermögens und des Umlaufvermögens abzüglich der unverzinslichen Verbindlichkeiten. Sowohl für die Ergebnis- als auch die Kapitalgrößen wird eine Reihe von Korrekturen (Stern Stewart empfehlen 164 so genannte »conversions« oder »adjustments«) vorgeschlagen. Sie dienen dem Ziel, Verzerrungen des Ausweises der tatsächlichen wirtschaftlichen Leistungsfähigkeit eines Unternehmens zu beheben, die der Jahresabschluss aufgrund des von ihm zu gewährleistenden Gläubigerschutzes sowie seiner Ausschüttungsbemessungsfunktion aufweist (vgl. ausführlich Weber/Bramsemann/Heineke/Hirsch 2004, S. 57–71). Die Daten sollen so an die »economic reality« angenähert werden und möglichst zutreffend die wirtschaftliche Ertragskraft des Unternehmens abbilden. Für die Anwendung in der Praxis empfiehlt es sich allerdings, sich auf wenige wesentliche Anpassungen zu beschränken.

Der Gesamtkapitalkostensatz wird als WACC unter Anwendung des CAPM oder einer vergleichbaren Methodik errechnet. Damit werden neben den Fremdkapitalkosten auch kalkulatorische Eigenkapitalkosten angesetzt.

Economic Value Added (EVA)
= Residualeinkommen (pro Periode)
= (ROIC – WACC) × IK
= (Operatives Ergebnis nach Steuern vor Zinsen/Investiertes Kapital [»Economic Book Value«] – Gesamtkapitalkostensatz) × Investiertes Kapital

Die Multiplikation des für eine Periode festgestellten Spreads mit dem eingesetzten Kapital ergibt den EVA. Ein positiver EVA bedeutet, dass die Renditeforderungen der Eigen- und Fremdkapitalgeber übererfüllt wurden, somit – allerdings auf Buchwerten basierend – ein absoluter Übergewinn aus Sicht der Eigenkapitalgeber entstanden ist.

Im Original

Auch das EVA-Konzept ist nicht wirklich neu. Der Grundgedanke wurde bereits 1939 von Preinreich formuliert:

»Although goodwill may not always be ›good‹ in the social or ethical sense, the term is in general use to designate the capital value of all periodic surpluses accruing to an enterprise in the regular course of business, whether or not they are efficiency or exploitation profits. …

Goodwill can be computed, however, from ›excess earnings‹ or ›super-profits‹, i.e., earnings in excess of a normal return upon the investment. … The investment consists not only of the original cost of the capital good, but also of all capital gains subsequently reinvested in the course of operations. Accordingly, interest at the prevailing rate must be allowed on the original invested capital as well as upon its subsequent increments, before the remainder of earnings can be considered ›excess earnings‹« (Preinreich 1939, S. 177 ff.).

7.3.2.3 Cash Flow Return on Investment und Cash Value Added

Mit dem *Cash Value Added* (CVA) hat sich neben dem EVA im Laufe der 1990er Jahre eine weitere wertorientierte Kennzahl durchgesetzt. Der CVA, der ebenfalls ein Residualgewinnkonzept darstellt, versucht, die Veränderung des Unternehmenswertes auf einer Cashflow-Basis zu ermitteln. Die Berechnung des CVA erfolgt in der Regel auf Basis einer weiteren wertorientierten Kennzahl, des *Cash Flow Return on Investment* (CFROI). Wir wollen daher zunächst das Konzept des CFROI näher betrachten.

Der EVA ist die in der Praxis am meisten verwendete wertorientierte Spitzenkennzahl – ihre Komplexität ist allerdings erheblich.

Im Gegensatz zu (absoluten) Übergewinngrößen wie EVA oder CVA handelt es sich beim CFROI um eine *Renditekennzahl*. Der in den 1980er Jahren entwickelte Ansatz berechnet eine auf Basis der Internen Zinsfußmethode ermittelte Gesamtrentabilität. Aufgrund der Schwierigkeiten und engen Prämissen, die mit der Internen Zinsfußmethode verbunden sind (vgl. 12. Kapitel, S. 327–328), wurde in den letzten Jahren eine alternative Form der Berechnung vorgeschlagen. Danach wird der CFROI durch das Verhältnis des Saldos aus Brutto-Cashflow und einer so genannten Ökomischen Abschreibung zur Kapitalbasis (Bruttoinvestitionsbasis) bestimmt (vgl. ausführlich Weber/Bramsemann/Heineke/Hirsch 2004, S. 72–84):

$$\text{CFROI} = \frac{\text{Brutto Cash Flow} - \text{Ökonomische Abschreibungen}}{\text{Bruttoinvestitionsbasis}}$$

Konzept der ökonomischen Abschreibung

Renditekennzahlen können falsche Steuerungsimpulse setzen.

Die Bruttoinvestitionsbasis beschreibt dabei das gesamte investierte Kapital. Sie ist definiert als die Summe der Aktiva zu Buchwerten zuzüglich der kumulierten Abschreibungen und abzüglich der unverzinslichen Verbindlichkeiten ohne Pensionsrückstellungen. Zudem werden die kapitalisierten Aufwendungen für Miete, F & E und Werbung addiert, und es erfolgt eine Inflationsanpassung der historischen Anschaffungskosten des Sachanlagevermögens an den heutigen Geldwert.

Der Brutto-Cashflow beschreibt den operativen Geldfluss auf Gesamtkapitalbasis. Er setzt sich aus dem um außerordentliche und aperiodische Aufwendungen und Erträge bereinigten Jahresüberschuss nach Steuern zuzüglich Abschreibungen, Zins- und Mietaufwand und Zuführungen zu den verzinslichen (langfristigen) Rückstellungen zusammen. Beteiligungsergebnisse und Zinserträge werden eliminiert. Die Anzahl der anfallenden Brutto-Cashflows ergibt sich aus der wirtschaftlichen Nutzungsdauer des Sachanlagevermögens. Diese wird vereinfacht aus der Division der historischen Anschaffungskosten durch die jährliche lineare Abschreibung gebildet. Als nicht-abschreibbare Aktiva werden schließlich die Finanzanlagen, das um die unverzinslichen Verbindlichkeiten bereinigte Umlaufvermögen und der Posten Grund und Boden angesetzt.

Die ökonomische Abschreibung beschreibt den Betrag, der über die gesamte Nutzungsdauer pro gemessener Periode zurückgelegt werden müsste, um in Zukunft (»going concern«-Annahme) die nötigen Ersatzinvestitionen durchführen zu können. Diese Berechnung erfolgt allerdings nur auf Basis der Anschaffungskosten, nicht des Wiederbeschaffungswertes. Da angenommen wird, dass sich zurückgelegte Abschreibungsbeträge in späteren Perioden verzinsen, ist die ökonomische Abschreibung i. d. R. geringer als die handelsrechtliche Abschreibung. Angenommen, die ökonomische Abschreibung wäre bei einem gewichteten Gesamtkapitalkostensatz von 17 % für eine Maschine mit einem Beschaffungswert von 900 TEUR und einer 10-jährigen Nutzungsdauer zu berechnen. Eine lineare handelsrechtliche Abschreibung, die den Zeitwert des Geldes nicht beachtet, wäre 90 TEUR pro Periode. Für die ökonomische Abschreibung nach dem CFROI wären allerdings pro Periode wegen der späteren Verzinsung lediglich 40 TEUR anzusetzen. Die Berechnung ist folgender Formel zu entnehmen:

$$\text{Ökonomische Abschreibung} = \frac{\text{WACC}}{(1+\text{WACC})^t - 1}$$

Der CFROI ist eine *Renditekennzahl*, die zur Performance-Messung sowie zur Optimierung der Ressourcenallokation dienen kann. Ein Vergleich des CFROI mit dem Gesamtkapitalkostensatz zeigt, ob die Renditeforderungen der Eigen- und Fremdkapitalgeber auf das eingesetzte Kapital verdient werden konnten bzw. in welchem Ausmaß diese übertroffen oder verfehlt wurden. Dagegen ist sie – unmittelbar aus ihrer Eigenschaft als Renditekennzahl folgend – für die Auswahl wertmaximierender Strategien problematisch, da sie keine absoluten Gewinngrößen berücksichtigt. Dies sei an einem kurzen Beispiel erläutert (siehe links).

Basierend auf der beschriebenen Problematik wurde eine Überleitung des CFROI in eine *Übergewinngröße* vorgenommen, den *Cash Value Added* (CVA). Dieser ergibt sich aus der Multiplikation des eingesetzten Kapitals mit der Differenz aus CFROI und gewichtetem Gesamtkapitalkostensatz (WACC):

$$\text{CVA} = \text{Bruttoinvestitionsbasis} \times (\text{CFROI} - \text{WACC})$$

Ähnlich dem EVA zeigt der Cash Value Added – auf Buchwertbasis (aber Cash-näher) – ob die

Fortsetzung Seite 185

Beispiel

Betrachten wir zwei Investitionsalternativen. Alternative A erzielt einen CFROI von 15 % auf einen Kapitaleinsatz von 10 000 Euro, während Alternative B einen CFROI von 11 % auf einen Kapitaleinsatz von 30 000 Euro erbringt. Bei einer Auswahl nach dem CFROI würde Alternative A gewählt (15 % > 11 %), während bei einer Auswahl nach einer absoluten Gewinngröße Alternative B die vorzuziehende wäre (Gewinn von 3300 Euro > 1500 Euro). (Nur) Die absolute Größe liefert die aus Unternehmenssicht optimale Lösung. Die Verwendung des CFROI als Steuerungsgröße kann auch dazu führen, dass ein Anreiz gesetzt wird, nur solche Investitionen bzw. Projekte durchzuführen, die den CFROI erhöhen. Projekte, deren Rendite oberhalb des WACC liegt, aber unterhalb des bisherigen CFROI, und die daher aus Unternehmenssicht durchzuführen wären, würden nicht realisiert werden, da sie eine Senkung des CFROI nach sich zögen.

Aus der Praxis

Der CVA als Steuerungskennzahl bei der Deutschen Lufthansa AG

Karl-Heinz Steinke; Dr. Jörg Beißel*

Wertorientierte Kennzahlen stellen eine wesentliche Grundlage der wertorientierten Unternehmensführung dar. Mit ihnen werden im strategischen und operativen Bereich ex ante Ziele festgelegt und ex post dienen sie zur Feststellung der Erreichung dieser Ziele durch das Management. Bei der Lufthansa wurden aufgrund dieser Funktionen bei der Auswahl eines wertorientierten Kennzahlensystems folgende Kriterien herangezogen: Wertorientierung, Entscheidungsorientierung, Praktikabilität und Kommunizierbarkeit. Auf Basis dieser Kriterien fiel die Entscheidung für den Cash Value Added (CVA) als Spitzenkennzahl.

Die Auswahl der wertorientierten Kennzahlen basierte bei Lufthansa auf vier Kriterien.

Die Wertorientierung des CVAs ist dadurch gegeben, dass die diskontierten zukünftigen CVAs dem fundamentalen Unternehmenswert entsprechen, berechnet mit Hilfe eines DCF-Verfahrens (vgl. Crasselt/Pellens/Schremper 2000). Die Entscheidungsorientierung ergibt sich durch die Verwendung des CVA als Beurteilungsgröße für einzelne Organisationseinheiten und ihre Manager. Durch die Vorgabe von wertorientierten Zielen und der Verknüpfung der variablen Vergütung mit dem Erreichen dieser Ziele wird das Entscheidungsverhalten der Manager beeinflusst. Die Erfahrungen der letzten Jahre zeigen, dass das Management die Auswirkungen ihrer Entscheidungen auf die wertorientierte Kennzahl in ihr Kalkül einbeziehen. Zudem war für die Auswahl des CVA-Konzepts von Bedeutung, dass der CVA unabhängig von Schwankungen der Buchwerte des Anlagevermögens ist. Dies war bei der Deutschen Lufthansa entscheidend, da sie in ihre größten Anlagegüter Flugzeuge schubweise investiert.

Der CVA ist unabhängiger von der Schwankung der Buchwerte des Anlagevermögens als andere Kennzahlen. Dies war für die Lufthansa wesentlich.

Berechnung des CVA

Der CVA ist die Differenz zwischen dem in einem Jahr erwirtschafteten Cashflow und einem Mindest-Cashflow, der sich letztlich aus den Kosten für das investierte Kapital ergibt (vgl. Abbildung 1). Ist der CVA positiv, so wird bei der Deutschen Lufthansa vereinfachend davon ausgegangen, dass der Unternehmenswert gesteigert wird. Tatsächlich zeigt der CVA in der Regel nur einen Teil der Unternehmenswertänderung an (vgl. hierzu Ewert/Wagenhofer 2008, S. 539 f.).

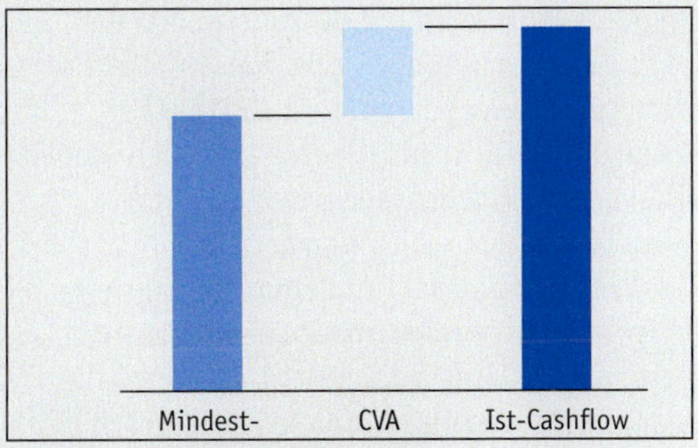

Abbildung 1: Ermittlung des CVA

EBITDA*plus* als Cashflow-Größe

Lufthansa hat sich für einen Entity-Ansatz entschieden, um die Ansprüche der Eigen- und Fremdkapitalgeber zu berücksichtigen und um unabhängig von unterschiedlichen Kapitalstrukturen eine Vergleichbarkeit der wirtschaftlichen Leistungsfähigkeit der einzelnen Geschäftsfelder des Konzerns zu ermöglichen. Aus diesem Grund wird für die Berechnung des CVA eine Ergebnisgröße vor Zinsen benötigt.

Aufgrund des Wunschs nach Vereinheitlichung des internen und externen Berichtswesens, basiert die Ermittlung des Ist-Cashflows auf der Größe Earnings before Interest and Tax (EBIT) nach den IFRS. Der EBIT entspricht im Wesentlichen dem IFRS-Ergebnis der betrieblichen Tätigkeit des jeweiligen Geschäftsfeldes, d. h. inklusive der Betriebsergebnisse der vollkonsolidierten Beteiligungen sowie der Buchgewinne/ -verluste aus dem Abgang von Sachanlagen.

Zur Ermittlung des CVA wird eine Cashflow-Größe benötigt, die ausgehend vom EBIT indirekt berechnet wird. Die wichtigsten nicht-zahlungswirksamen Aufwandsgrößen sind die Abschreibungen. Diese stellen zwar Aufwand dar, indem sie eine Investition rechnerisch über

Die Ermittlung des CVA enthält im Detail viele Freiheitsgrade, die konsistent festgelegt werden müssen.

Unterschiedliche Risiken führen zu unterschiedlichen Eigenkapitalkosten.

die Nutzungsdauer verteilen; die tatsächliche Zahlung ist allerdings bereits erfolgt, so dass der Cashflow um diesen Betrag höher ausfällt als die Gewinngröße. Daher werden dem EBIT noch die Abschreibungen nach den IFRS hinzugerechnet, so dass man den EBITDA (Earnings before Interest, Taxes, Depreciation and Amortization) erhält.

Als weitere nicht-zahlungswirksame Aufwendungen werden die Veränderungen der Pensionsrückstellungen hinzugezählt. Die so ermittelte Kennzahl wird als EBITDA*plus* bezeichnet. Nicht hinzugezählt werden jedoch die vorgenommenen außerordentlichen Abschreibungen sowie Wertberichtigungen auf Sachanlagevermögen und Finanzanlagevermögen. Diese werden somit im EBITDA*plus* ergebnismindernd berücksichtigt, damit die tatsächliche Leistungsfähigkeit des Geschäftsfelds richtig widergespiegelt wird. Gleichzeitig ändert sich der aktuelle und künftige Verzinsungsanspruch durch die Reduzierung der Kapitalbasis um diese Abschreibungen.

Die Kapitalbasis als Grundlage des Verzinsungsanspruches

Die isolierte Betrachtung der Cashflow-Größe EBITDA*plus* lässt keinen Vergleich von Unternehmenseinheiten mit unterschiedlicher Kapitalbindung zu. Um die Wertsteigerung beurteilen zu können, ist eine Übergewinngröße (wie der CVA) oder eine Renditekennzahl (wie der CFROI) erforderlich, die eine Beziehung zum eingesetzten Kapital herstellen. Die Kapitalbindung als Bezugsbasis und die Cashflow-Größe (hier: EBITDA*plus*) müssen kongruent sein, d. h.:

1. Da die Cashflow-Größe vor Zinsen definiert ist, umfasst das Gesamtkapital als Bezugsgröße analog Eigen- und Fremdkapital.
2. Die Kapitalbasis enthält das gesamte zinspflichtige Vermögen des Geschäftsfelds und damit auch das nicht-betriebsnotwendige Vermögen. Dies wird berücksichtigt, um den Führungskräften bei der Zielformulierung grundsätzlich Anreize zu setzen, Vermögen, das die Verzinsungsansprüche nicht erbringt, zu veräußern.

Bei der Berechnung der Kapitalbasis werden die abschreibbaren Aktiva während ihrer Abschreibungsphase grundsätzlich zu historischen Anschaffungs- bzw. Herstellkosten und nicht zu Buchwerten angesetzt, da dieser Ansatz für die operative Steuerung Vorteile aufweist. Auf diese Weise wird verhindert, dass bei konstanten Cashflows eine Verbesserung der Performance nur aufgrund der Reduzierung der Kapitalbasis entsteht.

Von der Kapitalbindung wird das unverzinsliche Fremdkapital (z. B. Lieferantenverbindlichkeiten) abgezogen, da hierfür kein Verzinsungsanspruch vorliegt bzw. bereits an anderer Stelle berücksichtigt wird. Um den Planungsprozess zu vereinfachen, werden alle Investitionen so behandelt, als ob sie zur Jahresmitte vorgenommen werden. Das heißt, dass die Kapitalbasen zum Anfang und Ende der Periode erfasst und gemittelt werden.

Die Festlegung des Verzinsungsanspruchs

Ermittlung der durchschnittlichen Kapitalkosten

Zur Ermittlung der Gesamtkapitalkosten müssen sowohl die Fremd- als auch die Eigenkapitalkosten ermittelt werden. Zur Ermittlung der Eigenkapitalkosten hat sich Lufthansa für das Capital Asset Pricing Model (CAPM) entschieden. Im CAPM setzen sich die Eigenkapitalkosten aus einem risikolosen Zins sowie einer unternehmensspezifischen Risikoprämie zusammen. Je höher die Investoren das Risiko einer Aktie im Verhältnis zur Rendite des Gesamtmarktes einschätzen, desto höher fällt die Risikoprämie aus. Das mit einer Aktie im Verhältnis zum Marktportfolio verbundene (systematische) Risiko wird mit dem so genannten ß-Faktor ausgedrückt. Ein ß-Faktor für den Lufthansa Konzern von 1,2 bedeutet, dass der Wert der Lufthansa Aktie durchschnittlich 20 % stärker schwankt als der DAX und somit risikoreicher ist als der Gesamtmarkt.

Die einzelnen Stufen der Eigenkapitalkostenberechnung bei der Lufthansa werden in Abbildung 2 veranschaulicht. Dabei wird die Marktrisikoprämie auf Basis eines längerfristigen Zeitraums ermittelt, für Deutschland liegt sie derzeit bei 5,7 % (vgl. Dimson/Marsh/Staunton 2003).

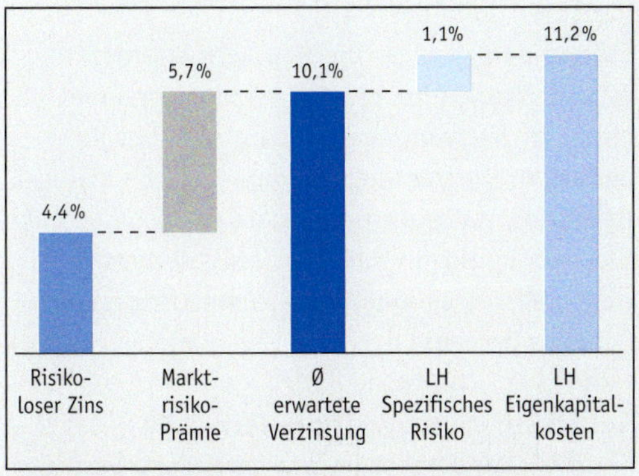

Abbildung 2: Ermittlung der Eigenkapitalkosten

Die Eigenkapitalkosten stellen nur einen Teil der Verzinsungsansprüche dar, denen ein Unternehmen unterliegt. Neben den Eigenkapitalkosten müssen auch die Zinsen für Fremdkapital verdient werden. Bei deren Bestimmung ist die vorgegebene Finanzstrategie des Lufthansa Konzerns zu berücksichtigen, laut der 85 % der Finanzverbindlichkeiten mit einem variablen Zins abzuschließen sind. Die variablen Zinssätze setzen sich zusammen aus einem Referenzzinssatz und einem vertraglich vereinbarten Aufschlag. Der Referenzzinssatz ist bei der LH (fast ausschließlich) der Sechs-Monats-Euribor. Als Schätzung für den zukünftigen Sechs-Monats-Euribor werden aus der aktuellen Zinsstrukturkurve so genannte Implied Forward Rates (vgl. bspw. Ross/Westerfield/Jaffe 2002, S. 132 f.) abgeleitet. Der Durchschnitt der Implied Forward Rates über die Restlaufzeit einer Verbindlichkeit stellt den Schätzer für die aus dem Referenzzinssatz entstehenden tatsächlichen Zinskosten dar. Zusammen mit dem vertraglich vereinbarten Aufschlag bildet dieser Schätzer den anzusetzenden variablen Zinssatz. Der volumengewichtete Durchschnitt über die in dieser Weise berechneten Zinssätze der betrachteten Positionen ergibt die Kapitalkosten der Finanzverbindlichkeiten.

Als Verhältnis von Eigen- und Fremdkapital wird die Zielkapitalstruktur des Konzerns verwendet, die nicht anhand bilanzieller Größen, sondern analog zur Ermittlung der Zinserwartungen anhand von Marktwerten ermittelt wird. Auf Grundlage des derzeitigen Verhältnisses von Eigen- zu Fremdkapital (zu Marktwerten) wurde eine Zielkapitalstruktur von 50 : 50 festgelegt. Diese Kapitalstruktur gilt für alle Geschäftsfelder, da diese durch die zentrale Finanzierungsfunktion im Konzern keinen direkten Einfluss auf die Kapitalausstattung haben.

Da die einzelnen Geschäftsfelder unterschiedliche Geschäftssysteme, Branchen und Risiken aufweisen, sind für ein Konzernsteuerungssystem zusätzlich geschäftsfeldspezifische Zielvorgaben erforderlich. Dies bedeutet, dass aufgrund der unterschiedlichen Risiken der Geschäftsfelder individuelle Eigenkapital- und damit Gesamtkapitalkosten zu ermitteln sind. Andernfalls würden relativ risikoarme Geschäftsfelder mit zu hohen und relativ risikoreiche Geschäftsfelder mit zu niedrigen Kapitalkosten konfrontiert. Aus Konzernsicht könnte es damit zur Fehlallokation von Kapital kommen, was letztlich den Unternehmenswert reduzieren würde.

Die Risiken unterschiedlicher Geschäftsbereiche der Lufthansa differieren.

Aus diesem Grund wurden für die unterschiedlichen Geschäftsfelder der Lufthansa individuelle Kapitalkosten ermittelt. Da die Tochtergesellschaften bzw. Geschäftsfelder nicht börsennotiert sind und damit keine eigenen historischen ß-Werte vorliegen, müssen die Kapitalkosten mit Hilfe einer pragmatischen Vorgehensweise ermittelt werden. Dabei werden sowohl interne Einschätzungen als auch ß-Werte börsennotierter Vergleichsunternehmen (Analogieansätze) herangezogen. Dies geschieht, um eine größtmögliche Akzeptanz sowohl intern, gegenüber den einzelnen Geschäftsfeldern, als auch extern, gegenüber der Financial Community, zu gewährleisten.

Bei der beschriebenen Vorgehensweise ergeben sich die in Abbildung 3 dargestellten Beta-Faktoren und damit Kapitalkosten für die einzelnen Geschäftsfelder.

Auch die Lufthansa verwendet das Konzept der ökonomischen Abschreibung.

Einbeziehung der Kapitalwiedergewinnung
Durch den Ansatz der Kapitalwiedergewinnung wird berücksichtigt, dass auch der Werteverzehr der Aktiva vom Geschäftsfeld verdient werden muss. Dieser Werteverzehr wird in der Cashflow-Größe EBITDA*plus* nicht erfasst. Bei der im CVA-Konzept angesetzten Kapitalwiedergewinnung handelt es sich um eine so ge-

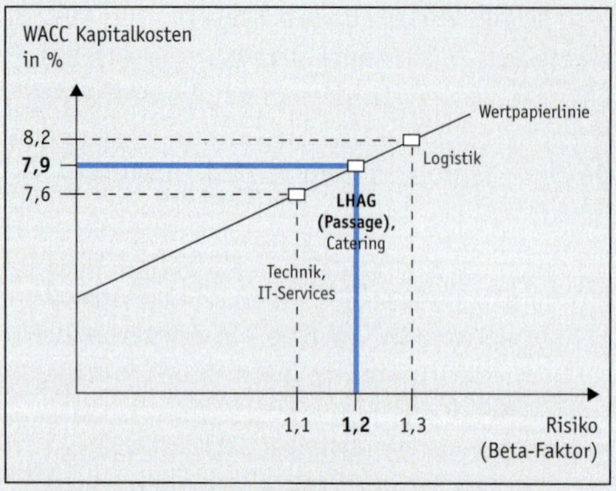

Abbildung 3: Geschäftsfeldspezifische Kapitalkosten

nannte ökonomische Abschreibung. Zur Bestimmung des für einen Vermögensgegenstand anzusetzenden Wiedergewinnungsbetrages wird der Kapitalwiedergewinnungsfaktor (KWF) verwendet, der dem Kehrwert des Rentenendwertfaktors entspricht.

Dieser mit Hilfe einer Rentenrechnung ermittelte Wert gibt an, welcher Prozentsatz der Anschaffungskosten jährlich über die Nutzungsdauer zu erwirtschaften ist, um am Ende den Anschaffungspreis wieder »in der Kasse« zu haben. Dabei wird unterstellt, dass der jährlich wiedergewonnene Betrag zu den Kapitalkosten verzinst wird. Die Nutzungsdauer für die Berechnung des KWF wird ermittelt, indem jeweils der durchschnittliche bilanzielle Abschreibungszeitraum der Aktiva nach den IFRS zugrunde gelegt wird. Die Kapitalwiedergewinnungsfaktoren für die Aktiva müssen dabei getrennt nach Anlagenklassen gleicher Nutzungsdauer berechnet werden (z. B. Flugzeuge, Gebäude), da es ansonsten aufgrund der nichtlinearen Funktion des Kapitalwiedergewinnungsfaktors zu einer Unterbewertung des KWF kommen würde.

Die Berücksichtigung von Steuern führt zu Modifikationen der Berechnung.

Berücksichtigung der Steuern

Für die Kapitalgeber ist nur eine Wertschaffung nach Steuern relevant. Auch dieser Tatsache muss bei der Ermittlung der Wertschaffung Rechnung getragen werden. Da die gewichteten Kapitalkosten (WACC) die Verzinsungserwartung der Aktionäre nach Zahlung der Unternehmenssteuern abbilden, muss daher entweder

- mit einer Überschussgröße nach Steuern wie dem EBIDA*plus* (Nettomethode) oder
- mit einem pauschalen Steueraufschlag auf die Ziele gearbeitet werden (Bruttomethode).

Lufthansa hat sich für die Zwecke der Planung und internen Berichterstattung für die Bruttomethode (EBITDA*plus*) entschieden, da die CVAs als Soll- und Istgrößen erfasst werden. Aus Steuerungs- und Kontrollgründen sind beide

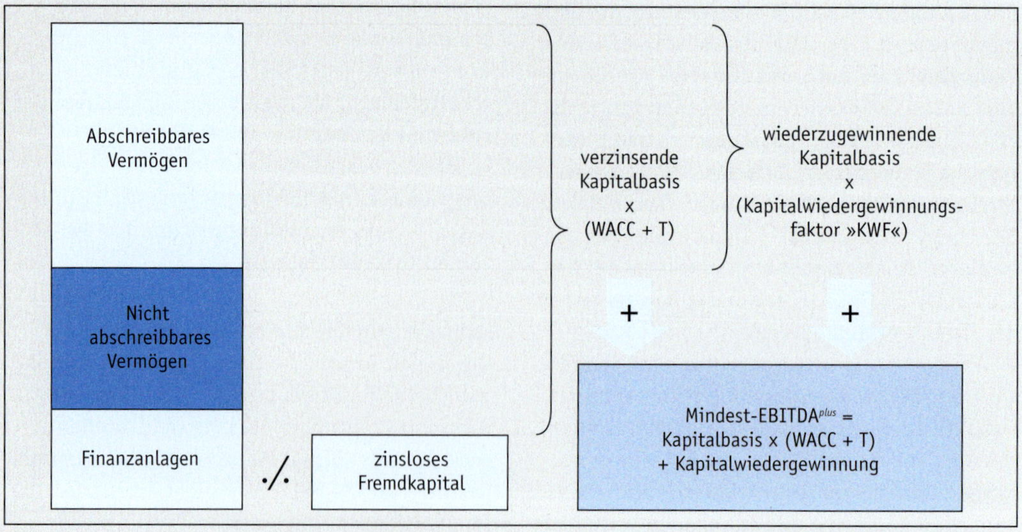

Abbildung 4: Ermittlung des Mindest-EBITDA*plus*

Größen methodisch in gleicher Weise zu ermitteln. Bei der Planung von CVAs ist die explizite Planung von Steuern problematisch. Schon für den Lufthansa Konzern als Ganzes ist dies nur mit viel Aufwand realisierbar, für einzelne Geschäftsbereiche nimmt die Komplexität jedoch noch weiter zu. Um die Steuerzahlungen ex ante zu berücksichtigen, wird der Mindest-Cashflow um die absolute Steuerzahlung erhöht (Bruttomethode). Damit muss allerdings auch bei der Ist-Erfassung die Bruttomethode verwendet werden. Die Steuerzahlung wird ins Verhältnis zur Kapitalbasis des Konzerns gesetzt. Derzeit beträgt dieser prozentuale Zuschlag auf den WACC 1,2 %.

Die Nettomethode(EBIDA*plus*), die bis 2006 in der externen Berichterstattung verwendet wurde, um die exakte Ermittlung der Performance zu erreichen, wird nicht mehr angewendet. Grund hierfür ist das Streben nach einheitlichen Berichtsgrößen. Dem Vorteil der differenzierten Steuererfassung stand der Nachteil gegenüber, dass es zwischen dem intern und dem extern kommunizierten CVA viele so genannte Brückenpositionen gab, die in Summe den internen Adressaten nur schwer vermittelbar waren. Auch hier kam es analog zum operativen Ergebnis zu einer Harmonisierung der intern und extern berichteten Erfolgsgröße.

Fasst man die einzelnen Bestimmungsgrößen zusammen, wird der Mindest-EBITDA*plus* gemäß Abbildung 4 ermittelt.

Durch den Vergleich mit dem erzielten EBITDA*plus* wird, wie eingangs dargestellt, der CVA ermittelt.

* Karl-Heinz Steinke ist Bereichsleiter Konzerncontrolling und Kostenmanagement; Dr. Jörg Beißel ist Büroleiter des Vorstands Finanzen der Deutschen Lufthansa AG.

Renditeforderungen der Eigen- und Fremdkapitalgeber erfüllt wurden. Die Formel verdeutlicht zudem, dass auf Basis des CVA auch Entscheidungen vorteilhaft sein können, deren Rendite unterhalb des bisherigen CFROI, aber oberhalb des WACC liegt. Die oben beispielhaft angesprochenen Probleme der Verwendung des CFROI als Steuerungsgröße werden dadurch vermieden.

Alle dargestellten wertorientierten Kennzahlen sind mit erheblichen Operationalisierungsproblemen verbunden (vgl. ausführlich Weber/Bramsemann/Heineke/Hirsch 2004, S. 98–104). Von besonderem Gewicht erweist sich dabei die Schwierigkeit der Prognose der Cashflows und eventueller Veränderungen der Kapitalkosten. Ist das Betrachtungsobjekt der wertorientierten Kennzahl die einzelne Geschäftseinheit, so können sich zudem die eindeutige Zurechnung von Cashflows und die Festlegung eines spezifischen Kapitalkostensatzes je Geschäftseinheit als schwierig erweisen (vgl. Zimmerman 2005).

7.3.2.4 Earnings Less Riskfree Interest Charge

Der von Velthuis und Wesner entwickelte *Earnings Less Riskfree Interest Charge* (ERIC) ist eine wertorientierte Spitzenkennzahl, bei der anders als EVA, CVA und CFROI die Kosten für das eingesetzte Kapital mit einem risikofreien Kapitalkostensatz bestimmt werden. ERIC setzt direkt an Größen des externen Rechnungswesens an: Ausgehend vom Gewinn vor Zinsen aber nach Steuern (Earnings Before Interest After Tax, EBIAT)

Alle wertorientierten Kennzahlen sind mit erheblichen Operationalisierungsproblemen verbunden.

Abb. 7-2

Ermittlung von ERIC im Vergleich zu traditionellen Wertbeiträgen (entnommen aus Velthuis/Wesner 2005, S. 43)

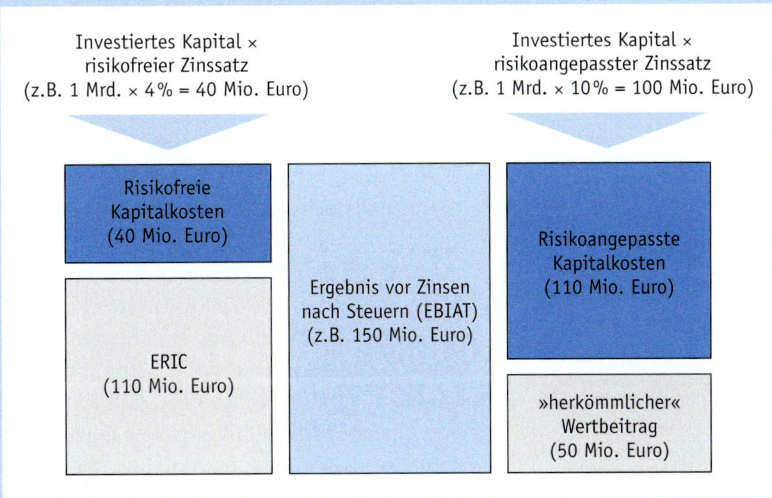

Zusammenfassende Aussagen (vgl. auch Leitfrage 3)

- Finanzielle Kennzahlen haben in der Praxis eine wesentliche Bedeutung. Mit der Internationalisierung der Rechnungslegung vereinheitlicht sich zunehmend das Set an maßgeblichen finanziellen Kennzahlen.
- Wertorientierte Kennzahlen basieren auf den Konzepten des Value-based Managements. Die bekanntesten sind der EVA und der CVA. Ihre Ermittlung induziert in der Praxis einen erheblichen Operationalisierungs- und Abgrenzungsbedarf.

werden risikofreie Kapitalkosten in Abzug gebracht. Die Kapitalkosten bei ERIC ergeben sich als risikofreier Kapitalkostensatz multipliziert mit dem eingesetzten Kapital. Durch den Abzug von numerisch kleineren Kosten für das eingesetzte Kapital ist ERIC ceteris paribus stets größer als ein herkömmlicher Wertbeitrag (vgl. Velthuis/Wesner 2005, S. 42 ff. und *Abbildung 7-2*).

Die Vergangenheit kennt kein Risiko.

Velthuis und Wesner kritisieren, dass bei »herkömmlichen« Wertbeiträgen die Verwendung der ex ante erwarteten Verzinsung auf das eingesetzte Kapital als Benchmark im Rahmen einer ex post Performancemessung nicht sinnvoll sei. Ein solche Vergleichsgröße berücksichtigt weder die eingetreten Umweltentwicklung noch stellt sie eine Alternative dar, die ex post hätte erzielt werden können und damit als Vergleichsmaßstab in Frage käme (vgl. Velthuis/Wesner 2005, S. 74). Bei der Beurteilung eines Unternehmens oder eines Geschäftsbereichs mit ERIC wird daher im Prinzip wie bei der Beurteilung einer Kapitalanlage in Aktien verfahren. Die zentrale Frage lautet, ob die erzielte Rendite über der Rendite liegt, die man mit (risikolosen) festverzinslichen Wertpapieren erhalten hätte. Wurde diese übertroffen, hat sich das Investment »gelohnt«, Wert wurde erzielt. Eine zweite Frage zielt darauf ab, ob die ausgewählte Aktie auch die beste war. Hierzu vergleicht man die erzielte Rendite mit der Rendite, die eine andere Anlageform mit dem gleichen Risikoprofil (z. B. ein Konkurrent aus derselben Branche) aufweist.

Bei einer Performancemessung mit ERIC wird diese jedem Kapitalanleger vertraute Vorgehensweise auf die Unternehmenssteuerung übertragen. ERIC stellt die Frage, ob das Unternehmen oder der Geschäftsbereich mehr verdient hat als die Anlage des dort investierten Kapitals zum risikolosen Zins erbracht hätte. Unabhängig von der Antwort auf diese Frage stellt die zweite relevante Kenngröße, die ERIC-Gewinnperformance, den Vergleich zwischen der Werterzielung des betrachteten Unternehmens oder Geschäftsbereichs mit der Werterzielung eines Benchmarks der gleichen Risikoklasse her. Bei einem prozentualen ERIC von 10 % und einem prozentualen Benchmark-ERIC von 14 % ergibt sich zum Beispiel eine prozentuale ERIC-Gewinnperformance von –4 %. Die Kenngröße beantwortet damit die Frage, ob die Werterzielung eher das Ergebnis von besonders guter Managementqualität oder günstiger Umstände war (vgl. Velthuis/Wesner 2005, S. 70 ff.).

7.4 Kennzahlensysteme

7.4.1 Begriff, Merkmale und Erscheinungsformen von Kennzahlensystemen

Kennzahlen verdichten per definitionem komplexe wirtschaftliche Realität. Einzelne Kennzahlen haben folglich nur eine begrenzte Aussagekraft. Um diese zu erhöhen, können mehrere Kennzahlen miteinander kombiniert werden. Von einem Kennzahlensystem ist dann zu sprechen, wenn zwei oder mehr Kennzahlen in einer Beziehung zueinander stehen, einander ergänzen oder erklären (vgl. Sandt 2004, S. 14). Die Art der Zusammensetzung der Kennzahlen und die Enge ihres Zusammenhangs kennzeichnen unterschiedliche Kennzahlensysteme:

- Bezogen auf die Art der Zusammensetzung können wir auf die Ausführungen zu Arten von Kennzahlen zurückgreifen. Dort wurden unter anderem finanzielle und nicht-finanzielle Kennzahlen unterschieden. Kennzahlensysteme, die nur finanzielle Kennzahlen enthalten, fokussieren die Aufmerksamkeit auf einen speziellen Ausschnitt der wirtschaftlichen Aktivitäten. Dagegen können die zu einem Kennzahlensystem gehörenden Kennzahlen auch versuchen, ein breites, die wesentlichen Bereiche umfassendes Bild zu zeichnen. Bei gleicher Kennzahlenzahl geht es hier um die Entscheidung zwischen Tiefe und Breite des Kennzahlensystems. Dieser Aspekt sei als *Ausgewogenheit* bezeichnet.

- Kennzahlensysteme können sich auch bezüglich des *Zusammenhangs* der in ihnen enthaltenen Kennzahlen unterscheiden. Das Spektrum reicht von einer mathematischen Verknüpfung, die wir gleich am »Stammvater« aller Kennzahlensysteme, dem DuPont System of Financial Control kennen lernen werden, über die Postulierung eines Ursache-Wirkungs-Zusammenhangs, wie er für die ebenfalls noch vorzustellende Balanced Scorecard typisch ist, bis zu einer reinen Klassifizierung; in letztere Gruppe ist etwa das im Rahmen der Qualitätsmanagementbewegung entstandene EFQM-System und das Konzept selektiver Kennzahlen einzusortieren, denen ebenfalls jeweils ein eigener Abschnitt in diesem Kapitel gewidmet ist. Im Falle einer mathematischen Verknüpfung spricht man von einem *Rechensystem*, bei einer sachlogischen Verknüpfung von einem *Ordnungssystem*.

Versieht man nun diese beide Faktoren Ausgewogenheit und Zusammenhang jeweils mit den Ausprägungen hoch und niedrig, ergibt sich eine Vier-Felder-Matrix zur Einordnung von Kennzahlensystemen, welche deren Unterschiedlichkeit anschaulich zu klassifizieren vermag (vgl. die *Abbildung 7-3*).

Feld 1 beschreibt ein Kennzahlensystem, das sich strikt an Engpässen der Geschäftsprozesse ausrichtet. Nur diese Eigenschaft stellt die Verbindung zwischen den einzelnen Kennzahlen her (vgl. Abschnitt 7.4.2.5). Allerdings kann man in dieses Feld auch die häufig in deutschen Unternehmen anzutreffende Situation der »Kennzahlenfriedhöfe« einordnen: Im Laufe der Zeit werden immer mehr Kennzahlen angesammelt; neue Managementkonzepte und -moden fügen dem Kennzahlenbestand in der Regel immer neue Kennzahlen hinzu, alte Kennzahlen werden nicht entfernt. Im Ergebnis findet sich eine Vielzahl weder ausgewogener noch miteinander in Bezug gesetzter Kennzahlenlisten.

Abb. 7-3

Schema zur Klassifizierung von Kennzahlensystemen (modifiziert entnommen aus Weber/Sandt 2001, S. 21)

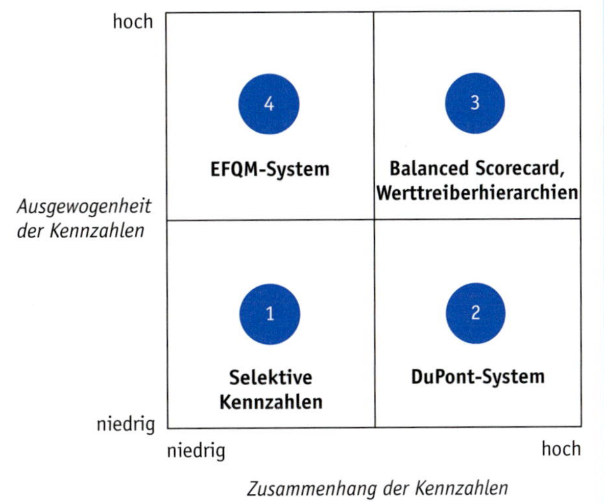

Finanzwirtschaftliche Kennzahlensysteme wie das DuPont System of Financial Control (vgl. Abschnitt 7.4.2.1) und die Strukturanalyse des ZVEI-Systems zeichnen sich zwar durch einen hohen Zusammenhang der Kennzahlen aus, sie adressieren aber nur einen (den finanziellen) Aspekt des Geschäfts und sind daher nicht ausgewogen (*Feld 2*). Eine Balanced Scorecard (vgl. Abschnitt 7.4.2.3) will eine Beschränkung auf finanzielle Größen vermeiden und strebt dennoch eine enge Verknüpfung der unterschiedlichen Kennzahlenfelder durch Ursache-Wirkungs-Zusammenhänge an. Sie kann damit in *Feld 3* eingeordnet werden. Eine ähnliche Zuordnung trifft für Werttreiberhierarchien zu, die eine andere Form der Auswahl und der Beziehungen der Kennzahlen vollziehen (vgl. Abschnitt 7.4.2.2). Es verbleibt das *Feld 4*. Das in diesem aufgeführte EFQM-System (vgl. Abschnitt 7.4.2.4) versucht, die wesentlichen erfolgsbestimmenden Faktoren eines Unternehmens abzubilden, verzichtet aber auf eine laufende Analyse der zwischen diesen bestehenden Zusammenhänge.

Kennzahlensysteme können nach ihrer Ausgewogenheit und dem Zusammenhang ihrer Kennzahlen charakterisiert werden.

Der Blick in die Praxis zeigt schließlich, dass Kennzahlensysteme trotz ihres Charakters als Standardinstrument längst noch nicht alle Unter-

Abb. 7-4

DuPont System of Financial Control (in Anlehnung an Davis 1950, S. 7)

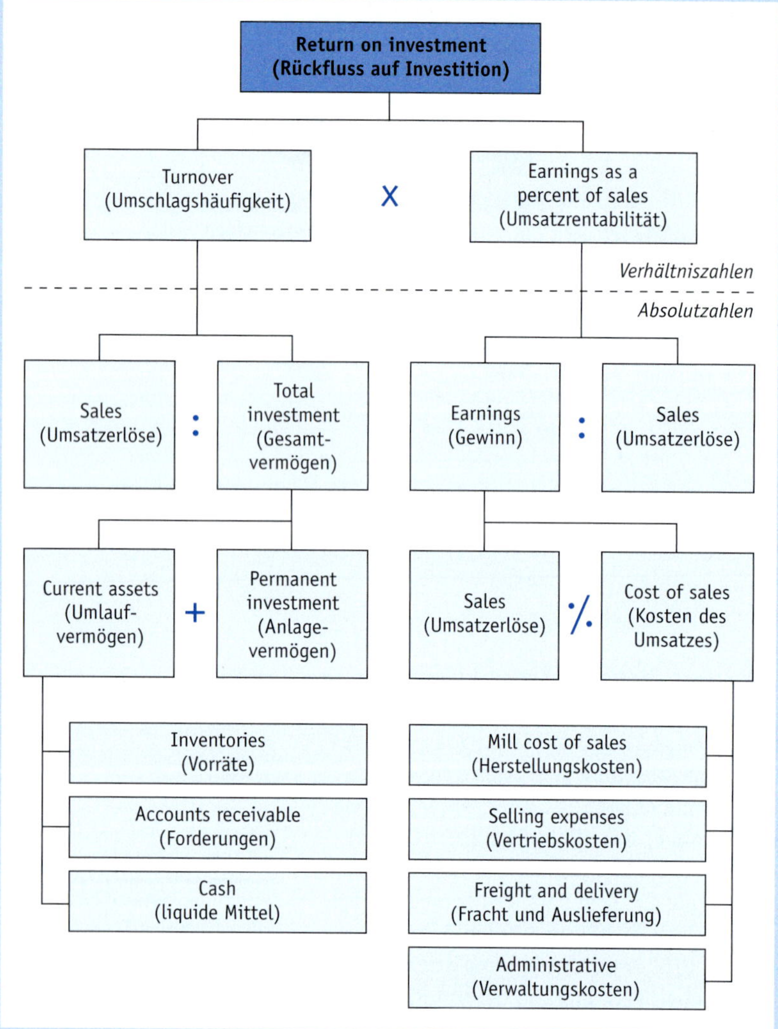

In der Praxis hat längst noch nicht jeder Manager ein Kennzahlensystem, obwohl er viele Kennzahlen geliefert bekommt.

nehmen durchdrungen haben. Einer Studie von Weber und Sandt zufolge verfügt das Top-Management zwar über eine große Zahl von Kennzahlen unterschiedlichen Inhalts – wir haben dies in der *Abbildung 7-1* schon gezeigt. Fast jeder zweite Manager mit Ergebnisverantwortung muss aber diese Kennzahlen selbst zueinander in Beziehung bringen; sie sind nicht in einem System miteinander verknüpft. Knapp ein Drittel der leitenden Manager besitzt ein Kennzahlensystem, das selbst entwickelt wurde. Das am weitesten verbreitete System ist aktuell das ROI-System (wie das DuPont System of Financial Control), gefolgt von der Balanced Scorecard. Letztere wird sich vermutlich zu einem Standard entwickeln; eine große Zahl der befragten Manager will dieses System in der nahen Zukunft implementieren (vgl. Weber/Sandt 2001 und Grüning 2002).

7.4.2 Überblick über wichtige Kennzahlensysteme

Im Folgenden wollen wir – wie angekündigt – einige Kennzahlensysteme näher betrachten. Die Auswahl erfolgte nach ihrer praktischen Bedeutung und/oder ihrer Eigenschaft als Stellvertreter eines bestimmten Typs von Kennzahlensystemen (vgl. nochmals die *Abbildung 7-3*; für einen tieferen Überblick vgl. Sandt 2004, S. 30–74).

7.4.2.1 Traditionelle Kennzahlensysteme als Ausgangspunkt

Das wohl älteste Kennzahlensystem, das DuPont-System of Financial Control der amerikanischen Firma »I.E. DuPont de Nemours & Co.«, wurde bereits 1919 entwickelt. Ausgehend vom Ziel der Gewinnmaximierung steht der Return on Investment an der Spitze der Kennzahlenpyramide. Die weiteren Kennzahlen des DuPont (auch ROI)-Kennzahlensystems basieren auf Zahlen des betrieblichen Rechnungswesens und sind mathematisch miteinander verknüpft. Durch schrittweise Analyse können – wie auch die *Abbildung 7-4* zeigt – die Haupteinflussfaktoren des Unternehmenserfolgs analysiert, durch die Gegenüberstellung mit unternehmensinternen bzw. -übergreifenden (z. B. Branchenvergleich) Werten Schwachstellen erkannt und entsprechende Gegenmaßnahmen eingeleitet werden.

Das DuPont System ist als Vorbild für die Erarbeitung zahlreicher anderer Kennzahlensysteme herangezogen worden. Die in Deutschland bekannteste Weiterentwicklung des DuPont-Systems stellt das ZVEI-Kennzahlensystem dar, welches 1970 vom Zentralverband Elektrotechnik und Elektronikindustrie e.V. der Öffentlichkeit vorgestellt wurde. In der *Strukturanalyse* des ZVEI-Kennzahlensystems fungiert die Eigenkapitalrentabilität als Spitzenkennzahl, von der aus 200 Kennzahlen mathematisch verknüpft detailliertere Analysen erlauben als das DuPont-System. Ergänzt wird die *Strukturanalyse* des ZVEI-Kennzahlensystems durch neun nicht-verknüpfte Kennzahlen der *Wachstumsanalyse*. Hierzu zählen z. B. Umsatzerlöse, Personalaufwand oder Jahresüberschuss. Da der ZVEI jährlich die für das Kennzahlensystem relevanten Daten aus dem internen und externen Rechnungswesen bei seinen Mitgliedsfirmen erhebt, ist es den Mitgliedsfirmen möglich, umfassende Betriebs- und Zeitvergleiche durchzuführen (vgl. Neumann/Thumbs 1999).

Traditionelle Kennzahlensysteme (wie das ROI- und ZVEI-System) lassen sich zum einen als unausgewogen, zum anderen als stark zusammenhängend bezeichnen. Die starke Ausrichtung auf finanzielle Größen der traditionellen Kennzahlensysteme wird seit längerer Zeit kritisiert und hat wesentlich zum Aufkommen der Diskussion zum Performance Measurement und zu Kennzahlensystemen wie der Balanced Scorecard beigetragen. Die mathematische Verknüpfung ermöglicht eine direkte Abschätzung der Wirkung von Maßnahmen (z. B. der Erhöhung des Kapitalumschlags), suggeriert aber leicht das Bild einer Mechanik, der Unternehmensführung als Räderwerk, was angesichts der aktuell hohen Veränderungsrate auch im operativen Geschäft zunehmend unpassend ist.

7.4.2.2 Werttreiberhierarchien

Der Begriff des »Werttreibers« stammt aus dem Kontext wertorientierter Unternehmenssteuerung, den wir schon zu Anfang dieses Kapitels kennen gelernt haben. Ein Werttreiber stellt allgemein einen beeinflussbaren Faktor dar, der eine hohe Relevanz für das wirtschaftliche Ergebnis eines Unternehmens(bereiches) besitzt. Eine positive Entwicklung des Werttreibers bewirkt c. p. eine Verbesserung des wirtschaftlichen Erfolgs des Unternehmens.

Grundsätzlich lassen sich *finanzielle* und *operative Werttreiber* unterscheiden. Erstere sind finanzielle Ergebnisgrößen, die aus den Aktivitäten und Entscheidungen im Unternehmen resultieren. Beispielsweise stellen das Umsatzwachstum, die Umsatzrentabilität, die Gewinnsteuern, die Investitionen in das Anlage- und Umlaufvermögen sowie die Kapitalkosten finanzielle Werttreiber dar. Operative Werttreiber können dagegen als die den finanziellen Größen vorgelagerten, auf den unterschiedlichen Organisationsebenen beeinflussbaren Hebel für den Unternehmenserfolg bezeichnet werden. Je höher die direkte Umsetzbarkeit dieser Größe in einzelne Handlungen ist, desto operativer kann der Werttreiber angesehen werden. Ein Beispiel ist die Erhöhung der Produktqualität, wenn diese einen wesentlichen Einfluss auf den Umsatz eines Unternehmens ausübt. Ein »noch operativerer« Werttreiber wäre dann etwa eine verbesserte Haltbarkeit des Produktes als ein wesentliches Merkmal der Produktqualität.

Werttreiberhierarchien helfen, die Wertorientierung in das konkrete Geschäft umzusetzen.

Werttreiber werden zumeist in *Werttreiberhierarchien* miteinander verknüpft. Eine solche Hierarchie stellt ein durchgängig verknüpftes System von finanziellen und operativen Werttreibern dar, die alle auf die Steigerung des Unternehmenswertes ausgerichtet sind. Die Form des Zusammenhangs ist dabei in der Regel zweistufig (vgl. auch die *Abbildung 7-5*): Im ersten Schritt erfolgt – wie im DuPont-System – eine mathematische Verknüpfung. Die wertorientierte Spitzenkennzahl wird sukzessiv in ihre Bestandteile zerlegt. Mit fortschreitender Aufspaltung erfolgt dann ein Übergang von mathematischen Verknüpfungen zu sachlogischen Zusammenhängen, die nicht eindeutig quantifizierbar sind, wie dies etwa für die Wirkung einer veränderten Produktqualität auf die Höhe des Preises zutrifft.

Das Hauptziel einer Steuerung über Werttreiber stellt die *Operationalisierung* des Ziels der Unternehmenswertsteigerung dar. Das Ziel selbst oder dessen Periodisierung über die angesprochenen Kennzahlenkonzepte EVA und CVA vermittelt dem Großteil der Mitarbeiter eines Unternehmens noch keine konkrete Handlungsorientierung. Beispielsweise kann ein Mitarbeiter in der Produktion nicht einordnen, was er zur Steigerung des EVA des Gesamtunternehmens beitragen kann. Das Ziel muss also konkretisiert werden, damit es über alle Organisationsebenen im Unternehmen akzeptiert und konsequent verfolgt wird. Ein weiterer Vorteil der Nutzung von Werttreibern stellt die Vereinheitlichung des Geschäftsverständnisses im Unternehmen dar. Die wesentlichen Einflussfaktoren auf den Unternehmenserfolg werden anhand von Werttreiberhierarchien identifiziert, im Unternehmen

Unterscheidung finanzieller und operativer Werttreiber

Abb. 7-5

Beispiel eines Werttreiberbaums auf Basis des Economic Value Added (entnommen aus Weber/Bramsemann/Heineke/Hirsch 2002a, S. 37)

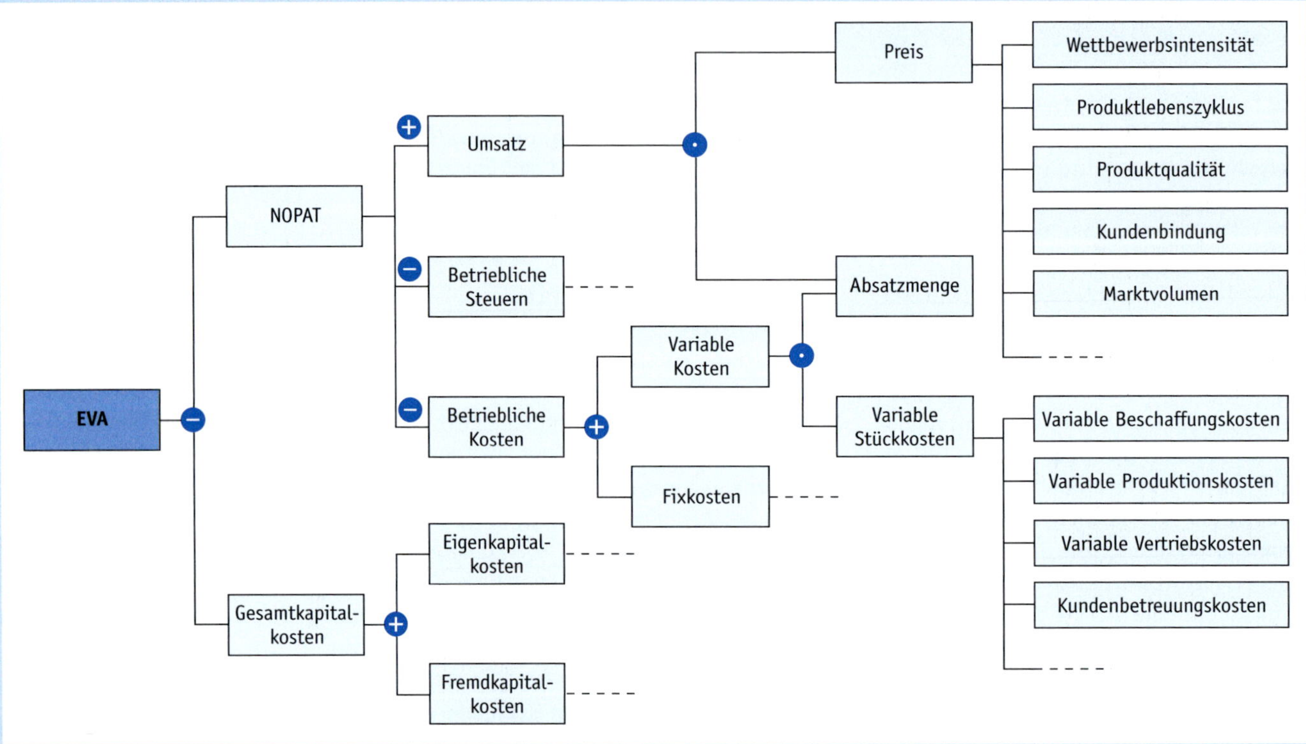

Die Balanced Scorecard ist eines der meist diskutierten und beachteten Controllinginstrumente der letzten Jahre.

kommuniziert und auch diskutiert. Durch die explizite Darstellung der Zusammenhänge zwischen den Werttreibern wird zudem die Bildung von »Kennzahlenfriedhöfen« vermieden, so dass das Management seine Aufmerksamkeit auf die wesentlichen Faktoren des Unternehmenserfolgs lenken kann.

7.4.2.3 Balanced Scorecard

Während Werttreiberhierarchien von ihrem Aufbau her noch einen engen Zusammenhang zum »klassischen« ROI-System wahren, löst sich das nun vorzustellende Kennzahlensystem der Balanced Scorecard ganz von mathematischen Zusammenhängen.

Vor dem Hintergrund immer lauterer Kritik an der Eindimensionalität finanzieller Kennzahlensysteme in den USA wurde Anfang der 90er Jahre des letzten Jahrhunderts unter der Leitung von Kaplan und Norton ein Forschungsprojekt mit 12 US-amerikanischen Unternehmen durchgeführt. Ziel war, die vorhandenen Kennzahlensysteme den gestiegenen Anforderungen der Unternehmen anzupassen.

Im Konzept der Balanced Scorecard werden dementsprechend die traditionellen finanziellen Kennzahlen durch eine Kunden-, eine interne Prozess- und eine Lern- und Entwicklungsperspektive ergänzt und auf die verfolgte Unternehmensstrategie bezogen (vgl. auch die *Abbildung 7-6*); vorlaufende Indikatoren bzw. Leistungstreiber treten damit an die Seite von Ergebniskennzahlen (vgl. Kaplan/Norton 1996, S. 24 ff.):

- Die *finanzielle Perspektive* zeigt, ob die Implementierung der Strategie zur Ergebnisverbesserung beiträgt. Kennzahlen der finanziellen Perspektive sind etwa die erzielte Eigenkapitalrendite oder der Economic Value Added. Die finanziellen Kennzahlen nehmen dabei eine Doppelrolle ein. Zum einen definieren sie die finanzielle Leistung, die von einer Strategie erwartet wird. Zum anderen fungieren sie als Endziele für die anderen Perspektiven der Balanced Scorecard. Kennzahlen der Kunden-, internen Prozess- sowie Lern- und Wachstumsperspektive sollen grundsätzlich über Ursache-Wirkungsbeziehungen mit den finanziellen Zielen verbunden sein – wir werden hierauf gleich noch näher eingehen.

- Die *Kundenperspektive* reflektiert die strategischen Ziele des Unternehmens in Bezug auf die Kunden- und Marktsegmente, auf denen es konkurrieren möchte. Für die identifizierten Kunden- und Marktsegmente sollen Kennzahlen, Zielvorgaben und Maßnahmen entwickelt werden.
- Aufgabe der *internen Prozessperspektive* ist es, diejenigen Prozesse abzubilden, die vornehmlich von Bedeutung sind, um die Ziele der finanziellen und der Kundenperspektive zu erreichen. Hierbei ist eine Darstellung der kompletten Wertschöpfungskette hilfreich.
- Die Kennzahlen der *Lern- und Entwicklungsperspektive* beschreiben die Infrastruktur, die notwendig ist, um die Ziele der ersten drei Perspektiven zu erreichen. Die Notwendigkeit von Investitionen in die Zukunft wird von Kaplan/Norton besonders betont. Drei Hauptkategorien werden hierbei unterschieden: Qualifizierung von Mitarbeitern, Leistungsfähigkeit des Informationssystems sowie Motivation und Zielausrichtung von Mitarbeitern.

Durch die Ergänzung finanzieller Kennzahlen um weitere Perspektiven werden traditionelle Ergebniskennzahlen – quasi automatisch – auch um vorlaufende Indikatoren (z. B. Taktzeiten, Fehlerquoten) ergänzt. Diese werden auch als *Leistungstreiber* bezeichnet. Sie sind zumeist hochgradig geschäftsspezifisch und spiegeln Wettbewerbsvorteile des Unternehmens.

Eine gute Sorecard sollte aus einer Mischung von Ergebniskennzahlen und Leistungstreibern bestehen:

- Ergebniskennzahlen ohne Leistungstreiber vermitteln nicht, wie die Ergebnisse erreicht werden sollen. Auch erhält man von ihnen keine frühe Rückmeldung über die erfolgreiche Umsetzung einer Strategie.

Im Original

Zur Verdeutlichung ihres BSC-Konzeptes fordern Kaplan/Norton den Leser auf, sich vorzustellen, wie er das Cockpit eines modernen Flugzeugs betritt und dort nur ein einziges Instrument sieht: »Wie würden Sie sich wohl nach dem folgenden Gespräch mit dem Kapitän fühlen?

Frage: Es überrascht mich zu sehen, dass Sie in Ihrem Flugzeug mit nur einem Instrument zurechtkommen. Wozu dient es?

Antwort: Fluggeschwindigkeit. Heute konzentriere ich mich auf die Fluggeschwindigkeit.

Frage: Das ist gut. Die Fluggeschwindigkeit ist bestimmt wichtig. Aber was ist mit der Höhe? Wäre ein Höhenmesser nicht auch nützlich?

Antwort: Auf die Höhe habe ich mich während der letzten Flüge konzentriert und bin schon ziemlich gut darin. Jetzt muss ich an der optimalen Fluggeschwindigkeit arbeiten.

Frage: Mir ist aufgefallen, dass Sie gar keine Kraftstoffanzeige haben. Stört Sie das nicht?

Antwort: Sie haben Recht. Nützlich wäre so ein Ding schon. Aber ich kann mich einfach nicht auf mehrere Geräte gleichzeitig konzentrieren. Wenn ich das mit der Geschwindigkeit und der richtigen Höhe im Griff habe, werde ich mich nächstes Mal auf den Kraftstoffverbrauch konzentrieren.

Wahrscheinlich würden Sie nach dieser Diskussion nicht mehr an Bord des Flugzeugs gehen« (Kaplan/Norton 1996, S. 1).

Die Autoren argumentieren nun, dass kein Pilot auf die Idee kommen würde, ein Flugzeug nur mit einem Instrument zu steuern. Warum sollten also Manager ein weniger umfangreiches Instrumentarium benutzen, um ihr Unternehmen zu steuern?

- Umgekehrt ermöglichen Leistungstreiber ohne Ergebniskennzahlen zwar die Erreichung kurzfristiger Verbesserungen für die Geschäftseinheit, lassen aber nicht erkennen, ob diese Verbesserungen auch zu einem größeren Geschäftsvolumen mit alten und neuen Kunden sowie gegebenenfalls zu einer verbesserten Finanzleistung geführt haben.

Das Bild eines Baumes kann den Zusammenhang verdeutlichen: Ergebniszahlen entsprechen Aussagen darüber, ob Früchte am Baum hängen. Möchte man jedoch eine frühe Rückmeldung über den Zustand des Baumes haben und ggf. Verbesserungsmaßnahmen anstoßen, gilt es, an den Wurzeln anzusetzen, d. h. an den Frühindikatoren der Lern- und Entwicklungs- sowie der Markt- und Prozessperspektive.

Eine gute Scorecard sollte aus einer Mischung von Ergebniszahlen und Leistungstreibern bestehen.

Abb. 7-6

Die vier Perspektiven der Balanced Scorecard (entnommen aus Kaplan/Norton 1996, S. 9)

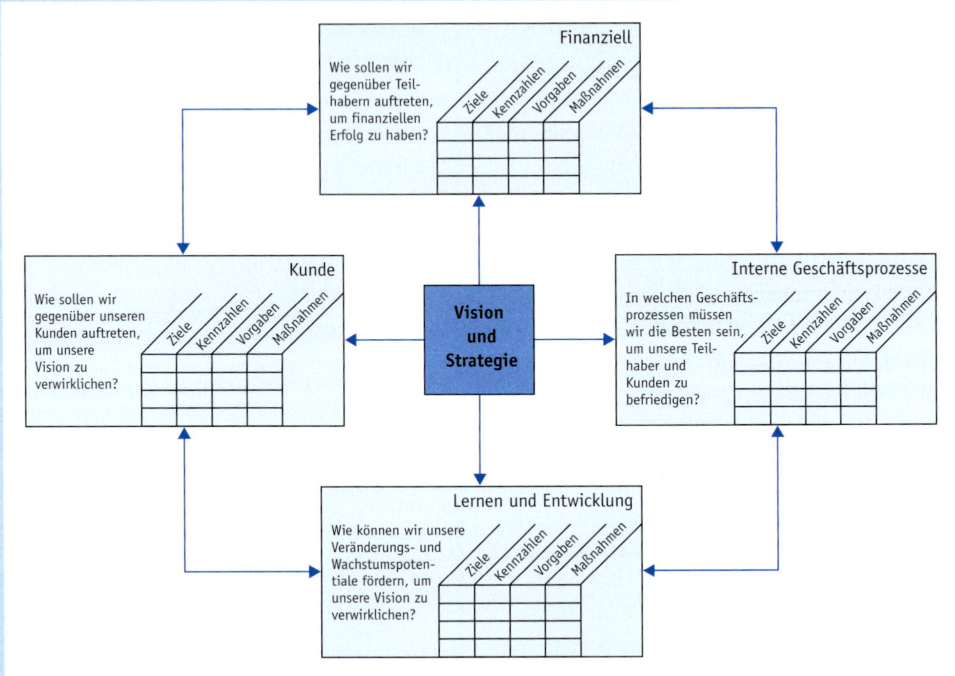

Das häufig zitierte Grundmodell der Balanced Scorecard

Die Balanced Scorecard ist durch eine starke Beschränkung auf Wichtiges gekennzeichnet.

Beispiele für konkrete Inhalte der BSC finden sich in der einschlägigen Literatur mittlerweile in großer Zahl. Die *Abbildung 7-7* zeigt eines davon. Ein weiteres werden wir im Schlusskapitel dieses Buches kennen lernen, wenn es um die Anwendung der BSC auf den Controllerbereich geht (Abschnitt 15.2.4). Die grundlegende Strukturierung in vier Perspektiven – als unterschiedliche Blickrichtungen auf die wirtschaftliche Realität – ist dabei weder zufällig noch als strikt einzuhaltende Vorgabe zu verstehen. Sie bildet zum einen die Wertschöpfungskette ab und berücksichtigt wichtige Managemententwicklungen zum Ende des zwanzigsten Jahrhunderts (z. B. Systems Reengineering (Prozesse) oder Wissensmanagement (Lernen und Entwicklung) – vgl. Weber/Schäffer 2000b, S. 165–171). Zum anderen können (und sollen) sie auf die konkrete Unternehmenssituation bezogen und somit inhaltlich verändert werden: Besitzt für ein Unternehmen z. B. die Integration von Lieferanten (»Wertschöpfungspartnerschaften«) zentrale Bedeutung, so folgt daraus die Sinnhaftigkeit einer eigenen Lieferantenperspektive.

Innerhalb der Perspektiven sieht das Konzept der Balanced Scorecard eine strikte Beschränkung der ausgewiesenen Kennzahlen vor (z. B. auf jeweils fünf). Angesichts der bereits angesprochenen Kennzahlenvielfalt in den Unternehmen erfordert dies folglich eine *starke Selektion*. Das Trennen von Wichtigem und Unwichtigem, das auch schon in der Konzentration auf wenige Perspektiven deutlich wurde, lässt sich als ein Grundmerkmal der Balanced Scorecard kennzeichnen.

Bei der Selektion der Kennzahlen gelten zwei Bedingungen: Zum einen muss jede in die BSC aufgenommene Kennzahl einen *Strategiebezug* aufweisen und damit direkt oder indirekt einen starken Einfluss auf den Unternehmenserfolg haben; zum anderen müssen die Kennzahlen durch das Management in ausreichendem Maße *beeinflussbar* sein. Die Gesamtheit der Kennzahlen muss im Sinne von »Ursache-Wirkungsbeziehungen« miteinander verbunden sein. Diese, von

Kaplan/Norton (z. B. 1996, S. 30 f.) postulierte Verknüpfung veranschaulicht auch die *Abbildung 7-8*. Anders als im ROI-Schema oder in Werttreiberhierarchien wird somit auf eine mathematische Verknüpfung zugunsten eines sachlogischen Zusammenhangs verzichtet. Dies entspricht dem »Manager-Alltag« in vielen Unternehmen: Der hohe Grad von Veränderung erfordert es, stets mehrere Aspekte gleichberechtigt im Blick zu behalten, die zwar zusammenhängen, jedoch in Gewicht und Wirkungen ständig neue Ausprägungen erfahren. Insofern passt das Bild eines Jongleurs, der mehrere Bälle in der Luft halten muss, auf die Managementsituation heute deutlich besser als das eines festen Räderwerks.

Zur Generierung der Ursache-Wirkungsbeziehungen findet sich bei Kaplan/Norton der Verweis auf Diskussion im Management-Team, das zu Ergebnissen kommt, die später mit empirischen Daten – z. B. mittels Regressionsanalysen – überprüft werden können. Mittlerweile breit aufgebaute Erfahrung zeigt die Sinnhaftigkeit eines solchen Vorgehens (vgl. z. B. Weber/Radtke/Schäffer 2006, S. 36–38). Die Diskussion über derartige Zusammenhänge regt das Nachdenken über das eigene Geschäft an und führt zu einem gemeinsamen Verständnis über deren Grundlagen. Von quantitativ ausgerichteten Verknüpfungsmodellen ist eher abzuraten, da diese suggerieren, die Zusammenhänge seien leicht analytisch erfassbar. Ihnen sollte allenfalls eine unterstützende bzw. ergänzende Funktion zukommen. Die BSC ist ihrem Wesen nach ein Ordnungs-, kein Rechensystem! In jedem Fall gilt es

Die BSC will bewusst nicht das Bild des Unternehmens als ein festes Räderwerk unterstützen.

Abb. 7-7

Auszüge aus einer Balanced Scorecard (modifiziert entnommen aus Horváth & Partner 2004, S. 235 ff.)

Perspektiven	Strategische Ziele	Messgrößen
Finanzielle Perspektive Welche Zielsetzungen leiten sich aus den finanziellen Erwartungen unserer Kapitalgeber ab?	CFROI deutlich steigern	CFROI
	Konkurrenzfähige Kostenstruktur aufbauen	% Gesamtkosten vom Umsatz % Vertriebs- und Verwaltungskosten
	Internationales Wachstum vorantreiben	Gesamtumsatz % Umsatz nicht EU/nicht USA
Kundenperspektive Welche Ziele sind hinsichtlich Struktur und Anforderungen unserer Kunden zu setzen, um unsere finanziellen Ziele zu erreichen?	Affordable but good: Einfachgeräte am Markt positionieren	Marktanteil im Massensegment Bewertungsindex Händler
	Excellence in copying im Hochpreissegment	Marktanteil im Hochpreissegment Imagewerte Zielkunden
	Funktionssicherheit erhöhen	Anzahl Störfälle
	Kundenbetreuung aktiver gestalten	Wiederverkaufsquote Besuche/Zielkunde
Prozessperspektive Welche Ziele sind hinsichtlich unserer Prozesse zu setzen, um die Ziele der Finanz- und Kundenperspektive erfüllen zu können?	Produkte standardisieren	Gleichteilekosten in Relation zu den gesamten Materialkosten
	Synergien nutzen	Personalkosten in % vom Umsatz Synergiebericht
	Fertigungstiefe an Kernkompetenzen anpassen	Kerntechnologiequote
	Interne Kundenorientierung erhöhen	Schnittstellenbefragungsindex
Potentialperspektive Welche Ziele sind hinsichtlich unserer Potentiale zu setzen, um den aktuellen und zukünftigen Herausforderungen gewachsen zu sein?	Entwicklungskompetenz steigern	Assessmentwerte (durch F & E, Vertrieb, Produktion, Management)
	Neue Medien nutzen	Bestellvorgänge über Internet
	Mitarbeitermotivation erhöhen	Austritte von Key Employees Mitarbeiterbefragungswerte

Abb. 7-8

Ursache-Wirkungskette in der Balanced Scorecard nach Kaplan/Norton 1996, S. 31

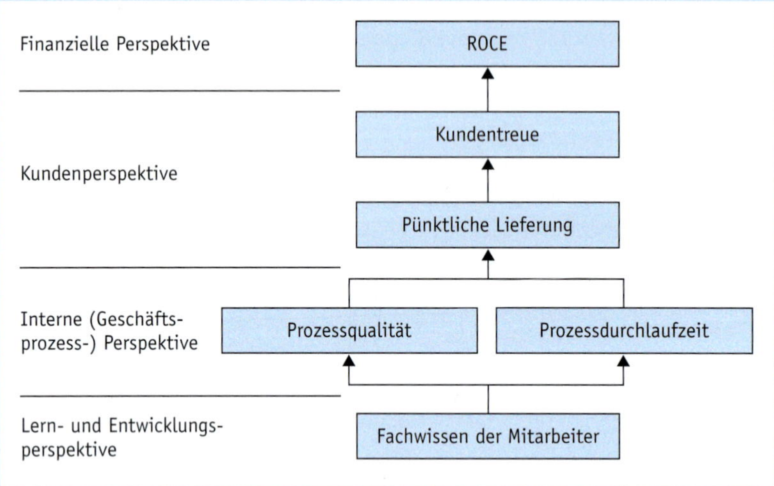

Die BSC ist trotz der hohen Aufmerksamkeit, die sie erfahren hat, keinesfalls flächendeckend realisiert.

auch bei den Ursache-Wirkungsbeziehungen stark zu selektieren. Eine übermäßig komplexe und unübersichtliche Darstellung wird schnell aussagenlos.

Foren der Erarbeitung von Ursache-Wirkungsbeziehungen sind spezielle Management-Workshops. Es empfiehlt sich, die Ursache-Wirkungs-Hypothesen zunächst auf der Ebene der Ziele (statt auf Kennzahlenebene) zu formulieren, da die Kennzahlen häufig noch keinen letztendlich validen Charakter besitzen. Wichtig ist zudem, die Hypothesendiskussion darauf zu verwenden, nur die vom Managementteam tatsächlich gemeinsam angestrebten Ursache-Wirkungs-Ketten herauszuarbeiten. Prinzipiell könnte man »Alles mit Allem« verknüpfen und die Tendenz dazu findet sich bei Workshopteilnehmern ebenso sehr häufig wie das Streben nach Perfektion; hier besteht schnell die Gefahr des »analyse till paralysed«. Wie detailliert und fundiert die Ursache-Wirkungs-Hypothesen zu bestimmen sind, hängt zum einen von der Akzeptanz der Ursache-Wirkungs-Methode im Managementteam ab. Denn letztlich sind es die Manager selbst, die ihr Geschäftsmodell vertreten müssen. Zum anderen kann der Einsatz eines Prozessverantwortlichen – z. B. eines Controllers – Fehlentwicklungen verhindern.

The Balanced Scorecard Collaborative:
http://www.bscol.com
http://www.balanced-scorecard.de

Für Kaplan/Norton stellt die Balanced Scorecard nicht nur ein neues Kennzahlensystem dar; als »Managementsystem« soll sie vielmehr das Bindeglied zwischen der Entwicklung einer Strategie und ihrer Umsetzung sein (vgl. Kaplan/Norton 1996, S. 147 ff.). Diese – der Grundintention des Performance Measurement entsprechende – Nutzung werden wir allerdings nicht hier, sondern erst im 13. Kapitel (S. 362–371) näher betrachten, dann, wenn es um alternative Wege gehen wird, gefundene Strategien im täglichen Geschäft umzusetzen.

Abschließend noch ein Wort zur tatsächlichen Nutzung des Instruments (vgl. *Abbildung 7-9*): Obwohl die Balanced Scorecard in den vergangenen Jahren in hohem Maße propagiert wurde, ermitteln Speckbacher/Bischof/Pfeiffer im Jahre 2003 bei den 200 größten Aktiengesellschaften im deutschsprachigen Raum einen Nutzeranteil von lediglich 24 %. Sogar nur 7 % nutzen die Balanced Scorecard wie von Kaplan/Norton intendiert umfassend als Instrument der Strategieumsetzung, wie wir es im 13. Kapitel vorstellen werden. Zu ganz ähnlichen Ergebnissen kommen Schachner/Speckbacher/Wentges für mittelständische Unternehmen (vgl. Speckbacher/Bischof/Pfeiffer 2003; Schachner/Speckbacher/Wentges 2006).

7.4.2.4 EFQM-System

Das EFQM-System hat seine Wurzeln in der Qualitätsmanagementbewegung, die insbesondere in den 80er und 90er Jahren des letzten Jahrhunderts das Augenmerk auf eine möglichst hohe Qualität aller Prozesse im Unternehmen richtete, wobei die einzuhaltenden Vorgaben aus Bedürfnissen und Erwartungen der Kunden abgeleitet wurden (vgl. im Überblick Nippel 1995, S. 60–113). Für die Steuerung bedeutete dies eine Abkehr von allein finanziellen Steuerungsgrößen hin zu Qualitätsinformationen. Vor diesem Hintergrund entstand 1988 die EFQM (European Foundation for Quality Management) durch den Zusammenschluss von 14 führenden europäischen Unternehmen als gemeinnützige Organisation auf Mitgliederbasis. Heute sind mehr als 700 Organisationen aus vielen europäischen Ländern und unterschiedlichen Branchen Mitglied der EFQM (www.efqm.org). Um den Unternehmen einen Anreiz zu schaffen, wurde 1991 erstmals der »European Quality Award« vergeben, der seit 2005 »EFQM Excellence Award« heißt.

Abb. 7-9

Stand der Verbreitung der Balanced Scorecard im deutschsprachigen Raum (in Anlehnung an Speckbacher/Bischof/Pfeiffer 2003)

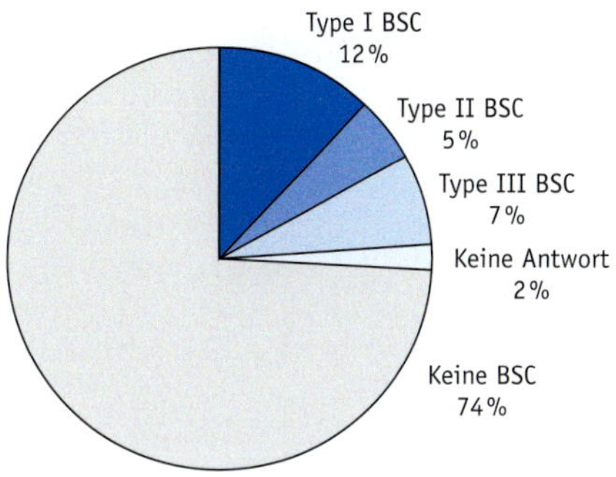

Type I BSC: Multidimensionales Kennzahlensystem, das finanzielle und nicht-finanzielle strategische Kennzahlen kombiniert

Type II BSC: Type I BSC, die zusätzlich die Unternehmensstrategie durch Ursache-Wirkungs-Beziehungen beschreibt

Type III BSC: Type II BSC, die zusätzlich Zielwerte und Strategische Aktionen festlegt und mit dem Anreizsystem verknüpft ist (»**vollausgebaute BSC**«)

Basis des EFQM Excellence Awards ist eine Modellvorstellung, die die unternehmerische Aktivität durch Zerlegung in Kriterien, Teilkriterien und Ansatzpunkte bewertbar macht. Das Modell besteht aus fünf so genannten *Befähigerkriterien*, die die Vorgehensweisen des Unternehmens beschreiben und Indizien für ein exzellentes Management darstellen. Des Weiteren beschreiben *Ergebniskriterien* mögliche Ergebnisparameter, die den Erfolg eines Unternehmens charakterisieren. Sie werden im Folgenden kurz vorgestellt. Dabei zitieren wir die Formulierungen aus den Handbüchern des EFQM, um so einen möglichst unverfälschten Eindruck der Anliegen des zuletzt im Jahre 2003 überarbeiteten EFQM-Modells zu geben (vgl. EFQM 2003, S. 13–15 und *Abbildung 7–10*):

- *Führung*
  »Exzellente Führungskräfte fördern und vermitteln die Umsetzung der Mission und Vision. Sie entwickeln die für den nachhaltigen Erfolg der Organisation benötigten Werte und Systeme und setzen diese durch ihr Handeln und ihre Verhaltensweisen um. In Phasen der Veränderung bewahren sie die Konstanz der Zielsetzungen. Wenn nötig, sind solche Führungskräfte in der Lage, die Ausrichtung der Organisation zu ändern und begeistern Andere, ihnen zu folgen«.

- *Politik und Strategie*
  »Exzellente Organisationen setzen ihre Mission und ihre Vision durch Entwicklung einer auf die Interessengruppen ausgerichteten Strategie um, die die Märkte und Branchen berücksichtigt, in denen die Organisation tätig ist. Politik, Pläne, Ziele und Prozesse werden zur Entfaltung der Strategie entwickelt und umgesetzt«.

- *Mitarbeiter*
  »Exzellente Organisationen managen, entwickeln und entfalten das gesamte Potential ihrer Mitarbeiter auf der Individual-, Team- und Organisationsebene. Fairness und Chancengleichheit werden aktiv gefördert, die Mitarbeiter werden eingebunden und zum Handeln ermächtigt. Die Organisation sorgt für die Mitarbeiter, kommuniziert, zollt Anerkennung und belohnt in einer die Mitarbeiter motivierenden Weise. Sie schafft so die Selbstverpflichtung der Mitarbeiter, ihre Fähigkeiten und ihr Wissen zum Vorteil der Organisation einzusetzen«.

Die EFQM unterscheidet neun Kriterien für exzellentes Management.

- *Partnerschaften und Ressourcen*
  »Exzellente Organisationen planen und managen externe Partnerschaften, Lieferanten und interne Ressourcen zur Unterstützung ihrer Politik und Strategie und der effektiven Prozessabläufe. Durch Planung und Management

Abb. 7-10

Struktur des Kennzahlensystems der European Foundation for Quality Management

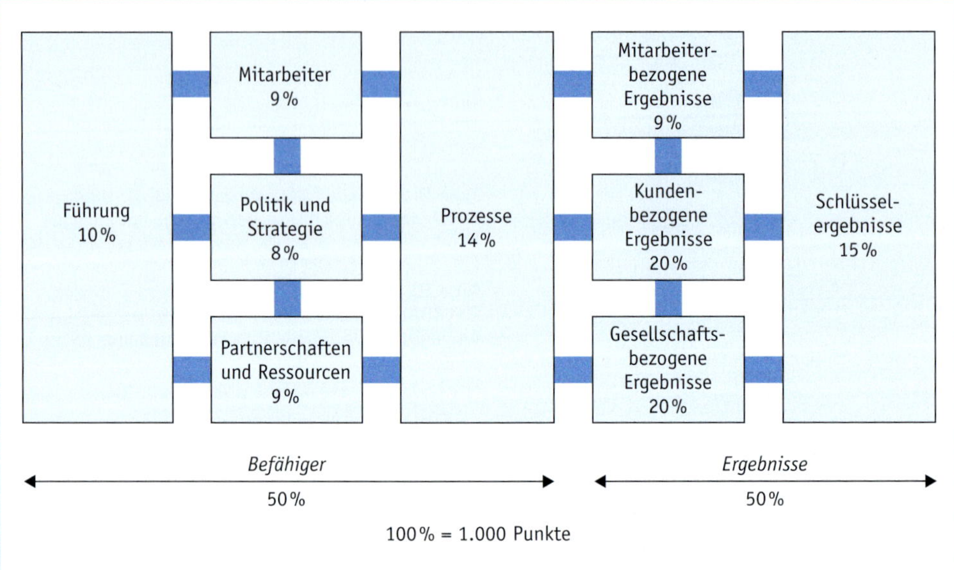

Nähere Informationen zu den Partnerorganisationen der EFQM im deutschsprachigen Raum finden sich im Internet unter DGQ-DEC (www.deutsche-efqm.de, www.ilep.de) in Deutschland, AFQM (www.afqm.at) in Österreich und SAQ (www.saq.ch) in der Schweiz.

von Partnerschaften und Ressourcen sorgen sie für Ausgleich zwischen den aktuellen und zukünftigen Bedürfnissen der Organisation, der Gemeinschaft und der Umwelt«.

- *Prozesse*
  »Exzellente Organisationen gestalten, managen und verbessern Prozesse, um Kunden und andere Interessengruppen voll zufrieden zu stellen und die Wertschöpfung für diese zu steigern«.

- *Kundenbezogene Ergebnisse*
  »Exzellente Organisationen führen bezüglich ihrer Kunden umfangreiche Messungen durch und erzielen dabei ausgezeichnete Ergebnisse«.

- *Mitarbeiterbezogene Ergebnisse*
  »Exzellente Organisationen führen bezüglich ihrer Mitarbeiter umfangreiche Messungen durch und erzielen dabei ausgezeichnete Ergebnisse«.

- *Gesellschaftsbezogene Ergebnisse*
  »Exzellente Organisationen führen bezüglich ihrer Beziehung zur Gesellschaft umfangreiche Messungen durch und erzielen dabei ausgezeichnete Ergebnisse«.

- *Schlüsselergebnisse*
  »Exzellente Organisationen führen bezüglich der Schlüsselelemente ihrer Politik und Strategie umfangreiche Messungen durch und erzielen dabei ausgezeichnete Ergebnisse«.

Die Differenzierung von – jeweils mit Hilfe von Indikatoren bewerteter – Kriterien bzw. Perspektiven sowie die Differenzierung von Befähigern und Ergebniskriterien stimmt bis zu einem gewissen Punkt mit dem Vorgehen der Balanced Scorecard überein: Es werden die Zufriedenheit aller relevanten Interessengruppen und ein ausgewogenes Gesamtbild angestrebt, allerdings mit einer deutlich größeren Zahl an Perspektiven und Kennzahlen, als sie die BSC fordert: neun Kriterien und 32 Unterkriterien werden jeweils über drei bis sieben Indikatoren gemessen. Dabei erfolgt die Bewertung durchgängig auf Basis subjektiver Einschätzungen der Führungskräfte der Organisation oder der Assessoren.

Abb. 7-11

Entwicklung eines selektiven Kennzahlensystems, dargestellt am Beispiel der Logistik

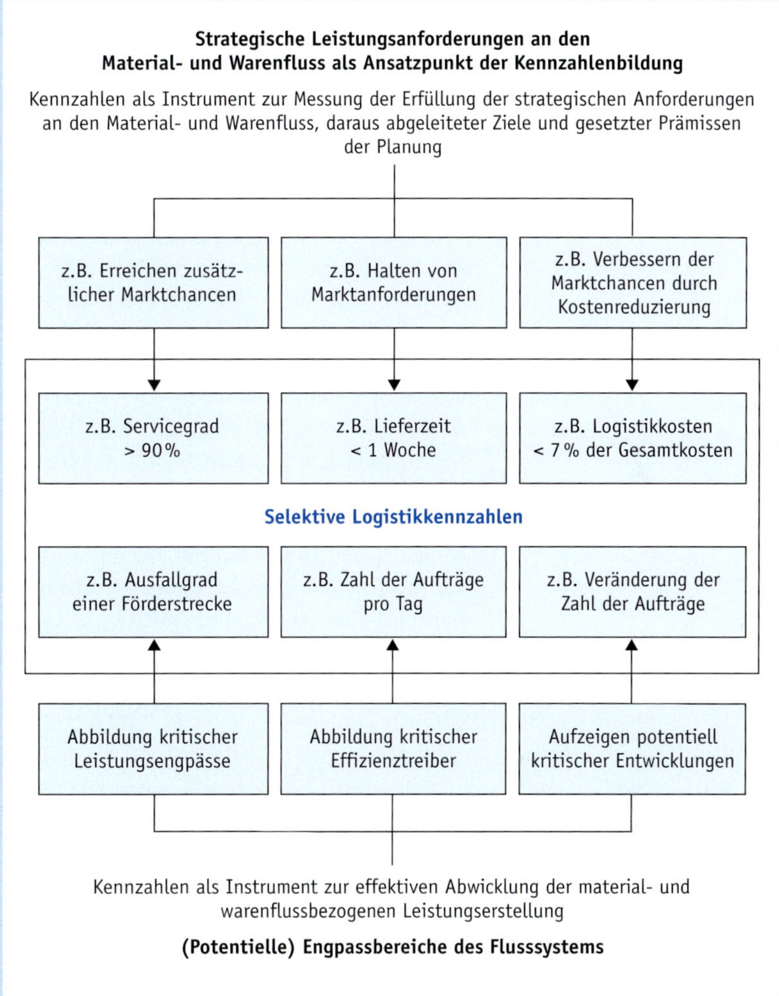

Die *Abbildung 7-10* macht einen weiteren Unterschied zur BSC deutlich: Im Vorgehen der EFQM und bei der Bewertung von Bewerbungen um den Europäischen Qualitätspreis werden die einzelnen Perspektiven mit Hilfe fester Gewichtungsfaktoren miteinander verbunden, die auf Basis einer Umfrage unter 300 europäischen Führungskräften ermittelt wurden (vgl. Peacock 1992, S. 528). Allerdings wird in jüngeren Publikation der EFQM auch darauf hingewiesen, dass »Organisationen ... bei ihrer Selbstbewertung die gezeigten Prozentsätze verwenden, aber auch den Eigenheiten ihrer Organisationen besser angepasste Prozentsätze wählen [können]. Einige Organisationen ziehen es vor, bei ihrer internen Selbstbewertung keine Punktebewertung zu vergeben«.

Zudem sind die Kennzahlen in den einzelnen Perspektiven sind frei wählbar, wobei einige Beispiele denkbarer Kennzahlen vorgegeben sind. Damit lässt sich auch der EFQM-Ansatz als *Ordnungssystem* verstehen, das zwar einen rechentechnisch stärkeren, inhaltlich aber deutlich loseren Zusammenhang zwischen den Perspektiven herstellt (vgl. zur Einordnung auch nochmals die *Abbildung 7-3*). Dieses Missverhältnis zwischen Form und Inhalt ist für einen Qualitätswettbewerb tolerabel (bzw. kaum zu vermeiden). Als internes Steuerungssystem eignet sich der EFQM-Ansatz deshalb in dieser Form aber nur eingeschränkt; zu hoch ist die Wahrscheinlichkeit, dass die Spezifika des eigenen Geschäftssystems sträflich vernachlässigt werden; zu sehr verleiten die vorgegebenen Perspektiven und Kennzahlen zu einer unreflektierten Anwendung des Systems (vgl. auch Wunderer et al. 1997, S. 14). Der Ansatz wäre daher bezogen auf das Merkmal Zusammenhang entsprechend zu modifizieren. Auch wenn das EFQM-System in der Unternehmenspraxis in den meisten Fällen »nur« zur Selbstdiagnose im Rahmen des Qualitätsmanagements und nicht zur laufenden Unternehmenssteuerung verwendet wird, hat der Ansatz doch das Bewusstsein für die Notwendigkeit nicht-finanzieller Kennzahlen in der Praxis deutlich geschärft.

7.4.2.5 Selektive Kennzahlen

Das als letztes Beispiel vorzustellende Kennzahlensystem kann zwar mit den zuvor dargestellten nicht im Umfang seiner praktischen Verbreitung konkurrieren, repräsentiert aber – wie schon in der *Abbildung 7-3* ersichtlich – einen ganz anderen Ansatz der Generierung von Kennzahlensystemen und sei deshalb kurz diskutiert.

Das Konzept der selektiven Kennzahlen wurde am Beispiel der Logistik zu Beginn der neunziger Jahre des letzten Jahrhunderts (also ungefähr zeitgleich mit der Balanced Scorecard) im Zuge einer umfangreichen Arbeitskreisarbeit an der WHU entwickelt (Weber 1995 und Weber et al. 1997). Ein erster Arbeitskreis befasste sich

Auch das EFQM-System hat das Bewusstsein für die Notwendigkeit nicht-finanzieller Kennzahlen geschärft.

Basis des Ansatzes selektiver Kennzahlen war – wie bei der BSC – ein Industrie-Arbeitskreis.

mit der Gestaltung des Logistik-Controllings und legte dabei einen wesentlichen Schwerpunkt auf die Definition und Erfassung der Logistikleistungen. Hieraus resultierte unter anderem eine intensive Diskussion der sinnvollen Verdichtung breit erfasster Leistungsgrößen in Kennzahlensystemen. Deren Komplexität war Ausgangspunkt eines weiteren, aufbauenden Arbeitskreises, der sich mit der Entwicklung einfacherer, fokussierterer Kennzahlensysteme befasste (vgl. zum Folgenden auch die *Abbildung 7-11*).

Das dort gewählte Vorgehen setzt – wie das Konzept der Balanced Scorecard – an der Unternehmensstrategie an – hier speziell an dem Beitrag, den die Logistik zur strategischen Ausrichtung des Unternehmens leisten kann. Ausgehend von den Ergebnissen einer derartigen Analyse sind die strategischen Ziele der Unternehmenslogistik zu bestimmen und daraus *strategiegerichtete Kennzahlen* abzuleiten. Sie können sich auf zentrale anzustrebende Ziele ebenso beziehen wie auf die Meilensteine, die zur Zielerreichung im Zeitablauf gesetzt sind. Beispiele sind etwa Lieferbereitschaft, Lieferzeiten sowie sortiments- und mengenbezogene Lieferflexibilität. Für die Inputseite können Kennzahlen für strategierelevante logistische Prozesse sowohl in der physischen Logistik (wie Tätigkeiten der Bereitstellung, des Transports oder der Kommissionierung) als auch der administrativen (wie der Versandbearbeitung) und der dispositiven Logistik (wie etwa die Höhe des Änderungsaufwands für Kundenaufträge) gebildet werden. Um eine zu hohe Komplexität des Kennzahlensystems zu vermeiden, wurde von den Unternehmen verlangt, die Zahl der strategieinduzierten Kennzahlen sehr gering zu halten (drei bis fünf Werte). Dies erforderte eine strikte Selektion, die in ihrem Vorgehen dem der Ermittlung strategischer Erfolgsfaktoren gleicht (auf die wir im 13. Kapitel noch kurz eingehen werden).

Die strikte Selektion erfordert das Setzen von Prioritäten.

Diese Idee der starken Selektion wurde anschließend erweitert auf den operativen Betrieb des Logistiksystems übertragen. Entsprechende Kennzahlen sind *auf kritische Engpässe des Geschäftssystems ausgerichtet*. Die Motivation für dieses Vorgehen liegt in der – einfachen – Erkenntnis, dass Strategien nicht nur dadurch scheitern können, dass man einmal gefasste strategische Ziele aus dem Auge verliert, sondern auch dadurch, dass sich bei der Strategierealisierung unerwartete Probleme einstellen. Solche den Material- und Warenfluss störende operative Engpässe analytisch zu bestimmen und die Aufmerksamkeit des Managements auf sie zu lenken, bietet die beste Gewähr, ihr Gefahrenpotential zu beherrschen. Auch für die operativen Kennzahlen galt die Forderung einer strikten Beschränkung auf drei bis fünf Größen.

Die Erfahrung aus dem Arbeitskreis zeigte in vielfältiger Hinsicht Defizite in den Unternehmen auf, die in der konkreten Anwendung typisch sein werden. In den meisten Fällen lagen keine Logistikstrategien vor. Deren Entwicklung wurde folglich von erheblichen Defiziten auf dem Gebiet der Unternehmensstrategie behindert. Anders als von Kaplan/Norton referiert, ging es im Arbeitskreis weniger um die Frage, wie gefundene Strategien in das operative Geschäft umgesetzt werden können, sondern darum, zunächst überhaupt adäquate Strategien zu finden. Ein ebenso weitgehender Wissenszu-

Zusammenfassende Aussagen (vgl. auch Leitfragen 4, 5 und 6)

- Kennzahlen werden zumeist zu Kennzahlensystemen zusammengefasst. Das bekannteste von diesen ist die DuPont-Pyramide, das aktuellste die Balanced Scorecard.
- Zur Charakterisierung von Kennzahlensystemen können die beiden Merkmale »Zusammenhang« und »Ausgewogenheit« der Kennzahlen verwendet werden.
- Bezogen auf den Zusammenhang lassen sich Ordnungs- und Rechensysteme unterscheiden. Letztere verknüpfen die Kennzahlen mathematisch miteinander, Erstere nur sachlogisch.
- Typischer Vertreter der Rechensysteme ist das ROI-System von DuPont, das als »Stammvater« aller Kennzahlensysteme gelten kann. Es ist zugleich ein Beispiel für ein nicht ausgewogenes Konzept, da es nur auf finanzielle Informationen gerichtet ist.
- In der Balanced Scorecard finden wir beide Merkmale exakt gegensätzlich ausgeprägt. Sie zielt auf eine hohe Ausgewogenheit und wählt einen sachlogischen Zusammenhang, dessen Präzisierung viel Management-Know-how erfordert. Gerade in den hierfür erforderlichen Diskussionen liegt ein wesentlicher Nutzen dieses Instruments.
- Werttreiberhierarchien verbinden eine mathematische mit einer sachlogischen Verknüpfung und enthalten – trotz einer in den ersten Schritten strikt finanziellen Ausrichtung – auch diverse nicht-finanzielle Kennzahlen. Sie stehen damit bezüglich beider Merkmale von Kennzahlensystemen zwischen dem DuPont-System und der Balanced Scorecard.

wachs war auf dem Feld operativer Kennzahlen festzustellen. Die Sichtweise kritischer Engpässe des Logistiksystems war den meisten Unternehmensvertretern fremd. Mit anderen Worten ging es im Arbeitskreis in der meisten Zeit seiner Arbeit nicht um die Frage, wohin die Scheinwerfer der selektiven Kennzahlen zu richten seien, sondern darum, zunächst die Bühne zu bauen, auf der sie montiert werden konnten. Um ein derart problemspezifisches, unmittelbar »passendes«, strikt selektives Kennzahlensystem auszugestalten, bedarf es nicht nur einer sehr präzisen Ausformulierung der Logistikstrategie, sondern auch detaillierter Analysen des logistischen Geschäftssystems. Von irgendwelchen Standardlösungen ist dabei ebenso Abschied zu nehmen wie von der Idee, die Kennzahlen durch Verdichtungsroutinen automatisch aus einem vorhandenen DV-System abzuleiten. Es gilt, im Konzept der selektiven Kennzahlen einen individuellen Weg zu gehen, der erhebliches zusätzliches Wissen über den betrachteten Unternehmensbereich schafft.

Von ihrem Charakter her sind selektive Kennzahlen damit weder ausgewogen noch eng zusammenhängend. Ihr gemeinsames Merkmal liegt allein in ihrer Fokussierung auf Engpassfaktoren.

7.5 Gestaltung von Kennzahlensystemen

An dieser Stelle ist das weite Spektrum an Möglichkeiten, Kennzahlensysteme zu gestalten, im Ansatz sichtbar geworden. Um zu konkreten Empfehlungen zu kommen, wollen wir zurückkommen auf die (triviale) Erkenntnis, dass sich der Nutzen von Informationssystemen durch die Nutzer bestimmt. Zu Beginn des 4. Kapitels wurden hierzu unterschiedliche Typisierungen von Nutzungsarten unterschieden.

Instrumentelle, konzeptionelle und symbolische Nutzung

Begonnen sei mit der Differenzierung in instrumentelle, konzeptionelle und symbolische Nutzung. Für die Kostenrechnung wurde im 6. Kapitel festgestellt, dass neben der instrumentellen vor allem auch der konzeptionellen Nutzung durch das Management in der Praxis eine sehr hohe Bedeutung zukommt. Ein analoger Befund ergibt sich für Kennzahlen (Weber/Sandt 2001, S. 27). Die unmittelbare Nutzung von Kennzahlen für Entscheidungen ist von den drei vorgestellten Nutzungsarten am wenigsten stark ausgeprägt. Manager verbessern mit Kennzahlen und Kennzahlensystemen ihr Geschäftsverständnis und setzen sie auch als Kommunikations- und Durchsetzungsmedium ein. Exakt vor diesem Hintergrund muss auch die Einführung und Weiterentwicklung von Kennzahlen und Kennzahlensystemen gesehen werden. Dabei wird die konzeptionelle Nutzbarkeit insbesondere durch eine hohe Ausgewogenheit gefördert. Je ausgewogener die Kennzahlen sind, d. h. je besser sie alle wesentlichen Aspekte des Geschäfts umfassen, desto mehr verbessert der Manager sein Verständnis von diesem. Das Lernen und die Überprüfung oder Weiterentwicklung der internen Modelle der Manager wird durch ausgewogene Kennzahlensysteme begünstigt. Hierdurch ist vermutlich auch ein erheblicher Teil des Erfolgs der Balanced Scorecard in der Unternehmenspraxis zu erklären.

Kennzahlen werden in der Praxis überwiegend konzeptionell und symbolisch genutzt.

Betrachtet man die Wirkung der unterschiedlichen Nutzungsarten auf den Erfolg der Managertätigkeit, so lässt sich nur für die konzeptionelle Nutzung ein positiver Einfluss feststellen, und zwar auf die Entscheidungsqualität und -durchsetzung. Das bessere Verständnis der eigenen Geschäftssituation durch ausgewogene Kennzahlensysteme hat somit auf indirekte Weise einen sehr positiven Einfluss auf die Willensbildung und die Willensdurchsetzung. Damit scheint es – bildlich gesprochen – wichtiger zu sein, ein gutes »Netz« zu haben, das man auswirft, um die Geschäftswelt »einzufangen«, als einen Angelhaken, der vielleicht im Einzelfall für einige Fische sehr gute Dienste leistet, aber für viele andere ungeeignet ist. Ausgewogenheit und Zusammenhang bestimmen Größe und Engmaschigkeit des (Kennzahlen-)Netzes.

Die konzeptionelle und die diagnostische Nutzung haben einen positiven Einfluss auf die Güte von Willensbildung und -durchsetzung der Manager.

Diagnostische und interaktive Nutzung
Als weitere Typisierung wurde die von Simons entwickelte Trennung in eine diagnostische und eine interaktive Nutzung von Informationen vorgestellt, die sich allerdings nicht ausschließen. Vielmehr beschreibt Simons das Zusammenspiel von diagnostisch und interaktiv genutzten Kennzahlen als kreatives Spannungsverhältnis von stabilisierenden und expansiven Kräften. Werden Kennzahlen diagnostisch genutzt, eine Auswahl davon aber nicht interaktiv, fehlt es dem Unternehmen an Spannung. Es verliert den notwendigen »Dampf« (»Running out of Steam«, vgl. Weber/Schäffer 1999b, S. 336). Wenn hingegen einige Kennzahlen interaktiv als »Scheinwerfer« genutzt werden, gleichzeitig aber kein funktionierendes diagnostisches Kennzahlensystem vorliegt (so etwa aufgrund mangelnder Ausgewogenheit), wird das »normale« Geschäft vernachlässigt. Man fokussiert, ohne die Sicherheit zu haben, die anderen Aspekte wie in einem Leitstand im Blick zu haben und auf negative Abweichungen aufmerksam zu werden.

Will man die vier vorgestellten Kennzahlensysteme in diese Systematisierung einordnen, fällt das bei der Balanced Scorecard (primär diagnostisch) und den Selektiven Kennzahlen (interaktiv) leicht. Für das ROI- und das EFQM-System wird man eine Eignung primär für diagnostische Nutzung konstatieren können.

In der deutschen Kennzahlenpraxis ist die interaktive Nutzung der Kennzahlen aktuell deutlich stärker ausgeprägt als die diagnostische. Allerdings lässt sich kein signifikanter Einfluss auf die Güte von Willensbildung und Willensdurchsetzung feststellen! Ein solcher besteht dagegen bei der diagnostischen Nutzung, die wiederum positiv durch die Ausgewogenheit der Kennzahlen beeinflusst wird (vgl. Sandt 2004, S. 200 ff.).

Baut man auf diese empirischen Erkenntnisse, so sollten Controller bei der Gestaltung von Kennzahlensystemen in der Unternehmenspraxis primär eine Ausgewogenheit anstreben. Diese unterstützt eine konzeptionelle und diagnostische Nutzung der Informationen, die zur Verbesserung der Managementhandlungen führt. Um die mit einer interaktiven Nutzung generierbare Spannung zu erzielen, können parallel wenige Kennzahlen hervorgehoben werden. Insofern lässt sich auch eine Balanced Scorecard gut mit dem Ansatz selektiver Kennzahlen kombinieren.

Zusammenfassende Aussagen (vgl. auch Leitfrage 7)

- Kennzahlen werden vom Management überwiegend konzeptionell genutzt. Hierauf wirkt insbesondere die Ausgewogenheit des Kennzahlensystems fördernd ein. Konzeptionelle Nutzung wirkt auf die Entscheidungsqualität und -durchsetzung positiv. Für die anderen Nutzungsarten gibt es keinen signifikanten Zusammenhang.
- Ein positiver Einfluss geht darüber hinaus von einer diagnostischen Nutzung der Kennzahlen aus.

7.6 Anwendungsvoraussetzungen und -grenzen

Kennzahlen und Kennzahlensysteme spielen – wie mehrfach ausgeführt – für die Steuerung von Unternehmen eine wesentliche Rolle. Damit sie richtig eingesetzt werden, bedarf es im ersten Schritt der Kenntnis von Einsatzmöglichkeiten und Grenzen dieses Informationsinstruments. Auf Erstere sind wir mehrfach eingegangen. Letztere seien im Folgenden kurz betrachtet. Kennzahlen bestechen durch Operationalität und quantitative Exaktheit, nehmen aber definitionsgemäß stets eine *Verengung bzw. Komprimierung der ökonomisch relevanten Realität* vor. Hieraus resultiert eine Reihe von sich zum Teil überschneidenden Gefahren. Diese Gefahren werden schon bei der rentabilitätsorientierten Spitzenkennzahl der traditionellen Kennzahlensysteme (wie etwa dem ROI) deutlich: Zum einen schließt man mit einem solchen Vorgehen explizit andere unternehmenspolitische Ziele, wie z. B. Umweltschutz oder Mitarbeiterzufriedenheit aus, zum anderen wird ein Anreiz geschaffen, das unternehmerische Handeln primär auf diese Kennzahl auszurichten. Dies kann unter anderem dazu führen, die Sicherung langfristiger Erfolgspotentiale zugunsten kurzfristiger Gewinne zu vernachlässigen.

Eine weitere Gefahr von Kennzahlen betrifft ihre Verwendung in Betriebsvergleichen. Die von mehreren Institutionen (Banken, Unternehmerverbänden, Handelskammern) bereitgestellten Durchschnittszahlen können Unternehmen dazu »verführen«, ihr wirtschaftliches Handeln so zu ändern, dass die entsprechende Kennzahl dem Branchenwert gleichkommt, z. B. die branchenübliche Lagerreichweite erreicht ist. Entsprechen die unternehmensspezifischen Einflussfaktoren (u. a. Nachfrageverhalten der Kunden, Produktionssicherheit, mengenmäßige und zeitliche Lieferfähigkeit und -flexibilität der Lieferanten) nicht dem Branchendurchschnitt, führt ein solches Vorgehen jedoch zu Effizienzverlusten.

Die mit der Kennzahlenbildung einhergehende Informationsverkürzung ist damit Quelle vielfältiger Gefahren falscher Informationsverwendung. Hat man etwa einen Produktionsleiter davon überzeugt, seine Tätigkeit auf das Erreichen bestimmter kritischer Kennzahlenwerte (z. B. Durchlaufzeiten, Reichweiten von Zwischenlagern, Ausschussquoten) auszurichten, fällt es schwer, ihn gleichzeitig darauf aufmerksam zu machen, dass für eine effiziente Produktion natürlich auch noch andere Aspekte bedeutsam sind (wie etwa Brachzeiten der Anlagen, Zufriedenheit des Personals, Qualitätsstreuung). Darüber hinaus vermindert sich häufig die erforderliche kritische Distanz zu Kennzahlen mit der Zeit des Umgangs mit ihnen.

Für Controller bietet sich an dieser Stelle ein originärer Ansatzpunkt, rationalitätssichernd zu wirken. Als Instrumentenspezialist hinsichtlich zielorientierter Steuerung sind für sie im Regelfall diverse Ergänzungsaufgaben einerseits (Gestaltung des Kennzahlensystems, Erarbeitung und Kommunikation des Zusammenhangs der Kennzahlen, Erläuterung von Veränderungen der Kennzahlenausprägungen und anderes mehr) und Entlastungsaufgaben andererseits wahrzunehmen (z. B. Erstellung der Kennzahlenberichte, Sicherstellung der dafür erforderlichen Ausgangsinformationen). Begrenzungsaufgaben sind dagegen dann nicht zu erwarten, wenn ein hinreichender Verbund zwischen den Kennzahlen und eine hinreichende Ausgewogenheit der Kennzahlen vorliegen. Aufgrund der hohen Aufmerksamkeit, die Manager Kenn-

Unter der Lupe

Bei Kennzahlensystemen wie der Balanced Scorecard, die an die individuellen betrieblichen Gegebenheiten angepasst werden sollen, besteht die Gefahr, dass verstärkt den Kennzahlen Beachtung geschenkt wird, die über mehrere Einheiten vergleichbar sind. Lipe und Salterio (2000) überprüften mittels eines Experiments, ob die Zentrale bei der Beurteilung von zwei Bereichsmanagern auf Basis einer Balanced Scorecard stärker Kennzahlen berücksichtigt, die in beiden Scorecards vorkommen, oder solche, die bereichsspezifisch sind. Die beiden Bereiche waren auf verschiedenen Märkten aktiv und somit nicht unmittelbar vergleichbar. Die Ergebnisse von Lipe und Salterio zeigen, dass die Beurteilung von Managern fast ausschließlich an den gemeinsamen Kennzahlen ausgerichtet ist, obwohl die bereichsspezifischen Kennzahlen vermutlich bessere Performancemaße wären.

Mit der Verwendung von Kennzahlen verbundene Gefahren

Abb. 7-12

»Instrumenten-Steckbrief« von Kennzahlen und Kennzahlensystemen

Kurzcharakterisierung
- Kennzahlen als bewusste Verdichtungen komplexer betriebswirtschaftlicher Sachverhalte
- Kennzahlensysteme als Mehrheiten sich ergänzender Kennzahlen, die auf einen gemeinsamen Sachverhalt ausgerichtet sind

Prämissen
- Abbildbarkeit eines Sachverhalts in Zahlen
- ausreichende Repräsentativität der Kennzahlen für das vereinfachte komplexe Ganze

Merkmale
- sehr starke praktische Verbreitung, sowohl unternehmensintern als auch unternehmensübergreifend (z.B. Kennzahlen für Branchenvergleiche)
- Ausprägung als absolute oder – häufiger – relative Kennzahlen
- hohe Praxisdurchdringung finanz- und erfolgswirtschaftlicher Kennzahlensysteme (z.B. DuPont-Schema)
- erhebliche Aktualität der Balanced Scorecard
- Ausgewogenheit und Zusammenhang der Kennzahlen als wesentliche Merkmale zur Charakterisierung von Kennzahlensystemen

Kurzbeurteilung

+	–
Führungserleichterung durch Komplexitätsreduktion	mögliche Überbetonung von Zahlen gegenüber qualitativen Größen
(zumeist) unmittelbare Verständlichkeit beim Informationsempfänger	Gefahr des opportunistischen Ausnutzens der Komplexitätsreduktion (Konzentration auf Kennzahlen zu Lasten nicht in Kennzahlen erfasster Aspekte)
positive Wirkung auf die Entscheidungsqualität und die Güte der Durchsetzung der Entscheidung erreichbar	

Ansatzpunkte für Controller

zahlen entgegenbringen, liegt ein potentiell sehr attraktives Marktsegment im internen Wettbewerb mit anderen Führungsdienstleistern vor.

Die mehrfach zitierte Erhebung von Sandt zeigt, wie wenig Controller allerdings bisher diese Marktchance nutzen: Nur 7 % der Manager werden die Kennzahlen »aus einer Hand« vorgelegt. Ein solches »one face to the customer« ist aber der Erhebung nach ein zentraler Erfolgsfaktor für die Zufriedenheit der Manager mit ihren Kennzahlen! Hier besteht für Controller ein akuter Handlungsbedarf.

Einen zusammenfassenden Überblick über Kennzahlen und Kennzahlensysteme gibt *Abbildung 7-12*.

Weiterführende Literatur zu …

… Begriffliche Grundlagen
Reichmann 2006, S. 18–22
Sandt 2004, S. 1–4

… Arten und Funktionen von Kennzahlen
Gleich 2001, S. 45–86
Weber/Sandt 2001

… Wichtige finanzielle Kennzahlen
Baetge/Kirsch/Thiele 2004, S. 641–662
Biddle/Bowen/Wallace 1997
Günther/Landrock/Muche 2000
Ittner/Larcker 2001
Malmi/Ikäheimo 2003
Weber/Bramsemann/Heineke/Hirsch 2004, S. 41–104
Velthuis/Wesner 2005

… Kennzahlensysteme
Günther/Grüning 2001, S. 283–306
Kaplan/Norton 1996
Reichmann 1993, Sp. 2159–2174
Weber 1995b
Weber/Sandt 2001
Weber/Schäffer 2000b

… Anwendungsvoraussetzungen und -grenzen
Sandt 2004, S. 155–188
Weber/Schäffer 1999b

8 Verrechnungspreise

Leitfragen

1 **Was genau ist unter Verrechnungspreisen zu verstehen?**

2 **Welche Funktionen erfüllen Verrechnungspreise? Welche Zielkonflikte können auftreten?**

3 **Welche Methoden zur Ermittlung von Verrechnungspreisen können unterschieden werden?**

4 **Welche Arten von Verrechnungspreisen finden in der Praxis Anwendung?**

8.1 Begriffliche Grundlagen

Die ersten betriebswirtschaftlichen Auseinandersetzungen mit *Verrechnungspreisen* finden sich – ganz ähnlich wie bei den im letzten Kapitel diskutierten Kennzahlensystemen – zu Beginn des vorigen Jahrhunderts (vgl. die Auszüge aus Schmalenbach 1909). Heutige Definitionen unterschieden sich im Kern nur wenig von der damaligen Sicht der Dinge. Regelmäßig wird der Begriff des Verrechnungspreises durch die Elemente »Bewertungsansatz« und »unternehmensinterner Leistungsverkehr« gekennzeichnet. Dabei lässt sich der Leistungsverkehr zwischen einzelnen Kostenstellen, zwischen in sich abgeschlossenen Werken, Bereichen oder Geschäftseinheiten sowie zwischen rechtlich selbständigen Konzernunternehmen unterscheiden. Beispielhaft sei die Definition von Ewert und Wagenhofer genannt. Diese fassen Verrechnungspreise als »Wertansätze für innerbetrieblich erstellte Leistungen (Produkte, Zwischen-

Im Original

Auszüge aus einem Beitrag von Eugen Schmalenbach aus dem Jahr 1909:

»Sehen wir uns die Verwaltungsorganisation eines großen privaten Betriebes, etwa die Organisation eines unserer großen kombinierten Werke der Eisenindustrie an, so erkennen wir sofort die Schwierigkeit, dieser großen Maschinerie Herr zu werden und zu bleiben. Während der Handwerker, der kleine und mittlere Fabrikant noch fähig ist, durch persönliche Überwachung den Gang seines Betriebes in guten Bahnen zu halten, kann im Großbetriebe nicht einmal die Kontrolle des Materials und der Arbeiter durch persönliche Überwachung erfolgreich durchgeführt werden. Von einer geregelten Anordnung des Arbeitsverfahrens, einem fortgesetzt rationellen Zusammenwirkens aller Glieder kann in einem Großbetriebe, der lediglich auf Kontrolle und Anweisung der Leiter und Betriebsführer angewiesen ist, nicht die Rede sein. Selbst wenn es möglich wäre, jedem Unterbetrieb, jeder Werkstätte nur ganz zuverlässige Betriebsführer zuzuteilen, so würde doch das Zusammenarbeiten an dem Mangel leiden, daß dem Leiter des Unterbetriebs die Übersicht über das Ganze, dem Leiter des Gesamten dagegen die Einsicht in das Einzelne fehlt. Und hier gibt es nur einen Ausweg: die einzelnen Teile des Betriebes müssen in einen rechnerischen Verkehr treten. Und diese Rechnung muß sich der Bewertung der gegenseitigen Leistungen bedienen. Und so entsteht ein hier ein eigenartiger Preis: der Verrechnungspreis.

Und hier tritt nun eine Wiederholung einer Entwicklung ein, die es schon vordem gegeben hat. Wie in der Volkswirtschaft die freie Preisbildung aus einfachen, rohen Anfängen herauswachsen, sich entwickeln mußte zu dem feinen Mechanismus, den wir heute bestaunen, so entwickelt sich das System der Verrechnungspreise in unserer Zeit aus primitiven Formen zu einem feinen, wirkungsvollen System. Wie die Volkswirtschaftslehre viel Fleiß verwenden mußte, um das Wesen der volkswirtschaftlichen Preisbildung genau zu erkennen, so liegt es dem Privatwirtschaftler ob, sich des Verrechnungspreises anzunehmen« (Schmalenbach 1909, S. 167).

produkte, Dienstleistungen), die von anderen rechnerisch abgegrenzten Unternehmensbereichen bezogen werden« (Ewert/Wagenhofer 2008, S. 573).

Die Bewertung interner Leistungen induziert immer eine Wirkung auf Bereichsgewinne und Anreizstrukturen. Die Steuerungs- und Motivationswirkungen von Verrechnungspreisen sollten daher nicht vernachlässigt werden. Bei Konzernen tritt noch eine zusätzliche Problemdimension hinzu. Einzelne Konzernbereiche firmieren im Regelfall als rechtlich selbstständige, aber wirtschaftlich eingebundene Tochtergesellschaften, die an verschiedenen internationalen Standorten liegen können – und der konzerninterne Leistungsverkehr ist nach Schätzung der WTO für ca. 50 % des Welthandels verantwortlich (vgl. Ernst & Young 2005)!

Durch international unterschiedliche Steuersysteme wird die Verrechnungspreisproblematik zu einer Frage der Konzernbesteuerung, da Verrechnungspreise zur Höhe der jeweiligen steuerlichen Bemessungsgrundlage beitragen. Der Gestaltung des Verrechnungspreissystems ist daher auch wegen fiskalischer Akzeptanzrisiken, entsprechender Dokumentationspflichten und der Vermeidung erhöhter Steuer(nach-)zahlungen eine besondere Bedeutung beizumessen.

8.2 Funktionen und Ziele von Verrechnungspreisen

Was ist unter Verrechnungspreisen zu verstehen?

Als Wertansatz für die konzern- oder unternehmensintern erstellten Leistungen können Verrechnungspreise eine Reihe von internen und externen Funktionen erfüllen, was auch die nachstehende *Abbildung 8-1* verdeutlicht. Zu den *konzern- oder unternehmensinternen Funktionen* zählen die Koordination dezentraler Bereiche und Gesellschaften, die interne Erfolgsermittlung dezentraler Bereiche und Gesellschaften sowie die Anreizgestaltung für Manager von Geschäftseinheiten. Die *externen Funktionen* umfassen die externe Erfolgsermittlung, die Optimierung der Steuerlast und schließlich die Preisrechtfertigung. Wie wir noch zeigen werden, kann es zwischen verschiedenen Funktionen zu Zielkonflikten kommen (vgl. Weber/Stoffels/Kleindienst 2004).

Abb. 8-1

Funktionen von Verrechungspreisen im Überblick

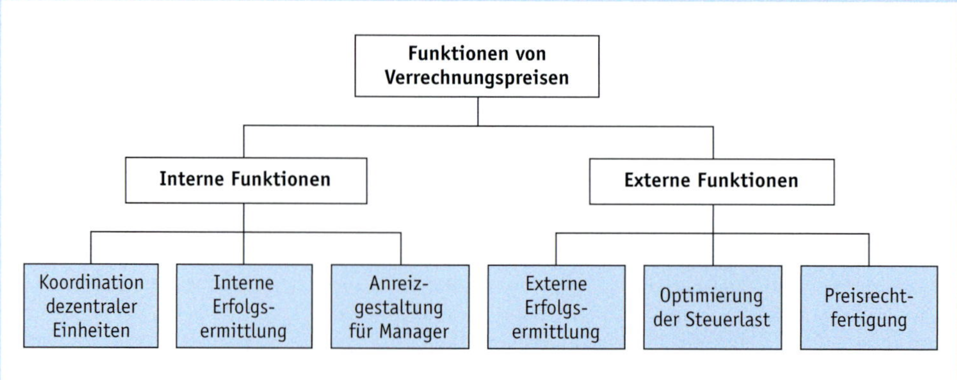

8.2.1 Interne Funktionen

Die begrenzte Aufmerksamkeit von Managern legt ab einer bestimmten Organisationsgröße wirtschaftlicher Einheiten die verstärkte Arbeitsteilung im Unternehmen und dezentrale Strukturen nahe. Da sich in großen Organisationen kaum vollständig voneinander unabhängige Teilaufgaben und -bereiche bilden lassen und zwischen den Teilaufgaben in der Regel unterschiedlichste Verflechtungen und Interdependenzen vorliegen, besteht ein Bedürfnis zu einer *Koordination der dezentralen Entscheidungen* mit Bezug auf die Zielsetzung des Unternehmens bzw. des Konzerns (vgl. auch nochmals Kapitel 3). Hier setzen Verrechnungspreise an. Sie sollen sicherstellen, dass Manager nur solche (dezentralen) Entscheidungen treffen, die zu einer Maximierung des Gesamtergebnisses beitragen. Ob dies am besten durch marktorientierte Verrechnungspreise oder Verhandlungen erfolgt, die das dezentrale Management als »Unternehmer im Unternehmen« den Kräften des internen Marktes aussetzt, oder durch kostenorientierte Verrechnungspreisvorgaben der Zentrale ist im Einzelfall zu entscheiden. Vor- und Nachteile der einzelnen Methoden zur Ermittlung von Verrechnungspreisen werden wir im dritten Abschnitt dieses Kapitels kennenlernen. Neben der übergreifenden Koordination ermöglichen Verrechnungspreise die *Erfolgsermittlung der einzelnen Bereiche*, da mit ihrer Hilfe Erlöse und Kosten für jede Einheit separat bestimmt werden können. Eine weitere interne Funktion von Verrechnungspreisen ist die *Anreizgestaltung*. Bereichsgewinne werden häufig als Grundlage zur Bewertung eines Bereiches herangezogen; dementsprechend werden Bereichsmanager bestrebt sein, den eigenen Bereichsgewinn zu maximieren. Dies gilt insbesondere dann, wenn das konzern- oder unternehmenseigene Anreizsystem eine bereichserfolgsabhängige Karriereentwicklung oder Entlohnung vorsieht.

8.2.2 Externe Funktionen

Externe Funktionen entstehen immer dann, wenn durch Verrechnungspreise die Interessen von Unternehmensexternen tangiert werden. Dies kann beispielsweise durch die Interessen von Kapitalgeber, Fiskus oder Öffentlichkeit gegeben sein.

Die externe Erfolgsermittlungsfunktion von Verrechnungspreisen umfasst die *Ergebnisbestimmung rechtlich selbstständiger Tochtergesellschaften* in Konzernen und dient der Erfüllung externer Publizitätspflichten nach HGB, IFRS oder US-GAAP. Neben der Erfolgsermittlung von rechtlich selbstständigen Tochtergesellschaften können Verrechnungspreise zur *Bilanzierung und Bewertung von fertigen und halbfertigen Erzeugnissen* herangezogen werden. Der Wertansatz dieser Erzeugnisse im Einzelabschluss von Konzerngesellschaften bemisst sich nach der Höhe der von den konzerninternen Vorlieferanten in Rechnung gestellten Verrechnungspreise.

Unter der Lupe

Dass die Konformität von Verrechnungspreisen mit geltendem Steuerrecht eine zusehends größere Rolle spielt, spiegelt sich in aktuellen Untersuchungen wider: Verrechnungspreise werden im Rahmen von Steuerprüfungen der letzten Jahren häufiger und kritischer hinterfragt. Auch deutsche Unternehmen sind hiervon betroffen. Im internationalen Durchschnitt wurden seit 2003 bei 52 % aller Unternehmen eine Überprüfung der Verrechnungspreise vorgenommen. Mit einem Anteil von 25 % werden in Deutschland dabei überdurchschnittlich häufig Strafmaßnahmen erhoben. Interessant ist auch der Blick in die Zukunft: 100 % der befragten deutschen Unternehmen gehen davon aus, dass eine (weitere) Steuerprüfung der genutzten Verrechnungspreise in den nächsten zwei Jahren wahrscheinlich oder sogar sehr wahrscheinlich ist (vgl. Ernst & Young 2007).

Bei internationalen Konzernen mit einem hohen Anteil grenzüberschreitender interner Liefer- und Leistungsbeziehungen haben Verrechnungspreise zusätzlich im *Rahmen der (Konzern-)Besteuerung eine besondere Bedeutung*. Dies resultiert daraus, dass Verrechnungspreise mit der Bestimmung der Erfolgshöhe auch die Höhe der national anfallenden Steuern beeinflussen.

Wenn beispielsweise ein österreichisches Unternehmen Leistungen für ein verbundenes Unternehmen mit Sitz in Deutschland erbringt, ist

Zur Vermeidung der Gefahr von Doppelbesteuerung sollten internationale Bestimmungen zur Verrechnungspreisbildung eingehalten werden.

Verrechnungspreise werden bei Betriebsprüfungen stets hinterfragt.

es aus Sicht des Gesamtunternehmens vorteilhaft, den Gewinn überwiegend in Österreich zu erzielen, wenn dort eine geringere Körperschaftssteuerbelastung zu konstatieren ist. Zur Vermeidung extremer steuerlicher Gestaltungen durch internationale Verrechnungspreispolitik und zur Schaffung einer allgemeinen (Steuer-)Rechtssicherheit haben die nationalen Fisci, aber auch supranationale Institutionen (wie beispielsweise die OECD), teils Gestaltungsempfehlungen, teils steuerliche Vorschriften erlassen, die die Höhe und die Bildung von Verrechnungspreisen bestimmen. Hierdurch wird meist auch ein Mindeststeuersubstrat für das jeweilige Land festgesetzt. Diese steuerlichen Regeln zu beachten und nachteilige Konsequenzen für die international tätigen Unternehmen zu vermeiden, ist daher ein weiteres Ziel von Verrechnungspreissystemen. Dies ist insbesondere auf Grund der hohen materiellen Bedeutung für die betroffenen Steuerpflichtigen von Interesse. Er resultiert aus der Gefahr, auf Grund »falsch« gebildeter Verrechnungspreise einer Doppelbesteuerung zu unterliegen.

Durch die gesetzliche Neuregelung des § 90 Abs. 3 AO im Jahre 2003 werden die Unternehmen in Deutschland weiterhin zu einer schriftlichen Auskunftspflicht bei einer möglichen Betriebsprüfung verpflichtet. Über die reine Dokumentationspflicht hinaus müssen Unternehmen auch Auskunft über die Angemessenheit der Verrechnungspreisgestaltung erteilen. Eine verspätete Auskunft bzw. eine Nichtauskunft kann

Abb. 8-2

Beispiel Verrechnungspreise, (modifiziert entnommen aus Coenenberg 1973, S. 375 f.)

Dezentrale Lösung:

Absatzmenge Division B (1) Euro	Produktionskosten Division B (2) Euro	Belastung Division B für Zwischenprodukte (Transferpreis 0,40 Euro je Stück) (3) Euro	Gesamtkosten Division B (4) = (2) + (3) Euro	Erlös je 1000 Stück Division B (5) Euro	Gesamterlös Division B (6) = (1) × (5) Euro	Ergebnis Division B (7) = (6) − (4) Euro
1000	1250	400	1650	1750	1750	100
2000	1500	800	2300	1325	2650	350
3000	1750	1200	2950	1100	3300	350
4000	2000	1600	3600	925	3700	100
5000	2250	2000	4250	800	4000	−250
6000	2500	2400	4900	666	4000	−900

Zentrale Lösung:

Absatzmenge (1) Euro	Produktionskosten der Zwischenprodukte (2) Euro	Weiterverarbeitungskosten (3) Euro	Gesamtkosten (4) = (2) + (3) Euro	Gesamterlös (5) Euro	Ergebnis (6) = (5) − (4) Euro
1000	500	1250	1750	1750	0
2000	600	1500	2100	2650	550
3000	700	1750	2450	3300	850
4000	800	2000	2800	3700	900
5000	900	2250	3150	4000	850
6000	1000	2500	3500	4000	500

Nachteile in Form von Strafzahlungen nach sich ziehen. Zudem können Verrechnungspreise bei Fragestellungen des grenzüberschreitenden Warenverkehrs eine Rolle spielen. Sie determinieren hier auch die Höhe der Zollbemessungsgrundlage und damit die unmittelbare Zollbelastungshöhe für den Konzern.

Schließlich könnten Verrechnungspreise zur *Preisrechtfertigung* verwendet werden. Im Rahmen von Regulierungsverfahren für besondere Märkte, beispielsweise Post-, Telekommunikations- und Energiemärkte, dienen Verrechnungspreise und hierdurch ermittelte extern orientierte Ergebnisse häufig zur Rechtfertigung gegenüber Regulierungsbehörden für den am (regulierten) Markt geforderten Preis einer Leistung.

Verrechnungspreise spielen auch in regulierten Märkten eine wichtige Rolle.

Zusammenfassend ist festzuhalten, dass Verrechnungspreise zur Verfolgung unterschiedlicher Zielsetzungen verwendet werden können. Diese einzelnen Ziele sind nicht immer konfliktfrei zu erreichen, insbesondere dann nicht, wenn ein Verrechnungspreis für multiple Zielsetzungen verwendet wird.

8.2.3 Zielkonflikte multipel verwendeter Verrechnungspreise

Schon Schmalenbach erkannte, dass die Mehrfachzielsetzung von Verrechnungspreisen ein wesentliches Problem darstellt. Es kann nicht gelingen, mit einer einzigen Kategorie von Verrechnungspreisen alle Zielsetzungen ohne Abstriche zu realisieren. Insbesondere besteht ein Gegensatz zwischen der Koordinations- und der Erfolgsermittlungsfunktion von Verrechnungspreisen. Dies lässt sich anschaulich an einem Zahlenbeispiel demonstrieren (vgl. Solomons 1983, S. 167 ff., auch bei Coenenberg 1973, S. 375 ff.):

Eine dezentral organisiertes Unternehmen besteht unter anderem aus den zwei Divisionen A und B. Division A produziert ein nichtmarktgängiges Zwischenprodukt, das von Division B weiterverarbeitet und abgesetzt wird. Die Kosten der Division A stellen in erster Linie Fixkosten dar. Für 1000 Einheiten pro Tag betragen die Gesamtkosten 500 Euro. Bei der Steigerung der Produktion um jeweils 1000 Einheiten steigen die Kosten jeweils um 100 Euro am Tag. Division A meint nun, ihren Gewinn bei einem Verkaufspreis an B in Höhe von 0,40 Euro je Einheit maximieren zu können. Die Kosten der Weiterverarbeitung betragen bei B 1250 Euro für 1000 Einheiten am Tag. Eine Produktionssteigerung von 1000 Einheiten bringt eine Kostenzunahme von 250 Euro pro Tag. Die Erlöse der Division B pro 1000 Stück gestalten sich in Abhängigkeit von der Absatzmenge. Die Frage lautet: Für welche Produktionsmenge entscheidet sich B unter dem Prinzip der dezentralen Gewinnmaximierung? *Abbildung 8-2* zeigt, dass B bei 2000 oder 3000 Einheiten ihren Gewinn mit 350 Euro pro Tag maximiert. Bei 3000 Einheiten hat Division A Erlöse von 1200 Geldeinheiten und Kosten in Höhe von 700 Euro, d. h. einen Abteilungsgewinn von 500 Euro je Tag. Der Gewinn des Gesamtunternehmens beträgt somit 850 Euro pro Tag. Bei zentraler Organisation gestaltet sich die Situation anders: Bei 4000 Einheiten ist der Gewinn des Gesamtunternehmens 900 Euro am Tag. Offenbar war also der bei dezentraler Organisation gewählte Verrechnungspreis von 0,40 Euro nicht optimal.

Dezentrale Optimierung kann für das Gesamtunternehmen suboptimal sein.

Wird die Besteuerung mit in das Kalkül einbezogen, so wird ein weiterer der Verrechnungspreisbildung immanenter Zielkonflikt offensichtlich: Häufig steht der aus steuerlicher Sicht optimale Verrechnungspreis dem betriebswirtschaftlichen Optimum entgegen (vgl. ausführlich Weber/Stoffels/Kleindienst 2004, S. 17 ff.).

Zusammenfassende Aussagen (vgl. auch Leitfragen 1 und 2)

- Verrechnungspreise sind Wertansätze für innerbetrieblich erstellte Leistungen, die von anderen Unternehmensbereichen bezogen werden.
- Verrechnungspreise erfüllen nach innen die folgenden drei Funktionen: Koordination, Erfolgsermittlung und Anreizgestaltung; nach außen lassen sich Erfolgsermittlung, Steueroptimierung und Preisrechtfertigung unterscheiden.
- Die verschiedenen Funktionen von Verrechnungspreisen können Zielkonflikte auslösen, insbesondere zwischen Koordinations- und interner Erfolgsermittlungsfunktion und zwischen steuerlich und betriebswirtschaftlich optimaler Lösung.

8.3 Methoden zur Ermittlung von Verrechnungspreisen

8.3.1 Ermittlungsmethoden aus betriebswirtschaftlicher Sicht

Arten von Verrechnungspreisen

Für die betriebswirtschaftliche Ermittlung von Verrechnungspreisen existieren folgende Möglichkeiten:

- Marktorientierte Verrechnungspreise
- Kostenorientierte Verrechnungspreise
- Verhandlungsbasierte Verrechnungspreise

Die Ermittlung von Verrechnungspreisen auf der Grundlage von *Marktpreisen* erscheint grundsätzlich sinnvoll, da der Marktpreis intersubjektiv nachprüfbar und nicht oder nur sehr eingeschränkt manipulierbar ist. Zudem werden durch diesen Wertansatz gleichzeitig der Gewinn des Gesamtunternehmens maximiert und für die beteiligten Einheiten der »wirklich« jeweils erwirtschaftete Erfolg ausgewiesen. Beim Ansatz von Marktpreisen besteht somit kein Konflikt zwischen der Koordinations- und der Erfolgsermittlungsfunktion von Verrechnungspreisen. Hierdurch ist die Wahrscheinlichkeit interner Nicht-Akzeptanz gering, insbesondere dann, wenn die Marktpreisinformationen den Beteiligten transparent sind.

Allerdings ist die Rationalität marktpreisbasierter Verrechnungspreise an die Voraussetzung geknüpft, dass ein vollkommener Markt in hinreichendem Maße gegeben ist. Schon die triviale Bedingung, dass überhaupt ein externer Markt für die innerbetrieblich erstellte Leistung existiert, liegt allerdings vielfach nicht vor. Innerbetriebliche Leistungen sind vielmehr auf die individuellen Bedürfnisse des nachfragenden Bereiches abgestimmt und entziehen sich somit häufig einer vergleichbaren, am externen Markt beziehbaren Leistung. Zudem muss gelten:

Bedingung für die Verwendung von Marktpreisen als Verrechnungspreise

- Liefer- und Abnehmerdivision haben Zugang zum externen Markt.
- Der Preis ist eindeutig bestimmbar (Je nach Abnehmer und Abnehmerbedingungen können nach Menge, Zahlungsfrist etc. unterschiedliche Konditionen bestehen).
- Der Marktpreis ist nicht von Entscheidungen der Abnehmer- und Lieferbereiche abhängig (Entscheidet sich die liefernde Einheit für Transfers an den externen Markt, kann der Marktpreis aber sinken und umgekehrt).
- Der Verrechnungspreis berücksichtigt leicht erfassbare (z. B. entfallende Absatznebenkosten) und rechnerisch nur eingeschränkt erfassbare Verbundvorteile (z. B. Unsicherheit der Belieferung, Gefahr des Geheimnisverlusts etc.).
- Der Marktpreis unterliegt keinen zu hohen Marktschwankungen.

Kostenorientierte Verrechnungspreise

Ist die Voraussetzung des vollkommenen Markts nicht hinreichend gegeben – was häufig der Fall sein wird – oder ist eine korrekte Marktpreisfindung zu aufwändig, kommen *kostenorientierte Verrechnungspreise* ins Spiel. Diese sind im Allgemeinen leicht zu ermitteln und mit geringem Aufwand zu verwalten, da die notwendigen Daten aus dem Rechnungswesen abgeleitet werden können.

Werden *Vollkosten* für die Verrechnungspreisbildung herangezogen, folgt man dem Verursachungsprinzip: langfristig müssen alle Kosten gedeckt sein. Der Abnehmer wird dann so gestellt, als ob er dieses Produkt selbst produziert hätte – zumindest wenn man unterstellt, dass sich die Wirtschaftlichkeit der Leistungserstellung von abnehmender und liefernder Einheit nicht unterscheidet. Problematisch erscheint zum einen, dass eine verursachungsgerechte Zurechnung der Gemeinkosten nur selten gelingt (Schlüsselungsproblematik). Abnehmende Bereiche werden daher häufig mit Fixkosten belastet, für die sie nicht unbedingt verantwortlich sind. Zum anderen ist die Erfolgsermittlung der dezentralen Einheiten problembehaftet, da bestenfalls die Kosten gedeckt werden können. Werden Vollkosten-plus-Zuschlag verrechnet, kann die liefernde Einheit zwar einen Erfolg ausweisen; dessen Höhe wird aber durch die zentrale Festlegung des Zuschlags und nicht durch dezentrale Leistungen determiniert.

Wenn kein (hinreichend vollkommener) externer Markt existiert und wenn in der Lieferdivision keine Beschäftigungsengpässe vorliegen,

Unter der Lupe

Das Hirshleifer-Modell

Hirshleifer unterstellt in einem Aufsatz aus dem Jahre 1956 ein Unternehmen mit zwei Profit Centern: eine produzierende Einheit als Lieferant eines Zwischenprodukts (»seller divison«) und ein abnehmender Bereich (»buyer division«). Für das Zwischenprodukt besteht kein externer Markt. Wie muss nun der Verrechnungspreis zentral festgesetzt werden, damit beide Bereiche die Menge wählen, die aus Sicht des Gesamtunternehmens optimal ist (»best joint level of output«)?

Er leitet den für dieses Unternehmen optimalen Verrechnungspreis aus der Zielfunktion des Gesamtunternehmens ab:

$G = p_A x_A - K_A(x_A) - K_L(x_L)$ mit $x_A = x_L$

mit:
G = Gewinn des Gesamtunternehmens
p_A = Marktpreis des Endprodukts
x_A = Absatzmenge des abnehmenden Bereichs
K_A = Gesamtkosten des abnehmenden Bereichs
K_L = Gesamtkosten des liefernden Bereichs
x_L = Absatzmenge des liefernden Bereichs

Die gewinnmaximale Absatzmenge der Abnehmerdivision erhält man durch Ableiten und Nullsetzen dieser Funktion. Die Grenzkosten entsprechen dann dem Grenzerlös als dem Preis, den die Abnehmerdivision am Markt für das Endprodukt erzielen kann:

$p_A = GK_A(x_A) + GK_L(x_A)$

mit:
GK_A = Grenzkosten des abnehmenden Bereichs
GK_L = Grenzkosten des liefernden Bereichs

Der Verrechnungspreis zwischen den beiden Divisionen ist nun so zu wählen, dass die darauf basierenden Absatzentscheidungen der Unternehmensbereiche den Gesamtunternehmensgewinn maximieren. Die Liefer- und Abnehmerdivision haben dabei folgende Zielfunktionen:

Lieferdivision L: $G_L = p_L x_L - K_L(x_L)$
Abnehmerdivision A: $G_A = p_A x_A - K_A(x_A) - p_L x_L$

mit:
G_L = Gewinn des liefernden Bereichs
p_L = Verrechnungspreis
G_A = Gewinn des abnehmenden Bereichs

Die Zielsetzung der Gewinnmaximierung führt zu einem Verrechnungspreis p_L, der den Grenzkosten der Lieferdivision entspricht. Es gelten somit folgende Optimalitätsbedingungen:

Lieferdivision L: $GE_L(x_L) = GK_L(x_L)$
Abnehmerdivision A: $GE_A(x_A) = GK_A(x_A) + GK_L(x_L)$

mit:
GE_L = Grenzerlöse des liefernden Bereichs
GE_A = Grenzerlöse des abnehmenden Bereichs

Unter der Annahme steigender Grenzkosten der Lieferdivision und sinkender Grenzerlöse der Abnehmerdivision gibt es somit genau einen Verrechnungspreis, bei dem beide Bereiche dieselbe Menge liefern wollen: Dies ist der Fall, wenn der Verrechnungspreis (p*) den Grenzkosten der Lieferdivision im Optimum (x*) entspricht.

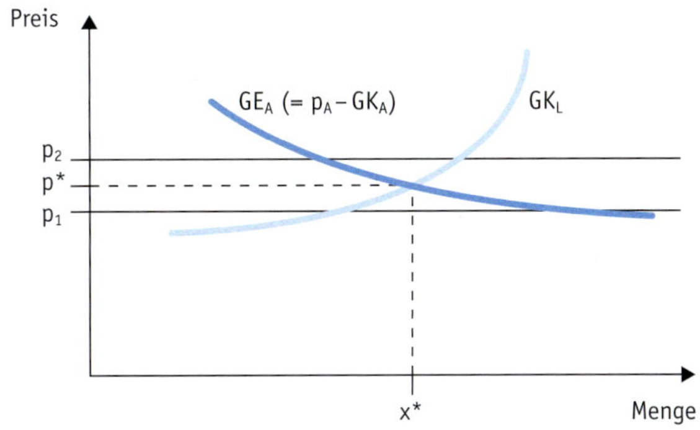

erscheinen *Grenzkosten* grundsätzlich optimal, um das Gesamtunternehmen über Verrechungspreise zu koordinieren. Allerdings führt eine Lieferung zu Grenzkosten bei der Lieferdivision immer zu einem Verlust in Höhe der (anteiligen) fixen Kosten. Die Abnehmerdivision kann hingegen einen Gewinn ausweisen, der nur zum Teil durch ihre Leistungen erzielt wurde.

Basis der Ableitung von Grenzkosten bildeten historisch Operations Research-Gesamtmodelle (vgl. z. B. Hirshleifer 1956; Ronen/McKinney 1970). Diese Modelle gehen von einem zweistufigen Produktionsprozess aus, der keine Lagerung ermöglicht. Die Erlös- und Kostenfunktionen sind den autonom entscheidenden und das Ziel der Gewinnmaximierung verfolgenden Divisionsleitern bekannt. Unter der zusätzlichen Annahme, dass kein externer Markt existiert, leitet Hirshleifer den unter Koordinationsgesichtspunkten optimalen Verrechnungspreis von der Zielfunktion des Gesamtunternehmens ab.

Ronen/McKinney erweitern das Hirshleifer-Modell dahingehend, dass die Bereiche als monopolistische Anbieter bzw. Nachfrager auftreten können und somit zwei Verrechnungspreise festgelegt werden. Gelten die oben genannten Prämissen, erfüllen Verrechnungspreise auf Basis der Grenzkosten auch in diesem Fall die

Koordinationsfunktion. Bei aller logischen Geschlossenheit kennzeichnet diese Ableitung aber selbst dann ein grundsätzliches Dilemma, wenn man den Erfolgsermittlungsaspekt vernachlässigt: Die Grenzkostenpreise können erst dann in toto ermittelt werden, wenn das Gesamtmodell vollständig beschrieben ist. Eine vollständige Beschreibbarkeit macht aber den Verzicht auf eine zentrale Koordination unsinnig. Auch Dekompositionsverfahren, die es unter bestimmten Voraussetzungen ermöglichen, ein lineares Planungsproblem in Teilprobleme aufzuspalten und dieses in iterativer Abstimmung getrennt voneinander zu lösen, ohne das Gesamtoptimum zu verletzen, helfen nicht weiter: »Den Divisionen wird .. nur eine Scheinautonomie gewährt: anstelle der expliziten Vorgabe der zu produzierenden Mengen auf Basis einer Zentralplanung werden diese Werte von der Zentrale indirekt dadurch vorgegeben, dass mittels ständig revidierter Verrechnungspreise die Koeffizienten der Zielfunktion solange geändert werden, bis die gesamtoptimale Lösung, die der Zentrale bereits bekannt ist, über eine scheinbar dezentrale Planung erreicht ist« (Coenenberg 1973, S. 381).

Verrechnungspreise können auch als Knappheitspreise interpretiert werden.

Die mathematischen Modelle gewährleisten nur eine dezentrale »Scheinautonomie«.

Ausgehend von diesen Problemen verlagerte sich die Diskussion der Koordinationswirkung von Verrechnungspreisen von einer rein mathematischen, modelltheoretischen Sicht zu einer mehrdimensionalen Betrachtung. Da nicht mehr kalkülmäßig ableitbar, kam den erarbeiteten Aussagen »nur« noch der Charakter von Ratschlägen zu. Ein Beispiel hierfür ist die Empfehlung von Albach, dass dann, wenn die Motivationsaspekte einer Dezentralisierung größer sind als die Verbundeffekte einer zentralen Lenkung, neben anderen Maßnahmen Lieferungen zwischen den Bereichen zu Marktpreisen zu erfolgen hätten, die jedoch nicht unterhalb der Grenzkosten liegen dürften (vgl. Albach 1974, S. 233 und 239).

Die Verrechnungspreisfindung durch *Verhandlungen* garantiert die Autonomie und Ergebnisverantwortlichkeit der Bereiche und wirkt daher in der Regel motivierend auf dezentrale Unternehmer. Dem stehen die Verhandlungskosten und die Gefahr von dysfunktionalem Verhalten gegenüber: So drohen zum Beispiel Verbundeffekte aufgrund von völlig legitimem, ja erwünschtem Ressortegoismus vernachlässigt zu werden.

8.3.2 Interpretation von Verrechnungspreisen als Knappheitspreise

Coenenberg interpretiert den Verrechnungspreis auch als *Knappheitspreis*, das heißt einen Preis, der die Opportunitätskosten der Entscheidung gerade für dieses Produkt zum Ausdruck bringen soll (vgl. Conenberg/Fischer/Günther 2007, S. 714 f.). Eine auf diesem Gedanken aufbauende Systematisierung zeigt *Abbildung 8-3*: Ist die Alternative die Lieferung an den Markt, so bemisst sich der Verrechnungspreis am entgangenen Erfolg des externen Geschäfts, der durch den Marktpreis charakterisiert wird und sich auch als Grenzkosten plus Deckungsbeitrag verstehen lässt. Stellt die Lieferung nach außen keine Alternative dar und sind die Kapazitäten nicht beschränkt, so bemisst sich der Knappheitspreis entsprechend der Bestimmung von Preisuntergrenzen durch die Grenzkosten. Liegen Engpässe vor, so errechnen sich die Opportunitätskosten anhand des entgangenen Erfolgs des verdrängten Produkts, d. h., der Verrechnungspreis setzt sich aus den Grenzkosten und dem verdrängten Deckungsbeitrag zusammen.

Nach der Anzahl der vorliegenden Engpässe kann folgendermaßen untergliedert werden: Bei einem Engpass garantiert die Verwendung des Knappheitspreises die Wahl der Alternative mit gleichem oder höherem Nutzen. Der Verrechnungspreis wird dabei gebildet aus den Grenzkosten und dem entgangenen Deckungsbeitrag der besten Alternative. Bei zwei oder mehr Engpässen ist die Aufstellung eines linearen Programms zur Errechnung des Knappheitspreises erforderlich. Dieses liefert so genannte Schattenpreise, die sowohl dezentrale als auch gewinnoptimale Entscheidungen ermöglichen. Der Koordinationsfunktion genügen diese Knappheitspreise in vollem Umfang, zumal das Optimierungsproblem für alle Bereiche gelöst wird. Doch steht dem der Nachteil gegenüber, dass der Gewinn immer demjenigen Bereich zugeordnet wird, in dem die Restriktionen wirksam werden. Treten im liefernden und im abnehmenden Bereich Engpässe auf, so wird beiden ein Teil des Gewinns zugerechnet.

8.3.3 Steuerlich relevante Ermittlungsmethoden von Verrechnungspreisen

Steuerlich wird die Festsetzung von Verrechnungspreisen bei konzerninternen Leistungen durch das »dealing at arm's length principle« bzw. den *Fremdvergleichsgrundsatz* bestimmt: Bei Transaktionen zwischen verbundenen Unternehmen müssen Bedingungen vereinbart werden, wie sie zwischen unabhängigen Unternehmen auf Grund von Marktkräften zu Stande gekommen wären. Der Fremdvergleichsgrundsatz alleine schreibt jedoch kein bindendes Kalkulationsverfahren vor, vielmehr ist ein geeignetes Kalkulationsverfahren durch den Steuerpflichtigen selbst zu operationalisieren.

Zur Konkretisierung der Verrechnungspreisermittlung lassen sich in Anlehnung an die OECD prinzipiell *transaktionsbezogene* sowie *gewinnbezogene* Methoden der Verrechnungspreisermittlung unterscheiden (OECD 2001, Scholz 2001). Bevorzugt auszuwählen ist laut BFH diejenige Methode, mit der das »arm's length principle« am ehesten durchzuführen ist. Er hat ferner entschieden, dass die in Deutschland traditionell zum Einsatz gelangenden Methoden zur Ermittlung von Verrechnungspreisen (Kostenaufschlags-, Wiederverkaufspreis-, Preisvergleichsmethode) grundsätzlich gleichberechtigt sind.

Abb. 8-3

Systematisierung der Verrechnungspreise als Knappheitspreise, Quelle: Coenenberg/Fischer/Günther 2007, S. 714.

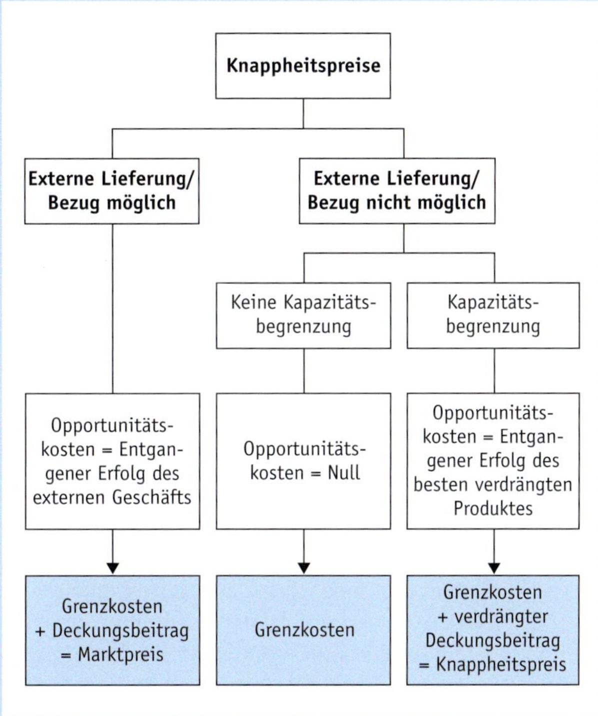

Preisvergleichsmethode

Bei der *Preisvergleichsmethode* werden die Verrechnungspreise auf Grundlage vergleichbarer Geschäfte mit oder zwischen Dritten gebildet, wobei unterschieden wird zwischen dem inneren und dem äußeren Preisvergleich. Der innere Preisvergleich bildet den Preis ab, den das Konzernunternehmen für ein Produkt bzw. eine Dienstleistung Dritten in Rechnung stellen würde. Der äußere Preisvergleich hingegen beschreibt den Preis eines Produktes bzw. einer Dienstleistung, wie er zwischen zwei unabhängigen Dritten auf dem Markt ausgehandelt wird. Zwar ist die Preisvergleichsmethode die von Finanzbehören bevorzugte Methode, jedoch ist die Anwendung des (direkten) Preisvergleichs an gewisse Prämissen gebunden: Die Einflussfaktoren, die für den Geschäftsvergleich maßgebend sind, müssen identisch bzw. möglichst ähnlich sein. Zu den Einflussfaktoren gehören vergleichbare Produkte, freier Wettbewerb auf freien Märkten und unabhängige Dritte mit vergleichbaren Geschäftsbedingungen – wir kennen diese Bedingungen schon von der Beschreibung marktorientierter Verrechnungspreise her.

Wiederverkaufsmethode

Die *Wiederverkaufsmethode* ermittelt den Verrechnungspreis als Differenz zwischen einem marktüblichen Preis und der Rohgewinnmarge/ Handelsspanne. Diese Methode findet insbesondere im Vertriebsbereich Anwendung. Auch bei dieser Methode muss der Vergleich mit ähnlichen Produkten, Funktionen und vergleichbaren Geschäftsbedingungen gegeben sein.

Kostenaufschlagsmethode

Im Gegensatz zu den vorangegangenen Verfahren bildet nicht der Marktpreis sondern eine Kostenbasis den Ausgangspunkt der *Kostenaufschlagsmethode*. Durch Addition eines Roh- oder Nettogewinnaufschlags auf eine zu bestimmende Kostengröße wird ein dem »arm's length principle« entsprechender Verrechnungspreis gebildet. Der Gewinnaufschlag richtet sich hierbei nach den marktüblichen Gewinnaufschlägen vergleichbarer Unternehmen und Produkte.

Abb. 8-4

Steuerliche Ermittlungsmethoden von Verrechnungspreisen im Überblick

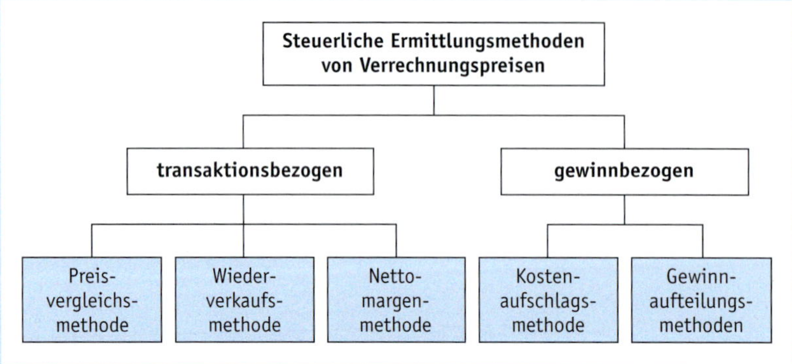

Gewinnaufteilungsmethoden

Die *Gewinnaufteilungsmethoden* kommen dann zum Einsatz, wenn derart enge und wechselseitige Geschäftsbeziehungen zwischen Unternehmensbereichen vorliegen, dass eine gesonderte Beurteilung jedes einzelnen Geschäftes nicht möglich ist. Die Aufteilung des Betriebsgewinns erfolgt dann unter Berücksichtigung fremdüblicher Funktions- und Risikogesichtspunkte. Dieses auch als Profit Split-Methode bezeichnete Verfahren ist im angelsächsischen Raum sehr gebräuchlich. Die Profit Split-Methode gibt es in zwei Varianten: die Gewinnaufteilung nach vergleichbaren Gewinnen (Comparable Profit Split) sowie die Residualgewinnaufteilungsmethode (Residual Profit Split).

Die Gewinnaufteilungsmethoden sind im angelsächsischen Raum sehr gebräuchlich.

Die Gewinnaufteilungsmethode nach vergleichbaren Gewinnen teilt den Gewinn anhand externer Gewinnbenchmarks vergleichbarer Konzerne auf; dafür werden die von den beteiligten Unternehmensteilen erbrachten Leistungen und die jeweils getragenen Risiken mit Hilfe einer Funktions- und Risikoanalyse erfasst. Zur Bewertung werden Fremdvergleichsdaten, etwa aus ähnlichen Transaktionen zwischen unabhängigen Dritten, herangezogen. In der Praxis wird diese Methode kaum angewandt, da verlässliches Datenmaterial häufig fehlt und ein Vergleich mit Geschäftsbeziehungen zwischen unabhängigen Unternehmen nur sehr eingeschränkt möglich ist, z. B. weil einzigartige immaterielle Wirtschaftsgüter oder hochintegrierte Wertschöpfungsprozesse vorliegen. Die Residualgewinnaufteilungsmethode ermittelt für die beteiligten Unternehmensbereiche zunächst einen Gewinnanteil zur Entlohnung für die Übernahme von Standardaktivitäten, so genannter Routinefunktionen. Dies ist der Gewinn, der ohne Einsatz der immateriellen Wirtschaftsgüter erzielt wird. In einem zweiten Schritt wird der Residualgewinn (Gesamtgewinn des Unternehmens abzüglich Routinegewinn) entsprechend der Allokation und der Bedeutung der immateriellen Wirtschaftsgüter verteilt.

Transaktionsbezogene Nettomargenmethode

Bei der transaktionsbezogenen *Nettomargenmethode* wird der Nettogewinn aus einer Transaktion zwischen verbundenen Unternehmensbereichen extrahiert. Die so ermittelte Ausgangsgröße wird dann in das Verhältnis zu einer geeigneten Bezugsgröße (beispielsweise Umsatz) gesetzt. Diese Nettomarge wird in einem dritten Schritt, dem »arm's length principle« entsprechend, mit Kennzahlen konzernexterner Unternehmen verglichen. Der richtige Verrechnungspreis wird schließlich unter Berücksichtigung der extern ermittelten Kennzahlen bestimmt.

8.3.4 Zusammenspiel von betriebswirtschaftlichen und steuerlichen Aspekten

Die Orientierung der Verrechnungspreise an betriebswirtschaftlichen Prinzipien wird durch den Fremdvergleichsgrundsatz auch steuerlich gefordert. Je geschlossener und durchgängiger die betriebswirtschaftliche Konsistenz des Verrechnungspreissystems ist, desto höher wird auch die Wahrscheinlichkeit der steuerlichen Anerkennung bei den jeweiligen Fisci weltweit sein. Dies führt im Ergebnis zu einem reduzierteren Risiko der Doppelbesteuerung und zu einer höheren Wahrscheinlichkeit der Compliance (= Handeln im Einvernehmen mit geltendem Recht) mit den jeweiligen nationalen Steuergesetzen. Doch nicht nur die extern-fiskalische Sicht spricht für die betriebswirtschaftliche Konsistenz des Verrechnungspreissystems; auch die konzerninterne Akzeptanz ist umso höher, je betriebswirtschaftlich plausibler und transparenter die Abrechnungsmodi zwischen den einzelnen Konzernbereichen sind. Auch in konzerninternen Streitfällen trägt die betriebswirtschaftliche Konsistenz eines Systems und seiner Aufbauprinzipien dazu bei, richtungsweisend für die Lösung interner Verrechnungspreiskonflikte zu sein.

Da die Verwendung von Verrechnungspreisen zu Zielkonflikten führen kann, stellt sich vor dem Aufbau oder der Neukonzeption eines Verrechnungspreissystems die Gretchenfrage der gesamten Verrechnungspreispolitik: Soll ein einheitliches (Ein-Kreis-System) oder ein multiples Verrechnungspreissystem (Mehr-Kreis-System) implementiert werden?

Ein-Kreis-Systeme verwenden einheitliche Verrechnungspreise multifunktional. Sie werden einheitlich in Höhe und Ermittlungsmethode sowohl für Zwecke der Performance-Messung und der Unternehmenssteuerung als auch Zwecke der bilanziellen und steuerlichen Erfolgsermittlung festgesetzt. Diese einheitliche Ermittlung führt zwar im Ergebnis zu einem kostenreduzierten Aufbau und zu geringerem Pflege- und Kommunikationsaufwand des Systems; jedoch wird diese Vereinfachung mit einem potentiellen Risiko erkauft: Dem Risiko des Entstehens von Zielkonflikten innerhalb der multiplen Zielsetzungen. Diese Zielkonflikte sind insbesondere dann von Bedeutung, wenn notwendige Anpassungen zur steuerrechtskonformen Ausrichtung des Systems kontraproduktive Steuerungswirkungen entfalten und sich Fehlsteuerungsrisiken mit Opportunitätskosten und echten Verlusten ergeben. Bei Verrechnungspreisen im Ein-Kreis-System werden die jeweiligen (Einzel-) Zielsetzungen in Abhängigkeit von der Höhe und Ausgestaltung der Verrechnungspreise eben nur durchschnittlich gut, im Regelfall aber nicht optimal erfüllt werden.

Bei *Zwei- oder Mehr-Kreis-Systemen* wird differenzierter vorgegangen. Für unterschiedliche Verrechnungspreiszwecksetzungen werden auch unterschiedliche Verrechnungspreise mit differierender Höhe und/oder differierenden Ermittlungsmethoden angewandt. Zwei- oder Mehr-Kreis-Systeme umgehen die in Ein-Kreis-Systemen immanenten Zielkonflikte, in dem eine Trennung von bilanziell-steuerlicher und betriebswirtschaftlicher Zwecksetzung vorgenommen wird. Fehlsteuerungsanreize und Opportunitätskosten treten somit bei einem Zwei-Kreis-System nur in geringerem Maße auf. Eine allzu große Spreizung von Verrechnungspreisen und -preisermittlungsmethoden zwischen bilanziell-steuerlichem und betriebswirtschaftlichem Buchungskreis kann jedoch zu einem steuerlichen Compliance-Problem führen. Dies resultiert daraus, dass im Falle einer Betriebsprüfung bei sehr großer Preisspreizung zwischen steuerlichem und betriebswirtschaftlichem Preis der betriebswirtschaftliche Preis als »angemessener Preis« angesehen werden kann und in der Folge für steuerliche Zwecke herangezogen wird. Zu Reduzierung dieses Risikos sollten die Verrechnungspreise in den beiden Buchungskreisen durch die Verantwortlichen in enger Abstimmung festgelegt werden.

Ein-Kreis- versus Mehr-Kreis-System

Der Vorteil der grundsätzlichen Zielkonfliktfreiheit muss jedoch mit einem erheblichen Zusatzaufwand für den Systemaufbau und die Systempflege und mit einer Komplexitätssteigerung bei den operativen Geschäftsprozessen erkauft werden. Die Kommunikationsanforderungen an die Verrechnungspreisverantwortlichen steigen überproportional, da den operativen

Mehr-Kreis-Systeme haben einige schwerwiegende Nachteile.

Unter der Lupe

Ernst & Young hat im Rahmen des »Transfer Pricing 2003 Global Survey« 641 Führungskräfte international tätiger Muttergesellschaften und 200 Führungskräfte von Tochtergesellschaften zur Gestaltung und Nutzung von Verrechnungspreisen befragt. Dabei spielte die Frage nach der Orientierung an steuerlichen oder managementorientierten Zielen eine wichtige Rolle. Nach den Ergebnissen der Studie bevorzugen 80 % der Konzerne einheitliche Verrechnungspreise für steuerliche und managementbezogene Fragestellungen. 40 % der Konzernmütter sagen, dass managementbezogene Aspekte bedeutsamer als fiskalische seien. Für 25 % stellt die Unterstützung der Unternehmensstrategie sogar den ausschließlichen Treiber der Verrechnungspreispolitik dar.

Zusammenfassende Aussagen (vgl. auch Leitfragen 3 und 4)

- Aus betriebswirtschaftlicher Sicht können Verrechnungspreise auf der Basis von Marktpreisen, Voll- oder Grenzkosten und Verhandlungen ermittelt werden.
- Verrechnungspreise können auch als Knappheitspreise interpretiert werden.
- Steuerlich wird die Festsetzung von Verrechnungspreisen durch den Fremdvergleichsgrundsatz bestimmt (»dealing at arm's length«): Es müssen Bedingungen vereinbart werden, wie sie zwischen unabhängigen Unternehmen (auf der Basis betriebswirtschaftlicher Kalküle) zustande gekommen wären.
- In der betriebswirtschaftlichen Praxis finden sich alle Verrechnungspreistypen wieder, kostenbasierte Verrechnungspreise dominieren.

Controllern und Buchhaltern vor Ort durch Unterstützungsmaßnahmen, wie Workshops, Verrechnungspreisrichtlinien und Handbücher sowie gegebenenfalls DV-Unterstützung, deutlich gemacht werden muss, wann welcher Verrechnungspreis in welcher Kalkulation nach welcher Ermittlungsmethode anzuwenden ist.

Um die Vorteile der beiden Alternativen zu verbinden, finden sich in der betrieblichen Praxis häufig keine »klassischen« Reinformen eines Ein-Kreis-Systems oder eines Mehr-Kreis-Systems, sondern modifizierte Mischformen der beiden Ansätze (vgl. Weber/Kleindienst/Stoffels 2004, S. 26 f.).

8.4 Verrechnungspreise in der Praxis

Empirische Erkenntnisse zur Verwendung von Verrechungspreisen in der Unternehmenspraxis sind vergleichsweise rar. *Abbildung 8-5* zeigt, wie die verschiedenen Verrechnungspreistypen Anfang der 90er Jahre in Großbritannien verwendet wurden. Diese und ähnliche Studien machen deutlich, dass in der Praxis alle drei Typen von Verrechnungspreisen vielfach anzutreffen sind. Am häufigsten finden sich kostenorientierte Verrechnungspreise, gefolgt von markt- und verhandlungsorientierten Preisen. Allerdings muss darauf hingewiesen werden, dass die Aussagekraft solcher Untersuchungen darunter leidet, dass die Abgrenzung der drei Verrechnungspreistypen nicht immer problemlos möglich ist. Dies sei an einem Beispiel illustriert: »Ein Unternehmen, das im Anlagenbau tätig ist, verwendet Kosten als Basis für seine Marktpreise (Angebote) und verhandelt in weiterer Folge diesen Angebotspreis. Werden Vorleistungen intern erbracht, die dieselben Charakteristika aufweisen, ist nicht ohne Weiteres klar, ob der Verrechnungspreis markt- oder kostenorientiert ist oder ob er auf Verhandlungen basiert. Vielfach verwenden Unternehmen auch nebeneinander mehrere Typen von Verrechnungspreisen für bestimmte intern erbrachte Leistungen« (Ewert/Wagenhofer 2008, S. 581 f.).

Abb. 8-5

Häufigkeit der Verwendung von Verrechnungspreisen in Großbritannien (mehrere Nennungen möglich, entnommen aus Drury et al. 1993)

	Methode	häufig/laufend
1.	**Kostenorientierte Verrechnungspreise**	
	Grenzkosten	2 %
	Grenzkosten-plus-Zuschlag	11 %
	Vollkosten	21 %
	Vollkosten-plus-Zuschlag	27 %
2.	**Marktorientierte Verrechnungspreise**	33 %
3.	**Verhandlungsbasierte Verrechnungspreise**	30 %
4.	**Sonstige**	2 %

Aus der Praxis

Das Verrechnungspreissystem bei Henkel: Die Umsetzung eines globalen Systems

Robert Risse*

Die Steuerverwaltungen aller Länder möchten ihren sog. »fair share« an Steueraufkommen erhalten. Verrechnungspreisregelungen sind und werden deshalb verstärkt verabschiedet. Die theoretischen Anforderungen an ein Verrechnungspreissystem sind nicht so aufeinander abgestimmt, dass die Besteuerung desselben Sachverhalts in mehreren Staaten, d. h. eine Doppelbesteuerung, vermieden wird. Die OECD (Organization for Economic Co-operation and Development) veröffentlichte daher Verrechnungspreisrichtlinien, die eine Harmonisierung und eine faire Ausgestaltung des Steuerrechts in den einzelnen Staaten zum Ziel haben.

Wie setzt nun die global verantwortliche Steuerabteilung von Henkel die gesetzlichen Anforderungen an ein Verrechnungspreissystem in der Praxis um? Der Anspruch der OECD, mit der Verrechnungspreisrichtlinie auf einheitliche Besteuerungsregelungen zu Gunsten der betroffenen Gesellschaften hinzuwirken, ist derzeit realitätsfern. Trotz einer globalen Umsetzung der Dokumentationsanforderungen, trotz einer weitgehenden Transparenz der wirtschaftlichen Grundlage des unternehmerischen Handelns – wie die Offenlegung der Rechengrundlagen für die Verrechnungspreise – geben Konzernvertragsbeziehungen in jeder Betriebsprüfung Anlass zu Diskussionen.

Zwei Themengebiete treten in der aktuellen Diskussion aus Sicht der Henkel Steuerabteilung hervor: Die Behandlung von immateriellen Wirtschaftsgütern, den sog. Intangibles, sowie die prozessorientierte Behandlung der funktionellen Zusammenarbeit innerhalb eines Konzerns.

1. Behandlung von immateriellen Wirtschaftsgütern

Die steuerliche Behandlung von Intangibles wird zunehmend als globales Problem empfunden. Die Fragestellung, die sich etwa aus Marketingaktivitäten eines Unternehmens ergibt, betrifft bspw. die Bilanzierung der geschaffenen immateriellen Wirtschaftsgüter sowie deren verrechnungspreistechnische Vergütung.

Ein typisches Beispiel ist der Vertrag einer Gesellschaft A mit einem global auftretenden Sportstar. Die Kosten für den Vertrag sollen eine Million Euro für einen fünfjährigen Zeitraum betragen. Zusätzlich entstehen laufende Kosten für Promotion in Höhe von 1,5 Millionen Euro p.a. Die Gesellschaft B ist die lokale ausländische Vertriebseinheit der Produkte der Gesellschaft A. B verwendet eigenes lokales Marketing sowie das Marketingmaterial der Gesellschaft A aus dem Vertrag mit dem Sportler.

In vielen Konzernen entstehen solche Marketingkosten in der Konzernzentrale. In Folge werden die Marketingkosten in die angeschlossene Tochtergesellschaft B verrechnet, so wie es für andere Managementkosten übliche Praxis ist. Die steuerlichen Fragen aus den Kostenverrechnungen sind: Wer wird der wirtschaftliche Eigentümer für den immateriellen Wert eines fünfjährigen Marketingvertrags? Wer trägt die laufenden Kosten? Liegt eine Kostenteilung (cost sharing) oder ein Lizenzvertragsverhältnis zwischen A und B vor? Die Qualifizierung der Vertragsbeziehungen zwischen den verbundenen Unternehmen A und B ist komplex. Werden die Kosten der Gesellschaft A an die B verrechnet, wird B (Mit)Inhaberin des immateriellen Wirtschaftsguts; verbleiben die Kosten bei A, muss A eine Lizenz für die Nutzung der Marketingrechte verlangen.

In den betroffenen Staaten ergibt sich eine deutliche Tendenz, solche Intangibles zu erfassen und daraus steuerliches Substrat, Mehrsteuern, zu erzeugen. Die einfache Allokation der zentralen Marketing- oder Forschungskosten auf die angeschlossenen Tochterunternehmungen bewirkt größere steuerliche Probleme als die Vergütung eines zentralen immateriellen Wirtschaftsguts mittels einer Lizenzgebühr. Welcher Wert dem immateriellen Gut »Marketing für fünf Jahre« beizumessen ist, wird in verschiedenen steuerlichen Regelungen unterschiedlich beantwortet. Eine exakte Definition für »den richtigen« Verrechnungspreis oder die richtige Lizenz oder Servicegebühr kann es nicht geben. Die Unsicherheit in der Wertbestimmung wird begleitet durch die Risiken

- der wachsenden lokalen Steuerschuld
- einer potentiellen Doppelbesteuerung im Sender- und Empfängerland A oder B
- der Strafzuschläge und Steuerzinsen auf Nachzahlungen
- der Unsicherheit der weltweiten Steuerbelastung eines Konzerns und
- der Unsicherheit, wie zukünftig die interaktiven Verhältnisse innerhalb eines Konzern zu bemessen sind.

Den »richtigen« Verrrechnungspreis gibt es nicht.

Sowohl die OECD als auch das European Joint Transfer Pricing Forum haben sich in den letzten Jahren auf der Grundlage von Arbeitsgruppen für eine Harmonisierung der Verrechnungspreisbesteuerung eingesetzt. Erste positive Ergebnisse aus diesen Bemühungen lassen zumindest innerhalb der Europäischen Union ein einheitliches Vorgehen und damit eine

Hierarchische vs. marktorientierte Koordinationsformen

»arm's length principle«

Reduzierung der genannten offenen Fragen erhoffen. In zwischenstaatlichen Verständigungsverfahren innerhalb Europas wird bewirkt, dass eine Doppelbesteuerung desselben Sachverhalts vermieden wird. Nur auf diese Art und Weise können wir bei Henkel unser Verrechnungspreissystem wirksam in mehreren Ländern umsetzen und begründen.

Wie vergütet das Henkel-Verrechnungspreissystem die Nutzung immaterieller Wirtschaftgüter? Eine einfache und flexible Vergütung erreichen wir über Lizenzverträge mit den verbundenen Unternehmen, die die immateriellen Wirtschaftgüter entsprechend nutzen. Das Vergütungssystem für die Nutzung immaterieller Wirtschaftgüter stellt sicher, dass immaterielle Werte nur an wenigen Stellen im Henkel-Konzern anzusiedeln sind. Forschungs- und Entwicklungskosten (F & E) werden in wenigen Gesellschaften und Ländern konzentriert. F & E-Aufwand in kleineren Staaten wird als Auftragsforschung für die Inhaber des globalen Intellectual Property (IP) verstanden. Der F & E-Aufwand wird deshalb durch den globalen IP-Inhaber getragen. Mittels einer Lizenz aus den angeschlossenen Märkten erreicht der Inhaber des globalen IP eine Kompensation seiner Kosten für die F & E nebst einer Gewinnmarge.

2. Die Behandlung von Warenströmen im Konzern

Verrechnungspreise für Warenströme, sog. Tangible Goods, stellen Wertansätze für innerbetrieblich erstellte Leistungen dar. Steuerlich begegnen die verschiedenen Jurisdiktionen den Wertansätzen für innerbetriebliche Lieferungen und Leistungen, also jeder Leistung innerhalb eines Konzerns, mit Skepsis. Denn nach dem sog. »arm's length principle« müssen die Wertansätze wie zwischen »fremden Dritten« bemessen werden. Der Rechtsbegriff des gedachten fremden Dritten ist nicht einheitlich und einfach auszulegen. Dies gilt umsomehr, als die Finanzverwaltungen die erstellten Leistungen auf einer sehr detaillierten Transaktionsebene betrachten und im Sinne des Fremdvergleichs testen möchten.

Wertschöpfungseinheiten bestimmen das wirtschaftliche Handeln eines Konzerns wie Henkel. Die Organisationseinheiten wie Einkauf, Produktion, Vertrieb, Marketing und Patentverwaltung tragen jeweils spezifische Chancen und Risiken, die sich auf die Preisbildung innerbetrieblicher Leistungen auswirken. Die Prozessorganisation innerhalb eines Konzerns kann hierarchische und/oder marktorientierte Koordinationsformen beinhalten. Die marktorientierte Koordination innerbetrieblicher Prozesse sollte der prozessbasierten Integration innerhalb des Konzerns gegenüber gestellt werden. Ein hierarchisch koordinierter Leistungsaustausch ist geeignet für den spezifischen Ressourceneinsatz in den Ausstauschprozessen. Die Effizienz einer Prozessorganisation wird deshalb durch die Transaktionskosten in einer hierarchischen und marktähnlichen Koordination der Einzelprozesse begrenzt.

Die Finanzverwaltungen sehen in der marktorientierten Koordination die Rechtfertigung ihrer Annahme, dass die Einschränkung des Marktmechanismus solange wirkt, als Verrechnungspreise nicht über den Marktpreisen liegen. Die Reduzierung des Problems der Verrechnungspreisbestimmung auf das bestimmende Element des Marktmechanismus berücksichtigt jedoch nicht suboptimale Entscheidungen innerhalb der Prozessketten. Solche Entscheidungen zeigen ähnliche Folgen wie opportunistische Strategien in externen Marktsituationen.

»Division managers seeking to improve the profitability of their own divisions, have an interest then to manipulating the transfer price, perhaps by assigning overhead costs to products for which the buying division has no alternative source in order to inflate the profits reported to goods for which it faces competition« (Milgrom/Roberts 1992, S. 81)

Die Transaktionspartner innerhalb eines Konzerns verhalten sich in der gedachten Marktsituation so, dass Preise »manipuliert« und Liefer- und Abnahmemengen den Preisen angepasst werden. Die Transaktionspartner nehmen entweder autonome Mengenanpassungen bei konstanten Verrechnungspreisen vor oder treten in Nachverhandlungen über die Verrechnungspreise ein. Dieses opportunistische Verhalten der Unternehmensfunktionen steht der Forderung der Finanzverwaltung, den Verrechnungspreis dem Marktpreis anzupassen, gegenüber. In der betriebwirtschaftlichen Realität sind solche Verhandlungsspielräume aber geeignet, transaktionsspezifische Investitionen zu gefährden. Hohe transaktionsspezifische Investitionen und große dezentrale Spielräume bei der Preis- und Mengenentscheidung der Transaktionspartner sind Bedingungen, die Nachverhandlungen bei Marktveränderungen bewirken können. Verrechnungspreise können deshalb als Koordinationsinstrument bei transaktionsspezifischen Investitionen zu suboptimalen Austauschprozessen führen. Solche Austauschprozesse erweisen sich als ineffizient und weichen von optimalen Entscheidungen aus der Sicht der Konzernzentrale ab. Verrechnungspreise sind ohne eine hierarchische Absicherung bei hohen Transaktionsinvestitionen ein sehr konfliktträchtiges Koordinationsinstrument. Die Anreizfunktion der Verrechnungspreise sollte deshalb begrenzt sein, was insbesondere gilt, wenn die Preisbestimmung mit großen Schwankungen im Marktpreis und/oder bei Absatzmengen einhergeht. Die hierarchischen Steuerungselemente machen in diesen Fällen die Prozessorganisation robuster gegenüber opportunistischem Verhalten der Transaktionspartner als die ausschließlich marktorientierte Koordination. Die hierarchische Prozesssteuerung enthält zudem Sicherungsinstrumente durch Abstimmverhalten, durch prozessorientierte Matrixorganisation im Falle der Produktions- oder Funktionsdifferenzierung.

Bei Henkel ist auf der Basis der genannten Wirkungsmechanismen das Verrechnungspreissystem frei von Anreizsystemen in den Funktionen gestaltet worden. Dies wird dadurch erreicht, dass die Einflüsse des Verrechnungspreises unterhalb des EBIT berichtet werden und damit außerhalb des Anreizsystems für das entsprechende Management der Funktionen.

Durch diese interne Konstruktion der EBIT-Steuerung gelingt es, die notwendigen Anreize für Vertriebs- und Produktionsunternehmen zu setzen. Die Anreizkompatibilität für das Produktionsunternehmen wird durch die Plankostenbasierung der internen Umsätze gewahrt. Lieferungen und Leistungen zwischen konzernverbundenen Unternehmen erfolgen zu Kosten. Wir folgen damit dem sog. »at cost«-Ansatz. Werden die Plankosten bei einem Produktionsunternehmen erwirtschaftet, ergibt sich ein EBIT vor steuerlichen Modifikationen von 0. Der Anreiz zur Kosteneffizienz bleibt erhalten. Die Ersparnisse in den Istkosten führen zu einem positiven EBIT vor steuerlichen Modifikationen und werden entsprechend belohnt.

Anreizkompatibilität wird durch plankostenbasierte interne Umsätze gewahrt.

Die Anreize des Vertriebs bleiben ebenso erhalten, da dem Vertrieb die tatsächlichen Marktumsätze zugerechnet werden, von denen die geplanten Produktionskosten abgezogen werden. Eventuelle Produktionsineffizienzen werden nicht an den Vertrieb weitergegeben. Das EBIT vor steuerlichen Modifikationen für den Vertrieb wird somit als Differenz aus externen Marktumsätzen, Planherstellungskosten und beeinflussbaren eigenen Istkosten ermittelt.

Deckungsbeitragsrechnung Vertriebsunternehmen	Deckungsbeitragsrechnung Produktionsunternehmen
Externer Markt-Umsatz	Interner Umsatz = Plankosten Gelieferte Güter
./. Plankosten der intern bezogenen Güter	./. Plankosten der intern bezogenen Güter
./. übrige eigene Istkosten	./. übrige eigene Istkosten
= EBIT vor steuerlichen Modifikationen	= EBIT vor steuerlichen Modifikationen
./. Gewinnaufschlag der intern bezogenen Güter	+ Gewinnaufschlag der intern gelieferten Güter
./. konzerninterne Lizenzen	./. konzerninterne Lizenzen
= EBIT nach steuerlichen Modifikationen	= EBIT nach steuerlichen Modifikationen
Vertriebsunternehmen hat eigene Wirtschaftlichkeits- (Umsatz und eigene Kosten) verantwortung	Produktionsunternehmen hat eigene Wirtschaftlichkeits- (eigene Ist-Kosten, Abweichungen zu Plankosten) verantwortung

Abbildung: Interne Konstruktion der EBIT-Steuerung

Die Entkopplung von Verrechnung und Anreiz reduziert opportunistisches Verhalten.

Anpassungen zur Gewährung der steuerlichen Anforderungen unterhalb des EBIT vor steuerlichen Modifikationen haben keinen Einfluss auf die betriebswirtschaftlichen Steuerungsgrößen. Konflikte zwischen Steuerung und Besteuerung werden im Ergebnis vermieden.

3. Fazit

Die Verrechnungspreisbestimmung ist ein globales Thema, das nicht nur steuerlichen Raum innerhalb eines Unternehmens einnimmt. Die Notwendigkeit, das Verrechnungspreissystem global einheitlich zu dokumentieren, ist zwar zeit- und kostenintensiv, lohnt sich aber definitiv. Nur mittels dokumentierter Prozessketten der Allokation immaterieller Wirtschaftsgüter kann der genannte »fair share« an Steuern zwischen und in den verschiedenen Ländern erreicht sowie gegenüber den betroffenen Finanzverwaltungen argumentiert werden. Die Entkoppelung des Verrechnungspreissystems von den Anreizmechanismen innerhalb eines Konzerns bewirkt die Reduzierung opportunistischen Verhaltens bei der Verrechnungspreisbildung.

*Robert Risse ist Leiter der Global Tax Group der Henkel AG & Co. KGaA

Abb. 8-6

»Instrumenten-Steckbrief« Verrechnungspreise

Kurzcharakterisierung

- Instrument zur Bewertung von innerbetrieblichen Leistungen, die unternehmensintern von rechnerisch abgegrenzten Bereichen bezogen werden
- unternehmensinterne Funktionen: Koordination dezentraler Einheiten, interne Erfolgsvermittlung und Anreizgestaltung
- unternehmensexterne Funktionen: externe Erfolgsermittlung, Optimierung der Steuerlast und Preisrechtfertigung

Prämissen

- Existenz rechnerisch abgrenzbarer Unternehmensbereiche
- Vorliegen (hinreichend akzeptierter) Wertansätze

Merkmale

- marktorientierte Verrechnungspreise: Preis einer vergleichbaren, am externen Markt beziehbaren Leistung
- kostenorientierte Verrechnungspreise: Preis auf Basis von Vollkosten oder Grenzkosten des Produktes, ggf. zuzüglich eines Aufschlags
- verhandlungsbasierte Verrechnungspreise: Preisfindung durch Dialog der beteiligten Einheiten

Kurzbeurteilung

+

- zentrales Instrument zur Koordination innerbetrieblicher Verflechtungen
- umfangreiche Steuerungswirkung
- vielfältige Möglichkeiten der Anreizgestaltung

–

- unterschiedliche Zielsetzungen von Verrechnungspreisen können Zielkonflikte auslösen
- Gefahr des Methodenmissbrauchs durch Willkür und Macht
- umfangreiche Auskunftspflichten gegenüber Steuerbehörden
- bei international tätigen Konzernen: Gefahr der Doppelbesteuerung bei mangelhafter Berücksichtigung unterschiedlicher nationaler Steuersysteme

8.5 Fazit

Es gibt in dezentral aufgestellten Unternehmen vermutlich wenige Steuerungsfragen, die mehr Aufmerksamkeit von Controllern und Managern in Anspruch nehmen als Verrechungspreise. Zu wichtig ist ihr Beitrag zu Koordination, interner und externer Erfolgsermittlung, Anreizgestaltung, Preisrechtfertigung und Steueroptimierung. Ähnlich wie wir es in Kapitel 11 für die Budgetierung festhalten werden, gilt auch für Verrechungspreise, dass die unterschiedlichen Funktionen des Instruments Zielkonflikte induzieren können. Auch wenn es keine Patentrezepte und praxistauglichen Optimierungskalküle für die Ermittlung des passenden Verrechungspreistyps gibt, lässt sich dennoch die Rationalität der im Unternehmen zu ermittelnden oder bereits verwendeten Verrechnungspreise durch eine Reihe von Kriterien und Entscheidungshilfen (vgl. etwa die *Abbildung 8-3*) sicherstellen. Einen zusammenfassende Überblick über Verrechnungspreise gibt die *Abbildung 8-6*.

Weiterführende Literatur zu …

… Funktionen und Zielen von Verrechnungspreisen

Coenenberg 1973

Weber/Stoffels/Kleindienst 2004

… Methoden zur Ermittlung von Verrechnungspreisen

Albach 1974

Coenenberg/Fischer/Günther 2007, S. 683–722

Weber/Stoffels/Kleindienst 2004

9 Berichtswesen

Leitfragen

1 Was genau ist unter Berichtswesen zu verstehen?

2 Woraus besteht der »Werkzeugkasten«, der dem Controller zur Gestaltung des Berichtswesens zur Verfügung steht?

3 Was ist bei der konkreten Gestaltung der Berichte zu beachten?

4 Wie sieht das Berichtswesen in der Praxis aus?

5 Welche Inhalte vermitteln Controller über die Berichterstattung von Umsatz- und Bilanzzahlen hinaus in ihren Berichten?

9.1 Begriffliche Grundlagen

Die Informationsversorgung zählt – wie im Teil I dieses Buches gezeigt – zu den wichtigsten Aufgaben der Controller. Die Güte von Entscheidungen des Managements hängt ganz wesentlich von der Güte der für die Entscheidung bereitgestellten Informationen ab. Von daher verwundert es auch nicht, dass Unternehmen zum Teil beträchtliche finanzielle und personelle Mittel aufwenden, um ein effektives Berichtswesen aufzubauen und zu pflegen. In den beiden im 1. Kapitel zitierten empirischen Studien (vgl. S. 10–12) landet das Berichtswesen in der Rangliste wichtiger Aufgaben auf einem der vordersten Plätze. Es lässt sich somit berechtigterweise als ein »Kernprodukt« der Controllerarbeit bezeichnen.

Die Thematik des Berichtswesens ist bereits seit den 70er Jahren des letzten Jahrhunderts fest in der Literatur verankert. Die Autoren definieren jedoch den Gegenstandsbereich des Berichtswesens immer noch unterschiedlich. In einer weiten Definition umfasst das Berichtswesen die gesamte Informationsversorgung. In einer engen Definition – welcher wir folgen wollen – beschränkt sich das Berichtswesen auf den Teil der Informationsversorgung, der sich mit der *Übermittlung von Informationen* beschäftigt. Der Fokus liegt hierbei in der Praxis eindeutig auf der Übermittlung *innerbetrieblicher* Informationen.

Was ist unter Berichtswesen zu verstehen?

Informationen zu übermitteln erscheint auf den ersten Blick vom Anforderungsgrad eher trivial zu sein. Allerdings ist es in der Praxis alles andere als leicht, die Mitarbeiter bzw. das Management schnell und zuverlässig mit den gerade benötigten Informationen zu versorgen. Wir wollen in diesem Kapitel einen Einblick geben, wie man dieser Herausforderung mit einem effektiven Berichtswesen begegnen kann.

Das Berichtswesen ist ein »Kernprodukt« der Controller.

Hierzu sollen zunächst die Gestaltungsfaktoren des Berichtswesens vorgestellt werden. Anschließend geht es um praktische Empfehlungen, wie man das Instrumentarium am besten einsetzt, um eine effektive Übermittlung von Informationen sicherzustellen. Danach werfen wir einen Blick in die Praxis und zeigen, wie das »Herzstück« des Berichtswesens – der Monatsbericht – in Großunternehmen ausgestaltet ist. In den abschließenden Ausführungen zum Berichtswesen richten wir das Augenmerk dann auf spezifische inhaltliche Themen der Berichterstattung.

9.2 Gestaltungsdimensionen des Berichtswesens

Berichte können sich in vielerlei Hinsicht voneinander unterscheiden und die in der Praxis vorzufindenden Berichte weisen die gleiche Vielfalt auf wie die Unternehmen, in denen sie erstellt werden. Die *Abbildung 9-1* zeigt die wichtigsten Gestaltungsdimensionen im Überblick.

Abb. 9-1

Gestaltungsdimensionen von Berichten (in Anlehnung an Küpper 2005, S. 171–178)

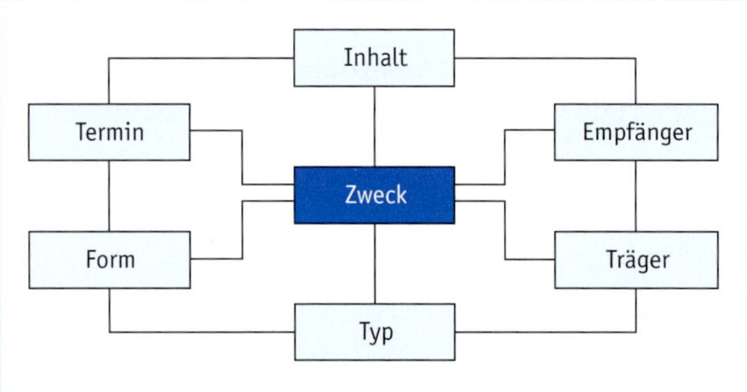

9.2.1 Berichtszweck

Welche Zwecke soll das Berichtswesen erfüllen?

Der *Berichtszweck* bildet den Ausgangspunkt aller Überlegungen zur Gestaltung von Berichten (vgl. Koch 1994, S. 56–62). Grundsätzlich kann man vier Zwecke von Berichten unterscheiden, die wir schon bei der Diskussion der Kostenrechnungszwecke im 6. Kapitel der Struktur nach kennen gelernt haben:

- Der Bedarf zur *Dokumentation* folgt im Kern aus den Regelungen des externen Rechnungswesens, die etwa Aufbewahrungspflichten und -fristen für bestimmte Bilanz- und Finanzdaten vorsehen. Darüber hinaus findet die Dokumentation aber auch unternehmensintern ihre Berechtigung. So bauen Controller Planungen oftmals auf historischen Daten auf, die hierfür verlässlich und unverfälscht zur Verfügung stehen müssen. Wie anders sollte ein Manager mit ihm vereinbarte vergangenheitsbezogene Planwerte akzeptieren?
- Der zweite wesentliche Berichtszweck ist die *Planung*. Hierbei werden Berichte zur Entscheidungsvorbereitung eingesetzt. Als Beispiel sei auf einen Bericht zur Übersicht von Währungspositionen verwiesen. Auf Basis dieser Informationen kann die Entscheidung über eine mögliche Absicherung von Währungsrisiken getroffen werden.
- Weiterhin ist auch *Kontrolle* als Berichtszweck zu nennen. Der monatliche Kostenstellenbericht kann hier als ein Beispiel dienen. Die Einhaltung des Budgets einer Kostenstelle wird so monatlich einer Prüfung unterzogen.
- Schließlich kann das Berichtswesen auch der *Steuerung* dienen. Hiermit wird die Verwertung von Kontrollergebnissen in konkrete Handlungen angesprochen. Beispielsweise können Berichte über Planabweichungen vom Umsatzziel bei der entsprechenden Abteilung Gegenmaßnahmen zur Umsatzsteigerung einleiten.

Eng mit dem Berichtszweck verbunden ist die Frage, wie die Empfänger des Berichts die in ihm präsentierten Informationen nutzen sollen – wir haben die unterschiedlichen Nutzungsarten von Informationen im 4. Kapitel (Abschnitt 4.2.4) bereits angesprochen. Sie eignen sich ebenfalls als Startpunkt für die Gestaltung des Berichtswesens, wie wir nachfolgend (im Abschnitt 9.3) noch sehen werden.

9.2.2 Berichtstyp

Standardberichte sind das »Herz« des Berichtswesens.

Eine weitere Gestaltungsdimension des Berichtswesens stellt der *Berichtstyp* (auch Berichtsart genannt) dar. Der Berichtstyp wird durch das Ereignis bestimmt, das die Erstellung des Berichts auslöst. Hierbei kann zwischen dem Erreichen eines festen Zeitpunktes (*Standardberichte*), der Über- bzw. Unterschreitung eines bestimmten Schwellenwertes (*Abweichungsberichte*) sowie der individuellen Anforderung durch den Manager (*Bedarfsberichte*) unterschieden werden (vgl. Küpper 2005, S. 171 f.):

- *Standardberichte* lassen sich dadurch charakterisieren, dass die wesentlichen Elemente des Berichts, wie etwa Inhalt, Form und Erscheinungstermin, »normiert«, das heißt vorher fixiert sind. Auf Grund der hohen Bedeutung von Standardberichten in der Unternehmenspraxis gilt es bei ihrer Erstellung besondere Sorgfalt walten zu lassen. Eine Analyse des relevanten Informationsbedarfs ist hierbei ebenso anzuraten wie die eingehende Beschäftigung mit der Berichtsgestaltung.

- Im Gegensatz zu den Standardberichten werden die *Abweichungsberichte* nicht einem festen Berichtszyklus folgend erstellt. Das Management erhält sie nur dann, wenn ein vorgegebener Schwellenwert über- bzw. unterschritten wird und der Sachverhalt nun der Aufmerksamkeit des Managements bedarf. Die Abweichungsberichte eignen sich somit insbesondere für die Willensdurchsetzung und die Kontrolle bestimmter Sachverhalte. Eine wesentliche Herausforderung bei der Gestaltung von Abweichungsberichten liegt in der Bestimmung der Höhe des Schwellenwertes. Da das Management zum einen nicht laufend Berichte erhält, zum anderen aber auch nicht erst dann informiert werden soll, wenn »das Kind bereits in den Brunnen gefallen ist«, ist die Festlegung des Schwellenwertes von hoher Bedeutung für die Akzeptanz und Nutzung des Berichtes durch den Empfänger.
- Als letzter Berichtstyp seien die *Bedarfsberichte* angesprochen. Ihr konstitutives Merkmal ist die fallweise Anforderung durch das Management. Bedarfsberichte werden immer dann vom Management nachgefragt, wenn der Informationsbedarf des Managements über die in den Standardberichten bzw. Abweichungsberichten enthaltenen Informationen hinausgeht. Da die Anforderung von Bedarfsberichten von dem konkret vorliegenden Analyse- und Informationsbedarf des Managements abhängt, können sowohl die Anzahl als auch der Rhythmus der Anfragen stark schwanken.

Abschließend sei angemerkt, dass durch die technischen Möglichkeiten der EDV die Grenzen zwischen den Standardberichten und den Bedarfsberichten immer mehr verwischen. Moderne Management-Informationssysteme ermöglichen den Managern die Festlegung ihres eigenen »Datenmenüs« aus einem standardisierten Datenangebot. Bei einem Ausufern des Datenangebotes besteht aber verstärkt die Gefahr, dass der Manager »den Wald vor lauter Bäumen nicht mehr sieht«. Die Informationsbegrenzung ist hier auch elementare Aufgabe des Controllers. Auch wenn die Technik eine zunehmende Individualisierung erlaubt, werden die Standardberichte sicherlich nicht ganz von der »Bildschirmfläche« verschwinden. Zum einen sind sie für interaktive Steuerungssysteme gut geeignet, weil sie die Aufmerksamkeit der Manager auf bestimmte Bereiche lenken. Zum anderen sind Standardberichte entscheidend für eine konzeptionelle Informationsnutzung, stellen sie doch ein gemeinsames »Basiswissen« der Manager über den Geschäftsverlauf sicher (vgl. Horváth 2006, S. 586).

Die Entwicklungen der DV verwischen die Grenze zwischen Standard- und Bedarfsberichten.

9.2.3 Berichtsinhalt

Der *Berichtsinhalt* als weitere Gestaltungsdimension des Berichtswesens lässt sich anhand der Punkte Informationsstruktur, Informationsgegenstand, Informationsart und Informationsbezug charakterisieren.

Informationsstruktur

Die *Strukturierung der Informationen* beginnt – ausgenommen sind sehr kurze oder »one page only«-Berichte – bei der Entscheidung, ob dem Bericht ein Inhaltsverzeichnis vorangestellt wird oder nicht. Je nach Umfang und Adressatenkreis kann auch ein Management Summary, in dem die wesentlichen Informationen stark verdichtet dargestellt werden, sinnvoll sein. Für die weitere Gliederung des Berichts bietet sich eine »Trichterstruktur« an, das heißt eine Reihenfolge der Informationen von allgemeineren hin zu spezielleren Aspekten. Eine solche Struktur lässt sich etwa durch eine Trennung in Überblicks- und Detailinformationen in die Tat umsetzen. Ein weiteres Beispiel bezogen auf einen Konzernmonatsbericht wäre, dass zunächst die Konzernebene betreffende Informationen angegeben und dann im Anschluss die einzelnen Geschäftsbereiche betrachtet werden. Unabhängig von der Strukturierungsart ist es wichtig, dass die Struktur für den Leser klar erkennbar und intuitiv verständlich ist. Die Verständlichkeit

Die Struktur muss für den Leser intuitiv verständlich sein.

des Berichtes wird dabei nicht nur über die Wahl einer transparenten Strukturierungsart, sondern auch durch eine gewisse Kontinuität des Reportings bezogen auf die Berichtsstruktur verbessert.

Informationsgegenstand

Die in einem Bericht erfassten Tatbestände werden ganz allgemein als *Informationsgegenstand* bezeichnet. So können Unternehmenseinheiten, Umweltausschnitte, Vergangenheits- oder Zukunftswerte usw. Gegenstand der Betrachtung sein.

Informationsart

Nach der *Informationsart* lassen sich Informationen sehr generell nach ihrem »Charakter« unterscheiden, das heißt danach, wie die Informationsgegenstände beschrieben werden. Denkbar sind hier zum Beispiel faktische, explanatorische, normative sowie prognostische Aussagen. So müssen im Vorfeld der Erstellung eines guten Berichts zunächst relevante Fakten aufgespürt werden. Diese müssen dann dargelegt (faktisch), eventuell erklärt (explanatorisch) oder in Beziehung zu anderen Daten gesetzt werden, um auf dieser Basis letztlich zu einer Wertung (normativ) zu gelangen und gegebenenfalls Prognosen (prognostisch) treffen zu können.

Als besonders »griffige« Differenzierung der Informationen bietet sich nach den Dimensionen der Balanced Scorecard (vgl. die Ausführungen im 7. Kapitel) eine Unterteilung in Finanz-, Prozess-, Markt-/Kunden-, Mitarbeiter- und Innovationskennzahlen an. Gleichzeitig mit dieser Kategorisierung kann auch eine Trennung in monetäre (Finanzkennzahlen) und nicht-monetäre (die übrigen Kategorien der Balanced Scorecard) Kennzahlen erfolgen. Gerade letztere Einteilung ist im Controllingkontext von hoher Relevanz. Schließlich waren und sind monetäre Informationen – insbesondere Kosteninformationen – die Informationsdomäne der Controller. Damit ist aber nur ein Teil der führungsrelevanten, zahlenmäßigen Informationen erfasst. Aktuell kommen – wie bereits mehrfach angesprochen – Kosten für unmittelbare Führungsaufgaben eine immer geringere Bedeutung zu. Stark gestiegene Komplexität und Dynamik lassen Mengendaten, speziell aber Qualitätswerte und Zeiten, für die kurzfristige Führung »vor Ort« stark an Wichtigkeit gewinnen. Sie treffen die Denk- und Sprachwelt der Führenden und Mitarbeiter ebenso unmittelbar wie die aktuellen Erfolgsfaktoren in vielen Unternehmen.

Informationsbezug

Neben der Art der berichteten Informationen ist auch der *Informationsbezug* entscheidend. Hiermit sind die Bezugsgrößen gemeint, die den Ist-Werten gegenübergestellt werden. Erst wenn Daten zueinander in Beziehung gesetzt, das heißt relativiert werden, ergeben sich Abweichungen, deren Analyse steuerungsrelevante Erkenntnisse liefern kann. Als typische Bezugsgrößen finden sich Vergangenheits-, Plan- oder Prognosewerte. Aber nicht nur auf der Zeitachse lassen sich Verbindungen herstellen. Auch auf sachlicher Ebene können sinnvolle Bezüge oftmals erst zu validen Interpretationen führen. So kann beispielsweise das allgemeine Marktwachstum in einem Land die Interpretation des eigenen Umsatzes dort in ein neues Licht rücken. Auch externe Informationen wie Wettbewerbsinformationen, aber auch interne Benchmarks bestimmter Größen – z. B. zwischen Abteilungen oder Geschäftseinheiten – können für die Analyse der eigentlich fokussierten Daten dienlich sein.

9.2.4 Berichtsform

Neben dem Inhalt ist auch die *Form* eines Berichts ein wesentliches Element zur Berichtsgestaltung. Unter den formalen Gestaltungsmerkmalen eines Berichts verstehen wir den Umfang, die grundsätzliche Aufmachung des Berichts sowie die Darstellungsform der Informationen.

Berichtsumfang

Bei der Festlegung des *Umfangs* sieht sich der Controller in einem Spannungsfeld zwischen umfassender Information des Managements und Fokussierung der Aufmerksamkeit des Managements auf das Wesentliche. Je nach Ziel des Berichts – Kurzinformation oder Nachschlagewerk – kann der Berichtsumfang erheblich schwanken – konkrete Zahlen werden wir im Abschnitt 9.4 nennen. Der Umfang wird auch durch den Gestaltungsspielraum beeinflusst, der sich durch die variierbare Anzahl von Zahlen pro Seite – die Zahlendichte – ergibt. Generell lässt sich festhalten, dass mit steigender Seitenanzahl und sehr hoher Zahlendichte die Übersichtlichkeit sinkt und die Gefahr eines Information Overload zunimmt. Wie bereits im 4. Kapitel des Buches erwähnt, ist es hier die rationalitätssichernde Aufgabe des Controllers, eine Ausuferung des Informationsangebots zu vermeiden.

Des Weiteren kann die *Aufmachung* der Berichte stark schwanken. Zur Steuerung der Aufmerksamkeit des Managements darf der Controller – auch wenn die Sachverhalte grundsätzlich nüchtern und sachlich darzulegen sind – die »Stimulanz« nicht vergessen. Darunter versteht man eine Darstellungsweise, die den Text interessant erscheinen lässt. Dies kann durch den gezielten Einsatz von Farben und anderen Strukturelementen geschehen. Dabei ist auf einen sinnvollen Einsatz dieser Elemente zu achten (vgl. Steinle/Bruch 1998, S. 584; Wirth 2000, S. 79–85) – grafische »Spielereien« sind etwa der schnellen Informationsaufnahme sehr hinderlich.

Weitaus schwieriger gestaltet sich die Wahl der *Darstellungsform* der zu übermittelnden Informationen. Die Darstellungsform hat einen wesentlichen Einfluss auf die Verständlichkeit und Akzeptanz der Berichte. Unterschieden werden können hierbei Tabellen, Grafiken und Kommentare. *Tabellen* ermöglichen die Wiedergabe einer größeren Menge an Daten und sind besonders gut für Datenreihen bzw. Entwicklungen geeignet. Sie erwecken jedoch schnell den Eindruck eines »Zahlenfriedhofs« und schrecken den Leser ab. In diesem Kontext sind *Grafiken* gut geeignet, Zahlenkolonnen Leben einzuhauchen und die enthaltenen Aussagen auf einen Blick erfassbar zu machen. Sie übertreffen tabellarische Darstellungen in den meisten Fällen an Aussagekraft. Dabei muss jedoch beachtet werden, dass der gewählte Diagrammtyp (z. B. Säulen-, Linien-, Torten- oder Wasserfalldiagramme) den Sachzusammenhang auch bestmöglich reflektiert (vgl. bspw. Zelazny 2005). Zudem kann es sinnvoll sein, wesentliche qualitative Sachverhalte und Erkenntnisse verbal »auf den Punkt zu bringen« und als Kommentar anzufügen (vgl. beispielhaft die *Abbildung 9-2*). Wichtig ist hierbei eine klare und verständliche Sprache. *Kommentierungen* sollten durchaus flexibel gehandhabt werden. Zu viele und zu ausführliche Kommentare blähen den Bericht unnötig auf. Andererseits ermögli-

Berichte müssen auch optisch gut aufbereitet sein – trotz des Prinzips »substance over form«.

Abb. 9-2

Auszug aus dem Monatsbericht eines Chemie-Unternehmens

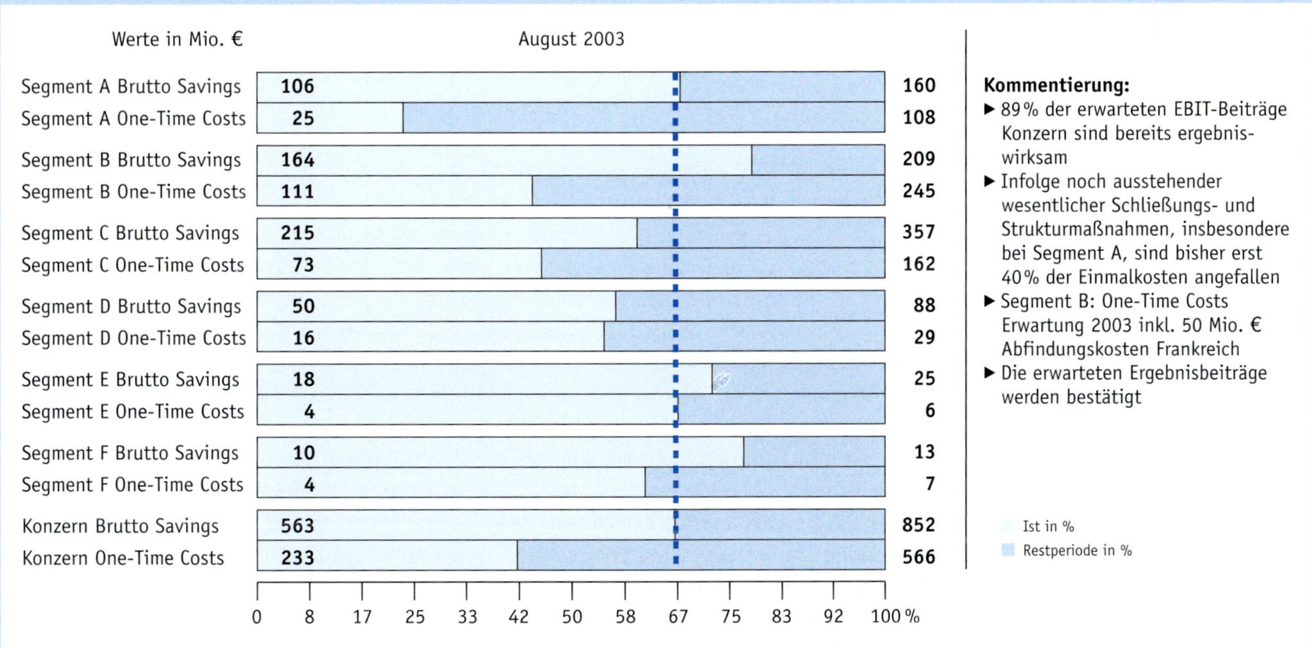

Abb. 9-3

Einheitliches Layout des Monatsberichts der Telekom (fiktive Zahlenwerte)

Monatsentwicklung

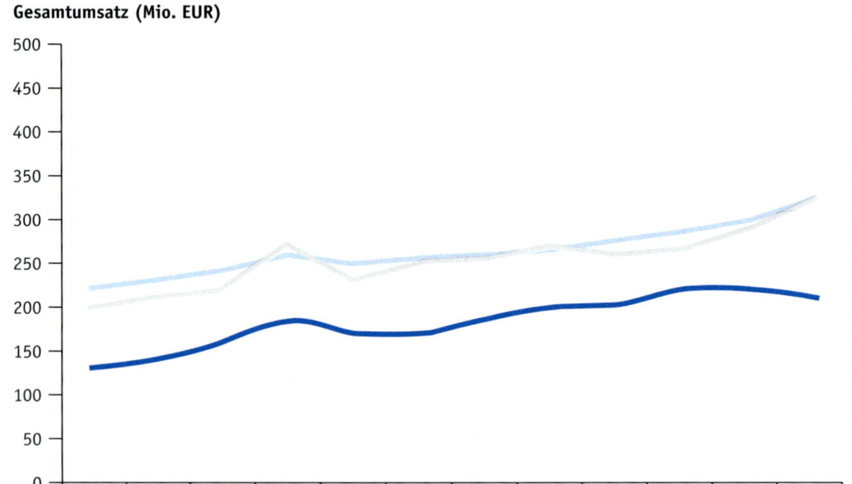

	Jan	Feb	Mrz	Apr	Mai	Jun	Jul	Aug	Sep	Okt	Nov	Dez
Vorjahr	130	140	160	184	171	170	185	200	205	220	220	210
Budget	220	230	240	260	250	255	260	265	275	285	300	325
Ist	197	211	218	270	230	248	255	269	260	265	290	322

Aufriss nach Divisionen

Gesamtumsatz (Mio. EUR)	März 2004			Januar – März 2004			Gesamtjahr	
	Vorjahr	Budget	Ist	Vorjahr	Budget	Ist	Vorjahr	Budget
Mobilfunk								
Breitband/Festnetz								
Geschäftskunden								
Konzernzentrale & Shared Services								
Konsolidierung								
Telekom Konzern								

chen sie die Übermittlung nicht formalisierter Zusatzinformationen.

Grundsätzlich ist es für einen Bericht mit regelmäßiger Reportingfrequenz empfehlenswert, bewährte Gestaltungsformen beizubehalten bzw. konsistent zu verwenden. Wenn etwa die Umsatzentwicklung eines Geschäftsbereichs in einem Bericht als Säulendiagramm, in einem anderen Bericht als Funktionsgraph dargestellt wird, hilft das dem Bereichsmanager nicht wirklich, die Berichtsinhalte leicht zu verstehen. Ein einheitliches Layout aller Controller-Berichte – wie z. B. in *Abbildung 9-3* dargestellt – ist der Übersichtlichkeit und Verständlichkeit des Berichtswesens sehr zuträglich!

9.2.5 Berichtstermin

Bezogen auf die zeitlichen Gestaltungsmerkmale ist als erstes die Frage des *Berichtszyklus* – also des zeitlichen Abstands, in dem die Berichterstattung erfolgt – angesprochen. Die Festlegung des Berichtszyklus ist eine Trade-off-Entscheidung: Es gilt hierbei auf der einen Seite, die mit einer zunehmenden Berichtsfrequenz ebenfalls steigende Aktualität der Informationen mit der Gefahr des Information Overload bei den Managern sowie dem erhöhten Arbeitsaufwand für die Controller auf der anderen Seite abzuwägen.

Der zweite unter dem Stichwort »Berichtstermin« zu subsumierende Aspekt ist der des Erscheinungsdatums nach Eintreten eines bestimmten Ereignisses. Auf den Monatsbericht bezogen bedeutet dies, wie viele Tage nach Monatsultimo der Vorstand den Bericht in den Händen hält. Hier gilt die Faustregel »Je schneller, desto besser«. Insbesondere bessere DV-technische Möglichkeiten haben hier in den jüngeren Vergangenheit zu deutlichen Verkürzungen der Wartezeit geführt.

9.2.6 Berichtsempfänger

Die letzten beiden Gestaltungsdimensionen des Berichtswesens beschreiben die personalen Aspekte des Berichtswesens – wer erstellt und wer empfängt die Berichte? Den Kreis der *Berichtsempfänger* haben wir bei der Definition des Berichtswesens schon auf die Mitarbeiter des Unternehmens beschränkt, das heißt also, dass externe Stakeholder, wie etwa Aktionäre oder die interessierte Öffentlichkeit, nicht zu den potentiellen Adressaten zählen. In der Praxis ist die Hauptzielgruppe des Berichtswesens das Management (vgl. Welge 1988, S. 384). Die genaue Definition des Adressatenkreises ist jedoch wiederum abhängig vom Berichtszweck und kann zum Beispiel sowohl hierarchisch (z. B. nur der Konzernvorstand) als auch funktional eingegrenzt werden (etwa alle Produktionsleiter).

9.2.7 Berichtsträger

Wie bereits im ersten Abschnitt dieses Kapitels erwähnt, bildet das Berichtswesen eine der Kernaufgaben der Controller. Somit sind die Controller in der Unternehmenspraxis nicht zuletzt primäre Berichtsersteller (auch Berichtsträger genannt). Insbesondere durch die Kapitalmarktorientierung der Unternehmen treten auch andere Organisationseinheiten immer mehr als Berichtsträger für das Management in Erscheinung. So hat das externe Rechnungswesen durch die Wertorientierung erheblich an Bedeutung in der Managementberichterstattung gewonnen. Auch können die Controller – soweit sie in der betrachteten Unternehmung die Federführung für das Berichtswesen haben – weitere Abteilungen in die Berichterstattung mit einbinden, wie etwa die Abteilung Finanzen (z. B. zur Erstellung eines Währungsrisiko-Berichtes) oder Investor Relations (z. B. zur Erstellung eines Berichtes zur Bewertung durch Analysten). Es zeigt sich dabei, dass eine Berichterstattung »aus einer Hand« die Zufriedenheit des Managements steigert (vgl. Weber/Sandt 2001, S. 26).

Controller sollten das Thema Berichterstattung nicht aus der Hand geben.

Je schneller Standardberichte vorliegen, desto besser.

Empfänger des regelmäßigen Berichtswesens sind unternehmensinterne Manager.

Zusammenfassende Aussagen (vgl. auch Leitfragen 1 und 2)

- Unter Berichtswesen verstehen wir den Teil der Informationsversorgung, der mit der Übermittlung von Informationen an unternehmensinterne Adressaten betraut ist.
- Den Ausgangspunkt zur Gestaltung von Berichten stellen der Berichtszweck sowie die Nutzungsart von Informationen auf Seiten der Berichtsempfänger dar. Alle weiteren Gestaltungsdimensionen sind hierauf abzustimmen.
- Die wesentlichen Elemente, die dem Controller zur Gestaltung des Berichtswesens zur Verfügung stehen, sind Berichtstyp, Berichtsinhalt, Berichtsform, Berichtstermin, Berichtsempfänger und Berichtsträger.

9.3 Gestaltungsempfehlungen für das Berichtswesen

Nachfolgend sollen die im vorherigen Abschnitt losgelöst voneinander dargestellten Gestaltungsdimensionen zueinander in Beziehung gesetzt und Gestaltungsempfehlungen für Berichte aufgezeigt werden. Wie bereits angesprochen, bildet der Zweck eines Berichts den Hauptansatzpunkt zur Festlegung der Gestaltungsparameter Berichtstyp, -inhalt, -form und -termin. Neben dem Zweck des Berichts stellen aber auch der Informationsempfänger im Allgemeinen und die Art seiner Informationsnutzung im Speziellen einen Hauptfaktor für die Ausgestaltung dar. Daher werden wir nachfolgend Gestaltungsempfehlungen für Berichte bezogen auf bestimmte Berichtszwecke sowie auf bestimmte Nutzungsarten von Informationen vorstellen.

Die Art der angestrebten Nutzung der Informationen hat einen erheblichen Einfluss auf die Gestaltung des Berichtswesens – bzw. sollte diesen haben!

Im Vorfeld der Erstellung eines Berichts kann eine Annäherung an die konkrete Gestaltung dieser Dimensionen über die Beantwortung der folgenden Fragen erfolgen (vgl. Wohlleben 1994, S. 105 f. und Steinle/Bruch 1998, S. 582):

- Was ist der Zweck der bereitgestellten Informationen und wie werden die Informationen genutzt?
- Welcher Berichtstyp und welcher Berichtstermin bieten sich – ausgehend von dem definierten Zweck und der Nutzungsart – an?
- Wie kann der Bericht adressatengerecht in Inhalt und Form gestaltet werden – d. h. wie können persönliche Charakteristika und hierarchische Position des Berichtsempfängers in der Berichtsgestaltung berücksichtigt werden?
- Was ist der relevante Inhalt, der dem Manager im Gedächtnis haften bleiben soll?

Bei der Beantwortung dieser Fragen schwingt die Frage nach der geeigneten Berichtsform stets mit. Zudem sollte eine kritische Reflexion möglicher Probleme oder Fallstricke der Berichtsgestaltung erfolgen.

Für die symbolische Nutzung von Informationen sind eher Bedarfsberichte geeignet.

Was ist der Zweck der bereitgestellten Information und wie werden die Informationen genutzt? Zunächst muss der Controller beachten, welchen Zweck die Informationsübermittlung verfolgt und wie der Manager die Informationen nutzen will, insbesondere, ob der Manager die Informationen eher im Sinne eines diagnostischen oder eines interaktiven Steuerungssystems verwendet (vgl. zu diesen Nutzungsarten nochmals Kapitel 4, Abschnitt 4.2.4). Trifft Letzteres zu, so hat dies wiederum Einfluss auf die Gestaltung des Umfangs. Bei einem intendierten interaktiven Steuerungssystem müssen die dargestellten Daten stark selektiert und auf das Wesentliche reduziert werden. Des Weiteren muss sich der Controller die Frage stellen, ob der Manager die Berichte eher instrumentell, konzeptionell oder symbolisch nutzen möchte. Die Beantwortung dieser Frage hat, wie wir nachfolgend noch sehen werden, ebenfalls einen starken Einfluss auf die optimale Berichtsgestaltung. Fragen dieser Art erfordern von den Controllern eine regelmäßige Interaktion mit dem Berichtsempfänger; nur so lassen sich dessen Bedürfnisse hinreichend erfassen.

Bezogen auf den Berichtszweck sollte der Controller mögliche Fehlerquellen im Kopf haben. So können die gelieferten Informationen schlicht dem Berichtszweck nicht entsprechen. Darüber hinaus können die zweckorientierten Informationen auch durch den Empfänger nicht verstanden werden – dieses Problem werden wir im Zusammenhang mit der Frage, welche Informationen dem Manager im Gedächtnis haften bleiben sollen, näher ansprechen.

Welcher Berichtstyp und welcher Berichtstermin bieten sich – ausgehend von dem definierten Zweck und der vorherrschenden Nutzungsart – an? Liegt der Berichtszweck schwerpunktmäßig auf der Dokumentation, turnusmäßigen Planung oder Kontrolle, sind Standardberichte geeignet. In diesem Kontext bietet sich eine Verknüpfung der Berichtszyklen mit den Planungs- und Kontrollzyklen an. Wird der Bericht eher symbolisch genutzt, so kann sich die Erstellung eines Bedarfsberichts bewähren, der jenseits der standardmäßigen Berichterstattung sehr spezifisch für die jeweilige Situation Informationen bereitstellt. Auch aus der Verwendung von Informationen im Sinne eines diagnostischen oder interaktiven Steuerungssystems lassen sich Rückschlüsse auf den Berichtstyp ziehen. Selbstverständlich können auch in Standardberichten besonders relevante Kennzahlen hervorgehoben werden und so einer interaktiven Nutzung gerecht werden. Im Regelfall sind Abweichungsberichte besonders gut geeignet, diese Funktion zu erfüllen, während sich Standardberichte im Allgemeinen sehr gut für die diagnostische Nutzung eignen.

Wie kann der Bericht adressatengerecht in Inhalt und Form gestaltet werden?
Berichte können immer nur dann ihren Zweck erfüllen, wenn sie benutzeradäquat gestaltet werden. Zum einen können hier persönliche Charakteristika des Berichtsempfängers ausschlaggebend sein, zum anderen gilt es aber auch, Aspekte hinsichtlich seiner Position im Unternehmen sowie der »Berichtsverwendungssituation« zu beachten. Dies beginnt bei der Berücksichtigung der persönlichen Hintergründe und Eigenschaften des Informationsnutzers (vgl. Meyer 1996, S. 127). Einer Führungskraft, die in einem früheren Stadium der Karriere selbst Controller war, muss man nicht die Bedeutung des Kapitalwerts erklären, manchem Chemiker oder Ingenieur dagegen sehr wohl. Dann gibt es Menschen, die visuell aufbereitete Informationen (Grafiken, Bilder, etc.) besser verarbeiten als tabellarische Zahlenkolonnen. Andere Personen verwenden dagegen lieber Tabellen und Listen. Hier sollte sich der Controller über die Wünsche seines Managers klar werden und seine Berichtsform anpassen.

Bezogen auf die Position des Empfängers im Unternehmen lässt sich sagen, dass Überblicksinformationen bzw. stark verdichtete Daten eher an hierarchisch hoch stehende Informationsnutzer berichtet werden, während Detaileinblicke und auch inhaltlich sehr spezifische Analysen möglicherweise vordergründig an die übermittelt werden, die »an dieser Front« auch agieren und somit operativer tätig sind. Ein und dieselbe Problemstellung kann an Personen unterschiedlicher Hierarchieebenen in stark voneinander abweichendem Umfang berichtet werden.

Aber auch die »Berichtsverwendungssituation«, das heißt z. B. die für das Studium des Berichts einem Leser typischerweise zur Verfügung stehende Zeit, sind – unter dem Stichwort Berichtseffizienz – zu bedenken. So ist die grafische der tabellarischen Darstellungsform bei Zeitdruck des Informationsnutzers vorzuziehen (vgl. Benbasat/Dexter 1986, S. 67 und S. 77). Schließlich sollte der Controller auch beachten, wie der Informationsempfänger auf die dargebotene Information reagieren wird, um dementsprechend die Struktur des Berichtes anzupassen (vgl. Bowman/Branchaw 1984, S. 17 f.):

Standardberichte eignen sich sehr gut für eine diagnostische Nutzung.

- Berichte, die Informationen enthalten, auf die der Manager wahrscheinlich eher positiv oder neutral reagieren wird, sollten in deduktiver Weise strukturiert werden. Dies bedeutet, die sich aus den Informationen ergebenden Schlussfolgerungen an den Anfang des Berichts zu stellen (vgl. Bredemeier/Schlegel 1991, S. 68 f.). In dieser Weise sind etwa die meisten Monatsberichte aufgebaut.
- Ist zu erwarten, dass der Manager eher negativ auf die Informationen reagieren wird, muss er also erst von der Richtigkeit der Informationen bzw. Schlussfolgerungen überzeugt werden, empfiehlt sich eine induktive Argumentationsstruktur. Zunächst werden die einzelnen Sachverhalte dargelegt, um erst am Ende mögliche Schlussfolgerungen oder Handlungsvorschläge zu präsentieren. Dies kann bedeuten, dass man die Argumentation mit einem konkreten Beispiel beginnt (vgl. Bredemeier/Schlegel 1991, S. 58 ff.).

Berichte können auch davon beeinflusst werden, ob gute oder schlechte Nachrichten vermittelt werden sollen.

Was ist der relevante Inhalt, der dem Manager im Gedächtnis haften bleiben soll?
Moderne computerbasierte Systeme sind in der Lage, sehr große Datenmengen in kurzer Zeit zu produzieren und zur Verfügung zu stellen. Die Versuchung ist daher groß, diese Daten auch möglichst alle in sehr umfassende Berichte einzubringen. Dies geschieht häufig nach dem Grundsatz »viel nützt viel«. Tatsächlich belasten aber große Datenmengen den Informationsnutzer und erhöhen seinen Suchaufwand hinsichtlich der für ihn wirklich relevanten Daten. Um diesen Suchaufwand möglichst gering zu halten, ist es unerlässlich, dass der Controller nach Erfassung des Zwecks die relevanten Daten aus seinen Systemen herausfiltert und nur diese in den jeweiligen Bericht einfließen lässt. Bei

Berichte sollten sich auf das Wesentliche beschränken.

der Feststellung des relevanten Inhalts sollte er dabei auch Daten einbeziehen, die zwar nicht aus seinen Systemen hervorgehen, aber zur Gewährleistung der Vollständigkeit und Einheitlichkeit in den zu erstellenden Bericht aufzunehmen sind. Werden Manager parallel von unterschiedlichen Stellen beliefert, ist ein besonderes Augenmerk darauf zu legen, dass gute Anschlüsse an die Parallelberichte geschaffen werden, so dass die Manager nicht mühsam Überleitungsrechnungen oder dergleichen erstellen müssen, um Zusammenhänge zu erfassen. Zudem ist zu berücksichtigen, dass Manager Berichte zumeist nicht komplett, Zeile für Zeile, studieren, sondern querlesen, d. h. nicht 100 %, sondern etwa nur 50 % und weniger der enthaltenen Informationen wahrnehmen. Hieraus resultiert die Notwendigkeit, Berichte inhaltlich – aber auch formal durch die bereits erwähnten »Kniffe« – auf dieses Problem hin zu optimieren (vgl. Wirth 2000, S. 79–85).

Um schließlich eine handlungsorientierte Wirkung des Reportings zu gewährleisten, sollten die Controller eine Interaktion mit dem Management nicht nur im Vorfeld der Berichterstellung, sondern auch im Nachhinein pflegen. Sie sollten für Rückfragen zur Verfügung stehen und ein Gespür dafür entwickeln, ob das Management gegebenenfalls Unterstützung bei der Deutung der Informationen benötigt. Aus einer kontinuierlichen Interaktion ergeben sich dann auch wertvolle Hinweise für eine Weiterentwicklung der Berichte im Sinne einer Kundenorientierung des Berichtswesens.

Zusammenfassende Aussagen (vgl. auch Leitfrage 3)

- Die Ausgestaltung von Berichten hängt primär von der Frage nach dem Berichtszweck und der Nutzungsart von Informationen ab.
- Die Gestaltung des Berichts in Inhalt und Form muss darüber hinaus auch die persönlichen Charakteristika sowie die hierarchische Position des Informationsempfängers berücksichtigen.
- Ein Mehr an Informationen ist nicht immer besser. Hier sollte der Controller sich die Frage stellen, welche Informationen dem Manager im Gedächtnis bleiben sollen.

9.4 Monatsberichtswesen in der Praxis

Wie sehen die Berichte in der Praxis konkret aus? – Erfahrungen aus einem Benchmarkingprojekt

Zur Veranschaulichung sei im Folgenden ein kurzer Blick in die Praxis des Berichtswesens geworfen. Hierzu wollen wir auf Ergebnisse eines 2004 an der WHU durchgeführten Benchmarkings zurückgreifen (vgl. Weber/Schaier/Strangfeld 2005). Analysiert wurde das Herzstück des Berichtswesens – der Monatsbericht – in sieben deutschen Großunternehmen.

Die Vorstellung der Ergebnisse folgt der Struktur der oben diskutierten Gestaltungselemente des Berichtswesens. Im Kern zeigt sich, dass die Berichte der einzelnen Unternehmen deutlich voneinander abweichen:

- *Berichtstermine*
  Die Mehrzahl der Monatsberichte wurde um den 10. Arbeitstag nach Ultimo veröffentlicht. Einige Unternehmen versenden ihren Monatsbericht jedoch auch deutlich später an den Konzernvorstand (~ 20. Arbeitstag nach Ultimo). Jedoch wird in den meisten Unternehmen bereits um den 3. Arbeitstag nach Ultimo vorab eine Umsatzmeldung an den Vorstand geschickt.

- *Berichtsumfang*
  Die »Berichtsphilosophien« der Unternehmen unterscheiden sich sehr deutlich: Der eine Teil kann eher als Kurzinformation, der andere treffend als Nachschlagewerk bezeichnet werden. Der Seitenumfang der Monatsberichte schwankte somit auch sehr stark zwischen fünf und 289 Seiten. Neben dem reinen Seitenumfang unterscheidet sich jedoch auch die Zahlendichte pro Seite deutlich zwischen den Unternehmen. So reichte die Anzahl der durchschnittlichen Datenpunkte pro Seite von 43 bis 320 Zahlen pro Seite!

- *Berichtsform*
  Trotz aller grafischen DV-Hilfsmittel dominiert weiterhin die Tabelle als typische Be-

richtsform. Lediglich in zwei Berichten ist der Anteil an Kommentaren und Grafiken gemessen an der Anzahl der Seiten, auf denen diese Darstellungsformen eingesetzt werden, dem Anteil an Tabellen ebenbürtig. Ein Unternehmen ging grafisch neue Wege und präsentierte die Zahlen in einer Ampellogik.

Alle untersuchten Unternehmen liefern den Monatsbericht »noch« in Papierform an den Vorstand. Zusätzlich kann er in den meisten Unternehmen in elektronischer Form aus dem Internet bezogen werden. Drei der untersuchten Unternehmen machten sogar von der Möglichkeit Gebrauch, bestimmten Empfängern – insbesondere divisionalen Managern – nur Teile des Monatsberichtes im Intranet frei zu schalten und den Empfängern somit nur Berichtsausschnitte zu präsentieren.

In vier der sieben untersuchten Unternehmen bleibt es nicht nur bei einer reinen Abgabe des Berichtes durch die Controller. Die »Highlights« des Monatsberichtes werden in der Vorstandssitzung durch den Leiter Controlling präsentiert. Der Monatsbericht besitzt in diesen Unternehmen eine zentrale Stellung im Rahmen der Unternehmenssteuerung.

Abb. 9-4

Monatsbericht eines Elektronik-Unternehmens

	EBT		ROS		OPER EXP		INVEN	PEOPLE
ENTITY	MTD	YTD	MTD	YTD	MTD	YTD	MTD	YTD
Entity n	●	●	■	▲	N.M.	▲	●	●
Entity n+1	▲	▲	●	■	▲	▲	▲	▲
Entity n+2	●	●	■	N.M.	●	N.M.	▲	▲
Entity n+3	●	●	●	●	●	●	●	●
Entity n+4	▲	▲	■	N.M.	▲	N.M.	▲	▲
Entity n+5	●	●	■	N.M.	●	N.M.	▲	▲
Entity n+		●	■	N.M.	●	N.M.		
			●	●	●			

Legende:
● = trifft oder übertrifft die angestrebten Erwartungen
■ = weicht vom Ziel weniger als 5% ab
▲ = weicht vom Ziel mehr als 5% ab
N.M. = das Rechenergebnis ist nicht aussagefähig

EBT = Earnings before taxes
ROS = Return on sales
OPER EXP = Operative Expenditure

- *Berichtsinhalt*
  In allen Berichten dominieren weiterhin die Finanzkennzahlen, trotz reger Diskussion der Balanced Scorecard in den letzten Jahren. Lediglich in zwei Berichten machten die nicht-

Abb. 9-5

Auszug aus dem Monatsbericht eines Logistik-Unternehmens

Kennzahlen (in Mio. €)

September						Januar – September				
Ist 2002	Plan 2003	Ist 2003	Abweichungen in % vs Plan	vs Vj		Ist 2002	Plan 2003	Ist 2003	Abweichungen in % vs Plan	vs Vj
21,0	**22,0**	**22,0**	**0,0**	**1,0**	**Arbeitstage** (Abweichungen absolut)	**187,7**	**187,4**	**187,4**	**0,0**	**–0,3**
3.223	**3.554**	**3.386**	**–4,7**	**5,0**	**Umsatz**	**28.811**	**30.517**	**28.903**	**–5,3**	**0,3**
401	**256**	**294**	**14,9**	**–26,6**	**EBITA**	**2.141**	**1.566**	**2.039**	**30,2**	**–4,8**
–48	**–68**	**–46**	**31,6**	**3,0**	**Finanzergebnis**	**–425**	**–585**	**–545**	**6,9**	**–28,3**
–38	–47	–50	–7,5	–33,1	davon Zinsen aus Rückstellungen	–358	–422	–436	–3,1	–21,7
332	**162**	**217**	**34,3**	**–34,6**	**Ergebnis vor Steuern**	**687**	**737**	**1.279**	**73,5**	**86,1**
					Steuerquote (in %)	**38,6**	**59,4**	**30,3**		
209	**97**	**148**	**53,0**	**–29,1**	**Jahresüberschuss**	**422**	**301**	**892**	**195,8**	**111,5**
		104			Capital Expenditure			804		
		3.267			Net Debt			3.267		
					Earnings per Share in €	0,35	0,27	0,78		
332,2	335,3	330,9	–1,3	–0,4	Personal ∅ (in Tsd.)	331,0	335,4	327,2	–2,4	–1,1

Zinsen aus Rückstellungen 2002: 547 Mio. €, Plan 2003: 569 Mio. €

Nicht-monetäre Daten machen nur einen geringen Anteil im Berichtswesen aus.

finanziellen Dimensionen der Balanced Scorecard (Prozess-, Mitarbeiter-, Markt-, Innovationskennzahlen) mehr als 25 % der berichteten Daten aus. Aber trotz der immer noch bestehenden Übermacht der Finanzkennzahlen kann festgehalten werden, dass nichtmonetäre Informationen verstärkt in die laufende Berichterstattung einfließen. Darüber hinaus gewinnen auch unterjährige Prognosen an Bedeutung: Konnte man früher mit hoher Sicherheit davon ausgehen, die gesetzten Ziele tatsächlich zu erreichen – wir sind auf die Philosophie der Plankostenrechnung ausführlich eingegangen –, muss heute angesichts erheblicher Turbulenzen mit stärkeren Abweichungen und häufigeren Anpassungsmaßnahmen gerechnet werden. Angesichts der Tatsache, dass dem Grad der Einhaltung von Planwerten auch in der Kommunikation an die Eigentümer eine erhebliche Aufmerksamkeit zukommt, nimmt die systematische Prognose der weiteren Entwicklung bis Jahresende eine zentrale Bedeutung im Berichtswesen ein.

Für das Berichtswesen zeigt sich in der Praxis eine erhebliche Pfadabhängigkeit.

Im Ergebnis zeigt sich damit ein heterogenes Bild: Jedes Unternehmen hat sein eigenes, individuelles Berichtswesen. Wichtige Gründe für diese Unterschiedlichkeit liegen in der Art des jeweiligen Geschäfts und in den individuellen Präferenzen der Berichtsempfänger. Allerdings zeigt sich auch eine erhebliche »Pfadabhängigkeit« des Berichtswesens: Die Berichte werden nicht »auf der grünen Wiese« entworfen, sondern mit der Zeit weiter entwickelt. Nicht immer lässt sich die Unterschiedlichkeit daher aus der spezifischen Ausprägung von Einflussgrößen ableiten – mit anderen Worten: Controller haben hier in der Tat ein Aufgabenfeld vor sich, auf dem sich noch Verbesserungen erzielen lassen!

Zusammenfassende Aussagen (vgl. auch Leitfrage 4)

- In der Praxis existiert nicht »der« Monatsbericht, sondern es ist eine bunte Vielfalt an Monatsberichten vorzufinden.
- Grob können die Berichte in zwei Kategorien geteilt werden. Zum einen Monatsberichte, die eine Kurzinformation für das Management liefern, und zum anderen Monatsberichte, die als umfassendes Nachschlagewerk dienen.
- Trotz aller EDV-Entwicklungen ist weiterhin die Tabelle die primäre Darstellungsform und trotz der Diskussionen um die Balanced Scorecard bleiben weiterhin die Finanzkennzahlen der dominante Berichtsinhalt.
- Die Monatsberichte haben in den Unternehmen eine hohe Bedeutung und werden in vielen Unternehmen auch durch den Controllingleiter vor dem Vorstand präsentiert.

Aus der Praxis

Wesentliche Elemente des Konzernreporting bei Continental

Carsten Reibe*

Der im DAX notierte Continental-Konzern ist ein führender Anbieter für Bremssysteme, Fahrwerkkomponenten, Fahrzeugelektronik, Reifen und Technische Elastomere. Das Unternehmen erwirtschaftete im Jahr 2005 einen Umsatz in Höhe von 13,8 Milliarden Euro und beschäftigt derzeit weltweit rund 80 600 Mitarbeiter. Aus der Vision des Continental-Konzerns leiten sich zum einen das Produktportfolio, zum anderen die Basis des Steuerungskonzeptes ab:

- *»Wir machen individuelle Mobilität sicherer und komfortabler*
  Durch unsere Kernkompetenzen, unsere Produkte und unsere Dienstleistungen verbessern wir gemeinsam mit unseren Kunden die Sicherheit, den Fahrkomfort und den Fahrspaß.«
- *»Wert schaffen ist unser Antrieb*
  Mit unseren Produkten und Leistungen schaffen wir Werte für unsere Geschäftspartner und Anteilseigner ebenso wie für die Mitarbeiter und die Gesellschaft, als deren Teil wir uns verstehen. Steigerung der Profitabilität und konsequentes Kostenmanagement in allen Bereichen sind die Grundlagen für unseren Unternehmenserfolg.«

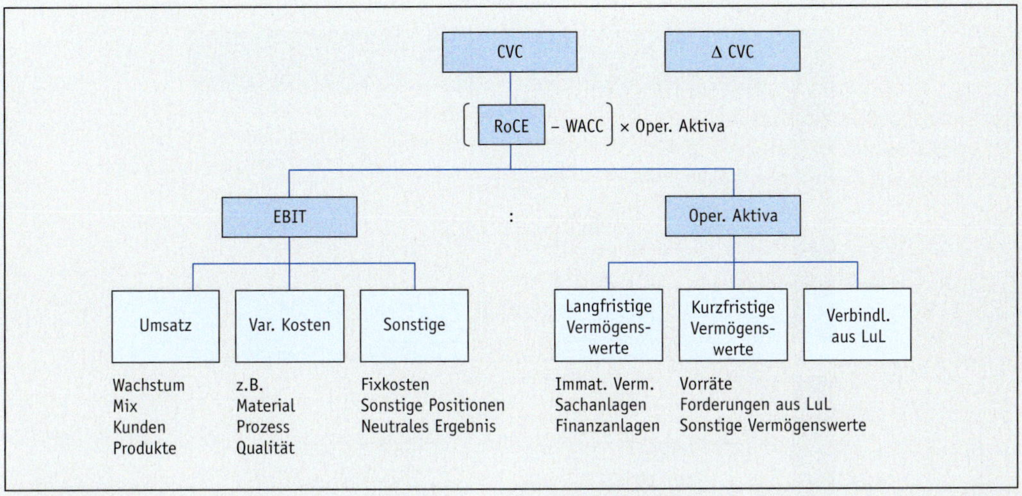

Abbildung 1

Aus dem zweiten Teil der Vision abgeleitet verwendet Continental als oberste Steuerungsgrößen den absoluten Wertbeitrag CVC (Continental Value Contribution), den Delta CVC als Veränderung des absoluten Wertbeitrags im Vergleich zum Vorjahr sowie die Kapitalrendite ROCE (Return on Capital Employed). Zur Bestimmung des CVC wird die Differenz zwischen ROCE und dem für den Continental-Konzern ermittelten durchschnittlichen, gewichteten Kapitalkostensatz WACC gebildet und mit der Kapitalbasis (Operative Aktiva) multipliziert. Die genannten Kennzahlen gelten konzernweit für alle Managementebenen, konkretisieren sich über den operativen Werttreiberbaum und sind im Vergütungssystem verankert. Die Abbildung 1 zeigt die maßgeblichen Größen des operativen Werttreiberbaums auf.

Ein effizientes Reporting ist die Basis, um schnell und in höchster Qualität die externen Reportinganforderungen zu erfüllen und das Management mit entscheidungsrelevanten Informationen zu versorgen. Zentrales Element dieser Effizienz ist die Integration von Controlling und Rechnungswesen. Das bedeutet, dass Controlling und Rechnungswesen eine gemeinsame Bewertungs- und Datenbasis (nach IFRS) nutzen. Dies wurde bei Continental realisiert durch die Vereinheitlichung der Kontenpläne zu einem gemeinsamen Positionsplan mit identisch zu berichtenden Inhalten. Alle Sachverhalte, die im Konzern auftreten können, werden damit nach den gleichen Bewertungsstandards beurteilt und berichtet.

Bei Continental sind Controlling und Rechnungswesen integriert.

Darüber hinaus ist die Reporting- und Planungsstruktur so aufgebaut, dass die Sparte als Reportingeinheit auf unterster Ebene angelegt ist, um beide Konsolidierungspfade, die legale Konsolidierung sowie die Managementkonsolidierung gleichzeitig zu bedienen: Über die Gesellschaft die legale Sicht und über die Managementeinheiten (Produktmarktsegment, Produktlinie, Business Unit, Division) die Management Sicht. Damit ist auf Konzernebene die konsequente Parallelität sichergestellt. Dieses Prinzip gilt für alle Berichtsanlässe: Ist, Forecast und Planung.

Bei Continental wird ein zentrales Konzernreportingtool genutzt.

Bei Continental wird als übergeordnetes und flexibles Konzernreportingtool FIRE (Financial Reporting) – realisiert in SAP-BCS und SAP-BW – eingesetzt, an das die unterschiedlichen operativen Vorsysteme angebunden sind. Grundphilosophie ist dabei eine möglichst automatisierte Prozesskette von z. B. dem Wareneingang bis zum Report an den Vorstand.

Aus Prozess-Sicht betrachtet (vgl. Abbildung 2) werden die jeweiligen Gesellschaftsmeldedaten aus den operativen, standardisierten Vorsystemen nach Möglichkeit automatisch übertragen, um eine konzernweite Datenidentität und -integrität sicherzustellen. Die Erfassung dieser Meldedaten kann durch die jeweilige Gesellschaft nur abgeschlossen und freigegeben werden, wenn zentral vorgegebene

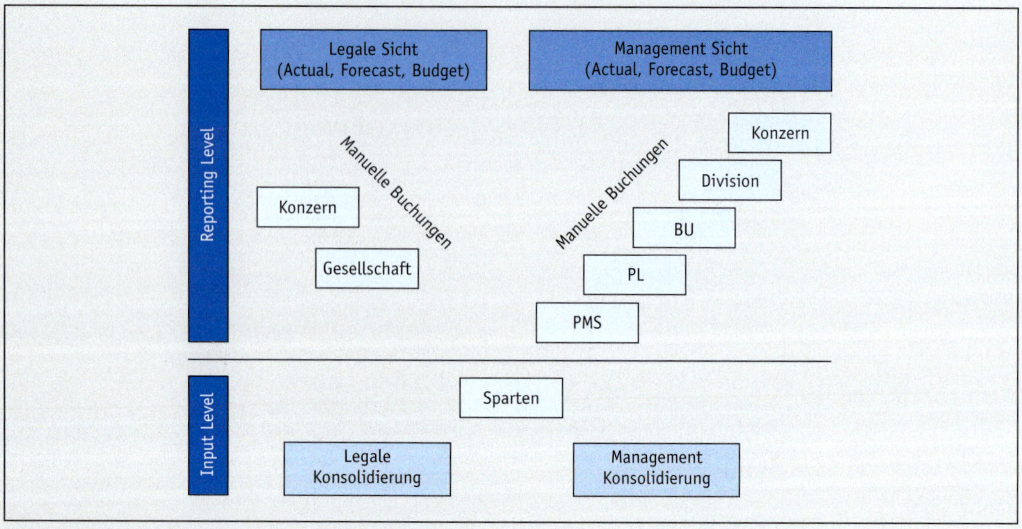

Abbildung 2

Plausibilitätsprüfungen erfolgreich abgearbeitet wurden. Durch die dezentrale Anbindung gilt das Prinzip des Push down-Accounting. Jede Gesellschaft ist verantwortlich für die Qualität und Integrität der eigenen, gemeldeten Daten sowie die Identität zwischen operativem Vorsystem und dem Konzernreportingsystem FIRE. Die in FIRE gemeldeten Gesellschaftsdaten sind im Financial Data Warehouse konzernweit in lokaler Währung sowie die konsolidierten Daten über alle Konsolidierungsstufen in Konzernwährung online verfügbar.

FIRE ermöglicht sowohl eine Aggregation als auch einen Drill-down.

Auf den dezentralen Meldeprozess folgt der zentrale Konsolidierungsprozess aus legaler Sicht und aus Management Sicht sowie das Reporting an die unterschiedlichen internen und externen Adressaten. Die Abbildung 3 verdeutlicht die Reportingfunktionalitäten in FIRE.

Aufgrund der einheitlichen Bewertungs- und Datenbasis ist es für die jeweiligen Verantwortlichen möglich, zum einen eine Aggregation und zum anderen einen Drill-down durch alle Stufen der legalen sowie der Managementhierarchie durchzuführen. Im ersten Fall kann über die Managementebenen bis zum Konzern aggregiert werden und die notwendigen Informationen für die interne Berichterstattung

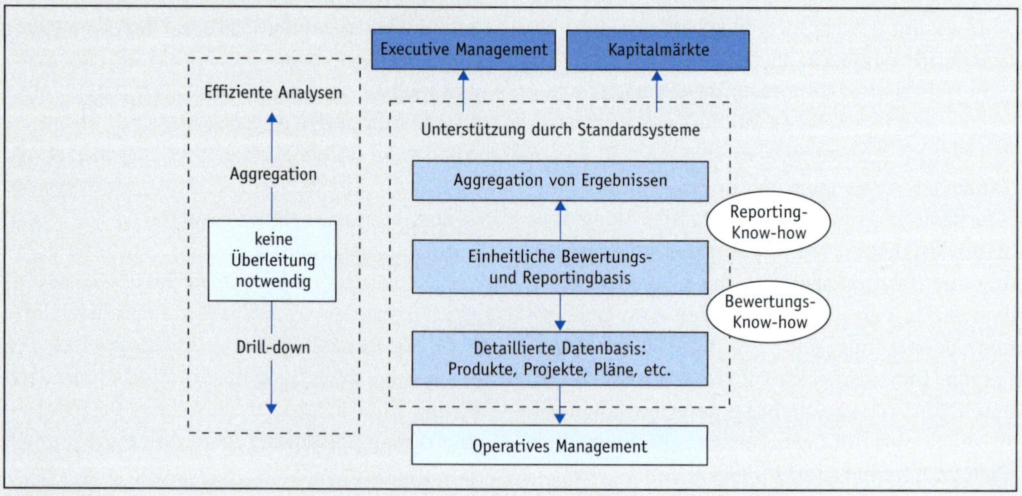

Abbildung 3

an den Vorstand generiert werden. Für die externe Berichterstattung, z. B. Geschäftsbericht, wird neben der legalen Konzernkonsolidierung auch die Managementkonsolidierung für die Segmentberichterstattung erzeugt. Im zweiten Fall können über einen Drill-down alle Reportingebenen hinunter bis zur kleinsten Einheit (Sparte) analysiert werden. Das jeweilige operative Management kann dementsprechend mit den notwendigen, entscheidungsrelevanten Informationen versorgt werden.

Gemäß den Konzernvorgaben werden im monatlichen Reporting (Ist und Forecast) alle relevanten Informationen, wie z. B. Gewinn- und Verlustrechnung, Operative Aktiva/Bilanz, Investitionsbudgets, Personal, über FIRE abgefragt. Dementsprechend liegen über alle Managementebenen die steuerungsrelevanten Kennzahlen monatlich vor. Durch die Integration der verschiedenen Reportinganforderungen sowie die direkte Anbindung der operativen Vorsysteme mit weitgehend automatisierten Prozessen wird die schnellere Verfügbarkeit der benötigten Informationen sowie die Fokussierung weg von der Erfassung und dem Abgleich von Daten hin zu Auswertung und Analyse der Ergebnisse ermöglicht.

FIRE schafft mehr Zeit für Auswertungen und Analysen.

* Carsten Reibe ist Leiter Corporate Controlling bei der Continental AG.

9.5 Spezielle inhaltliche Themen der Berichterstattung

Im Folgenden wollen wir nun auf zwei inhaltliche Aspekte der Berichterstattung näher eingehen, die in den letzten Jahren intensiv diskutiert wurden: Wertorientierung und Risikomanagement. Bei der Implementierung dieser Themen in den Unternehmen ist die Anpassung des Berichtswesens ein wichtiger Schritt, die Organisation auf die Thematik auszurichten und die notwendige Informationsbasis hierfür zur Verfügung zu stellen. Nachfolgend wollen wir kurz skizzieren, wie das Berichtswesen bei einer wertorientierten Ausrichtung des Unternehmens sowie bei der Einführung eines Risikomanagements zu gestalten ist.

9.5.1 Wertorientierte Berichterstattung

Wertorientierung als neue unternehmerische Zielsetzung haben wir bereits im 7. Kapitel bei der Diskussion wertorientierter Kennzahlen kennen gelernt. Auf Grund der hohen Bedeutung des Berichtswesens bzw. der Informationsversorgung im Allgemeinen für die Willensbildung und Steuerung des Unternehmens bildet die Anpassung des Berichtswesens eine zentrale Voraussetzung für die Verwirklichung einer wertorientierten Steuerung. Von den grundsätzlich relevanten Gestaltungsdimensionen, die in Abschnitt 9.2 dieses Kapitels beschrieben worden sind, sei im Folgenden insbesondere der Berichtsinhalt näher betrachtet.

Im Zuge der Wertorientierung treten solche Berichtsinhalte in den Mittelpunkt, die Auskunft über die Höhe der finanziellen Rückflüsse geben, auf deren Realisierung das Engagement der Shareholder im Unternehmen abzielt. Wir wollen zwei unterschiedliche Sichtweisen unterscheiden, die es ermöglichen, wertorientierte Berichtsinhalte zu berücksichtigen: einen »External« und einen »Internal View«.

Im wertorientierten Berichtswesen sind ein internal und ein external view zu unterscheiden.

Die möglichen Berichtsinhalte des *»External Views«* sind direkt am Kapitalmarkt und somit an der Entwicklung der Vermögenssituation der Eigenkapitalgeber orientiert. Als direkt kapitalmarktorientierte Kennzahlen können Größen wie der Total Shareholder Return, die Aktienkursentwicklung (absolut und relativ zu einem Vergleichsindex) und die Earnings per Share in das Standardreporting aufgenommen werden.

External view

Die zweite Möglichkeit, den Aspekt der Wertorientierung in die Berichtsgestaltung aufzunehmen, stellen die Kenngrößen des *»Internal*

Internal view

View« dar. Hierfür kommt die Aufnahme der wertorientierten Spitzenkennzahlen wie z. B. DCF, EVA und/oder die Aufnahme ihrer Treibergrößen in Frage (vgl. die Abschnitte 7.3 sowie 7.4.2 dieses Buches).

Bei der Gestaltung des Berichtswesens stehen die Controller vor der Frage, ob sie verstärkt die Kenngrößen des »External« oder des »Internal Views« in das Standardberichtswesen einbeziehen sollen. Zur Beantwortung dieser Frage muss man anmerken, dass die Kenngrößen des »External Views« signifikante Nachteile bei der Verwendung als interne Steuerungsgrößen haben:

Kennzahlen des external view sind für interne Steuerungszwecke nur sehr bedingt geeignet.

- So weisen die Kennzahlen des »External View« keinen direkten Zusammenhang mit dem Leistungserstellungs- und -verwertungsprozess eines Unternehmens auf. Sie sind damit nicht geeignet, Entscheidungen, die im Zuge der internen Steuerung gefällt werden, informatorisch zu fundieren.
- Gerade in der kurzfristigen Sicht, die das Monatsreporting einnimmt, ist die Marktkapitalisierung eines Unternehmens kein valider Maßstab für dessen tatsächliche Wertentwicklung. Vielmehr unterliegt die kurzfristige Kursentwicklung dem Einfluss verschiedener nicht-fundamentaler Faktoren der Preisbildung: Die nur zu beschränkt-rationalem Handeln fähigen Investoren neigen dazu, etwa aufgrund abweichender Wahrnehmungen bei Erhalt einer Information überzureagieren und damit den Preis einer Aktie in dem Sinne zu beeinflussen, dass dieser sich vom Fundamentalwert entfernt (vgl. Menkhoff/Röckemann 1994, S. 279; Eidel 2000, S. 9 ff.).

Somit ist festzuhalten, dass die Kennzahlen des »Internal Views« als Maßgrößen für eine unterjährige Steuerung eines wertorientiert ausgerichteten Unternehmens grundsätzlich besser geeignet sind. Dennoch kann aber auch die Einbeziehung externer Kenngrößen positive Impulse verleihen, denn die kapitalmarktorientierten Berichtsinhalte zeigen, ob die Performance eines Unternehmens auch den Erwartungen des Kapitalmarktes entspricht. Die Kapitalmarktsicht vollständig zu ignorieren, würde ja geradezu dem Grundgedanken der wertorientierten Steuerung, der Ausrichtung des Unternehmens am Shareholder Value, widersprechen.

Die Ausrichtung des Standardreportings auf Wertorientierung – sei es nun mit einem Fokus auf den »External« oder auch den »Internal View« – ist aus Aspekten der Durchsetzung der Wertorientierung in der Organisation zwingend zu fordern. Hinzuweisen ist in diesem Zusammenhang zunächst auf die Signalwirkung, die eine Integration der entsprechenden Kennzahlen in das laufende Reporting der Konzernleitung besitzt: Ein Top-Management, das sich die Entwicklung der entsprechenden Kennzahlen unterjährig berichten lässt, dokumentiert die Entschlossenheit, seine laufenden Entscheidungen an wertorientierten Kalkülen auszurichten. Zudem ist das Erstellen eines Berichts ein probates Mittel, die Handlungen derjenigen Personen,

Unter der Lupe

Wertorientierte Kennzahlen monatlich zu reporten, fällt von der Ermittlung der benötigten Informationen her nicht leicht. Dies betrifft insbesondere die Kapitalbasis. Viele Unternehmen berichten deshalb unterjährig »ersatzweise« finanzielle Werttreiber anstelle der wertorientierten (Spitzen-)Kennzahl. Dies muss aber nicht zu dysfunktionalen Steuerungseffekten führen: Zum einen lässt sich mit dem Reporting der Werttreiber die Beeinflussbarkeit der Spitzenkennzahl durch die einzelnen Unternehmensbereiche besser aufzeigen sowie operativ steuern. Zum anderen birgt eine einseitige auf Erfolgs- bzw. Cashflow-Größen fokussierende Standardberichterstattung – die die Kapitalseite ausblendet – die Gefahr, dass Manager einen verantwortungsvolleren Umgang mit der Ressource »Kapital« vermissen lassen. Letztlich ist also das parallele Einbeziehen der wertorientierten Spitzenkennzahl und ihrer Werttreiber in das Monatsreporting im Sinne der Wertorientierung nicht nur tolerabel, sondern geradezu zu fordern. Erst diese integrative Betrachtung versetzt die entsprechenden Führungskräfte in die Lage, auch unterjährig eine wertorientierte Konzernsteuerung zielgerichtet zu verwirklichen.

über die berichtet wird, im Sinne des Berichtszwecks zu beeinflussen. Akteure, deren Handeln Gegenstand eines Berichts ist, wissen, dass ihr Verhalten auf der Grundlage der erhobenen Informationen kontrolliert werden kann. Der Umstand der Berichtsgenerierung zeigt ihnen zudem, dass eine solche Kontrolle vom Berichtsempfänger offenbar auch angestrebt wird: Warum sollte sich dieser sonst die Mühe machen, die entsprechenden Informationen zu gewinnen? Vor diesem Hintergrund erscheint ein für die Unternehmensleitung erstelltes Monatsreporting, das die Performance der Unternehmensbereiche durch wertorientierte Kennzahlen abbildet, als ein wesentliches Instrument zur konzernweiten Durchsetzung der Wertorientierung.

9.5.2 Risikoorientierte Berichterstattung

Mit dem Gesetz zur Kontrolle und Transparenz im Unternehmensbereich (KonTraG) vom 1. Mai 1998 ist das Risikomanagement – dessen Auswirkungen auf das Berichtswesen wir nachfolgend erläutern wollen – verstärkt auf die Agenda deutscher Unternehmen gekommen. Das Gesetz hat die Intention, die *Corporate Governance* zu verbessern, d. h. eine adäquatere Verfassung, Leitung und Überwachung deutscher Unternehmen zu etablieren. Das KonTraG gilt für Aktiengesellschaften, Kommanditgesellschaften auf Aktien sowie viele GmbHs, die die Kriterien des KonTraG hinsichtlich Größe, Struktur und Komplexität erfüllen. Diese Unternehmen sind unter anderem zur Einrichtung eines Risikomanagementsystems verpflichtet, das dazu beitragen soll, »den Fortbestand der Gesellschaft gefährdende Entwicklungen« frühzeitig aufzuzeigen. Bei börsennotierten Unternehmen wird dieses System auch durch den Abschlussprüfer geprüft; alle Kapitalgesellschaften müssen eine Risikoberichterstattung nach Außen leisten.

Neben einer einseitigen Überwachung der Risiken ist die Ergänzung des Risikomanagements durch ein *Chancenmanagement* betriebswirtschaftlich anzuraten, aber vom KonTraG nicht zwingend vorgeschrieben. In diesem Kontext kann von einem Risk Tracking und Reporting-Prozess gesprochen werden, dessen integraler Bestandteil eine effiziente interne Chancen/Risiko-Berichterstattung (C/R-Berichterstattung) ist (vgl. Weber/Weißenberger/Liekweg 1999).

Die C/R-Berichterstattung ist im Prozessfluss des Risk Tracking und Reporting-Prozesses zum einen das Ergebnis einer Identifikation und Bewertung der Chancen und Risiken; zum anderen liefert sie die Grundlage für eine Überwachung und Steuerung der Chancen und Risiken im Sinne der vorangestellten Strategie. Ohne eine solide Berichterstattung funktioniert der Risk Tracking und Reporting-Prozess nicht. Aufbauend auf den Erläuterungen aus Abschnitt 2 dieses Kapitels besteht somit der Zweck einer risikoorientierten Berichterstattung darin, die in den einzelnen organisatorischen Einheiten bzw. Projekten identifizierten, bewerteten und mit Verantwortlichkeiten belegten Chancen und Risiken innerhalb des Unternehmens strukturiert zu kommunizieren. Daneben dient die C/R-Berichterstattung auch der Dokumentation (Prüfung des Risikomanagements durch den Abschlussprüfer und Beleg, dass der Vorstand seine gesamten Pflichten ordnungsgemäß erfüllt hat).

Zweck der risikoorientierten Berichterstattung

Nachfolgend sollen Aussagen zur Darstellungsform und zum Inhalt eines solchen C/R-Berichts getroffen werden. So bietet sich zur Erfassung und strukturierten Dokumentation aller Chancen und Risiken ein so genanntes stark formalisiertes Risk Tracking Sheet an, welches zugleich eine bestimmte Darstellungsform als auch ein spezifisches Instrument ist.

Die *Abbildung 9-6* gibt auf der Folgeseite einige Anhaltspunkte zur Ausgestaltung eines Risk Tracking Sheets. Den hier beispielhaft in einer organisatorischen Einheit identifizierten und quantifizierten Risiken werden die entgegenstehenden Chancen, etwa in Form erwarteter Erträge, gegenübergestellt. Gleichzeitig enthält das Risk Tracking Sheet die Annahmen, die hinter den so quantifizierten Chancen und Risiken stehen. Liegen Unsicherheiten 3. und 4. Ordnung vor, also solche, für die keine Eintrittswahrscheinlichkeiten ermittelt werden können und die sich somit auch nicht monetär quantifizieren lassen (zu den Unsicherheitskategorien vgl. *Abbildung 9-7*), können Chancen und Risiken zunächst über eine Rangskala (z. B. gering, hoch und wesentlich) statt über eine

Beispiel eines konkreten Formats einer chancen- und risikoorientierten Berichterstattung betragsmäßige Darstellung gegenübergestellt werden. Bei großen bis wesentlichen Risiken sollte nochmals eine genauere Analyse durchgeführt werden, damit zumindest grobe monetäre Größenordnungen angegeben werden können, um eine nachfolgende Aggregation der erwarteten finanziellen Auswirkungen zu ermöglichen. Eine solche Aggregation muss – für die Chancen- und Risikoseite jeweils separat – nach einer sich bereichsindividuell anbietenden Struktur (Wertschöpfungsglieder, Funktionen, Projekte usw.) erfolgen, um schließlich zu einer Gesamtsicht für den betroffenen Bereich zu gelangen. Sofern kompensatorische (kumulative) Effekte zwischen einzelnen Risiken bestehen, d. h. Einzelrisiken sich gegenseitig aufheben

Kumulative Effekte sind zu berücksichtigen.

Das Management wird so über Chancen und Risiken in einer symmetrischen Weise informiert.

Abb. 9-6

Risk Tracking Sheet, dargestellt an einem Beispiel (entnommen aus Weber/Weißenberger/Liekweg 1999, S. 29)

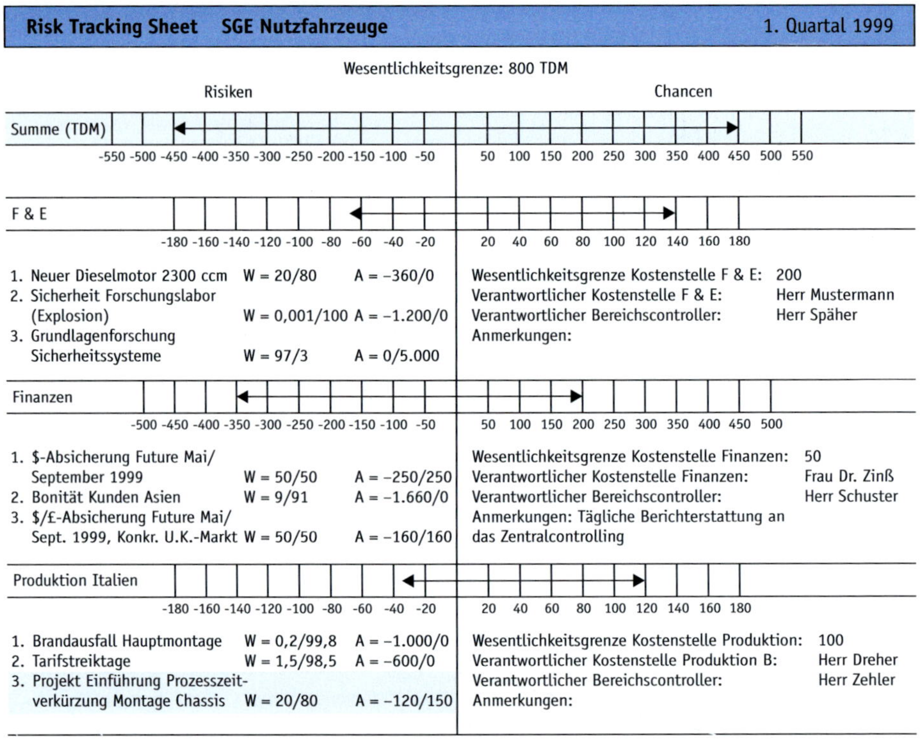

Risk Tracking Sheet Kostenstelle Chassismontage 1. Quartal 1999

Kst-Leiter: Herr Schröder Controller: Herr Zehler

Wesentlichkeitsgrenze: 20 TDM

Unsicherheits-beschreibung	Unsicherheits-art	Unsicherheits-ordnung	Eintrittswahr-scheinlichkeit	Erwartete finan. Auswirkung	Wesentlich?
1. Lager-diebstahl	Diebstahl	1	0,5 %	–250 TDM	
2. Einführung Prozesszeit-verkürzung	Probleme Planung-/Kontroll-	2	20 %/80 %	–120/150 TDM	P
3. Qualitäts-	Zulieferer	3	–	klein	

(verstärken) und dies intersubjektiv nachvollziehbar ist, muss dies bei der Aggregation berücksichtigt werden. Entsprechend ist auf der Chancen-Seite zu verfahren.

Der Inhalt des Risk Tracking Sheets einer organisatorischen Einheit umfasst alle Unsicherheiten, d.h. Chancen und Risiken, die auf ihrer Ebene identifiziert wurden. Chancen und Risiken untergeordneter Ebenen werden nur erfasst, sofern sie als wesentlich zu bezeichnen sind. Andernfalls erscheinen sie nur in den Risk Tracking Sheets dieser untergeordneten organisatorischen Einheiten. Damit wird im Sinne der Berichtseffizienz eine Informationsflut auf höheren Ebenen vermieden; andererseits wird jedoch sichergestellt, dass alle wesentlichen Chancen und Risiken an die zuständigen Führungskräfte – dies können bei bestandsgefährdenden Risiken und bedeutenden Chancen Vorstand bzw. Geschäftsführung sowie Aufsichts- bzw. Beirat des Unternehmens sein – kommuniziert werden. Bei dieser Aggregation über Ebenen hinweg ist jedoch zu überprüfen, inwieweit sich die von den jeweils untergeordneten Bereichen zu verantwortenden Chancen und Risiken einer Ebene gegebenenfalls übergreifend kompensieren, also gegenseitig aufheben, oder kumulieren, d.h. gegenseitig verstärken. Der erste Fall ist denkbar, wenn etwa ein Profit Center den US-Dollar-Raum als Beschaffungsmarkt nutzt, ein anderes Profit Center diesen als Absatzmarkt. Die Unsicherheit aus US-Dollar-Wechselkursänderung wird dann durch diese gegenläufigen Aktivitäten zumindest reduziert. Es ist lediglich die gegebenenfalls verbleibende Restunsicherheit aktiv zu steuern. Der zweite Fall kumulierender Unsicherheiten liegt vor, wenn etwa neue Vertriebsanstrengungen in einem Geschäftsfeld auch positive Ausstrahlungen auf andere Geschäftsfelder besitzen. Zusammenfassend bleibt festzuhalten, dass sowohl zwischen Einzelrisiken und -chancen innerhalb einer organisatorischen Einheit als auch zwischen Chancen und Risiken unterschiedlicher organisatorischer Einheiten einer Ebene Wechselbeziehungen zu beachten sind.

Das Risk Tracking Sheet muss im Rahmen des unternehmensinternen Berichtswesens regelmäßig überarbeitet und aktualisiert werden, um so zu gewährleisten, dass neu auftretende Risiken bzw. sich bietende Chancen Berücksichtigung finden und dokumentiert werden. Um hierbei eine Überlastung des Berichtswesens zu vermeiden, ist es durchaus denkbar, dass der Berichtszyklus nicht – wie etwa bei Ergebnisdaten üblich – einem monatlichen Turnus folgt, sondern Berichte lediglich quartalsweise erstellt werden.

Abb. 9-7

Begriffskategorien Unsicherheit (entnommen aus Weber/Weißenberger/Liekweg 1999, S. 13)

Unsicherheitskategorie	Charakteristika	Beispiele
1. Ordnung	Es liegen objektive Eintrittswahrscheinlichkeiten für alle zukünftigen Umweltrisiken vor	Wechselkursschwankungen, Krankenstand der Mitarbeiter
2. Ordnung	Es liegen subjektive Eintrittswahrscheinlichkeiten für alle zukünftigen Umweltzustände vor	Erwartete Umsatzerlöse und Anlaufverluste bei Markterweiterungen
3. Ordnung	Es liegen keine Eintrittswahrscheinlichkeiten für zukünftige Umweltzustände vor, die Umweltzustände sind aber alle der Art nach bekannt	Grundlagenforschung für ein neues Produkt, Ausweitung des Versandhandels
4. Ordnung	Es liegen keine Eintrittswahrscheinlichkeiten für zukünftige Umweltzustände vor, die Umweltzustände sind nicht einmal alle der Art nach bekannt	Auswirkung neuer Produkte im Bereich Biotechnologie, Jahr 2000-Problem

Zusammenfassende Aussagen (vgl. auch Leitfrage 5)

- Um eine wertorientierte Berichterstattung zu realisieren, bietet sich der Einbezug des »External Views« – also kapitalmarktorientierter Kenngrößen – oder des »Internal Views« – also wertorientierter Steuerungsgrößen wie DCF oder EVA – an.
- Zur internen Steuerung des Unternehmens sind die Kenngrößen des »Internal Views« besser geeignet, was aber keineswegs bedeuten soll, in der internen Berichterstattung auf die Kenngrößen des »External Views« generell zu verzichten.
- Ein elementarer Bestandteil des Risikomanagements ist eine effiziente interne Chancen/Risiko-Berichterstattung.
- Eine Möglichkeit, die Chancen/Risiko-Berichterstattung umzusetzen, stellt das Risk Tracking Sheet dar, welches die identifizierten und quantifizierten Risiken den möglichen Chancen, z.B. in Form erwarteter Erträge, gegenüberstellt.

Zusätzlich ist noch ein Ad-hoc-Risiko-Berichtswesen erforderlich.

Die Frequenz der C/R-Berichterstattung hängt dabei vor allem von der Schnelligkeit ab, mit der sich die Einflussfaktoren, denen die einzelnen Unternehmensbereiche ausgesetzt sind, verändern. Damit neu auftretende risikobehaftete Veränderungen, insbesondere bei einer niedrigen Berichtsfrequenz, nicht zu spät im Unternehmen kommuniziert werden, muss die C/R-Berichterstattung zusätzlich noch ein so genanntes *Ad-hoc-Risiko-Berichtswesen* vorsehen. Angesprochen sind hiermit unterschiedliche zu verwendende Berichtstypen im Rahmen der Risikoberichterstattung. So entspricht der Ad-hoc-Risikobericht einem Abweichungsbericht, da Veränderungen in ihrer Ausprägung Schwellenwerte überschritten haben. Ein solcher Bericht ist dann weniger formalisiert. Im Sinne einer interaktiven Informationsversorgung soll »Management Attention« für plötzliche Ereignisse erzeugt werden.

9.6 Fazit

Die Gestaltung und Pflege des Berichtswesens ist eine Kernaufgabe der Controller. Der Berichtszweck stellt den Ausgangspunkt aller Überlegungen zur Gestaltung des Berichtswesens – also die Frage nach dem Ziel der Informationsübermittlung – dar. Des Weiteren muss sich der Controller auch über den Informationsempfänger im Allgemeinen und die Art der Informationsnutzung Klarheit verschaffen. Nur mit diesem Wissen kann er ein benutzeradäquates und effektives Berichtswesen aufbauen. Das Berichtswesen ist von den Controllern in vielerlei Hinsicht zu gestalten. Hierzu zählen der Berichtstyp, der Berichtsinhalt, die Berichtsform, der Berichtstermin, der oder die Berichtsempfänger und die oder der Berichtsträger. All diese Gestaltungselemente sind auf den Berichtszweck und die Nutzeradäquanz hin auszurichten.

Weiterführende Literatur zu ...

... Gestaltungsdimensionen des Berichtswesens
Blohm (1974), S. 11–35
Gladen (2003), S. 245 ff.
Koch (1994), S. 53–71
Welge (1988), S. 384–398

... Gestaltungsempfehlungen für das Berichtswesen
Benbasat/Dexter 1986
Bruns/McKinnon 1993, S. 84–89
Mintzberg 1977
Wirth 2000

... Monatsberichtswesen in der Praxis
Weber et al. 2005

... Spezielle inhaltliche Themen der Berichterstattung
Lück 1999
Picot 2001
Weber/Bramsemann/Heineke/Hirsch 2002a
Weber/Bramsemann/Heineke/Hirsch 2002b
Weber/Schaier/Strangfeld 2005
Weber/Weißenberger/Liekweg 1999

10 Grundfragen der Planung und Kontrolle

Leitfragen

1. **Was ist genau unter den Begriffen Planung und Kontrolle zu verstehen?**
2. **Wie unterschiedlich können Planung und Kontrolle für sich und in ihrem Zusammenwirken ausgeprägt sein?**
3. **Was kann man sich unter dem Begriff der »Planungsebene« vorstellen, was nimmt noch auf die grundsätzliche Gestaltung der Planung Einfluss?**
4. **Was versteht man unter dem Controllability-Prinzip?**
5. **Welche verhaltenswissenschaftlichen Erkenntnisse sollten von den Controllern bei der Wahrnehmung ihrer Planungs- und Kontrollaufgaben berücksichtigt werden?**
6. **Wie sehen die Planungs- und Kontrollaufgaben der Controller im Detail aus?**
7. **Welche informationstechnischen Hilfsmittel stehen den Controllern für ihre Planungs- und Kontrollaufgaben zur Verfügung?**

Neben der im zweiten Teil des Buches dargestellten Informationsversorgung sind Controller durchweg auch mit Planungs- und Kontrollaufgaben betraut. Die Verantwortung für die Gestaltung des Planungssystems, die Koordination der Teilpläne und die Dokumentation des Planungsprozesses liegen ebenso bei den Controllern wie das kritische Hinterfragen von Planansätzen und die systematische Kontrolle der Planerreichung.

Wir wollen uns den Planungs- und Kontrollaufgaben in Teil III des Buches in mehreren Schritten nähern. In diesem Kapitel geht es uns um die grundsätzliche Charakterisierung und Einordnung der Planungs- und Kontrollaufgaben. Diese werden dann in den folgenden drei Kapiteln – nach Planungs- und Kontrollebenen differenziert – näher ausgeführt.

Was erwartet uns in diesem – umfänglichen – Kapitel?

10.1 Begriffliche Grundlagen

Auch in diesem Kapitel kommen wir nicht umhin, zu Beginn eine begriffliche Klärung vorzunehmen. Obwohl Planung und Kontrolle wohl zu den am meisten gebrauchten betriebswirtschaftlichen Begriffen zählen, sind sie in der Literatur sehr unterschiedlich definiert – aber dieser Tatbestand dürfte den Leser an dieser Stelle des Buches nicht mehr verwundern!

10.1.1 Planung

Planung ist ein in der betriebswirtschaftlichen Diskussion häufig verwendeter, allerdings im Detail unscharfer Begriff (vgl. ausführlich Hamprecht 1996, S. 286–290).

Weitgehende Einigkeit unter den Autoren liegt bezüglich der folgenden Merkmale vor:

- Planung wird als ein *bewusster*, sich an Zielen orientierender Prozess gesehen.
- Planung bezieht sich auf *zukünftige Handlungen*.
- Planung bedeutet einen *Informationsverarbeitungsprozess*. Ohne relevantes Wissen kann nicht geplant werden.

Auch die Begriffe Planung und Kontrolle werden nicht einheitlich verwendet.

Dissens herrscht (zumindest) in zweierlei Hinsicht:

- Bezogen auf den *Umfang des Planungsbegriffs* besteht Uneinigkeit hinsichtlich der Phase der Entscheidungsfindung, die von einigen Autoren nicht zur Planung im engeren Sinn gezählt wird.
- Bezogen auf die *Abgrenzung zur Steuerung* steht der Sichtweise der Steuerung als Fein- und Kurzfristplanung die Auffassung gegenüber, in der Steuerung erfolge die Durchsetzung bzw. Realisation der Planung.

Was verstehen wir unter Planung?

Aufbauend auf den im 3. Kapitel dieses Buches getroffenen Aussagen kommen wir zu folgender Einordnung der Planung:

- Planung ist eine Ausprägung von *Willensbildung*. Sie hat zum Ziel, Ausführungshandlungen antizipativ festzulegen. Der strikte Handlungsbezug unterscheidet sie von der Prognose, die einer Planung vorausgeht.
- Planung baut wesentlich auf *Reflexion*, z. B. in Form von Entscheidungsmodellen. Intuition ist dieser untergeordnet. In Abhängigkeit vom Niveau des vorhandenen Wissens kann das Verhältnis zwischen Reflexion und Intuition allerdings variieren. Hier ist ein wesentliches Aufgabenfeld der Controller zu erkennen – wir werden später hierauf noch im Detail eingehen.
- Planung führt zu *Plänen* (ergebnisbezogenen Anordnungen) als dominierendem Instrument der Willensdurchsetzung. Andere Formen der Willensdurchsetzung (z. B. unmittelbare prozessbezogene Anordnungen) treten hinter Plänen zurück.

Abb. 10-1

Veranschaulichung möglicher Umfänge des Kontrollbegriffs

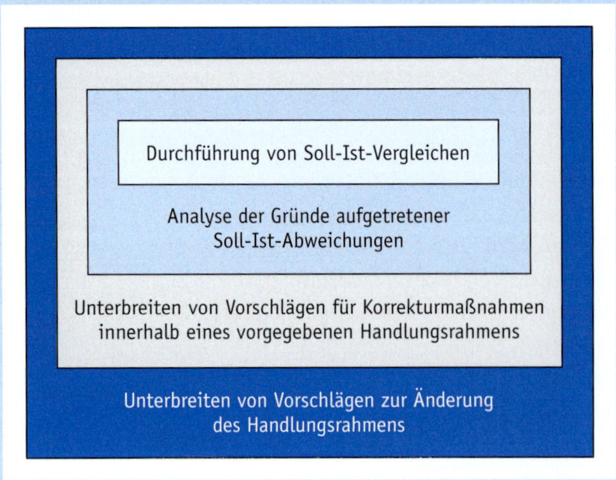

10.1.2 Kontrolle

Was verstehen wir unter Kontrolle?

Wie der Begriff der Planung ist auch der der Kontrolle in der einschlägigen Literatur nicht eindeutig präzisiert (vgl. ausführlich Schäffer 2001). Die Unterschiedlichkeit möglicher Sichten auf die Kontrolle wird an der Spannweite deutlich, die zwischen dem Wort »Überwachungsstaat« und der Sichtweise der Kontrolle als Lernprozess besteht. Erstere überwiegt im allgemeinen Verständnis: Kontrolle stellt den wohl am wenigsten »geliebten« Teilbereich der Führung dar. Diese Begriffsunschärfe gilt auch im internationalen Kontext. Kontrolle als Phase im Führungszyklus findet sich dort ebenso wie das – sehr häufig verwendete – Begriffsverständnis des Beherrschens, Im-Griff-Behaltens (»to keep under control«).

Unter Kontrolle soll im Folgenden – etwas vereinfachend – der *Vergleich eines eingetretenen Ist mit einem vorgegebenen Soll* verstanden werden. Der Präzisierung dessen, was sich genau hinter dem Begriff des »Vergleichs« verbirgt, dient die *Abbildung 10-1*, die kurz kommentiert sei.

- In einem sehr engen Begriffsverständnis kann man Kontrollen auf das reine Gegenüberstellen von Soll und Ist beschränken. Im Grenzfall bedeutet dies lediglich eine automatisierte Tätigkeit. In der Praxis gehört hierzu aber auch die Überprüfung der Verlässlichkeit der für den Vergleich herangezogenen Daten (so etwa hinsichtlich Genauigkeit und Aktualität).
- Die Analysephase, die die Gründe einer festgestellten Abweichung aufhellt, stellt dagegen einen eigenständigen Informationen verarbeitenden, Wissen generierenden Führungsprozess dar, der deutlich über eine reine Informationsverdichtung hinausgeht.
- Die Erarbeitung von Vorschlägen für Korrekturmaßnahmen, die sich an die Abweichungsanalyse anschließt, weist schließlich deutliche Überschneidungen zur Planung auf. Sie ist der Kontrolle zuzuordnen, wenn die Ermittlung von

Abweichungsursachen zugleich wesentliche Schwachpunkte aufdeckt, die es zu beseitigen gilt, wenn also Planungs- und Kontrollhandlung eng miteinander verknüpft sind. Liegt dagegen eine deutliche handlungsbezogene Trennung vor – wie etwa im Falle einer durch unterschiedliche Wissensbasen bedingten Notwendigkeit unterschiedlicher Handlungsträger –, dann fällt die Erarbeitung von Verbesserungsmaßnahmen in das Feld der Planung.

Kontrolle kann der Dokumentation, der Erhöhung des Handlungspotentials und der Verhaltensbeeinflussung dienen. Der *Dokumentation* als erster Kontrollzweck kommt dann eine eigenständige Bedeutung zu, wenn diese durch intern oder extern gesetzte Normen vorgeschrieben ist. Der zweite Zweck von Kontrolle liegt – abstrakt gesprochen – in der Erhöhung des Handlungspotentials und (in Verbindung mit nachfolgenden Führungshandlungen) in einer besseren Ausrichtung des Realisationshandelns auf die gewünschten Zustände des Kontrollträgers (also beispielsweise auf die vom kontrollierenden Manager vorgegeben Ziele) durch Erkenntnisgewinnung und Lernprozesse beim Kontrollierten (*Lernfunktion* der Kontrolle). Diese können sich bei der Ergebniskontrolle auf den Istwert (etwa um Handlungen zur Erreichung der gesetzten Ziele anzustoßen) und den Sollwert (z. B. zur Korrektur unrealistischer Leistungsnormen) sowie auf das zu Grunde liegende interne Modell beziehen. Im ersten Fall spricht man in der Literatur von *Feedback*-Kontrollen, im zweiten und dritten Fall von *Feed-forward*-Kontrollen.

Der dritte Zweck von Kontrolle besteht schließlich darin, Lernprozesse beim Kontrollobjekt zu induzieren und sein (zukünftiges) Verhalten so zu beeinflussen, dass die Erreichung der vom Kontrollträger angestrebten Ziele gesichert wird (*Durchsetzungsfunktion* der Kontrolle). Wird geplant, ohne die Erreichung der Planwerte konsequent nachzuhalten, ist es wahrscheinlich, dass die Führungskräfte (deutlich) weniger Commitment für die gesetzten Ziele aufbringen als dann, wenn der Zielerreichungsgrad (fallweise oder ständig) gemessen wird. Wenngleich die Kontrolle vom Ermittlungsgang rückwärts gerichtet ist, zielt sie also (explizit oder implizit) stets auf die Beeinflussung zukünftigen Verhaltens und/oder zukünftiger Ereignisse ab – zumindest ist sie nur dann ökonomisch sinnvoll. Dabei macht man sich die Tatsache zunutze, dass menschliches Handeln durch eine Kontrolle, die Ankündigung einer Kontrolle und selbst nur das Vorhandensein einer Kontrollinstanz beeinflusst werden kann (vgl. Blau 1955; Churchill/Cooper 1966). Dieser dritte Kontrollzweck bildet auch die Brücke zu dem bereits erwähnten sozialpsychologischen Kontrollverständnis, das Kontrolle als »im Griff haben« versteht, d. h. als Fähigkeit, relevante Abweichungen von Soll und Ist zu vermeiden (vgl. Dücker 1995; Preiser 1988).

Lern- und Durchsetzungsfunktion der Kontrolle

Feedback- und Feed-forward-Kontrollen

Zusammenfassende Aussagen (vgl. auch Leitfrage 1)

- Planung bezeichnet die Form primär reflexiv geprägter Willensbildung, die zu Plänen als vorherrschendem Instrument der Willensdurchsetzung führt.
- Kontrolle lässt sich kurz als Soll-Ist-Vergleich kennzeichnen. Sie besitzt – neben reinen Dokumentationspflichten – eine Durchsetzungs- und eine Lernfunktion.

10.2 Unterschiedliche Ausprägungen von Planung und Kontrolle

Wie wir später in Abschnitt 10.4.1 noch näher sehen werden, ist die Einstellung von Menschen zur Planung durchaus sehr unterschiedlich. Die einen sehen darin – pointiert formuliert – einen Mechanismus, der Zufall durch Irrtum substituiert. Auf der anderen Seite stehen Unternehmen, in denen operative Pläne seit Jahren weitestgehend eingehalten werden und in denen Pläne den Menschen Sicherheit in einem turbulenten Umfeld geben. Die Welt erscheint den einen als kaum planbar, den anderen als festes Räderwerk.

Planung und Kontrolle spielen je nach vorliegendem Wissen ganz unterschiedlich zusammen.

Noch eine grundlegende Dichotomie der Einstellung zur Planung gilt es festzuhalten: Auf der einen Seite steht die Sichtweise, dass Planung im Wesentlichen die Umsetzung von gegebenen Gesetzmäßigkeiten bedeutet. In dieser Tradition steht z. B. das weit verbreitete industrieökonomische Gedankengut von Porter 1999 (»Five Forces«), nach dem sich ein Unternehmen strategisch in einem Spannungsfeld zwischen unterschiedlichen Marktkräften zu positionieren hat. Auf der anderen Seite wird die Zukunft nicht als gegeben hingenommen. Vielmehr hängt nach dieser Auffassung das, was wird, von dem ab, was Einzelne wollen. Mit anderen Worten: Einem Unternehmen ist es sehr wohl möglich, neue Spielregeln zu formulieren, neue Wege zu gehen.

Wie so oft, haben die unterschiedlichen Grundpositionen jeweils durchaus ihre Berechtigung: In einem hart umkämpften Massenmarkt lassen sich sowohl das Kunden- wie das Wettbewerberverhalten auf kürzere Sicht ebenso hinreichend präzise voraussehen, wie es nur in Ausnahmefällen von Erfolg gekrönt sein wird, wenn man diesem Markt ganz neue Bedingungen aufzuprägen versucht. Auf der anderen Seite ist die Wirtschaftsgeschichte voll von Innovationen, die von Einzelnen vorangetrieben wurden und das marktliche Spielfeld neu definiert haben.

Der sich leicht einstellende Verdacht der Zufälligkeit bzw. Beliebigkeit (»alles ist möglich«) lässt sich schnell entkräften, wenn der Einfluss des zum Planungszeitpunkt vorhandenen Wissens ins Spiel gebracht wird. Die *Abbildung 10-2* unterscheidet hier idealtypisch vier Fälle.

Konstanz des zu Planenden

Im einfachsten Fall ist für den Horizont der Planung keine Veränderung zu erwarten. Die Zukunft wird ein identisches Abbild der Vergangenheit. Eine solche Situation ist – mit Ausnahme von Preisänderungen – für Fixkosten oder bestehende Verträge typisch. Ihre Planung bereitet deshalb keine Probleme. Wird bei der Einschätzung als »gleich bleibend« sorgfältig

Abb. 10-2

Zusammenspiel von Planung und Kontrolle in Abhängigkeit vom verfügbaren Wissen

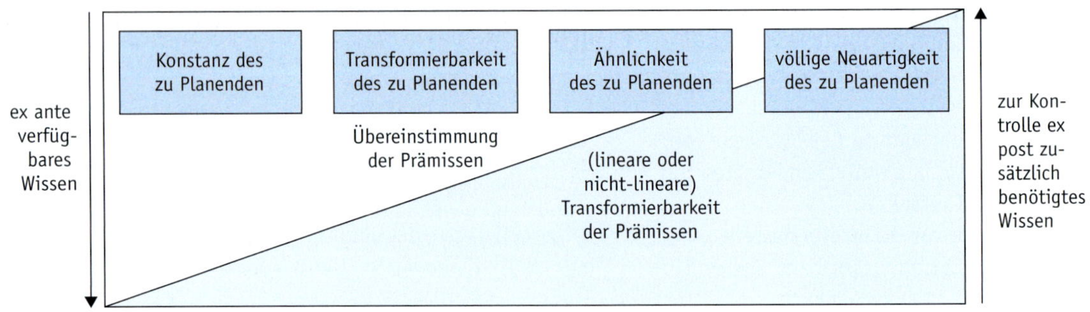

Beispiel: Fortschreibung von fixen Kosten	Beispiel: Ermittlung von Kostenbudgets auf der Basis von Sollkostenfunktionen	Beispiel: Ergebnisplanung für ein neues Produkt auf einem neuen Markt	Beispiel: Planung einer Innovation
Notwendigkeit von Kontrolle aus Gründen der Verhaltensbeeinflussung (»Überwachung«)	Typische Form der operativen Kontrolle (»Durchführungskontrolle«)	»Strategische Kontrolle«: Nebeneinander von Durchführungs- und Prämissenkontrolle	Kontrolle als »strategisches Radar«
Primäres Kontrollobjekt: Ist	Primäres Kontrollobjekt: Ist	Primäres Kontrollobjekt: Ist und Prinzipien	Primäres Kontrollobjekt: keine Kontrolle im eigentlichen Sinn

vorgegangen, so besitzt eine entsprechende Kontrolle im Wesentlichen überwachenden Charakter: Hat man etwa mit Abonnenten feste Zahlungen vereinbart, muss das nicht automatisch bedeuten, dass diese auch in jedem Fall eintreffen!

Transformierbarkeit des zu Planenden

Lässt sich das zu Planende aus der Vergangenheit durch einfache Transformation ableiten, so bereitet die Planung ebenfalls keine großen Probleme. Eine solche Situation war bis vor wenigen Jahren für die operative Planung – was das genau ist, werden wir gleich noch sehen – in größeren Unternehmen typisch: Weder die Absatz- und Beschaffungsmärkte, noch die Produktionsverhältnisse änderten sich von einem auf das andere Jahr so stark, dass man nicht auf der Basis der Vergangenheit – etwa in Form gegebener Produktions- und Absatzfunktionen – planen konnte. Weder musste mit geänderten Spielregeln in der Unternehmensumwelt gerechnet werden, noch bestanden Anreiz und Möglichkeit, diese Spielregeln zu ändern. Die Kontrolle richtet sich in einer solchen Situation wesentlich auf die Erreichung der in der Planung gesetzten Ziele (*»Durchführungskontrolle«*). Abweichungen werden somit in erster Linie dahingehend ausgewertet, welche Möglichkeiten bestehen, sie bis zum Periodenende wieder auszugleichen.

Ähnlichkeit des zu Planenden

(Deutlich) weniger Wissen für die Planung liegt dann vor, wenn die in der Vergangenheit gesammelte Erfahrung nur noch in Teilen in der Zukunft weiter Bestand haben wird. Als Beispiel kann die Einführung eines neuen Produkts in einem neuen Markt dienen. Weder ist ganz klar, ob das neue Produkt eine ähnliche Aufnahme bei den Kunden erreichen wird wie die bisherigen, noch besteht hinreichende Sicherheit, ob die Kunden auf dem neuen Markt so reagieren werden wie die Kunden auf den bestehenden Märkten. Die Kombination beider Unsicherheiten führt dazu, nur noch von einer Ähnlichkeitsbeziehung zwischen Vergangenem und Zukünftigem ausgehen zu können. Damit steigt gleichzeitig die Bedeutung des Willens des Unternehmens, mit dem neuen Produkt im neuen Markt Erfolg zu haben: Ein »fester Wille«, der Innovation zum Durchbruch zu verhelfen, d. h. die Kunden entsprechend zu überzeugen, erhöht ceteris paribus die Erfolgswahrscheinlichkeit, oder umgekehrt formuliert: Wenn schon die eigenen Mitarbeiter nicht an einen Durchbruch glauben, werden es wohl auch die Kunden nicht tun!

Die Kontrolle teilt sich in ihrer Lernwirkung in einem solchen Fall auf: Zum einen geht es darum, die Prämissen der gesetzten Ziele systematisch im Auge zu behalten (*»Prämissenkontrolle«*); Änderungen in den Prämissen ziehen zumeist Änderungen in den Zielen und Umsetzungsmaßnahmen nach sich. Zum anderen wird auch im Falle nur sehr eingeschränkter Übertragbarkeit der Vergangenheitserfahrung in die Zukunft der Impetus bestehen, Geplantes zu realisieren: Hängt man sein Mäntelchen stets in den Wind (»Wie lautet die Strategie in dieser Woche?«), lässt sich kein Wille durchsetzen. Also tritt die Durchführungskontrolle an die Seite der Prämissenkontrolle.

Nebeneinander von Prämissen- und Durchführungskontrolle

Völlige Neuartigkeit des zu Planenden

Im letzten hier betrachteten Fall handelt es sich um gänzlich neu auftretende Problemstellungen, für die keine nennenswerte Erfahrung vorliegt bzw. gefunden wird. Hier ist eine auf Reflexion basierende Planung ebenso unmöglich, wie Intuition starken Beschränkungen ausgesetzt ist. *Improvisation* muss hier die Lücke füllen, soll überhaupt gehandelt werden. Wer ein Beispiel für eine solche Situation sucht, sei nur an die Internet-Euphorie um die Jahrtausendwende erinnert. In einer solchen Situation gibt es keine Kontrolle im engeren Sinn, da das Soll fehlt, an dem das Ist gemessen werden kann. Kontrolle geht hier idealtypisch in eine ungerichtete Informationssuche über, die als Früherkennung bezeichnet werden kann – wir werden diese noch im 13. Kapitel (Abschnitt 13.4.8) näher kennen lernen. Eine solche *Früherkennung* hätte tatsächlich schon vor Jahren warnende Stimmen auffangen können, die die »New Economy« als Potemkin'sches Dorf problematisiert haben.

Liegt wenig Wissen vor, kann man weder gut planen noch kontrollieren.

Strategische Früherkennung

In einer durch derart hohe Unsicherheit gekennzeichneten Situation bestehen für die

Zusammenfassende Aussagen (vgl. auch Leitfrage 2)

- Form und Bedeutung von Planung und Kontrolle werden stark davon beeinflusst, wie viel Wissen über Künftiges vorliegt.
- Das Spektrum reicht von hoher Planungssicherheit mit einer auf die Durchsetzung des Geplanten gerichteten Kontrolle bis zum Versuch, mit Planung Zukunft wesentlich zu beeinflussen. Dann nimmt die Kontrolle primär die Form einer Prämissenkontrolle ein.

Unternehmen umgekehrt erhebliche Freiheitsgrade, Einfluss auf die Entwicklung zu nehmen. Planung bedeutet hier nicht die Akzeptanz von Gesetzmäßigkeiten, sondern die Möglichkeit, eigene Spielregeln zu setzen.

10.3 Struktur und Grundmerkmale der Unternehmensplanung und -kontrolle

Die Planung bildet – wie bereits häufiger angesprochen – in vielen, insbesondere größeren Unternehmen das Rückgrat der Führung. Je größer das Unternehmen, desto komplexer fällt auch die Planung aus. In der Praxis wird sie deshalb in Teilbereiche differenziert. Dies geschieht nach inhaltlichen Aspekten (z. B. Unterscheidung einer Finanz- von einer Ergebnisplanung), nach Unternehmensbereichen (etwa durch die Differenzierung einer Absatz- und einer Produktionsplanung) oder nach ihrem Planungshorizont (Unterscheidung einer operativen, taktischen und strategischen Planung). Da Letzterer auch zu einem anderen Charakter der Planung führt, die hohe Unsicherheit einer strategischen Positionierung z. B. nicht mit der Ergebnisplanung in einem seit langem bekannten Markt zu vergleichen ist, wollen wir das Kriterium des Planungshorizontes als Gliederungsmerkmal des dritten Teils des Buches verwenden. Es sei im Folgenden kurz eingeführt.

10.3.1 Planungsebenen

Drei Planungsebenen werden typischerweise unterschieden.

Die Ausführungen im Abschnitt 10.2 haben sehr unterschiedliche Planungssituationen deutlich gemacht, die in der Praxis in vielfältiger Form und parallel zueinander auftreten. Dies erfordert ein differenziertes Planungsvorgehen. Zugleich haben Unternehmen das Problem, in der Planung auf das Wissen einer großen Zahl von Entscheidungsträgern bauen zu müssen – vom Vorstand bis zu dezentralen Instanzen »vor Ort«. Überblickswissen ist mit Detailwissen zu verknüpfen. Beides kombiniert führt zumeist zur Herausbildung dreier Planungsebenen, die in einer hierarchischen Beziehung zueinander stehen, und an deren Ausfüllung bzw. Durchführung unterschiedliche Instanzen beteiligt sind:

Die operative Planung untergliedert sich in eine Formal- und eine Sachzielplanung.

- Die *operative bzw. Kurzfristplanung* hat einen Planungshorizont von einem Jahr und wird Geschäftsjahr für Geschäftsjahr neu erstellt. Sie beinhaltet unterschiedliche Teilfelder von Sachzielplanungen, die mit Formalzielplanungen in Verbindung stehen: Innerhalb des Bereichs der *Sachzielplanung* wird – vereinfacht ausgedrückt – festgelegt, was das Unternehmen im kommenden Jahr machen soll. Hierunter fällt unter anderem die Absatz-, Produktions- und Beschaffungsplanung. *Formalzielplanungen* sind dagegen auf das monetäre Ergebnis der Sachzielplanungen gerichtet. So wird etwa der Erlösplan aus dem Absatzplan abgeleitet. Allerdings besteht auch eine umgekehrte Beziehung (z. B. Einplanung höherer Absatzmengen, wenn die gewünschte Ergebnishöhe noch nicht erreicht ist). Die Festlegung der Formalziele (etwa eine einzuhaltende Kostensumme) für die einzelnen Ausführungsverantwortlichen (z. B. Produktionskostenstellenleiter), an die diese innerhalb enger Grenzen gebunden sind, bezeichnet man in der Praxis zumeist als *Budgetierung*.

Budgetierung

- Die *taktische Planung* – für die sich häufig auch der Begriff der *»Mittelfristplanung«* findet – gleicht in ihrer Struktur in den meisten Unternehmen der Kurzfristplanung, bezieht sich aber – in Geschäftsjahre unterteilt – auf einen Zeitraum zwischen 2 und 4 Jahren. Die Planansätze haben dabei nicht den gleichen Verbindlichkeitscharakter wie diejenigen der Kurzfristplanung. Die Mittelfristplanung baut auf der Kurzfristplanung auf; zuweilen handelt es sich mehr oder weniger um eine reine Hochrechnung (vgl. Hamprecht 1996, S. 258–263). Allerdings soll sie auch das Bindeglied zur folgenden dritten Planungsebene bilden.

Mittelfristplanung

- Die dritte Planungsebene dient der strategischen Positionierung der Unternehmen im Wettbewerb. Für sie finden sich zwei unterschiedliche Begriffe in der Unternehmenspraxis: (1) Unternehmen, die hierfür den Begriff *»Langfristplanung«* verwenden, gestalten diese in enger Anlehnung an die Mittelfristplanung. Formalziele dominieren in ihrer Bedeutung; der geplante Datenkranz wird durch einige für die Beurteilung der Formalzielgüte wichtige Informationen ergänzt (z. B. Wettbewerber- und Verbraucheranalyse, strategische Investitionsprojekte). (2) Findet sich dagegen der Begriff *»Strategische Planung«*, so trifft man in der Regel auf deutlich abweichende Planinhalte; hier geht es primär um »Erfolgspotentiale«, Wettbewerbsstrategien und strategische Programme. Spezifische Planungsinstrumente (z. B. Portfolio-Analysen) berücksichtigen die hoher Unsicherheit unterliegenden Planungsinhalte.

Langfristplanung

Strategische Planung

Alle drei Planungsebenen werden uns im Fortgang der Diskussion – in den Kapiteln 11 bis 13 – noch im Detail beschäftigen, dies sowohl vom Prozess als auch von den verwendeten Instrumenten her. Für einen ersten Blick auf die Unternehmensplanung reichen die kurzen Ausführungen jedoch im Wesentlichen aus. Zu ergänzen ist nur noch der Aspekt, dass neben der bisher dargestellten, jeweils auf das Unternehmen als Ganzes gerichteten Planung auch Projektplanungen existieren, die zum Teil weitgehend losgelöst, zum Teil mit der zuerst genannten Planung eng verbunden wichtige Einzelaktivitäten planerisch begleiten. Hierbei kann es sich um größere Rationalisierungsvorhaben – für die man derzeit in der Wirtschaftspresse viele Beispiele findet –, Unternehmenskäufe, große Kundenprojekte und vieles andere mehr handeln. Je stärker solche Projekte das laufende Geschäft bestimmen, desto mehr muss sich die laufende Planung an diesen ausrichten.

Nebeneinander von periodenbezogener Planung und Projektplanung

10.3.2 Grundmerkmale der Planungsgestaltung

Neben der Aufteilung auf Planungsebenen ist die Planung in der Unternehmenspraxis durch zwei weitere grundsätzliche Merkmale gekennzeichnet, die jeweils den primären Weg zur Bestimmung der Plangrößen wesentlich beeinflussen.

10.3.2.1 Charakter der Planentstehung

Für die Generierung der Planungsinhalte besteht die Möglichkeit, entweder stark auf Erfahrungen der Vergangenheit zu bauen oder die Planansätze jeweils neu zu ermitteln – wir sind hierauf im 3. Kapitel (Abschnitt 3.3.2) bereits eingegangen. Die Praxis wählt überwiegend den ersten Weg:

- Die Gemeinkosten werden typischerweise – zum Teil geringfügig verändert – fortgeschrieben (z. B. inflationiert); dieses Vorgehen könnte man als »Ex-post-plus-Planung« bezeichnen.
- Erfolgt eine analytische Planung (etwa auf Basis von Produktionsfunktionen in der Fertigung), so wird die funktionale Basis trotz ständiger Veränderungen des Produktionsapparates zumeist konstant gelassen.

Es liegt auf der Hand, dass ein Fortschreiben von Erfahrung größeren Änderungen in Strukturen und Ausprägungen nicht gerecht werden kann. Da diese Änderungen in der Praxis zunehmen, wird die Prägung der Planung durch Erfahrung zunehmend problematisch. Allerdings gilt es umgekehrt zu bedenken, dass eine stets »auf der Höhe der Zeit« befindliche Neuplanung nicht nur erhebliche Planungskosten der Einzelpläne verursacht, sondern auch zu hohen Koordinationskosten führt: Geringfügige Anpassungen von in der Vergangenheit »stimmigen« Plänen bedingen niedrige Koordinationsbedarfe bzw. haben mit hoher Wahrscheinlichkeit eine erneute Ab-

Optimale Planungsgestaltung bedeutet, einen optimalen Mix aus Fortschreibung und Neuplanung zu finden.

gestimmtheit der Einzelpläne zur Folge. Wollte ein Großunternehmen dagegen jeden Leistungsbereich im Detail neu planen lassen, so wäre es auch mit einer Vielzahl von Abstimmungsproblemen der Teilpläne konfrontiert. Ein »Zero-based«-Ansatz scheiterte in der Praxis bereits an der fehlenden Zeit für die Abstimmung. Planungsgestaltung bedeutet damit, einen optimalen Mix aus Fortschreibung und Neuplanung zu finden. In der operativen Planung wird dieser stärker erfahrungsgeprägt ausfallen, in der strategischen Planung stärker einem »Grüne-Wiese-Ansatz« folgen.

10.3.2.2 Zentralisationsgrad der Planentstehung

Die Planung kann unterschiedlich zentralisiert sein.

An der Planentstehung sind stets diverse Stellen und Instanzen beteiligt. Das planungsrelevante Wissen ist unterschiedlich verteilt. In Abhängigkeit von der Art der Verteilung sind unterschiedliche Grundformen der Planungsmitwirkung sinnvoll:

- Hohes planungsrelevantes Wissen der Unternehmensspitze führt zu einer weitgehenden Prägung des Planungsprozesses durch diese. Planungen untergeordneter Ebenen haben den Charakter von Präzisierungen bzw. Ausfüllungen des in der Unternehmensspitze gebildeten Willens. Der Prozess der Planentstehung ist zentralisiert und *top-down*-gerichtet.
- Geringes planungsrelevantes Wissen der Unternehmensspitze bringt diese in die Rolle eines Koordinators dezentral gebildeten Willens. Nicht Konkretisierungs-, sondern Abstimmungsaufgaben prägen den Planungsprozess. Er ist dezentralisiert und *bottom-up*-gerichtet.
- Ist das planungsrelevante Wissen schließlich über die ganze Hierarchie hinweg verteilt, so leisten die unterschiedlichen Hierarchieebenen unterschiedliche Beiträge zur Planung: Die Unternehmensspitze nutzt ihr Überblickswissen zur Vorgabe von strategischen Leitlinien ebenso wie zur Setzung von zentralen Formalzielen (z. B. zu erreichende Unternehmensrendite); die dezentralen Planungsstellen bzw. -instanzen bringen ihr Detailwissen ein, formulieren daraus Bottom-up-Planvorstellungen, die mit den Top-down-gesetzten Zielen konfrontiert werden. In einem solchen *»Gegenstromverfahren«* kommt es zum Abgleich der Sichtweisen und damit zur Integration der unterschiedlichen Wissensbasen.

10.3.3 Das Controllability-Prinzip

Manager sollten nur für das verantwortlich gemacht werden, was sie auch beeinflussen können.

Eine wichtige Nebenbedingung bei der Gestaltung der Planungsinhalte und deren anschließender Kontrolle stellt die als *Controllability-Prinzip* bezeichnete Forderung dar, Manager nur für das verantwortlich zu machen, was diese auch beeinflussen können (vgl. Solomons 1965). Dieser Forderung kann in zweifacher Weise entsprochen werden: Entweder wird einem Manager nur Verantwortung für ein Handlungsfeld übertragen, das er vollständig »unter Kontrolle hat«, oder es besteht die Möglichkeit, dass bei der anschließenden Kontrolle der Zielerreichung diejenigen Kontextfaktoren berücksichtigt werden, die er nicht beeinflussen konnte.

Um eine beschränkte Beeinflussbarkeit des Ergebnisses durch einen Manager zu kompensieren, können bereits bei der Planung geeignete Maßnahmen ergriffen werden. So können für Risiken aus Naturkatastrophen Versicherungen abgeschlossen werden. Devisenkursrisiken kann man durch Termingeschäfte absichern. Risiken aus Beschäftigungsschwankungen können eliminiert werden, indem Produktionsbereiche ausgelagert oder Lizenzen vergeben werden. Eine weitere Einschränkung der Beeinflussbarkeit des Ergebnisses ergibt sich, wenn Unternehmen in der Folge getätigter Investitionen nicht mehr flexibel genug sind, um auf widrige Kontextfaktoren zu reagieren. Dem kann dadurch entgegengewirkt werden, dass entweder zeitliche Kopplungen abgebaut werden – z. B. indem Verträge mit Rücknahmeklauseln versehen oder indem Produktionsfaktoren geleast und nicht gekauft werden – oder indem der Flexibilitätsbedarf reduziert wird – z. B. durch langfristige Verträge (vgl. Adam 1996, S. 293–296).

Das Controllability-Prinzip wird in der Praxis nicht immer eingehalten.

Die Forderung nach Beachtung des Controllability-Prinzips hat auch Auswirkungen auf die Gestaltung von *Kostenrechnungssystemen*. Innerhalb der entscheidungsorientierten Kostenrechnung heißt dies zum Beispiel, Manager nur für Kostenstelleneinzelkosten verantwortlich zu machen, da nur diese durch die getroffene Entscheidung beeinflusst werden können. Die Allokation von (Kostenstellen-) Gemeinkosten oder Fixkosten wird dagegen abgelehnt, da über deren Höhe derjenige, der die Kostenstelle zu verantworten hat, in der Regel nicht entschieden hat. Im Rahmen der internen Leistungsverrechnung kann dem Postulat dadurch entsprochen werden, dass Leistungen zwischen Kostenstellen maximal in Höhe des Marktpreises verrechnet werden. Kosten, die über diesem Marktpreis liegen, werden den Ineffizienzen des liefernden Bereichs zugerechnet, die vom abnehmenden Bereich nicht zu beeinflussen und damit nicht zu verantworten sind.

Ein weiterer Weg, um das Controllability-Prinzip zu beachten, besteht in der *Vorgabe relativer Ziele* – wir sind hierauf im 3. Kapitel dieses Buches eingegangen (vgl. Abschnitt 3.3.4.2). Beispielsweise kann einem Manager das Ziel gegeben werden, mehr Umsatz zu generieren, als die Kollegen der gleichen Abteilung. Der Umsatz der Kollegen gibt in diesem Fall Auskunft über den realisierbaren Umsatz und damit indirekt über die Kontextfaktoren, die der Manager nicht beeinflussen kann. Ganz ähnlich kann Tochterunternehmen innerhalb diversifizierter Konzerne ein Gewinnziel relativ zu dem durchschnittlich erzielten Gewinn anderer Unternehmen der gleichen Branche gesetzt werden. Dieser enthält Informationen über das Wettbewerbsumfeld und hilft der Konzernzentrale, das Ergebnis des Tochterunternehmens bewerten zu können (vgl. Maher 1987, S. 307 und Schäffer/Pelster 2007). Um bei Planung und Kontrolle das Controllability-Prinzip zu beachten, kommt es somit nicht unbedingt darauf an, ob die Planungsgröße wirklich vollständig beeinflussbar ist. In den genannten Beispielen ist es vielmehr entscheidend, ob anhand der Planungsgröße auf das Handeln des Managers geschlossen werden kann (so genannte *Conditional-Controllability* bzw. Informativeness, vgl. Holmström 1979; Antle/Demski 1988).

Obwohl die Forderung nach Beachtung des Controllability-Prinzips intuitiv eingängig ist, sind in der Unternehmenspraxis vielfach Verstöße gegen das Prinzip zu konstatieren. Pointiert formuliert Otley: »It may seem self-evident that managers should be held accountable only for those things they can control, and this is a central tenet of much of the management accountability literature [...]. But there is emerging evidence that this principle is more notable for its breach than its observance.« (Otley 2005, S. 92; vgl. auch Schäffer/Pelster 2007). Teilweise wird sogar gefordert, Managern bewusst Verantwortung für die Erreichung von möglicherweise nicht vollständig beeinflussbaren Zielen zu übertragen, damit sie eigenverantwortlich nach Maßnahmen suchen, um diese Ziele dennoch zu erreichen (vgl. Simons 2005, S. 94).

Relative Ziele können ein Mittel sein, um das Controllability-Prinzip einzuhalten.

Diese Forderung deutet zudem das Problem an, dass der für die Ausführung zuständige Manager und sein Vorgesetzter unterschiedliche Vorstellungen davon haben können, in wie weit eine Situation beeinflusst werden kann. Ob eine Situation als beeinflussbar eingeschätzt wird, hängt dabei somit auch von den Persönlichkeitsmerkmalen der beteiligten Akteure ab, auf die im nächsten Abschnitt eingegangen wird.

Zusammenfassende Aussagen (vgl. auch Leitfragen 3 und 4)

- Unternehmen verfügen durchweg über eine operative, jahresbezogene Planung, die meisten auch über eine strategische Planung. Vom Planungshorizont her schiebt sich zwischen beide die taktische bzw. Mittelfristplanung.
- Unterschiedlichkeit innerhalb dieser Ebenenstruktur resultiert im Wesentlichen aus dem Grad der Vergangenheitsorientierung einerseits und dem Zentralisationsgrad andererseits.
- Eine wichtige Nebenbedingung bei der Gestaltung der Planungsinhalte und deren anschließender Kontrolle stellt die als Controllability-Prinzip bezeichnete Forderung dar, Manager nur für das verantwortlich zu machen, was diese auch tatsächlich beeinflussen können.

10.4 Menschliches Planungs- und Kontrollverhalten

Wie im einführenden Kapitel zur Informationsversorgung (Kapitel 4), so soll auch bei der Einführung in Planungs- und Kontrollaufgaben auf spezielle menschenbezogene Aspekte eingegangen werden, die die Wahrnehmung und den Erfolg der Planung und Kontrolle wesentlich beeinflussen können. Ad hoc sind hier noch stärkere Einflüsse menschlicher Eigenschaften und Verhaltensweisen zu erwarten. Der Grund hierfür liegt darin, dass die Planung und die Bindung durch Pläne den Einzelnen sowie Gruppen unmittelbarer betrifft, als dies bei Informationen der Fall ist, bei denen zwar die Möglichkeit besteht, sie zu nutzen, dies aber bei weitem kein Muss ist.

10.4.1 Grundlegende Funktion der Planung in menschlichen Interaktionsprozessen

Planung übernimmt auch eine soziale Funktion.

Planung ist ein zentraler Teil der Unternehmensführung. Führungsprozesse werden durch Menschen vollzogen und betreffen andere Menschen. Folglich verwundert es nicht, dass neben der Funktion der systematischen Zukunftsgestaltung Planung stets auch vor dem Hintergrund zwischenmenschlicher Interaktionsprozesse zu sehen ist.

Auf der Ebene des *einzelnen Individuums* dienen Planungsprozesse dazu, persönliche Werthaltungen zu artikulieren und transparent zu machen. Dies schafft die Möglichkeit zu einer höheren Akzeptanz des Einzelnen gegenüber den anderen Planungsbeteiligten ebenso, wie es durch die explizite Beschäftigung mit eigenen Werten Selbsterkenntnisprozesse fördert und das Selbstvertrauen erhöht bzw. erhöhen kann. Zugleich bildet die Offenlegung eigener Werthaltungen und Einschätzungen die Basis für eine sachlich fundierte Konflikthandhabung, die ansonsten leicht in der Ebene der reinen Emotion verhaftet bleibt.

Auf der Ebene der unmittelbaren Personalführungsaufgabe übernehmen Planungen einen wichtigen Teil der Konkretisierung der Unterordnungsbeziehung. Sie bieten dem Aufgabenträger die Möglichkeit, gerichtet über das Aufgabenfeld und seine Bedingungen mit dem Führenden zu kommunizieren. Weiterhin schafft Planung einen reflexiv gestaltbaren und damit verlässlichen Rahmen für die Aufteilung von Kompetenzen zwischen Vorgesetztem und Unterstelltem (Partizipationsgrad).

Im *sozialen Kontext* gilt es zum einen zu bedenken, dass Planungen durch ihren das gesamte Unternehmen durchziehenden und dieses koordinierenden Charakter in der Lage sind, das Integrationsstreben jedes einzelnen Mitarbeiters zu unterstützen. Die Mitwirkung an der Unternehmensplanung vermittelt das Gefühl, zum Gelingen des Ganzen beizutragen, Teil einer sozialen Gemeinschaft zu sein. Zum anderen schaffen Planungen den Rahmen dafür, die unterschiedlichen Rollen in der sozialen Gemeinschaft Unternehmung untereinander auszutarieren, übertriebene Rollenerwartungen an den Einzelnen ebenso zu relativieren wie zu niedrige transparent zu machen und damit Anreize für ihre Korrektur zu geben.

10.4.2 Einstellungen zu Planung und Kontrolle

Menschen haben individuell ganz unterschiedliche Einstellungen zu Planung und Kontrolle.

Zur Einordnung der Einstellung von Menschen gegenüber der Planung liegen diverse Studien und unterschiedliche Klassifizierungsansätze vor. Einer von Letzteren sei im Folgenden – obwohl schon etwas älter – wegen seiner Anschaulichkeit exemplarisch genannt. Szyperski/Winand (1980, S. 66–69) klassifizieren Planertypen nach zwei Merkmalen: Zum einen geht es um die Einschätzung der Sinnhaftigkeit der Planung, zum anderen um die Einstellung zur Notwendigkeit einer aktiven Gestaltung der Realität. Aus der Kombination der jeweiligen Merkmalsausprägungen ergeben sich vier Typen (vgl. *Abbildung 10-3*):

- Der *programmatische Phantast*
  Er hält Planung für sinnvoll, empfindet jedoch keinen unmittelbaren Zwang zur Gestal-

tung der Realität. Dieser Managertyp ist vom Controller insbesondere auf die Durchsetzung des in den Plänen gebildeten Willens zu verpflichten. Böse Zungen behaupten, dass in diese Gruppe viele strategische Planer einzuordnen sind.

- Der *Planungsintellektuelle*
  Er will die Realität primär über eine detaillierte Planung gestalten. Controller finden in Managern dieses Typus ideale Ansprechpartner. Allenfalls ist rationalitätssichernd ein sporadisches Hinterfragen des Umfangs der Planbarkeit angebracht.

- Der *Planungsasket*
  Er lehnt sowohl Planung als auch einen Gestaltungszwang der Realität ab. Diskontinuitäten (wie etwa schnelle Marktveränderungen) und hohe Wissensdefizite (z. B. im Forschungs- und Entwicklungsbereich) unterstützen eine solche Einstellung. Controller haben hier die Aufgabe, die Chancen und Grenzen der Planbarkeit auszuloten und entsprechend zu vermitteln.

- Der *Antiplaner*
  Er gestaltet Realität, baut dabei allerdings nicht auf Pläne. Hier ist z. B. an einen autokratisch »regierenden« Manager zu denken, der Planung für überflüssigen bürokratischen Ballast hält. Die Aufgabe der Controller umfasst hier ein Werben für die Notwendigkeit von Planung ebenso wie ein Entwickeln der Planungsfähigkeit und eine Begrenzung nicht von den Plänen gedeckten Handelns.

Welche Einstellungen Menschen zur *Kontrolle* aufweisen, ist in der betriebswirtschaftlichen Literatur nur wenig thematisiert worden (vgl. Schäffer 2001, S. 38 f.). Grundsätzliche Einsichten lassen sich aus den beiden bereits angesprochenen Funktionen der Kontrolle ableiten, der Verhaltenslenkung und dem Lernen.

Verhaltenslenkend ist Kontrolle Ausdruck eines begrenzten Einflussbereichs (*»Locus of Control«*) des einzelnen Managers. Er hat Vorgaben anderer zu befolgen und wird darin von diesen kontrolliert. Schon die Tatsache als solche kann negative Emotionen hervorrufen (»ungerechtfertigte Einschränkung der unternehmerischen Freiheit«), mehr noch aber die – berechtigte oder unberechtigte – Wahrnehmung einer falsch motivierten Durchführung der Kontrolle (»Schuldnachweis«, »Repression«, »Schikane«). Verhaltenslenkend kann die Kontrolle Menschen aber auch genau umgekehrt Sicherheit und Motivation geben. Sie liefert den Nachweis, »nichts falsch gemacht zu haben«, und schafft die Möglichkeit, erzielte Erfolge für sich selbst und für andere sichtbar zu machen.

Abb. 10-3

Planertypen in Anlehnung an Szyperski/Winand (1980)

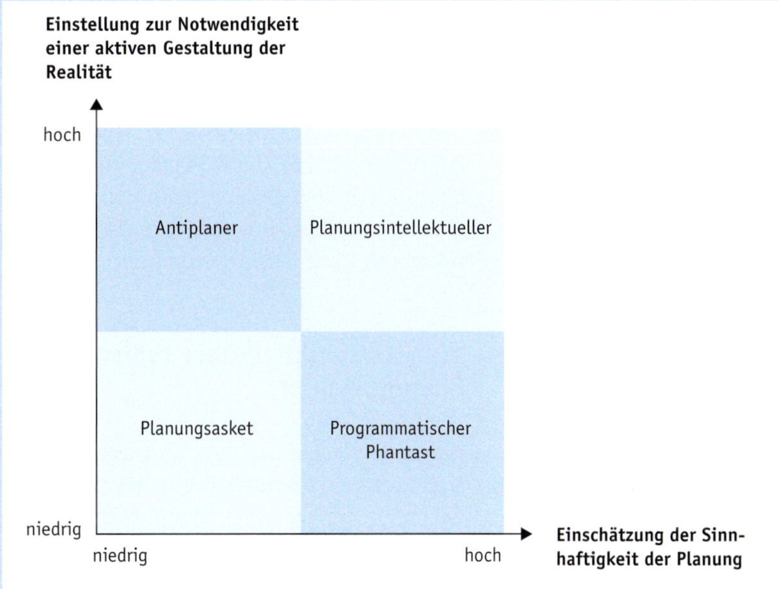

Mittelständische Unternehmer gleichen häufig dem Typ des Antiplaners.

Ähnlich unterschiedliche Wirkungen können auch hinsichtlich der *Lernfunktion der Kontrolle* auftreten. Lernen ist zwar grundsätzlich ein positiv besetzter Begriff, so dass eine Verbindung von Kontrolle und Lernen für viele eher kontraintuitiv erscheint. Lernen führt aber auch dazu, vorher vorhandene Sichtweisen ändern oder ganz aufgeben zu müssen. Im 4. Kapitel haben wir bereits festgestellt, dass Menschen derartige Veränderungsprozesse häufig schwer fallen, sie lieber an ihren vorherigen Sichten festhalten möchten (Theorie kognitiver Dissonanzen). Wenn Kontrolle zu Lernen führt, wird damit nicht jeder Manager oder Mitarbeiter dies als positiv erachten!

Nicht jeder Manager ist bereit, sich ständig zu verändern.

Locus of Control

Menschen mit unterschiedlichen Kontrolleinstellungen zeigen ganz unterschiedliche Reaktionen auf Kontrollen. Dies mag auf den ersten Blick beliebig klingen und den Wert einer verhaltensorientierten Sicht in Frage stellen. Genau umgekehrt ist gerade diese potentielle Unterschiedlichkeit die Begründung für eine nähere Analyse und Berücksichtigung der Kontrolleinstellungen. Controller müssen »ihre« Manager entsprechend einschätzen können. Erst dann kann die Kontrolle ihre potentiell sehr hohe Bedeutung für ein rationales Management entfalten.

Heuristiken sind der Grund für diverse kognitive Verzerrungen.

10.4.3 Überblick über typische Planungsfehler

Menschen haben nicht nur grundsätzliche Einstellungen zur Planung, die zu sehr unterschiedlichem, in der typischen Planungsliteratur nicht thematisierten Planungsverhalten führen. Sie besitzen auch eine Reihe weiterer Eigenschaften, die sie als kognitiv begrenzt kennzeichnen und Planungsfehler nach sich ziehen. Das Spektrum derartiger Fehler ist – wie die einschlägige, meist psychologisch ausgerichtete Literatur zeigt – sehr breit (vgl. zu einer Übersicht z. B. Jost 2000, S. 256–302). Für ein Einführungsbuch in das Controlling folgt hieraus die Notwendigkeit einer engen Auswahl und Verkürzung. Wir wollen deshalb nur einige, für die Arbeit der Controller sehr wichtige Fehler und ihre Ursachen vorstellen. Ziel ist es hier – wie schon im 4. Kapitel des Buches –, für die Bedeutung verhaltenswissenschaftlicher Aspekte in der Arbeit der Controller, für ein »Behavioral Controlling« zu werben. Verhaltensaspekte werden dann auch in den folgenden Kapiteln des Buches noch mehrfach angesprochen werden.

10.4.3.1 Fehler auf Grund individueller kognitiver Verzerrungen

Menschen sind – wie im 2. Kapitel (Abschnitt 2.1.2) bereits ausgeführt – kognitiv begrenzt und nutzen eine Vielzahl von Heuristiken, d. h. stark vereinfachte Regeln für die Lösung komplexer Probleme. Heuristiken stellen eine Ursache für diverse kognitive Verzerrungen dar, von denen die Wichtigsten im Folgenden kurz dargestellt werden sollen (vgl. dazu ausführlich Riesenhuber 2006).

- Menschen überschätzen häufig ihre Fähigkeit, einen bestimmten Sachverhalt richtig einschätzen zu können (*»Overconfidence Bias«; vgl. beispielsweise Oskamp 1965 und für Gegenmaßnahmen Russo/Schoemaker 1992*). Diese Verzerrung begegnet Controllern im Zuge von Planungsdurchsprachen häufig.
- Menschen überschätzen häufig ihre eigene Bedeutung für das Ergebnis. Dabei wird zum einen die Kontrolle über das Resultat einer Handlung überschätzt (*»Illusion of Control«; vgl. beispielsweise Strickland et al. 1966 und Langer 1975*). Ein gutes Beispiel hierfür ist, dass die meisten Autofahrer das Risiko eines Unfalls unterschätzen, weil sie glauben, dass

Unter der Lupe

Dem Optimismus schutzlos ausgeliefert?

Es gibt eine Vielzahl von Studien, die belegen, dass Entscheider systematisch zu optimistisch schätzen. Es gibt auch fast ebenso viele gute Begründungen, wieso sie dies tun. Es stellt sich also die Frage, ob Menschen dieser Verzerrung hilflos ausgeliefert sind beziehungsweise wie sie sich mit dieser arrangiert haben.

Sollten nicht Entscheider diese Verzerrung antizipieren, das heißt in ihre Entscheidung einrechnen? In der Tat zeigt sich, dass Entscheider für von ihnen nicht selbst geschätzte Werte die optimistische Verzerrung vorhersehen und die Schätzwerte dementsprechend anpassen. Dieses Verhalten wurde in einem Experiment von Cyert/March/Starbuck (1961) belegt. Sie zeigen in ihrem Experiment, dass Entscheider bei Kostenvorhersagen von zwei vorgelegten Werten eher den höheren Wert annehmen, sich bei Umsatzvorhersagen jedoch eher an dem unteren Wert orientieren. Daraus lässt sich schließen, dass die Entscheider erwarten, dass die ihnen vorgelegten Schätzwerte zu optimistisch sind und daher dazu tendieren, diese Verzerrung zu reduzieren.

Miller (1978) hatte vermutet, dass Entscheider mit steigender Berufserfahrung vermehrt Anpassungen an den optimistischen Werten vornehmen würden, da sie im Laufe ihrer Karriere mit einer größeren Zahl von zu optimistischen Prognosen konfrontiert wurden. Auch dieses Verhalten ließ sich experimentell bestätigen. Die direkte Befragung im Anschluss an das Experiment zeigte dann, dass erfahrene Manager häufiger davon ausgingen, stärker optimistisch verzerrte Prognosen zu erhalten als ihre unerfahrenen Kollegen (vgl. Statman/Tyebjee 1985).

sie besser fahren als der Durchschnitt und »schon aufpassen werden« (vgl. Svenson 1981). Zum anderen wird durch Individuen bei Arbeiten im Team der eigene Anteil an einem gemeinsamen Ergebnis überbewertet (*»Egocentric Bias«; vgl. beispielsweise Ross/Sicoly 1979*).

- Menschen tendieren dazu, neue Informationen so zu suchen oder zu interpretieren, dass sie die gegenwärtige Meinung bestätigen (*»Confirmation Bias«; vgl. beispielsweise Camerer 1995*) – wir werden auf die Konsequenzen im Abschnitt 10.4.4 gleich noch näher eingehen.
- Menschen ist häufig ein Wunschdenken zu eigen, das ihre Einschätzungsfähigkeit trübt (*»Optimism Bias«; vgl. beispielsweise March/Shapira 1987*). Ein prägnantes Beispiel hierfür ist die häufig vorfindbare erfolgsbewusste Einstellung von Projektingenieuren in der F & E (»can do attitude«), die zu einer systematischen Unterschätzung von Projektrisiken führen kann.
- Menschen schätzen Wahrscheinlichkeiten intuitiv signifikant anders ein, als sie sich auf Grund von objektivierten Rechnungen präsentieren (*»Base Rate Fallacy«, »Conjunction Fallacy«*). Ein besonders prägnanter Fehler wird als *»Gambler's Fallacy«* bezeichnet und an einem Roulette-Spieler veranschaulicht, der meint, dass nach einer langen Serie von »Rot« nun doch endlich »Weiß« kommen müsse (vgl. beispielsweise Bar-Hillel/Wagenaar 1993, S. 378).

Kognitive Verzerrungen können darüber hinaus auch aus *emotionalen Einflüssen* resultieren (vgl. zum Folgenden Weber/Riesenhuber 2002, S. 9–13). Menschen nutzen die Information über die eigenen Affekte in vermutlich nur teilbewusster Weise, um Urteile oder Handlungsentscheidungen zu unterstützen. In guter Stimmung hilft die Information über eben diese Stimmung z. B., ein positives Urteil über die Menschen, mit denen man seine Zeit verbringt, zu festigen. Schlechte Laune ist ein »gutes« Indiz dafür, dass das Leben »wirklich« unerfreulich ist. Personen beziehen also ihre Affekte direkt mit in die Beurteilung von Personen oder Situationen ein.

Wenn Personen negative Affekte verspüren, so sind sie daran interessiert, deren Ursache zu ergründen, also die »Schuldfrage« zu klären. Ebenso wollen sie herausfinden, wie sie solche Zustände in Zukunft vermeiden oder den aktuellen Zustand ändern können. Je nach Ergebnis dieser Recherche verliert der Affekt seinen informativen Charakter, mit Glück auch seine Wirkung. Diese Motivation zur Suche nach Ursachen entsteht bei positiven Affekten nicht. Infolgedessen tritt die kognitionssteuernde Wirkung hier verstärkt auf: Auch wenn man »nur« auf Grund einer situationalen Bedingung gut gelaunt ist, wird man Urteile und Entscheidungen eher ändern.

Meinungen beeinflussen die Informationssuche.

Starke affektive Erregung vermag darüber hinaus die Aufmerksamkeit abzulenken – ein Effekt, der insbesondere in Verhandlungen von Bedeutung ist. So können hier unwichtige Argumente dadurch wichtiger werden, dass ihr (mangelnder) Bedeutungsgehalt nicht erkannt wird und die starke Ablenkung gleichzeitig die Generierung von Gegenargumenten behindert. Umgekehrt können auch gute Argumente auf Grund emotionaler Einflüsse falsch eingeschätzt werden.

Schließlich verändert sich die Verfügbarkeit von Informationen aus dem Gedächtnis unter emotionalem Einfluss auch in qualitativer Hinsicht. Es werden bevorzugt solche Informationen erinnert, die der momentanen Stimmung entsprechen. Diese Form der selektiven Erinnerung wird oftmals mit dem Begriff der »rosaroten« oder der »schwarzen« Brille beschrieben.

Controller müssen dieses breite Feld möglicher Verzerrungen kennen, die einzeln und kombiniert zu erheblichen Rationalitätsdefiziten führen können. Sie müssen erkennen, welcher Manager welcher Verzerrung am leichtesten erliegt und ihr Verhalten »kundenindividuell« darauf ausrichten, indem sie etwa gute Gegenargumente bei einem emotionalen Manager nur in Zeiten emotionaler Entspannung präsentieren. Controller müssen Sorge dafür tragen, dass die Verzerrungen nicht wirksam werden, indem sie den Kontext von Entscheidungen entsprechend beeinflussen, z. B. für eine genügende Breite der Entscheidungsbeteiligten sorgen. Ihre Aufgabe ist es, im Falle konkreter Verzerrungswirkungen Gegenmaßnahmen zu ergreifen, insbesondere durch die Präsentation objektiver Fakten, die systematische Darstellung der Entscheidungs-

Bei guter Laune ist die Gefahr von Fehlentscheidungen höher als bei schlechter Laune.

Controller müssen die vielfältigen Verzerrungen kennen, um entsprechend gegenwirken zu können.

situation und ein kritisches Hinterfragen und Gegenhalten (vgl. mit konkreten Beispielen Weber/Riesenhuber 2002).

10.4.3.2 Fehler auf Grund isolierter Entscheidungen

Müssen Menschen mehrere Entscheidungen parallel treffen, entscheiden sie diese häufig isoliert nacheinander, statt parallel. Dies kann zu Fehlern führen, denn die im Einzelfall richtige Entscheidung macht aus Portfolio-Sicht evtl. keinen Sinn. In einem von Tversky/Kahneman 1986 angeführten Experiment wurden Teilnehmer explizit aufgefordert, zwei Entscheidungen parallel zu treffen. Die Teilnehmer entschieden jedoch nicht parallel, sondern sequentiell – und damit falsch! Um diesen – typischen – Fehler besser verstehen zu können, sei das *Experiment* im Kasten »Unter der Lupe« kurz wiedergegeben.

10.4.3.3 Fehler auf Grund von Gruppeneffekten

Die bisher aufgeführten Verzerrungen und daraus resultierenden Fehler waren allesamt auf einzelne Entscheider bezogen. Die Führung im Unternehmen umfasst aber in erheblichem Maße auch Situationen, die durch Gruppenentscheidungen gekennzeichnet sind. Hiermit wird es möglich, unterschiedliche Sichtweisen und Einstellungen zu integrieren und damit zu besseren Entscheidungen zu kommen. Neben dem Nachteil, dafür deutlich mehr Managerkapazität in Anspruch nehmen zu müssen, kommen aber auch spezifische Verhaltensfehler ins Spiel, die in der Literatur unter den Begriffen »Groupthink« und »Risky Shift« diskutiert werden (vgl. im Überblick z. B. Spieker 2004, S. 140–144).

Groupthink

Groupthink bezeichnet einen Rationalitätsdefekt in Gruppen, bei dem das Bemühen der Gruppenmitglieder um Einmütigkeit und Konsens ihre Motivation, alternative Problemlösungen realistisch einzuschätzen, übertönt. Gruppen, die dem Phänomen unterliegen, treffen deshalb schlechtere Entscheidungen, weil sie sich zu schnell auf eine gemeinsame Lösung einigen. Janis (1982, S. 174 ff.), auf den der Begriff des Groupthink zurückgeht, listet eine Reihe von Symptomen für dieses Phänomen auf:

- Illusion der Unverwundbarkeit, die zu großem Optimismus und zum Eingehen extremer Risiken führt,

Unter der Lupe

Experiment: Stellen Sie sich vor, Sie stehen vor zwei gleichzeitig zu treffenden Entscheidungen und müssen jeweils zwischen zwei Alternativen auswählen. Bitte bewerten Sie beide Entscheidungsprobleme parallel und geben Sie dann jeweils die von Ihnen bevorzugte Kombination von Alternativen an:

Entscheidung 1: Wählen Sie zwischen

(A) einem sicheren Gewinn von 240 Euro

(B) einer 25 % Chance, 1000 Euro zu gewinnen, und einer 75 % Chance, nichts zu gewinnen.

Entscheidung 2: Wählen Sie zwischen

(C) einem sicheren Verlust von 750 Euro

(D) einer 75 % Chance, 1000 Euro zu verlieren und einer 25 % Chance, nichts zu verlieren.

Bitte notieren Sie die von Ihnen gewünschte Kombination!

Es zeigt sich im Ergebnis des Experiments, dass die Entscheider entgegen der Anweisung die beiden Entscheidungen getrennt bewertet haben. Im Falle der Entscheidung 1 (positiver Fall) haben sich 84 % für die sichere Auszahlung von 240 Euro entschieden, 16 % für die Lotterie. Im Verlustbereich von Entscheidung 2 haben sich dagegen nur 13 % für den sicheren Verlust ausgesprochen, 87 % haben die Lotterie gewählt. Die beliebteste Kombination war also (A) & (D).

Bei Entscheidung 1 bezahlen Teilnehmer eine kleine Risikoprämie, um die sichere Auszahlung zu erhalten (risikoaverses Verhalten), in Entscheidung 2 verhalten sich die Teilnehmer jedoch risikosuchend und wählen Alternative D mit unsicheren Auszahlungen. Errechnet man nun die Auszahlungen der kombinierten Alternativen und bietet den Teilnehmern die so aufbereitete Information, so zeigt sich, dass sie statt der Kombination (A) & (D) lieber die Kombination (B) & (C) wählen würden:

- (A) & (D): 25 % Chance, 240 Euro zu gewinnen und 75 % Chance, 760 Euro zu verlieren.
- (B) & (C): 25 % Chance, 250 Euro zu gewinnen und 75 % Chance, 750 Euro zu verlieren.

Durch die isolierte Entscheidung konnten die Probanden somit nicht die ideale Lösung identifizieren. Vergleichbare Situationen, Verbunde zwischen unterschiedlichen Entscheidungen, sind aber in der Praxis eher die Regel denn die Ausnahme.

- kollektive Bemühungen, den eingeschlagenen Weg zu (schein-)rationalisieren,
- nicht hinterfragter Glaube an die ethische Korrektheit der Gruppe,
- stereotype Vorstellungen über die Kontrahenten (außerhalb der Gruppe) als dumm und schwach,
- Ausübung direkten Drucks auf Gruppenmitglieder, die gegen die stereotypen Meinungen der Gruppe argumentieren,
- Selbstzensur gegenüber der Abweichung vom Gruppenkonsens,
- geteilte Illusion der Einmütigkeit und
- Auftreten von selbst ernannten »Bewusstseinswächtern«, um zuwiderlaufende Informationen abzuwehren.

Diese Effekte treten umso leichter auf, je homogener Gruppen zusammengesetzt sind (z. B. starke Dominanz von Ingenieuren in Produktentwicklungsteams), je stärker ein Gruppenmitglied eine Meinungsführerschaft einnimmt und die Gruppe autoritär dominiert sowie je größer der Entscheidungsdruck ist, der auf der Gruppe lastet. Alle drei Einflussgrößen können von den Controllern angegangen werden: Controller haben bei Teamentscheidungen darauf zu achten, dass eine hinreichende Breite der Sichtweisen im Team vorhanden ist, sie können auf die Spielregeln der Gruppendiskussion Einfluss nehmen (z. B. indem sie als Moderator ein zu schnelles Ausblenden von Gegenmeinungen verhindern) und den Entscheidungsprozess zeitlich so organisieren, dass Zeitdruck möglichst vermieden wird.

Risky Shift

Gruppenentscheidungen werden durch einen weiteren Effekt Rationalitätsdefiziten ausgesetzt, der mit *Risky Shift* bezeichnet wird (vgl. wieder im Überblick Spieker 2004, S. 143 f.). Hiermit ist die Beobachtung gemeint, dass der Einzelne in einer Gruppe eine andere Risikowahrnehmung hat als außerhalb der Gruppe. Diese Divergenz führt konkret dazu, dass die Gruppe bereit ist, (deutlich) mehr Risiko einzugehen, als dies jeder Einzelne der Gruppe tun würde. Mehrere psychologisch motivierte Gründe sind hierfür verantwortlich. So führt die unter dem Stichwort des Groupthinks beschriebene Tendenz zur Einmütigkeit zu Diskussionsprozessen, die kognitive Konflikte vermeiden und sich gegenseitig bestärkende Argumentationen bevorzugen. Damit werden Risiken systematisch ausgeblendet und können nicht mehr adäquat in der Entscheidungsfindung berücksichtigt werden. Die Gegenmaßnahmen des Controllers liegen wieder auf der Hand: Seine Rolle als bewusst risikoaverser Counterpart kann exakt das richtige Mittel sein, den Risikoschub zu vermeiden.

10.4.4 Überblick über typische Kontrollfehler

Verlusteskalation

Während wir im Abschnitt 10.4.3 Fehler in der Ex-ante-Bewertung kennen gelernt haben, wollen wir nun noch typische menschliche Verhaltensweisen im Rahmen von Kontrollen betrachten. Die so genannte »Verlusteskalation« bezeichnet beispielsweise einen Bewertungsfehler, der im Rahmen der Abweichungsanalyse länger laufender und eine Reihe von Teilentscheidungen erfordernder Projekte auftritt. »Klassisches« Beispiel sind Produktentwicklungen oder größere Investitionsvorhaben. Stellt sich bei ihnen in mitlaufenden Kontrollen eine negative Abweichung von der ursprünglichen Planung heraus – misslingen etwa wichtige Entwicklungsschritte oder gibt es deutliche Verzögerungen im Projektplan –, so müsste ein rationales Kontrollverhalten zu einer Neubewertung des Projekts führen, was auch die Entscheidung zu einem Projektabbruch bedeuten kann. Empirisch gesehen lassen sich jedoch etliche Beispiele aufzeigen, in denen verlustbringende Investitionen fortgeführt wurden, obwohl bereits klar war, dass sie keinen positiven Kapitalwert mehr realisieren konnten. Aufgrund der erheblichen praktischen Bedeutung dieses Verhaltens finden sich viele Arbeiten, die die Gründe hierfür analysieren (vgl. Zayer 2007; Mahlendorf 2009). Drei Erklärungsansätze seien im Folgenden skizziert, die Prospect Theory, das »Mental Accounting« und das Commitment.

Prospect Theory

Die *Prospect Theory* hebt eine zentrale Annahme der Entscheidungstheorie, speziell der Erwartungsnutzentheorie, auf. Nach Letzterer wählen Entscheider die Alternative, die bei gegebenen Wahrscheinlichkeiten den höchsten Nutzen bringt. Die von Kahneman/Tversky 1979 entwickelte und durch den Nobelpreis 2002 ho-

Unter der Lupe

Experiment: Bitte entscheiden Sie jeweils in Situation A und B, ob Sie Alternative (1) oder (2) bevorzugen.

(A) Sie erhalten eine Briefumschlag mit 1000 Euro und können wählen, ob Sie (1) weitere 500 Euro sicher bekommen, oder (2) an einem Spiel teilnehmen, in dem Sie mit 50 % Wahrscheinlichkeit 1000 Euro oder mit 50 % Wahrscheinlichkeit nichts erhalten.

(B) Sie erhalten einen Briefumschlag mit 2000 Euro und können wählen, ob Sie (1) 500 Euro sicher abgeben müssen, oder (2) an einem Spiel teilnehmen, in dem Sie mit 50 % Wahrscheinlichkeit 1000 Euro abgeben müssen oder mit 50 % Wahrscheinlichkeit nichts abgeben müssen.

Ergebnis: Ein genauer Vergleich zeigt, dass beide Situationen vollständig identisch sind: beide Situationen entsprechen einer Entscheidung zwischen einer sicheren Auszahlung von 1500 Euro und einer Lotterie, in der mit 50 % Wahrscheinlichkeit 1000 Euro zu gewinnen sind und mit 50 % Wahrscheinlichkeit 2000 Euro zu gewinnen sind. Es wäre daher anzunehmen, dass Menschen sowohl in Situation A und B konsequent entweder die sicheren 1500 Euro (risikoavers) oder die Lotterie (risikosuchend) wählen.

Es zeigt sich jedoch, dass die meisten Menschen in Fall A, in dem die Auszahlung als Gewinn dargestellt wurde, risikoavers entscheiden und die sicheren 1500 Euro bevorzugen. In Fall B jedoch, in dem die Auszahlung als Verlust dargestellt wurde, entscheiden sie risikosuchend und bevorzugen Alternative (2). Durch gezieltes Framing der Entscheidungssituation konnte eine Entscheidung signifikant beeinflusst werden!

norierte Prospect Theory modifiziert diese Annahme. Nach ihr verhalten sich Menschen im Gewinn- und im Verlustbereich nicht symmetrisch; sie entscheiden im Gewinnbereich risikoavers, im Verlustbereich dagegen risikosuchend. Zwar konstatieren Kahneman/Tversky, dass Menschen grundsätzlich verlustavers sind, d. h. dass sie versuchen, Verluste unbedingt zu vermeiden. Dies hat jedoch zur Folge, dass potentielle zusätzliche Verluste dann schnell akzeptabel werden, wenn sie die Wahrscheinlichkeit eröffnen, zu einem Gewinn zu führen, auch wenn diese Wahrscheinlichkeit nur sehr gering sein mag.

Mental Accounting

Der Effekt des *Mental Accounting* wurde von Thaler eingeführt (vgl. Thaler 1985). Er beschreibt die Eigenschaft von Menschen, bei ihren Vorhaben »im Kopf mitzurechnen«, d. h. »mentale Konten« zu führen, auf denen Gewinne und Verluste verbucht werden. Menschen können Gewinne und Verluste, die aus verschiedenen Projekten resultieren, auf getrennte oder gleiche mentale Konten »buchen«. Ein Erklärungsgehalt erwächst dem Mental Accounting insbesondere dann, wenn man es mit der Prospect Theory verbindet: Hat ein Projekt bereits irreversible Kosten (»Sunk Costs«) verursacht, führt der Manager intern ein offenes Konto, auf dem die Verluste verbucht sind. Experimentell lässt sich zeigen, dass Menschen Konten mit Verlusten möglichst lange offen halten, d. h. sie schließen die Konten nicht ab und müssen daher den Verlust nicht »realisieren«. Der Grund hierfür liegt darin, dass aus der Verringerung eines Verlusts auf einem mentalen Konto ein höherer Nutzen entsteht als durch das Auflaufen des gleichen Profits auf einem neuen Konto (steilere Nutzenfunktion im Verlustbereich).

Für den Entscheider über ein Projekt, das bereits Sunk Costs verursacht hat, folgt daraus: Würde das Projekt beendet, müsste er die angelaufenen Verluste realisieren und den hohen Disnutzen in Kauf nehmen. Kann er das Projekt fortführen, hat er eine Chance, die negativen Konsequenzen zu vermeiden und zuerst das Konto aus dem negativen Bereich zu bekommen. Der entscheidende Manager wird also fälschlicherweise Sunk Costs in seine Entscheidung mit einbeziehen und deshalb bereit sein, das Projekt fortzusetzen, um sein mentales Konto auszugleichen.

Zu hohes Commitment

Ein weiterer Grund für Verlusteskalation kann aus einem zu hohen *Commitment* der Entscheider resultieren. Staw/Fox (1977) zeigen in einem Experiment, dass Manager dann am ehesten bereit sind, in ein verlustreiches Projekt zu investieren, wenn sie für die auslösende Entscheidung Verantwortung tragen, d. h. wenn sie »commited« sind. Je stärker die Verantwortung auf den Schultern der Manager lastet, desto weniger werden sie zugleich bereit sein, ihre Projekte abzubrechen (Staw/Fox 1977).

Die Eigenschaft von Menschen, wider besseres Wissen ihre Handlungen nicht zu ändern, scheint ein Verhalten zu sein, das sozial erlernt worden ist. Konsistentes Verhalten (egal ob erfolgreich oder nicht) wird generell als überlegen empfunden. In einem Experiment von Staw/Ross (1978) wurden die Teilnehmer gebeten, zwei Entscheider zu beurteilen. Beide Entscheider waren exakt gleich erfolglos, jedoch änderte ein Entscheider sein Verhalten bei negativem Feedback, während der andere Entscheider negatives Feedback ignorierte und an seinen anfänglichen Entscheidungen festhielt. Die Teilnehmer beurteilten den erfolglosen, aber konsistenten Entscheider signifikant besser als den ebenfalls erfolglosen, aber auf Feedback reagierenden Entscheider. Vor diesem Hintergrund überrascht es dann weniger zu sehen, dass auch Manager zu ihrem einmal eingeschlagenen Kurs stehen.

Die aus diesen Effekten resultierenden Konsequenzen für Controller folgen der in den vorherigen Abschnitten ausgebreiteten Argumentation. Sie sei abschließend noch einmal zusammengefasst.

Konsistentes Verhalten scheint sozial erlernt zu sein.

10.4.5 Konsequenzen für Controller

Menschen entscheiden nicht so, wie es den Annahmen der klassischen Entscheidungstheorie entspricht. Vielmehr gilt es, ein breites Spektrum an Verhaltensverzerrungen und -fehlern zu konstatieren. Abweichungen der Manager vom »rationalen Pfad der Tugend« resultieren damit nicht nur aus abweichenden Zielen (wie dem Streben nach individueller Macht und persönlichem Prestige), oder weil sich Manager nicht ausreichend intensiv für das Unternehmen einsetzen (»Vermeidung von Arbeitsleid«). Ein wesentlicher Grund liegt vielmehr in kognitiven Begrenzungen und den daraus resultierenden Fehlern. Einige wichtige von diesen haben wir skizziert.

Für Controller sind derartige Erkenntnisse aus zumindest drei Gründen heraus sehr wichtig:

- Nur so können sie abschätzen, wie stark in welcher Situation derartige Einflüsse sind bzw. sein können. So ist z. B. besondere Aufmerksamkeit geboten, wenn Zeitdruck bei der Entscheidungsfindung vorliegt oder wenn Entscheidungen erhebliche Veränderungen für einzelne Manager bedeuten.
- Nur so können sie darauf hinwirken, dass derartige Kontexte weitgehend vermieden werden, so dass der Gefahr von Rationalitätsdefiziten bereits begegnet wird, bevor sie wirksam werden. Ein Beispiel hierfür ist eine entsprechende Ausgestaltung des Planungsprozesses oder das Vorabstimmen von Lösungen, das einen eventuellen Gesichtsverlust der beteiligten Manager verhindert.
- Nur so können sie konkret auf entsprechende Rationalitätsdefizite einwirken, indem sie z. B. Lösungsvorschläge kritisch hinterfragen oder typische verhaltensbedingte Fehler offen legen.

Von Controllern verhaltenswissenschaftliche Kenntnisse und eine entsprechende Sensitivität zu verlangen, ist ein eher untypischer Anspruch. Wie wir an dieser Stelle des Buches wissen, weist man Controllern zumeist die Rolle des Analytikers zu, für den nur Zahlen und präzise beschriebene, objektive Fakten und Zusammenhänge zählen. Das eine zu postulieren, muss aber nicht bedeuten, das andere zu vernachlässigen. Sicher muss ein Controller nicht mehrere Semester Psychologie studiert haben, um dem Anspruch einer adäquaten Einbeziehung von Verhaltensaspekten genügen zu können. Dem Controller soll es nicht um den Menschen an sich gehen; er muss ihn nicht in aller Vielschichtigkeit, Emotionsbestimmtheit und Fehleranfälligkeit kennen. Der Controller hat nur Kenntnis über diejenigen Verhaltensaspekte zu erwerben, die für seine Aufgabenerfüllung wirklich wichtig sind. Eine Modellierung des Menschen ist mit anderen Worten nur dort erforderlich, wo damit eine signifikante Verbesserung der Qualität der

(Zumindest) drei Gründe sprechen dafür, dass sich Controller intensiv mit kognitiven Begrenzungen auseinandersetzen sollten.

Zusammenfassende Aussagen (vgl. auch Leitfrage 5)

- Wie gut eine Koordination durch Pläne funktioniert, hängt nicht nur von den verwendeten Planungs- und Kontrollverfahren und den dafür zur Verfügung stehenden Informationen ab. Vielmehr nehmen auch verhaltensrelevante Eigenschaften von Menschen darauf (erheblichen) Einfluss.
- Diese Eigenschaften beginnen bei der grundsätzlichen Einstellung zu Planung und Kontrolle, setzen sich über diverse kognitive Fehler im Entscheidungsprozess fort und reichen bis zum Einfluss von Emotionen auf die Entscheidungsfindung. Das Feld entsprechender Rationalitätsdefekte ist sehr breit und heterogen.
- Controller haben sich in der Vergangenheit mit derartigen Aspekten nur sehr wenig auseinander gesetzt. Hier besteht Handlungsbedarf. Nur mit einer hinreichenden Basis verhaltenswissenschaftlicher Erkenntnisse können sie ihre Aufgaben, speziell ihre Rationalitätssicherungsfunktion, hinreichend erfüllen.

Controllerarbeit erzeugt wird. Wir wollen den Controller nicht zum Psychologen machen; aber kann jemand eine gute Abweichungsanalyse in einer Produktionskostenstelle durchführen, der über keinerlei technologische Kenntnisse verfügt?

10.5 Planungs- und Kontrollaufgaben der Controller

Controller besitzen – wie im 3. Kapitel des Buches herausgearbeitet – ihre Wurzeln in einem Umfeld, das als Koordination durch Pläne zu kennzeichnen ist. Für diese Koordinationsmechanismen spielt die Güte der Planung, aus der die Pläne resultieren, eine zentrale Rolle. Insofern wundert es nicht, dass Controller einen wesentlichen Teil ihrer Bedeutung für das Unternehmen aus der Mitwirkung in Planung und Kontrolle ziehen.

10.5.1 Planungsaufgaben

10.5.1.1 Typologie der Planungsaufgaben

10.5.1.1.1 Planungsunterstützung

In der Funktion der Planungsunterstützung geht es für den Controller darum, dem Management delegierbare Aufgaben im Entscheidungsprozess abzunehmen. Hierunter fallen im Einzelnen:

- Die *Suche nach und die Aufbereitung von entscheidungsrelevanten Informationen*, insbesondere von Kosten- und Erlöswirkungen.
- Die *Generierung von Entscheidungsalternativen*. Dies kann zum einen durch das Management bewusst angestoßen werden, um einer zu starken Selektivität der eigenen Sicht vorzubeugen; allerdings werden Controller auf Grund ihrer spezifischen fachlichen Qualifikation nur selten dazu in der Lage sein, diese inhaltliche Ergänzungsfunktion zu leisten. Zum anderen kann der Grund für die Übernahme dieser Aufgabe durch Controller in einem weitgehend statischen Entscheidungsumfeld liegen, in dem Neuplanung im Wesentlichen Fortschreibung bedeutet. Dann lässt sich Alternativengenerierung als Routinegeschäft verstehen, von dem das Management gerne entlastet werden will. In diesem Sinne übernehmen Controller in der Unternehmenspraxis oftmals weitgehende inhaltliche Planungsaufgaben in der operativen Planung.
- Die *(monetäre) Bewertung* vorliegender Entscheidungsalternativen. Diese Funktion beinhaltet die Anwendung der in den folgenden Kapiteln des Buches aufgeführten Instrumente. Idealerweise bezieht sich die Tätigkeit der Controller nicht nur auf die reine Ergebnisermittlung (z. B. die Berechnung des Kapitalwerts einer Investition), sondern auch auf ein Hinterfragen der Prämissen und Bandbreiten der gefundenen Lösung im Sinne einer Kommentierung der »Belastbarkeit« des ermittelten Ergebnisses.
- Die *Vorabstimmung von Lösungen*. Entscheidungen in der Praxis werden nicht von homogenen, quasi »gesichtslosen« Entscheidungsträgern getroffen, sondern stets im Spannungsfeld unterschiedlicher Interessen. Die Mach- und Durchsetzbarkeit von angestrebten Lösungen muss deshalb schon möglichst früh angedacht und überprüft werden. Für Controller besteht hier die wichtige Aufgabe, »Realitätssinn« mit dem Blick für die unternehmensbezogenen Ergebniswirkungen zu verbinden. Allerdings sollte dies nicht dazu führen, allzu früh auf Kompromisse aus zu sein. Dies führte zu einer erheblichen Verschlechterung der Entscheidungsqualität.

Controller übernehmen sehr unterschiedliche Aufgaben der Planungsunterstützung.

Betrachtet man diese unterschiedlichen Teilaufgaben, so erweist sich ihre Übertragung auf Controller aus unterschiedlichen Gründen heraus als sinnvoll:

- Controller besitzen Spezialisierungsvorteile bezüglich der monetären Bewertung.
- Controller sind nicht in Linienbeziehungen und -abhängigkeiten involviert. Dies erleichtert die Abstimmungsfunktion und verringert

die Gefahr von Rationalitätsproblemen der Entscheidungen aufgrund von Opportunismus.

- Controller besitzen erhebliche Erfahrung in Planungsprozessen und können somit das Management effektiv entlasten. Zugleich besteht die Möglichkeit einer Effizienzsteigerung. Diese resultiert aus der Differenz des Entgeltniveaus des Managements einerseits und der Controller andererseits (»Controller sind billiger«).

10.5.1.1.2 Planentstehungskontrolle

Eine zweite Funktion von Controllern im Bereich der Planung wird von diesen oftmals nur sehr unscharf bezeichnet, um keine falschen Assoziationen zu wecken. Auch die einschlägige Literatur betont zumeist, den Controllern nur einen prozessualen, keinen inhaltlichen Einfluss auf die Planung zuzuweisen. Allerdings greift diese Sichtweise zu kurz. Inhaltlicher Einfluss der Controller ist sehr wohl zulässig, ja unverzichtbar. Diese Aussage zieht ihre Begründung aus zwei Tatbeständen, auf die wir bereits im ersten Teil dieses Buches eingegangen sind:

- Das Phänomen von (potenziellem) *Opportunismus* der Entscheidungsträger ist nicht nur eine Basisannahme der Informationsökonomie, sondern auch ein empirisch nachweisbarer Fakt. Die inhaltliche Beurteilung von Planansätzen durch Controller ist ein Mittel (neben anderen), um einem ungerechtfertigtem Eigennutz einen Riegel vorzuschieben und damit die Rationalität der Entscheidungen sicherzustellen.
- Entscheidungsträger sind – wie wir ausführlich gesehen haben – Menschen mit *begrenzten kognitiven Fähigkeiten*. Einschränkungen bestehen bezüglich der Entscheidungsfähigkeit Einzelner und bezüglich der von Gruppen von Entscheidungsträgern. Auf beiden Feldern kann der Einsatz von Controllern die Probleme reduzieren helfen.

Die Möglichkeit zu opportunistischem Verhalten der Manager resultiert ebenso aus der jeder Planung notwendigerweise innewohnenden Unsicherheit, wie diese Grund für das Wirksamwerden diverser kognitiver Begrenzungen ist, auf die wir bereits eingegangen sind.

Unsicherheit betrifft schon die Abgrenzung des Entscheidungsproblems, dazu die Zahl der Variablen, deren Verknüpfung und schließlich deren Ausprägung. Intuition gewinnt als Lösungsstrategie bei hoher Unsicherheit an Bedeutung, beinhaltet aber zugleich Kommunikationsprobleme der gefundenen Lösung. Quantifizierungen (z. B. erwarteter ROI) helfen zwar weiter; die Zahlen drücken aber nur noch sehr unvollständig die »wahren« Gründe für die Entscheidung aus. Der Grad ihrer Repräsentation der gefundenen Lösung ist gering. Diese bei hoher Unsicherheit stets vorliegende Problematik schafft für einzelne Entscheidungsträger einen Freiraum, den sie nicht nur für die Ziele des Unternehmens, sondern auch für die eigenen nutzen können: Eine in einem Investitionsantrag präsentierte Zahl (»Die Absatzzahlen des neu produzierten Erzeugnisses über die ersten 12 Monate hinweg betragen 10 000 Einheiten«) muss nicht unbedingt nur aus einer uneigennützig eingesetzten Intuition heraus entstanden sein. Die Zahl kann vielmehr auch opportunistisch gesetzt und nachträglich durch plausibel erscheinende Begründungen »verrationalisiert« worden sein (»Unser neues Produkt ist den Konkurrenzprodukten technisch weit überlegen«). Wie praktisch bedeutsam dieser Zusammenhang sein kann, sei dem sehr sarkastischen, auf Investitionsentscheidungen bezogenen Statement eines Controllers eines Großunternehmens entnommen, das die *Abbildung 10-4* zeigt.

Planentstehungskontrolle ist erforderlich, um potentiellem Opportunismus und kognitiven Begrenzungen des Managements gerecht zu werden.

Um den Gefahren von Opportunismus und kognitiver Begrenzung zu begegnen, hat der Controller die Aufgabe, die erarbeiteten Planansätze kritisch zu hinterfragen. Er kann dabei – wie bereits mehrfach angesprochen – die Rolle eines »Advocatus Diaboli«, eines bewusst kritischen und zudem bewusst risikoscheuen Gesprächspartners einnehmen. Dies ist ihm auch dann möglich, wenn er nicht über das Fach- und Detailwissen des Managers bzw. Planers verfügt, es ihm somit an inhaltlicher Beurteilungskompetenz fehlt. Objekt der Rationalitätssicherung ist dann die Prozessrationalität (z. B. Auswahl der verwendeten Modelle, Güte der einbezogenen Informationen – vgl. zur Unterscheidung der Rationalitätsebenen nochmals Abschnitt 2.2.2 im 2. Kapitel). Mit anderen Worten: Wenn der Manager bzw. Planer seine Planung in ihren An-

Controller sollten die Rolle eines Advocatus Diaboli übernehmen.

Abb. 10-4

Sarkastischer Kommentar eines Controllers zu Rationalitätsdefekten in der Investitionsplanung

Die Realität von Investitionsentscheidungen sieht anders aus, als in den Lehrbüchern beschrieben:

- Investitionen werden nicht immer von Renditen getrieben, sondern häufig auch von persönlichen Commitments.
- Verengung der Alternativen auf »ja« (= hochloben) und »nein« (= Katastrophe); andere Wege gibt es angeblich nie.
- Lange Abstimmungsrunden mit Zentralbereichen; Gründe:
  - alle Zentralisten müssen ihre Existenz rechtfertigen
  - eine kontroverse Sachdiskussion im Vorstand soll unterbleiben.
- Sachargumente werden »gebogen«, Kritik »ausgeblendet«.

Mangelnde Rationalitätssicherung bedeutet oft:

- (Fast) jede Vorlage kommt irgendwann auch durch.
- Keine strategische Prämie ist zu hoch, um ein Lieblingsprojekt nicht doch aus strategischen Gründen zu rechtfertigen.
- Auch das Controlling zeigt keine Zähne, sondern verhält sich »diplomatisch«.

nahmen und Bewertungen schlüssig und überzeugend gegen kritische Fragen des Controllers »verteidigen« kann, so besteht eine signifikante Wahrscheinlichkeit dafür, dass kein opportunistisches Verhalten und keine aus kognitiven Begrenzungen resultierenden Fehler vorliegen.

Um den Planungsprozess in dieser Weise überprüfen zu können, bedarf es für die unterschiedlichen Planungsfelder spezifischer Vorgehensweisen. Wir werden hierauf bei der Diskussion der unterschiedlichen Planungsinstrumente in den folgenden Kapiteln jeweils ausführlich eingehen. Unabhängig davon lassen sich in der Praxis immer wieder auftretende, quasi standardmäßige Rationalitätsdefizite erkennen, für die es deshalb auch Standardlösungen gibt. *Abbildung 10-5* macht dies – praxisorientiert formuliert – deutlich.

Controller müssen die inhaltliche Mitwirkung in der Planentstehung »einfühlsam« gestalten.

Wie bei allen Ergänzungs- und Begrenzungsaufgaben muss der Controller seine beschriebene inhaltliche Mitwirkung in der Planentstehung genügend »einfühlsam« gestalten. Zu seinem Sachwissen muss sich auch entsprechendes Verhaltenswissen gesellen. Er wird sonst zu schnell als »Bremser« oder »Nein-Sager« abgestempelt und gerät zu leicht in die Rolle der allwissenden »grauen Eminenz«. Ein Controller muss folglich stets seine Rolle und seinen Nutzen deutlich machen: Die Probleme, die er im Prozess der Findung einer Entscheidung bereitet, sind – bis auf wenige Ausnahmen zeitkritischer Dispositionen (z. B. Markteinführung eines innovativen Produkts) – um Größenordnungen kleiner als diejenigen, die bei Realisierung einer falschen Entscheidung auftreten – und nicht der Controller hätte sie zu verantworten, sondern der Linienmanager!

10.5.1.1.3 Planungsmanagement

Als dritter Funktionsbereich der Controller in der Planung ist schließlich das Planungsmanagement zu nennen. Dieses zerfällt in drei Unteraufgaben:

Gestaltung des Planungssystems

Die Gestaltung des Planungssystems lässt sich als eine Kernaufgabe von Controllern festmachen. Schwerpunkte liegen in der Praxis im Bereich der operativen Planung, insbesondere der Budgetierung. Controller übernehmen hier planungsgestalterische Aufgaben. Planungsmethoden und -abläufe haben einen wesentlichen Einfluss darauf, inwieweit sich in den Plänen tatsächlich der »richtige« unternehmerische Wille widerspiegelt. Zu hohe Detaillierung führt leicht zu Scheingenauigkeit und wiegt das Management im Gefühl von (so nicht vorhandener) Sicherheit. Ein zu geringer Ausbaugrad bedeutet umgekehrt leicht nicht ausreichende Sorgfalt bei der Planerstellung und mangelndes Commitment bei der Befolgung der erstellten Pläne. Im Bereich der strategischen Planung ist der faktische Gestaltungsbeitrag der Controller dagegen heute noch deutlich geringer, wenngleich mit steigender Tendenz.

Methodische und instrumentelle Unterstützung der Planer

Unter diese Rubrik fallen etwa die Erstellung von Planungshandbüchern, die z. B. über die chronologische und sachlogische Ordnung der Teilplanungen informieren, das Angebot von konkreten Planungstools, wie z. B. eines Spreadsheets zur Ermittlung des Kapitalwerts einer Investition, oder auch die Schulung im Umgang mit derartigen Instrumenten. Gerade auf diesem

Feld besteht für Controller aktuell noch ein breites und für ihre Akzeptanz sehr wichtiges Betätigungsfeld!

Unterstützung des Planungsablaufs durch Übernahme prozessualer Teilaufgaben

Das – zumindest zeitlich bedeutsamste – Teilgebiet der Planungsmanagementaufgabe der Controller ist schließlich im Planungsprozess selbst zu finden, in dem sie – wie auch die *Abbildung 10-6* am Beispiel einer operativen Planung deutlich macht – eng mit den Managern zusammenarbeiten. Nach ihrer Mitwirkung bei der Planentstehung übernehmen sie die entstandenen Planentwürfe, dokumentieren diese, führen sie zu Teilplänen für Planungssegmente (etwa für eine Geschäftseinheit) zusammen, stellen den Konsistenzgrad der Planansätze fest (z. B.: Gehen alle Produktpläne für einen bestimmten lokalen Absatzmarkt von gleichen Prämissen bezüglich seiner allgemeinen Entwicklung – etwa hinsichtlich der verfügbaren Kaufkraft – aus?), decken Inkonsistenzen auf und spielen diese in die planenden Einheiten zurück, stellen Abweichungen bezüglich anzustrebender Ziele fest (z. B.: »Die Bottom-up-geplanten Ergebnisse erreichen nicht die Ergebnisvorgabe der Unternehmensspitze!«), initiieren und moderieren Abgleichrunden für die »Budgetknetphase«, dokumentieren und kommunizieren deren Ergebnisse und stellen schließlich zumeist den fertigen Gesamtplan der Unternehmensleitung vor. Neben einer Entlastungsfunktion ist in all diesen Teilaufgaben stets auch ein Ergänzungs- und Begrenzungsanteil zu erkennen: Fehlende Prämissen, Inkonsistenzen und Zieldifferenzen sind Indikatoren eines Mangels an Rationalität, den es zu beseitigen gilt.

Abb. 10-5

Typische Entscheidungsdefekte und dagegen anwendbare Mittel aus der Sicht eines Controllers

Typische Defekte in den Entscheidungsvorlagen

- Verschwommene Ziel- und Kundendefinition (wer zahlt eigentlich?)
- Falsche Prognoseprämissen
- Exponentieller versus linearer Verlauf der Zukunft
- Wettbewerb ist dumm und reagiert nicht
- Zeitmangel bei der Informationssammlung
- Zum eigenen Produkt gibt es keine Alternativen, keine Substitution
- Interessenstandpunkt der Prognoseverfasser/Auftraggeber der Prognose nimmt erheblichen Einfluss

Mittel gegen typische Defekte in den Entscheidungsvorlagen

- Nöte der den Geschäftsplan erstellenden Organisationseinheiten feststellen
- Produkt-/Marktkenntnis der den Geschäftsplan erstellenden Mitarbeiter erheben
- Aktive Begleitung des Prozesses der Geschäftsplanerstellung
- Empirische Studien zu Erfolgsfaktoren von Diversifikationen etc. kennen
- Integration des neuen Geschäfts in die bisherige Geschäftssystemumgebung sicherstellen
- Prämisse jeder Position hinterfragen
- Worst-case-Rechnung verlangen: Welche Konstellation führt zum Untergang?
- Sensitivitätsrechnung verlangen
- Einfache Fragen stellen (z. B. Wer soll wie viel für welche Leistung zahlen? Woher nimmt er das Geld oder verzichtet er auf anderes?)
- Mit risikoangepasstem Kalkulationszinsfuß rechnen. Gibt es noch Reserven?

Bei einer derartigen Unterstützung des Planungsablaufs nehmen Controller idealtypisch keinen direkten Einfluss auf die Planungsinhalte. Ziele und die Wege dorthin zu bestimmen, ist Aufgabe der Manager. Allerdings findet man in der Planungsrealität durchaus Abweichungen von diesem Grundprinzip: Derjenige, der prozessual für den Abgleich diverser Teilpläne verantwortlich ist, erwirbt in diesem Prozess zum Detailwissen aus den Einzelplänen erhebliches Überblickswissen hinzu. So kann es dazu kommen, dass die Linienmanager den Controllern zumindest partiell auch die inhaltlichen Abgleichprozesse überlassen, ein Produktionscontroller etwa mit einem Vertriebscontroller die »richtigen« Herstellkosten von Produkten und deren Veränderungen in der nächsten Planperiode »vorsondiert« (verhandelt). Sofern dieser inhaltliche Einfluss gering ist, mag eine solche Aufgabenübertragung effizient sein, da Kommunikationsaufwand eingespart wird. Wirkt die Planabstimmung jedoch erheblich auf die Planinhalte der abzustimmenden Teilpläne zurück,

Die Planabstimmung kann eine rein prozessuale Aufgabe sein – zumeist wirken Controller aber auch inhaltlich mit.

Abb. 10-6

Aufgabenteilung zwischen Managern und Controllern am Beispiel eines operativen Planungsprozesses

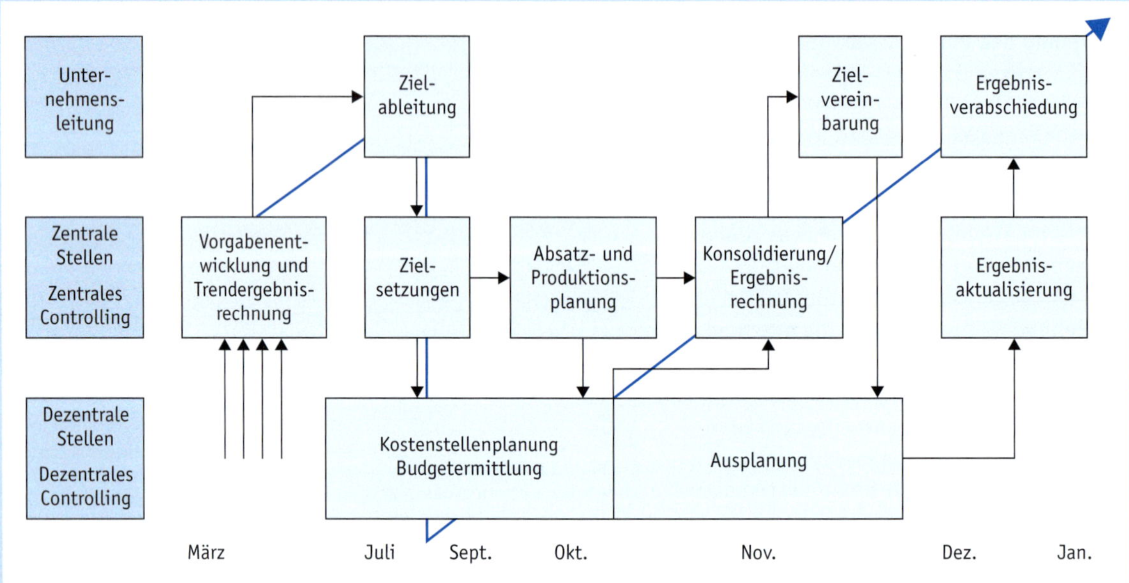

wird die Funktion des Planungsmanagements verlassen. Hiermit sind stets Gefahren verbunden. Für den Controller ergeben sich Anreize aus dem damit gewonnenen Einfluss auf die Linie (Macht); für die Linie besteht die Möglichkeit, das Commitment zu den gefundenen Zielen unter Verweis auf die Fremdbestimmung durch die Controller zu reduzieren. Die Schnittstelle zwischen Planungsmanagement und Festlegung von Planungsinhalten ist somit sehr sensibel zu handhaben und ständig zu reflektieren.

Fruchtbares Zusammenspiel von Reflexion und Intuition.

10.5.1.2 Aufgabe des Controllers als eher reflexiver Counterpart des eher intuitiven Managers

Zum Abschluss der Diskussion der Planungsaufgaben der Controller sei noch ein Aspekt des Zusammenspiels von Managern und Controllern besonders hervorgehoben, der in der Planentstehung eine zentrale Bedeutung für die Rationalitätssicherung besitzt. Anfangs wurde ausgeführt, dass Planung wesentlich auf Reflexion als Willensbildungsmechanismus baut, diese aber stets mit Intuition zu kombinieren ist. Beide Vorgehensweisen führen im Zusammenwirken in der Regel zu besseren Lösungen als bei jeweils isolierter Perspektive. Immer dann, wenn Reflexion möglich und sinnvoll ist, sollte sie deshalb nicht allein stehen. Sie bedarf der Bestätigung oder Kritik durch die Intuition des Handlungsträgers, um im fruchtbaren Zusammenspiel zu optimalen Lösungen zu kommen. Ebenso sollte die Intuition reflexiv hinterfragt werden. Intuition allein kann leicht in die Irre führen. Wie im ersten Teil des Buches angesprochen, lässt sich empirisch der intuitive Part eher den Managern zuordnen, während Controller stets den reflexiven Teil der Planung im Auge haben. In der folgenden Diskussion sei von diesem Grundmuster ausgegangen.

Ausgangspunkt der Überlegungen ist die Hypothese, dass eine Übereinstimmung reflexiver und intuitiver Vorteilhaftigkeitseinschätzung eine höhere Wahrscheinlichkeit der Gültigkeit der Lösung signalisiert als ein nicht auflösbarer Widerspruch und damit das Commitment des Managers zur Durchsetzung des gebildeten Willens steigert. Hierauf aufbauend veranschaulicht die *Abbildung 10-7* unterschiedliche Ausgangssituationen, die im Folgenden näher diskutiert werden (verkürzt entnommen aus Weber/Schäffer 1999c). Die durch nummerierte Kreise (I-IV) markierten Fälle werden im Folgenden ebenso diskutiert wie für diese sinnvolle Verhaltensweisen (Strategien 1–8).

10.5.1.2.1 Strategien angesichts sich widersprechender Reflexion und Intuition

Die Felder I und III der Matrix sind dadurch gekennzeichnet, dass sich die Vorteilhaftigkeitseinschätzungen von Reflexion und Intuition widersprechen.

Im *Feld I* ist die reflexive Vorteilhaftigkeitseinschätzung hoch, die intuitive hingegen gering. Die Situation lässt sich plakativ charakterisieren: Die Analyse des Controllers sagt aus, dass sich eine betrachtete Investition rechnet. Der Manager glaubt der Reflexion aber nicht – ohne dies richtig begründen zu können; sein »Bauchgefühl« spricht dagegen. Die Gefahr besteht, dass der Controller nun zu sehr auf das »Rechenbare« pocht. In *Feld III* ist umgekehrt die reflexive Vorteilhaftigkeitseinschätzung niedrig, die intuitive dagegen hoch. Plakativ stößt hier der »sechste Sinn« des Unternehmers auf die Fakten und Analysen seines Controllers. Die Analyse des Controllers sagt aus, dass sich die Investition nicht rechnet. Der Unternehmer wischt die Zahlen vom Tisch (oder würde dies gerne tun). Sein Gefühl sagt ihm, dass es sich doch lohnt. Wiederum besteht Handlungsbedarf in Richtung auf eine kritische Überprüfung der zu Grunde liegenden Reflexions- und Intuitionsprozesse.

Um die Spannung zu lösen, werden im Folgenden konkret (jeweils) drei Pfade diskutiert, um Reflexion und Intuition zur Übereinstimmung zu bringen. Bei sämtlichen Pfaden wird eine positive, zur Rationalität führende, und eine negative, Irrationalität bedeutende Variante unterschieden.

Fall 1: Reflexion folgt Intuition

In den Pfaden 1 und 6 folgt Reflexion der Intuition, die Analyse dem »Bauchgefühl«. Das aus Intuition gespeiste Störgefühl des Managers führt dazu, die Rechnung/Reflexion nochmals zu überprüfen. Für den Fall rationalen Vorgehens werden die Prämissen kritisch hinterfragt, die Rechnung nochmals nachvollzogen und falsche Methoden, Daten, Prämissen etc. korrigiert, um eigene Analysen auf Schwachstellen

Abb. 10-7

Die Reflexion-Intuition-Commitment-Matrix zur optimalen Verknüpfung von Reflexion und Intuition (entnommen aus Weber/Schäffer 1999c, S. 212)

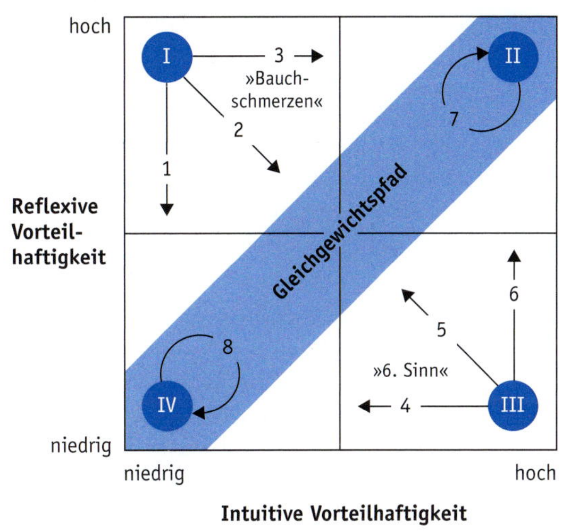

zu überprüfen und Verbesserungen zu erreichen. In einer funktionierenden internen Kunden-Lieferanten-Beziehung zwischen Manager und Controller kann Letzterer hier hohe Flexibilität zulassen: Abweichungen werden zumeist auf unterschiedlich gesetzte Annahmen, selten auf offensichtliche methodische Fehler des Controllers zurückgehen.

Allerdings muss sich der Controller bei aller internen Kundennähe davor hüten, sich vor den »Karren« jedes gewünschten Ergebnisses spannen zu lassen. Gerade bei unterschiedlich möglichen Ausgangsannahmen (etwa über Steigerungsraten des Marktes, Konkurrenzverhalten der wichtigsten Nachfrager, Skaleneffekte im Zeitablauf) lässt sich das reflexive Urteil weitgehend an das intuitive des Managers anpassen (»wir rechnen jede Zahl«) – und damit scheinrational werden.

»Wir rechnen jede Zahl«.

Eine weitere Form nicht-produktiver Versuche, das reflexive dem intuitiven Urteil anzupassen, findet sich – glaubt man Controllern – in der Praxis häufig von Managern in Szene gesetzt, indem die reflexiv gewonnene Einschätzung angezweifelt wird. Dabei scheint es ein typisches, gestuftes Vorgehensmuster zu geben:

Der Weg, wie sich Manager gegen das Urteil des Controllers immunisieren wollen, folgt häufig einem bestimmten Muster.

1. »Die Zahlen stimmen nicht!« Auch kleine, für das grundsätzliche Urteil gänzlich unbedeutende Differenzen reichen aus, um die reflexive Einschätzung in Frage zu stellen.
2. »Das benutzte Modell ist falsch«. Beliebt scheint in der Praxis z. B. das Thema Gemeinkostenverrechnung zu sein. Der Weg in eine grundsätzliche Diskussion erspart die Akzeptanz des Rechenergebnisses im Einzelfall – oder verschiebt sie zumindest zeitlich.
3. »Die Annahmen sind falsch«. Das Management kann an dieser Stelle den Controller z. B. leicht mit den gebräuchlichen Bildern des »Bremsers« oder »Verhinderers« belegen und damit die reflexive Einschätzung in ihrer Bedeutung abwerten.
4. »Die strategische Bedeutung der Maßnahme wurde in der Rechnung nicht berücksichtigt«. Sind alle drei zuvor aufgeführten »Argumente« widerlegt, führt der Verweis auf die Strategie häufig doch noch zum Erfolg. Strategien lassen sich eben nur zum Teil rechnen – und sind per se mit so hoher Unsicherheit behaftet, dass ihre laufende Überprüfung nur (sehr) eingeschränkt möglich ist.

Rationalitätssicherung durch Controller heißt in diesem Kontext, das Argumentationsmuster zu kennen und darauf eingerichtet zu sein. Muss der Manager damit rechnen, dass der Controller seine Strategie – etwa aus vorangegangenen Konflikten – kennt, besteht wenig Anreiz, es erneut zu versuchen.

»Fauler Kompromiss« von Reflexion und Intuition

Fall 2: Intuition folgt Reflexion
Die Pfade 3 und 4 (vgl. nochmals die *Abbildung 10-7*) stehen für den Weg, die Intuition der Reflexion anzupassen. Die Modelle und Methoden des Controllers führen hier dazu, dass herrschende Meinungen, Überzeugungen und Glaubenssätze des Managements kritisch hinterfragt werden. Dieser Diskurs zeigt mögliche Ursachen für eine abweichende Intuition auf und ist so die Basis dazu, das reflexive Urteil auch ohne kognitive Dissonanzen mit zu tragen. Dieser »Umstimmprozess« lässt sich aber nur teilweise bewusst gestalten. Insbesondere ist die Zeitdauer, bis die Intuition das Ergebnis der Reflexion anerkennt, Unsicherheit ausgesetzt. Hier liegt ein signifikanter Unterschied im Vergleich zum zuvor skizzierten Fall vor: Das Bewusstsein akzeptiert eine angepasste Rechnung sofort.

Anpassungen der Intuition an die Reflexion müssen aber nicht in jedem Fall zu höherer Rationalität führen. Der Begriff der »Zahlengläubigkeit« kennzeichnet Anpassungsdefekte ebenso, wie diese durch die Tatsache begründet werden, dass sich intuitive Einschätzungen schlechter kommunizieren lassen: Es ist leichter, einen positiven Kapitalwert vor dem zentralen Investitionsausschuss zu präsentieren, als das unbestimmte Störgefühl, das Vorhaben würde aus irgendwelchen Gründen doch nicht zum Erfolg führen. Leicht wird hier vorschnell der Pfad 6 gewählt, obwohl der Pfad 4 zutreffend wäre!

Fall 3: Gegenseitige Anpassung von Intuition und Reflexion
In den Pfaden 2 und 5 erfolgt schließlich eine gegenseitige Anpassung von Reflexion und Intuition. Im kritischen Diskurs von Reflexion und Intuition ergeben sich »auf beiden Seiten« Einschätzungsänderungen. Das Bild von (expliziter) These, (unklarer) Antithese und Synthese erscheint hier treffend. Das Verfahren kann sehr geeignet sein, um im Zusammenspiel von Manager und Controller zu rationalen Ergebnissen zu kommen.

Für die irrationale Variante findet sich wiederum ein sehr anschaulicher Begriff, der des »faulen Kompromisses« von Reflexion und Intuition. Konflikten wird aus dem Wege gegangen. Controller und Manager verzichten darauf, gänzlich Recht zu haben. Bei negativer Analyse und positiver intuitiver Einschätzung wird die Maßnahme z. B. unter der Bedingung von Verbesserungsmaßnahmen (etwa einer zusätzlichen Kostensenkung) verabschiedet, bei positiver Analyse und intuitivem Störgefühl statt der großen eben nur die kleine Lösungsvariante realisiert.

10.5.1.2.2 Bewusstes Herbeiführen von Widersprüchen

Die *Felder II* und *IV* sind durch eine Übereinstimmung von reflexiver und intuitiver Einschätzung gekennzeichnet. In Feld II sind reflexive und intuitive Vorteilhaftigkeitseinschätzung hoch, in Feld IV beide niedrig. Es besteht kein Störgefühl im kreativen Spannungsverhältnis von Intuition und Reflexion, die Position ist auf dem Gleichgewichtspfad. Nun gilt es zu unterscheiden: Bei Routineentscheidungen bzw. Entscheidungen von geringer Tragweite ist die Situation zufrieden stellend und stabil. Bei Entscheidungen von großer Tragweite erscheint es sinnvoll, die Einschätzung abzusichern: In den Pfaden 7 und 8 erfolgt ein solches kritisches Hinterfragen des Gleichgewichts. »Der Friede« von Intuition und Reflexion ist zwar anzustreben, aber auch mit stetigem Misstrauen zu betrachten. Es kann durchaus der Fall sein, dass das Gleichgewicht unecht ist:

- Reflexion kann als (bewusste oder unbewusste) Scheinrationalisierung der eigenen Intuition missbraucht worden sein. Sie wird damit auf eine Legitimationsfunktion reduziert (interne Durchsetzung), die Willensbildung ist de facto über die eigene Intuition erfolgt.
- Erfahrungsschatz und internes Wissen als Basis für die Intuition sind nicht ausreichend bzw. nicht passend; die Intuition des Handlungsträgers kann somit kein adäquates Gegengewicht zur eigenen Reflexion bilden und so die Funktion des »Wachhunds« bzw. Warnsystems nicht wahrnehmen.
- Reflexion und Intuition sind beide überfordert bzw. nicht adäquat und kommen so übereinstimmend zum falschen Ergebnis, ohne dass der Gleichgewichtspfad verlassen wird. So werden Handlungsträger vielfach Opfer ihrer begrenzten Verarbeitungskapazität, die bei komplexen Problemen leicht zu einem »Information Overload« und daraus folgenden Aktionismen führt, die wir bereits im 4. Kapitel dieses Buches kennen gelernt haben.

Halten wir folgende Ergebnisse der Überlegungen fest: Reflexion und Intuition in der Planung fruchtbar zusammenwirken zu lassen, erhöht die Rationalität der Planansätze. Das Zusammenspiel sollte dabei in einem dreistufigen Vorgehen erfolgen (vgl. auch die *Abbildung 10-8*): Die erste Stufe bildet Transparenz; Ziel ist ein (bewusstes) Verständnis von Intuition und Reflexion sowie deren Zusammenspiel und eine intime Kenntnis möglicher Strategien, Handlungsträgerkonstellationen und Techniken. Die zweite Stufe besteht

Abb. 10-8

Stufen des Zusammenwirkens von Intuition und Reflexion (entommen aus Weber/Schäffer 1999 c, S. 207)

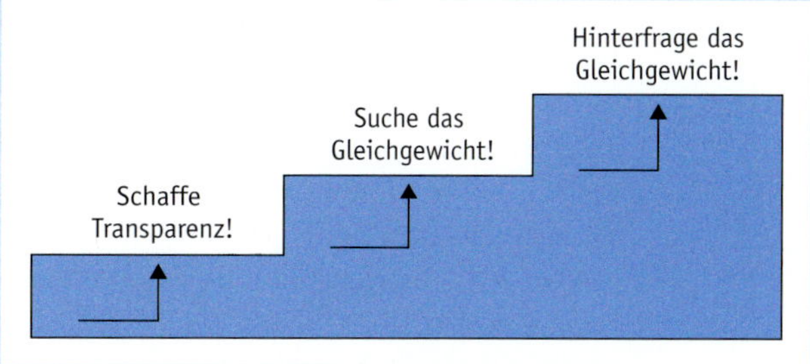

im Anstreben und Erreichen des Gleichgewichtspfads. So wird die Angemessenheit des gebildeten Willens sichergestellt und eine zentrale Voraussetzung für das Vorhandensein von Commitment der Handlungsträger (und damit für eine hohe Erfolgswahrscheinlichkeit der Realisierung des gebildeten Willens) erfüllt. Ist die Fragestellung hinreichend bedeutsam, sollte auf der dritten Stufe schließlich die Deckung von Intuition und Reflexion kritisch hinterfragt werden.

Nicht jede Übereinstimmung von Reflexion und Intuition sollte unreflektiert bleiben.

10.5.2 Kontrollaufgaben

Kontrolle lässt sich – wie bereits mehrfach vermerkt – unschwer als diejenige Führungsfunktion erkennen, die am stärksten, ja überwiegend negativ belegt ist. Folglich wundert es nicht, dass Controller – wie bereits im ersten Kapitel dieses Buches angesprochen – gern den Begriff der Kontrolle vermeiden (»Man darf Controlling nicht mit Kontrolle verwechseln«, »Controlling schreibt sich nicht mit K«). Dennoch zählen Kontrollen selbstverständlich zum Aufgabenbereich von Controllern, auch wenn sie mit Begriffen wie »Abweichungsanalyse« oder »Monatsgespräche« verbal abgeschwächt werden (vgl. Schäffer 2004).

Empirische Ergebnisse (z. B. Dehler 2001, S. 221, und Schäffer/Willauer 2002) zeigen deutlich, dass eine solche »Verleugnung« die zentrale Bedeutung von Kontrollen für den Unternehmenserfolg vernachlässigen würde. Kontrollen wirken erfolgssteigernd sowohl durch ihre Lernfunktion als auch durch ihren verhal-

Systematische Kontrollen wirken sich positiv auf den Unternehmenserfolg aus.

tenslenkenden Einfluss. Wenn Controller aktiv diese Funktion von Kontrollen kommunizieren und zugleich die dysfunktionalen Wirkungen falschen Verhaltens (akribische Vergangenheitsbewältigung statt Umsetzung des aus der Abweichung Gelernten, Suche nach Schuldigen statt Hilfe zur zukünftigen Verbesserung) kennen und vermeiden, wird sich die Kontrolle auch von ihrem »Ansehen« her nicht mehr so negativ von den anderen Funktionen abheben. Kontrolle in ihrer Funktion transparent zu machen und für sie zu werben, ist auf Dauer allemal besser, als sie zu vernebeln und zu verschweigen.

Die Abweichungsanalyse zerfällt in einen rechentechnischen und einen inhaltlichen Teil.

Für die folgenden näheren Ausführungen zur Kontrollfunktion von Controllern sei nochmals die *Abbildung 10-1* (vgl. S. 242) herangezogen.

Durchführung des Soll-Ist-Vergleichs

Diese Aufgabe lässt sich als rein rechentechnischer Natur kennzeichnen. Freiheitsgrade bestehen lediglich in der Darstellung der Differenzen. Die Spannweite reicht von rein absoluten Werten über die Kombination mit Prozentzahlen bis hin zur Visualisierung als »Ampelgrafik«: Planerfüllung führt zu grüner Kennzeichnung; bei einer Abweichung bis zu einem bestimmten absoluten oder prozentualen Wert zeigt sich die Signalfarbe gelb, die bei noch höheren Abweichungswerten zu rot wechselt – wir haben einen solchen Bericht im 9. Kapitel (S. 231) kennengelernt.

Warum sollten Controller auch den inhaltlichen Teil der Abweichungsanalyse übernehmen?

Basis der Abweichungsermittlung sind zum einen die von den Controllern dokumentierten Sollwerte (z. B. Soll-Kosten), zum anderen die erfassten Istwerte (z. B. Kostenstellenkosten aus der Kostenrechnung). Da Controller häufig die entsprechenden Informationssysteme betreiben, liegt es nahe, ihnen auch die reine Gegenüberstellung der beiden Werte zu übertragen. Entsprechende Spezialisierungsvorteile werden allerdings mit fortschreitender Entwicklung der Software immer geringer: In interaktiver, benutzerfreundlicher DV-Umgebung moderner Standardsysteme bereitet es dem Management keine Probleme mehr, die entsprechenden Abweichungsdaten selbst abzurufen.

Rein rechnerische Abweichungsanalysen kann zunehmend das Management selbst durchführen.

Eine empirische Studie zur Budgetkontrolle in deutschen Unternehmen hat gezeigt, dass sich mehr und weniger erfolgreiche Unternehmen in der Budgetkontrolle vor allem in der Qualität und in der Aufbereitung des Inputs für die Kontrolle unterscheiden. Erfolgreiche Unternehmen verfügen in der Budgetkontrolle über eine höhere Zuverlässigkeit und Aktualität der Informationen sowie über mehr graphische Elemente in den Budgetkontrollberichten (vgl. Schäffer/Künkele 2006).

Abweichungsanalyse

Die Analyse der aufgetretenen Abweichungen lässt sich in einen rechentechnischen und einen inhaltlichen Teil differenzieren. Den rechentechnischen Part werden wir im 11. Kapitel noch kennen lernen (Abschnitt 11.4.8). Er liefert wichtige, allerdings für Zwecke des Lernens nur beschränkt aussagefähige Informationen. So ist es für einen Kostenstellenleiter zwar wichtig zu wissen, dass er mehr Personal eingesetzt oder mehr Material verbraucht hat, als dies laut Sollkostenfunktion statthaft gewesen wäre; warum beides passiert ist, weiß er damit noch nicht. Controller, die Abweichungsanalyse nur als analytisches Zahlenspiel verstehen, machen zwar auf Probleme aufmerksam, liefern aber keinen Beitrag dafür, diese inhaltlich zu klären. Die Hilfestellung für das Management ist folglich (sehr) beschränkt – und zudem weitgehend durch intelligente Software-Lösungen substituierbar.

Der inhaltliche Teil der Abweichungsanalyse bedeutet eine Rekonstruktion tatsächlicher Geschäftsvorfälle aus den aufgezeichneten Zahlen. Dies lässt sich nur in Interaktion mit den Betroffenen erreichen. Bildlich gesprochen muss der Controller seinen Schreibtisch verlassen und »zum Ort des Geschehens«, in die Leistungsbereiche gehen. Ein erhöhter Personaleinsatz kann z. B. auf den urlaubsbedingten Einsatz von Aushilfskräften oder auf führungsbedingt zurückgehende Einsatzbereitschaft des Stammpersonals zurückzuführen sein. Aus den reinen Abweichungszahlen lassen sich diese Ursachen nicht ablesen. Hinzu kommt das Problem, die entstandene Abweichung in einen ausführungs- und einen zielsetzungsbezogenen Teil zu differenzieren: Zielwerte sind ex ante nie so sicher zu erreichen, dass eine angefallene Abweichung allein auf Probleme der Realisation zurückzuführen ist. Umgekehrt können (sollten) auch im Falle strategischer Ziele diese nie so unsicher sein, dass nicht auch ein abweichender Input im

Versuch, sie operativ umzusetzen, Einfluss auf die Abweichungshöhe nimmt. Abweichungsanalyse bedeutet damit stets das Problem, den jeweiligen Ursachenschwerpunkt zu bestimmen – und hierfür gibt es keinen Algorithmus; vielmehr ist – trotz aller gewünschten Reflexivität – intuitives Einschätzungsvermögen gefragt.

Vorteile, Controller mit diesem inhaltlichen Teil der Abweichungsanalyse zu betrauen, liegen zum einen in deren *Unabhängigkeit*. Die Analyse durch Linienverantwortliche ist immer unterschwellig mit dem Aspekt von Sanktionsmacht verbunden: Erkannte Fehler Einzelner fallen disziplinarisch auf diese zurück. Der Controller kann hier die Funktion eines Filters übernehmen. Zum anderen werden Linienverantwortliche durch Controller entlastet. Schon angesichts der normalerweise bestehenden Gehaltsdifferenzen ist dies effizient. Schließlich können auch Spezialisierungseffekte wirksam werden: Mit zunehmender Erfahrung steigt die Treffsicherheit der intuitiven Einschätzung.

Voraussetzung für eine Übernahme der inhaltlichen Abweichungsanalyse durch Controller ist deren Fähigkeit und Bereitschaft, »vor Ort« in der Funktion eines Beraters zu arbeiten. Dies setzt zunächst fachliche und persönliche Akzeptanz voraus. Entsprechendes gilt für das Vertrauen, dass von den gewonnenen Erkenntnissen keine dysfunktionalen Wirkungen ausgehen (»petzen«). Weiterhin besteht ein gewisser »Erfolgszwang«: Wie normale Berater werden Controller an dem Wert der gewonnenen Erkenntnisse gemessen. Mangelt es an diesem, erweckt die Analyse vor Ort nur den Eindruck eines Überwachungsstrebens.

Controller gehen damit bei inhaltlicher Abweichungsanalyse ein Risiko ein, das sie bei Beschränkung auf eine formale Betrachtung nicht besitzen. Zugleich werden erheblich höhere Anforderungen an sie gestellt. Beides macht verständlich, dass Controller in der Unternehmenspraxis nicht selten den Platz am Schreibtisch nicht verlassen. Wer als Controller so handelt, macht sich zwar das Leben leichter, lebt aber in der Gefahr, in der Sphäre der Zahlen nicht die tatsächlichen Probleme vor Ort zu erkennen und damit für die Linienverantwortlichen von nur geringem Wert zu sein.

Unterbreiten von Vorschlägen für Anpassungsmaßnahmen

Schon die Kontrolle im engeren Sinne verlassend, zählt man zumeist – wie zu Beginn des 3. Kapitels bereits angemerkt – auch die Erarbeitung von Vorschlägen für Anpassungen zum Aufgabengebiet der Abweichungsanalyse. Bedeuten die Vorschläge keine Änderungen des Handlungsrahmens, dann basieren sie wesentlich auf den in der Analyse der Abweichungsgründe gewonnenen Erkenntnissen: Ist die Einsatzbereitschaft des Stammpersonals – um das begonnene Beispiel fortzusetzen – auf Grund von episodischen Führungsproblemen zurückgegangen, so zeigt sich als gangbarer Lösungsweg, die gestörte Führungsbeziehung durch entsprechende Motivationsmaßnahmen zu »heilen«. Die Übernahme der inhaltlichen Abweichungsanalyse durch Controller und das dabei gewonnene Wissen zeichnet in einem solchen Fall den Weg für eine von ihm wahrgenommene Vorschlagsfunktion vor.

Controller können auch die Vorschlagsfunktion übernehmen.

Gleiches gilt für die Situation, dass die durch Abweichungen signalisierten Probleme nur durch eine grundlegende Veränderung des Ziel- und Mittelrahmens beseitigt werden können. In Abänderung des Beispiels könnte der Controller etwa eine auf Dauer gestörte Führungsbeziehung festgestellt haben. Der Lösungsvorschlag

Zusammenfassende Aussagen (vgl. auch Leitfrage 6)

- Controller nehmen in der Planung unterschiedliche Entlastungs-, Ergänzungs- und Begrenzungsaufgaben wahr. Neben der Bereitstellung ergebnisbezogener Informationen bilden Planungsaufgaben den zweiten wesentlichen Aufgabenkern jedes Controllerbereichs.
- Die Planentstehungskontrolle besitzt eine zentrale Bedeutung zur Sicherstellung der Rationalität in der Planung. Sie begrenzt Opportunismus und heilt die beschränkten kognitiven Fähigkeiten der Entscheider.
- Controller erfüllen ihre Rolle dann am besten, wenn sie eine gewisse fachliche Distanz zu den Planungsinhalten besitzen. Allerdings darf dies nicht ein gänzliches Unverständnis bedeuten.
- Kontrolle ist eine Kernaufgabe von Controllern – auch wenn diese verbal häufig »kaschiert« wird.
- Die Ergebniskontrolle kann in unterschiedliche Phasen unterteilt werden, die unterschiedlich aussagefähige Informationen liefern und unterschiedlich hohe Anforderungen an die Controller stellen.
- In der weitesten Ausprägung geht die Kontrollfunktion in die eines internen Beraters über.

lautete dann etwa, die Führungsposition anders zu besetzen oder den Hierarchisierungsgrad der Führungsbeziehung in Richtung von Gruppenkonzepten zu verändern. Wieder macht es das in der Ursachenanalyse gewonnene Wissen effizient, Controller in die Vorschlagsverantwortung zu bringen. Hinzu kommt die disziplinarische Unabhängigkeit, die seine Moderator- und Neutralenposition nachhaltig unterstützt. Mehr noch als für die inhaltliche Ursachenanalyse muss der Controller für diese Facette der Abweichungsanalyse in hohem Maße über Akzeptanz sowie fachliche und verhaltensbezogene Kompetenz verfügen. Der potentielle Nutzen für das Unternehmen entspricht in seiner Höhe der Höhe der Anforderungen. Der Controller wechselt aus der Kontrollaufgabe in die Funktion einer internen Unternehmensberatung.

10.6 Informationstechnische Grundlagen

10.6.1 Ansatzpunkte für die informationstechnische Unterstützung der Planung

Die IT hilft auch bei Planung und Kontrolle.

Planung ist, wie wir in Abschnitt 10.1.1 dieses Kapitels dargestellt haben, eine Form der Willensbildung – als solche muss sie von Menschen getragen werden und kann nicht »auf Knopfdruck« in einem automatisierten Prozess entstehen. Dennoch kann die Informationstechnologie Hilfestellung für die Planung leisten: Zum einen geschieht dies, indem sie Informationen liefert und den Planenden als Reflexionshilfe dient, zum anderen, indem sie durch Prozessunterstützung hilft, die Gedanken der an der Planung beteiligten Personen zu einem gemeinsamen Plan zusammenzuführen (zur Informations- und Prozessunterstützung vgl. Picot/Reichwald/Wigand 2003, S. 169 f.). Beide Unterstützungsformen stellen unabhängige Dimensionen dar und sind in der Regel in den verschiedenen Werkzeugen in unterschiedlichem Maße kombiniert. Die Intensität der optimalen Unterstützung ist dabei abhängig von Unternehmen, Planungsebene und Dezentralisierungsgrad, insbesondere aber von den planenden Akteuren, denen sie helfen soll. Die technische Unterstützung ist daher stets kontextabhängig zu wählen.

IT wirkt auch als Reflexionshilfe.

Die Funktion einer *Reflexionshilfe* erfüllen viele IT-Werkzeuge, indem sie die kognitiven Prozesse der Akteure unterstützen: So wird die Perzeption der Planenden z. B. durch Versorgung mit Basisdaten (etwa aktuelle Ist-Zahlen, gesetzte Prämissen, externe Entwicklungen) adressiert; Mechanismen zur Plausibilisierung von Daten und zur Fehlerprüfung helfen der Selbsteinschätzung. Prognoseunterstützung erfahren die planenden Akteure durch die Möglichkeiten, fachliche Modelle am Computer berechnen zu lassen: So werden auf Basis von Eingangsdaten Szenarien erstellt, die von der einfachen Fortschreibung bis zur Simulation mit Wirkungsrechnungen (»what if«-Analysen) und Zielrechnungen (»how to achieve«-Analysen) reichen. Doch auch bereits eine systematische Abfrage zentral benötigter Größen in einer Erfassungsmaske für dezentrale Benutzer stellt letztlich eine Reflexionshilfe dar, wenn sie dem Planenden zur Strukturierung seiner Überlegungen dienen kann. Die Bewertung von Alternativen kann schließlich z. B. durch Berechnung von Kennzahlen, Nutzwertanalysen oder grafische Visualisierungen unterstützt werden.

Erst der IT-Einsatz macht eine ausgebaute Unternehmensplanung möglich.

Neben die technische Abbildung von Instrumenten tritt die *methodische Unterstützung*, ob als Onlinehilfe, webbasiertes Planungshandbuch oder multimediale Präsentation relevanter Planungsinhalte. Die Zusammenführung der Ergebnisse von verschiedenen planenden Stellen zu einem gemeinsamen Plan kann z. B. durch Hilfsmittel zur Sammlung und Distribution von Plandaten (»Datenlogistik«) oder zum Abgleich von Teilplänen verschiedener Planungsbeteiligter unterstützt werden. Zudem existieren IT-Werkzeuge zur Prozessteuerung, u. a. zur Terminkoordination, Fortschrittskontrolle, dynamischen Vergabe von Benutzerrechten (z. B. selektive Vergabe von Leserechten auf Datenbereiche in bestimmten Phasen eines Abstimmungsprozesses) und viele andere mehr.

10.6.2 Werkzeuge zur Unterstützung der Planung

Die einfachsten Hilfsmittel zur Unterstützung der Planung sind Papier und Bleistift. So sind denn auch zur informationstechnischen Planungsunterstützung zunächst die klassischen Office-Werkzeuge Textverarbeitung, Präsentationsprogramm und Spreadsheet zu nennen.

Insbesondere bei hoher Unsicherheit und hohen Freiheitsgraden der Planungsgestaltung im langfristigen, strategischen Bereich spielen Funktionen zur Präsentation und Dokumentation eine bedeutende Rolle in der Unterstützung der Kommunikation; Möglichkeiten zur Onlinezusammenarbeit oder die Integration in Groupware-Systeme tragen neben der Kernfunktionalität zusätzlich hierzu bei.

Viele Aufgaben, insbesondere im Bereich individueller Analysen, für die vor einigen Jahren noch spezielle Planungssprachen eingesetzt wurden, lassen sich heute mit Spreadsheets bewältigen. Diese sind inzwischen so leistungsfähig und durch Programmiermöglichkeiten so flexibel geworden, dass in einigen Unternehmen die Planungsunterstützung vollständig auf Spreadsheet-Applikationen beruht.

Grundlage sowohl von Planungsmodellen in Spreadsheets, als auch der Modellbildung mit Hilfe von Planungssprachen sind dabei letztlich Systeme von Gleichungen, die entweder als »Definitionsgleichungen« festgelegte Verknüpfungen (z. B. Umsatz = Absatzmenge × Preis) oder als »Verhaltensgleichungen« vermutete Zusammenhänge (z. B. Absatzmenge in t_1 = Absatzmenge in t_0 × Preis t_1 / Preis t_0) abbilden. In Spreadsheets werden die Gleichungen als Verknüpfungen zwischen Zellen dargestellt, in Planungssprachen werden die Rechenvorschriften von den Daten, auf die sie angewendet werden, getrennt (vgl. zur Modellbildung mit Spreadsheets und Planungssprachen Stahlknecht/Hasenkamp 2005, S. 393 ff.).

Die Verwendung von Spreadsheets ist dabei zunächst sehr komfortabel, leicht erlernbar und somit den meisten Planern unmittelbar zugänglich. Es besteht jedoch die Gefahr des unkontrollierten »Wucherns« einer letztlich nicht mehr beherrschbaren Dateienlandschaft – viele Controller haben damit schmerzliche Erfahrung machen müssen.

Seit dem Aufkommen von Data Warehouse und OLAP (vgl. 4. Kapitel, Abschnitt 4.5.3) werden diese auch zur Planungsunterstützung eingesetzt. Im einfachsten Fall dienen sie dabei nur der Sammlung und Zusammenführung der Daten. Zusätzlich lassen sich als Planungsbasis benötigte Ist-Daten etwa aus einem Berichtssystem zur Informationsversorgung übernehmen und den Anwendern im System bereitstellen. Daher finden sich viele Lösungen, die Planung und Berichtswesen in einem System integrieren.

Auf Grund der Modellierungsmöglichkeiten vieler OLAP-Systeme eignen sich diese auch zur Abbildung komplexerer Planungslogik: Durch geschickten Aufbau von Würfel-Dimensionen und durch die Abbildung von Definitions- und Verhaltensgleichungen als Rechenregeln lassen sich Modelle zur Plandatengenerierung, Simulation und Analyse aufbauen, häufig auch mit Funktionen zur Konzern-Konsolidierung im Plan. In Verbindung mit weiterer Funktionalität z. B. eines SAP-SEM-Systems, häufig aber auch (für tendenziell kleinere Lösungen) in Verbindung mit Spreadsheet-Programmen und deren Makro-Sprachen können leistungsfähige Planungssysteme mit weitgehender Inhalts- und Prozessunterstützung entstehen (siehe auch Weber/Hufschlag/Pieroth 2003, S. 46 ff.). Für spe-

Spreadsheets werden von Controllern im Rahmen der Planung sehr häufig eingesetzt.

Zusammenfassende Aussagen (vgl. auch Leitfrage 7)

- Menschliche Planung als Willensbildungsprozess kann durch die Informationstechnologie nicht ersetzt, nur unterstützt werden.
- Planungssysteme können den planenden Akteuren durch inhaltliche Unterstützung als Reflexionshilfe dienen und Prozessunterstützung zur Bildung gemeinsamer Pläne bieten.
- Die typischen Office-Werkzeuge, insbesondere Spreadsheet-Programme, sind generische Planungshilfsmittel.
- Mit Planungssprachen, Spreadsheets oder OLAP-Würfeln lassen sich komplexe betriebswirtschaftliche Zusammenhänge als Planungsmodelle abbilden.
- Das Unterstützungspotential für die spätere Kontrolle resultiert im Wesentlichen aus den Möglichkeiten, nicht nur Ist- und Plan-Daten gegenüberzustellen, sondern auch vorhandene Planungsmodelle an veränderte Gegebenheiten anpassen zu können.

zielle Anwendungen existieren zudem diverse weitere Software-Hilfsmittel, so die Implementierung klassischer Verfahren (etwa zur Netzplantechnik, zur Problemlösung mit Linear-Programming etc.), aber auch neuere Ansätze zur Optimierung (z. B. mit genetischen Algorithmen, vgl. Krapp 2004) und nicht zuletzt zur Simulation (z. B. System-Dynamics-Modelle, Warteschlangen-Modelle, Multi-Level und Multi-Agenten-Simulation, vgl. zu Simulationsverfahren allgemein Troitzsch 2000).

10.6.3 Resultierende Möglichkeiten zur Unterstützung der Kontrolle

IT ist auch für die Kontrolle unverzichtbar.

Die technische Unterstützung von Kontrollaufgaben ist abhängig von der für die Planung verfügbaren Unterstützungsfunktionalität. Sind Plan- und Ist-Daten als Grundvoraussetzung z. B. in einem Data Warehouse elektronisch verfügbar, können Abweichungen im Rahmen des Berichtswesens automatisch aufgezeigt werden, sobald festgelegte Grenzen überschritten werden. Über die Drill-down-Funktion eines OLAP-Modells lassen sich die Quellen der Abweichungen meist relativ schnell auffinden.

Eine tiefer gehende Analyse der Abweichungen kann durchgeführt werden, wenn die Plandaten nicht nur über das System erfasst, sondern durch Planungslogik (Definitions- und Verhaltensgleichungen) im System aus Prämissen abgeleitet wurden: In diesem Fall können z. B. die Prämissen in einem Szenario des Planungsmodells für die Analyse so angepasst werden, dass sie der inzwischen eingetretenen Realität entsprechen. Die nach Neuberechnungen des Planes resultierenden, angepassten Werte helfen dann, andere Ursachen der Abweichungen zu isolieren. Auf ähnliche Art lassen sich auch Strukturveränderungen (etwa im Konzernaufbau) ähnlich einer »Pro-forma«-Rechnung durchspielen.

Auch für die Simulation von Maßnahmen im gegebenen Handlungsrahmen lassen sich derartige Modelle anwenden. Geht es um eine Ausweitung des Handlungsrahmens, wird es in der Regel erforderlich sein, nicht nur die Daten, sondern auch die Planungsmodelle selbst anzupassen – hierzu bedarf es jedoch der Möglichkeit, neben dem »alten« Modell weitere Modelle als »Experimentierkasten« anzulegen.

Im Einzelfall werden weitere Planungswerkzeuge auch für die Analyse einsetzbar sein – oft werden qualitative Nachforschungen jedoch eher zum Ziel führen als ein exzessives »Durchwühlen« der Plandaten. Doch auch die qualitative Analyse lässt sich technologisch unterstützen. An dieser Stelle sei auf Suchwerkzeuge für unternehmensinterne und -externe Datenbanken und das Internet verwiesen, ebenso wie auch auf den Bereich des technologieunterstützten Wissensmanagements allgemein (vgl. Weber/Grothe/Schäffer 1999).

10.7 Fazit

Zu einer plankoordinierten Unternehmensführung ist die Güte von Planung und Kontrolle essentiell.

Controller besitzen ihr Aufgabenfeld in plankoordinierten Institutionen – hiermit hatten wir den einführenden Teil dieses Buchs abgeschlossen. Wenn Pläne dominantes Koordinationsinstrument sind, kommt der Planung (als zu Plänen führender Willensbildungsprozess) und der Kontrolle (als Informationslieferant der Willensbildung und -durchsetzung) eine zentrale Rolle zu. Da Planung und Kontrolle diese herausgehobene Bedeutung besitzen, bieten sie ein wichtiges Potential für Entlastungs-, Ergänzungs- und Begrenzungsaufgaben der Controller.

Entlastend wirken Controller unter anderem durch die Organisation der Planung, die Bereitstellung von Informationen für den Planungsprozess oder die instrumentelle Durchführung von Soll-Ist-Vergleichen. Wichtige Ergänzungsaufgaben liegen in der Betonung der finanziellen Perspektive im Kontext primär die Geschäftssicht einnehmender Manager und in der Übernahme einer Counterpartfunktion, etwa in einer fruchtbaren Konfrontation dominant intuitiver und dominant reflexiver Einschätzungen. Begrenzungsaufgaben erwachsen dann, wenn Manager eher ihre persönlichen denn die

Ziele des Unternehmens verfolgen wollen oder aus kognitiven Begrenzungen her Fehlentscheidungen fällen. Gerade für die letzten beiden Aufgabentypen ist ein erhebliches Maß verhaltensbezogenen Wissens der Controller erforderlich. Mit einer rein zahlenbezogenen, instrumentellen Arbeitsweise ist die Wirkung der Controller hier (sehr) begrenzt.

Im Folgenden wollen wir die hier im Überblick gezeigten Planungs- und Kontrollaufgaben nun näher, ins Detail gehend beleuchten. Wir folgen dabei als Differenzierungskriterium den Ebenen der Unternehmensplanung, wie wir sie anfangs dieses Kapitels kurz vorgestellt haben. Schwerpunkt wird innerhalb der drei Kapitel (operative, taktische und strategische Planung) jeweils auf dem Planungsprozess einerseits und den Planungsinstrumenten andererseits liegen. Die Reihenfolge folgt dabei nicht dem grundsätzlichen Planungszusammenhang; in diesem gibt die strategische Planung den Rahmen für die taktische Planung vor, die wiederum durch die operative Planung ausgefüllt wird. Vielmehr entspricht die hier gewählte Reihenfolge der Bedeutung der drei Planungsebenen in der Praxis: Eine operative bzw. jahresbezogene Planung besitzt praktisch jedes Unternehmen. Controller spielen zudem innerhalb dieser eine wesentliche Rolle. Die taktische Ebene – oft auch als Mittelfristplanung bezeichnet – ist dagegen deutlich weniger stark ausgebaut; in kleineren Unternehmen trifft man hier häufig nur auf eine Investitions- bzw. eine Projektplanung. Die jeweils verwendeten Instrumente werden allerdings auch in der taktischen Planung noch stark durch Controller begleitet. Dieses ändert sich auf der strategischen Ebene. Zwar findet sich schon seit langer Zeit die Forderung nach einem strategischen Controlling. Dennoch besteht in vielen Unternehmen eine erhebliche Distanz zwischen der Strategie- und der Controllerabteilung. Controller sind in den Prozess der strategischen Planung zumeist nur in ihrer finanziellen Bewertungsfunktion eingebunden.

In den folgenden Kapiteln werden wir der Differenzierung nach Planungsebenen folgen.

Weiterführende Literatur zu …

… Begriffliche Grundlagen
Hamprecht 1996, S. 33–51
Schäffer 2007

… Unterschiedliche Ausprägungen von Planung und Kontrolle
Schäffer 2001, S. 44–58

… Struktur und Grundmerkmale der Unternehmensplanung und -kontrolle
Stölzle 2007, Sp. 1382–1388
Pfohl/Stölzle 1997, S. 2–7
Schäffer/Pelster 2007

… Menschliches Planungs- und Kontrollverhalten
Jost 2000, S. 179–306
Kahneman/Tversky 1979, S. 263–291
Weber/Hirsch/Linder/Zayer 2003
Weber/Riesenhuber 2002

… Planungs- und Kontrollaufgaben der Controller
Deyhle 1994, S. 34–77
Küpper 2005, S. 515–518
Schäffer 2001

… Informationstechnische Grundlagen
Stahlknecht/Hasenkamp 2005, S. 393 ff.
Weber/Hufschlag/Pieroth 2003, S. 46 ff.

11 Operative Planung und Kontrolle

Leitfragen

1. **Was ist genau unter operativer Planung und Budgetierung zu verstehen?**
2. **Welche Aufgaben haben Controller in der operativen Planung und Kontrolle zu erfüllen?**
3. **Mit welchen Instrumenten wird die operative Planung und Kontrolle unterstützt? Welche muss ein Controller kennen?**
4. **Welche aktuellen Tendenzen bestehen auf dem Gebiet der operativen Planung und Kontrolle?**

11.1 Begriffliche Grundlagen

Die operative Planung baut auf der Mittelfristplanung auf.

Die operative (Kurzfrist-) Planung und Kontrolle baut auf der im nächsten Kapitel dargestellten taktischen Planung (bzw. Mittelfristplanung) und Kontrolle auf. Wie diese verfolgt sie – jedoch wesentlich stärker präzisiert und auf einzelne Bereiche und Stellen herunter gebrochen (daher auch die Bezeichnung »operativ«) – durch Prognose, Koordination und Motivation die Umsetzung der strategischen Planung bzw. der dieser zu Grunde liegenden generellen Unternehmensziele. Sie geht dabei im Gegensatz zur mittelfristigen Planung von einem im Wesentlichen festen Potential (Werke, Anlagen, Produktpalette und so weiter) aus (vgl. auch Hahn/Hungenberg 2001, S. 102). In der Unternehmenspraxis besitzt die operative Planung – ihrem kurzfristigen Charakter entsprechend – einen Planungshorizont von einem Jahr und wird Geschäftsjahr für Geschäftsjahr neu erstellt.

Zusammenwirken von Sach- und Formalzielplanung

Die Struktur der operativen Planung wird in erster Linie von der Trennung in Sach- und Formalzielplanung bestimmt (vgl. die *Abbildung 11-1* – siehe Folgeseite). Beide beziehen sich auf unterschiedliche Merkmale der Ergebnisse der Unternehmenstätigkeit. Diese Ergebnisse besitzen einerseits eine »physische« Ausprägung (etwa Mengen, Qualitäten, Zeiten), andererseits monetäre Konsequenzen (z. B. Wert eines Produktionsloses, Liquiditätswirkung). Wird der erste Aspekt betont, spricht die einschlägige Literatur von *Maßnahmen- bzw. Sachzielplanung*, im anderen Fall von *Ergebnis- oder Formalzielplanung* (vgl. exemplarisch Horváth 2006, S. 129). Beide Planungen sind dabei eng miteinander verbunden, da Sachzielplanungen die Basis für die Formalzielplanungen (etwa der Absatz- für den Erlösplan) bilden, jedoch umgekehrt auch von diesen beeinflusst werden (z. B. Erhöhung von Absatzmengen, wenn die gewünschte Ergebnishöhe noch nicht erreicht ist).

Die Festlegung der Formal- oder Budgetziele (etwa der einzuhaltenden Kostensumme) für die einzelnen Ausführungsverantwortlichen (z. B. einen Produktionskostenstellenleiter), an die diese innerhalb bestimmter enger Grenzen gebunden sind, bezeichnet man dabei als *Budgetierung*. Der zu Grunde liegende Begriff »Budget« lässt sich etymologisch auf das altfranzösische Wort »bougette«, d. h. »kleine Geldbörse« zurückführen (vgl. Escofier 2000, S. 85). Die geringe Größe der »kleinen Geldbörse«, deren Inhalt nicht ausreicht, um alle Wünsche zu erfüllen, führt zu

Abb. 11-1

Grundschema einer operativen Planung

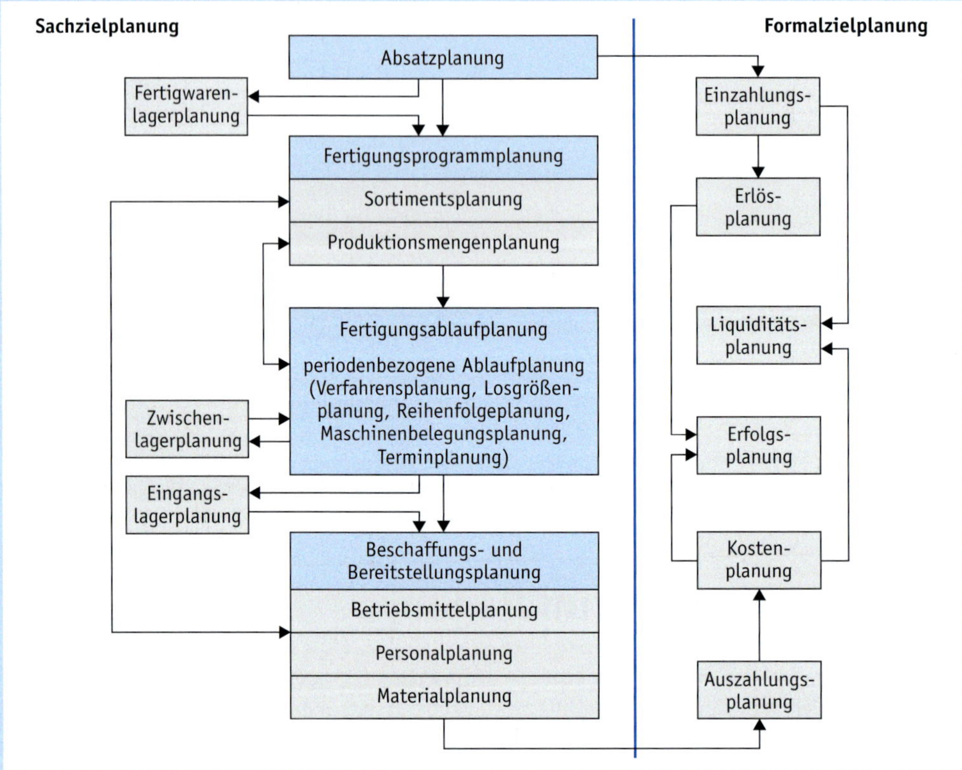

Zusammenspiel von Prognose, Koordination und Motivation

einem grundlegenden Aspekt der Budgetierung bzw. des Budgets: Um die begrenzten Mittel optimal einzusetzen, ist es zweckmäßig, vor der Durchführung einer Handlung die in der relativen Umweltsituation existierenden Handlungsalternativen näher zu durchdenken und Prioritäten für konkurrierende Handlungsalternativen aufzustellen. Hierzu ist einerseits die Umweltsituation in der Zukunft abzuschätzen (zu prognostizieren) und andererseits sind die Handlungsalternativen auszuwählen und zu koordinieren. Damit sind auch bereits zwei wesentliche Funktionen der Budgetierung genannt: Die *Prognose zukünftiger Entwicklungen* und die *Koordination von Teileinheiten* und deren Handlungen in einem Unternehmen. In einem Unternehmen wird man zudem stets auf die *Motivationswirkungen* der Budgetierung achten müssen. In einem weiteren Begriffsverständnis wird schließlich die *Kontrolle* der Budgeteinhaltung unter den Budgetierungsbegriff gefasst (vgl. hierzu beispielhaft Horváth 2006, S. 217). Die Budgetierung lässt sich damit als Prozess der Erstellung und Kontrolle operativer (formalzielorientierter) Pläne bzw. Budgets mit dem Ziel der effektiven und effizienten Prognose, Koordination und Motivation im operativen Bereich definieren.

Zusammenfassende Aussagen (vgl. auch Leitfrage 1)

- Die operative Planung lässt sich in eine Sachzielplanung und eine Formalzielplanung gliedern.
- Budgets stellen formalzielorientierte Pläne dar, die Organisationseinheiten für eine bestimmte Zeitperiode mit bestimmten Verbindlichkeitsgraden vorgegeben werden.
- Die Budgetierung besteht in einer Begriffspräzisierung in der Formulierung der Budgets und umfasst in einem weiteren Begriffsverständnis auch die Kontrolle (inklusive der Abweichungsanalyse) der Budgeteinhaltung.

11.2 Struktur und Inhalt der operativen Planung und Kontrolle

Entwickelt wurde die operative Planung und Kontrolle in der heute bekannten Form in den ersten Jahrzehnten des 20. Jahrhunderts. Ziel war es, die damaligen, zunehmend diversifizierten und komplexen Großunternehmen wie General Motors, Du Pont de Nemours, Siemens, Electricité de France (EDF) oder Saint-Gobain noch »managbar« zu halten, das heißt, eine effektive Prognose, Koordination und Motivation sicherzustellen (vgl. Berland/Boyns 2002, Weber/Linder 2003, S. 8). In allen Fällen stellte die Einführung von Budgets eine Reaktion auf die gewachsene Komplexität der Unternehmen dar. Die Budgetierung erlaubte, diese im Rahmen des Planungsprozesses durch einen systematischen Abgleich der unterschiedlichen Wissensbasen (dezentral: detaillierte Produktions- und Marktkenntnis; zentral: Unternehmensgesamtsicht) in den »Griff zu bekommen«. Entsprechend erfolgreich war die Budgetierung als Managementkonzept in der ersten Hälfte des 20. Jahrhunderts.

Wie die operative Planung und Kontrolle in ihrer Grundstruktur aufgebaut ist, haben wir bereits – allerdings sehr kurz – im vorangegangenen Kapitel gesehen. Im Folgenden sei diese Grundstruktur zunächst näher ausdifferenziert. Dann stehen unter den Begriffen *Better Budgeting* und *Beyond Budgeting* aktuelle Entwicklungen der operativen Planung im Fokus der Betrachtung.

11.2.1 Traditionelle Budgetierung

11.2.1.1 Prozessgestaltung

Das in der *Abbildung 11-1* wiedergegebene Grundschema einer operativen Planung findet sich so oder ähnlich in den meisten Unternehmen realisiert (vgl. zu konkreten Beispielen Hamprecht 1996, S. 181–185, S. 201 f. und S. 228–231). Im Folgenden geht es darum, die einzelnen im Abschnitt 3.2 des 10. Kapitels aufgeführten allgemeinen Grundmerkmale des Planungsablaufs auf die operative Planung bezogen zu konkretisieren. Bezugspunkt hierfür ist die typische Planungspraxis in den Unternehmen.

Die traditionelle Budgetierung wird schon sehr lange in Unternehmen eingesetzt.

Basis der Pläne: Ausgangspunkt der Planung sind die produkt- und marktbezogenen Absatz- und Umsatzpläne. Sie fußen auf Marktforschungsdaten und Vergangenheitswerten und bilden die Basis für die Bestimmung der Produktionspläne. Für Letztere liegen zumeist analytisch ermittelte und laufend gepflegte Arbeitsgangpläne vor, die für die einzelnen Produkte den Fertigungsdurchlauf und die dafür geltenden Einzeldaten (wie etwa Bearbeitungszeiten oder Durchlaufreihenfolgen) festlegen. Aus den Produktionsplänen leiten sich die Beschaffungs- bzw. Bereitstellungspläne ab. Auch hierfür besteht zumeist eine analytisch bestimmte Datenbasis (Stücklisten), die ständig gepflegt wird. Deutlich ungenauer ist die Planungsbasis für die administrativen und dispositiven Leistungen in

Basis der Planung

Im Original

Ein frühes Plädoyer für die Budgetierung findet sich bei dem Gründer der nach ihm benannten Unternehmensberatung, James O. McKinsey im Jahr 1922:

»Modern business administration tends more and more to become a standardized routine. In a large organization such standardization is essential to the maintenance of a unified business policy and to the coordination of the activities of the several departments; and coordination means subordination to a common head. Business men are gradually coming to realize that this can best be accomplished by the formulation of plans submitted for approval in black and white, if indeed coordination can ever be accomplished in any other way for a great length of time. Not that plans have not always been made, but they have commonly been carried around in someone's head. Because of the increase, however, in the volume of business performed by the typical industrial unit, with the corresponding complexity in business organization, it is coming to be less and less possible to maintain a business organization that depends upon the intuitive faculties of a single individual developed by years of experience, faculties which perish with the individual. The organization must be independent of any single individual in it. All of which goes to show that there should be some systematic method of gathering information from the past and formulating on this basis plans for the future, and of subsequently reporting how these plans have been carried out. Such an accounting and statistical organization we may call a budget system« (McKinsey 1922, S. 10 f.).

Abb. 11-2

Budgetierung im Gegenstromverfahren, veranschaulicht am Beispiel der Produktionskosten

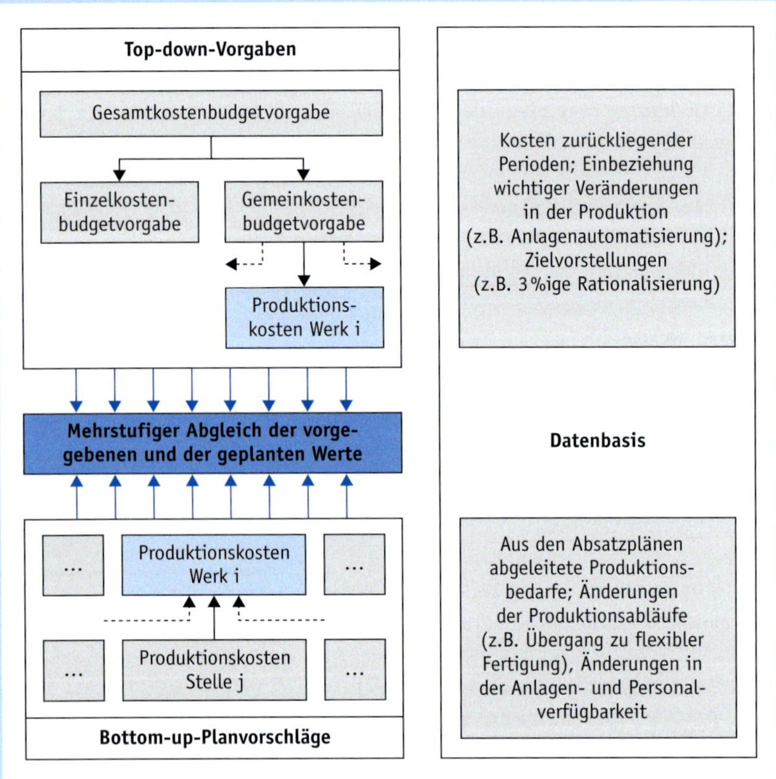

Absatz (z. B. Marktforschung), Produktion (z. B. Fertigungssteuerung) und Beschaffung (z. B. Bestelldisposition). Die Planansätze fußen hier weitestgehend auf Vergangenheitswerten. Gleiches gilt für die übergeordneten Verwaltungsfunktionen (wie etwa im Fall zentraler Stäbe).

Grad der Zentralisierung

Grad der Zentralisierung: In der Planungspraxis trifft man zumeist auf das *Gegenstromverfahren*. Es bietet die Möglichkeit, die Erfahrung und Detailkenntnis der vor Ort Verantwortlichen mit den aus der Unternehmensgesamtschau resultierenden Zielvorstellungen der Unternehmensspitze zusammenzuführen. Auch für die Akzeptanz der festgelegten Ziele bietet das Gegenstromverfahren Vorteile: Wenn sich die kostenstellenbezogenen Planungen mit den im ersten Schritt ermittelten Rahmenwerten der Ziele vereinbaren lassen, dann entsprechen die Budgets selbst gesetzten Zielen. Liegen dagegen Abweichungen vor, müssen zunächst »beide Seiten« ihre Vorstellungen begründen (etwa die Vorgabe einer 5 %igen Reduzierung der Herstellkosten mit erforderlichen Rationalisierungen einerseits und der Planung einer 1 %igen Steigerung dieser Kosten mit dem Hinweis auf gestiegene Produktkomplexität bei gleichzeitig konstanter Stückzahl andererseits). Begründungszwang liegt aber prinzipiell auch für den letztlich gefundenen Kompromiss zwischen beiden Ansätzen vor. Wird dabei nicht allein normativ vorgegangen (»Die Reduzierung der Herstellkosten ist aus Wettbewerbsgründen unumgänglich«), bietet die Begründung für die dezentralen Führungskräfte eine tragfähige Basis, die Abweichung von der Planung und damit von den eigenen Vorstellungen nachvollziehen und mittragen sowie an die eigenen Mitarbeiter vermitteln zu können.

Das Vorgehen des Gegenstromverfahrens sei an einem Beispiel veranschaulicht (vgl. auch die *Abbildung 11-2*). Dieses Beispiel beginnt mit einer »Top-down-Eröffnung«. Betrachtet wird ein mehrere Werke umfassendes Unternehmen, das für die Werke Budgets festlegen will. Innerhalb der Werkbudgets will man zunächst Einzelkosten und Gemeinkosten, anschließend wichtige Kostenbereiche getrennt budgetieren. Eines dieser Budgets ist das der Produktion. Aufbauend auf Vergangenheitswerten, wichtigen Veränderungen (z. B. Automatisierungsinvestitionen) und unternehmerischen Zielvorstellungen werden werksbezogene Budgetvorschläge entwickelt. Diesen entgegengerichtet erfolgt eine an der einzelnen Produktionsstelle (z. B. einem Maschinenbereich) ansetzende Produktionskostenplanung, die wesentlich auf den Bedarfsplanungen der Budgetperiode (z. B. Menge zu fertigender Produkteinheiten) und Erfahrungen über den Produktionskostenverlauf in der Vergangenheit fußt. Über Kostenstellen werden diese Planwerte bis zu dem Produktionskostenplan jedes einzelnen Werks verdichtet. Der Abgleich der top-down- und bottom-up-ermittelten Werte schließt sich an. Er liefert als Ergebnis ein werksbezogenes Produktionskostenbudget.

Im Detail zerfällt dieses in seiner Grundstruktur sehr einfache Budgetierungsvorgehen in diverse Einzelschritte. Eine mögliche Differenzierung sei im Folgenden – wiederum für eine »Top-down-Eröffnung« – listenartig wiedergegeben:

1. Untersuchung der Unternehmensumwelt und des Unternehmens selbst bezogen auf wichtige Veränderungen gegenüber dem Vorjahr.
2. Treffen von Voraussagen über budgetrelevante Faktoren der Unternehmenssituation in der nächsten Periode auf Basis der Informationen der Vorperiode.
3. Festlegen von Budgetzielen für das Gesamtunternehmen und wichtige Unternehmensbereiche unter Einbeziehung der im 1. und 2. Schritt gesammelten Informationen und der Budgetabweichung sowie deren Ursachen aus der Vorperiode.
4. Erstellen des Gesamtbudget-Vorschlags durch die Unternehmensleitung und anschließende Ableitung vorläufiger Budgets für die einzelnen Bereiche.
5. Planung der Einzelbudgets durch die dezentralen Planungseinheiten. Dieser Schritt umfasst eine Vielzahl von Einzelschritten wie Erarbeitung einzuhaltender Sachziele, Prognosen, Kostenplanungen, Budgetdurchsprachen und ggf. erste Abstimmungen zwischen den diversen Budgetbereichen.

Schritte des Budgetierungsprozesses

Abb. 11-3

Beispiel eines Budgetierungs-»Fahrplans« (entnommen aus Deyhle 1997, S. 134 f.)

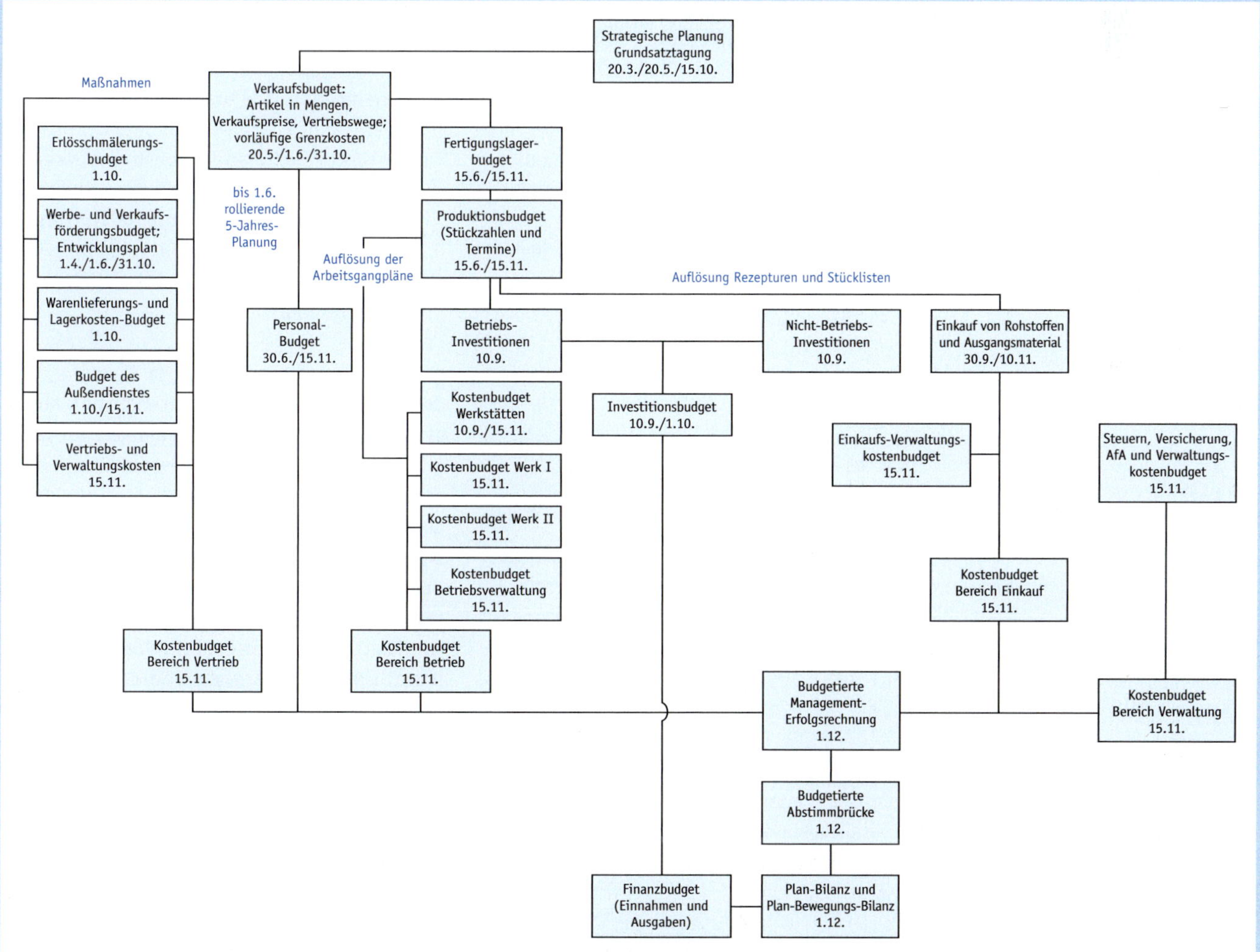

6. Einreichen der Budgetanträge durch die dezentralen Linien- bzw. Planungsstellen an die genehmigenden Instanzen.
7. Prüfung der Budgetanträge hinsichtlich formeller und materieller Aspekte (z. B. innere Konsistenz, Kompatibilität mit vorgegebenen Prämissen).
8. Abgleich der top-down- mit den bottom-up-ermittelten Werten.
9. Koordination der Teilpläne, Zusammenfassung zu einer Gesamtberichterstattung.
10. Genehmigung der Budgets einschließlich aller Teilbudgets durch die Unternehmensleitung.

Wie sieht die typische Planungspraxis in den Unternehmen aus?

Bezogen auf den Entstehungsprozess der Pläne lässt sich schließlich in der Unternehmenspraxis für die operative Planung eindeutig eine Dominanz der Programmkoordination feststellen (Planungs»fahrpläne« bzw. -»kalender«). Die *Abbildung 11-3* auf der Vorderseite zeigt hierfür ein Beispiel. Festgelegt sind Planungsträger, Planungsinhalte, Planungsformulare bzw. -medien und Planungstermine. Der Planungsprozess ist bis ins Detail durchstrukturiert.

Versucht man eine Bewertung des Standes der operativen Planung in der Praxis, so lassen sich folgende Aussagen festhalten:

- Geplant werden Sach- und Formalziele. Den Sachzielen kommt dabei lediglich eine abgeleitete Funktion zu. *Formalziele dominieren*. Dies erweist sich insbesondere für die Verbindung der operativen mit der strategischen Planung als problematisch.
- Die Planung beruht stark auf *Erfahrung der Vergangenheit*. Dies betrifft sowohl die Planinhalte als auch den Planungsprozess. Operative Planung ist eine Routinehandlung. Die nur geringe Veränderung der Ansätze über die Zeit erweist sich zur Koordination komplexer Großunternehmen als (ausgesprochen) hilfreich. Allerdings besteht in einer Situation hoher Umweltdynamik die Gefahr, dass diese Routine den Grad notwendiger Anpassung an Veränderungen nicht leisten kann.
- Die realisierte Form des Planungsprozesses lässt es nur begrenzt zu, dass es tatsächlich zum Ausgleich des Überblickswissens der Unternehmensspitze und des Detailwissens der dezentralen Einheiten kommt. Hierfür wären verstärkte Kommunikationsprozesse erforderlich. Damit wird das Gegenstromverfahren oftmals eher zu einem politischen Durchsetzungs- und *Konsensfindungsinstrument* denn zu einem Instrument des inhaltlichen Aus- und Abgleichs.

Abb. 11-4

Inhalte der operativen Planung eines Konzerns (entnommen aus Hamprecht 1996, S. 202)

Formalziel-orientierte Planungsinhalte	Sachziel-orientierte Planungsinhalte
▸ Umsatz ▸ Umsatzentwicklung ▸ Investitionen ▸ Ergebnisentwicklung ▸ Kosten- und Erlösschmälerungen	▸ Marktvolumen und Absatz ▸ Produktions- und Beschaffungsmengen ▸ Kapazität und Kapazitätsauslastung ▸ Mitarbeiter ▸ Produktivität ▸ Varianten ▸ Neuprodukteinführungen ▸ Qualität ▸ Bestände ▸ Fertigungstiefe ▸ Umweltschutz ▸ Organisation (neue Arbeitsformen, Spezialisierung und Segmentierung) ▸ Werbung und Verkaufsförderung

Allerdings ist dieser skizzierte Planungsstand derzeit einer erheblichen Veränderung ausgesetzt. Diese wird unter anderem von der Tatsache getrieben, dass Unternehmen auf Grund entsprechender Anforderungen des Kapitalmarkts häufiger Rechnung legen müssen (Quartalsberichterstattung). Somit kommt Forecasts eine höhere Bedeutung zu. Hierfür können keine detaillierten unterjährigen Planungsprozesse verwendet werden, die viel Zeit kosten. Somit müssen die Detaillierung und Komplexität der operativen Planung reduziert werden. Ein »Ausdünnen« der operativen Planung ist derzeit in vielen Unternehmen festzustellen. Wir werden darauf gleich unter den Stichworten Better Budgeting und Beyond Budgeting noch näher eingehen.

Zum *Inhalt einzelner Pläne* schließlich ist an dieser Stelle nur wenig zu ergänzen. Er wird durch die jeweiligen Ausrichtungen der Teilplanungen bestimmt. Die *Abbildung 11-4* zeigt am Beispiel eines Konzerns, welche Zielgrößen insgesamt adressiert werden. Daneben gibt das im Folgenden behandelte »master budget« einen guten Überblick über die Inhalte der Budgetierung in einem wenig komplexen Unternehmen.

11.2.1.2 Master Budget

In amerikanischen Lehrbüchern zum Management Accounting findet sich häufig das so genannte *»master budget«*, das eine periodenbezogene, finanzielle Gesamtschau der Maßnahmen aller Unternehmensbereiche darstellt (vgl. z. B. Horngren et al. 2005, S. 299). Es beinhaltet die schrittweise Ermittlung von Plangrößen verschiedener Bereiche, macht dabei aber auch den sachlichen Koordinationsbedarf zwischen Teilplänen deutlich. Beispielsweise ist es für die Absatzplanung wichtig, die Produktkosten zu kennen, diese ergeben sich aber erst aus der Produktionsmenge, den Kosten der Inputfaktoren und anderen Dingen mehr.

Ausgangspunkt des »master budget« sind in der Regel Absatzprognosen, die in das Absatzbudget münden. Unter Berücksichtigung von Veränderungen im Lagerbestand (»closing stock budget«) wird aus diesem ein Produktionsbudget (»production budget«) abgeleitet, das wiederum die Basis für Materialkosten- und Materialbedarfs- (»direct materials costs budget«) sowie Fertigungslohn- (»direct manufacturing labour costs budget«) und Fertigungsgemeinkostenbudgets (»manufacturing overhead costs budget«) darstellt. Die so ermittelten Kosten der Absatzmengen (»costs of goods sold budget«) sind im zweiten Schritt um Budgets zu ergänzen, die mit dem Absatz der laufenden Periode nicht direkt in Zusammenhang stehen müssen, wie z. B. das Forschungs- und Entwicklungsbudget (»R & D/ design costs budget«), das Verwaltungskosten- (»administrative costs budget«) oder das Vertriebsbudget (»distribution costs budget«). Alle diese Budgets münden im Erfolgsbudget (»budgeted profit statement«) als letztem Baustein des so genannten »operating budget«.

Ein weiterer Bestandteil des »master budget« ist das »financial budget«. Auf Basis des »operating budget« und des Investitionsbudgets (»capital budget«) als wertmäßige Zusammenstellung der geplanten Investitionsvorhaben erfolgt hier die vollständige zeitpunkt- und betragsgenaue Aufstellung der im Unternehmen anfallenden Ein- und Auszahlungen, die im so genannten Finanzplan (»cash budget«) dargestellt werden. Anhand des so ermittelten Finanzplans wird der Finanzmittelbedarf der Periode ermittelt. Das Gesamtergebnis des Budgetierungsprozesses wird in einer Planbilanz (»budgeted balance sheet«) und Plan-Kapitalflussrechnung

Abb. 11-5

Master Budget (modifiziert entnommen aus Horngren et al. 2005, S. 494)

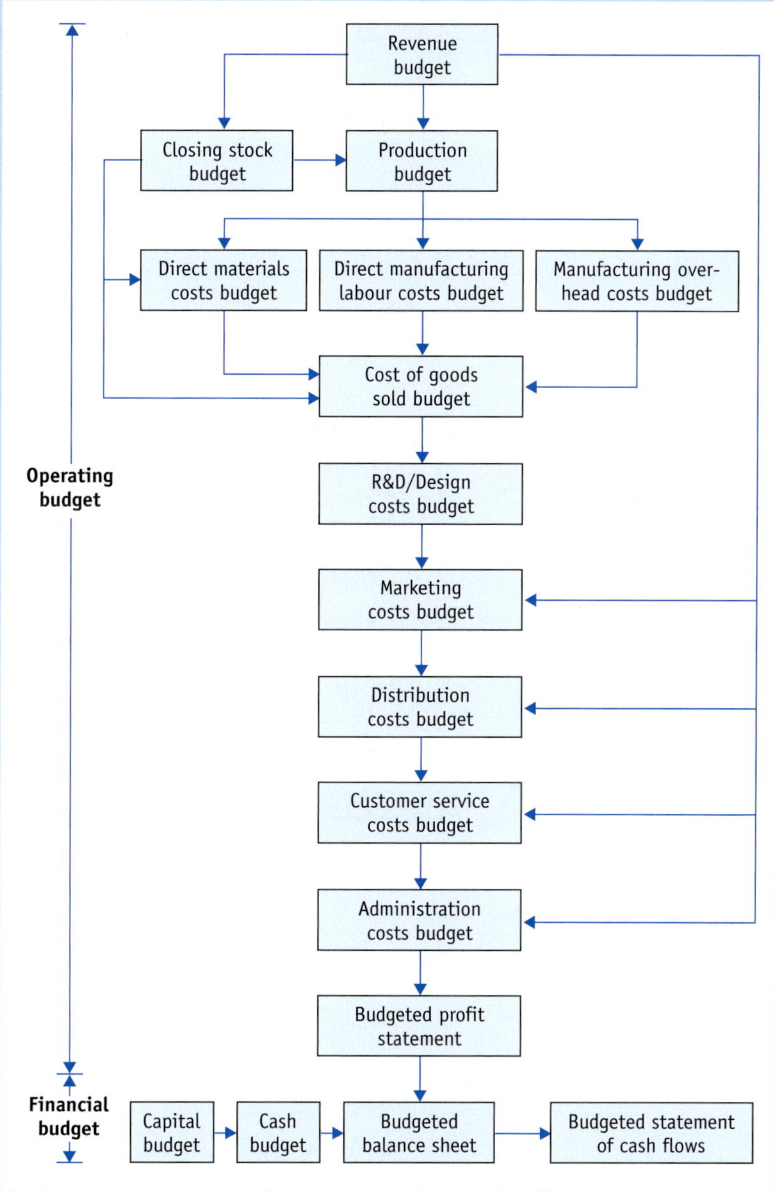

Abb. 11-6

Absatzbudget

Produkt	**Absatzmenge**	**Absatzpreis [€]**	**Erlöse [€]**
A	*5 000*	*600*	3 000 000
B	*1 000*	*800*	800 000
Summe			**3 800 000**

Abb. 11-7

Produktionsbudget

	Produkt	
	A	**B**
Absatzmengen	5 000	1 000
Gewünschter Lagerendbestand	*1 100*	*50*
Summe	6 100	1 050
Lageranfangsbestand	*100*	*50*
Produktionsmenge	**6 000**	**1 000**

(»budgeted statement of cash flows«) dargestellt (vgl. *Abbildung 11-5* auf der Vorseite).

Im Folgenden wird das »operating budget« für ein Unternehmen mit zwei Produkten beispielhaft abgeleitet (vgl. Horngren et al. 2005, S. 495 ff.). Vorgegebene Zahlen sind dabei kursiv gesetzt, um vorgegebene von errechneten Größen zu unterschieden. Ausgangspunkt sind die für die folgende Periode geschätzten Absatzmengen und Absatzpreise. Im Beispiel seien die in der *Abbildung 11–6* gezeigten Werte gegeben. Zusätzlich gehen wir von folgenden Annahmen aus:

- Die einzige Einnahmequelle des Unternehmens sind die Umsatzerlöse der beiden Produkte A und B. Einnahmen, die nicht aus den Umsatzerlösen stammen (z. B. Zinseinkünfte) entstehen annahmegemäß nicht.
- Unfertige Erzeugnisse sind vernachlässigbar und werden daher nicht berücksichtigt.
- Die Materialkosten und die Lagerbestände werden nach der FIFO(first-in, first out)-Methode bewertet.
- Die Kosten der Materialen und Fertigerzeugnisse bleiben in der Budgetperiode konstant.
- Die variablen Fertigungskosten werden von den Arbeitsstunden bestimmt, die variablen

Abb. 11-8

Materialkostenbudget

	Rohstoff		
	1	**2**	**Total**
Materialverbrauch Produkt A [kg]	*12*	*6*	
Materialverbrauch Produkt B [kg]	*12*	*8*	
Materialbedarf Produktionsmenge A [kg]	72 000	36 000	
Materialbedarf Produktionsmenge B [kg]	12 000	8 000	
Produktionsmengenbedarf [kg]	84 000	44 000	
Lageranfangsbestand [kg]	*7 000*	*6 000*	
Wertansatz [je kg]	*€ 7*	*€ 10*	
Materialkosten *(aus Lagerbestand)*	€ 49 000	€ 60 000	€ 109 000
zu deckender Materialbedarf [kg]	77 000	38 000	
Beschaffungspreise [je kg]	*€ 7*	*€ 10*	
Materialkosten *(aus Neuanschaffung)*	€ 539 000	€ 380 000	€ 919 000
Kosten der Produktionsmenge	**€ 588 000**	**€ 440 000**	**€ 1 028 000**

Abb. 11-9

Materialbedarfsbudget

	Rohstoff 1	Rohstoff 2	Summe
Produktionsmengenbedarf [kg]	84 000	44 000	
Gewünschter Lagerendbestand	*8 000*	*2 000*	
Gesamtbedarf *(Menge)* [kg]	92 000	46 000	
Lageranfangsbestand [kg]	*7 000*	*6 000*	
	85 000	40 000	
Beschaffungspreis [je kg]	*€ 7*	*€ 10*	
Gesamtbedarf *(Wert)*	**€ 595 000**	**€ 400 000**	**€ 995 000**

Die einzelnen Schritte der Budgetierung im Detail

Fertigungsgemeinkosten sind abhängig von der Höhe der Verkaufserlöse.

- Die variablen und fixen Fertigungsgemeinkosten werden auf Basis der Arbeitsstunden alloziiert.

Das Produktionsbudget ergibt sich aus den im Absatzbudget zu Grunde gelegten Mengen unter Berücksichtigung von Anfangsbeständen und gewünschten Endbeständen der beiden Produkte. Letzterer wird von den Erwartungen über Absatz- und Produktionsbedingungen in den Folgeperioden festgelegt. Unterstellt man auch hier wieder bestimmte Werte, ergibt sich das Produktionsbudget, wie in der *Abbildung 11-7* gezeigt.

Das in der *Abbildung 11-8* wiedergegebene Materialkostenbudget kann ermittelt werden, indem auf der Basis von Produktions- und Absatzbudget die produktspezifischen Verbrauchs- und Beschaffungspreise je Faktoreinheit ermittelt werden. Im Beispiel werden für die beiden Produkte zwei Rohstoffe verwendet. Die Materialkosten der Produktion (bzw. des Absatzes) ergeben sich, indem die Verbrauchskoeffizienten einer Materialart mit den jeweiligen Produktionsmengen (bzw. Absatzmengen) multipliziert, über beide Produktarten addiert und schließlich mit dem Beschaffungspreis für den jeweiligen Faktor multipliziert werden. Damit weisen im Beispiel auf Lager liegende Produkte und Fertigprodukte der laufenden Periode den gleichen Wertansatz auf. In der Praxis wird man die jeweiligen Verbräuche aber häufig unterschiedlich bewerten.

Analog zur Ableitung des Produktionsbudgets aus dem Verkaufsbudget sind auch in der Materialbeschaffung potentielle Lagerbestandsveränderungen zu berücksichtigen, die Verbrauchsmengen sind folglich nicht unbedingt identisch mit den Beschaffungsmengen. Nimmt man bestimmte Werte an, erhält man das Materialbedarfsbudget wie in der *Abbildung 11-9* gezeigt.

Fertigungslöhne bzw. die Kosten für unmittelbar produktbezogene Arbeitstätigkeiten werden in der Regel auch über produktspezifische

Abb. 11-10

Fertigungslohnbudget

Produkt	Produktionsmenge	Arbeitsstunden	Gesamt	Stundenlohn	Fertigungslöhne
A	6 000	*4*	24 000	*€ 20*	€ 480 000
B	1 000	*6*	6 000	*€ 20*	€ 120 000
Summe			**30 000**		**€ 600 000**

Abb. 11-11

Fertigungsgemeinkostenbudget

Variable Fertigungsgemeinkosten		
Material	€ 90 000	
Indirekte Fertigungslöhne	€ 210 000	
Direkte und indirekte Lohnnebenkosten	€ 300 000	
Energie	€ 120 000	
Wartung und Instandhaltung	€ 60 000	€ 780 000
Fixe Fertigungsgemeinkosten		
Abschreibungen	€ 220 000	
Grundsteuer	€ 50 000	
Gebäudeversicherung	€ 10 000	
Aufsicht	€ 100 000	
Energie	€ 22 000	
Wartung und Instandhaltung	€ 18 000	€ 420 000
Fertigungsgemeinkosten		**€ 1 200 000**

Abb. 11-12

Kosten der Absatzmengen

Lageranfangsbestand (aus Produkt A: 38400 € + Produkt B: 26200 €)		€ 64 600
Materialkosten der Produktionsmenge	€ 1 028 000	
Fertigungslohnkosten der Produktionsmenge	€ 600 000	
Fertigungsgemeinkosten	€ 1 200 000	
Kosten der Produktionsmenge		€ 2 828 000
Kosten der verfügbaren Menge		€ 2 892 600
gewünschter Lagerendbestand		€ 448 600
Kosten der Absatzmenge		**€ 2 444 000**

Abb. 11-13

Weitere Budgets

Variable Kosten		
Forschung und Entwicklung	€ 76 000	
Marketing	€ 133 000	
Vertrieb	€ 66 500	
Kundendienst	€ 47 500	
Verwaltung	€ 152 000	€ 475 000
Fixkosten		
Forschung und Entwicklung	€ 60 000	
Marketing	€ 67 000	
Vertrieb	€ 33 500	
Kundendienst	€ 12 500	
Verwaltung	€ 222 000	€ 395 000
		€ 870 000

Verbrauchskoeffizienten erfasst. Diese geben den Zeitbedarf an, der bei der jeweils betrachteten Arbeitstätigkeit für die Fertigung eines Stücks benötigt wird, und sind im Beispiel wie unten dargestellt vorgegeben. Das Fertigungslohnbudget ergibt sich wie in *Abbildung 11-10* gezeigt.

Bezüglich der Fertigungsgemeinkosten gilt es jeweils eine ganze Reihe variabler und fixer Fertigungsgemeinkosten zu berücksichtigen. Daraus ergibt sich das Fertigungsgemeinkostenbudget in *Abbildung 11-11*.

Rechnet man den Produkten die variablen und fixen Fertigungskosten zu, lassen sich im nächsten Schritt die Kosten der Absatzmengen aus den absatzmengenbezogenen Einzelkosten und den Fertigungsgemeinkosten ermitteln. Auf diese Weise erhält man die in der *Abbildung 11-12* dargestellten Werte.

Die Werte für die noch verbleibenden Forschungs- und Entwicklungs-, Marketing-, Vertriebs-, Kundendienst- und Verwaltungskostenbudgets werden pauschal mit den in der *Abbildung 11-13* angegebenen Werten angenommen.

Sämtliche Budgets fließen schließlich in das Erfolgsbudget ein, das die *Abbildung 11-14* auf der Folgeseite zeigt. Insgesamt finden somit die Prognosen und Maßnahmen aller Teilbereiche des Unternehmens einen wertmäßigen Niederschlag.

11.2.2 Better Budgeting und Beyond Budgeting als aktuelle Weiterentwicklungen der Budgetierung

Budgets und die Budgetierung stellen zentrale Fundamente der operativen Planung und Kontrolle in den meisten Unternehmen dar. Dennoch sind sie in ihrer oben skizzierten Form in letzter Zeit »ins Gerede gekommen« (vgl. z.B. Neely/Sutcliff/Heyns 2001). Ihnen wird unter anderem der Vorwurf gemacht, dass sie

- zu (zeit-)aufwändig,
- zu inflexibel,
- zu wenig mit strategischen Zielen verknüpft,
- zu stark auf finanzielle Steuerungsgrößen fokussiert,
- zu wenig am (dynamischen) Markt orientiert und

- der Auslöser unternehmensinterner »Budget-Spiele« sind (vgl. zu diesen Kritikpunkten auch Leahy 2002, S. 112; Hope/Fraser 2003b, S. 3–15).

Abb. 11-14

Erfolgsbudget

Erlöse der Absatzmengen	€ 3 800 000	
Kosten		
Kosten der Absatzmengen	€ 2 444 000	
Bruttogewinn	€ 1 356 000	
Betriebskosten		
Forschung und Entwicklung	€ 136 000	
Marketing	€ 200 000	
Vertrieb	€ 100 000	
Kundendienst	€ 60 000	
Verwaltung	€ 374 000	€ 870 000
Budgetierter Gewinn		**€ 486 000**

Als Reaktion auf diese und andere Kritikpunkte an der klassischen Budgetierung, die allerdings zumeist nicht neu sind (vgl. auch nochmals die bereits in Kapitel 1 kurz vorgestellte Studie von Argyris 1952), werden unter diversen Schlagworten aktuell verschiedene Lösungsvorschläge propagiert, die von einer Reform des klassischen Budgetierungssystems (*Better Budgeting*) bis hin zur Abkehr von Budgets und der Budgetierung (*Beyond Budgeting*) reichen (vgl. z. B. Hope/Fraser 1999). Insbesondere der letztgenannte Ansatz wird stark propagiert (so etwa von Schaudwet 2002) und auch von Anbietern betriebswirtschaftlicher (Budgetierungs-) Software wie SAP aufgegriffen (vgl. SAP 2001). Gründe genug, die beiden Vorschläge zur Neugestaltung der operativen Planung und Kontrolle auch in einem Einführungsbuch in aller Kürze vorzustellen (vgl. für eine detailliertere Analyse Hansen/Otley/Van der Stede 2003; Schäffer/Zyder 2003 und Weber/Linder 2003).

Better Budgeting (ebenso das verwandte Konzept des Advanced Budgeting) umfasst eine Vielzahl an (mehr oder minder leicht variierenden) Lösungskonzepten, die als übereinstimmendes Ziel versuchen, durch eine Marktorientierung und Entfeinerung der Budgetierung diese flexibler und weniger aufwändig zu gestalten. Gleichzeitig wird beabsichtigt, durch eine verstärkte analytische Neuplanung und so genannte Rolling Forecasts die Prognosegüte zu heben und eine bessere Verknüpfung mit der Strategie zu erreichen (vgl. Weber/Linder/Hirsch 2004, S. 58).

Im Gegensatz zum Better Budgeting-Modell geht der von Hope und Fraser vom CAM-I (Consortium for Advanced Manufacturing International) propagierte Ansatz des *Beyond Budgeting* von einer radikalen Abkehr von der bisherigen Budgetierungspraxis aus (vgl. Hope/Fraser 1999). Ziel ist es, ein flexibles Planungs- und Kontrollkonzept bereitzustellen, das ohne »klassische« Budgets auskommt. Hierzu wurden von Hope/Fraser Unternehmen wie etwa Svenska Handelsbanken, Volvo und AES Corporation untersucht, die auf die eine oder andere Art ohne klassische Budgets steuern (vgl. Fraser/Hope 2001, S. 440; Grevelius 2001). Als Ergebnis dieser Fallstudienuntersuchungen wurden insgesamt zwölf Prinzipien zur Gestaltung eines flexiblen Konzepts zur Prognose, Koordination und Motivation identifiziert: Sechs Prinzipien, die die Unternehmenskultur und -struktur betreffen, und sechs, die sich auf den Managementprozess beziehen (vgl. Fraser/Hope 2001, S. 439 f. und die *Abbildung 11-15*).

Das »Beyond Budgeting«-Modell basiert auf den Ergebnissen eines Arbeitskreises.

Abb. 11-15

Das »Beyond Budgeting«-Modell (in Anlehnung an Fraser/Hope 2001, S. 439)

»Beyond Budgeting« setzt auf eine Koordination durch Selbstabstimmung.

Auch bei der Budgetierung gibt es kein »one size fits all«-Konzept.

Better Budgeting und Beyond Budgeting ähneln sich im Hinblick darauf, dass beide eine verstärkte (und im Falle des Beyond Budgeting sogar strikte) Dezentralisierung, eine Marktorientierung (unter anderem über Zielvorgaben relativ zum Wettbewerb anstelle »klassischer«, absoluter und intern orientierter Ziele), einen kontinuierlichen Prognoseprozess mittels rollierender Forecasts anstelle von Hochrechnungen auf das Jahresende, Selbstkontrolle sowie verstärkt team- oder gesamtunternehmensbezogene Anreize fordern (vgl. dazu Weber/Linder 2003, S. 14 f. u. S. 21–24). Deutliche Unterschiede zwischen beiden Ansätzen liegen insbesondere darin, dass das Beyond Budgeting im Gegensatz zum Better Budgeting (und zur »klassischen« Budgetierung) nicht auf eine Koordination durch Pläne, sondern auf eine solche durch Selbstabstimmung (interne Märkte) setzt (vgl. Hope/Fraser 2000, S. 32). Ferner unterscheiden sich Better Budgeting und Beyond Budgeting dadurch, dass Letzteres die klare Trennung von Prognose- und Motivationsfunktion fordert (vgl. Hope/Fraser 2003b, S. 71–74). Beim Better Budgeting-Ansatz wird diese Trennung zur Reduktion dysfunktionaler Effekte (»Budgetary Slack« oder Manipulationen) hingegen nur von einzelnen Autoren vorgeschlagen (vgl. bspw. Horváth 2006, S. 230 ff.).

Betrachtet man die beiden Neugestaltungsvorschläge für die operative Planung und Kontrolle näher im Hinblick auf ihre konzeptionelle Eignung als Ersatz für die »klassische« Budgetierung, so lässt sich Folgendes festhalten (vgl. detailliert Weber/Linder 2003, S. 32–52 u. S. 59 f.): Sowohl die »klassische« Budgetierung als auch das Better Budgeting und das Beyond Budgeting basieren auf (impliziten) *Prämissen* bzw. Annahmen über den relevanten (unternehmensinternen wie -externen) Kontext. Ein stabiles oder durch relativ geringe (interne wie externe) Dynamik charakterisiertes Unternehmensumfeld begünstigt die »klassische« Budgetierung. Sie ist dann auch relativ robust gegenüber einer steigenden (internen wie externen) Komplexität (z. B. ausgelöst von einer Vielzahl unterschiedlicher Märkte oder Verbundeffekten auf der Beschaffungs-, Produktions- oder Absatzseite). Steigt die Dynamik jedoch an, so treten komparative Ineffizienzen und Ineffektivitäten der Budgetierung im Vergleich zum Better Budgeting auf. Die »klassische« Budgetierung kann in dynamischeren Kontexten weniger gut zur Prognose, Koordination und Motivation eingesetzt werden. Gründe sind ihre Vollständigkeit, ihr Detailgrad in der Abbildung des Unternehmens und ihre Fortschreibungs- und Innenorientierung.

Das Better Budgeting erlaubt durch eine fokussierte, entfeinerte und marktorientierte analytische Neuplanung, die Effekte der Dynamik auf Effizienz und Effektivität der Budgeterstellung deutlich abzumildern. »Erkauft« wird diese größere Robustheit gegenüber der Kontextdynamik jedoch durch eine (deutliche) Verringerung der im Detail prognostizierbaren, koordinierbaren und motivierbaren Teilbereiche und Stellen im Unternehmen (Komplexitätsreduktion).

Das Beyond Budgeting wiederum ist auf Grund seines spezifischen Koordinationskonzepts (Selbstabstimmung anstelle von Plänen) und der eingesetzten Prognose- und Motivationsinstrumente am besten von den drei Konzepten zum Umgang mit hoher Dynamik geeignet. Das flexible Konzept stößt jedoch bei steigender Komplexität an seine Grenzen. Hohe Komplexität und hohe Dynamik zusammen lassen sich auch mit dem Beyond Budgeting-Modell nicht managen. Folglich ist das Konzept des Beyond Budgeting – entgegen der zum Teil in Veröffentlichungen anzutreffenden Rhetorik – auch nicht per se für jedes Unternehmen oder jede Branche geeignet.

Insgesamt gibt es aus konzeptioneller Sicht somit kein »one size fits all«! Vielmehr ergibt sich die in *Abbildung 11-16* dargestellte Einordnung der drei Konzepte anhand ihrer konzeptionellen Eignung im Umgang mit der Komplexität und Dynamik des Kontexts. In einer aktuellen empirischen Studie konnte zudem der moderierende Einfluss des Kontextfaktors Wettbewerbsintensität und dezentraler Autonomie der Geschäftsbereiche auf die erfolgreiche Gestaltung der Budgetierung gezeigt werden (vgl. Schäffer/Zyder 2007).

Ein ähnliches Bild zeigt sich hinsichtlich des Implementierungsaufwands (vgl. Weber/Linder 2003, S. 58; Schäffer/Zyder 2003, S. 104): Die Budgetierung stellt (aus heutiger Sicht) den aus personaler wie sachlicher Perspektive am leichtesten zu verankernden Ansatz dar. Etwas schwieriger ist, das Better Budgeting-Konzept umzusetzen. Am ambitioniertesten hingegen erweist sich eindeutig der Beyond Budgeting-Ansatz: Sowohl bei den personalen wie bei den sachlichen Aspekten stellt er die größten An- und Herausforderungen.

Inwieweit sich Better Budgeting und Beyond Budgeting als Ganzes in der Praxis durchsetzen werden, lässt sich zum gegenwärtigen, frühen Zeitpunkt im Lebenszyklus der Konzepte nur schwer abschätzen. Es sollte auch nicht vergessen werden, dass es durchaus empirische Belege für die positiven Funktionen der Budgetierung gibt. So kommen zum Beispiel Marginson/Ogden im Rahmen einer Fallstudie bei einem großen britischen Unternehmen zum Schluss, dass die Steuerung durch Budgetziele das Commitment der Mitarbeiter fördert und ihnen Struktur und eine gewisse Sicherheit bietet (vgl. Marginson/Ogden 2005). Allerdings experimentieren zur Zeit viele europäische Unternehmen mit einzelnen oder mehreren Aspekten des Konzepts, so etwa mit der rollierenden Planung, relativen, aus Benchmarks abgeleiteten Zielvorgaben, einer verstärkten Berücksichtigung von nichtfinanziellen Steuerungsgrößen oder einer vom Budget abgekoppelten Vergütung.

Aus Controller-Sicht ist zu beachten, dass alle drei gegenwärtig diskutierten Konzepte auf unterschiedlichen (impliziten) *Annahmen* über das Unternehmen und dessen Kontext aufsetzen. Folglich löst ein Neugestaltungsvorhaben im Unternehmen entsprechende Rationalitätssicherungsbedarfe aus. Controller sollten hier auf die jeweilige Eignung der Konzepte hinweisen und allzu großer Euphorie durch kritische Einwürfe vorsichtig entgegensteuern. So wären beispielsweise folgende Fragen zu stellen:

- Existieren wirklich keine signifikanten Verbunde zwischen einzelnen dezentralen Einheiten, die nur von zentraler Stelle (im Rahmen der Budgetierung oder des Better Budgeting) aus überblickt werden können?
- Ist die externe Dynamik wirklich so hoch, wie es scheint? Liegt tatsächlich ein Wissensvorsprung dezentraler Einheiten vor, der zur Überlegenheit von Better Budgeting und/oder Beyond Budgeting führt?
- Sind die Mitarbeiter wirklich willens und in der Lage, mit mehr delegierten Aufgaben und Verantwortungen richtig umzugehen (»Wollen und Können«)? Welcher Aufwand müsste ggf. betrieben werden, um sie entsprechend zu schulen oder zu motivieren? Wie groß ist überhaupt der Aufwand, um die durch das Better Budgeting oder Beyond Budgeting theoretisch gewonnene Handlungsflexibilität auch in der Praxis nutzbar zu machen (etwa der Aufwand zur Umgestaltung tarif- oder arbeitsvertraglicher Rahmenbedingungen etc.)?
- Übersteigt der konzeptionelle Nutzen des Ansatzes den mit seiner Implementierung verbundenen Aufwand?

Prüffragen zur Festlegung des passenden Budgetierungskonzepts

Abb. 11-16

Eignung der »klassischen« Budgetierung, des »Better Budgeting« und des »Beyond Budgeting« aus konzeptioneller Sicht (entnommen aus Weber/Linder 2003, S. 51)

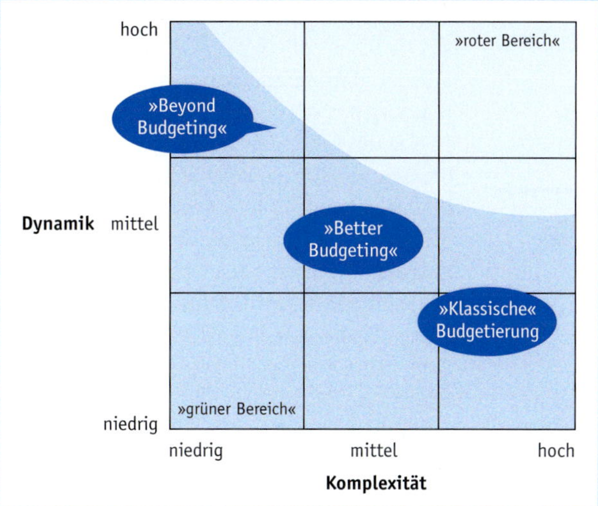

Zusammenfassende Aussagen (vgl. auch Leitfrage 4)

- Die operative Planung baut wesentlich auf Vergangenheitsdaten auf. Ihr Ablauf folgt zumeist festen »Fahrplänen«. Beides zusammen führt zu einer gewissen »Starrheit«, für die man häufig das Wort der »Planungsbürokratie« hört.
- Derzeit findet in vielen Unternehmen ein Überdenken der operativen Planungspraxis statt. Grund hierfür sind Anforderungen aus den Kapitalmärkten, die eine Berichterstattung in kürzeren Zyklen verlangen und auf den Forecast ein deutlich höheres Gewicht legen.
- Als darauf ausgerichtete neue Konzepte werden aktuell insbesondere das Better Budgeting und das Beyond Budgeting diskutiert.

Henkel hat sich gegen den Ansatz des »Beyond Budgeting« entschieden.

Der Status der Planung bei Henkel im Jahr 2004 wies einige signifikante Verbesserungspotentiale auf.

Aus der Praxis

Vereinfachung des Planungsprozesses bei Henkel

Dr. Christian Hebeler*

Eine sorgfältige und detaillierte Unternehmensplanung hat bei Henkel traditionell einen hohen Stellenwert. Der Planungsansatz ist in drei Stufen, die Strategische Planung, die Langfristplanung – auch Zielplanung genannt – sowie die Kurzfristplanung gegliedert. Die beiden Letztgenannten dienen dazu, strategische Entscheidungen inhaltlich und zeitlich für einzelne Planungsperioden, üblicherweise ein Jahr, zu operationalisieren. Der abschließende Schritt zur Verzahnung der drei Planungsebenen ist die Einigung beteiligter Hierarchie- und Verantwortungsbereiche auf einen festgelegten Jahresplan (Budget), der gleichzeitig die Basis für die Leistungsmessung der Verantwortungsträger bildet. Die Koordination der Vielzahl der für diesen Planungsansatz notwendigen Teilprozesse bedeutet – gerade in der divisional organisierten und global tätigen Gruppe (vier Unternehmensbereiche, 17 Strategische Geschäftseinheiten, 240 Verbundene Unternehmen, Aktivitäten in 125 Ländern) – eine große Herausforderung. Im Ergebnis führt dieser Planungsansatz zu einem komplexen, mehrmonatigen und damit ressourcenintensiven Planungsprozess. Eine zentrale Fragestellung ist dabei, ob das Verhältnis von Nutzen der Planung zu Ressourcenverbrauch angemessen ist. Dies wird nicht zuletzt durch den Reformvorschlag des Beyond Budgeting in Frage gestellt. Auch Henkel stellte sich diese Frage und setzte sich mit dem praktizierten Planungskonzept und den etablierten Planungsprozessen kritisch auseinander. Interne Analysen zeigten, dass das Gesamtsystem der Unternehmensplanung mit Status Jahr 2003 reformbedürftig war. Zur Vereinfachung des Planungsprozesses wurde deshalb im Januar 2004 das Projekt »Neuer Planungsprozess 2005« in Angriff genommen. Konkreter Handlungsbedarf für eine Effizienzsteigerung wurde vor allem im Bereich der Kurzfristplanung erkannt. Um die zeitgerechte Implementierung einer verbesserten Kurzfristplanung 2005 sicherzustellen, musste innerhalb von fünf Monaten (bis 31.05.2004) ein verbesserter Planungsprozess erarbeitet werden.

Konzeptionelle Vorüberlegungen ergaben, dass unter Berücksichtigung der Henkel-spezifischen Kontextfaktoren eine Umgestaltung des Planungssystems im Sinne des Beyond Budgeting-Ansatzes als eine Option der Weiterentwicklung der Unternehmensplanung nicht zweckmäßig ist. Aus Sicht von Henkel erfordert eine effektive Unternehmenssteuerung im stark dezentral aufgestellten und international tätigen Konzern – trotz der zum Teil berechtigten Kritik gegenüber der traditionellen Budgetplanung – weiterhin eine ergebniszielorientierte Koordination mit Budgets.

Die Bestandsaufnahme der bis dato praktizierten Kurzfristplanung, bei der weltweit Controlling- und Geschäftsverantwortliche zu Planungsablauf, Komplexität der Planung, Zielsetzungsprozess sowie Automatisierungs- und Integrationsgrad befragt wurden, zeigte, dass auf der Ebene des Konzerns ein klar strukturierter Planungsprozess entsprechend der Konzernrichtlinie vorlag. Die Detailanalyse offenbarte allerdings, dass die vier operativen Unternehmensbereiche nach zum Teil unterschiedlichen Planungsansätzen agierten. Abhängig von der Präferenz der Leitungsorgane wurde eine Top-down- oder eine Bottom-up-Planung praktiziert. Zudem wirkten sich in den Tochtergesellschaften die geringe zeitliche Synchronisierung der unternehmensbereichsspezifischen Planungsprozesse und die unterschiedlichen inhaltlichen Anforderungen an die Berichterstattung komplexitätserhöhend aus. Zeitlich begann die Kurzfristplanung bereits Mitte Juni und war mit einer Prozessdauer von 5,5 Monaten und bis zu sechs Planungsrunden zu zeitaufwändig. Auch der Grad der Verzahnung von Zielplanung und Kurzfristplanung auf lokaler Ebene war steigerungsfähig. Im Ergebnis waren die auf Konzernebene aggregierten Planungsrechnungen stark bottom-up geprägt, so dass eine nicht unerhebliche Planungs-/Ziellücke zwischen der wenige Monate zuvor verabschiedeten Zielplanung und der bottom-up entwickelten Kurzfristplanung entstand. Faktisch setzt eine solche Abweichung am Ende des Planungsprozesses auf lokaler Ebene eine Neuplanung in Gang, falls die Geschäftsführung in der Planungssitzung Ende November eine Anpassung der Planung entscheidet. Insofern galt es, die Abweichungen zwischen den Konzernvorgaben und der Bottom-up-Planung konzeptionell und prozessual zu minimieren.

Um die identifizierten Schwachstellen der Kurzfristplanung zu überwinden, sieht der neugestaltete Planungsprozess (siehe unten stehende Abbildung) auch eine Aufwertung der Zielplanung vor. Gegenüber der vorher praktizierten iterativen Gegenstromplanung mit einer starken Bottom-up-Komponente wurde die Konvergenz zwischen Ober- und Teilzielen aller Geschäftseinheiten erheblich durch eine stringentere Top-down-Planung verbessert. Die Stärkung der Top-down-Zielplanung mit Zielkaskadierung auf die unteren Planungsebenen wurde zum einen durch eine bessere zeitliche Koordination – der Prozess der Kurzfristplanung folgt dem der Zielplanung nunmehr unmittelbar – und zum anderen durch eine eindeutige inhaltliche Kopplung der beiden Planungsebenen ermöglicht. Die in der Zielplanung vereinbarten Teilziele für den Zeitraum der Kurzfristplanung bilden jetzt den verbindlichen Rahmen. Die Erarbeitung der Top-down-Ziele erfolgt in Planungsgesprächen zwischen den Leitungsorganen der Unternehmensbereiche und den Verantwortlichen der strategischen Geschäftseinheiten und beschränkt sich auf wenige Eckgrößen (z. B. Umsatz, EBIT, Net Working Capital). Das Ergebnis zeigt, dass auf diese Weise erstellte Top-down-Planungen eine mindestens vergleichbare und sogar bessere Qualität erreichen als detailliert erstellte Bottom-up-Planungen.

Die Planung ist nun stärker Top-down ausgerichtet.

Der neue Planungsprozess sieht weiterhin vor, dass die detaillierten Bottom-up-Planungsrechnungen (z. B. Absatz- und Ergebnisplanung auf Produkt-/Artikelebene), die auf den top-down festgelegten Eckzielen basieren, nunmehr konzerneinheitlich erst am 1. September eines jeden Jahres gestartet werden. Diese Verkürzung des Planungszyklus um 2,5 Monate wird hauptsächlich durch die optimierte Top-down-Zielplanung erreicht, da nicht wertschöpfende Abstimmungsschleifen zwischen den zentralen und dezentralen Einheiten wegfallen. Durch

Im Ergebnis ist eine Verkürzung des Planungszyklus um 2,5 Monate erreicht.

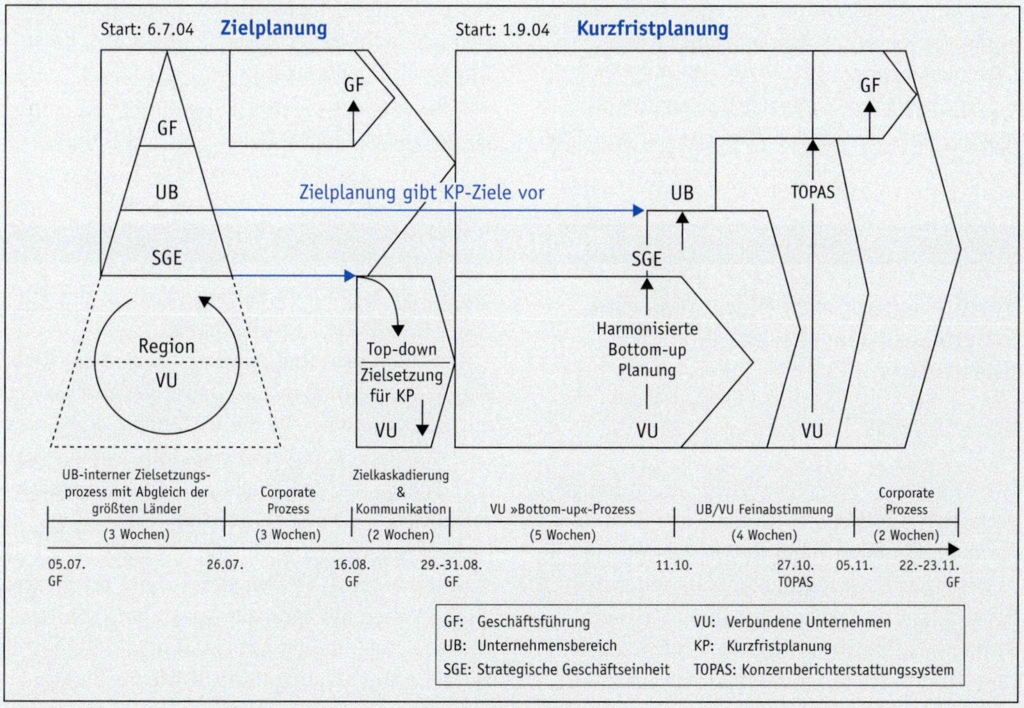

Abbildung 1: Neugestalteter Planungsprozess bei Henkel

Insgesamt sind die angestrebten Effizienzverbesserungen erreicht worden.

Mehr Zeit für die Planung zu haben, muss keine bessere Planung zur Folge haben.

eindeutige und detaillierte Regelungen in der Konzernrichtlinie zur Planung werden vorher noch unterschiedliche Planungsprozesse der Unternehmensbereiche terminlich harmonisiert und die Beanspruchung der planenden Einheiten in den verbundenen Unternehmen optimiert. Bevor die operativen Ergebnis- und Vermögensrechnungen jedes verbundenen Unternehmens über das Konzernberichterstattungssystem TOPAS Ende Oktober an die Zentrale gemeldet werden, haben die Unternehmensbereiche in so genannten Länderpräsentationen die Möglichkeit, auf die Einzelplanungen korrigierend einzuwirken, etwa um Abweichungen zwischen der bottom-up entwickelten Detailplanung und den top-down festgelegten Zielen auszugleichen. Im Gegensatz zum alten Planungsprozess wird im neuen Systemkonzept vollständig auf die externe GuV- und Bilanzplanung nach IAS/IFRS in den Tochtergesellschaften verzichtet, so dass der Plan-Konzernabschluss auf der Basis der operativen Ergebnisgrößen und zusätzlicher Annahmen (z. B. Steuerquote, Finanzergebnis) ausschließlich zentral erstellt wird. Die Ergebnisse der Planungsrechnungen werden der Geschäftsführung – wie zuvor – Ende November zur Entscheidung vorgelegt und nach der Genehmigung durch den Gesellschafterausschuss Anfang Dezember verbindlich.

Die Erfahrungen aus der Umsetzung des neuen Konzeptes in der Kurzfristplanung 2005 zeigen, dass die angestrebten Effizienzvorteile durch diese Neugestaltung verwirklicht werden konnten. Wichtig für eine erfolgreiche Implementierung der neuen Prozesse war vor allem ein gut organisierter konzernweiter Roll-Out. Die frühzeitige Einbindung aller relevanten Führungsebenen in den Neugestaltungsprozess war von besonderer Bedeutung, gilt es doch eine über einen langen Zeitraum praktizierte Verfahrensweise zu ändern. Mittelfristig wird Henkel die Prozesseffizienz weiter steigern, vorrangig durch eine weitergehende Standardisierung von Daten und Prozessen sowie der Harmonisierung der IT-Systemlandschaft. Die für die Konzernberichterstattung bereits erreichte Harmonisierung der Reportingsysteme wird auf lokaler Ebene bei Henkel besonders durch regionale Shared Service Center vorangetrieben. Abschließend bleibt festzuhalten, dass sich kürzere Planungszyklen und die damit gezwungenermaßen intensivere Auseinandersetzung mit den Problemstellungen – wie die gewonnene Erfahrung zeigt – positiv auf die Planungsqualität auswirken. Das pragmatische Vorgehen, bestimmte Eckdaten der Planung einfach dichter zu terminieren, hat sich aus Sicht von Henkel bewährt, denn noch immer gilt: »Je mehr Zeit zur Verfügung steht, desto länger wird geplant!«

* Dr. Christian Hebeler ist Leiter Financial Controlling bei der Henkel AG & Co. KGaA.

Aus der Praxis

Vereinfachung des Planungs- und Prognoseprozesses bei der RWE Rhein-Ruhr

Dr. Karl Huellen*

Die RWE Rhein-Ruhr Gruppe ist als regionale Vertriebs- und Netzgesellschaft des RWE-Konzerns im Rheinland und in Westfalen tätig. Sie bietet als größter regionaler Energielieferant in Deutschland zusammen mit ihren Partnern Strom, Gas und Wasser an. So werden 2,7 Mio. Kunden mit Strom, 350.000 Kunden mit Gas und 220.000 Kunden mit Wasser versorgt. Mit insgesamt 7.100 Mitarbeitern wird ein Umsatz von 6,5 Mrd. Euro erwirtschaftet.

Der Planungs- und Prognoseprozess der RWE Rhein-Ruhr durchläuft im Jahresverlauf verschiedene Stadien. Da die RWE Rhein-Ruhr als eine der Netz- und Vertriebsgesellschaften der RWE Energy Teil des Konzernplanungsprozesses von RWE ist, sind auch Konzernvorgaben zu berücksichtigen.

Anfang des Jahres werden sowohl die strategische Vision als auch die darauf basierende strategische Planung aktualisiert und überarbeitet. Ausgehend von den Strategieobjekten, wie dem Stromnetz- und Gasvertriebsgeschäft,

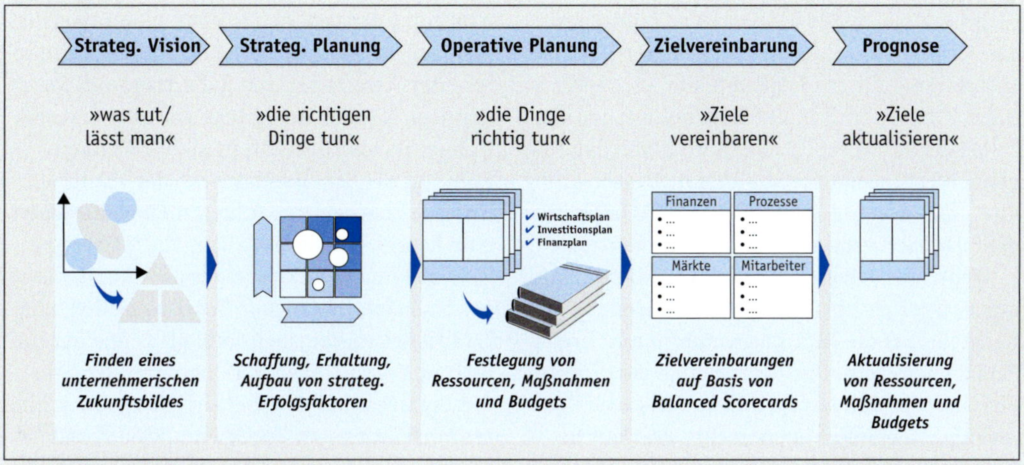

Abbildung 1: Planungsprozess bei RWE

werden die strategische Positionierung und wesentliche betriebswirtschaftliche Kennzahlen analysiert sowie eine detaillierte Marktanalyse erstellt. Anschließend erfolgen die Konkretisierung der strategischen Ziele, die Bewertung strategischer Handlungsoptionen und die Identifikation von Maßnahmen zur Zielerreichung. Flankiert wird dies durch die quantitative Abschätzung von Chancen und Risiken sowie die Entwicklung der Balanced Scorecards.

Auf Grundlage dieser Strategie und volkswirtschaftlicher Rahmendaten (wie die erwartete Entwicklung des Dollarkurses und der Großhandelspreise) beginnt der eigentliche Planungs- und Prognoseprozess. Ziel ist eine klare und nachvollziehbare Planung der steuerungsrelevanten Faktoren, die mit angemessenem Aufwand und ohne sich in Details zu verzetteln realisiert werden kann.

Die Planung darf sich nicht in Details verzetteln.

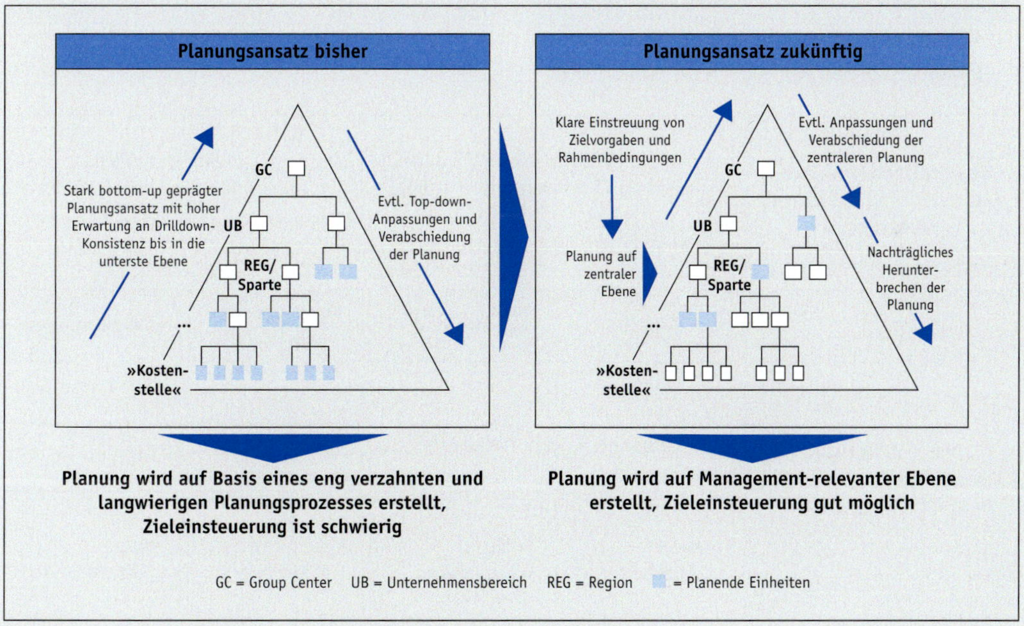

Abbildung 2: Planungsansatz

Konzentration auf die Schlüsselfaktoren der Unternehmensentwicklung

Im Sommer fließt die aktuelle Prognose für das Jahresendergebnis in die detaillierte Mittelfristplanung für die folgenden drei Jahre ein. Diese Planung wird in der Zielvereinbarung des Folgejahres (das sog. Budgetjahr) sowie den folgenden Prognosen berücksichtigt. Zudem wird eine grobe Planung wesentlicher Werttreiber für die folgenden vier bis zehn Jahre vorgenommen.

Wegen der mit einem stark integrierten Top-down-/Bottom-up-Verfahren verbundenen Nachteile hat die RWE Rhein-Ruhr jüngst einen Paradigmenwechsel vollzogen. Eine detaillierte Planung, die sich auch auf kleine Kostenstellen und einzelne Projekte erstreckte, war mit hohem Personaleinsatz, Zeitaufwand und zahlreichen Abstimmschleifen verbunden. Daneben barg die Fülle an Informationen die Gefahr, relevante Werttreiber zugunsten nebensächlicher Planungsobjekte aus den Augen zu verlieren. Der neue Planungsansatz der RWE Rhein-Ruhr soll diesen Defiziten entgegenwirken.

Ein Expertenteam, das aus etwa 45 Vertretern aller Fachbereiche besteht, widmet sich nun der werttreiberorientierten Mittelfristplanung sowie der aktuellen Prognose, die als Vorschau für die Kennzahlen zum Jahresende dient. Elementarer Bestandteil dieser sogenannten »Management Bottom-up-Planung« ist die Managementeinschätzung der Planwerte relevanter Werttreiber, wie Roherträge von Strom und Gas, Netznutzungsentgelte sowie Investitionen. Damit konzentriert sich RWE Rhein-Ruhr auf die Schlüsselfaktoren der künftigen Unternehmensentwicklung. Im Ergebnis gehen eine detaillierte Gewinn- und Verlustrechung, Bilanzen und Kennzahlen aus der Einschätzung des Managements hervor. Im Unterschied zum traditionellen Vorgehen, das auf Ebene der untersten Kostenstellen ansetzte, wird der Planungsprozess auf der Ebene initiiert, die primärer Adressat der gewünschten Informationen ist und die dem gewünschten Informationsgehalt entspricht. Im Anschluss daran wird zusätzlich eine Planung für die folgenden 4 bis 10 Jahre erstellt, die längerfristige Trends abbildet. In dieser Planung werden nur Schlüsselfaktoren betrachtet. Mit dem Abschluss der Planung legt sich das Top-Management auf die angestrebten Werte und Kennzahlen fest.

Durch diese Vorgehensweise verkürzt sich der Planungszeitraum erheblich, da einerseits weniger Mitarbeiter in die Erstellung eingebunden sind und andererseits aktuelle Erkenntnisse effizienter integriert werden können.

Planungsexpertenteam (ca. 45 Personen)					
Leitung/Koordination		• ca. 2 Mitarbeiter			
Übergreifende Themen/ Unterstützung operatives Geschäft		• Querschnittsfunktionen/Vorstandsbereiche, Systemdienstleistungen, Personal, IT, Bilanzen/Rechnungswesen, Konzessionen, Logistik, Overhead • ca. 15 Mitarbeiter			
Operatives Geschäft		**Vertrieb**	**Netz**	**Kundenservice -gesellschaft**	**Beteiligungen**
	Experten (ca. 12 Mitarbeiter)	• ca. 6 Mitarbeiter	• ca. 9 Mitarbeiter	• ca. 6 Mitarbeiter	• Planung auf Ebene der Beteiligung
	Controlling (ca. 11 Mitarbeiter)	• ca. 5 Mitarbeiter	• ca. 3 Mitarbeiter	• ca. 1 Mitarbeiter	• ca. 2 Mitarbeiter

Abbildung 2: Planungsexpertenteam für Management Bottom-up-Planung

Zu Beginn des Folgejahres findet eine detaillierte Bottom-up Prognose für das Budgetjahr statt, in der die Budgetierung der unteren Ebenen, u. a. der Kostenstellen, erfolgt. Hier kommt es nun zur so genannten »Erdung der Planung«. Die Budgetierung der Kostenstellen orientiert sich dabei an den Planwerten der Mittelfristplanung und obliegt den jeweiligen Kostenstellenverantwortlichen. Neue Erkenntnisse (u. a. aus dem vorliegenden Jahresabschluss und den bis dahin aufgelaufenen Istmonaten) werden berücksichtigt. Die einzelnen Budgets reflektieren somit den aktuellen Wissensstand bestmöglich. Sie sind die Basis für die Zielvereinbarungen mit den Kostenstellenleitern, die nicht Teil des Top-Managements sind.

Der Vorteil des neuen Planungsansatzes besteht im Wesentlichen aus einer starken Aufwandsreduzierung in Bezug auf die betrachteten Objekte und in Bezug auf die Anzahl der beteiligten Personen. Dabei kommt es jedoch nicht zu einer inhaltlichen Reduzierung, sondern vielmehr zu einer Konzentration auf die entscheidenden Erfolgsfaktoren für das Unternehmen. Der im Vergleich zur Bottom-up-Planung stärkere Vorgabecharakter (»Top-down«-Element) erhöht zudem den Anspruch an eine herausfordernde Planung.

Die Rolle des Controllerbereichs im Rahmen der Planung der RWE Rhein-Ruhr hat zwei Facetten. Zum einen werden Instrumente zur Verfügung gestellt, die die Management-Teams der Fachbereiche entlasten. So obliegt dem Controllerbereich die Koordination des gesamten Planungsprozesses, sowohl innerhalb der RWE Rhein-Ruhr als auch in Bezug auf die Schnittstellen zu anderen Konzernbereichen. Zum anderen bemüht sich der Controllerbereich darum, Sparringspartner des Management-Teams zu sein und mit diesem auf Augenhöhe zu diskutieren.

*Dr. Karl Huellen ist Leiter Unternehmenscontrolling der RWE Rhein-Ruhr AG

Je nach Unternehmen und Umfeld werden diese Fragen unterschiedlich zu beantworten sein. Folglich wird auch die Eignung jeder der drei Ansätze aus konzeptioneller Sicht wie aus Implementierungssicht variieren. In dynamischen und nur begrenzt komplexen (homogenen) Unternehmen – wie beispielsweise dem Elektronik- oder Markenartikeleinzelhandel – dürfte sich das Beyond Budgeting als eine interessante Alternative zur (klassischen) Budgetierung erweisen. In den meisten Großunternehmen, die durch eine hohe Komplexität (Stichwort: Verbundbeziehungen) und eine mittlere Dynamik charakterisiert sind, hingegen stellt ein Better Budgeting (oder im stabilen Umfeld eine »klassische« Budgetierung) vermutlich die angemessenere Alternative dar (vgl. Weber/Linder 2003, S. 59 f.).

Das Konzept des »Beyond Budgeting« passt nur auf wenige Unternehmen.

Beyond Budgeting Round Table http://www.beyondbudgeting.com

11.3 Aufgaben der Controller in der operativen Planung und Kontrolle

Ähnlich kurz wie zu den Inhalten der Pläne können wir uns schließlich auch zur Rolle der Controller fassen. Das Meiste wurde bereits im vorangegangenen Kapitel des Buches gesagt. Dies wird klar, wenn die folgenden Aufgaben der Controller in der Budgetierung aufgelistet werden. Sie umfassen die Gestaltung des Vorgehens, also insbesondere

- den Entwurf und die Auswahl eines adäquaten *Budgetierungsverfahrens* (z. B. Gegenstromverfahren),
- die Festlegung der für das Unternehmen optimalen *Budgetierungsmerkmale* (z. B. Grad der Detaillierung) und
- die Aufstellung eines Budgetierungs«fahrplans« zur zeitlichen und sachlichen Organisation des *Budgetierungsprozesses* – wie die *Abbildung 11-3* zeigte: ein durchaus komplexes Unterfangen!

Im Budgetierungsprozess nehmen Controller vorbereitende Aufgaben wahr (z. B. Aufstellung der Planungsprämissen – etwa zu verwendende

Abb. 11-17

Verteilung der Arbeitszeit der Controller im Prozess der operativen Planung – Ergebnisse eines Benchmarkings von acht Unternehmen

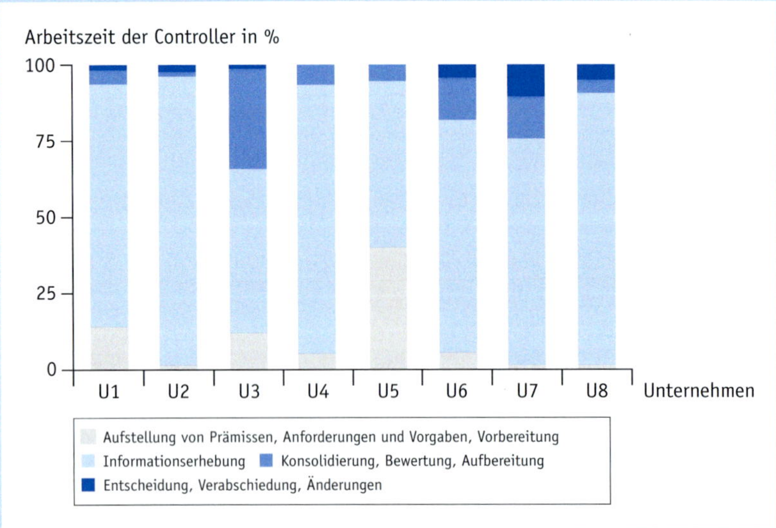

Wechselkurse, zu Grunde gelegtes Wirtschaftswachstum und anderes mehr), unterstützen das Management aber auch durch Informationsversorgung und die Rolle eines kritischen Counterparts im Rahmen der Planaufstellung. Zentrale Bedeutung kommt insbesondere der Abstimmung der Teilpläne zu. Die in Großunternehmen überaus hohe Komplexität dieser Aufgabe lässt sich zumeist nur bewältigen, indem stark auf Vergangenheitswerte gebaut wird – auch die Deutsche Bahn AG plant ihren Fahrplan nicht jedes Jahr neu! Schließlich sind die Controller dem Management gegenüber auch dafür verantwortlich, dass zu den gesetzten Terminen ein abgestimmter Gesamtplan für das Unternehmen vorliegt.

Wie unterschiedlich diese Aufgaben im konkreten Einzelfall ausgeprägt sind, zeigt die *Abbildung 11-17*, die aus dem in diesem Buch schon mehrfach angesprochenen Benchmarking-Arbeitskreis der WHU stammt. Hinter den Zeitanteilen verbergen sich sehr unterschiedliche Rollenschwerpunkte der Controller.

In der Unternehmenspraxis spielt die Planungsfunktion der Controller in ihrem gesamten Aufgabenspektrum eine zentrale Rolle (vgl. auch nochmals Kapitel 1.2). Die Mitwirkung an der Entstehung und Abstimmung aller operativen Teilpläne erfordert – und schafft – eine hohe Geschäftskenntnis. Die Verpflichtung zu einem kritischen Hinterfragen der einzelnen Planansätze begründet eine hohe Bedeutung der Controller ebenso wie die Vorabstimmung von Abstimmungslösungen und die Moderation von Budgetkonflikten im Rahmen der Plankoordination. Gerade diese Funktionen führen dazu, dass Manager Controller ernst nehmen müssen – ob sie wollen oder nicht. Der potentielle Nutzen der Controller für das Unternehmen ist in der Planungsfunktion evident; allerdings besteht auch die Gefahr, dass sie ihren Einfluss überziehen und beginnen, sie als Machtposition für eigene Zielsetzungen zu verwenden. Gefahr droht schließlich auch dann, wenn Controller in der Planentstehung »zu erfolgreich« mitarbeiten. Schnell werden dann die Pläne der Manager zu Plänen der Controller – und damit verlieren Letztere ihre notwendige Unabhängigkeit.

In der operativen Kontrolle kommt ihnen die Funktion zu, die hierfür erforderlichen Informationen bereitzustellen, die Ist-Daten den geplanten bzw. Soll-Werten gegenüberzustellen, Abweichungen zu ermitteln und diese zu kommentieren. Zum Aufgabenumfang kann dann die Unterbreitung von konkreten Handlungsvorschlägen hinzukommen, wenn in der Abweichungsanalyse hierfür entsprechende Erkenntnisse gesammelt werden konnten und/oder die Controller vom Management dazu beauftragt wurden. Wie die Planungs- so ist auch die Kontrollaufgabe der Controller in den Unternehmen im Kern übereinstimmend, in der konkreten Abweichung aber spezifisch und heterogen.

Zusammenfassende Aussagen (vgl. auch Leitfrage 2)

- Die operative Planung gehört zu den wichtigsten Controlleraufgaben, dies gilt sowohl für die Bedeutung der Controller im Zusammenspiel mit »ihren« Managern als auch bezogen auf die Wirkung geleisteter Controllerarbeit.
- Die Aufgaben umfassen in der Planung das Planungsmanagement, Hilfestellung bei der Planentstehung und kritisches Hinterfragen der Planansätze. In der Kontrolle übernehmen die Controller einen wesentlichen Teil der anfallenden Aufgaben. Sie versetzen damit das Management in die Lage, adäquate Konsequenzen aus dem Abweichungsbild ziehen zu können.
- Welche Aufgaben Controller in der operativen Planung und Kontrolle im Detail übernehmen, ist – bei übereinstimmendem Kern – unternehmensspezifisch.

11.4 Ausgewählte Instrumente der operativen Planung und Kontrolle

Ein Großteil der Controlleraufgaben fällt in den Bereich der operativen Planung und Kontrolle. Insofern verwundert es nicht, dass hierfür eine Reihe von Planungs- und Kontrollinstrumenten entwickelt wurde. Die Gebräuchlichsten von diesen wollen wir ebenso vorstellen wie ganz aktuelle Ansätze, die im Zusammenhang mit der Veränderung der Budgetierung diskutiert werden. Wiederum geht es uns jeweils darum, sowohl die Vorgehensweise als auch die Anwendungsvoraussetzungen der Instrumente darzustellen. Das hiermit geschaffene Verständnis sollte ausreichen, sich bei Bedarf in der sehr umfangreichen instrumentenbezogenen Literatur beliebig weiter ins Detail gehend zu informieren.

Wir beginnen dabei mit Planungsinstrumenten. Die Vorstellung zweier Kontrollinstrumente schließt diesen Abschnitt ab.

Zusammenfassungen finden sich nur bei den besonders umfangreich beschriebenen Instrumenten, und dann in Form der uns schon bekannten »Instrumenten-Steckbriefe«. Die Darstellung der Instrumente beantwortet schließlich die anfangs formulierte Leitfrage 3.

11.4.1 Kostenvergleichsrechnungen

Kostenvergleichsrechnungen sind auf Entscheidungssituationen anwendbar, die folgende Merkmale aufweisen:

- Die auf das Erfolgsziel des Unternehmens wirkenden Unterschiede der Entscheidungsalternativen schlagen sich ausschließlich und direkt als Kosten nieder.
- Die Alternativen beinhalten keine langfristig wirksamen Änderungen von Kapazitäten (ansonsten wäre eine Investitionsrechnung das passende Instrument – vgl. die Ausführungen im 12. Kapitel, Abschnitt 12.4.1).
- Es kann von einer hinreichenden Sicherheit der zu ermittelnden Informationen ausgegangen werden.

Beispiele für derartige Entscheidungsprobleme finden sich in der betrieblichen Praxis in großer Zahl. Hierzu zählen unter anderem die Auswahl anzuwendender Fertigungsverfahren und die kurzfristige Wahl zwischen unterschiedlichen Bereitstellungswegen. Zur Veranschaulichung sei im Folgenden eine Instandhaltungswerkstatt eines Unternehmens betrachtet, für die die Kostenplanung am Periodenanfang den in der *Abbildung 11-18* dargestellten Kosten- und Leistungsplan geliefert hat.

Zur Disposition stehe eine Instandhaltungsarbeit in einer Fertigungskostenstelle, für die man auch das Angebot eines Fremdinstandhaltungsunternehmens eingeholt hat. Die zur Entscheidungsvorbereitung erforderlichen Ausgangsdaten lauten:

Eigeninstandhaltung

- Instandhaltungsmaterial: 512,50 Euro
- Arbeitszeit der Handwerker: 75 Stunden
- Sonstige direkt erfassbare Kosten: 25,00 Euro

Fremdinstandhaltung

- Instandhaltungsmaterial: 955,95 Euro
- Arbeitszeit der Handwerker: 50 Stunden
- Stundensatz der Handwerker: 45,00 Euro
- Sonstige direkt erfassbare Kosten: 289,25 Euro

Abb. 11-18

Dem Beispiel zu Grunde gelegter Kosten- und Leistungsplan einer Instandhaltungskostenstelle

	Plankosten		
Kostenarten	**variabel**	**fix**	**gesamt**
Gemeinkostenlöhne	906 000 €		906 000 €
Gehälter		150 000 €	150 000 €
Werkzeugkosten	12 700 €		12 700 €
Sonstiges Instandhaltungsmaterial	12 500 €		12 500 €
Büromaterial		1 000 €	1 000 €
Stromkosten		10 000 €	10 000 €
Kalkulatorische Abschreibungen		75 000 €	75 000 €
Kalkulatorische Zinsen		20 000 €	20 000 €
Telefongebühren		2 500 €	2 500 €
Raumkosten		120 000 €	120 000 €
Sonstige Kosten		10 000 €	10 000 €
Gesamtkosten	931 200 €	388 500 €	1 319 700 €
Planleistung (geleistete Instandhaltungsstunden)			33 000 h
Planverrechnungssatz	28,22 €		39,99 €

Abb. 11-19

Gegenüberstellung unterschiedlicher Kostenvergleichsrechnungen

Vergleich kurzfristig relevanter Kosten

Daten	Eigen-instandhaltung	Fremd-instandhaltung
Instandhaltungsmaterial	512,50 €	995,95 €
Arbeitszeit der Handwerker (in Stunden)	75	50
Stundensatz der Handwerker	0,00 €	45,00 €
Personalkosten	0,00 €	2250,00 €
Sonstige direkt erfassbare Kosten	25,00 €	289,25 €
Gesamtkosten	537,50 €	3535,20 €

Vergleich variabler Kosten

Daten	Eigen-instandhaltung	Fremd-instandhaltung
Instandhaltungsmaterial	512,50 €	995,95 €
Arbeitszeit der Handwerker (in Stunden)	75	50
Stundensatz der Handwerker	28,22 €	45,00 €
Personalkosten	2116,36 €	2250,00 €
Sonstige direkt erfassbare Kosten	25,00 €	289,25 €
Gesamtkosten	2653,86 €	3535,20 €

Vergleich Vollkosten

Daten	Eigen-instandhaltung	Fremd-instandhaltung
Instandhaltungsmaterial	512,50 €	995,95 €
Arbeitszeit der Handwerker (in Stunden)	75	50
Stundensatz der Handwerker	39,99 €	45,00 €
Personalkosten	2999,32 €	2250,00 €
Sonstige direkt erfassbare Kosten	25,00 €	289,25 €
Gesamtkosten	3536,82 €	3535,20 €

Was vorteilhaft ist, hängt vom verwendeten Rechenverfahren ab.

Die Antwort auf die Frage, ob sich das Angebot des Fremdinstandhaltungsunternehmens als günstiger erweist als die Selbstdurchführung der Instandhaltungsmaßnahme, kann auf sehr unterschiedliche Weise erfolgen. Entscheidungstheoretisch exakt ist es, auf die relevanten Kosten abzustellen: Für eine (beliebige) Entscheidung sind nur die Kosten relevant, die sich bedingt durch die Entscheidung verändern bzw. sich durch diese verändern lassen. Hierzu zählen die Fremdinstandhaltungskosten, da diese explizit nur im Falle des Kontraktes mit dem Fremdinstandhaltungsunternehmen anfallen. Als Eigeninstandhaltungskosten zeigen die Ausgangsdaten zwei ebenfalls unmittelbar als relevant erkennbare Kostenpositionen: die Kosten des benötigten Instandhaltungsmaterials und die sonstigen direkt erfassbaren Kosten. Die Kosten der Handwerker verändern sich angesichts des geringen zu disponierenden Stundenvolumens (ca. 1,5 Mannwochen) nicht in Abhängigkeit davon, wie die zu beantwortende Make-or-Buy-Frage entschieden wird. Bei Fremdinstandhaltung wird ceteris paribus lediglich die Beschäftigung der Werkstatt geringer sein, nicht aber deren Kapazität abgebaut werden können. Damit sind die Personalkosten der eigenen Handwerker irrelevant, sie dürfen in der Kostenvergleichsrechnung nicht berücksichtigt werden. Der erste Teil der *Abbildung 11-19* zeigt damit einen Kostenvorteil der Variante Eigeninstandhaltung von fast 3000 Euro.

Folgt man dem Konzept, nur relevante Kosten zu berücksichtigen, nicht, sondern baut die Kostenvergleichsrechnung auf den Prinzipien und Daten üblicherweise verwandter Kostenrechnungssysteme auf, so erhält man abweichende Ergebnisse. Im Rahmen der im 6. Kapitel (Abschnitt 6.2.2.2.2) dargestellten Grenzplankostenrechnung würde man die Personalstunden mit dem Quotienten aus der Gesamtsumme geplanter variabler Kosten (931 200 Euro) und der Planbeschäftigung (33 000 Stunden), also mit 28,22 Euro bewerten, im Fall einer Plankostenrechnung auf Vollkostenbasis zusätzlich auch die fixen Kosten verrechnen (1 319 700 Euro/33 000 Stunden = 39,99 Euro/h). Wie der untersten Tabelle der *Abbildung 11-19* zu entnehmen, ändert sich im letzten Fall die Vorteilhaftigkeit der Entscheidungsalternativen: Die Eigeninstandhaltung wird teuerer als die Fremdinstandhaltung.

Dem Kriterium »Entscheidungsrelevanz« genügen im Beispiel beide Werte nicht. Bei der vollkostenorientierten Bewertung liegt dies in der betrachteten Entscheidungssituation auf der Hand. Dass auch die Grenzplankostenrechnung für Kostenvergleichsrechnungen der genannten Art nicht bzw. nur zum Teil geeignete Informationen liefert, wird häufig übersehen: Der sie kennzeichnenden Kostenspaltung liegt – wie im 6. Kapitel dieses Buches ausgeführt (vgl. Abschnitt 6.2.2.2.1) – der gesamtleistungsbezogene, jeweils auf eine Planungsperiode (etwa ein Geschäftsjahr) gerichtete Kostenplanungsaspekt zu Grunde; damit ist nur ein Teil der (planungs-)variablen Kosten tatsächlich auch kurzfristig veränderbar.

Allerdings kann man auch dem Vergleich kurzfristig relevanter Kosten nicht unbesehen vertrauen. Er unterstellt nämlich für die Variante Eigeninstandhaltung implizit eine Unterbeschäftigung. Die 75 Handwerkerstunden im betrachteten Beispiel sind frei verfügbar. Gilt die Prämisse Unterbeschäftigung nicht mehr, liegen also Kapazitätsengpässe vor, stellt sich für die Kostenvergleichsrechnung eine ganz andere Entscheidungssituation: Es geht dann nicht mehr um die Frage, ob (vorhandene) Kapazitäten für eine bestimmte Verwendung eingesetzt werden sollen oder nicht, sondern darum, ob man sie deshalb, weil man sie für eine zusätzliche Verwendung einsetzen will, einer anderen, bisher geplanten Verwendung entziehen soll. Deshalb muss in der Kostenvergleichsrechnung das Ermitteln absoluter Kostendifferenzen durch die *Bestimmung relativer Kostendifferenzen* ersetzt werden. Wie eine solche Engpassrechnung aussehen kann, wollen wir aber nicht hier, sondern erst im Zusammenhang mit Deckungsbeitragsrechnungen darstellen.

Kostenvergleichsrechnungen liegen sehr enge Prämissen zu Grunde.

Grenzen von Kostenvergleichsrechnungen resultieren aus der erheblich einschränkenden Prämisse dieses Wirtschaftlichkeitskalküls, der ausschließlichen Entscheidungsrelevanz von Kosten: Auch bei scheinbar »klassischen« Anwendungsfeldern von Kostenvergleichsrechnungen sind häufig – wenn auch auf den ersten Blick nicht immer deutlich sichtbar – Erlöse zu berücksichtigen. Dies ist beispielsweise dann der Fall, wenn durch einen niedrigen Vorbeugegrad der Instandhaltung die Gefahr von Fehlmengen und in deren Folge Erlösausfällen droht. Darüber hinaus wird die Lösung von Entscheidungsproblemen in aller Regel zusätzlich von Einflussgrößen bestimmt, die sich nicht unmittelbar monetär quantifizieren lassen. Die Kostenvergleichsrechnung ist dann durch eine Nutzwertanalyse zu ergänzen (auf die wir gleich noch näher eingehen werden).

11.4.2 Deckungsbeitragsrechnungen

Deckungsbeitragsrechnungen betrachten neben Kosten auch Erlöse.

Im Unterschied zum zuvor dargestellten Typ von Entscheidungssituationen wird im Folgenden davon ausgegangen, dass zusätzlich zu Kosten auch Erlöse in die Entscheidung einbezogen werden müssen. Eine solche Ausgangssituation ist gegeben bei

- allen Entscheidungen im Bereich der Absatz- und Produktionsprogrammplanung, in denen Arten, Mengen und Preise der Erzeugnisse festgelegt werden, und
- einem Großteil vertriebspolitischer Entscheidungen, wie etwa Wahl des Vertriebswegs, Festlegung der Werbemittel und Auswahl der zu beliefernden Märkte.

Instrumente zur Lösung derartiger Planungsprobleme sind Deckungsbeitragsrechnungen. Dieser Begriff bezeichnet hier kein Kosten- und Erlösrechnungssystem (vgl. die Ausführungen im 6. Kapitel, Abschnitte 6.2.2.2.3 sowie 6.2.2.4), sondern steht für die spezifische Methodik zur Lösung einer bestimmten Klasse von Entscheidungsproblemen: In einer entscheidungsproblembezogenen Deckungsbeitragsrechnung werden die einer Entscheidungsalternative direkt zurechenbaren Erlöse den direkt zurechenbaren Kosten gegenübergestellt. Der sich daraus ergebende Deckungsbeitrag kennzeichnet den Betrag, den die Handlungsalternative zur Deckung ohnehin anfallender (d. h. nicht von der Entscheidung betroffener) Kosten beiträgt.

Deckungsbeitragsrechnungen liefern – nomen est omen – als Ergebnis für jedes Entscheidungsobjekt bei gegebenem Entscheidungshorizont einen Deckungsbeitrag. Ist dieser positiv, so bedeutet dies, dass die betrachtete Handlungsalternative bei ihrer Realisierung ceteris paribus zu einer Steigerung des Unternehmenserfolges führt. Bestehen keine Kapazitätsengpässe, d. h. verdrängt die betrachtete Alternative keine anderen Handlungsmöglichkeiten, so ist sie folglich zu verwirklichen. Wie dies analog für Kostenvergleichsrechnungen gilt, hängt auch die Aussagefähigkeit von Deckungsbeitragsrechnungen wesentlich davon ab, ob es sich bei den zugerechneten Kosten und Erlösen tatsächlich um relevante Beträge handelt. Der Grundaufbau einer Deckungsbeitragsrechnung sei anhand einer Planung des Produktions- und Absatzprogramms verdeutlicht.

Vorgehen der Deckungsbeitragsrechnung an einem Beispiel

Die *Abbildung 11-20* zeigt ein Unternehmen, das – in zwei Sparten unterteilt – insgesamt sechs Produkte fertigen und absetzen kann, für die es die in der Zeile 1 ausgewiesenen Absatz(höchst)mengen erwartet. Ausgehend von den erzielbaren Listenpreisen (Bruttoerlösen) und Rabatten (Erlösschmälerungen) werden Nettoerlöse (Zeile 5) und – nach dem Absetzen von absatz- und erzeugungsabhängigen Einzelkosten – Deckungsbeiträge ermittelt. Wie die Zeile 11 zeigt, nehmen alle Deckungsbeiträge einen positiven Wert an. Jedes einzelne Erzeugnis kann also in der Planperiode dazu beitragen, die ohnehin im Unternehmen anfallenden Fixkosten zu decken. Als vorläufiges Ergebnis bedeutet dies, dass alle Produkte ins Produktions- und Absatzprogramm aufgenommen werden sollten.

Die Gültigkeit dieser Aussage ist allerdings an eine Bedingung geknüpft: Die beiden Produkte BA und BB als Beispiel dürfen trotz ihrer erzeugnisartbezogen positiven Deckungsbeiträge nur dann produziert und angeboten werden, wenn ihre Deckungsbeiträge zusammen dazu ausreichen, die (nur) der gesamten Produktgruppe B zurechenbaren Einzelkosten (Fixkosten des Fertigungsbereichs 2 – Zeile 13) zu decken. Gilt diese Bedingung nicht, bedeutet ein gemeinsamer Verzicht auf die beiden Erzeugnisse ceteris paribus, dass durch den Abbau der Fertigungskapazitäten der Stelle 2 insgesamt mehr Kosten eingespart werden können, als BA und BB zusammen an Deckungsbeiträgen zu erwirtschaften vermögen. Diesen »Prüfschritt« weisen die Zeilen 13–15 der *Abbildung 11-20* aus. Es zeigt sich, dass beide Produktgruppen über die ihnen direkt zurechenbaren Kosten weitere, für das Unternehmen

Abb. 11-20

Beispiel einer engpassbezogenen Programmplanung mit Hilfe spezifischer Deckungsbeiträge

Spalte		1	2	3	4	5	6	7	8	9	10	11	12
Zeile	Erzeugnisse	AA	AB	AC	AD	A insges.	BA	BB	B insges.	A/B insges.	Stelle 1	Stelle 2	Stelle 3
1	PLANABSATZMENGEN [ME]	1200	550	380	750		2400	1250					
2	FERTIGUNGSKAPAZITÄT										3 500,00	500,00	750,00
3	Bruttoerlöse	155,20	184,00	225,00	203,60		95,15	123,90					
4	Erlösschmälerungen	4,10	4,25	6,50	18,95		11,15	8,95					
5	NETTOERLÖSE	151,10	179,75	218,50	184,65		84,00	114,95					
6	Umsatzwertabhängige Kosten	15,65	18,23	22,15	21,26		5,36	7,56					
7	Sonst. absatzabhängige Kosten	1,99	2,11	1,54	5,88		0,45	1,71					
8	DECKUNGSBEITRAG I	133,46	159,41	194,81	157,51		78,19	105,68					
9	Materialeinzelkosten	86,15	93,25	75,38	75,38		58,15	58,15					
10	Fertigungseinzelkosten	15,99	19,77	23,71	20,75		12,05	22,86					
11	DECKUNGSBEITRAG II	31,32	46,39	95,72	61,38		7,99	24,67					
12	PLAN-DB II INSGESAMT	37 584,00	25 514,50	36 373,60	46 035,00	145 507,10	19 176,00	30 837,50	50 013,50	195 520,60			
13	Fixkosten Fertigungsbereich 2								32 123,99				
14	Fixkosten Fertigungsbereich 3					78 871,12							
15	PLAN-DECKUNGSBEITRAG III					66 635,98			17 889,51	84 525,49			
16	Fixkosten Fertigungsbereich 1									52 453,87			
17	Unternehmensfixkosten									12 897,65			
18	PLAN-DECKUNGSBEITRAG IV									19 173,97			
19	Fertigungszeit/ME Stelle 1	0,70	0,70	0,70	0,70		0,40	0,40					
20	Kapazitätsbedarf Stelle 1	840,00	385,00	266,00	525,00	2 016,00	960,00	500,00	1 460,00	3 476,00			
21	Kapazitätsstatus Stelle 1										24,00		
22	Fertigungszeit/ME Stelle 2						0,11	0,18					
23	Kapazitätsbedarf Stelle 2						264,00	225,00	489,00	489,00			
24	Kapazitätsstatus Stelle 2											11,00	
25	Fertigungszeit/ME Stelle 3	0,04	0,17	0,76	0,72								
26	Kapazitätsbedarf Stelle 3	48,00	93,50	288,80	540,00	970,30				970,30			
27	Kapazitätsstatus Stelle 3												–220,30
28	Spezifischer DB II Stelle 3	783,00	272,88	125,95	85,25								
29	Engpassnutzung	48,00	93,50	288,80	319,70								
30	Zu realisierende Absatzmengen	1 200,00	550,00	380,00	444,03								
31	PLAN-DECKUNGSBEITRAG II	37 584,00	25 514,50	36 373,60	27 254,43								
32	Reduzierung PLAN-DB IV				18 780,58								

insgesamt anfallende Kosten decken können (positive Plan-Deckungsbeiträge III in der Zeile 15).

Hiermit ist man allerdings noch immer nicht am Ende der Planung angelangt. Es könnte nämlich der Fall eintreten, dass die von A und B gemeinsam erwirtschafteten Deckungsbeiträge zusammen nicht dazu ausreichen, die Unternehmenseinzelkosten (genauer: die nur dem Unternehmen insgesamt exakt zurechenbaren Kosten) zu decken. Wie die Zeilen 16–18 der *Abbildung 11-20* zeigen, trifft dies für das Beispiel jedoch nicht zu. Für das Unternehmen wird ein Ergebnis (Plan-Deckungsbeitrag IV) von ca. 19 000 Euro erwartet. Damit liefert die deckungsbeitragsorientierte Programmplanung als Ergebnis die Handlungsempfehlung, beide Produktgruppen und in diesen alle betrachteten Produkte zu fertigen und anzubieten.

Ein modifizierter Aufbau der Deckungsbeitragsrechnung ist dann erforderlich, wenn sich im Laufe der Programmplanung *Engpässe* im Produktions- oder Beschaffungsbereich herausstellen. Im Falle mehrerer Engpässe sind Verfahren der linearen Programmierung anzuwenden. Beschränkt sich der Fall knapper Kapazität dagegen auf einen Engpass, so ist mit spezifischen, d. h. engpassbezogenen Deckungsbeiträgen zu arbeiten. Die hierfür notwendigen Ausgangsdaten sind in der *Abbildung 11-20* bereits enthalten. Im Bereich der Zeilen 19–27 wird überprüft, ob die vorhandenen, in der Zeile 2 aufgeführten Fertigungskapazitäten ausreichen, die gesamten Planabsatzmengen produzieren zu können. Das Ergebnis dieser Berechnungen weist für die Stelle 3 ein Kapazitätsdefizit von ca. 220 Stunden aus. In diesem Bereich erfolgt die Endbearbeitung der Produktgruppe A. Zumindest eines der Produkte AA bis AD kann somit nicht in vollem Umfang gefertigt werden.

Um zu bestimmen, um welches (bzw. welche) es sich dabei handelt, sind engpassbezogene Deckungsbeiträge (Plan-DBII/Kapazitätsbedarf, also Zeile 12/Zeile 26) zu ermitteln, die die Zeile 28 zeigt. Ihr ist zu entnehmen, dass pro Stunde Inanspruchnahme der knappen Fertigungskapazität der Stelle 3 zwischen 783,00 Euro und 85,25 Euro an Deckungsbeiträgen erwirtschaftet werden können. Wie unmittelbar einleuchtet, wird der Engpass auf der Basis dieser Informationen in der Reihenfolge sinkender engpassbezogener Deckungsbeiträge verplant. Dies führt im Ergebnis dazu (Zeile 30), dass vom Produkt AD, das den niedrigsten spezifischen Deckungsbeitrag aufweist, nur 444 Stück statt der absetzbaren 750 Stück hergestellt werden können. Das erzielbare Unternehmensergebnis geht durch das Auftreten des Engpasses um 18 780,58 Euro zurück (Zeile 32), so dass per Saldo gerade noch ein positiver Wert erzielt werden kann. Die in der Zeile 30 ausgewiesenen Mengenangaben sind wiederum als eine Handlungsempfehlung zu verstehen.

Tief gestaffelte Deckungsbeiträge liefern wertvolle Informationen.

Wie Kostenvergleichsrechnungen, so sind auch Deckungsbeitragsrechnungen Problemen ausgesetzt, die es rationalitätssichernd zu beachten gilt. Zwei Prämissen treffen auch hier völlig analog zu: Zum einen werden nicht unmittelbar monetär quantifizierbare Einflussgrößen ausgeklammert. Zum anderen geht das Kalkül von gegebenen, im Entscheidungshorizont nicht veränderbaren Kapazitäten aus. Diese Annahme entspricht nur selten der Realität, da in den meisten Fällen – etwa durch zu unterlassende Ersatzbeschaffungen von Potentialfaktoren – zumindest partielle Anpassungen möglich sind. Deckungsbeitragsrechnungen – wie auch auf Einzel- bzw. Grenzkosten basierende Kostenvergleichsrechnungen – können so zu einer *zu kurzfristigen Sichtweise* veranlassen. Dass viele Unternehmen nach Einführung von Teilkostenrechnungssystemen zu einer zu nachgiebigen Preispolitik verleitet wurden, ist hierfür ein valider Beleg.

Rechnen mit engpassbezogenen Deckungsbeiträgen

Das Problem einer zu kurzfristigen Sichtweise lässt sich letztlich auf einen zu sorglosen Umgang mit dem Begriff der »Einzelentscheidung« zurückführen. In der Praxis liegen solche streng genommen nie vor. Stets steht eine Entscheidung im Kontext mit vor- und nachgelagerten Entscheidungen. Dies wird auch an der zentralen Erfolgsgröße Deckungsbeitrag sichtbar. Um einen Deckungsbeitrag zu ermitteln, werden Erlöse Kosten gegenübergestellt. Die Erlöse lassen sich auf eine Absatzentscheidung zurückführen, die Kosten dagegen auf von der Absatzentscheidung getrennte Produktions- und Beschaffungsentscheidungen. Die Zusammenfassung ist letztlich nur dann zulässig, wenn ein genügend enger Verbund der Einzelentscheidungen unter-

Verbundprobleme

Abb. 11-21

Instrumenten-Steckbrief Kostenvergleichs- und Deckungsbeitragsrechnungen

Kurzcharakterisierung
- Instrument zur Bewertung kurzfristiger Handlungsalternativen
- allein monetäre Größen verwendende Bewertungsverfahren

Prämissen
- Entscheidungsrelevanz allein von Kosten bzw. von Kosten und Erlösen
- kurzfristiger Entscheidungshorizont, d.h. gegebene Kapazitäten
- hinreichende Planungssicherheit

Merkmale
- Ermittlung der entscheidungsrelevanten Kosten
- Auswahl der Alternative mit den geringsten Kosten

oder
- Ermittlung der entscheidungsrelevanten Kosten und Erlöse
- Bildung von Deckungsbeiträgen
- Auswahl der Alternative mit den höchsten Deckungsbeiträgen

Kurzbeurteilung

+	–
▸ direkte Abbildung des dominanten (kurzfristigen) Unternehmensziels ▸ methodisch einfaches Vorgehen	▸ Notwendigkeit zur einzelentscheidungsbezogenen Festlegung der relevanten Kosten (und Erlöse) (Informationskosten, Manipulierbarkeit, mögliche Informationsdefekte bei Verwendung von Daten der laufenden Kostenrechnung)

stellt werden kann. Dieser ist aber nicht a priori, in jedem Fall gegeben.

Die Ziele müssen voneinander unabhängig sein.

Grenzen von Deckungsbeitragsrechnungen ergeben sich weiterhin dadurch, dass zeitliche Nachfrageverbunde (z. B. »treuer Kundenstamm«) und Verbunde zwischen unterschiedlichen Produkten (z. B. Kaufverbundenheiten) nicht in den Kalkül einbezogen werden – wir sind im 3. Abschnitt des 6. Kapitels darauf schon eingegangen. Resultiert aus der Deckungsbeitragsrechnung, dass man ein Erzeugnis völlig aufgeben sollte, kann das Befolgen dieser Handlungsempfehlung in praxi deshalb durchaus die schlechtere Möglichkeit darstellen. Es muss somit erhebliche Sorgfalt darauf verwendet werden sicherzustellen, dass nicht nur auf der Kostenseite (dort zu Gemeinkosten führende), sondern auch auf der Erlösseite auftretende Verbundbeziehungen erfasst und zur Entscheidung transparent gemacht werden. Allerdings ist der Controller und/oder Planer dabei – wie ebenfalls bereits im 6. Kapitel angesprochen – in der Regel mit bedeutsamen Messproblemen konfrontiert. Eine quantitative Erfassbarkeit wird allgemein als kaum möglich angesehen. Werden – etwa gestützt durch Kundenbefragungen oder durch Urteile der Verkäufer – signifikante Erlösverbundenheiten vermutet, so sind die Deckungsbeiträge durch die Einbeziehung der nur subjektiv erfassbaren Verbundinformationen zu ergänzen. Ein Instrument hierzu ist die im nächsten Abschnitt darzustellende Nutzwertanalyse.

Die *Abbildung 11-21* fasst die Aussagen zu Kostenvergleichs- und Deckungsbeitragsrechnungen kurz zusammen.

11.4.3 Nutzwertanalyse

Nutzwertanalysen erlauben die gleichzeitige Berücksichtigung mehrerer Ziele.

Die Nutzwertanalyse ist ein Instrument zur mehrdimensionalen Bewertung von Handlungsalternativen. Sie tritt an die Stelle üblicher monetärer Bewertungsmethoden, wenn monetäre Größen nur eine von mehreren zu verfolgenden Zielsetzungen darstellen und sich die einzelnen Ziele nicht eindeutig in eine einzige Zielhierarchie einordnen lassen. So kann sie z. B. Investitionsrechnungen ergänzen, wenn sich (zumindest einige) monetäre Konsequenzen von Handlungsalternativen nicht exakt bestimmen lassen. Ist etwa eine Entscheidung über die Bereitstellung einer bestimmten Anlage zu treffen, so sind im Allgemeinen die auftretenden Anlagenkosten gut planbar. Die unterschiedlichen Nutzen von zur Wahl stehenden Anlagen (z. B. deren Leistungsqualität, Bedienungsfreundlichkeit und Zukunftssicherheit) lassen sich dagegen meist nicht direkt in Geldgrößen messen. Der Einsatz von Nutzwertanalysen ermöglicht es in solchen Fällen, die Handlungsalternativen auch bezüglich dieser – für den Ausgang der Entscheidung oftmals sehr wichtigen – Merkmale zu vergleichen, da sie zu einer Zusammenführung der einzelnen Kriterienausprägungen zu einem einzigen Wert je Entscheidungsalternative führt. Die Nutzwertanalyse dient dabei der Entscheidungsvorbereitung und sollte im Unternehmenskontext immer durch weitere Instrumente ergänzt werden, da sie auf Grund der Verwendung des Nutzenbegriffs natürlicherweise subjektiv geprägt ist.

Die Nutzwertanalyse wurde unter dem Begriff der »Utility Analysis« in den USA entwickelt und insbesondere von Zangemeister in den 70er Jahren des letzten Jahrhunderts in Deutschland eingeführt. Der wesentliche Vorteil der Nutzwertanalyse als Entscheidungshilfe besteht darin, das zu lösende Problem systematisch, in einer streng einzuhaltenden, zum Teil mehrfach zu durchlaufenden Folge von Schritten zu bearbeiten. Diese Schritte seien im Folgenden an einem Make-or-Buy-Beispiel, der Wahl zwischen Eigen- und Fremdinstandhaltung skizziert.

Am Anfang steht die *Analyse und Zusammenstellung des Zielsystems*. Für das Beispiel heißt dies zu bestimmen, welchen anlagenwirtschaftlichen Zielen ein externer Dienstleister und die eigene Instandhaltungsabteilung grundsätzlich genügen müssen. Derartige Ziele liegen zumeist nur in sehr globaler und damit für das konkrete Entscheidungsproblem zu unpräziser Form vor (hohe Instandhaltungsqualität, Vermeidung von Abhängigkeiten, usw.). Es muss somit eine auf das Entscheidungsproblem bezogene Konkretisierung und Differenzierung in messbare Kriterien erfolgen. Hierbei wird implizit unterstellt, dass jedes Kriterium letztlich durch eine eindimensionale Präferenzstruktur bewertet werden kann (Beitrag zum Nutzwert) und eine *Präferenzunabhängigkeit zwischen den Kriterien* besteht (die Erfüllung eines Ziels also kein anderes beeinflusst). Für das weitere Vorgehen ist es zweckmäßig, die Ziele stufenweise zu präzisieren, also etwa das Ziel »hohe Qualität der Instandhaltungsleistungen« unter anderem durch das Unterziel »hohe Dauerhaftigkeit der Leistungswirkung« und dieses weiter z. B. durch »Verlängerung der Inspektionsintervalle« zu konkretisieren. Wie dieses kurze Beispiel deutlich macht, ergeben sich bei einem solchen Vorgehen hierarchische Zielstrukturen, so genannte Zielbäume.

Die Wurzeln des Instruments liegen in den USA.

Schwierigkeiten der Zielanalyse treten zunächst dadurch auf, dass man am Beginn eines Entscheidungsprozesses nicht immer das ganze Spektrum zu verfolgender Ziele kennt. Dies hat zur Folge, dass vor dem Abschluss der Bewertung nochmals alle vorherigen Stufen überprüft werden sollten. Weiterhin muss man strikt darauf achten, dass die einzelnen notierten Ziele *möglichst überschneidungsfrei* sind. Hat man etwa »Güte der Instandhaltungsplanung« und »Abgleich zwischen planmäßig-vorbeugender und schadensbedingter Instandhaltung« als eigen-

Analyse und Zusammenstellung des Zielsystems

Abb. 11-22

Beispiel eines Zielkatalogs einer Nutzwertanalyse

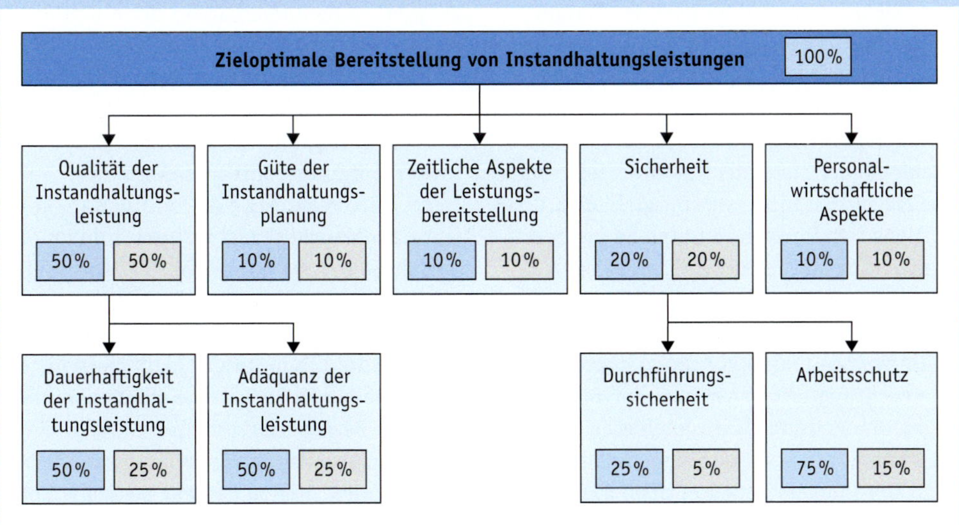

Abb. 11-23

Beispiel einer Profildarstellung einer Nutzwertanalyse

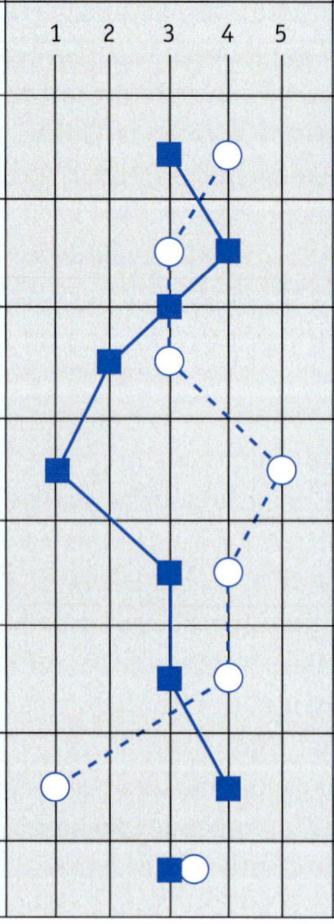

Ziele		Gewicht	Punktwerte	Gewichtete Punktwerte: Eigeninstandhaltung	Gewichtete Punktwerte: Fremdinstandhaltung
Art		Gewicht	1 2 3 4 5	Eigen-instand-haltung	Fremd-instand-haltung
Qualität der Instandhaltungsleistung	Dauerhaftigkeit der Instandhaltungsleistung	0,25		0,75	1,00
	Adäquanz der Instandhaltungsleistung	0,25		1,00	0,75
Güte der Instandhaltungsplanung		0,10		0,20	0,30
Zeitliche Aspekte der Instandhaltungsbereitstellung		0,10		0,10	0,50
Sicherheit der Instandhaltungsdurchführung	Durchführungssicherheit	0,05		0,15	0,20
	Arbeitsschutz	0,15		0,45	0,60
Personalwirtschaftliche Aspekte		0,10		0,40	0,10
Gesamtergebnis				**3,05**	**3,45**

Die Nutzenadditivität ist eine weitreichende Prämisse der Nutzwertanalyse.

ständige Ziele formuliert, so wird der Planungsaspekt zweifach angesetzt: Der optimale Mix an vorbeugender und schadensbedingter Instandhaltung setzt eine funktionierende Instandhaltungsplanung voraus! Schließlich darf die Zahl unterschiedlicher Ziele nicht zu groß sein, damit das Zielsystem insgesamt überschaubar bleibt. Menschen können nur eine begrenzte Zahl (etwa fünf bis sieben) verschiedener Ziele gleichzeitig rational berücksichtigen.

Im zweiten Schritt sind die herausgearbeiteten *Zielsetzungen untereinander zu gewichten*. Diese Gewichtung erfolgt am zweckmäßigsten gemäß den im ersten Schritt gebildeten Ebenen des Zielsystems stufenweise. Bezogen auf das Make-or-Buy-Problem bedeutet dies, dass man zunächst dem Oberziel, der bedarfsgerechten Bereitstellung von Instandhaltungsleistungen, den Zielwert 100 % zuordnet. Darauf folgend müssen diese 100 % Zielwert auf die direkt untergeordneten Ziele »verteilt« werden. Dies bedeutet ein Ordnen der Wichtigkeit dieser Teilziele für das übergeordnete Oberziel. Die Summe dieser Teilzielwerte entspricht genau dem Zielwert desjenigen Ziels, aus dem die Teilzielwerte abgeleitet wurden. Dieses Prinzip lässt sich auf alle Ebenen des Zielsystems anwenden. Sukzessive erhält man somit – wie auch die *Abbildung 11-22* zeigt – Zielwerte für alle im Zielsystem unterschiedenen Komponenten. Die linke, blau hinterlegte Prozentzahl gibt dabei jeweils das Stufengewicht, die rechte, grau hinterlegte, das Gewicht des Teilziels bezogen auf das Gesamtziel wieder.

Diesem analytischen Vorgehen stellen sich allerdings *Schwierigkeiten* entgegen. So ist die Zielgewichtung zuweilen abhängig von der Zielausprägung. Die Bedeutung des Ziels »Sicherstellung einer hohen Güte der Instandhaltungsplanung« als Beispiel muss bei einem grundsätzlich von allen Alternativen erreichten hohen Standard anders beurteilt werden als dann, wenn sich einzelne Bereitstellungswege durch erhebliche Qualitätsmängel »auszeichnen«. Darüber hinaus ist jede Zielgewichtung mit erheblicher Subjektivität des Bewertenden verbunden. Zielgewichtungen sollten deshalb stets von mehreren Personen in Abstimmung vorgenommen und gegenüber der Entscheidungsinstanz offen gelegt werden. Schließlich unterstellt das Vorgehen eine Addierbarkeit der durch die Ziele repräsentierten Teilziele. Eine derartige *Nutzenadditivität* ist eine sehr weitgehende Vereinfachung tatsächlicher Entscheidungsprobleme, die bei der Anwendung des Instruments stets »im Hinterkopf mitgeführt« werden sollte.

Im dritten Schritt sind die zur Wahl stehenden *Handlungsalternativen* daraufhin zu *bewerten*, inwieweit sie die unterschiedenen Teilziele erfüllen können. Um eine direkte Vergleichbarkeit der einzelnen *Zielerreichungsgrade* zu erhalten, müssen die in unterschiedlichen Dimensionen gemessenen Zielerträge einem vereinheitlichenden Bewertungsverfahren unterzogen und so in dimensionslose Zielerfüllungsgrade überführt werden. Hierzu bedient man sich üblicherweise einer Bewertungsskala, die – vergleichbar etwa mit Zeugnisnoten – den jeweiligen Urteilsbereich in gleich lange »Abschnitte« unterteilt. Für jedes Teilziel steht damit eine bestimmte Anzahl von Bewertungsmöglichkeiten (etwa von 1 bis 5) zur Auswahl.

Auch in diese Bewertung fließt erhebliche *Subjektivität* ein, dies insbesondere dadurch, dass sich einzelne Ziele nur sehr schlecht messen lassen. Ziele wie etwa die »Kooperationsbereitschaft des Fremdinstandhalters« zu beurteilen, muss stets Subjektivität unterliegen. Allerdings schafft das systematische, transparente Vorgehen die Basis dafür, die Angemessenheit der Vergabe bestimmter Punktwerte zu diskutieren und damit möglichst weitgehend zu objektivieren. Wie schon für die Zielgewichtung vermerkt, sollte deshalb auch die Bewertung der Zielausprägung möglichst nicht von einem Fachspezialisten allein, sondern im Team – am besten unter Moderation eines Controllers – vorgenommen werden.

In die Bewertung fließt erhebliche Subjektivität ein.

Ein Sonderproblem bei der Bewertung ist schließlich die Vorgabe von *Mindestzielerreichungsgraden*. Durch die Formulierung derartiger Grenzwerte wird sichergestellt, dass in die Entscheidung nur solche Alternativen einbezogen werden, die tatsächlich realisierbar und erwünscht sind. Derartige Grenzwerte sind für die Akzeptanz des Verfahrens von hoher Bedeutung. Nichts kann der Durchsetzbarkeit der als am vorteilhaftesten ermittelten Lösung mehr schaden als die Kritik von dritter Seite, bestimmte Schwellenwerte seien – nicht tolerabel – über- bzw. unterschritten.

Am Abschluss der Analyse steht die *Alternativen(vor)auswahl*. Hierzu werden die einzelnen Zielerfüllungsgrade zunächst mit den Zielgewichtungen multipliziert und die damit ermittelten Produkte dann über das gesamte Zielsystem hinweg addiert. Das – häufig in Profilen, wie eines die *Abbildung 11-23* (vgl. Vorseite) zeigt, veranschaulichte – Ergebnis dieser Addition ist die zusammengefasste Beurteilung, wie weitgehend die Alternativen jeweils die Ziele erreichen. Diesen Gesamtpunktwert muss der Entscheidungsträger im letzten Schritt mit den – stets gesondert zu haltenden – quantifizierbaren Kosten und Erlösen der zu beurteilenden Alternativen vergleichen, um letztlich die für das Unternehmen insgesamt beste Lösung auszuwählen. Auch hierfür lässt sich ein nutzwertanalytischer Ansatz wählen. Damit lässt sich Subjektivität wiederum zwar nicht gänzlich vermeiden – allerdings wird die Objektivierung bis an die Grenzen des Möglichen vorangetrieben, insbesondere dann, wenn ein Controller den gesamten Prozess des Verfahrens moderierend begleitet.

Die *Abbildung 11-24* fasst die wichtigsten Aussagen zum Instrument Nutzwertanalyse in der gewohnten Darstellung eines Steckbriefs kurz zusammen.

11.4.4 Nutzschwellenanalysen und Simulationsrechnungen

Die zur Willensbildung heranzuziehenden Informationen sind in aller Regel nicht hinreichend

Abb. 11-24

Instrumenten-Steckbrief Nutzwertanalyse

Kurzcharakterisierung
- Instrument zur Bewertung von Alternativen bei mehrfacher, nicht oder nur ausschnittweise monetärer Zielsetzung
- Ergänzung bzw. Ersatz monetärer Bewertungsverfahren

Prämissen
- kardinale Nutzenskalierung
- Additivität und Unabhängigkeit der einzelnen nicht-monetären Ziele (als dimensionslose Nutzen)
- Beherrschung der Subjektivität der Zielgewichtung und Alternativenbewertung
- Qualifizierbarkeit von Zielgewichtungen und Alternativenbewertungen
- Präferenzunabhängigkeit der Kriterien und Alternativen

Merkmale
- Zerlegung des Gesamtziels
- Bewertung der Teilziele
- Bewertung der Alternativen bezüglich der einzelnen Teilziele
- Aggregation der gewichteten Bewertungen zu einem Gesamtwert

Kurzbeurteilung

+	–
systematisches Vorgehen	Gefahr von Scheingenauigkeit
Möglichkeit zu hoher Problemtransparenz	Gefahr des Methodenmissbrauchs durch Willkür und Macht
Möglichkeit zur Objektivierung subjektiver Werturteile	aufwändiges Verfahren
Basis tiefgehender Kommunikationsprozesse	

Nutzschwellenanalysen werden häufig für Zwecke von Erfolgsprognosen verwendet.

Einfache Nutzschwellen sind sehr »prämissenreich«.

sicher. Resultierenden Wissensdefiziten lässt sich auf mehreren Wegen begegnen. Der theoretisch exakteste von diesen ist das Rechnen mit Eintrittswahrscheinlichkeiten, das vom Ansatz von Erwartungswerten bis hin zu komplexen mathematischen Modellen reicht. Alle derartigen Methoden setzen die Kenntnis der Wahrscheinlichkeitsverteilung für die unsicheren Daten voraus – Informationen, die in der Praxis ebenfalls nicht immer vorhanden sind. Weniger ambitionierte Verfahren sind Nutzschwellenanalysen und Simulationsrechnungen, die prinzipiell die Lösung eines Entscheidungsproblems für unterschiedliche Bedingungskonstellationen »durchspielen« und dem Entscheidungsträger dadurch einen Eindruck über die Tragfähigkeit bzw. Resistenz der Lösung gegenüber Änderungen der Einflussgrößen vermitteln.

Nutzschwellenanalysen dienen speziell dazu, kritische Werte für die in einem Entscheidungsproblem relevante Zielgröße (z. B. Gewinn) zu bestimmen. Sie werden immer dann durchgeführt, wenn nicht (hinreichend) sicher ist, welche Ausprägung eine oder mehrere Variable(n) annehmen werden. Betrachten wir die Entscheidung, ein neues Produkt mit einer Maschine zu fertigen, die wenig automatisiert ist und damit geringe Anschaffungskosten, aber hohe variable Kosten verursacht, oder aber einen teuren Automaten mit niedrigen leistungsabhängigen Kosten zu beschaffen. Hierfür ist es entscheidend, wie hoch der Absatz und damit auch die Produktionsmenge sein wird. Gerade bei neuen Produkten fällt eine solche Prognose jedoch sehr schwer. Deshalb erweist es sich als hilfreich, diejenige Menge zu kennen, bis zu der die in der Anschaffung billigere Anlage auch von der Gesamtkostensituation her gesehen günstiger ist.

Kann man sicher sein, dass sich diese Menge auf jeden Fall absetzen lässt, fällt die Entscheidung für den Automaten. Unterschreiten die Absatzerwartungen die Nutzschwelle, so ist die »billigere« Maschine kostengünstiger. Nur dann, wenn die kritische Produktionsmenge (z. B. 7500 Stück) genau im Bereich des erwarteten Absatzvolumens liegt (z. B. wenn die Schätzungen von 7000 bis 8000 Stück reichen), hilft die Nutzschwellenanalyse nicht weiter.

Erfolgsprognosen zählen zu den »klassischen« Anwendungsfeldern der Nutzschwellenanalyse. Im einfachsten Fall wird von einem erzielbaren Verkaufspreis, proportionalen Kosten und einem Fixkosten«sockel« für die Bereitstellung der Produktionsmöglichkeit ausgegangen und danach gefragt, bei welcher Absatzmenge die Gesamtkosten der Summe der Erlöse (Umsatz-Gesamtkostenmodell) bzw. die Summe der Deckungsbeiträge dem Fixkostenbetrag (Deckungsbeitrags-Modell) gerade entspricht. Diese Nutzschwelle (»Break-Even-Point«) ist der Ausgangspunkt für sortimentspolitische Entscheidungen.

Für das einfache Grundmodell der Break-Even-Analyse gilt eine ganze Reihe impliziter Prämissen:

- Kosten und Erlöse werden ausschließlich von der Beschäftigung bzw. Ausbringungsmenge beeinflusst. Andere Einflussfaktoren, wie Beschaffungs- und Verkaufspreise, Lagerbestandsveränderungen oder produktionstechnische Größen sind vernachlässigbar.
- Für Erlöse und Kosten wird eine proportionale Abhängigkeit bzw. eine lineare Funktion unterstellt. Nicht immer ist aber die Realität so einfach, dass man nur eine einzige Absatzmenge ermittelt, für die Erlöse und Kosten übereinstimmen. Immer dann, wenn die betrachteten Kosten- und Erlösfunktionen »Sprünge« aufweisen, können mehrere derartige kritische Werte auftreten. Sprünge entstehen etwa bei den Fixkosten dann, wenn bei Übersteigen bestimmter Produktionsmengen die bestehenden Kapazitäten nicht mehr ausreichen und z. B. ein weiterer Fertigungsarbeiter eingestellt werden muss. Sprünge der Erlösfunktion ergeben sich beispielsweise durch Rabattschwellen. Je mehr Nutzschwellen ermittelt werden, desto weniger hilfreich sind die Ergebnisse für Zwecke der Erfolgsprognose. Im Grenzfall gilt nur noch die Aussage, dass vermutlich ein nicht stark um Kostendeckung schwankender (positiver oder negativer) Erfolg erreicht wird.
- Sämtliche Daten und Funktionen im Modell werden als sicher und bekannt vorausgesetzt.
- Die Maximierung des Periodengewinns bildet das alleinige oder vorrangige Ziel des Unternehmens.
- Veränderungen innerhalb der Betrachtungsperiode und mehrperiodige Entwicklungen

Beispiel

Break-Even-Analyse für die Einproduktbetrachtung

Im Beispiel werden folgende Ausgangsdaten angenommen:

Preis pro verkaufte Einheit (p)	= 5000 Euro
Variable Kosten pro produzierte Einheit (v)	= 3000 Euro
Fixkosten pro Jahr (F)	= 15 Mio. Euro
Menge der verkauften Einheiten (x) pro Jahr	≤ 10 000 Stück

1. Das Umsatz-Gesamtkostenmodell:

Es soll gelten: Umsatz = Kosten

$(p \times x) = F + (v \times x)$

Durch Umformung erhält man: $x = F/(p - v)$

$x = 15\ ME/(5000 - 3000)$ Euro

$x = 7500$ Euro

Somit entsteht in unserem Beispiel bei einer Absatzmenge von 7500 Stück weder Gewinn noch Verlust. Sobald die Absatzmenge links vom Break-Even-Punkt liegt, sind die Gesamtkosten höher als der Umsatz, es entsteht also ein Verlust. Umgekehrt ist rechts vom Break-Even-Punkt ein positives Produktergebnis bzw. ein Gewinn zu erwarten.

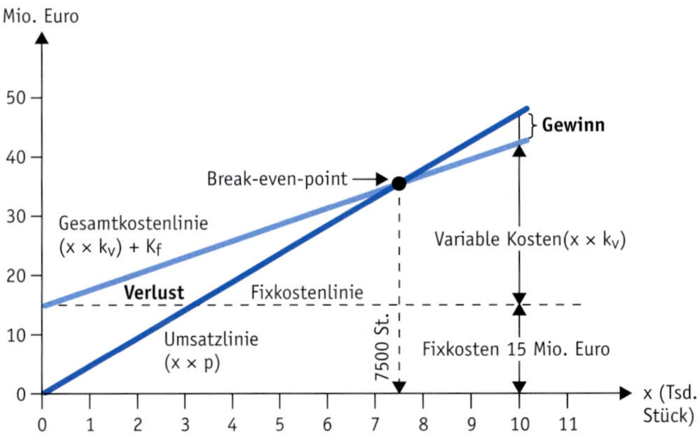

Break-Even-Analyse: Das Umsatz-Gesamtkostenmodell

2. Das Deckungsbeitrags-Modell:

Das oben erwähnte Postulat: Umsatz = Kosten

$(p \times x) = F + (v \times x)$

lässt sich umformen zu: Deckungsbeitrag = Fixkosten

$(p - v)x = F$

$(5000 - 3000)x = 15\ ME$

$x = 7500$ Euro

Der Break-Even-Punkt von 7500 Stück wird hier erreicht, wenn die Deckungsbeitragslinie die Fixkostenlinie schneidet. Sobald die Absatzmenge links vom Break-Even-Punkt liegt, ist die Summe der Deckungsbeiträge niedriger als die Summe der Fixkosten, es entsteht also ein Verlust. Umgekehrt ist rechts vom Break-Even-Punkt ein positives Produktergebnis bzw. ein Gewinn zu erwarten.

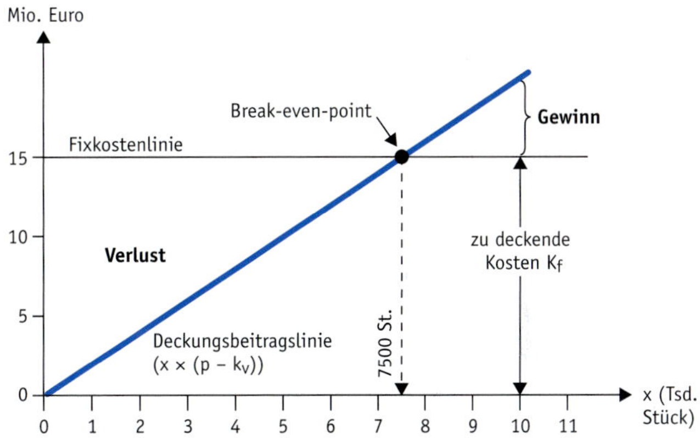

Break-Even-Analyse: Das Deckungsbeitrags-Modell

Quelle: Coenenberg/Fischer/Günther (2007), S. 285 ff.

werden nicht berücksichtigt. In diesem Zusammenhang ist auch darauf hinzuweisen, dass Fixkosten in der Praxis nicht immer eindeutig der betrachteten Periode zugerechnet werden können.

Anders als Nutzschwellenanalysen stellen *Simulationsrechnungen* zum einen nicht nur auf die Änderung einer einzelnen Einflussgröße ab und sind zum anderen nicht explizit darauf gerichtet, kritische Ausprägungen, d. h. solche, für die die Vorteilhaftigkeit einer Entscheidungsalternative wechselt, zu bestimmen. Sie fragen vielmehr allgemeiner danach, wie sich die Ausprägung der Zielgröße(n) in Abhängigkeit von unterschiedlichen Werten der Einflussgröße(n) ändert. Sie wollen damit die Validität der vorab ermittelten Handlungsempfehlung überprüfen helfen. Simulationsrechnungen sind ein geeignetes Mittel dafür, den Wert ermittelter Planungsergebnisse angesichts der allgemeinen Planungsunsicherheit realistisch(er) einzuschätzen. Das bewusste Offenlassen der Ausprägung kritischer Einflussfaktoren für den Entscheidenden erhöht darüber hinaus die Akzeptanz der Entscheidungsvorbereitung. Die hohe Bedeutung von Simulationsrechnungen wird unter anderem daran deutlich, dass man heute kaum noch

Simulationsmodelle helfen, der allgemeinen Planungsunsicherheit besser gerecht zu werden.

kaufmännische Software findet, in der kein Simulationsmodul enthalten ist.

11.4.5 Zero Base Budgeting

Das Zero Base Budgeting versucht, die Wirtschaftlichkeit von typischen Gemeinkostenbereichen zu steigern.

Das *Zero Base Budgeting* (ZBB) wurde in den 60er Jahren von Pyhrr bei der Firma Texas Instruments entwickelt (vgl. Pyhrr 1970, 1977) und stellt eine mögliche Form der analytischen Aufgabenplanung dar. Dabei wird von jedem Manager verlangt, sein Budget vollständig und detailliert von Grund auf (»Zero Base«) zu begründen, wobei die Beweislast, warum überhaupt Kosten verursacht werden sollen, beim Manager selbst liegt. Die Planungsverantwortlichen müssen alle notwendigen, sinnvollen und gewünschten Teilaufgaben benennen, Aussagen darüber treffen, wie weitgehend die Teilaufgaben wahrgenommen werden müssen bzw. sollen, und schließlich alle damit gebildeten »Handlungsbausteine« nach ihrem Nutzen-Kosten-Verhältnis beurteilen. Die sich daraus ergebende »Wunschliste« kann soweit realisiert werden, wie Budgetmittel zur Verfügung stehen.

Abb. 11-25

Die Schritte des Zero Base Budgeting (in Anlehnung an Meyer-Piening 1994, S. 189)

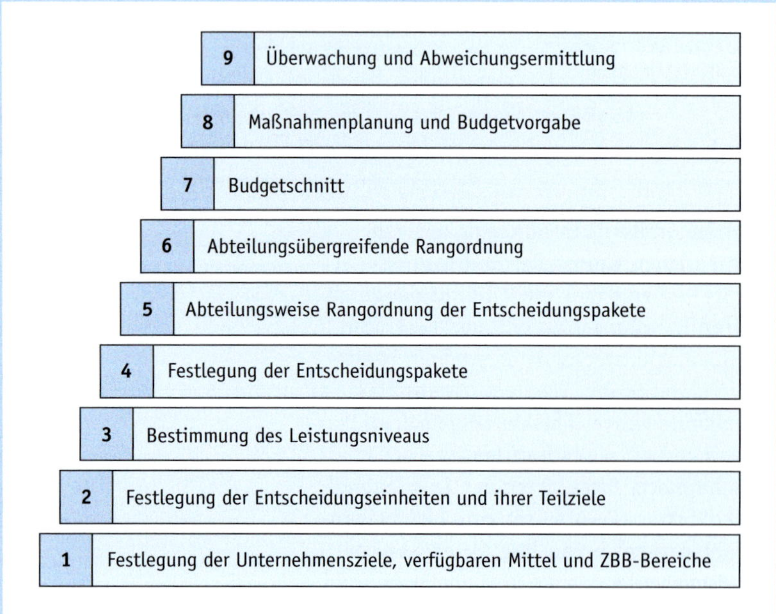

Im Einzelnen lässt sich der Ablauf des Verfahrens in 9 Stufen beschreiben (vgl. Meyer-Piening 1994, S. 183–219; Pyhrr 1999 und die *Abbildung 11-25*):

- *Stufe 1* dient als Vorbereitungsphase der Teambildung und der Herausarbeitung der Analyseziele.
- *Stufe 2* hat die Festlegung von Entscheidungseinheiten und ihrer Teilziele zum Inhalt. Entscheidungseinheiten sind dabei als Bündel von Aktivitäten definiert, die im Rahmen des Zero-Base-Budgeting-Prozesses analysiert werden sollen. Sie entsprechen in der Regel einer Kostenstelle oder Teilen davon. Die ausgewählten Aktivitäten müssen hinreichend gemeinsame Merkmale haben, so dass eine Abgrenzung gut möglich ist.
- In *Stufe 3* werden eine Ist-Analyse vorgenommen und Menge und Qualität der Arbeitsergebnisse einer Entscheidungseinheit auf verschiedenen Leistungsniveaus bestimmt. Dabei werden in der Regel für jede Entscheidungseinheit nur drei Leistungsniveaus differenziert: Leistungsniveau 1 umfasst die zur Erhaltung eines geordneten Arbeitsablaufs zwingend erforderlichen Arbeitsergebnisse (Minimalniveau). Leistungsniveau 2 umfasst die durch Arbeitsanweisungen geregelten Ist-Arbeitsabläufe. Leistungsniveau 3 umfasst wünschenswerte Leistungen im Hinblick auf die kurz-, mittel- und langfristige Zukunftssicherung.
- *Stufe 4* hat die Aufgabe, für jedes Leistungsniveau das wirtschaftlichste Verfahren und die damit verbundenen Kostensenkungspotentiale zu ermitteln. Beispielsweise ist zu prüfen, ob das jeweilige Leistungsniveau mit manuellen oder maschinellen, internen oder externen, zentralen oder dezentralen Verfahren am kostengünstigsten erreicht werden kann.
- In *Stufe 5* wird von jeder Entscheidungseinheit ein Entscheidungspaket je Leistungsniveau definiert. Diese zusammen bilden die Entscheidungsvorlage für das Management und fassen die wichtigsten Informationen zusammen: Welches ist das Arbeitsergebnis (Leistungsniveau)? Wie soll es erzielt werden? Welche Verfahren wurden geprüft? Welche Vorteile hat das Leistungsniveau gegenüber dem jeweils Niedrigeren? Welche Konse-

quenzen für andere Bereiche ergeben sich? Was kostet die Leistung?

- In *Stufe 6* wird die Rangordnung der Entscheidungspakete definiert. Sie basiert auf einer Abwägung von Kosten und Nutzen der Pakete im Hinblick auf die Unternehmensziele und wird auf der Basis von intensiven Diskussionen auf allen Ebenen der Führungshierarchie gebildet.
- In *Stufe 7* erfolgt der »Budgetschnitt«, d. h. die Unternehmensleitung legt die Rangfolge endgültig fest und genehmigt die erforderlichen Ressourcen.
- In *Stufe 8* werden die aus dem Budgetschnitt resultierenden Zielvorgaben für die Gemeinkostenbereiche um kontrollierbare Maßnahmen ergänzt, die zur Realisierung der beschlossenen Veränderungen führen sollen. Parallel dazu sollte die Unternehmensleitung Prioritäten, verfügbare Mittel, Ursachen und Wirkungen intensiv im Unternehmen kommunizieren.
- *Stufe 9* umfasst die laufende Kontrolle von Maßnahmen und Gemeinkosten.

Als *zentrale Merkmale* des Zero Base Budgeting lassen sich die Folgenden nennen:

- ZBB beginnt gleichsam »auf der grünen Wiese« und ermöglicht so eine analytische Neuplanung. Der Ansatz zielt dabei in der Regel auf eine Umverteilung von Gemeinkosten: Diese sollen in den bisher bearbeiteten Aufgabenfeldern abgebaut werden, um damit Mittel freizumachen für neue, strategisch bedeutsame Funktionsbereiche (vgl. hierzu auch Meyer-Piening 1994, S. 224–226).
- Der Nutzen der einzelnen »Handlungsbausteine« wird nicht absolut, sondern nur relativ skaliert (Bildung einer Rangreihe). Mögliche unterschiedliche Abstände zwischen den einzelnen Rangpositionen werden vernachlässigt. Hiermit wird ein praktikabler Weg beschritten, den Schwierigkeiten der Erfassung des Nutzens von Verwaltungsleistungen zu begegnen.
- Das ZBB geht prinzipiell nicht von einem unverrückbar vorgegeben Gesamtbudget aus, sondern sieht explizit eine Simulation unterschiedlicher Budgethöhen vor.
- ZBB setzt stark auf die Mitarbeit dezentraler Führungskräfte. In ihrer Einbeziehung wird zugleich ein wesentlicher Nutzen dieser Planungstechnik gesehen.

Problematisch am ZBB ist zunächst, dass es nicht immer gelingt, die Manager dazu zu motivieren, eigene Leistungen grundsätzlich in Frage zu stellen. Schnell wird aus der Erstellung von Rangordnungen ein politisches Spiel (vgl. Boyd 1980, S. 101). Zudem und vor allem ist der in der Praxis erhebliche Aufwand des Verfahrens zu nennen (vgl. Meyer-Piening 1980, S. 694 f.; Oehler 2002, S. 86). Wird wirklich für alle Aufgaben explizit und detailliert jährlich eine Planung mit dem ZBB durchgeführt, so ist dies in der Regel mit geradezu prohibitivem Zeitaufwand verbunden. Dies dürfte auch der Grund dafür sein, dass sich das ZBB, das keineswegs erst seit der Diskussion um die Neugestaltung der Budgetierung propagiert wird, in den vergangenen rund 20 Jahren nicht in der Praxis durchsetzen konnte. Als Element eines Better-Budgeting-Konzepts, das eine entfeinerte bzw. stark fokussierte Budgetierung fordert, hingegen verspricht der Aufwand des ZBB begrenzbar zu sein. Das ZBB könnte so zu einem effektiven und aufwandsmäßig akzeptablen Element eines Better Budgeting-Ansatzes werden und helfen, die »klassische« fortschreibungsdominierte Budgetierung in dynamischen Kontexten zu ersetzen.

Eine jährliche Durchführung des ZBB ist mit sehr hohen Kosten verbunden.

ZBB kann ein wichtiges Element eines »Better Budgeting« sein.

11.4.6 Activity Based Budgeting

Die neben dem Zero Base Budgeting zweite im Rahmen des Better Budgeting diskutierte Alternative zur analytischen Planung stellt das so genannte *Activity Based Budgeting* (kurz ABB) dar. Bei diesem handelt es sich um eine Weiterentwicklung des Activity Based Costing (ABC) bzw. der Prozesskostenrechnung (vgl. Brimson/Antos 1999, S. XI). Während die »klassischen« Budgetierungsprozesse die Wirkungsketten und Kausalitäten verdecken, richtet das Activity Based Budgeting den Blick auf »understanding activities and their relationship to achieving strategic goals« (Brimson/Antos 1999, S. 10).

Die Planungsverantwortlichen müssen beim ABB zunächst die Outputs identifizieren, die zur

Das Konzept des Activity Based Budgeting an einem Beispiel

Erreichung der gesetzten (Unternehmens-)Ziele erforderlich sind. Diese Outputs müssen dann auf die für ihre Erstellung nötigen Aktivitäten und Einzelschritte herunter gebrochen werden. Für jede dieser Aktivitäten sind dann so genannte »Unit Costs« zu ermitteln, d. h. diejenigen Kosten, die für die Durchführung einer Einheit der betrachteten Aktivität anfallen. Anschließend werden die erforderlichen Aktivitätsniveaus pro Output und die für die gewollten Outputniveaus nötigen Gesamt-Aktivitätszahlen bestimmt. Auf so genannten Budget Review Panels werden die Aktivitätsbudgets der einzelnen Abteilungen und Bereiche im Unternehmen synchronisiert und im Hinblick auf die insgesamt zur Verfügung stehenden Mittel überprüft. Gegebenenfalls wird dieser Prozess mehrmals durchlaufen, so dass schließlich alle gewünschten Outputs mit den für sie erforderlichen Aktivitäten koordiniert und aufgeteilt sind (vgl. zum Vorgehen im Detail Brimson/Antos 1999, S. 103–139; Brimson 2003, S. 362–366, sowie die *Abbildung 11-26*).

Den Unterschied zwischen einer »klassischen« an Kostenarten orientierten Budgetierung und einer Budgetierung auf Basis von Aktivitäten stellen Brimson/Antos (1999) an dem Beispiel der Backoffice-Operationen in einer Bank zur Bearbeitung von Privatkundenkrediten dar. Die *Abbildung 11-27* gibt einen Einblick, wie sich die Budgets in diesem Beispiel unterscheiden (für eine detaillierte Darstellung der Überführung des traditionellen Budgets in ein »Activity Budget« vgl. Brimson/Antos 1999, S. 11 u. S. 103–139).

Abb. 11-26

Die Schritte des Activity Based Budgeting

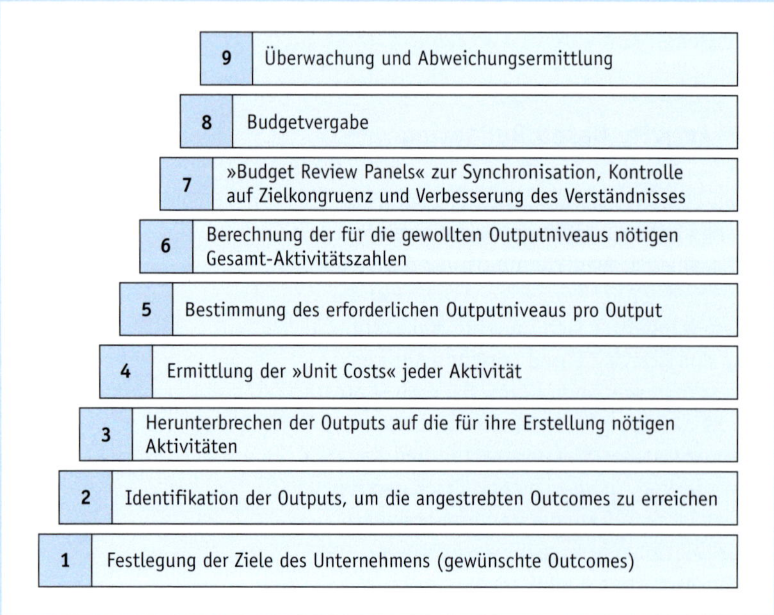

Als zentrale *Charakteristika* des Activity-Based-Budgeting-Ansatzes sind hervorzuheben:

- Aufspaltung der Handlungen in »primary« (direkt wertschaffende) und »secondary« activities (zur Unterstützung der »primary«) (vgl. Brimson/Antos 1999, S. 49 f.). Dabei ist zu beachten, dass »secondary activities are not necessarily non-value-added or unimportant but should be scrutinized when planning. An organization's major responsibility is to ensure that secondary activities increase the effectiveness of the primary activities and do not waste resources that could be more effectively used elsewhere« (Brimson/Antos 1999, S. 50).
- Verknüpfung der Strategie mit den Prozessen und einzelnen Handlungen und Analyse der Auswirkungen der Handlungen auf die Strategie (vgl. Brimson/Antos 1999, S. 57–64).
- Verwendung des Target-Costing-Ansatzes – den wir im 12. Kapitel (Abschnitt 12.4.2) noch kennen lernen werden – zur Bestimmung der Verkaufspreise und Prognose der Absatzmengen, die ihrerseits die »Workload« einzelner Aktivitäten bestimmen (vgl. Brimson/Antos 1999, S. 65; Leahy 2001, S. 46).
- Einsatz von »Feature Costing«: Zuordnung der Kosten auf einzelne Aktivitäten und Produkte auf der Basis der Produkteigenschaften (vgl. Brimson/Antos 1999, S. 87). Hierdurch werden Einflüsse auf den Kostenanfall aufgespürt, die auf spezifische Eigenschaften individueller Produkte oder Dienstleistungen zurückzuführen sind. Die Kenntnis dieser Einflüsse erlaubt es, die Volatilität der Kosten zu begrenzen und zu leichter prognostizierbaren Kosten zu kommen.
- Striktes Kapazitätsmanagement: Zuordnung von Ressourcen zu Aktivitäten, so dass aus-

Abb. 11-27

Traditionelle Budgets und Aktivitätenbudgets (in Anlehung an Brimson/Antos 1999, S. 11)

Traditional Budget

Expense Category	Budget ($)
Salaries	500,000
Benefits	150,000
Supplies	40,000
PC	60,000
Travel	50,000
Consulting	70,000
Telephone	30,000
	930,000

Activity Budget

Activity Description	Cost per Output ($)	Usage per Output	Activity Cost ($)
Process mail	0.25	20,000	5,000
Initial review	17.500	20,000	350,000
Professional review	50.00	1,000	50,000
Adjuster review	30.00	2,000	60,000
Create EOB	9.00	20,000	180,000
Create check	6.00	12,000	72,000
Answer questions	4.20	10,000	42,000
Litigate claims	300.00	500	150,000
Manage department			21,000
			930,000

reichend Kapazitäten zur Durchführung der Aktivitäten zu Verfügung stehen, ohne jedoch Überkapazität in Kauf zu nehmen (vgl. Brimson/Antos 1999, S. 78).

Für eine analytische Planung mithilfe des Activity Based Budgeting spricht, dass dadurch eine realistischere Einschätzung der Arbeitsbelastungen (insbesondere auch im Hinblick auf den Einfluss der gewünschten Service Levels) erreicht wird. Hierdurch lassen sich auch überschüssige oder fehlende Kapazitäten einzelner Aktivitäten leichter erkennen (vgl. Brimson/Antos 1999, S. 12). Darüber hinaus erleichtert das ABB das Verständnis, wie Produkte und Dienstleistungen des Unternehmens unternehmensintern »Nachfrage« für spezifische Aktivitäten generieren, die ihrerseits die benötigten Ressourcen beeinflussen (ebenda, S. 12). Es bietet dadurch einen maßnahmenorientierten Einblick in die möglichen Ursachen von Abweichungen. Auch wird durch den Einsatz des ABB eine prozessorientierte Sicht im Unternehmen verankert, die explizit die Interdependenzen einzelner Abteilungen und Einheiten aufzeigt (ebenda, S. 12).

ABB bietet eine Reihe von Vorteilen.

Diesen Vorteilen des Activity Based Budgeting steht jedoch der mit dem Ansatz verbundene Aufwand gegenüber (vgl. auch Leahy 2001, S. 46). Ähnlich wie beim Zero Base Budgeting liegt beim ABB die Achillesferse beim (jährlich) erforderlichen Aufwand. Auch beim Activity Based Budgeting ist somit davon auszugehen, dass sich dieses nur bei konsequenter Fokussierung auf erfolgsrelevante und sensitive Bereiche in der Praxis »rechnen« dürfte. Darüber hinaus dürften die im ABB verwendeten Begriffe »value-added« und »non value-added« für die beiden verwendeten Aktivitätenklassen nicht gerade auf viel Gegenliebe der Mitarbeiter der »non value-added activities« stoßen (vgl. auch die Erfahrungen hierzu von Scottish Courage Brewing aus der Scottish & Newcastle Group beschrieben bei Liu/Martin/Robinson 2002). Hier erscheint eine andere Bezeichnung der Aktivitätentypen für den Praxiseinsatz angezeigt.

Auch das Activity Based Budgeting ist sehr aufwändig.

11.4.7 Rolling Forecasts

Ein aktuelles Anliegen der Budgetierungspraxis ist die *Verbesserung der Prognosetätigkeit*. Hierzu dient einerseits die intensivere, analytische Durchdringung der Planungsgegenstände (beispielsweise mit dem bereits dargestellten Zero Base Budgeting oder dem Activity Based Budgeting). Andererseits sollen so genannte *Rolling Forecasts* (rollierende Vorschaurechnungen oder rollierende Prognosen) den bei der »klassischen« Budgetierung bestehenden Einjahresfokus und die Tendenz zur raschen Veralterung durch einen quasi kontinuierlich überarbeiteten und rollierenden 12 oder 18 Monatsausblick überwinden helfen (vgl. auch Wraniczek o. J., S. 11).

Rolling Forecasts sollen die Jährlichkeit der traditionellen Budgetierung ergänzen.

Zentrale Unterschiede eines Rolling Forecast und eines klassischen Budgets

Richtig gestaltet, erlauben es rollierende Forecasts den Unternehmen, sowohl die Lücke zwischen der Strategie und dem operativen Geschäft zu reduzieren (oder im Idealfall ganz zu schließen), als auch einen zuverlässigeren, da regelmäßig um neue Erkenntnisse ergänzten Eindruck über die Entwicklung des Geschäfts zu gewinnen (vgl. hierzu auch Montgomery 2002, S. 42). Unter der Voraussetzung, dass sie nur zur Prognose und nicht auch zur Motivation (d. h. zur Vergütung bei Soll-Erreichung durch den Budgetverantwortlichen) herangezogen werden, wird neben der häufigeren Aktualisierung auch der geringere Anreiz zur Verzerrung von Informationen in solchen reinen Forecasts zu einem besseren Prognoseergebnis führen (vgl. hierzu auch Hope/Fraser 2003a, S. 6; vgl. zu den Problemen bei der Kombination der Prognose- und der Motivationsfunktion in einem Instrument auch Hopwood 1974, S. 45).

Während rollierende Vorschaurechnungen diverse Vorteile in einem dynamischen Unternehmensumfeld bieten, haben viele Unternehmen in der Praxis jedoch Probleme, diese Prognoserechnung auf der einen Seite klar von Budgets zu trennen, sie aber auf der anderen Seite gleichzeitig mit diesen zu verknüpfen (vgl. Montgomery 2002, S. 41). Eben dies ist jedoch eine Voraussetzung für deren Effektivität.

Ein Grund für die Implementierungsprobleme dürfte die in der Praxis bisher zum Teil geringe Bekanntheit der Unterschiede zwischen rollierenden Prognosen und Budgets sein. Die rollierende Vorschau unterscheidet sich dabei in drei zentralen Punkten von der Budgetierung (vgl. Brenner/Leyk 2004, S. 106 f.):

- Sie betrachtet nicht eine fixe Ziellinie am Ende des Geschäftsjahrs, wenn Erlöse und Kosten und andere Elemente mit den im Budget fixierten Zielvorgaben verglichen werden. Somit wird ihr Betrachtungshorizont nicht – wie bei klassischen Forecasts – von Monat zu Monat kürzer, sondern bleibt konstant bei jeweils 12 oder 18 Monaten (vgl. hierzu die *Abbildung 11-28*).
- Sie enthält nur wenige zentrale Größen wie beispielsweise Auftragseingänge, Umsatz, Kosten oder Investitionsausgaben. Hierdurch lässt sie sich relativ leicht und schnell, unter Umständen sogar durch nur eine einzelne Person an einem einzelnen Tag erstellen.

Abb. 11-28

Operative Budgetierung und rollierende Prognose im Vergleich

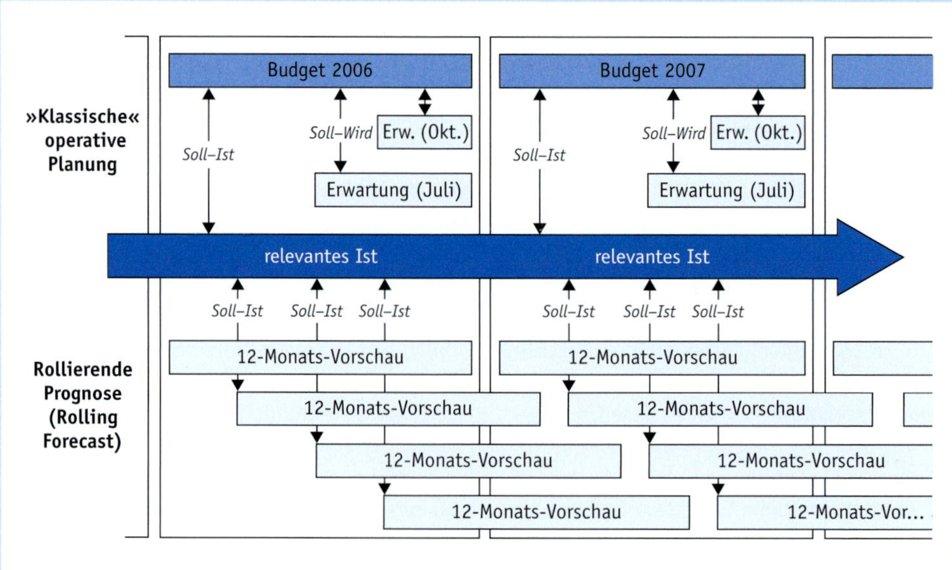

- Sie baut auf einer regelmäßig aktualisierten Datenbasis (z. B. über die wirtschaftliche Entwicklung) auf und ist somit ein zuverlässigeres Prognoseinstrument als Budgets, die nur einmal gegen Ende des Vorjahres erstellt werden.

Als Erfolgsfaktoren rollierender Prognosen werden in der Literatur die Folgenden genannt (vgl. hierzu auch Montgomery 2002, S. 43):

- *»Big picture view«*
  Während Budgets (relativ) detaillierte Kurzfristpläne sind, steht bei Rolling Forecasts das langfristig relevante Gesamtbild der Entwicklung des Unternehmens im Vordergrund (vgl. Brenner/Leyk 2004, S. 107 f.). Dieser »big picture view« bietet auch eine gute Gelegenheit, die in der Strategie enthaltenen Konzepte und Ideen in die Prognose einzubeziehen und sie nicht – wie bei der »klassischen« Budgetierung häufig zu beobachten – in einer Zahlen- und Detailfülle untergehen zu lassen. Die Forecasts sollten folglich auf einer aggregierten Ebene erfolgen und vordringlich Bereiche mit hoher Sensitivität gegenüber Umweltentwicklungen bzw. hoher Strategierelevanz enthalten (vgl. hierzu auch Montgomery 2002, S. 43; ähnlich auch Hope/Fraser 2003a, S. 6). Ohne Entfeinerung und Fokussierung führen rollierende Forecasts hingegen schnell dazu, dass »organizations end up preparing mid-year or even quarterly ›re-budgets‹, with all of the associated effort« (Montgomery 2002, S. 41).

- *Automatisierung*
  Durch den Einsatz vorlaufender und nachlaufender Indikatoren und für rollierende Prognosen ausgelegter Softwarelösungen lässt sich die Effizienz der Erstellung der Vorschaurechnung sicherstellen (vgl. zur Bedeutung geeigneter Tools für die rollierende Prognose Leahy 2002, S. 43).

- *Enge Verknüpfung mit, aber klare Trennung von der Budgetierung*
  Durch den Einsatz aussagekräftiger, leicht verständlicher und mit der Budgetierung kompatibler Größen in der Vorschau, durch eine effektive Feedback-Schleife, die Budgets und Forecasts regelmäßig abgleicht, und durch ein »Exception Reporting«, das die Aufmerksamkeit auf Ausreißer richtet, lassen sich Budgetierung und rollierende Prognose miteinander verzahnen, ohne sie jedoch zu vermengen (vgl. Montgomery 2002, S. 43 f.).

11.4.8 Abweichungsanalyse

Nach diversen operativen Planungsinstrumenten wollen wir nun noch zwei wichtige Kontrollinstrumente vorstellen. Das erste von beiden ist von seiner Entstehungsgeschichte im Rechnungswesen verankert – aber nicht darauf beschränkt – und wird dort im Bereich der Plankostenrechnung diskutiert. Je nach verwendetem Rechnungskonzept differenziert die Abweichungsanalyse unterschiedliche Abweichungsarten und schafft so wichtige Informationen, um die Abweichungen in ihren Konsequenzen beurteilen zu können. Ihrem Charakter nach ist die kostenrechnerische Abweichungsanalyse – unabhängig von ihrer konkreten Ausprägung – eine Ergebniskontrolle.

Rolling Forecasts sollen ein »big picture« ermöglichen.

Basis der Abweichungsanalyse im Rahmen der Plankostenrechnung ist die Planung der Kosten einer Kostenstelle bzw. eines Verantwortungsbereichs auf der Basis von Kostenfunktionen (vgl. auch nochmals die Ausführungen im 6. Kapitel des Buches, speziell die *Abbildung 6-6*, S. 145). Für die erwartete Beschäftigung der Kostenstellen wird ein Planverrechnungssatz pro Beschäftigungseinheit (z. B. pro Maschinenstunde) bestimmt, mit dem die während der Planungsperiode erbrachten Leistungen verrechnet werden. Im System der flexiblen Plankostenrechnung handelt es sich dabei um einen Vollkostenplanwert; bei der Grenzplankostenrechnung werden nur variable Kosten verrechnet (vgl. nochmals Abschnitt 6.2.2.2.2 dieses Buches).

Die von Controllern am häufigsten durchgeführte Kontrolle findet im Rahmen der monatlichen Abweichungsanalysen in den Kostenstellen statt.

Am Ende der Planperiode sind zwei Kostenwerte zueinander in Beziehung zu setzen: die insgesamt über die Planperiode hinweg sukzessiv verrechneten Plan-Kosten und die Ist-Kosten. Die ursprünglich für die Plan-Beschäftigung ermittelten Plan-Kosten sind vor dem Hintergrund der Kontrolle deshalb wenig aussagefähig, weil sie ex definitione nicht die Abweichungen

In der Plankostenrechnung werden drei Abweichungsarten unterschieden, die von den Kostenstellenverantwortlichen unterschiedlich zu begründen sind.

Problem der Abweichungsüberschneidungen

der Ist-Beschäftigung von der Plan-Beschäftigung berücksichtigen können. Sie haben lediglich dann eine wesentliche Bedeutung, wenn sie die Basis zur Kostenbudgetierung bilden.

Aber auch die verrechneten Plan-Kosten müssen – für den Fall der Flexiblen Plankostenrechnung – noch korrigiert werden: Bedingt durch ihren Verteilungsmodus der Fixkosten sind im Falle einer Beschäftigungsüberschreitung (Ist-Beschäftigung > Plan-Beschäftigung) stets zu viele Fixkosten verrechnet worden, im Falle einer Beschäftigungsunterschreitung dagegen zu wenig. Dieser »Fixkostenproportionalisierungsfehler« wird durch den Übergang von den verrechneten Plan-Kosten zu so genannten »Soll-Kosten« korrigiert. Soll-Kosten sind dabei die Kosten, die sich auf Grund der anfangs geplanten Kostenfunktionen für die Ist-Beschäftigung ergeben – mit anderen Worten: Die Kosten, die man am Periodenanfang geplant hätte, wenn die eingetretene Ist-Beschäftigung genau vorausgesehen worden wäre. Die zwischen Soll-Kosten und verrechneten Plan-Kosten bestehende Differenz bezeichnet man als *Beschäftigungsabweichung*.

Die verbleibende Differenz zwischen den Soll-Kosten und den Ist-Kosten kann – lässt man Planungsfehler (wie etwa eine falsche Ermittlung einer Kostenfunktion) außer Acht – prinzipiell auf zwei Einflussfaktoren zurückzuführen sein: Zum einen besteht die Möglichkeit, dass sich die bei der Bestimmung der Soll-Kosten zu Grunde gelegten Preise verändert haben. Zum anderen können jedoch auch abweichende Faktorverbräuche eingetreten sein. Beide Einflussgrößen werden in zwei getrennten Abweichungsarten, der *Preisabweichung* und der *Verbrauchsabweichung*, berücksichtigt. Ursachen von Preisabweichungen sind z. B. unerwartete Preisschwankungen auf den Beschaffungsmärkten, Wechselkursschwankungen, Wechsel von Lieferanten oder plötzliche konjunkturelle Einflüsse. Diese Faktoren können vom Kostenstellenleiter meistens nicht beeinflusst werden; Preisabweichungen sind nach dem Controllability-Prinzip dann keine von diesem zu verantwortenden Abweichungen. Abweichungsverantwortung trägt allenfalls die Beschaffungsabteilung.

Abweichungsverantwortung kommt dem Kostenstellenleiter somit in der Regel nur für die verbleibende Abweichung, die Verbrauchsabweichung, zu. Typische Gründe für hiermit erfasste Kostenüberschreitungen sind schlechte Einsatzplanung des Personals, unnötige Überstunden und Nichteinhaltung von Qualitätsstandards (Ausschuss und Nacharbeit). Die Letztverantwortung der Verbrauchsabweichung muss allerdings nicht unbedingt beim Kostenstellenleiter verbleiben: Erhöhte Ausschusszahlen sind so beispielsweise häufig auch auf schlechtere Materialqualität, Mehrverbräuche auf ein in anderen Unternehmensbereichen verursachtes Abgehen von der optimalen Produktionsintensität zurückzuführen (z. B. durch das trotz verplanter Kapazitäten notwendige Einschieben eines für einen guten Kunden unbedingt noch zu bearbeitenden Auftrags).

Bei den beiden zuletzt genannten Abweichungsarten wird man schließlich noch mit dem für die Abweichungsanalyse unliebsamen Problem von *Abweichungsüberschneidungen* konfrontiert: Neben einem allein auf Preisveränderungen und einem allein auf Verbrauchsdifferenzen zurückzuführenden Abweichungsbetrag gibt es auch einen – kleinen – Abweichungsteil, der sich auf beide Veränderungen gleichzeitig bezieht. Dies sei anhand einer kurzen, sehr vereinfachten Beispielrechnung deutlich gemacht: Zu erklären ist die Differenz zwischen Ist-Kosten und Soll-Kosten. Beide Größen lassen sich wie folgt näher beschreiben:

Ist-Kosten (K_i) = Ist-Faktormenge (m_i) × Ist-Preis (p_i)
Soll-Kosten (K_s) = Soll-Faktormenge (m_s) × Soll-Preis (p_s)

Um beide besser zueinander in Beziehung setzen zu können, werden die Ist-Werte als Summand aus Soll-Wert und einer Abweichungsdifferenz (dm = Mengenabweichung; dp = Preisdifferenz) ausgedrückt:

$$K_i = (m_s + dm) \times (p_s + dp)$$

Damit ergibt sich als Ist-Kosten-Soll-Kosten-Abweichung (A) folgende Gleichung:

$$A = (m_s + dm) \times (p_s + dp) - m_s \times p_s$$
$$A = m_s \times p_s + m_s \times dp + dm \times p_s + dm \times dp - m_s \times p_s$$
$$A = m_s \times dp + dm \times p_s + dm \times dp$$

Sollmenge × Preisdifferenz lässt sich eindeutig der Preisabweichung, Sollpreis × Mengendifferenz eindeutig der Verbrauchsabweichung zuordnen. Es verbleibt das Produkt aus Preisdifferenz und Mengendifferenz. Die Abweichungsanalyse innerhalb der Plankostenrechnung betrachtet diesen (als Produkt zweier Differenzen betragsmäßig geringen) Wert als Bestandteil der nicht vom Kostenstellenleiter zu verantwortenden Preisabweichung. Als Verbrauchsabweichung soll möglichst nur das ausgewiesen werden, was tatsächlich kostenstellenbezogen verantwortbar ist.

Dieses soeben in den Grundzügen vorgestellte Vorgehen kann – fast beliebig – weiter verfeinert werden. So schlägt man in der Literatur unter anderem Intensitäts-, Losgrößen-, Verfahrens- und Ausbeuteabweichungen vor. Mit jeder zusätzlich gebildeten Abweichungsart steigt die Aussagefähigkeit der Kontrolle, d. h. Ergebnisabweichungen können immer detaillierter auf ihre Ursachen zurückgeführt werden. Verbunden mit einer derartigen Detaillierung ist aber auch ein entsprechender Planungs- und Erfassungsaufwand. Alle Einflussgrößen, die zu spezifischen Abweichungen führen können, müssen in ihrer Wirkungsweise erkannt und analysiert werden; jede dieser Größen ist in der Kontrollperiode zu messen und aufzuzeichnen. Damit steigt der Komplexitätsgrad der Abweichungsanalyse stark an. Höhere Kontrollkosten und die Gefahr schwindender Nachvollziehbarkeit durch den Kontrollierten sind die Folge. In der praktischen Anwendung beschränkt man sich deshalb häufig auf die zuerst beschriebenen Grund-Abweichungsarten.

11.4.9 Stichprobenanalysen

Anders als die soeben kurz beschriebene Abweichungsanalyse bezieht sich das nun zu skizzierende Kontrollinstrument nicht auf den Kontrollinhalt, sondern auf den *Kontrollprozess*. Stichprobenanalysen wurden aus der Erkenntnis heraus gestaltet, dass die gesamte Kontrollaufgabe zu umfangreich ist, um jeden einzelnen potentiellen Kontrolltatbestand tatsächlich laufend zu überprüfen. Eine derartige Totalkontrolle wäre – ganz abgesehen von den negativen Verhaltenswirkungen – zu teuer. Deshalb besteht die Notwendigkeit, eine Auswahl der zu kontrollierenden Handlungen zu treffen. Diese Auswahl muss zu einer (deutlichen) Reduzierung der Kontrollkosten führen, zugleich aber auch den Kontrollnutzen nur möglichst wenig beeinträchtigen. Für diese Problemstellung sind Verfahren entwickelt worden, die sich unter dem Begriff Stichprobenanalysen zusammenfassen lassen. Zwei Gruppen von Analyseverfahren sind zu unterscheiden.

Die Auswahl einiger (weniger) Handlungen als Basis für die Kontrolle des Gesamten kann zum einen auf Basis der Erfahrung und des Know-hows des Prüfenden erfolgen. Ein derartiges Vorgehen nennt man »Stichprobenprüfung mit bewusster Auswahl« oder *»Urteilsstichprobe«* (Hargest 1976). »Bei der bewussten Auswahlprüfung verfolgt der Prüfer das Ziel, seine Annahmen über die Fehler in einem Prüfungsfeld zu testen, wobei er bewusst den Vorteil nutzt, die Kriterien und den Umfang der Auswahl aufgrund seiner persönlichen Erfahrungen, seiner Kenntnisse des zu prüfenden Unternehmens sowie seiner Branchenkenntnisse bestimmen zu können« (Lanfermann 1992, Sp. 1855). Bevorzugte Prüfungsobjekte sind unter anderem fehlerkritische Prozesse, Handlungen, die typisch für andere gelten können, und solche, bei denen Fehler erhebliche Konsequenzen nach sich ziehen.

Die Abweichungsanalyse kann im Prinzip beliebig weiter verfeinert werden, wenn man den Erfassungsaufwand nicht scheut.

Die andere Gruppe von Stichprobenanalysen fußt auf *statistischen Erkenntnissen*. Vorzugsweise betrachtet werden solche Handlungen, die in gleicher Form sehr häufig hintereinander vollzogen werden und für die man unproblematisch ihr Gelingen bzw. ihr Misslingen feststellen kann. Entsprechend werden derartige Stichproben vorzugsweise bei regelbasierten Standardhandlungen angewendet, wie sie etwa in der externen Rechnungslegung anzutreffen sind. Aufbauend auf einer zu Grunde zu legenden statistischen Verteilung (z. B. einer Normalverteilung) ist ein kritisches Fehlermaß für die Stichprobe festzulegen, bei dessen Unterschreitung die Gesamtheit der Handlungen als regelgerecht, im anderen Fall als regelverstoßend eingeschätzt wird. Dieses Vorgehen führt zwangsläufig zu einem Fehlerrisiko, dessen Höhe sich jedoch statistisch bestimmen lässt.

Stichprobenkontrollen sind typisch für das Vorgehen der Revision.

Beide Kontrollmethoden haben unterschiedliche Vor- und Nachteile. Für statistisch basierte Stichproben sprechen die Objektivität der Aussagen und die Aussagengüte. Allerdings stellt ihre Anwendbarkeit hohe Anforderungen an die Kenntnis der zu kontrollierenden Grundgesamtheit (z. B. Art der Ausprägungsverteilung). Diese ist in der Praxis nur vergleichsweise selten gegeben. Heroische Annahmen bezüglich der Grunddaten führen jedoch zu einer Divergenz zwischen der Validität der Methode und der Validität der erhaltenen Ergebnisse. In diesen Fällen kommt eine bewusste Auswahl zu einem schnelleren und besseren Ergebnis, dessen Güte allerdings nicht intersubjektiv nachprüfbar ist. Jeder Urteilsstichprobe hängt deshalb der Nachteil potentieller Willkür des Prüfenden an. Folglich gilt es, im Rahmen der Gestaltung der Kontrolle beide Methoden parallel und kombiniert einzusetzen.

11.5 Fazit

Die operative Planungs- und Kontrollebene ist von der Entwicklung des Controllings her das Kernarbeitsfeld der Controller und hat diese Rolle bis heute erhalten. Operative Planung und Kontrolle sowie die dafür erforderliche Informationsversorgung füllen den wesentlichen Teil des Zeitbudgets der Controller in einem Unternehmen.

Die operative Planung und Kontrolle ist immer noch stark monetär geprägt. Traditionelle, in jedem betriebswirtschaftlichen Studium verankerte Instrumente dominieren. Die Budgetierung bildet einen wesentlichen Hebel für den Erfolg des Unternehmens. Sie leistet drei Funktionen gleichzeitig: Sie ermöglicht eine Prognose des Handelns im einjährigen Planungshorizont, sie bringt die unterschiedlichen Führungskräfte und -bereiche zu einem koordinierten Verhalten und sie bildet schließlich auch eine wesentliche Basis für die Motivation der Budgetverantwortlichen.

Operative Planung leistet drei Funktionen: Prognose, Koordination und Motivation.

Für Controller bietet die operative Planung und Kontrolle sowohl die Möglichkeit eines intensiven Kontakts zu »ihren« Managern, als sie auch eine Quelle von Einfluss darstellt. Wer das komplexe Budgetspiel als Controller gut beherrscht, kann durchaus den Ausgang der Mittelverteilung nicht unerheblich beeinflussen. Hieraus resultieren potentielle Opportunismusprobleme (»Förderung von Lieblingen«). Manager zeigen umgekehrt häufig das Bestreben, den wenig geliebten, eher unbequemen Planungs- und Kontrollprozess auf die Controller zu verlagern. Diese planen dann die Einzelansätze und stimmen die Budgets untereinander ab. Dieses entspricht nicht (!) der grundsätzlichen Rolle von Controllern, da sie bei diesem Vorgehen leicht ihre Unabhängigkeit verlieren. Dennoch scheint das Verhalten weit verbreitet zu sein: Der Preis des Internationalen Controller Vereins (ICV) im Jahr 2003 wurde einem Unternehmen verliehen, in dem die Controller einen Planungsansatz konzipiert hatten (»one page only«), der es den Managern wieder (!) ermöglichte, die Planung für ihre Bereiche selbst vorzunehmen.

Das Thema Budgetierung hat schließlich hohe Aktualität erlangt. Die Globalisierung hat den Druck auf Veränderungen noch erhöht; komplexe Budgetierungssysteme sind aber nur sehr schwer veränderungsfähig. Deshalb werden unter den Begriffen Better Budgeting und Beyond Budgeting neue Konzepte präsentiert, die international entwickelt nun auch auf deutsche Unternehmen zukommen. Trotz aller Euphorie sind sie allerdings durchaus kritisch zu sehen. Zum einen fallen die Planungskosten in den Unternehmen deutlich geringer aus, als die meisten Manager meinen: Das schon mehrfach in diesem Buch angesprochene, Ende der 1990er Jahre durchgeführte Benchmarking von Controllerbereichen hat Planungskosten lediglich im Bereich eines halben Promilles der Gesamtkosten der Unternehmen erbracht (vgl. Weber/Weißenberger/Aust 1998, S. 390) – und darin waren auch die anteiligen Kosten der beteiligten Manager enthalten! Zum anderen sind die neuen Budgetierungsansätze nicht ohne Risiken und Nebenwirkungen. Die traditionelle Budgetierung hat – wie bereits mehrfach angesprochen – immer versucht, die Aufgaben der Prognose, Koordination und Motivation gleichzeitig zu lösen. Wenn nun auf Grund höherer Umfelddynamik Probleme in der Prognose festgestellt werden und daraus die Notwendigkeit eines Wechsels des Budgetierungsverfahrens abgeleitet wird, stellt sich die Frage, wie die beiden anderen Aufgaben dann gelöst werden sollen. Es steht somit zu vermuten, dass die »traditionelle« Budgetierung auch auf weitere Sicht noch das vorherrschende Verfahren bleiben wird, wenn auch durchaus etwas entfeinert und vereinfacht (vgl. ausführlich Weber 2004b, S. 26–33).

Weiterführende Literatur zu …

… Begriffliche Grundlagen
Pfaff 2002, Sp. 231–241
Hansen/Van der Stede 2004

… Traditionelle Budgetierung
Covaleski et al. 2003
Hahn/Hungenberg 2001
Radke 1991
Weber/Schäffer/Willauer 2000

… Better Budgeting und Beyond Budgeting als aktuelle Weiterentwicklungen der Budgetierung
Ekholm/Wallin 2000
Hansen/Otley/Van der Stede 2003
Hope/Fraser 2003b
Horváth/Gleich 2003
Schäffer/Zyder 2003
Weber/Linder/Hirsch 2004

… Aufgaben der Controller in der operativen Planung und Kontrolle
Eichhübel/Kunesch 1996, S. 443–481
Hahn/Hungenberg 2001, S. 341–736
Horváth 2006, S. 147–309
Pfaff 2002, Sp. 231–241

… Deckungsbeitragsrechnungen
Hummel/Männel 1983, S. 89–95
Riebel 1964, S. 595–625

… Nutzwertanalyse
Bechmann 1978
Becker/Weber 1984, S. 345–359
Dinkelbach 2002
Götze 2008, S. 180–188
Zangemeister 1976

… Nutzschwellenanalysen und Simulationsrechnungen
Coenenberg/Fischer/Günther 2007, S. 283–325
Männel 1981, S. 253–266
Schweitzer/Trossmann 1998

… Zero Base Budgeting
Boyd 1980
Meyer-Piening 1994
Pyhrr 1999
Williams 1981

… Activity Based Budgeting
Brimson 2003
Brimson/Antos 1999
Hansen/Otley/Van der Stede 2003

… Rolling Forecasts
Brenner/Leyk 2004
Montgomery 2002
O'Connor/Remus/Griggs 2000

… Abweichungsanalyse
Küpper 2005, S. 203–212
Lengsfeld/Schiller 2002
Streitferd 1983

… Stichprobenanalysen
Hömberg 2002, Sp. 2287–2303
Kilger/Pampel/Vikas 2007, S. 349–359
Schmidt 2002, Sp. 2279–2287
Lanfermann 1992, Sp. 1855–1862

12 Taktische Planung und Kontrolle

Leitfragen

1. **Was ist genau unter taktischer Planung und Kontrolle zu verstehen?**
2. **Wie grenzt sich die taktische Planung von der strategischen und der operativen Planung ab?**
3. **Welchen Gegenstand hat die taktische Planung und wie läuft sie ab?**
4. **Von welchen Instrumenten wird die taktische Planung und Kontrolle unterstützt?**
5. **Wie sind Investitionsverfahren einzuschätzen, welche Bedeutung haben sie für Controller und worauf müssen diese beim Einsatz der Verfahren achten?**

12.1 Begriffliche Grundlagen

Der Begriff der taktischen Planung und Kontrolle wird in Literatur und Unternehmenspraxis bis heute sehr uneinheitlich verwendet. Daher muss zunächst die hier verwendete Auffassung der taktischen Planung und Kontrolle dargelegt werden. Als Orientierungspunkt sollen uns dabei zwei in der Unternehmenspraxis besonders oft verwendete Formen taktischer Planung dienen. Dies sind zum einen die zwischen strategischer und operativer Planung einzuordnende *Mittelfristplanung* und zum anderen die zur Bewertung einzelner Maßnahmen aber auch ganzer Programme verwendete *Investitionsrechnung*.

In der Planungsliteratur wird häufig nur in eine strategische und eine operative Planung unterschieden, wobei die operative Planung eine lang-, mittel- und kurzfristige Ausprägung annimmt (vgl. Hahn/Hungenberg 2001, S. 104). Die über die kurzfristige Budgetierung hinausreichenden taktischen Planungsaufgaben werden aus dieser Sicht also als Teil der operativen Planung betrachtet. Dabei besteht jedoch die Gefahr, dass die taktische Planung und Kontrolle als Lückenbüßer wenig Aufmerksamkeit erfährt, nur in wenigen Worten erwähnt oder im Extremfall sogar vollständig ausgeblendet wird (vgl. Mag 1995, S. 164).

In starkem Kontrast dazu steht die praktische Bedeutung verschiedener Formen der taktischen Planung und Kontrolle in der Unternehmenspraxis, die wir in diesem Kapitel im Sinne eines *mittelfristigen Bindeglieds zwischen strategischer und operativer Planung* verstehen. Ausgangspunkt für die Notwendigkeit einer taktischen Planung und Kontrolle ist die Aufgabe, die meist wenig konkreten, eher qualitativen Informationen der Strategie in eine konkrete, operative Maßnahmen-, Budget- und Terminplanung umzusetzen (vgl. Welge/Al-Laham 2008, S. 816, und die Ausführungen im 13. Kapitel dieses Buches). Eine unmittelbare Übersetzung wird aber durch die unterschiedlichen Kategorien und Denkweisen der strategischen und der operativen Planung erschwert, so dass die taktische Planung zunächst eine Konkretisierung und Detaillierung der Strategie in mittelfristige Ziele und Maßnahmen vornehmen muss.

Die taktische Planung ist das Bindeglied zwischen der strategischen und der operativen Planung.

Zum Zweck der mittelfristigen Erfolgsplanung hat sich in der Unternehmenspraxis schon seit langer Zeit die Mittelfristplanung herausgebildet, die auch heute in den meisten Unternehmen in recht einheitlicher Form und mit hohem Ressourceneinsatz praktiziert wird (vgl. Weber/Hufschlag/Pieroth 2003, S. 10 f.). Diese jährlich für das gesamte Unternehmen erstellte Mittelfristplanung umfasst in der Regel einen Planungshorizont von drei bis fünf Jahren und steht exakt zwischen den beiden anderen Planungsebenen.

Mittelfristplanung

Dies zeigt sich auch in ihrer Benennung. Sie wird in den Unternehmen je nach Sichtweise bisweilen auch als langfristige operative Planung oder aber als strategische Planung bezeichnet. Die Mittelfristplanung steht auch im Mittelpunkt des folgenden Abschnitts, der die Ziele, den Planungsgegenstand und den Prozess der taktischen Planung und Kontrolle beschreibt.

Zusammenfassende Aussagen (vgl. auch Leitfrage 1)

- Die taktische Planung entsteht aus der Notwendigkeit, strategische Kategorien in operative Ziele und Maßnahmen zu überführen.
- Die Mittelfristplanung besitzt in der Unternehmenspraxis einen erheblichen Stellenwert als Bindeglied zwischen Strategie und operativer Planung.
- Im Rahmen der mittelfristigen Maßnahmenplanung ist die Investitionsrechnung von herausragender Bedeutung.

Von ebenso hoher Bedeutung für die Umsetzung der strategischen Planung wie die gesamtunternehmensbezogene mittelfristige Erfolgsplanung ist aber auch die Identifizierung und Bewertung einzelner Maßnahmen bzw. Projekte. Diese Maßnahmen sind meist mit Investitionen verbunden, etwa in benötigte Produktionskapazitäten oder in Marketingaktivitäten. Zur Maßnahmenbewertung steht mit der Investitionsrechnung ein mächtiges Instrument zur Verfügung, dessen fundierte Beherrschung gleichzeitig zu den Kernanforderungen an Controller zählt. Auf die Investitionsrechnung gehen wir daher im Rahmen der Instrumente der taktischen Planung und Kontrolle besonders umfassend ein.

Investitionsrechnung und Mittelfristplanung greifen meist direkt ineinander, da die erfolgswirtschaftlichen und liquiditätsrechnerischen Auswirkungen beschlossener Maßnahmen auf das Gesamtunternehmen auch in der Mittelfristplanung abgebildet werden.

12.2 Struktur und Inhalt der taktischen Planung und Kontrolle

Die Mittelfristplanung als zentrales Element der taktischen Planung und Kontrolle ist in der Unternehmenspraxis weit verbreitet und findet mittlerweile in den meisten Fällen in einem mit der operativen Planung eng verzahnten, integrierten Prozess statt. Die Beschreibung des Planungsgegenstands und des Prozesses kann daher aufgrund der Ähnlichkeit mit der Budgetierung relativ knapp ausfallen. Umso bedeutender ist es, das Ziel der taktischen Planung und deren genaue Rolle zwischen strategischer und operativer Planung darzustellen. Die folgenden Ausführungen stützen sich dabei auf eine Benchmarking-Studie zum Stand der Mittelfristplanung in deutschen Großunternehmen (vgl. Weber/Hufschlag/Pieroth 2003).

Die Mittelfristplanung lehnt sich in ihrer Struktur eng an die operative Planung an.

12.2.1 Ziel der taktischen Planung

In der *Verknüpfung zwischen strategischer und operativer Planung* liegt die zentrale Funktion der taktischen Planung. Die Mittelfristplanung als bedeutendste Ausprägung der taktischen Planung muss also sowohl zur Strategie als auch zur Budgetierung eine enge Verbindung aufweisen. Die Überleitung der Mittelfristplanung in die kurzfristige Budgetierung ist dabei meist unproblematisch, da die Mittelfristplanung »an ihrem kurzen Ende«, also im ersten Planjahr, praktisch der Budgetplanung entspricht. Zudem arbeiten beide Planungen mit einem weitgehend identischen Grundgerüst an Plangrößen und Kennzahlen. In der starken Orientierung der Mittelfristplanung an der Budgetierung liegt aber auch die Gefahr, dass sie nicht viel mehr als eine einfache Fortschreibung des Budgets für die Folgejahre liefert. Eine weitgehend aus dem Budget fortgeschriebene Mittelfristplanung kann jedoch nicht im erwünschten Maße zur Verknüpfung zwischen Strategie und kurzfristiger Planung beitragen. Allenfalls auf sehr stabilen Absatzmärkten, die eine geringe Rate an Produktveränderungen und Wettbewerbsaktivitäten aufweisen, kann eine Budgetfortschreibung ein sinnvolles Bild der Zukunft liefern. Für die Planung von dynamischen Geschäftsbereichen, für deren Zukunft strategische Weichenstellungen von Bedeutung sind, ist die Budgetfortschreibung hingegen nicht geeignet. Die Herausforderung der Mittelfristplanung liegt daher in erster Linie in der engen Verknüpfung mit der Strategie. Diese Verbindung zwischen Mittelfristplanung und Unternehmens- oder Bereichsstrategie kann dabei in der Praxis zwei sehr verschiedene Formen annehmen, wie in *Abbildung 12-1* dargestellt.

Zwei Grundmuster lassen sich in der Praxis beobachten.

Das erste der beiden Grundmuster der Mittelfristplanung ist zunächst dadurch gekennzeichnet, dass die betreffenden Unternehmen eine laufende, nicht explizite strategische Planung betreiben. Die strategische Planung ist dort also nicht Bestandteil des Planungskalenders und findet nicht in einem begrenzten Zeitraum statt, sondern sie wird *ständig und schrittweise weiterentwickelt*. Demgegenüber stehen am anderen Ende des Spektrums Unternehmen, die ihre Strategie im Rahmen einer expliziten Planungsphase entwickeln. Diese ist der integrierten Mittelfrist- und Budgetplanung zeitlich vorgelagert. Üblicherweise findet die strategische Planung in divisionalisierten Unternehmen im ersten Halbjahr des Jahres auf Bereichsebene statt und wird etwa zur Jahresmitte im Dialog mit dem Konzernvorstand verabschiedet. Die vorgelagerte strategische Planung bezieht sich meist auf einen längeren Planungshorizont und stellt die Betrachtung von Business Cases in den Vordergrund. Die Mittelfristplanung baut anschließend auf den Zielvorgaben und Maßnahmen dieser strategischen Planung auf, deren Ergebnisse hinreichend breit im Unternehmen kommuniziert werden sollten, damit die an der dezentralen Mittelfristplanung Mitwirkenden über die nötige Kenntnis der vorherigen strategischen Planung verfügen.

Die beiden beschriebenen Formen strategischer Planung – laufend auf der einen Seite und explizit auf der anderen Seite – schlagen sich entsprechend in der Verbindung zwischen Strategie und Mittelfristplanung nieder. Unternehmen mit einer eher laufenden strategischen Planung nutzen die Mittelfristplanung in der Regel sowohl zur Strategiebewertung als auch zum Erkenntnisgewinn über zukünftige Ereignisse, zwei wesentliche Merkmale der strategischen Planung selbst. In dieser Ausprägung spiegelt sich demnach ein Grundmuster wider, nach dem die Mittelfristplanung ganz wesentlich als Instrument der Strategiebildung, also der strategischen Planung selbst, genutzt wird.

In einem Grundmuster wird die Mittelfristplanung als Instrument der Strategiebildung genutzt.

Das zweite Grundmuster der Mittelfristplanung ist dadurch gekennzeichnet, dass eine Strategiebewertung bereits vorher, im Rahmen

Abb. 12-1

Unterschiedliche Formen der Verknüpfung der Mittelfristplanung mit der strategischen Planung

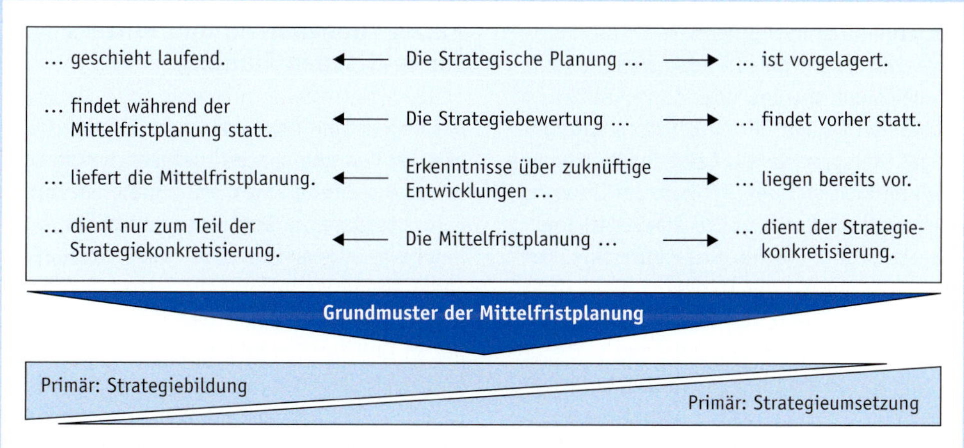

der vorgelagerten strategischen Planung, stattfindet. Ebenso sehen die Unternehmen, die eine vorgelagerte strategische Planung betreiben, in der Mittelfristplanung keinen wesentlichen Erkenntnisgewinn in Bezug auf die Zukunft, da dieser bereits aus der vorgelagerten strategischen Planung vorliegt. Bei dieser Form der Verknüpfung zwischen strategischer Planung und Mittelfristplanung dient die Mittelfristplanung vorwiegend der Konkretisierung der Strategie. Sie ist also eher an der Strategieumsetzung, am Herunterbrechen und Abbilden der vorhandenen Strategie in finanzielle Größen und Maßnahmen, orientiert.

Die Vorteilhaftigkeit des Grundmusters der Mittelfristplanung hängt wesentlich vom Zeithorizont der Strategieformulierung ab.

Welches der beiden genannten Grundmuster im jeweiligen Unternehmen eher angemessen ist, hängt dabei ganz wesentlich mit dem Zeithorizont der Strategieformulierung zusammen. Für ein Unternehmen, das in langen Investitionszyklen denkt und dessen strategische Planung auf die Bildung sehr langfristiger Business Cases angewiesen ist, sind die im Rahmen der Mittelfristplanung zur Verfügung stehenden drei bis fünf Jahre zur Strategieformulierung nicht ausreichend. Die strategische Planung sollte in diesem Fall als vorgelagerter Prozess stattfinden, die Mittelfristplanung primär als Instrument der Strategieumsetzung verwendet werden. Ein Unternehmen, das sich hingegen auf reiferen Märkten bewegt und dessen Investitionen sich eher vor dem Hintergrund eines Zeithorizonts von nur wenigen Jahren bewerten lassen, kann die Mittelfristplanung stärker in die Nähe der strategischen Planung rücken, oder in anderen Worten eine primär strategiebildende Mittelfristplanung betreiben.

Das *Anreizsystem* eines Unternehmens ist in aller Regel nicht mit den über das erste Jahr hinausgehenden Zahlen der Mittelfristplanung verknüpft. Entsprechend scheint ihr Beitrag zur Vermeidung kurzfristigen Denkens im Unternehmen begrenzt. Dennoch sollte die Bedeutung der Mittelfristplanung für die langfristige, strategische Ausrichtung des Handelns nicht unterschätzt werden. Durch das Aufzeigen des Wegs zur Erreichung langfristiger Ziele und insbesondere durch die Festlegung der hierfür nötigen Maßnahmen und Meilensteine leistet sie einen erheblichen Beitrag dazu, dass das Unternehmen seine strategischen Ziele nicht aus dem Auge verliert, auch wenn sich das Management im Tagesgeschäft auf die kurzfristige Umsetzung der Maßnahmen konzentriert. Daher sollte das Anreizsystem insbesondere mit den im Rahmen der Mittelfristplanung festgelegten Maßnahmen verknüpft werden.

Generell gibt die Mittelfristplanung eher Antworten darauf, wie sich das laufende Geschäft organisch weiterentwickeln wird. Insofern ist sie gerade aus Sicht der Unternehmensbereiche in divisionalisierten Konzernen von hoher Bedeutung zur Beantwortung der Frage, wie die Unternehmensziele erreicht werden können. Die aus Konzernsicht ebenso interessierenden strategischen Fragen nach der Entwicklung des Geschäftsportfolios, beispielsweise durch Unternehmenszukäufe, werden aber in der Regel außerhalb der Mittelfristplanung gelöst.

Zusammenfassende Aussagen (vgl. auch Leitfrage 2)

- Die Mittelfristplanung sollte sich nicht primär an einer Budgetfortschreibung orientieren.
- In Abhängigkeit von dem zur Strategiebewertung benötigten Zeithorizont kann die Mittelfristplanung eine eher strategiebildende oder eine eher strategieumsetzende Ausprägung annehmen.
- Die Ausrichtung des Handelns auf langfristige Ziele erreicht die Mittelfristplanung vor allem durch die Identifizierung von Maßnahmen.

12.2.2 Gegenstand und Prozess der taktischen Planung

Im Kern der Mittelfristplanung steht eine mehrjährige GuV.

Der *Gegenstand* der taktischen Planung liegt neben der Planung von Maßnahmen hauptsächlich in der Erstellung eines umfangreichen formalen Zahlengerüsts. Im Zentrum steht dabei, ausgehend von allgemeinen und volkswirtschaftlichen, aber auch markt- und unternehmensspezifischen Prämissen, eine mehrjährige Plan-GuV. Neben GuV-Größen bildet die Mittelfristplanung üblicherweise auch ein umfangreiches Gerüst an Cashflow-Größen, insbesondere Investitionen, ab. Darüber hinaus steht die geplante Entwicklung der Mitarbeiterzahlen meist mit im Zen-

Abb. 12-2

Der typische Ablauf einer Mittelfristplanung

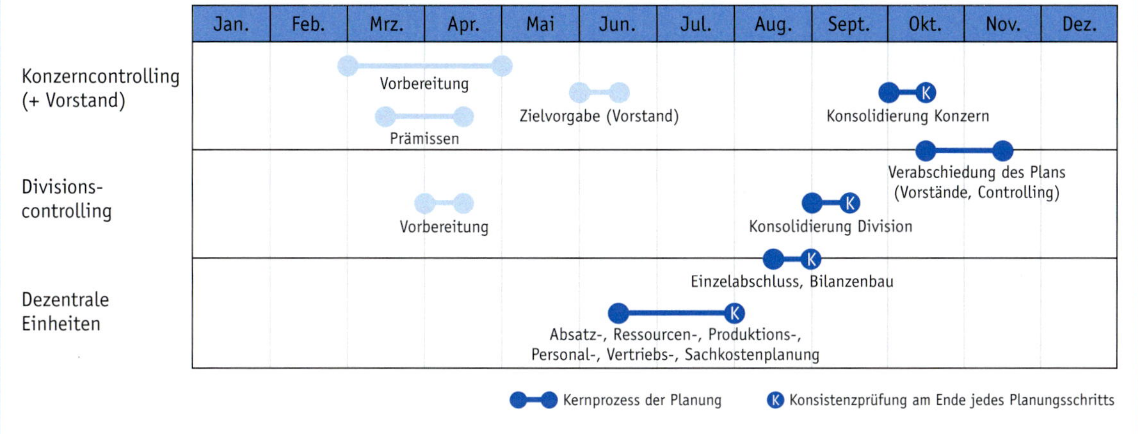

trum der Planung. Nicht von allen Unternehmen beplant werden hingegen beispielsweise Absatzmengen oder Bilanzgrößen. Hier hängt die Gestaltung des Planungsumfangs von den spezifischen Anforderungen des Unternehmens ab. So kann die Beplanung von Bilanzgrößen zum Beispiel dann von besonderer Bedeutung sein, wenn das Unternehmen die Entwicklung seiner Ratingkennzahlen für mehrere Jahre in die Zukunft projizieren möchte. Häufig wird das im Rahmen der Mittelfristplanung verwendete Zahlengerüst durch die Integration mit der Budgetplanung stark von den sehr detaillierten Vorgaben des Budgets diktiert. Generell sollte die Anzahl der Plangrößen aber eher sparsam gewählt werden und im Vergleich zum Budget möglichst stark entfeinert sein. So ist eine mehrjährige Planung von Aufwandspositionen bis auf Ebene des Kostenstellenbudgets sicherlich nicht zielführend, da eine Planung in groben Aufwandspositionen für den Zweck der Mittelfristplanung völlig ausreichend sein sollte.

Die *Planungstiefe* der Mittelfristplanung folgt der Organisationsstruktur und umfasst bei der Betrachtung auf Konzernebene selten einen größeren Detailumfang als den bis zur Ebene der Division bzw. des Teilkonzerns. Lediglich zur Beantwortung besonderer Fragestellungen kann gelegentlich auch auf Konzernebene eine stärker differenzierte Planung eingefordert werden, deren Umfang aber nach Möglichkeit nicht automatisch immer wieder übernommen, sondern regelmäßig auf seine Notwendigkeit hin überprüft werden sollte. Innerhalb der Divisionen erfolgt die Mittelfristplanung naturgemäß auf einem weit detaillierteren Niveau. In aller Regel wird dabei zumindest nach Ländern bzw. Legaleinheiten differenziert, gelegentlich zusätzlich nach Hauptprodukten oder Kundengruppen. Dabei gilt auch hier, dass die gerade von den Divisionen oft als zu detailliert empfundene Planung regelmäßig auf die Möglichkeit einer Umfangsreduktion hin überprüft werden sollte.

Die Mittelfristplanung sollte schlank gehalten werden.

Der Prozess der Mittelfristplanung lehnt sich stark an das für die Budgetierung gewählte Vorgehen an und folgt in der Unternehmenspraxis üblicherweise dem Gegenstromverfahren. Der typische Verlauf ist in *Abbildung 12-2* dargestellt und lässt sich verallgemeinert wie folgt beschreiben: Nach einer »Top down-Eröffnung« durch Festlegung von Zielvorgaben der Unternehmenszentrale wird dezentral mit der Ausarbeitung von Teilplänen begonnen. Diese Teilpläne können dabei funktional (z. B. Absatz-, Ressourcen-, Produktions-, Personalplan) oder organisatorisch (nach Tochterunternehmen, Organisationseinheiten, Bereichen) differenziert sein; häufig trifft man auch auf kombinierte Ausdifferenzierungen (z. B. Absatzplanung eines Unternehmensbereiches). Danach werden

Die Planungstiefe der Mittelfristplanung folgt der Organisationsstruktur des Unternehmens.

die Teilpläne über die Unternehmensebenen hinweg ergänzt und verdichtet. Gleichzeitig wird die Planung durch das dezentrale und zentrale Controlling auf Plausibilität und Konsistenz geprüft; handwerkliche Fehler werden behoben. Das Ergebnis des Bottom-up-Laufes wird schließlich durch das Controlling mit den Zielvorgaben verglichen, Differenzen werden aufgelöst. Die Plandaten werden in dieser Phase vom Controlling kommentiert und die Planung wird schließlich durch die Unternehmensleitung beschlossen.

Der eigentliche Planungsprozess nimmt im Durchschnitt der im Rahmen der genannten Benchmarking-Studie untersuchten Unternehmen etwa fünf Monate in Anspruch, beginnt meist zur Jahresmitte und endet in den Monaten November oder Dezember. In der gleichen Untersuchung zeigte sich dabei ein deutlicher Zusammenhang zwischen der Planungsdauer und der Einschätzung der Effizienz des Planungsprozesses: Kürzere Mittelfristplanungsprozesse werden als effizienter eingeschätzt, längere Prozesse als weniger effizient. Es liegt nahe, dass kürzere Planungsprozesse unnötige Reibungsverluste vermeiden helfen. Wenn mehr Zeit zur Verfügung steht, werden mehr Ressourcen auf Prozessschritte verwandt, die nur geringen Mehrwert bringen.

Zusammenfassende Aussagen (vgl. auch Leitfrage 3)

- Der Gegenstand der Mittelfristplanung orientiert sich meist stark an der Gestaltung der Budgetierung, bei der GuV-Größen im Zentrum der Betrachtung stehen.
- Der Detaillierungsgrad der Mittelfristplanung wird in der Regel als zu hoch empfunden und sollte regelmäßig überprüft werden.
- Der Prozess der Mittelfristplanung folgt typischerweise dem Gegenstromverfahren.
- Eine Verkürzung der Planungsdauer kann zu einer Verbesserung der eingeschätzten Effizienz der Planung führen.

12.3 Aufgaben der Controller in der taktischen Planung und Kontrolle

Controller sind vielfältig in die taktische Planung eingebunden.

Die Aufgaben der Controller in der taktischen Planung und Kontrolle beginnen bei der Gestaltung des *Planungsumfangs*. Dieser muss sich an den Adressaten der Mittelfristplanung orientieren. Neben dem Informationsinteresse der Controller selbst ist es zunächst der Vorstand und hier meist besonders der Finanzvorstand, an dessen Interessen sich die Gestaltung der Planung orientiert. Da der Vorstand die Mittelfristplanung in der Regel als wichtiges Instrument zur Koordination und Steuerung des Unternehmens betrachtet, sind den Gestaltungsverantwortlichen im Konzerncontrolling die Anforderungen des Vorstands gut bekannt.

Schwieriger gestaltet sich jedoch die Kenntnis der Informationsbedürfnisse anderer Adressaten, die ebenso an Teilen der Planung interessiert sein können. So kann der Bereich Treasury beispielsweise Informationen zur langfristigen Entwicklung des Cashflow benötigen, um die Kapitalausstattung der verschiedenen Konzerngesellschaften festlegen zu können. Die Steuerabteilung wiederum mag zur optimalen Gestaltung der Gewinnabführung an der langfristigen Entwicklung der Vorsteuergewinne differenziert nach Ländern interessiert sein. Durch eine bessere Kenntnis dieser unterschiedlichen Interessen kann der Controller den Adressatenbezug der Mittelfristplanung deutlich erhöhen.

Auch im Rahmen der *Planungsvorbereitung* übernimmt der Controller eine wichtige Aufgabe: Dies beginnt bei der Zusammenstellung unternehmensübergreifender Planungsprämissen. Kern der weiteren Planungsvorbereitung ist die Gestaltung des Planungsablaufs mit präzisen Meilensteinen zur Übergabe von Teilplanungen von einem Beteiligten an den nächsten. Mit der Gestaltung des Ablaufs gibt der Controller in der Regel auch den Umfang der einzureichenden Planungsunterlagen und Präsentationsbeispiele vor. Der Aufgabenbereich des Controllers kann auch die Gestaltung eines spezifischen IT-basierten Planungssystems umfassen.

Während der *laufenden Planung* koordinieren die dezentralen Controller in den Geschäftsbereichen die Planentstehung. Gleichzeitig müssen sie im Rahmen einer Planentstehungskontrolle zur Vermeidung von Planungsfehlern beitragen. In der Prämissenbildung liegt eine wesentliche Quelle für Fehler in der Mittelfristplanung. Besonders häufig anzutreffen ist eine Tendenz zu überoptimistischen Absatzmengenschätzungen und den anschaulich benannten »Hockey-Stick-Forecasts«. Solche systematischen Verzerrungen muss der Controller durch die Prämissenkontrolle begrenzen. Da eine detaillierte Dokumentation der Planungsprämissen eine wirksame Prämissenkontrolle erleichtert, sollten die wichtigsten Prämissen formal geplant und auch als Teil der Planungsdokumentation eingefordert werden. Beispielsweise können so die der geplanten Absatzentwicklung zu Grunde gelegten Annahmen bezüglich Marktwachstum, Marktanteilen etc. im Einzelnen auf ihre Plausibilität hin untersucht werden. Nach Abschluss der Planung lassen sich zudem Abweichungen bei einzelnen Planungsannahmen früher erkennen, wodurch eine schnellere Einleitung eventueller Gegenmaßnahmen ermöglicht wird.

Zum Abschluss jedes Planungsschritts obliegt dem Controller die Konsistenzprüfung der Pläne und schließlich die Aufbereitung der Planungsunterlagen. Hierfür muss der Controller in der Regel die Kommentierung der Planung zusammentragen, Erklärungen für auffällige Entwicklungen einholen und die Präsentation der Planung vorbereiten.

Potentielle Rationalitätsdefizite gibt es in taktischen Plänen in großer Zahl – Controller werden hier nicht arbeitslos.

Ein weiterer, in der Unternehmenspraxis aber in der Regel kaum verfolgter Aufgabenbereich für Controller liegt in der Messung des *Planungsaufwands*. Hier liegen üblicherweise allenfalls grobe Einschätzungen vor; oft herrscht völlige Unwissenheit. Ein besserer Überblick darüber, an welcher Stelle und in welchem Umfang Ressourcen durch den Planungsprozess gebunden werden, könnte aber eine gute Ausgangsbasis für den Controller sein, um den Planungsprozess schlanker und effizienter zu gestalten.

12.4 Ausgewählte Instrumente der taktischen Planung und Kontrolle

Nachdem an dieser Stelle Klarheit über Formen und Prozess der taktischen Planung besteht, folgt nun ein kurzer Überblick über diejenigen Instrumente, die für Entscheidungsprobleme im Kontext der taktischen Planung entwickelt wurden bzw. in diesem anwendbar sind. Sie sind auf Entscheidungssituationen zugeschnitten, die häufiger auftreten, für die also entsprechende Erfahrungen vorliegen, die aber zugleich einen längeren Zeithorizont betreffen, womit gleichzeitig eine im Vergleich zur jahresbezogenen operativen Planung größere Unsicherheit verbunden ist.

Überblick über die Instrumente, die wir näher behandeln werden.

Vier Instrumente werden im Folgenden näher betrachtet. Den größten Raum nehmen dabei Investitionsrechnungen ein. Sie sind – und dies seit langer Zeit – ein Standardinstrument der Controller. Controller führen entsprechende Rechnungen entweder selbst durch oder wirken als kritischer Überprüfer bereits aufgestellter Rechnungen. Damit ist eine genaue Kenntnis der Funktionsweise, der Anwendungsvoraussetzungen und des Aussagewerts von Investitionsrechnungen für Controller absolute Pflicht. Zwei andere diskutierte Instrumente, das Target Costing und Kostenschätzmodelle, besitzen beide eine wichtige Bedeutung bei der Produktgestaltung. Controller sind dabei zwar nur selten im »Lead«, eher kommt ihnen die Rolle eines Mitglieds im Produktentwicklungsteam zu. Genaue Kenntnis beider Instrumente ist aber wiederum unerlässlich, um im Team zu effizienten und effektiven Lösungen zu kommen. Als letztes Instrument werden wir dann noch auf das Benchmarking eingehen, das seit diversen Jahren ebenfalls nicht mehr aus dem »Werkzeugkasten« der Controller wegzudenken ist. Es ermöglicht eine Outside-in-Sicht. Gerade an dieser Stelle haben Controller vielfach einen (erheblichen) Nachholbedarf.

12.4.1 Investitionsrechnungen

12.4.1.1 Überblick

Unter dem Begriff »Investitionsrechnungen« fasst man Verfahren zusammen, die darauf gerichtet sind, mehrperiodisch wirksame Handlungsalternativen zu bewerten. Da Investitionen insbesondere wegen ihrer langfristigen Auswirkungen zu den wichtigsten unternehmerischen Entscheidungen gehören, wurde im Lauf der Zeit eine große Anzahl unterschiedlicher Verfahren zur Beurteilung von Investitionen entwickelt. Die wichtigsten *Varianten* (etwa Kapitalwertmethode, Amortisationsrechnung, Methode des internen Zinsfußes, Realoptionen), deren *Grundausrichtung* (z. B. Gewinnmaximierung, Risikominimierung) und *Prämissen* (wie Vorliegen eines vollkommenen Kapitalmarkts, Kenntnis des Kalkulationszinssatzes, Wiederanlagemöglichkeit bei unterschiedlichen Zeithorizonten) können in einem Buch zur Einführung in das Controlling nur in knapper Form vorgestellt werden. Wir müssen uns auf die für die Rationalitätssicherungsaufgabe der Controller essentiellen Aspekte von Investitionsrechnungen beschränken.

Für die Bewertung von Investitionen ist eine Vielzahl von Verfahren entwickelt worden – wir müssen uns auf einige wenige beschränken.

Abb. 12-3

Überblick über Investitionsrechnungsverfahren für Einzelentscheidungen

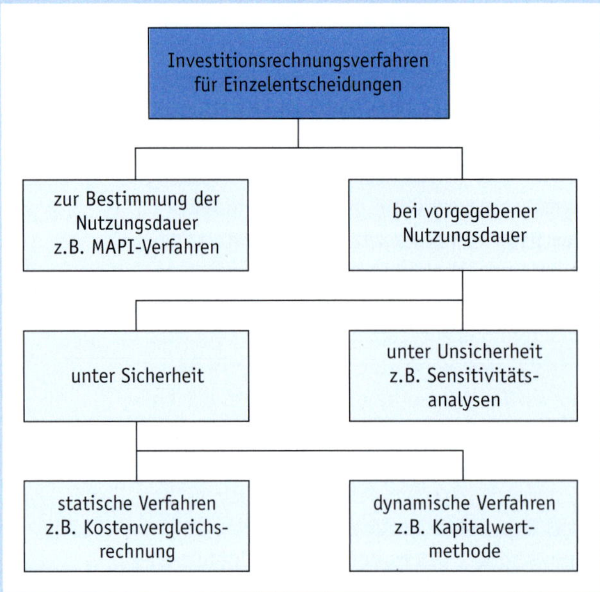

Grundsätzlich lassen sich zwei Arten von Investitionsproblemen bzw. -rechnungen unterscheiden:

- Investitionseinzelentscheidungen (z. B. über die Anschaffung einer Maschine) und
- Investitionsprogrammentscheidungen (d. h. Entscheidungen über mehrere Investitionsprojekte zusammen).

Im Folgenden werden wir uns zunächst den Investitionseinzelentscheidungen näher zuwenden und die Programmentscheidungen im Anschluss daran nur in aller Kürze vorstellen.

Auch die Verfahren der Investitionseinzelentscheidungen lassen sich wieder – wie die *Abbildung 12-3* darstellt – in zwei Gruppen gliedern:

- Investitionsrechenverfahren zur Bestimmung der Nutzungsdauer (»Wie lange soll die Anlage genutzt werden?« oder »Wann gilt es, die Anlage zu ersetzen?«) einer Investition, und
- Verfahren zur Ermittlung der Vorteilhaftigkeit und der Auswahl einer Investitionsalternative bei bekannter Nutzungsdauer der Investition (»Welche Investitionsalternative ist die vorteilhafteste?«), wie z. B. die Amortisationsrechnung, die Kapitalwertmethode oder das Realoptionsverfahren.

Da eine auch nur annähernd eingehende Beschreibung aller Verfahren für Investitionseinzelentscheidungen den Rahmen dieses einführenden Lehrbuchs bei weitem sprengen würde, wollen wir uns im Weiteren auf die Investitionsrechenverfahren bei vorgegebener Nutzungsdauer beschränken.

12.4.1.2 Investitionseinzelentscheidungen bei bekannter Nutzungsdauer

Zur Bewertung einzelner Investitionsalternativen bei ex ante bekannter Nutzungsdauer können zwei Arten von Investitionsrechnungsverfahren angewendet werden:

- Verfahren, die von der *Sicherheit* bezüglich aller relevanten Parameter (z. B. Zahlungsströme, Zahlungszeitpunkte, Zinssatz) ausgehen, und
- Verfahren, die die in der Praxis in aller Regel nicht erfüllte Prämisse der Sicherheit aufge-

ben und als Verfahren zur Investitionsrechnung unter *Unsicherheit* bezeichnet werden.

12.4.1.2.1 Investitionsrechnungsverfahren unter Sicherheit

Die Verfahren der Investitionsrechnung unter Sicherheit und bekannter Nutzungsdauer lassen sich anhand der Nicht-Berücksichtigung bzw. Berücksichtigung der Zeitpunkte der Ein- und Auszahlungen der Investition in zwei Gruppen einteilen (vgl. Jacob/Klein/Nick 1994, S. 45):

- *statische* Verfahren, bei denen die Zahlungszeitpunkte nicht berücksichtigt werden (Kostenvergleichsrechnung, Gewinnvergleichsrechnung und statische Amortisationsrechnung) und
- *dynamische* Verfahren, die den unterschiedlichen Zahlungszeitpunkten durch Auf- bzw. Abzinsung der Zahlungen Rechnung tragen (Kapitalwertmethode, Methode des Internen Zinsfußes und dynamische Amortisationsrechnung).

Kosten- und Gewinnvergleichsrechnung

Ein erstes Verfahren, das typischerweise unter den Investitionsrechenverfahren angeführt wird, ist die Kostenvergleichsrechnung. Bei der *Kostenvergleichsrechnung* werden alle sich aufgrund der zu beurteilenden Investition verändernden (und somit für die Entscheidung relevanten) Kosten betrachtet. Die Grundausrichtung der Kostenvergleichsrechnung ist folglich die der Kostenminimierung.

Da wir die Kostenvergleichsrechnung bereits im 11. Kapitel (Abschnitt 11.4.1) kennen gelernt haben, sei hier nur sehr kurz auf ihre (Nicht-)Eignung für Investitionsprobleme eingegangen. Dieses Urteil kann sehr pointiert erfolgen: Die Kostenvergleichsrechnung erweist sich als den meisten Investitionsproblemen nicht angemessen:

- Die Kostenvergleichsrechnung ist nur bei solchen Investitionsalternativen anwendbar, die keinen unterschiedlichen Einfluss auf die Erlösseite (z. B. über unterschiedliche Leistungsmengen) besitzen. Beispiele finden sich im Bereich von Ersatz- und Rationalisierungsinvestitionen.
- Die Kostenvergleichsrechnung geht von einer gleichen Laufzeit aller Alternativen aus. Bei vielen Investitionen in der Praxis ist diese Prämisse jedoch nicht erfüllt.
- Wie für alle statischen Investitionsrechnungen typisch, vernachlässigt die Kostenvergleichsrechnung die Zinswirkungen unterschiedlicher Zahlungszeitpunkte (»Ein Euro heute ist mehr wert als ein Euro morgen«).
- Es wird von der Sicherheit der unterstellten Parameter ausgegangen. Diese Prämisse ist in der Praxis selten erfüllt.

Kostenvergleichsrechnungen sind für die meisten Investitionen ungeeignet.

Haben Investitionen nicht nur Kosten- sondern auch Erlöswirkungen, kann statt der Kosten- eine *Gewinnvergleichsrechnung* angewendet werden. Die Investitionen werden dabei nicht auf Basis der Kosten, sondern anhand der durch sie zu erwartenden zusätzlichen Gewinne (als Differenz zwischen zusätzlichen Erlösen und zusätzlichen Kosten) beurteilt. Die Grundausrichtung der Gewinnvergleichsrechnung ist – nomen est omen – die Gewinnmaximierung. Von den oben genannten Einschränkungen der Kostenvergleichsrechnung gelten die letzten drei auch für die Gewinnvergleichsrechnung. Insofern ist ihr Einsatzgebiet (sehr) beschränkt. Letztlich spricht für beide Verfahren allenfalls ihre Einfachheit.

Die Gewinnvergleichsrechnung ist kaum besser geeignet.

Statische Amortisationsrechnung

Als drittes statisches Rechenverfahren unter Sicherheit soll die (statische) Amortisationsrechnung vorgestellt werden. Mit diesem – auch als Pay-off-Methode oder Kapitalrückflussrechnung bezeichneten – Verfahren will man die Frage beantworten, wann die mit einer Investition verbundene Anfangsauszahlung (»Auszahlung für den Kauf der Anlage«) durch die mit der Investition erwirtschafteten Einzahlungsüberschüsse gerade abgedeckt wird (d. h. wieder an das Unternehmen zurückgeflossen ist). Im Ergebnis liefert das Verfahren den Amortisations- oder »Pay-off-Zeitpunkt«. Die Zeitspanne bis zum Pay-off-Zeitpunkt wird auch als Amortisationsdauer bezeichnet. Die Grundausrichtung der Amortisationsrechnung ist dabei die der Risikominimierung (»Je schneller das Geld zurückfließt, desto weniger Risiko besteht«).

Die Amortisationsrechnung zielt auf Risikominimierung ab.

Im Gegensatz zur noch vorzustellenden dynamischen Amortisationsrechnung bleiben bei der statischen Pay-off-Methode die Zahlungszeitpunkte der Investition unberücksichtigt: Eine Diskontierung der Zahlungen auf die Basisperiode t_0 erfolgt nicht. Vielmehr werden die Einzahlungsüberschüsse jeder Periode (E_t-A_t) einfach solange summiert, bis sie die Höhe der Anfangsauszahlung (A_0) erreicht haben. Entsprechen die Einzahlungsüberschüsse der Anfangsauszahlung, so ist der Amortisationszeitpunkt (p) erreicht. Mathematisch formuliert gilt für die Berechnung des Pay-off-Zeitpunkts (p) somit:

$$|A_0| = \sum_{t=1}^{p}(E_t - A_t)$$

Die Berechnung des Amortisationszeitpunkts einer Investition erlaubt jedoch noch keine unmittelbare Aussage über ihre Vorteilhaftigkeit. Hierzu braucht man Entscheidungsregeln. Dabei kann man auf ein absolutes oder auf ein relatives Vorteilhaftigkeitskriterium zurückgreifen: Im Fall des absoluten Vorteilhaftigkeitskriteriums benötigt man eine Soll-Amortisationsdauer (z. B. fünf Jahre), mit der man die errechnete Pay-off-Dauer der Investition (z. B. vier Jahre) vergleichen kann. Ist die berechnete Amortisationsdauer kleiner (wie in unserem Beispiel) oder gleich der Soll-Amortisationsdauer, so ist die Investition (nach der statischen Amortisationsrechnung) als vorteilhaft zu betrachten. Stehen mehrere Investitionsalternativen zur Auswahl, so kann ein relatives Vorteilhaftigkeitskriterium genutzt werden. Dabei gilt, dass man von mehreren (vergleichbaren) Investitionen diejenige realisieren sollte, die die kleinste Amortisationsdauer aufweist (vgl. Jacob/Klein/Nick 1994, S. 48).

Die Amortisationsrechnung kann allenfalls als grobe Heuristik verwendet werden.

Die Amortisationsrechnung besticht zunächst durch ihre Einfachheit. Diese wird jedoch durch mehrere Mängel »teuer erkauft«:

Die Amortisationsrechnung vernachlässigt einen Teil der anfallenden Zahlungen.

- Die Amortisationsrechnung verletzt die Forderung nach einer »Einheit der Zahlungsströme« in Investitionsbewertungen: Nur wenn der Pay-off-Zeitpunkt (zufälligerweise) am Ende der letzten Periode liegt, in der mit der Investition verbundene Zahlungen erfolgen, werden alle mit einer Investition zusammenhängenden Zahlungen im Kalkül berücksichtigt. In allen anderen Fällen bleiben die Zahlungen nach dem Amortisationszeitpunkt unberücksichtigt, obwohl sie die Vorteilhaftigkeit einer Investition entscheidend beeinflussen können. Hieraus können unter Umständen falsche Investitionsentscheidungen resultieren.
- Wird ein absolutes Vorteilhaftigkeitskriterium verwendet (Soll-Amortisationsdauer), so lässt sich diese Soll-Größe nicht theoretisch fundiert festlegen, sondern lediglich subjektiv auf Basis der individuellen Risikobereitschaft des Investors ermitteln.
- Im Fall der statischen Amortisationsrechnung besteht neben den beiden schon genannten Schwächen (die auch für die noch vorzustellende dynamische Variante der Pay-off-Methode gelten) eine dritte: Die Vernachlässigung des Zeitaspekts, d. h. der unterschiedlichen Zahlungszeitpunkte.
- Auch bei der Amortisationsrechnung wird von der Sicherheit der unterstellten Parameter ausgegangen. Diese Prämisse ist in der Praxis aber selten erfüllt.

Diese Schwächen der (statischen) Amortisationsrechnung führen dazu, dass man die Pay-off-Methode allenfalls als grobe Heuristik zur Beurteilung einer Investition nutzen sollte. Controller müssen einerseits die Schwächen der Amortisationsrechnung kennen und andererseits auch Manager vor der unvorsichtigen Verwendung des (»so schön einfachen«) Verfahrens warnen.

Kapitalwertmethode

Als erstes dynamisches Investitionsrechnungsverfahren soll die Kapitalwertmethode vorgestellt werden. Mit dieser wird der Wert einer Investition als der Wert aller mit ihr verbundenen Ein- und Auszahlungen ermittelt, wobei die zeitliche Struktur der Zahlungsströme berücksichtigt wird. Die Kapitalwertmethode ermittelt den Wert der mit einer Investition verbundenen Zahlungsströme bezogen auf einen Zeitpunkt t_0 zu Beginn des Investitionszeitraums, direkt vor der Anfangsauszahlung. Beim Kapitalwert handelt es sich um einen so genannten »Barwert« der mit einer Investition verbundenen Zahlungen. In einer Formel ausgedrückt ergibt sich der Kapitalwert K_0 somit wie folgt (wobei E_t und A_t den Einzahlungen bzw. Auszahlungen zum Zeitpunkt t entsprechen und i für den Diskontierungszinssatz steht):

$$K_0 = \sum_{t=0}^{n} \frac{(E_t - A_t)}{(1+i)^t}$$

Die Grundausrichtung der Kapitalwertmethode ist die Gewinnmaximierung. Wie aus der Formel ersichtlich ist, werden bei der Kapitalwertmethode alle mit der Investition verbundenen Zahlungen (von $t = 0$ bis $t = n$) berücksichtigt. Im Gegensatz zur eben dargestellten Amortisationsrechnung ist bei der Kapitalwertmethode die »Einheit der Zahlungsströme« somit gewährleistet. Auch berücksichtigt die Kapitalwertmethode unterschiedliche Zahlungszeitpunkte durch die Diskontierung der Zahlungen. Die Kapitalwertmethode geht dabei von folgenden wichtigen Prämissen aus (vgl. Jacob/Klein/Nick 1994, S. 52):

Prämissen der Kapitalwertmethode

- Die mit einer Investition verbundenen Zahlungsströme lassen sich abschätzen und einer einzelnen Investition zurechnen.
- Die während der Laufzeit der Investition erwirtschafteten Einzahlungsüberschüsse können zum Kalkulationszinssatz (i) wieder angelegt werden (Wiederanlageprämisse).
- Ein vollkommener Kapitalmarkt wird unterstellt, wobei insbesondere davon ausgegangen wird, dass Investoren unbegrenzt finanzielle Mittel zum identischen Zinssatz (i) aufnehmen und anlegen können.
- Es wird Sicherheit hinsichtlich der Parameter (z. B. Zahlungshöhen und Zeitpunkte) unterstellt.

Entscheidungsregel der Kapitalwertmethode

Hat man mit Hilfe der dargestellten Formel den Kapitalwert einer Investitionsalternative bestimmt, so deutet ein positiver Kapitalwert darauf hin, dass das Unternehmen bei Realisation der Investition einen Vermögenszuwachs verzeichnen kann. Ein negativer Kapitalwert hingegen zeigt an, dass bei Durchführung der Investition Vermögen vernichtet wird. Hieraus kann man die (absolute) Entscheidungsregel des Kapitalwertverfahrens ableiten: Ist der Kapitalwert einer Investition größer als Null, so ist die Investition vorteilhaft und sollte realisiert werden. Liegen mehrere, alternative Investitionsprojekte und nur eine begrenzte Investitionssumme vor, so lässt sich folgendes (relatives) Entscheidungskriterium ableiten: Von mehreren alternativen Projekten sollte dasjenige realisiert werden, das den höchsten Kapitalwert aufweist, da es zum – relativ betrachtet – höchsten Vermögenszuwachs führt. Im Gegensatz zur bereits dargestellten Amortisationsrechnung lässt sich somit bei der Kapitalwertmethode eine objektive und theoretisch fundierte Entscheidungsregel ableiten.

Auch die Kapitalwertmethode ist mit einer Reihe von Problemen behaftet.

Wenngleich die Kapitalwertmethode auf den ersten Blick wie ein »ideales« Verfahren aussieht und auch in der Praxis sehr verbreitet ist, so ist sie bei näherem Hinsehen doch mit einer Reihe von *Problemen* behaftet:

- Das erste Problem besteht in der uns an dieser Stelle schon bekannten Annahme in Bezug auf das sichere Eintreffen der Erwartungen. Oftmals sind in der Praxis die Ein- und Auszahlungen in der Zukunft nur schwer (und ungenau) prognostizierbar, so dass sie von den in der Kapitalwertberechnung verwendeten Werten (deutlich) abweichen können. Allerdings lässt sich dieses Problem (teilweise) durch die noch vorzustellenden und auf der Kapitalwertmethode aufbauenden Verfahren der Sensitivitätsanalyse und der Risikoanalyse lösen.
- In der Praxis ebenfalls nur bedingt erfüllt ist die Prämisse der Zurechenbarkeit von Zahlungen auf einzelne Investitionen, die auch für die bisher betrachteten Verfahren galt. Vielmehr bestehen in der Regel diverse Verbundbeziehungen, die eine Zurechnung zumindest erschweren.
- Die Wiederanlageprämisse ist nicht unproblematisch, da sie voraussetzt, dass man zu den jeweiligen zukünftigen Zeitpunkten immer Investitionsobjekte findet, die eine Verzinsung in Höhe des Kalkulationszinsfußes bieten.
- Eng mit der Wiederanlageprämisse verbunden ist das grundsätzliche Problem der Wahl des »richtigen« Kalkulationszinsfußes. In der Literatur wurden sehr unterschiedliche Vorschläge zur Bestimmung dieses Zinssatzes gemacht. Diese reichen von den Finanzierungskosten (z. B. nur Fremdkapitalkosten oder nur Eigenkapitalkosten oder ein gewichteter Eigen- und Fremdkapitalkostensatz) über Opportunitätskostenüberlegungen (»Welche Verzinsung hätte die nächst beste ausgeschlossene Investitionsalternative gebracht?«) bis hin zu durchschnittlichen Un-

ternehmensrenditen oder branchenüblichen Verzinsungen. Alle hierzu diskutierten Werte haben jedoch (mehr oder minder gravierende) konzeptionelle Schwachpunkte. Insofern ist es verständlich, dass man in der Praxis auf sehr unterschiedliche Zinssätze stößt, die – nicht selten als Ergebnis eines Verhandlungsprozesses zwischen unterschiedlichen Unternehmensbereichen ermittelt – von weniger als 5 % bis zu 30 % und mehr reichen. Hieraus resultiert die Notwendigkeit, auf die Festlegung des Kalkulationszinssatzes erhebliche Sorgfalt zu verwenden, darüber hinaus aber auch den Einfluss des Kalkulationszinsfußes auf den Ausgang der Investitionsrechnung zu berücksichtigen.

- Sollen Investitionen mit unterschiedlichen Laufzeiten und/oder Investitionssummen

Beispiel

Betrachten wir die more-copy GmbH, deren Hauptgeschäftsfeld in der Anfertigung hochwertiger Kopien und Drucke für Studenten und Lehrkräfte einer nahe gelegenen Hochschule liegt. Sie hat zum gegenwärtigen Zeitpunkt t_0 über folgende alternative Investitionsmöglichkeiten A bis E (z. B. Kopierer oder Offsett-Druckmaschinen) mit den jeweiligen angegebenen Zahlungsüberschüssen (E_t-A_t) (mit t zwischen 0 und maximal 6) zu entscheiden (vgl. die Angaben im oberen Teil der *Abbildung 1*).

Auf dem vollkommenen Kapitalmarkt der kleinen am Rhein gelegenen Heimatstadt der more-copy GmbH gilt zum Entscheidungszeitpunkt t_0 für beliebige Kapitalanlagen und Kapitalaufnahmen der einheitliche Haben- und Sollzinssatz i von 10 %. Diskontiert man nun jeden der erwarteten Zahlungsüberschüsse (E_t-A_t) jedes Projekts zum Zeitpunkt t mit dem Zinssatz i auf den Entscheidungszeitpunkt t_0, so ergeben sich folgende diskontierte Zahlungsreihen, die die *Abbildung 2* zeigt.

Wie der Formel für die Bestimmung des Kapitalwerts zu entnehmen ist, müssen jetzt nur noch für jedes Projekt die Werte der Spalten der Tabelle, d. h. die abgezinsten erwarteten Zahlungsüberschüsse jedes Projekts über alle Perioden, summiert werden. Hieraus resultieren folgende Werte:

- $K_0(A)$ = 184,93
- $K_0(B)$ = 120,05
- $K_0(C)$ = 158,16
- $K_0(D)$ = 106,36
- $K_0(E)$ = – 129,53

Die Projekte A bis D weisen somit sämtlich einen Kapitalwert größer Null auf. Das heißt, dass die more-copy GmbH bei ihrer Realisation einen Vermögenszuwachs erzielen würde. Hat die more-copy GmbH unbegrenzte Finanzmittel zum Zinssatz i.H.v. 10 % zur Verfügung, so sollte sie alle Projekte A bis D durchführen. Bei Projekt E hingegen würde sie – unabhängig von den verfügbaren Finanzmitteln – Vermögen (129,53 Euro) verlieren. Somit scheidet Projekt E als rationale Handlungsalternative auf jeden Fall aus.

Im Falle knapper Finanzmittel ist die relative Vorteilhaftigkeit der verbliebenen vier Projekte A bis D zu ermitteln. Im Allgemeinen gilt die bereits dargestellte Entscheidungsregel: Von mehreren alternativen Projekten sollte dasjenige realisiert werden, das den höchsten Kapitalwert aufweist, da es zum – relativ betrachtet – höchsten Vermögenszuwachs führt. In unserem Beispiel ist jedoch zu berücksichtigen, dass die Projekte unterschiedlich hohe Investitionsvolumina aufweisen. Daher ist der engpassbezogene Kapitalwert (Kapital/Investitionsvolumen) zu bilden. Es ergeben sich folgende Kapitalwertraten:

- $K_0(A)/t_0(A)$ = 13,2 %
- $K_0(B)/t_0(B)$ = 10 %
- $K_0(C)/t_0(C)$ = 26,4 %
- $K_0(D)/t_0(D)$ = 8,5 %

Zudem ist zu berücksichtigen, ob die Projekte skalierbar sind. Ist dies der Fall, so werden die Projekte gemäß der Höhe ihres engpassbezogenen Kapitalwerts gewählt. Zuerst würde das Projekt mit der höchsten Kapitalwertrate (Projekt C), dann das mit der zweithöchsten Kapitalwertrate (Projekt A), usw., realisiert werden.

Sind die Projekte jedoch nicht skalierbar, so muss eine ganzzahlig lineare Optimierung durchgeführt werden. Da die Anzahl der Alternativen in unserem Beispiel begrenzt ist, kann die Lösung jeweils händisch gefunden werden. Stünden der more-copy GmbH bspw. Finanzmittel i.H.v. 1400 Euro zur Verfügung, würde die Wahl auf Projekt A fallen. Betrügen die Finanzmittel 1.800 Euro, wären die Projekte B und C am vorteilhaftesten.

Abb. 1: Zahlungsreihen von fünf Projekten der more-copy GmbH Erwartete Zahlungsüberschüsse (E_t–A_t) in Euro zu den Zeitpunkten t_n

	t_0	t_1	t_2	t_3	t_4	t_5	t_6
Projekt A	– 1400	500	500	500	500		
Projekt B	– 1200	700	600	250			
Projekt C	– 600	200	200	200	200	200	
Projekt D	– 1250	300	300	500	500	100	100
Projekt E	– 2900	1350	240	1790			

Abb. 2: Diskontierte erwartete Zahlungsüberschüsse (E_t–A_t) in Euro zu den Zeitpunkten t_n

	t_0	t_1	t_2	t_3	t_4	t_5	t_6
Projekt A	– 1400	454,54	413,22	375,66	341,51		
Projekt B	– 1200	636,36	495,87	187,82			
Projekt C	– 600	181,82	165,29	150,26	136,60	124,18	
Projekt D	– 1250	272,73	247,93	375,66	341,51	62,09	56,45
Projekt E	– 2900	1227,27	198,35	1344,85			

miteinander verglichen werden, so muss prinzipiell mit Differenzinvestitionen gearbeitet werden (wir werden allerdings aus Vereinfachungsgründen beim gleich folgenden Beispiel darauf verzichten).

Die genaue Vorgehensweise zur Investitionsbewertung mittels Kapitalwertmethode wird im nachfolgenden Beispiel anschaulicher dargestellt.

Neben der anhand des Beispiels der morecopy GmbH dargestellten Variante der Kapitalwertbestimmung existiert noch eine weitere Form dieses Bewertungsverfahrens, auf die hier nicht näher eingegangen werden soll: die *Vermögensendwertmethode.* Bei dieser erfolgt im Gegensatz zur Kapitalwertmethode keine Abzinsung der Zahlungen auf den Zeitpunkt t_0, sondern eine Aufzinsung auf das Ende des Betrachtungszeitraums t_n. Darüber hinaus wird (realitätsnäher) kein einheitlicher Kapitalmarktzins, sondern ein Sollzinssatz (für die Mittelaufnahme) und ein Habenzinssatz (für die Mittelanlage) verwendet (vgl. zur Vermögensendwertmethode Götze 2008, S. 110–116).

Neben der Vermögensendwertmethode stellt auch die so genannte *Annuitätenmethode* einen Spezialfall der Kapitalwertmethode dar. Im Gegensatz zur bereits geschilderten Kapitalwertmethode fragt man bei der Annuitätenmethode nicht nach dem Kapitalwert zu Beginn oder Ende des Planungszeitraums, sondern nach dessen Durchschnitt pro Periode (vgl. für eine detaillierte Darstellung Matschke 1993, S. 198–213).

Die Annuitätenmethode ist ein Spezialfall der Kapitalwertmethode.

Methode des internen Zinsfußes

Im Gegensatz zur Kapitalwertmethode will man bei der Methode des internen Zinsfußes nicht den »Wert« einer Investition, sondern die Verzinsung des in einem Investitionsprojekt eingesetzten Kapitals ermitteln. Dabei besteht jedoch ein enger Zusammenhang der zwei Verfahren: Der interne Zinsfuß ist genau jener Zinssatz, der bei Verwendung als Kalkulationszinssatz in der Kapitalwertmethode zu einem Kapitalwert (K_0) von Null führt. Folglich ergibt sich der interne Zinsfuß (z) aus folgender Formel:

$$K_0 = \sum_{t=0}^{n} \frac{(E_t - A_t)}{(1+z)^t} = 0$$

Der internen Zinsfußmethode liegen dabei folgende vier *Prämissen* zu Grunde (vgl. Jacob/Klein/Nick 1994, S. 64):

Die Prämissen der internen Zinsfußmethode ähneln denen der Kapitalwertmethode.

- Es wird von sicheren Erwartungen ausgegangen, d. h. davon, dass sich die Zahlungsströme und Zeitpunkte abschätzen lassen.
- Die Zahlungsströme (E_t und A_t) lassen sich isolieren und der einzelnen Investition zurechnen.
- Eine Wiederanlage der mit der Investition generierten Einzahlungsüberschüsse (E_t–A_t) ist zum internen Zinsfuß (z) möglich.
- Eine zeitliche Trennung der Phasen der Aus- und der Einzahlungsüberschüsse ist gegeben.

Die Prämissen der Methode des internen Zinsfußes unterscheiden sich somit auf den ersten Blick nur im Hinblick auf die vierte Prämisse von denen der bereits diskutierten Kapitalwertmethode. Die Prämissen eins und zwei sind identisch. Prämisse drei findet sich grundsätzlich auch bei der Kapitalwertmethode; jedoch wird beim internen Zinsfußverfahren von einer Wiederanlage zum Zinsfuß (z) ausgegangen. Hierauf – und auf damit verbundene Probleme – werden wir am Schluss der Diskussion der internen Zinsfußmethode noch eingehen. Die vierte Prämisse besagt, dass in der mit einer Investition verbundenen Zahlungsreihe (Ein- und Auszahlungen der Investition) nur ein Vorzeichenwechsel auftreten darf (d. h. also eine Anfangsauszahlung in t_0 und danach nur noch Zahlungen mit positivem Vorzeichen (Einzahlungsüberschüsse) in späteren Perioden). Diese Prämisse liegt darin begründet, dass es bei mehreren Vorzeichenwechseln zu einem Mehrdeutigkeitsproblem in der mathematischen Lösung kommen kann, also mehrere interne Zinsfüße als Lösung der Gleichung resultieren. Die vierte Prämisse zielt somit darauf ab, ein rechentechnisches Problem zu vermeiden.

Der interne Zinsfuß kann in der Regel nicht genau berechnet, sondern nur angenähert ermittelt werden.

Das Mehrdeutigkeitsproblem bei mehreren Vorzeichenwechseln ist jedoch nicht die einzige mit der internen Zinsfußmethode verbundene rechentechnische Schwierigkeit: Bei »normalen« Laufzeiten ($t > 2$) von Investitionen stehen keine numerischen Lösungen für die Gleichung zur Verfügung; es müssen dann Interpolationsverfahren zur Ermittlung des internen Zinsfußes angewendet werden. Die Grundidee dieses Vorge-

Die Grundausrichtung der internen Zinsfußmethode ist eine Renditemaximierung.

hens besteht darin, zunächst eine obere und eine untere Intervallschranke zu ermitteln, innerhalb derer der gesuchte interne Zinssatz liegt. Zur Bestimmung dieser Schranken werden zwei Kapitalwerte ($K_0(1)$ und $K_0(2)$) auf Basis zweier Zinssätze (i_1 und i_2) berechnet, so dass einer der Kapitalwerte ($K_0(1)$) gerade positiv und der andere gerade negativ ist ($K_0(2)$). Der gesuchte interne Zinsfuß (z) muss dann zwischen den beiden Intervallschranken (d. h. i_1 und i_2) liegen. Sobald man diese zwei Zinssätze bestimmt hat, kann man den internen Zinsfuß mit folgender Näherungsformel ermitteln:

$$z \approx i_1 + \frac{K_{0(1)}}{K_{0(1)} - K_{0(2)}} \times (i_2 - i_1)$$

Dabei ist verständlicherweise die Güte der Interpolationslösung von der Güte der Intervallschranken, d. h. vom Abstand der Zinssätze (i_1 und i_2) zueinander und der ihnen entsprechenden Kapitalwerte von Null abhängig.

Hat man den internen Zinsfuß nach einem der beiden Lösungsverfahren berechnet (das kann heute fast jeder normale Taschenrechner!), drückt dieser zunächst einmal die effektive Verzinsung des in einer Investition eingesetzten Kapitals aus. Folglich ist eine Investition dann vorteilhaft, wenn ihr interner Zinsfuß (d. h. die interne Verzinsung des investierten Kapitals) größer als der gewählte Kalkulationszinsfuß des Unternehmens (d. h. beispielsweise als der Zinssatz, zu dem man Fremdkapital am Markt aufnehmen kann) ist. Muss man unter mehreren Alternativen eine Investition auswählen, so gilt, dass diejenige mit der größten effektiven Verzinsung zu wählen ist. Die Grundausrichtung der internen Zinsfußmethode ist folglich als Renditemaximierung zu bezeichnen.

Die Möglichkeit der direkten Vergleichbarkeit des internen Zinsfußes (d. h. der effektiven Verzinsung der in einem Investitionsobjekt gebundenen Mittel) mit den für sie erforderlichen Zinszahlungen auf das eingesetzte Fremd- oder Eigenkapital (Kalkulationszinsfuß) sowie die leichte Vergleichbarkeit mehrerer Investitionsalternativen miteinander stellen Stärken der Methode dar. Diesen stehen allerdings die bereits angesprochenen rechentechnischen Probleme (insbesondere das Problem der Mehrdeutigkeit bei mehreren Vorzeichenwechseln) und konzeptionelle Probleme gegenüber. Eines von Letzteren ist die Wiederanlageprämisse. Diese ist in der Praxis nur selten erfüllt, woraus die Gefahr der Überschätzung der Vorteilhaftigkeit einer Investition resultiert. Der interne Zinsfuß wird in diesem Fall zu hoch ausgewiesen. Nicht so gravierend, jedoch je nach Investor nicht zu vernachlässigen, ist die implizit in der Methode unterstellte Annahme, dass der Investor das Ziel der Renditemaximierung verfolgt. Diese (implizite) Annahme kann beispielsweise dazu führen, dass bei der Auswahl einer Investitionsalternative nicht diejenige mit dem größten Kapitalwert, sondern eine andere, mit höherer Rendite aber kleinerem Kapitalwert empfohlen wird. Je nach Zielsetzung des Investors (Vermögensmaximierung vs. Renditemaximierung) ist das Verfahren somit als (un-)geeignet zu betrachten.

Unter der Lupe

Ein Spezialfall der bereits dargestellten (»klassischen«) Methode des internen Zinsfußes ist der so genannte Baldwin Zinssatz. Dieser unterscheidet sich vom internen Zinsfuß darin, dass man (wie bei der Vermögensendwertmethode) von einer Divergenz zwischen Haben- und Sollzinssatz ausgeht und die mit einer Investition verbundenen Zahlungen auf das Ende des Planungszeitraums aufzinst (vgl. für eine Darstellung der Baldwinmethode Blohm/Lüder/Schäfer 2006, S. 100–102). Eine weitere (jüngere) Variante des internen Zinsfußes wird seit der verstärkten Wertorientierung der Unternehmen unter dem Begriff des *Cash Flow Return on Investment* (CFROI) diskutiert (vgl. hierzu die Darstellung des CFROI im 7. Kapitel dieses Buches

Dynamische Amortisationsrechnung

Wie mit der statischen Amortisationsrechnung will man auch mit der dynamischen Amortisationsrechnung die Frage danach beantworten, wann die mit einer Investition verbundene Anfangsauszahlung über die mit der Investition erwirtschafteten Einzahlungsüberschüsse gerade wieder an das Unternehmen zurückgeflossen ist. Bei der dynamischen Amortisations- oder Payoff-Methode erfolgt allerdings im Gegensatz zu ihrem statischen Pendant eine Berücksichtigung der Zahlungszeitpunkte. Die mit einer Investition verbundenen Zahlungen werden dazu mithilfe eines Kalkulationszinsfußes (i) auf den Basiszeitpunkt (t_0) abgezinst. Ähnlich wie bei der

Abb. 12-4

Überblick der Investitionsrechnungsverfahren unter Sicherheit und bei vorgegebener Nutzungsdauer

Methode		Grundausrichtung	Zielkriterium	Wichtige Prämissen	Hauptprobleme
Statische Verfahren	Kostenvergleichsrechnung	Kostenminimierung	durchschnittliche periodenbezogene Kosten	gleiche Erlöse, gleiche Laufzeit aller Alternativen	Vernachlässigung von Zinswirkungen aufgrund unterschiedlichen zeitlichen Anfalls der Zahlungen
	Gewinnvergleichsrechnung	Gewinnmaximierung	durchschnittliche periodenbezogene Gewinne	gleicher durchschnittlicher Kapitaleinsatz, gleiche Laufzeit aller Alternativen	analog Kostenvergleichsrechnungen
	Amortisationsrechnung	Risikominimierung	Rücklaufzeit des eingesetzten Kapitals	gleiche Laufzeit aller Alternativen	kann Entscheidungsalternativen präferieren, die erfolgswirtschaftlich inferior sind; Vernachlässigung von Zinswirkungen aufgrund unterschiedlichen zeitlichen Anfalls der Zahlungen
Dynamische Verfahren	Kapitalwertmethode	Gewinnmaximierung	Barwert bzw. Annuität des Barwerts der Ein- und Auszahlungen der Entscheidungsalternativen	Ansatz von Differenzinvestitionen bei unterschiedlichen Investitionssummen und/oder Laufzeiten, vollkommener Kapitalmarkt, festliegender Kalkulationszinssatz	Prognostizierbarkeit aller Daten über den gesamten Entscheidungshorizont; Problematik der Differenzinvestitionen bei erheblich abweichenden Zahlungsstrukturen der Entscheidungsalternativen
	Interner-Zinsfuß-Methode	Renditemaximierung	interner Zinsfuß	Verzinsung aufgenommener und angelegter Gelder mit dem internen Zinsfuß	eventuelle Mehrdeutigkeit der Lösung; im Vergleich zur Kapitalwertmethode erhöhte Probleme bei unterschiedlichen Zahlungsstrukturen
	Dynamische Amortisationsrechnung	Risikominimierung	Rücklaufzeit des eingesetzten Kapitals	wie Amortisationsrechnung	wie Amortisationsrechnung, jedoch ohne den Mangel fehlender Berücksichtigung der Zinswirkung unterschiedlicher zeitlicher Lage von Zahlungen

bereits geschilderten statischen Variante der Amortisationsrechnung gilt auch für die dynamische Variante, dass der Pay-off-Zeitpunkt (p) dann erreicht ist, wenn die summierten abgezinsten Einzahlungsüberschüsse der Anfangsauszahlung (A_0) der Investition entsprechen:

$$|A_0| = \sum_{t=1}^{p} \frac{(E_t - A_t)}{(1+i)^t}$$

Die Beurteilung der Methode entspricht schließlich im Kern der ihrer statischen Variante, wobei die dynamische Amortisationsrechnung jedoch im Gegensatz zu ihrem statischen Pendant die Zahlungszeitpunkte einer Investition berücksichtigt und der statischen Variante folglich (in diesem Punkt) überlegen ist.

Die *Abbildung 12-4* fasst die wichtigsten Aussagen zu den vorgestellten Investitionsrechnungsverfahren zusammen.

12.4.1.2.2 Investitionsrechnungsverfahren unter Unsicherheit

Die im Folgenden vorzustellenden Investitionsrechenverfahren berücksichtigen, dass sich in der Praxis die mit einer Investition verbundenen Zahlungsströme und Zahlungszeitpunkte selten exakt prognostizieren lassen. Vielmehr bestehen in der Regel signifikante Unsicherheiten bezüglich der Höhe der Zahlungsströme und der Zahlungszeitpunkte. Um diesen Unsicherheiten bei der Bewertung von Investitionen Rechnung zu tragen, wurden spezielle Verfahren wie bei-

Investitionen sind in der Praxis zumeist mit (erheblicher) Unsicherheit behaftet.

spielsweise die *Sensitivitätsanalyse* oder die *Risikoanalyse* entwickelt.

Auch besitzt das Management eines Unternehmens in der Praxis die Möglichkeit, eine Investition während der Implementierung in gewissem Umfang umzugestalten oder ganz abzubrechen und kann damit – wiederum in gewissem Umfang – auf neue (Umwelt-)Informationen reagieren. Das Management hat folglich eine gewisse *Flexibilität*, die ebenfalls in den »klassischen« Investitionsrechnungen unter Sicherheit nicht ausreichend berücksichtigt wird. Mittels so genannter *Realoptionen* kann man dieser Flexibilität des Managements im Hinblick auf Investitionen (und sich verändernde Umweltparameter) Rechnung tragen. Im Folgenden wollen wir daher (dem Charakter eines Einführungsbuches entsprechend) kurz auf die genannten Investitionsrechenverfahren eingehen, welche die Unsicherheit der Parameter einer Investition bzw. der Flexibilität des Managements mit einbeziehen. Allerdings können wir es dabei bei der Sensitivitätsanalyse mit einem Verweis bewenden lassen: Wir sind auf diese Methodik schon im Zusammenhang mit Prognoseverfahren gestoßen, wo sie als Nutzschwellenanalysen bzw. Simulationsrechnungen bezeichnet werden (vgl. den Abschnitt 11.4.4 im 11. Kapitel).

Mittlerweile haben Simulationsmodule Einzug in Tabellenkalkulationsprogramme gefunden.

Risikoanalyse

Die Risikoanalyse baut auf Wahrscheinlichkeitseinschätzungen auf. Sie verfolgt dabei das Ziel, aus den (unterstellten) Wahrscheinlichkeitsverteilungen der Basis- bzw. Inputgrößen einer Investition (Zahlungsströme und Zeitpunkte) die einer bestimmten Investitionsalternative entsprechende Wahrscheinlichkeitsverteilung der Ergebnisse (genauer: die Verteilung des Kapitalwerts) zu ermitteln. Um dieses Ziel zu erreichen, sind fünf Schritte erforderlich (vgl. Jacob/Klein/Nick 1994, S. 120):

Fünf Schritte der Risikoanalyse

- Die unsicheren Inputgrößen müssen ausgewählt werden.
- Für jede der ausgewählten unsicheren Inputgrößen muss eine Wahrscheinlichkeitsverteilung ihrer möglichen Ausprägungen geschätzt werden.
- Daran anschließend müssen die betrachteten Inputgrößen auf stochastische Abhängigkeiten (d. h. auf Kovarianzen) hin überprüft werden, da diese in der Risikoanalyse Probleme bereiten würden.
- Im vierten Schritt kann die Ergebnisverteilung (d. h. die Verteilung des Kapitalwerts der Investition) ermittelt werden. Dies kann entweder durch eine analytische Berechnung oder aber mittels einer Simulation (so genannte Monte-Carlo-Simulation) erfolgen. Die analytische Lösungsvariante besitzt enge Grenzen, die ihre Anwendung in der Praxis nur in Spezialfällen zulässt. Die Simulation (bei der auf einen Zufallsgenerator, der die Parameterkonstellationen zufällig wählt, zurückgegriffen wird) stellt hier die bessere Lösungsvariante dar (vgl. Adam 2000, S. 364 f.).
- Der fünfte und letzte Schritt besteht in der Analyse und Interpretation der Ergebnisse.

Die *Risikoanalyse* (insbesondere in der Variante der Simulation) besticht durch die Möglichkeit, auch eine Vielzahl unsicherer Inputgrößen bzw. Umweltzustände berücksichtigen zu können. Auch wurden in den vergangenen Jahren diverse kommerzielle Softwareprodukte (wie bspw. @RISK von Scientific Solutions zur Monte-Carlo-Simulation unter Microsoft Excel) entwickelt, die die Durchführung einer (Monte-Carlo-)Simulation erleichtern. Allerdings sind für ihre Anwendung Wahrscheinlichkeitsverteilungen der Inputgrößen nötig. Diese zu schätzen ist in der Praxis eine schwierige Aufgabe und kann mit hohen Kosten verbunden sein. Auch beinhaltet die Risikoanalyse ebenso wenig wie die Sensitivitätsanalyse klare Entscheidungsregeln. Das Verfahren ist somit hauptsächlich für die Entscheidungsvorbereitung bei größeren Investitionsprojekten geeignet.

Realoptionsmethode

Das als zweites vorzustellende Verfahren der Investitionsrechnung von Einzelentscheidungen unter Unsicherheit hat seine Wurzeln in der Optionstheorie und unterscheidet sich deutlich von den anderen bisher skizzierten Verfahren. Deshalb wollen wir für seine Beschreibung auch etwas mehr Platz einräumen.

Unter einer Realoption versteht man *zukünftige Handlungsspielräume* (etwa Investitions- oder Desinvestitionsmöglichkeiten) eines Unternehmens *in Verbindung mit der Fähigkeit des*

Managements, operative Entscheidungen an veränderte Umweltbedingungen anzupassen (vgl. Hommel/Pritsch 1999, S. 123). Eine Realoption stellt demnach ein Bündel an Handlungsoptionen in Bezug auf die Verwendung und Nutzung realer Aktiva (z. B. Maschinen) dar und ist prinzipiell analog zu einer Finanzoption zu bewerten. Die analoge Verwendung für reale Aktiva (daher auch der Begriff »Realoptionen«) ist deshalb möglich, weil die Struktur der Zahlungsströme eines Investitionsprojekts (oft) der einer Finanzoption ähnelt. Bevor wir hierauf näher eingehen, wollen wir aber noch kurz die drei Haupteigenschaften einer Finanzoption ansprechen (vgl. Dixit/Pindyck 1994, S. 3)

- Besitzt man eine Finanzoption, so hat man das Recht, nicht aber die Verpflichtung, einen bestimmten Vermögensgegenstand zu erwerben (*Flexibilität*),
- falls sich dies nach der Kenntnis eines zu Beginn nicht genau vorhersagbaren Umweltzustandes (*Unsicherheit*) als sinnvoll erweist.
- Allerdings ist der Erwerb der Option (d. h. dieses Rechts) mit irreversiblen Kosten verbunden (*Irreversibilität*).

Diese Eigenschaften finden sich auch bei Investitionsprojekten wieder. Um dies zu veranschaulichen, wollen wir das Beispiel der Exploration einer Rohstoffmine (z. B. für Eisenerz, Kohle oder auch Edelmetalle) betrachten: Zur Erschließung der Mine (bzw. des Potentials der Mine) sind Investitionen nötig. Diese Investitionsauszahlungen stellen (großenteils) irreversibel »versunkene« Ausgaben dar. Die zukünftigen mit der Ausbeutung der Mine verbundenen Einzahlungsüberschüsse hängen einerseits von den zumindest teilweise vorhersagbaren Abbaukosten ab und andererseits von den Weltmarktpreisen für den abgebauten Rohstoff. Mit anderen Worten: Sie unterliegen Unsicherheiten. Das Management der Grube ist jedoch nicht gezwungen, die Mine nach einem zu Beginn aufgestellten Explorationsplan auszubeuten. Vielmehr kann es, wenn der Rohstoffpreis auf dem Weltmarkt kurzfristig unter die variablen Kosten des Abbaus sinkt, die Mine stilllegen und erst bei Erholung des Weltmarktpreises wieder öffnen. Das Management besitzt somit Flexibilität. Eben diese Handlungsflexibilität des Managements führt zu einer asymmetrischen Struktur der Zahlungsströme, die einer Finanzoption ähnelt: Bei günstigen Bedingungen sind die mit der Mine erzielbaren Zahlungen (zumindest aus theoretischer Sicht) unbegrenzt positiv. Bei schlechteren Umweltbedingungen (beispielsweise einem Preisverfall auf dem Weltmarkt) sind die mit der Mine verbundenen (negativen) Zahlungen jedoch auf ein Minimum begrenzt (auf die fixen, für die Erhaltung der Produktionsfähigkeit der Grube erforderlichen Kosten).

Realoptionen als neues und konzeptionell wie methodisch anspruchsvolles Verfahren

Die *Abbildung 12-5* stellt diese asymmetrische Verteilung der Zahlungsströme der Mine (bzw. der Option) grafisch dar. Das Management der Mine besitzt somit die Option (d. h. das Recht), bei guten Marktbedingungen (»Weltmarktpreis höher als variable Kosten«) die Mine auszubeuten, d. h. die positiven Zahlungsströme zu realisieren. Eine solche Option wird auch als Kaufoption (englisch »Call Option«) bezeichnet, da der Optionsinhaber (das Management der Grube) das Recht hat, gegen »Bezahlung« des Optionsausübungspreises (d. h. der Erschließungs- bzw. Erhaltungskosten der Mine) die positiven Zahlungsströme (die Einzahlungen aus dem Verkauf des Rohstoffs) bei guten Marktbedingungen »zu kaufen« bzw. für sich zu realisieren.

Eigenschaften einer Finanzoption

Gleicht die Struktur der Zahlungsströme einer Investition – wie in unserem Beispiel – der einer Finanzoption, so kann im Analogieschluss die Investitionsbewertung mithilfe von Optionspreismodellen aus der Finanztheorie erfolgen.

Allerdings sind der Analogie zwischen Finanzoptionen und Realoptionen auch *Grenzen* gesetzt, da die typischen, auf Arbitrageüberlegungen basierenden Optionspreismodelle von der

Der Analogie zwischen Finanz- und Realoption sind Grenzen gesetzt.

Abb. 12-5

Asymmetrische Verteilung der Zahlungsströme einer Option

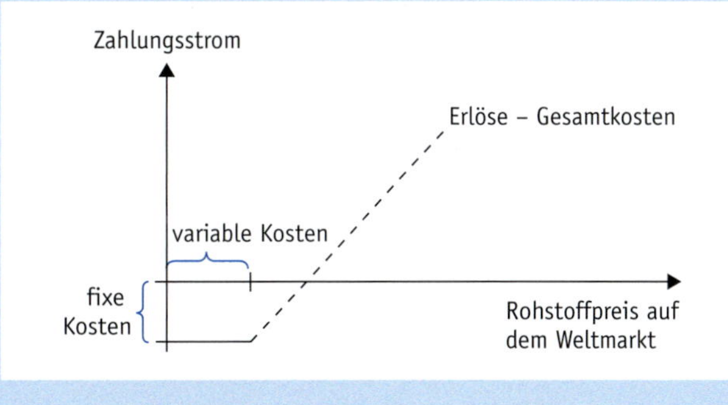

Existenz eines gehandelten Basisinstruments, auf das sich die Option bezieht, ausgehen (daher wird sie auch als »derivatives Recht« bezeichnet). Beispiele für solche Basisinstrumente sind dabei eine Aktie, ein Barrel Öl, ein Kubikmeter Erdgas oder eine Tonne Weizen. Im Gegensatz zu Finanzoptionen, bei denen ein solches Basisinstrument immer vorliegt (und in der Regel an einem Markt bzw. an der Börse gehandelt wird), wird bei einer Realoption das betreffende Basisinstrument oft erst durch die Ausübung der Option (d. h. durch die Durchführung einer Investition oder eines F & E-Projekts) geschaffen. Auch kann es sich beim Ausübungspreis einer Realoption (d. h. der Investitionsauszahlung) um eine endogene Größe handeln: Oft kann das Management eines Unternehmens das Investitionsvolumen (etwa die Kapitalintensität einer Automobilfertigung) selbst beeinflussen. In diesem Fall ist der Ausübungspreis der Option keine exogene (Markt-)Größe mehr, wie dies in der Regel bei Finanzoptionen (z. B. auf Aktien eines Unternehmens) der Fall ist. Zum Teil kann man derartigen Einschränkungen der Anwendbarkeit der Realoptionsmethode allerdings durch anspruchsvollere Optionspreismodelle (auf die wir hier jedoch nicht näher eingehen wollen) begegnen.

Unterschiedliche Typen von Realoptionen

Ist man auf Basis dieser Überlegungen zu dem Schluss gekommen, dass sich die Realoptionsmethode für ein bestimmtes Investitionsprojekt eignet, so muss man sich einen Überblick über die im Investitionsprojekt enthaltenen Optionsrechte verschaffen und eine Auswahl der zu berücksichtigenden Optionen vornehmen. Dabei werden in der Literatur meist sechs verschiedene Typen von Realoptionen unterschieden (vgl. Hommel/Pritsch 1999, S. 126):

- *Warteoptionen*
  Bei dieser auch als »Option to wait« bezeichneten Option hat das Unternehmen die Möglichkeit, mit der Investitionsdurchführung zu warten und diese von der späteren Ausprägung einer unsicheren Größe (z. B. dem Weltmarktpreis eines Gutes) abhängig zu machen.

- *Option, die Investition in Teilinvestitionen aufzugliedern*
  Hier besitzt man die Möglichkeit, das Investitionsprojekt in mehrere Phasen bzw. Teilinvestitionen zu zerlegen und die Entscheidung über die Folgephase bzw. Folgeinvestition vom Eintreten günstiger Umweltzustände abhängig zu machen – bei F & E-Projekten besteht beispielsweise häufig die Möglichkeit, diese nach Realisierung von Anfangsschritten bei negativen Aussichten abzubrechen.

- *Schließungs- bzw. Abbruch- und Wiedereröffnungsoptionen*
  Das Management besitzt hier die Möglichkeit, ein Investitionsprojekt vor Ablauf der Lebensdauer zu beenden oder vorübergehend einzustellen (und ggf. später wieder aufzunehmen). Eine solche Option ist beispielsweise im eingangs dargestellten Beispiel der Rohstoffmine enthalten, da das Management die Möglichkeit besitzt, die Grube vorübergehend zu schließen, wenn der Rohstoffpreis kurzfristig unter die variablen Kosten fällt, oder aber ganz zu schließen, wenn davon ausgegangen wird, dass der Preisverfall dauerhafter Natur ist.

- *Erweiterungs- und Einschränkungsoptionen*
  Hier besitzt man die Flexibilität, die Produktionskapazität einer Anlage gegen Zahlung einer zusätzlichen Investitionssumme zu erhöhen bzw. die Kapazität unter Einsparung einer bestimmten Investitionssumme zu reduzieren.

- *Umstellungsoptionen*
  Hierbei handelt es sich genau genommen um zwei Optionen: Erstens besitzt man die Möglichkeit, die bestehende Aktivität bzw. Investition über eine Abbruchsoption zu beenden, und zweitens eine Erweiterungsoption im Hinblick auf eine andere Handlungsalternative.

- *Innovationsoptionen*
  Bei dieser Gruppe von Realoptionen handelt es sich schließlich um Möglichkeiten, die durch Investitionsprojekte entstehen, deren Wert weniger auf der unmittelbaren Generierung von Zahlungsströmen, sondern viel mehr auf der Erzeugung weiterer, interessanter Investitionsmöglichkeiten beruht.

Für die Ermittlung des Optionswerts bzw. -preises kann man prinzipiell auf zwei Ansätze zurückgreifen (vgl. für eine detaillierte Darstellung der Ansätze und das genaue Vorgehen dabei Pritsch 2000, S. 154–166):

- *Analytische Verfahren*
  Bei diesen wird für ein spezielles Bewertungsproblem eine konkrete Bewertungsformel (ausgehend von der Modellierung der Wertveränderung des Investitionsprojekts als kontinuierlichem stochastischen Prozess) abgeleitet. Das bekannteste analytische Optionspreisverfahren ist dabei das Modell von Black und Scholes. Während die analytischen Verfahren den Vorteil besitzen, dass eine einmal ermittelte Formel mit wenig Rechenaufwand in der Praxis angewendet werden kann, lassen sich durch sie leider nur relativ wenige Spezialfälle von Realoptionen bewerten.

- *Numerische Verfahren*
  Zu den numerischen Optionspreisverfahren gehören (neben diversen anderen) insbesondere die so genannten »Lattice-Modelle«, die den Wertveränderungsprozess eines Investitionsprojekts direkt als diskreten stochastischen Prozess modellieren. Das bekannteste dieser Verfahren ist das Binomialmodell von Cox/Ross/Rubinstein (vgl. für eine kurze Darstellung dieses Modells bspw. Götze 2008, S. 399–411). Die Modellierung mittels eines diskreten stochastischen Prozesses bringt eine gewisse Ungenauigkeit in die Optionsbewertung. Dieser Nachteil der Ungenauigkeit fällt jedoch nicht besonders ins Gewicht und wird durch den Vorteil der überschaubaren mathematischen Anforderungen und der geringen Implementierungsprobleme aufgewogen. In der Investitionsrechnungspraxis wird man folglich am ehesten auf diese Modelle zurückgreifen.

Nachdem man sich entweder für einen analytischen oder einen numerischen Optionspreisansatz entschieden hat, kann man die einzelnen, in die Bewertung einer Realoption einfließenden Parameter ermitteln. Die zu bestimmenden Parameter sind: der Projektwert, die Variabilität des Projektwerts, die Laufzeit und »Dividenden« der Realoption, der risikofreie Zinssatz und der Ausübungspreis der Realoption. Die Bestimmung des vierten und fünften Parameters ist dabei recht einfach: Der risikofreie Zinssatz wird für die jeweilige Laufzeit der Realoption auf Basis festverzinslicher Wertpapiere bester Bonität ermittelt. Auch die Ermittlung des Ausübungspreises der Realoption fällt nicht schwer: Der Ausübungspreis stellt nichts anderes als die für die Realisation der Investition nötige Investitionssumme dar. Etwas schwieriger gestaltet sich hingegen die Berechnung der ersten drei Parameter.

Zwei Verfahren zur Bestimmung von Optionswerten können unterschieden werden.

- *Projektwert*
  Da die Realoption ein so genanntes »derivatives Recht« ist, hängt ihr Wert unmittelbar von dem des betrachteten Basisinstruments ab, d. h. vom Wert der geplanten Investition oder des geplanten Forschungsprojekts. Das Vorgehen zur Ermittlung des Parameters Projektwert erfolgt entsprechend der Kapitalwertmethode. Zur Schätzung der in die Kapitalwertberechnung einfließenden Zahlungsströme wird ein »vergleichbares«, am Kapitalmarkt gehandeltes Projekt (oder Portfolio von Projekten) gesucht, das eine hohe Korrelation zum Projektwert aufweist. Dessen Projektwert kann man dann als Projektwert der betrachteten Investition verwenden.

- *Variabilität des Projektwerts*
  Neben dem Wert des betrachteten Investitionsprojekts muss auch die Variabilität bzw. Volatilität des Projektwerts im Zeitablauf für die Ermittlung des Realoptionspreises berücksichtigt werden. Zur Ermittlung der Volatilität des Wertes eines Investitionsprojekts stehen dabei mehrere Alternativen zur Verfügung, von denen hier nur eine kurz vorgestellt sei: Am einfachsten kann man auf historische Volatilitäten vergangener (gleichartiger) Investitionsprojekte zurückgreifen. Ein Automobilhersteller könnte so für die Bewertung einer neuen Fertigungsstraße die Volatilität des Wertes (z. B. aufgrund von Absatzpreis- und Materialkostenschwankungen) einer existierenden, gleichartigen Fertigungsstraße verwenden. Hierfür muss jedoch die gewählte Vergleichs- bzw. Schätzperiode bzw. das betrachtete Investitionsprojekt repräsentativ für den interessierenden Bewertungszeitraum und das zu bewertende Investitionsprojekt sein.

Für die Praxis ist am ehesten eine Modellierung mittels eines diskreten stochastischen Prozesses angeraten.

Fünf Parameter sind für die Bestimmung des Werts der Realoption maßgeblich.

- *Laufzeit und »Dividenden« der Realoption*
  Mit der Laufzeit der Realoption bezeichnet man den Zeitraum, innerhalb dessen man durch Ausübung der Realoption (d. h. durch Realisierung der Investition) die mit ihr verbundenen Zahlungsströme realisieren kann. Im einfachsten Fall ist die Laufzeit eine exogene Größe. In der Praxis muss man jedoch davon ausgehen, dass sich die Laufzeit einer Realoption, etwa durch Handlungen von Wettbewerbern, verändert. Als »Dividende« einer Realoption ist der Rückgang des Wertes des betrachteten, der Option zu Grunde liegenden Investitionsprojekts zu verstehen. Ein solcher Rückgang des Projektwerts kann sich beispielsweise dadurch ergeben, dass ein Wettbewerber durch seinen Markteintritt den potentiellen First Mover Advantage des Unternehmens zunichte macht.

Was ist die »Dividende« einer Realoption?

Hat man mit Hilfe dieser fünf Parameter den Wert der einzelnen mit einem Investitionsprojekt verbundenen Realoptionen (nach einem der eben kurz umrissenen analytischen oder numerischen Verfahren) berechnet, so ist zu untersuchen, inwiefern die einzelnen Optionen interagieren, d. h. sich bzw. ihren Wert gegenseitig beeinflussen. So ist es etwa bei einem größeren Forschungs(investitions)projekt wahrscheinlich, dass die Ausübung einer Realoption (der Realisierung des ersten Teils des Forschungsprojekts) eine weitere Realoption (die Möglichkeit zu weiterer, auf dem ersten Teilprojekt aufsetzender Forschung) schafft. Diese zweite Realoption ist dann ebenfalls im Wert der ersten Realoption zu berücksichtigen.

Grundsätzlich sind zwei Interaktionsformen denkbar: Einerseits besteht die Möglichkeit, dass der effektive Wert des Investitionsprojekts und damit auch der einer Realoption durch das Vorhandensein (zeitlich) nachgelagerter Realoptionen (wie im Beispiel der Forschungsinvestition) beeinflusst wird. Zweitens kann die Ausübung einer Realoption den Wert der anderen Realoptionen beeinflussen, weil sie den Wert des betrachteten, unterliegenden Investitionsprojekts verändert. Ein Beispiel hierfür findet sich oft in Leasingverträgen von Büro- oder Fabrikgebäuden: Besitzt ein Unternehmen neben einer späteren Vertragsverlängerungsmöglichkeit (einer »Call Option« auf weitere, entgeltliche Nutzung des Gebäudes) auch eine Möglichkeit, den Vertrag vor Ablauf zu kündigen (eine »Put Option«), so verliert bei Ausübung der Kündigungsoption die zeitlich später angesiedelte Kauf-/Verlängerungsoption ihren Wert, da sich der Wert des Projektes verändert hat bzw. auf Null gefallen ist.

Ist die Untersuchung der Interaktionen zwischen einzelnen Realoptionen eines Projekts (oder mehrerer Projekte) erfolgt, so kann man darauf aufbauend (und unter Berücksichtigung der Umweltkonstellationen) Entscheidungen darüber treffen, ob und wann die Optionen ausgeübt werden sollen. Die Entscheidung hierfür wird man davon abhängig machen, ob der Wert der betrachteten Option positiv ist. Die Berücksichtigung der in einem Investitionsprojekt enthaltenen Realoptionen (Flexibilitäten des Managements) führt so zu einer Reduzierung der in die Bewertung eingehenden Projektkosten. Ein Projekt wird folglich bei Vorliegen von Realoptionen eher akzeptiert (da entsprechend mit niedrigeren Auszahlungen verbunden), als dies im Kapitalwertverfahren, das die Flexibilität unberücksichtigt lässt, der Fall ist.

Über die Realoptionsmethode ist ein zwiespältiges Urteil zu fällen.

Aus der Literatur zur Realoptionsmethode gewinnt man leicht den Eindruck, dass mit ihr endlich »das« Investitionsverfahren für alle Anwendungen gefunden wurde, das allen anderen Verfahren überlegen ist. Die Realoptionsmethode stellt sich jedoch aus Sicht der Rationalitätssicherung in einer gewissen Ambiguität dar (vgl. Pritsch/Weber 2001):

Ein wesentlicher Vorteil besteht insbesondere in konzeptioneller Sicht.

- Einerseits besteht ihre Stärke darin, dass sie von ihrer Struktur her wesentlich besser auf die zunehmende Anzahl an Entscheidungen in einem unsicheren Umfeld passt und sie so Begrenzungen traditioneller Bewertungsverfahren (insbesondere die Vernachlässigung der Flexibilität) aufhebt. Die Realoptionsmethode besitzt folglich das theoretische Potential, über eine verbesserte Problemwahrnehmung und -lösung zu einer größeren Rationalität in Investitionsentscheidungen beizutragen. Dabei stellt der instrumentelle Aspekt der Methode (d. h. das genaue Kalkulationsergebnis für ein Investitionsproblem) nur eine Facette dar. Zumindest ebenso wichtig ist die Veränderung der Problemwahrnehmung (»Handlungsflexibilität in Investitionsprojekten«; »Unsicherheit als Chance – nicht nur als Risiko«) durch die Entscheider, d. h. der *konzeptionelle Aspekt der Verwendung der Realoptionsmethode*. Neben einer Verbesserung des Verständnisses von Investitionsentscheidungen leistet die Realoptionsmethode auch einen Beitrag zur Kommunikation, Strukturierung und Objektivierung von Investitionsentscheidungen unter Unsicherheit.

- Andererseits hat sich der Realoptionsansatz trotz seiner methodischen Vorteile bisher in der Praxis nicht durchgesetzt (vgl. Vollrath 2001, S. 58). Dies liegt ebenso an gewissen Operationalisierungsschwierigkeiten (»die Optionsparameter müssen spezifiziert werden«), wie aber auch an »Könnensdefiziten« in der Praxis: Viele Controller und Manager in Unternehmen sind an die klassischen Investitionsrechnungen, wie z. B. den internen Zinsfuß, gewöhnt und kennen das noch recht junge Instrument der Realoption zu wenig (oder gar nicht). Solche Kenntnis- oder Könnensdefizite lassen den potentiellen Rationalitätsfortschritt durch den (theoretisch überlegenen) Realoptionsansatz jedoch schnell in einen gefährlichen Rückschritt umschlagen: Unkenntnis auf Seiten von Controllern und Managern kann leicht zu einer falschen Anwendung des Verfahrens (z. B. Verletzung der Prämisse der analogen Zahlungsströme zu einer Finanzoption) oder zu Kommunikationsproblemen führen, wodurch die Rationalität nicht gesteigert, sondern reduziert wird! Die Komplexität der Realoptionsmethode öffnet auch die Tür für opportunistisches Verhalten der Beteiligten im Investitionsprozess: Wer mit dem Verfahren elegant »jonglieren« kann, besitzt beste Voraussetzungen, um einen weniger intimen Kenner der Methode zu täuschen oder die Zahlen »schön zu rechnen«.

Vor diesem Hintergrund erscheint die Verwendung der Realoptionsmethode zur Investitionsrechnung bei solchen Investitionen sinnvoll, die durch ein großes Maß an Unsicherheit und unternehmerische Flexibilität gekennzeichnet sind und bei denen sowohl der Optionswert als auch der Gewinn aus einer rationaleren Problemwahrnehmung und -lösung folglich den mit dem Verfahren verbundenen Aufwand (auch zur Schulung der Beteiligten!) rechtfertigt.

12.4.1.3 Investitionsprogrammentscheidungen unter Sicherheit

Nachdem wir in den vorherigen Abschnitten Einzelentscheidungen über Investitionsprojekte betrachtet haben, wollen wir nun in aller (einem Einführungsbuch in das Controlling angemessener) Kürze Investitionsprogrammentscheidungen (unter Sicherheit) vorstellen, denn »der Unternehmung stehen im Allgemeinen viele komplementäre oder neutrale (voneinander unabhängige) Investitionsmöglichkeiten offen, die nach Kriterien für Einzelentscheidungen alle vorteilhaft sein mögen« (Perridon/Steiner 2007, S. 83). Unter Investitionsprogrammen sind daher »zulässige Kombinationen aus verschiedenen sich gegenseitig *nicht* ausschließenden Möglichkeiten der Kapitalanlage« (Investitionsprojekten) zu verstehen (Matschke 1993, S. 288, Hervorhebung im Original).

Aufgrund der vielfältigen Interdependenzen zwischen Kapitalbereitstellung und Kapitalverwendung kann eine Investitionsprogrammplanung beliebig komplex werden.

Die Methode kann leicht ihre Nutzer überfordern.

Bei der Darstellung der auf einzelne Investitionsalternativen gerichteten Entscheidungen haben wir schon festgestellt, dass die Vorteilhaftigkeit einer Investition insbesondere auch vom Kalkulationszinsfuß abhängt. Dieser Kalkulationszinsfuß wird durch die Finanzierungskosten des Unternehmens am Kapitalmarkt bestimmt. Umgekehrt entscheiden auch die Investitionsmöglichkeiten über die Vorteilhaftigkeit der Aufnahme finanzieller Mittel durch das Unternehmen. Zwischen dem Investitions- und dem Finanzierungsbereich eines Unternehmens bestehen folglich Interdependenzen, die es bei Investitionen zu berücksichtigen gilt. Dieser Zusammenhang bzw. die damit verbundenen Probleme werden beispielsweise beim Kapitalwertverfahren einfach dadurch »gelöst«, dass von einem vollkommenen Kapitalmarkt mit einem einheitlichen Zinssatz, zu dem finanzielle Mittel in unbegrenzter Höhe aufgenommen werden können, ausgegangen wird. Hebt man diese (wenig realistische) Prämisse auf, so wird die Berücksichtigung der Finanzierungsmöglichkeiten bedeutsam. So ist der Kalkulationszinsfuß bei der Kapitalwertmethode – um beim begonnenen Beispiel zu bleiben – keine exogen vorgegebene Größe mehr. Vielmehr muss man dann Investi-

Die Berechnung einer Realoption birgt viel Raum für Opportunismus.

tionen und deren Finanzierung gleichzeitig betrachten, um das optimale Investitions- und Finanzierungsprogramm zu bestimmen.

Zur Lösung dieses Problems der Investitionsprogrammplanung wurden unterschiedliche (z. T. sehr komplexe) Verfahren entwickelt, von denen hier nur das (Kapitalbudgetierungs-)Modell von Dean näher vorgestellt werden soll. Ein Kapitalbudget ist dabei »ein kombiniertes Investitions- und Finanzierungsprogramm« (Matschke 1993, S. 290). Zu den zu beachtenden Annahmen der Kapitalbudgetierungsmodelle gehören (vgl. detailliert Jacob/Klein/Nick 1994, S. 91 und Götze 2008, S. 294 ff.):

- sichere Erwartungen bezüglich aller relevanten Modellparameter,
- eine endliche Anzahl von Investitions- und Finanzierungsalternativen, deren Nutzungsdauer bzw. Laufzeit vorgegeben ist,
- beliebige Teilbarkeit der Investitions- und Finanzierungsprojekte,
- ein festliegendes Produktionsprogramm und
- vollständig als Zahlungsreihe erfassbare Investitions- und Finanzierungsprojekte.

»Cut-off-Rate«

Im (klassischen) *Kapitalbudgetierungsmodell von Dean* (vgl. Dean 1951) geht man neben diesen Annahmen davon aus, dass der Investor (das Unternehmen) einen Planungshorizont von einem Jahr hat und sein Vermögen zum Zeitpunkt t_1 maximieren will, ohne zwischenzeitlich Einkommensbeträge entnehmen zu wollen. Alle Investitionen werden dabei durch eine Anfangsauszahlung im Zeitpunkt t_0 und eine Einzahlung im Zeitpunkt t_1 beschrieben. Die Finanzierungsalternativen hingegen sind dadurch charakterisiert, dass die Einzahlung im Zeitpunkt t_0 erfolgt, während die Auszahlung in t_1 stattfindet. Auf diesen Überlegungen aufbauend kann man mit Hilfe interner Zinsfüße der Investitions- und Finanzierungsalternativen eine Kapitalnachfrage- und eine Kapitalangebotsfunktion ableiten (vgl. Götze 2008, S. 295–297). Dazu werden die Investitionsobjekte in absteigender Reihenfolge ihrer internen Zinsfüße und die Finanzierungsprojekte in aufsteigender Reihenfolge nach ihren internen Zinsfüßen geordnet. Die *Abbildung 12-6* stellt dies (für eine Periode) grafisch dar.

Das optimale Kapitalbudget der betrachteten Periode (*»Cut-off-Point«*) kann man nun anhand des Schnittpunkts der Kapitalangebotsfunktion mit der Kapitalnachfragefunktion bestimmen. Gleichzeitig wird so auch die *»Cut-off-Rate«* determiniert. Diese bezeichnet einerseits die expliziten Kapitalkosten und andererseits die Effektivverzinsung des investierten Kapitals. Im Optimum bzw. Schnittpunkt der Angebots- und Nachfragekurve entspricht folglich die Effektivverzinsung des investierten Kapitals gerade den Kapitalkosten. Würde man Investitionsprojekte jenseits des »Cut-off-Points« realisieren, so wären die für die Finanzierung notwendigen Kosten größer als die mit den Projekten verbundene Effektivverzinsung.

Das Modell von Dean, das als »Urmodell« der Investitionsprogrammplanung gelten kann, besticht einerseits durch seine einfache Struktur, die Zusammenhänge zwischen Investitionsplanung und Finanzplanung deutlich macht, und andererseits durch seine relativ geringen Anforderungen im Hinblick auf die benötigte Datenbasis. Auf der anderen Seite muss man aber auch beachten, dass das Modell mehrere *Schwachpunkte* besitzt (vgl. Perridon/Steiner 2007, S. 86 f. und Götze 2008, S. 302 f.):

- Es wird von sicheren Erwartungen ausgegangen. Diese Prämisse ist jedoch – wie nun bereits bekannt – eher praxisfern.

Abb. 12-6

Kapitalbudgetierungsmodell von Dean (1951) bei externer Finanzierung

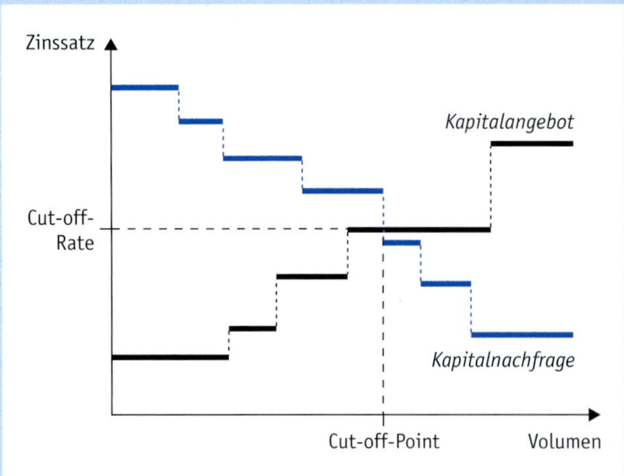

- Die vom Modell unterstellte beliebige Teilbarkeit der betrachteten Investitionsprojekte ist in der Regel in der Praxis nicht erfüllt.
- Der Planungshorizont des Modells ist auf eine Periode begrenzt. Eine mehrperiodische Planung ist zwar möglich, jedoch nicht unproblematisch: (1) Die optimale Cut-off-Rate kann sich in den einzelnen Perioden je nach vorhandenen Investitions- und Finanzierungsmöglichkeiten verändern und folglich z. B. eine in Periode 1 angenommene Investition in Periode 2 unterhalb der neuen Cut-off-Rate liegen. (2) Im Mehrperiodenfall ist die Liquidität des Unternehmens nur im Zeitpunkt t_0 sichergestellt, da in den späteren Perioden sowohl andere Kapitalnachfragefunktionen (»ein anderes Investitionsprogramm«) als auch andere Kapitalangebotsfunktionen (z. B. höhere Kapitalkosten bei gleichem Kapitalvolumen) möglich sind. Ermittelt man mit Hilfe des Modells nach Dean ein optimales Investitions- und Finanzierungsprogramm in t_0, so kann man unter Umständen wegen fehlender Liquidität in späteren Perioden in Konkurs gehen!
- Im Modell wird die in der Realität nur bedingt erfüllte Annahme getroffen, dass die Investitionsprojekte unabhängig von den Finanzierungsprojekten sind (unabhängige Kapitalnachfrage- und Kapitalangebotsfunktionen). Investitionen dienen in der Praxis aber oft als Kreditbesicherungsmöglichkeiten und bestimmen somit mittelbar die Finanzierungsmöglichkeiten.

Ausgehend von den dargestellten Schwächen des Dean-Modells entwickelte Albach ein mehrperiodisches Modell, das auf die Ansätze der linearen Programmierung zurückgreift und mehrere Probleme des Dean-Modells beseitigt (z. B. das Liquiditätsproblem) (vgl. Albach 1962, S. 84 ff.). Eine weitere Weiterentwicklung der Ansätze zur Investitionsprogrammplanung stellt das Modell von Hax und Weingartner dar (vgl. Hax 1964, S. 435 ff. und Weingartner 1963, S. 139 ff.). Grundsätzlich sei zu den Investitionsprogrammplanungsansätzen schließlich noch ein Theorie-Praxis-Konflikt angemerkt: Während theoretisch der Komplexität (d. h. der Anzahl an Modellparametern) von Investitionsprogrammentscheidungen keine Grenzen gesetzt sind, so bestehen in der Praxis aufgrund der mit den Verfahren verbundenen Zeit- und Informationsprobleme signifikante Grenzen.

Wie ist das Dean-Modell zu beurteilen?

12.4.1.4 Gesamtbeurteilung der Investitionsrechnungsverfahren

Der folgende Abschnitt fasst die Aussagen zu den Investitionsrechnungsverfahren zusammen und ist somit auch als Antwort auf die Leitfrage 5 zu verstehen.

Aus der Diskussion der dargestellten unterschiedlichen Verfahren zur Investitionsrechnung (z. B. der Kapitalwertmethode, des internen Zinsfußes oder der Realoptionen) lässt sich eine gemeinsame Konsequenz ableiten, die uns mittlerweile schon fast vertraut vorkommen wird: Investitionsrechnungen dürfen nicht als ein unbestechliches, bis auf die Nachkommastellen genaue Ergebnisse lieferndes Vorgehen aufgefasst und dargestellt werden. Insbesondere bei den neueren, positiv besetzten und durch ihre Methodik »beeindruckenden« Verfahren (wie der Risikoanalyse oder der Realoptionsmethode) besteht sonst die Gefahr, dass man schnell der falschen Verheißung erliegt, mit diesen Methoden »alles im Griff zu haben« und »die einzig richtigen« Ergebnisse zu erhalten. Je mehr sich die Entscheidungsträger der inhärenten Schwächen der Investitionsrechenverfahren – und der Tatsache, dass sie auf Prognosewerten als Eingangsdaten aufsetzen – bewusst sind, desto weniger besteht die Gefahr, dass vorschnell Entscheidungen auf Basis »schöner Zahlen« gefällt werden. Auch liefern dann Investitionsrechnungen allemal bessere Grundlagen für die Willensbildung als ein »Über-den-Daumen-Peilen«. Dies gilt umso mehr, wenn man bei den Investitionsrechnungsverfahren nicht nur ihren instrumentellen (»Alternative A ist Investitionsalternative B vorzuziehen, da der Kapitalwert K_A > Kapitalwert K_B ist«), sondern auch ihren konzeptionellen Nutzen (»Welche Faktoren beeinflussen den Erfolg der Investition?«; »Welche Optionen sind enthalten?«) beachtet.

Investitionsrechnungsverfahren machen insbesondere in konzeptioneller Hinsicht Sinn.

Controller müssen im Investitionsprozess die Entscheidungsträger mit Methoden- und Prozess-Know-how, insbesondere hinsichtlich der Stärken und Schwächen der Verfahren, unterstützen. Hierzu gehört, auf eine richtige Auswahl und Anwendung der Verfahren sowie die korrekte Interpretation ihrer Ergebnisse zu achten. Nur so lassen sich rationale Investitionsentscheidungen sicherstellen.

Auch sind die in die Investitionsrechnungen einfließenden Prognosedaten (und deren Prämissen) immer wieder kritisch zu hinterfragen: Bei fehlerbehafteten Prognosedaten als Grundlage der Investitionsbewertungsmethoden nützen schließlich auch die »besten« mathematischen Verfahren wenig – es wird vielmehr dazu kommen, dass die Vorteilhaftigkeit einer realisierten Investition deutlich über (oder wie in der Praxis tendenziell häufiger: unter) den Planwerten liegen wird (vgl. dazu auch Linder 2004). Ebenso sind die verwendeten Rechenverfahren auf ihre Problemadäquanz hin zu kontrollieren (vgl. hierzu auch den Abschnitt 10.5.1.1.2 zur Planentstehungskontrolle im Kapitel 10). In einer solchen kritischen Begleitung, Unterstützung und Überprüfung von Investitionsprojekten besteht eine der wichtigsten Rationalitätssicherungsaufgaben der Controller. Diese Begleitung und Kontrolle ermöglicht gleichzeitig ein Lernen aller Beteiligten für zukünftige Investitionsprojekte.

Die beste Methode ist so gut wie ihr Dateninput (»garbage in – garbage out«).

Neben der Sicherstellung der Rationalität in der Willensbildungsphase einer Investition sind Controller aber auch in allen anderen Phasen eines Investitionsvorhabens gefragt: Eine rationale Investitionsentscheidung stellt nur die notwendige Grundlage für die Implementierung und spätere Nutzung der Investition dar, garantiert aber nicht, dass die Umsetzung rational erfolgt. Controller dürfen sich nach der Phase der Investitionsplanung also nicht »zurücklehnen«. Vielmehr müssen sie die Investitionsprojekte nach der Entscheidung weiterhin kritisch begleiten

Aus der Praxis

Controlling bei der RWE: Investitionsplanung in einer Commodity-Industrie mit langlebigen Assets.

Dr. Bernhard Günther; Christoph Belke; Dirk Berkhahn; Dr. Andreas Nollen*

Einleitung

Im Rahmen der Investitionsplanung kann das Controlling von RWE einen Beitrag zur ökonomischen Fundierung von Entscheidungen leisten, die eine hohe Bindung finanzieller Mittel unter erheblicher langfristiger Umfeldunsicherheit induzieren. Hierbei erlangt die Abschätzung der mit einer möglichen Fehlentscheidung verbundenen Risiken eine höhere Bedeutung als eine traditionelle Barwertberechnung mit einzelnen Sensitivitäten. Diese Unsicherheit über das zukünftige Umfeld kann durch den Einsatz ökonomischer Methoden auf ihre Wirkzusammenhänge untersucht und verdichtet werden.

Die Investition in ein Kraftwerk bindet – irreversibel – ganz erheblich Kapitalbeträge.

Das Beispiel beschreibt eine Investitionsentscheidung über den Neubau eines Großkraftwerks in einem Unternehmen der Energiebranche. Dabei stehen verschiedene Technologieoptionen (z. B. Gas- oder Kohle-Kraftwerke) zur Verfügung, deren relative und absolute Wirtschaftlichkeit sich unter verschiedenen Umfeldszenarien jeweils sehr unterschiedlich darstellen kann. Derartige Investitionen zeichnen sich einerseits durch ihre Langlebigkeit (mind. 20–40 Jahre) und die absolute Höhe als Einzelinvestition (0,5–2 Mrd. Euro) aus. Zudem macht die Anfangsinvestition des Kraftwerksbaus einen Großteil der gesamten finanziellen Ausgaben aus – im laufenden Betrieb lassen sich im Vergleich hierzu üblicherweise nur noch marginale Kostensenkungen erzielen. Eine einmal getroffene Entscheidung kann somit über die Lebensdauer des Assets nicht mehr revidiert oder »umgedreht« werden, falls sich die Umfeldbedingungen ungünstig entwickeln.

DCF-Wirtschaftlichkeitsrechnung für ein Gaskraftwerk

Grundlage der Bewertung der Wirtschaftlichkeit einer Kraftwerksinvestition ist die Discounted-Cash-Flow-Methode. In die DCF-Rechnung fließen sämtliche Zahlungsströme ein, die während der gesamten Kraftwerksnutzungsdauer erwartet werden:

Bestimmung der Zahlungsströme

- *Einzahlungen:* Die Einzahlungen bzw. Erlöse der Kraftwerksinvestitionsrechnung ergeben sich durch Multiplikation der produzierten Strommenge mit dem einsatzspezifischen Strompreis. Der spezifische Erlös steigt ausgehend von der maximalen Einsatzdauer von 8760 Stunden/Jahr (Grundlasteinsatz) mit abnehmender Einsatzdauer an (Mittel- und Spitzenlasteinsatz).
- *Auszahlungen:* Die Auszahlungen lassen sich vereinfacht gliedern in folgende fixe und variable, d. h. vom Kraftwerkseinsatz abhängige, Auszahlungen:
  - Fixe Auszahlungen: Investitionsauszahlungen sowie Auszahlungen für den Kraftwerksbetrieb und die Kraftwerksinstandhaltung (Personalkosten, Kosten für Material und Fremdleistungen)
  - Variable Auszahlungen: Auszahlungen für den Kauf von Erdgas und von CO_2-Emissionsrechten

Ergebnis der DCF-Rechnung und Kriterien zur Beurteilung der Wirtschaftlichkeit des Investitionsprojektes sind der Kapitalwert und der interne Zins der Zahlungsströme.

Die folgende Abbildung zeigt exemplarisch eine vereinfachte DCF-Rechnung für ein Gaskraftwerk:

Beispiel einer vereinfachten DCF-Rechnung für ein Gaskraftwerk

Technische Daten		
Nettoleistung	MW	800
Wirkungsgrad	%	57
Auslastung	h/a	3000
Nutzungsdauer	a	25
Diskontierungszins	%	10 vor Steuern

Cash Flows		**2007**	**2008**	**2009**	**2010**	**...**	**2015**	**...**	**2020**	**...**
Einzahlungen										
Stromerzeugung	MWh				2 400 000		2 400 000		2 400 000	
Spez. Stromerlös	€/MWh				63,00		63,00		63,00	
Summe Einzahlungen	**T€**				**151 200**	**...**	**151 200**	**...**	**151 200**	**...**
Variable Auszahlungen										
Brennstoffbedarf	MWh th				4 210 526		4 210 526		4 210 526	
Spez. Brennstoffkosten	€/MWh th				21,00		21,00		21,00	
Summe variable Auszahlungen	**T€**				**88 421**	**...**	**88 421**	**...**	**88 421**	**...**
Deckungsbeitrag: **Einzahlungen – variable Auszahlungen**	**T€**				**62 779**	**...**	**62 779**	**...**	**62 779**	**...**
Fixe Auszahlungen					0		0		0	
Betriebs- und Instandhaltungskosten	T€				17 200		18 990		20 967	
Investition	T€	112 000	112 000	112 000	0		0		0	
Summe fixe Auszahlungen	**T€**	**112 000**	**112 000**	**112 000**	**17 200**	**...**	**18 990**	**...**	**20 967**	**...**
Gesamt Cash-Flow (Einzahlungen – Auszahlungen)	**T€**	**–112 000**	**–112 000**	**–112 000**	**45 579**		**43 789**		**41 812**	
Kapitalwert per 01.01.07	**T€**	**14 713**								
Interner Zins	**%**	**10,6**								

Quellen: Strom- und Gaspreise: Werte für das Jahr 2005; übrige Angaben in Anlehnung an: Schmitt/Goebel 2004.

Abbildung 1: Beispiel einer DCF-Rechnung für ein Gaskraftwerk

Die fixen Auszahlungen einer Kraftwerksinvestitionsrechnung sind i. d. R. gut prognostizierbar: Investitionsauszahlungen können entweder konkreten Angeboten von Anlagenbauern entnommen werden oder auf Basis bereits abgewickelter Projekte oder Projektstudien sehr gut abgeschätzt werden. Auch die Kosten bzw. Auszahlungen des Kraftwerksbetriebs und der Kraftwerksinstandhaltung können durch die umfangreichen Erfahrungen aus dem Betrieb vergleichbarer Anlagen und ggf. auch auf Basis externer Angebote belastbar prognostiziert werden.

Deutlich schwieriger gestaltet sich die Prognose der Einzahlungen und der variablen Auszahlungen einer Kraftwerksinvestitionsrechnung, da diese eine Abschätzung der zukünftigen Entwicklung des Strommarkts, der Brennstoffmärkte (Öl, Erdgas) und der regulatorischen Rahmenbedingungen (z. B. CO_2-Allokationspläne) erfordert. Diese Märkte sind durch eine hohe Volatilität und Schwankungsbreite gekennzeichnet (s. auch die folgende Beispielrechnung).

Fokus der weiteren Analyse ist daher der Deckungsbeitrag, d. h. die Differenz aus Stromerlösen und variablen Kosten der Stromerzeugung. Aufgabe des Controllings ist es, aufzuzeigen, wie sich die Wirtschaftlichkeit des Projektes bei einer Variation des Deckungsbeitrages verändert und wie belastbar die Prognose jener Werttreiber ist, die den Deckungsbeitrag maßgeblich beeinflussen.

Ceteris-paribus-Analyse des Deckungsbeitrags

Im folgenden Beispiel wird die Güte von Prognosen des Deckungsbeitrags anhand von IST-Daten überprüft. Ausgangspunkt ist ein Gaskraftwerk mit einer elektrischen Leistung von 400 MW und einem Wirkungsgrad von 57 %.

		Preise 2002	Sensitivität 1	Sensitivität 2	Preise 2005
		$Gaspreis_{2002}$	$Gaspreis_{2002}$	$Gaspreis_{2005}$	$Gaspreis_{2005}$
			+ 10 %	$Strompreis_{2002}$	$Strompreis_{2005}$
Gaspreis	€/$MWh_{thermisch}$	10,00	11,00	21,08	21,08
Strompreis Peak (3120 h)	€/$MWh_{elektrisch}$	33,17	33,17	33,17	63,09
Auslastung	h	3000	2800	2500	3000
Spezifischer Strompreis	€/$MWh_{elektrisch}$	33,57	34,29	35,48	69,71
Deckungsbeitrag	**Mio €**	**38,5**	**33,6**	**– 3,0**	**78,6**

Abbildung 2: Beispiel

Rechnen mit zwei Sensitivitäten

In einer Sensitivität 1 wird zunächst ceteris paribus die Abhängigkeit des Deckungsbeitrags von einer Gaspreiserhöhung simuliert. Bei konstanten Strompreisen in jeder Stunde eines Jahres verringert sich dadurch aufgrund der höheren Grenzkosten die Auslastung. Im Vergleich zum tatsächlich in 2005 zu beobachtenden Gaspreis erkennt man durch die Sensitivität 1, dass die klassische Variation eines Werttreibers, hier eine Gaspreiserhöhung um 10 %, noch nicht einmal eine Preisänderung innerhalb von drei Jahren annähernd erfasst und die Realität von stark volatilen Commoditymärkten somit nur unzureichend abbildet.
Da eine Vorhersage solcher Werttreiber für die Nutzungsdauer eines Kraftwerkes praktisch unmöglich ist, muss umgekehrt eine relevante Entscheidungslogik die gesamte denkbare Bandbreite der Werttreiber erfassen.

In einer Sensitivität 2 wird der tatsächliche Gaspreis des Jahres 2005 verwendet. Bei wieder konstanten Strompreisen in jeder Stunde eines Jahres sinkt die Auslastung aufgrund stark angestiegener Grenzkosten noch weiter ab, während der durchschnittliche Strompreis steigt. Der Deckungsbeitrag sinkt daher deutlich ab. Der Vergleich zum IST-Deckungsbeitrag des Jahres 2005 zeigt jedoch ein stark abweichendes Ergebnis. Als Ursache ist der angestiegene Strompreis zu identifizieren, der offensichtlich u. a. ursächlich im Zusammenhang mit dem Gaspreisanstieg steht. Daraus folgt für eine relevante Entscheidungslogik auf der Mikro-Ebene Kraftwerksinvestition, wie wichtig die Zusammenhänge der wesentlichen Werttreiber auf der Makro-Ebene Markt sind und dass diese Zusammenhänge berücksichtigt werden müssen.

Werttreibermodell

In einem Makromodell werden die Werttreiber sowie deren Interdependenzen abgebildet. Das folgende Bild zeigt stark vereinfacht die Funktionsweise des Strommarktes und die wesentlichen Zusammenhänge, die Einfluss auf die Wirtschaftlichkeitsrechnung eines Kraftwerks haben. Das zu bewertende Kraftwerk ist dabei Teil eines Gesamtangebots (Angebotskurve der Kraftwerke), das die nahezu unelastische Nach-

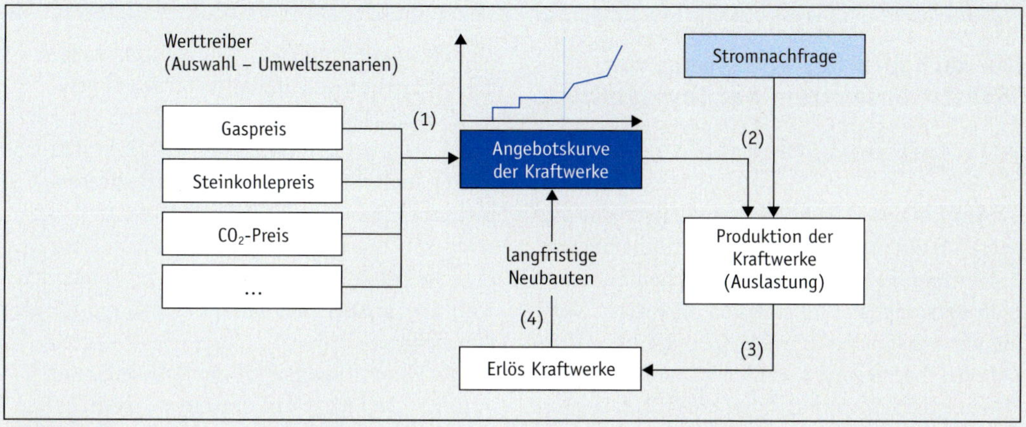

Abbildung 3

frage zu decken hat. Die Position in der Angebotskurve (»merit order«) hängt von diversen Werttreibern, wie Brennstoffpreisen Gas, Kohle und Öl, aber auch von anderen exogenen Einflüssen wie z. B. CO_2-Regulierung ab (1). Die Gesamtheit der Werttreiber (Umweltszenario) bestimmt dann die Auslastung (2) und damit die Produktion der Anlage und die dazugehörigen Erlöse (3). Diese haben dann zumindest langfristig wieder Einfluss auf die Angebotskurve (4), die dort je nach Strompreisniveau Neubau- oder Stilllegungsentscheidungen nach sich ziehen.

Mit diesem Verständnis wird deutlich, dass das Ergebnis bei Änderung eines einzelnen Werttreibers (Sensitivität) ohne Anpassung der Auswirkungen auf die anderen, zu systematisch falschen Neubauentscheidungen führt.

Zusammenfassung und Fazit

Aus diesen Erkenntnissen ergibt sich eine Abkehr von reinen Sensitivitätsrechnungen innerhalb des DCF-Modells hin zur entscheidungsrelevanten Fragestellung, die die wichtigsten Unsicherheiten ins Zentrum der Betrachtung stellt: Welche Kraftwerkstechnologie ist innerhalb der denkbaren Umfeldszenarien (hinsichtlich der relevanten Werttreiber und Regularien) am wirtschaftlichsten – und zwar absolut und relativ zu anderen Technologien?

* Dr. Bernhard Günther ist Leiter Konzerncontrolling; Christoph Belke ist CFO der RWE Trading und der RWE Gas Midstream; Dirk Berkhahn ist Abteilungsleiter Commodity-Controlling; Dr. Andreas Nollen ist Referent Wirtschaftlichkeitsuntersuchung der RWE Power AG.

Im geschilderten Vorgehen werden die wichtigsten Unsicherheiten in das Zentrum der Betrachtung gestellt.

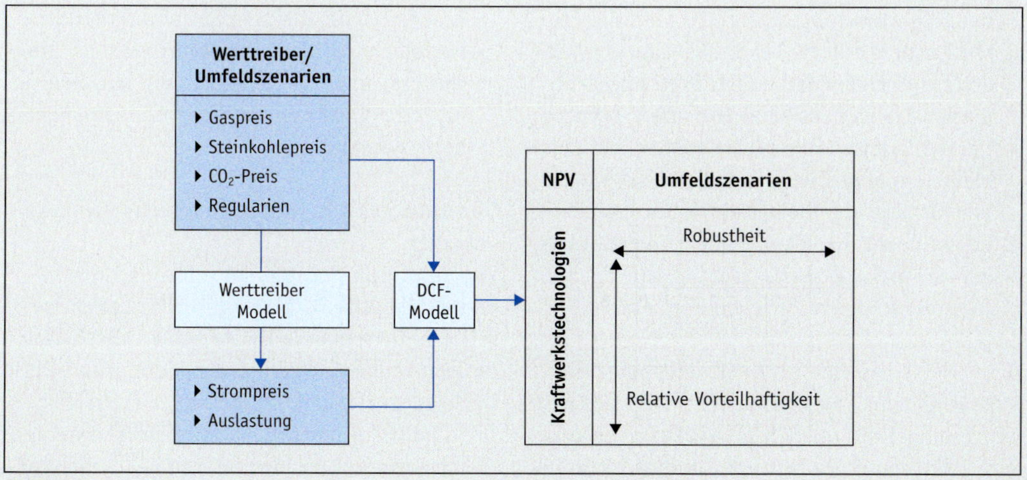

Abbildung 4

Aus der Praxis

Die sachgerechte Verteilung von Investitionsmitteln bei ThyssenKrupp

Dr. Thomas Gerhardy; Carsten Evers*

Die Zuordnung von Investitionsmitteln ist eine zentrale Holdingfunktion.

Die Investitionen eines Unternehmens sind für dessen zukünftigen Erfolg von entscheidender Bedeutung. In der wissenschaftlichen Literatur wird entsprechend ausführlich diskutiert, wie die wirtschaftliche Attraktivität von Investitionen messbar gemacht werden kann und welche Finanzkennzahlen hierzu herangezogen werden könnten.

In der klassischen Investitionstheorie gilt die Entscheidungsregel, dass alle Projekte, die einen definierten Grenzwert einer Kennzahl (z. B. EVA, CFROI, ROI) übertreffen, durchgeführt werden. Die Investitionsentscheidungen könnten demnach für den gesamten Konzern zentral getroffen werden.

Ein solches Vorgehen ist in der Praxis für Großunternehmen jedoch aus zwei wesentlichen Gründen nicht realisierbar:

Vorliegen von Kapitalrestriktionen

- Die klassische Investitionstheorie geht von unbeschränkten Kapitalmärkten aus. Unternehmen unterliegen jedoch einer *Kapitalrestriktion* und können deswegen nicht unbegrenzt Investitionen durchführen. Die Größenordnung des finanzierbaren Investitionsvolumens lässt sich in Gänze mit einer Cash-in/Cash-out Prognose ermitteln.

Vorliegen unvollständiger Informationen

- Nach der Investitionstheorie würden beginnend mit dem rentabelsten Projekt alle Projekte durchgeführt, bis das Investitionsbudget ausgeschöpft ist. In der Praxis besteht jedoch das Problem *unvollständiger Informationen*. Es gibt keine zentrale Entscheidungsstelle, die über alle notwendigen Informationen verfügt, um die attraktivsten Projekte eines Konzerns zu bestimmen. Hierzu müsste man realistische Planungsprämissen objektiv feststellen und vergleichen können.

In der Folge besteht für die Unternehmen ein Auswahlproblem, welche Investitionen tatsächlich durchgeführt werden sollen, zumal es auch eine Reihe von Projekten gibt, für die sich keine Wirtschaftlichkeitskennzahlen ermitteln lassen. Zu derartigen Projekten gehört unter anderem die Umsetzung von Umweltschutzauflagen.

Häufig stehen Unternehmen daher vor der Frage, nach welchen Kriterien sich Investitionsmittel auch im Rahmen einer Portfoliosteuerung zuordnen lassen. Die zielgerechte Zuordnung von Investitionsmitteln ist damit eine entscheidende Holdingfunktion. Im Folgenden wird dies am Beispiel der ThyssenKrupp AG verdeutlicht.

Die Investitionspolitik der ThyssenKrupp AG versucht drei Kriterien gerecht zu werden. Diese werden über unterschiedliche Investitionsvolumina mit unterschiedlichen Verteilungsregeln gewichtet:

- Damit alle Unternehmensbereiche ihre Betriebsfähigkeit aufrechterhalten können, ist ein Grundstock an Investitionsmitteln notwendig. Dies ist bei ThyssenKrupp über das *substanzerhaltende Investitionsvolumen* gesichert. Hiermit wird ein Volumen unabhängig von Performance und Cash-Verfügbarkeit zugeteilt.
- Die Konzernführung muss die Möglichkeit einer zentralen Zuteilung von Investitionsmitteln auf einzelne Projekte haben, um besondere Opportunitäten ausnutzen und übergreifende Projekte im Konzerninteresse forcieren zu können. Aus diesem Grund verbleibt bei ThyssenKrupp ein Teil des Investitionsbudgets als *Konzernreserve* auf zentraler Entscheidungsebene.
- Es sollen stets die performancestarken Unternehmensbereiche gefördert werden. Diesem Ziel wird bei ThyssenKrupp mit dem *wertorientierten Investitionsvolumen* Rechnung getragen.

Substanzerhaltendes Investitionsvolumen

Das substanzerhaltende Investitionsvolumen

ThyssenKrupp hat in einer internen Untersuchung festgestellt, dass ein Unternehmensbereich mindestens die Hälfte seiner Abschreibungen reinvestieren muss, um die grundsätzliche Betriebsfähigkeit aufrecht zu erhalten. Die durchschnittlichen Abschreibungen werden gleichgewichtet aus den letzten beiden Ist-Jahren und einem Plan-Jahr berechnet.

Die Konzernreserve
Die Höhe der Konzernreserve wird zu Beginn eines jeden Geschäftsjahres festgelegt und macht ca. 10 Prozent des gesamten Investitionsvolumens aus. Alle Unternehmensbereiche können prinzipiell bei kurzfristigem Investitionsbedarf auf die Konzernreserve zugreifen. Realisiert werden Projekte in Abhängigkeit von ihrer Dringlichkeit.

Das wertorientierte Investitionsvolumen
Mit dem wertorientierten Volumen fördert ThyssenKrupp wertschaffende Unternehmensbereiche. Die Verteilung des Volumens auf die Unternehmensbereiche muss auf einer *zuverlässigen Messgröße für deren Wertschaffung* basieren. Dabei muss gewährleistet sein, dass es *keine stark schwankende Verteilung* des Volumens im Zeitablauf gibt. Dies hätte eine unzureichende Planungssicherheit zur Folge. Darüber hinaus muss die Verteilung den ThyssenKrupp-spezifischen Investitionsbegriff richtig abbilden. Danach ist bei der Ermittlung des Investitionsvolumens das zu beschaffende Net Working Capital aufgrund seiner Kurzfristigkeit nur bedingt mit einzubeziehen.

Prinzipiell lassen sich drei grundsätzliche Arten von Kennzahlen unterscheiden, die zur Verteilung eines wertorientierten Investitionsvolumens herangezogen werden können. Dies sind wertorientierte Kennzahlen (EVA, Delta EVA), gewinnorientierte Kennzahlen (EBT, EBIT, ROCE) und cashorientierte Kennzahlen (Operating Cashflow, Free Cashflow).

Zunächst erscheint eine strikte Steuerung nach einer rein wertorientierten Kennzahl zielgerecht. Dagegen sprechen jedoch zwei Gründe:

- Der EVA berücksichtigt nicht die ThyssenKrupp-spezifische Regel, dass das Net Working Capital nicht in das zu beantragende Investitionsvolumen eingeht. In der Folge würden Unternehmensbereiche mit einem hohen Net Working Capital bevorzugt. Sie erhielten bei gleichem EVA dieselben Mittel wie ein Bereich mit niedrigem Net Working Capital. Allerdings könnten sie mit diesen Mitteln deutlich mehr Investitionen durchführen.
- Der EVA kann im Zeitablauf zu einer extrem schwankenden Verteilung der Investitionsmittel führen. Im Extremfall bedeutet dies, dass Unternehmensbereiche überhaupt keine Investitionsmittel aus dem wertorientierten Volumen erhielten. Eine unzureichende Planungssicherheit wäre die Folge. Dieses Problem würde bei einer Verteilung nach Delta EVA noch stärker auftreten.

Um die beiden skizzierten Probleme zu lösen, hat ThyssenKrupp basierend auf dem EVA – bei ThyssenKrupp TKVA (= ThyssenKrupp Value Added) genannt – eine modifizierte wertorientierte Verteilungsgröße entwickelt, die sich wie folgt ergibt:

$$\begin{aligned}
&\text{Verteilungsgröße} = \text{TKVA} + \text{WACC} \times \text{AV}\\
\leftrightarrow\ &\text{Verteilungsgröße} = \text{EBIT} - \text{WACC} \times (\text{AV} + \text{NWC}) + \text{WACC} \times \text{AV}\\
\leftrightarrow\ &\text{Verteilungsgröße} = \text{EBIT} - \text{WACC} \times \text{NWC}
\end{aligned}$$

Der Anteil eines Unternehmensbereichs i an dem gesamten wertorientierten Investitionsvolumen bestimmt sich nach der Formel:

$$\text{Anteil des Bereichs } i = \frac{\text{TKVA}_i + \text{WACC} \times \text{AV}_i}{\sum_{j=1}^{n}\left(\text{TKVA}_j + \text{WACC} \times \text{AV}_j\right)} = \frac{\text{EBIT}_i - \text{WACC} \times \text{NWC}_i}{\sum_{j=1}^{n}\left(\text{EBIT}_j - \text{WACC} \times \text{NWC}_j\right)}$$

Die dargestellte Verteilungsgröße führt zu einer angemessenen Konstanz des Investitionsvolumens und basiert auf wertorientierten Kriterien. Die Verteilung berücksichtigt dabei, dass Unternehmensbereiche mit einem hohen Net Working Capital weniger Investitionsmittel im Sinne der ThyssenKrupp Definition benötigen, als Unternehmensbereiche mit einem niedrigen Net Working Capital. Die Kapitalkosten für Anlagevermögen und für Net Working Capital werden unterschiedlich bewertet.

Abschließend ist die Frage zu beantworten, inwieweit die für die Verteilungsgröße benötigten Werte aus Vergangenheitswerten oder Planwerten ermittelt werden. Planwerte scheinen

Aus Verhaltensgesichtspunkten heraus erfolgt die Wertermittlung nicht allein auf Basis von Plangrößen.

aufgrund des Zukunftsbezugs von Investitionen besser geeignet zu sein als Vergangenheitswerte. Dabei ist jedoch zu beachten, dass zu optimistisch planende Bereiche ein zu hohes Investitionsvolumen erhalten würden. Deswegen ermittelt man bei ThyssenKrupp die in der Verteilungsgröße enthaltenen Werte als Durchschnittsgrößen mit einem Planwert (Gewichtung mit 50 %) und zwei Vergangenheitswerten (Gewichtung mit jeweils 25 %).

Beispielrechnung zur Verteilung des wertorientierten Volumens:

Bereich	durchschnittliches EBIT	WACC	durchschnittliches Capital Employed	durchschnittliches Anlagevermögen	durchschnittliches Net Working Capital	TKVA	Verteilungsgröße	Anteil am wertorientierten Volumen
A	140	10,0 %	830	500	330	57	107	62 %
B	35	9,5 %	345	225	120	2	24	14 %
C	50	9,0 %	240	140	100	28	41	24 %
Summe	225	k.A.	1415	865	550	87	172	100 %

Fazit

Bei der Frage nach der sachgerechten Verteilung von Investitionsmitteln in einem Großkonzern liefert die Theorie nur unter rigiden Annahmen (unbeschränkte Kapitalmärkte, vollständige Informationen) zufrieden stellende Antworten. In der Praxis müssen Anpassungen vorgenommen werden, um einen zielgerichteten Lösungsansatz zu bieten. Der Ansatz der ThyssenKrupp AG über die Verteilung mittels drei differenzierter Investitionsvolumina macht dies deutlich:

Die strikten Anforderungen der Theorie sind in der Praxis selten erfüllt.

- Das substanzerhaltende Volumen verhindert, dass durch stark schwankende Investitionsmittelzuteilungen enorme Anpassungskosten entstehen. Allerdings besteht dabei die Gefahr, dass auch in langfristig performanceschwache Bereiche Mittel investiert werden. Dieser Gefahr muss durch Maßnahmenkataloge in Form von Restrukturierungsprogrammen, dem Verkauf oder der Schließung einzelner Standorte begegnet werden.
- Die Konzernreserve eröffnet der Konzernführung die Möglichkeit, auch kurzfristig anstehenden Investitionsbedarf abzudecken.
- Die Verteilung des wertorientierten Volumens basierend auf der erläuterten Verteilungsgröße ermöglicht, dass Unternehmensbereiche bei der Zuteilung von Investitionsmitteln entsprechend ihrer Wertschaffung gefördert werden. Das Problem von zu optimistischen Planwerten wird bei ThyssenKrupp dadurch entschärft, dass auch die vergangene Performance das wertorientierte Volumen mit definiert. Zudem werden Großinvestitionen seitens der Holding einzeln geprüft. Extrem riskante oder unwirtschaftliche Investitionen können so erkannt und gestoppt werden.

* Dr. Thomas Gerhardy ist Abteilungsdirektor Investitionscontrolling im Zentralbereich Controlling der ThyssenKrupp AG; Carsten Evers ist Mitglied des Vorstandes der ThyssenKrupp Marine Systems AG.

Controller sollten sich auch intensiv um die Investitionskontrolle kümmern – hieran mangelt es in der Praxis häufig.

und regelmäßigen Realisationskontrollen während des Umsetzungsprozesses (»Wie liegen wir bei der Umsetzung im Budget/in der Zeit?«) und Erfolgskontrollen nach der Inbetriebnahme (»Haben wir das Geplante auch tatsächlich erreicht?«) unterziehen, um einerseits eventuell nötige Korrekturmaßnahmen rechtzeitig anstoßen zu können und andererseits eine bessere Planung und Umsetzung bei zukünftigen Investitionsprojekten (d. h. ein Lernen) sicherzustellen. Investitionskontrollen haben dabei auch den Nebeneffekt, dass sie helfen, Opportunismus bzw. den vielfach in Unternehmen beklagten und auch z. T. empirisch nachweisbaren (vgl. dazu den Überblick bei Linder 2004) Überoptimismus in Investitionsplanungen (d. h. dass eine Investition durch überhöhte Einzahlungsüberschüsse »schön gerechnet« wird) einzudämmen: Wer damit rechnen muss, dass seine Prognosen und Handlungsankündigungen später an der Realität gemessen werden, wird vorsichtiger und exakter vorgehen.

12.4.2 Target Costing

Ähnlich wie das später noch vorzustellende Benchmarking versucht auch das Instrument des Target Costing, systematisch Wissen von Märkten in die Unternehmen einzubinden. Der »Ort des Geschehens« ist dabei das Problem, marktgerechte Produkte zu gestalten. Früher reichte es Unternehmen, im Zuge der Produktentstehung die zukünftig anfallenden Kosten zu kalkulieren (»Was wird ein Produkt kosten?«). Später mussten sie sich auf einen mehr oder weniger gegebenen Marktpreis einstellen (»Was darf ein Produkt kosten?«). Selbst das reicht heute nicht mehr; im Zuge einer immer stärkeren Kundenorientierung und Differenzierung ist es vielmehr erforderlich, von der Produkt- auf die Produktkomponentenebene zu gehen (»Was darf ein bestimmtes Merkmal eines Produkts kosten?«). Das Target Costing, dessen grundsätzliches Vorgehen die *Abbildung 12-7* zeigt, setzt dabei bereits im Stadium der Produktentwicklung an, da in diesem Zeitraum bereits ein Großteil der Produktkosten festgelegt wird. Wie *Abbildung 12-8* zeigt, sinkt während des Produktlebenszyklus die Beeinflussbarkeit der Kosten fortlaufend. Zwar fallen die Kosten überwiegend in der Produktions- und nachfolgenden Lebenszyklusphasen an, dann ist aber die Festlegung der Kosten bereits größtenteils abgeschlossen und ihre Beeinflussbarkeit entsprechend gering.

Die Zielkosten sind jene Kosten, die das Produkt bzw. die Produktkomponente kosten darf. Sie richten sich alleine an marktbezogenen Gegebenheiten und den Unternehmenszielen aus, die technische Machbarkeit steht zunächst im Hintergrund. Ziel des Target Costing ist also, die Kosten so festzulegen, »wie dies dem Kundenwunsch entspricht, unabhängig davon, ob die Technik, mit der der Kundenwunsch vom Unternehmen verwirklicht werden könnte, diesem bereits bekannt ist, und unabhängig davon, ob die vom Markt erlaubten Kosten zur Verwirklichung des Kundenwunsches zum Zeitpunkt dessen Definition bereits als erreichbar erscheinen« (Horváth/Seidenschwarz 1992, S. 4).

Grundsätzlich wird die simple Regel postuliert: »Ein idealer Ressourceneinsatz ist ... der, Ressourcen so einzusetzen, wie dies den vom Kunden gewünschten Produktwertrelationen entspricht« (Horváth/Seidenschwarz 1992,

Abb. 12-7

Grundsätzliches Vorgehen des Target Costing

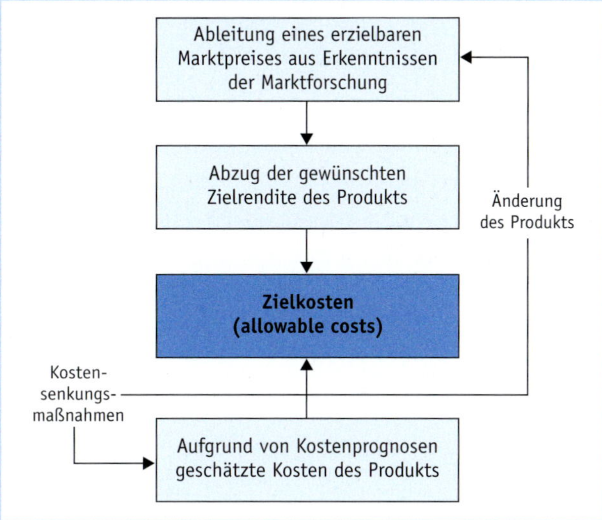

Abb. 12-8

Festlegung, Entstehung und Beeinflussbarkeit der Kosten im Produktlebenszyklus (entnommen aus Coenenberg/Fischer/Günther 2007, S. 529)

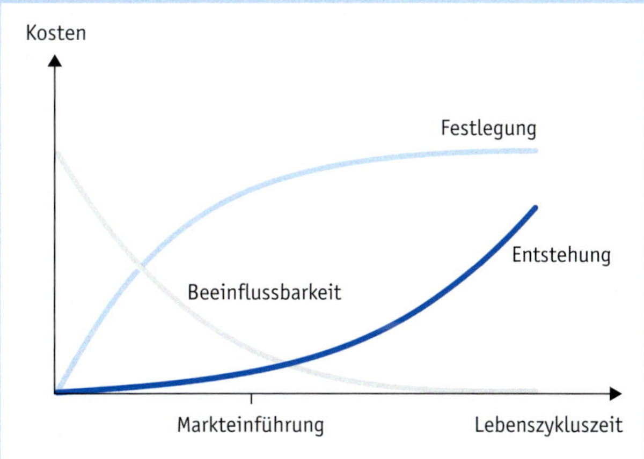

Abb. 12-9

Erfassung von Kundenpräferenzen

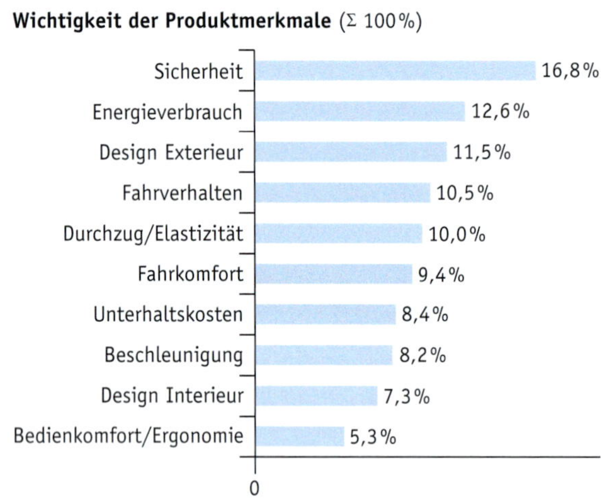

S. 145). Ein solches Vorgehen lässt sich jedoch zum einen technologisch in reiner Form nie realisieren; zum anderen vernachlässigt es die Tatsache, dass der Kunde beim Kauf eines Produkts bestimmte Grundfunktionen einfach als gegeben voraussetzt, für diese also keine Nutzenpräferenzen äußert. Ein modifiziertes Vorgehen sei im Folgenden am Beispiel eines Automobils näher beschrieben (vgl. im Detail Rösler 1996).

Zu gestalten ist der Nachfolger einer im Markt eingeführten Baureihe. Die Anforderungen der Kunden werden in drei Arten unterteilt:

Drei Arten von Kundenanforderungen

- *Basisanforderungen*
  Hierunter sind die Anforderungen an das Fahrzeug zu verstehen, die es zur Erfüllung gesetzlicher und funktionaler Mindestanforderungen in seiner Fahrzeugklasse aufweisen muss (z. B. Vorhandensein eines Airbagsystems).

- *Leistungsanforderungen*
  Sie beeinflussen die Kundenzufriedenheit in Abhängigkeit von ihrem Erfüllungsgrad (z. B. Verbrauch, Beschleunigung).

- *Begeisterungsanforderungen*
  Hierunter fallen solche Anforderungen, an die der Kunde selbst nicht denkt, die er aber (erheblich) positiv honoriert, wenn sie erfüllt werden (z. B. Regensensor, automatisches Zuziehen der Heckklappe).

Die Zielkosten des Fahrzeugs setzen sich folglich zusammen aus den Kosten eines »Basisfahrzeugs«, den Kosten gemäß der Priorisierung der Leistungsanforderungen durch die Kunden und einem Kostenbestandteil für die Begeisterungsanforderungen. Um zu den Kosten des Basisfahrzeugs zu kommen, kann man etwa auf die Kosten einer kleineren Fahrzeugklasse abstellen oder aber die Kosten eines – im Ausstattungsumfang reduzierten – Vorgängerfahrzeugs heranziehen. Kundenpräferenzen haben hierauf keinen Einfluss. Technisches Know-how ist gefragt. Im Ergebnis liegt mit den Kosten des Basisfahrzeugs ein großer Teil der vom Markt her erlaubten Kosten (*»Allowable Costs«*) fest.

Die große Stunde des Marketings schlägt bei den Leistungsanforderungen. (Nur) Hier gilt die vorab zitierte Faustregel »Je höher die Kundenpräferenz, desto höher das Kostenbudget«. Durch geeignete Marktforschungsinstrumente (z. B. eine Conjoint-Analyse) sind im ersten Schritt für die wichtigsten Produktmerkmale, für die ein Leistungsanforderungscharakter vermutet werden kann, Kundenpräferenzen zu erheben. Dies mag zu dem in der *Abbildung 12-9* gezeigten Ergebnis führen. Die technische Fahrzeugentwicklung ist im nächsten Schritt gefordert, diese kundenbezogenen Produktmerkmale in Bezug zu den einzelnen Komponenten des Fahrzeugs zu bringen. Die *Abbildung 12-10* zeigt hierfür das Ergebnis.

Für diesen Schritt ist in hohem Maße technischer Sachverstand und Kreativität erforderlich. Die Zuordnungsleistung erfordert zudem eine enge Zusammenarbeit zwischen den unterschiedlich spezialisierten Produktentwicklern, so dass der Zuordnungsprozess auch hohe Anforderungen an die Kommunikationsfähigkeit der Beteiligten stellt. Verbindet man die Präferenzrelation der Kunden mit der Zuordnung von Leistungsanforderungen zu Produktkomponenten, so kann man den Beitrag jeder Komponente zur Erzielung von Kundennutzen errechnen und hat damit die benötigten Werte zur Zuordnung von Kostenbudgets. Begeisterungsanforderungen schließlich lassen sich nicht komponentenbezogen planen. Für sie bietet es sich an, ein bestimmtes Entwicklungsbudget zu vereinbaren.

Nachdem die Zielkosten für die einzelnen Produktkomponenten ermittelt wurden, werden im nächsten Schritt die Herstellkosten für die einzelnen Produktkomponenten und der prozentuale Anteil jeder Komponente an den Gesamtkosten aus der vorhandenen Kostenrechnung abgeleitet oder geschätzt (*»Drifting Costs«*). Damit liegen für jede Komponente Allowable Costs und Drifting Costs vor, so dass im nächsten Schritt ein komponentenspezifischer *Zielkostenindex* kalkuliert werden kann. Dieser errechnet sich wie folgt:

Zielkostenindex = % Nutzenanteil/% Kostenanteil

Der Zielkostenindex zeigt, inwieweit die zu Grunde liegende Idealforderung, erfüllt ist. Sie lautet: Der Ressourceneinsatz für ein Merkmal soll genau der Gewichtung dieser Komponente durch den Kunden entsprechen (vgl. auch nochmals das Zitat von Horváth/Seidenschwarz auf Seite 345). Folglich werden jeder Funktion mit zunehmender Wertschätzung durch den Kunden auch höhere Zielkosten zugestanden.

Die Forderung, dass die Zielkostenindices den Wert 1 besitzen sollen, ist für die praktische Umsetzung allerdings zu streng. Deshalb wird häufig eine Zielkostenzone als Toleranzbereich definiert (vgl. *Abbildung 12-11*): Auf der x-Achse werden die prozentualen Nutzenanteile der Komponenten und auf der y-Achse die zugehörigen prozentualen Kostenanteile abgetragen. Die Winkelhalbierende zeigt die Idealforderung des Zielkostenindex von 1 an. Mit zunehmender Bedeutung einer Komponente nimmt der Toleranzbereich stetig ab. Umgekehrt wird bei Komponenten mit geringer Wertigkeit eine größere Bandbreite in der Zielkostenzone für zulässig gehalten. Anhand ihres jeweiligen Nutzen- und Kostenanteils werden die einzelnen Komponen-

Der Zielkostenindex ist (nur) eine Heuristik.

Abb. 12-10

Zuordnung von Produktmerkmalen zu Produktkomponenten

Produktkomponenten	Karosserie		Ausstattung				Fahrwerk				Antrieb			Elektrik				
Produktmerkmale	Rohkarosse	Türen/Klappen	Außenausstattung	Innenausstattung	Cockpit	Sitze	Vorderachse	Hinterachse	Lenksäule/Pedalerie	Bremssystem	Motor/Abgas/Kühler	Hinterachsgetriebe	Getriebe	Heizung/Klimatisierung	Elektronik/Instrumentierung	Bordnetze	Elektromechanik	Σ über alle Komponenten
Sicherheit	30	10			20	10			20						10			100
Energieverbrauch			10				10	10			60		10					100
Design exterieur	40	20	20				10	10										100
Fahrverhalten	10						40	40								10		100
Durchzug/Elastizität											100							100
Fahrkomfort	10			10		20	10	10					20	20				100
Unterhaltskosten			20				10	10			30	10	10			10		100
Beschleunigung										10	90							100
Design interieur		10		10	30	20			10						10		10	100
Bedienkomfort/Ergonomie		10			20	10			20					10	10	10	10	100

ten in das Diagramm eingetragen (vgl. *Abbildung 12-11*).

Ein Zielkostenindex von kleiner 1 bedeutet, dass die Komponente oberhalb der Zielkostenindexfunktion liegt. Damit ist sie gemäß der Idealforderung »zu aufwändig«. Wenn die Komponente dabei jedoch innerhalb des Toleranzbereichs liegt, wird eine Abweichung noch als wirtschaftlich vertretbar angesehen. Umgekehrt bedeutet ein Zielkostenindex größer als 1, dass die Komponente unterhalb der Zielkostenindexfunktion liegt. Hier muss überprüft werden, ob die durch die Komponente realisierten Produktionsfunktionen noch den Anforderungen des Kunden entsprechen oder ob die Komponente zu einfach ist. Befinden sich Komponenten außerhalb der Zielkostenzone, so ist zu fragen, inwieweit Kostensenkungspotentiale vorhanden sind und/oder eine Verbesserung der Funktionserfüllung zu erreichen ist. Dazu müssen für die einzelnen Komponenten nicht nur die relativen Kostenanteile, sondern auch die absoluten Kostenwerte in der Analyse berücksichtigt werden. Die Differenz aus »erlaubten« Kosten (Allowable Costs) und prognostizierten Standardkosten (Drifting Costs) je Produktkomponente definiert die notwendigen Kostensenkungen in der Produktentwicklungsphase. Diese können unter anderem durch Maßnahmen wie die Substitution von Materialien, die Verwendung von Gleichteilen, Fremdbezug von Komponenten statt Eigenfertigung, Änderungen im Produktionsprozess oder die Einbeziehung von Lieferanten in den Planungsprozess erreicht werden.

Target Costing hilft den Entwicklern, Marktanforderungen systematisch in die Produktgestaltung einzubeziehen.

Abb. 12-11

Zielkostendiagramm (entnommen aus Coenenberg/Fischer/Günther 2007, S. 543)

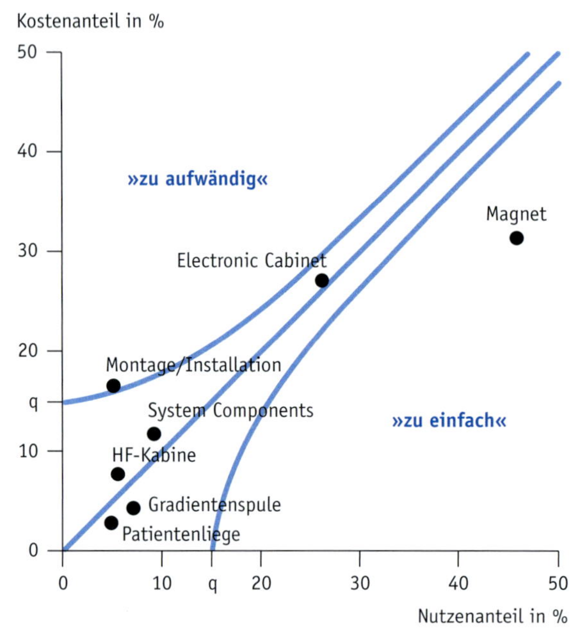

Betrachtet man die Methodik des Target Costing im Überblick, so lässt sich als Zielsetzung die systematische Einbindung von Kundenwünschen in die Produktgestaltung festhalten (»market into company«). Dies kann von Vorteil sein, da in kompetitiven Märkten Preise auf der Basis von Drifting Costs in der Regel nicht durchsetzbar sind und Produktentwickler oftmals keine ausreichende Kenntnis der Kundenpräferenzen besitzen, sondern nach eigenen Zielvorstellungen vorgehen (»Entwicklerstolz«). Das Instrument beruht dabei allerdings auf einer Reihe von *Prämissen*, die nicht vergessen werden sollten: ein enger Zusammenhang zwischen Kundenpräferenzen und Produktmerkmalen, die Fähigkeit des Kunden zur Artikulation seiner (künftigen) Präferenzen und geringe Prozessverbunde zu anderen Produkten.

Entstanden ist das Target Costing in den montierenden Industriebranchen mit großer Produktvielfalt und hartem Wettbewerb. In Japan fand es seit den 60er Jahren Anwendung und Ende der 80er Jahre verbreitete sich die Idee auch in den USA und in Deutschland. Allerdings verweist Franz zu Recht darauf, dass schon bei der Entwicklung des Volkswagens in den 30er Jahren ähnliche Überlegungen zum Zuge kommen. So stand die Produktentwicklung unter der Vorgabe, das Auto für breite Kreise erschwinglich zu machen und daher ein Preislimit von 990 Reichsmark nicht zu überschreiten. Um dieses Ziel zu erreichen, wurden verschiedene technische Lösungen unter Kostengesichtspunkten verglichen. So wurde der Volkswagen nicht mit hydraulischen, sondern mit Seilzugbremsen ausgestattet, was eine Kosteneinsparung von ca. 25 Reichsmark ergab (vgl. Franz 1993).

Im Original

Auszüge aus einem der ersten Beiträge zu Target Costing von Hiromoto (1988):

»By the time a new product enters the manufacturing stage, opportunities to economize significantly are limited. ... Japanese companies have long recognized that the design stage holds the greatest promise for supporting low-cost production. Many U. S. manufacturers ... are also making competitive strides in this area. But certain Japanese companies have taken the process even further. They don't simply design products to make better use of technologies and work flows; they design and build products that will meet the price required for market success – whether or not that price is supported by current manufacturing practices. Their management accounting systems incorporate this commitment.

Daihatsu Motor Company, a medium-sized automobile producer that has yet to enter the U. S. market, provided a good example of market-driven accounting practices. It installed the *genka kikaku* product development system in its factories soon after affiliating with Toyota, which pioneered the approach. The *genka kikaku* process at Daihatsu usually lasts three years, at which time the new car goes into production. The process begins when the *shusa* (the product manager responsible for a new car from planning through sales) instruct the functional departments to submit the features and performance specifications that they believe the car should include. The *shusa* then makes recommendations to the senior managers, who issue a development order.

Next comes cost estimation. Management does not simply turn over the development order to the accountants and ask what it would cost to build the car based on existing engineering standards. Rather, Daihatsu establishes a target selling price based on what it believes the market will accept and specifies a target profit margin that reflects the company's strategic plans and financial projections. The difference between these two figures represents the ›allowable cost‹ per car.

In practice a target cost is far below what realistically can be attained. So each department calculates an ›accumulated cost‹ based on current technologies and practices – that is, the standard cost achievable with no innovation. Finally, management establishes a target cost that represents a middle ground between these two estimates. This adjusted price-profit margin cost becomes the goal toward which everyone works.

At the design stage, engineers working on different parts of the car interact frequently with the various players (purchasing, shop-floor supervisors, parts suppliers) which will implement the final design. As the design process unfolds, the participants compare estimated cost with the target. The variances are fed back to the product developers, and the cycle repeats: design proposals, cost estimates, variance calculations, value engineering analysis to include desired features at the lowest possible cost, and redesign. The cycle ends with the approval of a final design that meets target cost« (Hiromoto 1988, S. 23 f.).

Heute wird Target Costing in Japan intensiv und in der Automobilindustrie flächendeckend eingesetzt (vgl. Tani, T./Horváth, P./von Wangenheim 1996). In Deutschland ist die Situation in Bezug auf die Automobilbranche ähnlich wie in Japan, in anderen Branchen ist die Verbreitung allerdings nur gering. Dabei sollte man vorsichtig sein, wenn die Aussage im Raum steht: »Wir machen Target Costing!« Hier gilt es zu prüfen, ob auf Gesamtkostenebene Zielkosten kalkuliert und vereinbart werden oder ob der aufwändige Prozess der Zielkostenrechnung auf Komponentenebene durchgeführt wird, den wir oben beschrieben haben.

In beiden Fällen ist Target Costing weniger ein Recheninstrument, das bestimmte »richtige« Werte ermittelt. Die gefundenen Zielwerte sind daher auch stets mit anderen (z. B. Bottom-up aus der bestehenden Technologie heraus geplanten oder durch Benchmarking-Studien ermittelten) Werten abzugleichen. Target Costing ist eher zu verstehen als Instrument zur Verhaltenssteuerung und als ein Hilfsmittel zur systematischen und zielorientierten Kommunikation zwischen Marketing, Entwicklung und Produktion, um so die Sprach- und Denkbarrieren zwischen diesen Unternehmensbereichen zu reduzieren. Just in diesen Funktionen ist es auch von Controllern zu begleiten. Sie liefern mit »betriebswirtschaftlichen Zahlen« zum einen eigene Beiträge in den Zielbestimmungsprozess. Zum anderen können sie als neutrale Begleiter und Moderatoren des Prozesses fungieren.

Target Costing ist primär als ein Instrument der Verhaltenssteuerung von Entwicklungsingenieuren zu verstehen.

12.4.3 Kostenschätzmodelle

Kostenschätzmodelle dienen in einer frühen Entwicklungsphase neuer Produkte zur Antizipation der Produktkosten aus Erfahrungen der Vergangenheit. In diesem Ansatz gewinnen sie aber über den Produktbezug hinaus an Bedeutung für alle Fragen der erfahrungsgeprägten Prognostizierbarkeit von Zukunftszuständen bzw. -ereignissen.

Eine wesentliche Wurzel von Kostenschätzmodellen liegt im Anwendungsfeld komplexer Rüstungs- und Raumfahrtprojekte (vgl. Rüssel

PRICE-H als typisches Beispiel eines Kostenschätzmodells

Kostenschätzungen bauen auf Erfahrungen auf.

Verwendung von Schätzfunktionen

1992, S. 155–168). Ende der 70er Jahre fand die systematische Kostenschätzung Eingang in die deutsche Ingenieurswissenschaft. Mittlerweile ist in den USA eine eigenständige International Society of Parametric Analysis (ISPA) beheimatet, und für viele Unternehmen begleitet das Instrument der Kostenschätzung einen wesentlichen Abschnitt der Produktentwicklung.

Kostenschätzungen bauen auf Erfahrung auf. Diese kann in sehr unterschiedlicher Form vorliegen. Das Spektrum reicht von detaillierten Nachkalkulationen und breit dokumentierten Kostenhistorien von Vergleichsprodukten (z. B. Vorgängermodell in der Automobilindustrie) bis hin zu impliziten Erfahrungen einzelner Mitarbeiter im Unternehmen (z. B. eines Meisters einer Produktionskostenstelle). Kostenschätzungen müssen – unter Berücksichtigung ihrer eigenen Wirtschaftlichkeit – versuchen, das gesamte Spektrum zu nutzen. In der Praxis werden dazu sehr unterschiedliche Wege beschritten (vgl. zum Folgenden v. Rechberg 1997, S. 172–178, und die *Abbildung 12-12*).

Am einfachsten und zugleich ungenauesten ist die subjektive Schätzung der Kosten in einem Gesamtwert. Dies kann durch einen einzigen Schätzer oder – etwa mit Hilfe der Delphi-Technik – durch eine Schätzergruppe erfolgen.

Abb. 12-12

Überblick über Dimensionen des Schätzproblems

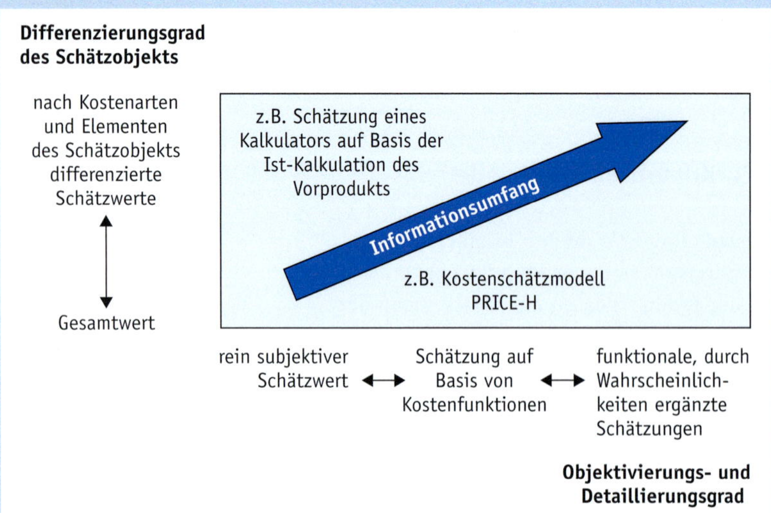

Der resultierende Wert ist weder objektivierbar, noch lässt sich aus der später erfolgenden Gegenüberstellung mit dem Istwert ein nennenswerter Erfahrungsaufbau realisieren. So kann beispielsweise nicht hinterfragt werden, ob eine geringe Schätz-Ist-Abweichung nur deshalb eingetreten ist, weil der Schätzwert genügend »Luft« enthielt oder die Realisation aus anderen Gründen stark geprägt hat (»self fulfilling prophecy«). Erfolgen subjektive Schätzungen stärker differenziert (z. B. auf die wesentlichen Komponenten eines Automobils bezogen durch die jeweiligen Komponenten-Entwickler), so spricht das zwar für eine höhere Güte des Schätz-Gesamtwerts; die typischen Begrenzungen des menschlichen Problemlösungsvermögens – die wir insbesondere im 4. und im 10. Kapitel dieses Buches kennen gelernt haben – können damit aber nicht ausgeschaltet werden.

Sie lassen sich zumindest zum Teil überwinden, indem die Schätzung mittels *Schätzfunktionen* objektiviert wird. In Schätzfunktionen wird der Zusammenhang zwischen Einflussgrößen auf den Kostenanfall (Kostentreiber) und der Kostenhöhe auf der Basis vorliegender Erfahrung bezüglich dieses Zusammenhangs hergestellt. Hängen etwa die Gesamtkosten eines Gussteils – neben anderen Faktoren – von dessen Fertiggewicht ab und gilt bei einem vergleichbaren Teil i der Zusammenhang $K_i = f(g_i)$, so ergeben sich im einfachsten Fall die geschätzten Kosten des neuen Teils j mit $K_j = f(g_j)$. Liegt eine breite Erfahrungsbasis vor, so sind zur Ableitung des Zusammenhangs Instrumente der Statistik heranzuziehen, insbesondere Verfahren der linearen und nicht-linearen Regression (vgl. detailliert v. Rechberg 1997, S. 25–75).

Zur Lösung dieser Aufgabe wurden diverse Kostenschätzmodelle entwickelt (vgl. im Überblick Heine 1995, S. 111–148). Besondere Verbreitung unter diesen hat das System PRICE-H gefunden, das – ursprünglich für die Luft- und Raumfahrtindustrie entwickelt – auf eine schnelle Unterstützung der Entscheidungsfindung in Situationen abstellt, in denen nur wenige Produktinformationen vorliegen. Um die Wirkungsweise derartiger Modelle verstehen zu können, seien kurz die Eingabeparameter des Modells wiedergegeben (vgl. zum Folgenden v. Rechberg 1997, S. 107–132):

- *Produktionsumfang*
  Hier ist die Stückzahl des Produkts über seine Lebensdauer hinweg zu schätzen.

- *Gesamtgewicht*
  In der Erfahrungsbasis der Anwendung des Schätzmodells PRICE-H hat sich dieser Kostentreiber als besonders wichtig herausgestellt.

- *Wirtschaftliches Bezugsjahr*
  Diese Angabe dient der Berücksichtigung von Inflationsraten.

- *Technologisches Bezugsjahr*
  Mit dieser Größe soll der Einfluss des technologischen Fortschritts berücksichtigt werden.

- *Fertigungskomplexität*
  Diese Größe beschreibt den Schwierigkeitsgrad der Fertigung mechanischer und elektronischer Bauteile. Sie hat dabei den Charakter einer »Restgröße«: Sie erklärt all diejenigen Kosten, die nicht durch die anderen Eingabeparameter begründet werden können. Für sie hält PRICE-H für unterschiedliche Produktkategorien Schätzwerte bereit. Besser ist aber die Ableitung des Werts durch den Bezug auf ein bekanntes Referenzprodukt.

- *Produktionsbeginn* und *Produktionsende.*

- *Lernrate*
  Dieser Wert berücksichtigt Lernkurveneffekte über die Produktionszeit hinweg.

Aus diesen Eingabewerten ermittelt das Modell die durchschnittlichen Stückkosten. Die dabei verwendeten (statistisch nicht übermäßig anspruchsvollen) Funktionen sind dem Anwender nicht bekannt. Er kann deshalb die Güte der Schätzung nicht beurteilen. In der empirischen Anwendung zeigt sich, dass die Schätzgenauigkeit stark von der Kalibrierung der »Restgröße« Fertigungskomplexität abhängt, die wiederum von der Güte (im Sinne von Ähnlichkeit) des Referenzprodukts bestimmt wird. Dafür, dieses zu ermitteln, lässt sich kein Algorithmus generieren; subjektive Einschätzung von Menschen ist unverzichtbar. Trotz des sehr begrenzten Sets an Eingangsgrößen kann das System bei sorgfältiger Kalibrierung erstaunlich gute Prognosen abgeben.

Phänomen des Fehlerausgleichs

Ein Grund hierfür ist das Phänomen des *Fehlerausgleichs* zwischen unterschiedlichen Teilschätzungen. Entgegen typischer Intuition addieren sich die Schätzungenauigkeiten einzelner Teilschätzungen nicht zu einer (dann sehr hohen) Gesamtungenauigkeit, sondern kompensieren sich bei normalen Verteilungssituationen in erheblichem Umfang. Lassen sich die Wahrscheinlichkeitsverteilungen jeweils angeben, so ist man sogar in der Lage, die Verlässlichkeit des Schätzwerts zu quantifizieren bzw. eine gewünschte Güte der Schätzung zu erreichen (durch die Anpassung der Differenzierung des Schätzobjekts – bei einem Automobil etwa durch die Unterteilung in Komponenten, Baugruppen, Untergruppen, Bauteile). Auch hier gilt jedoch die grundsätzliche Erkenntnis, dass auch ein noch so komplexer modelltheoretischer Kalkül denjenigen Umfang an Informationen nicht steigern kann, der bereits in den Eingangsgrößen des Modells enthalten ist. Je innovativer das zu schätzende Produkt ist und somit weniger umfangreich, verlässlich und objektivierbar die Ausgangsinformationen sind, desto problematischer erweist sich damit die Verwendung eines Schätzmodells. Die Kunst der Kostenschätzung besteht darin, jeweils einen optimalen Objektivierungsgrad zu realisieren, d. h. auf der einen Seite nicht die notwendige Intuition und das implizite Erfahrungswissen der Schätzer durch ein wenig durchschaubares Schätzmodell zu vernachlässigen oder sogar abzuwerten, auf der anderen Seite aber auch nicht die bekannten kognitiven Begrenzungen der menschlichen Entscheidungsträger außer Acht zu lassen.

Kostenschätzmodelle können Intuition nicht (ganz) ersetzen.

12.4.4 Benchmarking

Die Umsetzung gewünschter strategischer Positionen in passende Unternehmensstrukturen bedingt zum einen den Aufbau neuer Strukturen, etwa neuer Produktbereiche oder neuer Technologien. Hierauf gerichtete Instrumente haben wir kennen gelernt. Zum anderen sind bestehende Strukturen anzupassen. Hierfür ist in gleicher Weise Kreativität erforderlich, z. B.

um zu marktbezogen notwendigen deutlich niedrigeren Produktkosten zu kommen. Entsprechendes gilt auch im »normalen operativen Geschäft«, wenn es darum geht, Ziele nicht nur aus eigener Erfahrung abzuleiten – wir sind auf diesen Aspekt im 3. Kapitel des Buches bereits eingegangen.

Die Wurzeln des Benchmarking liegen in den 1980er Jahren.

Benchmarking kann helfen, verkrustete Strukturen aufzubrechen.

Ein Weg, um Wissen über hierzu mögliche Lösungen zu erwerben, ist das Lernen von anderen Unternehmen. Früher als Betriebsvergleich bezeichnet und nur selten für konkrete Strukturveränderungsmaßnahmen eingesetzt, hat sich für diesen Ansatz heute der Begriff Benchmarking herausgebildet. Als Pionier auf dem Gebiet des Benchmarking gilt die Xerox Corp., die 1979 als Reaktion auf einen wachsenden Wettbewerbsdruck insbesondere durch japanische Konkurrenten mit ersten Benchmarking-Aktivitäten begann.

Erste akademische Weihen erhielt das Thema mit dem Buch von Robert C. Camp im Jahr 1989, das als erste systematische Benchmarking-Veröffentlichung gilt. Einen wesentlichen Entwicklungsschritt bedeutete 1991 die Aufnahme des Themas Benchmarking in den Kriterienkatalog des Malcolm Baldrige National Quality Award, der als der bedeutendste Qualitätspreis in den USA gilt. Mehr als die Hälfte der Punkte wird auf Grundlage von Benchmarkingthemen vergeben! Im europäischen Pendant, dem European Quality Award, ist Benchmarking sogar in über 80 % der Bewertungskriterien wieder zu finden.

Benchmarking hat vor allem zwei Ziele. Zum einen sollen *marktorientierte Zielvorgaben identifiziert* werden: Leistungsstandards werden sichtbar, die von anderen Unternehmen gesetzt wurden und daher offensichtlich auch erreichbar sind. Sie unterstützen Änderungen auch in solchen Unternehmensbereichen, die bislang in ihrer eigenen Kultur und Denkweise befangen sind. Benchmarking wirkt damit der Neigung zu Selbstzufriedenheit entgegen. Resultat ist ein verstärkt marktorientierter Planungsprozess, der systematisch die Unternehmensumwelt betrachtet. Zum anderen sollen aber auch die Praktiken, die diese Zielausprägung ermöglichen, entdeckt und verstanden werden. Das *Aufbrechen ineffizienter und verkrusteter Strukturen* wird somit durch das Finden bereits bestehender, besserer Lösungswege wesentlich unterstützt. Auf der Basis einer reinen Leistungsanalyse entwickeln sich idealtypisch im Folgenden selbständige Lern- und Veränderungsprozesse.

Das Instrument des Benchmarkings lässt sich sehr unterschiedlich anwenden. Ein Differenzierungskriterium bildet das Objekt, also die Frage,

Unter der Lupe

Das 1979 und in den Folgejahren durchgeführte **Benchmarking des Lagerhaltungs- und Vertriebssystems von Xerox** mit dem des Sportartikel-Versandunternehmens L. L. Bean ist in fast allen Benchmarking-Lehrbüchern zu finden. Danach konnte der Bereich Logistik und Vertrieb bei Xerox seine Produktivität bis zu Beginn der 1980er Jahre jährlich um 3 bis 5 % steigern. Dies erwies sich aber angesichts eines zunehmend intensiveren Wettbewerbs als nicht ausreichend, um bei der Preisentwicklung auf dem Kopierermarkt konkurrenzfähig zu bleiben. Die Leiter der Vertriebszentren bei Xerox identifizierten die Materialentnahme als schwächstes Glied in der logistischen Kette vom Wareneingang zum Versand. Zur Beseitigung dieses Engpasses wurde ein Mitarbeiter mit der Suche nach einem geeigneten Vergleichsunternehmen beauftragt, wobei dieses kein Mitbewerber von Xerox sein sollte. Bei seinen Recherchen stieß er auf den Versender von Sportartikeln L. L. Bean. Das Unternehmen war für sein mit Hilfe von Qualitätszirkeln entwickeltes Lagersystem berühmt. Zugleich ergab sich eine große Ähnlichkeit zu Xerox daraus, dass auch L. L. Bean ein Lagerhaltungs- und Vertriebssystem für hinsichtlich Form, Gewicht und Größe heterogene Produkte benötigte. Es gelang, mit der Firma L. L. Bean den Besuch einer dreiköpfigen Delegation von Xerox zu vereinbaren. Ein Vergleich der Kennzahlen »Aufträge pro Manntag, Stückzahl pro Manntag« und vor allem »Gänge pro Manntag« förderte frappierende Unterschiede zu Tage (ein Gang beschreibt den Weg zu einem Transportbehälter): So übertraf L. L. Bean bei der letztgenannten Kennzahl Xerox um das Dreifache. Als wesentliche Ursache konnte die viel größere Zahl an computergesteuerten Aktivitäten bei L. L. Bean identifiziert werden. So erfolgte beispielsweise eine Einlagerung nach der Umschlagshäufigkeit bzw. eine laufende Sortierung und Freigabe von Bestellungen, um die Auslagerungswege zu verkürzen.

Die positiven Erfahrungen führten zu Folgeprojekten im Logistik- und Vertriebsbereich, wobei Vergleichspartner unter anderem Pharma-Großhändler und Hausgeräte-Hersteller waren. Der große Erfolg des Benchmarking fand seinen Niederschlag in der Steigerung des jährlichen Produktivitätszuwachses auf 10 % in den Folgejahren. Davon werden zwischen 3 und 5 % auf das Benchmarking zurückgeführt (vgl. Tucker/Zivian/Camp 1987 und Walker 1992).

was »gebenchmarkt« werden soll. Dabei kann zwischen Produkten, Methoden und Prozessen unterschieden werden. Je mehr man sich dabei von Produkten zu Prozessen als Benchmarking-Objekt bewegt, desto komplexer und abstrakter werden die Benchmarking-Inhalte. Benchmarking-Studien werden darüber hinaus nach der Art des Vergleichspartners unterschieden (vgl. dazu auch die *Abbildung 12-13*):

- Das *interne Benchmarking* bezeichnet Vergleichsaktivitäten im eigenen Unternehmen. Dabei messen sich dezentrale Einheiten mit gleicher Funktionserfüllung untereinander. Vergleiche, z. B. zwischen Standorten, Gruppen oder Abteilungen, dienen zur Identifikation einer internen »best practice« und deren Verbreitung in andere Teile des Unternehmens. So könnten beispielsweise die Abläufe im Wareneingang verschiedener Standorte verglichen werden. Während diese Art des Benchmarkings den geringsten Aufwand für Datenerhebung verursacht, bietet es gleichzeitig die geringsten Aussichten auf bahnbrechende Verbesserungen. Bedeutsam ist das interne Benchmarking insbesondere für divisionalisierte, multinationale Konzerne oder für in Profit Center zerlegte Organisationen.
- Von *wettbewerbsorientiertem Benchmarking* wird dann gesprochen, wenn die Produktgestaltung, die administrativen oder physischen Prozesse der direkten Konkurrenz im Mittelpunkt der Untersuchungen stehen. So werden in der Automobilbranche schon seit einigen Jahren umfangreiche Benchmarking-Projekte zwischen Wettbewerbern durchgeführt. Diese Art des Benchmarking wird häufig von Unternehmensexternen getragen, um wettbewerbsrelevante Daten herauszufiltern und gleichzeitig leistungsspezifische Informationen auf ein zuvor festgelegtes Format zu normalisieren (»Branchenstandards«).
- Im *funktionalen Benchmarking* werden Prozesse verglichen, die in ihrer Funktion übereinstimmen, allerdings aus verschiedenen Branchen stammen. Ein Beispiel für ein funktionales Benchmarking ist das bereits vorher angesprochene Benchmarking-Projekt zwischen Xerox und L. L. Bean, die ihre Lagerhaltungs- und Vertriebssysteme verglichen haben.

Abb. 12-13

Bewertung der einzelnen Benchmarking-Arten (entnommen aus Weber/Wertz 1999, S. 13)

	Internes Benchmarking	Wettbewerbs-Benchmarking	Funktionales Benchmarking	Generisches Benchmarking
Unmittelbare Vergleichbarkeit	hoch	hoch	mittel	niedrig
Aufwand	niedrig	mittel	mittel	hoch
Vertraulichkeits-problem	niedrig	hoch	mittel	mittel
Lernpotential	niedrig	mittel	mittel	hoch

● hoch ● mittel ● niedrig

- Den umfangreichsten Ansatz zum unternehmensübergreifenden Vergleich stellt schließlich das *generische Benchmarking* dar. Die Grenzen bei der Suche geeigneter Partner werden hierbei nicht durch Wettbewerb, Branche oder Funktion gesetzt. So verglich beispielsweise die Southwest Airlines die Bodenzeiten ihrer Flugzeuge (Ausstieg der Passagiere, Auftanken, etc.) mit den Prozessen während eines Boxenstopps bei einem Autorennen, um daraus Verbesserungspotentiale zu identifizieren. Die Fähigkeit, über Branchengrenzen hinweg vergleichbare Abläufe zu identifizieren, zu beschreiben und zu vergleichen, schränkt die Anzahl potentieller Benchmarking-Partner jedoch ein.

Generisches Benchmarking verspricht die höchsten Lernerfolge, bedeutet aber auch die schwierigste Partnersuche.

Drei Phasen des Benchmarking-Prozesses

Drei Hauptphasen des Benchmarking-Prozesses lassen sich unterscheiden (vgl. auch die *Abbildung 12-14* auf der Folgeseite). In der *Vorbereitungsphase* geht es um die Festlegung des Benchmarking-Objektes, die Bestimmung des Benchmarking-Teams, die Definition relevanter Größen zur Leistungsbeurteilung und schließlich die Auswahl des Benchmarking-Partners. In der anschließenden *Analysephase* erfolgt zunächst die Untersuchung relevanter Informationsquellen. Nahe liegend ist zunächst die Nutzung interner Informationen. So können sowohl technische Informationen über das Produkt (z. B. Reverse Product Engineering oder Wertanalyse) als auch

Abb. 12-14

Vorgehen des Benchmarkings

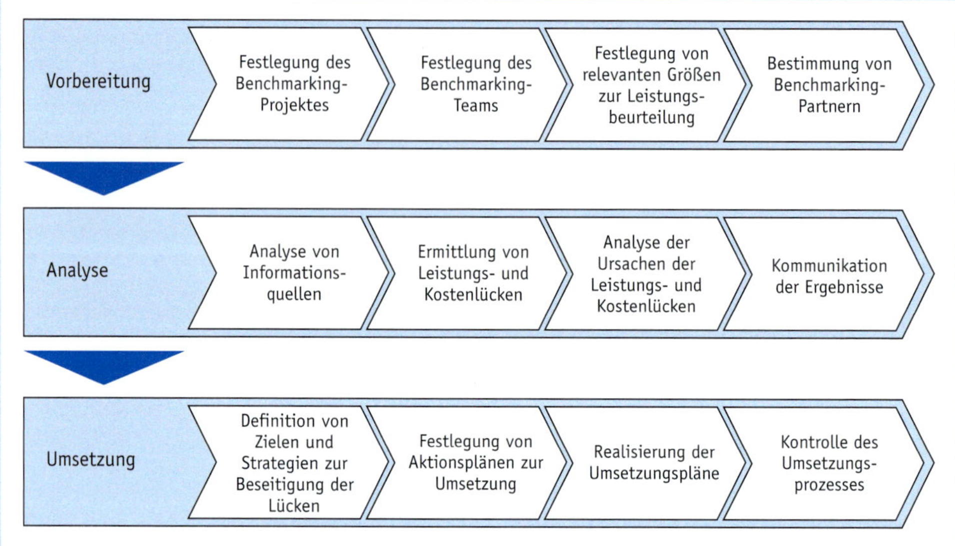

über andere Funktionsbereiche des betrachteten Unternehmens (z. B. Art des Versands) gesammelt werden. Darüber hinaus sind oft weitere externe Informationen bereits im Unternehmen vorhanden (z. B. strategische Planung, Marktforschung). Neben internen Informationen kann darüber hinaus auf frei zugängliche Sekundärinformationen (Fachzeitschriften, Branchenverbände, etc.) zurückgegriffen werden. Schließlich steht noch der Weg offen, Primärinformationen zu erheben (Unternehmensbesuche, Telefoninterviews, Fragebögen).

Im zweiten Schritt werden die Kosten- und Leistungslücken ermittelt. Dies geschieht in der Regel auf Basis von Kennzahlen, die den Output eines Prozesses in den Dimensionen Kosten, Qualität und Zeit abbilden. Dem Aufdecken von Leistungs- und Kostenlücken folgt die Analyse der Ursachen für die ermittelten Lücken. Dabei werden zum einen die Inputs in einen Prozess – wie etwa Personal oder Sachmittel – als auch die Konfiguration der Prozesse betrachtet. Die qualitative Analyse, d. h. die Analyse der Prozesse vor Ort, gewinnt vor allem dann an Bedeutung, wenn die zur Verfügung stehenden Kennzahlen zu Prozessinput und Prozessorganisation keine eindeutigen Rückschlüsse auf die Ursachen der ermittelten Kosten- und Leistungsunterschiede zulassen. An diesem Punkt sind Unternehmensbesuche erforderlich – um vor Ort ein Verständnis der Unterschiede zu bekommen (»Besichtigen geht vor Berichten«). Anschließend erfolgt die Kommunikation der Ergebnisse. So wird in der Regel ein Benchmarking-Bericht erstellt, der dem Auftraggeber der Benchmarking-Studie (in der Regel der Geschäftsführung) zugeht. Gleichzeitig sollten auch die Prozessverantwortlichen über die Ergebnisse des Benchmarking informiert werden.

In der *Umsetzungsphase* werden schließlich Ziele und Strategien zur Beseitigung der identifizierten Lücken definiert, konkrete Aktionspläne zur Umsetzung dieser Ziele und Strategien festgelegt, diese Umsetzungspläne realisiert sowie der Umsetzungsprozess überprüft.

Der Aufwand eines Benchmarking-Projektes wird wesentlich von der Art des Benchmarkings bestimmt.

Benchmarking ist für die Unternehmen eine mitunter kostenintensive Informationsquelle. Der Aufwand eines Benchmarking-Projektes wird dabei wesentlich von der Art des Benchmarkings bestimmt. Entsprechend unterscheidet sich auch die Dauer von Benchmarking-Projekten erheblich. Relativ oberflächliche Studien können innerhalb weniger Monate abgeschlossen werden, umfangreiche dauern dagegen meistens bis zu einem Jahr.

Die empirische Forschung zum Benchmarking liefert nur wenige und im Ergebnis nicht eindeutige Befunde (vgl. Shetty 1993; Drew 1997). Dennoch hat sich das Instrument des Benchmarking in der Wirtschaft sehr breit durchgesetzt, wobei ein gewisser Entwicklungsvorsprung der USA zu erkennen ist (vgl. Weber/Wertz 1999, S. 38–42). Dort gehört Benchmarking längst zum Standardrepertoire der Managementinstrumente. In Deutschland wird die Verbreitung in den kommenden Jahren dagegen noch deutlich zunehmen. Zur Unterstützung dieses Verbreitungsprozesses ist es hilfreich, auf die internationalen Erfahrungen zurückzugreifen, die unter anderem folgende Erfolgsfaktoren des Benchmarking herausgearbeitet haben (vgl. zu diesen und weiteren Weber/Wertz 1999, S. 19–32):

- Sorgfältige Vorbereitung des Benchmarking hinsichtlich Umfang und Zielen,
- hierarchieübergreifende Unterstützung des Projekts durch das Top-Management und die jeweiligen Process Owners,
- Aussagefähigkeit und Definitionsgenauigkeit der für den Vergleich verwendeten Kennzahlen,
- Sicherstellung der Vergleichbarkeit und des Lernpotentials bei der Auswahl der Vergleichspartner und
- Gewährleistung von Veränderungsbereitschaft und Machbarkeit im Implementierungsprozess.

Der besondere Vorteil des Benchmarkings liegt zusammenfassend in der Möglichkeit, Leistungsstandards aufzuzeigen, die von anderen Unternehmen gesetzt worden sind und daher offensichtlich auch erreicht werden können. Dies schafft zusätzliches Wissen (Nutzen für die Willensbildung) ebenso, wie es die Wahrscheinlichkeit erfolgreicher Veränderung stützt (Nutzen für die Willensdurchsetzung). Benchmarking schlägt die Brücke von der reinen Leistungsanalyse hin zu selbständigen Lernprozessen und eigenständigen Veränderungsprozessen (vgl. Karlöf/Östblom 1994, S. 26). Das Aufbrechen bestehender, verkrusteter und ineffizienter Strukturen wird dabei durch die selbständige Entdeckung anderer, besserer und bereits realisierter Lösungswege wesentlich erleichtert. Auf der anderen Seite besteht die Gefahr, fremde Lösungen zu unkritisch zu übernehmen, und über das reine Kopieren die Suche nach auf den spezifischen Entwicklungspfad des eigenen Unternehmens passenden neuen Lösungen zu vernachlässigen. Das richtige Verhältnis zwischen Imitation und Innovation zu gewährleisten, ist eine wesentliche rationalitätssichernde Aufgabe für Controller.

Auf das richtige Verhältnis zwischen Innovation und Imitation kommt es an.

Mit dem Benchmarking sind damit alle wichtigen Instrumente vorgestellt, die (schwerpunktmäßig) in der taktischen Planung Anwendung finden. Damit ist auch die Leitfrage 4 beantwortet.

12.5 Fazit

Der taktischen Planung kommt eine Art Mittlerfunktion zwischen der im 11. Kapitel dargestellten operativen Planung auf der einen Seite und der im nächsten Kapitel noch darzustellenden strategischen Planung auf der anderen Seite zu. Da – wie wir noch sehen werden – gerade die strategische Planung sehr unterschiedlich ausgeprägt sein kann, trifft man auch die taktische Planung in der Unternehmenspraxis in sehr divergenten Formen realisiert an, die zwischen den Polen »Strategiekonkretisierung« und »Strategiedurchsetzung« liegen.

Unabhängig von der konkreten Ausprägungsform ist der taktischen Planung ein hoher Grad an monetärer Quantifizierung gemeinsam. Bei dieser Quantifizierung spielen Verfahren der Investitionsrechnung eine zentrale Rolle. Kapitalwertrechnungen sind so regelmäßig die Basis zur Bewertung von strategischen Maßnahmen, Investitionsprogramme wesentliches Instrument zur Umsetzung intendierter strategischer Optionen. Für Controller ist damit eine intime Kenntnis der Investitionsrechnungsverfahren Pflicht. Hierzu gehören auch neue Ansätze, wie insbesondere die Realoptionsbewertung. Sie ist das passende Verfahren, wenn die Investitionsalternativen nicht in allen ihren Merkmalen bereits festliegen, sondern sich über einen längeren

Für Controller ist eine intime Kenntnis der Investitionsverfahren Pflicht.

Zeitpunkt noch Optionen für gesonderte Dispositionen bieten.

Auch bezogen auf die Unsicherheit der Planung liegt die taktische Planung exakt zwischen der strategischen und der operativen Planung. Eine Quantifizierung monetärer Konsequenzen fällt deshalb für eine »normale« Investition leichter als für eine strategische Möglichkeit. Dennoch sind die von den Instrumenten gelieferten Zahlen deutlich weniger »richtig und sicher« anzusehen, als dies für entsprechende Zahlen in der operativen Planung gilt. Wer einmal mit der Kapitalwertrechnung den Wert einer potentiellen Akquisition ausgerechnet hat, weiß, dass man ohne große Schwierigkeiten den Kapitalwert um 50 % senken oder um den gleichen Betrag erhöhen kann – je nach entsprechender Setzung der Prämissen und der weiteren Annahmen. Dies gilt noch verstärkt für die Realoptionsbewertung.

Controller müssen deshalb einen großen Wert darauf legen, die Bedeutung der verwendeten Instrumente richtig einzuschätzen. Sie ermöglichen auf der einen Seite eine systematische Berücksichtigung und Zusammenfassung der relevanten Einflussgrößen und helfen damit, zu einer besseren Entscheidung zu kommen. Auf der anderen Seite liefern sie keinesfalls »die« richtige Lösung des Planungsproblems; letztere ist nur als eine Art Richtwert zu verstehen, der von den Managern richtig interpretiert und eingeordnet werden muss. Auch eine Kapitalwertrechnung lässt sich somit im Regelfall nicht instrumentell, sondern »nur« konzeptionell verwenden (vgl. zu den Nutzungsarten nochmals den Abschnitt 4.2.4 im 4. Kapitel). Controller müssen darüber hinaus dafür Sorge tragen, dass die Instrumente nicht opportunistisch ausgenutzt werden. Gerade bei der Realoptionsbewertung ist letztlich (fast) jeder Wert für eine Alternative zu konstruieren. Wie bei jedem Instrument gilt auch hier »garbage in – garbage out«, nur ist es bei einem komplexen Planungsinstrument nur sehr schwer zu beurteilen, ob es sich beim Input in das Modell um Garbage handelt oder nicht!

Weiterführende Literatur zu …

… Begriffliche Grundlagen
Hahn/Hungenberg 2001
Welge/Al-Laham 2008

… Ziel der taktischen Planung
Weber/Hufschlag/Pieroth 2003

… Gegenstand und Prozess der taktischen Planung
Weber/Hufschlag/Pieroth 2003

… Investitionsrechnungen
Blohm/Lüder/Schaefer 2006
Götze 2008
Laux 2002
Linder 2004
Pritsch 2000

… Target Costing
Ewert/Ernst 1999
Heßen/Wesseler 1994
Rösler 1996
Seidenschwarz 1993
Tanaka 1989

… Kostenschätzmodelle
Heemstra 1992
Heine 1995
Rechberg 1997

… Benchmarking
Camp 1989
Karlöf/Östblom 1994
Riegler 2002
Walker 1992
Weber/Wertz 1999

13 Strategische Planung und Kontrolle

Leitfragen

1. **Was ist genau unter strategischer Planung und Kontrolle zu verstehen? Wie unterscheidet sie sich von operativer und taktischer Planung und Kontrolle?**
2. **Wie kann strategische Planung und Kontrolle gestaltet werden? Welche Alternativen sind denkbar und praktisch sinnvoll? Ist strategische Planung und Kontrolle als reine Verlängerung der taktischen Planung und Kontrolle zu verstehen?**
3. **Welche Aufgaben haben Controller in der strategischen Planung und Kontrolle zu erfüllen? Welche besonderen Herausforderungen treten dabei auf?**
4. **Mit welchen Instrumenten werden die strategische Planung und Kontrolle unterstützt? Welche muss ein Controller kennen?**

Strategische Planung (und Kontrolle) besitzt die Aura des Geheimnisvollen, des Essentiellen. Strategische Planer verbreiten oftmals die Aura von »Eggheads«. Als häufig ehemals Top-Management-Berater kennen sie sich in den Märkten dieser Welt aus, reden nur mit Vorständen und bereiten die »(über-)lebenswichtigen« Entscheidungen vor: Strategie verstehen sie als wettbewerbsentscheidende Weichenstellung für die Zukunft des Unternehmens. Controller fühlen sich zumeist nicht in dieser Welt zu Hause und sind vom Prozess häufig ausgeschlossen, trotz aller Bekenntnisse zu einem »strategischen Controlling«, die in den letzten zwei Jahrzehnten von Controllern geäußert wurden. Controller kommen im Regelfall erst dann ins Spiel, wenn die Strategien umgesetzt werden sollen. Dass hier nicht nur eigene, interne Wettbewerbsgründe für eine notwendige Veränderung des Zustands sprechen, zeigt zunehmend geäußerte Unzufriedenheit mit der Wirksamkeit strategischer Planung: Wie wir gleich noch sehen werden, reicht die Kritik bis hin zur Kennzeichnung der strategischen Planung als »Mythos« (vgl. Weber/Hamprecht/Goeldel 1997).

Wir wollen – wie in den beiden vorangehenden Kapiteln auch – zunächst die Begrifflichkeiten klären und dann Struktur und Inhalte der strategischen Planung und Kontrolle näher kennen lernen. Eine Betrachtung der wichtigsten dort genutzten Instrumente schließt das Kapitel ab: Eine diese Instrumente betreffende Sprachfähigkeit der Controller ist eine conditio sine qua non, um überhaupt auf der Strategieebene akzeptiert zu werden!

Trotz aller Bemühungen sind Controller in der Strategie noch nicht richtig verankert.

13.1 Begriffliche Grundlagen

Unternehmen überleben im Wettbewerb, weil sie in Märkten Wettbewerbsvorteile gegenüber Konkurrenten besitzen. Sie bestehen, weil sie die besseren Produkte besitzen, die Kunden besser bedienen oder ihre Leistungen kostengünstiger offerieren. Sie können diese Marktposition besetzen, weil sie auf geeignete interne und externe Ressourcen zurückgreifen können. Solche wettbewerbsfähigen Positionen ergeben sich selten von allein. Sie müssen systematisch aufgebaut werden. Hierzu dient idealtypisch die strategische Planung.

Strategische Planung hat – so die herrschende Meinung – das Erkennen und den Aufbau von strategischen Erfolgs- und Fähigkeitenpotentialen im Rahmen von gewählten Wettbewerbsstrategien zum Inhalt:

Elemente strategischer Planung

- *Wettbewerbsstrategien* formulieren bestimmte Grundverhaltensweisen des Unternehmens gegenüber Konkurrenten. Eine häufig verwendete Unterscheidung hierfür ist die in Kostenführerschaft, Differenzierung und Fokussierung auf spezielle Segmente oder Branchen.
- Mit *Erfolgspotentialen* sind abgrenzbare Produkt- (z. B. Telefonendgeräte), Markt- (z. B. Mobilfunkmarkt) oder Kundensegmente (z. B. Geschäftskunden) gemeint, die dem Unternehmen für einen bestimmten (längeren) Zeitraum die Möglichkeit zur Erzielung von Erfolgen bieten. Sie werden organisatorisch zumeist als »Geschäftsfelder« gekennzeichnet.
- *Fähigkeitenpotentiale* (zuweilen auch »Kernfähigkeiten« bzw. »Kernkompetenzen« genannt) beschreiben die Möglichkeiten, die ein Unternehmen besitzt, Erfolgspotentiale zu erschließen und zu nutzen. Hierunter findet sich die Beherrschung innovativer Techniken (z. B. Keramikverarbeitung) ebenso wie die Fähigkeit einer Organisation, sich schnell und flexibel Umweltänderungen anpassen zu können (z. B. mittels Teamstrukturen).

Zwischen Erfolgs- und Fähigkeitenpotentialen besteht eine enge Interdependenz. Zwar ist – quasi zwangsläufig – die Bedingung gegeben, das Unternehmen ständig auf die Marktbedarfe hin auszurichten. Es gibt jedoch in der Realität genügend Beispiele dafür, dass der Absatzmarkt letztlich nicht den entscheidenden, alles überstrahlenden Engpass darstellt. Dies kommt auch in mancher Firmengeschichte zum Ausdruck, die zeigt, dass neue Märkte Konsequenz, nicht Anlass von neu beherrschten Technologien waren.

Strategische Planung ist erheblicher Unsicherheit ausgesetzt.

Die strategische Positionierung des Unternehmens im Wettbewerb formuliert Ziele, die weit über das operative Geschäft hinausgehen. Damit ist erhebliche Unsicherheit verbunden. Der strategischen Planung geht es nicht um eine Überführung dieser Unsicherheit in – scheinbare und trügerische – Gewissheit oder um eine eindeutig »richtige« Vorhersage, was in fünf oder zehn Jahren sein wird. Sie zielt vielmehr darauf ab zu bestimmen, was in der Gegenwart zu tun ist, um trotz der Unsicherheit der Daten gewünschte Zielsetzungen zu erreichen. Dies schließt auch die bessere Beherrschung von Diskontinuitäten im Umfeld des Unternehmens mit ein (z. B. Aufkommen neuer Technologien oder Konkurrenten oder erhebliche Änderungen im rechtlichen Regelsystem). Strategische Planung bedeutet folglich mit anderen Worten den Versuch einer bewussten Gestaltung der Zukunft, deren Eintritt deshalb wahrscheinlich(er) wird, weil sich das Unternehmen auf bestimmte gewünschte Zustände hin fokussiert. Während operative Planung von weitgehend gegebenen »Gesetzmäßigkeiten« auszugehen hat, beeinflusst strategische Planung Realität bzw. schafft diese gar erst. Die taktische Planung nimmt – wie wir aus dem letzten Kapitel wissen – zwischen beiden Ebenen eine Mittlerposition ein.

Die hohe Unsicherheit der Planung hat ihre Konsequenzen auch bei der Kontrolle.

Der hohen Unsicherheit entsprechend unterscheidet sich strategische von operativer Kontrolle insbesondere in der Kontrollrichtung. In der strategischen Ebene kommt es weit mehr auf die Überprüfung der fortdauernden Gültigkeit unterstellter Zusammenhänge (Prämissenkontrolle) an als im operativen Bereich. Änderungen treten hier häufiger auf und müssen in den strategischen Planungsprozess rückgekoppelt werden.

Zusammenfassende Aussagen (vgl. auch Leitfrage 1)

- Strategische Planung hat das Erkennen und den Aufbau strategischer Erfolgs- und Fähigkeitenpotentiale im Rahmen von gewählten Wettbewerbsstrategien zum Inhalt.
- Strategische Planung bedeutet den Versuch einer bewussten Gestaltung der Zukunft trotz der dieser innewohnenden Unsicherheit. Gerade die hohe Unsicherheit unterscheidet sie von einer Langfristplanung, die auf als gegeben angenommenen Gesetzmäßigkeiten beruht.
- Strategische Kontrolle betont weit stärker als operative Kontrolle die Rückwirkung des Ist auf die Festlegung des Plans.

13.2 Struktur und Inhalt der strategischen Planung und Kontrolle

13.2.1 »Theoretisches Ideal«

Der im vorherigen Abschnitt dargestellten grundsätzlichen Aufgabenstellung folgend besitzt die strategische Planung eine »Soll-Struktur«, die in der Literatur zur strategischen Planung oftmals beschrieben worden ist. Wir wollen den folgenden Ausführungen eine häufig zu findende Struktur zu Grunde legen, die die *Abbildung 13-1* zeigt.

Ausgangspunkt der Planung sind *Grundsatzbedingungen*, die wir bei der Balanced Scorecard bereits als »Vision« oder »Mission« kennen gelernt haben. Solche Grundsätze basieren auf Werten und Normen, die die in einem Unternehmen tätigen Führungskräfte und Mitarbeiter teilen (sollten) (»Wir arbeiten nur in solchen Märkten, in denen wir – weltweit – Nummer 1 oder 2 sind«). Derartige Grundsatzbedingungen dienen dem gesamten strategischen Planungsprozess als geistige und inhaltliche Klammer. Sie bilden die Basis konkreter Pläne ebenso wie sie dann einspringen können, wenn – zwangsläufig entstehende – Freiheitsgrade in der operativen Führung »vor Ort«, d. h. dezentral, gefüllt werden müssen. Ist das Geschäft des Unternehmens derart heterogen, dass eine solche inhaltliche Klammer nicht durchgängig möglich ist, besteht – wie die *Abbildung 13-1* zeigt – die Möglichkeit getrennter Grundsatzbedingungen. Allerdings ist die Gefahr einer »Sollbruchstelle« in der weiteren Entwicklung des Unternehmens hier vorprogrammiert.

Aufbauend auf den Grundsatzbedingungen werden im nächsten Schritt *Ziele und Strategien für das Gesamtunternehmen* formuliert, die – wie die Abbildung durch die entsprechende Pfeilrichtung ausdrückt – sowohl die Basis für weitergehende, speziellere Planungen darstellen, als auch durch die Ergebnisse solcher Ausplanungen – im Sinne einer Rückkopplung – beeinflusst werden. Aus der auf das Unternehmen insgesamt bezogenen Strategie (im Sinne einer Wettbewerbsstrategie) werden für die einzelnen Geschäftsbereiche und Ressourcenfelder (Funktionen) Teilstrategien abgeleitet und miteinander abgeglichen. Wie bereits ausgeführt, beeinflussen sich beide gegenseitig: Geschäftsfelder können nicht ohne erforderliche Fähigkeiten erschlossen werden und Fähigkeiten schaffen die Möglichkeit, neue Geschäftsfelder zu erschließen. Wie die *Abbildung 13-1* weiter zeigt, kann dieser gegenseitige Abgleich mehrere »Runden« erforderlich machen. Im Ergebnis liefert die Entwicklung von Geschäftsfeld- und Funktionalstrategien sowohl die Basis für eine anschließende Konkretisierung und Umsetzung in Maßnahmen, als auch einen »Rationalitätscheck« der als Ausgangspunkt gesetzten Unternehmensstrategie (»Kreis 2«). Dieser kann auch zu einem Verwerfen der ursprünglichen Ideen führen, was einen neuen Durchlauf der Phase Ziel- und Strategieformulierung bedeutet.

Komplexe »Normstruktur« der strategischen Planung

Abb. 13-1

»Normstruktur« der strategischen Planung (entnommen aus Zahn 1989, Sp. 1909 f.)

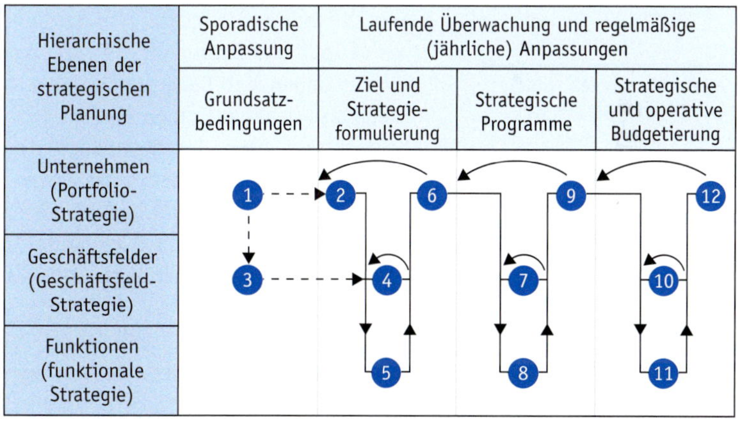

Die nächste Planungsphase hat zum Inhalt, zu den gefundenen und als konsistent sowie umsetzbar erscheinenden Strategien *konkrete Umsetzungsprogramme* zu entwerfen. Marktführerschaft in Frankreich durch überlegene Serviceleistungen bedeutet dann etwa den Aufbau einer entsprechenden Vertriebs- und Serviceorganisation, dessen einzelnen Phasen für den strategisch relevanten Zeitraum auszuplanen

Strategien müssen breit kommuniziert werden, um umgesetzt werden zu können.

Strategien durchzusetzen, scheint schwieriger zu sein, als passende zu finden.

sind. Die Schritte 7 und 8 des Vorgehens schaffen die Grundlage einer konsistenten, aufeinander abgestimmten Umsetzung strategischer Ziele ebenso, wie sie als Rationalitätscheck für in der Phase der Zielformulierung Gewünschtes dienen. Wie die *Abbildung 13-1* auch deutlich macht, kann es jedoch durchaus vorkommen, dass sich in der immer weitergehenden Konkretisierung eine Nicht-Realisierbarkeit herausschält, die es erforderlich macht, im Planungsprozess in die vorausgehende Stufe zurückzuspringen.

In der letzten Planungsphase geht es schließlich darum, die *strategischen Programme monetär zu hinterlegen*, d. h. die Bezüge zur Finanz- und Investitionsplanung herzustellen. Die grundsätzliche Aufgabe dieses Schritts entspricht der der vorangegangenen. Aufbau zusätzlichen umsetzungsrelevanten Wissens und Überprüfung der Realisierungsfähigkeit der aus der Vorphase erhaltenen Eingangsgrößen gehen Hand in Hand.

Diese »eigentliche« strategische Planung, die wir gerade kennen gelernt haben, ist mit einer Reihe von Problemen behaftet, von denen einige im Folgenden genannt seien:

- *»Akademische« Entstehung und Formulierung von Leitbild und Mission*
  Hierfür finden sich Beispiele in hoher Zahl. Exemplarisch sei auf einen großen deutschen Konzern verwiesen, der in seinem Leitbild ein Bekenntnis zu »Diversität« formulierte, was nicht nur von vielen Mitarbeitern nicht verstanden, sondern auch als Deckmantel für fehlende strategische Fokussierung aufgefasst wurde.

- *Versuch der Vollständigkeit strategischer Pläne statt Selektion*
  Vorbild ist die operative Planung, die – wie wir im 11. Kapitel gesehen haben – das gesamte Unternehmen in hohem Detailgrad erfasst.

- *Dominanz von Form gegenüber Inhalt*
  Insbesondere in einigen Großunternehmen konnte man in der Vergangenheit den Eindruck gewinnen, dass die graphische Gestaltung der Dokumente (»Gleiche Strichstärke in allen Unterlagen«) und Instrumente (»Farbige Portfolios am Bildschirm«) wichtiger waren als die Planungsinhalte.

- *Mangelnde Einbindung dezentraler Führungskräfte in den Prozess der Strategiefindung*
  Es mag sein, dass das eine oder andere Top-Management die strategische Ausrichtung des Unternehmens mit der Aufstellung eines Schlachtplans vergleicht, den niemand kennen darf, um seinen Erfolg nicht zu gefährden. Abgesehen von Sonderfällen (z. B. imitationskritischen Innovationen) geht es aber in der strategischen Unternehmensplanung darum, die maßgeblichen Entscheidungsträger des Unternehmens auf eine einheitliche strategische Stoßrichtung zu vereinen, die von diesen verstanden sein muss. Die Einbindung dezentraler Manager schafft hierfür eine wesentliche Voraussetzung.

- *Strategien als »Herrschaftswissen« der obersten Führungsebene*
  Dieser Mangel ist eng mit dem zuvor genannten verbunden. Nun geht es aber nicht um die strategische Willensbildung, sondern um die Willensdurchsetzung. Hierzu ist eine breite Kommunikation immer dann erforderlich, wenn die Umsetzung des strategischen Willens diverse Freiheitsgrade birgt, somit weitergehende und präzisierende Folgeentscheidungen zu treffen sind.

Alle Aspekte zusammen führen leicht dazu, dass strategische Pläne nicht hinreichend Eingang in das operative Geschäft finden, sich die »strategischen Wolken nicht operativ abregnen«. In der Verbindung von strategischer Willensbildung und -durchsetzung besteht in vielen Unternehmen ein signifikanter Mangel (vgl. auch Kaplan/ Norton 1996, S. 18 und 186 ff.). Im folgenden Abschnitt sollen deshalb Möglichkeiten diskutiert werden, diesen Mangel zu überwinden.

13.2.2 Alternative Strukturen

Der empirische Stand präsentiert – wie eben ausgeführt – ein wenig überzeugendes Bild der strategischen Planung. Mehrere Wege stehen offen, um die feststellbaren Probleme zu reduzieren oder ganz zu beseitigen. Sie seien im Folgenden – der Intention eines Einführungsbuches entsprechend sehr knapp – vorgestellt. Die Alternativen verzichten sämtlich auf das implizite Merkmal der »Lehrbuchstruktur« strategischer Planung, ähnlich vollständig zu sein wie die operative Planung. Sie sind allesamt selektiv.

Beschränkung auf einen »genetischen Code«
Die »radikalste« Selektionsmöglichkeit besteht darin, ganz auf eine ausformulierte Strategie zu verzichten und sich stattdessen auf die Vision bzw. Mission zu beschränken. Für ein solches Vorgehen findet sich ein schönes literarisches Beispiel aus dem kleinen Prinzen: »Wenn Du ein Schiff bauen willst, dann trommele nicht Männer zusammen, um das Holz zu beschaffen, Aufgaben zu vergeben und die Arbeit einzuteilen, sondern lehre sie die Sehnsucht nach dem weiten endlosen Meer« (Antoine de Saint-Exupéry). Theoretischer formuliert bedeutet dies, ein essentielles gemeinsames Grundverständnis zu schaffen, das – quasi als eine Art genetischer Code – die Handlungen aller Mitarbeiter und Führungskräfte ausrichtet. Einen scheinbar übermächtigen Wettbewerber zu schlagen und Nummer eins im Markt zu werden, kann ohne abgestimmte, aufwändige und komplexe Planung viel strategisches Potential auslösen und umsetzen. Allerdings wird das Feld der strategischen Handlungsalternativen nur wenig eingeschränkt. Wenn der »genetische Code« nicht schlagkräftig genug ist, findet eine Ausrichtung der Manager und Mitarbeiter nicht statt.

Beschränkung auf wettbewerbskritische Aspekte
Weniger weitgehend ist die Beschränkung auf die Betrachtung eines bestimmten Prozessumfangs, der als wettbewerbskritisch eingeschätzt wird. In einem Modeunternehmen mag dies das Herausfiltern von Modetrends sein, in einem Automobilunternehmen der Produktentstehungsprozess, in einem Beratungsunternehmen die Personalakquisition. Wird dieser strategische Engpass beherrscht, ist die Ausgestaltung des »Rest«-Unternehmens weniger kritisch und bedarf keiner eigenständigen strategischen Planung. Eine solche beschränkt sich auf den strategischen Engpass. Vergleichbar ist die Planungssituation, wenn sich die Selektion auf einen bestimmten Marktausschnitt oder eine bestimmte Kundengruppe bezieht. Durch die Konzentration sinkt die Gefahr eines Versandens strategischer Pläne; allerdings muss die Selektivität des Vorgehens sorgsam im Auge behalten werden. Für das Beispiel des Automobilunternehmens heißt das, in Zeiten zunehmender technischer Angleichung der Produkte den Fokus mehr – oder sogar primär – auf die Kundenansprache zu lenken.

Abb. 13-2

Prozess der Hoshin-Planung (entnommen aus Weber/Goeldel/Schäffer 1997, S. 287)

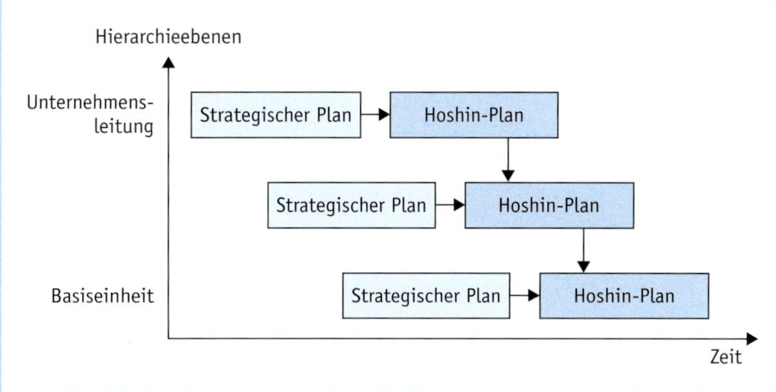

Projektbezogene Realisierung der strategischen Positionierung
Die dritte hier vorzustellende Selektionsmöglichkeit ist mit dem Begriff der »Hoshin-Planung« verbunden (vgl. auch die *Abbildung 13-2*). In ihr wird strategiegerichtetes Handeln durch eine Bündelung der wichtigsten strategischen Aussagen zu Projekten gewährleistet, die direkt in die operative Planung einfließen. Abgeleitet aus Strategien beschränkt sich der Hoshin-Plan bewusst selektiv auf wenige Ziele, die für die Erreichung der strategisch angestrebten Marktposition von Bedeutung sind. Diese Ziele werden anschließend über alle Ebenen des Unternehmens in einem strukturierten Prozess bis auf die unterste Unternehmensebene herunter gebrochen, wobei jeweils Maßnahmen zur Erreichung dieser Ziele erarbeitet werden. Durch das kaskadenförmige Vorgehen der Hoshin-Planung ist eine koordinierte Zielbildung auf allen Unternehmensebenen gewährleistet. Die Ziele und Maßnahmen der übergeordneten Ebenen bilden jeweils die Ziele für die nächstfolgende Ebene,

Die Alternativen zum »Normvorgehen« der strategischen Planung sind alle durch ein selektives Vorgehen gekennzeichnet.

auf der diese Vorgaben detailliert und mit Maßnahmen unterlegt werden. Die Ziele werden seitens der Unternehmensleitung zunächst rein qualitativ vorgegeben und dann von den untergeordneten Ebenen entsprechend dem dort verfügbaren Wissen konkretisiert. Von besonderer Bedeutung ist hierbei, dass diese Maßnahmen auch quantitativ bewertet werden, so dass sie direkt in die eher formalzielorientierte operative Planung einfließen können.

Insgesamt verspricht das Vorgehen eine konsequente Umsetzung der strategischen Willensbildung in die Willensdurchsetzung. Die »Kunst« des Verfahrens ist es, die »richtigen« Strategien auszuwählen und umsetzungsreif zu gestalten.

Verwendung der Balanced Scorecard

Auch die Balanced Scorecard kann helfen, die Strategie in die konkrete Umsetzung zu bringen.

Die vierte vorzustellende Alternative ist durch eine höhere Komplexität gekennzeichnet. Sie versucht – wie die »Lehrbuchversion« der strategischen Planung – eine Gesamtperspektive zu erreichen, dünnt aber innerhalb dieser Gesamtperspektive im Detail erheblich aus. Die Rede ist von der Balanced Scorecard. Ursprünglich als Kennzahlensystem entwickelt – und im 7. Kapitel dieses Buches so auch vorgestellt – soll sie nach ihren »Erfindern« Kaplan/Norton als »Managementsystem« das Bindeglied zwischen der Entwicklung einer Strategie und ihrer Umsetzung sein. Auf diesem Feld konstatieren die Autoren in vielen Fällen erhebliche Defizite (vgl. Kaplan/Norton 1996, S. 191 ff.):

- Vision und Strategie sind nicht umsetzbar.
- Es besteht keine Verknüpfung der Strategie mit den Zielvorgaben der Abteilungen, der Teams und der Mitarbeiter.
- Ebenso liegt keine Verknüpfung der Strategie mit der Ressourcenallokation (Budgetierung) vor.
- »Taktisches« Feedback herrscht vor, »strategisches« Feedback kommt zu kurz.

»All diese Hindernisse« (Kaplan/Norton 1996, S. 10 ff.) sollen durch den Einsatz der Balanced Scorecard überwunden werden:

- Der Entwicklungsprozess einer Balanced Scorecard soll zur Klärung sowie zum Konsens im Hinblick auf die strategischen Ziele führen.
- Die Balanced Scorecard soll zur einheitlichen Zielausrichtung der Handlungsträger im Unternehmen durch drei Mechanismen beitragen: Kommunikations- und Weiterbildungsprogramme, Verknüpfung der Balanced Scorecard mit Zielen für Teams und einzelne Handlungsträger sowie die Verknüpfung mit Anreizsystemen.

Fortsetzung Seite 369

Aus der Praxis

Der Balanced Scorecard Prozess bei Bosch

Dr. Richard Watterott*

Einsatz der BSC bei Bosch

Die Bosch-Gruppe besteht aus den drei Unternehmensbereichen Kraftfahrzeugtechnik, Industrietechnik sowie Gebrauchsgüter und Gebäudetechnik. Die Unternehmensbereiche untergliedern sich in Geschäftsbereiche, die Ergebnis-, Erzeugnis- und Regionalverantwortung besitzen. Sie sind für ihr Erzeugnisgebiet weltweit gesamtunternehmerisch mit den Funktionen Entwicklung, Fertigung, Verkauf und kaufmännische Aufgaben im Rahmen der von der Bosch-Geschäftsführung aufgestellten strategischen Grundsätze und Ziele verantwortlich.

Die Geschäftsbereiche untergliedern sich weiter in Produktbereiche. Diese organisatorischen Einheiten tragen für mindestens zwei der Funktionen Entwicklung, Fertigung und Verkauf unmittelbare Verantwortung. Die Geschäfts- und Produktbereiche stellen Steuerungseinheiten dar, die sich in der Regel über Teile der Robert Bosch GmbH und über Gesellschaften oder Teile von Gesellschaften im In- und Ausland erstrecken.

In diesem Praxisbericht wird die Anwendung der BSC als Führungsinstrument zur Strategieumsetzung und Zielableitung im Rahmen des Werttreiber-Managements und die Integration in die Planungs- und Zielentfaltungsprozesse von Geschäfts- und Produktbereichen der Bosch-Gruppe beschrieben. Darüber hinaus gibt es bei Bosch weitere Anwendungen der BSC, beispielsweise in Projekten oder in zentralen Querschnittsbereichen.

Die Einführung der BSC als Konzept für das Werttreiber-Management

Seit der Einführung der wertorientierten Unternehmenssteuerung in 2000/2001 werden die Geschäfts- und Produktbereiche der Bosch-Gruppe mittels wertorientierter Kennzahlen nach dem CVA-Konzept gesteuert. Dabei wurde das Ziel verfolgt, den Fokus auf die Mittelbindung zu verstärken und dies durch eine durchgängige Konzeptimplementierung zu unterstützen. Die Kapitalkosten, das zentrale Element wertorientierter Steuerung, sollen nicht nur auf Ebene der Geschäfts- und Produktbereiche eine steuernde Wirkung entfalten, sondern auch dort, wo tagtäglich im Detail über Mittelbindung entschieden wird: bei jedem Kostenstellenverantwortlichen. Die Kapitalkosten wurden deshalb durchgängig in der Kalkulation und in der Kosten- und Leistungsrechnung verankert (vgl. Kümmel/Watterott 2005, S. 13 ff.).

Das durchgängig wertorientierte Steuerungssystem auf der finanziellen Kennzahlenebene gibt Anreiz zu wertorientiertem Verhalten. Für die operative Steuerung ist zusätzlich eine systematische Vorgehensweise zur Wertsteigerung erforderlich. Diese muss aus der auf langfristiges profitables Wachstum ausgerichteten Strategie abgeleitet werden, damit keine kurzfristige Suboptimierung der Wertbeiträge in den Bereichen erfolgt. Wertsteigerung auf der Prozessebene in den Funktionsbereichen erfolgt durch die zielgerichtete Beeinflussung der so genannten Werttreiber. Dafür wurde 2001 parallel zur Umsetzung des wertorientierten Steuerungskonzepts mit der Einführung des Werttreiber-Managements in den Geschäftsbereichen begonnen.

Die konzeptionellen Grundlagen für das Management der Werttreiber sind einerseits systemorientiert ein Business Excellence Modell (z. B. EFQM) und andererseits ergebnisorientiert die BSC (vgl. Töpfer 2000, S. 14 ff.). Werttreiberhierarchien stellen ein weiteres, alternatives Konzept zur BSC dar, so dass sich die Frage nach der Vorteilhaftigkeit eines Konzepts stellt (vgl. Weber/Schäffer 1999d, S. 285).

Bei der Analyse der Konzepte erwies sich das bei Bosch zum Zeitpunkt der Einführung der wertorientierten Unternehmenssteuerung bereits angewendete EFQM-Modell, das den Fokus auf ganzheitliches Veränderungs- und Verbesserungsmanagement legt, als zu komplex für eine schnelle Umsetzung in die operative Steuerung.

Bosch verknüpft mehrere Steuerungssysteme miteinander.

Zur Gewinnung von Erfahrungen mit dem Aufbau von Werttreiberhierarchien, an deren Spitze die zentrale Kennzahl Wertbeitrag steht, wurden Pilotprojekte durchgeführt. Dabei stellte sich dieses Konzept aber als zu aufwändig und zu starr heraus, um die komplexen Wirkungszusammenhänge adäquat abzubilden. Die mathematisch-funktionale Verknüpfung aller Werttreiber eines Unternehmensteilbereiches und deren Abbildung in einer Simulationssoftware wird daher in dieser Form nicht mehr angewendet, obwohl diese Methode den Charme besitzt, durch Sensitivitätsanalysen quantitative Aussagen über die unterschiedliche Hebelwirkung einzelner Werttreiber zu ermöglichen. Teilweise werden allerdings vereinfachte Werttreiberbäume zur Visualisierung der partiellen Auswirkungen einer kleinen, überschaubaren Anzahl operativer Werttreiber verwendet.

Werttreiberhierarchien stellten sich als zu aufwändig heraus.

Die BSC wurde in Teilbereichen der Bosch-Gruppe ebenfalls bereits angewendet. Sie ergänzt das EFQM-Modell und verbindet strategische und prozessuale Aspekte der Wertorientierung (vgl. Kaplan/Norton 2004, S. 83 ff., Töpfer 2000, S. 311 ff.). Aus den Selbstbewertungen nach EFQM resultieren in der Regel Maßnahmen, die in die BSC der Bereiche zur Verfolgung aufgenommen werden. EFQM fordert zudem den Nachweis einer systematischen Verfolgung definierter Maßnahmen; dies kann durch die BSC-Anwendung geleistet werden. Daher wählten die Geschäftsbereiche überwiegend dieses Konzept für die Umsetzung des Werttreiber-Managements mit den bekannten vier Perspektiven (Finanzen, Prozesse, Potenziale, Kunden).

Die BSC dient zur Umsetzung des Werttreiber-Managements.

Die erstmalige Einführung der BSC in den Geschäftsbereichen erfolgte jeweils mit Unterstützung eines Projektteams. Dieses erstellte zur Sicherstellung einer einheitlichen Vorgehensweise innerhalb des Geschäftsbereichs

Die Aufstellung der unterschiedlichen Balanced Scorecards erfolgt in einem mehrstufigen Prozess.

einen Implementierungsleitfaden, der mit zunehmender Erfahrung verfeinert wurde. Die Einführung der BSC in einem Geschäftsbereich über alle Produkt- und Funktionsbereiche (Vertrieb, Entwicklung, Fertigung) dauerte in der Regel etwa eineinhalb Jahre. Die Kaskadierung der BSC erfolgt dabei über zwei oder drei Ebenen, in der Regel abhängig von der jeweiligen Größe der Produktbereiche (vgl. *Abbildung 1*).

Auf der ersten Ebene beschreibt der Bereichsvorstand die Strategie des Geschäftsbereichs fokussiert in den vier Perspektiven. Die so entstehende Strategy Map wird durch Festlegung messbarer Ziele zur Geschäftsbereichs-BSC konkretisiert.

Auf der zweiten Ebene beschreibt das Management-Team jedes Produktbereichs unter Beachtung der Geschäftsbereichs-BSC seine Strategie in den vier Perspektiven, priorisiert Ziele und Maßnahmen, um die Werttreiber mit dem größten Beitrag zu den übergeordneten Zielsetzungen zu beeinflussen und legt messbare Kennzahlen und Zielwerte zur Verfolgung fest. Dabei sind in der Produktbereichs-BSC alle für den jeweiligen Produktbereich relevanten Ziele des Geschäftsbereichs umzusetzen und um weitere, produktbereichsspezifische Ziele zu ergänzen. Dies geschieht im Management-Team, in dem neben dem Produktbereichsleiter auch die Leiter der Funktionsbereiche und gegebenenfalls die Leiter der betroffenen Werke einbezogen werden.

Die Erarbeitung der Funktionsbereichs-BSC auf der dritten Ebene erfolgt analog, wobei hier zur Sicherstellung der funktionsbereichsübergreifenden Harmonie von Strategien, Zielen und Maßnahmen nicht nur der jeweilige Funktionsbereichsleiter mit seinem Team, sondern jeweils auch die Leiter der anderen Funktionsbereiche des Produktbereichs beteiligt werden. Durch diese Top-down Erstellung der BSC wird die wertorientierte Unternehmensführung konsequent, durchgängig und transparent auf alle Organisationsebenen des Unternehmens transportiert.

Nach der erstmaligen Erarbeitung der BSC für den Geschäftsbereich, die Produkt- und Funktionsbereiche sind diese regelmäßig zu aktualisieren. Rhythmus und geeigneter Zeitpunkt der Aktualisierung ergeben sich dabei aus dem Planungskalender der Bosch-Gruppe.

Die Integration der BSC in den Planungs- und Zielentfaltungsprozess

Die Bosch-Gruppe verfügt über ein mehrstufiges Planungssystem, bestehend aus der strategischen Langfristplanung und der operativen Wirtschaftsplanung. Die Langfristplanung um-

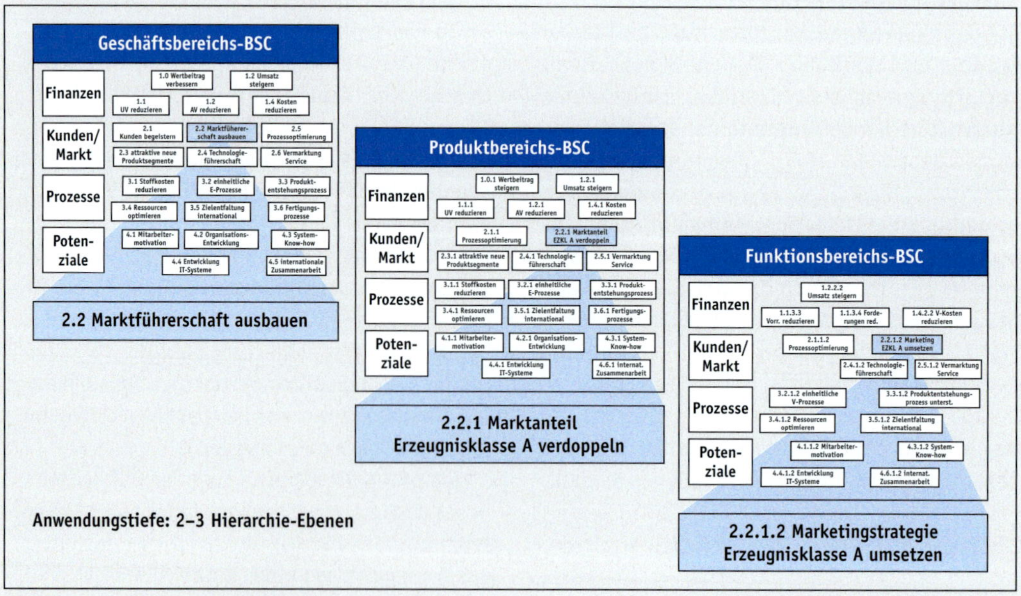

Abbildung 1: BSC-Kaskadierung

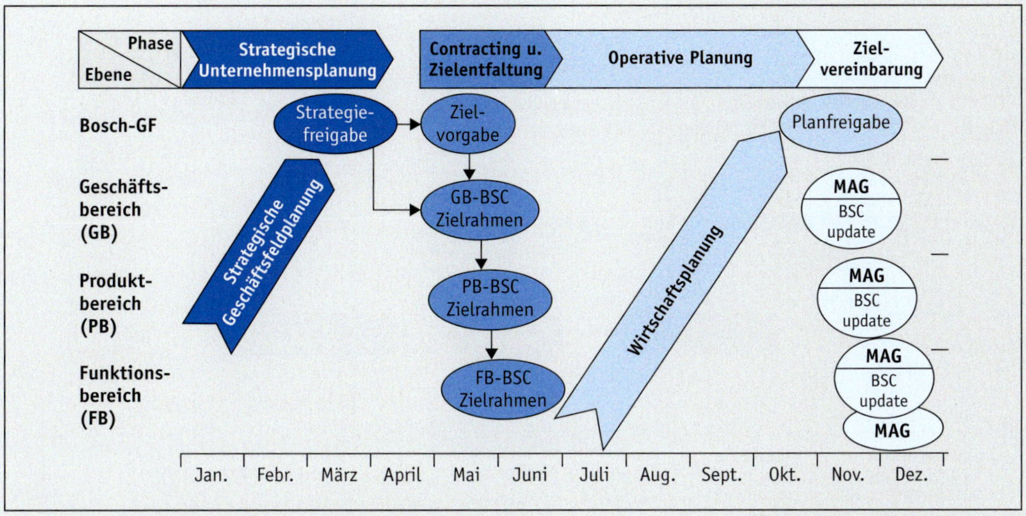

Abbildung 2: BSC im Planungs- und Zielentfaltungsprozess

fasst einen Planungshorizont von acht Jahren und besteht aus der strategischen Unternehmensplanung und der strategischen Geschäftsfeldplanung der Geschäftsbereiche (vgl. Hoffmann/Kirchhoff 2001, S. 119 ff.).

In der strategischen Unternehmensplanung wird durch die Geschäftsführung die langfristige Entwicklung des Gesamtunternehmens, der Unternehmensbereiche und der Geschäftsbereiche betrachtet und aus der Analyse des Technik-, Markt- und Wettbewerberumfeldes die strategische Ausrichtung von Bosch abgeleitet. Sie wird dabei durch die rollierende Langfristplanung der Geschäftsbereiche unterstützt, in der diese ihre jeweilige Markt- und Technikposition ermitteln und daraus strategische Handlungsoptionen ableiten.

Im Rahmen einer besonderen Planungsklausur der Geschäftsführung wird auf Basis dieses Planungsprozesses der kurz- bis mittelfristige Zielrahmen festgelegt, der die Grundlage für die anschließende Wirtschaftsplanung bildet und in konkrete Zielvorgaben für die Wertbeitragsentwicklung der Geschäftsbereiche mündet. Diese Ziele werden zwischen Geschäftsführung und den Bereichsvorständen der Geschäftsbereiche formal vereinbart.

Im sich anschließenden Zielentfaltungsprozess werden die strategischen Ziele sowie die Wertbeitragsziele in den Geschäftsbereichen auf die nachgeordneten Ebenen herunter gebrochen. Dies geschieht im ersten Schritt durch die Aktualisierung der BSC top-down über die verschiedenen Ebenen (vgl. *Abb. 2*). Das bedeutet, dass sich im Rahmen der strategischen Geschäftsfeldplanung ergebende Anpassungen der Strategie oder neue Schwerpunkte sowie mögliche Anpassungen der Wertbeitragsziele konsistent in den BSC der Bereiche auf den verschiedenen Organisationsebenen umgesetzt werden müssen. Daneben können organisatorische Veränderungen im Geschäftsbereich zusätzliche BSC notwendig oder bestehende BSC überflüssig werden lassen.

Ausgangspunkt ist eine Langfristplanung mit einem Planungshorizont von acht Jahren.

Die operative Wirtschaftsplanung setzt die vereinbarten Wertbeitragsziele für einen Zeitraum von drei Jahren in konkrete Einzelpläne zu Umsatz, Kosten und Ressourcen um. Nach erfolgter und freigegebener Wirtschaftsplanung sind die BSC gegebenenfalls noch einmal anzupassen, falls sich seit der Aktualisierung noch Änderungen ergeben haben.

In den Zielvereinbarungsgesprächen mit den Mitarbeitern im Rahmen des jährlichen Mitarbeitergesprächs, dem so genannten MAG, leiten die Führungskräfte aus der BSC die entsprechenden, auf der jeweiligen Unternehmensebene bzw. im Aufgabenbereich des jeweiligen Mitarbeiters beeinflussbare Zielgrößen ab. Auf diese Weise wird den Mitarbeitern auf allen Ebenen bekannt und transparent, welchen Beitrag sie selbst zum Erfolg des Unternehmens leisten.

Die BSCs sind eine Grundlage für Zielvereinbarungen.

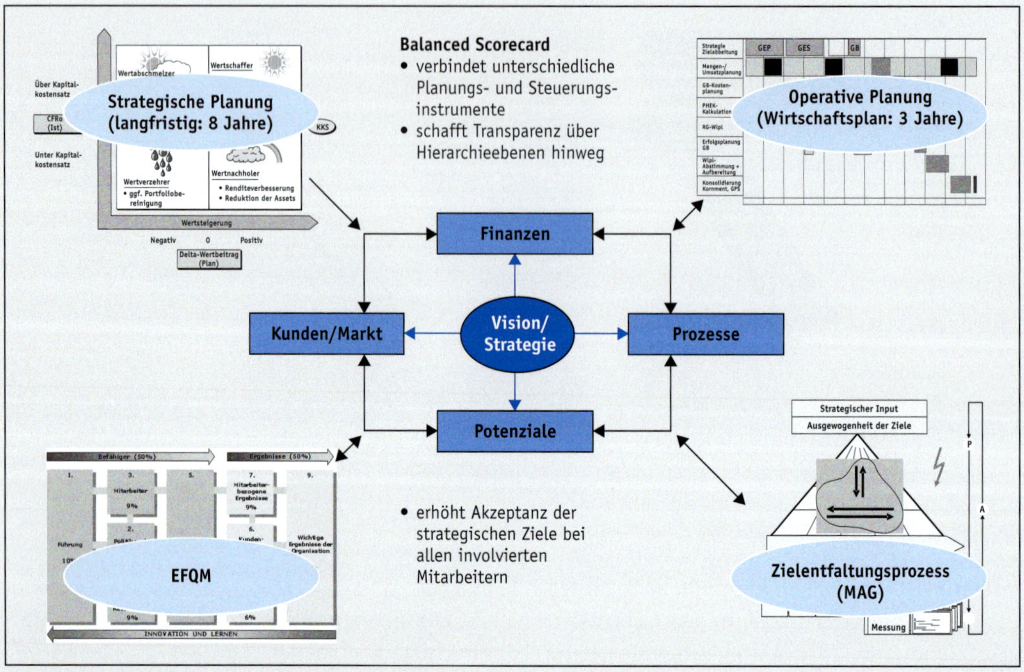

Abbildung 3: BSC als integrierendes Führungsinstrument

Erfahrungen mit der BSC-Anwendung

Für eine erfolgreiche Einführung der BSC führen Weber/Schäffer acht Erfolgsfaktoren auf, wie Unterstützung durch das Top-Management und Process Owner, schneller Erfolg in Pilotprojekten, Unternehmenskultur und Veränderungsbereitschaft, externe Unterstützung, Besetzung des BSC-Teams, straffes Projektmanagement u. a. (vgl. Weber/Schäffer 2000c, S. 3), die sich mit den Erfahrungen bei Bosch im Rahmen der Einführung in verschiedenen Geschäftsbereichen decken.

Die BSC erweist sich als integratives Instrument, das aber nicht von alleine funktioniert.

Der Nutzen der BSC in der beschriebenen Anwendung liegt in der integrierten, systematischen Verbindung existierender Planungs- und Steuerungsinstrumente und der transparenten Darstellung der jeweiligen Wirkungszusammenhänge begründet, wie

- der langfristigen, strategischen Planung
- der kurzfristigen, operativen Wirtschaftsplanung
- dem ganzheitlichen Verbesserungsmanagement mit EFQM
- dem Zielentfaltungsprozess mit den Zielvereinbarungen für die Mitarbeiter
- sowie weiterer Initiativen, die in der Bosch-Gruppe verfolgt werden (vgl. *Abbildung 3*).

Die BSC wird somit als Instrument zur systematischen Strategiebeschreibung und -umsetzung in den Bereichen durchweg positiv beurteilt. Es ist zu bemerken, dass dadurch langfristige Ziele eine größere Aufmerksamkeit bekommen und die Akzeptanz der strategischen Ziele bei den involvierten Mitarbeitern erhöht wird. Ein großer Vorteil wird darin gesehen, dass die BSC zur Standardisierung des Zielentfaltungsprozesses führt. Es erfolgt eine Kommunikation top-down in gleichartiger Systematik, transparent im gesamten Bereich.

Die Erfahrungen zeigen aber auch, dass die nachhaltige Anwendung und regelmäßige Aktualisierung der BSC der top-down-Initiierung und ggf. der Unterstützung durch eine kompetente Stelle bedarf. Diese BSC-Kompetenz wurde daher in einigen Geschäftsbereichen im Controlling, in anderen in einer Stelle, die Projekte zu Prozessverbesserungen unterstützt (wie beispielsweise EFQM und Projektmanagement), angesiedelt.

* Dr. Richard Watterott ist Referent im Corporate Internal Accounting der Robert Bosch GmbH.

Aus der Praxis

Praxiserfahrungen zur Balanced Scorecard aus Sicht einer Managementberatung

Björn Radtke*

Vertraut man Indikatoren wie der Anzahl Veröffentlichungen oder Seminarveranstaltungen, dürfte es eigentlich kaum noch Unternehmen geben, die nicht bereits aktiv mit der Balanced Scorecard (BSC) steuern. Ein Blick in aktuelle Forschungsergebnisse zeigt dagegen eine Anwendungsquote von unter 25 % bei den größeren und börsennotierten Unternehmen in Deutschland; viele planen eine Einführung, bei anderen ist das Thema schon wieder in den Hintergrund getreten. Lohnt sich die Beschäftigung mit der BSC und welche Erfolge kann man sich davon versprechen? Im Beitrag werden typische Einsatzfälle in der Unternehmenspraxis dargestellt.

Die BSC hat viel Aufmerksamkeit erfahren – ist aber in der Praxis nicht so weit verbreitet, wie man glaubt.

Wichtigster Erfolgsfaktor für ein Balanced Scorecard-Projekt ist nach unseren Erfahrungen der Einstieg in dieses Vorhaben. Aus Unsicherheit darüber, welche konkreten Ziele im Fokus des Balanced Scorecard-Projekts stehen, versucht man sich vielfach am großen Wurf, der alle Probleme der Unternehmung auf einmal lösen soll. Klare Definition von Umfang und präzisen Projektzielen, das Vordenken der späteren Steuerung mit der Balanced Scorecard sowie die Sicherung des einheitlichen Konzept- und Projektverständnisses im Top-Management sind von existenzieller Bedeutung für den späteren Erfolg des Instruments. Die zentrale Frage lautet: Wird eine Balanced Scorecard wirklich gebraucht und – wenn ja – wozu? In der Praxis sehen wir dabei drei wesentliche »Spielarten«:

- Die Balanced Scorecard als *Managementsystem*. Dies bedeutet, im Managementteam ein gemeinsames Geschäftsmodell zu entwickeln, die strategischen Ziele auf den Punkt zu bringen und über Kennzahlen messbar zu machen, Maßnahmen abzuleiten und vor allem die Balanced Scorecard mit allen (eingeführten) Managementprozessen zu verzahnen. Dieses Verständnis entspricht weitestgehend dem Leitmotiv der BSC-Erfinder Kaplan/Norton: »Translating Strategy into Action – Strategien erfolgreich umsetzen«.
- Die Balanced Scorecard als *Kennzahlensystem*. Dahinter steht die Tendenz, den BSC-Prozess »abzukürzen« und direkt auf die Kennzahlenebene zu lenken. Dabei geht der Bezug zur Strategie und den übergeordneten Unternehmenszielen leicht verloren. Das Kennzahlensystem bleibt statisch und nach unserer Beobachtung in vielen Unternehmen auf die operative Ebene beschränkt. Ein funktionsübergreifender Diskussionsprozess kommt nicht in Gang. Zudem verliert die BSC bei den »Nicht-Controllern« schnell an Aufmerksamkeit oder wird aufgrund von Doppelarbeit mit dem bestehenden Berichtswesen wieder ganz aufgegeben.
- Die Balanced Scorecard als *IT-System*. Zu beachten ist, dass es um die IT-Unterstützung des BSC-Prozesses, nicht um den Ersatz der Balanced Scorecard durch die IT gehen sollte. Häufig erleben wir unter dem Label »BSC« Aktivitäten, die sich in der Verknüpfung einzelner Informationssysteme erschöpfen. Die Beziehung zur Balanced Scorecard besteht lediglich darin, dass es sich um bisher unverbundene Systeme von Unternehmensteilfunktionen handelt, die in etwa den BSC-Perspektiven entsprechen.

Nach unseren Beobachtungen ist der Kennzahlenansatz noch immer die häufigste Typisierung für die in der Unternehmenspraxis vorzufindenden BSC-Lösungen. Dabei werden überwiegend bekannte Kennzahlen neu strukturiert und z. T. auch priorisiert. Die Aufwand-Nutzen-Abwägung von wirklich neuen Kennzahlen, die insbesondere die gewünschten Vorlaufindikatoren der Markt-, Prozess- und Potenzialperspektive abbilden, erfolgt kaum. Innovative Ansätze sind entsprechend eher selten zu finden. Die Generalklausel zur Abwehr der Diskussion neuer Kennzahlen lautet häufig »letztendlich zählt doch ohnehin nur der Erfolg in der Finanzperspektive«.

Die BSC entfaltet nur als Mangementansatz ihr volles Potential.

Aus eigener Erfahrung und Beobachtung sind wir davon überzeugt, dass die BSC ihr vol-

Neuausrichtung der gesamten Organisation als Anstoß der BSC-Entwicklung

Einsatz einer BSC zur Umsetzung von Strategien

les Potenzial nur als Managementansatz ausschöpfen kann. Beispiele aus der Unternehmenspraxis sollen dies verdeutlichen:

BSC zur Steuerung im Pharmavertrieb
Im Fall einer erfolgreichen Ländergesellschaft eines internationalen Pharmakonzerns wurde mit der BSC die direkte Umsetzung des neuentwickelten Leitbilds sowie eine Implementierung von an den – in der BSC verankerten – Unternehmenszielen ausgerichteten Anreizsystemen beabsichtigt. Letztendlich wurde die BSC zum Anstoß eines Übergangs von einer funktionalen zu einer Netzwerkorganisation, die stärker abteilungsübergreifend ausgerichtet ist und die spezifischen Talente der Mitarbeiter freisetzt.

Dazu wurde vereinbart, die im Leitbild dokumentierte Ergebnis- und Marktposition durch Aufnahme von Benchmark-Kennzahlen zu messen und hinsichtlich der Mitarbeiterziele (»great place to work«) eine regelmäßige Mitarbeiterbefragung mit der BSC aufzunehmen sowie die Wirksamkeit der Anreizsysteme durch Monitoring der Zielerreichungsgrade über alle Mitarbeiter in der BSC abzubilden. Beschlossen wurde die Einführung einer Scorecard für das Gesamtunternehmen und jeweils einer daraus abgeleiteten Scorecard je Business Unit. Dabei gilt der Leitsatz: Die BSC soll möglichst schnell auf die Ebenen gebracht werden, in denen das Geschäft gemacht wird. Auf einen »Piloten« wird verzichtet.

Die Positionierung der BSC als Managementansatz wurde durch eine intensive (Workshop-) Implementierungsphase dokumentiert, in der die tragende Rolle mit massiver Präsenz durch das Managementteam selbst übernommen wurde. Innerhalb von drei Monaten entstehen so Scorecards für das Gesamtunternehmen sowie die Business Units. Der Einstieg erfolgt mit der BSC für das Gesamtunternehmen. Mit ca. zweiwöchigem Abstand auf die Gesamt-BSC wird die jeweilige BSC-Phase für die Business Units durchlaufen. Die Leiter der Business Units sind Workshopteilnehmer in den Gesamtunternehmens-Workshops und in den Business-Unit-Workshops. Durch zusätzliche Integration möglichst vieler Mitarbeiter in die BSC-Formulierung wird eine starke Identifikation mit Unternehmens- und Business-Unit-Zielen unterstützt und die Akzeptanz für den BSC-Prozess gestärkt.

Nach inzwischen sechsjähriger Anwendung ist die BSC unumstrittener Kern und Bindeglied der Managementprozesse der Vertriebsgesellschaft. Sie bietet die Struktur für den jährlichen Strategieprozess, schafft Priorisierung für die Ausgestaltung des gesamten Managementreportings und ist das Format, mit dem eine Übersetzung der Unternehmensziele in die persönlichen Zielvereinbarungen der Führungskräfte und Mitarbeiter ermöglicht wird. Wichtiger Erfolgsfaktor für den langfristigen Erfolg des BSC-Instruments ist in diesem Beispiel neben dem beharrlichen und unmissverständlichen Push durch das Managementteam eine ständige Anpassung von Inhalten und auch Prozessen an die Anforderungen des Geschäfts. Kurz gesagt wird die BSC nicht als dogmatische Zwangsjacke gelebt, sondern wird jeweils authentisch an die marktseitigen Herausforderungen und das Führungsverständnis angepasst.

BSC in einem zentralen Marketing- und Vertriebsbereich eines international operierenden DAX30-Konzerns
Das Beispiel eines global agierenden Zentralbereichs für Marketing und Vertrieb zeigt den typischen Einsatz der BSC zur Operationalisierung von Strategien. Im Zuge eines umfassenden Strategie- und Reorganisationsprojektes wurden Ausrichtung, Verantwortung, Zusammenarbeit, Organisation und z. T. auch personelle Besetzung der einzelnen Abteilungen fast vollständig neu geordnet. Anstelle reaktiver Serviceaufgaben tritt Verantwortung für weite Bereiche globaler Marketingprozesse mit vorstandsseitig hohen Erwartungen.

Die Balanced-Scorecard-Formulierung schließt sich für alle Abteilungen direkt an die strategische Neudefinition an. Fokus ist es, insbesondere die Führungskräfte in die Lage zu versetzen, ihre neue Verantwortung tatsächlich auch auszufüllen und Klarheit hinsichtlich ihrer eigenen, aber auch der Zielvereinbarungen ihrer Mitarbeiter zu gewinnen. Erst mit der BSC wird es in diesem Fall möglich, viele der betriebswirtschaftlich richtigen, aber oftmals noch generisch wirkenden strategischen Erwartungen wie beispielsweise »Realisierung von Synergien«, »Wahrnehmen globaler Verantwortung« oder »Best Practice in Marketing Intelligence« so konkret in den Managementteams zu diskutieren und mit einem gemeinsamen Verständnis zu hinterlegen, dass konkrete Verhaltensweisen und Maßnahmen daraus abgeleitet werden. An einigen Stellen werden durch diesen Findungsprozess auch strategische Aussagen hinsichtlich ihrer Umsetzbarkeit hinterfragt. Als besonders hilfreich erweisen sich in diesem Fall »Ursache-Wirkungs-Diagramme« (Strategy Maps), die auf qualitative Weise ein gemeinsames, vielfach neues Geschäftsmodell für Führungskräfte und Mitarbeiter verdeutlichen.

Die Operationalisierung mit Kennzahlen dient auch in diesem Fall im Wesentlichen zur Verstetigung der Auseinandersetzung mit der strategischen Neuausrichtung, an einigen Stellen wird durch die Kennzahlendiskussionen auch noch einmal mangelnder Konsens auf Ebene des Steuerungs- und Geschäftsmodells deutlich, der in den zuvor qualitativen Diskussionen noch im »Graubereich« blieb. Das positive Feedback der Führungskräfte für den BSC-Prozess hebt insbesondere den gemeinsamen »Klärungs- und Konkretisierungserfolg« hervor und dies schon bevor ein stabiles Kennzahlenreporting für alle Abteilungen überhaupt erst aufgebaut werden konnte. Die BSC ist damit auf dem besten Weg, die bisherige budget-orientierte Steuerung der Zentralfunktion durch nachvollziehbare Outputgrößen und Frühindikatoren abzulösen. Ebenso ist Transparenz über den Umsetzungserfolg der strategischen Neuausrichtung zu erwarten – dies gilt bereichsintern, aber auch in die Unternehmensöffentlichkeit hinein.

Insgesamt ist die BSC aus CTcon-Sicht damit alles andere als ein lebloses Kennzahlenformat, sondern kann sich als Struktur und Guideline für alle wesentlichen Steuerungs- und Kommunikationsprozesse im Unternehmen bewähren. Erfolgreich ist sie auch ohne hoch entwickelte IT-Lösung – in der Kommunikation zeigt sich eine simple Symbolik mit Ampeln und Smilies häufig als ausreichend. Als Fazit bleibt die deutliche Botschaft: Verbunden mit klaren Zielsetzungen zur Anwendung und einem gemeinsamen Verständnis im Managementteam ist die BSC ein wesentlicher Pfeiler des Management- und Führungssystems. Natürlich kann sie keine Wunder vollbringen, in den gezeigten Beispielen aber sehr wohl erfolgreich als Leitfaden für »Unternehmer« auf allen Erfahrungsleveln dienen sowie den internen Strategie- und Steuerungsdialog strukturieren und befördern. Einen zusätzlichen Erfolgsfaktor sollte man dabei nicht vergessen: Balanced Scorecard muss auch Spaß machen – ein wichtiger Eckpfeiler für langfristiges Commitment im Managementteam.

Die BSC muss auch Spaß machen.

* Björn Radtke ist Partner bei dem Management-beratungs- und Trainingsunternehmen CTcon.

- Neben den personellen Ressourcen müssen auch die finanziellen und materiellen Ressourcen auf die Unternehmensstrategie ausgerichtet werden. Vier Schritte sollen dazu beitragen:
  (1) die Formulierung von hochgesteckten Zielen,
  (2) die Identifizierung und Fokussierung strategischer Initiativen,
  (3) die Identifikation kritischer unternehmensweiter Initiativen sowie
  (4) ihre Verknüpfung mit den jährlichen Budgetierungsprozessen.
- Der traditionell hierarchische Prozess der Strategieformulierung und -implementierung ist nach Kaplan/Norton durch mangelhafte Feedback-Schleifen gekennzeichnet. Die Rückkopplung erfolgt nur auf der operativen Ebene als »single-loop«-Lernen: Abweichungen lösen (allein) Anpassungsmaßnahmen aus, um das anvisierte Ziel doch noch zu erreichen. Mit Hilfe der Balanced Scorecard soll dagegen die Rückkopplung auch auf die Anpassung der Strategie bezogen werden und einen durch »double-loop«-Lernen charakterisierten strategischen Lernprozess fördern: die Strategie selbst steht auf dem Prüfstand.

Die BSC soll ein »double-loop«-Lernen ermöglichen.

Die Balanced Scorecard hat also die Aufgabe, den strategischen Führungsprozess im Unternehmen zu unterstützen bzw. als Handlungsrahmen für diesen Prozess zu dienen. Ziel ist die »strategy-focused organization« (Kaplan 2004, S. XI) oder eine noch konsequentere Strategie- und Zielorientierung aller Akteure im Unternehmen. Eine zentrale Rolle kommt dabei der »Strategy Map« zu, in der die Wirkzusammenhänge zwischen den einzelnen Kennzahlen visualisiert werden – die *Abbildung 13-3* zeigt hierfür ein Beispiel. Kennzahlen sollen nicht isoliert gesehen werden, sondern im Zusammenhang – aber nicht nur untereinander, sondern auch mit konkreten operativen Maßnahmen. Große strategische Ziele müssen möglichst elegant in direkt umsetzbare Maßnahmen herunter gebrochen werden. Mitarbeiter verstehen dann

Abb. 13-3

Strategy Map: das Beispiel der Volvofinans Schweden (entnommen aus Kaplan/Norton 2004, S. 404)

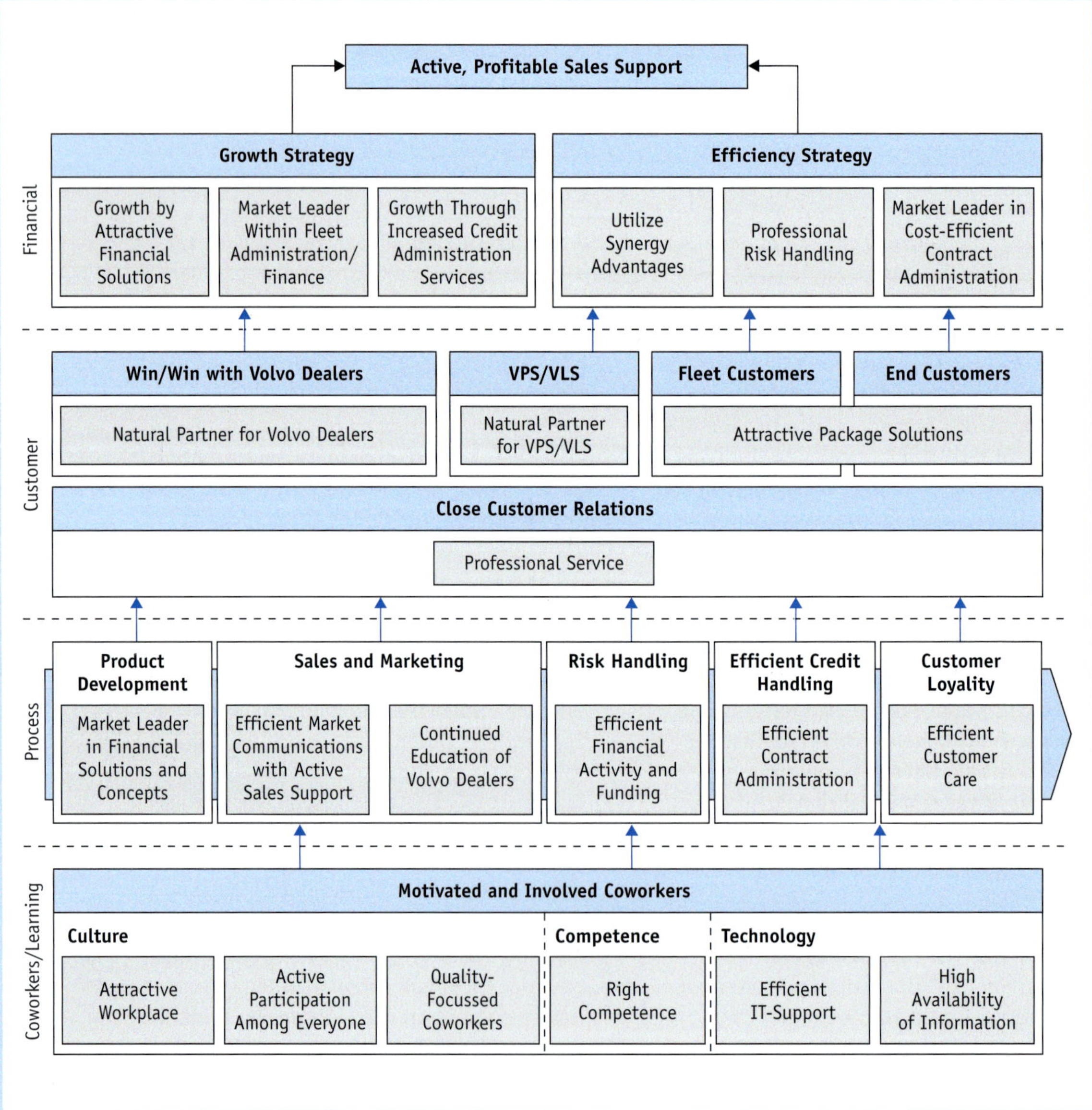

leichter, wie ihre eigene Tätigkeit in Bezug zu den übergeordneten Zielen des Unternehmens steht.

Die starke Zahlenunterlegung hat aber in vielen Unternehmen – pointiert formuliert – dazu geführt, den Kennzahlenfriedhof lediglich durch eine neue Parzelle zu erweitern. Die BSC kennzahlengeprägt auszurichten, ist kaum dazu geeignet, ein Unternehmen strategisch zu positionieren und diese Ausrichtung im laufenden Geschäft durchzusetzen. Sie verliert damit vielmehr ihren Strategiebezug und weckt falsche Erwartungen.

Umsetzung im Rahmen des Value Based Management

Wertorientierung ist eine Entwicklung, die in den Unternehmen weitgehend parallel zu der der Balanced Scorecard realisiert wurde. Ausgehend von dem Postulat, Unternehmen müssten für ihre Eigentümer zusätzlichen Wert schaffen, ist das Wertmanagement zumindest auf der obersten Führungsebene großer Unternehmen durchweg verankert. Zunehmend finden sich auch Unternehmen, die das Konzept auf die zweite und dritte Führungsebene herunter gebrochen haben. Zentrales Instrument hierfür sind Werttreiberhierarchien, die das zunächst sehr abstrakte Ziel einer Wertsteigerung in operativ umsetzbare Größen transformieren – wir haben das Instrument ebenfalls im 7. Kapitel des Buches bereits kennen gelernt.

Probleme ergeben sich insbesondere in zweifacher Hinsicht: Zum einen müssen die Führungskräfte eine ungewohnte Terminologie lernen. Was sich hinter den vielen ungewohnten Begriffen und den diversen Anpassungen beispielsweise eines Residualgewinns verbirgt, ist für viele neu. Dies verstellt auch schnell den Blick darauf, dass die Wertorientierung ausgehend von bilanziellen Werten im Wesentlichen das nachvollzieht, was in der Kostenrechnung mit den kalkulatorischen Zinsen schon immer praktiziert wurde: Eigenkapital kostet (viel) Geld. Allerdings hat Wertorientierung zu einer deutlich gesteigerten Bedeutung finanzieller Bewertungen von Strategien geführt. Die grundsätzliche Unschärfe von Erfolgs- und Fähigkeitenpotentialen wurde in vielen Unternehmen dazu ausgenutzt, persönliche Interessen Einzelner gegen ökonomische Logik durchzusetzen (»strategische Prämie«). Diese Fehlentwicklung zu korrigieren, macht Sinn. Die Notwendigkeit, Strategiewirkungen monetär aufzuzeigen und die relevanten Werttreiber und deren Ausprägungen zu benennen, führt unmittelbar zu einer höheren Planungsdisziplin. Allerdings können elaborierte monetäre Bewertungen und ausgebaute Werttreiberhierarchien schnell den Eindruck des Beherrschbaren, des Räderwerks erwecken; ein Eindruck, der in der wettbewerblichen Realität immer weniger trägt. Die Unterschiede zwischen einer taktischen und einer strategischen Planung verschwimmen dann schnell.

Werttreiberhierarchien erwecken den Eindruck, Strategien seien rechenbar.

Das »Lehrbuchkonzept« strategischer Planung stark auf seine monetäre Dimension zu beschränken (»Strategische und operative Budgetierung« – vgl. nochmals die *Abbildung 13-1*), kann folglich dazu führen, nur noch rechenbare Aktivitäten in der Strategie zu behandeln. Dies gefährdet die Zukunftsfähigkeit eines Unternehmens in gleicher Weise wie der zu leichtfertige Umgang mit strategischen Optionen.

Zusammenfassende Aussagen (vgl. auch Leitfrage 2)

- Obwohl das Thema der strategischen Planung und Kontrolle seit ca. 50 Jahren intensiv diskutiert wird, finden sich in der Praxis dennoch erhebliche Schwächen im Prozess der Strategiebildung und -durchsetzung.
- Ein »lehrbuchgemäßer« Strategieprozess scheitert leicht an zu hoher Komplexität und mangelnder Verbindung zum operativen Geschäft.
- Mit der Balanced Scorecard steht ein aktuelles Instrument zur Verfügung, das der Umsetzung von Strategien dienen soll.
- Das Spektrum anderer, weniger komplexer Lösungen reicht bis hin zur Beschränkung auf einen »genetischen Code«.

Wertorientierung hat auch in der strategischen Planung einen festen Stellenwert.

Aus der Praxis

Verankerung der Wertorientierung im Führungskonzept der Deutschen Lufthansa AG

Karl-Heinz Steinke; Dr. Jörg Beißel*

Nach mehrjähriger Praxis ist die wertorientierte Konzernsteuerung im Lufthansakonzern fester Bestandteil aller Planungs- und Steuerungsprozesse geworden.

Die Gründe für die Einführung einer wertorientierten Unternehmensführung sind im Wesentlichen die seit den neunziger Jahren wachsende Bedeutung institutioneller Kapitalmarktanleger und damit einhergehend die zunehmende Professionalisierung der Kapitalmarktteilnehmer. Beide Phänomene führten zu Forderungen nach mehr Transparenz der Berichterstattung und der stringenten Ausrichtung der Steuerungssysteme auf den Unternehmenswert.

Wie für viele Unternehmen war auch für die Lufthansa die grundlegende Erkenntnis nicht neu, dass Unternehmen Wert für ihre Eigentümer schaffen müssen. Durch ihre schrittweise Privatisierung entwickelte sie bereits seit den achtziger Jahren eine starke Fokussierung auf den Kapitalmarkt. Den zusätzlichen Anforderungen der Kapitalgeber begegnete die Lufthansa schrittweise. Zunächst wurde ab 1998 ein Konzernabschluss nach IAS aufgestellt. 1999 erfolgte die Entwicklung und Einführung eines wertorientierten Konzernsteuerungssystems.

Die Einführung der wertorientierten Unternehmensführung bei der Deutschen Lufthansa wurde nicht nur durch externe Einflüsse getrieben. Auch intern bestand Bedarf für ein geschlossenes und kapitalmarktorientiertes Planungs- und Steuerungssystem. Die Notwendigkeit hierfür ergab sich unter anderem durch die Verselbstständigung einzelner Unternehmensteile und die Umwandlung der Deutsche Lufthansa AG in eine Management Holding. Der damit einhergehende Wandel zu einem dezentraleren Führungsstil machte die Steuerung und Kontrolle der Beiträge der einzelnen Geschäftsfelder zum Unternehmenswert notwendig. Von Anfang an standen die Implementierungsfelder Planung, Anreizgestaltung sowie Berichterstattung und Kommunikation im Fokus.

Der CVA im Rahmen der Planung und Steuerung

Die Hauptbestandteile des Planungsablaufs im Lufthansa-Konzern sind

- der Strategieprozess,
- das Zielvereinbarungsgespräch und
- die Operative Konzernplanung (OKP) sowie das Budget

Der idealtypische Planungsablauf ist in *Abbildung 1* zusammenfassend dargestellt.

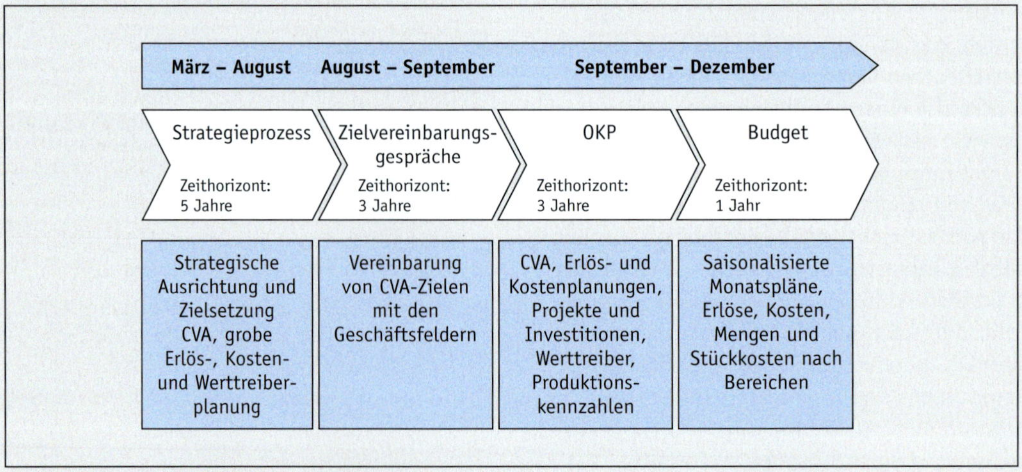

Abbildung 1: Idealtypischer Planungsablauf

Die Geschäftsfeldstrategien werden von den Geschäftsfeldern in eigener Verantwortung weiterentwickelt. Eine finale Abstimmung der Strategie zwischen Geschäftsfeldvorstand und Konzernvorstand findet einmal jährlich statt. Im Mittelpunkt der Betrachtung stehen Erfolgspotentiale und Strategien, um diese Potentiale zu nutzen. Der CVA wird hier zur Bewertung von Strategien und Maßnahmen eingesetzt. Dies geschieht auf aggregierter Ebene anhand der sich aus der Strategie ergebenden Werttreiber und erfordert bereits zum Zeitpunkt der strategischen Planung den Ausweis der Größen EBITDA*plus*, Kapitalbasis, Operatives Ergebnis und CVA. Daran anschließend erstellen die Geschäftsfelder ihre Businesspläne, die Auskunft geben, wie die vereinbarten CVAs erreicht werden sollen.

Der CVA als Grundlage erfolgsabhängiger Vergütung
Die verabschiedeten Strategiebewertungen der einzelnen Geschäftsfelder werden vom Konzerncontrolling zusammengefasst und unter Berücksichtigung ggf. notwendiger finanzstrategischer Anpassungen als Zielplanung verabschiedet. Auf Basis dieser Ergebnisse führt der Finanzvorstand mit den einzelnen Geschäftsfeldern Zielvereinbarungsgespräche, um die Ziel-CVAs für den Zeitraum der Operativen Konzernplanung (drei Jahre) festzulegen. Der für das erste Jahr (Budget) vereinbarte CVA ist dabei verbindlich für die leistungsvariable Vergütung der Führungskräfte des Geschäftsfelds. Der Transfer der Unternehmensziele bis auf die Ebene des einzelnen Mitarbeiters ist die Grundlage eines nachhaltigen, wertorientierten Wirtschaftens.

Das System der erfolgsabhängigen Vergütung verknüpft die Vergütung der Führungskräfte aller Ebenen mit dem Erreichungsgrad des Ziel-CVA's. Dabei steigt sowohl der vom Geschäftsfeld-CVA als auch der vom Konzern-CVA abhängige Teil der variablen Vergütung mit der Führungsebene. Dieser Anteil der variablen Vergütung wird durch eine, wie im Folgenden dargestellte, einfache lineare Funktion mit zwei »Knickstellen« bestimmt. 100 % des CVA abhängigen Bonusanteils wird dann gewährt, wenn der vereinbarte Ziel-CVA erreicht wird.

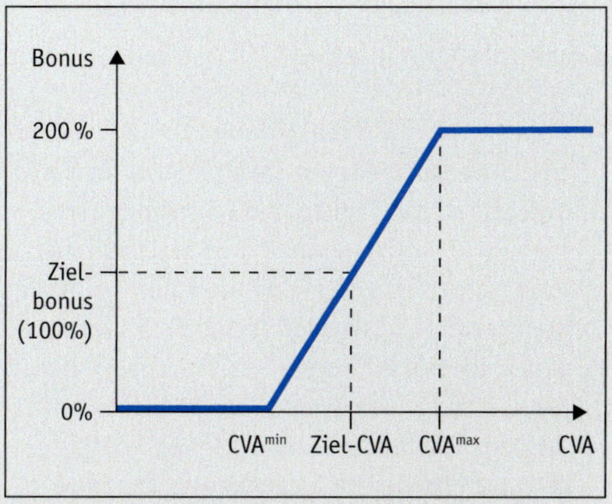

Abbildung 2: Verlauf des CVA-abhängigen Teils der LVV in Abhängigkeit vom erreichten CVA

Durch die beiden Knickstellen wird der Bonus nach oben und unten begrenzt, so dass ein negativer Bonus nicht möglich ist und auch mehr als eine Verdopplung des Zielbonusses nicht erreicht werden kann. Voraussetzung für diese Systematik ist eine effiziente Zielfestlegung im Rahmen der Planung, da ansonsten bei zu ehrgeiziger Planung die Ziele nicht erreicht werden können oder bei einer wenig effizienten Planung eine ungerechtfertigt hohe Entlohnung erfolgt. In beiden Fällen entfaltet das Anreizsystem keine optimale Wirkung.

Der CVA in der internen und externen Berichterstattung
Der CVA wird monatlich im Berichtswesen des Konzerns und der einzelnen Geschäftsfelder dargestellt. Dabei werden den Istwerten die entsprechenden saisonalisierten Planwerte gegenübergestellt. Zur unterjährigen Ermittlung des CVA ist auch die Bestimmung eines unterjährigen Mindest-Cashflows notwendig. Dabei wird die geplante Kapitalbasis, korrigiert um wesentliche Veränderungen, verwendet. Die unterjährige Ermittlung der CVAs wurde von den Entscheidungsträgern verstärkt gefordert, seitdem der CVA als Zielgröße im Rahmen der leistungsvariablen Vergütung Verwendung findet.

Die Erreichung der wertorientierten Ziele hat erheblichen Einfluss auf die Vergütung der Führungskräfte.

Erfolgsfaktoren der Umsetzung
Bei Lufthansa konnten die folgenden Erfolgsfaktoren bei der Einführung und Weiterent-

Erfolgsfaktoren der wertorientierten Steuerung bei Lufthansa

wicklung des Konzeptes der wertorientierten Konzernsteuerung festgestellt werden.

- *Einfachheit und Transparenz*
  Die konzeptionelle Einfachheit und damit verbunden die Transparenz des Konzeptes für alle Führungsebenen sind wesentliche Voraussetzungen für eine erfolgreiche Implementierung. Es wurden in vielen Fällen bewusst Vereinfachungen bei der CVA-Ermittlung in Kauf genommen, da erwartet wurde, dass die Nachteile einer höheren Komplexität und geringeren Transparenz den Zusatznutzen einer exakteren Berechnung des CVAs überkompensieren würden.

- *Zentral gestützte Implementierung in kurzer zeitlicher Folge*
  Lufthansa hat das Konzept weitestgehend ohne Einbeziehung eines Beraters umgesetzt. Dies sicherte zentral das notwendige Know-how und die Berücksichtigung airlinespezifischer Faktoren. In einem ersten Schritt wurden die Operative Konzernplanung und das Berichtswesen umgestellt; in einem zweiten Schritt das Entlohnungssystem an die Spitzenkennzahl gekoppelt.

- *Kommunikation*
  Die wirksame Umsetzung der wertorientierten Führungsphilosophie im Konzern setzt eine hohe Identifikation aller Mitarbeiter, insbesondere der oberen Führungskräfte voraus. Einfachheit und Transparenz unterstützen dabei maßgeblich die Vermittelbarkeit und das Verständnis des Konzeptes. Dies erleichtert die Kommunikation auf allen Ebenen des Unternehmens. Zur Förderung der Kenntnisse des wertorientierten Managements hat Lufthansa eine airlinespezifische Unternehmenssimulation entwickelt und beginnend beim Vorstand alle Führungskräfte mit der Konzeption vertraut gemacht.

Fazit
Das System der wertorientierten Konzernsteuerung hat sich im Praxiseinsatz bei der Deutschen Lufthansa bewährt. Wesentlich für den Erfolg war, dass von Beginn an wesentliche Teile des Führungssystems auf die Prinzipien und die Philosophie des wertorientierten Managements umgestellt wurden. Auch wenn im Lufthansa Konzern das CVA-Konzept von den Führungskräften bereits seit der Einführung gelebt wurde, so löste die feste Einbindung des CVAs in die Entlohnung nochmals eine verstärkte Auseinandersetzung mit dem System aus.

Das Interesse des Kapitalsmarktes ist dagegen etwas erlahmt. Mangels Standardisierung und aufgrund der in vielen Unternehmen unzureichenden Implementierungstiefe ist ein Vergleich selbst zwischen Unternehmen der gleichen Branche nach wertorientierten Kriterien nur schwer möglich und vermittelbar.

* Karl-Heinz Steinke ist Bereichsleiter Konzerncontrolling und Kostenmanagement; Dr. Jörg Beißel ist Referent im Konzerncontrolling und Kostenmanagement der Deutschen Lufthansa AG.

13.3 Aufgaben der Controller in der strategischen Planung und Kontrolle

Controller können sehr unterschiedlich in den Strategieprozess eingebunden sein.

In den letzten beiden Kapiteln konnten wir die Aufgaben der Controller in den jeweiligen Planungsebenen relativ kurz behandeln. Die grundsätzlichen Ausführungen im 10. Kapitel ließen sich weitgehend unverändert auf den konkreten Anwendungsfall übertragen. Im Bereich der Strategie sind deutlich umfangreichere Ausführungen erforderlich. Die der Strategie anhaftende hohe Unsicherheit und die sehr unterschiedlichen Möglichkeiten, Strategien zu finden und durchzusetzen, führen dazu, breiter argumentieren zu müssen. Zudem sind Controller in der Strategie auch deutlich weniger stark vertreten, so dass wir weniger auf bewährte Praxislösungen zurückgreifen können. Die Diskussion sei in den folgenden Abschnitten getrennt in die Phasen Strategiefindung, Strategiedurchsetzung und Strategiekontrolle geführt (vgl. ausführlicher Weber 2003b).

13.3.1 Aufgaben in der Phase der Strategiefindung

Welche Aufgaben Controller in der Phase der Strategiefindung spielen sollten, hängt von der Antwort auf zwei sehr grundsätzliche Fragen ab:

1. *Benötigt das Unternehmen überhaupt eine Strategie?*
Betrachtet man die Führung mittelständischer Unternehmen, so trifft man häufig auf mangelnde Auskunftsmöglichkeit auf die Frage, welche Strategie denn verfolgt würde. Befindet sich das Unternehmen in einer »großzügigen« Umwelt (etwa in einer hinreichend geschützten Nische) und ist es flexibel genug, auf Umweltveränderungen zu reagieren, so erledigt sich die Frage nach einer strategischen Ausrichtung von selbst.

Ist eine Strategie erforderlich?

2. *Können Strategien geplant werden oder ergeben und offenbaren sie sich nur emergent?*
Hohe Wissensdefizite begrenzen Planung bzw. machen sie scheinrational. Die Grenzen der Planbarkeit sind auch der strategischen Planungsliteratur nicht fremd. Betrachtet man etwa die Ansätze der ressourcenbasierten Theorie, so kommt der Unschärfe des Konstrukts »Kernkompetenzen« geradezu der Charakter eines Wesensmerkmals zu (vgl. z. B. Antlitz 1999, S. 188–190). Mit einer systematischen expliziten und präzisen Planung lässt sich diese Unschärfe nur schwer verbinden. Andererseits liefert der industrieökonomische Ansatz Hinweise auf strategische Kontexte, in denen eine explizite strategische Planung tatsächlich Sinn zu machen scheint.

Lassen sich Strategien überhaupt planen?

Die Frage nach den Aufgaben der Controller in der Strategiefindung muss deshalb für drei idealtypische Fälle getrennt beantwortet werden.

1. *Eine Strategie liegt nicht vor – weder explizit noch implizit.*
Hier ist zu hinterfragen, ob dieser Zustand auch in Zukunft rational ist. Änderungen innerhalb des Unternehmens (Unternehmerwechsel, Größenwachstum und anderes mehr) sowie solche im Unternehmensumfeld (Wettbewerb, Marktentwicklung) machen eine »strategische Ahnungslosigkeit« schnell problematisch. Die Aufgaben des Controllers sind hier primär ergänzender Art, können aber von den Verantwortlichen (etwa dem mittelständischen Unternehmer) auch als begrenzend empfunden (und damit abgelehnt) werden.

2. *Eine Strategie liegt vor. Sie ist emergent entstanden.*
Auch hier ist die Rolle des Controllers überprüfend und kritisch hinterfragend. Gegenstand der Überprüfung muss die Frage sein, ob die in der Vergangenheit offensichtlich erfolgreiche Strategie auch in Zukunft noch tragfähig sein wird. Ansatzpunkt der Analyse sind die Einflussgrößen, die zur Auswahl der vorhandenen Strategie geführt haben (z. B. die Abneigung eines Unternehmers hinsichtlich starrer Regelungen, aus der die Flexibilität des Unternehmens als bestimmende Strategie resultierte). Haben sie in ihrer Marktwirkung weiter Bestand, besteht keine Notwendigkeit zu einer Strategieänderung. Ist absehbar, dass sie in Zukunft vom Markt nicht mehr so stark honoriert werden und/oder Wettbewerber mittlerweile gleich gezogen haben, so liegt ein wesentlicher Grund vor, die Strategie in Frage zu stellen. Konkreter Handlungsbedarf verbietet dann allerdings den wiederholten Rückgriff auf den Generierungsmechanismus Emergenz. Dieser benötigt viel Zeit und setzt hinreichend viele Optionen voraus, aus denen selektiert werden kann. Dann sind vielmehr explizite Planungsprozesse erforderlich. Auch hier sind die Aufgaben des Controllers primär ergänzender Art.

Für emergente Strategie spricht ihr nachgewiesener Erfolg.

3. Wenn eine Sinnhaftigkeit oder – weiterführend – die Notwendigkeit einer systematischen Beschäftigung mit einer strategischen Ausrichtung vorliegt – etwa bei signifikanten Veränderungen im Wettbewerbsumfeld oder Veränderungen der Unternehmensstruktur (z. B. in der Situation einer Post Merger Integration) und zumindest eine grobe Planbarkeit unterstellt werden kann, dann gilt es, auf die Herausforderungen eines Kontextes hoher Wissensdefizite

einzugehen. Hier ist es erforderlich, bruchstückhaftes, vages, zum großen Teil implizites, in unterschiedlichen internen Modellen (»Köpfen«) gespeichertes Wissen zusammenzutragen. Als hierfür geeigneter Koordinationsmechanismus steht die bereits im 3. Kapitel dieses Buches angesprochene Selbstabstimmung zur Verfügung.

Welche Bedingungen müssen vorliegen, damit eine Selbstabstimmung funktioniert?

Zentrales Erfolgskriterium einer *Koordination durch Selbstabstimmung* ist die Fähigkeit der Gruppe, die unterschiedlichen Wissenselemente der einzelnen Gruppenmitglieder zu einer Gesamtsicht zu verbinden und damit dem hohen Wissensdefizit hinreichend gerecht zu werden. Hierzu bedarf es zum einen einer problemadäquaten Zusammenstellung unterschiedlicher Wissensbasen (z. B. hinsichtlich der Markt- und Produktionskenntnisse), was entsprechende Rückwirkungen auf die Auswahl und Zahl der Wissensträger hat. Zum anderen muss der Prozess der Selbstabstimmung einen hinreichenden Austausch der Wissenselemente und ihre adäquate Verknüpfung zulassen. Hiervon sind sowohl die kommunikativen Fähigkeiten der Gruppenmitglieder als auch die Gestaltung des Prozessablaufs selbst betroffen.

Dabei mögliche Rationalitätsdefizite lassen sich grob in zwei Gruppen differenzieren, (1) in solche, die die Rahmenbedingungen der Selbstabstimmung betreffen (Kontextgestaltung) und (2) solche, die auf die Selbstabstimmungsprozesse selbst gerichtet sind (vgl. ausführlich Kehrmann 2002, S. 65 ff.).

Die Zusammensetzung des Strategiefindungsteams ist für den Erfolg seiner Tätigkeit entscheidend.

Bezogen auf die *Kontextgestaltung* ist insbesondere die Zusammensetzung des Strategiefindungsteams von Bedeutung. Zum einen geht es dabei um die Sicherstellung einer genügenden fachlichen Breite. Sitzen z. B. nur der Unternehmer, der seinen Betrieb rund um eine technische Innovation gegründet hat, sein Entwicklungsleiter und der Produktionschef am Tisch, so ist eine zu stark durch technische Aspekte bestimmte Strategiefindung zu erwarten. Diese »Einäugigkeit« kann sich – wie viele empirische Beispiele zeigen – leicht als verhängnisvoll erweisen. Zum anderen ist auch auf die »persönliche Chemie« zu achten. Wie empirische Befunde zeigen (vgl. z. B. Spieker 2004, S. 223–321), wirken sich fachliche Konflikte positiv auf den Erfolg einer strategischen Gruppenentscheidung aus, emotionale Konflikte dagegen negativ. Sofern personelle Wahlmöglichkeiten bestehen, kann durch eine entsprechende Auswahl viel Reibungsverlust bereits ex ante vermieden werden. Ansonsten sind entsprechende Vorbereitungen für die Arbeit in der Gruppe zu treffen.

Zur Kontextgestaltung gehört weiterhin die Festlegung von »Spielregeln« für den Strategiefindungsprozess. Neben formellen Regelungen (z. B. Anwesenheitspflicht, Protokollgestaltung, Ortswahl) ist hier insbesondere die Rolle von Instrumenten festzulegen. Hohe Wissensdefizite verbieten eine Sicht der strategischen Planungsinstrumente als Hilfsmittel, die unmittelbar verwendbare Lösungen liefern (so, wie man es z. B. bei einem Kalkulationsverfahren im Bereich der operativen Planung deutlich eher erwarten kann). Im Bereich der Strategiefindung haben Instrumente – die wir später noch vorstellen werden – eher den Charakter einer Sprache; sie dienen der gerichteten Kommunikation der Beteiligten. Sie unterstützen dabei die primär intuitiv geprägte Strategiefindung durch reflexive Elemente.

Ähnlich wirken können Vorgaben hinsichtlich zu liefernder expliziter Informationen. Will das Unternehmen seine Gesamtstrategie in einzelne Geschäftsfeldstrategien transformieren oder aus einzelnen Geschäftsfeldstrategien die eigene übergeordnete Strategie zusammensetzen, so lässt sich dieser Prozess durch folgendes Set an Informationen deutlich unterstützen:

- *Beschreibung der Essentials des Geschäftsfelds* (z. B. wie ist das Geschäft gekennzeichnet, wie der relevante Markt, welche strategischen Erfolgsfaktoren liegen vor, wie ist das – etwa durch Substitutionsrisiken und Lebenszyklusaspekte gefährdete – Entwicklungspotential einzuschätzen?).
- *Qualifizierung des wesentlichen Verbundpotentials des betrachteten Geschäftsfelds* gegenüber den anderen strategischen Geschäftseinheiten des Unternehmens (z. B. liegen gleiche/divergente Lieferanten-/Kundenbeziehungen vor, bestehen Technologiesynergien, kann man einen Risikoausgleich durch konträre Risikopotentiale beobachten?). Gerade dieser Zwang zur wechselseitigen Einschätzung stößt produktive Diskussionen an.

- *Angabe der geplanten strategischen Stoßrichtung des Geschäftsfelds* (Beschreibung der Stoßrichtung (etwa Erzielung von Kostenführerschaft) und Nennung nicht gewählter Stoßrichtungsalternativen als Korrekturpotential). Hiermit wird die notwendige Varietät geschaffen, eine tatsächliche strategische Abstimmung und damit eine gemeinsam verfolgte Strategie zu erreichen. Gegenseitige Information über nicht mehr Veränderbares schafft nur gegenseitiges Verständnis, aber keine Eröffnung strategischer Synergien.
- *Angabe der geplanten Meilensteine zur Strategierealisierung* (hinsichtlich Zeit und benötigten Ressourcen; darüber hinaus Nennung der wichtigsten hierfür gesetzten Prämissen). Dieser Aspekt leitet bereits über in die später noch betrachtete Phase der Strategiedurchsetzung.
- *Qualitative und quantitative Beschreibung des zu eröffnenden finanziellen Erfolgspotentials des Geschäftsfelds* (ausgehend von der aktuellen erfolgswirtschaftlichen Situation Prognose der Entwicklung von Finanzen und Gewinn im Falle der Strategierealisierung).

Durch eine solche Standardisierung des Basissets an Strategieinformationen wird eine Gesprächsfähigkeit durch eine übereinstimmende Informationsstruktur und – wichtiger – eine hinlänglich ähnliche Vorgehensweise zur Generierung der Strategien unterstützt.

In den Selbstabstimmungsprozess vermögen Controller zum einen die ihnen »auf den Leib geschneiderte« monetäre Perspektive einzubringen (Abschätzung der monetären Konsequenzen von Ideen). Zum anderen können sie die Rolle des kritischen Counterparts ebenso einnehmen wie die Einhaltung der vorher festgelegten Spielregeln überwachen (z. B. bei emotionalen Konflikten entsprechend eingreifen) und den Fortschritt der Strategiefindung dokumentieren. Ihre generelle Unabhängigkeit und Neutralität macht sie hierzu ebenso geeignet wie ihre ausgeprägte monetäre Expertise. Schließlich wird zugleich ein Verbindungsglied zur Um- und Durchsetzung der Strategien geschaffen, wenn es etwa um die Einbringung in die periodischen Planungen geht. Zumindest in den beiden letzten Punkten sind Controller den Strategen als weitere Dienstleister des Managements im Bereich der Strategiefindung prinzipiell überlegen.

Die Aufgaben des Controllers sind von ihrem Typus her sowohl entlastender (z. B. Organisation des Prozesses) als auch ergänzender Art (Mitwirkung im Diskussionsprozess, Einbringung der finanziellen Perspektive). In Grenzfällen kommt ihnen auch eine Begrenzungsfunktion zu, wie etwa dann, wenn sich ein einzelner Geschäftsfeldverantwortlicher durch eine selektive und gerichtete Argumentation ungerechtfertigte Vorteile verschaffen will. Um Derartiges zu erkennen, macht es für den Controller Sinn, ein eigenes Bild der strategischen und operativen Position der beteiligten Geschäftsfelder zu besitzen.

Ein Controller kann auch im Strategiefindungsprozess entlastend, ergänzend und begrenzend wirken.

13.3.2 Aufgaben in der Phase der Strategiedurchsetzung

Die Umsetzung selektierter Strategien beinhaltet grundsätzlich zwei unterschiedliche Herausforderungen. Zum einen müssen die Führungskräfte, die eine Strategie verabschiedet haben, auch in der Phase ihrer Realisierung weiter zu dieser stehen; sie dürfen sich nicht von Umsetzungsproblemen irritieren und vorschnell zu einem grundsätzlichen Überdenken der strategischen Ziele verleiten lassen. Sonst kommt es leicht zu einer strategischen Unverbindlichkeit, der eine strategische Kurzatmigkeit folgt (»Wie lautet unsere Strategie für diese Woche?«). Dieser Aspekt wird später unter dem Stichwort strategische Kontrolle nochmals angesprochen. Zum anderen – und dies ist zumindest in Großunternehmen das wichtigere und umfänglichere Problem – bedarf es einer hinreichenden Kommunikation und Bindung der Strategie an diejenigen Führungskräfte, die nicht am Prozess der Strategiefindung beteiligt waren, aber Beiträge für die Umsetzung der Strategien leisten sollen. Dieser Aspekt sei im Folgenden näher beleuchtet.

Strategien werden nur dann erfolgreich umgesetzt, wenn sie breit in der Führung kommuniziert und verankert werden.

Wie die Strategiekommunikation und -bindung erfolgen soll, hängt wiederum stark davon ab, wie die Strategie entstanden ist. Hat sich die zu erreichende Strategie allein emergent ergeben, dann ist eine eigenständige Strategiedurchsetzung, die diesen Namen verdient, nicht erforderlich; Emergenz drückt ja gerade ein »Gelebt-Werden« aus. Wie oben ausgeführt, ist dann nur eine von Zeit zu Zeit erfolgende Überprüfung der Fortdauer des »An-einem-gemeinsamen-strategischen-Strick-Ziehens« sinnvoll. Fand die Strategiefestlegung in einem eigenen Planungsprozess statt, kann man zwei grundsätzliche Fälle der Durchsetzung unterscheiden.

Strategiedurchsetzung durch Vorbild

Die an der Strategiefindung Beteiligten sind in der Lage, die gefundenen Strategien durch ihr tägliches Handeln anderen zu vermitteln und damit ins operative Geschäft zu transferieren. Sie bilden die Identifikationsfiguren, die anderen Vorbild sind.

Je komplexer und formalisierter der strategische Planungsprozess, desto mehr Aufgaben kommen auf die Controller zu.

Aufgabe für Controller ist es in diesem Fall, die Selbstbindung der Identifikationspersonen zu sichern, z. B. durch entsprechende informatorische Unterstützung (»Wie die Zahlen zeigen, sind wir auf dem richtigen Weg«). Weiterhin gilt es für sie zu überprüfen, ob die Strategie wirklich von den anderen verstanden und von diesen gelebt wird. Eine Grenze findet die »Strategieumsetzung durch Vorleben« in der Regel durch die Größe des Unternehmens: Der erforderliche Konsens der Beteiligten im Prozess der Umsetzung der Strategien ist mit zunehmender Unternehmensgröße immer schwieriger herzustellen, da viel mehr Leute einzubinden (und potentiell betroffen) sind.

Formelle Wege der Strategiedurchsetzung

Scheidet der erste Weg aus und bedarf es formeller und systematischer Umsetzungsprozesse, so stehen auch hierfür mehrere Möglichkeiten zur Verfügung, die wir bei der Diskussion der Struktur der strategischen Planung bereits angesprochen haben.

Bei wertorientierter Strategiedurchsetzung sind Controller unverzichtbare Partner der Strategen.

Ein sehr »durchsetzungsfreundlicher« Weg besteht darin, die strategische Fortentwicklung mittels einiger weniger strategischer *Projekte* vorzunehmen. Aufbauend auf einer breiteren strategischen Diskussion findet eine Festlegung auf wirklich wichtige Projekte statt, die sämtlich in der Aufmerksamkeit des Managements stehen sowie im gesamten Unternehmen in ihrer Bedeutung erkannt sind und für die konkret Verantwortliche benannt werden. Dies sichert eine konsequente Umsetzung. Controller können bei der Auswahl der Projekte mitwirken und stehen für ein Projektcontrolling (mit den dort üblichen Aufgaben und Rollen) zur Verfügung.

Auf der anderen Seite des Spektrums findet sich die oben als »theoretisches Ideal« bzw. »Lehrbuchlösung« gekennzeichnete Umsetzungsform. Sie ist – wie die entsprechende Form der Strategiefindung – komplex und setzt eine weit gehende Explizierbarkeit und Quantifizierbarkeit der Strategien voraus. Hier kann leicht das Postulat »substance over form« verletzt werden. Sollte sich eine solche Umsetzungsform tatsächlich als adäquat erweisen, haben die Controller dann prinzipiell das gesamte Spektrum an Aufgaben zu erfüllen, das aus der operativen Planung bekannt ist (sachliche und chronologische Ordnung, Counterpartfunktion und anderes mehr). Controller müssen dann auch stets überprüfen, ob der stark formalisierte Prozess nicht nur aktuell trägt, sondern auch in Zukunft noch Bestand haben wird.

Wählt das Unternehmen eine Balanced Scorecard als wesentliches Instrument der Strategiedurchsetzung, so verlangt dieses Instrument erhebliche Aufmerksamkeit des Managements, setzt umfangreiche Kenntnis der Hintergründe der selektierten Perspektiven, Ziele und Maßnahmen voraus und erfordert ein konsequentes Commitment für die Einhaltung der mit ihm verbundenen Spielregeln. Hier bestehen erhebliche Einsatzfelder für Controller als Change Agents, Methodenverantwortliche, Prozessbegleiter, Counterparts und Verantwortliche für die Dokumentation des Prozesses.

Den Strategieprozess schließlich eng mit dem wertorientierten Management zu verknüpfen, stärkt einerseits die Stellung der Controller in erheblichem Maße. Sie werden jetzt unverzichtbarer Partner der Strategen, die zumeist nicht über das notwendige Wissen verfügen, die strategischen Optionen in die Rechensystematik wertorientierter Steuerungskonzepte einzubinden. Andererseits müssen Controller darauf achten, die notwendige Kreativität strategischer Planung durch die Bewertungsnotwendigkeit nicht zu stark zu begrenzen – wir haben diesen Aspekt weiter oben bereits angesprochen.

13.3.3 Aufgaben in der Kontrolle der Strategieumsetzung

Controller sind im Bereich der Kontrolle operativer Ziele eindeutig »interner Marktführer«. Ihnen obliegt die regelmäßige, zumeist monatliche Abweichungsanalyse auf Basis der Kostenrechnung, zunehmend auch auf Basis von Daten des externen Rechnungswesens. Eine Übertragung dieser Tätigkeit und des dafür erforderlichen Wissens auf Strategiekontrolle ist allerdings nicht ohne Weiteres möglich. Hier besteht die Notwendigkeit, auf den spezifischen Charakter der Plan- bzw. Sollgröße einzugehen: Ihr haftet im Vergleich zur operativen Planung eine deutlich höhere Unsicherheit an. Damit darf die hauptsächliche Lernwirkung einer Abweichung nicht automatisch, wohl auch nicht überwiegend, auf die Wege der Strategieerreichung gerichtet sein. Vielmehr sind sowohl die Zielausprägungen als auch die Ziele insgesamt kritisch zu hinterfragen. Dies führt zum Nebeneinander zweier Kontrollbereiche bzw. -richtungen, die wir bereits im 10. Kapitel dieses Buches angesprochen haben:

- Im Rahmen der *Durchführungskontrolle* stehen Erkenntnisse über bisherige Ergebnisse strategischer Maßnahmen im Vordergrund. Hierbei wird man häufig auf bestimmte, zuvor gesetzte »Meilensteine« Bezug nehmen, wie etwa den Marktanteil eines neu eingeführten Produkts nach einem Jahr, Ausschussquoten einer neuen Produktionstechnologie nach einer bestimmten Produktionsdauer oder die Zeitdauer bis zur Erzielung eines bestimmten Rationalisierungserfolgs einer langfristigen Kostensenkungsstrategie. Die Durchführungskontrolle zielt wesentlich auf die Beantwortung der Frage ab, ob die eingeschlagene strategische Richtung des Unternehmens noch beibehalten werden kann. Sie ist »von ihrem Charakter her eine Ergebnis-(feedback)-Kontrolle, die jedoch zu strategischen Steuerungszwecken (Feed-forward) eingesetzt wird« (Schreyögg/Steinmann 1985, S. 403). Controller können hier ihre im Bereich operativer Kontrolle erworbenen Kenntnisse weitgehend einbringen.
- Im Rahmen der *Prämissenkontrolle* müssen die Schlüsselannahmen der strategischen Planung einer fortlaufenden Prüfung unterzogen werden. »Einer besonders hohen Kontrollintensität bedürfen (dabei) jene Prämissen, die auf schwachen Prognosen gründen, dem eigenen Einflussfeld voll entzogen sind und im strategischen Konzept einen kritischen Stellenwert haben, etwa weil bereits geringe Abweichungen weit reichende Konsequenzen nach sich ziehen« (Schreyögg/Steinmann 1985, S. 401). Diese Form der Kontrolle ist Controllern aus der operativen Kontrolle weitestgehend fremd. Sie haben dort – von Ausnahmesituationen abgesehen – keinen Grund, die grundsätzliche Sinnhaftigkeit gegebener Produkte, Produktionsverfahren und sonstiger Strukturen in Frage zu stellen. Da ungewohnt und unbekannt, sind auch Probleme für die Durchsetzung der Trägerschaft dieser Kontrollaufgabe durch Controller zu erwarten. Entsprechende Überzeugungsarbeit tut Not.

Prämissenkontrolle

Die beiden Kontrollbereiche sind schließlich durch eine *strategische Überwachung* zu ergänzen. Ihre Aufgabe ist es, den durch den selektiven Charakter der strategischen Planung sowie der beiden anderen Kontrollarten bedingten Mangel in der Gesamtkontrolle und das damit verbundene Risiko aufzufangen. Charakteristisch für die strategische Überwachung ist eine (idealerweise) ungerichtete Beobachtungsaktivität zur Absicherung der gewählten Geschäftsfelder und Wettbewerbskonzeptionen. Folglich ist sie inhaltlich nicht vorab zu regeln. Ihr Augenmerk liegt auf dem frühzeitigen Identifizieren von Chancen und Risiken in gewählten Geschäftsfeldern und Wettbewerbskonzeptionen. Sie ist dabei zwangsläufig dem grundsätzlichen Problem ausgesetzt, dass Informationen in diesem Kontext in ihrer Wirkung relativ unbestimmt sind. Für die Entscheidungsträger bedeutet dies, dass sie das Risiko des Nichteingreifens mit dem einer Fehlanpassung abwägen müssen (vgl. Schreyögg/Steinmann 1985, S. 403–406). Auf dem Feld der strategischen Überwachung schließlich besitzen Controller in aller Regel keine Erfahrung. Ohnehin ist dieses Aufgabenfeld in den Unternehmen – trotz aller gegenteiligen Postulate (»Frühwarnsysteme«, »Strategische Frühaufklärung«) – bislang nur gering

Durchführungskontrolle

Strategische Überwachung

ausgebaut. Wir werden auf dieses Instrument am Ende dieses Kapitels noch zurückkommen.

Auch die konkrete Ausprägung dieser drei Aufgabenfelder hängt wiederum davon ab, wie explizit und detailliert die Strategien für die Um- und Durchsetzung formuliert wurden. Kontextabhängig ist auch die Frage, wer über die Interpretation von Abweichungen diskutieren und wie intensiv die Diskussion ausfallen soll. Bei Prämissenabweichungen wird diese Aufgabe in der Regel demselben Gremium zuzuweisen sein, das für die Formulierung der Strategie zuständig war. Kleine Zielabweichungen können dagegen im »kurzen Dienstweg« zwischen Controller und Verantwortlichem geklärt werden.

Für die strategische Kontrolle gilt schließlich controllerbezogen eine Anforderung in gleicher Weise wie für die operative Kontrolle: Controller müssen Kontrollfähigkeit aufweisen; diese erfordert ein hinreichendes Maß an Planungsbeteiligung. Dann und nur dann ist das erforderliche Know-how zu erwarten, das für die Interpretation von Abweichungen unbedingt erforderlich ist. Eine formale Abweichungsanalyse, wie sie manche Controller im operativen Geschäft betreiben (»Das Ergebnis ist um x % gesunken, weil die Personalkosten um y % gestiegen sind«) macht im Bereich strategischer Pläne überhaupt keinen Sinn. Kontrolltätigkeit dieser genannten Art kann für Manager sowohl Entlastung, Ergänzung, aber auch Begrenzung bedeuten. Je nach Ausprägung stellen sich damit für Controller unterschiedliche Anforderungen im Zusammenspiel mit den entsprechenden Führungskräften.

Zusammenfassende Aussagen (vgl. auch Leitfrage 3)

- Obwohl das Thema »Strategisches Controlling« schon seit langem einen festen Platz in den Controlling-Lehrbüchern einnimmt, ist die Bedeutung der Controller im strategischen Bereich deutlich geringer als im operativen.
- Welche Aufgaben Controller in der Strategiefindung haben, hängt wesentlich davon ab, wie diese betrieben wird. Die Rolle reicht von einem kritischen Beobachter der Tragfähigkeit emergenter Strategien bis hin zur Organisation des strategischen Planungsprozesses.
- Heterogenität ist auch bei der Strategiedurchsetzung festzustellen. Unabhängig davon bestehen gerade hier in den Unternehmen Rationalitätsdefizite, die Controller herausfordern sollten.
- Die strategische Kontrolle besteht aus einem Gleichklang von Prämissen- und Durchführungskontrolle, die durch eine strategische Frühaufklärung unterstützt werden kann. Aufgrund der Kontrollerfahrung im operativen Bereich bieten sich Controller als Träger dieser Aufgaben an; allerdings müssen sie dann sensibel mit dem Wechselspiel zwischen beiden Kontrollarten umgehen.

Aus der Praxis

Strategisches Controlling am Beispiel der BSH Bosch und Siemens Hausgeräte GmbH

Matthias Ginthum*

Die BSH – ein führender Hersteller der Weiße-Ware-Branche

Die BSH Bosch und Siemens Hausgeräte GmbH ist ein 50:50-Joint Venture der Robert Bosch GmbH und der Siemens AG. Die BSH erzielte im Geschäftsjahr 2005 einen Umsatz von 7,340 Mrd. €, das EBIT betrug 505 Mio. €. Im Heimatmarkt Europa und in Deutschland sind wir Marktführer, weltweit stehen wir an 3. Stelle im Weiße-Ware-Geschäft. Neben unseren Stammmarken Bosch und Siemens gehören zum Markenportfolio Spezialistenmarken wie Gaggenau und Neff sowie Regionalmarken in Spanien, Griechenland, Türkei, Brasilien und den USA. Mit über 35 000 Mitarbeitern produzieren wir in 43 Fabriken Hausgeräte. Die Produktpalette der BSH deckt das ganze Spektrum in den Bereichen Kochen, Kühlen, Spülen, Wäschepflege, Bodenpflege und Kleine Hausgeräte ab.

Der Bereich Zentrale Unternehmensentwicklung und Controlling (ZU)

Die Besonderheit des Controllingansatzes in der BSH liegt in der Zusammenfassung von strategischen Aufgabenstellungen wie der Erarbeitung des Konzernbusinessplans mit den klassischen Aufgabenstellungen des Controllers, wie der Schaffung von Ergebnis-, Kosten- und

Finanztransparenz in den Regionalgesellschaften und operativen Bereichen. Unternehmensentwicklung und Controlling sind in der BSH im Zentralbereich ZU zusammengefasst. Eine wesentliche Aufgabenstellung des Bereiches liegt in der Entwicklung der mittel- bis langfristigen Konzernstrategie mit der Zielsetzung, den Geschäftswert nachhaltig abzusichern und zu steigern.

Der Strategieentwicklungsprozess in der BSH

Die unternehmerische Vision von BSH ist es, »Benchmark der Branche« zu werden. Diesen Anspruch leiteten wir aus Potenzialen ab, die uns wesentlich von unseren Wettbewerbern unterscheiden. Zum einen haben wir mit Bosch und Siemens zwei weltweit renommierte Marken im Portfolio, die hinsichtlich Qualität und Innovation »state of the art« sind. Zum anderen ermöglicht uns der Technologie- und Ressourcenaustausch mit unseren Muttergesellschaften die konsequente Umsetzung unserer Strategie der Innovationsführerschaft. Um diese Vision systematisch zu unterstützen, haben wir die wertorientierte Steuerung auf Basis der EVA-Konzeption der Unternehmensberatung Stern Stewart & Co. als zentrale Steuerungsgröße mit dem Geschäftswertbeitrag (GWB) als Spitzenkennzahl im Unternehmen etabliert. Mit der Perspektive, eine marktgerechte, risikoadäquate Verzinsung des eingesetzten Kapitals zu erreichen, fördert das GWB-Konzept die effiziente Nutzung betrieblicher Ressourcen und soll damit zur Steigerung von Profitabilität und Wettbewerbsfähigkeit beitragen. Die wertorientierte Steuerung wird sowohl für einzelne Produktbereiche und Sparten als auch für die Beurteilung von einzelnen Investitionsprojekten in der BSH herangezogen. Die Business Mission setzt den prinzipiellen unternehmerischen Rahmen zur Realisierung der Vision. Hier haben wir u. a. festgelegt, welche Marktpositionen wir in wichtigen Zielregionen einnehmen und mit welchen Leistungsversprechen wir uns bei unseren Kunden positionieren wollen. Die Business Mission wurde gemeinsam im Führungskreis erarbeitet. Sie ist die Leitplanke für den Ausgangspunkt der strategischen Standortbestimmung »Defining the business«. Die Business Definition fixiert hierbei im engen Sinne, welche Segmente aus dem Gebiet der Hausgeräte für eine Marktbearbeitung in Frage kommen. Ausführlich wird die Analyse der strategischen Ausgangslage bei der BSH diskutiert. Hierbei nehmen neben klassischen Instrumenten wie »Porter's 5 Forces«, Strategiegruppenkonzepte, Instrumente zur Potenzialanalyse wie SWOT oder Issue Mapping einen breiten Raum ein. Stärken-/Schwächenanalysen sind beispielsweise Pflichtbestandteile im Rahmen des Businessplanungsprozesses. Die Potenzialanalyse signalisiert Handlungsbedarf vor allem für die Ressourcenbereitstellung im Hinblick auf die Umsetzung von Strategien. Die strategischen Optionen werden hierbei mit Unterstützung von Matrixdarstellungen wie der Marktwachstum/Marktprofitabilität-Matrix oder der BCG-Matrix erarbeitet.

Der Strategieentwicklungsprozess nutzt eine Vielzahl von Instrumenten.

Der Prozess von der Analyse der strategischen Ausgangssituation bis zur Festlegung der Vorgehensweise erfolgt vielfach im Rahmen von Geschäftsfeldanalysen, die mit allen Bereichen fixierte Dokumentation im Rahmen der Businessplanung. Die in der Planung erarbeiteten und verabschiedeten strategischen Stoßrichtungen sind verbindliche Handlungsanweisung für die Planungsperiode. Hierauf folgt der vielfach unterschätzte Prozess der Strategieimplementierung: das Herunterbrechen von im Top-Management ermittelten Aufgabenstellungen auf die Ebene der operativen Umsetzung. Hierbei gilt es, komplexe Sachverhalte kommunikativ so umzusetzen, dass ein Motivationsschub und Impuls freigesetzt wird, der die Zielerreichung garantiert. Dies erfolgt häufig in Form von strategischen Initiativen. So haben wir z. B. im Rahmen einer Business Excellence Initiative alle Elemente der Prozessverbesserung wie Benchmarking oder Six Sigma weltweit in alle Bereiche getragen. Die strategische Implementierung entscheidet letzlich, ob Strategien im berühmten Elfenbeinturm verschwinden oder ob sie in der Lage sind, Wertpotenziale für das Unternehmen zu generieren. Ein wesentlicher Baustein der Implementierung ist die Messbarkeit von Key Performance Indicators (KPI's). Auf Basis der Erkenntnis »what gets measured gets

Der Prozess der Strategieimplementierung wird vielfach unterschätzt.

done« müssen sich Strategien quantitativ legitimieren, sonst bleiben sie Utopie.

Die Rolle von Strategen und Controllern im Wandel

Aufgaben der Strategen

Die Aufgaben der Strategieabteilung bei BSH liegen insbesondere in der Durchführung von Branchen- und Wettbewerbsanalysen sowie in der Erarbeitung von Geschäftsfeldstudien und Regionalstrategien mit der Zielsetzung, Potenziale zur Steigerung der Wettbewerbsfähigkeit aufzuzeigen. Die Strategieabteilung ist zudem Process Owner bei Akquisitions- und Kooperationsprojekten. Das zu Grunde liegende strategische Instrumentarium orientiert sich hierbei vielfach an der Herausarbeitung von Potenzialen mit Hilfe klassischer Instrumente wie SWOT oder Portfoliotechniken. Der Anspruch an die Bewertungsfähigkeit von Strategieabteilungen hat sich in den vergangenen Jahren jedoch einem Wandel unterzogen. Neben der qualitativen Beurteilung von Geschäften und Strategien entscheidet letztendlich die quantitative Bewertung, welchen Cash-Flow oder welches Ergebnis das Unternehmen aus einer eingeschlagenen Strategie erwarten kann. Das Wissensspektrum vieler Strategieabteilungen hat sich daher stark um Methoden wie Discounted Cash-Flow-Analysen erweitert, um als Berater gegenüber der Geschäftsführung substanziell argumentieren zu können, unter welchen Bedingungen Strategien wertsteigernd sind.

Quasi parallel hat sich auch der Anspruch im Controlling der BSH nachhaltig geändert. Während die Strategen sich mit der Frage beschäftigen »how to find real assets which are worth more than they cost«, fokussiert sich der Controller auf die Feststellung »ensure that the money is used efficiently« und bei den Investitionsalternativen »what real assets should the firm invest in« (Brealy/Myers/Allen 2006, S. 6 ff.).

Aufgaben der Controller

Die Aufgaben des Zentralen Controllings in der BSH liegen in der Entwicklung und Verantwortung für das methodische und verfahrenstechnische Controlling-Know-how. Der Bereich hat Richtlinienkompetenz für das interne Rechnungswesen, insbesondere für die Ergebnisrechnung, Planung und Berichterstattung sowie für einheitliche betriebswirtschaftliche Normen und Systeme. Die Wahrnehmung dieser Rolle erfordert das detaillierte Analysieren und Kommentieren von Geschäften. Es genügt hierbei nicht, den zu Grunde liegenden Geschäftsrahmen als gegeben hinzunehmen und die Kommentierung von wesentlichen Kennziffern auf die Soll-Ist-Abweichung zu beschränken. Die Rolle des Controllers als Management-Berater erfordert zudem Werturteilsfähigkeit hinsichtlich der zu controllenden Geschäfte sowie ein hohes Maß an Involvement bei anstehenden unternehmerischen Entscheidungen. Dies zeigt sich exemplarisch bei der Beurteilung von Investitionsprojekten. Eingereichte Pläne lediglich auf Vollständigkeit und Fehler in der Berechnung zu prüfen, ist in der Regel keine wertschöpfende Tätigkeit. Die Beurteilung eines Investitionsprojektes kann nur dann optimal wahrgenommen werden, wenn die zu Grunde liegenden Prämissen im Hinblick auf Markt- und Wettbewerbslandschaft verstanden und diskutiert werden. Dies setzt das Verständnis der Marktmechanismen voraus und erfordert eine Erweiterung des Blickwinkels des Controllers auf strategische Instrumentarien, um eine Geschäftsbeurteilung vornehmen zu können.

Die Rolle des Controllers im Strategieprozess

Die Gestaltung der jährlich revolvierenden Businessplanung mit der Aufgabenstellung, das Budget für das Folgejahr im Rahmen der operativen Planung zu erstellen sowie unternehmenszielkohärent Bereichs- und Regionalstrategien unter Berücksichtigung von technischen, finanziellen und personellen Ressourcen zu entwickeln, Chancen/Risiken frühzeitig abzuschätzen und Umsetzungsempfehlung für das Management zu erarbeiten, ist eine wesentliche Aufgabe, die Controller und Strategen gemeinsam leisten müssen. Operative und strategische Planung werden parallel durchgeführt, in gemeinsamen Arbeitsgruppen werden die Templatevorgaben zur Erstellung der Businesspläne erarbeitet und verabschiedet. Die Kommentierung der eingereichten Pläne sowie die Durchsprache mit den operativen Bereichen und die Empfehlung an das Management erfolgt gemeinsam. Wenngleich im Rollenverständnis von

Strategen und Controllern die Schwerpunkte im Planungsprozess unterschiedlich gesetzt sind, so ist durch die gemeinsame Erarbeitung und den intensiven Austausch ein deutlich besseres Geschäftsverständnis gegeben. Dieses ist gleichermaßen hilfreich und wertvoll bei der Beurteilung von großen Investitionsprojekten und deren Kommentierung. Durch einen breiteren methodischen Ansatz kann der Controller seine Urteilsfähigkeit auf die Geschäfte lenken, die die Zukunft des Unternehmens bestimmen.

Die Erweiterung des Selbstverständnisses ist ein Prozess, der einige Zeit in Anspruch nimmt, bevor er angewandt und gelebt wird. Viele Controller haben die Erfahrung gemacht, dass derjenige, der in der ex-post-Beurteilung von Geschäften sehr gut analysieren kann, zuweilen umso größere Schwierigkeiten hat, die von Unsicherheit gekennzeichneten Pläne und Strategien zu bewerten. Während man in der ex post-Betrachtung analytisch quasi immer richtig liegt, steigt das Risiko des Fehlurteils bei der Bewertung von Zukunftsprojekten und drückt sich naturgemäß dann oft in einer sehr vorsichtig formulierten Sprache aus. Urteilsfähigkeit und Bewertung sind daher Voraussetzungen, um dem Anspruch Top-Management-Berater gerecht zu werden.

Enges Zusammenwirken von Controllern und Strategen

* Matthias Ginthum ist Leiter Zentrale Unternehmensentwicklung und Controlling der BSH Bosch und Siemens Hausgeräte GmbH.

13.4 Ausgewählte Instrumente der strategischen Planung und Kontrolle

Auch im Bereich der strategischen Planung und Kontrolle sei – wie in den beiden Kapiteln zuvor – ein kurzer Überblick über die hierfür heranziehbaren Instrumente gegeben. Wiederum analog geht es uns dabei auch um die Anwendungsbedingungen und -gefahren (»Risiken und Nebenwirkungen«). Die Auswahl folgt dem Stand der Diskussion in der Literatur. Auch in der Praxis sind die vorzustellenden Instrumente durchweg bekannt, wenngleich weniger intensiv eingesetzt, als dies für die operativen Instrumente gilt (vgl. z. B. Niedermayr 1994, S. 218–253).

13.4.1 Erfolgsfaktorenanalyse

Anfang der sechziger Jahre des letzten Jahrhunderts begann man in den USA, systematisch die Faktoren zu separieren, von denen der Erfolg der Unternehmen maßgeblich beeinflusst wird. In der wettbewerblichen Auseinandersetzung lassen sich zwei Arten von strategischen Erfolgsfaktoren differenzieren. Auf der einen Seite stehen interne *Begrenzungsfaktoren*, wie z. B. die Produktions- und Kostensituation des Unternehmens. Für sie gilt es, auf die relative Distanz zu den Wettbewerbern als Maßstab der Erfolgsbeurteilung zu achten. Die zweite Gruppe von Faktoren kennzeichnet die Umweltsituation und soll helfen, das externe *Chancenpotential* aufzudecken.

Am Anfang beruhte die Separierung dieser Faktoren, die einen unterschiedlichen Generalisierungsgrad und eine unterschiedliche Mächtigkeit besitzen, lediglich auf dem subjektiven Erfahrungswissen der Manager. 1960 wurde dann von der General Electric Company der empirische Zweig einer Identifikation von strategischen Erfolgsfaktoren ins Leben gerufen. Mit den dabei zu ermittelnden *»Laws of the Marketplace«* sollte die Ressourcenallokation auf eine qualitativ bessere Basis gestellt werden. Dieses Profit Impact of Market Strategy (PIMS)-Projekt hatte sich zunächst in Gestalt des gemeinnützigen und unabhängigen Strategic Planning Institute verselbstständigt; heute ist PIMS Teil einer Unternehmensberatung und bietet seine Dienstleistungen unter dem Namen »PIMS Consulting« an. Der Datenbestand der PIMS-Datenbank umfasst eine Größenordnung von 3000 strategischen Geschäftseinheiten als Basis der Modellrechnungen.

Die strategischen Erfolgsfaktoren werden schon seit langem systematisch erhoben.

Der breite, systematisch erhobene Datenkranz wird zentral ausgewertet. Wesentliches Ergebnis dieser Analysen ist die mittels eines multiplen, linearen Regressionsansatzes erfolgende Herausarbeitung von über 30 Erfolgsfaktoren, die die Varianz des Return on Investment (als zentral betrachteter Erfolgsgröße) der an der PIMS-Studie beteiligten Unternehmen bis zu 80 % erklären können. Hierzu zählen insbesondere

Strategische Erfolgsfaktoren kennzeichnet eine gewisse Zwiespältigkeit.

- die Investitionsintensität,
- der relative Marktanteil und
- die relative Produktqualität.

Die PIMS-Datenbank ermöglicht es, durch die Eingabe der entsprechenden Parameter Voraussagen über Erfolg und Misserfolg von Geschäftsfeldern zu machen und gleichzeitig Hilfestellung bei der Formulierung künftiger Strategien zu leisten.

Das PIMS-Projekt hat in Theorie (z. B. kurz Homburg 2000, S. 57–72) und Praxis eine große Aufmerksamkeit gefunden. Nutzen in den Unternehmen stiftet bereits die Tatsache, dass zur Erhebung des Dateninputs Vorarbeiten zu leisten sind, die neues, zusätzliches strategisches Wissen stiften. Die gelieferten Auswertungsergebnisse schaffen eine wesentliche Basis für notwendige Diskussionsprozesse zur Strategiefindung. Es wäre allerdings geradezu sträflich, strategische Erfolgsfaktoren als unbestreitbar richtig anzusehen, denn

- sie sind das Ergebnis von Vergangenheitsbetrachtungen; was gestern strategisch richtig war, muss es morgen nicht sein;
- sie basieren auf einem gegebenen Erhebungsset, das nicht vollständig sein kann; was nicht erfragt wird (z. B. Kundenzufriedenheit), kann aber auch nicht ausgewertet werden;
- sie stehen allen an dem PIMS-Projekt beteiligten Unternehmen in gleicher Weise zur Verfügung. Wenn aber Wettbewerber die Erfolgsfaktoren kennen und sich entsprechend ausrichten, verlieren eigene Anstrengungen unter Umständen an Durchschlagskraft.

Diese und andere Anwendungsgrenzen führen dazu, dass – bei aller statistischer Signifikanz – die Aussagen der PIMS-Studie – die empirische Theorie der Erfolgsfaktoren – im konkreten Anwendungsfall nur Anhaltspunkte, keine gesicherten Erkenntnisse liefern können (vgl. auch die Kritik von Nicolai/Kieser 2002 und March/Sutton 1997 an der betriebswirtschaftlichen Erfolgsfaktorenforschung).

Wie dies für andere Instrumente der strategischen Planung auch gilt, kennzeichnet das Konzept der strategischen Erfolgsfaktoren damit eine gewisse Zwiespältigkeit: Auf der einen Seite ist es unabdingbar, über das entsprechende empirische Wissen zu verfügen. Auf der anderen Seite bedarf es einer nicht unerheblichen kritischen Distanz zu dem Konzept. Die ausgewiesenen strategischen Erkenntnisse sind das Ergebnis statistischer Verdichtung; sie müssen auf den Einzelfall, d. h. ein konkret strategisch auszurichtendes Unternehmen nicht zutreffen. Zudem besteht ihr Grundansatz darin, auf Erfahrung aufzubauen. Strukturbrüche und wirkliche Innovationen bleiben unberücksichtigt. Controller müssen folglich – dieser Zwiespältigkeit folgend – zum einen sicherstellen, dass vorgeschlagene Marktstrategien stets auf einer systematischen Analyse dort relevanter Erfolgsfaktoren beruhen; eine Vernachlässigung dieses Wissens wäre sträflich. Zum anderen müssen sie aber auch den Glauben verhindern, dass ein Fit der Strategie mit den genannten Erfolgsfaktoren ausreichende Gewähr für das Gelingen der Strategie bietet.

13.4.2 Stärken-Schwächen-Analyse

Stärken-Schwächen-Analysen sind wohl das am häufigsten angewandte Instrument der strategischen Planung.

Im Rahmen von so genannten SWOT-Analysen (Strengths (Stärken), Weaknesses (Schwächen), Opportunities (Chancen), Threats (Gefahren)) wird versucht, die allgemeine strategische Position des Unternehmens durch die Analyse der derzeitigen Stärken und Schwächen sowie von Chancen und Risiken ihrer Veränderung zu ermitteln (vgl. die *Abbildung 13-4*). Die angestrebte Gesamtbeurteilung des Unternehmens in seiner Stellung in Markt und Wettbewerb erfordert dabei explizit eine Berücksichtigung der Nachfrage- und Konkurrenzsituation. Ausgangspunkt einer Gegenüberstellung von Stärken und Schwächen sind die für die marktbezogene Überlebensfähigkeit des Unternehmens als bedeutsam erachteten Faktoren. Zur Ermittlung

Abb. 13-4

SWOT-Matrix eines europäischen Verteidigungsunternehmens (entnommen aus Müller-Stewens/Lechner 2005, S. 225)

Umweltfaktoren / Unternehmensfaktoren	**Opportunities** 1. Neue Verteidigungsmärkte in Osteuropa 2. Zugang zu zivilen Märkten (Dual use products) 3. Verstärkt paneuropäische Projekte (z. B. Eurofighter)	**Threats** 1. Reduktion der Militärbudgets 2. Neue Konkurrenten aus europäischen Ländern 3. Konzentrationstendenzen in der Branche
Strengths 1. Technologische Führerschaft 2. Gute Kontakte zu Militärbehörden 3. Starke Cash Position	**SO-Strategien** ▸ Entwicklung neuer Produkte (Satellitennavigation) und Dienstleistungen (Flughafenbefeuerung) ▸ Expansion in osteuropäische Märkte	**ST-Strategien** ▸ Kooperation oder Akquisitionen in Europa ▸ Intensivierung der Marketing-Aktivitäten
Weaknesses 1. Hohe Produktionskosten 2. Unflexible Aufbau- und Ablaufstrukturen 3. Nationale Vertriebspräsenz 4. Teilweise fehlende kritische Masse	**WO-Strategien** ▸ Gründung von Vertriebseinheiten im Ausland ▸ Gründung von New Ventures in Teilbereichen ▸ Gründung von Joint Ventures	**WT-Strategien** ▸ Schließung oder Outsourcing unrentabler Bereiche ▸ Erhöhung der Effizienz (BPR-Projekte)

dieser Faktoren kann unmittelbar auf die zuvor dargestellten strategischen Erfolgsfaktoren zurückgegriffen werden. In Analyse- und Planungsteams sind die wichtigsten davon auszuwählen und anschließend zu bewerten. Diese Bewertung erfolgt im Hinblick auf den (die) wichtigsten Konkurrenten. Das Aufzeigen der Entwicklung der Erfolgsfaktoren in der Vergangenheit liefert zusätzliche Informationen.

Mit Hilfe der Chancen-/Risiken-Analyse wird daneben versucht, Veränderungslinien der strategischen Position des Unternehmens in der Zukunft zu antizipieren. Chancen-/Risiken-Analysen stellen alternative Szenarien auf und versuchen, die Konsequenzen dieser Zukunftslagen für das Unternehmen zu bestimmen.

SWOT-Analysen gewinnen Aussagekraft insbesondere aus dem Diskussionsprozess im Rahmen ihrer Durchführung. Sie können die allgemeine Planungsunsicherheit nicht beseitigen, ermöglichen es aber, strategische Wissenslücken aufzudecken und durch die systematische, geordnete Einbeziehung des Wissens von Mitarbeitern aus unterschiedlichen Unternehmensbereichen sowie von externen Informationen eine gemeinsam getragene Einschätzung der Entwicklungsmöglichkeiten des Unternehmens zu gewinnen. Erfolgsfaktor des Instruments selbst ist die Balance zwischen der notwendigen Unbestimmtheit und Offenheit des Vorgehens einerseits und seiner instrumentellen Geschlossenheit: Ein alleiniges Bauen auf informelle Prozesse lässt Kreativität leicht in Zerreden umschlagen.

13.4.3 Produkt-Lebenszyklus-Analyse

»Angesichts der allgemein konstatierten Dynamik unserer Märkte, dem ständig steigenden Angebot neuer Produkte und Dienstleistungen und dem gleichzeitigen Verschwinden vieler alter, drängte sich auch im ökonomischen Erfahrungsbereich eine Analogie auf, die viele wirtschaftliche Aspekte unter einem neuen Licht erscheinen lässt: das Bild eines Lebenszyklus, eines kontinuierlichen Prozesses von Geburt, Wachstum, Reifen, Altern und Tod« (Eybl 1984, S. 91 f.). Eine derartige Betrachtungsweise ist der Betriebswirtschaftslehre keineswegs fremd. So unterscheidet man im Bereich der Anlagenwirtschaft z. B. die Phasen Anlagenprojektierung, Anlagenbereitstellung, Anlageneinsatz, Anlagenbereithaltung, Anlagenverbesserung, Anlagenausmusterung und Anlagenverwertung. Auf Produkte wurde der Gedanke allerdings erst

Auch Produkte leben nicht ewig.

Abb. 13-5

Typische Phasen des Produkt-Lebenszyklus und ihre Merkmale

Kriterium / Phase	Einführung	Wachstum	Reife	Sättigung/Rückgang
Wachstumsrate	unbestimmt	hoch	gering	null/negativ
Marktpotential	unklar	klarer	überschaubar	bekannt
Anzahl der Wettbewerber	klein	erreicht den Höchstwert	Konsolidierung, Grenzanbieter scheiden aus	weitere Verringerung
Verteilung der Marktanteile	nicht abschätzbar	Konzentration	Konzentration	Konzentration
Kundentreue	gering	höher	abnehmend	höher
Stabilität der Marktanteile	gering	höher	hoch	hoch
Eintrittsmöglichkeiten	gut (weil noch kein starker Wettbewerber vorhanden)	noch gut – vor allem bei hohem Wachstum	geringer	meist uninteressant
Rolle der Technologie	hoher Einfluss	hoher Einfluss	Schwerpunkt verschiebt sich vom Produkt zum Herstellungsverfahren	Technologie ist bekannt, verbreitet und stagnierend

später angewandt. Strategische Relevanz erhält die Idee des Produktlebenszyklus dadurch, dass empirisch oftmals ein Zusammenhang zwischen quantitativen (insbesondere Deckungsbeitrag und Umsatz) und (im weiteren Sinn) qualitativen Merkmalen eines Produktes (z. B. Wettbewerbsintensität, Bedeutung der Produktionstechnologie) und seinem »Lebensalter« hergestellt werden kann.

Das »klassische« (Produkt-)Lebenszykluskonzept ist dabei durch eine strenge Abfolge von vier Phasen (Einführung, Wachstum, Reife, Sättigung) gekennzeichnet, für die unterschiedliche Ausprägungen der angesprochenen qualitativen und quantitativen Größen konstatiert werden. Die *Abbildung 13-5* macht dies deutlich.

Grenzen des Lebenszykluskonzepts

Die Lebenszyklusbetrachtung hat sich mittlerweile in der Praxis fest etabliert. Neben der Globalisierung der Märkte wird die Verkürzung der Produktlebenszyklen als eine der zentralen Veränderungen des wettbewerblichen Umfelds der Unternehmen angesehen. Die ex-post-Betrachtbarkeit und die potentiell hohe strategische Bedeutung von Produktlebenszyklen ändern aber nichts daran, dass das Konzept für Zwecke strategischer Willensbildung nur bedingt trägt:

- Beim angenommenen »Normverhalten« eines Produkts in einer bestimmten Phase des Lebenszyklus wird unter anderem die Wirkung konjunktureller und struktureller Einbrüche vernachlässigt.
- Die Grenzlinien zwischen einer Produktvariation und einem neuen Produkt sind nicht exakt zu ziehen. Der Einfluss dieser Abgrenzungsschwierigkeiten auf die Aussagekraft des Lebenszykluskonzepts ist offensichtlich.
- Die Phaseneinteilung erscheint grob. Weitere Differenzierungen (wie z. B. der Einführungsphase in die Teilbereiche »Umwerbung« und »Kindheit«) sind möglich und potentiell sinnvoll.
- Für die Phasenabgrenzung existieren keine eindeutigen Kriterien. Ferner werden auch keine Anhaltspunkte über die Phasenlängen gegeben.
- Es gibt immer wieder Produkte, die sich nicht an die Lebenszyklusidee halten: Wer kennt nicht die Markennamen Persil, UHU, Nivea oder Maggi?

Der Nutzen dieses Konzepts ist folglich primär in der Bewusstseinsbildung zu sehen, wobei die Warnung im Mittelpunkt steht, sich nicht auf einmal mit bestimmten Produkten erworbenen Wettbewerbsvorteilen ausruhen zu können. Aus diesem Grund und angesichts der mit den Lebenszyklusphasen verbundenen unterschiedlichen Umsatzerwartungen muss es deshalb grundsätzlich Aufgabe der strategischen Führung sein, eine »gesunde« Altersmischung der Produkte bzw. Produktbereiche anzustoßen.

13.4.4 Erfahrungskurvenkonzept

Negative Korrelation zwischen Stückkosten und kumulierter Gesamtproduktion

Eine wesentliche Erkenntnis der Untersuchung strategischer Erfolgsfaktoren war die zentrale Bedeutung des Marktanteils für die langfristige Existenzsicherung eines Unternehmens. Durch diesen empirisch belegbaren Zusammenhang gewinnt das so genannte »Erfahrungskurvenkonzept« an Bedeutung, das als eine Erweiterung des schon in den zwanziger Jahren beschriebenen Lernkurveneffektes zu verstehen ist. Letzterer besagt, dass die erforderliche Arbeitszeit für bestimmte Arbeitsprozesse mit zunehmender Wiederholung der Verrichtungen sinkt. Ein solcher Zusammenhang wurde durch umfangreiche Forschungen in der Psychologie und Arbeitsergonomie bestätigt. In den sechziger Jahren des letzten Jahrhunderts erfolgte eine empirische Überprüfung des *Lernkurveneffekts* durch die Boston Consulting Group, die eine negative Korrelation zwischen Stückkosten und kumulierter Gesamtproduktion erbrachte. Es zeigte sich somit, dass nicht nur Fertigungskosten von den Degressionseffekten betroffen waren, sondern auch Beschaffungs-, Verwaltungs- und Vertriebskosten.

Die empirische Analyse ergab nicht nur einen allgemeinen degressiven Zusammenhang, sondern vielmehr einen ganz bestimmten Funktionstyp: Mit jeder Verdopplung der kumulierten Produktionsmenge war – inflationsbereinigt – eine konstante prozentuale Reduktion der Stückkosten zu beobachten. Für unterschiedliche Branchen ermittelten sich schließlich unterschiedliche Prozentwerte (im Mittel in der Größenordnung von 20 % – 30 %).

Die vom Erfahrungskurventheorem beschriebene Degression stellt sich allerdings nicht automatisch ein, sondern muss wesentlich durch gezielte Maßnahmen erreicht werden. Das Kostensenkungspotential lässt sich betriebswirtschaftlich sowohl durch eine statische Größendegression als auch durch die zeitabhängige Erfahrung (Lerneffekt) begründen. Allerdings besitzt auch diese Wissensbasis der strategischen Willensbildung *Grenzen*, die es zu beachten gilt:

Einschränkungen der Gültigkeit des Erfahrungskurvenkonzepts

- Das unterstellte statische Produktkonzept ist in der Praxis kaum anzutreffen. Die Produkte werden zumeist an geänderte Kundenwünsche oder technische Weiterentwicklungen angepasst. Diese Anpassungsprozesse können den skizzierten Effekt überlagern (Baum/Coenenberg/Günther 2007, S. 104).
- Nutzen alle Unternehmen die erfahrungsbedingte Kostendegression aus, so bleibt der relative Kostenvorteil gleich und der Effekt verliert an strategischer Bedeutung. Diese Aussage gilt nur dann nicht, wenn die Marktpositionen der Unternehmen sehr unterschiedlich sind.
- Das Konzept fokussiert seine Aussagen auf homogene Güter mit dem Preis als zentralem Wettbewerbsfaktor. Gelten andere Marktbedingungen, ist die strategische Aussagefähigkeit des Erfahrungskurvenkonzepts eingeschränkt.
- Synergieeffekte werden vom Erfahrungskurvenkonzept nicht explizit in die Betrachtung einbezogen (Ein-Produkt-Sicht). Damit ist aber die bedeutende Wirkung der geteilten Erfahrung, die oftmals Diversifizierungen der Unternehmen begründet, unberücksichtigt. Allerdings können auch für die Nutzung von Synergien Erfahrungseffekte formuliert und beobachtet werden.
- Bei der konsequenten Anwendung dieses Konzeptes kann es zur Inflexibilität durch den Aufbau einer (zu) großen Kapazität und der damit verbundenen Monostruktur der Produktionsanlagen kommen.
- Neue technologische Entwicklungen führen zu Änderungen der Bezugsbasis bzw. Wirkungsrichtung des Erfahrungseffekts (z. B. Ersatz der Produktionsmenge durch die Anwendungsdauer einer bestimmten Technologie).

13.4.5 Produkt-Markt-Portfolio-Analyse

Portfolio-Analyse: Der Star der strategischen Planungsinstrumente

Eines der am häufigsten eingesetzten Instrumente der strategischen Planung ist die Portfolio-Analyse. Sie hat in den letzten 40 Jahren einen unvergleichlichen Siegeszug in der Theorie und in den Unternehmen angetreten. Dies führte in der Praxis zuweilen dazu, Portfolio-Management und strategische Unternehmensführung weitgehend als Synonyme aufzufassen.

Konzeptionell lässt sich das strategische Planungsinstrument auf die Arbeiten von Markowitz (1952, S. 77–91) zurückführen. Ihnen liegt der Gedanke einer wohlausgewogenen Menge von Einzelinvestitionen eines vorgegebenen Finanzmittelbestandes zu Grunde. Wohlausgewogen bedeutet dabei, durch die Mischung unterschiedlicher Anlagearten einen auf den Investor zugeschnittenen optimalen Risiko- und Renditeausgleich zu erreichen. Dieses Ausgewogenheitspostulat versuchte man auf die strategische Ausrichtung von Unternehmen zu übertragen. Hierzu mussten konzeptionell und verfahrensmäßig jedoch völlig neue Wege beschritten werden, so dass Portfolio-Analysen im Bereich der strategischen Planung mit Portfolio-Analysen im Bereich der Finanzinvestitionen kaum mehr als den Namen gemein haben.

Ziel von Portfolio-Analysen

Portfolio-Analysen als Instrumente der strategischen Planung zielen darauf ab, erfolgswirksame Ressourcen des Unternehmens in ihrer strategischen Bedeutung zu analysieren und darauf aufbauend Strategien zu ihrer Lenkung zu entwickeln. Portfolio-Analysen bezogen sich anfänglich ausschließlich auf die strategische Position eines Unternehmens auf seinen wichtigsten Absatzmärkten. Mit ihrer Hilfe sollen zum einen Aussagen über die marktbezogene Ausgewogenheit des Produktmixes (bzw. der Zusammensetzung der strategischen Geschäftseinheiten) gewonnen, zum anderen Hinweise zur Anwendung bestimmter Standard-Heuristiken für das zukünftige Agieren auf den Absatzmärkten gegeben werden. Diese Heuristiken bezeichnet man als *»Normstrategien«*. Die Portfolio-Analyse reicht somit in ihrem Charakter über ein reines Messinstrument der strategischen Position hinaus und versteht sich als Wegweiser für ein bestimmtes strategisches Verhalten.

Portfolio-Analysen verstehen sich als Wegweiser für ein bestimmtes strategisches Verhalten.

Der Ausgangspunkt der produkt- bzw. marktbezogenen Portfolio-Analyse ist eine geradezu »radikale« Vereinfachung der für den Markterfolg wichtigen Faktoren auf

- eine (einzige) vom Unternehmen beeinflussbare Größe und
- einen (einzigen) exogen vorgegebenen, vom Markt bestimmten, nicht oder nicht wesentlich steuerbaren Faktor.

Beide Faktoren werden in Form einer Matrix einander gegenübergestellt. Den sich daraus ergebenden Feldern ordnet man anschließend Produkte bzw. strategische Geschäftseinheiten des Unternehmens zu. Bezüglich der Zahl zu bildender Felder und der exakten Ausprägung der die Achsen der Matrix bildenden Einflussfaktoren finden sich in der Literatur unterschiedliche Varianten, von denen wir exemplarisch nur eine näher betrachten: den »Urtyp« der Produkt-Markt-bezogenen Portfolio-Analyse, den von der Boston Consulting Group entwickelten Ansatz. Dieser wählt als Faktoren den relativen Marktanteil (beeinflussbare Größe) und das Marktwachstum (exogen vorgegebene Größe). Beide Faktoren sind uns nicht unbekannt – wir haben sie eben als zwei wesentliche strategische Erfolgsfaktoren kennen gelernt. Zudem stecken hinter beiden jeweils uns ebenfalls schon bekannte strategische Planungszusammenhänge: das Produktlebenszykluskonzept (Bezugspunkt: Marktwachstum) und der Erfahrungskurveneffekt (Bezugspunkt: Marktanteil).

In sämtlichen bedienten Märkten mit einem hohen relativen Marktanteil (gemessen am größten Wettbewerber) vertreten zu sein und diese damit wesentlich prägen zu können, lässt sich für ein Unternehmen nur in Ausnahmefällen erreichen, da derartige Marktführerpositionen stets mit erheblichen Investitionen verbunden sind. Folglich muss das strategische Bemühen darauf gerichtet sein, ein bezogen auf Mittelherkunft und Mittelbedarf möglichst ausgewogenes Verhältnis der verschiedenen strategischen Geschäftseinheiten zu erreichen.

Ein Mittel, den Grad dieser Ausgewogenheit zu messen, ist die Einordnung der strategischen Geschäftseinheiten in die Portfolio-Matrix, die im »Urkonzept« vier Felder umfasst. Dabei visualisieren unterschiedlich große Kreise die unterschiedliche Größe der Geschäftseinheiten (gemessen in Umsätzen oder Deckungsbeiträgen). Die vier Felder werden gebildet, indem für den relativen Marktanteil und das Marktwachstum zwischen den Ausprägungen »hoch« und »niedrig« unterschieden wird. Ein typisches Beispiel einer sich dadurch ergebenden Vier-Felder-Matrix zeigt *Abbildung 13-6*. Die vier Felder symbolisieren vier verschiedene Grundtypen von strategischen Geschäftseinheiten, die plakativ als »Stars«, »Question Marks«, »Cash Cows« und »(Poor) Dogs« bezeichnet werden. Für jeden dieser Grundtypen lassen sich spezifische Normstrategien festlegen, die Hinweise für strategische Maßnahmen geben sollen.

Die *»Question Marks«* (Produkte mit geringem relativem Marktanteil in Märkten mit hohem Wachstum) bezeichnen in der Regel Nachwuchsprodukte, also solche Erzeugnisse, die in der Anfangsphase ihres Lebenszyklus stehen und ein starkes Wachstum versprechen. Man wird daher versuchen, durch Offensivstrategien eine Marktanteilsausweitung zu erreichen, um vom Erfahrungskurveneffekt profitieren zu können. Allerdings benötigen die Produkte hierzu mehr finanzielle Mittel, als sie abwerfen. Daher muss im Einzelnen genau geprüft werden, ob die Offensivstrategien aufgrund der verfügbaren Ressourcen und Erfolgsaussichten wirtschaftlich vertretbar sind. Ist dies nicht der Fall, so sollten die entsprechenden strategischen Geschäftseinheiten aufgegeben werden.

Die *»Stars«* bringen im Unterschied zu den »Question Marks« schon Gewinn hervor, der allerdings im Allgemeinen unter dem notwendigen Mittelbedarf liegt, der zur Sicherung bzw. zum weiteren Ausbau ihrer eigenen Marktposition reinvestiert werden muss. Bei einem verlangsamten Wachstum oder bei Stagnation – d. h. beim Übergang des Marktes in seine Reife- oder Sättigungsphase – werden Stars zu *»Cash Cows«*. Letztere profitieren aufgrund ihres hohen relativen Marktanteils von (großen) Kostenvorteilen. In Verbindung mit niedriger Wettbewerbsintensität führt dies zu komfortablen Erfolgen. Aufgrund des niedrigen Investitionsbedarfs (nur Ersatzinvestitionen) liefern »Cash Cows« einen beträchtlichen Cashflow, der zur Finanzierung des Wachstums anderer strategischer Geschäftseinheiten zur Verfügung steht.

Abb. 13-6

Beispiel eines Marktanteils-Marktwachstums-Portfolios

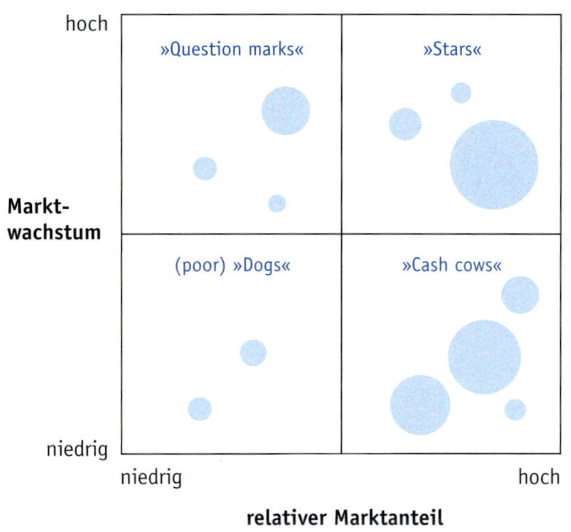

»(Poor) Dogs« schließlich befinden sich ebenfalls in der Sättigungsphase eines Marktes. Allerdings ist es dem Unternehmen nicht gelungen, eine nennenswerte Marktposition zu erreichen. Folglich kann es nicht von Erfahrungseffekten profitieren. Sollten solche strategischen Geschäftseinheiten überhaupt Gewinne abwerfen, dienen diese nur der Selbsterhaltung. Es empfiehlt sich deshalb, Maßnahmen der Programmbereinigung vorzunehmen.

Die spezifischen Vorteile des Produkt-Markt-Portfolios liegen insbesondere in der relativ einfachen Handhabbarkeit sowie in der unproblematischen Messbarkeit der beiden Erfolgsfaktoren. Kritisch ist zum einen die hohe Sensitivität der Ergebnisse von der Abgrenzung der Märkte, auf denen die Produkte platziert sind, zu nennen. Durch eine Veränderung der Definition (Differenzierung von Nischenmärkten) kann schnell aus einem »Question Mark« ein »Star« werden. Exakt hier hat der Controller ein potentielles Rationalitätssicherungsfeld vor sich. Kritik gilt auch den zu Grunde liegenden Grundprämissen: Marktanteil und Marktwachstum haben sich zwar in empirischen Analysen als signifikant für den langfristigen Erfolg eines Unternehmens erwiesen; die Analysen zeigen jedoch

Die Portfolio-Analyse baut auf dem Erfahrungskurveneffekt und dem Produktlebenszykluskonzept auf.

Abb. 13-7

Instrumenten-Steckbrief Produkt-Markt-Portfolio-Analysen

Kurzcharakterisierung
- »klassisches« Instrument der strategischen Planung
- Ziel: Gestaltung einer ausgewogenen Position der Geschäftsfelder in ihren Märkten
- Bildung von Normstrategien als strategische Handlungsanweisungen

Prämissen
- Signifikanz der unterstellten marktbezogenen Erfolgsfaktoren (im Fall der BCG-Matrix: Marktanteil und Marktwachstum)
- Gültigkeit des Erfahrungskurveneffekts und des Produktlebenszykluskonzepts

Merkmale

(am Beispiel der BCG-Matrix)
- Definition der relevanten Märkte
- Ermittlung der jeweiligen Marktwachstumsraten und relativen Marktanteile
- Einordnung der Werte als jeweils »hoch« oder »niedrig«
- Platzierung der Produkte bzw. Geschäftsfelder in der Matrix

Kurzbeurteilung

+
- systematisches Vorgehen
- Notwendigkeit zur expliziten Abgrenzung relevanter Märkte
- gute Messbarkeit von Marktanteil und Marktwachstum
- Anschaulichkeit und »Hemdsärmeligkeit« des Vorgehens

–
- Konzentration auf die vorhandenen Geschäftsfelder
- Beschränkung auf zwei Erfolgsfaktoren
- Pauschalität der Normstrategien

Die Technologie-Portfolio-Analyse ist auf Fähigkeiten des Unternehmens gerichtet.

zugleich noch eine Vielzahl weiterer Erfolgsfaktoren als bedeutsam auf. Diese kann man nur zum Teil durch komplexere, nutzwertanalytische Vorgehensweisen auffangen, die mehrere Einflussgrößen zur Bestimmung der Achsenausprägungen berücksichtigen. Hiermit ist letztlich ein Kernproblem sämtlicher Instrumente der strategischen Planung angesprochen: Das begrenzte Wissen, den zukünftigen Weg des Unternehmens zu gestalten, verlangt eine (starke) Beschränkung der als relevant erachteten Einflussgrößen auf die Zukunft, die es zu berücksichtigen gilt. Diese Beschränkung vermindert jedoch die (potentielle) Validität der erarbeiteten strategischen Handlungsanweisungen. Eine wichtige aus dieser Erkenntnis resultierende Konsequenz ist die Forderung nach der Einbeziehung eines möglichst breiten Wissensspektrums in den Planungsprozess – wir haben diesen Aspekt weiter oben bereits angesprochen.

Die *Abbildung 13-7* fasst die wichtigsten Aussagen zur Produkt-Markt-Portfolio-Analyse kurz zusammen.

13.4.6 Technologie-Portfolio-Analyse

Die empirischen Wurzeln der strategischen Planung liegen in der Gestaltung der Produkt-Markt-Beziehungen, also im Bereich der Erfolgspotentiale. Die Diskussion war infolge stark Marketing-lastig. Fähigkeitenpotentiale wurden zumeist nur in ihrem Bezug zu Erfolgspotentialen – als Mittel zum Zweck – gesehen. Unter den Stichworten »Kernkompetenzen« und »ressourcenbasierte Strategien« findet seit geraumer Zeit ein Umorientierungsprozess statt. Fähigkeitenpotentiale werden zunehmend als gleichgeordnet eingeschätzt und erfahren eine größere Aufmerksamkeit. Ein Instrument, das sich zur Einschätzung von Fähigkeitenpotentialen eignet, ist die Technologie-Portfolio-Analyse.

»Eine Technologie-Portfolio-Analyse versucht prinzipiell, die in einem Produkt steckenden bzw. im Unternehmen angewandten Technologien in einer zweidimensionalen Matrix abzubilden und aus den sich ergebenden Konstellationen differenzierte Strategien für zukünftige Entwicklungsaktivitäten abzuleiten« (Pfeiffer et al. 1991, S. 78). Als vom Unternehmen nicht beeinflussbarer Erfolgsfaktor wird die »Attraktivität« der betrachteten Technologie angesehen. Die Suche nach den jeweils relevanten Bestimmungsgrößen ist ein kreativer, zu einem besseren Verständnis der zu beurteilenden Technologie führender Prozess. Er könnte z. B. für Produktionsautomatisierung zu folgenden Größen führen: höhere Produktionsflexibilität und Prozesssicherheit, geringere Fehlqualitäten, bessere planerische Einbindbarkeit in die Produktionsplanung und -steuerung (PPS). Bei der Bestimmung und Bewertung dieser Determinanten sind insbesondere vier Problemkreise zu beachten:

- *Vollständigkeit der Technologiebeurteilung*
  Vor der Einführung einer neuen Technologie fällt es regelmäßig sehr schwer, alle wichtigen Auswirkungen auf die strategischen Ziele

des Unternehmens zu erfassen. Deshalb erweist es sich als wichtig, die Vollständigkeit der Kriterien während der Durchführung des gesamten Analyseprozesses mehrfach zu überprüfen.

- *Expertise der Beurteilenden*
  Die Auswirkungen einer innovativen Technologie auf das Unternehmen abschätzen zu können, erfordert sehr spezifische Technologie- und Unternehmenskenntnisse. Hieraus lässt sich das Postulat ableiten, die Beurteilung einer neuen Technologie stets im Team von aus unterschiedlichen Bereichen stammenden Experten vornehmen zu lassen.

- *Geringe Differenzierung der Skalierung*
  Bei der Bewertung wird – wie wir es bereits aus der Produkt-Markt-bezogenen Portfolio-Analyse her kennen – nur ein geringer Urteilsbereich zugelassen. Erweist sich dieser als ein zu enges Korsett, kann man die Analyse durch eine stärkere Differenzierung der Bewertung verändern.

- *Undifferenzierte Gewichtung der Beurteilungskriterien*
  Im Grundmodell der Technologie-Portfolio-Analyse werden alle Beurteilungskriterien gleich gewichtet. Auch dieses kann als eine zu enge Beschränkung empfunden werden. Um ihr zu begegnen, besteht die Möglichkeit, Mindestzielerreichungsgrade für einzelne Kriterien vorzusehen oder aber unterschiedliche Gewichtungen der Kriterien zuzulassen.

Der vom Unternehmen beeinflussbare Erfolgsfaktor wird mit *»Ressourcenstärke«* bezeichnet: »Unter Ressourcenstärke werden ... die zur Realisierung des Technologiepotentials nötigen, im Unternehmen bereits vorhandenen Mittel – letztlich gemessen in Relation zur Konkurrenz – berücksichtigt« (Pfeiffer et al. 1991, S. 89). Bezogen auf das begonnene Beispiel der Produktionsautomatisierung lassen sich zur Ausfüllung der Größe »Ressourcenstärke« Kriterien nennen wie gute Beziehungen zu Anbietern von Prozessautomatisierungstechnologie, hohe DV-Durchdringung der Produktion, Integrationsflexibilität der vor- und nachgelagerten Produktionsbereiche oder Erfahrung mit Automatisierungsprojekten. Für ihre Bestimmung und Bewertung gelten die vorab für die Attraktivitätsermittlung genannten Problemkreise analog. Auch die Technologie-Portfolio-Analyse mündet in den Vorschlag von Normstrategien, die allerdings nicht aus Marktgesetzen abgeleitet, sondern nur plausibel angenommen sind. Die *Abbildung 13-8* zeigt ein entsprechendes Beispiel.

Als wesentlicher Vorteil der Technologie-Portfolio-Analyse lässt sich der durch das formalisierte Vorgehen induzierte Zwang anführen, neue Technologien über die unmittelbaren produktionswirtschaftlich-technischen Wirkungen hinaus in Hinblick auf ihre strategische Bedeutung für die Wettbewerbsfähigkeit des Unternehmens zu beurteilen. Bedenkt man, dass sich die Vorteilhaftigkeit neuer Technologien nur selten hinreichend exakt in (quantitativen) Investitionsrechnungen erfassen lässt, kann die Portfolio-Technik sowohl verhindern, den Blick in der Entscheidungsvorbereitung allein auf Zahlen zu richten, als auch Technologien unreflektiert und emotional allein mit dem Hinweis zu forcieren,

Technologie-Portfolio-Analysen ermöglichen eine systematische, breit angelegte Bewertung.

Abb. 13-8

Beispiel eines Technologie-Portfolios

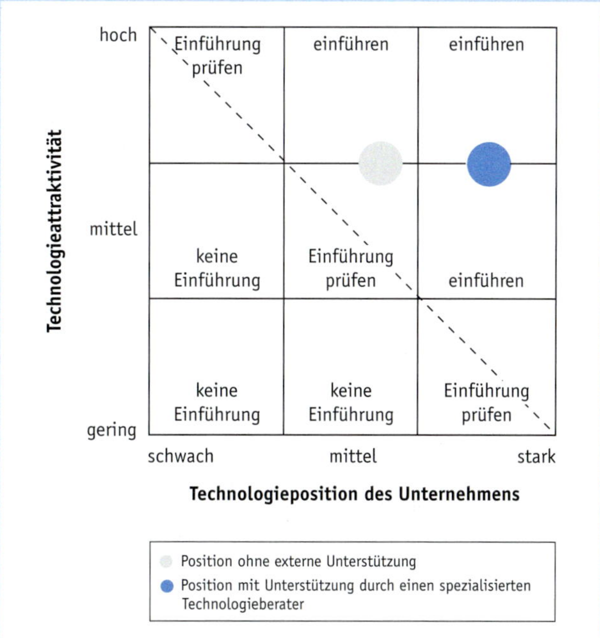

man dürfe den Technologiezug keinesfalls verpassen. Allerdings gilt es auch, die angesprochenen Rationalitätssicherungspotentiale auszuschöpfen. Controller sind hierfür dann geeignet, wenn sie es geschafft haben, aus der Position des in Kosten verhafteten, die Strukturen bewahrenden Counterparts zu entwachsen und ein auch von Entwicklern und Marketingspezialisten anerkannter Gesprächspartner zu werden.

13.4.7 Wertschöpfungsketten-Analyse

Wertschöpfungskettenanalysen sind die Basis für eine Reorganisation der Geschäftssysteme.

Begriff und Konzept der Wertschöpfung gehören zum traditionellen Wissensbestand der Betriebswirtschaftslehre. Wertschöpfung wird dabei definiert als Rohertrag einer Aktivität (= nach außen abgegebener Güter- und Leistungswert) abzüglich der Vorleistungskosten einer Aktivität (von außen hereingenommene Güter- und Leistungswerte) (vgl. Lehmann 1954, S. 13). Die Einbeziehung des Wertschöpfungskonzepts in die Strategiefindung und -durchsetzung wurde unter dem Begriff »Wertschöpfungsketten« (Value Chain) von Porter (1985, S. 34 ff.) aufgegriffen und populär gemacht. Sein Instrument der Wertschöpfungsketten-Analyse ermöglicht es,

- die Komplexität und die Verkettung der Wertschöpfungsaktivitäten zu analysieren und deutlich zu machen,
- durch die explizite Einbeziehung von Lieferanten und Kunden den Fokus auf neue wettbewerblich relevante Fragen zu richten und unternehmensübergreifende Effizienzsteigerungspotentiale aufzudecken und
- alle Wertschöpfungsaktivitäten konsequent auf die Gesamtstrategie auszurichten.

Mit Hilfe von Wertschöpfungsketten werden in einem ersten Schritt die einzelnen Aktivitäten im Wertschöpfungsprozess beschrieben. In einem zweiten Schritt müssen Interdependenzen, Überschneidungen und Doppelarbeiten herausgearbeitet sowie mögliche Synergien unternehmensinterner und unternehmensexterner Aktivitäten verdeutlicht werden. Ausführungshandlungen (z. B. gemeinsame Lagerung von Einsatzstoffen durch Lieferant und Kunde) sind davon ebenso betroffen wie Führungshandlungen (z. B. gemeinsame Beschaffungsdisposition zweier Unternehmen in einem Auslandsmarkt). Aus der Darstellung und Analyse der Wertschöpfungskette ergibt sich die Frage, welche Wertschöpfungsaktivitäten vom Unternehmen durchgeführt und welche zugekauft werden sollen. Dabei stehen prinzipiell alle Tätigkeitsbereiche zur Disposition. Einigkeit besteht in der einschlägigen Literatur darüber, dass grundsätzlich nur diejenigen Aktivitäten »inhouse« ausgeführt werden sollten, die die Kernaktivitäten des Unternehmens darstellen (z. B. zentrale Technologiefähigkeiten erfordernde bzw. signalisierende Produktionsvorgänge) oder bei denen (erhebliche) Spezialisierungsvorteile bestehen. Diese Überlegungen fließen in eine eventuell notwendige Neuausrichtung der Aktivitäten ein.

Neben der Identifizierung der Aktivitäten, für die bei einer Neuausrichtung eine andere Aufgabenerfüllung gefunden werden soll, spielt die Frage eine wichtige Rolle, in welcher Form die Neugestaltung und Neuausrichtung der Aktivitäten erfolgen soll. Neben der bekannten Dichotomie »Make-or-Buy« werden in zunehmendem Maße Kooperationen als sinnvolle Möglichkeit diskutiert. Durch sie lässt sich der weitere Grundgedanke der Wertschöpfungskettenanalyse, Optimierungen über alle Kettenglieder hinweg anzustreben, adäquat umsetzen. Entsprechende Fragen werden zunehmend unter dem Begriff des Supply Chain Management diskutiert.

13.4.8 Früherkennungssysteme

Früherkennungssysteme als »Blick in die Zukunft«

Neben der Generierung und Bewertung konkreter Strategien wurde im Bereich des strategischen Managements die Notwendigkeit erkannt, die Umwelt des Unternehmens hinsichtlich strategisch wichtiger Entwicklungen zu beobachten. Hierzu sollen Früherkennungssysteme dienen. In jüngerer Zeit wird die Notwendigkeit von Frühwarnsystemen als Baustein unternehmerischen Risikomanagements verstärkt auch aus prüfungs- und haftungsrechtlicher Sicht vor dem Hintergrund der Anforderungen des KonTraG (Gesetz zur Kontrolle und Transparenz im Unternehmensbereich) diskutiert (z. B. Lück 1999).

Ein Frühwarnsystem hat grundsätzlich die Aufgabe, potentielle oder bereits eingetretene, interne bzw. externe Gefährdungen des Unternehmens so rechtzeitig aufzuzeigen, dass der jeweilige Entscheidungsträger in die Lage versetzt wird, drohende Gefahren abzuwenden oder eingetretene Gefahren in ihren Auswirkungen zu mildern. Neben der Identifikation solcher Gefahren und der Abschätzung ihrer Konsequenzen für das Unternehmen will man Frühwarnsysteme auch dafür heranziehen, Ursachen zu diagnostizieren und Kausalzusammenhänge zwischen den Einflussvariablen zu identifizieren. Frühwarnsysteme sollen darüber hinaus das »strategische Bewusstsein« stärken und die Unternehmensleitung zum frühest möglichen Zeitpunkt auf potentielle krisenhafte Zustände oder Prozesse sensibilisieren. Vielfach wird der Begriff um die positive Risikodimension erweitert und das Aufspüren von unternehmerischen Chancen einbezogen – man spricht dann übergreifend von strategischer Früherkennung bzw. Frühaufklärung (z. B. Krystek/Müller-Stewens 1999). Es lassen sich drei mögliche Stufen strategischer Früherkennung unterscheiden:

- In Ausprägungen der ersten Stufe werden aus den unternehmensinternen Informationssystemen (z. B. des internen bzw. externen Rechnungswesens) *Kennzahlen* abgeleitet, die Rückschlüsse auf die zukünftige Entwicklung des Unternehmens zulassen sollen. Unternehmensextern können bestimmte Daten, z. B. der Insolvenzforschung, auf ihre Prognosekraft für das eigene Unternehmen überprüft werden. Diese weitgehend vergangenheitsbezogenen Ansätze eignen sich jedoch nur begrenzt zur Früherkennung: Häufig hat sich die Krise schon manifestiert, wenn sie sich im eigenen Zahlenwerk niederschlägt (»after the fact«); zusätzlich müssen historisch ermittelte Wirkungszusammenhänge, so etwa zwischen Eigenkapitalhöhe und Liquiditätsrisiko, selbst für Unternehmen der gleichen Branche, bei wachsender Veränderungsdynamik von Geschäftsmodellen nicht notwendigerweise in der Zukunft gelten.
- In der zweiten Stufe werden solche vergangenheitsorientierten Ansätze deshalb um die *Beobachtung und Auswertung »schwacher Signale«* (Ansoff 1975) ergänzt: Darunter versteht man schlecht-strukturierte Informationen, die im Vorfeld auf bevorstehende strategische Diskontinuitäten (Trendveränderungen bzw. Trendbrüche) hinweisen. Zu solchen schwachen Signalen kann die Häufung gleichartiger Ereignisse im Unternehmensumfeld (z. B. bestimmter Aktivitäten des Wettbewerbs) zählen, aber auch die Verbreitung neuer Ansichten von »Meinungsführern«. Die Schwierigkeit liegt vor allem in der Identifikation geeigneter Datenquellen und in der Ausgestaltung des »Filters«, da die Gefahr der Informationsüberflutung besteht. Um das Potential moderner Informationstechnologien für die Datensammlung und -aufbereitung nutzen und geeignete Reaktionsstrategien entwerfen zu können, muss theoretisch der Interpretationsrahmen für die gesammelten Daten vorher feststehen. Gerade dies ist aber unwahrscheinlich, wenn das »schwache Signal« möglicherweise selbst erst den neuen Interpretationsrahmen bestimmt.
- Schließlich ist eine dritte Stufe denkbar: Zusätzlich zu den vorgenannten Aktivitäten kann die *Anpassungsfähigkeit* des Unternehmens auf Veränderungen in seinem strategischen Umfeld insgesamt gestärkt werden. Dazu wird – weit jenseits formaler Informationsverarbeitungssysteme – versucht, etablierte Denk- und Handlungsmuster der Mitarbeiter (insbesondere der Führungskräfte), ihre internen Modelle, gezielt auf den Prüfstand zu stellen. Dies kann z. B. durch fallweise Management-Rotation (Austausch der Führungsteams zwischen inhaltlich unterschiedlichen Geschäftseinheiten für eine kurze Periode) oder auch die Einbeziehung

»Schwache Signale«

Drei Gerationen von Früherkennungssystemen sind zu unterscheiden.

Abb. 13-9

Drei Stufen von Früherkennungssystemen

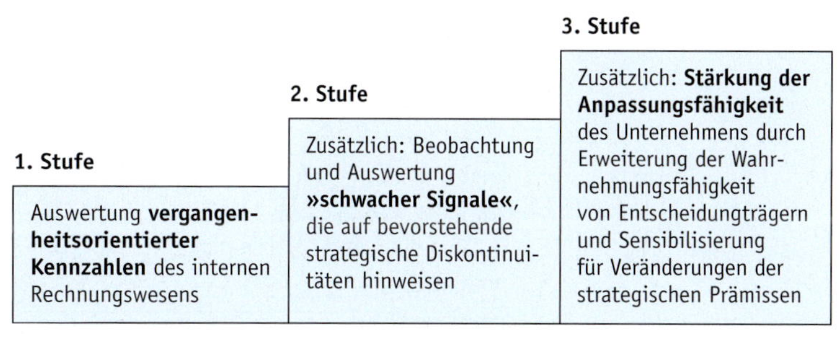

Unternehmensexterner bzw. »anders Denkender« (z. B. Künstler) in strukturierte Diskurse – wie etwa den jährlichen strategischen Planungsprozess – geschehen. Ziel solcher Übungen ist die Erweiterung der Wahrnehmungsfähigkeit individueller Entscheidungsträger und ihre Sensibilisierung für Veränderungen der strategischen Prämissen. Ein solches Vorgehen stellt jedoch hohe Strukturierungs- und Moderationsanforderungen an die den Kontext gestaltende Instanz.

In der Praxis dominieren operative Früherkennungssysteme.

In der Praxis sind trotz aller theoretischen Postulate – vermutlich gerade wegen der genannten Schwierigkeiten – strategische Früherkennungssysteme bisher *wenig verbreitet*; operative dagegen umso häufiger (z. B. im Bankbereich). Strategische Früherkennung wird in vielen Fällen als originäre Aufgabe des Top-Managements betrachtet und findet dezentral und informell statt (Kundengespräche, Messebesuche etc.).

Paradoxerweise eignen sich komplexe DV-Systeme gerade in einem – durchaus heute nicht untypischen – Unternehmensumfeld häufiger strategischer Diskontinuitäten nicht dazu, diese Daten in einen entsprechenden Erklärungszusammenhang zu stellen. Dies liegt nicht (primär) an mangelnder Datenverarbeitungskapazität, sondern an fehlendem »Modellwissen« von Hard- und Software. Damit wird deutlich, dass man keine zu hohen Ansprüche an ein formales Früherkennungssystem stellen sollte, zumal Prognoserisiken, Datenunsicherheit, Datenunzulänglichkeit und Komplexität der realen Welt

Abb. 13-10

Modellhafter Ablauf strategischer Frühaufklärung bei einem marktführenden Netzcarrier (entnommen aus Roll 2004, S. 242)

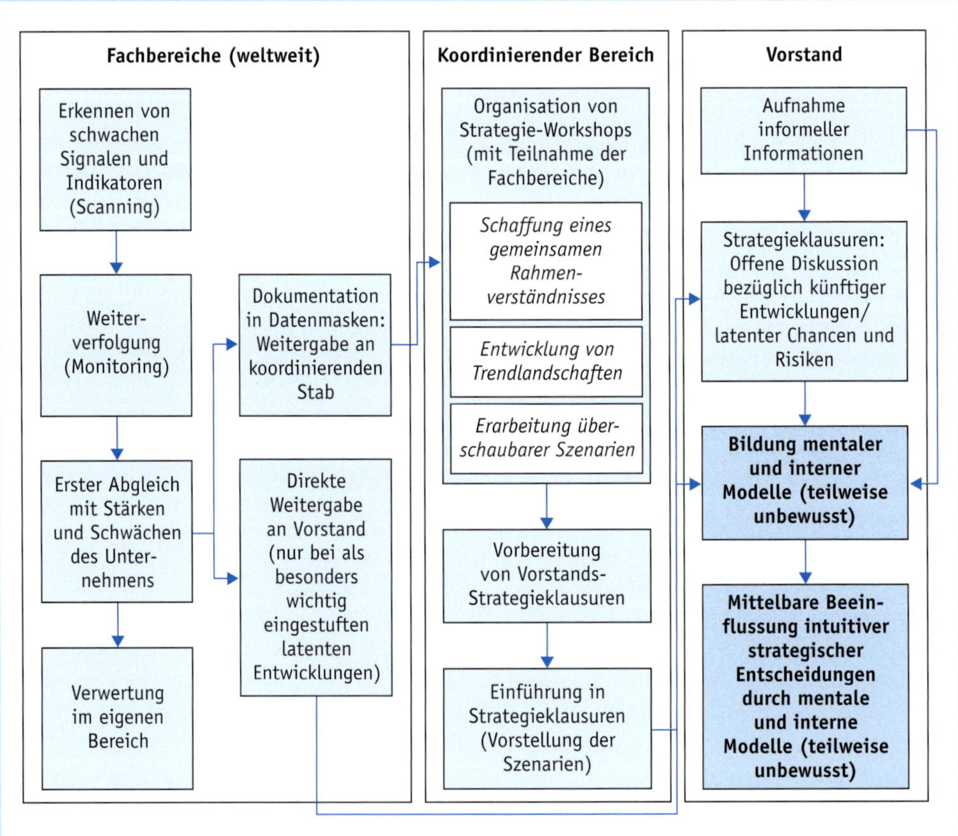

nicht durch Methoden kompensierbar sind. Es kann vielmehr nur um eine Erhöhung der Transparenz gehen, wobei das Erkennen von Ursachen für strukturelle Veränderungen im Vordergrund steht (vgl. zu hierfür nutzbaren Instrumenten Baum/Coenenberg/Günther 2007, S. 346–360). Zwischen höherer Transparenz und Scheinrationalität liegt jedoch oft nur ein schmaler Grat. Einige deutsche Großunternehmen haben daher bereits Anstrengungen in Richtung der dritten Stufe unternommen (vgl. die *Abbildung 13-10*); die Palette der Beispiele reicht von einfachen Weiterbildungsveranstaltungen zum vernetzten Denken bis zu interdisziplinär besetzten »Zukunftsabteilungen«, die sich mit langfristigen sozio-demographischen Trends beschäftigen, die unter Umständen die Geschäftsfelder des Unternehmens nachhaltig beeinflussen.

Betrachtet man anschließend die mögliche Rolle von Controllern in der strategischen Früherkennung, so ergibt sich ein zwiespältiges Bild. Auf der einen Seite hat die Informationsbeschaffung für Früherkennung nur geringe Überschneidungen mit der »normalen« Informationsversorgungsaufgabe der Controller. Zudem ist deren Position in der strategischen Planung – wie wir gesehen haben – in den Unternehmen generell eher schwach. Auf der anderen Seite kommt der Rationalitätssicherung angesichts der Ambivalenz der durch Früherkennung gelieferten Informationen eine potentiell wesentliche Bedeutung zu: Zukunftsgläubigkeit oder Angst vor künftigen Diskontinuitäten sind ebenso unangebracht wie das Negieren potentiell schwacher Signale oder der Ausschluss von »kreativem Philosophieren« in der Phase der Strategieentwicklung und -überprüfung. Zudem verfügen große Unternehmen durch dezentrale Informationsbeschaffung und soziale Netzwerke häufig bereits über viele für die Früherkennung relevante Informationen. Die Herausforderung besteht dann in der Zusammenführung dieser Informationsbausteine und in der Sicherstellung eines rationalen Interpretationsprozesses, in dessen Rahmen unterschiedliche Sichtweisen herausgestellt und der Unternehmensleitung bewusst gemacht werden (vgl. Schäffer/Heidmann 2007). Dennoch: Von allen in diesem Kapitel besprochenen Aspekten ist Früherkennung derzeit am weitesten von der Praxis der Controller entfernt.

Zusammenfassende Aussagen (vgl. auch Leitfrage 4)

- Das strategische Management kann auf eine Reihe von bekannten Instrumenten zurückgreifen. Anders als im Bereich der operativen und der taktischen Planung unterstützen sie primär die Wahrnehmung und die Prognose, nicht die Bewertung.
- Alle Instrumente zeichnen sich dadurch aus, dass sie wegen ihrer geringen formalen Geschlossenheit zu einem Abgleich von Einschätzungen unterschiedlicher am Strategieprozess Beteiligter führen. Diese Kommunikationsfunktion bestimmt einen wesentlichen Teil ihres Nutzens.
- Die Offenheit der Instrumente macht sie gleichzeitig aber auch potentiell opportunistisch ausbeutbar. Relevante Märkte können in der Portfolio-Analyse z. B. sehr unterschiedlich abgegrenzt werden – auch so, dass es den Interessen Einzelner nutzt!
- Eine Reihe von Instrumenten macht Aussagen über vergangene empirische Gesetzmäßigkeiten. Deren Fortdauer ist bei der konkreten Anwendung kritisch zu hinterfragen.
- Controller können potentiell gerade in dieser geringen formalen Geschlossenheit der Instrumente eine wesentliche Rolle als Rationalitätssicherer spielen. Empirisch gesehen sind sie dort aber weit weniger zu finden als im operativen und taktischen Bereich.

13.5 Fazit

Strategische Planung und Kontrolle bildet ein wesentliches Aufgabenfeld der Unternehmensführung, das eine Aura des Besonderen, des für den Unternehmenserfolg Essentiellen umgibt. Für viele Studenten ist es weit spannender als Buchführung oder Lineare Programmierung. Strategie-Beratungen können unter den besten Absolventen auswählen. Ansprechpartner bei den Beratungsprojekten ist stets das Top-Management.

Controller sind bis in diese Ebene bislang noch nicht wirklich vorgestoßen – trotz aller Bekenntnisse zu einem strategischen Controlling. Allerdings zeichnet sich aktuell eine große

Chance ab, sich fest im Bereich der Strategien zu verankern: Zum einen sind viele Unternehmen mit ihrem Strategieprozess unzufrieden; insbesondere lässt die Strategiedurchsetzung zu wünschen übrig (»strategische Wolken«). Zum anderen ergibt sich durch die starke Kapitalmarktorientierung der Unternehmen die Notwendigkeit, Anteilseignern und Analysten gegenüber die Werthaltigkeit von Strategien belegen zu müssen; mancher Strategieprozess hat seine Unverbindlichkeit im Zuge der Einbindung in Wertorientierung gänzlich verloren.

Notwendigkeit zur Konkretisierung von Strategien

Wollen Controller im Feld der Strategie in Zukunft eine wichtige Rolle spielen, müssen sie allerdings noch (erheblich) in eigenen Know-how-Aufbau investieren. Der Kontext von Strategien ist vielen Controllern fremd, ja suspekt. »Der typische Controller« hat wenig Verständnis für Unschärfen und hohe Wissensdefizite, wie sie die strategische Führung häufig ausmachen; ihr Bestreben ist es vielmehr, vage Ideen in konkrete Vorhaben zu transferieren und dabei Wissensdefizite durch Informationen auf ein Mindestmaß zu reduzieren. Auch ist es Anliegen eines typischen Controllers, die »weiche« Intuition des Managers auf eine möglichst »harte« analytische Basis zu stellen. Fehlende Rechnungen oder hohe Anteile von Nicht-Rechenbarem stoßen schnell auf den Verdacht, hiermit nur persönlichen Zielen oder Vorlieben folgende Maßnahmen »begründen« zu wollen. Negativ wirkt sich auch die durchweg zu beobachtende starke Innenfokussierung der Controller aus. Sie kennen jede Kostenstelle; wie die Märkte funktionieren, was z. B. einen Kostenverbund von einem Erlösverbund unterscheidet, ist dagegen nur wenigen Controllern hinreichend bekannt. Damit eng verbunden ist die starke Ausrichtung auf Inputs (»Kostendenke«); wenn ein Manager Kostensenkungsprogramme im Auge hat, assoziiert er damit sofort Controller; bei Erlössteigerungen kommt diese Assoziation nicht. Marktkenntnis und Markterfahrung ist aber eine Conditio sine qua non für strategisches Arbeiten.

Mitwirkung in der Strategie als Chance für Controller

Um ein strategisches Controlling zu implementieren, das seinen Namen wirklich verdient, ist es deshalb notwendig, in einem ersten Schritt die bestehenden Eignungsbeschränkungen überhaupt zu erkennen und anzunehmen. Das heißt für die Controller auch, möglicherweise bestehende Minderwertigkeitskomplexe gegenüber Strategen abzulegen. Controller können mit diesen häufig weder von ihrer Ausbildung (MBA, Promotion, internationale Studien) noch von ihrer Markterfahrung mithalten (Strategen rekrutieren sich häufig aus Top-Beratungen und Investment-Banken). Allerdings besitzen Controller systematische Vorteile, was die Kenntnis des Unternehmens und seiner Manager betrifft. Außerdem verfügen sie über erhebliche Erfahrung in der kritischen Beurteilung von Ideen und Projekten, die sich – richtig eingesetzt – auch im Strategiebereich sehr segensreich auswirken kann.

Controller müssen im zweiten Schritt bereit sein, umfänglich zu lernen. Es gilt, sich systematisch das fehlende Wissen im Bereich Märkte und Strategien anzueignen. Insbesondere müssen sie auch ein adäquates Verständnis für kreative Prozesse gewinnen, ein Gefühl für das Zusammenspiel von Intuition und Reflexion, von unternehmerischem Gespür und harter Analytik entwickeln. Hier gilt es, die Intuition einerseits nicht zu stark in das Korsett exakter Pläne zu zwängen, andererseits aber auch nicht die Rationalität steigernde Wirkung von quantitativen Plänen zu unterschätzen.

Diese Investition in Know-how und Einstellung lässt einen hohen Nutzen erwarten, denn ein Aufarbeiten der genannten Eignungsbeschränkungen erweist sich weit über den konkreten Zweck einer strategischen Unterstützung hinaus als (sehr) hilfreich: Ein höheres Markt-Know-how lässt Controller kompetentere Partner von Marketing- und Vertriebsmanagern werden; ein besseres Verständnis der Rolle von Instrumenten (als eine Form betriebswirtschaftlicher Sprache, die eine gerichtete Kommunikation unterschiedlich spezialisierter und/oder sozialisierter Manager erlaubt oder zumindest erheblich erleichtert) ermöglicht ein kritisches Überdenken des gewohnten Instrumentariums in der operativen Führung; der sensiblere Umgang mit Kreativität – ein unverzichtbarer Bestandteil jeder strategischen Positionierung – hilft schließlich wiederum im Marketing, aber auch in der F & E, in Bereichen also, in denen Controller bislang zumeist einen schweren Stand hatten und auf wenig Bereitschaft und Akzeptanz stießen.

Weiterführende Literatur zu ...

... Begriffliche Grundlagen
Goeldel 1997, S. 77–82
Müller-Stevens/Lechner 2005, S. 8–23

... Struktur und Inhalt der strategischen Planung und Kontrolle
Hamprecht 1996, S. 149–158
Weber/Goeldel/Schäffer 1997
Weber/Radtke/Schäffer 2006
Schäffer/Matlachowsky 2008

... Aufgaben der Controller in der strategischen Planung und Kontrolle
Al-Laham/Welge 2003
Banker/Johnston 2002
Hungenberg/Wulf 2003
Weber 2003b

... Erfolgsfaktorenanalyse
Homburg 2000, S. 57–72
March/Sutton 1997
Welge/Al-Laham 2008, S. 241–260

... Stärken-Schwächen-Analyse
Baum/Coenenberg/Günther 2007, S. 74
Eschenbach/Eschenbach/Kunesch 2003, S. 65–73
Valentin 2001

... Produkt-Lebenszyklus-Analyse
Brockhoff 1999, S. 120–124
Homburg 2000, S. 82–92

... Erfahrungskurvenkonzept
Baum/Coenenberg/Günther 2007, S. 91–107
Homburg 2000, S. 72–82

... Produkt-Markt-Portfolio-Analyse
Roventa 1981
Schrader/Binder 2002
Welge/Al-Laham 2008, S. 475–508

... Technologie-Portfolio-Analyse
Pfeiffer et al. 1991, S. 77–134
Schröder 1996, Sp. 1994–2011

... Wertschöpfungsketten-Analyse
Kummer 1992, S. 60–65
Welge/Al-Laham 2008, S. 360–376

... Früherkennungssysteme
Ansoff 1975, S. 21–33
Baum/Coenenberg/Günther 2007, S. 329–360
Krystek 2003, S. 121–148
Thomas/Gioia/Ketchen 1997
Schäffer/Heidmann 2007

14 Grundfragen der Gestaltung des Controllerbereichs

Leitfragen

1. Was ist unter den Begriffen »Controllerbereich« und »Gestaltung« im Einzelnen zu verstehen?
2. Wodurch werden die Möglichkeiten zu einer aktiven Gestaltung des Controllerbereichs bestimmt?
3. Die Zuordnung von Aufgaben zu Aufgabenträgern ist ein originäres Organisationsproblem. Wie sieht es in seiner Grundstruktur aus? Welche Besonderheiten resultieren aus der spezifischen, heterogenen Aufgabenstellung der Controller?
4. Wie lässt es sich erreichen, dass Controller ihre Rolle nicht missbrauchen? Wer kontrolliert den Kontrolleur?

Auch im IV. Teil des Buches wollen wir die zu behandelnde Themenstellung schrittweise angehen. In diesem 14. Kapitel geht es einführend um allgemeine Aspekte, die auf das Problem der Gestaltung des Controllerbereichs Einfluss nehmen. Das anschließende 15. und letzte Kapitel wird dann konkrete Gestaltungsfragen behandeln.

14.1 Begriffliche Grundlagen

Im 1. Kapitel des Buches haben wir sorgsam die Begriffe Controller, Controllership und Controlling voneinander abgegrenzt. Ein Hauptanliegen war es, die Beziehungen zwischen den Aufgabenträgern Controllern und der Aufgabe Controlling deutlich herauszuarbeiten. Die damit geschaffene begriffliche Klarheit führt nun in diesem Kapitel zur Einführung eines – wenig eleganten – neuen Begriffs: dem Controllerbereich. Er ist in der Praxis weitestgehend unüblich. Wie bereits im 1. Kapitel angemerkt, spricht man in den Unternehmen durchgängig von »unserem Controlling«, wenn man die dort tätigen Controller meint. Auch in der Literatur trifft man auf den Begriff eher selten, und zudem – wen wird es an dieser Stelle wundern – in eher uneinheitlicher Form (vgl. z. B. Mosiek 2002, S. 1; Horváth 2006, S. 799–886). Wir wollen in dieser Einführung der Definition von David (2005, S. 12) folgen, der den Begriff Controllerbereich »als diejenige organisatorische Einheit innerhalb eines Unternehmens [definiert], die die Mitarbeiter mit der Bezeichnung ›Controller‹ umfasst, d. h. all diejenigen Mitarbeiter, die in einer Abteilung ›Controlling‹ organisiert sind«. Von derartigen Abteilungen gibt es in größeren Unternehmen stets mehrere; zumindest lassen sich eine Zentralabteilung und diverse dezentrale Bereiche unterscheiden – z. B. gebildet für einzelne Funktions- und/oder Geschäftsbereiche. Alle diese Controller-Subbereiche arbeiten im Unternehmen zusammen; allerdings treten sie zuweilen – wie im 15. Kapitel noch näher auszuführen sein wird – auch miteinander in Wettbewerb.

Controllerbereich kennzeichnet das, was in der Praxis zumeist mit »unser Controlling« bezeichnet wird.

Unter »Gestaltung« wollen wir alle Fragestellungen zusammenfassen, die sich mit der grundsätzlichen Ausrichtung des Controllerbereichs auseinandersetzen. Diese beginnen bei der – auf den ersten Blick etwas kontraintuitiv klingenden – Frage, ob es für die Controller überhaupt einen inhaltlichen Gestaltungsspielraum gibt: Controllerbereiche sind ein Teil der hierarchischen Ordnung eines Unternehmens und werden deshalb vom Management in die Organisation eingefügt. Insofern ist es nicht a priori selbstverständlich, für den Controllerbereich eine eigene inhaltliche Gestaltungskompetenz anzunehmen. Allerdings wird die Argumentation zeigen, dass eine solche zumindest in Grenzen vorhanden ist. Deshalb geht es dann in weiteren Schritten um die strategische Ausrichtung des Controllerbereichs ebenso wie um Maßnahmen zur Umsetzung der Strategien. Schließlich umfasst Gestaltung auch die Organisation der Controllerstellen. Damit ist der Inhalt des vierten Teils des Buches vorgezeichnet.

Zusammenfassende Aussagen (vgl. auch Leitfrage 1)

- Controller arbeiten in den Unternehmen zumeist zu eigenen Abteilungen zusammengefasst. Diese seien als »Controllerbereich« bezeichnet.
- Den Controllerbereichen wird die Möglichkeit unterstellt, ihre Aufgaben und Aufgabenumsetzung – in bestimmten Grenzen – aktiv festzulegen.

14.2 Zur Frage des grundsätzlichen Gestaltungsspielraums

Die Aufgaben von Controllern sind durch die Hierarchie vorgegeben – können aber durchaus von den Controllern beeinflusst werden.

Wie bereits angedeutet, steht hinter der Formulierung einer Gestaltungsaufgabe des Controllerbereichs die Sichtweise, dass den Controllern eine aktive Gestaltung ihrer Aufgaben generell möglich ist. Diese sei zunächst in einem ersten Schritt begründet. Danach werden zwei spezifische Rahmenfaktoren für diese Gestaltungsaufgabe diskutiert, die den Autonomiegrad der Gestaltung einschränken: Zum einen handelt es sich – in einer kontingenztheoretisch motivierten Perspektive – um Umfeldfaktoren des Controllerbereichs, seien sie unternehmensexterner oder unternehmensinterner Natur. Zum anderen wollen wir Gedanken wieder aufgreifen, die an vielen Stellen im Buch bereits angedeutet wurden: Wie Controlling funktional und institutional in einem Unternehmen »aufgestellt« ist, hängt nicht nur von den zu bewältigenden Aufgaben, sondern auch vom Entwicklungsstand ab, den die Controllingidee und der Controllerbereich im Unternehmen erreicht haben. Hierfür wird ein bestimmtes Entwicklungsmodell postuliert, das den Abschnitt 14.2 abschließt.

14.2.1 Gestaltung des Controllerbereichs im Spannungsfeld zwischen Eigen- und Fremdbestimmung

Controller leisten Führungsunterstützung. Hierfür werden in der Unternehmenshierarchie Stellen eingerichtet. Manager bestimmen deren Ausprägung, Umfang und Zuordnung. Gerade in der Möglichkeit, die vielfältigen Aufgaben in einem Unternehmen in einer ganzheitlichen Perspektive aufeinander abgestimmt Aufgabenträgern zuzuweisen, besteht ein zentraler Vorteil einer hierarchischen Koordination. Allerdings ist für die Realisierung dieses Vorteils ein entsprechendes Wissen über Aufgaben und Aufgabenträger erforderlich. Dieses stößt bei hoher Komplexität und insbesondere bei steigender Dynamik schnell an seine Grenzen (vgl. die Ausführungen zu den Koordinationsmechanismen im 3. Kapitel des Buches). Insofern gibt es seit geraumer Zeit Bestrebungen, Marktmuster und -verhaltensweisen auf interne Bereiche zu übertragen (»interner Wettbewerb«) – wir sind darauf insbesondere bei der Entwicklung der Budgetierung im 11. Kapitel dieses Buches bereits näher eingegangen. In einer solchen Perspektive sind Controller Anbieter von Leistungen für das Management, auf deren Gestaltung und Umfang sie selbst einen wesentlichen Einfluss besitzen.

14.2.1.1 »Role Taking« versus »Role Making«

Zur Frage, ob Controller das Recht haben, ihre Aufgaben zu gestalten, kann man idealtypisch zwei gegensätzliche Perspektiven einnehmen (vgl. Kronast 1989, S. 194–196), die begrifflich auf die in der Psychologie entwickelte Rollentheorie Bezug nehmen (vgl. zur Rollentheorie u. a. Katz/Kahn 1978).

Aus der Perspektive eines *»Role Taking«* übernimmt der Controllerbereich die ihm von der Unternehmensleitung zugewiesenen Aufgaben der Managementunterstützung, ohne einen eigenen Gestaltungsbeitrag zu leisten. Das Management definiert die Anforderungen und teilt die anfallenden Aufgaben unter den Geschäftseinheiten und »Führungsdienstleistern« auf. Der Controllerbereich besitzt im Extremfall keinerlei eigene Gestaltungsmöglichkeit. Diese Perspektive korrespondiert mit der klassischen Sichtweise der Organisation als Hierarchie. Die Instanz nimmt die Teilung und Delegation der Aufgaben vor, die delegierten Stellen führen sie aus. Im Idealfall lassen sich die Aufgaben so weit trennen, dass sich keine Überschneidungen zwischen Teilaufgaben der Akteure ergeben. Dennoch werden gewisse Abhängigkeiten nicht zu vermeiden sein. Die einzelnen Unternehmenseinheiten sollen dann harmonisch miteinander im Sinne des Unternehmens kooperieren. Von opportunistischem Verhalten und »Abteilungsdenken« wird in dieser Perspektive häufig abstrahiert. Alle Einheiten verfolgen eine übereinstimmende Zielfunktion, die den Unternehmenszielen entspricht. Die dadurch mögliche Arbeitsteilung und Spezialisierung führt zu Effizienzvorteilen.

Die zweite Perspektive und den Gegenpol zur ersten bildet das so genannte *»Role Making«*. In diesem Verständnis obliegt es dem Controllerbereich selbst, sich seine Rolle und seine Leistungen in der Managementunterstützung zu definieren. Im Extremfall liegt ein völliger Gestaltungsfreiraum vor, der lediglich durch die grobe Vorgabe des Aufgabenbereichs einer zugleich dienstleistenden und rationalitätssichernden »Managementunterstützung« einen Rahmen erhält. Diese Perspektive entspricht einer Koordination durch interne Märkte. Jeder Marktteilnehmer hat dabei eine Wahlfreiheit, welche Leistungen er anbietet bzw. welche er abnimmt. Es gibt keine hierarchische Weisung; die Leistung wird stattdessen zu einem Marktpreis angeboten und entsprechend nachgefragt. Mehrere Anbieter produzieren die gleiche Leistung und stehen damit im Wettbewerb zueinander, der für die Nachfrager in der Regel positive Wirkungen hat: Wettbewerb ist ein zentrales Kennzeichen für das Funktionieren von Märkten. Die Ziele der unterschiedlichen Marktteilnehmer müssen dabei nicht gleichgerichtet sein – es kann zu Zielkonflikten kommen. Wettbewerbsverhalten tritt an die Stelle von »harmonischer« Kooperation.

»Role Taking« – die Controller machen, was ihnen das Management vorgibt.

Eine Antwort auf die Frage des »Role Taking« versus »Role Making« kann prinzipiell nur unternehmensindividuell gefunden werden. Dennoch lässt sich über die Unternehmen hinweg empirisch gesehen eine klare Priorität Positionierung feststellen (vgl. Weber et al. 2006, S. 46 f.; Weber 2008, S. 148–150): Controller spielen längst nicht mehr allein die Rolle eines »Role Takers«, da die meisten Unternehmen nicht mehr rein zentralistisch organisierte Hierarchien sind, sondern den Abteilungen und Geschäftsbereichen viel dezentraler Freiraum gewährt wird. Auch Controller können so Aufgabenschwerpunkte und Rollen in Grenzen eigenständig prägen. Je nach Autonomiegrad im Unternehmen haben sie die Möglichkeit, ihr »Spielfeld« eigenverantwortlich zu gestalten. Dabei treten sie in einen Wettbewerb mit anderen Abteilungen und versuchen, auch eigene Interessen – (hoffentlich) zum Nutzen des Unternehmens – durchzusetzen.

Dieser Wettbewerb zeigt sich in einem entsprechenden Verhalten – z. B. wenn es um die Gewinnung der Aufmerksamkeit des Top-Managements oder um Karrierechancen geht, genauso wie bei einem Wettbewerb um neue wichtige Projekte oder Leistungsbereiche. Auch um personelle, finanzielle oder sachliche Ressourcen kann ein Wettbewerb entstehen. Controller versuchen entsprechend, ihre Ideen zu verwirklichen, als besonders relevant erscheinende Projekte zu leiten, wichtige Positionen mit Mitarbeitern aus dem eigenen Bereich zu besetzen und besonders guten Nachwuchs zu rekrutieren – und sind dabei auch bereit, Konflikte mit anderen Bereichen einzugehen (»Den Managementreport stellen wir zusammen, nicht das Accounting!«).

»Role Making« – die Controller gestalten ihre Aufgaben weitgehend selbst.

Controller können allerdings nicht ausschließlich »Role Maker« sein. Weiterhin vorherrschend bleiben die Hierarchie im Unternehmen und der Grundsatz der Kooperation bestehen – welcher CFO wird es sich schon nehmen lassen, das Verhältnis zwischen »seinen« beiden Abteilungen Controlling und Accounting im

Kern zu regeln? Es gibt stets Weisungen, welche Aufgaben von welchem Bereich zu übernehmen sind. Innerhalb eines jeden Unternehmens existieren zudem ein historisch gewachsenes Controllerbild und damit ein grundsätzliches Verständnis darüber, wie Controller mit den Managern einerseits und mit den Abteilungen andererseits zusammenarbeiten sollen. Hierdurch wird die Rolle der Controller im Sinne eines »Role Taking« außerhalb des Controllereinflusses vorgeprägt. Aus Controllersicht handelt es sich somit bei der Festlegung ihres Betätigungsbereichs um ein Spannungsfeld: Für sie ist sowohl die Perspektive des »Role Taking« wie des »Role Making« relevant.

Für Controller sind die »Role Making«- und die »Role Taking«-Perspektive gleichermaßen relevant.

14.2.1.2 »Role Making« als aktuelle Handlungspriorität

Wir haben uns in diesem Buch bewusst auf die – eher noch ungewohnte und bisher vernachlässigte – Perspektive des *»Role Making«* konzentriert und den Controller als einen »Unternehmer im Unternehmen in Sachen Führungsdienstleistungen« gesehen, als einen Dienstleister mit eigenem Gestaltungsanspruch, der insbesondere bei Ergänzungs- und Begrenzungsaufgaben eine Selbsteintrittspflicht besitzt, nicht warten kann und darf, dass der Manager seine Leistungen einfordert bzw. nachfragt. Diesen »inhaltlichen Bias« werden wir auch im letzten Teil des Buches aufrechterhalten. So werden wir im Abschnitt 2 des abschließenden 15. Kapitels ausführlich darstellen, wie sich der Controllerbereich unter Berücksichtigung von Kunden und Wettbewerbern strategisch ausrichten und seine Rolle selbst gestalten sollte, um eine optimale Managementunterstützung leisten zu können. Ergebnis solcher Überlegungen werden konkrete Strategien ebenso sein wie eine konsistente Vision und Mission der Controller.

Controller stehen als Dienstleister der Führung keinesfalls alleine da.

Die Begründung für eine solche Sichtweise kommt aus Veränderungen im Umfeld der Controllerbereiche. Die von Controllern angebotenen Leistungen sind mittlerweile in den Unternehmen nicht mehr von ihnen monopolisiert; Überschneidungsbereiche wachsen; interne Wettbewerber werden sichtbar (und immer aktiver). Dies gilt sowohl für »unspannende« Routineprozesse (z. B. die monatliche Informationsbereitstellung) als auch für anlassgesteuerte »hochwertige« Unterstützungsleistungen (z. B. die betriebswirtschaftliche Beratung des Managers).

Die *Abbildung 14–1* zeigt potentielle interne Wettbewerber der Controller im Überblick. Bezogen auf die Routineprozesse der Informationsversorgung als Beispiel übernimmt vor allem das externe Rechnungswesen immer mehr Basisleistungen. Durch die Internationalisierung des Rechnungswesens wird in vielen Unternehmen inzwischen auf einen getrennten Rechnungskreis für die Kostenrechnung verzichtet – wir sind darauf im 5. Kapitel näher eingegangen (vgl. Abschnitt 5.4.2). Auch die interne Steuerung erfolgt häufig nach nur noch geringfügig angepassten externen Rechnungswesenzahlen und die Veröffentlichung von Quartalsabschlüssen wird verpflichtend. Damit gewinnen das externe Rechnungswesen und dessen Zahlenwerk für die interne Steuerung an Bedeutung – vielfach zu Lasten der bisher vom Controlling gelieferten Zahlen. Es ist sinnvoll, kritisch zu hinterfragen, ob und wie Controller ohne ihre Basis »Kosten- und (Betriebs-)Ergebnisrechnung« ausreichend Managementunterstützung bieten können.

Der Rückzug aus Routineprozessen böte den Controllern zwar die Chance, stärker in die interne Beratung vorzudringen, würde aber gleichzeitig das Risiko in sich bergen, damit die zah-

Abb. 14-1

Überblick über wichtige interne Wettbewerber der Controller (entnommen aus Weber/David/Prenzler 2001, S. 10)

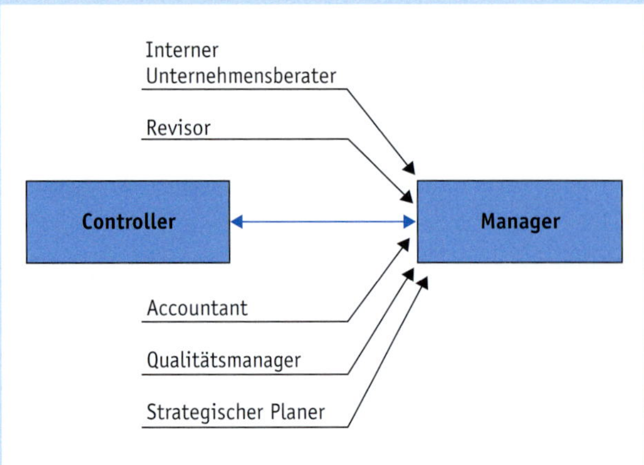

lenmäßige Basis für eine kompetente Beratung zu verlieren bzw. ihr altes Stammgeschäft aufzugeben, ohne im neuen Geschäft hinreichend Fuß fassen zu können. Bezogen auf die Ausweitung in Richtung betriebswirtschaftliche Beratung und Projektbegleitung sehen sich Controller in vielen Unternehmen der etablierten Konkurrenz der Internen Unternehmensberatung gegenüber. Bei der Entwicklung und Umsetzung wertorientierter Steuerungskonzepte werden oft externe Berater eingeschaltet. Die Strategieentwicklung eines Unternehmens erfolgt häufig ebenfalls nicht durch Controller. Auch hier muss sich der »Controllerdienst« starken Wettbewerbern stellen.

Diese Entwicklungen machen die Notwendigkeit einer verstärkten Einnahme der »Role-Making«-Position für die Controller mehr als plausibel. Sie verspricht aber auch unabhängig von solchen »eigennützigen« Überlegungen eine Reihe von Vorteilen (vgl. David 2005, S. 96 f.):

(1) *Motivationswirkung:* Zwei Effekte wirken motivierend: Zum einen bekommen die Controller die Möglichkeit, von ihnen selbst priorisierte Aufgaben wahrzunehmen. Zum anderen wird die eigene Leistungsfähigkeit durch das eingeholte Kunden-Feedback sichtbar: Controller werden Managern auf Dauer nur solche Leistungen präsentieren können, die von diesen auch gewollt und geschätzt werden.
(2) *Innovationswirkung:* Leistungen in einer Lieferanten-Kunden-Perspektive anzubieten, heißt, das Aufgabenspektrum laufend überdenken zu müssen und an geänderte Kundenbedürfnisse anzupassen. Wenn der Manager etwa nun auch das Rechnungswesen fragen kann, wenn es um Informationen zur Unternehmens-Performance geht, dann muss der Controller versuchen, einen besseren »Dienstleistungskranz« um diese Informationen zu liefern, also besser zu erklären, eine bessere Einordnung und Interpretation zu ermöglichen oder auch die Informationen besser darzustellen. Ein herber Rückschlag wäre es – um ein weiteres Beispiel zu nennen – wenn die Initiative zur Einführung einer BSC von der Personalabteilung und nicht vom Controlling käme. Dies lässt sich am besten dadurch vermeiden, dass die Controller ständig versuchen, sinnvolle Neuerungen aufzuspüren und dem Management »schmackhaft« zu machen.
(3) *Ressourceneinsparung:* Der laufende Abgleich zwischen Leistungsangebot und -nachfrage durch das Management schärft den Blick für konkrete Nutzenwirkungen. Das aus der Volkswirtschaftslehre bekannte Phänomen der Verschwendung »freier Güter« wird ebenso vermieden wie das fortdauernde Angebot von Leistungen, an denen das Management kein Interesse besitzt.
(4) *Leistungssteigerung:* Wenn die Manager in die Gestaltung der ihnen von den Controllern erbrachten Leistungen einbezogen werden, spricht viel dafür, dass diese besser auf die Bedürfnisse der Manager passen, ihnen einen höheren Nutzen ermöglichen. Dieser Zusammenhang ist für die Beziehung Unternehmen – Kunden mehrfach nachgewiesen worden (vgl. z. B. Homburg 1995).

Vorteile einer stärkeren »Role Making«-Position

Auf die interne Kundenorientierung werden wir im 15. Kapitel noch näher eingehen. Im Folgenden seien die internen Wettbewerber der Controller näher betrachtet.

14.2.1.3 Interne Konkurrenten der Controller

Eben wurden die internen Wettbewerber der Controller bereits kurz angesprochen. Die wichtigsten von diesen seien im Folgenden etwas ausführlicher dargestellt. Sie sind es – neben individuellen Präferenzen der Manager –, die den Spielraum der Controller zu einem »Role Making« begrenzen.

Accountants

Einen seit einigen Jahren stärker werdenden Wettbewerber stellt das externe Rechnungswesen dar. Dies wird beispielhaft an folgendem Zitat des Controllingleiters eines DAX 30-Unternehmens deutlich: »Da herrscht oft eine Rivalität zwischen beiden, und es ist eine der wesentlichen Aufgaben eines CFOs, dass man einen vernünftigen Ausgleich zwischen der Rechnungslegungsseite und der Controllingseite hinbekommt.« (Weber 2008, S. 167). Wesentliche Aufgabe des externen Rechungswesens ist die Informationsversorgung unternehmensexterner Adressaten. Hierzu zählen neben Kapitalgebern,

Accountants haben mittlerweile einen erheblichen Bereich von Aufgabenüberschneidungen mit Controllern.

Im Original

Zitate von Controllern der DAX 30-Unternehmen zur Wettbewerbssituation des Controllerbereichs (aus Weber 2008, S. 168–188)

»Accounting ist eigentlich kein Konkurrent. Vielleicht ist es keiner mehr. Zwischendurch war es so. Der Vorgänger im Amt des Accountingleiters hatte da mehr Ambitionen, so eine Art Vorgesetztenstellung daraus zu machen. Aber dafür hätte er sein Metier ein bisschen besser verstehen müssen. Jetzt ist er nicht mehr da, jetzt ist er woanders.«

»Wettbewerb zwischen dem Controlling und dem Accounting gibt es nicht. Das ist relativ gut getrennt. Wir sind hier für die normalen ökonomischen Dinge zuständig. Wenn es um Beteiligungsergebnis geht und um sonst irgendwelche abstruse Konstellation und Buchungen, off balance-vehicles und so etwas, dann ist das mehr das Rechnungswesen.«

»Während ein Accountant noch sehr genau weiß, was sein Kerngeschäft ist, es ein Controller noch relativ gut weiß, ist es bei einer Unternehmensentwicklung/Strategie oft sehr, sehr unbestimmt. Je nachdem, welche Personen da gerade agieren, beginnen sie, in den Aufgaben zu wildern, die der Controller in der Regel erstmal als die seinigen ansieht. Das ist eine latente Wettbewerbssituation. Momentan ist sie nicht kritisch. Sie führt weder zu unnötigen Doppelarbeiten noch zu internen Grabenkämpfen, die viele Ressourcen verschleißen würden. Aber es ist ein labiles Gleichgewicht, das auch sehr schnell gestört werden kann – unter anderem dadurch, dass auch die Vorstände nicht immer ihre Zuständigkeiten und Ressortabgrenzungen ganz sauber vorgenommen haben.«

»Natürlich haben die Strategen die schöneren, interessanteren Themen, natürlich können sie sich damit immer profilieren, natürlich haben sie einen besseren Zugang zum Vorstand. Das ist halt so. Aber irgendwann werden die in eine operative Funktion wechseln müssen, und dann haben sie alles auszubaden, was sie bis dahin verzapft haben. Insofern habe ich kein Problem damit. Es gibt eine späte Rache. Die späte Rache kommt bei der Karriere.«

»Ja. Wir spielen uns die Bälle zu. Wir haben eine enge Abstimmung mit der Revision. Wenn wir z. B. sehen, dass es einen Auftrag von einer Tochter gibt, der von manchen Leuten als sehr positiv, von anderen als sehr schlecht angesehen wird, dann ist es eine Abstimmung zwischen dem Revisions-Kollegen und mir, wer sich jetzt um dieses Thema kümmert. Wenn es die Revision ist, dann nehmen die aber meinen Teilkonzerncontroller mit und binden den ein, weil das im Dialog passiert. Also wir spielen uns die Bälle zu.«

»Dem internal auditor fehlt die Sicherheit, dass die erforderlichen Prozesse auch wirklich verankert und vorangetrieben werden. Da sind die Controller gemeinhin doch die etwas aggressiveren Gesprächspartner in der Frage: ›Was ist denn? Und wenn nicht jetzt, wann?‹ Das Treiben von Prozessen passiert immer noch besser hier.«

»Theoretisch könnte es ein paar Überschneidungen geben, aber ich glaube, die sind gering. Jeder kennt seinen Aufgabenfokus. Das Verhältnis ist meines Erachtens absolut in Ordnung. Wir sind zum Teil Lieferant, aber auch Kunde. Wir beraten zum Teil die Divisionen und Gesellschaften, andererseits liefern die uns natürlich auch Zahlen, die wir uns ansehen. Wie ich es hier kennen gelernt habe, ist das eine Kooperation, keine Konkurrenz.«

»Es macht für uns keinen Sinn, sich stärker um diesen Geschäftsbereich zu kümmern. Die haben 50 Leute da, ich insgesamt nur 10. Es macht keinen Sinn, solange ich mit dem Geschäftsfeldcontroller gut zusammenarbeiten kann. Wenn der allerdings die Ärmel aufkrempeln und mit den Zähnen fletschen würde, hätte ich einen schlechten Stand. Ganz nüchtern betrachtet.«

Das Accounting liefert dem Controlling einen wesentlichen Teil der benötigten Informationen.

d. h. Gläubigern und Anteilseignern, auch der Fiskus sowie Kunden und Lieferanten. Mit Hilfe der Rechnungslegungsdaten werden Steuerzahlungen und der ausschüttungsfähige Gewinn bestimmt (Zahlungsbemessungsfunktion). Zudem können sich die externen Adressaten anhand der veröffentlichten Informationen ein Bild von der wirtschaftlichen Situation des jeweiligen Unternehmens machen (Informationsfunktion). Um die Informationsbedürfnisse in einer allgemein nachvollziehbaren Form zu befriedigen, muss sich das externe Rechnungswesen an extern vorgegebene Rechnungslegungsstandards halten, wie sie im HGB oder den IAS/IFRS kodifiziert sind.

Das externe Rechnungswesen kommt seiner Aufgabe insbesondere durch Erstellung des Jahresabschlusses nach. Darüber hinaus obliegen der Abteilung im Allgemeinen auch die laufende Buchführung sowie die Betreuung der externen Wirtschaftsprüfer. Besonders in kleineren und mittleren Unternehmen übernimmt es zum Teil auch die Vorbereitung von Steuerzahlungen, z. B. der Umsatz- oder der Gewerbesteuer.

Controllerbereich und externes Rechnungswesen verwenden für ihre jeweiligen Aufgabenbereiche dieselben monetären und nicht-monetären Rohdaten, z. B. Zahlungen oder Mengenangaben. Der Trend zur Verwendung von Einkreissystemen, der sich vor allem aus der weit verbreiteten Nutzung von Rechnungswesen-Software speist, führt dabei zu einer verstärkten Vereinheitlichung von Daten im internen und externen Rechnungswesen. Für die Eingabe der Daten in die Computersysteme ist im Allgemeinen das externe Rechnungswesen zuständig, das daher für die Deckung eines Großteils des Datenbedarfs von Controllerbereichen verantwortlich ist. Das externe Rechnungswesen kann somit als zentraler Zulieferer von (insbesondere monetären) Informationen für den Controllerbereich bezeichnet werden.

Bei Investitionsentscheidungen kommt es vor allem im Mittelstand häufiger zur Zusammenarbeit von Controllerbereich und externem Rechungswesen. Während die Investitionsrechnung im Wesentlichen Aufgabe des Controllerbereichs ist, verfügt das externe Rechungswesen über Know-how in Fragen zur Besteuerung, so dass Controller hier Informationen über die steuerlich effiziente Ausgestaltung von Investitionsvorhaben erhalten.

Umgekehrt wird der Controllerbereich auch für das externe Rechungswesen immer mehr zum Informations- und Methodenlieferanten. Dies gilt insbesondere für Unternehmen, die nach IAS/IFRS bilanzieren. Lieferte der Controllerbereich (durch das interne Rechungswesen) schon seit langer Zeit Daten zur Berechnung von Herstellungskosten, so werden Informationen aus der Planung und Kenntnisse in Barwertrechnungen, z. B. beim Niederstwerttest des Goodwills, Voraussetzung für eine ordnungsmäßige Rechungslegung gemäß IAS/IFRS. Das externe Rechungswesen ist hier auf die Kooperationsbereitschaft des Controllerbereichs angewiesen, wenn die vorhandenen Informationen in den Unternehmen nicht nochmals erhoben werden sollen.

Vor allem in Unternehmen, in denen das externe Rechungswesen auch unterjährig Abschlüsse erstellt, stellt es einen (potentiellen) Wettbewerber des Controllerbereichs dar. Durch die Erläuterung der Berichte gegenüber dem Management erhält es vermehrt Zugang zur Führungsebene und dadurch die Möglichkeit, sein Leistungsangebot auszuweiten. Dabei kommt ihm zugute, dass es durch den täglichen Umgang mit monetären Informationen über gute Kenntnisse des Geschäftsverlaufs des jeweiligen Unternehmens verfügt. Diese Kenntnisse umfassen dabei auch Informationen über Segmente bzw. Tochtergesellschaften, da diese in die Konzernberichterstattung einfließen müssen. Mitarbeitern des externen Rechnungswesens werden im Allgemeinen ausgeprägte quantitative Fähigkeiten gepaart mit einem hohen Maß an Sorgfalt zugesprochen. Die genannten Kenntnisse und Fähigkeiten könnte das externe Rechungswesen nutzen, um Führungsunterstützungsaufgaben, vor allem in der Informationsversorgung und der Planung, und Rationalitätssicherungsaufgaben vom Controllerbereich zu übernehmen. Dabei könnte es den Vorteil nutzen, wegen der gesetzlichen Rechnungslegungspflicht sein Budget im Gegensatz zum Controllerbereich nicht rechtfertigen zu müssen.

Allerdings hat der Controllerbereich einige wichtige Wettbewerbsvorteile gegenüber dem externen Rechnungswesen. So gelten Controller weiterhin als »Hüter der Zahlen« und verfügen eher über nicht-monetäre Informationen, deren Bedeutung für das Management im Zeitverlauf gestiegen ist. Zudem ist das externe Rechnungswesen weitgehend unerfahren in strategischer und operativer Planung, während der Controllerbereich Planungs- und Kontrollinstrumente intensiv nutzt. Controller sind es darüber hinaus gewohnt, zukunftsgerichtete Betrachtungen vorzunehmen, während im externen Rechnungswesen bisher vergangenheitsorientierte Rechnungen im Vordergrund standen. Daher gilt der Controllerbereich auch weiterhin als besser geeignet für Investitionsrechnungen.

Das Accounting ist in Planungsfragen weitgehend unerfahren.

Um ein wichtiger Wettbewerber des Controllerbereichs als Berater oder Sparringspartner des Managements zu werden, müsste das externe Rechnungswesen noch die üblicherweise schlechteren Kommunikationsfähigkeiten aufholen sowie einige Methoden- und Detailkenntnisse über Geschäftsmodell und -verlauf des jeweiligen Unternehmens aufbauen.

Schließlich sei noch darauf hingewiesen, dass das externe Rechnungswesen nur eine eingeschränkte Möglichkeit zur Ausgestaltung des eigenen Arbeitsbereichs hat (Role Making), da sich ändernde externe Anforderungen an die Rechnungslegung Änderungen in der Organisation des externen Rechnungswesens erfordern können.

Strategieabteilung

Ein potentielles Wettbewerbsverhältnis besteht für den Controllerbereich auch zu Abteilungen, die in der Praxis unterschiedlich, zumeist als Unternehmensentwicklung- bzw. Strategieabteilungen, bezeichnet werden: Insbesondere in mittleren und größeren Unternehmen wird die

Strategieabteilungen sind meistens dem CEO zugeordnet.

Unternehmensführung bei der Wahrnehmung strategischer Führungsaufgaben häufig durch eine speziell für strategische Tätigkeiten eingerichtete Stelle bzw. Abteilung unterstützt. Diese im Folgenden als Strategieabteilung bezeichneten Bereiche unterstehen in der Regel unmittelbar dem Vorsitzenden der Geschäftsführung bzw. des Vorstandes und haben damit einen direkten Kontakt mit der obersten Unternehmensführung. Strategieabteilungen nehmen im Rahmen der strategischen Führungsunterstützung insbesondere Tätigkeiten der formalen und inhaltlichen Planung bzw. Entscheidungsvorbereitung sowie der strategischen Überwachung wahr. Die Aufgaben lassen sich hierbei vergleichbar zum Controllerbereich unter die vier Tätigkeitsfelder Informationsversorgung, Planung, Kontrolle und sonstige Aufgaben subsumieren (vgl. ähnlich auch Pfohl/Zettelmeyer 1987, S. 150 ff.):

Strategen übernehmen in der strategischen Planung viele Aufgaben, die Controller in der operativen Planung wahrnehmen.

- Die *Informationsversorgungsaufgabe* umfasst die strategischen Informationsleistungen der Strategieabteilung. Ähnlich wie für den Controllerbereich lassen sich systembezogene und inhaltliche Teilaufgaben unterscheiden. Die Strategieabteilung entwickelt und betreibt das strategische Informations- und Früherkennungssystem. Inhaltlich versorgt sie die Unternehmensführung vor allem mit Analysen des Markt- und Wettbewerbsumfelds. Durch die Etablierung des Resource Based View des strategischen Managements und des Bedeutungszuwachses unternehmensbezogener Daten für den Strategieprozess werden aber auch zunehmend strategierelevante Unternehmensinformationen aufbereitet.
- Auch die strategische *Planungsaufgabe* lässt sich analog zum Controllerbereich in prozessuale Tätigkeiten des Planungsmanagements einerseits und inhaltliche Aufgaben der Planungsunterstützung andererseits differenzieren. Strategieabteilungen übernehmen insbesondere Aufgaben des strategischen Planungsmanagements. Sie gestalten das strategische Planungssystem, koordinieren den Planungsprozess und bieten Unterstützung bei der Verwendung strategischer Methoden an. Die inhaltlichen Planungsaufgaben lassen sich in Anlehnung an den strategischen Managementprozess in Tätigkeiten der Strategieformulierung und der Strategieimplementierung unterteilen. Die Strategieabteilung wirkt traditionell vor allem bei der Strategieformulierung mit. Sie übernimmt hier entscheidungsvorbereitende Tätigkeiten und unterstützt die Unternehmensführung bei der Formulierung und Bewertung alternativer Strategien sowie der Strategieauswahl. Da in den Unternehmen in den letzten Jahren die Bedeutung der Strategieimplementierung gestiegen ist, gewinnen für Strategieabteilungen aber auch operative Planungstätigkeiten zunehmend an Bedeutung.
- Die *strategische Kontrolle* mit den Teilaufgaben der strategischen Überwachung, der Kontrolle der Strategieumsetzung und der Prämissenkontrolle bildet den dritten Tätigkeitsbereich der Strategieabteilung. Aufgrund ihrer Marktkenntnis und Fähigkeiten in der Identifikation schwacher Signale übernehmen Mitarbeiter aus strategischen Stäben häufig die ungerichtete strategische Überwachung. Daneben gehören aber auch die Kontrolle der verwendeten Planungsprämissen und die Überwachung der Strategieumsetzung zum Tätigkeitsfeld.
- Unter *sonstige Aufgaben* fallen all die Tätigkeiten, die von der Strategieabteilung fallweise und in unregelmäßigen Abständen durchgeführt werden. Hierbei kann es sich z. B. um spezifische Projekte wie die Einführung einer Balanced Scorecard, einer wertorientierten Steuerung oder Beratungsaufgaben etwa im Rahmen strategischer Akquisitionen handeln.

Zwischen den Aufgaben von Strategen und Controllern bestehen erhebliche Überschneidungen.

Die dargestellten Aufgabengebiete der Strategieabteilung ähneln sowohl strukturell als auch inhaltlich den Tätigkeiten des Controllerbereichs. Überschneidungen und potentielle Aufgabenkonflikte zwischen beiden Bereichen können hierbei abhängig vom jeweiligen Unternehmenskontext prinzipiell in allen vier Tätigkeitsfeldern – der Informationsversorgung, Planung, Kontrolle und den sonstigen Aktivitäten – auftreten (vgl. auch Knollmann 2007, S. 29–35):

- So betreiben beide Abteilungen im Rahmen ihrer *Informationsversorgungsfunktion* ein Informationsversorgungssystem. Rivalitäten dürften insbesondere dann auftreten, wenn das Informationssystem des Controllerbereichs neben der operativen auch die strategische Ebene abdeckt. Zudem kann es im Rahmen der inhaltlichen Informationsbereitstellung zu Überschneidungen kommen. Zwar liegt der Fokus der Strategieabteilung traditionell eher auf den Märkten und dem Wettbewerbsumfeld des Unternehmens, während der Controllerbereich primär unternehmensbezogene Informationen liefert. Konkurrenz kann aber dadurch entstehen, dass beide Bereiche versuchen, einen möglichst großen Teil der strategischen Informationsversorgung zu erbringen.

- Im Rahmen der *Planung* besteht ebenfalls die Möglichkeit eines Wettbewerbs zwischen beiden Abteilungen. Sowohl Controller als auch Strategen besitzen die relevanten Fähigkeiten für das strategische Planungsmanagement und die Gestaltung des Planungsprozesses. Zudem sind im Rahmen der inhaltlichen Planungsunterstützung Überschneidungen möglich. Diese dürften zum einen in den Fällen auftreten, in denen der Controllerbereich zusätzlich zur Strategieabteilung in die Strategieformulierung und -bewertung eingebunden wird. Zum anderen dürfte ein Wettbewerbsverhältnis häufig auch dann auftreten, wenn die Strategieabteilung im Rahmen der Strategieumsetzung auch operative Planungstätigkeiten wahrnimmt, die traditionell zum Aufgabengebiet des Controllerbereichs gehören.
- Auch um Tätigkeiten der *strategischen Kontrolle* kann ein Wettbewerb zwischen beiden Abteilungen entstehen. Aufgrund ihrer operativen Kontrollerfahrung besteht für Controller insbesondere durch das Nachhalten der Strategieumsetzung die Möglichkeit, einen Beitrag im Strategieprozess zu leisten. Die Teilaufgaben der strategischen Kontrolle werden aber ebenfalls durch die Strategieabteilung wahrgenommen, so dass wiederum hier die Möglichkeit von Tätigkeitsüberschneidungen besteht.
- Schließlich ist im Rahmen der *sonstigen Aufgaben* wie etwa fallbezogenen Beratungsleistungen oder dem kritischen Hinterfragen strategischer Entscheidungen der Unternehmensführung ein potentieller Wettbewerb zwischen beiden Bereichen denkbar. Beispielsweise können sowohl der Controllerbereich als auch die Strategieabteilung an der Einführung und dem Betrieb einer Balanced Scorecard beteiligt sein. Auch beim Erbringen von Beratungsleistungen oder dem Wahrnehmen der Funktion des kritischen Sparringspartners bei strategischen Fragestellungen besteht die Möglichkeit eines Konkurrenzverhältnisses zwischen beiden Bereichen.

Die hierbei auftretenden Wettbewerbsvorteile und -nachteile der Strategieabteilung im Vergleich zum Controllerbereich lassen sich im Wesentlichen aus dem Fähigkeitsprofil ihrer Mitarbeiter ableiten. Zudem ist die organisatorische Aufhängung im Unternehmen von Bedeutung.

Unterschiede im Fähigkeitsprofil von Controllern und Strategen

Eine *Stärke* der Strategieabteilung liegt in der Qualifikation der zugehörigen Mitarbeiter. Diese werden in der Regel aus Beratungsunternehmen und den besten Absolventen eines universitären Abschlussjahrgangs rekrutiert. Deshalb hat die Strategieabteilung in einigen Unternehmen dem Controllerbereich die Funktion als »Goldfischteich« für den Top-Management Nachwuchs streitig gemacht. Darüber hinaus verfügen Unternehmensstrategen im Gegensatz zu vielen Controllern über eine detaillierte Markt- und Wettbewerbskenntnis. Sie besitzen die Fähigkeit, aus unvollständigen und vornehmlich qualitativen Informationen Markttrends und deren Implikationen für das Unternehmen zu identifizieren. In organisatorischer Hinsicht lässt sich außerdem die häufig vorzufindende hohe hierarchische Aufhängung beim Vorstandsvorsitzenden als Wettbewerbsvorteil gegenüber dem Controllerbereich auffassen. So verfügen Mitarbeiter der Strategieabteilung bei der Bearbeitung strategischer Problemstellungen in der Regel über einen einfacheren Zugang zur obersten Führungsetage, als dies für viele operativ orientierte Controller der Fall sein dürfte.

Controller kennen sich im Unternehmen besser aus, Strategen in den Märkten.

Allerdings ergeben sich für die Strategieabteilung relativ zum Controllerbereich auch *Schwächen*. So sind im strategischen Management durch die Verknüpfung von Market- und Resource Based View neben Marktinformationen auch unternehmensinterne Daten wichtig. Zu diesen haben die Strategen keinen direkten Zugang. Zudem gewinnt in vielen Unternehmen – angestoßen durch das Konzept der Wertorientierung – die monetäre Darstellung strategischer Fragestellungen an Bedeutung. Sowohl die Unternehmenskenntnis als auch die monetäre Perspektive zählen aber zu den wesentlichen Kompetenzen des Controllerbereichs und ermöglichen es diesem, sich unternehmensintern gegenüber der Strategieabteilung zu positionieren. Zudem lässt sich auch die hierarchische hohe Aufhängung als Wettbewerbsnachteil auffassen (»kein Kontakt zur Basis«). Aufgrund der hohen Distanz zum operativen Geschäft dürften Unternehmensstrategen vielfach Schwierigkeiten haben, realitätsbezogene strategische Vorgaben zu entwickeln. Durch die Strategieabteilung erstellte strategische Pläne laufen zudem Gefahr, im Rahmen der Strategieumsetzung zu »versanden«. Auch eine effiziente Überwachung der Strategieumsetzung könnte aufgrund einer zu hohen Distanz zu den am Umsetzungsprozess beteiligten Personen problematisch sein. Bei all diesen Tätigkeiten scheint der Controllerbereich mit seiner differenzierten, das ganze Unternehmen durchdringenden Organisationsstruktur sowie dem daraus resultierenden Informationsfluss im Vorteil. Dies scheint auch für die Karriere Konsequenzen zu haben, wie an dem folgenden prägnanten Zitat des Top-Controllers eines DAX 30-Unternehmens deutlich wird: »Natürlich haben die Strategen die schöneren, interessanteren Themen, natürlich können sie sich damit immer profilieren, natürlich haben sie einen besseren Zugang zum Vorstand. Das ist halt so. Aber irgendwann werden die in eine operative Funktion wechseln müssen, und dann haben sie alles auszubaden, was sie bis dahin verzapft haben. Insofern habe ich kein Problem damit. Es gibt eine späte Rache. Die späte Rache kommt bei der Karriere.« (Weber 2008, S. 177).

Wirtschaftlichkeitsprüfung als Aufgabe mit dem größten Überschneidungspotential

Schwächen der Strategen in der Strategieimplementierung

Interne Revision

Die Hauptaufgabe der Internen bzw. Innenrevision liegt in der Erbringung objektiver und unabhängiger Prüfungsleistungen in Form von Soll-/Ist-Vergleichen. Vergangenheitsorientierte Ordnungsmäßigkeitsprüfungen stellen hierbei nach wie vor eine wichtige Kernleistung der Innenrevision dar. Zweck dieser Prüfungen ist die Sicherstellung der Einhaltung gesetzlicher und unternehmensbezogener Regelungen unter formellen und materiellen Gesichtspunkten mit der Zielsetzung, dolose Handlungen zu unterbinden und das Unternehmen vor Vermögensverlusten zu bewahren.

Das Leistungsspektrum der meisten Innenrevisoren hat sich allerdings unter dem Einfluss neuer Herausforderungen um Zweckmäßigkeitsprüfungen und Wirtschaftlichkeitsprüfungen erweitert, so dass der Anteil der Ordnungsmäßigkeitsprüfungen an den gesamten Prüfungsaufgaben der Innenrevision seit längerem stetig abnimmt. Basis von Zweckmäßigkeitsprüfungen stellen Optimalitätskriterien dar, die in der Regel durch die Innenrevision abgeleitet werden müssen. Wird das ökonomische Prinzip zur Ableitung der Soll-Größen verwandt, so handelt es sich um eine Wirtschaftlichkeitsprüfung.

Zweckmäßigkeits- und Wirtschaftlichkeitsprüfungen kommen insbesondere zur Evaluierung von Abläufen, Prozessen und Systemen zum Einsatz, wobei das Interne Kontrollsystem als ein wesentliches durch die Innenrevision zu prüfendes System anzusehen ist. Darüber hinaus wird die Innenrevision immer häufiger herangezogen, um auch Führungsaufgaben unter Aspekten der Zweckmäßigkeit und Wirtschaftlichkeit zu prüfen.

Mit der Ausweitung ihres Leistungsangebotes um Zweckmäßigkeits- und Wirtschaftlichkeitsprüfungen dringt die Innenrevision immer mehr in Themengebiete vor, die traditionell von Controllern für sich in Anspruch genommen werden. So baut die Innenrevision vermehrt auf den Erkenntnissen aus Zweckmäßigkeits- und Wirtschaftlichkeitsprüfungen auf, um zukunftsorientierte Rationalisierungsüberlegungen und Schwachstellenanalysen mit in ihr Leistungsprogramm zu integrieren. Dies lässt die Innenrevision zunehmend als internen Berater und kritischen Counterpart fungieren, so dass auch hier mit Überschneidungen im angebotenen Leistungsbündel der beiden Bereiche zu rechnen ist. Weiterhin sieht sich die Innenrevision in der Verantwortung, die Entwicklungsfähigkeit von Unternehmen sicherzustellen. Auch dieses Bestreben lässt Überschneidungen mit dem Selbstverständnis von Controllerbereichen erkennen. Folglich ist nicht weiter verwunderlich, dass regelmäßig auf die großen Schnittmengen zwischen Controllerbereich und Innenrevision hingewiesen wird (vgl. IIR/IIA/SVIR 2004, S. 34;

Berens/Schmitting 2003, S. 363; Heigl 1989, S. 4).

Diese zunehmenden Überschneidungen setzen sowohl den Controllerbereich als auch die Innenrevision unter einen Wettbewerbsdruck und Legitimationszwang, so dass Peemöller/Richter mit Blick auf den Controller sogar von einer latenten Bedrohung für den Innenrevisor sprechen (vgl. Peemöller/Richter 2000, S. 66). Neben der Option einer sich aus den vielen Gemeinsamkeiten speisenden innerbetrieblichen Kooperation der beiden Bereiche (vgl. Birl 2007), kann die wettbewerbsorientierte strategische Positionierung gegenüber der Innenrevision für den Controllerbereich zweckmäßig sein. Hierzu ist es erforderlich, die aus Controllersicht wesentlichen Stärken und Schwächen gegenüber der Innenrevision zu kennen.

Ausgelöst durch den international zu beobachtenden Trend im Zuge der neuerlichen Corporate Governance Diskussion, das Interne Kontrollsystem zu stärken (vgl. COSO-Report der Treadway Commission, KonTraG, Sarbanes-Oxley Act), sieht sich die Innenrevision in einer starken Position. Insbesondere wird der Innenrevision ein erleichterter Zugang zur Unternehmensleitung, eine verbesserte Machtstellung sowie ein positivere Wahrnehmung durch die Unternehmensleitung bescheinigt (vgl. Peemöller/Richter 2000, S. 52).

Der Controllerbereich muss daher insbesondere darauf achten, seinen Zugang zur Unternehmensleitung und somit zu finanziellen Ressourcen, Image und Machtansprüchen gegenüber der Innenrevision zu verteidigen, um auf diesen für beide Bereiche relevanten Dimensionen mittel- bis langfristig nicht ins Hintertreffen zu geraten. Am fruchtbarsten ist aus Controllersicht hierbei eine Fokussierung auf die entscheidenden Wettbewerbs- und Kompetenzvorteile des Controllerbereichs gegenüber der Innenrevision. Hierzu zählen insbesondere die breiteren betriebwirtschaftlichen Methodenkenntnisse, der Wissensvorsprung bei quantitativen Bewertungen, die größere Erfahrung bzgl. einer zukunftsbezogenen Betrachtung von Informationen sowie der bessere Zugang zu Informationen aufgrund einer breiter angelegten unternehmensweiten Vernetzung. Dieser besondere betriebswirtschaftliche Hintergrund steht der Innenrevision in dieser Form nicht zur Verfügung. Diesen Vorteil muss der Controllerbereich vor allen Dingen auch bei der Wahrnehmung der aus strategischer Sicht wichtigen Rationalitätssicherungsaufgaben ausspielen.

Controller als »latente Bedrohung für den Innenrevisor«?

Controllerbereichsinterner Wettbewerb

Um eine interne Konkurrenz besonderer Art handelt es sich schließlich in größeren Unternehmen, wenn man das Verhältnis zwischen dem zentralen Controllerbereich, dem »Zentralcontrolling« (z. B. dem Konzerncontrolling) und den dezentralen Controllingabteilungen betrachtet (die im Folgenden als »dezentrales Controlling« zusammengefasst seien). Das Verhältnis zwischen zentralem und dezentralem Controlling ist grundsätzlich das Spiegelbild des Verhältnisses zwischen zentralem und dezentralem Management. Die Kompetenz- und Weisungsbeziehungen der Manager nehmen einen erheblichen Einfluss auf die Beziehungen der Controller. Manager wie Controller haben die Notwendigkeit, unterschiedliche Perspektiven einzunehmen, die aus dem jeweiligen Führungsproblem folgen: Der Gesamtsicht mit geringem Auflösungsgrad steht die Ausschnittsperspektive mit hoher Detailkenntnis gegenüber. Die unterschiedlichen Sichtweisen spielen zusammen; im Regelfall sind sie hierarchisch auseinander abgeleitet. Allerdings gibt es an den Ebenengrenzen auch genügend Konfliktpotential. Dies zeigt sich bei jedem Durchlauf der operativen Planung oder jeder Verteilung von zentralen Investitionsmitteln aufs Neue.

Das Verhältnis zwischen zentralem und dezentralem Controlling ist Spiegelbild des Verhältnisses zwischen zentralem und dezentralem Management.

Dieser potentielle Ebenenkonflikt betrifft das Controlling in besonderem Maße. Das Controlling hat für das Funktionieren der erfolgszielbezogenen Planung im Unternehmen zu sorgen. In der Unternehmensplanung sind – wie an dieser Stelle des Buches hinlänglich bekannt – die unterschiedlichen Unternehmensbereiche miteinander zu koordinieren. Die Lösung der Koordinationsaufgabe wird erschwert, wenn die einzelnen Bereiche zu sehr eigene Interessen vertreten und durchzusetzen versuchen. Wenn die Manager dabei auf ihre Controller zurückgreifen wollen (»Rechnen Sie mir bitte genügend Luft in den Plan«), so werden Controller mit einer geradezu klassischen Konfliktsituation konfrontiert: Sollen sie eher den Interessen »ihres« Unternehmensbereichs folgen oder aus einer Verpflich-

In der Informationsversorgung sind die zentralen Controller von ihren dezentralen Kollegen abhängig.

Das Verhältnis in der Planung hängt sehr von der Art der Führung ab.

tung für das Gesamtziel die Perspektive des Unternehmens einnehmen?

Auf die Lösungen dieser spezifischen Konfliktsituation nimmt das grundsätzliche Verhältnis zwischen zentralem und dezentralem Controlling erheblichen Einfluss. Dieses sei für Aufgabenbereiche differenziert nun näher betrachtet:

- *Informationsversorgung*
  Welche erfolgszielbezogenen Informationen im Unternehmen generell zu erfassen und auszuweisen sind, wird meist durch das Zentralcontrolling festgelegt. Dieses ist für das Design des Informationssystems verantwortlich und stimmt sich dabei in der Regel eng mit dem (externen) Rechnungswesen ab. Für Ist-Daten haben die dezentralen Controller dann die Aufgabe, in ihren Einheiten die ordnungsgemäße Datenerfassung sicherzustellen, sowohl bezogen auf den Umfang als auch auf die Qualität. Nennenswerte Freiheitsgrade bestehen dabei nicht.
  Solche kommen bei Ist-Daten dann ins Spiel, wenn es um die Kommentierung von Werten – z. B. von Abweichungen – geht. Je nach »Auskunftsfreudigkeit« der dezentralen Controller können die Zentralcontroller ihren Managern sehr unterschiedlich weit gehende Erklärungen geben. Im Grenzfall beschränken sich die »Erläuterungen« auf die Angabe des reinen Abweichungswerts; die Top-Manager müssen sich dann bei den dezentralen Managern informieren, wenn sie an Gründen für Abweichungen interessiert sind. Dies kann die Position der dezentralen Controller bei ihren Managern stärken, weil sie »nichts verraten haben«.
  Freiheitsgrade besitzen die dezentralen Controller auch bei standardmäßigen Plandaten, z. B. für die operative Planung. Zwar ist auch hier das Format durch das Zentralcontrolling festgelegt; wie viele Informationen über die reinen Planansätze kommuniziert werden, kann aber sehr unterschiedlich ausgelegt werden. Das Zentralcontrolling hat zwar das Recht, Zahlen zu hinterfragen; Ansprechpartner hierfür ist aber primär das dezentrale Management. Will dieses nicht, dass die Zahlen im Controlling vorabgestimmt werden, ist die dem Zentralcontrolling zur Verfügung stehende Informationsmenge deutlich kleiner als im Falle eines engen gegenseitigen Informationsaustauschs im Controlling.
  Noch stärker hängt das Zentralcontrolling vom dezentralen Controlling bei fallweisen Themen ab, also bei neuen Fragestellungen (von Einzelanfragen bis zu umfangreichen Projekten). Ein entsprechender »Maulkorb« des dezentralen Managements schneidet das Zentralcontrolling weit gehend von den notwendigen Informationen ab. Ausweg kann dann z. B. das Einholen unternehmensexterner Benchmarks sein.
  Allerdings ist das dezentrale Controlling auch Informationsempfänger des Zentralcontrollings. So benötigen dezentrale Controller für ihre periodische Planung Rahmendaten, wie z. B. Wechselkursveränderungen oder volkswirtschaftliche Eckdaten für bestimmte Märkte. Eine sehr wesentliche Hilfestellung können auch Informationen über das Standing der dezentralen Einheit in der Unternehmensleitung oder dort vorgenommene strategische Überlegungen liefern, die entsprechende und/oder frühzeitige Reaktionen ermöglichen. Somit besteht zumindest in Grenzen auch ein Drohpotential des Zentralcontrollings gegenüber dem dezentralen Controlling, obwohl bei der Informationsversorgung tatsächlich ein (erhebliches) Ungleichgewicht festzustellen ist.

- *Planung*
  In der periodischen Planung sind die Aufgaben des dezentralen und des zentralen Controllings klar aufgeteilt. Das Zentralcontrolling besitzt die Hoheit über die Struktur und den Ablauf der Planung. Dazu gibt es – wie eben bei der Informationsversorgung angesprochen – wichtige Planungsparameter vor. Die weiteren Aufgaben hängen stark von der Art der Führung im Unternehmen ab.
  Ist diese stark zentral ausgerichtet, obliegt dem Zentralcontrolling das Herunterbrechen von zentralen Zielvorstellungen; das Zentralcontrolling fungiert als Garant der Durchsetzung des zentralen Willens; der dezentrale Controller ist dagegen eher der Sachwalter der dezentralen Interessen; er »kämpft für

seine Einheit«. Insofern herrscht eine Wettbewerbssituation vor: Wer besser argumentiert, gewinnt. Hat das Unternehmen dagegen eine dezentrale Führungsstruktur gewählt, kommt dem Zentralcontrolling eher die Funktion einer kritischen Beurteilung der dezentralen Vorschläge zu. Sie sind auf ihre Konsistenz, Plausibilität und Tragfähigkeit hin zu überprüfen und mit anderen Bereichsplänen hinsichtlich der Integrationsfähigkeit in den Gesamtplan des Unternehmens zu beurteilen. Hier sind eher kooperative Formen der Zusammenarbeit zu vermuten. Stehen einzelne Unternehmensbereiche wirtschaftlich unter Druck, kann es aber auch in diesem Fall zu einem konfrontativen Verhältnis kommen.

Konzepte wie das im 11. Kapitel vorgestellte »Beyond Budgeting« markieren schließlich den Grenzfall dezentraler Strukturen. Dort erfolgt keine Koordination durch Planung mehr, sondern durch Selbstabstimmung. Die Zentrale spielt nur noch die Rolle als Kontextgestalter. Sie gibt die »Spielregeln« vor. In diesem Fall gibt es planungsbezogen wenige Berührungspunkte zwischen dem zentralen und dem dezentralen Controller.

Wer besser argumentiert, gewinnt.

- *Kontrolle*

  Eng mit den beiden bereits aufgeführten Aufgabenbereichen verbunden ist die Kontrollaufgabe der Controller. Insofern können die Überlegungen im Folgenden auch kurz ausfallen.

  Wenn im Unternehmen eine dezentrale Führungsverantwortung gelebt wird, dann ist die dezentrale Kontrolle im Wesentlichen durch dezentrale Controller durchzuführen. Das Konzerncontrolling hat dann die Aufgabe, Abweichungen aus der Gesamtperspektive heraus zusammenzuführen und zu kommentieren. Hierzu besteht die Notwendigkeit, die Abweichungen zu verstehen. Dies gibt das Recht, dezentrale Controller entsprechend zu befragen, sonst bleibt die zusätzliche Kontrolle durch das Zentralcontrolling »zahnlos« (ein Vorwurf, den man übrigens in der Praxis häufiger hört!). Die Kompetenz, eigenständig Informationen erheben zu können, haben Zentralcontroller – wie bereits ausgeführt – zumeist nicht; sie dürfen nicht ungefragt in die dezentrale Einheit gehen. An dieser Stelle können Konflikte zwischen zentralem und dezentralem Controlling ebenso auftreten, wie sich dezentrale Controller beim zentralen Management gesondert profilieren können – Anstoß genug, über ein wettbewerbliches Verhalten nachzudenken. Ein solches Verhalten ist analog zur Planung auch bei einer zentralen Führungsverantwortung nicht auszuschließen.

  Allerdings kann die Beziehung zwischen zentralem und dezentralem Controlling auch in der Kontrolle sehr offen und kooperativ gelebt werden: Für die dezentralen Controller bietet sich die Chance, durch eine solche Offenheit Reputation beim Zentralcontrolling aufzubauen und damit potentielle Vorteile gegenüber solchen Bereichen zu gewinnen, die sich dem Zentralcontrolling gegenüber eher verschlossen zeigen. Kooperation kann auch aus sehr eigennützigen Motiven heraus angebracht sein (vgl. zum empirischen Beleg Sieber 2008)!

- *Beratung*

  Controller erbringen schließlich für das Management auch vielfältige Beratungsleistungen. Das Verhältnis zwischen zentralem und dezentralem Controlling ist dabei ganz abhängig davon, um welche Beratungsleistung es sich im Detail handelt.

  Bereichsinterne Beratung zählt zumeist nicht zum normalen Aufgabenspektrum von Zentralcontrollern. Wird zentrale Expertise benötigt, ist das in Großunternehmen eher ein Thema der internen Unternehmensberatung. Allerdings kann es durchaus im Interesse des dezentralen Controllings liegen, das Zentralcontrolling einzubinden. Wenn etwa strategische Themen dezentral sichtbar werden, macht eine Kontaktaufnahme Sinn, um das Thema vorzusondieren, sei es, um die Sicht der Zentrale zu antizipieren, sei es, um den Zentralcontroller frühzeitig zu warnen oder zu beeinflussen.

  Werden strategische Themen von der Zentrale angestoßen, die dezentrale Einheiten betreffen, können beteiligte Zentralcontroller dabei mit demselben Argwohn betrachtet werden wie externe Berater – und ebenso be-

Zentrales und dezentrales Controlling können beide Vorteile aus einem kooperativen Verhalten ziehen.

Abb. 14-2

Konkurrenten des Controllerbereichs (entnommen aus Weber et al. 2006, S. 48)

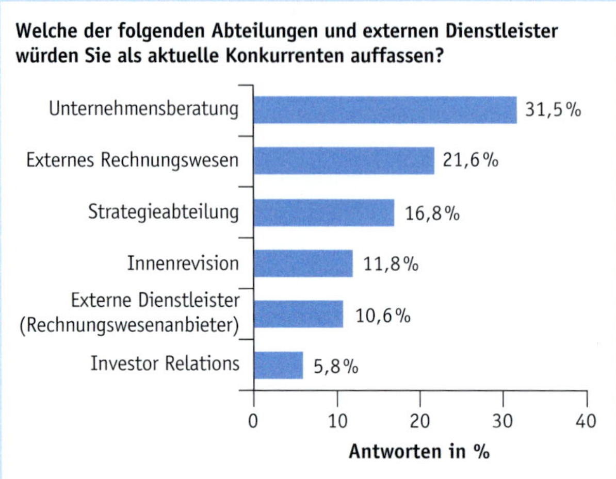

einflusst werden in dem Wunsch, die Entscheidung für die dezentrale Einheit positiv zu gestalten. Derartige Projekte können aber auch eine Chance für dezentrale Controller sein, positiv beim Management der Zentrale aufzufallen, was hilfreich für die eigene Karriere sein kann. Somit liegt hier ein eher schillerndes Loyalitätsthema für dezentrale Controller vor.

Ein zu weit gehendes »Role Making« der Controller kann auch schädlich sein.

Überschaut man die unterschiedlichen Aufgabenfelder der Controller, so zeigt sich ein enges und heterogenes Beziehungsgeflecht zwischen zentralem und dezentralem Controlling. Beide stehen in vielfältigen wechselseitigen Kunden-Lieferanten-Beziehungen. Ein enger Aufgaben- und Leistungsverbund ist ebenso zu konstatieren wie Aufgabenbereiche, für die eine weit gehende Unabhängigkeit besteht. Generell lässt sich eine ausgeprägte Kooperationsnotwendigkeit feststellen, soll das Gesamtcontrolling effizient und effektiv arbeiten. Allerdings wurden auch vielfältige Felder sichtbar, in denen Wettbewerb zwischen den Controllerbereichen möglich und sinnvoll ist. Diese Erkenntnisse bilden auch den Rahmen für die organisatorische Gestaltung der Zusammenarbeit zwischen zentralem und dezentralem Controlling, die wir im 15. Kapitel des Buches näher beleuchten werden.

Abschließen wollen wir den Abschnitt zur internen Wettbewerbssituation der Controller mit einem aktuellen empirischen Befund aus der eingangs im 2. Kapitel erwähnten ICV-Studie. Dort wurden die Controller explizit nach wichtigen Wettbewerbern und der empfundenen Wettbewerbsstärke befragt. Zu ersterer Frage ergab sich eine Einschätzung, wie sie die *Abbildung 14-2* zeigt. Controller sehen danach primär externe Unternehmensberater als relevante Konkurrenz an. Drei im Vorstehenden diskutierte interne Wettbewerber folgen dann auf den nächsten Plätzen (nach einer controllerbereichsinternen Konkurrenz wurde in der Studie nicht gefragt). Die Antworten auf die Frage nach der Intensität des Wettbewerbs mit anderen Abteilungen bzw. externen Dienstleistern um die Aufmerksamkeit des Managements beantworteten die Controller sehr selbstbewusst: Der durchschnittliche Wert lautete 21,2 auf einer Skala von 0 (völliges Fehlen von Wettbewerbsdruck) und 100 (sehr hoher Wettbewerbsdruck).

14.2.1.4 Gefahren einer zu starken Eigenbestimmung der Controlleraufgaben

Interne Märkte sind allerdings auch nicht ohne Nachteile – ansonsten wären Unternehmen nicht primär wie Hierarchien organisiert! Diese Nachteile begrenzen auch den »Role-Making-Fokus« der Controller. Im Einzelnen lassen sie sich wie folgt benennen (vgl. David 2005, S. 98–101):

- *Auftreten von Transaktionskosten*
  Mit den Managern Aufgaben abzusprechen und das Aufgabenprogramm ständig an Veränderungen der Nachfrage anzupassen, erfordert »auf beiden Seiten« Zeit. Gleiches gilt für das Aushandeln von Entgelten für die erbrachten Leistungen (z. B. pro geleistetem Coaching oder pauschal für die Monatsberichterstattung in einem Jahr), für die Messung des Leistungsvolumens und für die Verrechnung der Leistungsentgelte. Man trifft auf Unternehmen, in denen Controller Leistungskataloge und Preislisten für ihre Tätigkeiten präsentieren können und nutzen. Dies ist mit nicht unbeträchtlichem Verwaltungsaufwand verbunden.

- *Nutzung des Spielraums für eigene Ziele*
Im 1. Kapitel sind wir bereits kurz darauf eingegangen, dass Controller durchaus eigene Ziele verfolgen (können). Hierzu zählen die Vermeidung von »Arbeitsleid« ebenso wie der Versuch, Macht und Einfluss zu gewinnen oder ein möglichst hohes Ansehen im Unternehmen zu genießen. Je mehr Controller derartige eigene Ziele verfolgen, desto stärker können die negativen Auswirkungen hoher Gestaltungsautonomie auf die Effizienz und Effektivität des Controllerbereichs für das Unternehmen sein. Besonders wirksam wird diese Gefahr dann, wenn Manager nur unzureichend über die grundsätzliche Funktion des Controllerbereichs informiert sind.

- *Parallelität von Ressourcen*
Interne Märkte führen dazu, dass für die Abwicklung einer Leistung parallele Ressourcen vorgehalten werden. Ansonsten wäre kein interner Wettbewerb möglich. Damit fallen aber auch Kosten mehrfach an. Wenn Accountants und Controller in gleicher Weise die monatliche finanzielle Berichterstattung übernehmen könnten, kann dies auch ein Hinweis für ein Rationalisierungspotential sein.

- *Beeinträchtigung der unternehmensinternen Zusammenarbeit*
Die Beeinträchtigung unternehmensbezogener Zusammenarbeit ist – wie die Schnittstellenforschung gezeigt hat (vgl. im Überblick Knollmann 2007, S. 39–58) – zumeist eine Ursache von Unwirtschaftlichkeit. Interne Konkurrenz belebt zwar für viele das Geschäft, ist aber für nicht wenige auch ein Zeichen für mangelnde gegenseitige Achtung und Zusammenarbeit. Wenn der Markt »Internes Reporting« gegen die starke Konkurrenz der Accountants gehalten werden kann, ist es so nicht ganz auszuschließen, dass diese sich bei der nächsten Anfrage nach zusätzlichen Basisdaten aus dem Controllerbereich gar nicht kooperativ zeigen werden. In dieses Feld gehören auch der Aufbau von »Markteintrittsbarrieren« (indem Controller etwa neben prozessualen auch weitgehende inhaltliche Planungsaufgaben übernehmen und damit ihre Planungsbedeutung kaum angreifbar ausbauen) und der Versuch, einen Informationsvorsprung gegenüber Kunden und potentiellen Wettbewerbern aufrecht zu erhalten. Letzteres erlebt man in Unternehmen durchaus häufiger beim Umgang mit Instrumenten: Statt Manager darin zu schulen, sie adäquat zu nutzen und damit auf Controller weitgehend verzichten zu können, wird die Coaching-Aufgabe systematisch vernachlässigt. Außerdem ist der Eindruck nicht ganz von der Hand zu weisen, dass einige der von Controllern genutzten Instrumente nur deshalb so kompliziert gestaltet wurden, um die Controller unentbehrlich zu machen. Auch Controller sollten sich also um eine gute Kooperation mit anderen Führungs-Dienstleistern bemühen. Diese hilft nicht nur, Unwirtschaftlichkeit für das Unternehmen zu vermeiden, sondern auch, ihre eigene Leistung zu stärken (vgl. zu empirischen Belegen Weber 2008, S. 162–194).

Nachteile eines zu weit gehenden »Role Making«

Als Fazit kann deshalb festgehalten werden, dass der Umfang eigener Gestaltungsmöglichkeit des Controllerbereichs für die Controller begrenzt sein sollte. Dies ändert nichts an der geäußerten Empfehlung eines verstärkten »Role Making«, da die Idee eines aktiven Einflusses auf die Aufgaben in vielen Unternehmen noch ganz am Anfang ihrer Entwicklung steht.

14.2.2 Einflüsse der externen und internen Umwelt auf die Gestaltungsaufgabe

Wenn Manager den Controllern einen – mehr oder weniger weitgehenden – Gestaltungsspielraum des Controllerbereichs einräumen, sind Controller innerhalb dieses Spielraums dennoch nicht völlig frei; die Gestaltungsaufgabe wird vielmehr – der Grundaussage der Kontingenztheorie folgend – weitergehend durch einige Kontextfaktoren beeinflusst.

Die in der Controlling-Literatur bekannteste Arbeit, die sich mit dieser Kontextabhängigkeit auseinander setzt, ist die Controllertypologie nach Zünd (vgl. Zünd 1979). Zünd unterscheidet je nach relevanter Umweltsituation drei Controllertypen: »In einer relativ stabilen Umwelt wirkt

Die Typologie von Zünd als die bekannteste Arbeit zur Kontextabhängigkeit des Controllings

Im Original

In der bekanntesten Arbeit zur Kontextabhängigkeit des Controllings unterscheidet Zünd drei Controllertypen:

»Es leuchtet ein, daß in einer relativ statischen Umwelt mit weitgehend reaktivem Verhalten der Unternehmungsführung kein eigentliches Bedürfnis nach einer Steuerungsfunktion besteht. Der ›Controller‹ hat lediglich die Rolle eines Registrators; er trägt seine Berufsbezeichnung zu Unrecht. Der Controller-Registrator nimmt lediglich eine Dokumentationsfunktion wahr. Er ist historisch- und buchhaltungsorientiert. Henzler bezeichnet ihn als ›obersten Kostenrechner‹. Die Instrumente dieses Controlling-Typs sind in erster Linie das traditionelle Rechnungswesen mit Finanz- und Betriebsbuchhaltung, das ›book-keeping‹. Die Unternehmungsleitung erhält periodische Routineberichte über die im Rechnungswesen erfaßten Ergebnisse. Das Bild des Controller-Registrators entspricht dem des konventionellen Buchhalters, für den die Ordnungsmäßigkeit der Rechnungslegung oberstes Gebot ist. (S. 19 f.)

...

Die wachsende Dynamik und größere Komplexität der Umwelt führen zu Unsicherheit bei der Entscheidungsfindung in der Unternehmung. Aus dieser Unsicherheit heraus ist das Bedürfnis nach einer besseren Adaption auf die sich beschleunigenden Umweltveränderungen und nach einer besseren Bewältigung der unternehmensinternen Koordinationsprobleme entstanden.

Adaption und Koordination setzen die Steuerung der Unternehmung, die Integration von Planung und Kontrolle voraus. Die organisatorische Institutionalisierung dieser integrierenden Funktion ist der Controller als Navigator. Dieser Controller-Typ gilt heute als der Controller im eigentlichen Sinne, der für die entscheidungsgerechte und benutzerfreundliche Bereitstellung methodischer Planungs- und Kontrollhilfsmittel verantwortlich ist und durch Interpretation von Soll-Ist-Abweichungen andere zu Korrekturmaßnahmen bewegt. Er folgt dem Grundsatz ›Control means action‹ oder – wie Wilson sich ausdrückt – ›Information without action is curiosity – not control‹. Als oft unbequemer Mahner wirkt er an der Entscheidungsfindung mit und übt dadurch neben Stabs- auch Linienfunktionen aus. Er paßt darum schlecht in das Hierarchiemodell der Unternehmung. Es gehört eine große Dosis Diplomatie dazu, um nicht dauernd zur Konfliktpartei zu werden. Der Controller-Navigator, der die potentiellen Konflikte kennt, die mit seiner Steuerungsaufgabe verknüpft sind, ist andererseits prädestiniert zum Konfliktmanager, der Konflikte zwischen Dritten zu handhaben weiß. (S. 21)

...

Es versteht sich von selbst, daß das Controlling-Konzept bei extrem dynamischen Unternehmung-Umwelt-Beziehungen ausgesprochen zukunfts- und aktionsorientiert sein muß. Der Controller wird zum Innovator, der sich nicht mehr nur innerhalb des Systems bewegt wie der Controller-Navigator, sondern der das bestehende System wegen der raschen Umweltveränderungen immer wieder in Frage stellt und nach neuen, besseren Lösungen sucht. Die Mitwirkung bei Problemlösungsprozessen ist denn auch eine wichtige Tätigkeit dieses Controller-Typs. Die Planungsaufgabe, die beim Controller-Navigator noch im Vordergrund steht, tritt beim Controller-Innovator gegenüber der Frühwarnaufgabe zurück. Das Berichtswesen des Controllers wird durch aperiodische Spezialberichte geprägt. Die Dynamik der Umwelt überträgt sich somit auf die Unternehmensführung und damit auch auf das Controlling.

Der Controller-Innovator läuft Gefahr, als Systemveränderer zu einem Störenfried im Unternehmen zu werden, der durch häufige Sonderanalysen auf den Betriebsablauf bremsend wirkt. Er muß sich davor hüten, durch ständige Verbesserungsvorschläge andere zu demotivieren und Konflikte heraufzubeschwören, deren innovatorische Wirkung verloren geht, wenn sie eine gewisse Reizschwelle überschreiten.

Die Innovatorfunktion des Controllers gehört zu den anregendsten, aber auch schwierigsten Aufgaben des Controllers der Zukunft« (Zünd 1979, S. 19–23).

der Controller als Registrator, der als Buchhalter jene Berufsbezeichnung zu Unrecht trägt. In einer begrenzt dynamischen Umwelt tritt der Controller als Navigator auf, dessen wichtigstes Steuerungsinstrument die Integration von Planung und Kontrolle darstellt. In einer extrem dynamischen Umwelt schließlich erscheint der Controller als Innovator, der an Problemlösungsprozessen teilnimmt und für die Einrichtung von Frühwarnsystemen verantwortlich ist« (Zünd 1985, S. 32). Ein Gestaltungsspielraum wird in diesen Überlegungen nicht unterstellt. Die Umweltsituation lässt keine Wahl. Nach Zünd kommen die drei Typen in der Realität allerdings häufig in Kombination vor, da zum einen auch innerhalb eines Unternehmens die drei Umweltsituationen häufig kombiniert auftreten, und zum anderen Controllerbereiche die einzelnen Typen aus Gründen schneller Reaktionsmöglichkeit auf Umweltveränderungen als Optionen vorhalten sollten (Zünd 1979).

Konstruktive Transparenz und Großzügigkeit der Umwelt als weitere Kontextfaktoren

Weitere Erkenntnisse über mögliche Umwelteinflüsse auf die Gestaltungsaufgabe der Controllerbereiche kann man aus empirischen Studien gewinnen (vgl. für eine Übersicht Bauer 2002, S. 53 ff.). Als unternehmensinterne Einflussgrößen werden u. a. die Unternehmensgröße, interne Organisationsstrukturen, Erwartungen und Einstellungen des Managements sowie der praktizierte Führungsstil im Unternehmen untersucht. In der Studie von Bauer kommt hiervon der »konstruktiven Transparenz« als »individuelle Einstellung, also die Verhaltensprädisposition der verantwortlichen Führungsinstanz gegenüber den Grundprinzipien des Controlling« (Bauer 2002, S. 111) die mit Abstand größte Bedeutung zu (Bauer 2002, S. 231–237).

Als unternehmensexterne Einflussfaktoren werden typischerweise die Komplexität und die Dynamik der Umwelt betrachtet. Bauer führt zusätzlich das Konstrukt der »Großzügigkeit der Umwelt« an, das ausdrückt, »wie stark die Unternehmensumwelt in bestimmten Bereichen ein nicht optimales Verhalten der Unternehmensführung sanktioniert« (Bauer 2002, S. 102). Gerade vor dem Hintergrund der rationalitätssicherungsbezogenen Controllingsicht ist dieser Einflussfaktor bedeutsam; es ist aus diesem Ansatz abzuleiten, dass die Bedeutung der Controller mit sinkender Großzügigkeit der Umwelt steigt, da Fehler für das Unternehmen immer »teurer« werden. Exakt dieses konnte in der Studie auch belegt werden (Bauer 2002, S. 251).

Kontingenztheoretisch motivierte Überlegungen dieser Art sollten nicht zur Annahme einer »Gesetzmäßigkeit« der betrachteten Einflüsse führen. Unternehmen können auf unterschiedliche Umweltsituationen stets auf sehr unterschiedliche Weisen reagieren. Einen Determinismus zu unterstellen, ginge deshalb gänzlich fehl. Auf die Beachtung der genannten Einflüsse generell zu verzichten, wäre aber in gleicher Weise unzulässig. Controllerbereiche sind stets sehr unternehmensindividuell zu gestalten. Einen »one best way« gibt es ebenso wenig, wie die Gestaltungsaufgabe beliebige Freiheitsgrade besitzt.

14.2.3 Entwicklungsstand des Controllings als Einflussfaktor

Auf die Gestaltung des Controllerbereichs nimmt schließlich noch ein Faktor Einfluss, der uns zur Controllership und weiter zu den Funktionen des Controllings führt – und damit wieder zurück zur Thematik des 1. Kapitels dieses Buches. Wir haben dort den Entwicklungsweg der Controller in den Unternehmen ebenso wie den des Begriffs des Controllings nach verfolgt. Kernaussage der folgenden Überlegungen wird die Aussage sein, dass die Frage, wie ein Controllerbereich zu gestalten ist, wesentlich davon abhängt, wie er gestaltet war, konkret, dass die Gestaltung vom erreichten Entwicklungsstand des Controllerbereichs bzw. der Controllingidee abhängt. Diese Aussage wollen wir zum einen mit der Entwicklung der Controllingbegriffe plausibilisieren. Zum anderen sei ein Abriss der Entwicklung der Controlleraufgaben vollzogen, aus dem ein Entwicklungsmodell der Controllership resultiert.

14.2.3.1 Unterschiedliche Entwicklungsphasen im Spiegel der Controllingbegriffe

Das Controlling folgt unterschiedlichen Entwicklungsstufen.

Wir haben im ersten Teil des Buches drei unterschiedliche Begriffsansätze des Controllings kennen gelernt, die der rationalitätssicherungsorientierten Sichtweise vorangegangen sind. Sie lassen sich mit unterschiedlichen Engpässen rationaler Führung herleiten (vgl. Weber/Schäffer 2001b, S. 38–42):

Die drei traditionell unterschiedenen Controllingsichten folgen unterschiedlichen Rationalitätsengpässen.

- Rationale Führung setzt ausreichendes Wissen voraus. Neben Methodenwissen zählt hierzu Faktenwissen. Liegt Letzteres nicht vor, sind keine reflexive Willensbildung und auch keine solche Willensdurchsetzung möglich. Somit kommt der Bereitstellung führungsrelevanter Informationen eine wesentliche Bedeutung für die Sicherstellung rationaler Führung zu. Hierauf bezieht sich die Sicht des Controllings als Informationsversorgungsfunktion (Engpass: führungsrelevante Informationen).
- Ansätze, die Controlling als spezielle Form der Führung betrachten, betonen zum einen die Notwendigkeit systematischer Zielplanung. Dies ist gleichbedeutend mit reflexiver Willensbildung. Zum anderen wird die Geschlossenheit von Planung und Kontrolle hervorgehoben. Auch hierdurch wird der reflexive Anteil innerhalb der Führung gestärkt (Engpass: Systematische Planung und Kontrolle). Das Vorhandensein entsprechender Informationen wird innerhalb dieser Auffassung entweder implizit unterstellt oder explizit als Teil des Konzepts angesprochen.
- Der koordinationsbezogene Ansatz betont, dass in der Verbindung von Planung, Informationsversorgung und Kontrolle der zentrale Engpass rationaler Unternehmensführung liegt. Die geschilderten Ausweitungen dieser Koordinationssicht auf Organisations- und Anreizaspekte lassen sich durch dyna-

mikbedingten Veränderungsdruck erklären: Je stärker das Unternehmen Veränderungen ausgesetzt wird, desto stärker muss sich die Sicherstellungsfunktion auch auf die Beziehungen von Planung, Informationsversorgung und Kontrolle zur Organisation und Personalführung erstrecken.

Damit bauen die drei Begriffsansätze aufeinander auf: Systematische Planung und Kontrolle sind nicht ohne entsprechende Informationen möglich; Koordinationsprobleme werden erst dann sichtbar, wenn die zu koordinierenden »Teilsysteme« bereits hinreichend ausgeformt sind. Wer in einer öffentlichen Verwaltung Controlling als Koordinationsfunktion einführen möchte, wird zum einen auf weitgehendes Unverständnis der betroffenen Führungskräfte stoßen, und zum anderen nicht umhin können, zunächst die Informationsversorgung und dann – darauf aufbauend – Planung und Kontrolle zu implementieren.

14.2.3.2 Entwicklung der Controllership

Schaut man in die 70er und 80er Jahre des letzten Jahrhunderts zurück, so lässt sich in den (Groß-)Unternehmen oftmals eine übereinstimmende Entwicklung der Controllership beobachten:

Die BA hat in den letzten vier Jahren des Reformprozesses eine eigene Controllerorganisation aufgebaut.

Aus der Praxis

Controlling in der Bundesagentur für Arbeit – Systematik und Wirkung

Dr. Klaus Schuberth und Frank-J. Weise*

Die Bundesagentur für Arbeit (BA) begann im Jahr 2003 einen grundlegenden Reformprozess. Den Kern der Reform bildete die Wandlung von einer input- und verrichtungsorientierten Behörde zu einem output- und outcomeorientierten öffentlichen Unternehmen. Wesentliche Elemente waren die Einführung eines integrationsorientierten Geschäftsprozessmodells in den Agenturen für Arbeit und eines stringenten Steuerungssystems sowie der Aufbau einer wirksamen Controllerorganisation.

Im Rahmen des neuen Geschäftsprozessmodells werden die Kunden der Agenturen mit Hilfe eines Profilings einer von drei Kundengruppen zugeordnet. Die Arbeitsvermittler differenzieren die Erwerbspersonen beim Zugang entsprechend ihrer Fähigkeiten in Marktkunden, Beratungskunden oder Betreuungskunden. Ein Marktkunde verfügt über eine relativ gute Qualifikation, die Wahrscheinlichkeit einen neuen Arbeitsplatz zu bekommen ist hoch. Er benötigt Informationen und Vermittlungsdienstleistungen der Agentur. Ein Beratungskunde ist marktferner. Er hat oftmals Qualifikationsdefizite, benötigt eine Bildungsmaßnahme oder einen Perspektivenwechsel. Betreuungskunden sind die schwierigste Gruppe, ihre Marktferne ist am größten, sie müssen schrittweise wieder an den Arbeitsmarkt herangeführt werden. Passgenau für die jeweiligen Kundengruppen setzen die Arbeitsvermittler unterschiedliche Handlungsprogramme ein, mit dem Ziel, eine Integration in den Arbeitsmarkt zu erreichen und Arbeitslosigkeit so schnell wie möglich zu beenden. Damit ist gewährleistet, dass der arbeitsmarktpolitische Ansatz des »Förderns und Forderns« konsequent angewendet und die arbeitsmarktpolitischen Instrumente effektiv und effizient eingesetzt werden können. Auf der Seite der Arbeitskräftenachfrage werden die Unternehmen und Betriebe in Zielkunden und Standardkunden unterteilt. Zielkunden sind potentialreiche Arbeitgeber im Sinne eines hohen Personalbedarfs und/oder Arbeitgeber mit Multiplikatoreffekt. Der Auftrag an den Arbeitgeberservice lautet, eine möglichst große Zahl der gemeldeten Stellen zu besetzen.

Für eine stringente Steuerung wurden drei grundlegende Prinzipien verankert. Jegliches Steuerungshandeln ist nach den Kriterien Wirkung und Wirtschaftlichkeit zu prüfen und zu entscheiden. Grundlage hierfür ist die Transparenz über Leistungsfähigkeit und Ergebnisse. Durch das Führen über Ziele wird das »was« vereinbart, das »wie« jedoch in die dezentrale Verantwortung der Arbeitsagenturen vor Ort gelegt.

Diese Steuerungslogik ist der zentrale Bezugspunkt für die Ausgestaltung sämtlicher

Controllinginhalte in der Bundesagentur für Arbeit. Der Controllerbereich unterstützt den ökonomischen und wirkungsorientierten Einsatz von Beitragsgeldern insbesondere durch die Identifizierung zentraler Input-Output-Outcome-Relationen sowie die Übersetzung der geschäftspolitischen Ziele in ein Messsystem. Indem der Controllerbereich die rechtzeitige Bereitstellung und Interpretation der steuerungsrelevanten Daten in der erforderlichen Qualität sicherstellt, sorgt er für Transparenz im Führungs- und Steuerungssystem. Mit den so genannten »Biografischen Daten« werden Informationen aus unterschiedlichen IT-Verfahren zu Kundenhistorien verknüpft (z. B. Werdegang und Dienstleistungen), so dass Wirkung und Wirtschaftlichkeit des Handels erstmals systematisch nachverfolgt werden können. Mit der Einführung der Kosten- und Leistungsrechnung wurden erste Grundlagen geschaffen, um künftig Kosten- und Leistungsinformationen stärker bei der Steuerung zu berücksichtigen. Auf diese Weise wird eine stark benchmarking-orientierte Steuerung zwischen den Arbeitsagenturen ermöglicht. Das Prinzip der dezentralen Verantwortung wird im Rahmen des Controllings maßgeblich unterstützt durch die Koordination der dezentralen Pläne und die Nachverfolgung der Zielerreichung des Führens über Ziele. Dies bedeutet, dass das Führungs- und Steuerungssystem auf der einen Seite auf dezentrale Kompetenz und Verantwortung für das Handeln vor Ort bauen muss. Auf der anderen Seite muss die dezentrale Autonomie in produktiver Form gelenkt werden. Der Vorstand der BA ist für den Gesamterfolg des Hauses verantwortlich, also muss er Möglichkeiten haben, den Handlungsraum der dezentralen Einheiten durch die Definition von Wirkungs- und Wirtschaftlichkeitszielen zu gestalten und die Zielerreichung messbar zu machen.
Primäre geschäftspolitische Ziele sind die Vermeidung von Arbeitslosigkeit und die nachhaltige Verkürzung der Dauer der faktischen Arbeitslosigkeit. Die Bundesagentur für Arbeit definiert sich somit als Sozialversicherung, die ihr Geschäft auf der Basis eines ökonomischen Kalküls steuert, indem sie den Versicherungsfall im Interesse ihrer Beitragszahler zeitlich begrenzt. Wesentliche Zielindikatoren bzw. Richtgrößen sind die Dauer der faktischen Arbeitslosigkeit, der Integrationsgrad Job to Job und der Integrationsgrad gesamt (vgl. Abb.1). Jugendlichen Berufswählern soll ein erfolgreicher Berufseinstieg eröffnet werden. Zielindikatoren hierfür sind die Einmündung in Ausbildung und die Zahl unversorgter Bewerber. Behinderten Menschen soll die Teilhabe am Arbeitsleben ermöglicht werden. Gesteuert wird dieses geschäftspolitische Ziel über Zugangsquoten der Ersteingliederung von Jugendlichen und Wiedereingliederung von Erwachsenen sowie dazugehörige Integrationsquoten.

Die Controllingorganisation der Bundesagentur für Arbeit ist dreistufig aufgebaut. In den 178 Agenturen für Arbeit sind Regionalcontroller und Controller-KLR (Kosten- und Leistungsrechnung) tätig. Sie steuern gemeinsam mit den Führungskräften des operativen Bereichs die dezentrale Zielerreichung vor Ort. Den zehn

Controller und Führungsunterstützung (»Steuerung«) teilen sich die Controlleraufgaben.

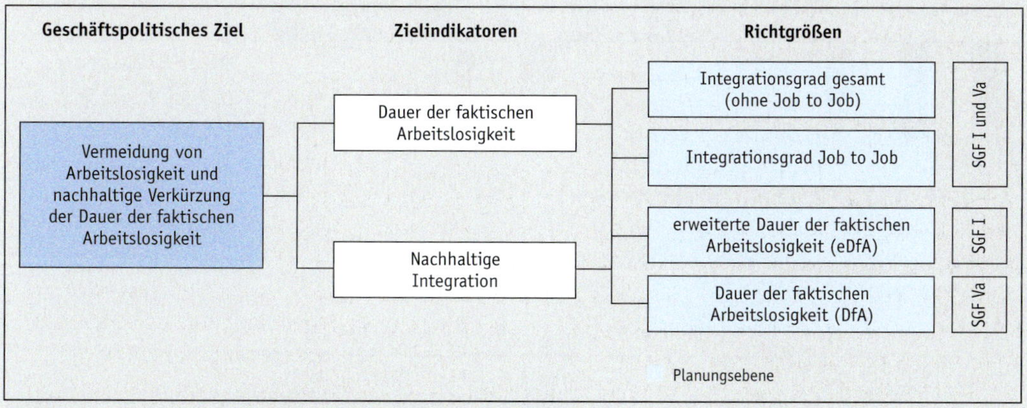

Abbildung 1: Zielsystem Arbeitslosenversicherung (Ausschnitt)

Regionaldirektionen obliegt die Steuerung der Arbeitsagenturen. Sie erfolgt auf der Basis einer Matrixorganisation durch Agenturberater und Controller. Die Regionaldirektionen wiederum werden vom Zentralen Controlling und dem operativen Bereich vom Sitz der Bundesagentur für Arbeit in Nürnberg gesteuert.

In Abhängigkeit von der regionalen Ebene und der jeweiligen Situation müssen die Controller der Bundesagentur für Arbeit verschiedenen Rollen gerecht werden. Zunächst sind sie als Experten und Fachverantwortliche in sämtlichen Handlungsfeldern des Controllings zu sehen, d.h. sie sind inhaltlicher Ausgestalter der Controllingprozesse und Weiterentwickler des Steuerungssystems. Als Prozesstreiber verantworten sie den reibungslosen Ablauf der Controllingprozesse und sind Motor stetiger Leistungssteigerung. Als Anwalt der gesamten Steuerungslogik ist der Controller insbesondere kritisches ökonomisches Gewissen im Umgang mit Ressourcen. Darüber hinaus muss der Controller akzeptierter Berater aller Führungsebenen zu allen Fragen der Leistungssteigerung sein.

Der Erfolg der verstärkt controllinggestützten Steuerung der Bundesagentur für Arbeit zeigt sich im Vergleich des Wirkungs- und Finanzergebnisses der Jahre 2003 und 2007: Die Dauer der faktischen Arbeitslosigkeit der Kunden konnte in diesem Zeitraum um 36 % gesenkt werden. Gleichzeitig gelang eine Steigerung des Integrationsgrads um rd. zehn Prozentpunkte. Zeigte das Finanzergebnis des Jahres 2003 noch ein Haushaltsdefizit von 6,2 Mrd. €, so konnte im Jahr 2007 ein Haushaltsüberschuss von 6,6 Mrd. € erzielt werden. Die summierten Haushaltsüberschüsse der Jahre 2006 und 2007 beliefen sich auf 17,9 Mrd. €. Hiervon wurden 9 Mrd. € in eine Liquiditätsreserve überführt, die in der Phase eines konjunkturellen Abschwungs eingesetzt werden kann. 2,5 Mrd. € wurden einem Versorgungsfonds zugeführt. Damit ist die Bundesagentur für Arbeit in der Lage, die Pensionsverpflichtungen ihrer Beamten zu finanzieren, ohne zukünftig Beitragszahler belasten zu müssen (vgl. Abb.2).

Maßgeblich unterstützt wurde diese Entwicklung durch die strukturellen Reformen am

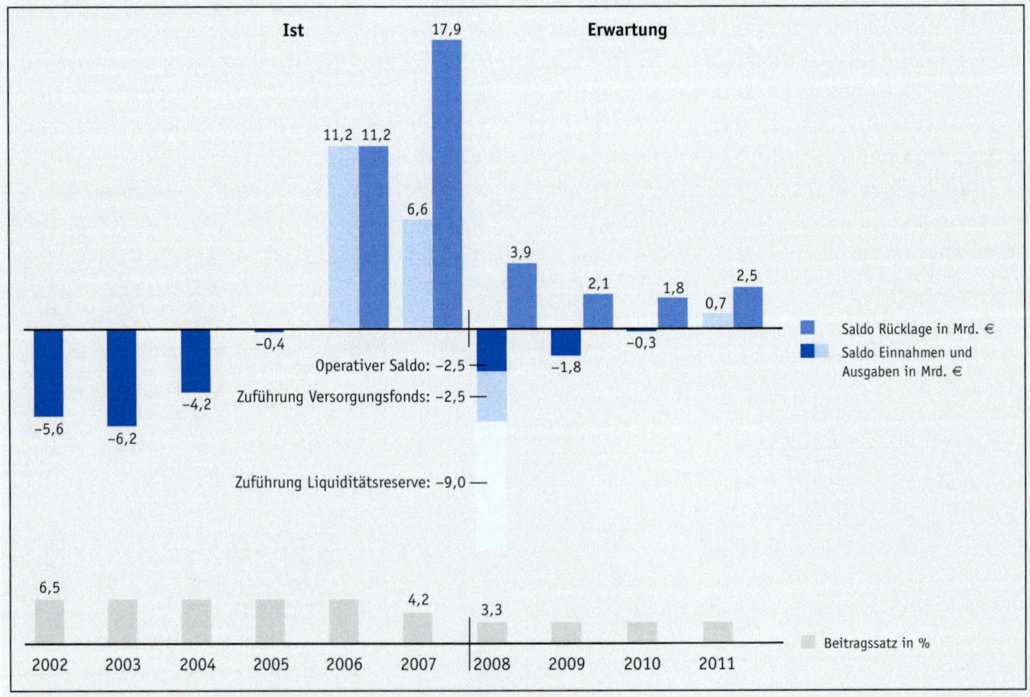

Abbildung 2: Finanzentwicklung und mittelfristige Finanzplanung

Arbeitsmarkt im Rahmen der »Hartz-Gesetzgebung« und die zuletzt sehr gute konjunkturelle Entwicklung. Ein wesentlicher Beitrag ist aber auch im neuen Steuerungs- und Controllingsystem der Bundesagentur für Arbeit zu sehen. Aufgrund dieses erfolgreichen Zusammenwirkens konnte der Beitragssatz zur Arbeitslosenversicherung seit Beginn der Reform in zwei Schritten von ursprünglich 6,5 % auf nun 3,3 % gesenkt werden. Dies stellt eine merkliche Entlastung der Lohnnebenkosten dar und stärkt damit die Wettbewerbsfähigkeit des Standorts Deutschland.

* Dr. Klaus Schubert ist Leiter Unternehmenscontrolling; Frank-J. Weise ist Vorsitzender der Bundesagentur für Arbeit.

Informationsbereitstellung als Basis

Am Beginn der Arbeit der Controller steht die intensive Beschäftigung mit dem internen Rechnungswesen. Controller entwachsen häufig entweder der Kostenrechnung oder den »betriebswirtschaftlichen Abteilungen«, die das Management mit »betriebswirtschaftlichen Methoden« (z. B. der Investitionsrechnung) unterstützen. Controller als »Zahlenknechte«, als Hüter der erfolgswirtschaftlichen Informationen, ist das typische »Startmuster« von Controlling. Dies galt nicht nur in den 70er Jahren in Großunternehmen, sondern trifft auch heute dann zu, wenn Controlling eingeführt wird. In einer öffentlichen Verwaltung geht es im ersten Schritt ebenso darum, Leistungs- und Kostentransparenz zu schaffen, wie in einem mittelständischen Unternehmen, das der Unternehmer ohne betriebswirtschaftliche Zahlen, stark intuitiv geführt hat. Zielset-

Ohne aussagefähige Informationen können Controller nicht arbeiten.

Fortsetzung Seite 421

Aus der Praxis

Controlling in der Steuler-Industriewerke GmbH

Dr. René Aust*

Familiengeführt, international, verschiedenartig

Die Steuler-Firmengruppe produziert und vertreibt mit etwa 1.700 engagierten Mitarbeitern rund um den Globus sowohl Wand- und Bodenfliesen als auch Systeme für den industriellen Korrosionsschutz. In zwei ähnlich großen Sparten (Industrie und Fliesen) wird ein jährlicher Umsatz von etwa 300 Millionen Euro erarbeitet. Während Steuler vorrangig in deutschen Standorten produziert, kann man Kunden, Baustellen, Vertriebs- und Montageeinheiten in vielen Regionen der Welt finden.

Die Steuler-Industriewerke GmbH, die Konzernmuttergesellschaft, gehört bis heute ausschließlich Familienmitgliedern und wird auch von einem Familienmitglied geleitet. Die Führungsgesellschaft befindet sich praktisch seit ihrer Gründung im Jahr 1908 in Höhr-Grenzhausen in der Nähe von Koblenz. Die in der Gruppe zu findenden Geschäftsmodelle variieren von einer kapitalintensiven Fliesenproduktion über den montagelastigen Säurebau mit eigenproduzierten Spezialmaterialien bis hin zum Entwurf und der Installation von Spezialanlagen in der Struktur einer Ingenieurgesellschaft.

Vertrauenswürdig, zuverlässig, engagiert

Ein Controlling existiert bei Steuler seit Jahrzehnten. Die heute unter dieser Flagge segelnde Abteilung nannte sich anfänglich bis zum Jahr 2005 betriebswirtschaftliche Abteilung. In dieser Abteilung finden sich zentral in Höhr-Grenzhausen fünf Mitarbeiter, die das operative Controlling für einen wesentlichen Teil der Unternehmen der Gruppe erbringen, aber auch Konzernfunktionen wahrnehmen. Dieses Team kümmert sich zusätzlich und in der ganzen Breite des kaufmännischen Spektrums um die Beteiligungsgesellschaften. Dezentral finden sich keine reinen Controller.

Controlling ist in der Steuler-Industriewerke GmbH schon seit langem verankert.

Es fließt noch zu viel Zeit in die reine Informationsbereitstellung.

Die Aufgabenschwerpunkte sollen sich in der Zukunft deutlich verändern.

Die Ansprüche an das Controlling steigen.

Die zentrale Controllingabteilung hat sich im Jahr 2002 ein auch heute gültiges Leitbild gegeben. Damit wurde das Selbstverständnis für die eigene Arbeit verbindlich dokumentiert. Mit diesem Leitbild wird deutlich, dass sich das Controlling als vertrauenswürdiger, verlässlicher Partner des Managements sieht und dadurch einen Mehrwert für das Unternehmen schafft, indem betriebswirtschaftliches Know-how mit Wissen über das Steuler-Geschäft sinnvoll verknüpft wird.

- Uns wird das Vertrauen geschenkt, andere bei betriebswirtschaftlichen Fragestellungen zu begleiten. Wir schaffen mit zeitnahen und realitätsgetreuen Informationen Transparenz und helfen damit unseren Kunden bei ihren Entscheidungen.
- Unsere Kunden sind vor allem die Geschäftsführung und andere ergebnisverantwortliche Entscheidungsträger.
- Wir verarbeiten Informationen zu in sich stimmigen Berichten und Analysen, um damit den Erfolg der Geschäftsaktivitäten von Steuler zu beurteilen.
- Wir arbeiten vertrauensvoll zusammen und sind ein verlässlicher interner Dienstleister.
- Wir sind kompetent im Geschäft von Steuler und in betriebswirtschaftlichen Fragen, teamorientiert und zuverlässig.
- Wir erwarten von unserer Führung erfolgreiche Entscheidungen, klare Aufgabenstellungen, wichtige Informationen zu unserer Unterstützung und eine objektive Beurteilung.

Abbildung 1: Leitbild der Steuler Controlling-Abteilung

Berichtend, unterstützend, systemlastig

Schwerpunktmäßig beschäftigt sich das Steuler-Controlling mit der *Informations*bereitstellung. Das Reportinggeschäft basiert auf dem Finanzbuchhaltungssystem und der damit integrierten Kostenrechnung. Auf diesen Systemen bauen einerseits ein datenbankgestütztes Controlling-Tool sowie andererseits manuelle Analysen und Berichte mit Microsoft Excel auf. Mit dem Controlling-Tool soll eine hohe Qualität der Analysen und Reports gesichert werden, aber auch Zeit und Mühe in der Erstellung von Berichten gespart werden, die dann in die Analyse, Interpretation und vor allem in die Kommunikation an die internen Kunden fließen kann. Die Berichte sind sehr speziell auf die Bedürfnisse einzelner Nutzer ausgerichtet und unterstützen somit das operative Geschäft durch quantitative, schwerpunktmäßig finanzielle Informationen. Die Berichtsinhalte fokussieren stark auf die Erfolgsrechnung und eine differenzierte stufenweise Deckungsbeitragsrechnung. Die Bedeutung von Bilanz- und Finanzkennzahlen nimmt schrittweise zu. Der noch immer hohe manuelle Aufwand im Reporting zeigt sich auch in den Berichtsterminen (Ultimo plus drei Kalendertage für den Auftragseingang, Ultimo plus 18 Kalendertage für das Monatsberichtswesen und Ultimo plus ein Monat für das Quartalsberichtswesen einschließlich Forecast zum Jahresende).

Die aufgeführten *Jahresabschluss*themen umfassen die Vorratsbewertung einschließlich dem bei Steuler bedeutenden Thema von unfertigen Aufträgen und den zugehörigen Rückstellungen für offene Rechnungen. Die Unterstützung des Jahresabschlusses wird auch zukünftig eine wesentliche Rolle spielen.

Das Controlling verantwortet prozessual die Ergebnisplanungen. Auf Basis der Vorjahreszahlen und des dritten Forecasts wird im November ein Detailbudget für das Folgejahr und eine Prognose für zwei weitere Jahre entwickelt. Der *Planungs*prozess läuft somit sehr schlank und fokussiert ab. Optimierungspotential ist hier in einer Qualitätssteigerung beispielsweise durch einen größeren Marktfokus oder eine Ausweitung auf Bilanz- und Cash-Themen zu finden. Die Prognose von integrierten Geschäftsszenarien wird mit Wirkung auf die Ressourcenverteilung an Bedeutung gewinnen.

Kontrollaktivitäten – also die Analyse von Abweichungen, Benchmarkingprozessen sowie die Ableitung von Korrekturmaßnahmen – nehmen zur Zeit einen relativ geringen Stellenwert im Steuler-Controllingportfolio ein. Um dem Anspruch eines akzeptierten Partners des Managements gerecht zu werden, wird in die *Kontrolle* mehr Zeit zu investieren sein. Mit einer stärkeren Systemunterstützung werden die nötigen Voraussetzungen dafür geschaffen.

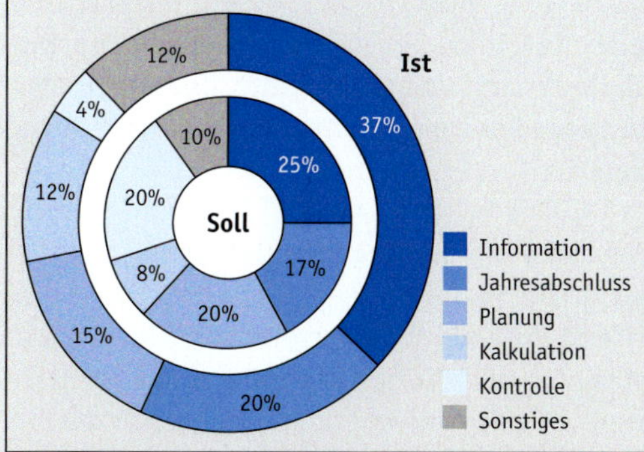

Abbildung 2: Soll-Ist-Vergleich (innen vs. außen) der Zeitverteilung auf Aufgabenbereiche im Controlling

Offen, dynamisch, ergebnisorientiert
Das Controlling bei Steuler entwickelt sich trotz der langen Tradition dynamisch. Mehrere Anstöße sind dabei erwähnenswert:

- Innerhalb des Unternehmens steigen die Ansprüche an die instrumentelle Unterstützung, aber auch den Detaillierungsgrad von Aussagen durch das Controlling. Die Controller stehen in einem sehr engen Kontakt zu den internen Kunden und erfragen dort auch schriftlich die Qualität ihrer internen Dienstleistung.
- Von extern ist ebenfalls ein höheres Anspruchsdenken zu beobachten. Waren noch vor wenigen Jahren auch wesentliche Finanzpartner mit Jahresabschlussinformationen zufrieden, so werden aktuell unterjährig kommentierte Quartalsabschlüsse oder auch Geschäftsszenarien für neue Engagements verlangt, um die Risiken besser abschätzen und kontrollieren zu können. Ganz wesentlich dabei ist eine integrierte Sicht von Ertrags-, Finanz- und Vermögenssituation.
- Ein dritter Impuls resultiert aus dem bereits angesprochenen Einsatz moderner Controllinginstrumente. Bei der Einführung beispielsweise von Planungs- und Vertriebsinformationssystemen werden unvermeidlich Strukturen und Prozesse hinterfragt und auf die aktuellen Bedingungen angepasst. Bei Steuler laufen zur Zeit wesentliche Projekte für eine bessere Systemunterstützung, beispielsweise für eine Planungssoftware oder auch Kundeninformationssysteme. Das Controlling ist in diesen Projekten federführend.

Als besonders relevant für das Steuler-Controlling ist die Forderung nach integrierten Unternehmensinformationen zu sehen. Bei der Frage, wer diesen definitiv vorhandenen Bedarf erfüllt, hat das Controlling eine gute Ausgangsposition. Allerdings kann es seiner Rolle dabei absolut nicht sicher sein. Die Mitarbeiter des Bereiches Rechnungswesen/Finanzen können ihre Kompetenzen in den Bereichen Bilanzierung und Finanzen im erheblichen Maße in die Waagschale werfen, stehen somit durchaus in einem internen Wettbewerb. Beachtenswert sind auch die starken Tendenzen des Zusammenwachsens von externem und internem Rechnungswesen. Beide Bereiche – Controlling und Rechnungswesen – bringen somit wichtige Voraussetzungen mit, sind jeweils allein aber nicht in der Lage, die Herausforderungen zu meistern. Mehr organisatorische Nähe wird für diese beiden Funktionen somit anstehen, auch bei Steuler.

Zusammenspiel von Rechnungswesen und Controlling

* Dr. René Aust ist kaufmännischer Leiter der Steuler-Industriewerke GmbH.

zung setzt Informationen voraus. Fehlen diese, sind sie der Engpass eines rationalen Managements.

Aufbau systematischer Planung und Kontrolle als Folge
Besteht hinreichende Transparenz, kann in einem nächsten Schritt eine systematische Planung und Kontrolle aufgebaut werden. Planung und Kontrolle ohne eine breite Informationsbasis macht ebenso wenig Sinn, wie Informationen zu produzieren, ohne vorgedacht zu haben, für welche Fragestellungen sie verwendet werden sollen.

Eine systematische Planung aufzubauen, ist – wie an dieser Stelle des Buches hinreichend bekannt – kein triviales Problem. Dies beginnt schon bei der Frage, welche Ziele verfolgt werden sollen. Nahe liegend sind dies diejenigen, die im Rechnungswesen abgebildet werden (z. B. Jahresüberschüsse, Deckungsbeiträge). Sollen weitere hinzukommen (wie z. B. in einer Balanced Scorecard), gehen von der Planung und Kontrolle Rückwirkungen auf die Informationsversorgungsfunktion der Controller aus. Sie haben dann entweder für das Vorliegen der benötigten Daten zu sorgen (Ausweitung der Transparenzpflicht) oder die Daten selbst zu erfassen.

Planungsgestaltung heißt weiterhin, die Frage nach der richtigen Messlatte für die Zielhöhe zu beantworten (vgl. auch die Ausführungen im 3. Kapitel des Buches). Auch hier liefert das Rechnungswesen Hilfestellung: Die Bildung von Soll-Kosten ist z. B. ein fester Konzeptbestandteil der Plankostenrechnung. Liegen entsprechende Funktionen nicht vor (wie z. B. für Gemeinkostenbereiche oder für Erlöse), ermöglichen die erfassten Daten aber immer noch die Ableitung von Erfahrungswerten. Erfahrung trägt dann, wenn sich wenig verändert. Dies ist allerdings immer weniger der Fall. Folglich stammen die Zielhöhen in den Unternehmen zunehmend aus anderen Quellen; hier sind insbesondere Benchmarks zu nennen. Wiederum zeigt sich eine Rückwirkung von der Planung auf die Informationsversorgung.

Planung und Kontrolle sind nur auf der Basis adäquater Informationen möglich.

Systematische Planung macht dann wenig Sinn, wenn ihre Einhaltung nicht überprüft wird; nur mit systematischen Kontrollen ist eine hinreichende Bindung des Managements an gesetzte Ziele möglich, nur so kann systematisch gelernt werden. Für die Kontrolle sind verlässliche Informationen erforderlich. Diese werden insbesondere vom internen Rechnungswesen geliefert.

Abb. 14-3

Sichtweise des Controllings in der Unternehmenspraxis im Spiegel der ICV-Studie (entnommen aus Weber et al. 2006, S. 31)

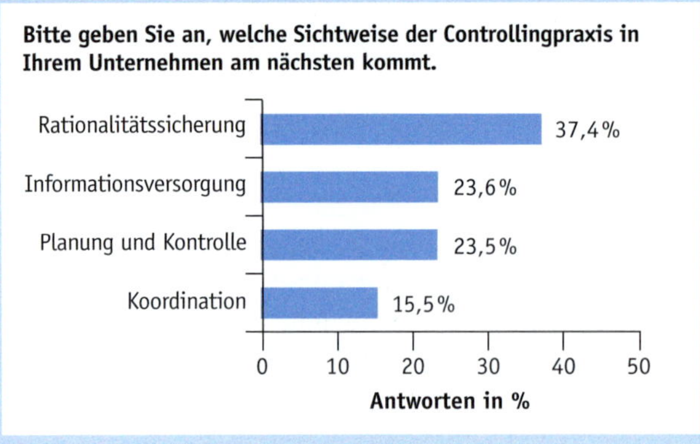

Beratung in Koordinationsproblemen als dritte Stufe

Wer in Planung und Kontrolle involviert ist, hat engen, zwangsläufigen Kontakt zum Management. Die Organisation und Moderation der Planung erfordert ebenso persönlichen Kontakt wie die Durchsprache von Zielabweichungen. Jeder (gute) Controller kennt seine Manager und weiß, wie er mit ihnen umzugehen hat. Derart mit Fakten-, Methoden- und Personenwissen ausgestattet, ist es nur ein kleiner Schritt dahin, das Management umfassend betriebswirtschaftlich zu beraten. Bedarf hierzu besteht insbesondere dann, wenn die Führung mit häufigen Veränderungen konfrontiert wird. Die Probleme, bei denen Controller hier helfen, sind dann komplexer Natur.

Wer z. B. ein wertorientiertes Steuerungskonzept einführen will, hat es nur vordergründig mit der Frage zu tun, wie die hierfür erforderlichen Informationen zu definieren und dann zu erfassen sind und wie die Planung auf das neue Konzept angepasst werden muss. Schnell stellt sich bei dem Versuch der durchgängigen Implementierung heraus, dass die Manager das Konzept nur schwer verstehen (können und wollen) und dass die dort formulierten Ziele weder unmittelbar verständlich noch mit den bisherigen Anreizsystemen verknüpft sind (vgl. zu empirischen Belegen Weber 2008, S. 202–223). Motivations- und Akzeptanzaspekte kommen ins Spiel. Auch wird der Controller bei der Implementierung feststellen, dass grundlegende Organisationsfragen berührt werden. Controller müssen folglich nicht nur in ihren angestammten Kompetenzfeldern Informationsversorgung, Planung und Kontrolle hinzulernen, sondern auch in fremdes Terrain (und fremde Abteilungen!) vordringen: ins Externe Rechnungswesen, in den Personalbereich (Anreizsysteme) und in die Organisation. Controller werden zu internen Beratern, arbeiten projektorientiert und nehmen übergreifende Koordinationsaufgaben wahr.

Dass sie von den Managern in derartige Fragestellungen einbezogen werden, ist wesentlich auf zwei Gründe zurückzuführen: Zum einen haben sie eine hohe Expertise in den klassischen Gebieten Informationsversorgung, Planung und Kontrolle erworben, also auf den Feldern, die von den meisten Veränderungsprojekten betroffen sind. Zum anderen finden sich Controller in praktisch allen Ebenen und Bereichen der Organisation verankert; somit können sie besser als andere potentielle Aufgabenträger (z. B. die Unternehmensentwicklung oder Interne Berater) auf ein breites Wissen zurückgreifen und sind in der Lage, bei der Umsetzung großflächig mitzuarbeiten.

Unterschiedliche Führungsprobleme im Unternehmen führen somit zu unterschiedlichen Aufgaben für Controller. Sie sind zum einen stark vom jeweiligen Kontext abhängig. Zum anderen lassen sich aber auch bestimmte Entwicklungsstufen erkennen, die allgemeinere Aussagen zur Gestaltung des Controllerbereichs erlauben.

Unterschiedliche Führungsprobleme im Unternehmen führen zu unterschiedlichen Aufgaben für Controller.

In der bereits mehrfach erwähnten ICV-Studie haben wir nach der Bedeutung der in der Theorie entwickelten und diskutierten Controllingverständnisse gefragt (vgl. *Abbildung 14-3*). Die Idee der Rationalitätssicherung der Führung als Controllingfunktion stellt dabei mit 37,4 % das in der Praxis am weitesten akzeptierte Controllingverständnis bei den ICV-Mitgliedern dar, d. h. mehr als ein Drittel der antwortenden ICV-Mitglieder gab an, dass dieses Verständnis der Controllingpraxis in ihrem Unternehmen am nächsten kommt. Der Informationsversorgung weisen 23,6 % der Befragten die Bedeutung zu, der Controllingpraxis am nächsten zu kommen. Mit einer fast identischen Anzahl von 23,5 % wird die Planung und Kontrolle bzw. die ergebnisorientierte Steuerung als am besten charakterisierendes Controllingverständnis erachtet. Das Controllingverständnis der Koordination weist einen deutlichen Abstand zu den anderen Verständnissen auf und summiert sich über beide Untergruppen auf 15,5 %. Diese Ergebnisse sind aktuell durch eine weitere empirische Studie, die Top-Controller der DAX 30-Unternehmen befragt hat, bestätigt worden (vgl. Weber 2008, S. 61). Es zeigt sich somit eine deutliche Divergenz zwischen der hohen Bedeutung dieses Controllingverständnisses in der theoretischen Diskussion und der Relevanz und Akzeptanz in der Praxis.

Zusammenfassende Aussagen (vgl. auch Leitfrage 2)

- Den Controllerbereich im internen Wettbewerb zu erkennen, heißt, über die aktive Gestaltung der Aufgaben nachzudenken. Ein reines »Role Taking« muss durch ein aktives »Role Making« ergänzt werden.
- Auf die Gestaltung wirkt eine ganze Reihe von Faktoren ein. Von diesen kommen insbesondere der Einstellung der Manager einerseits und dem erreichten Entwicklungsstand des Controllerbereichs anderseits eine zentrale Rolle zu.
- Damit muss – trotz aller Übereinstimmungen im Grundsatz – die Gestaltung jedes Controllerbereichs unternehmensspezifisch erfolgen.

14.3 Grundstruktur der Gestaltungsaufgabe

14.3.1 Aufgabenzuweisung als Organisationsproblem

Die Zuordnung von Aufgaben zu Aufgabenträgern ist die Kernthematik der Organisationstheorie. Unter einer Aufgabe versteht sie die Verpflichtung, eine bestimmte Handlung zu vollziehen. Zieht man die bei der Diskussion der Rationalitätsebenen im 2. Kapitel des Buches gewonnenen Einsichten hinzu, kann man eine Aufgabe definieren als zusammengesetzt aus dem Objekt der zu vollziehenden Handlung, der Handlung selbst und dem Ergebnis der Handlung. Als Aufgabenträger bezeichnet man eine einzelne Person oder eine Gruppe von Personen, die mit bestimmten Ressourcen ausgestattet ist und der die Erfüllung der Aufgabe übertragen wurde. Aufgaben und Aufgabenträger spielen wie folgt idealtypisch zusammen:

Ausgangspunkt sind durchzuführende Handlungen.

Ausgangspunkt sind durchzuführende Handlungen (z. B. das Durchrechnen eines Investitionsantrags). Diese rufen einen Bedarf an Produktionsfaktoren hervor (Menschen, Rechenmaschinen, Papier und Bleistift). Diese Bedarfe beziehen sich zum einen auf die Menge (ein Mitarbeiter) und den Bedarfstermin (»heute Nachmittag«), zum anderen auf die Eignung der Faktoren (Methodenkenntnis der Kapitalwertrechnung). Je nach Handlung differieren diese Anforderungen in ihrem Umfang, ihrer Heterogenität und Spezifität erheblich. Nicht immer können sie zudem genau beschrieben werden (z. B. Integritätsgrad eines Controllers). Diese Faktoranforderungen sind das Soll zur Auswahl und Bereitstellung konkreter Produktionsfaktoren (»Controller Meyer«). Sie müssen den Anforderungen entsprechende Eignungen aufweisen. Zur Realisierung der Handlung reichen diese Eignungen alleine allerdings nicht aus; es muss zusätzlich die konkrete Verfügbarkeit der Faktoren gewährleistet sein. Potentielle Begrenzungen für diese resultieren aus temporären »physischen« Einsatzbeschränkungen (»Meyer ist krank«) sowie – bei Menschen – aus Differenzen zwischen der grundsätzlich vorhandenen Eignung (Können) und der Bereitschaft, diese Eignung entsprechend einzusetzen (Wollen – »Meyer hat keine Lust«).

Spezialisierung kann zu erheblichen Effizienzgewinnen führen.

Abb. 14-4

Überblick über die Einflussgrößen des Organisationsproblems

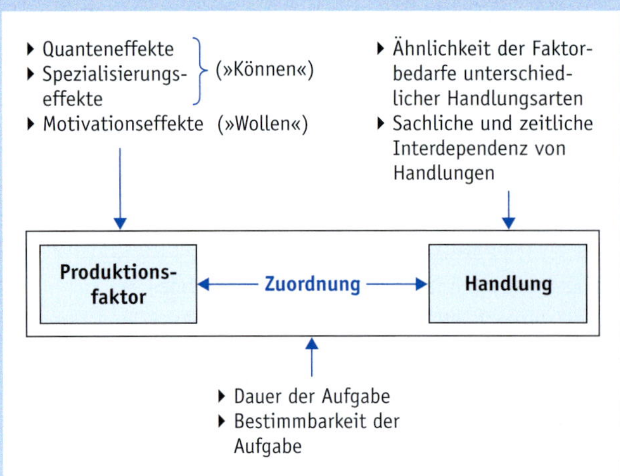

Unternehmen bestehen aus einer kaum überschaubaren Vielzahl von Handlungen unterschiedlichster Art, die in sich vernetzt sind. Die Organisation hat es also mit vielfältigen zeitlichen und sachlichen Interdependenzen zwischen den einzelnen Zuordnungsaufgaben zu tun. Die *Abbildung 14-4* skizziert die dadurch auftretenden zusätzlichen Bestimmungsgrößen des Organisationsproblems.

Bezogen auf einen einzelnen Faktor spielen zunächst »Quanteneffekte« eine Rolle. Nicht alle Faktoren lassen sich just in der Menge bereitstellen, in der sie aktuell gebraucht werden. Dies gilt sowohl für Manager als auch für Controller. Der Bedarf an Controllerleistungen mag so z. B. einen einzelnen dezentralen Controller »vor Ort« an manchen Tagen nur zu 60 % auslasten, an anderen Tagen reichen auch Überstunden nicht aus, alles termingerecht zu bearbeiten. Deshalb muss versucht werden, nicht ausgenutzte Kapazität für andere Aktivitäten zu verwenden. So übernimmt mancher Controller ab und an auch einmal »reine Linientätigkeit«. Nicht immer gelingt dies problemfrei: Je mehr Controller in Linienaufgaben hineinwachsen, desto schwerer haben sie es, ihre Neutralität und Unabhängigkeit zu wahren.

Als weiterer Aspekt kommt die Spezialisierung des Faktorbedarfs hinzu. Unter Spezialisierung wird in der Organisationsliteratur die Unterteilung eines zunächst heterogenen Aufgabenbündels in homogene(re) Teilaufgaben verstanden. Ihre ökonomische Bedeutung ist kaum zu überschätzen. Der heutige industrielle Stand wäre ohne Spezialisierung nicht möglich gewesen. Zunächst richtete sich die Spezialisierung auf einzelne Handlungstypen: Wer kennt nicht das berühmte Stecknadelbeispiel von Adam Smith oder das Bild eines Kostenrechners, der Tag ein Tag aus Rechnungen kontiert, also Kostenstellen zuordnet? Später kamen u. a. die Objektspezialisierung (Verantwortung eines Controllers für den Produktionsbereich) und die räumliche Spezialisierung hinzu (»Beteiligungscontroller Südamerika«).

Für die Spezialisierung von Aufgaben spricht eine Reihe gewichtiger Gründe, so u. a. die Nutzung von Erfahrungseffekten durch ständige

Im Original

In seinem bekanntesten Buch, »The Wealth of Nations«, illustriert Adam Smith den Nutzen der Arbeitsteilung am Beispiel der Herstellung von Stecknadeln:

»The greatest improvement in the productive powers of labour, and the greater part of the skill, dexterity, and judgment with which it is anywhere directed, or applied, seem to have been the effects of the division of labour.

The effects of the division of labour, in the general business of society, will be more easily understood by considering in what manner it operates in some particular manufactures. ... To take an example, therefore, from a very trifling manufacture; but one in which the division of labour has been very often taken notice of, the trade of the pin-maker; a workman not educated to this business (which the division of labour has rendered a distinct trade), nor acquainted with the use of the machinery employed in it (to the invention of which the same division of labour has probably given occasion), could scarce, perhaps, with his utmost industry, make one pin in a day, and certainly could not make twenty. But in the way in which this business is now carried on, not only the whole work is a peculiar trade, but it is divided into a number of branches, of which the greater part are likewise peculiar trades. One man draws out the wire, another straights it, a third cuts it, a fourth points it, a fifth grinds it at the top for receiving the head; to make the head requires two or three distinct operations; to put it on is a peculiar business, to whiten the pins is another; it is even a trade by itself to put them into the paper; and the important business of making a pin is, in this manner, divided into about eighteen distinct operations, which, in some manufactories, are all performed by distinct hands, though in others the same man will sometimes perform two or three of them. I have seen a small manufactory of this kind where ten men only were employed, and where some of them consequently performed two or three distinct operations. But though they were very poor, and therefore but indifferently accommodated with the necessary machinery, they could, when they exerted themselves, make among them about twelve pounds of pins in a day. There are in a pound upwards of four thousand pins of a middling size. Those ten persons, therefore, could make among the upwards of forty-eight thousand pins in a day. Each person, therefore, making a tenth part of forty-eight thousand pins, might be considered as making four thousand eight hundred pins in a day. But if they had all wrought separately and independently, and without any of them having been educated to this peculiar business, they certainly could not each of them have made twenty, perhaps not one pin in a day; that is, certainly, not the two hundred and fortieth, perhaps not the four thousand eight hundredth part of what they are at present capable of performing, in consequence of a proper division and combination of their different operations« (Smith 1776/1952, p. 3).

Wiederholung und die Möglichkeit, speziell Begabte für die Stelle gewinnen zu können. Viele Kostenrechner lieben es, für Konsistenz der Daten zu sorgen und alle Feinheiten des Kostenrechnungssystems zu beherrschen. Sie gewinnen darin hohe Virtuosität.

Allerdings stehen diesen Vorteilen auch Nachteile gegenüber. Spezialisierung zieht Koordinationsbedarf der separierten Aufgaben nach sich. Dieser verursacht Kosten und/oder hat eine mangelnde Aufgabenabstimmung zur Folge: Was hilft eine filigrane Kostenverrechnung, wenn die Datenqualität der Vorsysteme zu wünschen übrig lässt (und die Kostenrechner sich um diese nicht kümmern, da ganz andere Abteilungen dafür verantwortlich sind)? Hohe Spezialisierung verschlechtert die Basis für Koordination durch zwei Effekte: Auf der einen Seite führt sie beim Aufgabenträger zur Verengung des Blickwinkels, zum anderen bei den Empfängern der Arbeitsergebnisse zu einer abnehmenden Fähigkeit, das Arbeitsergebnis richtig zu beurteilen: Der Kostenrechner erstellt seine Auswertungen und liefert sie per Bericht beim Manager ab, der Manager muss die Ergebnisse akzeptieren, ohne ihre Entstehung und Bedeutung hinterfragen zu können. Um eine solche Situation zu vermeiden, müsste der Kostenrechner zumindest ein Stück der Managerfunktion verstehen, um die Bedeutung der gelieferten Ergebnisse beurteilen und den Manager entsprechend coachen zu können.

Auch die Motivation der Aufgabenträger ist bei der Organisationsaufgabe zu beachten.

Neben Quanteneffekten und der Spezialisierung sind (nur) beim Faktor Mensch noch Motivationsaspekte zur Lösung des Organisationsproblems wirksam. Unterschiedliche Anforderungskombinationen haben bei unterschiedlichen Individuen unterschiedliche Wirkungen auf das »Arbeiten-Wollen«. Eine zu geringe Aufgabenbreite (»Fachidiot«) kann ebenso demotivierend wirken wie eine zu große, die überfordert oder daran hindert, sich auf die Dinge zu konzentrieren, die »wirklich Spaß machen«. Bedenkt man, wie unterschiedlich breit das Aufgabenspektrum einzelner Controller ausfallen kann (vom »Rechenknecht« bis zum Management-Consultant), hat dieser Motivationseffekt bei der Auswahl einzelner Controller eine wichtige Bedeutung; »den« Controller, der alle Aufgabenspektren von Controllertätigkeit gleich motiviert ausführen kann, gibt es nicht. Außer-

Hohe Aufgabenspezialisierung erschwert die Koordination.

dem sei nicht verschwiegen, dass auch für die Controller die typischen Wollensprobleme zutreffen können, die wir an mehreren Stellen der Argumentation für Manager konstatiert haben: Auch Controller können sich opportunistisch verhalten, etwa indem sie ihre Aufgaben nur unzureichend wahrnehmen (Vermeidung von »Arbeitsleid«), notwendigen Konflikten aus dem Wege gehen (also ihre Counterpartfunktion vernachlässigen) oder umgekehrt auf das Management Macht ausüben (»graue Eminenz«). Die Motivation der Controller sowie das soeben angesprochene Problem »Wer kontrolliert den Kontrolleur?« werden uns gleich noch näher beschäftigen.

Wer kontrolliert den Kontrolleur?

Handlungsbezogene Einflüsse auf das Organisationsproblem resultieren – abstrakt gesprochen – zum einen aus der Ähnlichkeit der Faktorbedarfe unterschiedlicher Handlungsarten und zum anderen aus deren sachlicher und zeitlicher Interdependenz:

Freie Kapazitäten schaffen Veränderungspotential.

- Wer Investitionsanträge kritisch kommentieren kann, ist auch in der Lage, das verwendete Rechenverfahren zu erklären. Beides im Aufgabenprofil eines Controllers zu verbinden, macht aus der Perspektive der Fähigkeiten heraus Sinn.
- Wenn neue Investitionen zu geänderten Kostenstrukturen führen, erspart es erhebliche Abstimmungskosten, wenn ein Controller nach seiner Mitwirkung im Investitionsprozess anschließend die Veränderungen für die Kostenrechnung (z. B. geänderte Kostenspaltung) vornimmt.
- Periodische Planungsprozesse sind in der Praxis – wie z. B. im 11. Kapitel angesprochen – durch eine erhebliche terminliche Enge gekennzeichnet. Dieser Terminknappheit lässt sich am besten dadurch gerecht werden, dass Controller sowohl die Entstehung der Einzelpläne als auch deren unternehmensbezogene Koordination (inklusive mehrstufiger Rückkopplungen und Veränderungen) managen.

Betrachten wir die Zuordnung von Aufgaben auf Aufgabenträger selbst, so sind noch zwei zusätzliche Aspekte hervorzuheben. Zum einen nimmt die erwartete Dauer der Zuordnung Einfluss auf das Zuordnungsproblem. So mögen etwa in einer Projektstruktur dieselben Aufgaben anfallen, die ein Controller in »normaler Leistungserstellung« zu vollziehen hat. Für die (kurze) Projektlaufzeit lohnt sich aber eine starke Spezialisierung nicht, so dass die Hinzuziehung eines Controllers dann keinen Sinn macht. Zum anderen wird die Zuordnung vom vorhandenen Wissen über die Aufgaben und die Anforderungen an die Aufgabenträger bestimmt. Immer dann, wenn wir in den Bereich kreativer Tätigkeiten kommen, ist eine solche Bestimmbarkeit nur in Grenzen gegeben. Kreativität ist nicht nur im F & E-Bereich oder in der strategischen Planung gefragt. Sie wird auch für Verbesserungen und Innovationen in bestehenden Aufgabenfeldern benötigt. Dies betrifft auch die Controllership (vgl. Weber 2007 b). Insofern macht es Sinn, ein Veränderungspotential bewusst zu schaffen, indem entsprechende Kapazität eingeräumt wird; wir sind in anderem Zusammenhang – bei den Controllertypen von Zünd – schon auf die Sinnhaftigkeit solcher Optionen eingegangen.

Das Ergebnis eines Organisationsprozesses besteht in der Zuweisung von Rechten und Pflichten an einzelne Aufgabenträger. Potentielle Pflichten beziehen sich auf

- *Faktoren*
  Das Spektrum reicht von freier Dispositionsmöglichkeit (»Mit welchem Berater ich bei diesem Projekt zusammenarbeite, müssen Sie schon mir überlassen«) bis zu exogener Vorgabe (Bereitstellung eines Standard-PCs).

- *Prozesse*
  Ein beliebtes Beispiel für Standardprozesse sind Reisekostenrichtlinien. Wie ein Controller eine Abweichungsanalyse durchführt, ist ihm dagegen praktisch gänzlich selbst überlassen.

- *Ergebnisse*
  Controller haben auf der einen Seite im Berichtswesen feste Termine einzuhalten; auf der anderen Seite ist das Ergebnis eines Coaching-Prozesses frei gestaltbar.

Die Festlegung von Pflichten bedarf stets zugleich auch der Festlegung von Rechten bzw. Kompetenzen (an die Seite von Können und Wollen tritt das Dürfen). Sie beziehen sich auf dieselben Objekte bzw. Tatbestände wie Pflichten und beinhalten Verfügungsrechte und Informationsrechte. Zu ersteren zählt z. B. das Recht, ein zugewiesenes Budget ausschöpfen zu können; ein Beispiel für letztere ist das Recht, unaufgefordert an Planungsrunden des Managements teilnehmen zu dürfen. Eines der zentralen Rechte eines Controllers, das es häufig erst zu »erkämpfen« gilt, ist das Recht zu ungefragtem Widerspruch. Wesentliche Bedeutung kommt darüber hinaus dem Recht zu, zu wichtigen Entscheidungsvorlagen des Managements Stellung nehmen zu dürfen. Dieses Recht zur Stellungsnahme reicht von einer formellen Anhörung (»Alle Investitionsanträge müssen über den Tisch eines Controllers laufen«) bis zu einem Vetorecht. Derartige Rechte verschaffen den Controllern Einfluss auf die Manager; empirisch zeigt sich, dass dieser Einfluss positiv auf den Unternehmenserfolg wirkt (vgl. Bauer 2002, S. 253).

An Rechte und Pflichten sind schließlich Sanktionen geknüpft, deren Eintritt durch Kontrolle ausgelöst wird. Sanktionen können sowohl positiver (etwa Zahlung von Tantiemen) als auch negativer Art sein (Bestrafung, die im Grenzfall bis zur Entlassung reicht). Für Controlleraufgaben besteht ein zentrales Problem darin, dass sie im Ergebnis nur schwer messbar sind oder zumindest in der Vergangenheit in den Unternehmen zumeist nicht gemessen wurden. Leistungskontrollen im engeren Sinn fanden deshalb nicht statt. Sanktionen bewegten sich damit auf einem eher schwankenden Grund (globale persönliche Einschätzung durch den Manager). Wir werden noch genauer diskutieren, inwieweit hier Änderungen möglich sind.

Unter der Lupe

Excerpts from the article »Controller Involvement in Management« by Vijay Sathe (1982):

»In addition to the responsibility for assisting management in the running of the business, requiring some degree of involvement in the decision-making process, the controller is responsible for accurate reporting of financial information to stockholders and government agencies and is also responsible for protection of the company's assets. ... The last two responsibilities are of a custodial and monitoring nature and require a degree of controller independence from management. ... Without the opportunity for active involvement in business decision making that the service role provides, the controller may not be privy to sensitive management accounting information and deliberations in progress. Thus, the controller's role becomes one of checking compliance with corporate policy and procedures after the relevant decisions have already been made, that is, *after-thefact or reactive control.* In contrast, a controller actively involved with management in business decision making has an opportunity to put an early stop to ill-conceived, ill-advised, or illegal courses of action being contemplated, that is, *before-the-fact or anticipatory control.* More responsive control is therefore possible with a broadened definition of the controller's areas of responsibility, *provided that the controller's involvement in management does not impair the controller's sense of objectivity and independence, or vice versa«* (Sathe 1982, S. 17 ff.).

14.3.2 Aus der Rationalitätssicherungsfunktion resultierende Spezifika der Gestaltungsaufgabe

Der vorangegangene Abschnitt lieferte quasi das Grundgerüst für die organisatorische Gestaltung der Controlleraktivitäten, das so für alle Tätigkeiten im Unternehmen relevant ist. Im zweiten Schritt wollen wir die Spezifika ergänzen, die aus dem Charakter der Controlleraufgaben als besondere Form der Führungsunterstützung resultieren. Wie an dieser Stelle des Buches jedem vertraut, haben Controller unterschiedliche Formen von Unterstützungsleistungen zu erbringen. Insbesondere der Anteil der Rationalitätssicherungsfunktion fordert von den Controllern eine enge Nähe zur Führung. Eine Ergänzung und Begrenzung muss stets sehr auf den individuellen Einzelfall hin gestaltet werden; Rationalitätssicherung »von der Stange« ist nicht zu leisten. Allerdings erfordert sie zugleich auch eine hinreichende Distanz des Controllers zum Manager; richtet er sich zu stark an ihm aus und auf ihn ein, besteht die Gefahr, seine Unabhängigkeit und seine Eigenständigkeit zu verlieren. Das Zusammenwirken zwischen Manager und Controller muss einer Art dynamischem Gleichgewicht folgen. Ein Abweichen davon bedeutet auf der einen Seite den Verlust der Counterpartfunktion; die Controller werden dann reine Dienstleister »ohne eigene Meinung«. Aus dem Ungleichgewicht kommt die Beziehung auf der anderen Seite allerdings auch dann, wenn Controller mehr und mehr die Rolle von grauen Eminenzen spielen; sie übernehmen dann de facto zentrale Führungsfunktion.

Damit es zu einem dynamischen Gleichgewicht kommt, muss eine Reihe von Bedingungen erfüllt sein, die wir in drei Gruppen ordnen wol-

Ein wesentliches Recht der Controller ist das zu ungefragtem Widerspruch.

An die Tätigkeit von Controllern sind zumeist nur wenige direkte Sanktionen geknüpft.

Controller müssen zugleich hinreichende Nähe und ausreichende Distanz zu »ihrem« Manager halten.

len, die auf Fähigkeiten (»Können«), Kompetenzen (»Dürfen«) und Motivation (»Wollen«) abstellen. Beginnen wir mit den auf die Fähigkeiten bezogenen Aspekten:

- Controller müssen auf der einen Seite genügende Kenntnis der Spielregeln des Geschäfts der Manager besitzen, um ihr Handeln zu verstehen. Auf der anderen Seite ist es zu vermeiden, dass eine zu weit gehende Kenntnis dazu führt, genauso zu denken wie die Manager selbst. Dies würde zu einer Verstärkung statt zu einer Ergänzung und Herausforderung der internen Modelle der Manager führen. Dies wird auch an folgendem Zitat des Top-Controllers eines DAX 30-Unternehmens deutlich: »Wenn tiefe Geschäftskenntnisse vorliegen, kann das manchmal auch hinderlich sein im Controlling, weil man zu viel Verständnis aufbringt für den anderen. ... Auf der einen Seite hilft das Verständnis für das Geschäft sehr viel, weil man die Dinge sehr schnell durchdringt und auch die Zusammenhänge sehr schnell erfasst. Auf der anderen Seite hat man dann, wenn man sich zu sehr im Detail mit einem anderen Thema auseinandersetzt, zu viel Verständnis für die Probleme, die in dem anderen Bereich existieren. Man kann dann nicht mehr Lösungen mit der Kraft einfordern, die man hätte, wenn man die Details der Probleme nicht so gut kennen würde.« (Weber 2008, S. 108).

Controller können es mit dem Bremsen auch übertreiben.

- Controller müssen ein hinreichendes »Gespür« dafür entwickeln, was »ihren« Unternehmensbereich gerade bewegt. Nur so können sie über eine genügende Situationskenntnis verfügen, die zu einer Beurteilung des Managerhandelns benötigt wird. Dies setzt ein breites persönliches Netzwerk einerseits und hohe Sensibilität andererseits voraus. Allerdings dürfen Controller dabei auch nicht die Fähigkeit verlieren, die Situation objektiv einschätzen zu können. Verständnis darf nicht zu einer Färbung der Wahrnehmung führen.
- Sollen Controller zu Entscheidungsvorhaben ihrer Manager »professionell« Stellung nehmen, benötigen sie eine genügende Kenntnis der einzelnen Entscheidung und deren Kontextes: Kein Investitionsprojekt kann allein anhand der Zahlen in seiner Investitionsrechnung beurteilt werden. Controller können dann nur noch Inkonsistenzen und Rechenfehler feststellen. Dies bedeutet das Erfordernis, sich intensiv mit den Trägern der Investitionsentscheidung und dem Prozess der Vorbereitung des Investitionsvorhabens auseinanderzusetzen. Werden Controller deshalb möglichst frühzeitig mit eingebunden, darf das allerdings auch nicht dazu führen, dass sie ihre Neutralität dem Projekt gegenüber verlieren. Es ist zu verhindern, dass sie ein fester Teil des Projektteams und damit zu leicht vom Ziel beherrscht werden, das Projekt »zu einem guten Ende zu bringen«, es also zu realisieren.
- Schließlich gehört zum erforderlichen Können der Controller auch das konkrete Einnehmen einer abweichenden Position. Die Elemente des Abweichens haben wir an vielen Stellen des Buches ausgeführt: Eine bewusst risikoscheue Betrachtung anstehender Entscheidungen zählt hierzu ebenso wie die Betonung des Reflexiven gegenüber dem Intuitiven im Entscheidungsprozess. Wiederum müssen die Controller aber zugleich beachten, die Entscheidungsfindung nicht zu stark in ihre Richtung zu beeinflussen und damit Manager zu zahlengläubig oder zu risikoscheu zu machen.

Ohne hinreichenden Einfluss auf den Manager sind Controller »zahnlos«.

Den Aspekt der Einwirkungskompetenz (»Dürfen«) haben wir bereits im letzten Abschnitt angesprochen: Um von den Managern in ihrer Counterpartfunktion ernst genommen zu werden, benötigen die Controller hinreichende Kompetenzen zur Beeinflussung, die von Informationsrechten bis zur Möglichkeit reichen, gegen die Entscheidungsvorlage ein Veto einzulegen. Fehlende Kompetenzen machen den Controller potentiell »zahnlos«: Hat ein mittelständischer Unternehmer einen Controller primär in der Erwartung eines persönlichen betriebswirtschaftlichen Assistenten eingestellt, dann kann dieser nur durch die »Kraft des besseren Arguments« versuchen, Einfluss zu nehmen. Die Wirkung der Counterpartfunktion ist damit (sehr) beschränkt. Auf der anderen Seite dürfen die Eingriffsrechte der Controller aber auch nicht so weit reichen, dass die Controller zum Engpass des Geschäfts werden.

Schließlich verbleibt die Motivation zur Einwirkung auf den Manager (»Wollen«). Hier sind insbesondere zwei Aspekte für das dynamische Gleichgewicht maßgeblich:

- Zunächst sei die Konsequenz angesprochen, die Counterpartfunktion aktiv wahrzunehmen. Wie bereits mehrfach in diesem Buch diskutiert, bedeutet die Mitsprache der Controller im Entscheidungsprozess eine Beeinträchtigung des wahrgenommen Handlungsspielraums der Manager, was negative Verhaltenseffekte auslösen kann. Auch wenn Manager von der Wichtigkeit der Controllertätigkeit grundsätzlich überzeugt sind, kann es sie deshalb dennoch stören, wenn Controller überall »ihre Hände im Spiel« haben und stets den »Finger in die Wunde legen«. Perfektionismus der Controller, ein »Hundert-Prozent-Ansatz«, schadet hier eher; ein gewisses Maß an »laisser faire« wirkt zumeist »klimafördernd«. Controller sollten deshalb darauf abzielen, ihre Counterpartfunktion zum einen nur auf die wesentlichen Themen zu richten. Hierbei hilft auch die zumeist sehr knappe Kapazität der Controllerbereiche. Zum anderen sollten sie auch nicht immer als »Sieger« aus den konfliktären Themen hervorgehen. Nichts erzeugt mehr Reaktanz, als immer Recht zu haben. Auf der anderen Seite dürfen die Controller die Zügel aber auch nicht zu locker lassen; ein defensives Verhalten kann schnell als Schwäche missverstanden werden. Hierdurch würde die Counterpartfunktion erheblich gefährdet.
- Der zweite anzusprechende Motivationsaspekt betrifft im Wesentlichen nur dezentral arbeitende Controller. Von ihnen wird verlangt, dass sie sich mit ihrem Bereich identifizieren. Ansonsten sind sie schnell mit dem Label »Spion der Zentrale« belegt. Eine vertrauensvolle Zusammenarbeit mit dem Bereichsmanagement ist dann ebenso gefährdet wie der Zugang zu den unterschiedlichsten Informationen des Bereichs. Allerdings kann auch diese Identifikation und Bindung wieder zu weit gehen. Dies wird deutlich, wenn ein Manager davon spricht, dass er »seinen« Controller zur Verhandlung in die Zentrale schickt. Controller dürfen über die dezentrale Einbindung nicht den Blick für das Gesamtunternehmen verlieren. Sie dürfen zudem nie vergessen, dass insbesondere für die Begrenzungsfunktion ihre Auftraggeber im übergeordneten Management sitzen.

Spannungsfeld zwischen Involvement und Independence

Aus den Spezifika des Aufgabenmixes der Controller ergibt sich damit ein Spannungsfeld, das in der einschlägigen Literatur insbesondere von Sathe als Konflikt zwischen »Involvement« und »Independence« thematisiert wurde (vgl. Sathe 1982, S. 17 f.). Dieses Spannungsfeld lässt sich nicht grundsätzlich auflösen, zumal nicht mit aufbauorganisatorischen Instrumenten. Hilfreich ist zum einen seine Kenntnis und Thematisierung – z. B. beginnend bei einem entsprechenden Leitbild bis hin zu einer anlassbezogenen Diskussion (etwa dann, wenn sich ein Controller »wieder einmal zu sehr als Bremser betätigt hat«). Zum anderen lassen sich die »potential problems associated with active controller involvement [can be overcome] if controllers and other managers are able to create and maintain interpersonal trust and respect while challenging each other to excel« (Sathe 1982, S. 38).

14.3.3 Spezifische Probleme der Motivation von Controllern

Motivationsfragen der Controller werden häufig vernachlässigt.

Auf die Gestaltung des Controllerbereichs nehmen schließlich auch – letztlich aus den Besonderheiten der Controlleraufgaben resultierende – Fragen der optimalen Anreizgestaltung für Controller Einfluss. Sie sind bislang in der einschlägigen Literatur vernachlässigt worden. Auch in der Praxis scheint das Thema nicht aktuell zu sein bzw. nicht besonders wichtig genommen zu werden. Bei näherem Hinsehen könnte jedoch – so sei hier gemutmaßt – ein nicht unbeträchtlicher Teil des Problems vieler Unternehmen mit ihren Controllern (»Bremser«, »Zahlenknechte«) auf die mangelnde Auseinandersetzung mit dem Motivationsthema zurückzuführen sein.

In der einschlägigen Literatur stechen zwei Motivationstheorien als am meisten zitiert heraus. Zum einen ist dies die – fast schon zum Allgemeinwissen gewordene – Bedürfnispyramide von Maslow, zum anderen die Differenzierung von Motivatoren und Hygienefaktoren, die aus einer Studie von Herzberg resultiert. Deren

Abb. 14-5

Zwei-Faktoren-Theorie der Motivation nach Herzberg (1968, S. 57)

Motivatoren	Hygienefaktoren
▸ Leistungserfolg, Selbstbestätigung ▸ Anerkennung der eigenen Leistung ▸ Inhalt der Arbeit selbst ▸ Verantwortung ▸ Aufstieg, Beförderung ▸ Entfaltungsmöglichkeiten	▸ Unternehmenspolitik und -organisation ▸ Führungsstil des Vorgesetzten ▸ Beziehungen zu Unterstellten, Vorgesetzten, Gleichgestellten ▸ Arbeitsbedingungen ▸ Gehalt ▸ Privatleben ▸ Status ▸ Arbeitsplatzsicherheit
als Faktoren, die bei Erfüllung zu Zufriedenheit führen	*als Faktoren, die bei Nicht-Erfüllung zu Unzufriedenheit führen*

Die Leistungen von Controllern sind schwierig messbar.

genaue Ergebnisse fasst die *Abbildung 14-5* zusammen. Sie macht spezifische Probleme der Anreizgestaltung für Controller unmittelbar sichtbar: Führungskräfte werden wesentlich durch die erbrachte Leistung motiviert. Die Leistung von Controllern ist jedoch – wie ausgeführt – Messproblemen ausgesetzt. Bezogen auf die typische Ausprägung der Controllership besteht die wesentliche Herausforderung für die Controller darin, die Linienverantwortlichen zu einem den Unternehmenszielen entsprechenden Verhalten zu bringen. Der Erfolg dieser Tätigkeit wird letztlich nach außen nicht sichtbar: Das Unternehmensergebnis unterliegt derart vielen – z. T. externen – Einflüssen, dass der Erfolgsbeitrag der einzelnen Controller im einzelnen Unternehmen nicht ausreichend exakt und umfassend messbar ist. Nimmt man Controller (z. B. in Form ausgetragener Konflikte) deutlich wahr, wird dies oftmals ein Zeichen von Friktionen, also von im Kern Fehlleistungen sein. Ähnliches gilt für den nach den Herzberg'schen Studien zweitstärksten Motivator, die Anerkennung. Erst für die Arbeit selbst als eine Facette intrinsischer Motivation gelten keine spezifischen Negativeinflüsse für Controller.

Konzept der »Karriereanker«

Aus dieser unbefriedigenden Situation gibt es zwei Auswege, die auch kombiniert angewendet werden können. Der eine setzt an der bereits angesprochenen Sichtbarmachung der eigenen Leistungen gegenüber den Managern an. Gelingt es den Controllern, ihre Leistungen in wesentlichen Ausschnitten hinreichend valide und reliabel messbar zu machen, und können sie diese Leistungen in Planungsprozessen zusammen mit ihren internen Kunden, den Managern, vereinbaren, so wird die erbrachte Leistung sichtbar. Zudem liefern die Plan-Ist-Vergleiche die hinreichende Basis für Anerkennung durch das Management.

Die Leistungsmessung kann sich bei Dienstleistungen jedoch stets nur auf einen Leistungsausschnitt beschränken. Zudem sind – insbesondere bei Begrenzungsaufgaben – systematische Verzerrungen der Managereinschätzung zu erwarten: Es ist schon ziemlich viel von einem Manager verlangt, seine eigene »Niederlage« auch noch schön zu finden! Deshalb macht es Sinn, zusätzliche aufgabenkonforme Anreize zu schaffen. Von diesen sei kurz die Karrieregestaltung als besonders geeignet erscheinende näher betrachtet.

Generell gilt, dass individuelle Karrieremotive ein sehr breites Spektrum umfassen. Einer der zahlreichen – und in ihrer jeweiligen konkreten Ausprägung sehr unterschiedlichen – Strukturierungsversuche stammt von Schein (1977, S. 49–64). Er unterscheidet auf Basis empirischer Studien fünf so genannte »Karriereanker«:

- *Führungskompetenz,* d. h. die Legitimation, Führungshandlungen vorzunehmen. Macht und Status spielen hier ebenso eine Rolle wie die Befriedigung aus der Übernahme von Verantwortung.
- *Sicherheit,* d. h. das Bedürfnis, eine als ausreichend erachtete Position auf Dauer zu sichern. Eine Beschäftigungsgarantie oder die Zusage einer Altersversorgung werden von derart motivierten Mitarbeitern einem hierarchischen Aufstieg vorgezogen.
- *Kreativität,* d. h. die Möglichkeit, Neues zu erproben und zu gestalten.
- *Technisch-funktionale Kompetenz:* Dieser Karriereanker ähnelt der Führungskompetenz, ist jedoch auf einen anderen Aspekt gerichtet; es geht hier darum, fachlich-inhaltliche Fähigkeiten wahrnehmen zu können und in diesen anerkannt zu werden. Dieses Motiv findet man häufig bei Spezialisten (z. B. Entwicklungsingenieuren).
- *Autonomie und Unabhängigkeit,* d. h. die Möglichkeit, größtmögliche Freiheit in der Gestaltung der Arbeit zu besitzen.

Controllerpositionen bieten als Karriereanker überwiegend technisch-funktionale Kompetenz sowie Autonomie und Unabhängigkeit:

- *Technisch-funktionale Kompetenz*
  Controller müssen in der Lage sein, sich in dem von ihnen betreuten Unternehmensbereich in die Grundlagen des Geschäfts einzuarbeiten. Nur derjenige, der die Leistungserstellungsprozesse in Struktur und Ablauf begreift, ist – wie mehrfach in diesem Buch ausgeführt – in der Lage, bei ihrer Führung mitzuwirken. Weitere Kompetenzaspekte betreffen das Planungs-, Informations- und Kontrollinstrumentarium sowie die Notwendigkeit, mangelnde Stellenmacht durch Überzeugungs- und Konsensfähigkeiten auszugleichen.

- *Autonomie und Unabhängigkeit*
  Controllertätigkeiten sind durch erhebliche Freiheitsgrade gekennzeichnet. Neben dem üblichen normierten »Tagesgeschäft« (z. B. monatliche Abweichungsgespräche) bieten die Planungsaufgaben sowie Beratungsaktivitäten genügend Spielraum, eigenständige Ideen umzusetzen, individuellen Präferenzen folgende Wege der Aufgabenerfüllung zu gehen. Unabhängigkeit ist zudem – wie mehrfach betont – neben Involvement ein Wesensmerkmal von Controllerpositionen.

Zwei Karriereanker sind für Controller besonders relevant.

Führungskompetenz können Controllerstellen dagegen nicht vermitteln. Enthält man einem Controller diese auf Dauer vor, besteht die Gefahr, dass dieser sich Führungskompetenz rollenkonträr aneignet (»graue Eminenz«). Insofern scheint es nicht nur sinnvoll, sondern sogar geboten, Controllerpositionen als eine notwendige Stufe in der Karriere von Führungskräften zu sehen, die allerdings nicht nur einmal, sondern durchaus mehrfach durchlaufen werden kann. Eine solche Job-Rotation könnte einen beträchtlichen Beitrag dazu leisten, eine Frontenbildung zwischen Controllern und Linienverantwortlichen zu überwinden, gegenseitiges Verständnis zu schaffen und damit dazu beizutragen, die Controlleraufgaben (noch) effektiver und effizienter als bisher auszuführen.

Job-Rotation macht für Controller sehr viel Sinn.

14.3.4 Sicherung der Rationalität von Controllern

Controller haben u. a. die Aufgabe, die Rationalität ihrer Manager zu sichern. Nur: Wer sichert die Rationalität der Controller selbst oder – pointierter formuliert – wer kontrolliert den Kontrolleur? Auf entsprechende Fragen stößt man in der Unternehmenspraxis häufiger; in der einschlägigen Literatur wurden sie lange Zeit kaum angesprochen (eine Ausnahme für den Bereich des Accounting war die Arbeit von Weißenberger 1997, eine solche für Controller die von Herzog 1999, S. 218–223; ganz aktuell liegt eine umfassende Auseinandersetzung mit dem Thema vor, vgl. Paefgen 2007).

Am Anfang der Thematik muss die Überlegung stehen, ob ein solcher Rationalitätssicherungsbedarf für Controller überhaupt besteht. Der in diesem Buch häufig verwendeten Struktur folgend, kann ein solcher Bedarf zum einen aus Könnensdefiziten, zum anderen aus Wollensproblemen der Controller resultieren. Mögliche Könnensdefizite haben wir in den vorangegangenen Abschnitten und Kapiteln dieses Buches schon vielfach gestreift:

- Controller können zu sehr in der Welt finanzieller Größen leben und damit kein hinreichendes Verständnis für das Geschäft, seine Erfolgsfaktoren und strategischen Potentiale aufbringen.
- Controller können mangelnde Geschäftskenntnisse aber auch deshalb aufweisen, weil sie ohne entsprechende Erfahrung die Controlleraufgabe übernehmen und auch nur kurze Zeit in einem Bereich bleiben.
- Controller schätzen häufig den Wert intuitiver Einschätzungen zu gering ein. Sie reduzieren ein Entscheidungsproblem auf harte Zahlen und blenden damit wichtige Informationen aus.

Hinzu kommt, dass Controller Tätigkeiten ausüben, für die Manager zumeist nicht die Kompetenz besitzen, belastbare Qualitätsaussagen zu treffen. Ob eine Kostenverrechnung wirklich dem »Stand der Technik« der Kostenrechnung entspricht, ob der Controller sich in den Niederungen der Gemeinkostenschlüsselung wirklich auskennt, bleibt so zwangsläufig offen. Fachspezifische Könnensdefizite der Controller bleiben leicht unerkannt.

Argumente auf der Seite des »Controllerwollens« haben wir ebenfalls schon mehrfach in diesem Buch gestreift, ausführlicher gerade eben im vorangegangenen Abschnitt. Fassen wir wichtige Facetten des Problems noch einmal kurz zusammen:

- Auch Controller sind nicht frei von der Versuchung, ihr »Arbeitsleid« zu reduzieren. Möglichkeiten hierfür bestehen (zumindest) in allen Ergänzungs- und Begrenzungsleisten, immer dann also, wenn der Manager Art und Umfang der vom Controller erbrachten Leistung nicht vollständig beurteilen kann. Die Möglichkeit zur Begrenzung des Arbeitseinsatzes ist schon in Standard-Informationssystemen gegeben. Wer einmal in Großunternehmen die Kostenrechnung einer genauen Prüfung unterzogen hat, kann häufig von Problemen mangelnder Aktualität berichten. Änderungen werden nicht oder zu spät eingepflegt (vgl. ausführlich Weber et al. 2000). Ein höherer Qualitätsanspruch verbunden mit einem höheren Arbeitseinsatz würde dies verhindern. Da der Manager als Kunde die Probleme nicht erkennt, besteht aber kein extrinsischer Anreiz für die Controller, mehr Arbeitseinsatz zu investieren.
- Auch Controller wollen Karriere machen. Hierzu bestehen – wie eben angesprochen – unterschiedliche Strategien. So kann ein Controller einerseits versuchen, möglichst häufig und weit tragend Probleme bei Managern aufzudecken, sei es bei mangelhaften (z. B. zu viel Slack enthaltenden) Budgetwünschen, sei es bei zu optimistischen und/oder schlecht vorbereiteten Investitionsanträgen, sei es durch das Aufspüren problematischen Geschäftsgebarens. Dies folgt der Erwartung: »Als Controller wird der zuerst befördert, der die meisten Kerben am Colt hat«. Andererseits kann der Controller aber möglicherweise auch auf kollusives Verhalten setzen, mit den Managern also auch dann zusammen arbeiten, wenn ein Gegensteuern erforderlich wäre. Im Sinne eines »Eine-Hand-wäscht-die-andere« lautet das dahinter liegende Kalkül, nach einiger Zeit selbst ins »Managerlager« zu wechseln und den Absprung dahin möglichst nicht zu behindern.
- Gründe können aber auch einfach in einer wenig schönen persönlichen Einstellung der Controller liegen. So hört man immer wieder von Controllern, denen es Spaß macht, anderen Menschen Steine in den Weg zu legen, oder die persönliche Größe durch die Ausübung von Macht zu erreichen suchen. Gelegenheit dazu haben Controller in hohem Maße. Die Grenze zwischen gewünschter Rationalitätssicherung und willkürlicher Behinderung ist im Einzelfall nicht deutlich sichtbar und damit schwer nachweisbar.

Manager haben i. d. R. genügend Möglichkeiten, Rationalitätsdefiziten ihrer Controller zu begegnen.

Die Zusammenschau der Argumente lässt die Frage nach Rationalitätssicherung für Controller als zumindest nicht abwegig erscheinen. Möglichkeiten, diese vorzunehmen, hat in erster Linie der Manager. Er besitzt insbesondere bei Entlastungsaufgaben einen weit reichenden Einfluss und kann die Leistungsfähigkeit und -bereitschaft seines Controllers testen. Die zumeist vorhandene disziplinarische Unterstellung gibt dem Manager ein breites Feld an Eskalationsmöglichkeiten an die Hand, die von einer karriereschädlichen schlechten Leistungsbeurteilung bis hin zum Betreiben der Ablösung des Controllers reicht. Grundsätzlich befindet sich der Manager »seinem« Controller gegenüber also in einer Position erheblicher Stärke – wir haben in diesem Sinn oftmals darauf hingewiesen, wie es ein Controller trotz dieser Stärke versuchen muss, die Counterpartfunktion erfolgreich wahrzunehmen!

Die Frage der Rationalitätssicherung des Rationalitätssicherers hat durchaus ihre praktische Relevanz.

Möglichkeiten, ein Fehlverhalten einzelner Controller zu vermeiden, hat daneben auch der Controllerbereich selbst, indem er den Kontext für die Arbeit seiner Controller entsprechend gestaltet. Dies beginnt mit der Formulierung eines Leitbilds, das jedem Controller Aussagen über ein gewünschtes »Normverhalten« gibt – wir werden uns mit dem Thema Leitbild im 15. Kapitel noch näher beschäftigen. Einfluss kann weiterhin durch die grundsätzliche Ausrichtung der Controllerstellen genommen werden: Eine Perspektive der Stelleninhaber in Richtung einer Management-, nicht einer Fachkarriere begrenzen schon bei Einstellung der Controller die Zeit der voraussichtlichen Zugehörigkeit zum Bereich. Damit wird langfristig angelegten Strategien,

Macht aufzubauen und auszuüben, der Boden entzogen. Direkter sind weiterhin konkrete Vorstellungen über Normwege der Karriere der Controller. Hierzu zählen Regeln über typische Verweildauern in einzelnen Controllerpositionen (häufig nicht länger als drei Jahre) und gewünschten Stellenwechsel ins Management (vgl. zu konkreten Controllerkarrieren Weber 2008, S. 19–43). Maßgeblich kann der Gefahr von Könnens- und Wollensdefiziten der Controller weiterhin beim Personalrecruiting begegnet werden. Zum einen besitzt das Bild, das der Controllerbereich seinen Bewerbern präsentiert, eine selektive Wirkung; wird der Überwachungs- und Counterpartaspekt zu stark herausgestellt, besteht die Gefahr, die falschen Controller zu gewinnen. Zum anderen können die potentiell kritischen Persönlichkeitsmerkmale in der Auswahlprozedur entsprechend überprüft und hinterfragt werden. Möglichkeiten zur Begrenzung potentieller Rationalitätsdefizite der Controller bestehen schließlich auch im Rahmen der controllerbereichsinternen Interaktion. Ein enger Informationsaustausch zwischen den Controllern gibt Gelegenheit, potentielles Fehlverhalten Einzelner zu erkennen und darauf entsprechend zu reagieren: Personelle Veränderungen können auch – quasi proaktiv – vom Leiter des Controllerbereichs vorgenommen werden!

Insgesamt – so zeigen die kurzen Überlegungen – ist das Thema »Wer sichert die Rationalität des Rationalitätssicherers?« grundsätzlich relevant. Das Spektrum von Gründen für Rationalitätsdefizite der Controller ist breit. Dennoch muss man zur Lösung des Problems nicht an eine gesonderte Instanz im Controlling denken. Der Einfluss der Manager auf ihre Controller ist stark genug, eklatantes Fehlverhalten entsprechend zu sanktionieren. Bei der Gestaltung des Controllerbereichs sollte das Thema dennoch beachtet und durch entsprechende Maßnahmen adressiert werden. Außerdem wird häufig schon die Erkenntnis derartiger potentieller Gefahren ausreichen, sie zu vermeiden.

Zusammenfassende Aussagen (vgl. auch Leitfragen 3 und 4)

- Ein wesentlicher Teil der Gestaltung des Controllerbereichs besteht darin, Aufgaben (»Controllership«) Aufgabenträgern (»Controllern«) zuzuordnen. Hiermit ist ein typisches Organisationsproblem angesprochen.
- Auf die Lösung dieses Problems nehmen controllerbezogen Quanten-, Spezialisierungs- und Motivationseffekte Einfluss. Sachliche und zeitliche Interdependenzen der Aufgaben sowie deren Ähnlichkeit sind weitere Bestimmungsfaktoren. Schließlich sind auch noch die Dauer und Beschreibbarkeit der Zuordnungsaufgabe zu beachten.
- Besonderheiten resultieren aus der spezifischen Rationalititätssicherungsfunktion. Controller müssen hier ein dynamisches Gleichgewicht zwischen Involvement und Independence halten. Zu viel Unabhängigkeit ist ebenso schädlich wie eine zu starke Identifikation mit dem Management und dessen Problemen.
- Aus dieser spezifischen Situation resultieren auch besondere Bedingungen für die Motivation der Controller. Möglichkeiten für extrinsische Anreize sind sehr begrenzt. Als Anreiz kommt insbesondere die Karrieregestaltung in Frage.
- Anreizprobleme bereiten den Boden für mögliches unprofessionelles, opportunistisches Verhalten der Controller. Dieses kann aber vom Management in hinreichender Weise verhindert oder begrenzt werden.

14.4 Fazit

Die Zahl der Controller überschreitet in manchen Unternehmen die Zahl von 1 % der Belegschaft. Dies führt zuweilen zu einer vierstelligen Anzahl von Mitarbeitern, die Controllerstellen innehaben. Trotz dieser zahlenmäßig großen Bedeutung findet sich in der Literatur nur relativ wenige Aussagen darüber, wie diese Vielzahl an Stellen, wie dieser Controllerbereich zu gestalten ist. Dies mag auch daran liegen, dass für eine aktive Gestaltung innerhalb der hierarchischen Ordnung eines Unternehmens wenig Spielraum gesehen wird. Eine tiefer gehende Analyse, wie wir sie in diesem Kapitel begonnen haben und im folgenden Kapitel im Abschnitt 15.2 fortsetzen werden, zeigt aber schnell, dass auch innerhalb des hierarchiegeprägten Rahmens erhebliche Freiheitsgrade für die Ausgestaltung des Controllerbereichs bestehen.

Auf die Lösung dieses Gestaltungsproblems nehmen auf der einen Seite interne (z. B. die Einstellung der Manager zum Controlling) und externe Kontextfaktoren (insbesondere die Großzügigkeit der Umwelt) Einfluss. Auf der anderen Seite ist auch der im Unternehmen erreichte Entwicklungsstand des Controllings als wesentlich zu beachten. Weiterhin gilt es, dem besonderen Charakter der Rationalitätssicherungsaufgabe im Bündel der Führungsunterstützungsleistungen der Controller gerecht zu werden. Er insbesondere macht es erforderlich, eine dynamische Betrachtung des Gestaltungsproblems einzunehmen. Unabhängig davon ist die Gestaltung des Controllerbereichs als ein – wenn auch komplexes und herausforderndes – »normales« Organisationsproblem zu identifizieren und zu lösen. Mit den hierbei zu gehenden Schritten beginnt auch das folgende, abschließende Kapitel dieses Buches.

Weiterführende Literatur zu ...

... Begriffliche Grundlagen
David 2005, S. 12–18

... Zur Frage des grundsätzlichen Gestaltungsspielraums
David 2005, S. 28–43
Kronast 1989, S. 184–196
Rambusch/Sill 2007, S. 375–382
Weber/David/Prenzler 2001, S. 7–18

... Grundstruktur der Gestaltungsaufgabe
Berthel 1991, S. 481–498
Frese 1996, S. 3/1–3/15
Herzog 1999, S. 61–279
Jost 2000

15 Wesentliche Gestaltungsfragen der Controllership

Leitfragen

1. **Welche grundsätzlichen Aspekte sind zu berücksichtigen, wenn die Controllerbereiche in den Unternehmen zu gestalten sind?**
2. **Welche Bedeutung kommt Leitbildern in der strategischen Positionierung von Controllerbereichen zu und wie sehen solche Leitbilder aus?**
3. **Können die aus dem Bereich der strategischen Unternehmensplanung bekannten Instrumente auf die strategische Positionierung des Controllerbereichs übertragen werden?**
4. **Welche Aspekte sind zu berücksichtigen, wenn die Aufbauorganisation des Controllerbereichs festgelegt werden soll? Welche Alternativen bieten sich je nach Steuerungskontext an und wie sieht die Controllerorganisation in der Praxis aus?**

Was erwartet uns in diesem Kapitel?

Nachdem im 14. Kapitel grundsätzliche Aspekte der Gestaltung des Controllerbereichs behandelt wurden, geht es im abschließenden Kapitel des Buches nun um ausgewählte Gestaltungsfelder bzw. -bereiche. Beginnen wollen wir mit grundsätzlichen Gestaltungsfragen. Damit wird die Diskussion zum »Role Taking« versus »Role Making« aus dem 14. Kapitel wieder aufgegriffen und vertieft. Anschließend richtet sich die Betrachtung auf Instrumente, die helfen, die richtige strategische Grundposition zu finden und diese konkret umzusetzen. Dann wollen wir – »structure follows strategy« – ausführlicher die Frage behandeln, welche konkreten Aussagen sich zur (Aufbau-)Organisation der Controllerbereiche treffen lassen. Diese Fragestellung ist von allen Gestaltungsaspekten in der einschlägigen Literatur am umfangreichsten behandelt worden und ihr kommt ohne Zweifel auch eine erhebliche praktische Bedeutung zu. Den Abschluss bilden kurze zusammenfassende Ausführungen und solche zur weiteren Entwicklung der Controllership – wieder anknüpfend an die bisherige Historie, mit der wir das Buch im 1. Kapitel begonnen haben.

15.1 Grundfragen der strategischen Positionierung des Controllerbereichs

In der strategischen Planung geht es – wie wir aus dem Kapitel 13 wissen – um Erfolgspotentiale und die zu ihrer Erschließung erforderlichen Fähigkeitenpotentiale. Wenn wir diese Sichtweise auf die Controllerbereiche als Teil der hierarchischen Ordnung eines Unternehmens übertragen, müssen wir uns zwangsläufig von einer reinen »Role-Taking-Position« lösen. Controllerbereiche strategisch zu sehen, setzt zumindest in Teilbereichen die Möglichkeit eines »Role Making« voraus. Diese sei im Folgenden angenommen (vgl. hierzu nochmals die Ausführungen Abschnitt 14.2.1 dieses Buches).

Was sind Erfolgspotentiale eines Controllerbereichs?

Beginnen wir die Diskussion mit möglichen Erfolgspotentialen. Was man sich hierunter im Detail vorstellen kann, ist springt sicher nicht sofort ins Auge. Deshalb geht es zu Beginn um die Frage, in welcher Weise der Erfolg des Controllerbereichs bzw. der Arbeit der Controller grundsätzlich gemessen werden kann.

15.1.1 Zur Frage des Erfolgs der Controllerarbeit

Manager nach der Erfolgswirkung ihres Tuns zu fragen, zählt für Controller zu den Grundfesten ihres Geschäfts:

- Neue Investitionsvorhaben müssen »sich rechnen«.
- Neue Produkte werden nur dann ins Programm aufgenommen, wenn sie eine Verbesserung der Ergebnissituation versprechen.
- Hält ein Manager seine Ergebnisvorgaben nicht ein, führen Controller unangenehme Abweichungsgespräche.

Die Kosten von Controllern zu erfassen, ist einfach. Bei ihrem Nutzen sieht es ganz anders aus!

Nach dem eigenen Erfolgsbeitrag zu fragen, ist für Controller dagegen ein sehr ungewöhnliches Vorgehen. Ob sich der Unternehmenserfolg erhöht, wenn man einen Controller zusätzlich einstellt, oder ob dies auf Grund des an ihn zu zahlenden Salärs zu einer Ergebnisverschlechterung führt, kann kein Controller in der Praxis schlüssig beantworten. Für die Dimensionierung der Kapazität des Controllerbereichs spielt deshalb der Blick auf andere Unternehmen eine wesentliche Rolle; viel mehr Controller als die Konkurrenz zu haben, ist in der internen Argumentation eine schlechte Ausgangslage. Fällt man nicht aus dem Rahmen, gibt es auch keinen Rechtfertigungsbedarf. Dann gilt letztlich die Effizienzhypothese. Sie besagt, dass ein Verhalten dann, wenn es in einem Wettbewerbsumfeld von den meisten Unternehmen auf Dauer angewendet wird, effizient sein muss. Wäre es anders, würden die Unternehmen Wettbewerbsnachteile erleiden und letztlich vom Markt verschwinden.

Das Problem beginnt schon mit der Frage, wie der Unternehmenserfolg »richtig« gemessen werden soll.

Der einschlägigen Literatur ist die Frage nach dem Controllererfolg zwar nicht fremd; eine intensive Diskussion hat aber bislang noch nicht stattgefunden. Selbst von einer herrschenden Meinung bezüglich der richtigen Messung des Erfolgsbeitrags ist man weit entfernt (vgl. z. B. Bauer 2002, S. 137 f., und die dort angegebenen Quellen). Man trifft hier häufig auf den Ansatz, als Messlatte den Grad zu erfüllender Controlling-Ziele zu verwenden: Je mehr die Controller die ihnen vom Management gesetzten oder selbst vorgegebenen (z. B. aus der Literatur abgeleiteten) Ziele erfüllen, desto erfolgreicher sind sie. Allerdings ist man damit noch ein ganz erhebliches Stück von der eigentlich gewünschten Erfolgsaussage entfernt: Auch wenn die Controller z. B. die Informationsversorgung des Managements exzellent erfüllen, muss das nicht zu einem Euro mehr Ergebnis des Unternehmens führen. Der Zusammenhang zwischen Transparenz über das zu Entscheidende und der Wirkung von Entscheidungen am Markt ist sehr weit.

Eine direkte Einwirkung auf den Unternehmenserfolg ist sofort und ganz offensichtlich erkennbar: Controller kosten Geld. Auf Controller zu verzichten hieße, direkt und schnell nicht unerhebliche Personalkosten einzusparen. Sucht man nach Beträgen, die man diesen Kosten gegenüberstellen könnte, mag man zum einen an eingesparte Kosten für Manager denken: Controller entlasten Manager, so dass weniger Manager für die anderen Aufgaben erforderlich sind. Zum anderen gelten Controller – wie schon mehrfach angesprochen – als wirkungsvolle Cost Cutter: Auch die von ihnen angestoßenen Kosteneinsparungen könnten mit ihren Personalkosten saldiert werden. Abgesehen von Zurechnungsfragen (kann man den Einsparungserfolg wirklich alleine den Controllern zurechnen?) würde man dadurch aber nur eine kleine Facette der Tätigkeit von Controllern abdecken. Wer das Buch bis hierher durchgearbeitet hat, weiß, wie viele weitere Nutzenaspekte aus der Arbeit der Controller resultieren können.

Das Problem, unterschiedliche Einflussfaktoren auf ein Ergebnis berücksichtigen und zueinander in Beziehung setzen zu müssen, haben wir im 7. Kapitel bei der Diskussion der Balanced Scorecard bereits kennen gelernt. Aus der Erkenntnis eines notwendigen Nebeneinanders von vor- und nachlaufenden Indikatoren wurden dort vier Messperspektiven gebildet und mittels Ursache-Wirkungsbeziehungen miteinander in Beziehung gesetzt. Ähnliches findet sich in der empirischen Forschung zur Messung des Unternehmenserfolgs (vgl. im Überblick Bhargava/Dubelaar/Ramaswami 1994). Dieser wird nicht nur finanziell gemessen. Vielmehr wird – in Anlehnung an Walker/Ruekert 1987 – ein Dreiklang von Messgrößen gewählt:

Anpassungsfähigkeit

- Ausgangspunkt ist die *Anpassungsfähigkeit* des Unternehmens auf Veränderungen der

Umwelt, sei es von der Ressourcen- oder Marktseite, sei es durch externe Schocks oder andere Einflüsse ausgelöst. Eine höhere Anpassungsfähigkeit ermöglicht ein schnelleres Ergreifen sich bietender Chancen und eine schnellere Reaktion auf eintretende Risiken. Beides führt zu Wettbewerbsvorteilen gegenüber der Konkurrenz und diese sind wiederum mit einer auf Dauer überlegenen Ergebnissituation verbunden.
Controller können die Anpassungsfähigkeit des Unternehmens in vielerlei Hinsicht unterstützen, etwa durch die Lieferung von Frühwarnindikatoren, das ständige Hinterfragen von strategischen Prämissen und das Anstoßen von Projekten, die die Flexibilität des Unternehmens erhöhen.

- Eine weitere Erfolgsgröße bildet der *Markterfolg*. Er resultiert z. B. in der Erzielung einer hohen Kundenzufriedenheit, eines hohen Kundennutzens sowie einer starken Kundenbindung. Zusätzlich zu diesen kundenbezogenen Aspekten werden auch übergreifende marktbezogene Größen angesprochen, wie etwa der vom Unternehmen erreichte Marktanteil. Ein höherer Markterfolg eröffnet u. a. die Möglichkeit höherer Margen, geringerer Kosten für die Kundenneugewinnung und höherer Umsätze und wirkt damit positiv auf den finanziellen Erfolg.
Controller können den Markterfolg insbesondere durch eine Unterstützung von Marketing und Vertrieb erreichen, etwa durch die Ermittlung von Kundenerfolgen und Kundenwerten oder durch die rationalitätssichernde Mitwirkung im Produktentstehungsprozess. Auch das Anstoßen und Unterstützen einer stärkeren Prozessorientierung kann helfen, da diese zu einer höheren Kundenzufriedenheit und einem höheren Kundennutzen führt.
- Als dritte Erfolgsgröße ist schließlich der zumeist bei Erfolgsmessungen im Mittelpunkt stehende *finanzielle Erfolg* zu nennen. Er muss sicher nicht näher begründet werden. Controller sind gewohnt, mit dieser Ergebnisgröße zu arbeiten. Mögliche eigene Einflüsse auf diese Größe (z. B. durch ihre eigenen Kosten) wurden schon angesprochen.

Die drei Erfolgsgrößen decken den Unternehmenserfolg sowohl in inhaltlicher wie auch in zeitlicher Hinsicht sehr breit ab. Die Anpassungsfähigkeit lässt sich als ein weit vorlaufender Erfolgsindikator auffassen, dessen Bedeutung erst mit der Zeit offensichtlich wird. Weniger weiten Abstand vom finanziellen Erfolg hat der Markterfolg, der aber dennoch als vorlaufend zu charakterisieren ist. Der finanzielle Erfolg schließlich ist als ein nachlaufender Erfolgsindikator zu identifizieren. Wer in die Anpassungsfähigkeit investiert, wird den finanziellen Erfolg damit durchaus auf kurze Frist verschlechtern und die Früchte dieser Saat erst mit deutlicher Verspätung ernten können. Ähnliches gilt für den Markterfolg; allerdings geht hier die Saat schneller auf.

Markterfolg

Diese Überlegungen zu den Komponenten des Unternehmenserfolgs helfen, mögliche Erfolgswirkungen der Controller differenzierter zu erkennen und zu strukturieren. Dennoch verbleibt das Problem, dass Controller zumeist nur indirekt auf die Erfolgsgrößen wirken. Zwar können sie ihre eigenen Kosten im Wesentlichen selbst beeinflussen; sie unterliegen den üblichen Budgetierungsusancen wie andere Bereiche auch. Ein Großteil ihrer Wirkung auf den finanziellen Erfolg und ihr gesamtes Tun für einen höheren Markterfolg und eine bessere Anpassungsfähigkeit kommt aber nur durch das Handeln der Manager zustande. Wenn diese mit den gelieferten Informationen nicht besser entscheiden, wenn diese durch die systematische, von Controllern organisierte Planung nicht zu einem koordinierteren Verhalten kommen, wenn diese die Kontrollergebnisse nicht in bessere künftige Handlungen umsetzen, wenn diese geäußerte Bedenken der Controller bei anstehenden Entscheidungen in den Wind schlagen, dann kann auch keine Wirkung auf die unterschiedlichen Erfolgsebenen ausgehen. Wer – wie nicht selten zu beobachten – als mittelständischer Unternehmer einen Controller einstellt, aber dennoch unverändert so weiter führt wie bisher, verschlechtert das Unternehmensergebnis, anstatt die Wettbewerbsfähigkeit zu erhöhen. Für den Erfolg der Controller sind damit am Ende die Manager essentiell.

Finanzieller Erfolg

Will man den Erfolg der Controlleraktivitäten messen, ist deshalb eine Art »Dreisprung« erfor-

Erfolg der Controller entsteht nur »durch die Manager hindurch«.

derlich: Gute Controllerarbeit erhöht die Güte der Managerarbeit, die wiederum einen positiven Einfluss auf den Unternehmenserfolg hat. Wir haben damit einen sehr komplexen Zusammenhang vor uns, der im einzelnen Unternehmen wohl nicht in hinreichender Präzision gemessen werden kann (allerdings sollte seine konzeptionelle Wirkung keinesfalls unterschätzt werden!). Es ist aber möglich, den Zusammenhang über viele Unternehmen hinweg zu überprüfen. Hierzu dienen großzahlige empirische Querschnittsstudien. Eine solche, in der dargestellten Logik entstandene Studie sei im Folgenden skizziert (vgl. Spillecke 2006). Sie erweitert den eben angesprochenen »Dreisprung« zu einem vierstufigen Zusammenhang: Am Anfang steht die Qualität der Controllerleistungen. Sie nimmt Einfluss auf die Nutzung dieser Leistungen durch das Management (je höher die Qualität, desto stärker die Nutzung). Die Nutzung der Leistung wirkt ihrerseits positiv auf die Qualität der Führung, gemessen mit Hilfe des Führungszyklus Willensbildung, Willendurchsetzung und Kontrolle. Im letzten Schritt geht von dieser Führungsqualität dann eine positive Wirkung auf den Unternehmenserfolg aus (Spillecke 2006, S. 164). Letzterer wird – wie oben ausgeführt – mit den drei Komponenten Anpassungsfähigkeit, Kunden- und Markterfolg sowie finanzieller Erfolg gemessen. Dieser mehrstufige Zusammenhang wird in der Befragung tatsächlich bestätigt. Deshalb muss man als Controller nicht nur der Effizienzhypothese glauben (alle Unternehmen haben Controller, deshalb kann es nicht unwirtschaftlich sein), sondern kann ganz aktiv die Erfolgswirkung postulieren – und an einer Verbesserung seines Erfolgs arbeiten. Auch hierfür gibt die Studie von Spillecke spannende Erkenntnisse: Eine davon ist die Stärke des Einflusses der internen Kundenorientierung der Controller auf die von den Managern wahrgenommene Qualität ihrer Leistungen. Hier liegt also ein wesentlicher Hebel, um den Einfluss ihrer Tätigkeit auf den Unternehmenserfolg zu gestalten. Mit der internen Kundenorientierung wollen wir uns deshalb auch in einem eigenen Abschnitt näher auseinandersetzen.

Controller können empirisch gesehen tatsächlich den Unternehmenserfolg positiv beeinflussen.

Wie die Zusammenhänge zwischen den unterschiedlichen Variablen der Erfolgswirkung von Controllern ausgeprägt sind, wird wesentlich vom Kontext beeinflusst, in dem Controller ihre Arbeit leisten. Wie mehrfach in diesem Buch angesprochen, ist die Tätigkeit der Controller in Art und Ausprägung in erheblichem Maße kontextabhängig. Diese Kontextabhängigkeit wird sowohl (1) von den Eigenschaften der Manager bestimmt, mit denen Controller zusammen arbeiten, als auch (2) von dem Umfeld, mit dem die Manager selbst konfrontiert sind.

Interne Kundenorientierung ist der wesentliche Hebel für Controller, erfolgreich zu arbeiten.

- zu (1): Der größte »Hebel« der Controllerarbeit ist dann zu erwarten, wenn das Management schlecht funktioniert, z. B. erfolgsverwöhnt, machtorientiert und/oder zu wenig marktbezogen agiert. Rationalitätssicherung ist nur dann erforderlich, wenn signifikante Rationalitätsdefizite bestehen. Ein professionelles Management macht den Controller zwar nicht wirkungslos, beschränkt aber seinen Effekt im Wesentlichen auf den Nutzen aus der Entlastung des Managements.
- zu (2): Wenn der Markt einem Unternehmen die Fehler seines Managements verzeiht, wenn – mit anderen Worten – die Wettbewerbsumwelt großzügig ist, dann ist nur ein geringer Einfluss der Tätigkeit von Controllern auf den Unternehmenserfolg zu erwarten. Controller in einem regulierten Umfeld zu sein, das Kostensteigerungen automatisch durch Preissteigerungen »belohnt«, lässt den Controller schnell wirkungslos werden. Ahndet die Umwelt dagegen im Falle hoher Wettbewerbsintensität Managementfehler erbarmungslos (z. B. durch Absatzverluste), dann kann die Controllerarbeit sehr ausgeprägt in der Ergebnisrechnung des Unternehmens sichtbar werden.

15.1.2 Interne Kundenorientierung als zentraler Einflussfaktor auf den Controllingerfolg

Der Begriff »Kundenorientierung« stammt aus dem Marketing. Er besitzt dort eine zentrale Bedeutung. Die Ausrichtung des Unternehmens an den Bedürfnissen seiner Kunden kann sogar als Kern des Marketings gesehen werden. Von der Ausrichtung auf die externen Kunden scheint es nur ein kleiner Schritt dahin zu sein, andere Abteilungen und deren Mitarbeiter als

Kunden zu sehen und sich entsprechend zu verhalten. Allerdings bedeutet dieser Schritt eine Abkehr vom klassischen Hierarchieverständnis, dem zu Folge die Abteilungen deshalb »per se« eng und friktionslos zusammen arbeiten, weil es so organisiert ist. Unternehmensinterne als Kunden zu sehen, bedeutet, Freiheitsgrade in der Gestaltung seiner Aufgaben zu haben, in einem bestimmten Umfang ein »role making« betreiben zu können – und dies ist ja bezogen auf Controller die Situation, die unserer ganzen Argumentation in diesem Kapitel zu Grunde liegt.

Begriff und Konzept der internen Kundenorientierung wurden ebenfalls im Marketing entwickelt. Hierzu erfolgte eine Übertragung des »externen« Konstrukts (Beziehung Unternehmen – Marktkunde) auf die Beziehungen zwischen unterschiedlichen Personen und/oder Abteilungen in den Unternehmen selbst. Typischerweise unterscheidet man in der Marketing-Literatur drei Perspektiven der internen Kundenorientierung (Spillecke 2006, S. 30–43):

Informationsbezogene Perspektive

- *Informationsbezogen* richtet sich die interne Kundenorientierung auf die Kenntnis der Bedürfnisse der Kunden. Für Controller bedeutet dies im ersten Schritt, die Manager in ihren Fähigkeiten (»ausgefuchster Kaufmann«, »unerfahrener Naturwissenschaftler«) und Eigenschaften (»treuer Söldner«, »machtbewusster Karrierist«) zu analysieren und einzuordnen. Ansonsten ist keine adäquate Ausrichtung auf die internen Kunden möglich; nur so können Controller einschätzen, ob es sich bei einer bestimmten Dienstleistung um eine Entlastung, Ergänzung oder Begrenzung des entsprechenden Managers handelt – auf die Bedeutung einer solchen Klassifizierung sind wir an vielen Stellen des Buchs eingegangen. Weiterhin müssen Controller Kenntnis der von den Managern gewünschten Leistungen besitzen, etwa um den Mix an Aufgaben abzusprechen und hier Schwerpunkte zu legen, die den Interessen der Manager entsprechen. Auch innerhalb der einzelnen Aufgaben muss Wissen über die internen Kunden aufgebaut werden. Es gilt, die jeweiligen Bedürfnisse zu erfragen (»mehr Grafiken, weniger Tabellen«) und dies bei der Leistungsgestaltung zu berücksichtigen. Controller müssen – wollen sie kundenorientiert sein – schließlich auch die Zufriedenheit der Manager mit ihren Leistungen kennen und entsprechende Fragen stellen. Erst diese Kenntnis versetzt sie in die Lage, ihre Leistungserstellung zu hinterfragen und ständig zu verbessern.

Kulturelle Perspektive

- In einer *kulturellen Perspektive* geht es um die grundsätzliche Einstellung, die internen Kunden bestmöglich zu versorgen und möglichst weitgehend zufrieden zu stellen. Interne Kundenorientierung bildet in diesem Sinn quasi einen »genetischen Code«, der das gesamte Handeln bestimmt. Für Controller bedeutet das z. B., die interne Kundenorientierung in ihrem Leitbild (was man darunter genau zu verstehen hat, werden wir im Abschnitt 15.2.1 gleich näher betrachten) zu verankern und sie – als eine Art von Leistungsversprechen – aktiv den Managern zu kommunizieren. Außerdem kann diese Philosophie ein wesentliches Kriterium bei der Einstellung neuer Controller sein (»spezieller Controllertypus«).

Strategische Perspektive

- Die *strategische Perspektive* betont schließlich die Umsetzung der Idee der internen Kundenorientierung in konkrete Gestaltungsaktivitäten. So kann nach Mosiek »Kundenorientierung […] im Controlling als eine Strategie verstanden werden, sich im Unternehmenskontext über den Nachweis eines einzigartigen Nutzens zu behaupten und damit seine Stellung in der Organisation zu stärken« (Mosiek 2002, S. 46). Dieser Nutzen ist Bezugspunkt der Ausrichtung der Controllerbereiche und Messlatte für die Planung ihrer Aufgaben.

Unter der Lupe

Der Einfluss einer großzügigen Wettbewerbsumwelt auf den Zusammenhang von Controllertätigkeit und Unternehmenserfolg zeigt sich auch in einer empirischen Studie. Bauer zieht hierfür das bereits erwähnte Konstrukt der »externen Großzügigkeit« heran (Bauer 2002, S. 102–104). Dieses erfasst, wie leicht das Management benötigte Ressourcen auf den Faktormärkten bekommt, notwendige Fähigkeiten aufbauen oder erhalten kann und wie problematisch sich erkennbare Schwächen des Unternehmens (z. B. Lieferprobleme, falsche Preisstellung u. Ä.) am Absatzmarkt auswirken (vgl. Bauer 2002, S. 182). Das Ergebnis der empirischen Studie fällt wie erwartet aus. Externe Großzügigkeit wirkt tatsächlich moderierend auf die Erfolgswirkung der Controller: Bei geringerer Großzügigkeit der externen Umwelt hat die Tätigkeit der Controller einen stärkeren Einfluss auf das Unternehmensergebnis als bei einer höheren Großzügigkeit (Bauer 2002, S. 255). Mit anderen Worten: Je rauer der Wind in den Märkten wird, desto wichtiger ist es, Controller zu haben.

Von den drei Perspektiven ist die erste die für unsere Zwecke interessanteste: Interne Kundenorientierung als »genetischer Code« kann nicht verordnet werden und ist eher eine Resultante kundenorientierten Handelns denn sein Grund. Interne Kundenorientierung als strategische Perspektive setzt eine genaue Kenntnis der Bedürfnisse, Eigenschaften und Fähigkeiten der Manager voraus. Die Kenntnis ist also der »Enabler« kundenorientierten Verhaltens und soll deshalb im Folgenden näher betrachtet werden. Wir lehnen uns dabei dem Vorgehen von Spillecke (2006) an. Dies hat den Vorteil, nicht nur konzeptionell argumentieren zu müssen, sondern auch die passenden empirischen Ergebnisse präsentieren zu können.

Informationsbezogene interne Kundenorientierung lässt sich mit vier Aspekten abbilden.

Spillecke unterscheidet in seinem Modell der internen Kundenorientierung des Controllerbereichs insgesamt vier Elemente:

- *Formelle Informationsgenerierung*
  »Die formelle Informationsgenerierung umfasst Wege und Methoden der Erkenntnisgewinnung über den Informationsbedarf der Manager, die die Controller in ihrer Funktion und Tätigkeit als Mitarbeiter des Controllerbereichs anwenden und die offiziellen bzw. formellen Charakter haben. Beispiele formeller Methoden der Informationsgewinnung sind z. B. schriftliche Befragungen oder qualitative Tiefeninterviews« (Spillecke 2006, S. 113). Durch solche formellen Methoden können die Controller auf der einen Seite – im Sinne einer instrumentellen Nutzung – wesentliche Informationen über den Leistungsbedarf der Manager gewinnen. Auf der anderen Seite signalisieren sie damit den Managern, dass es ihnen wichtig ist, die Bedarfe ihrer internen Kunden zu kennen (konzeptionelle Nutzung).

- *Informelle Informationsgenerierung*
  Sie »umfasst [...] die Wege und Methoden der Erkenntnisgewinnung über den Informationsbedarf des Managements, die die Controller außerhalb ihrer eigentlichen Controllertätigkeit über informelle Informationskanäle erhalten. Beispiele informeller Informationsgenerierung sind Flurgespräche oder persönliche Treffen nach Feierabend« (Spillecke 2006, S. 114 f.). Je besser die Controller in einer Organisation »verdrahtet« sind, desto mehr Informationen über ihre internen Kunden können sie auf diesem informellen Weg gewinnen. Insbesondere für Einschätzungen über Einstellungen (»dem sind Zahlen eigentlich ganz egal«) und Fähigkeiten (»was ein Kapitalwert ist, hat der nie begriffen«) ist das eine sehr ergiebige Quelle.

- *Informationsverteilung*
  Gerade vor dem Hintergrund der koordinierenden und abstimmenden Tätigkeit der Controller ist es wichtig, dass die Informationen über die internen Kunden nicht in den Köpfen einzelner Controller verbleibt. »Denn nur eine breite Streuung des Wissens über den Informationsbedarf der Kunden kann eine gemeinsame Basis für eine koordinierte Reaktion des Controllerbereichs auf die Wünsche der Controllingkunden bilden« (Spillecke 2006, S. 116). Zur Umsetzung stehen Instrumente wie Newsletter, Reports und formelle Präsentationen ebenso zur Verfügung wie eine ausgeprägte informelle Kommunikation zwischen den Controllern.

- *Reaktion des Controllerbereichs*
  Die ersten drei Merkmale der internen Kundenorientierung dienen dazu, eine bessere Kenntnis der Leistungsbedarfe der Manager zu erlangen. Wissen alleine schafft aber keinen Wert. Es muss in konkrete Handlungen umgesetzt werden. »Die Reaktion des Controllerbereichs kann [...] als Maßnahmenbündel definiert werden, das ergriffen wird, um auf die gewonnenen Informationen bzgl. des Informationsbedarfs der Kunden zu reagieren« (Spillecke 2006, S. 119). Grundlegend müssen die Controller in diesem Sinne laufend die Prämissen ihrer Leistungen (z. B. geringer betriebswirtschaftlicher Ausbildungsstand der Manager) prüfen und bei Änderungen auch ihr Leistungsprogramm überdenken. Gleiches gilt hinsichtlich der einzelnen angebotenen Leistungen, indem durch neue innovative Produkte auf Änderungen der Bedarfe reagiert werden kann.

Dieses Modell ist kürzlich empirisch überprüft worden. Im Ergebnis zeigt sich, dass alle vier

Elemente einen starken und signifikanten Einfluss auf die interne Kundenorientierung der Controller haben (Spillecke 2006, S. 111). Am stärksten wirkt – was wenig überrascht – die Reaktion des Controllerbereichs. Hier sehen die Manager die Nähe ihrer internen Lieferanten am direktesten. Den zweitgrößten Einfluss hat die formelle Informationsgenerierung. Auch hier haben wir ein Feld vor uns, in dem die Manager direkt die Bemühungen der Controller um passende Leistungen wahrnehmen. Aber auch die beiden anderen Elemente wirken positiv auf die interne Kundenorientierung der Controller ein.

Damit ist das Spielfeld beschrieben, auf dem Controller ihren Beitrag für das Unternehmensergebnis positiv beeinflussen können: Wie gezeigt, führt eine höhere interne Kundenorientierung zu einer besseren Qualität der Controllerleistungen, diese zu einer stärkeren Nutzung durch die Manager, was die Führungsqualität erhöht, die wiederum bessere Unternehmensergebnisse zur Folge hat.

15.1.3 Inhaltliche Einflüsse auf die strategische Gestaltung der Controllership

Im 14. Kapitel (Abschnitt 14.2.3.2) haben wir die Entwicklung der Controllership als ein Stufenmodell beschrieben. Am Anfang stand die Notwendigkeit, das Management mit führungsrelevanten Informationen zu versorgen. Darauf aufbauend ging es darum, einen Planungs- und Kontrollkontext aufzubauen und dem Management die hierfür benötigten Instrumente zu vermitteln. Die dritte Entwicklungsstufe bezog schließlich die gesamte Führungsaufgabe mit ein und integrierte damit Organisations- und Personalführungsfragen. Dieses Entwicklungsschema wollen wir heranziehen, um wesentliche inhaltliche Einflüsse auf die strategische Gestaltung der Controlleraufgaben zu diskutieren.

Auf den *Informationsfokus* bezogen bestehen derzeit – wie an vielen Stellen dieser Einführung betont – insbesondere zwei wesentliche Entwicklungen, auf die die Controller zu reagieren haben:

- *Steigende Bedeutung von Mengen-, Zeit- und Qualitätsinformationen*
  Controller werden als »Hüter der betriebswirtschaftlichen Zahlen« verstanden. Diese Sicht entspricht der in den Unternehmen immer noch zuweilen anzutreffenden Verkürzung der Betriebswirtschaftslehre auf Fragen des Rechnungswesens und der Investitionsrechnung. Wenn diese Fokussierung aus den unterschiedlichsten Gründen an Tragfähigkeit verliert, stellt sich für die Controller die zentrale Frage, ob sie auch in das Feld nicht-monetärer Informationen vordringen können. Informationen dieser Art wurden bislang von »technischen« Stellen bereitgestellt, sie waren Sache der Linie. Controller müssen im ersten Schritt selbst die Bedeutung nicht-monetärer Informationen erkennen, um im zweiten Schritt dem Management erklären zu können, warum es für dieses Sinn macht, Controllern die Informationsaufgabe zu übertragen. Ein tragfähiges Argument liefert die Empirie: In der im 7. Kapitel (Abschnitt 7.5) angesprochenen empirischen Studie zum Stand der Kennzahlenpraxis waren diejenigen Manager mit ihren Kennzahlensystemen deutlich zufriedener, die ihre Kennzahlen in einem Bericht aus einer Hand erhielten (Weber/Sandt 2001, S. 26). Allerdings ist ein erheblicher Qualifizierungsbedarf der Controller die Folge.

Steigende Bedeutung nicht-monetärer Informationen

- *Steigende Bedeutung der Zahlen des externen Rechnungswesens*
  Ebenfalls mehrfach sind wir in dieser Einführung darauf eingegangen, dass die »klassischen« Controllerzahlen aus der internen Rechnungslegung derzeit in der Praxis komparativ zu den Zahlen der externen Rechnungslegung an Bedeutung verlieren. Die Notwendigkeit zur Quartalsberichterstattung und zunehmende Anforderungen im Rahmen der Investor Relations sind hierfür wichtige Gründe. Auf die externe Rechnungslegung haben die Controller aber traditionell keinen Einfluss. Bezüge bestanden am ehesten im Feld der Bestandsbewertung. Wenn nun Manager Erfolgsgrößen primär aus der externen Rechnungslegung beziehen, stellt sich die Frage, inwieweit sie noch auf Informationen

Auch Daten der externen Rechnungslegung gewinnen an Bedeutung.

der Controller angewiesen sind bzw. ob die Informationen nicht besser von den Accountants gebündelt und kommuniziert werden sollten – wir sind auf diese Wettbewerbssituation in Kapitel 14 schon näher eingegangen (vgl. Abschnitt 14.2.1.3).

Betrachten wir als nächstes Feld die *Modelle*, mit denen einzelne Manager ihre Führungsaufgabe erledigen und bei deren Nutzung sie von »ihren« Controllern unterstützt werden sollen. Auch auf diesem Feld seien zwei Entwicklungen ausgewählt, die für die Controller einen wesentlichen Veränderungsbedarf bedingen:

Vielen Controllern mangelt es derzeit (noch) an hinreichender Kenntnis der Märkte des Unternehmens.

Die Outside-in-Perspektive wird für Controller immer wichtiger.

- *Betonung einer Outside-in-Perspektive*
  Das innerhalb der Controllerbereiche am stärksten verankerte und von den Controllern auch am meisten genutzte Modell ist das der operativen Kostenplanung und -kontrolle. Die Einführung und Durchsetzung der Plankostenrechnung und der damit einhergehende Aufbau systematischer Kostenplanung und -kontrolle bildet in den meisten Unternehmen einen zentralen Abschnitt in der Controllingentwicklung. Vom Instrument der Plankostenrechnung gehen – wie in dieser Einführung mehrfach gezeigt – allerdings bestimmte konzeptionelle Wirkungen aus: Sie richtet den Blick nach innen, in das Unternehmen. Es geht um die möglichst effektive Nutzung bestehender Kapazitäten. Veränderung ist der Plankostenrechnung ebenso fremd wie die Einbeziehung von Märkten in die Führungsaufgabe. Seit geraumer Zeit ist durch den immer härter werdenden Wettbewerb allerdings klar geworden, dass eine reine Innensicht auch für das laufende operative Management nicht mehr ausreicht. Für Controller stellt sich damit die Herausforderung, systematisch Außenperspektiven kennen zu lernen und mit der Innenperspektive zu verknüpfen. Ein hilfreiches Instrument für Ersteres ist das Benchmarking, das im 12. Kapitel vorgestellt wurde. Für Controller ist es nicht nur als Teil ihres »Werkzeugkastens« wichtig, sondern auch dafür, für sich selbst die Outside-in-Perspektive zu verinnerlichen. Controller müssen dabei auch ein Gefühl für die kritischen Schwellen entwickeln, an denen ein zu rigides Infragestellen der Fähigkeiten des Unternehmens, die sich in bestehenden Strukturen widerspiegeln, durch fremde Erfahrung nachteilig auf die weitere Entwicklung des Unternehmens auswirkt – eine wahrlich herausfordernde Aufgabe!
- *Neue marktorientierte Instrumente*
  Eng mit der Notwendigkeit neuer Perspektiven verbunden ist der Bedarf an neuen Instrumenten. Auch hierauf haben wir in dieser Einführung mehrfach hingewiesen. Eng am bisherigen Instrumentenset der Controller liegt etwa das Konzept der Realoptionsbewertung, das den immer bedeutsamer werdenden Aspekt unternehmerischer Flexibilität widerspiegelt. Als Beispiel für ein den bisherigen Aufgabenbereich deutlich überschreitendes Instrument sei die Bestimmung des Kundenwerts (»Customer Lifetime Value«) angeführt, das zusätzlich zu kundenbezogenen Kosten intime Kenntnisse der Wirkung von Kundenzufriedenheit und Kundenbindung voraussetzt. Hier fühlen sich derzeit die wenigsten Controller Zuhause. Beide Instrumente verlangen ein hinreichendes Verstehen der Funktionsweise von Märkten. Bauen die Controller nicht ein entsprechendes Wissen auf, können sie den Managern in wichtigen Entscheidungsproblemen nicht weiterhelfen. Wird die Unterstützungsrolle derart beeinträchtigt, besteht die Gefahr, dass die Manager andere Aufgabenträger dafür suchen. Controller müssen Innovationsführer bei betriebswirtschaftlichen Instrumenten sein oder ihre Position der Entscheidungsunterstützung des Managements bröckelt.

Das letzte Feld anstehender inhaltlicher Herausforderungen an Controller und daraus potentiell resultierender Entwicklungen der Controllerbereiche ist etwas abstrakterer Natur. Es betrifft neue *»Führungsmuster«*. Zwei Gruppen von diesen lassen sich unterscheiden:

- *Inhaltliche Führungsmuster*
  Ausgehend vom markwirtschaftlich zentralen Treiber des Wettbewerbs waren Unternehmen in der Vergangenheit stets gefordert, ihre Fähigkeiten weiterzuentwickeln. Wie die *Abbil-*

dung 15-1 veranschaulicht, lassen sich in der Fähigkeitenentwicklung unterschiedliche Ebenen unterscheiden. Die Fokussierung auf eine funktionale produktionsbezogene Spezialisierung liegt – verbunden mit dem Bild des Fließbands – in ihren Ursprüngen mindestens ein Jahrhundert zurück. Ein knappes halbes Jahrhundert später spezialisieren sich die Unternehmen zunehmend auf Wünsche der Kunden. Dass diese Bemühungen auch heute nicht abgeschlossen sind, zeigt die Entwicklung des Total Quality Managements, das sich auch als Konzept zur systematischen Umsetzung der Kundenorientierung in allen Prozessen der Wertschöpfungskette verstehen lässt. Als weitere Form der Spezialisierung entstand in den 60er Jahren des letzten Jahrhunderts die Logistik, die mit ihrem Fokus auf Prozesse aktuell – als Supply Chain Management bezeichnet – unternehmensübergreifende Wertschöpfungsprozesse gestalten will. Nicht breit durchgesetzt hat sich das Time Based Management, das versucht, die Flexibilität der Unternehmen durch möglichst kurze Aktions- und Reaktionszeiten zu steigern. Als letztes inhaltliches Thema zeigt die *Abbildung 15-1* schließlich Veränderungsprozesse (Change Management); Unternehmen erkennen zunehmend die Bedeutung der Fähigkeit, Veränderungen professionell zu managen.

Will man die derzeitigen Aufgaben der Controller in dieses Entwicklungsschema einordnen, so findet man sie überwiegend auf der untersten Ebene vor: Controller sind in der Optimierung der Leistungserstellung zu Hause. Schon mit der Spezialisierung auf Kunden haben sie – wie mehrfach ausgeführt – so ihre Probleme. Gleiches gilt für die Logistik. Time Based Management ist an den Controllern gänzlich vorbeigegangen, und auch mit Change Management haben sie bisher kaum etwas zu tun. Sollen sie das Management tatsächlich in allen wesentlichen Führungsfragen unterstützen wollen, müssen Controller folglich auch hier deutlich mehr Wissen aufweisen. Dies betrifft zum einen das grundsätzliche Verständnis für die Spezialisierungsrichtung. Zum anderen müssen Controller auch die Voraussetzungen für die

Abb. 15-1

Inhaltliche Spezialisierungen des Managements – ein Lernmodell

Fähigkeiten-Pyramide des Managements

Effizienz und Effektivität der Muster für sich alleine und in ihrem Zusammenwirken kennen – ein wahrlich weites Feld!

- *Verfahrensbezogene Führungsmuster*
  Ebenfalls an vielen Stellen dieses Buches sind wir darauf eingegangen, dass die vielfältigen Unternehmensaktivitäten durch unterschiedliche Koordinationsmechanismen und -instrumente abgestimmt werden. Bestimmend für die Entwicklung des Controllings und der Controllership war die Koordination durch Pläne. Komplexe »Planungsbürokratien« sind jedoch in der letzten Zeit zunehmend in die Kritik gekommen. Forderungen nach mehr unternehmerischem Spielraum (»Intrapreneur«), dezentraler Verantwortung, höherer Flexibilität und verbesserter Innovationsfähigkeit waren hierfür bestimmend. Bezogen auf die Koordinationsmechanismen bedeutet dies ein verstärktes Nutzen einer Koordination durch persönliche Weisungen und einer solchen durch Selbstabstimmung. Damit stellt sich für das Management eine Reihe weit reichender Fragen: In welchen Kontexten sind welche Koordinationsmechanismen

Controller sind zumeist nur auf der untersten Ebene der Fähigkeiten-Pyramide tätig.

Controller sollten sich auch in »planungsfernen« Koordinationskontexten auskennen.

erfolgreich, wie laufen sie effizient und effektiv ab (wann funktioniert z. B. ein Team?), wie lassen sie sich sinnvoll kombinieren (etwa: wie viel persönliche Weisungen innerhalb eines durch Planung gesteckten Rahmens sind wann sinnvoll?), wie soll die Koordination von Bereichen, die unterschiedlich geführt werden, erfolgen (als eine Frage, die sich derzeit in vielen Unternehmen im Rahmen ihres Beteiligungscontrolling stellt)? All diese Fragen harren der Führungsunterstützung durch Controller. Allerdings haben die meisten Controller heute hierauf kaum eine Antwort parat. Diese Situation ist unbefriedigend, dies auch deshalb, weil zu erwarten ist, dass solche Fragen in der Zukunft viel wichtiger werden, dass exakt an dieser Stelle ein neuer Rationalitätsengpass auftreten wird bzw. bereits – von vielen unbemerkt – schon aufgetreten ist.

15.1.4 Fähigkeiten der Controller

In den vorangegangenen Abschnitten wurde das strategische Spielfeld der Controller von der Seite der zu erbringenden Leistungen und der Beziehungen zu den internen Kunden beschrieben. Dabei fanden sich auch häufiger Verweise darauf, wie sich Controller von ihren Fähigkeiten darauf einstellen müssen. Dieser Fähigkeitenaspekt sei im Folgenden ausführlicher betrachtet. Dabei wollen wir unterscheiden in Fähigkeiten des einzelnen Controllers einerseits

Abb. 15-2

In Stellenanzeigenanalysen genannte Anforderungen an Controller in einer Längsschnittanalyse (vgl. Weber/Schäffer 1998, S. 231)

Betrachtungszeitraum **Fachliche Anforderungen**	1949–1959	1960–1964	1965–1969	1970–1974	1975–1979	1980–1984	1985–1989	1990–1994
Hochschulstudium	20,0	8,3	18,8	16,3	14,9	21,9	24,3	22,5
FH-Studium	–	–	6,3	6,5	11,0	9,7	8,3	12,1
Berufsausbildung	–	8,3	–	1,1	1,6	0,9	1,4	4,8
Praktische Erfahrung	20,0	25,0	24,9	25,0	24,4	21,1	22,9	21,7
EDV	–	16,7	10,4	4,3	8,3	10,7	11,7	12,0
Kostenrechnung/Kalkulation	20,0	16,7	8,3	9,8	10,2	8,8	7,5	8,1
Finanzen	–	–	2,1	3,3	3,9	4,8	1,7	1,4
Technisches Verständnis	20,0	8,3	4,2	1,1	2,0	1,7	1,4	0,9
Fremdsprachenkenntnisse	–	16,7	20,8	23,9	15,8	14,5	16,1	12,7
Sonstiges	20,0	–	4,2	8,7	7,9	5,9	4,7	3,8
Persönlichkeitsanforderungen								
Koordinationsfähigkeit	–	–	8,3	–	3,0	0,9	1,2	0,7
Kommunikationsfähigkeit	–	14,3	–	19,2	6,0	4,9	11,5	14,2
Durchsetzungsfähigkeit	50,0	–	8,3	23,1	22,0	18,9	16,2	15,2
Analytische Fähigkeit	50,0	14,3	33,4	11,6	9,0	17,9	21,6	19,3
Führungsfähigkeit	–	14,3	8,3	34,6	25,0	24,4	18,1	14,4
Selbstständigkeit	–	14,3	25,1	–	14,0	9,4	8,2	14,4
Kooperationsbereitschaft/Teamgeist	–	14,3	8,3	3,8	10,0	17,9	15,4	17,3
Innovationskraft	–	14,3	–	7,7	6,0	5,7	3,6	2,1
Integrität	–	14,3	8,3	–	5,0	–	4,2	2,3

Abb. 15-3

Katalog der Anforderungen an einen Controller (entnommen aus Deyhle 1980, S. 40)

Methodisch-fachliche Anforderungen	Verhaltensanforderungen
▸ Beherrschen des Systems des Rechnungswesens ▸ Ganzheitlich-systematisch denken können ▸ Abstraktionsvermögen ▸ EDV-Kenntnisse, um Auftraggeber für Systemlösungen sein zu können ▸ Erklärungsfähigkeit ▸ Trainerbegabung ▸ Kenntnis in Kommunikationsmethodik ▸ Lernfähigkeit ▸ Allroundbegabung ▸ Analytische Neugier ▸ Beherrschen von Vorgehens- und Problemlösungstechnik ▸ Umgang mit Kommunikationswerkzeugen (Flipcharts, Stiften, Overhead, Pinnwänden, Konferenz-Mobiliar)	▸ Die Geduld, stets aufs Neue die gleichen Sachverhalte zu interpretieren ▸ Liebenswürdige Penetranz ▸ Toleranzbreite ▸ Bildhafte Ausdrucksweise (visualisieren) ▸ Spüren, ob einer zuckt (oder schluckt) ▸ Courage, nicht jeden Sachverhalt gleich an die große Glocke zu hängen ▸ Hofnarren-Allüren, um unangenehme Wahrheiten so zu bringen, dass man über sich selbst lacht ▸ Sich nicht so wichtig nehmen ▸ Unverdrossenheit

Deyhle legt großen Wert auf Verhaltensanforderungen.

und Fähigkeiten des Controllerbereichs andererseits.

15.1.4.1 Auf den einzelnen Controller bezogene Betrachtung von Fähigkeiten

Nicht nur die Funktionen des Controllings und der Controller werden in der einschlägigen Literatur häufig als »schillernd« bezeichnet. Gleiches gilt für die Fähigkeiten der Controller, was bis zu der pointierten Formulierung reicht, beim Controller brauche man wohl die »eierlegende Wollmilchsau«, um alle geforderten Aufgaben in gewünschter Weise wahrzunehmen.

Diese Unschärfe wird auch in empirischen Analysen deutlich. Die *Abbildung 15–2* zeigt die Ergebnisse der bereits im ersten Teil dieses Buches angesprochenen Stellenanzeigenanalyse (Weber/Schäffer 1998, S. 230 f.). Die aufgeführten fachlichen und persönlichen Anforderungen weisen dabei innerhalb der Erhebung ein Spezifikum auf: Sie bilden das einzige Merkmal, dessen Ausprägung sich nicht signifikant von derjenigen bei Controller-ähnlichen Stellen (die mit Betriebswirtschaft, Rechnungswesen oder Planung überschrieben waren) unterscheidet. Somit liegt der Schluss nahe, dass in den Unternehmen keine hinreichende Klarheit über das Anforderungsprofil besteht. Dieser Eindruck wird auch durch andere Erhebungen gestützt.

Eine weite Verbreitung in der einschlägigen Literatur hat das in der *Abbildung 15–3* dargestellte Anforderungsprofil von Deyhle gefunden. Basis dieser Aufstellung methodisch-fachlicher und verhaltensbezogener Anforderungen ist Deyhles umfassende Schulungserfahrung, auf die im ersten Abschnitt dieses Buches bereits kurz Bezug genommen wurde. Die Aufstellung überzeugt durch ihre prägnante, bildhafte Sprache und die starke Betonung der Verhaltensanforderungen. Die Bestimmungsgründe der Zusammenstellung kann der Leser allerdings nicht nachvollziehen.

Controller müssen ein breites Spektrum von Fähigkeiten aufweisen.

Die Einschätzungen der in der ICV-Studie befragten Controller verdeutlichen die Bedeutung beider Fähigkeitstypen und insbesondere der oft vernachlässigten verhaltensbezogenen Anforderungen für den beruflichen Erfolg von Controllern (vgl. die *Abbildung 15-4*). Methodisch-fachliche Kenntnisse belegen in der Studie den dritten, vierten, siebten und neunten Platz. Daneben befinden sich unter den zehn wichtigsten Voraussetzungen für den Controllerberuf sechs Merkmale, die sich auf die Verhaltensanforderungen und die sozialen Kompetenzen von Controllern beziehen, insbesondere die Kommunikationsfähigkeit (54 %). Mit etwas Abstand folgen Teamfähigkeit (16 %), Standfestigkeit (16 %), Überzeugungsfähigkeit (12 %)

Abb. 15-4

Voraussetzungen für den Controllerberuf (entnommen aus Weber et al. 2006, S. 56)

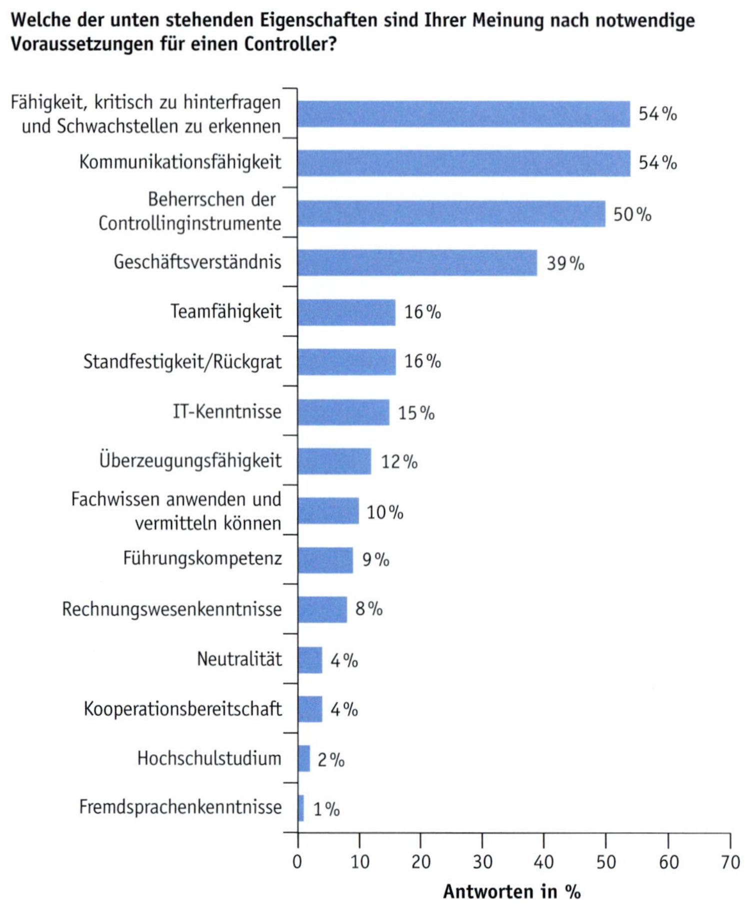

und Führungskompetenz (9 %). An erster Stelle steht aber eine ureigene Controllerfähigkeit, die methodisch-fachliche und soziale Elemente in hohem Maße verbindet: die Fähigkeit, kritisch zu hinterfragen und Schwachstellen zu erkennen.

Deduktiv, bei einer bestimmten Konzeption des Controllings und den daraus abgeleiteten Aufgaben von Controllern ansetzend, wurden Anforderungen an Controller bislang nur selten ermittelt. Eine frühe Ausnahme bildet der Ansatz von Küpper 1990, der sich – weitgehend unverändert – auch noch in der aktuellen 4. Auflage seines Lehrbuchs findet (Küpper 2005, S. 536–540). Er kommt zu einem Aufgabenprofil, wie es die *Abbildung 15-5* zeigt.

Betrachtet man das Problem aus einer organisationalen Perspektive heraus, so müssen die notwendigen Fähigkeiten von Controllern aus den von ihnen zu erfüllenden Aufgaben abgeleitet werden, genauer von den einzelnen Aufgaben und deren Zusammenhang. Zieht man als Basisunterteilung die im 2. Kapitel diskutierte Differenzierung in Führungsunterstützung im engeren Sinne und Counterpartfunktion als Bezugspunkt heran, so lassen sich folgende Grundthemen für die Unterstützungsaufgabe festhalten:

- Für die *Lösung fachlicher Probleme* sind intime Kenntnisse der Kostenrechnung, von Planungs- und Kontrollverfahren einschließlich entsprechender Entscheidungsrechnungen (wie z. B. Investitionsrechnungen) und zunehmend auch des externen Rechnungswesens erforderlich. Controller wirken als betriebswirtschaftliche Spezialisten und werden so auch vom Management gesehen. Know-how-Defizite bei diesen Instrumenten gefährden ihre Akzeptanz. Letztlich müssen Controller alles das wissen, was zu Instrumenten in diesem Buch steht – oder zumindest wissen, wo sie sich im Bedarfsfall umgehend informieren können.
- Für die *Beherrschung interaktionsbezogener Probleme* sind Fähigkeiten erforderlich, die man typischerweise der Verhaltenssphäre zuordnet (»Social Skills«). Controller müssen in der Lage sein, ihre Manager in ihren Kenntnissen und Eigenschaften einschätzen zu können. Controller müssen die Fähigkeit besitzen, ihre internen Kunden richtig anzusprechen und als »Verkäufer« ihrer Leistungen zu wirken. Sie müssen die Kenntnis aufweisen, wie man sich kundenorientiert verhält. Sie benötigen ein hohes Maß an Sensibilität im Umgang mit den Managern und sollten auch didaktisches Geschick mitbringen, um ihre häufig komplexen und abstrakten Leistungen richtig zu vermitteln.

Für die unter das Stichwort »Counterpartfunktion« fallenden Aufgaben sind weitere der Verhaltenssphäre zuzuordnende Fähigkeiten erforderlich (vgl. zu empirischen Belegen Weber

Abb. 15-5

Überblick über wichtige Anforderungen an Controller (entnommen aus Küpper 2005, S. 536)

Fachliche Anforderungen		Persönliche Anforderungen
Art der Fachkenntnisse und Erfahrungen	**Inhaltliche Gegenstände**	
Betriebswirtschaftliche Theorien der Beziehungen im Führungs- und Leistungssystem **Koordinationsinstrumente** Ziel- und Kennzahlensysteme Budgetierungssysteme Lenkungspreissystem **Methoden der Erfolgsplanung** **Verhaltenstheorien** **Motivationsinstrumente** **Früherkennungsmethoden** **Kreativitätstechniken**	**Informationssystem** Kosten- und Leistungsrechnung Investitionsrechnung (Externe Rechnungslegung) (Sozialbilanzrechnung) (Humanvermögensrechnung) EDV **Planung und Kontrolle** Systeme Prozesse Instrumente **Zielsysteme** Lösung von Zielkonflikten Zielbildung **Personalführung** Führungsstile Anreizsysteme Bestimmungsgrößen Menschliches Verhalten **Organisation** **Interdependenzen im Leistungssystem**	**Intelligenz** Analytisches Denkvermögen Geistige Flexibilität **Sozialverhalten** Kontaktfähigkeit Überzeugungsfähigkeit **Zuverlässigkeit** **Führungseigenschaften**

2008, S. 109–124). Eine wichtige Bedeutung kommt der Konfliktfähigkeit zu. Controller können ihre Ergänzungs- und Begrenzungsfunktion nur dann ausüben, wenn sie ein entsprechendes »Rückgrat« bzw. eine hinreichende Standfestigkeit aufweisen. Lässt sich ein Controller leicht einschüchtern und durch hierarchische Attitüden beeinflussen (»Überlegen Sie sich das gut. Für Ihre Personalbeurteilung bin immer noch ich zuständig!«), kann er dem Manager nicht wirklich Paroli bieten. Gänzlich »aus der Rolle« fällt der Controller dann, wenn er mit dem Manager gemeinsame Sache macht. (Fast) Jeder Controller wird von entsprechenden Versuchen des Managements berichten können. Widersteht man ihnen nicht, wird man erpressbar. *Unbestechlichkeit* ist folglich eine Kernfähigkeit für Controller, ohne die eine Counterpartfunktion nicht wahrgenommen werden kann.

Gerade die Counterpartfunktion stellt hohe Anforderungen an die Persönlichkeit der Controller.

Bedenkt man, dass Controller nicht nur einen Manager als internen Kunden haben, sondern mehrere, so lassen sich weitere Anforderungen ableiten. Controller dürfen sich nicht vor den Karren Einzelner spannen zu lassen, d. h. sie müssen sich ihre Unabhängigkeit bewahren und Rückgrat zeigen. Wenn Controller den Eindruck vermitteln, Partei zu ergreifen, ist ihre Eignung als Schiedsinstanz vertan. Prägnant kommt dies in einem Zitat des Top-Controllers eines DAX 30-Unternehmens zum Ausdruck: »Also Sie können alles vergessen, wenn Sie als politisch gebiased gelten. Das läuft ja letztendlich wie auf einer Tarifverhandlung ab. Es geht nicht darum, dass alle gewinnen, sondern dass alle gleichmäßig verlieren. Sie müssen faktisch auch hin und wieder mal ihren »besten Freund«, der immer am besten performt, vors Knie treten, weil es sonst so aussieht, als ob Sie sich nur bei den anderen anstrengen.« (Weber 2008, S. 117). Weiterhin ist

Abb. 15-6

Stellenanzeige für eine/n Business Line Controller/in

Saltigo – ein junges Unternehmen der LANXESS Group – ist global ausgerichtet und eines der führenden Unternehmen im Custom Manufacturing feinchemischer Erzeugnisse. Unsere Kunden sind weltweit vertreten und in innovativen Märkten tätig. Wir sehen uns als »full-service«-Dienstleister, der seinen Kunden umfassende Lösungen anbietet. Dabei orientieren wir uns vorrangig an den Bedürfnissen unserer Kunden und bieten komplette Dienstleistungen aus drei Business Lines heraus an: Pharma, Agro und Specialty Chemicals.

Saltigo ist startbereit – sind sie es auch?
Zur Verstärkung unserer Business Line Specialty Chemicals suchen wir eine/n

Business Line Controller (m/w)

Die Herausforderung: Sie unterstützen die Leitung der Business Line bei der Geschäftssteuerung. Dazu gehören neben dem Controlling der Business Line auch die Erstellung von Business Plänen und die Diskussion über Chancen und Risiken. Sie sind im Reich der strategischen Analysen und Wirtschaftlichkeitsrechnungen zu Hause und haben ein ausgeprägtes Gefühl für Zahlen. Sie sind in der Lage, die Geschäftssituation der Business Line objektiv und kritisch an Zielen zu messen. Mit ihren Analysen tragen Sie selbstbewusst zur strategischen Weiterentwicklung des Geschäfts bei.

Wir bereiten den Weg: Nach einer umfassenden Einarbeitung krempeln Sie mit großer Selbstständigkeit die Ärmel hoch und mit Hilfe Ihrer analytischen und konzeptionellen Fähigkeiten unterstützen Sie die Leitung der Business Line. Dabei sind Sie serviceorientiert, konsequent, kommunikativ und scheuen sich nicht vor unkonventionellem Denken und Handeln.

Das wird von Ihnen erwartet: Sie sind Diplom Betriebwirt oder Kaufmann mit mehrjähriger Erfahrung als Controller. Spaß am Umgang mit SAP R/3 sowie MS-Office-Anwendungen gehören für Sie dazu. Sie sind fit in der englischen Sprache und punkten mit außerordentlichem Engagement und Eigenverantwortung.

Haben Sie Lust sich in ein dynamisches, innovatives Unternehmen mit Elan einzubringen? Dann überzeugen Sie uns mit Ihrer Bewerbung.

saltigo
customized competence

Saltigo GmbH | Human Resources | Daniela Gans | Gebäude Q18
51369 Leverkusen | daniela.gans@saltigo.com

A company of the LANXESS Group

die Fähigkeit zur Schlichtung eine unabdingbare Voraussetzung, um die unterschiedlichen Interessen der einzelnen Manager ausgleichen und koordinieren zu können. Hilfreich sind weiterhin ein bestimmtes, durch Verbindlichkeit gekennzeichnetes Kommunikationsverhalten und Verhandlungsgeschick.

Letztlich fällt es – so zeigen die kurzen Ausführungen – keinesfalls schwer, Anforderungen an Controller prägnant und schlüssig herzuleiten. Größere Probleme als bei der Ableitung von Anforderungen an Führungskräfte sind dann nicht zu beobachten, wenn zuvor die Controlleraufgaben trennscharf definiert wurden. Mängel in der Aufgabenbeschreibung schlagen unmittelbar auf die Güte der Formulierung von Anforderungen an die Aufgabenträger durch. Wenn an Controller unterschiedliche Anforderungen gestellt werden, so ist das dann nicht problematisch, wenn diese aus unterschiedlichen Ausprägungen der Controllership resultieren. Ein Bereichscontroller in einem Zweigwerk muss an-

Abb. 15-7

Stellenanzeige für eine/n Leiter/in Konzerncontrolling

Internationale Unternehmensentwicklung

Unser Auftraggeber ist eine innovative und wirtschaftlich sehr erfolgreiche, mittelständisch geprägte Unternehmensgruppe in Nordrhein-Westfalen. Das Unternehmen ist in zahlreichen europäischen Ländern vertreten und baut seine Stellung am Markt durch seine stark expansive Firmenpolitik weiter aus. Mit weltweit etwa 1300 Mitarbeitern wird den Kunden ein umfassendes, innovatives Produkt- und Dienstleistungsportfolio offeriert.

Leiter/in Konzerncontrolling

Sie berichten an den Direktor Finanzen und werden bei der Wahrnehmung Ihrer Aufgaben von einem hochqualifizierten Team unterstützt. Sie zeichnen sich verantwortlich für die Weiterentwicklung bestehender Reportingstrukturen und Controllinginstrumentarien sowie die Bereitstellung eines transparenten und kapitalmarktorientierten Managementinformationssystems. Die Mitarbeit in und Steuerung von bereichsübergreifenden Projekten (z. B. M & A, Due Dilligence, Reorganisation, Planungsprozesse) im nationalen und internationalen Umfeld rundet Ihr Aufgabenprofil ab.

Ausgehend von einem erfolgreich abgeschlossenen wirtschaftswissenschaftlichen Studium erwartet unser Auftraggeber einschlägig Praxiserfahrungen, bevorzugt im Controlling einer Unternehmensgruppe, verbunden mit ausgeprägten Kompetenzen im Projektmanagement. Der Umgang mit SAP R/3 ist Ihnen ebenso vertraut wie die Anwendung von IFRS. Sie überzeugen durch ein überdurchschnittliches analytisches Denkvermögen sowie die Fähigkeit, Ihre Arbeitsergebnisse in prägnanter Weise zu kommunizieren. Als Führungskraft haben Sie bereits erste Erfahrungen in der Leitung eines Teams gesammelt. Sehr gute englische Sprachkenntnisse runden Ihr Profil ab.

Wenn Sie diese herausfordernde Aufgabe, verbunden mit den Entwicklungsmöglichkeiten eines dynamisch wachsenden Unternehmens, anspricht, senden Sie uns bitte Ihre Bewerbungsunterlagen (Lebenslauf, Zeugniskopien, Gehaltsangaben, Lichtbild) unter Angabe der Kennziffer MA ... Frau Cornelia Lentge (Tel. 02 21/2 05 06-...) und Frau Regina Bolz (Tel. 02 21/2 05 06-..., E-Mail: Regina.Bolz@ifp-online.de) stehen Ihnen auch gern für weiterführende Informationen zur Verfügung.
Die Berücksichtigung etwaiger Sperrvermerke ist für uns selbstverständlich

International Search Group

ifp | Personalberatung Managementdiagnostik

Postfach 10 31 44
50471 Köln
www.ifp-online.de

dere Anforderungen erfüllen als ein Controller, der wesentlich im Bereich der Unternehmensentwicklung angesiedelt ist.

Trotz aller Gegensätzlichkeit gelingt es dennoch, einen gemeinsamen Kern von Anforderungen festzuhalten: Controller müssen, um ihre Aufgaben zu erfüllen, hoch qualifizierte Führungskräfte sein, die im Anforderungsniveau Linienverantwortlichen prinzipiell nicht nachstehen. Wer in Führungsfragen nicht kompetent mitreden kann, wird von Führungskräften in der Führungsunterstützung nicht akzeptiert. Was Controller von Führungskräften in Linienfunktion wesentlich unterscheidet, ist das Fehlen von Weisungskompetenz. Controller sind stets darauf angewiesen, andere zu überzeugen. Sie können von ihnen als richtig erachtete Lösungen nicht autonom durchsetzen. Die Tatsache, Fehlentwicklung vermeiden und richtige Wege unterstützen zu müssen, ohne dafür ein Weisungsrecht zu besitzen, also quasi »durch andere hindurch« zu wirken, prädestiniert Controller für spätere direkte

Controller müssen hoch qualifizierte Führungskräfte sein.

Die Anforderungen an Controller sind in den letzten Jahren gestiegen.

Controller müssen sich in vielen Unternehmen noch viel zu sehr um die Bereitstellung der Informationen kümmern.

Aus der Praxis

Qualifikationsanforderungen an Controller

Dr. Hanns Goeldel*

In der Personalberatung spielt die Frage nach den Qualifikationsanforderungen eine zentrale Rolle. Bei jeder Besetzung einer Position durch einen externen Kandidaten und bei der Bewertung von Führungskräften im Rahmen von Management Appraisals geht es um die Frage, wie gut Soll- und Istprofil übereinstimmen bzw. wo Abweichungen vorliegen. Qualifikationsanforderungen ändern sich im Laufe der Zeit. Gerade im Blick auf Controller stellen wir fest, dass die Anforderungen in den letzten Jahren gestiegen sind: Dies liegt an neuen Aufgaben und Anforderungen an Controller, aber auch an einem veränderten Selbstverständnis.

Aus der Beratungspraxis ergibt sich dabei folgendes Bild: Fragt man Controller heute, wo ihre Aufgabenschwerpunkte liegen, werden meist zwei Bereiche genannt: die regelmäßig wiederkehrende Koordination von Planungs-, Berichts-, und Prognoseprozessen, sowie fallweise Analysen bzw. Projektaufgaben. Aus der Managementperspektive haben sich Controller als Informations-Dienstleister für das Management positioniert. Von ihrem eigentlichen Ziel, das Management bei wichtigen Entscheidungen zu beraten und dadurch sicherzustellen, dass Entscheidungen anhand von rationalen Kriterien getroffen werden – d. h. echte Sparringspartner zu sein –, sind Controller aber noch weit entfernt. Dies liegt zum einen daran, dass sie im kaufmännischen Bereich oft nicht breit genug qualifiziert sind. Zum anderen fehlt ihnen strategische und unternehmerische Kompetenz.

In der Praxis setzen viele Controller ihre Kapazität dazu ein, komplexe Sachverhalte zahlenmäßig »in den Griff« zu bekommen und die Situation des Unternehmens transparent zu machen. Ein Schwerpunkt liegt dabei in der Koordination der Planungs-, Berichts- und Forecastingprozesse. Diese stellen in der Praxis in größeren Unternehmen ungeheuer aufwändige Prozesse dar. Allein die Prozesse, in denen das Unternehmen aus verschiedenen Perspektiven (z. B. nach Produkten, Regionen oder Vertriebskanälen z. T. bis auf Artikelebene) zergliedert wird, und die komplexen, damit verbundenen Top-down/Bottom-up-Abstimmungsprozesse beanspruchen oftmals über 25 % der Kapazität eines Controllers. Für diese Aufgaben müssen Controller über herausragende analytische Fähigkeiten verfügen, ebenso über eine gute Kommunikations- und Präsentationsfähigkeit, um die komplexen Strukturen dem verantwortlichen Management am Ende kommunizieren zu können.

Wichtig ist aber auch eine gute IT-Kenntnis. In den wenigsten Unternehmen sind die IT-Systeme so integriert und differenziert, dass Controller die notwendigen Informationen direkt im Zugriff haben. Dies bedeutet, dass Controller in der Realität einen erheblichen Teil ihrer Zeit damit verbringen, die notwendigen Informationen erst einmal zu erheben und zu kalibrieren. Oft geht dies nur, wenn sie sich eigene Informationssysteme zusätzlich zu den unternehmensweiten ERP Systemen aufbauen, um auf die sich ständig wandelnden Informationsbedarfe reagieren zu können. Vor diesem Hintergrund verwundert es nicht, dass Controller oft als »Numbercruncher«, Zahlenknechte oder Excel-, Access- bzw. SAP-Spezialisten tituliert werden.

Die Kehrseite dieser intensiven Aufarbeitung der Unternehmenszahlen ist die Tatsache, dass oftmals zu wenig Kapazität bleibt für die Ableitung und Umsetzung konkreter Maßnahmen zur Erreichung der geplanten Unternehmensziele. Fragt man Controller, wodurch sie Unternehmenssituation oder Unternehmensergebnisse in der Vergangenheit signifikant vorangetrieben haben, bleibt oft nur der Hinweis auf schnellere Planungs- und Reportingprozesse oder eine verbesserte Aufbereitung der Informationen. Ebenso eingeschränkt ist ihr Verständnis der eigentlichen Werttreiber des Geschäfts. Regelmäßig wird hier auf quantitative finanzielle Kennzahlen wie z. B. Eigenkapitalrenditen verwiesen, anstatt auf markt- oder wettbewerbsrelevante Parameter. Vielen Controllern fehlt heute die Nähe zum operativen Geschäft, das wirkliche Verständnis für die operativen Zusammenhänge. Dies liegt sicher auch daran, dass die wenigsten von ihnen einmal in einer operativen Funktion, z. B. im Vertrieb oder in der Logistik tätig waren. Damit ist aber auch die Beschäftigung mit strategischen Fragestellungen eher auf den »Zahlenteil« beschränkt. Fragt man Controller nach ihrer Einbindung in die strategische Weiterentwicklung ihres Unternehmens, wird eher auf ihre Beteiligung an 5-Jahres- oder Mittelfristplanungen verwiesen, als auf ihre Impulse bei Produkt- oder Wettbewerbsanalysen.

Aber auch andere Defizite hindern Controller daran, wirklich als Sparringspartner des Managers wahrgenommen zu werden: Viele Controller sind heute noch zu wenig erfahren in den an das Controlling angrenzenden Funktionsbereichen Rechnungswesen und Unternehmensfinanzierung. Controller beschränken sich zumeist auf das Denken in Deckungsbeitragskategorien bzw. in operativen Ergebnissen. Es fehlt ihnen häufig das Verständnis für die weiteren GuV-Parameter bis hin zum Nachsteuerergebnis. Ebenso sind sie oft wenig erfahren, wenn es um bilanzielle Fragestellungen geht. Die Berechnung der Vorteilhaftigkeit einer Investition fällt in den Kernbereich des Controllergeschäfts, ihre Auswirkung auf die Bilanz bzw. Konzernbilanz dagegen deutlich seltener. Dies gilt ebenso für Liquiditäts- und Finanzierungsaspekte. Insbesondere bei Controllern in operativen Einheiten fällt auf, dass für sie diese Fragen »keine Rolle« spielen. Sobald eine Investition vorteilhaft ist, wird sie genehmigt, die Finanzierung ist dann Aufgabe einer spezialisierten Abteilung in der Holding. Dies ist vor allem vor dem Hintergrund bedenklich, dass die operativen Manager – sicher auch durch zunehmende Bedeutung von Private Equity Investoren – immer mehr anhand von kapitalmarktorientierten Kriterien beurteilt werden.

Um zukünftig dem angestrebten Bild eines Sparringspartners für das Management gerecht zu werden, sollten Controller daher ihr Qualifikationsspektrum in verschiedenen Dimensionen erweitern:

1) Controller sollten bei der Gestaltung ihrer eigenen beruflichen Entwicklung eine »Kaminkarriere« im Controlling möglichst vermeiden. Idealerweise sollten sie versuchen, sich durch Wechsel zwischen den einzelnen kaufmännischen Teilfunktionen wie Rechnungswesen, Controlling und Finanzierung fachlich breiter aufzustellen. Ohne Spezialistentum in allen Teilbereichen anstreben zu wollen, sollten Controller in der Lage sein, Auswirkungen von Entscheidungen in allen betriebswirtschaftlichen Dimensionen abzuschätzen, um die verantwortlichen Manager umfassend beraten zu können.

Controller sollten möglichst eine »Kaminkarriere« vermeiden.

2) Neben der breiten kaufmännischen Qualifikation sollten Controller versuchen, das operative Geschäft besser zu durchdringen. Nicht immer wird es möglich sein, als Controller für einige Jahre im Vertrieb zu arbeiten; es wäre aber wünschenswert, längere operative Einsätze als Teil der Entwicklung von Controllern systematisch vorzusehen. Controller sollten diese verbesserte Sicht des Geschäftes in eine Refokussierung der Planungs-, Prognose- und Berichtsprozesse übersetzen: tendenziell eher in eine Reduktion der Detaillierungstiefe in der reinen GuV-orientierten Planung hin zu einer Verstärkung der Betrachtung strategischer Parameter und der eigentlichen Werttreiber.

Controller sollten in ihrer Karriere möglichst viele Facetten des Geschäfts des Unternehmens kennen lernen.

3) Controller sollten versuchen, ihre Qualifikation als »Change Agent« zu verstärken und stärker in die Optimierung der Unternehmensergebnisse selbst einsteigen. Dazu sollten sie versuchen, mehr Kapazität auf die Fragestellung zu verlegen, wie angestrebte Unternehmensziele trotz aufgetretener Abweichungen erreicht werden können. Hierbei wäre es wünschenswert, dass Controller viel stärker als bisher in die Umsetzung solcher Maßnahmen eingebunden und daran gemessen werden.

Controller sollten ihre Fähigkeiten als Change Agent stärken.

Die skizzierten erweiterten Qualifikationsanforderungen sind anspruchsvoll, sie entsprechen aber dem anspruchsvollen Ziel der Controller, als Sparringspartner des Managements akzeptiert zu werden. Und es gibt auch heute schon eine ganze Reihe von Beispielen von

Controllern, die sich die angestrebte Position im Unternehmen erarbeitet haben und hierdurch in der Lage sind, Unternehmen ganz wesentlich voran zu bringen. Ein Controller, der sich ein solches Qualifikationsspektrum erarbeitet hat, erweitert gleichzeitig das Potenzial seiner eigenen beruflichen Weiterentwicklungsmöglichkeiten. Er ist Kandidat zur Übernahme einer kaufmännischen Geschäftsführungsfunktion, könnte sich aber auch in Richtung der Übernahme einer unternehmerischen Gesamtverantwortung entwickeln. Dieses Potenzial sollte die notwendigen Investitionen in zusätzliche Qualifikationen gerechtfertigt erscheinen lassen.

* Dr. Hanns Goeldel ist Berater bei Egon Zehnder International.

Führungsaufgaben. Zugleich macht diese Konstellation Controllerstellen zu idealen Qualifikationsstellen für Führungsnachwuchs. Sie können das Führungsgeschäft lernen, ohne gleich die Durchsetzungsverantwortung lernen zu müssen. Für Top-Nachwuchskräfte sind deshalb Controllerstellen neben Assistentenfunktionen auf der obersten Leitungsebene typische Einstiegspositionen.

15.1.4.2 (Kern-)Kompetenzen des Controllerbereichs

Bisher haben wir – ganz in der Tradition der Organisationslehre – die Fähigkeiten betrachtet, die ein einzelner Controller aufweisen sollte, um für seine Aufgaben geeignet zu sein. Damit haben wir eine eher operative Sichtweise eingenommen. Wenn man sich mit Fähigkeiten in einer strategischen Perspektive beschäftigt, gilt es, vom Detail zu abstrahieren und die grundlegenden, wettbewerbskritischen Aspekte und Zusammenhänge herauszuarbeiten. Hierzu findet sich in der Literatur zum strategischen Management eine sehr breite und intensiv geführte Diskussion, die zumeist auf dem so genannten »Resource-based View« aufbaut (vgl. als wohl bekannteste Publikation hierzu Prahalad/Hamel 1990). In dieser Perspektive wird die wesentliche Quelle von Wettbewerbsvorteilen in der Entwicklung und Kombination der Ressourcen eines Unternehmens gesehen. Sie werden auch als strategische Kompetenzen bezeichnet. Innerhalb dieser kommt im Wettbewerb besonders solchen eine wesentliche Bedeutung zu, die von den Wettbewerbern nicht oder zumindest nicht leicht kopiert werden können. Diese werden als »Kernkompetenzen« bezeichnet.

Kernkompetenzen sind ein in der strategischen Planung sehr bekanntes Konstrukt.

Eine solche Sichtweise für den Controllerbereich als interne Abteilung einzunehmen, ist in der Controllingliteratur weitestgehend neu. Aktuell liegt ein von David 2005 entwickelter Ansatz vor, der im Folgenden näher dargestellt werden soll. David arbeitet fünf unterschiedliche Kompetenzen heraus, die er auf ihre Eigenschaft als potentielle Kernkompetenzen des Controllerbereichs hin untersucht.

Kompetenz der Datenhoheit

Kompetenz der Datenhoheit: Diese besteht »in dem Zugriff auf und der Methodenbestimmung der Ermittlung führungsrelevanter quantitativer Informationen, wie bspw. dem Cash Flow oder dem operativen Ergebnis eines Geschäftsbereichs. Die Kompetenz erstreckt sich auch auf die Vorgabe der Systeme zur Erhebung und Meldung von Daten« (David 2005, S. 149). Datenhoheit besitzen die Controller in den Unternehmen zumeist für die Kostenrechnung. Allerdings finden sich auch Unternehmen, in denen es eine eigene Kostenrechnungsabteilung neben dem Controllerbereich gibt. Controller haben hier »nur« Weisungsrecht für die Lieferung der von ihnen benötigten Informationen. Die auch zur internen Steuerung immer wichtiger werdenden Daten der externen Rechnungslegung stehen unter der »Hoheit« der Rechnungswesenabteilung. Auch die meisten Leistungsinformationen werden nicht von den Controllern verwaltet, sondern in den unterschiedlichsten Linienabteilungen (z. B. der Logistik). Alle benötigten führungsrelevanten Informationen zusammenzustellen, ist damit zwar eine wesentliche Kompetenz des Controllerbereichs. Einzigartigkeit kommt ihr aber nicht zu. Zumindest die Rechnungswesenabteilung hat vergleichbare wettbewerbliche Ausgangsbedingungen. Damit ist die Kompetenz der Datenhoheit keine Kernkompetenz des Controllerbereichs.

Kompetenz der monetären Bewertung

Kompetenz der monetären Bewertung: Monetäre Berechnungen durchzuführen, nimmt im

Aufgabenspektrum der Controller eine wesentliche Rolle ein. Sie wird auch von den Managern als wichtig und nützlich wahrgenommen. Controller sind zur monetären Bewertung aus zumindest zwei Gründen heraus besonders geeignet. Auf der einen Seite verfügen sie über tief gehende Kenntnisse der hierfür erforderlichen betriebswirtschaftlichen Methoden. Auf der anderen Seite können sie direkt auf einen (großen) Teil der für die Berechnungen erforderlichen Daten zurückgreifen. Allerdings gibt es auf beiden Feldern Konkurrenz. Hier ist zunächst an die Rechnungswesenabteilung zu denken, die wir schon mehrfach als potentiellen Konkurrenten der Controller angesprochen haben. Accountants verfügen sowohl über Methodenkenntnisse, als sie auch unmittelbaren Zugriff auf Rechnungswesendaten besitzen. Letztere sind allerdings zumeist nur vergangenheitsorientiert. Als eine Art Konkurrent kann auch das Management selbst angesehen werden: Zum einen gilt dies dann, wenn Manager selbst über betriebswirtschaftliche Kenntnisse verfügen. Zum anderen sind dem Management monetäre Daten zunehmend komfortabel über Data-Warehouse-Lösungen und ähnliche IT-Konzepte verfügbar. Deshalb dürfte im Normalfall die monetäre Bewertung keine Kernkompetenz des Controllerbereichs darstellen.

Kompetenz der »Transparenz-erzeugung«

Kompetenz der »Transparenzerzeugung«: Darunter versteht David die Kompetenz des Controllerbereichs, »durch die Lieferung führungsrelevanter Informationen ein einheitliches, klares Verständnis der relevanten betriebswirtschaftlichen Sachverhalte beim Kunden zu erreichen« (David 2005, S. 152). Drei Fähigkeiten sind für diese Kompetenz maßgeblich: (1) die strukturierte Gewinnung der erforderlichen Informationen, (2) die managergerechte Aufbereitung der Informationen und (3) »die Fähigkeit von Controllerbereichen, diese Informationen dem Management klar zu kommunizieren, um eine Nutzung der Informationen beim Management zu erreichen« (David 2005, S. 152). Gerade in der Kombination dieser drei Fähigkeiten besitzen Controller gegenüber potentiellen internen Wettbewerbern deutliche Vorteile. Accountants etwa können zwar auch in strukturierter Weise Informationen aufbereiten. Allerdings waren sie es in der Vergangenheit nicht gewohnt, diese dem Management benutzergerecht bereitzustellen, denn sie folgten eher externen Rechnungslegungserfordernissen (»Ordnungsmäßigkeit«), als darauf zu schauen, dass jedem Manager die Bedeutung bestimmter Zahlen klar war. Wenn auch hier in Zukunft ein stärkeres Eingehen auf die Managerbedürfnisse erwartet werden kann, ist es dennoch noch ein weiter Weg bis dahin, quasi von der anderen Seite aus zu denken und zu fragen, welche Informationen ein Manager für eine hinreichende betriebswirtschaftliche Transparenz wirklich braucht. Auch gegenüber anderen potentiellen Informationslieferanten – z. B. aus der technischen Linie heraus – ist keine grundlegende Konkurrenz zu fürchten, weil der umfassende Überblick über das Gesamtunternehmen sowie die Unabhängigkeit und Neutralität der Controller nicht kompensiert werden können. In der Fähigkeit der »Transparenzerzeugung« haben wir also eine potentielle Kernkompetenz vor uns.

Kompetenz des kritischen Sparringspartners

Kompetenz des kritischen Sparringspartners: »Die Kompetenz des kritischen Sparringspartners baut auf den Ressourcen der Unabhängigkeit, des tiefen Geschäftsverständnisses, der Erfahrung im Geschäft, den verhaltensbezogenen Fähigkeiten und der Akzeptanz beim Management auf. ... Sie ermöglicht es Controllerbereichen, betriebswirtschaftliche Sachverhalte mit den verantwortlichen Managern zu diskutieren und ihre eigene Perspektive einzubringen. ... Dadurch soll ähnlich dem ›Vier-Augen-Prinzip‹ eine qualitativ höherwertige Problemlösung gewährleistet werden« (David 2005, S. 154). Diese Kompetenz muss an dieser Stelle des Buches kaum noch näher erläutert werden. Hier haben wir einen wesentlichen Teil der Rationalitätssicherungsfunktion der Controller vor uns, die diese aus mehreren, bereits häufiger angesprochenen Gründen in singulärer Weise wahrnehmen können: Controllerstellen durchziehen das ganze Unternehmen, so dass ein vollständiger Überblick gewährleistet ist und eine ausgewogene Perspektive eingenommen werden kann. Controller erwerben durch ihre Informationsversorgungsaufgabe eine tiefe Kenntnis der geschäftlichen Zusammenhänge. Gleiches ergibt sich durch ihre Planungs- und Kontrollfunktion. Controller entlasten weiterhin Manager in vielfältiger Weise, so dass sie damit die Akzeptanz erwerben, eine Counterpartfunktion einzunehmen. Controller haben qua Rolle eine andere Sicht auf das Geschäft einzunehmen als die Manager, was ebenfalls ihren Nutzen für das Management steigert. Wenn die Rolle des kritischen Sparringspartners gefährdet werden kann, dann durch die Manager selbst, die sich entsprechende Diskurs- und Kontrollroutinen zulegen. In einer stark gruppenbezogenen Führungsstruktur können immer andere Manager die Rolle des Sparringspartners übernehmen. Allerdings müssen das Bewusstsein der Notwendigkeit dazu tief verankert werden und die Gruppen sicher sein, keinen Groupthink-Phänomenen zu unterliegen. Für »normale kontinentaleuropäische« Führungsstrukturen sind Controller damit als Counterpart kaum ersetzbar. Hier haben wir also von einer Kernkompetenz der Controller auszugehen.

Kompetenz des betriebswirtschaftlichen Beraters: »Diese zeigt sich in der Fähigkeit von Controllerbereichen, auf Grundlage ihrer Planungs-, Kontroll- und Informationstätigkeiten Vorschläge für Verbesserungsmaßnahmen zu unterbreiten« (David 2005, S. 155 f.). Controller sollen ihr Know-how einbringen, um Verbesserungsvorschläge zu unterbreiten, nicht nur mit ihrem Know-how Fehler des Managements verhindern. Die Argumentation für ihre Eignung ist ganz ähnlich zu führen wie bei der Rolle als kritischer Counterpart und muss an dieser Stelle nicht noch einmal wiederholt werden. Damit kann auch in der Kompetenz des betriebswirtschaftlichen Beraters eine Kernkompetenz der Controllerbereiche gesehen werden.

Insgesamt kommt man durch die strategische Diskussion der Kompetenzen des Controllerbereichs zu Einsichten, die deutlich über die Betrachtung notwendiger Fähigkeiten einzelner Controller hinausgehen. Angriffspunkte möglicher interner Wettbewerber werden ebenso sichtbar, wie die Überlegungen Felder aufzeigen, aus denen ein Wettbewerbsvorteil erwächst und die deshalb auch in Zukunft gestärkt werden müssen.

Zusammenfassende Aussagen (vgl. auch Leitfrage 1)

- Dann, wenn man dem Controllerbereich die Möglichkeit eines »Role Making« zugesteht, macht es Sinn, die Ausrichtung in strategischer Perspektive zu betrachten.
- Ausgangspunkt dieser Betrachtung ist die grundlegende Frage, ob und wie Controller zum Erfolg des Unternehmens beitragen. Ein solcher Einfluss kann konzeptionell herausgearbeitet und empirisch bestätigt werden. Dass Unternehmen Controllerstellen geschaffen haben, ist deshalb weder zufällig noch ineffizient.
- Der Erfolgsbeitrag der Controller ist umso höher, je mehr sie sich auf ihre internen Kunden, die Manager, ausrichten. Kundenorientierung ist deshalb nicht nur eine Maxime von Marketing und Vertrieb, sondern sollte dies auch für Controller sein.
- Auf die strategische Ausrichtung der Controllerbereiche nehmen zum einen Veränderungen der Aufgaben und Aufgabeninhalte Einfluss. Eine stärkere Ausrichtung auf Märkte und Prozesse ist für die meisten Controller ebenso eine Herausforderung wie eine breitere Abdeckung von Führungsproblemen.
- Für die strategische Ausrichtung sind zum anderen die Kompetenzen des Controllerbereichs maßgeblich. Als Kernkompetenzen können die Kompetenz der »Transparenzerzeugung«, die des kritischen Sparringspartners sowie die Kompetenz des betriebswirtschaftlichen Beraters festgehalten werden.

15.2 Ausgewählte Instrumente zur strategischen Positionierung

Darstellung anhand von vier Beispielen

Der Abschnitt 1 dieses Kapitels hat deutlich gemacht, dass auch der Controllerbereich eines Unternehmens einer strategischen Ausrichtung bedarf, zumindest dann, wenn man ihn nicht auf ein reines »Role Taking« beschränkt. Im Bereich des strategischen Managements ist ein breites Spektrum an Instrumenten entwickelt worden, um eine solche Ausrichtung zu unterstützen. Deshalb liegt die Vermutung nahe, dass diese Instrumente auch für den Controllerbereich anwendbar sind. Um den Umfang dieses Lehrbuchs nicht zu sprengen, müssen wir allerdings eine starke Selektion vornehmen. Vier Beispiele seien im Folgenden ausgewählt.

Am Anfang steht die Gestaltung eines Leitbilds. Leitbilder sollen einen grundlegenden Bezugspunkt für das Handeln liefern; als verbaler Ausdruck der Controller-Kultur sollen sie das

Verhalten in den Controllerbereichen. Anschließend wollen wir das in der strategischen Planung sehr häufig verwendete Five-Forces-Modell von Porter als einen grundsätzlichen Ordnungsansatz zur Bestimmung der strategischen Positionierung auf den Controllerbereich beziehen. Danach stellen wir mit der Technologie-Portfolio-Analyse ein Beispiel für ein strategisches Planungsinstrument vor, das auf den Controllerbereich übertragen wird. Schließlich sei eine Balanced Scorecard entwickelt, die als Instrument zur Präzisierung und Durchsetzung der gewählten Strategien des Controllerbereichs dient.

15.2.1 Gestaltung eines Controller-Leitbilds

Wenn man Controller nach ihrer strategischen Ausrichtung befragt, sind zumeist Controllerbilder – im Sinne von pointierten Selbstbeschreibungen – die erste Assoziation – wir sind auf diese schon im 1. Kapitel eingegangen. Hinter den angestrebten Bildern liegen gewünschte Kernleistungen und Verhaltensweisen der Controller, die in wenigen Worten prägnant zusammengefasst sind. Sie bergen allerdings die Gefahr, dass sie mit sehr unterschiedlichen Eigenschaften belegt werden können.

Folgt man den Einschätzungen der in der schon mehrfach zitierten ICV-Studie teilnehmenden Controller, kommt den genannten Bildern in der Wahrnehmung des Managements eine große Rolle zu. 62 bzw. 53 % der Befragten gaben – wie die *Abbildung 15-8* zeigt – an, dass »ihre« Manager die ihnen zuarbeitenden Controller als interne Berater bzw. ihr ökonomisches Gewissen sehen. Als Steuermann werden von Managern nach Angaben der Studienteilnehmer 27 % der Controller eingeschätzt. Dennoch sehen auch die befragten Controller, dass eher negativ besetzte Rollenbilder wie Kontrolleur (35 %), Spürhund (16 %) und Erbsenzähler (16 %) ebenfalls noch weit verbreitet sind.

Schriftlich fixierte Leitbilder bieten dagegen den Controllerbereichen die Möglichkeit, die Vorstellungen über ihre eigene strategische Ausrichtung zu bündeln und stärker zu präzisieren. Einer konsistenten Vision und Mission – formuliert in Form eines Leitbilds – kommt deshalb potentiell eine große Bedeutung zu. Nutzen ist in zweierlei Hinsicht zu erwarten:

- Zum einen benötigen die Controller selbst ein gewisses (hohes) Maß an Einheitlichkeit in Denkmuster und Sprachverständnis. Es muss jedem Controller klar sein, warum er welche Aufgabe wahrnimmt und unter welchen Kriterien er ständig die Sinnhaftigkeit der Aufgabe sowie der Aufgabenlösung zu überprüfen hat. Darüber hinaus schafft der intensive Diskussionsprozess zur Gestaltung eines Leitbilds auch erhebliches Know-how über die vielen, weit im Unternehmen verstreuten Aufgabenfelder des Controllerbereichs, so dass damit die Voraussetzung für eine stellen- und bereichsübergreifende Kommunikation und Abstimmung geschaffen wird.
- Zum anderen bildet ein Controller-Leitbild die Grundlage für eine aktive Kommunikationspolitik nach außen, in die von den Control-

Ein Leitbild verspricht Nutzen in zweierlei Hinsicht.

Abb. 15-8

Controllerbilder im Unternehmen (entnommen aus Weber et al. 2006, S. 44)

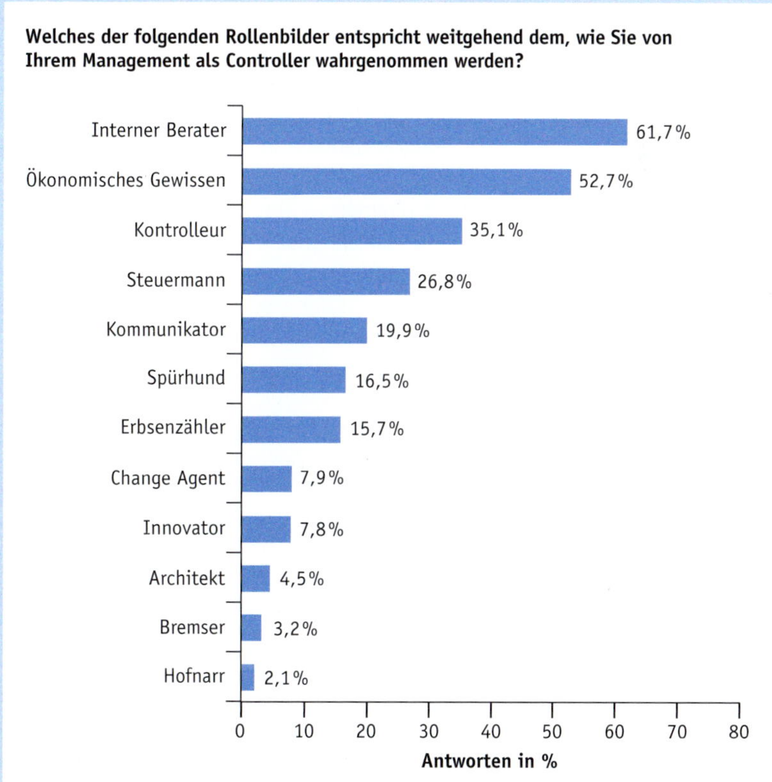

lern zu »betreuenden« Unternehmensbereiche hinein. Das oftmals in der Praxis vorzufindende – und bereits mehrfach angesprochene – Unverständnis bzw. die bewusste Fehlsicht der Funktion von Controllern (»Bremser«, »Kontrolleure«, »Zahlenknechte«) kann mit einem Leitbild als Diskussionsgrundlage aktiv angegangen werden.

Im Folgenden sollen mehrere Beispiele für ein derartiges Leitbild gegeben werden. Eines ist »theoretischer« Natur, insofern, als es die wesentlichen Grundpositionen thematisiert, die in Unternehmen zum Verständnis des Controllerbereichs festgelegt und ausgeprägt werden müssen. Das zweite Beispiel stammt von der IGC (International Group Controlling), einem Zusammenschluss wesentlicher europäischer Controller-Ausbildungsinstitutionen.

Controller haben unterschiedliche Bereichsinteressen auszutarieren.

Das »theoretische« Leitbild enthält insgesamt vier Leitsätze (vgl. *Abbildung 15-9*). Der erste von diesen spricht die Koordinationsaufgabe der Controller an, die ihnen im Kontext dominierender Koordination durch Pläne zukommt. Unternehmen werden – aus unterschiedlichen Gründen heraus – immer häufiger dezentral geführt. Dezentralisierung ermöglicht die volle Nutzung von dezentralem Führungswissen, bedeutet aber zugleich auch die Gefahr unabgestimmten sowie bereichsopportunistischen Verhaltens – ganz gemäß dem Motto »Die Summe der Bereichsinteressen ist am Ende des Tages der Konkurs der Firma«! Die koordinierende Klammer dezentraler Einheiten bildet – wie im 11. Kapitel dieses Buches ausgeführt – zumeist die Budgetierung.

Abb. 15-9

»Theoretisches« Leitbild für einen Controllerbereich

- Wir übernehmen Mitverantwortung dafür, dass die gewollte dezentrale Führung durch eine gemeinsame, miteinander abgestimmte Ausrichtung zu den gewünschten Gewinnen des Unternehmens führt.
- Wir verstehen uns als Servicefunktion mit aktiven Gestaltungsaufgaben.
- Wir haben unsere Aufgabe nur dann erfüllt, wenn wir von Führungskräften gebraucht und nicht nur geduldet sind.
- Vertrauen ist die Basis unseres Geschäfts.

Hier kommt den Controllern – wie ebenfalls ausführlich dargestellt – eine wesentliche prozessuale und daneben auch eine inhaltliche Bedeutung zu. Wie weit diese reichen soll, ist häufig nicht klar. Der erste Leitsatz bezieht hier prägnant Stellung. Das Wort »Mitverantwortung« ist weit reichend. Mitverantwortlich zu sein heißt, aktiv auf die Entscheidungsfindung einzuwirken, zuweilen auch gegen die Interessen einzelner dezentraler Entscheidungsträger zu wirken (»Contre Rôle«). Der Anspruch – insbesondere an dezentrale Controller – ist hoch gesteckt. Leicht laufen sie Gefahr, ihr Vertrauenspotential aufs Spiel zu setzen. Quasi als Spielregel von Beginn an auf die potentielle Begrenzungsaufgabe hinzuweisen und nicht allen Bereichsinteressen widerspruchslos zu folgen, wird das Leben der Controller im Konfliktfall deutlich erleichtern. Fehlt ein entsprechender Leitsatz, besteht die Gefahr, dass die Manager die Führungsunterstützung des Controllers nur solange in Anspruch nehmen, wie es ihren Interessen dient. Ein Teil der möglichen Erfolgswirkung von Controllern wäre damit nicht genutzt.

Deyhle fordert schon lange den Controller als »Zahlenverkäufer«.

Der zweite Leitsatz greift das unstrittige Postulat auf, Controller müssten Führungsunterstützung leisten. Den von Albrecht Deyhle schon lange geforderten »Zahlenverkäufer« zu adressieren und den Controllerbereich zu einem echten Servicecenter zu entwickeln, zeigt die Richtung des Veränderungsbedarfs auf. Dieser ist in vielen Unternehmen nicht unerheblich. Wenngleich der Unterstützungsaspekt verbal unbestritten ist, lässt sich die Kundenorientierung in der täglichen Zusammenarbeit als eher verbesserungsfähig bezeichnen. Nur in Ausnahmen finden systematische Kunden(Manager)-Lieferanten(Controller)-Gespräche statt. Ebenso trifft man nur selten auf Controller, die ihren Kunden die Preise ihrer Produkte nennen können (»Was kostet ein Monatsbericht, was würde er kosten, wenn er drei Tage früher käme und nur die Hälfte an Informationen enthielte?«). Servicefunktion bedeutet, die Bedarfe der Kunden zu kennen, Veränderungen des Bedarfs zu folgen und in ständiger, enger Interaktion mit den Kunden zu stehen. Nur wenige Controller können derzeit guten Gewissens sagen, dass sie diese Bedingungen erfüllen. Damit wird die Bedeutung des Leitsatzes deutlich.

Er besitzt aber noch einen zweiten Teil. Die »aktiven Gestaltungsaufgaben« weisen darauf hin, dass es nicht ausreicht, im Sinne eines »Role Taking« nur auf Kundenanforderung hin zu agieren. Controller müssen so viel Sachwissen besitzen, dass sie aus diesem heraus selbst dem Management stets neue »Controller-Produkte« anbieten können: Wenn ein Manager z. B. Target Costing nicht kennt, kann er dieses Instrument auch nicht von seinem Controller einfordern! Ein zweiter Aspekt wohnt den aktiven Gestaltungsaufgaben im Sinne eines »Role Making« noch inne: Serviceorientierung darf nicht dazu führen, dass der Controller jedem Wunsch des Managers folgt. Wir sind hierauf schon mehrfach eingegangen: Controller haben das Recht und die Pflicht, den Wünschen des Managements zu widersprechen, dies nicht nur im Prozess der Planung (Planentstehungskontrolle), sondern generell. Anders als der Vertrieb in einem anonymen Markt kann es einem Controller nicht gleichgültig sein, was der Manager mit der Controllerleistung anfängt. Auf Grund des dauerhaften und engen Kontakts muss der Controller vielmehr in seinem eigenen Interesse sicherstellen, dass der Manager den größtmöglichen Nutzen aus seiner Tätigkeit zieht. Sieht der Controller potentielle Anwendungsprobleme, muss er entsprechend entgegenwirken.

Eng mit dem Serviceaspekt verbunden ist der dritte Leitsatz. Wer serviceorientiert handelt, wird aller Wahrscheinlichkeit nach gebraucht und nicht nur geduldet. Dennoch kann es Sinn machen, diesen dritten Leitsatz gesondert zu formulieren, da er mehr als der zweite Leitsatz die Nutzerperspektive betont. Wenn Controller für sich einen solchen Anspruch formulieren, müssen sie sich auch daran messen lassen. Dies bedeutet in der Konsequenz, periodisch oder permanent mit dem Management über dessen Zufriedenheit zu reden. Manche Unternehmen praktizieren dies bereits seit einiger Zeit für alle administrativen und dispositiven Bereiche, darunter auch für die Controller, andere haben hier noch gar keine Erfahrung. Controller könnten hier mit gutem Beispiel vorangehen – und haben diesbezüglich (zumindest die meisten von ihnen) noch ein erhebliches Verbesserungspotential! Beide Leitsätze zusammen versprechen, Effektivität und Effizienz der Controller ebenso zu erhöhen wie ihre Akzeptanz. Die Wege dahin sind einfach, wenn man sie konsequent geht.

Der vierte Leitsatz lautet: »Vertrauen ist die Basis unseres Geschäfts«. Er spricht einen Themenbereich an, der für die Aufgabenwahrnehmung und Effizienz von Controllern kaum zu überschätzen ist. Die Effizienz einer stark auf Pläne bauenden Führung hängt wesentlich von der Fähigkeit und der Bereitschaft der planungsverantwortlichen Führungskräfte ab, den Unternehmenszielen entsprechende Alternativen zu generieren, abzugleichen und umzusetzen. Controller nehmen im Prozess der Planerstellung neben dem Planungsmanagement die Planentstehungskontrolle wahr. Wenn zwischen planungsverantwortlichen Führungskräften und Controllern ein vertrauensbasiertes Verhältnis besteht, reduziert sich die Notwendigkeit von planungsinhalts- und planungsprozessbezogenen Kontrollen erheblich:

Vertrauen ist für die Arbeit der Controller essentiell.

- Die Linienverantwortlichen müssen in der Planungsphase keine Zeit und Intelligenz darin investieren, »Planungsluft« in die Pläne einzubauen, die später im Prozess des Planabgleichs als unvermeidliches Zugeständnis an den Controller wieder herausgelassen werden kann.
- Der Controller muss folglich auch nicht eben dieser Planungsluft nachspüren und damit herausfinden, ob »jemand schluckt oder zuckt« (Deyhle 1980, S. 40).

Zwischen der Höhe der eingesparten Planungs- und Kontrollkosten besteht dabei in gewissen Grenzen ein Austauschverhältnis:

- Liegt hohe Planungssicherheit vor, kann der Controller vorgelegte Pläne in einfacher Weise auf ihre Validität hin überprüfen; die Kontrollkosten sind komparativ niedrig. Allerdings sind die zusätzlichen Planungskosten hoch, will die planungsverantwortliche Führungskraft dennoch ihre eigenen Ziele durchsetzen.
- Liegt eine niedrige Planungssicherheit vor, kehrt sich das Verhältnis um: Es fällt dann dem Manager leicht, eigene Ziele in Plänen »zu verstecken«; der Controller hat dagegen erhebliche Schwierigkeiten, sie aufzuspüren.

Die Controller sollten systematisch die Zufriedenheit der Manager mit ihren Leistungen erheben.

Der Grad des realisierten Vertrauens wird vom Risiko des Vertrauensbruchs begrenzt: »Wer ver-

Abb. 15-10

Controller-Leitbild der International Group of Controlling in der Fassung vom 14.09.2002

- Controller gestalten und begleiten den Management-Prozess der Zielfindung, Planung und Steuerung und tragen damit Mitverantwortung für die Zielerreichung.
- Das heißt
  - Controller sorgen für Strategie-, Ergebnis-, Finanz-, Prozesstransparenz und tragen somit zu höherer Wirtschaftlichkeit bei.
  - Controller koordinieren Teilziele und Teilpläne ganzheitlich und organisieren unternehmensübergreifend das zukunftsorientierte Berichtswesen.
  - Controller moderieren den Management-Prozess der Zielfindung, der Planung und der Steuerung so, dass jeder Entscheidungsträger zielorientiert handeln kann.
  - Controller leisten den dazu erforderlichen Service der betriebswirtschaftlichen Daten- und Informationsversorgung.
  - Controller gestalten und pflegen die Controllingsysteme.

traut, muss ... seine eigene Risikobereitschaft unter Kontrolle halten. Er muss, und sei es nur zur Selbstvergewisserung, sich klar machen, dass er nicht bedingungslos vertraut, sondern in Grenzen und nach Maßgabe bestimmter, vernünftiger Erwartungen« (Luhmann 1989, S. 31). Das Risiko des Vertrauensbruchs konkretisiert sich aus einer Reihe von Einflussfaktoren:

Das Risiko des Vertrauensbruchs lässt sich insbesondere anhand von drei Einflussfaktoren abschätzen.

- *Wirksamkeit symbolischer Kontrollen*
  »Das Ausüben so genannter symbolischer Kontrollen erlaubt dem Vertrauenden ... Selbstvergewisserung. Vertrauen in die Aufrichtigkeit und Motivstruktur des Partners lässt Detailkontrollen von Fakten überflüssig werden. Eine symbolische Kontrolle des persönlichen Vertrauens – und nicht der Fakten – tritt an ihre Stelle, d. h. eine laufende Überprüfung, ob die Redlichkeit und Integrität des Partners auch zukünftig Vertrauensvorschüsse rechtfertigen« (Krystek/Zumbrock 1993, S. 9). Derartige Kontrollen sind notwendigerweise interpersonell unterschiedlich, d. h. sie müssen sich zwischen Controller und Linienverantwortlichen jeweils spezifisch herausbilden.
- *Möglichkeit zu Sanktionen*
  Jeder Controller hat – wiederum weitgehend einzelpersonenspezifisch – relevante Schwellen von vertrauenskritischen Verhaltensweisen der Linienverantwortlichen und entsprechende Sanktionserwartungen zu formulieren und – sei es mittels verbaler, sei es mittels nonverbaler Kommunikation – deutlich zu machen. Mögliche Sanktionen reichen von einer Reduktion des Serviceniveaus über systemkonform mögliche Behinderungen (z. B. mehrfache Rückgabe »pingelig« behandelter Pläne) bis hin zu offenen Konflikten (z. B. Meldung von Vorfällen an höhere Instanzen).
- *Vorteilhaftigkeit des Vertrauensbruchs*
  Diese wird zentral von der Fristigkeit der Zusammenarbeit zwischen Controller und Linienverantwortlichem bestimmt. Opportunistisches Verhalten ist – wie auch spieltheoretische Arbeiten zeigen – umso eher zu erwarten, je kurzfristiger die prognostizierte Zeit des Zusammenwirkens der beteiligten Partner ist. Vertrauensaufbau bedeutet eine Investition, die nur dann lohnend ausfällt, wenn sie eine genügend lange Nutzungsdauer besitzt.

Wenn im Leitbild des Controllerbereichs Vertrauen als die Basis des Geschäfts von Controllern postuliert wird, so kann dies eine Diskussion auslösen, die zum einen zur Beseitigung von (gerechtfertigten?) Vorurteilen (etwa: Belegung des Controllers mit der Assoziation Misstrauen) führen sollte, zum anderen zum Kristallisationskern einer unternehmensweiten Ausein-

Zusammenfassende Aussagen (vgl. auch Leitfrage 2)

- Die Rolle des Controllers ist abgrenzungsbedürftig. Ein Leitbild ist ein geeigneter Weg, die Abgrenzung grundlegend zu vollziehen und zu kommunizieren.
- Leitbilder müssen die zentralen Aspekte der Controllership adressieren. Hierzu zählen Aussagen zum Grad der Einbindung der Controller in das Management (Involvement versus Independence) und zum Verhältnis der Entlastungs-, Ergänzungs- und Begrenzungsaufgaben zueinander.
- Leitbilder erfüllen ihre Funktion nur dann, wenn sie aufwändig erarbeitet wurden und ständige Reflexion erfahren.

andersetzung mit dem ökonomisch interessanten und potentiell erheblich erfolgssteigernden Konzept des Vertrauens wird. Der Ehrlichkeit halber sei schließlich ergänzt, dass Controller ein beträchtliches Eigeninteresse an dieser Diskussion haben sollten: Je stärker sich die Planungssicherheit durch steigende Umweltdynamik verringert, desto weniger Möglichkeiten bestehen für sie, das Vier-Augen-Prinzip der Planung adäquat wahrzunehmen, wenn nicht ein hohes Vertrauensniveau im Zusammenspiel mit den Linienverantwortlichen erreicht wird!

Das zweite konkrete Leitbild (vgl. die *Abbildung 15-10*) wurde – wie bereits angesprochen – von der IGC erarbeitet. Es deckt die zentralen Aufgabenbereiche von Controllern ab und ist

Aus der Praxis

Das Controlling-Leitbild bei Beiersdorf

Dr. Karsten Boyens; Dr. Ralf Eberenz; Georg Köller*

Heterogenes Bild des Controllers in der Praxis

Der Controller wird in der betrieblichen Praxis sehr unterschiedlich gesehen. Für die einen ist er der »Lotse des Managers«, der »interne Berater«, der »unabhängige Sparringspartner«. Für die anderen ist er ein »wirklichkeitsfremder Kostenrechnungsesoteriker«, ein »Verhinderer«, »Overhead ohne Mehrwert«. Woran liegt das? Zunächst einmal arbeitet der Controller typischerweise sehr zahlen- und faktenorientiert. Eine wesentliche Quelle für seine Tätigkeit stellt dabei das betriebliche Rechnungswesen dar. Verknüpft mit einem finanziell geprägten »Fachjargon« kann dies zu Unverständnis beim Gegenüber führen. Es ist leicht nachvollziehbar, dass z. B. in der Produktion von Hautpflegeprodukten oder in der Forschung über Antitranspirantien eine andere Sprache gesprochen wird.

Der Controller wendet darüber hinaus strenge betriebswirtschaftliche Maßstäbe an, die so manche luftige Geschäftsidee entlarvt. Für einen Controller ist es ja geradezu von gewisser sportlicher Herausforderung, einem jungen Produktmanager zu zeigen, dass seine mit höchstem persönlichen Einsatz entwickelte, wirklich innovative Produktidee ein finanzielles Desaster bedeutet. »Controller rechnen dir alles kaputt« ist deshalb als Kommentar zumindest häufiger zu hören als das Gegenteil.

Schließlich ist jedem sofort klar, dass Controlling Geld kostet und damit die Fixkosten belastet. Nicht so unmittelbar sichtbar ist im Gegensatz dazu der Beitrag des Controllers zum Geschäftserfolg, da er nicht direkt am operativen Geschäft beteiligt ist. Offenbar fällt die innerbetriebliche Akzeptanz dem Controller nicht ohne Weiteres zu. Er muss sie sich erarbeiten.

Controller müssen sich ihre Akzeptanz erarbeiten.

Controlling-Leitbild von Beiersdorf

Angesichts der heterogenen Wahrnehmung in der Praxis ist es für den Controllerbereich zunächst einmal wichtig, ein klares eigenes Leitbild zu entwickeln. Dies fördert nicht nur ein einheitliches Verständnis im Controllerbereich selbst, sondern auch darüber hinaus. Bei Beiersdorf haben wir ein solches Leitbild in einer »Controlling and Accounting Strategy« formuliert (siehe Abbildung 1). Herauszustellen ist dabei, dass dieses Leitbild nicht »von oben« aufgestülpt wurde, sondern aus einem intensiven Diskussionsprozess unter Beteiligung aller Controllerbereiche entstanden ist. Zentrales Element unseres Controlling-Leitbilds ist der Beitrag zum Geschäftserfolg.

Controller müssen ihren Beitrag zum Geschäftserfolg aufzeigen.

»Wir fokussieren uns auf den zukünftigen Geschäftserfolg. Wir sorgen für betriebswirtschaftlich fundierte und transparente Entscheidungen. Wir geben geschäftliche Empfehlungen aus eigener Initiative und widersprechen, wenn unsere betriebswirtschaftlichen Maßstäbe verletzt werden.«

Der Controller muss zeigen, dass sein Beitrag zum Geschäftserfolg ebenso groß ist wie der anderer Funktionen (z. B. Produktion, Marketing, Vertrieb). Er kann aber nur das zukünftige Geschäft beeinflussen. Er muss also den Schwerpunkt seiner Arbeit auf den Blick nach vorne richten und einsehen, dass die Vergangenheit nicht mehr zu ändern ist.

Das Leitbild ist in einem intensiven Diskussionsprozess entstanden.

BDF ●●●●
Beiersdorf

Controlling and Accounting Strategy

Wir fokussieren uns auf den zukünftigen Geschäftserfolg. Wir sorgen für betriebswirtschaftlich fundierte und transparente Entscheidungen. Wir geben geschäftliche Empfehlungen aus eigener Initiative und widersprechen, wenn unsere betriebswirtschaftlichen Maßstäbe verletzt werden.

Mitarbeiter und Organisation

Wir stellen kontinuierlich sehr hoch qualifizierte Mitarbeiter ein, entwickeln unsere Mitarbeiter weiter und legen dabei besonderen Wert auf das internationale Entwicklungspotential. Die Mitarbeiterqualifikation ist uns wichtiger als die Mitarbeiteranzahl. Wir erweitern unser Wissen permanent, z. B. durch Kontakte zu anderen Unternehmen und zu Hochschulen.

Wir arbeiten zunehmend mit und in Projekten und weniger mit einer starren Aufbauorganisation. Wir setzen das einheitliche Verständnis von Projektmanagement um und trainieren die hierfür notwendigen Fähigkeiten. Wir konzentrieren lokale Buchhaltungstätigkeiten in Shared Service Organisationen, in Europa ist das BSS.

Planung, Reporting, Forecast

Unser Planungsprozess unterstützt eine konsistente und realistische Zielfindung. Wir ermöglichen Erfolgskontrollen durch ein schnelles, zuverlässiges und einfaches Reporting. Wir verkürzen die Abschlusstermine, um intern und extern zeitnah zu informieren. Die Prognose der Geschäftsentwicklung durch qualifizierte Forecasts ist uns wichtiger als die Ist-Berichterstattung.

Bilanzierung und Rechnungslegung

Die Transparenz und Ordnungsmäßigkeit der internen Abläufe hat für uns oberste Priorität. Die Rechnungslegung im Konzern erfolgt extern und intern einheitlich und folgt den International Financial Reporting Standards. Lokale Regelwerke werden von den Gesellschaften verantwortet. Bewertungsspielräume legen wir konservativ aus.

Steuerungsgrößen, Instrumente und Methoden

Wir fokussieren uns auf die Konzernziele für Umsatzwachstum, EBIT, Nachsteuerergebnis und Working Capital. Wir arbeiten mit wenigen aber zuverlässigen Steuerungsgrößen und Instrumenten. Für den regelmäßigen und häufigen Einsatz sind diese einfach, zur Unterstützung von Einzelfallentscheidungen maßgeschneidert. Wir verstärken den Einsatz integrierter IT-Systeme, um effizienter zu werden.

Wir präsentieren unsere Ergebnisse managementorientiert und in der „Sprache unserer Kunden". Alle Zahlenwerke werden kommentiert, Chancen- und Risikobetrachtungen geben dabei ein hohes Maß an Entscheidungssicherheit.

Dezember, 2004

Abbildung 1:
Das Controlling-Leitbild von Beiersdorf

Dies fällt oft schwer, da in der betrieblichen Praxis in der Regel umfangreiche betriebswirtschaftliche Informationen sowie ausgefeilte Systeme zur Beschreibung der Vergangenheit vorliegen. Dies wiederum liegt im historisch dominierenden Motiv der Rechnungslegung begründet: der Notwendigkeit, extern »Rechenschaft« abzulegen. Planung und Forecasting sind im Vergleich stiefmütterlich mit Informationen und Systemen ausgestattet. Hinzu kommt, dass oftmals die Kapazitäten des Controllers bereits zu einem Großteil für die Erstellung und Interpretation der »Ist-Informationen« benötigt werden.

Der Controller muss bei Entscheidungen präsent sein.

Dabei stellt insbesondere der Zugang zu wesentlichen betriebswirtschaftlichen Informationen im Unternehmen geradezu einen Fundus für aufschlussreiche Analysen dar, aus denen zukunftsorientierte Handlungsimplikationen abgeleitet werden können. Der Controller muss also immer wieder den Blick auf das zukünftige Geschäft richten und dessen erfolgreiche Entwicklung unterstützen.

Geschäftserfolg unterstützen: Wie kann er das tun?

Der Controller muss bei Entscheidungen präsent sein. Er hat die Auswirkungen der Entscheidungsalternativen auf den zukünftigen Geschäftserfolg transparent zu machen und so zu gewährleisten, dass vorteilhafte Alternativen gewählt bzw. unvorteilhafte verworfen werden können.

Natürlich kann der Controller nicht bei allen Entscheidungen auf allen Ebenen im Unternehmen präsent sein. Aber er kann Regeln, Prozesse und Instrumente zur Entscheidungsunterstützung in der Organisation verankern. Wichtige Entscheidungen muss der Controller persönlich beeinflussen. Diese werden in der betrieblichen Praxis zunehmend in Projekten vorbereitet und umgesetzt. Wir räumen deshalb dem Projektmanagement einen wichtigen Platz ein:

»Wir arbeiten zunehmend mit und in Projekten und weniger mit einer starren Aufbauorganisation. Wir setzen das einheitliche Verständnis von Projektmanagement um und trainieren die hierfür notwendigen Fähigkeiten.«

Controller müssen daher Projekte nicht nur begleiten, sondern auch gestalten und führen können. Sie nehmen dadurch die Rolle eines internen Beraters ein und benötigen eine hohe Projektmanagement-Kompetenz. Bei Beiersdorf haben wir dazu einen Projektmanagement-Standard entwickelt, den wir durch entsprechende Trainings in der Organisation etablieren und in laufenden Projekten einsetzen.

Das Arbeiten in Projekten hat für Beiersdorf-Controller eine hohe Bedeutung.

Controller müssen darüber hinaus über eine ausgeprägte Teamfähigkeit verfügen, um vertrauensvoll und produktiv mit Kollegen aus anderen Funktionen zusammenarbeiten zu können. Mit einem Selbstverständnis als »Dienstleister« sollten sich Controller auf ihre »Kunden« einstellen. Dies gilt insbesondere für die anzuwendenden Instrumente und die zu verwendende Sprache. Diese müssen verständlich und möglichst einfach sein. Bei Beiersdorf fokussieren wir z. B. auf einige wenige standardmäßige Steuerungsgrößen (Umsatz, EBIT, Nachsteuerergebnis, Working Capital), die im Unternehmen einheitlich verstanden werden. Um dem Anspruch aus diesem Leitbild gerecht zu werden, ist es von großer Bedeutung, hoch qualifizierte Mitarbeiter für das Controlling zu gewinnen und weiterzuentwickeln. Gelingt dies nicht, ist das hier skizzierte Leitbild nur ein »Papiertiger«.

»Wir stellen kontinuierlich sehr hoch qualifizierte Mitarbeiter ein, entwickeln unsere Mitarbeiter weiter und legen dabei besonderen Wert auf das internationale Entwicklungspotenzial. Die Mitarbeiterqualifikation ist uns wichtiger als die Mitarbeiteranzahl.«

Bei Beiersdorf gewährleisten wir dies durch einen sehr sorgfältigen Recruiting-Prozess, an dem grundsätzlich verschiedene Controlling-Funktionen beteiligt sind. Damit soll zum einen ein einstimmiges Bild erreicht werden, zum anderen können dadurch von vornherein spätere Entwicklungsperspektiven eingeschätzt werden. Typisch für die weitere Entwicklung von Mitarbeitern ist nach dem Einstieg z. B. in einer Corporate Controlling-Funktion ein Wechsel in eine operative Controlling-Position in einer unserer über 100 Tochtergesellschaften weltweit.

Insgesamt bleibt festzuhalten, dass Controller sich ihre innerbetriebliche Akzeptanz erarbeiten müssen, indem sie spürbare Beiträge zum Geschäftserfolg leisten. In einem Umfeld, das durch ständig neue Herausforderungen und immer schnellere Veränderungen geprägt ist, nimmt der Bedarf an interdisziplinärer Projektarbeit zu. Controller sind mit ihren in diesem Leitbild skizzierten Kompetenzen prädestiniert dafür, diese Herausforderungen zu bewältigen.

Controller müssen sich ihre innerbetriebliche Akzeptanz erarbeiten.

* Dr. Karsten Boyens ist Leiter Regional Controlling; Dr. Ralf Eberenz ist Leiter Corporate Accounting and Controlling bei der Beiersdorf AG; Georg Köller ist Unternehmensberater, ehem. Leiter Corporate Risk Management der Beiersdorf AG.

auch von seiner Sprache her gut als Vorbild für eine Leitbildgestaltung in einem konkreten Unternehmen geeignet.

15.2.2 Anwendung des Porter'schen Five-Forces-Modells

Grundlage für den Erfolg eines Unternehmens bilden nach der bekannten Branchenanalyse (»Five Forces«) von Porter die Attraktivität der Unternehmensumwelt und die produkt- und marktmäßige Positionierung relativ zum Wettbewerb. Als Bestimmungsgrößen für den Unternehmenserfolg werden die relative Stärke der bestehenden und potentiellen Wettbewerber, der Lieferanten, Kunden und das Vorhandensein substitutiver (oder komplementärer) Produkte angesehen. Dieser Betrachtungsweise liegt die Annahme zu Grunde, dass das marktliche Umfeld den wesentlichen Erfolgsfaktor für ein Unternehmen darstellt. Ziel der Strategie muss es sein, sich in diesem Umfeld erfolgreich zu positionieren. Dazu werden systematisch die genannten Umfeldfaktoren analysiert:

Abb. 15-11

Das Wettbewerbsumfeld der Controller in der Systematik der Five Forces nach Porter (entnommen aus Weber/David/Prenzler 2001, S. 25)

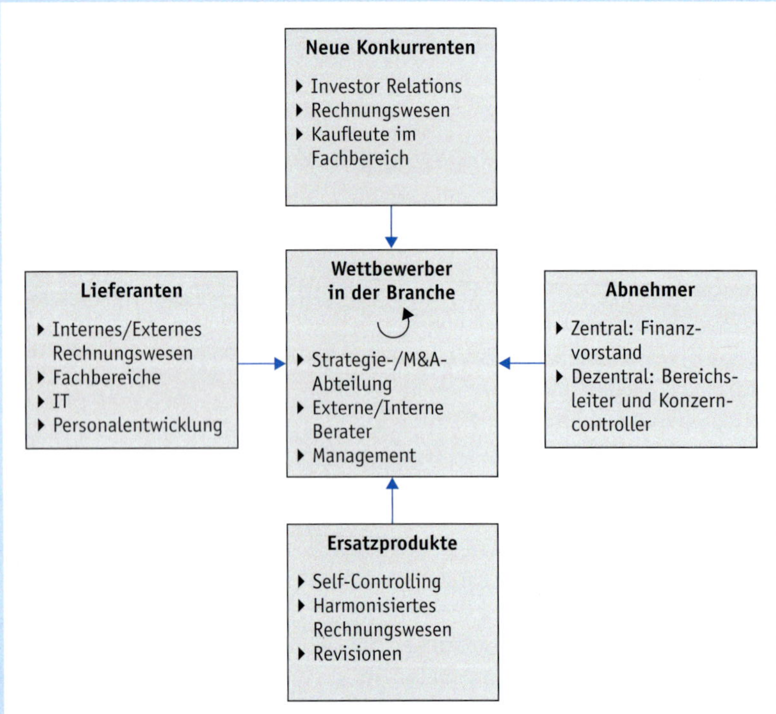

Die Porter'sche Systematik bietet auch für die Gestaltung von Controllerbereichen vielfältige Anregungen.

- Wer sind die wichtigsten Kunden, welche Anforderungen stellen sie an das Unternehmen und seine Produkte und wie viel Verhandlungsmacht haben sie?
- Welche Bedeutung besitzen bestehende und neue Konkurrenten; sind sie ähnlich groß und wächst die Branche?
- Bestehen Abhängigkeiten von Lieferanten oder drohen Ersatzprodukte das eigene Produkt überflüssig zu machen?
- Gibt es neue Märkte, in die das Unternehmen eindringen kann?

Die *Abbildung 15–11* überträgt diese Systematik auf das interne Wettbewerbsfeld der Controller und greift damit die Gedanken auf, die wir schon im 14. Kapitel angesprochen haben. Die Suche nach bestehenden internen Wettbewerbern liefert schnell die interne Unternehmensberatung, die Strategieabteilung, aber auch das Management selbst (»Self-Controlling«) als Ergebnis. Als neue Konkurrenten stehen insbesondere die zu smarten Accountants gewandelten Mitarbeiter des externen Rechnungswesens »vor der Tür«, die in einigen Unternehmen dabei sind, den Controllern den Rang abzulaufen. Auf der Kunden- bzw. Abnehmerseite gilt es zu analysieren, welche Manager auf welcher Unternehmensebene welche Aufgabenbedarfe äußern und wie sich die Kundenbedarfe in Zukunft entwickeln werden. Aufgaben- bzw. »produkt«bezogen gilt es, das Wettbewerbspotenzial substitutiver Leistungen (z. B. Betriebsergebnis versus EBIT) im Auge zu behalten. Schließlich lenkt die Lieferantenperspektive den Blick auf Chancen und Risiken neuer Entwicklungen in den IT-Systemen, die den Controllern Ausgangsdaten liefern, ebenso wie z. B. in der Personalakquisition (»Schafft es der Controllerbereich, seine Funktion, ›Goldfischteich‹ für hoch qualifizierten Führungsnachwuchs zu sein, zu behalten?«). Bereits durch die wenigen Beispiele sollte deutlich geworden sein, dass der Porter'sche Strukturierungsansatz auch für die strategische Positionierung des Controllerbereichs vielfältige Anregungen gibt. Auf der Basis dieses Wissens sind dann spezielle »Geschäftsfeld«strategien (z. B. Übernahme der Verantwortung für die Einführung wertorientierter Steuerung, Abgabe der Kostenrechnung an das Rechnungswesen) und Funktionalstrategien zu entwickeln (z. B. Aufbau von Moderations- und Personalentwicklungswissen).

15.2.3 Anwendung der Technologie-Portfolio-Analyse

Als zweites Beispiel wollen wir die im 13. Kapitel (Abschnitt 13.4.6) vorgestellte Technologie-Portfolio-Analyse betrachten. Versteht man »Technologie« begrifflich weit im Sinne von Kompetenz zur Lösung bestimmter Problembereiche, so wird die Technologie-Portfolio-Analyse auch für die strategische Ausrichtung tradierter Aufgabenfelder der Controller nutzbar. Dieses sei am Beispiel der Kostenrechnung veranschaulicht: Kostenrechnung ist ein Know-how-Feld mit Servicecharakter zur Erfüllung der Unternehmensziele. Es ist deshalb zulässig, nach ihrer Attraktivität und nach der Fähigkeit des

Unternehmens zu fragen, diese Attraktivität adäquat auszufüllen.

Bestimmung der Attraktivität der Kostenrechnung

Technologie-Attraktivität bedeutet bezogen auf die Kostenrechnung letztlich die Höhe ihres Nutzenpotentials. Dieses wird zunächst von der Möglichkeit bestimmt, durch den Einsatz kostenrechnerischer Instrumente Kosten zu senken. Die Kostensenkung kann sich zum einen auf den »laufenden Betrieb« beziehen, wie dies insbesondere die Plankostenrechnung anstrebt. Kostensenkungsmöglichkeiten bestehen zum anderen aber auch – und dies zunehmend – im Bereich langfristig bindender Rahmenentscheidungen. Hier sind insbesondere die Felder der Produktentwicklung (»kostengünstiges Konstruieren«) und der Anlagenautomatisierung zu nennen. Die Technologie-Portfolio-Analyse fordert, diese Kostensenkungspotentiale im ersten Schritt abzuschätzen und in einem zweiten Schritt deren Bedeutung für die Wettbewerbsfähigkeit des Unternehmens zu bestimmen. So besitzen Kostenvorteile für Unternehmen, die die Wettbewerbsstrategie Kostenführerschaft verfolgen, eine deutlich größere Bedeutung als für Unternehmen, die z. B. eine Differenzierung über hohe Produktqualitäten anstreben. Kostenrechnung ist damit in ihrer instrumentellen Verwendung nicht losgelöst von der wettbewerblichen Grundausrichtung eines Unternehmens zu gestalten.

Die Attraktivität der Kostenrechnung kann jedoch auch jenseits von Kosteneinsparungen liegen. Im Grenzfall kommt der Kostenrechnung der Charakter einer Nebenbedingung für bestimmte Geschäftstypen und/oder Kunden zu. Hierbei muss man nicht allein an den hinlänglich bekannten Fall öffentlicher Auftragsvergabe denken. Der Trend zu langfristigen Lieferverbindungen z. B. konfrontiert derzeit viele Unternehmen mit der Bedingung des Kunden, Kosten-plus-Preise zu kalkulieren. Neben der Preisermittlungsfunktion kann die Kostenrechnung auch die Rolle einer Preisbegründungsrechnung spielen. Hierfür finden sich derzeit aktuelle Beispiele z. B. im Handel, wenn es um eine »gerechtere« Anlastung von Logistikkosten geht. Auch lassen sich Preissteigerungen häufig dann besser am Markt durchsetzen, wenn sie mit entsprechenden Kostensteigerungen »entschuldigt« werden.

Bestimmung der Ressourcenstärke bezüglich der Kostenrechnung

Nachdem Klarheit über die zukünftig für das Unternehmen bedeutsamen Einsatzfelder der Kostenrechnung besteht, muss im nächsten Schritt bestimmt werden, ob diese Felder überhaupt erschlossen werden können. In diese Standortbestimmung ist ein wesentlicher Teil der Kritik einzubringen, die häufig an der traditionellen Kostenrechnung geübt wird, wie etwa die zu starke Ausrichtung auf die Produktion, die Sprachlosigkeit, wenn es darum geht, die Kosten produktbezogener (Variantenkalkulation) und produktionsbezogener Flexibilität (kurze Durchlaufzeiten) zu beziffern, oder die Vernachlässigung von Dienstleistungsprozessen.

Die Attraktivität der Kostenrechnung leitet sich aus der Erfüllung von Rechnungszwecken ab.

Wesentliche Bedeutung kommt weiterhin dem Stand der betrieblichen DV zu (dort neben dem eigentlichen Kostenrechnungssystem insbesondere den vorgelagerten Systemen wie der Betriebsdatenerfassung zur lückenlosen Abbildung des Materialflusses). Darüber hinaus spielt auch das Kostenrechnungs-Know-how eine wichtige Rolle. Hierbei geht es nur zum Teil um das Thema »Vollkostenrechnung und/oder Teilkostenrechnung«. Zum unabdingbaren Know-how einer Kostenrechnungsabteilung gehören auch profunde Kenntnisse neu abzubildender Realprozesse, z. B. der Logistik, der im Lebenszyklus eines Produkts zu ergreifenden Aktivitäten oder der Bedingungen und Rahmendaten eines computergestützten Konstruierens. Gerade hier sind in vielen Unternehmen erhebliche Defizite festzustellen.

Nicht alle Kostenrechner sind konzeptionell »auf dem neuesten Stand«.

Kostenrechnungs-Portfolio

Stellt man die Attraktivität der Kostenrechnung bzw. einzelner ihrer Instrumente bzw. Teilrechensysteme und die Ressourcenstärke einander gegenüber, so kann man zu einem Kostenrechnungs-Portfolio kommen, wie es die *Abbildung 15-12* zeigt. Wie anfangs bereits erwähnt, handelt es sich bei einer derartigen Strukturierung nicht um eine exakte, unbestechliche Messung. Ob die Anlagenkostenrechnung im Beispiel wirklich noch im mittleren Quadranten steht oder nicht besser weiter nach rechts

Eine Technologie-Portfolio-Analyse kann fruchtbare Diskussionen anstoßen.

Abb. 15-12

Anwendung der Technologie-Portfolio-Analyse auf das Beispiel Kostenrechnung

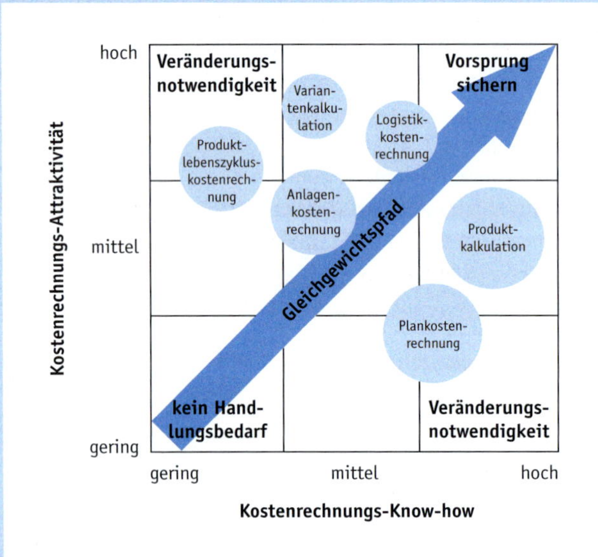

rücken sollte, lässt sich nicht intersubjektiv nachprüfbar nachweisen. Hierauf kommt es aber auch gar nicht an. Sinn des Portfolios ist es vielmehr zum einen, die Controller zu einem systematischen Überdenken des eigenen Tuns und zu einer ebenso systematischen Suche nach neuen Aktionsfeldern zu bewegen. Zum anderen wird die Aufstellung des Portfolios bei allen Controllern sehr viele Fragen aufwerfen und damit Diskussionen anstoßen, in die notwendigerweise auch die »Kunden« der Kostenrechnung einbezogen werden müssen. Dies stärkt die Akzeptanz der Kostenrechnung und damit ihren Nutzen.

Grundempfehlung jeder Portfolio-Analyse ist die der Ausgewogenheit. Bezogen auf das Kostenrechnungs-Portfolio bedeutet dies, den markierten Gleichgewichtspfad zwischen Attraktivität und Ressourcenstärke anzustreben. Wenn sich etwa für die Plankostenrechnung – z. B. auf Grund immer stärkerer Anlagenautomatisierung – eine zunehmend geringere Bedeutung ergibt, rät das Portfolio, ihren Ausbaugrad – und damit die mit ihr verbundenen Kosten – langfristig deutlich zu reduzieren. Umgekehrt wird im Beispiel für die aus dem normalen periodischen Raster traditioneller Kostenrechnung heraus fallende Produktlebenszyklusrechnung ein massiver Know-how- und Instrumentenaufbau gefordert. Ausgehend von diesen Handlungsempfehlungen müssen dann strategische Pläne für die Entwicklung und/oder Umgestaltung der Kostenrechnung erarbeitet werden, die – mit konkreten Meilensteinen versehen (z. B. Installierung eines DV-Systems zur periodenübergreifenden anlagenindividuellen Sammlung aller Anlagenkosten) – Objekte strategischer Kontrollen sein können.

Abb. 15-13

Vision und Strategien des betrachteten Controllerbereichs

Controller-Vision
Wir sind die Marktführer im betriebswirtschaftlichen Coaching unserer Manager – auf allen Führungsebenen

Strategien zur Umsetzung der Vision
- Trennung zwischen Consulting- und Accounting-Funktionen innerhalb des Controllerbereichs
- Stärkung der Consulting-Aktivitäten
- Controller-produktbezogenes Innovationsprogramm
- Image- und Aufklärungskampagne
- …

15.2.4 Anwendung der Balanced Scorecard

Im 7. und 13. Kapitel wurde das Instrument der Balanced Scorecard vorgestellt, zunächst als Kennzahlensystem, dann als Instrument, um eine tragfähige Verbindung zwischen Strategie und operativem Geschäft zu erzielen. Dieses Instrument eignet sich in gleicher Funktion auch für den Controllerbereich. Wir wollen dies im Folgenden an einem praxisnahen, allerdings konstruierten Beispiel demonstrieren (vgl. Weber/Schäffer 2000b).

Ausgangspunkt sind die Mission des Controllerbereichs und die hierauf basierenden Strategien. Die *Abbildung 15-13* zeigt die konkrete Ausgestaltung. Auf den Strategien bauen nun die Konkretisierungen innerhalb der unterschiedenen Perspektiven der Balanced Scorecard auf. Der Einfachheit halber wollen wir es dabei bei den »Normperspektiven« belassen.

Für unsere Kunden- und Marktsicht geht es darum, möglichst präzise messbare, den Kern der jeweiligen Strategien »treffende« Ziele und Kennzahlen zu finden. Wie im Konzept gefordert, muss der Zielkanon dabei überschaubar bleiben. Im Beispiel (vgl. die *Abbildung 15-14*) rekurriert

- die Budgetverhältnisgröße auf das Ziel, Marktanteile gegenüber externen Consultants zu gewinnen,
- die Zeitgröße auf die Innovationsstrategie,
- der zu erreichende Wert der Zufriedenheit der Manager mit ihren Controllern auf eine Strategie der Kundenbindung,
- die Reduzierung der Durchlaufzeit auf eine Verbesserung der Qualität der Controller-Produkte und
- die Schulungsgröße schließlich auf die Strategie, Controllingwissen zu verbreiten und damit die Reputation als der »Hort betriebswirtschaftlicher Kompetenz« zu stärken.

Für die Prozessperspektive mögen zwei Aspekte der Strategie als besonders wichtig abzuleiten sein: eine höhere Aktualität der Prozesse bzw. Controller-Produkte und ein verbessertes Qualitätsniveau. Beides wird in den fünf genannten Kennzahlen deutlich (vgl. die *Abbildung 15-15*):

- Die Verkürzung der Planungsdauer der operativen Planung trifft derzeit einen in vielen Unternehmen aktuellen Aspekt: Angesichts immer schnellerer Veränderungen z. T. deutlich länger als ein halbes Jahr zu planen, macht wenig Sinn.
- Die höhere Aktualität des Berichtswesens ermöglicht ein schnelleres Reagieren durch das Management.
- Ein weites Feld der Prozessperspektive wird sich in vielen Unternehmen mit Fragen der Systemintegration befassen.
- Die beiden letzten Ziele betreffen schließlich einen Aspekt, der erfahrungsgemäß derzeit nur in Ausnahmefällen aktiv angegangen wird: die Frage nach der Qualität der Controllerleistungen.

Angesichts des starken Veränderungsdrucks, der auf den Controllerbereichen lastet, kommt der Lern- und Entwicklungsperspektive eine ganz bedeutsame Rolle zu. In der Auflistung der *Abbildung 15-16* sind keine der – sonst bei dieser Perspektive üblichen – personenbezogenen Kennzahlen zu finden. Vielmehr rekurrieren alle ausgewiesenen Kennzahlen auf wesentliche Facetten des Wissensaufbaus im Controllerbereich und des Wissenstransfers zum Management.

Abb. 15-14

Interne Kunden- und Marktperspektive des Controllerbereichs

- Verhältnis Budget Controller-Consultants/externe Managementberater: + 10 % gegenüber Vorjahr
- Anteil der Bearbeitungszeit von Controller-Aufgaben, die in den letzten zwei Jahren neu eingeführt wurden, an der Gesamtzeit: > 10 %
- Erreichter Wert des MSI (Manager Satisfaction Index): > 70 %
- Reduzierung der Durchlaufzeit von Investitionsanträgen um 10 Tage
- Controlling-Schulungen für Nicht-Controller: > 1250 Teilnehmer-Manntage

Abb. 15-15

Prozessperspektive des Controllerbereichs

- Durchlaufzeit der operativen Planung: Reduktion von 32 auf 24 Wochen
- Aktualität der Monatsberichte: 2 Werktage nach Monatsultimo Eilbericht, 5 Werktage nach Monatsultimo Gesamtbericht
- Systemintegration: Vollzogene Kopplung Vertriebsinformationssystem – Kostenrechnung
- Systemqualität: Reduktion der Zahl der Buchungskorrekturen um 25 %
- Gesamtqualität: Uneingeschränktes Prüfungstestat der Internen Revision

Abb. 15-16

Lern- und Entwicklungsperspektive des Controllerbereichs

- Controllerinterne Schulung: im Durchschnitt 8,5 Tage p. a. pro Controller
- Controllerinteraktion im Intranet: 1 250 000 Zugriffe auf die Controller-Homepage p. a.
- Aktualität des Controller-Handbuchs: durchschnittliches Alter einer Seite des Handbuchs < 6 Monate
- Anteil von innovativen Projekten an der Arbeitszeit der Controller: > 10 %
- Interpersonelle Wissensweitergabe: Anzahl von Vorträgen pro Controller > 2 p. a.

Abb. 15-17

Finanzperspektive des Controllerbereichs

- Planungskosten: Reduzierung der Kosten der operativen Planung von 0,5 ‰ der Gesamtkosten um 10 %
- R3-Einführung: Einhaltung des Budgets (bei Verkürzung der Projektlaufzeit um drei Monate)
- Consultancy-Erfolg: Einhaltung der versprochenen Pay-off-Zeiten in den von Controllern durchgeführten Beratungsprojekten ± 1 Quartal
- Gesamtkosten des Controllerdienstes: Senkung des Anteils der Controllerkosten an den Gesamtkosten um 5 %

Eine BSC für den Controllerbereich einzuführen, lässt Controller »hautnah« die Chancen und Restriktionen dieses Instruments erleben.

Als letzte Perspektive verbleibt schließlich die Finanzperspektive. Sie darf auch für den Controllerbereich nicht fehlen. Die *Abbildung 15-17* zeigt die beispielhafte Ausfüllung. Für dieses Beispiel waren folgende Überlegungen maßgebend:

- In den meisten Unternehmen tragen zwar die Controller einen erheblichen Teil der Arbeit und Verantwortung für die operative Planung, kennen aber nicht die insgesamt hierfür anfallenden Kosten (und erst recht nicht den Nutzen!). Die Planungskosten in die BSC aufzunehmen, lenkt die Aufmerksamkeit der Controller auf Vereinfachungen der Planung einerseits und Verbesserungen des Planungsprozesses anderseits.
- Ein (nicht unerheblicher) Teil der Controllerarbeit vollzieht sich in Projekten. Wenn eines davon eine besonders wichtige Bedeutung besitzt, sind die Projektziele ein potentieller Kandidat für die BSC!
- Controller leisten eine bestimmte Art von Unterstützung für das Management. Deshalb ist es – wie ausführlich in diesem Kapitel ausgeführt – sehr schwierig, den Controllern eigenständige Erfolge zuzuordnen. Dennoch ist eine solche Möglichkeit keinesfalls gänzlich ausgeschlossen. Das Beispiel greift hier einen in den meisten Unternehmen umsetzbaren Fall heraus: Controller wollen interne Beraterarbeit leisten und tun dies auch. In Beratungsprojekten geht es zumeist um Effizienzsteigerungen, die die Kosten des Beratungsprojekts schnell wieder verdienen. Diese Erwartung kann in konkrete Ziele gegossen werden. Sie selbst und ihre Einhaltung können damit Gegenstand der finanziellen Perspektive der BSC werden.
- Schließlich bietet sich noch eine Kennzahl gleichsam natürlich für die BSC des Controllerbereichs an: Die Gesamtkosten des Bereichs, sei es absolut, sei es – wie im Beispiel – relativ auf die Gesamtkosten des Unternehmens bezogen. Nicht viele Verantwortliche kennen derzeit derartige Zahlen.

Die Beispiele sollten deutlich gemacht haben, dass die Balanced Scorecard ein Instrument in Händen von Controllern darstellt, das von ihnen nicht nur in andere Unternehmensbereiche hineingetragen, sondern nutzbringend auch für ihr eigenes Aufgabenfeld angewendet werden kann und sollte. Neben dem unmittelbaren Nutzen der Umsetzung eigener Strategien erfahren Controller zum einen Lerneffekte im Umgang mit dem Instrument. Zum anderen gilt die Erkenntnis, dass derjenige am glaubwürdigsten Vorschläge machen darf, der nachweisen kann, sie selbst zu beherzigen!

Zusammenfassende Aussagen (vgl. auch Leitfrage 3)

- Liegt ein Leitbild für den Controllerbereich vor, bietet dies die adäquate Basis für die Entwicklung von Bereichsstrategien. Die hierzu anwendbaren Planungsinstrumente kennt der Controller aus der strategischen Unternehmensplanung – bzw. sollte sie kennen!
- Bei der Anwendung der strategischen Planungsinstrumente treten dann, wenn die Möglichkeit eines Role Making gesehen wird, keine grundsätzlichen Schwierigkeiten auf. Die Instrumente sind durchweg adaptierbar.
- Ein Strategieprozess für den Controllerbereich verhilft sowohl zu höherer Effektivität und Effizienz, als er es auch den Controllern ermöglicht, »am eigenen Leib« die Möglichkeiten und Grenzen einer strategischen Planung zu erfahren. Diese Erfahrung ist fruchtbar im unternehmensbezogenen strategischen Planungsprozess anzuwenden.

Aus der Praxis

Beeinflussung des zukünftigen Geschäftserfolgs durch Vereinfachung des Controllings – die Perspektive von Beiersdorf

Dr. Karsten Boyens; Dr. Ralf Eberenz; Georg Köller*

Selbstbild und Anspruch der Controlling-Funktion im Beiersdorf-Konzern sind in der Präambel der »Controlling and Accounting Strategy« niedergelegt:

»Wir fokussieren uns auf den zukünftigen Geschäftserfolg. Wir sorgen für betriebswirtschaftlich fundierte und transparente Entscheidungen. Wir geben geschäftliche Empfehlungen aus eigener Initiative und widersprechen, wenn unsere betriebswirtschaftlichen Maßstäbe verletzt werden.«

Nachfolgend wird vor dem Hintergrund der bei der Beiersdorf AG gemachten Erfahrungen skizziert, inwiefern »Vereinfachung« dazu beiträgt, diesen Anspruch mit Leben zu füllen.

Zur Vermeidung von Missverständnissen sei darauf hingewiesen, dass Vereinfachung kein Selbstzweck ist und sein darf. Die Gestaltung der Controllinginstrumente (sowie auch der Controllingprozesse und -organisation) kann sinnvollerweise nur hinsichtlich der Zweckmäßigkeit beurteilt werden. Eine dazu notwendige umfassende Analyse kann hier nicht geleistet werden. Stattdessen werden Ansatzpunkte aufgezeigt, welche Funktion vereinfachende Elemente bezogen auf die Gestaltung der Controllinginstrumente bei Beiersdorf übernehmen.

Allgemeine Tendenz zu mehr und komplexeren Controllinginstrumenten

Es scheint eine allgemeine und gleichsam automatische Entwicklung des Controllings hin zu immer mehr und vermeintlich besseren – weil modernen – Instrumenten und Methoden zu geben. Forciert wird diese Entwicklungsrichtung u. a. durch den Wunsch der Controllingfunktion nach inhaltlich besseren Lösungsangeboten; das Controlling soll schlicht »besser« werden. Über eine angemessene Weiterentwicklung hinaus droht die stetige Ausweitung und Verfeinerung durch den Wunsch getrieben zu werden, für jede mögliche Vorstandsfrage ein passendes Tool bereitzuhalten, um umgehend und »perfekt« antworten zu können. Diese Mentalität wird zum Teil noch gefördert durch das hohe Angebot an externen Beratungsleistungen auf diesem Gebiet, wobei es zunehmend aufwändiger wird, Modeströmungen von echten Innovationen zu unterscheiden.

Die »Toolbox« der Controller wird immer größer, die Tools werden immer komplizierter.

Bezogen auf Beiersdorf ist dabei festzuhalten, dass wir die aktuellen Entwicklungen auf dem Gebiet des Controllings aktiv verfolgen und ihre Nutzbarmachung für unser Unternehmen kritisch prüfen. Ausufernde Entwicklungen im Controlling werden jedoch durch eine tradierte Resistenz gegenüber reinen Modeerscheinungen grundlegend begrenzt.

Zeit und Kosten begrenzen Komplexität und fördern Vereinfachung

Vorstand und Leitungsfunktionen verlangen Monats- und Quartalszahlen »kurz« nach deren Ende und nicht in der Mitte der Folgeperiode. Der Faktor »zeitliche Verfügbarkeit der Informationen« wirkt faktisch unmittelbar begrenzend auf die Komplexität des einzelnen Controllinginstruments. Gleiches gilt für die mit der Einführung und dem Betrieb von (in der Regel IT-gestützten) Controllinginstrumenten verbundenen Kosten. Im Tagesgeschäft erfolgt dabei häufig eine Erfassung und Begrenzung durch ein detailliertes Fixkostenmonitoring.

Vereinfachung ist kein Selbstzweck.

Adressatengerechte Gestaltung der Controllinginstrumente erfordert Vereinfachung

Als zentraler Faktor für die Gestaltung der Controllinginstrumente und als spezifischer »Treiber« der Vereinfachung sei hier die Kommunikationsfunktion des Controllings betont. Um dauerhaft zum Geschäftserfolg beitragen zu können, muss das Controlling Entscheidungen auf den verschiedenen Unternehmensebenen unterstützen. Dafür reicht es nicht, dass die von der Controlling-Funktion angebotenen Instrumente sachgerecht und die bereitgestellten Informationen zeitgerecht sind, sondern sie müssen von den Adressaten auch inhaltlich

Standardinstrumente müssen (sehr) einfach und verständlich sein.

verstanden sowie möglichst auch emotional akzeptiert werden. Controlling muss damit offen sein für die heterogenen Erwartungen und Qualifikationen der Adressaten. Gemäß den Erfahrungen bei Beiersdorf führt die Umsetzung dieses Anspruchs auch zu erheblich gesteigerten Anforderungen an die persönliche Kommunikationsfähigkeit der Controller.

Einfache Controllinginstrumente innerhalb des Instrumentenportfolios – die Lösung bei Beiersdorf

Die Erfahrungen bei Beiersdorf legen nahe, dass die verschiedenen Anforderungen durch eine »Portfoliolösung« sinnvoll umgesetzt werden können. Sie ist in der »Controlling and Accounting Strategy« wie folgt beschrieben:

»...Wir arbeiten mit wenigen aber zuverlässigen Steuerungsgrößen und Instrumenten. Für den regelmäßigen und häufigen Einsatz sind diese einfach, zur Unterstützung von Einzelfallentscheidungen maßgeschneidert.«

Bei Beiersdorf werden wesentliche, regelmäßig wiederkehrende Anforderungen des Tagesgeschäfts mit einfachen Instrumenten abgedeckt. »Einfachheit« bedeutet dabei, dass der Kommunizierbarkeit der Instrumente hohe Bedeutung beigemessen wird und zumindest kleinere Einschränkungen bei der inhaltlichen Leistungsfähigkeit bewusst in Kauf genommen werden. Dabei kommt es Beiersdorf entgegen, dass die aus der Geschäftstätigkeit resultierenden Anforderungen an das Reporting relativ gering sind.

Maßgeschneiderte Instrumente dürfen eine größere Komplexität besitzen.

Komplexere, nicht-regelmäßig wiederkehrende Fragestellungen werden mit entsprechend maßgeschneiderten Controllinginstrumenten unterstützt. Komplexe Instrumente müssen die Controller ihren Kunden intensiv erläutern. Sie können diesen erhöhten Kommunikationsbedarf decken, weil die übrigen, einfachen Instrumente i. d. R. nicht erklärungsbedürftig sind und damit eine effiziente Abwicklung des Tagesgeschäfts ermöglichen.

Der zweite Aspekt der Portfoliobildung umfasst die Festlegung, den Umfang der Standardinstrumente zu beschränken. Auf der Ebene des Einzelinstrumentes sollen sie jeweils nur einem oder mehreren eng umgrenzten Zwecken dienen. Als Konsequenz entsteht u. a. ein Nebeneinander einfacher aber leistungsfähiger Instrumente. Wird zusätzlich die Entscheidung getroffen, die Anzahl der Standardinstrumente zu begrenzen, führt dies unmittelbar – aber bewusst – dazu, bestimmte Informationen gerade nicht standardmäßig vorzuhalten.

Unsere Beiersdorf »Controlling and Accounting Strategy« – Mehr als nur ein Anlass zur Realisierung von Vereinfachung

Gestaltung und Fortentwicklung der Controllinginstrumente gehen im Tagesgeschäft häufig gegenüber dringenden, aber vielleicht nicht immer wichtigeren Themen unter und bedürfen daher von Zeit zu Zeit eines gesonderten Impulses. Als Anstoß und nützliches Vehikel dafür wurde bei Beiersdorf die Entwicklung eines Leitbildes in Form der »Controlling and Accounting Strategy« genutzt (vgl. auch den Praxisbeitrag »Das Controlling-Leitbild bei Beiersdorf«). Sie präzisiert u. a. die Vorstellung darüber, wie die Controllinginstrumente gestaltet sein sollen. Außerdem bietet sie einen guten Aufhänger, die bestehende Controllinglandschaft an dieser Messlatte kritisch zu überprüfen und durch potentielle Anpassungsmaßnahmen weitere Vereinfachungspotentiale zu realisieren.

Zur Veranschaulichung folgt ein Beispiel für ein »einfaches«, bei Beiersdorf eingesetztes Controllinginstrument. Neben einer knappen Erläuterung des Anwendungsbereiches soll insbesondere dargestellt werden, worin das einfache Moment besteht und welche Erfahrungen wir gemacht haben.

Monatlicher Konzernforecast – Vereinfachung zur Gewährleistung der schnellen Verfügbarkeit

Ein zentrales Instrument der laufenden Geschäftssteuerung bei Beiersdorf ist der konzernweite monatliche Forecast. Er liefert eine konsolidierte Einschätzung wesentlicher Eckwerte des laufenden Jahres. »Einfach« ist der Forecast insofern, als dass er inhaltlich bewusst nur auf die wesentlichen Steuerungsgrößen Umsatz, EBIT, Finanzergebnis, Steuern, Nachsteuerergebnis sowie einen knappen Kommentar inklusive einer Einschätzung wesentlicher Chancen und Risiken, fokussiert. Der inhaltlichen Beschränkung steht hierbei der Vorteil der schnellen Verfügbarkeit gegenüber; der Forecast liegt am 6. Arbeitstag vor und ermöglicht ein unverzügliches Agieren. Damit leistet dieses Instrument einen wesentlichen Beitrag zur Geschäftssteuerung:

Beiersdorf betreibt in seiner Consumer-Sparte ein Endverbrauchergeschäft rund um »Skin und Beauty«. Die Akzeptanz unserer Produkte beim Verbraucher schlägt sich damit unmittelbar im Umsatz nieder. Die qualifizierte Einschätzung dieser Kennzahl durch das lokale Management unterstützt die Geschäftssteuerung.

Die Aussagekraft der EBIT-Einschätzung wird durch die Aufwandsstruktur geprägt. Die wesentliche, kurzfristig disponible Stellgröße ist – entsprechend der Geschäftsstruktur – der Marketingetat. Insofern lässt sich z. B. durch eine Reduktion der Marketingausgaben und damit durch Aufgabe zukünftiger Geschäftschancen kurzfristig nahezu jedes EBIT »erzielen«. Auf der Ebene des Controllinginstrumentes wäre sachlich angezeigt, diesen potentiellen Mangel durch eine Ausweitung des Reportings um die Größe »Marketingetat« zu kompensieren. Tatsächlich greift bei Beiersdorf ein anderer Mechanismus: Eine Kürzung des Marketingetats zur EBIT-Aufbesserung ist nicht opportun, weil damit langfristig Erfolgspotential wegfällt. Insofern ist der Verzicht auf ein Marketingbudget-Reporting im Rahmen des Forecasts (»Vereinfachung«) letztendlich an die Kompensation durch den vordergründig »weichen« Faktor Unternehmenskultur gebunden.

Die Einschätzungen zu Finanzergebnis, Steuereffekt und Profit after Tax ergänzen die Perspektive der operativen Geschäftssteuerung um die Abbildung der zunehmend wichtigeren Anforderungen des Kapitalmarktes, indem der operative Erfolg in eine anteilseignerbezogene Ergebnisgröße übergeleitet wird. Dabei steht unterjährig im Vordergrund, frühzeitig mögliche »Ausreißer« auf Ebene der einzelnen Konzerngesellschaft erkennen zu können.

Eine Vereinfachung wird mit dem Forecast insofern praktiziert, als dass er gerade nur auf einen Aspekt (hier: zeitliche Verfügbarkeit) fokussiert, während er von anderen, zur Geschäftssteuerung insgesamt ebenfalls notwendigen Inhalten frei bleibt. Insbesondere produktbezogene Informationen sowie absatzmarktbezogene Angaben werden bei Beiersdorf in anderen Tools erhoben. Ihre Verwendung ist meist weniger zeitkritisch, dafür aber »tiefschürfender« in Analyse und Handlungsempfehlungen. Eine ganz typische Verknüpfung der verschiedenen Tools erfolgt dann, wenn Signale aus dem Forecast »im Nachgang« auf Produktebene nachvollzogen und analysiert werden und dann zu gesonderten, detaillierten Steuerungsmaßnahmen führen.

Der monatliche Konzernforecast beschränkt sich bewusst nur auf wenige Größen.

Vereinfachung mit Augenmaß funktioniert – die Erfahrungen bei Beiersdorf

Unsere Erfahrungen zeigen, dass Vereinfachung – hier bezogen auf die Controllinginstrumente – möglich und notwendig ist, um zur effizienten Geschäftssteuerung beizutragen. Das Potential zur Vereinfachung ist dabei größer, als es auf den ersten Blick erscheinen mag. Vielleicht hilft es, die Scheu vor Vereinfachung zu überwinden, wenn man sich vor Augen führt, dass sachgerechte Vereinfachung nicht »platter« Verzicht ist, sondern Ausdruck einer klaren Prioritätensetzung. Das als Beispiel angeführte »einfache« Instrument leistet in unserem Unternehmen gute Dienste – zumal es bei Bedarf durch weitere Tools unterstützt wird und mit diesen systematisch verknüpft ist. Auch wenn die Vereinfachung zum Teil »nur« optischer Natur ist, trägt sie nichtsdestotrotz entscheidend dazu bei, die insgesamt notwendigen Controllingaktivitäten in »verdauliche Häppchen« und handhabbare Instrumente zu unterteilen. Wir schaffen damit eine echte »Win-Win-Situation«: So gelingt uns nicht nur der »Erstkontakt« mit dem Controllingkunden, sondern wir fördern auch aktiv die Akzeptanz der Controlling-Funktion als starken Service-Partner.

Das Potential zur Vereinfachung ist größer, als es auf den ersten Blick erscheint.

* Dr. Karsten Boyens ist Leiter Regional Controlling; Dr. Ralf Eberenz ist Leiter Corporate Accounting and Controlling der Beiersdorf AG; Georg Köller ist Unternehmensberater, ehem. Leiter Corporate Risk Management der Beiersdorf AG.

15.3 Organisation des Controllerbereichs

15.3.1 Vorbemerkungen

Die Frage der passenden Organisationsform für den Controllerbereich stellt sich schon in mittelständischen Unternehmen mit wenigen Controllern. Erhebliche Bedeutung erhält sie allerdings erst in Großunternehmen, auf die sich die folgenden Ausführungen auch implizit beziehen werden.

Ausgangspunkt und Kern jeder organisatorischen Gestaltung ist die Verteilung der Controlleraufgaben. Hierzu zählt (1) die Aufgabenverteilung zwischen zentralem(n) und dezentralem(n) Controllerbereich bzw. -bereichen, (2) die Aufgabenverteilung innerhalb der Controllerbereiche auf einer Ebene und schließlich (3) die Aufgabenverteilung zwischen Controllerbereich und anderen Führungsdienstleistern (etwa der Revision oder der Unternehmensentwicklung). Aus den wahrgenommenen Aufgaben leitet sich die Kompetenzverteilung der Controllerbereiche ab, die die hierarchische Einbettung und die Struktur der Weisungsbeziehungen zum Management und innerhalb der Controller-Einheiten umfasst (vgl. Welge 1988, S. 408 f.; Küpper 2005, S. 524 ff.).

Beginnen wir mit der Abgrenzung der Basiseinheiten zentrales und dezentrales Controlling, unter denen wir uns als Anschauungsobjekt – wenn nichts anderes vermerkt ist – stets das Konzerncontrolling und Controlling in den Unternehmensbereichen vorstellen wollen (vgl. zum Folgenden Weber/Hunold/Prenzler/Thust 2001). Aufgreifen wollen wir auch eine Unterteilung in drei Konzernformen, die unterschiedliche Steuerungslogiken widerspiegeln und damit auch einen erheblichen Einfluss auf die Organisation der Controlleraufgaben nehmen:

Stammhauskonzern

- »Urform« des Konzerns ist der Stammhauskonzern. Zumeist entstanden durch die Notwendigkeit von internationalen Tochtergesellschaften (Emanzipierung von Vertriebsbüros) und Wachstum durch Zukauf von Unternehmen, sind Stammhauskonzerne durch eine weitgehende Homogenität des Geschäfts gekennzeichnet. Diese ermöglicht eine straffe Führung von der Konzernspitze aus.

Managementholding

- Die Diversifizierungswelle in den 70er und frühen 80er Jahren des letzten Jahrhunderts hat Konzerne geschaffen, die in sehr unterschiedlichen Geschäften tätig sind. Für sie ist eine zentrale Führung aller Geschäftstätigkeit durch die Konzernzentrale aus Gründen fehlenden Wissens nicht möglich. Antwort hierauf war eine Teilung der Führungsaufgabe: Die Integration der Teilgeschäfte, d. h. die Nutzung möglicher Synergien, verbleibt als Kernaufgabe einer Strategischen Holding bzw. Managementholding; die einzelnen Geschäftsfelder sind dagegen in operativer Hinsicht weitgehend frei.

Finanzholding

- Erweist sich auch die strategische Integration in der Konzernspitze noch als zu komplex und aufgrund von Wissensbeschränkungen nicht effektiv und effizient leistbar, besteht als weitere Konzernform die Möglichkeit, den Beitrag der Holding auf eine finanzielle Steuerung zu beschränken. Eine solche Finanzholding betrachtet ihre Töchter letztlich wie »normale« Anlageobjekte, also in Risiko-Rendite-Sicht. Sie sind Portfolio-Überlegungen genauso »ausgesetzt« wie Anlageobjekte auf dem Kapitalmarkt. Vorteile gegenüber der gänzlichen Auflösung des Unternehmens, d. h. der völligen Integration in den Kapitalmarkt, bestehen durch die Nutzung von Informationsvorsprüngen und selektiven Synergien. Zu Letzteren zählt etwa eine konzernübergreifende Personalentwicklung.

Noch ein abschließender Hinweis, bevor wir beginnen: Im Folgenden wird verstärkt auf Quellen und empirische Ergebnisse zurückgegriffen. Dies erfordert auch an dieser Stelle die Anpassung an den dortigen Sprachgebrauch. Wenn in diesem Kapitel von »Controlling« gesprochen wird, sind damit – wenn nichts anderes vermerkt ist – stets Controllerbereiche gemeint.

15.3.2 Grundstruktur der Controllerorganisation

Im Rahmen der in den Unternehmen über die Jahre hin beobachtbaren Entwicklung zu mehr Verantwortung in dezentralen Bereichen schritt auch die Dezentralisierung der Controllerbereiche voran. Folglich findet sich »das dezentrale Controlling ... vor allem in der Konzernorganisation« (vgl. Küpper/Weber/Zünd 1990, S. 287, und die empirische Bestätigung z.B. bei Steinle/Thiem/Dunse 1998, S. 140–149). Das Bereichscontrolling kann – je nach struktureller Organisationsform des Unternehmens – nach divisionalen oder funktionalen Bereichen unterteilt sein (vgl. die *Abbildung 15-18*). Häufig finden sich in den Unternehmen aber auch Mischformen, indem nach divisionalen und funktionalen Einheiten untergliedert wird. Beispiel ist etwa ein Stammhauskonzern, der ausgehend von einer funktional organisierten Grundform Geschäftsfelder ausgegliedert oder andere Unternehmen integriert hat. In Management- und Finanzholdings dominiert aufgrund der direkten Unterstellung der Konzernunternehmen das divisionale Gliederungsprinzip des Bereichscontrollings.

Durch eine tief gegliederte Controllerstruktur, die neben und unterhalb der Bereichscontroller der Konzernunternehmen zudem Funktions- und Regionalcontroller umfassen kann, gewinnt die Aufgabe der organisatorischen Gestaltung der Controllerbereiche zusätzlich an Komplexität. Aufgaben- und Kompetenzgestaltung des Controllerbereichs erfolgen dabei stets auch im Hinblick auf die Abgrenzung von zentralem und dezentralem Controlling, wie gleich deutlich werden wird.

15.3.3 Aufgaben des zentralen und des dezentralen Controllings

Die Controllerorganisation kann in Großunternehmen sehr vielgestaltig und sehr komplex sein.

15.3.3.1 Grundsätzliche Aussagen

Obwohl ein zentrales Controlling in der Literatur als unentbehrliche Konzernaufgabe betrachtet wird, gilt generell die Empfehlung: »so viel dezentrales Controlling wie möglich, so viel zentrales Controlling wie nötig« (vgl. Reiß/Höge 1994, S. 219).

Ein übermächtiges Konzerncontrolling löst in vielerlei Hinsicht hohe Akzeptanzprobleme bei

Abb. 15-18

Zwei Beispiele unterschiedlicher Ausprägungen eines dezentralen Controllings

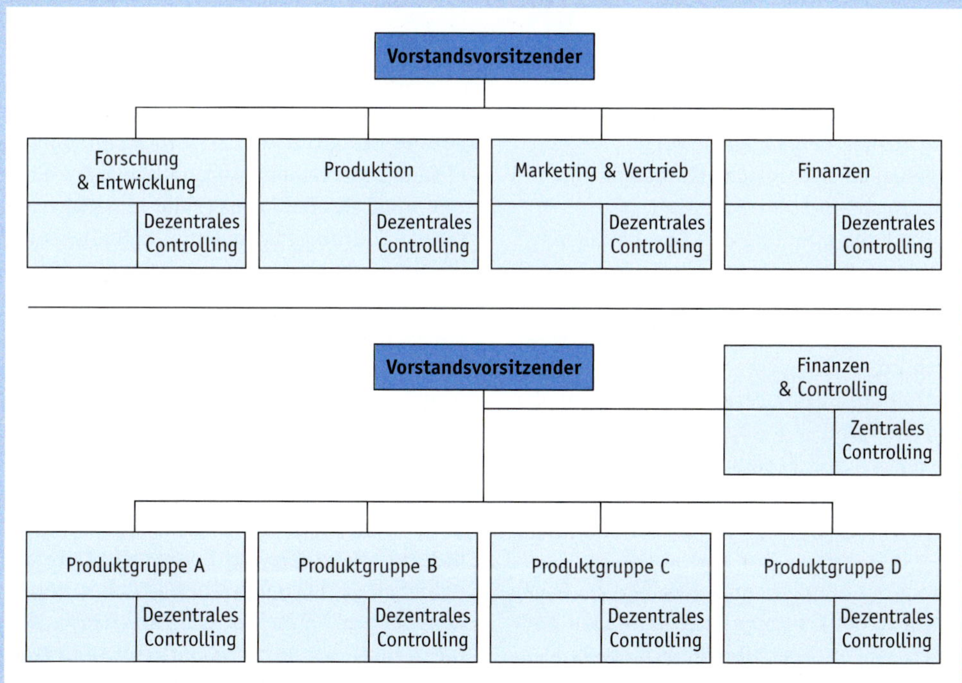

Führungskräften aus: Zum einen entsteht die Gefahr der Doppelarbeit bei Prüfung und Interpretation von Informationen aus den Konzernunternehmen. Dezentrale Controller werden dann z. B. dazu verleitet, Puffer in operative Planansätze einzubauen. Zum anderen kann es zu einer Re-Delegation von dezentralen Entscheidungskompetenzen kommen, wenn auf Grund seiner Informationsmacht nur das Konzerncontrolling über die Geschäftsentwicklung der Konzernunternehmen berichtet, die eigentlichen Verantwortlichen jedoch unberücksichtigt bleiben. Schließlich können ständig neue Informationsanforderungen des Konzerncontrollings dazu führen, dass die Bereichscontroller unter einer Berichtslast »ersticken«.

Die Aufgaben des Konzerncontrollings hängen (stark) von der Konzernform ab.

Deshalb sollte die Zentralisierung der Controlleraufgaben gering gehalten und geschäftsnahe Aufgaben (z. B. operative Plandurchsprachen) an dezentrale Controller delegiert werden. Trotz der Aufgabendelegation muss das Konzerncontrolling jedoch in der Lage sein, ein einheitliches Controlling-Verständnis zu schaffen, eine objektive Geschäftssicht zu erreichen und in Sonderfällen einzugreifen. Unabhängig von den jeweiligen Führungskonzepten weist die Literatur dem Konzerncontrolling in der Regel bereichsübergreifende, methodische und überwachende Aufgaben zu (vgl. Hahn/Hungenberg 2001, S. 927 f.):

- Konsolidierungsaufgaben der Konzernplanung; Konzernergebnisrechnung,
- vornehmlich strategische Planungs- und Kontrollaufgaben,
- Abstimmung zwischen den Geschäftsbereichen (z. B. Festlegung von Verrechnungspreisen),
- bereichsübergreifende Sonderanalysen (z. B. Restrukturierungen),
- Controlling-Kultur; Personalentwicklung der Controller und
- Konzeption und Betreuung von Führungsinformationssystemen sowie einheitliche Methoden und Richtlinien.

Zusammenspiel zwischen zentralem und dezentralem Controlling

Der Zweck der Bereichscontroller liegt im Gegensatz dazu in der Erfüllung aller laufenden Aufgaben mit hoher Geschäftsnähe. In der Tendenz lauten die Aufgaben der Bereichscontroller (vgl. Vellmann 1990, S. 551–553):

- betriebswirtschaftliche Beratung/Sonderanalysen vor Ort,
- operatives Controlling, wie z. B. Kostenstellenplanung,
- Zusammenarbeit mit der Zentrale bei strategischen Geschäftsfeldfragen und
- Anpassung von Instrumenten an Geschäftserfordernisse.

15.3.3.2 Abhängigkeit der Aufgabenverteilung vom Konzerntypus

Für das Konzerncontrolling eines Stammhauskonzerns lässt sich der größte Zentralisierungsgrad der Controlleraufgaben konstatieren: Hauptziel ist es, eine gemeinsame Ausrichtung des Konzerns sicherzustellen und der Konzernführung die notwendige Transparenz zu verschaffen. Deshalb liegen die Aufgabenschwerpunkte des Zentralcontrollings in der Gestaltung und dem Management operativer Planungsprozesse, der bereichsübergreifenden, aber auch bereichsspezifischen Überwachung (z. B. Kontrolle von »Normalinvestitionen«) und der Konzeption sowie Betreuung einheitlicher Informationssysteme mit hohem Detailgrad, wie z. B. die Kostenrechnung (vgl. Botta 1994, S. 30). Bereichscontroller dienen hier primär als Informationslieferanten und Planungsunterstützer vor Ort.

In der Strategischen Holding dagegen liegt das Hauptaugenmerk des Konzerncontrollings auf der Gestaltung der strategischen Planung – etwa der fachlichen Führung von M & A-Projekten – und der Rahmensetzung hinsichtlich operativer Führungsinstrumente (z. B. durch Richtlinien zur Ergebnisrechnung) und der Mitwirkung an der Investitionsplanung. Konzerncontroller ziehen sich auf Systemvorgaben zurück, müssen aber dennoch ein von den Konzernunternehmen weitgehend unabhängiges Informationssystem mit mittlerem Detailgrad zur Verfügung haben, um ggf. kurzfristige Korrekturen der Geschäftsfeldtätigkeit zu veranlassen (»Schwerpunktcontrolling«). Den Konzernunternehmen dient das Konzerncontrolling vornehmlich als betriebswirtschaftlicher Methodenpool und Schlichter bei Streitfragen, denn die dezentralen Bereichscontroller verantworten operative Planung und geschäftsnahe Sonderanalysen.

Konzerncontroller der Finanzholding beschränken sich im Rahmen detaillierter Richtlinien für Planungs- und Berichtsstrukturen auf die Grobkontrolle des laufenden Ergebnisreporting und die Bewertung und Kontrolle strategischer Geschäftsfelder (vgl. Idealtypen hinsichtlich des Planungsaspektes bei Großeibl 1994, S. 590–592).

15.3.4 Interne Struktur der Controllerbereiche

Bezüglich der internen Struktur der Controllerbereiche werden in der Controllingliteratur insbesondere zwei Fragen behandelt:

- Welches ist das dominante Gliederungsmerkmal der Unterabteilungen der Controllerbereiche: Funktional, divisional oder beides?
- Werden Aufgaben des internen und externen Rechnungswesens sowie der strategischen Planung in den Controllerbereich integriert oder in gesonderten Bereichen organisiert? Welche Sonderfunktionen erfüllen Controller?

Zur Frage der dominanten Gliederung
Wenn Konzerncontroller selbst hohe Markt- und Geschäftskenntnisse mitbringen müssen oder häufiger Ansprechpartner eines Konzernunternehmens sind, empfiehlt sich eine divisionale Gliederung des zentralen Controllerbereichs. Steht Spezialistenwissen in Planung, Berichtswesen oder Sonderprojekten (z. B. Methodenkompetenz) im Vordergrund, ist eine funktionale Gliederung des Konzerncontrollings eher angebracht. Eine generelle Perspektivenerweiterung des Controllerbereichs findet statt, wenn zentrale und dezentrale Controllerbereiche nicht nach dem gleichen Kriterium gegliedert sind (vgl. Eschenbach 1994, S. 113–115).

Für den Stammhauskonzern kann folglich eine mehrdimensionale Gliederung abgeleitet werden, da sowohl die operative Mitgestaltung der Konzernunternehmen als auch Detailkenntnisse in Berichts- und Planungswesen vorhanden sein müssen. Gleiches gilt für die Strategische Holding: Den Aufgaben in der gemeinsamen Strategieentwicklung der Geschäftsfelder und der operativen Rahmensetzung stehen dort die Richtlinienkompetenz in Planungs- und Methodenfragen gegenüber. Für eine Finanzholding ist schließlich von einer dominant funktionalen Gliederung aufgrund der gänzlich fehlenden Geschäftsfeldbearbeitung auszugehen.

Zur Frage der Integration anderer Bereiche
Im Zuge der Harmonisierung von externem und internem Rechnungswesen sind zwei Entwicklungsrichtungen denkbar: Entweder wird das gesamte Rechnungswesen aus Gründen einer einheitlichen Gestaltung und engen Verknüpfung zur Planungsfunktion dem Zentralcontrolling zugeordnet oder umgekehrt übernimmt das externe Rechnungswesen Aufgaben der internen Berichterstattung. Aufgrund der notwendigen Detailkenntnis operativer Geschäftsfälle und auch gesellschaftsrechtlicher Führung der Konzernunternehmen im Stammhauskonzern erscheint eine Integration des Rechnungswesens in das Konzerncontrolling hier eher sinnvoll als bei den anderen Führungskonzepten. Dort genügen ausreichende Prämissenkenntnisse.

Zuordnung des Rechnungswesens

Ebenso umstritten ist die Einordnung der strategischen Planung oder deren Teile in den Controllerbereich (vgl. auch die entsprechenden Ausführungen im 14. Kapitel). Vorteile einer Eingliederung der strategischen Planung durch enge Kopplung an Planungs- und Kontrollerfahrung der Controller stehen Nachteile des evtl. fehlenden Know-hows der Controller im Rahmen innovativer Strategieentwicklung entgegen. Dennoch findet sich »Strategisches Controlling« in allen einschlägigen Lehrbüchern zum Controlling (so auch in diesem, vgl. nochmals das 13. Kapitel), und in der Unternehmenspraxis stellt strategisches Controlling ein sich ganz aktuell stark ausweitendes Aufgabenfeld des Controllings dar (vgl. Weber 2008, S. 37). Eine solche Sicht macht am ehesten im Falle der Strategischen Holding und der Finanzholding Sinn, da hier die Aufgabe der Formulierung und Umsetzung der Konzernstrategien bzw. Geschäftsfeldstrategien das kennzeichnende Merkmal ist. Im Stammhauskonzern dagegen ist auf Grund der erheblichen operativen Arbeitsbelastung mit Routineaufgaben eine Beschränkung auf die zahlenmäßige Abbildung von Strategien zu erwarten.

Zuordnung der strategischen Planung

Funktionale oder divisionale Gliederung des Zentral-Controllings

Ein ausgebautes strategisches Controlling macht insbesondere in einer Managementholding Sinn.

15.3.5 Hierarchische Einbettung des zentralen und des dezentralen Controllings

15.3.5.1 Zuordnung zu einer Hierarchieebene

Zur organisatorischen Einordnung des zentralen Controllerbereichs liegen widersprüchliche Aussagen vor: Auf der einen Seite sollen Controller möglichst in der obersten Führungsebene angesiedelt sein, um nachhaltigen Einfluss zu erreichen; auf der anderen Seite wird deren Einbettung von Kontextfaktoren – z. B. der notwendigen Neutralität der Controller oder der Entscheidungsbeteiligung – abhängig gemacht (vgl. Welge 1988, S. 408 f.). Einigkeit herrscht darüber, dass eine ausreichende Unabhängigkeit und Machtstellung zur kritischen Hinterfragung durch die Einordnung des Controllerbereichs in die erste oder zweite Führungsebene gegeben sein muss. Gleiche Aussagen können auch für den dezentralen Controllerbereich gelten.

Controller sind selten auf der ersten, in der Regel auf der zweiten Ebene der Hierarchie »aufgehängt«.

Die Einbettung des Controllerbereichs in die erste Führungsebene verleiht der Aufgabe hohe Autorität, größtmögliche Informationstransparenz – die Einordnung auf Vorstandsebene ist meist mit der Eingliederung des Rechnungswesens verbunden – und Mitentscheidungsrechte, die jedoch auf Kosten einer beeinträchtigten Unabhängigkeit in einem engen Führungskreis entstehen.

Der führungsunterstützende Charakter der Controller wird durch die Einbettung in die zweite Führungsebene betont. Er vermindert gegenüber einer Vorstandsposition den Einfluss in laufende Entscheidungen, ermöglicht jedoch einen unabhängigeren Blick. Der häufigste Anwendungsfall der Unterstellung unter den Finanzvorstand gewährleistet, dass zwischen den verwandten Funktionen Controlling, externes Rechnungswesen und Finanzen ein gemeinsamer Kompetenzaufbau erfolgt und eine kritische Distanz zu laufenden Entscheidungen entsteht. Der Einfluss des Controllerbereichs hängt dann wesentlich von der Durchsetzungskraft gegenüber den anderen Finanzdisziplinen ab.

Eine Zuordnung des zentralen Controllerbereichs als Stab des Gesamtvorstandes oder des Vorstandsvorsitzenden vermindert schließlich auf der einen Seite ein reines Finanzressortdenken, macht den Einfluss des Controllerbereichs jedoch auf der anderen Seite von der Stellung des jeweiligen Vorgesetzten abhängig und beschränkt unter Umständen die fachlichen Weisungsrechte gegenüber den Linienfunktionen.

15.3.5.2 Weisungsbeziehungen zum Management

Der Stab-/Liniencharakter der Controllerstellen und die damit verbundenen Weisungsrechte der Controllerbereiche bestimmten lange Zeit die Diskussion um die optimale Controllerorganisation. Heute ist nahezu unbestritten, dass Controller neben der reinen Service- und Beratungsleistung (Stabscharakter) und Entscheidungskompetenzen in controllerspezifischen Fragestellungen (z. B. Kostenrechnung) über weitere Kompetenzen, wie z. B. Vorschlags-, Veto- und Mitspracherechte, verfügen müssen (vgl. z. B. Küpper 2005, S. 526). Letztere sind die Basis der Controllerrolle als kritischer Counterpart und proaktiver Berater: Als kritische Counterparts fordern Controller – wie mehrfach in diesem Buch angesprochen – ihre Manager heraus, z. B. indem sie Planansätze kritisch hinterfragen. Als interne Berater entlasten Controller das Management nicht nur von gegebenen Aufgaben, sondern ergänzen dieses proaktiv. Hier kommt ihnen z. B. im Rahmen der Kontrolle die Funktion zu, eine inhaltliche Abweichungsanalyse vorzunehmen und Vorschläge für Anpassungsmaßnahmen zu unterbreiten. Vorschlags- und Vetorechte sollten insbesondere bei Anlässen vorliegen, bei denen das Management vor strategischen Unsicherheiten (z. B. Desinvestitionen) steht. Dabei ist eine Verpflichtung zur ungefragten Beratung und zum Widerspruch von zentraler Bedeutung (vgl. Weber/Schäffer/Prenzler 2001, S. 33).

Eine Trennung der Controllerbereiche in Stabsstellen und Linieninstanzen macht auf Grund der Vielschichtigkeit der Controlleraufgaben wenig Sinn. Service- und Counterpartcharakter der Controller müssen zusammenspielen: Auf der einen Seite erfordert das Eingreifen in Entscheidungen Transparenz, die Controller z. B. erst durch Servicetätigkeiten in der Planung schaffen. Auf der anderen Seite verlieren Controller bei Managern langfristig an Aufmerksamkeit, wenn sie sich ausschließlich auf Routineprozesse konzentrieren.

Diese Zusammenhänge gelten für alle Konzernformen in gleichem Maße, nur auf jeweils unterschiedliche Aufgaben bezogen. Gerade in Holdingformen, die sich durch eine zunehmende Delegation von Controlleraufgaben an die Konzernunternehmen auszeichnen, sind Richtlinienkompetenzen und Eingriffsrechte unverzichtbar, um Bereichsinteressen zu begrenzen und einheitliches Konzernvorgehen im Einzelfall durchzusetzen. Im Unterschied zum Stammhauskonzern beschränken sich diese Rechte jedoch auf wenige Aufgaben, wie z. B. Berichtsstrukturen oder strategische Planvorgaben. Gleiches gilt für Service- und Informationsrechte der Controllerbereiche, die sich im Stammhauskonzern auf operative Planung und Informationssysteme beziehen, jedoch auch in den Holdingformen für Beratungen der Geschäftsfelder und strategische Fragestellungen engpassbezogen Anwendung finden (vgl. Scheffler 1992, S. 90–98).

15.3.5.3 Weisungsbeziehungen zwischen zentralem und dezentralem Controlling

Unterscheidet man eine fachliche und eine disziplinarische Weisungsbeziehung, so kann man daraus drei grundsätzliche Möglichkeiten der Unterstellung von dezentralen Controllern ableiten.

Die erste Variante beinhaltet, einen in sich geschlossenen Controllerbereich aufzubauen und die Bereichscontroller fachlich und disziplinarisch dem zentralen Controlling unterzuordnen. Dem Vorteil der engen Bindung innerhalb des Controllings, der Etablierung einer gemeinsamen »Sprache«, steht die Gefahr gegenüber, von der Fachseite als Fremdkörper empfunden zu werden. Diese Lösung widerspricht auf den ersten Blick auch einer dezentralen Struktur, wie sie in Großunternehmen grundsätzlich angelegt ist. Auf den zweiten Blick kann gerade eine weitgehende Dezentralisierung dadurch möglich werden, dass die Unternehmensspitze durch das zentralisierte Controlling im Sinne eines Monitoring einen umfassenden Einblick in die dezentralen Aktivitäten erhält.

Als zweite Variante kommt – quasi als Gegenmodell – die fachliche und disziplinarische Unterordnung unter den Bereichsleiter in Betracht. Hiermit wird die Basis für eine hinreichende Akzeptanz der dezentralen Controller durch das dezentrale Management gelegt und damit ein Involvement der Controller ermöglicht, das erforderlich ist, um das Management zu entlasten und zu ergänzen. Allerdings birgt diese Variante auch die Gefahr des »Bereichsegoismus« sowie einer Abkehr von einheitlichen Konzernstandards in sich, was eine konzernweite Steuerung des Unternehmens gefährden könnte. Die vollständige Zuordnung zur dezentralen Linie kann den Verlust der Unabhängigkeit der Controller bewirken, und damit zugleich der Fähigkeit, dezentrale Manager begrenzen zu können, wenn sie gesamtunternehmensbezogene Ziele vernachlässigen.

Um dies zu vermeiden, bietet sich daher als dritte Variante eine Teilung der fachlichen und disziplinarischen Unterordnung an (»Dotted Line«), die als Regelfall in Großunternehmen postuliert wird (vgl. Küpper/Weber/Zünd 1990, S. 285). Diese Lösung soll ein Gleichgewicht aus zentraler Rahmenvorgabe und dezentraler Geschäftskompetenz ermöglichen. Eine ausführliche Abwägung der Vor- und Nachteile ist der *Abbildung 15-19* (vgl. Folgeseite) zu entnehmen.

Lösung der »Dotted Line«

Eine Dotted Line ist aber nicht die einzige Möglichkeit, bei der Unterordnung des dezentralen Controllers sowohl die Interessen des dezentralen Managements als auch die des Zentralcontrollings zu berücksichtigen. Eine weitere organisatorische Variante besteht darin, jeweils eine ungeteilte Zuordnung vorzunehmen, diese allerdings von Zeit zu Zeit zu »drehen«, d. h. die Solid Line im Zeitablauf zu wechseln. Wenn sich die dezentralen Controller auf Grund einer Zuordnung zum dezentralen Management zu weit von der Zentrale entfernt haben, dann ist es an der Zeit, sie dem Zentralcontrolling zuzuordnen. Nehmen sie bei einer solchen Lösung nach und nach nur noch oder überwiegend die Position der Zentrale ein, ist ein Wechsel in umgekehrter Richtung angebracht. Voraussetzung für diese organisatorische Lösung ist eine gewisse personelle Konstanz im dezentralen Controlling. Werden bei einem Wechsel der Zuordnung die dezentralen Controller weit gehend ausgetauscht, funktioniert das Modell nicht.

Einheitliche fachliche und disziplinarische Zuordnung
... unter den Konzerncontroller

Schließlich besteht die Möglichkeit, die den dezentralen Controller betreffenden Anordnungs- und Weisungsbefugnisse und seine Kom-

... unter das dezentrale Bereichsmanagement.

Abb. 15-19

Vor- und Nachteile unterschiedlicher Unterstellungsmöglichkeiten des dezentralen Controllings (entnommen aus Schüller 1984, S. 210)

Unterstellung Linieninstanz		Unterstellung Zentralcontroller		Dotted-Line-Prinzip	
⊕	⊖	⊕	⊖	⊕	⊖
▸ Gute und vertrauensvolle Zusammenarbeit mit Linieninstanz ▸ Hohe Akzeptanz in der Linie ▸ Guter Zugang zu formellen und informellen Quellen ▸ Möglichkeit, Linieninstanz bei Entscheidungen zu unterstützen ▸ Starkes Eingehen auf Linienbedürfnisse	▸ Controlling-Gesamtkonzept wird vernachlässigt ▸ Verstärkung des Partikularismus ▸ Berichterstattung an Zentralcontroller wird vernachlässigt ▸ Mangelnde Distanz und Objektivität zu Linienaktivitäten	▸ Einheitliche Durchführung des Controllingkonzeptes ▸ Gegengewicht bei Beteiligung an Entscheidungen der Linieninstanz ▸ Starke Betonung des integrativen Koordinationsaspektes ▸ Schnelle Durchsetzung neuer Konzepte ▸ Unabhängigkeit gegenüber Linieninstanzen ▸ Schnelle Information der Zentrale	▸ Spezialcontroller = Spion der Zentrale ▸ Informationsblockade der Linie ▸ Spezialcontroller wird isoliert ▸ Geringe Akzeptanz ▸ Wird nicht zur Entscheidungsunterstützung herangezogen ▸ Linienspezifische Besonderheiten werden zu wenig beachtet	▸ Kompromiss zwischen zwei Extremen ▸ Möglichkeit, Linienerfordernisse mit Controllingnotwendigkeiten zu verbinden ▸ Flexible Einflussnahme auf Spezialcontroller	▸ Doppelunterstellung = Dauerkonflikt ▸ Wird weder von der Linie noch vom Zentralcontrolling akzeptiert ▸ Objektivität und Neutralität nicht gegeben

Die Aufgaben können auch temporär und/oder fallweise zwischen zentralen und dezentralen Controllern aufgeteilt werden.

petenz und Verantwortung weniger starr zwischen Bereichs- und Zentralcontrolling zu regeln, als dies bei der Trennung von disziplinarischer und funktionaler Zuständigkeit der Fall ist. So können feste und/oder »komplette« Kompetenzzuordnungen durch partielle und/oder temporäre ergänzt werden. Ein Beispiel für eine *partielle Vergabe* zentraler Themen an dezentrale Controller liegt dann vor, wenn diese aufgrund der lokalen Bedingungen die beste fachliche, kompetenzbezogene Ausgangsposition bieten, das Thema zu bearbeiten. So lässt sich Erfahrung mit einer Kundenerfolgsrechnung am besten in einem Unternehmensbereich sammeln, der von der Kundenstruktur dafür sehr gut geeignet ist, also unterschiedliche Kundengruppen mit deutlich unterschiedlicher Leistungsinanspruchnahme aufweist. Ein anderes Beispiel könnten Corporate-Governance-Themen liefern: Sarbanes-Oxley-Probleme sind derzeit wohl am besten von einer Niederlassung des Unternehmens in den USA zu lösen. In beiden Fällen ist es vermutlich sinnvoll, die fachliche Zuständigkeit für die Themenfelder auf längere Zeit dezentral zuzuordnen.

Der temporäre Fall einer dezentralen Vergabe zentraler Controllingaufgaben ist insbesondere bei Projekten gegeben. Wenn der beste Controller für ein bestimmtes Brachensegment »in der Fläche« arbeitet, macht es Sinn, ihn mit der Begleitung eines zentral betreuten M&A-Projekts zu betrauen, das exakt dieses Branchensegment betrifft. Grund dafür ist wieder die spezifische Kompetenz des dezentralen Controllings.

Beide angesprochenen Möglichkeiten können sich anlassgesteuert ergeben, aber auch konkrete Organisationsstrategie des Zentralcontrollings sein: Damit wird eine enge Interaktion zwischen dem dezentralen und dem zentralen Controlling gewährleistet bzw. ermöglicht, was dazu führt, dass bei den dezentralen Controllern der »Sinn für das Ganze« erhalten bleibt.

Im Detail können derartige Kompetenzregelungen nicht unerheblich komplex werden. Die *Abbildung 15-20* zeigt ein konkretes, aus der Praxis entlehntes Beispiel.

Abschließend sei noch darauf eingegangen, ob und wie die Kompetenzregelung von der Steuerungslogik im Unternehmen – wiederum am Beispiel des Konzerns – abhängt.

Im Stammhauskonzern ist gemäß dem zentralen Führungskonzept zu erwarten, dass das Konzerncontrolling für den gesamten Konzern einheitliche Standards vorgibt. Nichts wäre z. B. unvernünftiger, als zwei vergleichbare Tochterunternehmen mit unterschiedlich berechneten Kennzahlen zu steuern. Daher sollte das dezentrale Controlling fachlich dem Zentralcontrolling unterstellt werden, um eine konzernweit vergleichbare Informationstransparenz zu schaffen. In Einzelfällen, z. B. bei einer Neuausrichtung des Controllerbereichs oder einer Krisensituation, ist eine engere Kopplung des Bereichscontrollings an das Zentralcontrolling sinnvoll. Generell ist die Führung des Stammhauskonzerns dennoch dezentraler als die des Einheitsunternehmens, da zumindest anteilig rechtlich selbständige Bereiche geführt werden. Im Fall der Strategischen Holding ist das Controlling des Konzerns lediglich für die Steuerung und Umsetzung der Strategie verantwortlich. Es muss somit nur Konsens darüber bestehen, inwieweit die Zielvorgaben übermittelt und kontrolliert werden können. Daher ist eine fachliche Unterstellung des dezentralen Controllings nicht generell, sondern lediglich bezogen auf spezielle Aspekte (z. B. Vorgabe der Ergebniskennzahlen etc.) erforderlich. In der Regel wird sie schwächer ausfallen als im Falle des Stammhauskonzerns, z. B. in Form von Informationsrechten des Konzerncontrollings. Die größtmögliche Autonomie der dezentralen Controller ist schließlich in einer Unterstellung unter die Linie verwirklicht. Im Falle der Finanzholding wäre diese Unterstellungsform als eine sinnvolle Möglichkeit denkbar.

Abb. 15-20

Praktisches Beispiel der Regelung von Kompetenzen zwischen Managern und Controllern auf unterschiedlichen Hierarchieebenen

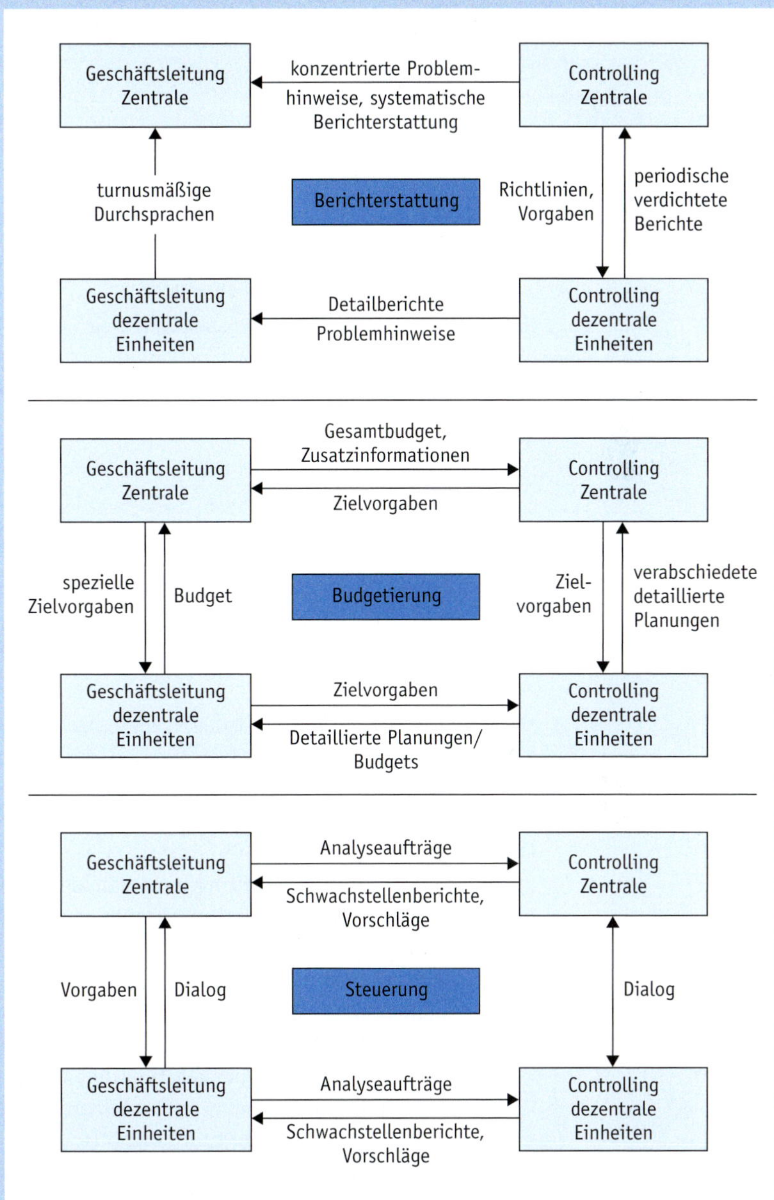

15.3.6 Empirische Ergebnisse

Die vorab getroffenen Aussagen wurden in einer explizit auf die Gestaltung des Controllings großer deutscher Konzerne gerichteten Studie im Jahr 2000 überprüft (Weber/Hunold/Prenzler/Thust 2001). Die wesentlichen Ergebnisse sind zum einen in der *Abbildung 15-21* der Struktur des Organisationsabschnitts folgend aufgelistet. Zum anderen seien sie in wenigen Kernaussagen zusammengefasst:

- Es konnte sowohl im Bereich des Zentral- als auch des Bereichscontrollings ein Zusammenhang zwischen Controllerorganisationen und den Führungskonzepten von Konzernen festgestellt werden. Konzerne mit einem zentralen Führungskonzept verfügen demnach auch in ihrer Controllerorganisation über zentralere Strukturen mit einem stärkeren Einfluss

Die praktischen Ergebnisse bestätigen die konzeptionellen Überlegungen.

Abb. 15-21

Realtypen der Controllerorganisation in deutschen Konzernen im Überblick (entnommen aus Weber/Hunold/Prenzler/Thust 2001, S. 37)

	Stammhauskonzern	Strategische Holding	Finanzholding
Aufgaben Konzernholding	▸ Betriebswirtschaftliche Rahmenvorgaben ▸ Gesellschaftsbetreuung ▸ Konzernplanung ▸ Ergebniszusammenführung ▸ Informationsversorgung	▸ Tranparenzschaffung ▸ Sonderanalysen (Beteiligungen etc.) ▸ Koordination der Planung ▸ Betreuung/Einführung neuer Methoden	▸ Beteiligungscontrolling ▸ Strategische Planung ▸ Bewertungsmethoden
Innere Struktur Konzerncontrolling	Mehrdimensional; sowohl Produktbereiche als auch ausgewählte Methoden	Mehrdimensionale Struktur	Funktionale Struktur
Hierarchische Einbettung Konzerncontrolling	Unter Vorstand Finanzen	Unter Vorstand Finanzen	Vorstand Controlling
Unterstellung Bereichscontrolling	Dotted-Line-Prinzip	Dotted-Line-Prinzip	Unterstellung Linieninstanz (fachliche Unterstellung nur bei Standardkennzahlen)
Struktur Bereichscontrolling	Divisional (nach Produktbereichen)	Divisional (für interne Struktur sind die Bereiche eigenverantwortlich)	Je nach Bereich unterschiedlich
Aufgaben Bereichscontrolling	▸ Betreuung der Produktbereiche/Werke ▸ Umsetzung der Planung	▸ Bereichsplanung ▸ Informationsversorgung ▸ Investitionscontrolling ▸ Methoden der Tochtergesellschaften	▸ Betriebswirtschaftliche Rahmenvorgaben ▸ Gesellschaftsbetreuung ▸ Konzernplanung ▸ Ergebniszusammenführung ▸ Informationsversorgung

Die Organisation des Controllerbereichs hängt auch vom Konzerntyp ab.

des Zentralcontrollings auf die Bereichscontroller.

- Das Konzerncontrolling in Stammhauskonzernen nimmt typischerweise mehr operative Aufgaben wahr als das in Management- und Finanzholdings. Der Schwerpunkt der Aufgaben in Stammhauskonzernen liegt in der Ergebniskontrolle und der Informationsversorgung, in strategischen Holdings in der Planung und Beratung und in Finanzholdings in der Entscheidung und Kontrolle.
- In Stammhauskonzernen hat zwar das Konzerncontrolling innerhalb des Controllings eine starke Position; jedoch sind sich die Controller ihres zu geringen Einflusses auf Managemententscheidungen aufgrund der Wahrnehmung vieler operativer Aufgaben bewusst und kritisieren dies auch.
- Der organisatorische Status sollte dem Controlling immer die Erfüllung seiner Aufgaben ermöglichen: Daher sollte das Konzerncontrolling immer in der ersten oder zweiten Führungsebene organisatorisch verankert sein. Dies ist auch in fast allen in der Studie untersuchten Konzernen (22 von 23) der Fall.
- Konzerncontroller mit einem eigenen Controllingvorstand haben mehr Einfluss auf Managemententscheidungen als Zentralcontroller mit einer Verankerung in der zweiten Führungsebene.
- Controllingvorstände finden sich weitaus öfter in Strategischen Holdings und Finanzholdings als in Stammhauskonzernen. Dies bestätigt die Annahme, dass mit einer stärkeren Dezentralisierung der Aufgaben die Koordination der Funktionen tendenziell höher angesiedelt sein sollte.
- Der Trend in den letzten Jahren geht über alle Konzerntypen hinweg zu einer stärkeren Dezentralisierung der Controllingabteilungen auf die einzelnen Unternehmensbereiche.

- In der Praxis hat sich bei fast allen Unternehmen das so genannte »Dotted-Line-Prinzip« durchgesetzt (Trennung der fachlichen und disziplinarischen Zuordnung). Lediglich Finanzholdings tendieren zu einer reinen Unterstellung des Bereichscontrollings unter die Linieninstanz.
- Der Anteil der rein operativen Aufgaben des Bereichscontrollings nimmt mit der Dezentralisierung des Führungskonzeptes immer weiter ab.

Zusammenfassende Aussagen (vgl. auch Leitfrage 4)

- Die Organisation des Controllerbereichs ist insbesondere in Großunternehmen ein komplexes und für Effizienz und Effektivität der Controllerarbeit wesentliches Aufgabenfeld.
- Grundfragen sind die der hierarchischen Positionierung (zumeist 2. Ebene, zuweilen auch 1. oder 3. Ebene der Hierarchie), der Aufteilung in zentrale und dezentrale Controlleraufgaben und der internen Strukturierung (z. B. in funktionale Aufgabenbereiche).
- Bei der Festlegung der Weisungsbeziehungen zwischen Controllern und Managern ist ein Abgleich zwischen einer erforderlichen Geschäftsnähe und einer notwendigen Distanz und Unabhängigkeit zu gewährleisten. Äußeres Zeichen dieses Abgleichs ist zumeist das Prinzip der Dotted Line, der getrennten fachlichen und disziplinarischen Unterstellung von Controllern.
- Die Form der Controllerorganisation hängt wesentlich von der Form der Unternehmensorganisation und deren Steuerungslogik ab. Für die drei idealtypischen Konzernformen (Stammhaus, Strategische Holding und Finanzholding) ergeben sich deshalb sehr unterschiedliche Ausprägungen von Art, Umfang und Verteilung der Controlleraufgaben.

15.4 Fazit

Auch das letzte Kapitel unseres Buches hat eines gezeigt: Controller sind für das Unternehmen, in dem sie arbeiten, wichtig und erfolgswirksam. Sie sind in der Unternehmenspraxis sehr weit verbreitet; nur in kleinen Unternehmen findet man sie nicht. Controller sind am Arbeitsmarkt gesucht. Sie machen erfolgreich Karriere; viele Vorstände waren im Laufe ihrer beruflichen Entwicklung einmal oder mehrfach Controller (vgl. Weber 2008, S. 26–38). Controller sehen sich spannenden Entwicklungen ihres Arbeitsfeldes ausgesetzt, dessen Scope breiter und geschäftsnäher wird. Ihre Perspektive auf das Geschäft wird ebenfalls breiter; sie geht weg von der traditionell rein monetären Ausrichtung. Gleiches gilt für die bisher stark im Vordergrund stehende interne Fokussierung. »Von außen« auf das eigene Unternehmen zu schauen, zählt für Controller heute schon zum Alltagsgeschäft – oder sollte es zumindest. Alles in allem ist der Job des Controllers auch für ambitionierte Studenten ein attraktives Berufsziel.

Allerdings wachsen auch die Bäume von Controllern nicht in den Himmel. Einige kritische Aspekte trüben potentiell das sehr positive Bild. Der heute erforderliche breite Scope stellt an die Controller sehr hohe Anforderungen. Nicht jeder Controller wird dem daraus resultierenden Anspruch gerecht werden können. Generell lässt die Breite der Anforderungen keine starke Spezialisierung auf betriebswirtschaftliche Instrumente und Techniken mehr zu; Controller müssen vielmehr inhaltlich eine Aufgabenbreite abdecken, die sich von der der Manager kaum noch unterscheidet. Hilfestellung könnte hier allerdings eine interne Differenzierung der Controllerbereiche liefern. Aus der Beratung ist eine solche Differenzierung als Trennung von Front und Back Office bekannt. Controllern, die sich intim mit Zahlen und Methoden auskennen, würden dann Controllern gegenüberstehen, die den direkten Kontakt mit den Managern wahrnehmen.

Controller sind gefragt und erfolgreich.

Als weiteres potentielles Problem ist die schon mehrfach in diesem Buch angesprochene Verbesserung der Wettbewerbsposition der Accountants zu sehen. Es stellt sich die Frage, ob die Trennung zweier separater Abteilungen auf Dauer Bestand haben kann. Eine solche ist international eher unüblich. Dies leitet über zur weiteren Frage, ob die Globalisierung an den Toren der Controller Halt machen wird. Als Beispiel kann hier ein deutsches Großunternehmen dienen, in dem Controller – unbestritten – das Risikocontrolling wahrnehmen. In den amerikanischen Töchtern wurde diese organisatorische Regelung von den Wirtschaftsprüfern abgelehnt bzw. verboten. Man konnte sich offensichtlich nicht vorstellen, dass ein Controller derart umfassende Kenntnisse besitzt, um das Risikomanagement hinreichend wahrzunehmen.

Controller sollten sich nicht auf ihrer guten internen Wettbewerbsposition ausruhen.

Controller sollten sich auf ihrer sehr guten internen Wettbewerbsposition also keinesfalls ausruhen, sondern ganz aktiv an deren strategischer Weiterentwicklung arbeiten. Wenn die Controller konsequent im Sinne eines »Role Making« immer nach neuen Dienstleistungen für die Manager suchen, deren Zufriedenheit im Auge haben, ihre Aufgaben ebenso messen, wie sie sie planen und kontrollieren, dann spricht vieles dafür, »Marktführer« in Sachen Führungsunterstützung zu bleiben. Die Bündelung der Entlastungs-, Ergänzungs- und Begrenzungsaufgaben ist international eher unüblich. Sie ermöglicht aber ressourcenseitige Vorteile ebenso, wie sie ein ausgewogenes Verhältnis zwischen den Aufgabenarten zulässt: Wer dem Manager permanent hilft, erwirbt sich das Recht, ihm auch ab und an zu widersprechen.

Wo geht die Reise hin?

Ruhen sich Controller dagegen zu lange auf ihrer angestammten Position aus, werden zwei andere Entwicklungsrichtungen wahrscheinlicher, die jeweils durch eine deutliche Einschränkung des Aufgabenspektrums gekennzeichnet sind. Auf beide sind wir in diesem Kapitel bereits mehrfach eingegangen:

- Auf der einen Seite besteht die Möglichkeit, auf die monetären Informationsaufgaben zurückzufallen. Durch die gestiegene Bedeutung von Daten der externen Rechnungslegung wird diese Entwicklungsalternative Controller und Accountants in einer Abteilung zusammenfassen. Der bereits in Abschnitt 5.4.2 angesprochene Begriff des »Biltrollers« macht dies unmittelbar deutlich.
- Während der »Biltroller« für viele Controller keine sehr erstrebenswerte Alternative darstellt, bedeutet die Migration zum »Business Consultant« bzw. internen Berater ein grundsätzlich lohnendes Ziel. Berater haben einen engen Kontakt zum Management; sie sind, mit Top-Themen befasst, nicht in täglicher Routine gefangen. Zahlen können sie von anderen einfordern. Ihre Bedeutung und ihr Standing sind bemerkenswert, ihre individuellen Karriereperspektiven ebenso. Dennoch ist auch diese Alternative nicht ganz unproblematisch: Die Beschäftigung von Beratern ist sehr von der Gunst und den Budgets der Manager abhängig. Wird keine Beratung nachgefragt, sind die Controller aber arbeitslos. Zudem besteht eine hohe Konkurrenz zu externen Beratern.

Welche Entwicklung die Controllerbereiche wirklich nehmen werden, hängt von sehr vielen individuellen wie kontextspezifischen Einflussgrößen ab. Kommende Rationalitätsengpässe zählen hierzu ebenso wie die Bereitschaft der Controller, um Zukunftsmärkte zu kämpfen. Zum Glück müssen wir am Ende eines Einführungsbuchs zum Controlling hierzu keine abschließende Stellungnahme abgeben. Es bleibt spannend.

Weiterführende Literatur zu ...

... Gestaltung eines Controller-Leitbilds
David 2005, S. 107–113
Krystek/Zumbrock 1993
Weber 1996 b, S. 26–30

... Anwendung der Balanced Scorecard
David 2005, S. 160–192
Weber/Schäffer 2000 b, S. 175–342

... Organisation des Controllerbereichs
Borchers 2000
Pohle 1993, Sp. 661–669
Steinle/Thiem/Dunse 1998, S. 140–149
Vellmann 1990, S. 535–563

Literaturverzeichnis

Adam, D. (1996): Planung und Entscheidung. Modelle, Ziele und Methoden, 4. Aufl., Wiesbaden.

Adam, D (2000): Investitionscontrolling, 3. Aufl., München.

Aders, C./Hebertinger, M. (2003): Shareholder Value Konzepte: Eine Untersuchung der DAX 100-Unternehmen, in: Ballwieser, W./Wesner, P. (Hrsg.): Value Based Management, Frankfurt am Main.

Ahn, H. (1999): Ansehen und Verständnis des Controlling in der Betriebswirtschaftslehre: Grundlegende Ergebnisse einer empirischen Studie unter deutschen Hochschullehrern, in: Controlling, 11. Jg., S. 109–114.

Ahn, H./Dyckhoff, H. (2004): Von der Rationalitätssicherung zur Effektivitäts- und Effizienzsicherung, in: Scherm, E./Pietsch, G. (Hrsg.): Controlling: Theorien und Konzeptionen, München, S. 501–528.

Ahrens, T. (1999): Contrasting Involvements: A Study of Management Accounting Practices in Britain and Germany, Amsterdam.

Ahrens,T./Becker, A./Burns, J./Chapman,C./Granlund, M./Habersam,M./Hansen,A./Khalifa, R./Malmi, T./Mennicken,A./Mikes, A./Panozzo, F./Piber, M./Quattrone, P./Scheytt, T. (2007): The future of Interpretive Accounting Research: A Polyphonic Debate, Accepted for Publication in Critical Perspectives on Accounting.

Albach, H. (1962): Investition und Liquidität, Wiesbaden.

Albach, H. (1974): Innerbetriebliche Lenkpreise als Instrument dezentraler Unternehmensführung, in: Zeitschrift für betriebswirtschaftliche Forschung, 26. Jg., S. 216–242.

Al-Laham, A./Welge, M. K. (2003): State-of-the-Art der Strategischen Planung in der Unternehmenspraxis, in: Horváth, P./ Gleich, R. (Hrsg.): Neugestaltung der Unternehmensplanung. Innovative Konzepte und erfolgreiche Praxislösungen, Stuttgart, S. 225–245.

Amshoff, B. (1993): Controlling in deutschen Unternehmungen: Realtypen, Kontext und Effizienz, Wiesbaden.

Ansari, S. L./Euske, K. J. (1987): Rational, Rationalizing, and Reifying Uses of Accounting Data in Organizations, in: Accounting, Organizations and Society, 12. Jg., S. 549–570.

Ansoff, H. I. (1975): Managing Strategic Surprise by Response to Weak Signals, in: California Management Review, 18. Jg., S. 21–33.

Anthony, R. N. (1965): Planning and Control Systems, Boston.

Antle, R./Demski, J. S. (1988): The Controllability Principle in Responsibility Accounting, in: The Accounting Review, 63. Jg., S. 700–718.

Antlitz, A. (1999): Unternehmensgrenzen und Kooperationen: Make-cooperate-or-buy im Zusammenspiel von Kompetenz- und Strategieentwicklung, Wiesbaden.

Argyris, C. (1952): The Impact of Budgets on People, New York.

Armstrong, P. (1985): Changing Management Control Strategies: The Role of Competition between Accountancy and other Organizational Professions, in: Accounting, Organizations and Society, 10. Jg., S. 129–148.

Auffermann, J. D. (1952): Vorwort, in: Rationalisierungs-Kuratorium der Deutschen Wirtschaft (RKW) (Hrsg.): Rechnungswesen im Dienst der Werkleitung, RKW-Auslandsdienst, S. 6.

Aust, R. (1999): Kostenrechnung als unternehmensinterne Dienstleistung, Wiesbaden.

Baetge, J./Kirsch, H.-J./Thiele, S. (2004): Bilanzanalyse, 2. Aufl., Düsseldorf.

Baetge, J./Kirsch, H.-J./Thiele, S. (2007): Bilanzen, 9. Aufl., Düsseldorf.

Baines, A./Langfield-Smith, K. (2003): Antecedents to Management Accounting Change: A Structural Equation Approach, in: Accounting, Organizations and Society, 28. Jg., S. 675–698.

Bange, C./Keller, P./Narr, J./Dahnken, O. (2003): OLAP und Business Intelligence, 4. Aufl., Feldkirchen.

Banker, R. D./Johnston, H. H. (2002): Strategic Management Accounting, in: HWU, 4. Aufl., Stuttgart, Sp. 1858–1868.

Bannow, W. (1983): Controlling ist wichtiger denn je, in: Harvard Manager, 5. Jg., S. 20–25.

Bar-Hillel, M./Wagenaar, W. A. (1993): The Perception of Randomness, in: Keren, G./Lewis C. (Hrsg.) A Handbook for data analysis in the behavioral sciences: methodological issues, Hillsdale, NJ, Erlbaum, Kapitel 14, S. 369–394.

Bauer, M. (2002): Controllership in Deutschland: Zur erfolgreichen Zusammenarbeit von Controllern und Managern, Wiesbaden.

Baum, H.-G./Coenenberg, A. G./Günther, T. (2007): Strategisches Controlling, 4. Aufl., Stuttgart.

Baxter, J./Chua, W. F. (2003): Alternative Management Accounting Research: Whence and Whither, in: Accounting, Organizations and Society, 28. Jg., S. 97–126.

Bechmann, A. (1978): Nutzwertanalyse, Bewertungstheorie und Planung, Stuttgart.

Becker, A. (2003): Controlling als reflexive Steuerung von Organisationen, Stuttgart.

Becker, W./Weber, J. (1984): Scoring-Modelle, in: Management-Enzyklopädie, 2. Aufl., Landsberg/Lech, S. 345–359.

Benbasat, I./Dexter, A.S. (1986): An Investigation of the Effectiveness of Color and Graphical Information Presentation Under Varying Time Constraints, in: MIS Quarterly, 10. Jg., S. 59–81.

Berens, W./Schmitting, W. (2003): Zum Verständnis von Controlling, Interner Revision und Früherkennung vor dem Hintergrund der Corporate Governance, in: Zeitschrift für Planung und Unternehmenssteuerung, 14. Jg., S. 353–357.

Berland, N./Boyns, T. (2002): The development of budgetary control in France and Britain from the 1920s to the 1960s: a comparison, in: European Accounting Review, 11. Jg., S. 329–356.

Berthel, J. (1991): Karriereanreize für Mitarbeiter, in: Schanz, G. (Hrsg.): Handbuch Anreizsysteme für Wirtschaft und Verwaltung, Stuttgart, S. 481–498.

Berthel, J. (1992): Informationsbedarf, in: HWO, Stuttgart, Sp. 872–886.

Bhargava, M./Dubelaar, C./Ramaswami, S. (1994): Reconciling Diverse Measures of Performance: A Conceptual Framework and Test of Methodology, in: Journal of Business Research, 31. Jg., S. 235–246.

Biddle, G.C./Bowen, R.M./Wallace, J.S. (1997): Does EVA® beat earnings? Evidence on associations with stock returns and firm values, in: Journal of Accounting and Economics, 24. Jg., S. 301–336.

Binder, C. (2006): Zur Entwicklung des Controllings als Teildisziplin der Betriebswirtschaftslehre, Wiesbaden.

Binder, C./Schäffer, U. (2005a): Deutschsprachige Controllinglehrstühle an der Schwelle zum Generationswechsel, in: Zeitschrift für Controlling und Management, 49. Jg., S. 100–104.

Binder, C./Schäffer, U. (2005b): Die Entwicklung des Controllings von 1970 bis 2003 im Spiegel von Publikationen in deutschsprachigen Zeitschriften, in: Die Betriebswirtschaft, 65. Jg., S. 603–626.

Birl, H. (2007): Innerbetriebliche Kooperation von Controllerbereich und Innenrevision: Messung, Erfolgswirkung, Determinanten, Wiesbaden (in Vorbereitung).

Blau, P.M. (1955): The Dynamics of Bureaucracy: A Study of Interpersonal Relations in Two Government Agencies, Chicago.

Blohm, H. (1974): Die Gestaltung des betrieblichen Berichtswesens als Problem der Leistungsorganisation, 2. Aufl., Herne/Berlin.

Blohm, H./Lüder, K./Schaefer, C. (2006): Investition: Schwachstellenanalyse des Investitionsbereichs und Investitionsrechnung, 9. Aufl., München.

Borchers, S. (2000): Beteiligungscontrolling in der Management-Holding, Wiesbaden.

Botta, V. (1994): Ausgewählte Probleme des Beteiligungscontrolling, in: Schulte, C. (Hrsg.): Beteiligungscontrolling, Wiesbaden, S. 25–40.

Bowman, J.P./Branchaw, B.P. (1984): Business Report Writing, Chicago et al.

Boyd, W.L. (1980): The applicability of Zero-Base Budgeting to the Public Sector: An Empirical Review and Comment, in: Computers, Environment and Urban Systems, 5. Jg., S. 97–103.

Brealey, R.A./Myers, S.C./Allen, F. (2008): Principles of Corporate Finance, 9. Aufl., New York.

Bredemeier, K./Schlegel, H. (1991): Die Kunst der Visualisierung: Erfolg durch zeitgemäße Präsentation, Zürich und Wiesbaden.

Brenner, M./Leyk, J. (2004): Rollierender Forecast und rollierende Planung, in: Horváth & Partners (Hrsg.): Beyond Budgeting umsetzen: Erfolgreich planen mit Advanced Budgeting, Stuttgart, S. 101–121.

Brimson, J.A. (2003): An Overview of Activity Based Budgeting, in: Horváth, P./Gleich, R. (Hrsg.): Neugestaltung der Unternehmensplanung: Innovative Konzepte und erfolgreiche Praxislösungen, Stuttgart, S. 353–373.

Brimson, J.A./Antos, J. (1999): Driving Value Using Activity-Based Budgeting, New York.

Brockhoff, K. (1983): Informationsverarbeitung in Entscheidungsprozessen: Skizze einer Taxonomie, in: Zeitschrift für Betriebswirtschaft, 53. Jg., S. 53–62.

Brockhoff, K. (1999): Produktpolitik, 4. Aufl., Stuttgart.

Bruns, W.J./DeCoster, D.T. (1969): Preface, in: Accounting and its Behavioral Implications, New York, S. V-VI.

Bruns, W.J./McKinnon, S.M. (1993): Information and Managers: A Field Study, in: Journal of Management Accounting Research, S. 84–89.

Bungenstock, C. (1995): Entscheidungsorientierte Kostenrechnungssysteme: Eine entwicklungsgeschichtliche Analyse, Wiesbaden.

Burchell, S.C./Clubb, C./Hopwood, A.G./Huhes, J./Nahapiet, J. (1980): The Role of Accounting in Organizations and Society, in: Accounting, Organizations and Society, 5. Jg., S. 5–27.

Camerer, C. (1995): Individual Decision Making, in: Kagel, J.H./Roth, A.E. (Hrsg.): The Handbook of Experimental Economics, Princeton, NJ: Princeton University Press, Kapitel 8, S. 587–703.

Camp, R.C. (1989): Benchmarking: The Search for Industry Best Practices that Lead to Superior Performance, Milwaukee.

Chamoni, P./Gluchowski, P. (1999): Analytische Informationssysteme: Data Warehouse, On-Line Analytical Processing, Data Mining, 2. Aufl., Berlin.

Chenhall, R.H./Morris, D. (1986): The Impact of Structure, Environment, and Interdependence on the Perceived Usefulness of Management Accounting Systems, in: The Accounting Review, 61. Jg., S. 16–35.

Chua, W.F. (1986): Radical Developments in Accounting Thought, in: The Accounting Review, 61. Jg., S. 601–632.

Churchill, N.C./Cooper, W.W. (1966): A Field Study of Auditing as a Mechanism for Organizational Control, in: Lawrence, J. v.

(Hrsg.): Operational Research and the Social Sciences, London et al., S. 109–127.

Codd, E. F./Codd, S. B./Salley, C. T. (1993): Providing OLAP to User-Analysts: An IT Mandate, Whitepaper, E. F. Codd & Associates.

Coenenberg, A. G. (1973): Verrechnungspreise zur Steuerung divisionalisierter Unternehmen, in: Wirtschaftswissenschaftliches Studium, 2. Jg., S. 197–382.

Coenenberg, A. G./Fischer, T. M. (1991): Prozeßkostenrechnung: Strategische Neuorientierung in der Kostenrechnung, in: Die Betriebswirtschaft, 51. Jg., S. 21–38.

Coenenberg, A. G./Fischer, T. M./Günther, T. (2007): Kostenrechnung und Kostenanalyse, 6. Aufl., Stuttgart.

Cooper, R./Kaplan, R. S. (1988): Measure Costs Right: Make the Right Decisions, in: Harvard Business Review, 66. Jg., S. 96–103.

Covaleski, M. A./Evans III, J. H./Luft, J. L./Shields, M. D. (2003): Budgeting Research: Three Theoretical Perspectives and Criteria for Selective Integration, in: Journal of Management Accounting Research, 15. Jg., S. 3–49.

Crasselt, N./Pellens, B./Schremper, R. (2000): Konvergenz wertorientierter Erfolgskennzahlen: Economic Value Added, Cash Flow Return on Investment und Cash Value Added (I u. II), in: Das Wirtschaftsstudium, 29. Jg., S. 72–78 u. 205–208.

Cyert, R./March, J./Starbuck, W. (1961): Two Experiments on Bias and Conflict in Organizational Estimation, in: Management Science, 7. Jg., S. 254–264.

Daft, R. L./Noe, R. A. (2001): Organizational Behavior, Fort Worth, TX et al.

Danish Ministry of Science, Technology and Innovation (2002): Intellectual Capital Statements in Practice: Inspiration and Good Advice, Kopenhagen.

Daum, J. H. (1998): Strategic Enterprise Management (SEM), http://www.juergendaum.de/articles/sem_d.pdf, abgerufen am 22.06.2004.

David, U. (2005): Strategisches Management von Controllerbereichen: Konzept und Fallstudien, Wiesbaden.

Davis, T. C. (1950): How the DuPont organization appraises its performance, in: Financial Management Series, Nr. 94, S. 3–11.

Dean, J. (1951): Capital Budgeting, New York.

Dehler, M. (2001): Entwicklungsstand der Logistik: Messung – Determinanten – Erfolgswirkungen, Wiesbaden.

Dent, J. F. (1991): Accounting and Organizational Cultures: A Field Study of the Emergence of a New Organizational Reality, in: Accounting, Organizations and Society, 16. Jg., S. 705–732.

Devlin, B. A./Murphy, P. T. (1988): An Architecture for a Business and Information System, in: IBM Systems Journal, 27. Jg., S. 60–78.

Deyhle, A. (1980): Controller-Handbuch, Ergänzungsband A, 2. Aufl., Gauting.

Deyhle, A. (1984): Management- & Controlling-Brevier, Bd. I: Manager & Controller im Team, 3. Aufl., Gauting.

Deyhle, A. (1994): Controller-Praxis: Führung durch Ziele – Planung – Controlling, Bd. II: Soll-Ist-Vergleich und Führungs-Stil, 10. Aufl., Gauting.

Deyhle, A. (1997): Management & Controlling-Brevier, 7. Aufl., Wörthersee-Etterschlag.

Dimson, E./Marsh, P./Staunton, M. (2003): Global Evidence on the Equity Risk Premium, in: Journal of Applied Corporate Finance, 15. Jg., S. 8–19.

Dinkelbach, W. (2002): Nutzwertanalyse, in: HWU, 4. Aufl., Stuttgart 2002, Sp. 1312–1318.

Dixit, A./Pindyck, R. S. (1994): Investment under Uncertainty, Princeton NJ.

Dörner, D. (1989): Die Logik des Mißlingens, Reinbek bei Hamburg.

Drew, S. A. W. (1997): From Knowledge to Action: The Impact of Benchmarking on Organizational Performance, in: Long Range Planning, 30. Jg., S. 427–441.

Drucker, P. F. (1954): The Practice of Management, New York.

Drury, C./Braund, S./Osborne, P./Tayles, M. (1993): A Survey of Management Accounting Practices in UK Manufacturing Companies, London.

Dücker, B. (1995): Streß, Kontrolle und soziale Unterstützung im industriellen Bereich, Bonn.

Düsing, R. (1999): Knowledge Discovery in Databases und Data Mining, in: Chamoni, P./Gluchowski, P. (Hrsg.): Analytische Informationssysteme, Berlin et al., S. 345–354.

Eccles, R./Herz, R./Keegan, M./Phillips, D. (2001): The Value Reporting Revolution: Moving Beyond the Earnings Game, New York et al.

Eccles, R./Noriah, N./Berkley, J. D. (1992): Beyond the Hype: Rediscovering the Essence of Management, Boston.

Edvinsson, L./Malone, M. (1997): Intellectual Capital: Realizing Your Company's True Value by Finding its Hidden Roots, New York.

EFQM (2003): Excellence einführen, Brüssel.

Eichhübel, G./Kunesch, H. (1996): Operative Unternehmensplanung, in: Eschenbach, R. (Hrsg.): Controlling, 2. Aufl., Stuttgart, S. 443–481.

Eidel, U. (2000): Moderne Verfahren der Unternehmensbewertung und Performance-Messung, 2. Aufl., Herne/Berlin.

Ekholm, B.-G./Wallin, J. (2000): Is the Annual Budget Really Dead?, in: The European Accounting Review, 9. Jg., S. 519–539.

Ernst & Young (2005): 2005–2006 Global Transfer Pricing Surveys: Global Transfer Pricing Trends, Practices, and Analysis, November 2005.

Ernst & Young (2007): Precision under pressure: Global transfer pricing survey 2007–2008, http://www.ey.com/Global/

assets.nsf/International/EY_Tax_TPSurvey_2007/$file/Tax_TPSurvey_2007.pdf, abgerufen am 26.05.2008.
Eschenbach, R. (1994): Controlling, Stuttgart.
Eschenbach, R./Eschenbach. S./Kunesch, H. (2003): Strategische Konzepte: Management-Ansätze von Ansoff bis Ulrich, 4. Aufl., Stuttgart.
Eschenbach, R./Niedermayr, R. (1996): Die Konzeption des Controlling, in: Eschenbach, R. (Hrsg.): Controlling, 2. Aufl., Stuttgart, S. 65–94.
Escofier, B. (2000): Budgets et Contrôle, in: Colasse, B. (Hrsg.): Encyclopédie de Comptabilité, Contrôle de Gestion et Audit, Paris, S. 85–92.
Ewert, R./Ernst, C. (1999): Target Costing, Co-Ordination and Strategic Cost Management, in: The European Accounting Review, 8. Jg., S. 23–49.
Ewert, R./Wagenhofer, A: (2008): Interne Unternehmensrechnung, 7. Aufl., Berlin et al.
Eybl, D. (1984): Instrumente und Orientierungsgrundlagen zur Planung wettbewerbsorientierter Unternehmensstrategien, Frankfurt am Main et al.

Festinger, L. (1957): A Theory of Cognitive Dissonance, Evanston.
Financial Executives Institute (Hrsg.) (1962): Controllership and Treasurership Functions Defined by FEI, in: The Controller, 30. Jg., S. 289.
Foucault, M. (2004): Überwachen und Strafen – Die Geburt des Gefängnisses, 16. Aufl., Frankfurt am Main. Frank, S./Reitmeyer, T. (1999): Gestaltung und Erfolgsfaktoren der Kostenrechnung im Mittelstand, in: Kostenrechnungspraxis, 43. Jg., S. 15–24.
Frank, S./Reitmeyer, T. (1999): Gestaltung und Erfolgsfaktoren der Kostenrechnung im Mittelstand, in: Weber, J. (Hrsg.): Kostenrechnung im Mittelstand, Wiesbaden, S. 15–25.
Franz, T. (1993): Die Gestaltung von Managementsystemen zur Beschleunigung von Planungsporzessen, Dissertation, St. Gallen.
Fraser, R./Hope, J. (2001): Beyond Budgeting, in: Controlling, 13. Jg., S. 437–442.
Freidank, C.-C. (2008): Kostenrechnung. Einführung in die begrifflichen, theoretischen, verrechnungstechnischen sowie planungs- und kontrollorientierten Grundlagen des innerbetrieblichen Rechnungswesens sowie ein Überblick über Konzepte des Kostenmanagements, 8. Aufl., München.
Frese, E. (1996): Grundlagen der Organisationsgestaltung, in: Eversheim, W./Schuh, G. (Hrsg.): Hütte: Taschenbuch für Betriebsingenieure »Betriebshütte«, Bd. 1, Berlin et al., S. 3/1–3/15.
Friedl, B. (2003): Controlling, Stuttgart.
Gladen, W. (2003): Kennzahlen- und Berichtssysteme: Grundlagen zum Performance Measurement, 2. Aufl., Wiesbaden.
Gleich, R. (2001): Das System des Performance Measurement: Theoretisches Grundkonzept, Entwicklungs- und Anwendungsstand, München.
Goeldel, H. (1997): Gestaltung der Planung: Konzeptioneller Ansatz und Fallstudien, Wiesbaden.
Goossens, F. (1959): Der »Controller«: Chef des Unternehmens ohne Gesamtverantwortung, in: Mensch und Arbeit, 11. Jg., S. 74–77.
Gordon, L. A./Narayanan, V. K. (1984): Management Accounting Systems: Perceived Environmental Uncertainty and Organizational Structure. An Empirical Investigation, in: Accounting, Organizations and Society, 9. Jg., S. 33–47.
Götze, U. (2008): Investitionsrechnung: Modelle und Analysen zur Beurteilung von Investitionsvorhaben, 6. Aufl., München.
Grothe, M./Gentsch, P. (2000): Business Intelligence: Aus Informationen Wettbewerbsvorteile gewinnen, München.
Grevelius, S. (2001): Thirty Successful Years without Budget: Experiences from a Financial Company, in: Controlling, 13. Jg., S. 443–446.
Großeibl, W. (1994): Konzerncontrolling, in: Eschenbach, R. (Hrsg.): Controlling, Stuttgart, S. 587–599.
Grüning, M. (2002): Performance Measurement Systeme: Messung und Steuerung von Unternehmensleistung, Wiesbaden.
Günther, T./Grüning, M. (2001): Performance Measurement Systeme: Ein Konzeptvergleich, in: Zeitschrift für Planung und Unternehmenssteuerung, 12. Jg., S. 283–306.
Günther, T./Landrock, B./Muche, T. (2000): Gewinn- versus unternehmenswertbasierte Performancemaße: Eine empirische Untersuchung auf Basis der Korrelation von Kapitalmarktrenditen – Teil 1: Grundlagen und Design der Studie, in: Controlling, 12. Jg., S. 69–76.
Gutenberg, E. (1929): Die Unternehmung als Gegenstand betriebswirtschaftlicher Theorie, Berlin et.al.

Hahn, D. (1987): Controlling: Stand und Entwicklungstendenzen unter besonderer Berücksichtigung des CIM-Konzeptes, in: Scheer, A.-W. (Hrsg.): Rechnungswesen und EDV, 8. Saarbrücker Arbeitstagung, Heidelberg, S. 3–39.
Hahn, D./Hungenberg, H. (2001): PuK, Planung und Kontrolle, Planungs- und Kontrollsysteme, Planungs- und Kontrollrechnung, Wertorientierte Controllingkonzepte, 6. Aufl., Wiesbaden.
Hahne, M. (1999): Logische Datenmodellierung für das Data Warehouse, in: Chamoni, P./Gluchowski, P. (Hrsg.): Analytische Informationssysteme, Berlin et al., S. 145–170.
Hamprecht, M. (1996): Controlling von Konzernplanungssystemen: Theoretische Ableitung und betriebliche Realität führungsstrukturabhängiger Ausprägungsmuster, Wiesbaden.

Hansen, S. C./Otley, D. T./Van der Stede, W. A. (2003): Practice Developments in Budgeting: An Overview and Research Perspective, in: Journal of Management Accounting Research, 15. Jg., S. 95–116.

Hansen, S. C./Van der Stede, W. A. (2004): Multiple Facets of Budgeting: An Exploratory Analysis, in: Management Accounting Research, 15. Jg., S. 415–439.

Harbert, L. (1982): Controlling-Begriffe und Controlling-Konzeptionen, Frankfurt am Main.

Hargest, J. (1976): Die Urteilsstichprobe des Abschlußprüfers, eine Stichprobe zweiter Klasse?, in: Wysocki, K. v./Hargest, J. (Hrsg.): Praxis des Prüfungswesens, München, S. 113–127.

Hax, H. (1964): Investitions- und Finanzplanung mit Hilfe der linearen Programmierung, in: Zeitschrift für betriebswirtschaftliche Forschung, 16. Jg., S. 430–446.

Hayn, S./Graf Waldersee, G. (2004): IFRS, US-GAAP, HGB im Vergleich, Stuttgart.

Heemstra, F. J. (1992): Software Cost Estimation, in: Information and Software Technology, 34. Jg., S. 627–639.

Heigl, A. (1989): Controlling – Interne Revision, 2. Aufl., Stuttgart et al.

Heine, A. (1995): Produktkostenmanagement während des Entwicklungsprozesses in der Automobilindustrie, Dissertation Vallendar.

Heinen, E. (1966): Das Zielsystem der Unternehmung: Grundlagen betriebswirtschaftlicher Entscheidungen, Wiesbaden.

Henning, D. A./Moseley, R. L. (1970): Authority Role of a Functional Manager: The Controller, in: Administrative Science Quarterly, 15. Jg., S. 482–489.

Henzler, H. (1974): Der Januskopf muß weg, in: Wirtschaftswoche, 28. Jg., S. 60–63.

Herzberg, F. (1968): One more Time: How do you Motivate Employees?, in: Harvard Business Review, S. 53–62.

Herzog, A. (1999): Gestaltung von Controllership: Die Zuordnung von Aufgaben zu Controllern, Wiesbaden.

Hess, T. (2006): IT-Basics für Controller: Was jeder Controller über Softwareunterstützung und IT-Controlling wissen muss, Stuttgart.

Heßen, H.-P./Wesseler, S. (1994): Marktorientierte Zielkostensteuerung bei der Audi AG, in: Controlling, 6. Jg., S. 148–156.

Hiromoto, T. (1988): Another Hidden Edge: Japanese Management Accounting, in: Harvard Business Review, 66. Jg., S. 22–26.

Hirsch, B. (2003a): Die Value Balance Card, Zeitschrift für Wirtschafts- und Unternehmensethik, 4. Jg., S. 82–101.

Hirsch, B. (2003b): Zur Lehre im Fach Controlling, in: Weber, J./Hirsch, B. (Hrsg.): Zur Zukunft der Controllingforschung. Empirie, Schnittstellen und Umsetzung in der Lehre, Wiesbaden, S. 249–266.

Hirsch, B. (2006): Behavioral Controlling: Skizze einer verhaltenswissenschaftlich fundierten Controllingkonzeption, Habilitationsschrift Vallendar.

Hirshleifer, J. (1956): On the Economics of Transfer Pricing, in: Journal of Business, 29. Jg., S. 172–184.

Hoffman, C. D./Kirchhoff, M. (2001): Wertorientierte Steuerung eines Automobilzulieferers, in: Horváth, P. (Hrsg.): Strategien erfolgreich umsetzen, Stuttgart, S. 107–127.

Hoffmann, F. (1972): Merkmale der Führungsorganisation amerikanischer Unternehmen: Auszüge aus den Ergebnissen einer Forschungsreise 1970, in: Zeitschrift Führung + Organisation, 41. Jg., S. 3–8, 85–89 und 145–148.

Hoitsch, H.-J. (1995): Kosten- und Erlösrechnung: Eine controllingorientierte Einführung, Berlin et al.

Höller, H. (1978): Verhaltenswirkungen betrieblicher Planungs- und Kontroll-Systeme, München.

Holmström, B. (1979): Moral Hazard and Observability, in: Bell Journal of Economics, 10. Jg., S. 74–91.

Homann, K. (1994): Ethik und Ökonomik: Zur Theoriestrategie der Wirtschaftsethik, in: Homann, K. (Hrsg.): Wirtschaftsethische Perspektiven: I. Theorie, Ordnungsfragen, Internationale Institutionen, Berlin, S. 9–13.

Homann, K./Meyer, M./Waldkirch, R. (2002): Ethik und Unternehmensrechnung, in: Küpper, H.-U./Wagenhofer, A. (Hrsg.): Handwörterbuch Unternehmensrechnung und Controlling, 4. Aufl., Stuttgart, Sp. 495–505.

Hömberg, R. (2002): Stichprobenprüfung mit Zufallsauswahl, in: HWRP, 3. Aufl., Stuttgart, Sp. 2287–2303.

Homburg, C. (1995): Kundennähe von Industriegüterunternehmen: Konzeption – Erfolgsauswirkungen – Determinanten, Wiesbaden.

Homburg, C. (2000): Quantitative Betriebswirtschaftslehre: Entscheidungsunterstützung durch Modelle, 3. Aufl., Wiesbaden.

Homburg, C. (2001): Der Selbstfindungsprozess des Controlling: Einige Randbemerkungen aus der Marketing-Perspektive, in: Die Unternehmung, 55. Jg., S. 425–430.

Homburg, C./Weber, J./Aust, R./Karlshaus, J.-T. (1998): Interne Kundenorientierung der Kostenrechnung: Ergebnisse der Koblenzer Studie, Schriftenreihe Advanced Controlling, Bd. 7, Vallendar.

Hommel, U./Pritsch, G. (1999): Marktorientierte Investitionsbewertung mit dem Realoptionsansatz: Ein Implementierungsleitfaden für die Praxis, in: Finanzmarkt und Portfoliomanagement, 13. Jg., S. 121–144.

Hope, J./Fraser, R. (1999): Beyond Budgeting, in: Management Accounting: Magazine for Chartered Management Accountants, 77. Jg., S. 16–21.

Hope, J./Fraser, R. (2000): Beyond Budgeting, in: Strategic Finance, 82. Jg., S. 30–35.

Hope, J./Fraser, R. (2003a): Who Needs Budgets?, in: Harvard Business Review, 81. Jg., S. 108–115.

Hope, J./Fraser, R. (2003b): Beyond Budgeting: How Managers Can Break Free from the Annual Performance Trap, Boston MA.

Hopper, T./Macintosh, N. (1998): Management Accounting Numbers: Freedom or Prison – Geneen vs. Foucault, in: McKinlay, A./Starkey, K. (Hrsg.): Foucault, Management and Organization Theory, London, S. 126–150.

Hopwood, A. (1974): Accounting and Human Behaviour, London.

Horngren, C. T./Bhimani, A./Datar, S. M./Foster, G. (2005): Management and Cost Accounting, 3. Aufl., Upper Saddle River.

Horváth & Partner (Hrsg.) (2004): Balanced Scorecard umsetzen, 3. Aufl., Stuttgart.

Horváth, P. (1978): Controlling: Entwicklung und Stand einer Konzeption zur Lösung der Adaptions- und Koordinationsprobleme der Führung, in: Zeitschrift für Betriebswirtschaft, 48. Jg., S. 194–208.

Horváth, P. (2006): Controlling, 10. Aufl., München.

Horváth, P./Arnaout, A. (1997): Internationale Rechnungslegung und Einheit des Rechnungswesens, in: Controlling, 4. Jg., S. 255–269.

Horváth, P./Gleich, R. (Hrsg.) (2003): Neugestaltung der Unternehmensplanung: Innovative Konzepte und erfolgreiche Praxislösungen, Stuttgart.

Horváth, P./Kininger, M./Mayer, R./Schimank, C. (1993): Prozesskostenrechnung – oder wie die Praxis die Theorie überholt, in: Die Betriebswirtschaft, 53. Jg., S. 609–628.

Horváth, P./Seidenschwarz, W. (1992): Die Methodik des Zielkostenmanagements, Universität Stuttgart, Controlling-Forschungsbericht Nr. 33, Stuttgart.

Hummel, S./Männel, W. (1983): Kostenrechnung 2: Moderne Verfahren und Systeme, 3. Aufl., Wiesbaden.

Hummel, S./Männel, W. (1986): Kostenrechnung 1: Grundlagen, Aufbau und Anwendung, 4. Aufl., Wiesbaden.

Hungenberg, H./Wulf, T. (2003): Gestaltung der Schnittstelle zwischen strategischer und operativer Planung, in: Horváth, P./Gleich, R. (Hrsg.): Neugestaltung der Unternehmensplanung. Innovative Konzepte und erfolgreiche Praxislösungen, Stuttgart, S. 249–267.

IGC (International Group of Controlling) (2002): Controller-Leitbild, Stand: 14.09.2002, http://www.igc-controlling.org/DE/_leitbild/leitbild.php, abgerufen am 30.06.2008.

IIR (Deutsches Institut für Interne Revision)/IIA (Institut für Interne Revision Österreich)/SVIR (Schweizerischer Verband für Interne Revision) (Hrsg.) (2004): Die Interne Revision in Deutschland, in Österreich und in der Schweiz 2004, Frankfurt am Main.

Inmon, W. H. (1993): Building the Data Warehouse, New York et al.

Ittner, C. D./Larcker, D. F. (2001): Assessing Empirical Research in Managerial Accounting: A Value-Based Management Perspective, in: Journal of Accounting and Economics, 32. Jg., S. 349–410.

Jackson, J. H. (1949): The Comptroller: His Functions and Organization, 2. Aufl., Cambridge, Mass.

Jacob, A.-F./Klein, S./Nick, A. (1994): Basiswissen Investition und Finanzierung: Finanzmanagement in Theorie und Praxis, Wiesbaden.

Janis, I. L. (1982): Groupthink: Psychological studies of policy decisions and fiascoes, 2. Aufl., Boston et. al. Jensen, M. C./Meckling, W. H. (1976): Theory of the Firm: Managerial Behavior, Agency Costs and Ownership Structure, in: Journal of Financial Economics, 3. Jg., S. 305–360.

Jensen, M. C./Meckling, W. H. (1974): Theory of the firm: Managerial behavior, agency costs and ownership structure, in: Journal of Financial Economics, 3. Jg., S. 305–360.

Johnson, H. T./Kaplan, R. S. (1987): Relevance Lost: The Rise and Fall of Management Accounting, Boston.

Jönsson, S. (1996): Accounting for Improvement, Oxford et al.

Jost, P. (2000): Organisation und Motivation: Eine ökonomisch-psychologische Einführung, Wiesbaden.

Kaas, K. P. (1990): Marketing als Bewältigung von Informations- und Unsicherheitsproblemen im Markt, in: Die Betriebswirtschaft, 50. Jg., S. 539–548.

Kahneman, D./Tversky, A. (1973): On the Psychology of Prediction, in: Psychological Review, 80. Jg., S. 237–251.

Kahneman, D./Tversky, A. (1979): Prospect Theory: An Analysis of Decision under Risk, in: Econometrica, 47. Jg., S. 263–291.

Kaplan, R. S. (2004): Geleitwort, in: Horváth & Partner (Hrsg.): Balanced Scorecard umsetzen, 3. Aufl., Stuttgart.

Kaplan, R. S./Norton, D. P. (1996): Translating Strategy into Action: The Balanced Scorecard, Boston.

Kaplan, R. S./Norton, D. P. (2004): Strategy Maps: Converting intangible Assets into tangible Outcomes, Boston.

Kappler, E. (2004): Bild und Realität: Controllingtheorie als kritische Bildtheorie – Ein Ansatz zu einer umfassenden Controllingtheorie, die nicht umklammert, in: Scherm, E./Pietsch, G. (Hrsg.): Controlling: Theorien und Konzeptionen, München, S. 581–610.

Kappler, E./Scheytt, T. (1999): Auf dem Weg nach Jenachdem: Controlling postmodern organisieren, in: Schreyögg, G. (Hrsg.): Organisation & Postmoderne, Wiesbaden, S. 211–234.

Karlöf, B./Östblom, S. (1994): Das Benchmarking-Konzept: Wegweiser zur Spitzenleistung in Qualität und Produktivität, München.

Karlshaus, J.-T. (2000): Die Nutzung von Kostenrechnungsinformationen im Marketing: Bestandsaufnahme, Determinanten und Erfolgswirkungen, Wiesbaden.

Katz, D./Kahn, R. L. (1978): The Social Psychology of Organizations, 2. Aufl., New York et al.

Kauffmann, H. (1997): Die Neuausrichtung des Controlling bei der Daimler-Benz AG, in: Horváth, P. (Hrsg.): Das neue Steuerungssystem des Controllers, Stuttgart, S. 35–42.

Kehrmann, T. (2002): Rationalitätssicherung bei hohen Wissensdefiziten: Entwicklung eines Modells zum Controlling strategischer Problemlösungsteams, Wiesbaden.

Kieser, A./Walgenbach, P. (2003): Organisation, 4. Aufl., Stuttgart.

Kilger, W./Pampel J. R./Vikas K. (2007): Flexible Plankostenrechnung und Deckungsbeitragsrechnung, 12. Aufl., Wiesbaden.

Kirsch, W. (1997): Kommunikatives Handeln, Autopoiese, Rationalität: Kritische Aneignungen im Hinblick auf eine evolutionäre Organisationstheorie, 2. Aufl., Herrsching.

Knollmann, R. (2007): Kooperation von Controllerbereich und Strategieabteilung: Messung, Wirkungen , Determinanten, Wiesbaden.

Koch, R. (1994): Betriebliches Berichtswesen als Informations- und Steuerungsinstrument, Frankfurt am Main et al.

KPMG Deutsche Treuhand-Gesellschaft (Hrsg.) (2000): Value Based Management: Shareholder Value-Konzepte – Eine Untersuchung der DAX 100-Unternehmen, Frankfurt am Main.

KPMG Deutsche Treuhand-Gesellschaft (Hrsg.) (2004): International Financial Reporting Standards: Eine Einführung in die Rechnungslegung nach den Grundsätzen des IASB, 3. Aufl., Stuttgart.

Krapp, M. (2004): Genetische Algorithmen als Planungsinstrument, in: Zeitschrift für Planung und Unternehmenssteuerung, 15. Jg., S. 165–181.

Kronast, M. (1989): Controlling: Notwendigkeit eines unternehmensspezifischen Selbstverständnisses, München.

Krüger, W. (1979): Controlling: Gegenstandsbereich, Wirkungsweise und Funktionen im Rahmen der Unternehmenspolitik, in: Betriebswirtschaftliche Forschung und Praxis, 31. Jg., S. 158–169.

Krystek, U. (2003): Bedeutung der Früherkennung für Unternehmensplanung und Kontrolle, in: Horváth, P./Gleich, R. (Hrsg.): Neugestaltung der Unternehmensplanung. Innovative Konzepte und erfolgreiche Praxislösungen, Stuttgart, S. 121–148.

Krystek, U./Müller-Stevens, G. (1999): Strategische Frühaufklärung als Element strategischer Führung, in: Hahn, D./Taylor, B. (Hrsg.): Strategische Unternehmensplanung – Strategische Unternehmensführung, 8. Aufl., Heidelberg, S. 497–517.

Krystek, U./Zumbrock, S. (1993): Planung und Vertrauen: Die Bedeutung von Vertrauen und Mißtrauen für die Qualität von Planungs- und Kontrollsystemen, Stuttgart.

Kümmel, G./Watterott, R. (2005): Neue Entwicklungen im internationalen Konzerncontrolling am Beispiel Bosch – Durchgängige Konzernsteuerung, in: Horváth, P. (Hrsg.): Organisationsstrukturen und Geschäftsprozesse wirkungsvoll steuern, Stuttgart, S. 11–32.

Kummer, S. (1992): Logistik im Mittelstand: Stand und Kontextfaktoren der Logistik in mittelständischen Unternehmen, Stuttgart.

Küpper, H.-U. (1987): Konzeption des Controlling aus betriebswirtschaftlicher Sicht, in: Scheer, A.-W. (Hrsg.): Rechnungswesen und EDV, 8. Saarbrücker Arbeitstagung, Heidelberg, S. 82–116.

Küpper, H.-U. (1990): Controller-Anforderungsprofil in der Theorie, in: Mayer, E./Weber, J. (Hrsg.): Handbuch Controlling, S. 325–342.

Küpper, H.-U. (2005): Controlling: Konzeption, Aufgaben, Instrumente, 4. Aufl., Stuttgart.

Küpper, H.-U./Picot, A. (1999): Gegenstand der Unternehmensethik , in: Korff, W. (Hrsg.): Handbuch der Wirtschaftsethik, Bd. 3: Ethik wirtschaftlichen Handelns, Gütersloh, S. 132–148.

Küpper, H.-U./Wagenhofer, A. (2002): Vorwort der Herausgeber, in: HWU, 4. Aufl., Stuttgart, S. X–XI.

Küpper, H.-U./Weber, J./Zünd, A. (1990): Zum Verständnis und Selbstverständnis des Controlling, in: Zeitschrift für Betriebswirtschaft, 60. Jg., S. 281–293.

Lachnit, L. (1979): Systemorientierte Jahresabschlußanalyse, Wiesbaden.

Lambert, R. (2001): Contracting Theory and Accounting, in: Journal of Accounting and Economics, 32. Jg., S. 3–87.

Lambert, R. (2007): Agency Theory in Management Accounting, in: Chapman, C./Hopwood, A.Shields, M. (Hrsg.): Handbook of Management Accounting Research, Amsterdam, S. 269–284.

Landry, S. P./Wood, L. R./Lindquist, T. M. (1997): Can ABC bring Mixed Results?, in: Management Accounting, 77. Jg., S. 28–33.

Landsberg, G. v./Mayer, E. (1988): Berufsbild des Controllers, Stuttgart.

Lanfermann, J. (1992): Stichprobenprüfung, bewußte Auswahl, in: HWRev, 2. Aufl., Stuttgart, Sp. 1855–1862.

Langenbach, W. (2001): Börseneinführungen von Tochtergesellschaften: Eine konzeptionelle und empirische Analyse zur Optimierung der Rationalitätssicherung durch Märkte, Wiesbaden.

Langer, E. J. (1975): The Illusion of Control, in: Journal of Personality and Social Psychology, 32. Jg., S. 311–328.

Latham, G. P./Locke, E. A. (1991): Self-Regulation trough Goal Setting, in: Organizational Behavior and Human Decision Processes, 50. Jg., S. 212–247.

Laux, C. (2002): Investitionsrechenverfahren, in: HWU, 4. Aufl., Stuttgart, Sp. 858–867.

Leahy, T. (2001): Baby Steps Toward Better Budgets, in: Business Finance, June, S. 44–45.

Leahy, T. (2002): Better Budgeting: A Manager's Guide, o. O.

Lehmann, M. R. (1954): Leistungsmessung durch Wertschöpfungsrechnung, Essen.

Lengsfeld, S./Schiller, U. (2002): Abweichungsauswertung, in: HWU, 4. Aufl., Stuttgart, Sp. 1–8.

Lev, B. (2001): Intangibles. Management, Measurement, and Reporting, Washington D. C.

Libby, R./Lewis, B. L. (1977): Human Information Processing Research in Accounting: The State of the Art, in: Accounting, Organizations and Society, 2. Jg., S. 245–268.

Libby, R./Lewis, B. L. (1982): Human Information Processing Research in Accounting: The State of the Art in 1982, in: Accounting, Organizations and Society, 7. Jg., S. 231–285.

Linder, S. (2004): Wie (un)zuverlässig sind Investitionsplanungen?, in: Zeitschrift für Controlling und Management, 48. Jg., Sonderheft 1, S. 47–57.

Lingle, J. H./Schieman, W. A. (1996): From Balanced Scorecard to Strategic Gauges: Is Measurement Worth it?, in: Management Review, March, S. 56–61.

Link, J. (1982): Die methodologischen, informationswirtschaftlichen und führungspolitischen Aspekte des Controlling, in: Zeitschrift für Betriebswirtschaft, 52. Jg., S. 261–279.

Lipe, M. G./Salterio, S. E. (2000): The Balanced Scorecard: Judgemental Effects of Common and Unique Performance Measures, in: The Accounting Review, 75. Jg., S. 283–298.

Lisowsky, A. (1927): Ethik und Betriebswirtschaftslehre, in: Zeitschrift für Betriebswirtschaft, 4. Jg., S. 253–258, 363–372, 429–442.

Liu, L./Martin, J./Robinson, J. (2002): Double Measure, in: Financial Management, October, S. 22–24.

Locke, E. A. (1968): Toward a Theory of Task Motivation and Incentives, in: Organizational Behavior and Human Performance, 3. Jg., S. 157–189.

Locke, E. A./Latham, G. P. (1984): Goal Setting: A Motivational Technique that Works!, Englewood Cliffs, NJ.

Locke, E. A./Latham, G. P. (1990): A Theory of Goal Setting & Task Performance, Englewood Cliffs, NJ.

Locke, E. A./Latham, G. P. (2002): Building a Practically Useful Theory of Goal Setting and Task Motivation: A 35 Year Odyssey, in: American Psychologist, 57. Jg., S. 705–717.

Loft, A. (1991): The History of Management Accounting: Relevance Found, in: Ashton, D./Hopper, T./Scapens, R. (Hrsg.): Issues in Management Accounting, Englewood Cliffs, S. 17–38.

Lück, W. (1999): Betriebswirtschaftliche Aspekte der Einrichtung eines Überwachungssystems und eines Risikomanagementsystems, in: Dörner, D./Menold, D./Pfitzer, N. (Hrsg.): Reform des Aktienrechts, der Rechnungslegung und Prüfung: KonTraG – EuroEG – StückAG, Stuttgart, S. 139–176.

Luhmann, N. (1989): Vertrauen: Ein Mechanismus der Reduktion sozialer Komplexität, 3. Aufl., Stuttgart.

Macintosh, N. B. (2003): Participative Budgeting: For and Against, in: Zeitschrift für Controlling und Management, Sonderheft 1, 47. Jg., S. 13–21.

Mag, W. (1995): Unternehmensplanung, München.

Maher, M. W. (1987): The Use of Relative Performance Evaluation in Organizations, in: Bruns, W. J./Kaplan, R. S. (Hrsg.): Accounting and Management. Field Study Perspectives, Boston, S. 295–315.

Mahlendorf, M. D. (2009): Eskalation des Commitments bei risikoreichen Investitionsprojekten: Eine empirische Untersuchung von kognitiven Eskalationsfaktoren und verhaltenswissenschaftlich basierten Controllingmaßnahmen, Wiesbaden, in Vorbereitung.

Malmi, T./Ikäheimo, S. (2003): Value Based Management Practices: Some Evidence from the Field, in: Management Accounting Research, 14. Jg., S. 235–254.

Mann, R. (1973): Praxis des Controlling, München.

Männel, W. (1981): Die Wahl zwischen Eigenfertigung und Fremdbezug: Theoretische Grundlagen – Praktische Fälle, 2. Aufl., Stuttgart.

Männel, W. (1983): Grundkonzeption einer entscheidungsorientierten Erlösrechnung, in: Kostenrechnungspraxis, 27. Jg., S. 55–70.

Männel, W. (1985): Zukünftige Herausforderungen des internationalen Wettbewerbs an Management, Rechnungswesen und Informationstechnologie, in: Kostenrechnungspraxis, 29. Jg., Sonderheft 1, S. 5–21.

March, J./Shapira, Z. (1987): Managerial perspectives on Risk and Risk Taking, in: Management Science, 33. Jg., S. 1404–1418.

March, J. G./Sutton, R. I. (1997): Organizational Performance as a Dependent Variable, in: Organization Science, 8. Jg., S. 698–706.

Marginson, D./Ogden, S. (2005): Coping with Ambiguity through the Budget: The Positive Effects of Budgetary Targets on Managers‹ Budgeting Behaviours, in: Accounting, Organizations and Society, 30. Jg., S. 435–456.

Markowitz, H. M. (1952): Portfolio-Selection, in: Journal of Finance, S. 77–91.

Matschke, M. J. (1993): Investitionsplanung und Investitionskontrolle, Herne/Berlin.

Mayer, E. (1990): Arbeitsgemeinschaft Wirtschaftswissenschaft und Wirtschaftspraxis (AWW) in Controlling und Rechnungswesen: Beispiel der Verbindung von praktischem Management Know-how und theoretischen Controllingkonzepten, in: Siegwart, H./Mahari, J. I./Caytas, I. G./Sander, S. (Hrsg.): Meilensteine im Management, Stuttgart/Basel, S. 307–323.

McKinsey, J. O. (1922): Budgetary Control, New York.

Menkhoff, L./Röckemann, C. (1994): Noise Trading auf Aktienmärkten, in: Zeitschrift für Betriebswirtschaft, 64. Jg., S. 277–295.

Menon, A./Varadarajan, R. (1992): A Model of Marketing Knowledge Use within Firms, in: Journal of Marketing, 56. Jg., S. 53–71.

Mertens, P./Hansen, K./Rackelmann, G. (1977): Selektionsentscheidungen im Rechnungswesen: Überlegungen zu computergestützten Informationssystemen, in: Die Betriebswirtschaft, 37. Jg., S. 77–88.

Messner, M./Becker, A./Schäffer, U./Binder, C. (2008): Legitimacy and Identity in Germanic Management Accounting Research, in: The European Accounting Review, 16. Jg., S. 129–159.

Meyer, J. A. (1996): Visualisierung im Management, Wiesbaden.

Meyer, J. W./Rowan, B. (1977): Institutionalized Organizations: Formal Structures as Myth and Ceremony, in: American Journal of Sociology, 83. Jg., S. 340–363.

Meyer, M./Schäffer, U./Gmür, M. (2008): Transfer und Austausch von Wissen in der Accounting-Forschung: Eine Zitations- und Kozitationsanalyse englischsprachiger Accounting-Journals 1990–2004, in: Zeitschrift für betriebswirtschaftliche Forschung, 60. Jg., S. 153–181.

Meyer-Piening, A. (1980): Gemeinkosten senken – aber wie?, in: Zeitschrift für Betriebswirtschaft, 50. Jg., S. 691–698.

Meyer-Piening, A. (1994): Zero Base Planning als analytische Personalplanungsmethode im Gemeinkostenbereich, Stuttgart.

Milgrom, P./Roberts, J. (1992): Economics, organization and management, Englewood Cliffs, New Jersey.

Miller, G. A. (1956): The Magical Number Seven, Plus or Minus Two: Some Limits on our Capacity for Processing Information, in: The Psychological Review, 63. Jg., S. 81–97.

Miller, E. (1978): Uncertainty Induced Bias in Capital Budgeting, in: Financial Management, 7. Jg., S. 12–18.

Miller, P./O'Leary, T. (1987): Accounting and the construction of the governable person, in: Accounting, Organizations and Society, 12. Jg., S. 235–265.

Mintzberg, H. (1977): Impediments to the use of management information, New York.

Mintzberg, H. (1996): The Structuring of Organizations, in: Mintzberg, H./Quinn, J. B. (Hrsg.): The Strategy Process: Concepts, Contexts, Cases, 3. Aufl., Upper Saddle River, NJ., S. 331–349.

Montgomery, P. (2002): Effective Rolling Forecasts, in: Strategic Finance, February, S. 41–44.

Mosiek, T. (2002): Interne Kundenorientierung des Controlling, Frankfurt am Main.

Müller, W. (1974): Die Koordination von Informationsbedarf und Informationsbeschaffung als zentrale Aufgabe des Controlling, in: Zeitschrift für betriebswirtschaftliche Forschung, 26. Jg., S. 683–693.

Müller-Stewens, G./Lechner, C. (2005): Strategisches Management: Wie strategische Initiativen zum Wandel führen, 3. Aufl., Stuttgart.

Napier, C. (2006): Accounts of change: 30 years of historical accounting research, in Accounting, Organizations and Society, 31. Jg., S. 445–507.

Neely, A./Sutcliff, M. R./Heyns, H. R. (2001): Driving Value Through Strategic Planning and Budgeting, New York.

Neumann, U./Thumbs, W. (1999): Aktuelle Benchmarks für die Elektroindustrie: Kennzahlenerhebung für die Geschäftsjahre 1997 und 1998, in: Der Betrieb, 52. Jg., S. 2020–2022.

Nicolai, A./Kieser, A. (2002): Trotz eklatanter Erfolglosigkeit: Die Erfolgsfaktorenforschung weiter auf Erfolgskurs, in: Die Betriebswirtschaft, 62. Jg, S. 579–596.

Niedermayr, R. (1994): Entwicklungsstand des Controlling: System, Kontext und Effizienz, Wiesbaden.

Nippel, H. (1995): Qualitätsmanagement in der Logistik, Wiesbaden.

O'Connor, M./Remus, W./Griggs, K. (2000): Does updating Judgmental Forecasts Improve Forecast Accuracy?, in: International Journal of Forecasting, 16. Jg., S. 101–109.

OECD (2001): Transfer Pricing Guidelines for Multinational Enterprises and Tax Administrations, Paris 2001.

Oehler, K. (2002), Beyond Budgeting, was steckt dahinter und was kann Software dazu beitragen?, in: Kostenrechnungspraxis, 46. Jg., S. 151–160.

Oskamp, S. (1965): Overconfidence in case study judgments, in: Journal of Consulting Psychology, 29. Jg., S. 261–265.

Otley, D. T. (2005): Performance Management: A Framework for Analysis, in: Berry, A. J./Broadbent, J./Otley, D. T. (Hrsg.): Management Control: Theories, Issues and Performance, S. 79–95, 2. Aufl., New York.

Paefgen, A. (2007): Rationalitätsdefizite im Handeln von Controllern: Ausprägungsformen sowie Notwendigkeit, Möglichkeiten und Grenzen eines Entgegenwirkens, Dissertation Vallendar.

Peacock, R. D. (1992): Ein Qualitätspreis für Europa, in: Qualität und Zuverlässigkeit, 37. Jg., S. 525–528.

Peemöller, V. H./Richter, M. (2000): Entwicklungstendenzen in der Internen Revision, Berlin.

Pellens, B./Füllbier, R. U./Gassen, J. (2008): Internationale Rechnungslegung, 7. Aufl., Stuttgart.

Pelz, D. C. (1978): Some expanded perspectives on use of social science in public policy, in: Yinger, M./Cutler, S. J. (Hrsg.): Major social issues: A multidisciplinary view, New York, S. 346–357.

Pendse, N. (2004): What is OLAP?, www.olapreport.com/fasmi.htm, abgerufen am 18.06.2004.

Perridon, L./Steiner, M. (2007): Finanzwirtschaft der Unternehmung, 14. Aufl., München. Peters, G./Pfaff, D. (2005): Controlling: Das Einmaleins renditeorientierter Entscheidungen, Zürich.

Pfaff, D. (2002): Budgetierung, in: HWU, 4. Aufl., Stuttgart, Sp. 231–241.

Pfaff, D./Weber, J. (1998): Zweck der Kostenrechnung? Eine neue Sicht auf ein altes Problem, in: Die Betriebswirtschaft, 58. Jg., S. 151–165.

Pfeiffer, W./Metze, G./Schneider, W./Amler, R. (1991): Technologie-Portfolio zum Management strategischer Zukunftsgeschäftsfelder, 6. Aufl., Göttingen.
Pfohl, H.-Chr./Stölzle, W. (1997): Planung und Kontrolle: Konzeption, Gestaltung, Implementierung, München.
Pfohl, H.-C./Zettelmeyer, B. (1987): Strategisches Controlling?, in: Zeitschrift für Betriebswirtschaft, 57. Jg., S. 145–175.
Picot, A./Reichwald, R./Wigand, R. T. (2003): Die grenzenlose Unternehmung, 5. Aufl., Wiesbaden.
Picot, G. (2001): Überblick über die Kontrollmechanismen im Unternehmen nach KonTraG, in: Lange, K. W./Wall, F. (Hrsg.): Risikomanagement und KonTraG, München, S. 5–37.
Pietsch, G./Scherm, E. (2000): Die Präzisierung des Controlling als Führungs- und Führungsunterstützungsfunktion, in: Die Unternehmung, 54. Jg., S. 395–412.
Plaut, H. G. (1952): Wo steht die Plankostenrechnung in der Praxis?, in: Zeitschrift für handelswissenschaftliche Forschung, 4. Jg., S. 396–407.
Plinke, W. (2002): Erlösstellenrechnung, in: HWU, 4. Aufl., Stuttgart, Sp. 462–474.
Pohle, K. (1993): Controlling und Organisation, in: HWB, 5. Aufl., Stuttgart, Sp. 661–669.
Polanyi, M. (1985): Implizites Wissen, Frankfurt am Main.
Porter, M. E. K. (1985): Competitive Advantage: Creating and Sustaining Superior Performance, New York.
Porter, M. E. K. (1999): Wettbewerbsstrategie: Methoden zur Analyse von Branchen und Konkurrenten, 10. Aufl., Frankfurt am Main.
Prahalad, C. K./Hamel, G. (1990): The Core Competence of the Corporation, in: Harvard Business Review, 68. Jg., S. 79–91.
Preinreich, G. A. D. (1939): Economic Theories of Goodwill, in: Journal of Accountancy, 68. Jg., S. 169–180.
Preiser, S. (1988): Kontrolle und engagiertes Handeln: Entstehungs-, Veränderungs- und Wirkungsbedingungen, Göttingen et al.
Preißler, P. (2000): Controlling: Lehrbuch und Intensivkurs, 12. Aufl., München.
Pritsch, G. (2000): Realoptionen als Controlling-Instrument: Das Beispiel pharmazeutische Forschung und Entwicklung, Wiesbaden.
Pritsch, G./Weber, J. (2001): Die Bedeutung des Realoptionsansatzes aus Controlling-Sicht, in: Hommel, U./Scholich, M./Vollrath, R. (Hrsg.): Realoptionen in der Unternehmenspraxis: Wert schaffen durch Flexibilität, Berlin et al., S. 13–43.
Pyhrr, P. (1970): Zero-Base Budgeting, in: Harvard Business Review, 48. Jg., S. 111–121.
Pyhrr, P. (1977): Zero-Base Budgeting: Where to Use is and How to begin, in: Hebert, J. L. (Hrsg.): Experiences in Zero-Base-Budgeting, New York, S. 167–180.
Pyhrr, P. (1999): Zero-Based Budgeting, in: Rachlin, R. (Hrsg.): Handbook of Budgeting, 4. Aufl., New York.
Radke, M. (1991): Handbuch der Budgetierung, 2. Aufl., Landsberg am Lech.
Rambusch, R./Sill, F. (2007): Role Making versus Role Taking im Controllerbereich, in: Controlling, 19. Jg., S. 375–382.
Rappaport, A. (1999): Shareholder Value: Ein Handbuch für Manager und Investoren, 2. Aufl., Stuttgart.
Rechberg, U. v. (1997): Systemgestützte Kostenschätzung: Eine Controlling-Perspektive, Wiesbaden.
Reichmann, T. (1993): Kennzahlensysteme, in: HWB, 5. Aufl., Stuttgart, Sp. 2159–2174.
Reichmann, T. (2006): Controlling mit Kennzahlen und Managementberichten: Grundlagen einer systemgestützten Controlling-Konzeption, 6. Aufl., München.
Reiß, M./Höge, R. (1994): Schlankes Controlling in segmentierten Unternehmen, in: Betriebswirtschaftliche Forschung und Praxis, 46. Jg., S. 210–224.
Rese, M. (2002): Erlösplanung und -kontrolle, in: HWU, 4. Aufl., Stuttgart, Sp. 453–462.
Richter, H. J. (1987): Theoretische Grundlagen des Controlling: Strukturkriterien für die Entwicklung von Controlling-Konzeptionen, Frankfurt am Main et al.
Riebel, P. (1964): Die Deckungsbeitragsrechnung als Instrument der Absatzanalyse, in: Absatzwirtschaft, Handbuch für Führungskräfte, Baden-Baden, S. 595–627.
Riebel, P. (1994): Ertragsbildung und Ertragsverbundenheit im Spiegel der Zurechenbarkeit von Erlösen, in: Riebel, P. (Hrsg.): Einzelkosten- und Deckungsbeitragsrechnung: Grundfragen einer markt- und entscheidungsorientierten Unternehmensrechnung, 7. Aufl., Wiesbaden, S. 98–148.
Riegler, C. (2002): Benchmarking, in: HWU, 4. Aufl., Stuttgart, Sp. 126–134.
Riesenhuber, M. (2006): Die Fehlentscheidung: Ursache und Eskalation, Wiesbaden.
Roll, M. (2004): Strategische Frühaufklärung: Vorbereitung auf eine ungewisse Zukunft am Beispiel des Luftverkehrs, Wiesbaden.
Ronen, J./McKinney, G. (1970): Transfer Pricing for Divisional Autonomy, in: Journal of Accounting Research, 8. Jg., S. 99–112.
Roslender, R./Dillard, J. (2003): Reflections on the Interdisciplinary Perspectives on Accounting Project, in: Critical Perspectives on Accounting, 14. Jg., S. 325–351.
Rösler, F. (1996): Target Costing für die Automobilindustrie, Wiesbaden.
Ross, M./Sicoly, F. (1979): Egocentric biases in availability and attribution, in: Journal of Personality and Social Psychology, 37. Jg., S. 322–336.
Ross, S. A./Westerfield, R. W./Jaffe, J. (2002): Fundamentals of Corporate Finance, 6. Aufl., New York.
Roventa, P. (1981): Portfolio-Analyse und Strategisches Management, 2. Aufl., München.

Rüssel, L. (1992): Management des Kostenrisikos von Raumfahrtprojekten: Ein Beitrag zur Beherrschung von Risiken technisch-komplexer, öffentlich getragener Projekte, Dissertation Vallendar.

Russo, J. E./Schoemaker, P. J. H. (1992): Managing Overconfidence, in: Sloan Management Review, 33. Jg., S. 7–17.

Sandig, C. (1933): Gewinn und Sicherheit in der Betriebspolitik: Das Treiben und Bremsen im Betriebe, in: Zeitschrift für Betriebswirtschaft, 10. Jg., S. 349–360.

Sandt, J. (2004): Management mit Kennzahlen und Kennzahlensystemen: Bestandsaufnahme, Determinanten und Erfolgsauswirkungen, Wiesbaden.

SAP (2001): Beyond Budgeting, SAP White Paper, SAP AG, Walldorf.

Sathe, V. (1982): Controller Involvement in Management, Englewood Cliffs, New Jersey.

Schachner, M./Speckbacher, G./Wentges, P. (2006): Steuerung mittelständischer Unternehmen: Größeneffekte und Einfluss der Eigentums- und Führungsstruktur, in: Zeitschrift für Betriebswirtschaft, 76. Jg., S. 589–614.

Schäffer, U. (1996): Controlling für selbstabstimmende Gruppen?, Wiesbaden.

Schäffer, U. (2001): Kontrolle als Lernprozess, Wiesbaden.

Schäffer, U. (2004): Rationalitätssicherung durch Kontrolle, in: Scherm, E./Pietsch, G. (Hrsg.): Controlling: Theorien und Konzeptionen, München, S. 487–500.

Schäffer, U. (2007): Kontrolle, in: HWB, 6. Aufl., Stuttgart.

Schäffer, U./Binder, C./Gmür, M. (2006): Struktur und Entwicklung der Controllingforschung: Eine Zitations- und Kozitationsanalyse deutschsprachiger Controllingbeiträge 1970–2003, in: Zeitschrift für Betriebswirtschaft, 76. Jg., S. 395–440.

Schäffer, U./Heidmann, M. (2007): Der Beitrag von Controllingsystemen zur strategischen Früherkennung, in: Zeitschrift für Controlling und Management, 51. Jg., Sonderheft 2, S. 66–72.

Schäffer, U./Künkele, J. (2006): Budgetkontrolle in deutschen Unternehmen: Eine Bestandsaufnahme, in: Controlling, 18. Jg., S. 5–12.

Schäffer, U./Matlachowsky, P. (2008): Warum die Balanced Scorecard nur selten als strategisches Management-Instrument genutzt wird: Eine fallstudienbasierte Analyse der Entwicklung von Balanced Scorecards in deutschen Unternehmen, erscheint in: Zeitschrift für Planung und Unternehmenssteuerung.

Schäffer, U./Pelster, C. (2007): Die Relevanz des Controllability-Prinzips für die Unternehmenspraxis, in: Zeitschrift für Controlling und Management, 51. Jg., S. 422–436.

Schäffer, U./Steiners, D. (2004): Zur Nutzung von Controllinginformationen, in: Zeitschrift für Planung und Unternehmenssteuerung, 15. Jg., S. 377–404.

Schäffer, U./Steiners, D. (2005): Wie nutzen Geschäftsführer und Vorstände in deutschen Industrieunternehmen ihre Kostenrechnung?, in: Controlling, 17. Jg., S. 321–325.

Schäffer, U./Weber, J. (2004): Thesen zum Controlling, in: Scherm, E./Pietsch, G. (Hrsg.): Controlling: Theorien und Konzeptionen, München, S. 459–466.

Schäffer, U./Willauer, B. (2002): Kontrolle, Effektivität der Planung und Erfolg von Geschäftseinheiten: Ergebnisse einer empirischen Erhebung, in: Zeitschrift für Planung und Unternehmenssteuerung, Bd. 13, S. 73–97.

Schäffer, U./Zyder, M. (2003): Beyond Budgeting: Ein neuer Management Hype?, in: Zeitschrift für Controlling und Management, 47. Jg., Sonderheft 1, S. 101–110.

Schäffer, U./Zyder, M. (2007): Der moderierende Einfluss der Faktoren Wettbewerbsintensität, dezentrale Autonomie und Marktdynamik auf die erfolgreiche Gestaltung der Budgetierung, in: Zeitschrift für Planung und Unternehmenssteuerung, 18. Jg., S. 7–33.

Schaudwet, C. (2002): Ende der Planwirtschaft, in: Wirtschaftswoche, Nr. 34 vom 15.08.2002, S. 65–67.

Scheer, A.-W. (1990): EDV-orientierte Betriebswirtschaftslehre, 4. Aufl., Berlin et al.

Scheffler, E. (1992): Konzernmanagement, München.

Schein, E. H. (1977): Career Anchors and Career Paths: A Panel Study of Management School Graduates, in: J. van Maanen (Hrsg.): Organizational Careers: Some New Perspectives, New York et al., S. 49–64.

Scherm, E./Pietsch, G. (2004): Theorie und Konzeption in der Controllingforschung, in: Scherm, E./Pietsch, G. (Hrsg.): Controlling: Theorien und Konzeptionen, München, S. 3–22.

Scheytt, T. (2003): Controlling, Unterscheidung und Differenz: Skizze zu einer postrationalistischen Konzeption des Controlling, in: Weiskopf, R. (Hrsg.): Menschenregierungskünste: Anwendungen poststrukturalistischer Analyse auf Management und Organisation, Wiesbaden, S. 187–226.

Schinzer, H./Bange, C./Mertens, P. (1999): Data Warehouse und Data Mining, 2. Aufl., München.

Schmalenbach, E. (1899): Buchführung und Kalkulation im Fabrikgeschäft, in: Deutsche Metall-Industrie-Zeitung, 15. Jg., S. 98–172.

Schmalenbach, E. (1909): Über Verrechnungspreise: Rede am Geburtstag des Deutschen Kaisers und Königs von Preussen am 27. Januar 1909 in der Halle der Handelshochschule zu Köln, in: Zeitschrift für handelswissenschaftliche Forschung, 3. Jg., S. 165–185.

Schmidt, A. (1986): Das Controlling als Instrument zur Koordination der Unternehmensführung, Frankfurt am Main et al.

Schmitt, D./Goebel, D. (2004): Voraussetzungen und Restriktionen für den Bau hocheffizienter Kraftwerke, in: Energiewirtschaftliche Tagesfragen, 54. Jg., S. 294–300.

Schneider, D. (1990): Unternehmensethik und Gewinnprinzip in der Betriebswirtschaftslehre, in: Zeitschrift für betriebswirtschaftliche Forschung, 42. Jg., S. 869–891.

Schneider, D. (1992a): Controlling im Zwiespalt zwischen Koordination und interner Misserfolgsverschleierung, in: Horváth, P. (Hrsg.): Effektives und schlankes Controlling, Stuttgart, S. 11–35.

Schneider, D. (1992b): Theorien zur Entwicklung des Rechnungswesens, in: Zeitschrift für betriebswirtschaftliche Forschung, 44. Jg., S. 3–31.

Schnettler, A. (1951): Der Betriebsvergleich: Grundlagen, Technik und Anwendung zwischenbetrieblicher Vergleiche, 2. Aufl., Stuttgart.

Scholz, C. (2001): Die Ökonomie der Bestimmung steuerlicher Verrechnungspreise, in: Steuer und Studium, 22. Jg., S. 165–185.

Schrader, J./Binder, C. (2002): Portfoliomodelle, in: HWU, 4. Aufl., Stuttgart, Sp. 1478–1487.

Schreyögg, G./Steinmann, H. (1985): Strategische Kontrolle, in: Zeitschrift für betriebswirtschaftliche Forschung, 37. Jg., S. 391–410.

Schröder, H.-H. (1996): Technologiemanagement, in: HWProd, 2. Aufl., Stuttgart, Sp. 1994–2011.

Schüller, S. (1984): Organisation von Controllingsystemen in der Kreditwirtschaft, Dissertation Münster.

Schweitzer, M. (2002): Erlösträgerrechnung, in: HWU, 4. Aufl., Stuttgart, Sp. 475–484.

Schweitzer, M./Küpper, H.-U. (2003): Systeme der Kosten- und Erlösrechnung, 8. Aufl., München.

Schweitzer, M./Trossmann, B. (1998): Break-even-Analysen: Methodik und Einsatz, 2. Aufl., Berlin.

Seidenschwarz, W. (1993): Target Costing: Marktorientiertes Zielkostenmanagement, München.

Shetty, Y. K. (1993): Aiming High: Competitive Benchmarking for Superior Performance, in: Long Range Planning, 26. Jg., S. 39–43.

Sieber, C. (2008): Kooperation von Zentralcontrolling und Bereichscontrolling: Messung – Wirkungen – Determinanten, Dissertation Vallendar.

Siegel, G./Kulesza, C. S. (1996): The Practice Analysis of Management Accounting, in: Management Accounting, 77. Jg., S. 20–28.

Siegert, T. (1995): Shareholder-Value als Lenkungsinstrument, in: Zeitschrift für betriebswirtschaftliche Forschung, 47. Jg., S. 580–606.

Siegwart, H. (1986): Controlling-Konzepte und Controller-Funktionen in der Schweiz, in: Mayer, E./Landsberg, G. v./Thiede, W. (Hrsg.): Controlling-Konzepte im internationalen Vergleich, Freiburg i. Br., S. 105–131.

Simon, H. A. (1957): Models of Man, New York.

Simon, H. A./Guetzkow, H./Kozmetsky, G./Tyndall, G. (1954): Centralization vs. Decentralization in Organizing the Controller's Department, Houston/Texas.

Simons, R. (1995): Levers of Control, Cambridge, Mass.

Simons, R. (2005): Levers of Organization Design: How Managers Use Accountability Systems for Greater Performance and Commitment, Boston.

Skousen, K. F./Zimmer, R. K. (1970): Controllership Obsolescence: Fact or Fiction, in: Management Accounting, 51. Jg., S. 20–23.

Smith, A. (1776/1952): An Inquiry into the Nature and Causes of the Wealth of Nations, in: Hutchins, R. M. (Hrsg.): Great Books of the Western World: An Inquiry into the Nature and Causes of the Wealth of Nations by Adam Smith, Chicago et al.

Solomons, D. (1965): Divisional Performance: Measurement and Control, New York.

Solomons, D. (1983): The Political Implications of Accounting and Accounting Standard Setting, in: Accounting and Business Research, 13. Jg., S. 107–118.

Speckbacher, G./Bischof, J./Pfeiffer, T. (2003): A descriptive Analysis on the Implementation of Balanced Scorecards in German-speaking Countries, in: Management Accounting Research, 14. Jg., S. 361–387.

Spieker, M. (2004): Entscheidungsverhalten in Gründerteams: Determinanten, Parameter und Erfolgsauswirkungen, Wiesbaden.

Spillecke, D. (2006): Interne Kundenorientierung des Controllerbereichs: Messung – Erfolgsauswirkungen – Determinanten, Wiesbaden.

Staehle, W. H. (1999): Management: Eine verhaltenswissenschaftliche Perspektive, 8. Aufl., München.

Stahlknecht, P./Hasenkamp, U. (2005): Einführung in die Wirtschaftsinformatik, 11. Aufl., Berlin et al.

Statman, M./Tyebjee, T. (1985): Optimistic Capital Budgeting Forecasts: An Experiment, in: Financial Management, 14. Jg., S. 27–33.

Staw, B./Fox, F. (1977): Escalation: The Determinants to a Chosen Course of Action, in: Human Relations, 30. Jg., S. 431–450.

Staw, B./Ross, J. (1978): Commitment to a Policy Decision: A Multi-Theoretical Perspective, in: Administrative Science Quarterly, 23. Jg., S. 40–64.

Steinle, C./Bruch, H. (Hrsg.) (1998): Controlling: Kompendium für Controller/innen und ihre Ausbildung, Stuttgart.

Steinle, C./Thiem, H./Dunse, A. (1998): Beteiligungscontrolling, in: Controlling, 1. Jg., S. 140–149.

Steinmann, H./Oppenrieder, B. (1985): Brauchen wir eine Unternehmensethik?, in: Die Betriebswirtschaft, 45. Jg., S. 170–183.

Stewart III, G. B. (1991): The Quest for Value, New York.

Stoffel, K. (1995): Controllership im internationalen Vergleich, Wiesbaden.

Stölzle, W. (2007): Planung, in: HWB, 6. Aufl., Stuttgart, Sp. 1382–1393.

Streitferd, L. (1983): Entscheidungsregeln zur Abweichungsbeurteilung: Ein Beitrag zur betriebswirtschaftlichen Abweichungsanalyse, Würzburg/Wien.

Strickland, L./Lewici, R. J./Katz, A. M. (1966): Temporal Orientation and Perceived Control as Determinants of Risk Taking, in: Journal of Experiemtental Social Psychology, 2. Jg., S. 143-151.

Strigl, T. et al. (2004): Anhang (Arbeitspapiere), in: Luczak, H./Weber, J./Wiendahl, H.-P. (Hrsg.): Logistik-Benchmarking: Praxisleitfaden mit LogiBEST, 2. Aufl., Berlin et al., S. 143-185.

Svenson, O. (1981): Are We All Less Risky and More Skillful Than Our Fellow Drivers, in: Acta psycliologica, 47. Jg., S. 143-148.

Szyperski, N./Winand, U. (1980): Grundbegriffe der Unternehmensplanung, Stuttgart.

Tanaka, M. (1989): Cost Planning and Control Systems in the Design Phase of a New Product, in: Monden, Y./Sakurai, M. (Hrsg.): Japanese Management Accounting, Cambridge, S. 49-71.

Tani, T./Horváth, P./von Wangenheim, S. (1996): Genka Kikaku und marktorientiertes Zielkostenmanagement: Deutsch-japanischer Systemvergleich zu Entwicklungsstand und Verbreitung, in: Controlling, 8. Jg., S. 80-89.

Thaler, R. (1985): Mental Accounting and Customer Choice, in: Marketing Science, 4. Jg., S. 199-214.

Thomas, D. A./Gioia, D. A./Ketchen Jr., D. J. (1997): Strategic Sensemaking: Learning through Scanning, Interpretation, Action and Performance, in: Walsh, J. P./Huff, A. S. (Hrsg.): Advances in Strategic Management, 14. Jg., Greenwich, S. 299-329.

Töpfer, A. (2000): Das Management der Werttreiber: Die Balanced Score Card für die Wertorientierte Unternehmensführung, Frankfurt am Main.

Troitzsch, K. G. (2000): Computersimulation in den Sozialwissenschaften, in: Herz, D./Blätte, A. (Hrsg.): Simulation und Planspiel in den Sozialwissenschaften: Eine Bestandsaufnahme der internationalen Diskussion, Münster et al., S. 181-203.

Tucker, F. G./Zian, S. M./Camp, R. C. (1987): How to Measure Yourself Against the Best, in: Harvard Business Review, 65. Jg., S. 8-10.

Tversky, A./Kahneman, D. (1986): Rational Choice and the Framing of Decisions, in: Journal of Business, 59. Jg., S. 251-278.

Ulrich, P. (2002): Ethik und Unternehmensführung, in: Küpper, H.-U./Wagenhofer, A. (Hrsg.): Handwörterbuch Unternehmensrechnung und Controlling, 4. Aufl., Stuttgart, Sp. 485-494.

Valentin, E. K. (2001): Swot Analysis From a Resource-Based View, in: Journal of Marketing Theory and Practice, 9. Jg., S. 54-69.

Vellmann, K.-H. (1990): Organisation des Controlling in einem Konzern, in: Mayer, E./Weber, J. (Hrsg.): Handbuch Controlling, Stuttgart, S. 535-563.

Velthuis, L. J./Wesner, P. (2005): Value Based Management: Bewertung, Performancemessung und Managemententlohnung mit ERIC, Stuttgart.

Vollrath, R. (2001): Die Berücksichtigung von Handlungsflexibilität bei Investitionsentscheidungen: Eine empirische Untersuchung, in: Hommel, U./Scholich, M./Vollrath, R. (Hrsg.): Realoptionen in der Unternehmenspraxis: Wert schaffen durch Flexibilität, Berlin et al., S. 45-77.

Vroom, V. H. (1964): Work and Motivation, New York.

Wagenhofer, A. (2006): Management Accounting Research in German-Speaking Countries, in: Journal of Management Accounting Research, 8. Jg., S. 1-19.

Walker, O. C./Rueckert, R. (1987): Marketing's Role in the Implementation of Business Strategies: A Critical Review and Conceptual Framework, in: Journal of Marketing, 51. Jg., S. 15-33.

Walker, R. (1992): Rank XEROX: Management Revolution, in: Long Range Planing, 25. Jg., S. 9-21.

Wall, F. (2000): Koordinationsfunktion des Controlling und Organisation, in: Kostenrechnungspraxis, 44. Jg., S. 295-304.

Watts, R. L./Zimmermann, J. (1986): Positive Accounting Theory, Englewood Cliffs.

Weber, H. K. (1996a): Verbundwirtschaft, in: HWProd, 2. Aufl., Stuttgart, Sp. 2142-2150.

Weber, J. (1992a): Die Koordinationssicht des Controlling, in: Spremann, K./Zur, E. (Hrsg.): Controlling: Grundlagen - Informationssysteme - Anwendungen, Wiesbaden, S. 169-183.

Weber, J. (1992b): Entfeinerung der Kostenrechnung?, in: Scheer, A.-W. (Hrsg.): Rechnungswesen und EDV, 13. Saarbrücker Arbeitstagung 1992, Heidelberg, S. 173-199.

Weber, J. (1993a): Controlling, Informations- und Kommunikationsmanagement: Grundsätzliche begriffliche und konzeptionelle Überlegungen, in: Betriebswirtschaftliche Forschung und Praxis, 45. Jg., S. 628-649.

Weber, J. (1993b): Kostenrechnung im System der Unternehmensführung: Stand und Perspektiven der Kostenrechnung in den 90er Jahren, in: Weber, J. (Hrsg.): Zur Neuausrichtung der Kostenrechnung: Entwicklungsperspektiven für die 90er Jahre, Stuttgart, S. 1-77.

Weber, J. (1994a): Kostenrechnung zwischen Verhaltens- und Entscheidungsorientierung, in: Kostenrechnungspraxis, 38. Jg., S. 99-104.

Weber, J. (1994b): Dynamik statt Strukturen, in: Kostenrechnungspraxis, Sonderheft 1, S. 6-8.

Weber, J. (1995): Kennzahlen für die Logistik, Stuttgart.

Weber, J. (1996a): Aufgabenspektrum und Controllingbilder: Vom Bremser zum Innovator, in: Gabler Magazin, 10. Jg., S. 26-30.

Weber, J. (1996b): Selektives Rechnungswesen, in: Zeitschrift für Betriebswirtschaft, 66. Jg., S. 925–946.

Weber, J. (1997a): Zur Abgrenzung von Führung und Controlling, WHU-Forschungspapier Nr. 45, Vallendar.

Weber, J. (1997b): Ausrichtung des Controlling auf interne Märkte, in: Scheer, A.-W. (Hrsg.): Organisationsstrukturen und Informationssysteme auf dem Prüfstand, 18. Saarbrücker Arbeitstagung, Heidelberg, S. 347–358.

Weber, J. (1999): Controlling: Entwicklungstendenzen und Zukunftsperspektiven, in: Die Unternehmung, 53. Jg., S. 465–480.

Weber, J. (2003a): Controlling in unterschiedlichen Führungskontexten: – ein Überblick, in: Zeitschrift für Controlling und Management, 47. Jg., S. 183–192.

Weber, J. (2003b): Die Rolle des Controllers im Bereich strategischer Führung, in: Horváth, P./Gleich, R. (Hrsg.): Neugestaltung der Unternehmensplanung: Innovative Konzepte und erfolgreiche Praxislösungen, Stuttgart, S. 297–312.

Weber, J. (2004a): Möglichkeiten und Grenzen der Operationalisierung des Konstrukts »Rationalitätssicherung«, in: Scherm, E./Pietsch, G. (Hrsg.): Controlling: Theorien und Konzeptionen, München, S. 467–486.

Weber, J. (2004b): Controlling einfach gestalten, Schriftenreihe Advanced Controlling, Bd. 37, Vallendar.

Weber, J. (2005): Gestaltung der Kostenrechnung: Notwendigkeit, Optionen und Konsequenzen, Wiesbaden.

Weber, J. (2007a): Aktuelle Controllingpraxis in Deutschland: Ergebnisse einer Benchmarking-Studie, Schriftenreihe Advanced Controlling, Bd. 59, Weinheim.

Weber, J. (2007b): Innovation im Controlling: Eine neue und notwendige Perspektive für die Arbeit der Controller, in: Weber, J. (Hrsg.): Controlling und Innovation, Zeitschrift für Controlling und Management, Sonderheft 3, S. 95–100.

Weber, J. (2008): Von Top-Controllern lernen: Controlling in den Dax 30-Unternehmen, Weinheim.

Weber, J./Blum, H. (2001): Logistik-Controlling: Konzept und empirischer Stand, Schriftenreihe Advanced Controlling, Bd. 20, Vallendar.

Weber, J./Bramsemann, U./Heineke, C./Hirsch, B. (2002a): Value Based Management erfolgreich umsetzen, Schriftenreihe Advanced Controlling, Bd. 25, Vallendar.

Weber, J./Bramsemann, U./Heineke, C./Hirsch, B. (2002b): Erfahrungen mit Value Based Management: Praxislösungen auf dem Prüfstand, Schriftenreihe Advanced Controlling, Bd. 27/28, Vallendar.

Weber, J./Bramsemann, U./Heineke, C./Hirsch, B. (2004): Wertorientierte Unternehmenssteuerung: Konzepte, Implementierung, kritische Analyse, Wiesbaden.

Weber, J./Brettel, M./Schäffer, U. (1996): Gedanken zur Unternehmensführung, WHU-Forschungspapier Nr. 35, Vallendar.

Weber, J./Bültel, D. (1992): Controlling: Ein eigenständiges Aufgabenfeld in den Unternehmen der Bundesrepublik Deutschland – Ergebnisse einer Auswertung von Stellenanzeigen aus den Jahren 1949–1989, in: Die Betriebswirtschaft, 52. Jg., S. 535–546.

Weber, J./David, U./Prenzler, C. (2001): Controller Excellence: Strategische Neuausrichtung der Controller, Schriftenreihe Advanced Controlling, Bd. 23/24, Vallendar.

Weber, J./Goeldel, H./Schäffer, U. (1997): Zur Gestaltung der strategischen und operativen Planung, in: Die Unternehmung, 51. Jg., S. 273–295.

Weber, J./Grothe, M./Schäffer, U. (1999): Business Intelligence, Schriftenreihe Advanced Controlling, Bd. 13, Vallendar.

Weber, J./Hamprecht, M./Goeldel, H. (1997): Integrierte Planung – nur ein Mythos? in: Harvard Business Manager, 19. Jg., S. 9–13.

Weber, J./Hirsch, B./Linder, S./Zayer, E. (2003): Verhaltensorientiertes Controlling: Der Mensch im Mittelpunkt, Schriftenreihe Advanced Controlling, Bd. 34, Vallendar.

Weber, J./Hirsch, B./Rambusch, R./Schlüter, H./Sill, F./Spatz, A. C. (2006): Controlling 2006: Stand und Perspektiven, Vallendar. (»ICV Studie«) Weber, J./Hufschlag, K./Pieroth, G. (2003): Mittelfristplanung heute: Ergebnisse einer Benchmarking-Studie, Schriftenreihe Advanced Controlling, Bd. 35/36, Vallendar.

Weber, J./Hufschlag, K./Pieroth, G. (2003): Mittelfristplanung heute: Ergebnisse einer Benchmarking-Studie, Schriftenreihe Advanced Controlling, Bd. 35, Vallendar.

Weber, J./Hunold, C./Prenzler, C./Thust, S. (2001): Controllerorganisation in deutschen Unternehmen, Schriftenreihe Advanced Controlling, Bd. 18, Vallendar.

Weber, J./Kosmider, A. (1991): Controlling-Entwicklung in der Bundesrepublik Deutschland im Spiegel von Stellenanzeigen, in: Zeitschrift für Betriebswirtschaft, Ergänzungsheft 3/91, S. 17–35.

Weber, J./Stoffels, M./Kleindienst, I. (2004): Internationale Verrechnungspreise im Konzern: Altes Problem – neuer Fokus, Schriftenreihe Advanced Controlling, Bd. 40, Vallendar.

Weber, J./Kummer, S./Großklaus, A./Nippel, H./Warnke, D. (1997): Methodik zur Generierung von Logistik-Kennzahlen, in: Betriebswirtschaftliche Forschung und Praxis, 49. Jg., S. 438–454.

Weber, J./Linder, S. (2003): Budgeting, Better Budgeting oder Beyond Budgeting? Konzeptionelle Eignung und Implementierbarkeit, Schriftenreihe Advanced Controlling, Bd. 33, Vallendar.

Weber, J./Linder, S./Hirsch, B. (2004): Neugestaltung der Budgetierung: Relative, benchmarkorientierte oder absolute, intern orientierte Ziele?, in: Zeitschrift für Planung und Unternehmenssteuerung, 15. Jg., S. 57–75.

Weber, J./Linder, S./Spillecke, D. (2003): Beyond Budgeting bei Verbundeffekten?, in: Zeitschrift für Controlling und Management, Sonderheft 1, 47. Jg., S. 111–120.

Weber, J./Radtke, B./Schäffer, U. (2006): Erfahrungen mit der Balanced Scorecard Revisited, Schriftenreihe Advanced Controlling, Bd. 50, Weinheim.

Weber, J./Riesenhuber, M. (2002): Controlling & Psychologie, Schriftenreihe Advanced Controlling, Bd. 29, Vallendar.

Weber, J./Sandt, J. (2001): Erfolg durch Kennzahlen: Neue empirische Erkenntnisse, Schriftenreihe Advanced Controlling, Bd. 21, Vallendar.

Weber, J./Schäffer, U. (1998): Controlling-Entwicklung im Spiegel von Stellenanzeigen 1990–1994, in: Kostenrechnungspraxis, 42. Jg., S. 227–233.

Weber, J./Schäffer, U. (1999a): Sicherstellung der Rationalität von Führung als Aufgabe des Controlling?, in: Die Betriebswirtschaft, 59. Jg., S. 731–747.

Weber, J./Schäffer, U. (1999b): Auf dem Weg zu einem aktiven Kennzahlenmanagement, in: Die Unternehmung, 53. Jg., S. 333–350.

Weber, J./Schäffer, U. (1999c): Controlling durch die Nutzung des fruchtbaren Spannungsverhältnisses von Reflexion und Intuition, in: Zeitschrift für Planung und Unternehmenssteuerung, 10. Jg., S. 205–224.

Weber, J./Schäffer, U. (1999d): Operative Werttreiberhierarchien als Alternative zur Balanced Scorecard?, in: Kostenrechnungspraxis, 43. Jg., S. 284–287.

Weber, J./Schäffer, U. (2000a): Controlling als Koordinationsfunktion?, in: Kostenrechnungspraxis, 44. Jg., S. 109–118.

Weber, J./Schäffer, U. (2000b): Balanced Scorecard & Controlling: Implementierung – Nutzen für Manager und Controller – Erfahrungen in deutschen Unternehmen, 3. Aufl., Wiesbaden.

Weber, J./Schäffer, U. (2000c): Einführung der Balanced Scorecard: 8 Erfolgsfaktoren, in: Controller Magazin, S. 3–6.

Weber, J./Schäffer, U. (2001a): Controlling als Koordinationsfunktion: 10 Jahre Küpper/Weber/Zünd, in: Weber, J./Schäffer, U. (Hrsg.): Rationalitätssicherung der Führung: Beiträge zu einer Theorie des Controlling, Wiesbaden, S. 7–24.

Weber, J./Schäffer, U. (2001b): Sicherstellung der Rationalität von Führung als Funktion des Controlling, in: Weber, J./Schäffer, U. (Hrsg.): Rationalitätssicherung der Führung. Beiträge zu einer Theorie des Controlling, Wiesbaden, S. 25–45.

Weber, J./Schäffer, U. (2004): Thesen zum Controlling, in: Scherm, E./Pietsch, G. (Hrsg.): Controlling: Theorien und Konzeptionen, München, S. 459–466.

Weber, J./Schäffer, U./Bauer, M. (2000): Controller und Manager im Team, Schriftenreihe Advanced Controlling, Bd. 14, Vallendar.

Weber, J./Schäffer, U./Langenbach, W. (2001): Gedanken zur Rationalitätskonzeption des Controlling, in: Weber, J./Schäffer, U. (Hrsg.): Rationalitätssicherung der Führung: Beiträge zu einer Theorie des Controlling, Wiesbaden, S. 46–76.

Weber, J./Schäffer, U./Prenzler, C. (2001): Zur Charakterisierung und Entwicklung von Controlleraufgaben, in: Zeitschrift für Planung und Unternehmenssteuerung, Jg. 12, S. 25–46.

Weber, J./Schäffer, U./Willauer, B. (2000): Operative Planung erfolgreich gestalten, Schriftenreihe Advanced Controlling, Bd. 17, Vallendar.

Weber, J./Schaier, S./Strangfeld, O. (2005): Berichte für das Top-Management: Ergebnisse einer Benchmarking-Studie, Schriftenreihe Advanced Controlling, Bd. 43, Weinheim.

Weber, J./Stoffels, M./Kleindienst, I. (2004): Internationale Verrechnungspreise im Konzern: Altes Problem – neuer Fokus, Reihe Advanced Controlling, Bd. 40, Vallendar.

Weber, J./Vinkemeier, R. (2007): Controlling und Innovation: Der Beitrag des Controllings zu Zukunftsorientierung und Innovationsmanagement, Weinheim.

Weber, J./Weißenberger, B. (2006): Einführung in das Rechnungswesen: Kostenrechnung und Bilanzierung, 7. Aufl., Stuttgart.

Weber, J./Weißenberger, B. E./Aust, R. (1998): Benchmarking des Controllerbereichs: Ein Erfahrungsbericht, in: Betriebswirtschafltiche Forschung und Praxis, 50. Jg., S. 381–401.

Weber, J./Weißenberger, B. E./Liekweg, A. (1999): Risk Tracking and Reporting, Schriftenreihe Advanced Controlling, Bd. 11, Vallendar.

Weber, J./Weißenberger, B. E./Guth, S./Spieker, M. (2000): Accounting Excellence: Die Kostenrechnung auf dem Prüfstand, Schriftenreihe Advanced Controlling, Bd. 16, Vallendar.

Weber, J./Weißenberger, B. E./Liekweg, A. (1999): Risk Tracking and Reporting: Unternehmerisches Chancen- und Risikomanagement nach dem KonTraG, Schriftenreihe Advanced Controlling, Bd. 11, Vallendar.

Weber, J./Wertz, B. (1999): Benchmarking Excellence, Schriftenreihe Advanced Controlling, Bd. 10, Vallendar.

Weber, M. (1980): Wirtschaft und Gesellschaft: Grundriß der verstehenden Soziologie, 5. Aufl., Studienausg., Tübingen.

Weingartner, H. M. (1963): Mathematical Programming and the Analysis of Capital Budgeting Problems, Englewood Cliffs.

Weißenberger, B. E. (1997): Die Informationsbeziehung zwischen Management und Rechnungswesen: Analyse institutionaler Koordination, Wiesbaden.

Weißenberger, B. E. (2002): Erlösartenrechnung, in: HWU, 4. Aufl., Stuttgart, Sp. 444–453.

Weißenberger, B./Weber, J./Löbig, M./Haas, C. (2003): IAS/IFRS: Quo vadis Unternehmensrechnung? Konsequenzen für die Unternehmensrechnung in deutschen Unternehmen, Schriftenreihe Advanced Controlling, Bd. 31, Vallendar.

Welge, M. K. (1988): Unternehmensführung, Band 3: Controlling, Stuttgart.

Welge, M. K./Al-Laham, A. (2008): Strategisches Management: Grundlagen – Prozess – Implementierung, Wiesbaden. Wieland, J. (1994): Warum Unternehmensethik?, in: Forum für Philosophie Bad Homburg (Hrsg.): Markt und Moral: Die Diskussion um die Unternehmensethik, Bern et al., S. 215–239.

Wieland, J. (1994): Organisatorische Formen der Institutionalisierung von Moral in der Unternehmung: Empirische Resultate, theoretische Reflexionen, in: Nutzinger, H. G./Buchholz, W. (Hrsg.): Unternehmen und Organisationen, philosophische Begründungen, individuelle und kollektive Rationalität, 2. Aufl., Berlin, S. 11–35.

Williams, J. L. (1981): Zero-Base Budgeting: Prospects for Developing A Semi-Confusing Budgeting Information Systems, in: Accounting, Organizations and Society, 6. Jg., S. 153–164.

Williamson, O. E. (1985): The Economic Institutions of Capitalism: Firms, Markets, Relational Contracting, New York.

Wirth, T. (2000): Leseorientierte Gestaltung von Managementberichten, in: Kostenrechnungspraxis, 44. Jg., S. 79–85.

Wiswede, G. (2007): Einführung in die Wirtschaftspsychologie, 4. Aufl., Munich. Wohlleben, H.-D. (1994): Technik der Präsentation, Gießen.

Wohlleben, H.-D. (1994): Techniken der Präsentation, Schriftenreihe Der Organisator, Bd. 6, 5. Aufl., Gießen.

Wraniczek, M. (o. J.): Rollierende Planung oder Rolling Forecast: Was ist neu daran?, Contrast Management Consulting, Wien.

Wunderer, R./Gerig, V./Hauser, R. (1997): Qualitätsmanagement durch und im Personalmanagement: Konzeptionelle Grundlagen und Folgerungen für die Personalwirtschaft, in: Wunderer, R./Gerig, V./Hauser, R. (Hrsg.): Qualitätsorientiertes Personalmanagement: Das europäische Qualitätsmodell als unternehmerische Herausforderung, München, S. 1–104.

Zahn, E. (1989): Strategische Planung, in: HWPlan, Stuttgart, Sp. 1903–1916.

Zangemeister, C. (1976): Nutzwertanalyse in der Systemtechnik: Eine Methodik zur multidimensionalen Bewertung und Auswahl von Projektalternativen, 4. Aufl., München.

Zayer, E. C. (2007): Verspätete Projektabbrüche in F & E: Eine verhaltensorientierte Analyse, Wiesbaden.

Zeh, T. (2003): Data Warehousing als Organisationskonzept des Datenmanagements, in: Informatik – Forschung und Entwicklung, 18. Jg., S. 32–38.

Zelazny, G. (2005): Wie aus Zahlen Bilder werden, 6. Aufl., Wiesbaden.

Zenz, A. (1999): Strategisches Qualitätscontrolling: Konzeption als Metaführungslehre, Wiesbaden.

Zimbardo, P. G. (1992): Psychology, 5. Aufl., Berlin/Heidelberg.

Zimmerman, J. L. (2005): Accounting for Decision Making and Control, 5. Aufl., New York.

Zünd, A. (1979): Zum Begriff des Controlling – ein umweltbezogener Erklärungsversuch, in: Goetzke, W./Sieben, G. (Hrsg.): Controlling: Integration von Planung und Kontrolle, Köln, S. 15–26.

Zünd, A. (1985): Der Controller-Bereich (Controllership): Randbemerkungen zur Institutionalisierung der Controller-Funktion, in: Gilbert, J./Probst, B./Schmitz-Dräger, R. (Hrsg.): Controlling und Unternehmensführung, Bern, S. 28–40.

Personenverzeichnis

Sachregister

Zu den Autoren

Jürgen Weber, geboren am 4.11.1953 in Holzminden. Er studierte Betriebswirtschaftslehre an der Universität Göttingen, promovierte 1981 an der Universität Dortmund und habilitierte sich 1986 an der Universität Erlangen-Nürnberg. Im gleichen Jahr übernahm er als Universitätsprofessor im Privatdienst den Lehrstuhl für Betriebswirtschaftslehre, insbesondere Rechnungswesen/Controlling, an der WHU – Otto Beisheim School of Management. Seit 1986 war er neben dem Wahlpflichtfach Controlling zeitweise auch für die Wahlpflichtfächer Externes Rechnungswesen und Produktionswirtschaft zuständig. Als akademische Ämter sind insbesondere ein Rektorat und mehrere Prorektorate zu nennen. Heute leitet er zusammen mit Utz Schäffer das Institut für Management und Controlling (www.whu.edu/controlling) sowie das Kühne-Zentrum für Logistikmanagement. Im Jahre 2006 verlieh ihm die EUROPEAN BUSINESS SCHOOL (EBS) den Titel eines Doctor rerum politicarum honoris causa.

Jürgen Weber nahm zudem Gastprofessuren an der Universität Wien (SS 1990) und der Wirtschaftsuniversität Wien wahr (WS 1999/2000). Er gehört mehreren Wissenschaftlichen Kommissionen des Verbandes der Hochschullehrer für Betriebswirtschaft e. V. an und ist Mitherausgeber der Zeitschrift Logistikmanagement sowie geschäftsführender Mitherausgeber der Zeitschrift für Controlling & Management (ZfCM). Rufe an die Universität Mainz (Logistik), die Wirtschaftsuniversität Wien (Controlling und Unternehmensführung) und die Technische Universität Darmstadt (Controlling und Rechnungswesen) lehnte er ab.

Außeruniversitär sind neben umfangreicher Vortragstätigkeit die Aufsichtsratsmandate in der Lufthansa Cargo AG, Frankfurt und dem StiftungsKlinikum Mittelrhein, Koblenz, zu nennen. Das ausgeprägte Praxisinteresse Webers führte schon früh zur Übernahme zahlreicher Beratungs- und Schulungsmandate. Als Mitbegründer der CTcon GmbH (www.ctcon.de), eines schnell wachsenden Dienstleisters mit den Geschäftsbereichen Unternehmensberatung und Managementschulung unterstrich er bereits im Jahr 1992 die Vision, die Unternehmenspraxis ganzheitlich insbesondere bei der Bewältigung von Veränderungsprozessen zu unterstützen. Über die Funktionen als Mitgesellschafter und Vorsitzender des Wissenschaftlichen Beirats ist er der CTcon, die Büros in Vallendar, Bonn, Düsseldorf und Frankfurt unterhält, bis in die Gegenwart hinein eng verbunden.

Utz Schäffer, geboren am 6.11.1966 in Stuttgart. Nach Wehrdienst und einer Ausbildung bei der Dresdner Bank AG in Stuttgart studierte er Betriebswirtschaftslehre an der WHU – Otto Beisheim School of Management – in Vallendar, der EM Lyon sowie der Kellogg Graduate School of Management in Chicago. 1996 wurde er am Lehrstuhl für Controlling und Telekommunikation von Prof. Dr. Dr. h.c. Jürgen Weber promoviert (»Controlling für selbstabstimmende Gruppen?«). Während Studium und Promotion war er Stipendiat der Studienstiftung des deutschen Volkes. 2001 habilitierte er sich ebenfalls an der WHU (»Kontrolle als Lernprozess«) und war erster Geschäftsführer des Centers for Controlling & Management (CCM). Im Jahr 2002 übernahm er den Lehrstuhl für Betriebswirtschaftslehre, insbesondere Controlling, an der EUROPEAN BUSINESS SCHOOL (EBS) in Oestrich-Winkel. Neben der Tätigkeit als Lehrstuhlinhaber hatte Utz Schäffer dort von 2003 bis 2007 das akademische Amt des Prorektors für Forschung und den Vorsitz des Promotionsausschusses inne. Im Jahr 2007 folgte er einem Ruf auf den Lehrstuhl für Controlling und Unternehmenssteuerung zurück an die WHU. Einen Ruf an die Technische Universität Braunschweig (Controlling und Unternehmensrechnung) lehnte er ab. Heute leitet er zusammen mit Jürgen Weber das Institut für Management und Controlling (www.whu.edu/controlling).

Utz Schäffer ist Autor zahlreicher Beiträge in wissenschaftlichen und praxisnahen Zeitschriften und wirkt für viele dieser Zeitschriften auch als Gutachter. Seine Forschungsschwerpunkte umfassen die Entwicklung, Implementierung und Nutzung von Controllinginstrumenten, Planungs- und Kontrollprozesse, Früherkennung und Controllingtheorie. Er nahm eine Gastprofessur an der Universität Innsbruck (WS 2003/2004) wahr und gehört dem Verband der Hochschullehrer für Betriebswirtschaft e.V. sowie mehreren wissenschaftlichen Kommissionen des Verbandes an. Utz Schäffer ist zudem Mitherausgeber der Zeitschrift für Controlling und Management (ZfCM). Neben seiner akademischen Tätigkeit konnte Utz Schäffer Praxiserfahrung bei der CTcon GmbH, Vallendar und Düsseldorf, sowie bei McKinsey & Company, München, sammeln. Als wissenschaftlicher Beirat ist er der CTcon weiter eng verbunden.